BRIEF CALCULUS An Applied Approach

10e, Metric Version

창의 융합형

대학수학

Ron Larson 저

대학수학교재편찬위원회 역

증보판

CENGAGE 북스힐

Andover • Melbourne • Mexico City • Stamford, CT • Toronto • Hong Kong • New Delhi • Seoul • Singapore • Tokyo

CENGAGE

***Calculus: An Applied Approach, Brief*, 10th Edition**

Ron Larson

Original edition © 2017 Brooks Cole, a part of Cengage Learning.
Calculus: An Applied Approach, Brief, 10th Edition by Ron Larson
ISBN: 9781337290579

This edition is translated by license from Brooks Cole, a part of Cengage Learning, for sale in Korea only.

ISBN-13: 979-11-5971-273-9

Cengage Learning Korea Ltd.
14F YTN Newsquare 76 Sangamsan-ro
Mapo-gu Seoul 03926 Korea
Tel: (82) 2 330 7000
Fax: (82) 2 330 7001

Cengage Learning is a leading provider of customized learning solutions with office locations around the globe, including Singapore, the United Kingdom, Australia, Mexico, Brazil, and Japan. Locate your local office at: **www.cengage.com**

Cengage Learning products are represented in Canada by Nelson Education, Ltd.

To learn more about Cengage Learning Solutions, visit **www.cengageasia.com**

Printed in Korea
Print Number: 01 Print Year: 2020

통섭(統攝, consilience)

해석하자면 "큰 줄기를 잡다", "지식의 통합"이라 할 수 있다.

고대 그리스의 사상에 뿌리를 두고 있으며 우리나라에서는 화엄사상의 경지에 이르는 방법론으로 원효대사가 사용한 개념이다. 2005년 이화여대 최채천 교수가 Wilson의 책 『Consilience: The Unity of Knowledge』을 『통섭: 지식의 대통합』으로 번역하면서 널리 사용하게 되었다. 서로 다른 것을 한데 묶어 새로움을 만든다는 의미로 인문학, 사회과학, 자연과학 등 학제 간의 벽을 낮추고 범학문적으로 발상을 전환하자는 메시지가 담겨 있다.

이제 우리는 닫힌 관념의 턱을 낮추고 새로운 정보와 지식을 접목시켜 시너지 효과를 극대화할 때이다.

역자 서문

이 교재는 대학 미분적분학에서 다루는 전통적인 교과 과정보다 훨씬 쉽고 간단한 내용을 다루고 있다. 또한 상당히 축약하여 수학에 대한 학생들의 부담을 덜어주고 있어 이공계 1학년의 한 학기용 또는 2학기용 교재로 사용 가능하다고 생각된다. 내용이 쉬워 수학에 관심이 많은 고등학교 고학년 학생들이 보기에도 무리가 없을 것으로 생각된다. 실생활 자료와 다양한 예제를 다루고 있어 수학이 필요하지만 흥미를 크게 갖지 못한 이공계 학생들에게도 지적 호기심을 유발할 수 있으며 응용문제를 포함한 풍부한 연습문제는 실력을 향상시키는 디딤돌이 될 것이다. 공학수학 전 단계의 이공계 대학수학 교재로 사용하면 학생들이 자연스럽게 대학수학에 적응할 것으로 기대된다. 또한 증명문제 등이 거의 없어 상경계열과 인문사회학을 전공하는 학생들에게도 좋은 참고 서적이 될 것으로 보인다. 원저자 Ron Larson 교수의 혜안이 돋보인다.

30년 이상 대학 강단에서 학생들에게 미분적분학을 강의한 역자가 볼 때 이 교재는 다음과 같은 장점이 있다.

1. 내용이 쉽고 간단하다.
2. 이론보다 예제를 통해 원리의 이해를 돕고 있다.
3. 풍부한 연습문제와 구체적인 자료를 제시한 실생활 문제의 응용을 통해 학생들의 흥미를 유발한다.
4. 관련 소프트웨어 프로그램을 통해 복잡한 계산을 쉽게 처리하게 도와준다.

이 교재를 번역하는 데 물심양면으로 협조해 주신 ㈜도서출판 북스힐 조승식 사장님과 출판부 관계자 여러분께 진심으로 감사드린다.

역자 대표

차 례

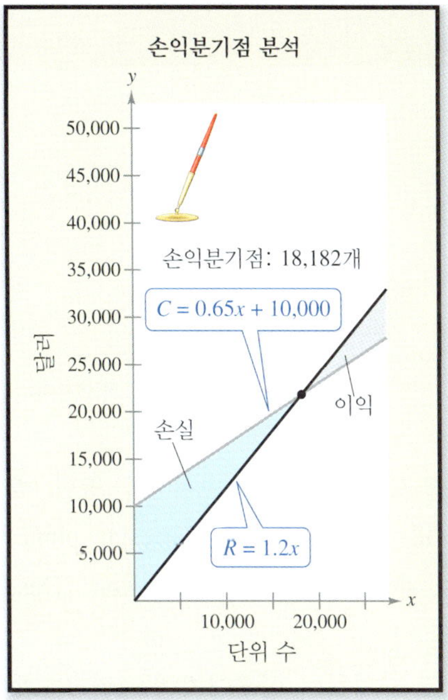

1장 2절의 예제 5는 두 그래프의 교점이 어떤 회사의 생산과 판매의 손익분기점을 구하는 데 사용됨을 보여 주고 있다.

1 함수, 그래프, 극한

1.1 데카르트 평면과 거리 공식
1.2 방정식의 그래프
1.3 평면에서의 직선과 기울기
1.4 함 수
1.5 극 한
1.6 연속성

iStockphoto.com/Yuri_Arcurs

1.1 데카르트 평면과 거리 공식

- 좌표평면에 점을 찍고 자료를 그래프로 나타내기
- 좌표평면에서 두 점 사이의 거리 구하기
- 두 점을 잇는 선분의 중점 구하기
- 좌표평면에서 점의 이동

데카르트 평면

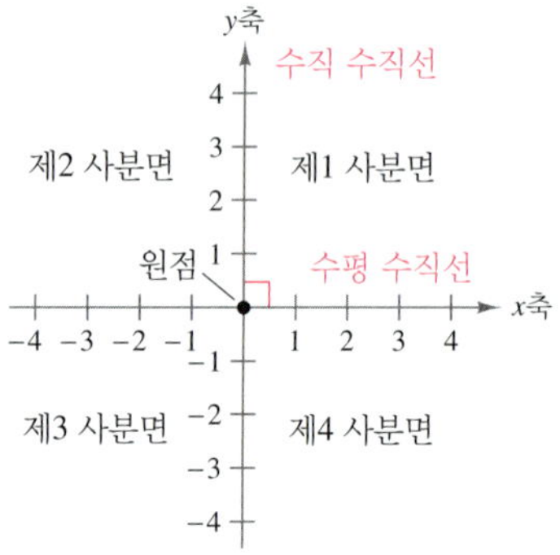

그림 1.1 데카르트 평면

수직선에 점을 찍어 실수를 나타내는 것처럼 실수의 순서쌍을 평면, 즉 **직교좌표계**(rectangular coordinate system), 또는 **데카르트 평면**(Cartesian plane)에 나타낼 수 있다. 데카르트 평면은 프랑스 수학자 르네 데카르트(René Descartes, 1596~1650)의 이름을 따른 것이다.

데카르트 평면은 두 수직선이 직각으로 교차하여 이루어지며 그림 1.1과 같다. 수평 수직선은 보통 ***x*축**(*x*-axis)이라고 하고, 수직 수직선은 ***y*축**(*y*-axis)이라고 한다. 두 축의 교점은 **원점**(origin)이라 하고 두 축으로 나누어진 평면의 네 부분을 **사분면**(quadrant)이라고 한다. 평면의 각 점은 두 실수 x, y의 **순서쌍**(ordered pair) (x, y)에 대응하고 점의 **좌표**(coordinate)라고 한다. ***x*좌표**(*x*-coordinate)는 y축으로부터 점까지의 유향 거리이고 ***y*좌표**(*y*-coordinate)는 x축으로부터 점까지의 유향 거리이다(그림 1.2).

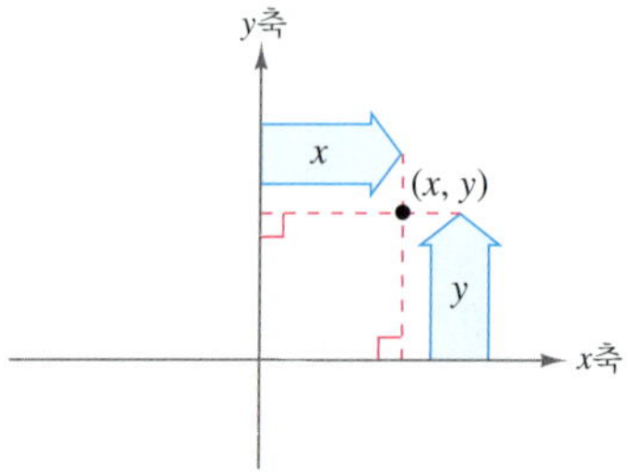

그림 1.2

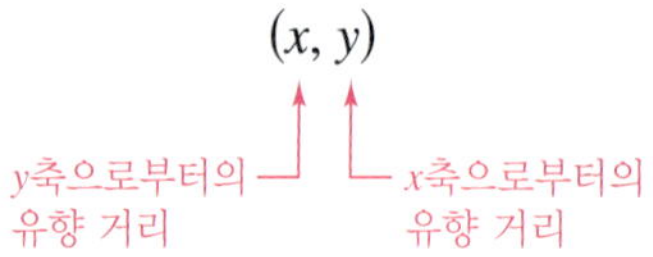

기호 (x, y)는 평면과 수직선 상에서 점이 열린구간임을 나타낸다.

예제 1 데카르트 평면에 점 찍기

점 $(-1, 2)$, $(3, 4)$, $(0, 0)$, $(-2, -3)$을 표시하여라.

풀이 점 $(-1, 2)$를 나타내려면 x축 위의 -1에서 세로로, y축 위의 2에서 가로로 연장선을 그어본다. 이 두 직선의 교점이 $(-1, 2)$이다. 다른 점들도 같은 방법으로 나타낼 수 있다.

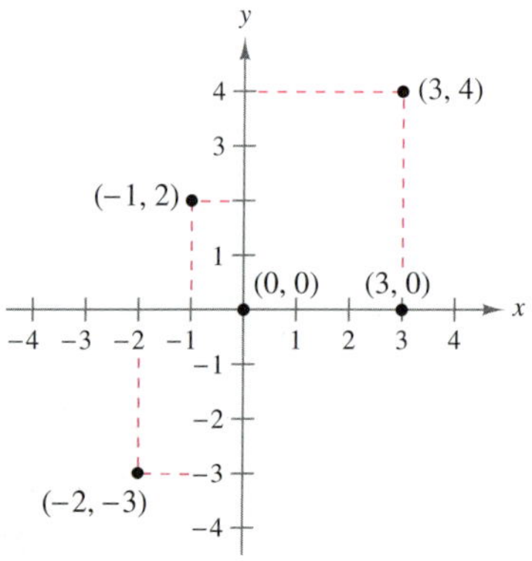

그림 1.3

✓점검문제 1 점 $(-3, 2)$, $(4, -2)$, $(3, 1)$, $(0, -2)$, $(-1, -2)$를 표시하여라. ■

직교좌표계는 두 값의 관계를 볼 수 있다. 예제 2는 직교좌표계에 자료를 점으로 찍어 그래프적으로 나타낸 것이다. 이런 그래프를 **이산 그래프**(scatter plot)라고 한다.

예제 2 이산 그래프 그리기

2005년에서 2006년 사이 미국의 민간 부문에 고용된 사람 수 E(백만 명)가 아래 표에 나타나 있다. 여기서 t는 연도이다. 이산 그래프를 그려라. (자료: 미 노동통계국)

t	2005	2006	2007	2008	2009	2010	2011	2012	2013
E	112	114	116	115	109	108	110	112	115

풀이 각 자료의 순서쌍 (t, E)는 표에 있는 자료를 평면 상에 점으로 표시하기 위한 것이다(그림 1.4). 예를 들면 (2005, 112)는 첫 번째 값의 순서쌍이다. t축에서는 0에서 2005 사이의 수가, E축에서는 0에서 104까지의 수가 생략되었다.

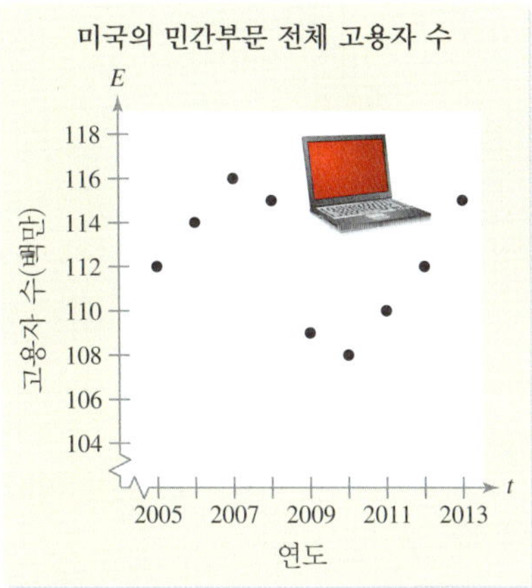

그림 1.4

✓점검문제 2 2005년에서 2013년 사이 미국 소비자 대출 산업에 고용된 사람 수 E(단위: 천 명) 가 아래 표에 나타나 있다. 여기서 t는 연도이다. 이산 그래프를 그려라. (자료: 미 노동통계국)

t	2005	2006	2007	2008	2009	2010	2011	2012	2013
E	113	118	119	110	97	91	87	91	95

■

예제 2에서 2005년을 $t = 1$로 잡을 수 있다. 이 경우 가로축에 생략 표시를 할 필요가 없다. t축에 (2005년에서 2013까지 대신) 1에서 9까지 표시할 수 있다. 예제 2의 이산 그래프는 자료를 그래프로 그리는 방법 중 하나이다 다른 방법으로 옆 그림에서처럼 막대그래프가 있는데, 그래픽 도구가 있다면 예제 2에 주어진 자료를 입력하여 그래프로 나타내면 된다. 또 다른 방법으로 선 그래프가 있다(연습문제 15).

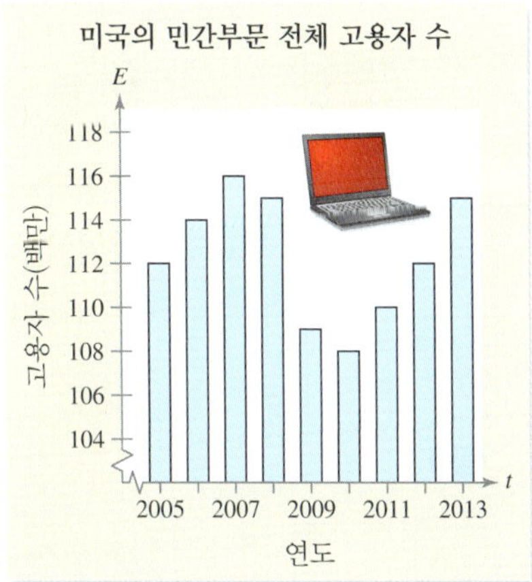

거리 공식

피타고라스 정리를 생각하자. 빗변의 길이가 c, 직각을 낀 두 변의 길이가 a, b인 직각삼각형에서

$$a^2 + b^2 = c^2 \qquad \text{피타고라스 정리}$$

임을 알고 있다(그림 1.5). 역도 성립한다. 즉 $a^2 + b^2 = c^2$이면, 이 삼각형은 직각삼각형이다.

평면에서 두 점 (x_1, y_1), (x_2, y_2) 사이의 거리 d를 구하려면 이 두 점은 그림 1.6에서 보는 것처럼 직각삼각형을 이룰 수 있다. 직각삼각형의 수직 변의 길이는

$$|y_2 - y_1|$$

이고, 수평 변의 길이는

$$|x_2 - x_1|$$

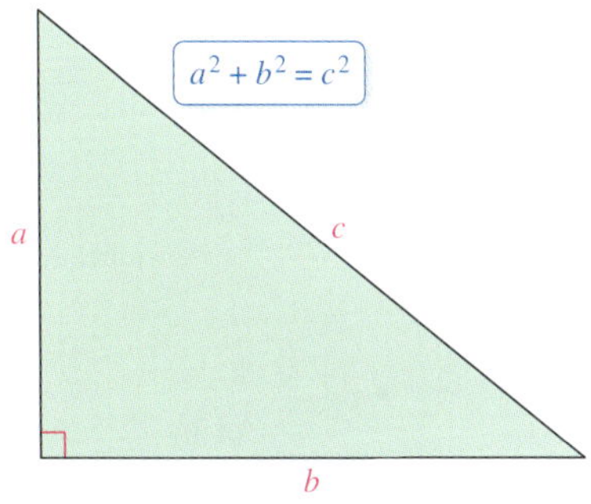

그림 1.5 피타고라스 정리

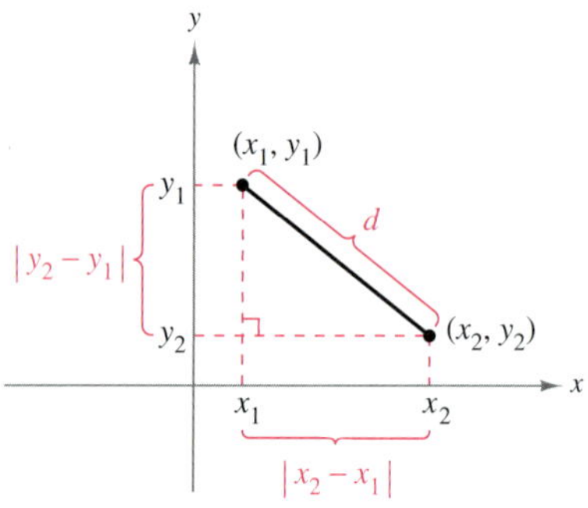

그림 1.6 두 점 사이의 거리

이다. 피타고라스의 정리에 의해

$$d^2 = |x_2 - x_1|^2 + |y_2 - y_1|^2$$

즉

$$d = \sqrt{|x_2 - x_1|^2 + |y_2 - y_1|^2}$$

$$d = \sqrt{(x_2 - x_1)^2 + (y_2 - y_1)^2}$$

이 식이 **거리 공식**이다.

거리 공식

평면에서 두 점 (x_1, y_1), (x_2, y_2) 사이의 거리 d는 다음과 같다.

$$d = \sqrt{(x_2 - x_1)^2 + (y_2 - y_1)^2}$$

예제 3 거리 구하기

두 점 $(-2, 1)$, $(3, 4)$ 사이의 거리를 구하여라.

풀이 $(x_1, y_1) = (-2, 1)$, $(x_2, y_2) = (3, 4)$라 두면, 거리 공식에 의해

$d = \sqrt{(x_2 - x_1)^2 + (y_2 - y_1)^2}$	거리 공식
$= \sqrt{[3 - (-2)]^2 + (4 - 1)^2}$	x_1, y_1, x_2, y_2에 대입한다
$= \sqrt{(5)^2 + (3)^2}$	간단히 한다
$= \sqrt{34}$	간단히 한다
≈ 5.83	계산기를 사용한다

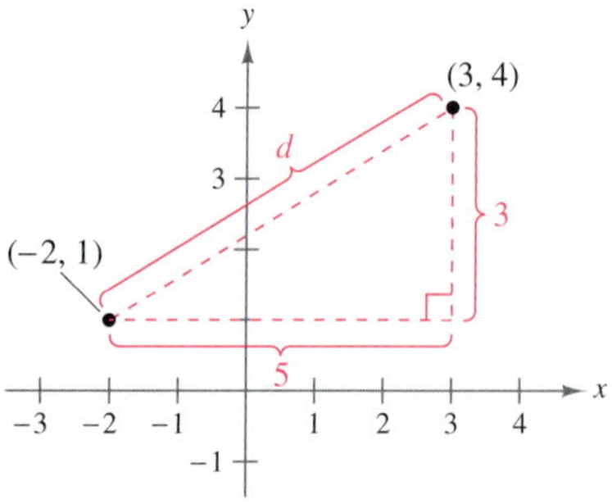

그림 1.7

이므로 두 점 사이의 거리는 약 5.83이다. 그림 1.7에서 거리 5.83이면 직각삼각형처럼 보인다.

✓ **점검문제 3** 두 점 $(-2, 1)$, $(2, 4)$ 사이의 거리를 구하여라. ■

예제 4 직각삼각형임을 보이기

거리 공식을 사용하여 세 점 $(2, 1)$, $(4, 0)$, $(5, 7)$이 직각삼각형의 꼭짓점임을 보여라.

풀이 그림 1.8에 세 점을 나타내었다. 거리 공식을 사용하여 세 변의 길이를 구할 수 있다.

$$d_1 = \sqrt{(5-2)^2 + (7-1)^2} = \sqrt{9 + 36} = \sqrt{45}$$

$$d_2 = \sqrt{(4-2)^2 + (0-1)^2} = \sqrt{4 + 1} = \sqrt{5}$$

$$d_3 = \sqrt{(5-4)^2 + (7-0)^2} = \sqrt{1 + 49} = \sqrt{50}$$

$$d_1^2 + d_2^2 = 45 + 5 = 50 = d_3^2$$

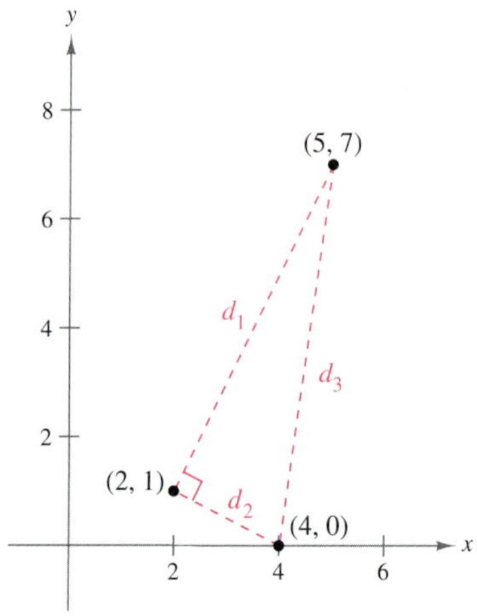

그림 1.8

피타고라스 정리의 역을 이용하면 이 세 점을 꼭짓점으로 하는 삼각형은 직각삼각형임이 분명하다.

✔ **점검문제 4** 거리 공식을 사용하여 세 점 $(2, -1)$, $(5, 5)$, $(6, -3)$이 직각삼각형의 꼭짓점임을 보여라. ■

예제 3, 4에 있는 그림은 풀이에 꼭 필요한 것은 아니다. 그러나 비록 요구하지 않더라도 풀이를 해결할 때 그림을 그려보는 습관을 갖는 것은 필요하다.

예제 5 패스 거리 구하기

미식축구 경기에서 쿼터백이 사이드라인에서 20야드 떨어진 5야드 라인에서 공을 패스하여 같은 사이드라인에서 50야드 떨어진 45야드 라인에 있는 와이드 리시버가 잡았다(그림 1.9). 쿼터백이 패스한 거리는 얼마인가?

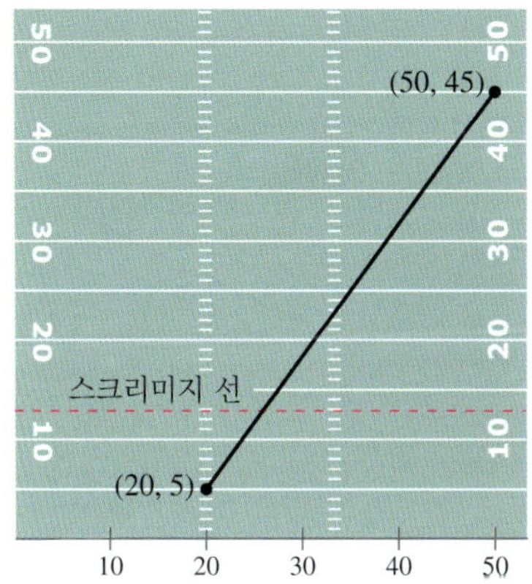

그림 1.9

풀이 두 점 $(20, 5)$, $(50, 45)$ 사이의 거리가 쿼터백이 패스한 거리이므로

$$\begin{aligned} d &= \sqrt{(50-20)^2 + (45-5)^2} && \text{거리 공식} \\ &= \sqrt{900 + 1600} && \text{간단히 한다} \\ &= 50 && \text{간단히 한다} \end{aligned}$$

이고, 따라서 패스한 거리는 50야드이다.

✔ **점검문제 5** 쿼터백이 사이드라인에서 10야드 떨어진 10야드 라인에서 공을 패스하여 같은 사이드라인에서 25야드 떨어진 30야드 라인에 있는 와이드 리시버가 잡았다. 쿼터백이 패스한 거리는 얼마인가? ■

중점 공식

좌표 평면에서 좌표로 나타낸 두 점을 이은 선분을 이등분하는 점을 **중점**(midpoint)이라고 한다.

중점 공식

두 점 (x_1, y_1), (x_2, y_2)를 잇는 선분의 중점은 다음과 같다.

$$\text{중점} = \left(\frac{x_1 + x_2}{2}, \frac{y_1 + y_2}{2}\right)$$

예제 6 선분의 중점 구하기

두 점 $(-5, -3)$, $(9, 3)$을 잇는 선분의 중점을 구하여라.

풀이 $(x_1, y_1) = (-5, -3)$, $(x_2, y_2) = (9, 3)$으로 두면

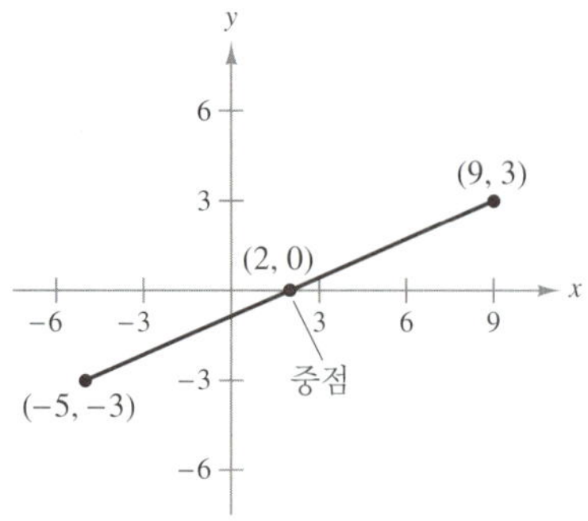

그림 1.10

$$\text{중점} = \left(\frac{x_1 + x_2}{2}, \frac{y_1 + y_2}{2}\right) \quad \text{중점 공식}$$

$$= \left(\frac{-5 + 9}{2}, \frac{-3 + 3}{2}\right) \quad x_1, x_2, y_1, y_2\text{에 대입}$$

$$= (2, 0) \quad \text{간단히 하기}$$

으로 선분의 중점은 (2, 0)이고 그림 1.10에서 볼 수 있다.

✓**점검문제 6** 두 점 (−6, 2), (2, 8)을 잇는 선분의 중점을 찾아라. ■

예제 7 **연 수입 추정하기**

맥도날드 회사의 연 수입이 2011년에는 270억 달러, 2013년에는 281억 달러였다고 한다. 다른 정보 없이 2012년의 수입을 추정하여라.

풀이 연 수입이 직선 형태를 따른다고 하면, 선분의 중점 구하는 방법으로 2012년의 수입을 추정할 수 있다. 즉 두 점 (2011, 27.0), (2013, 28.1)의 중점을 구하면

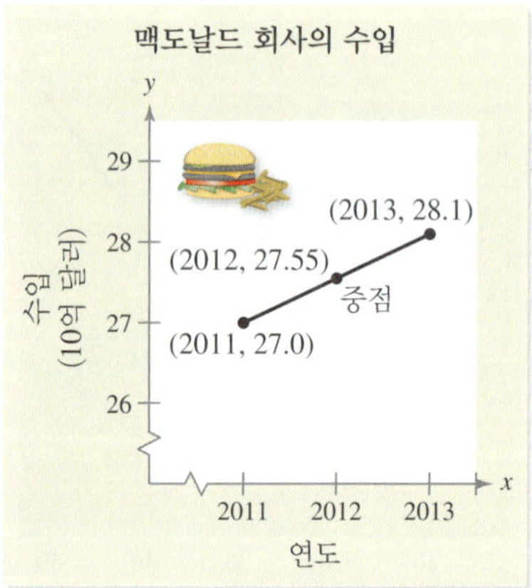

그림 1.11

$$\text{중점} = \left(\frac{x_1 + x_2}{2}, \frac{y_1 + y_2}{2}\right) \quad \text{중점 공식}$$

$$= \left(\frac{2011 + 2013}{2}, \frac{27.0 + 28.1}{2}\right) \quad x_1, x_2, y_1, y_2\text{에 대입}$$

$$= (2012, 27.55) \quad \text{간단히 하기}$$

이므로 2012년의 수입은 275.5억 달러로 추정할 수 있다. 실제 2012년의 수입은 약 276억 달러라고 한다.

✓**점검문제 7** 켈로그 회사의 연 매출이 2011년에는 약 132억 달러, 2013년에는 148억 달러였다고 한다. 다른 정보 없이 2012년의 매출을 추정하여라. ■

많은 영화에서 컴퓨터 그래픽이 광범위 하게 사용되고 있다. 컴퓨터 그래픽은 2차, 3차 공간에서 점의 변환으로 이루어져 있다. 위 사진은 〈어메이징 스파이더맨 2〉의 한 장면이다. 이 영화의 애니메이션 작가들은 화면, 등장인물, 움직임은 물론 필름 전체를 통해 빛까지도 컴퓨터 그래픽을 사용했다.

평면에서 점 이동

많은 컴퓨터 그래픽은 평면에서 점의 변환으로 이루어져 있다. 변환의 한 형태는 예제 8에서의 그림처럼 이동이다. 다른 형태의 변환은 대칭이동, 회전, 신축 등이다.

예제 8 **평면에서 점의 이동**

그림 1.12(a)는 평행사변형의 꼭짓점을 보여 주고 있다. 이 평행사변형을 오른쪽으로 4단위, 아래로 2단위 이동한 후 평행사변형의 꼭짓점을 구하여라.

풀이 4개의 꼭짓점을 오른쪽으로 4단위 옮기기 위해서는 x좌표에 4를 더하고, 각 꼭짓점을 아래로 2단위 옮기기 위해서는 y좌표에서 2를 뺀다.

원래 점	이동 후 점
$(1, 0)$	$(1 + 4, 0 - 2) = (5, -2)$
$(3, 2)$	$(3 + 4, 2 - 2) = (7, 0)$
$(3, 6)$	$(3 + 4, 6 - 2) = (7, 4)$
$(1, 4)$	$(1 + 4, 4 - 2) = (5, 2)$

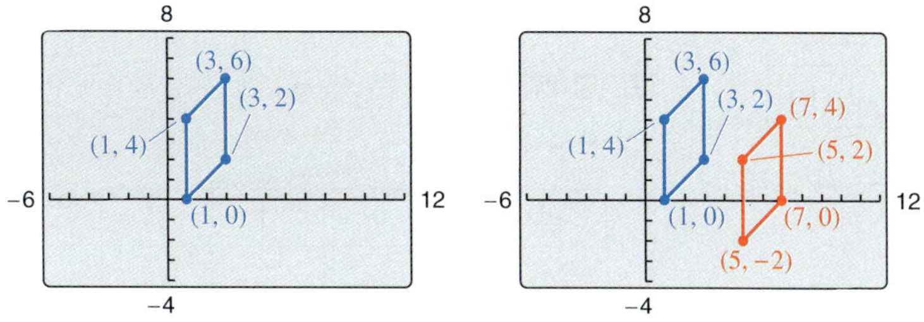

(a) (b)

그림 1.12

✓ **점검문제 8** 예제 8에 있는 평행사변형에서 왼쪽으로 2단위, 아래로 4단위 이동한 후 평행사변형의 꼭짓점을 구하여라. ■

연습문제 1.1

1. (데카르트 평면에 점 찍기) 다음 점을 데카르트 평면에 표시하여라. (예제 1 참조)

$(-5, 3), (1, -1), (-2, -4), (2, 0), (1, 4)$

[2-6] (거리와 선분의 중점 구하기) (a) 점을 표시하여라. (b) 두 점 사이의 거리를 구하여라. (c) 두 점을 연결하는 선분의 중점을 구하여라. (예제 1, 3, 6 참조)

2. $(3, 1), (5, 5)$

3. $(-3, 7), (1, -1)$

4. $(2, -12), (8, -4)$

5. $\left(\frac{1}{2}, 1\right), \left(-\frac{3}{2}, -5\right)$

6. $(0, -4.8), (0.5, 6)$

[7-8] (직각삼각형임을 보이기) (a) 직각삼각형의 각 변의 길이를 구하여라. (b) 각 변의 길이가 피타고라스의 정리를 만족함을 보여라.

7.

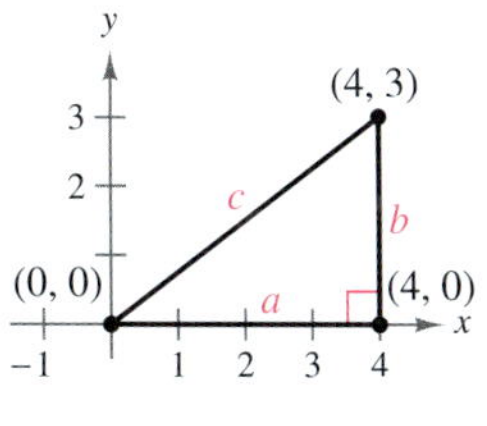

8.

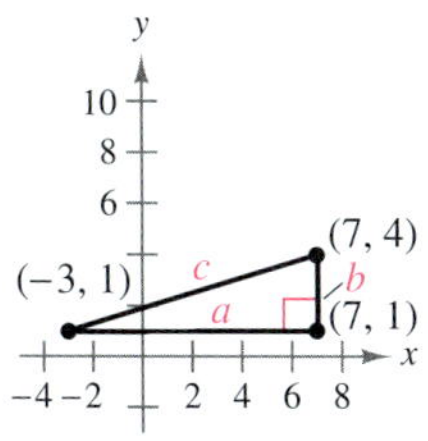

[9-10] (다각형임을 보이기) 다음 점들이 제시된 다각형의 꼭짓점을 구성함을 보여라. (마름모는 네 변의 길이가 모두 같은 사각형이다.)

9. 직삼각형: $(0, 1), (3, 7), (4, -1)$

10. 마름모: $(0, 0), (1, 2), (2, 1), (3, 3)$

11. (값 구하기) 두 점 사이의 거리가 5인 x값을 구하여라.

$(1, 0), (x, -4)$

12. (값 구하기) 두 점 사이의 거리가 8인 y값을 구하여라.

$(-3, 0), (-5, y)$

13. (스포츠) 엔드 라인에서 18미터, 사이드라인에서 12미터 위치에 있는 축구 선수가 같은 엔드 라인과 사이드라인에서 각각 42미터, 50미터 위치에 있는 동료 선수에게 패스했다. 패스한 거리는 얼마인가?

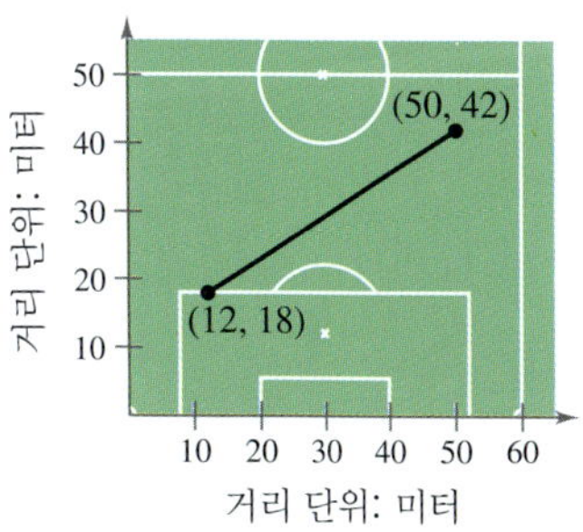

14. (소비자 경향 자료 그래핑) 2006년에서 2013년 사이 전 세계 개인 인터넷 사용자 수는 다음 표와 같다. (자료: ITU)

연도	2006	2007	2008	2009
사용자 수	1.151	1.365	1.561	1.751

연도	2010	2011	2012	2013
사용자 수	2.032	2.271	2.510	2.710

위 자료를 참조하여 이산 그래프, 막대그래프, 선 그래프를 각각 그려라.

15. (다우존스 산업 평균 지수) 다음 그래프는 주식 시장의 다우존스 산업 평균 지수이다. (자료: S&P Dow Jones Indices LLC)

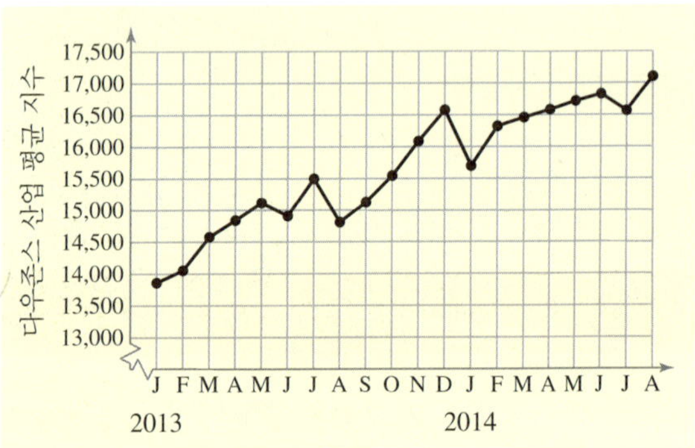

(a) 2013년 3월, 7월, 2014년 7월의 산업 평균 지수를 추정하여라.

(b) 2013년 12월에서 2014년 1월 사이의 다우존스 산업 평균 지수의 증가 또는 감소 퍼센트를 추정하여라.

16. (수입과 이익) 버펄로 와일드 윙사의 2011년과 2013년의 수입과 이익이 다음 표와 같다. (자료: 버펄로 와일드 윙 주식회사)

연도	2011	2012	2013
수입(백만 달러)	784.5		1266.7
이익(백만 달러)	50.4		71.6

(a) 중점 공식을 사용하여 2012년의 수입과 이익을 추정하여라.

(b) 인터넷 등 다른 소스를 통해 2012년의 실제 수입과 이익을 구하여라.

(c) 2011년에서 2013년 사이 수입과 이익이 선형적으로 증가하였는가? 추정한 이유를 설명하여라.

(d) 주어진 연도의 비용은 얼마인가?

(e) 2011년에서 2013년 사이의 버펄로 와일드 윙사의 성장률은 어떠한가?

17. (경제학) 다음 표는 소, 중, 대형 병원에서 이비인후과 환자 수를 나타낸다.

의사 수	0	1	2	3	4
소형 병원 환자 수	0	20	28	35	40
중형 병원 환자 수	0	30	42	53	60
대형 병원 환자 수	0	35	49	62	70

(a) 같은 좌표 평면에 의사 수와 환자 수의 관계를 선 그래프로 그려라. (의사 수는 가로축, 환자 수는 세로축에 표시한다.)

(b) 소, 중, 대형 병원 사이의 관계를 비교하여라.

18. (평면에서 점의 이동) 다음 꼭짓점을 아래로 5단위, 왼쪽으로 3단위 이동하여라. (예제 8 참조)

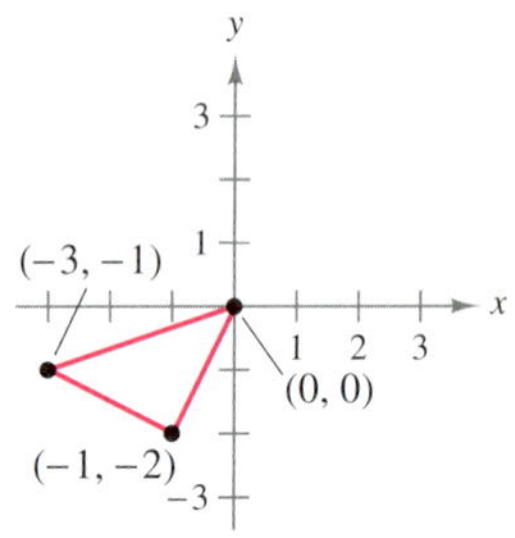

19. (중점 공식 사용) 중점 공식을 사용하여 두 점 (x_1, y_1), (x_2, y_2)를 4등분 하는 세 점을 구하여라.

20. (중점 공식 사용) 중점 공식을 사용하여 점 $\left(\frac{1}{3}[2x_1 + x_2], \frac{1}{3}[2y_1 + y_2]\right)$는 두 점 (x_1, y_1), (x_2, y_2)의 3등분점 중의 하나임을 보여라. 또 두 점 $\left(\frac{1}{3}[2x_1 + x_2], \frac{1}{3}[2y_1 + y_2]\right)$와 (x_2, y_2)의 중점이 또 다른 3등분점임을 보여라.

기호는 그래픽 기술이나 컴퓨터 대수 체계를 사용하라는 지시를 표시한 것이다. 다른 연습문제 역시 적절한 기기를 사용하여 풀이를 수월하게 할 수 있다.

1.2 방정식의 그래프

- 손으로 방정식의 그래프 그리기
- 방정식의 그래프에서 x절편, y절편 찾기
- 원의 표준방정식 쓰기
- 두 그래프의 교점 찾기
- 수학적 모형식을 사용하여 실생활 문제를 모형화하고 해결하기

방정식의 그래프

1장 1절에서 두 양의 관계를 그래프로 나타내기 위해 좌표계를 사용했다. 거기에서 그래프는 좌표 평면에서 점의 집합으로 이루어져 있다.

가끔 두 양 사이의 관계는 방정식으로 표현된다. 예를 들면 섭씨온도와 화씨온도 사이의 관계는 다음 방정식으로 나타낼 수 있다.

$$F = \frac{9}{5}C + 32$$

이 절에서는 이런 방정식의 그래프를 그리는 과정을 공부할 것이다. 방정식의 **그래프**(graph)는 방정식의 해의 집합이다.

예제 1 방정식의 그래프 그리기

$y = 7 - 3x$의 그래프를 그려라.

풀이 방정식의 그래프를 그리는 한 방법으로 점을 찍는 방법이 있다. 이 방법으로 방정식의 해인 점 여러 개로 표를 만들 수 있다. 예를 들어 $x = 0$이면

$$y = 7 - 3(0) = 7$$

이며 점 (0, 7)은 방정식의 해인 점이다. 이런 방법으로 표를 만들면 다음과 같다.

x	0	1	2	3	4
$y = 7 - 3x$	7	4	1	−2	−5

이 표로부터 (0, 7), (1, 4), (2, 1), (3, −2), (4, −5)는 방정식의 해인 점이다. 이 점들을 좌표 평면에 찍으면 직선 위에 나타남을 알 수 있다(그림 1.13). 그러므로 방정식의 그래프는 좌표 평면 위에 찍은 이 다섯 개의 점을 지나는 직선이다.

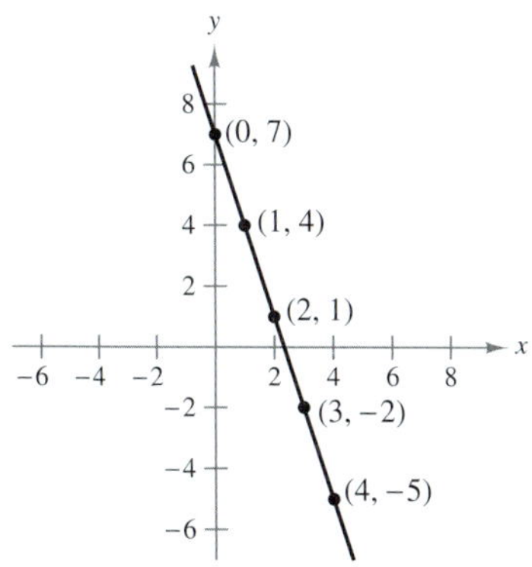

■ **그림 1.13** $y = 7 - 3x$의 해인 점

✓**점검문제 1** $y = 2x - 1$의 그래프를 그려라.

예제 2 방정식의 그래프 그리기

$y = x^2 - 2$의 그래프를 그려라.

풀이 아래처럼 값의 표를 만들자.

x	-2	-1	0	1	2	3
$y = x^2 - 2$	2	-1	-2	-1	2	7

다음으로 그림 1.14(a)처럼 좌표 평면에 표에 있는 점을 찍는다. 마지막으로 그림 1.14(b)처럼 점들을 연결하여 매끄러운 곡선으로 만든다.

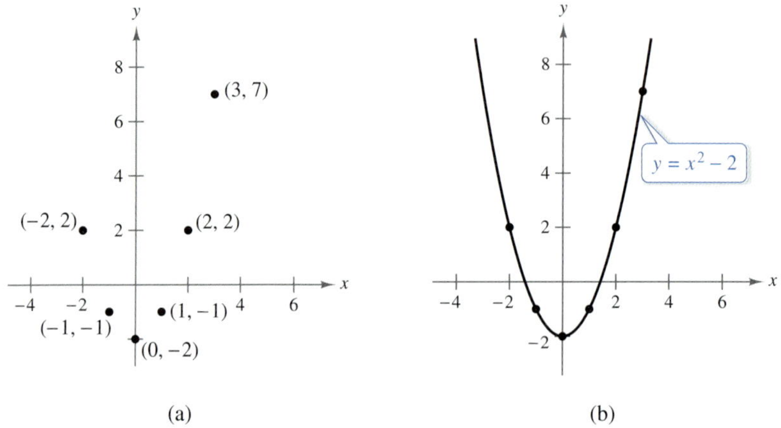

그림 1.14

✓ **점검문제 2** $y = x^2 - 4$의 그래프를 그려라. ■

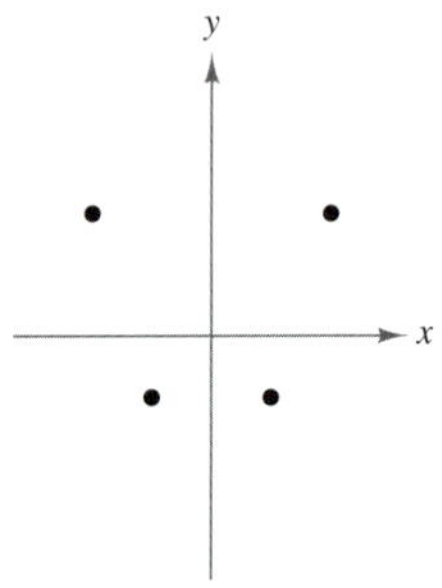

그림 1.15

예제 2의 그래프는 **포물선**(parabola)이다. 임의의 이차식 방정식

$$y = ax^2 + bx + c, \quad a \neq 0$$

의 그래프는 비슷한 모양이다. $a > 0$이면 포물선은 위로 열려 있고[그림 1.14(b)], $a < 0$이면 포물선은 아래로 열려 있다.

예제 1, 2에서와 같이 점을 찍어 그래프를 그리는 방법은 단점이 있다. 점 몇 개만으로는 주어진 방정식의 그래프를 잘못 표현할 수 있다. 예를 들어 그림 1.15에 있는 네 점을 어떻게 연결할 것인가? 더 이상의 정보가 없다면 그림 1.16의 세 그래프는 모두 가능할 것이다.

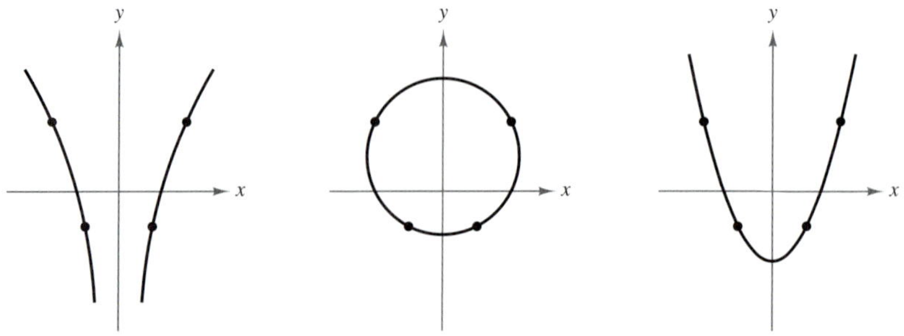

그림 1.16

그래프의 절편(좌표축과의 교점)

몇몇 방정식의 해가 되는 점은 x좌표 또는 y좌표가 0인 경우가 있다. 이런 점들은 x축 또는 y축을 자르기 때문에 **절편**(intercept)이라고 한다.

몇몇 교재에는 x절편을 간단히 점 $(a, 0)$ 대신에 이 점의 x좌표로 나타낸다. 같은 방법으로 y절편을 점 $(0, b)$의 y좌표로 나타낸다. 특별히 구별을 할 필요가 없을 때는 절편은 점이거나 좌표를 말한다.

그래프에 따라 절편이 없거나, 하나 또는 여러 절편을 가질 수 있다(그림 1.17).

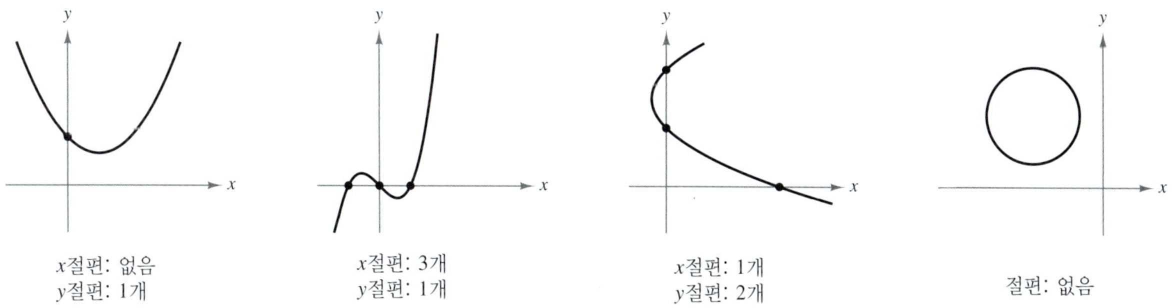

그림 1.17

절편 찾기

1. **x절편**을 찾기 위해서는 $y = 0$으로 두고 방정식을 x에 대해 푼다.
2. **y절편**을 찾기 위해서는 $x = 0$으로 두고 방정식을 y에 대해 푼다.

예제 3 x, y절편 구하기

$y = x^3 - 4x$의 그래프에서 x, y절편을 구하여라.

풀이 x절편을 구하기 위해 $y = 0$으로 두고 x에 대해 푼다.

$$x^3 - 4x = 0 \quad y\text{를 0으로 둔다}$$
$$x(x^2 - 4) = 0 \quad \text{인수분해 한다}$$
$$x(x + 2)(x - 2) = 0 \quad \text{일차 인수로 인수분해}$$
$$x = 0, -2, 2 \quad x\text{에 대해 푼다}$$

이 방정식은 해가 3개이므로 그래프는 x절편은

$(0, 0), (-2, 0), (2, 0)$ x절편

임을 알 수 있다. y절편을 구하려면 $x = 0$으로 두고 y에 대해 풀면

$$y = x^3 - 4x = 0^3 - 4(0) = 0$$

으로, 이 식은 단 하나의 해만 갖는다. 그러므로 y절편은

$(0, 0)$ y절편

이다(그림 1.18).

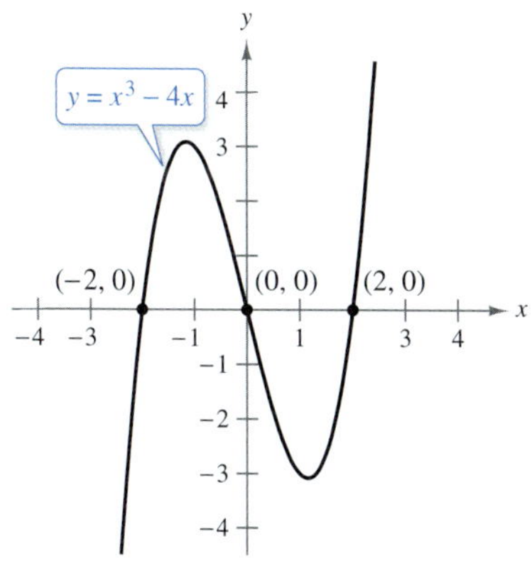

그림 1.18

✓ 점검문제 3 $y = x^2 - 2x - 3$의 그래프에서 x, y절편을 구하여라. ■

원

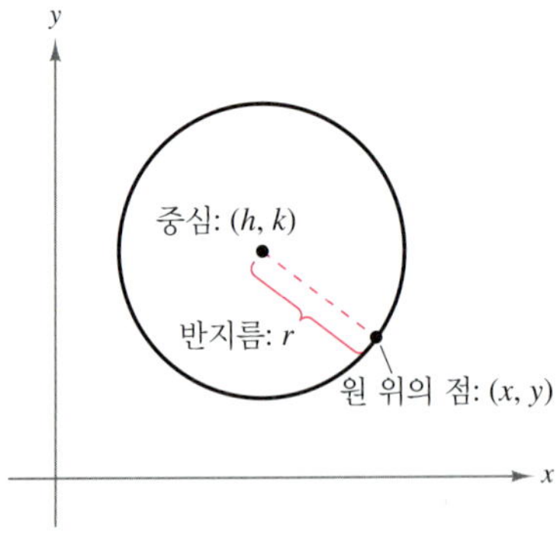

그림 1.19

이 과정에서는 방정식에서 몇 가지 형태의 그래프를 보게 될 것이다. 예를 들면

$$y = ax^2 + bx + c, \quad a \neq 0$$

형태의 2차 방정식은 포물선임을 알았다(예제 2). 또 다른 알 수 있는 그래프는 **원**(circle)이다.

그림 1.19에 있는 원을 생각하자. 점 (x, y)가 중심 (h, k), 반지름 r인 원 위의 점이면, 또 이 경우에만, 거리 공식에 의해

$$\sqrt{(x-h)^2 + (y-k)^2} = r$$

이다. 방정식의 양변을 제곱하면 **원의 표준방정식**을 얻을 수 있다.

원의 표준방정식

원의 표준방정식은 다음과 같다.

$$(x-h)^2 + (y-k)^2 = r^2 \qquad \text{중심 } (h, k)$$

(h, k)는 원의 중심, 양수 r은 반지름이다. 중심이 원점, 즉 $(h, k) = (0, 0)$이면 원의 표준방정식은 다음과 같다.

$$x^2 + y^2 = r^2 \qquad \text{중심 } (0, 0)$$

예제 4 원의 방정식 구하기

점 (3, 4)는 중심 (−1, 2)인 원 위의 점이다. 이 원의 표준방정식을 구하고 그래프를 그려라.

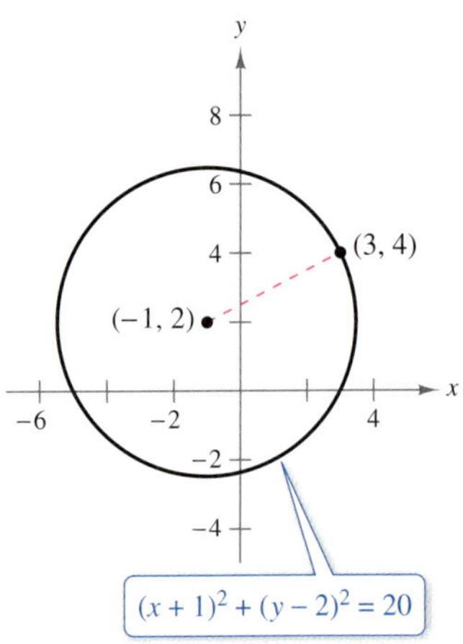

그림 1.20

풀이 반지름의 길이는 (−1, 2)와 (3, 4) 사이의 거리이므로

$$\begin{aligned} r &= \sqrt{[3-(-1)]^2 + (4-2)^2} && \text{거리 공식} \\ &= \sqrt{(4)^2 + (2)^2} && \text{간단히 하기} \\ &= \sqrt{16+4} && \text{간단히 하기} \\ &= \sqrt{20} && \text{반지름} \end{aligned}$$

이다. $(h, k) = (-1, 2)$, $r = \sqrt{20}$을 이용하면 원의 표준방정식은

$$\begin{aligned} (x-h)^2 + (y-k)^2 &= r^2 && \text{원의 방정식} \\ [x-(-1)]^2 + (y-2)^2 &= (\sqrt{20})^2 && h, k, r\text{에 대입} \\ (x+1)^2 + (y-2)^2 &= 20 && \text{표준형으로 쓰기} \end{aligned}$$

이고, 따라서 원의 방정식의 그래프는 그림 1.20이다.

✔ **점검문제 4** 점 (1, 5)는 중심 (−2, 1)인 원 위의 점이다. 이 원의 표준방정식을 구하고 그래프를 그려라. ■

교점

서로 다른 두 방정식의 그래프가 만나는 점을 **교점**(point of intersection)이라고 한다. 그림 1.21에서 보면 두 그래프 $y = x^2 - 3$과 $y = x - 1$은 두 교점 (2, 1) (−1, −2)을 갖는다. 해석적으로 두 점을 구하려면 두 y값을 같게 두고, 즉

$$x^2 - 3 = x - 1$$

을 x에 대해 푼다.

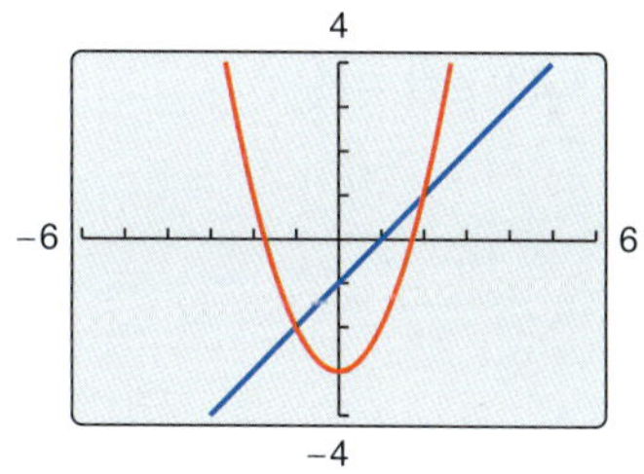

그림 1.21

일반적으로 교점의 상업적 응용은 **손익분기점 분석**(break-even analysis)에서 볼 수 있다. 보통 새 제품을 내놓으려면 초기 투자비가 필요하다. 제품이 충분히 판매되어 총수입이 총비용을 상쇄할 때 매출액은 **손익분기점**(break-even point)에 도달했다고 한다. 제품을 x단위 생산한 **총비용**(total cost)을 C라 하고, x단위 생산량의 판매에 의한 **총수입**(total revenue)을 R이라고 하자. 그러면 비용 C와 수입 R을 같게 두고 x에 대해 풀면 손익분기점을 구할 수 있다. 다시 말하면 손익분기점은 수입과 비용 그래프의 교점에 해당한다.

예제 5 손익분기점 구하기

한 회사가 제품을 개당 0.65달러에 생산하여 1.20달러에 판매한다고 하자. 제품의 초기 투자비는 10,000달러이다. 회사가 18,000개를 팔면 손익분기점에 도달하는가? 손익분기점을 넘기려면 몇 개를 팔아야 하는가?

풀이 제품을 x개 생산하기 위한 총비용은

$C = 0.65x + 10{,}000$ 비용 방정식

이고, x개 판매할 때의 총수입은

$R = 1.2x$ 수입 방정식

이다. 손익분기점을 구하기 위해 비용과 수입 방정식을 같게 놓고 x에 대해 푼다. 즉

$R = C$	수입과 비용을 같게 놓는다
$1.2x = 0.65x + 10{,}000$	R, C에 대입
$0.55x = 10{,}000$	양변에서 $0.65x$를 뺀다
$x = \dfrac{10{,}000}{0.55}$	양변을 0.55로 나눈다
$x \approx 18{,}182$	계산기를 사용한다

이다. 그러므로 회사는 18,000개를 팔면 손익분기점에 도달하지 못한다. 회사는 손익분기점을 넘기려면 18,182개 이상 팔아야 한다. 그림 1.22에서 보는 것처럼 판매량이 18,182개에 미치지 못하면 손실이 발생한다($R < C$). 반면에 18,182개 이상 팔면 회사

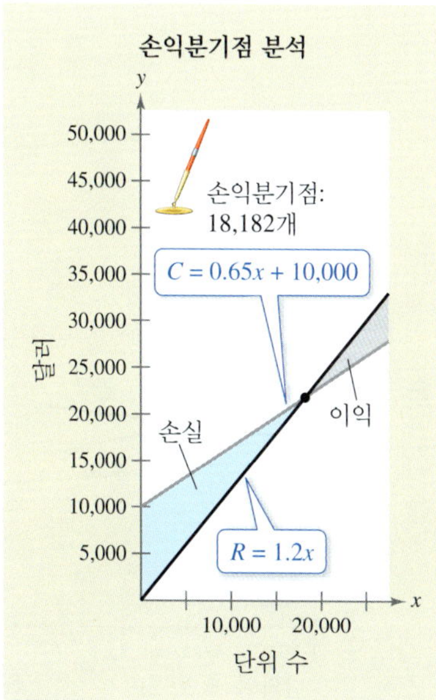

그림 1.22

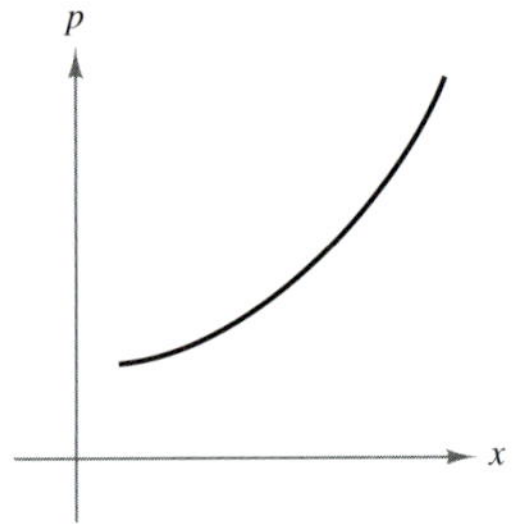

그림 1.23 공급 곡선

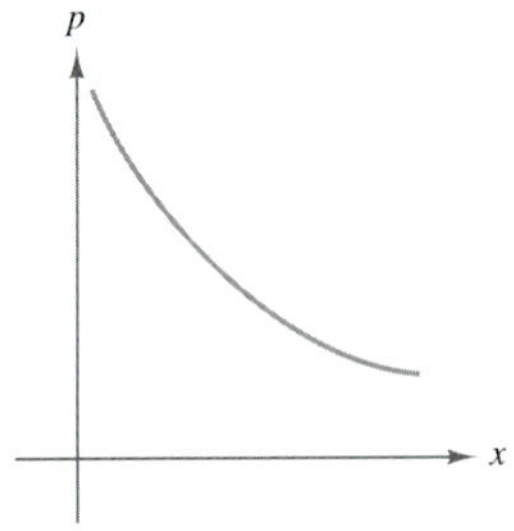

그림 1.24 수요 곡선

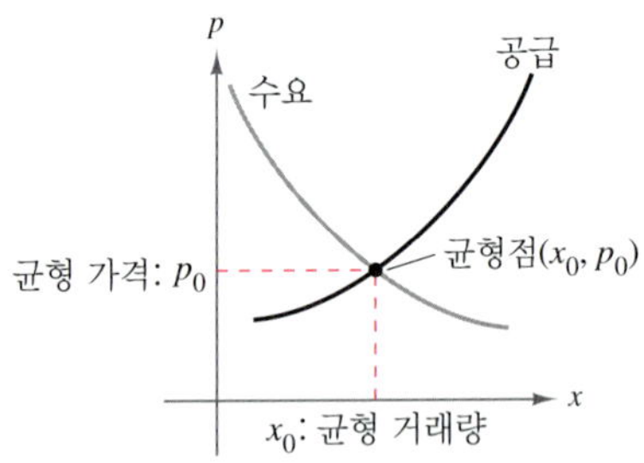

그림 1.25 균형점

는 이익을 보게 된다($R > C$).

✔ **점검문제 5** 예제 5에서 판매 단가를 1.45달러로 할 때, 손익분기점을 넘기려면 몇 개를 팔아야 하는가? ■

경제학자들이 시장을 분석하는 두 가지 방정식은 수요 방정식과 공급 방정식이다. **공급 방정식**(supply equation)은 생산 단가 p와 공급량 x 사이의 관계를 보여 준다. 공급 방정식의 그래프를 **공급 곡선**(supply curve)이라 한다(그림 1.23). 전형적인 공급 곡선은 제품의 생산자가 단가가 비쌀 때 더 많이 판매하기를 원하기 때문에 증가 곡선이다.

수요 방정식(demand equation)은 생산 단가 p와 수요량 x 사이의 관계를 보여 준다. 수요 방정식의 그래프를 **수요 곡선**(demand curve)이라 한다(그림 1.24). 전형적인 수요 곡선은 가격이 상승하면 수요가 줄어 감소 곡선이 된다.

시장에 영향을 주는 다른 요인이 없는 이상적인 상황에서 생산수준은 수요 곡선과 공급 곡선의 교점에서 안정된다. 이 점을 **균형점**(equilibrium point)이라 한다. 이 균형점의 x좌표를 **균형 거래량**(equilibrium quantity), p좌표를 **균형 가격**(equilibrium price)이라 한다(그림 1.25). 수요 방정식과 공급 방정식을 같게 두고 x에 대해 풀면 균형점을 찾을 수 있다.

예제 6 균형점 구하기

전자책 독자의 수요와 공급 방정식이 각각 다음과 같다.

$$p = 195 - 5.8x \quad \text{수요 방정식}$$
$$p = 150 + 3.2x \quad \text{공급 방정식}$$

여기서 p는 가격(달러)이고, x는 판매량(백만 개)이다. 이 시장에 대한 균형점을 구하여라.

풀이 수요 방정식과 공급 방정식을 같게 두고 시작하자.

$$195 - 5.8x = 150 + 3.2x \quad \text{각 방정식을 같게 두자}$$
$$45 - 5.8x = 3.2x \quad \text{150을 양변에서 뺀다}$$
$$45 = 9x \quad 5.8x\text{를 양변에 더한다}$$
$$5 = x \quad \text{양변을 9로 나눈다}$$

그러므로 균형점은 수요와 공급이 500만 개일 때이다(그림 1.26). 이 x값에 해당하는 가격은 각각 원래 방정식에 $x = 5$를 대입한 것이다. 예를 들면 수요 방정식에서

$$p = 195 - 5.8(5) = 195 - 29 = 166(\text{달러})$$

이고, $x = 5$를 공급 방정식에 대입하면

$$p = 150 + 3.2(5) = 150 + 16 = 166(\text{달러})$$

이다.

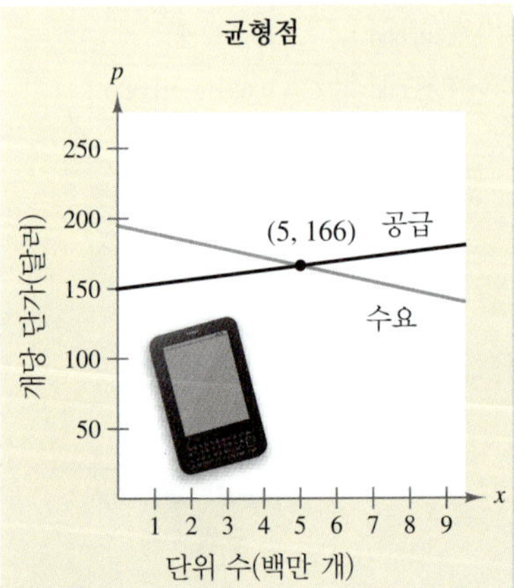

그림 1.26

✔ **점검문제 6** 스트리밍 미디어 기기의 수요와 공급 방정식이 각각 다음과 같다.

$p = 113 - 3.5x$ 수요 방정식
$p = 89 + 2.5x$ 공급 방정식

여기서 p는 가격(달러)이고 x는 단위 수(백만 개)이다. 이 시장에 대한 균형점을 구하여라. ■

수학적 모형

이 교재에서 여러분은 실생활 문제를 **수학적 모형**(mathematical model)으로 나타낸 수많은 방정식을 접하게 될 것이다. 실제 자료를 수학적 모형으로 구현함에 있어 정확성과 단순성의 두 가지 목적(간혹 상반되는)과 접하게 된다.

예제 7 수학적 모형 사용하기

다음 표는 2009년에서 2013년 사이 미국에서 생산된 연 평균 원유 생산량(백만 배럴/일)이다. (자료: 미국 에너지 정보국)

연도	2009	2010	2011	2012	2013
원유 생산량	5.35	5.48	5.64	6.50	7.45

이 자료에 대한 수학적 모형식은

$$y = 0.1671t^2 - 3.155t + 20.23$$

이다. 여기서 y는 연 평균 원유 생산량(백만 배럴/일)이고 t는 연도로서 $t = 9$는 2009년에 해당한다. 그래프와 표를 사용하여 자료와 모형식을 비교하여라. 모형식을 사용하여 2014년의 원유 생산량을 추정하여라.

풀이 그림 1.27과 아래 표는 주어진 자료와 모형식을 비교한 것이다. 모형식이 자료와 잘 맞음을 볼 수 있다.

연도	2009	2010	2011	2012	2013
원유 생산량	5.35	5.48	5.64	6.50	7.45
모형식	5.37	5.39	5.74	6.43	7.45

$t = 14$에서 2014년의 원유 생산량을 추정하면 다음과 같다.

$$y = 0.1671(14)^2 - 3.155(14) + 20.23 \approx 8.81\text{(백만 배럴/일)}$$

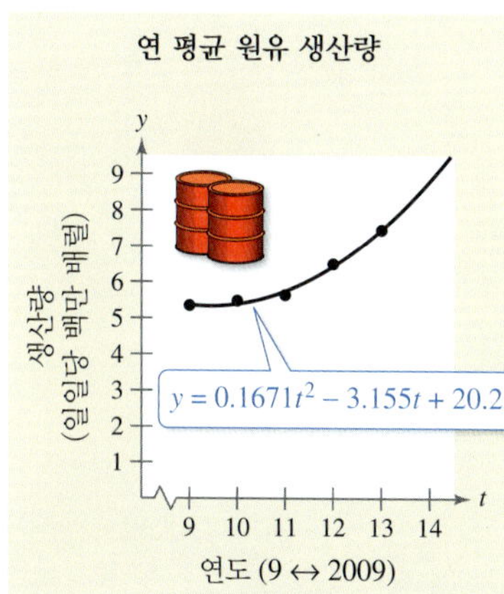

그림 1.27

✔ **점검문제 7** 다음 표는 2006년에서 2013년 사이 달러트리 가게의 연 매출(10억 달러)이다. [자료: 달러트리(주)]

연도	2006	2007	2008	2009	2010	2011	2012	2013
매출	3.97	4.29	4.64	5.23	5.88	6.63	7.39	7.84

이 자료에 대한 수학적 모형식은

$$S = 0.0294t^2 + 0.030t + 2.63$$

이다. 여기서 S는 연 매출(10억 달러)이고 t는 연도로서 $t = 6$은 2006년에 해당한다. 그래프와 표를 사용하여 자료와 모형식을 비교하여라. 모형식을 사용하여 2014년의 매출을 추정하여라. ■

미적분학을 공부함에 있어 수학적 모형을 관찰할 때 그래프의 움직임에 집중하는 것이 중요하다. 그림 1.28은 6개의 기본 대수 방정식을 보여 주고 있다. 이 그래프에 익숙해지면 수학적 모형을 만들거나 사용하는 데 도움을 줄 것이다.

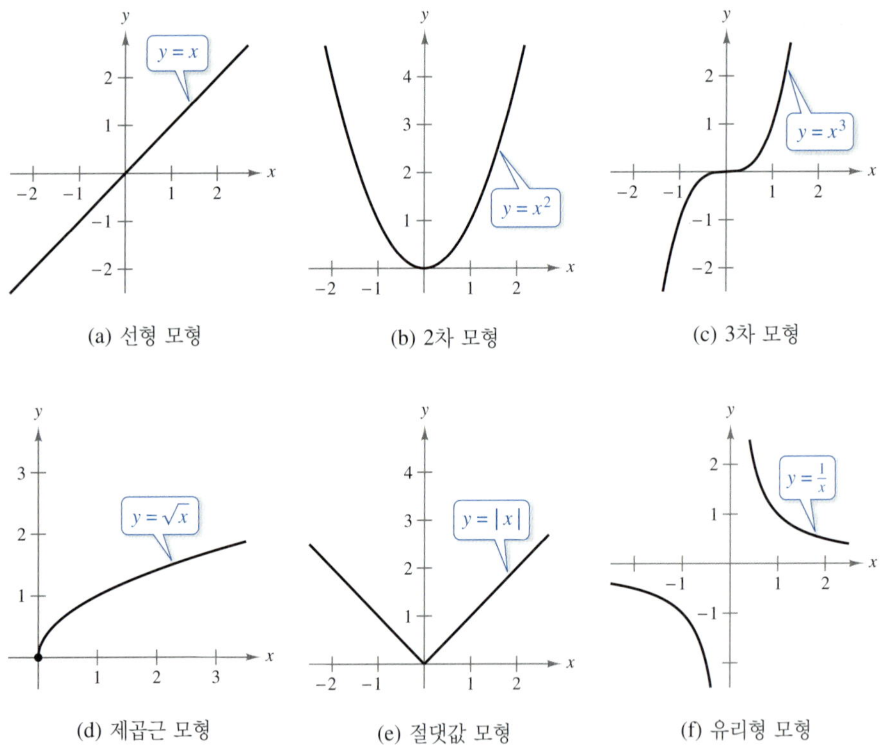

그림 1.28

연습문제 1.2

[1-3] (짝짓기) 방정식과 그래프를 짝지어라.

1. $y = x - 2$

2. $y = x^2 + 2x$

3. $y = |x| - 2$

(a)

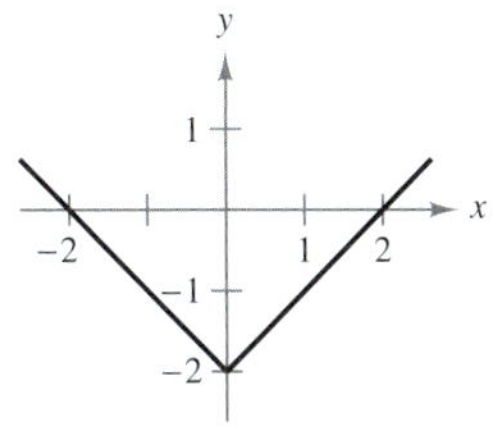

(b)

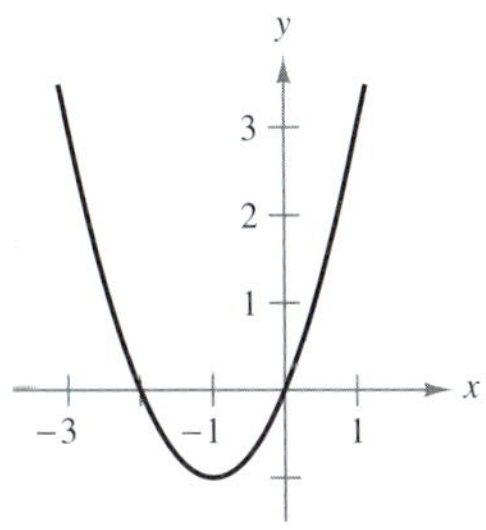

(c)

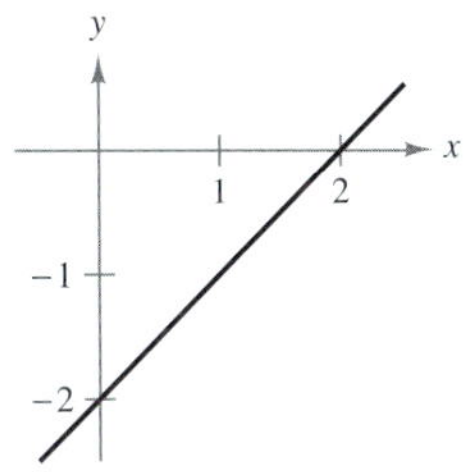

[4-11] (방정식의 그래프 그리기) 다음 방정식의 그래프를 그려라. 그래픽 도구를 사용하여 결과를 확인하여라. (예제 1, 2 참조)

4. $y = 2x + 3$

5. $y = x^2 - 3$

6. $y = (x - 1)^2$

7. $y = x^3 + 2$

8. $y = -\sqrt{x - 1}$

9. $y = |x + 1|$

10. $y = \dfrac{1}{x - 3}$

11. $x = y^2 - 4$

[12-16] (x, y절편 구하기) 다음 방정식의 그래프에서 x절편, y절편을 구하여라. (예제 3 참조)

12. $2x - y - 3 = 0$

13. $y = x^2 + x - 2$

14. $y = x^3 + 7x^2$

15. $y = \dfrac{x^2 - 4}{x - 2}$

16. $x^2y - x^2 + 4y = 0$

[17-20] (원의 방정식 구하기) 주어진 조건의 원의 표준방정식을 구하고 그래프를 그려라. (예제 4 참조)

17. 중심: $(0, 0)$, 반지름: 4

18. 중심: $(2, -1)$, 반지름: 5

19. 중심: $(-1, 1)$, 원 위의 점: $(-1, 5)$

20. 지름의 끝점: $(-6, -8)$, $(6, 8)$

[21-24] (교점 찾기) 다음 방정식의 그래프에서 (존재하면) 교점을 찾아라. 그래픽 도구를 사용하여 결과를 확인하여라.

21. $y = -x + 2,\ y = 2x - 1$

22. $y = -x^2 + 15,\ y = 3x + 11$

23. $y = x^3,\ y = 2x$

24. $y = x^4 - 2x^2 + 1,\ y = 1 - x^2$

[25-27] (손익분기점 구하기) C는 x단위를 생산하는 데 필요한 총비용(달러), R은 x단위를 판매할 때의 총수입(달러)이다. 손익분기점을 넘기려면 몇 단위를 팔아야 하는가? (예제 5 참조)

25. $C = 0.85x + 35{,}000,\ R = 1.55x$

26. $C = 8650x + 250{,}000,\ R = 9950x$

27. $C = 6x + 5000,\ R = 10x$

28. (손익분기점 분석) 초기 투자비로 21,000달러를 들여 사업을 시작했다고 하자. 생산 단가는 11.50달러, 판매가는 19.90달러라고 하자.

(a) x단위에 대한 총비용 C와 총수입 R의 방정식을 구하여라.

(b) 총비용과 총수입 방정식의 교점을 구하여 손익분기점을 구하여라.

(c) 1000달러의 이익을 내려면 몇 단위를 팔아야 하는가?

29. (수요와 공급) 운동량 측정 밴드의 수요와 공급 방정식은 각각

$p = 205 - 4x$ 수요 방정식

$p = 135 + 3x$ 공급 방정식

이다. 여기서 p는 가격(달러)이고, x는 단위 수(천 개)이다. 이 시장에 대한 균형점을 구하여라.

30. (전자도서의 수입) 다음 표는 2009년에서 2013년 사이 미국 전자도서 연 수입(10억 달러)에 대한 것이다.

연도	2009	2010	2012	2013	2014
수입	0.82	1.52	2.31	3.35	4.52

이 자료에 대한 수학적 모형식은 $y = 0.033t^3 - 0.0250t - 1.85$이다. 여기서 y는 연 수입(10억 달러)이고, t는 연도로서 $t = 9$는 2009년에 해당한다.

(a) 그래프와 표를 사용하여 자료와 모형식을 비교하여라.

(b) 모형식을 이용하여 2018년의 수입을 구하여라.

31. (준학사 학위) 미국에서 2008년에서 2012년 사이에 수여한 준학사(2년제 대학 졸업자) 학위자 수 y(천 명)의 수학적 모형식이 $y = 7.79t^2 - 86.6t + 941$이다. 여기서 t는 연도로서 $t = 8$은 2008년에 해당한다. (자료: 미국 교육통계국)

(a) 모형식을 사용하여 다음 표를 완성하여라.

연도	2008	2009	2010	2011	2012	2016
학위자 수						

(b) 모형식은 2008년에서 2012년 사이의 실제 자료로 만들어졌다. 2016년에 수여될 학위자 수와 얼마만큼 일치하는가? 추정한 이유를 설명하여라.

(c) 모형식을 사용하여 2020년에 수여될 학위자 수를 예측하여라. 예측이 유효하다고 생각하는가?

1.3 평면에서의 직선과 기울기

- 선형 방정식의 기울기-절편 형을 사용하여 직선의 그래프 그리기
- 두 점을 지나는 직선의 기울기 구하기
- 점-기울기 형을 사용하여 직선의 방정식 쓰기
- 평행, 수직인 직선의 방정식 구하기
- 선형 방정식을 사용하여 실생활 문제를 모형화하고 풀기

기울기 사용

두 변수를 관계 짓는 가장 간단한 수학적 모형은 **선형 방정식**(linear equation)

$$y = mx + b \qquad \text{선형 방정식}$$

이다. 이 방정식은 그래프가 선이므로 **선형**이라고 한다(이 교재에서 선은 **직선**을 의미한다). $x = 0$으로 두면 $y = b$에서 y축을 자르는 것을 볼 수 있다(그림 1.29). 다시 말하면 y절편은 $(0, b)$이다. 이 직선의 경사도(기울기)는 m이다.

$$y = mx + b$$

기울기 (m) — y절편 (b)

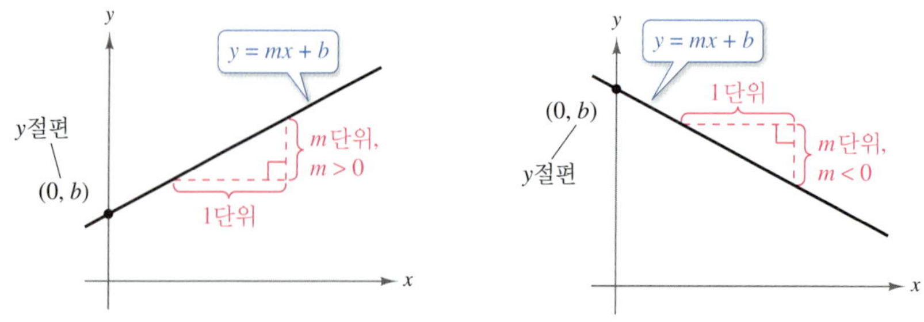

양의 기울기, 직선은 증가　　　음의 기울기, 직선은 감소

그림 1.29

수직이 아닌 직선의 **기울기**(slope)는 그림 1.29에서 보는 것처럼 왼쪽에서 오른쪽으로 각 수평 단위당 수직으로 증가(또는 감소)하는 단위 수이다.

$y = mx + b$의 형태로 쓴 직선의 방정식을 **기울기-절편 형**(slope-intercept form)으로 쓰여 있다고 한다.

직선의 기울기-절편 형 방정식

방정식의 그래프

$$y = mx + b$$

에서 m은 기울기, $(0, b)$는 y절편인 직선이다.

수직선은

$$x = a \qquad \text{수직선}$$

모양의 방정식이다. 수직선인 방정식은 $y = mx + b$ 형태로 쓸 수 없기 때문에 기울기는 정의되지 않는다(그림 1.30).

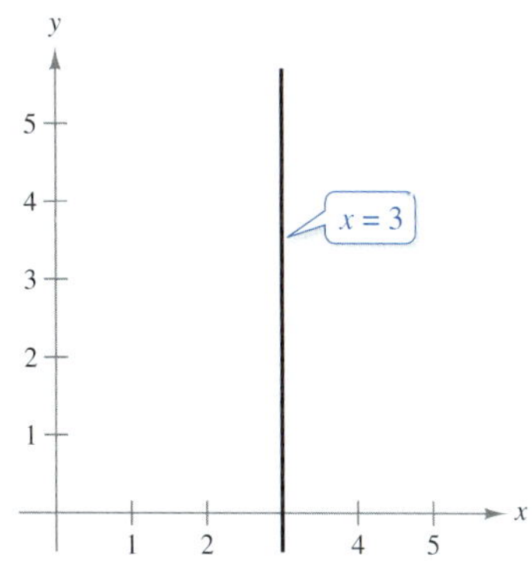

그림 1.30 수직선은 기울기가 정의되지 않는다.

일단 기울기와 y절편이 결정되면, 직선의 그래프를 그리는 것은 간단한 일이다.

예제 1 선형 방정식 그리기

다음 선형 방정식의 그래프를 그려라.

a. $y = 2x + 1$

b. $y = 2$

c. $x + y = 2$

풀이

a. 이 식은 기울기-절편 형으로 쓰여 있다. 즉

$$y = 2x + 1 \qquad y = mx + b$$

에서 $b = 1$이다. 그러므로 y절편은 $(0, 1)$이고 기울기 $m = 2$이다. 따라서 이 직선은 오른쪽으로 1단위 이동할 때 2단위 상승한다[그림 1.31(a)].

b. 이 식을 기울기-절편 형으로 쓰면

$$y = (0)x + 2 \qquad y = mx + b$$

이다. y절편은 $(0, 2)$이고 기울기는 0이다. 기울기가 0인 직선은 수평선이다. 즉 이 직선은 증가하거나 감소하지 않는다[그림 1.31(b)].

c. 이 식을 기울기-절편 형으로 쓰면

$$x + y = 2 \qquad \text{원래 방정식}$$
$$y = -x + 2 \qquad \text{양변에서 } x\text{를 뺀다}$$
$$y = (-1)x + 2 \qquad \text{기울기-절편 형으로 쓴다}$$

이다. y절편은 $(0, 2)$임을 알 수 있고, 기울기 $m = -1$이다. 따라서 이 직선은 오른쪽

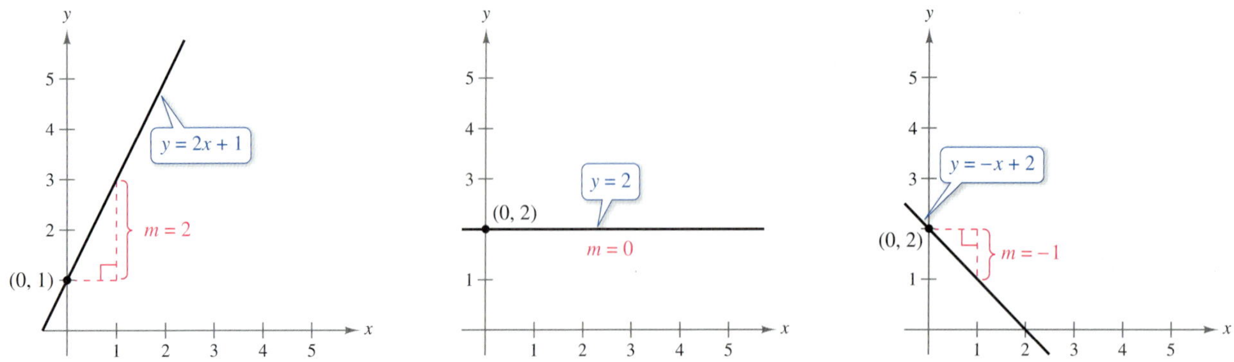

(a) m이 양이면 직선은 왼쪽에서 오른쪽으로 상승한다.

(b) m이 0이면 직선은 수평선이다.

(c) m이 음이면 직선은 왼쪽에서 오른쪽으로 하강한다.

그림 1.31

으로 1단위 이동할 때 1단위 하강한다[그림 1.31(c)].

✓**점검문제 1** 다음 선형 방정식의 그래프를 그려라.

a. $y = 4x - 2$

b. $x = 1$

c. $2x + y = 6$

실생활 문제에서 기울기는 비나 비율로 해석할 수 있다. x축과 y축이 같은 단위를 가지는 경우에는 기울기 단위가 없으며 **비율**(ratio)이 정해진다. x축과 y축이 다른 측정 단위를 가지는 경우 기울기는 변동률 또는 변화율이다.

예제 2 변동률로서 기울기 사용

휠체어 경사로의 기울기를 최대 $\frac{1}{12} \approx 0.083$으로 규정한다고 하자. 한 업자가 그림처럼 수평길이가 7.3미터, 높이가 56센티미터인 경사로를 설치했다. 경사로는 규정보다 더 가파른가?

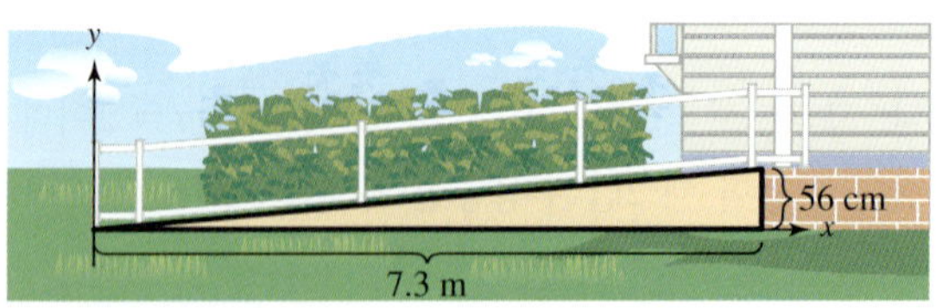

풀이 경사로의 수평길이는 7.3미터(730센티미터)이다. 그러므로 경사로의 기울기는

$$\begin{aligned}\text{기울기} &= \frac{\text{수직 변화량}}{\text{수평 변화량}} \\ &= \frac{56 \text{ cm}}{730 \text{ cm}} \\ &\approx 0.077\end{aligned}$$

이다. 경사로의 기울기는 0.083 미만이므로 규정보다 가파르지 않다. 기울기는 단위가 없으므로 비이다.

✓ **점검문제 2** 예제 2에서 업자가 두 번째 경사로를 수평길이가 7.9미터, 높이가 69 센티미터 되게 설치했다. 두 번째 경사로는 규정보다 더 가파른가? ■

예제 3 **변화율로서의 기울기 사용**

제조 회사가 x단위를 생산할 때의 총비용(달러)

$$y = 25x + 3500$$

로 정한다고 하자. 이 방정식으로 주어진 직선에서 y절편과 기울기의 실질적인 의미를 설명하여라.

풀이 y절편 (0, 3500)은 하나도 생산하지 않을 때의 비용이 3500달러임을 말한다. 이는 **고정비용**(fixed cost)이다. 이 비용은 생산 단위 수와 무관한 비용이다. 기울기 $m = 25$는 한 단위를 생산할 때 필요한 비용이 25달러임을 의미한다(그림 1.32). 경제학자들은 이를 **한계비용**(marginal cost)이라 한다. 즉 생산물을 한 단위 더 생산하는 데 들어가는 추가비용을 말한다.

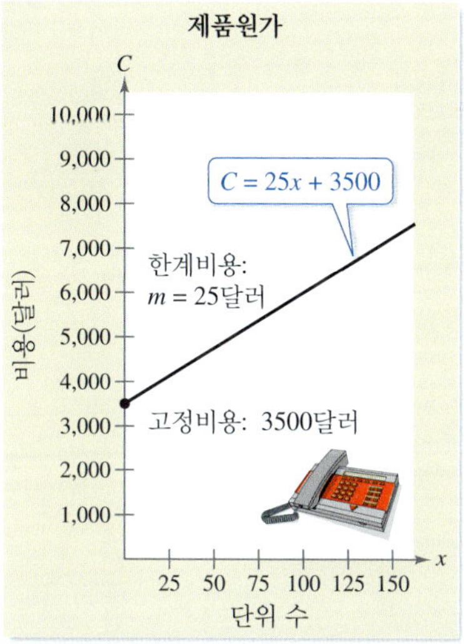

그림 1.32

✓ **점검문제 3** 소규모 사업자가 전자복사기를 구입한 t년 후의 가치를

$$V = -300t + 1500$$

으로 정한다고 하자. 이 방정식으로 주어진 직선에서 y절편과 기울기의 실질적인 의미를 설명하여라. ■

직선의 기울기 구하기

수직선이 아닌 방정식이 주어졌을 때는 기울기-절편 형 방정식을 쓰면, 기울기를 구할 수 있다. 방정식이 주어져 있지 않을 때도 직선의 기울기를 구할 수 있다. 예를 들면 그림 1.33에서와 같이 점 (x_1, y_1), (x_2, y_2)가 직선을 지난다면 기울기를 구할 수 있다. 이 직선을 따라 왼쪽에서 오른쪽으로 이동하여 수직 방향으로 $(y_2 - y_1)$단위 변화는 수평 방향으로 $(x_2 - x_1)$단위 변화에 해당한다. 이 두 변화량을

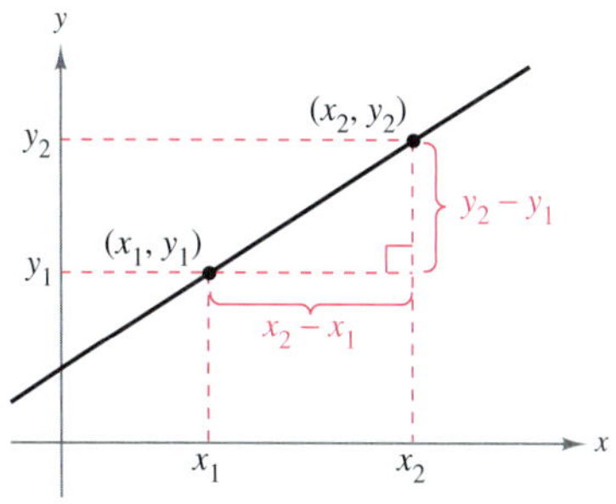

그림 1.33

$$\Delta y = y_2 - y_1 = y\text{의 변화량}$$

와

$$\Delta x = x_2 - x_1 = x\text{의 변화량}$$

로 나타낼 수 있다(기호 Δ는 그리스 대문자 '델타'이고 기호 Δy, Δx를 '델타 y', '델타 x'로 읽는다). Δx에 대한 Δy의 비는 점 (x_1, y_1), (x_2, y_2)를 지나는 직선의 기울기를 나타낸다.

$$\text{기울기} = \frac{\Delta y}{\Delta x} = \frac{y_2 - y_1}{x_2 - x_1}$$

두 점을 지나는 직선의 기울기

두 점 (x_1, y_1), (x_2, y_2)를 지나는 수직이 아닌 직선의 **기울기** m은

$$m = \frac{\Delta y}{\Delta x} = \frac{y_2 - y_1}{x_2 - x_1}$$

이고, 여기서 $x_1 \neq x_2$이다. 수직선에 대한 기울기는 정의되지 않는다.

이 식을 기울기의 공식으로 사용할 때, 빼기 순서가 매우 중요하다. 직선 위에 두 점이 주어졌다면, 한 점은 (x_1, y_1)으로 다른 점은 (x_2, y_2)로 번호를 붙여야 한다. 그리고 이렇게 했다면, 분자와 분모를 같은 순서의 빼기로 만들어야 한다. 즉

$$\underbrace{m = \frac{y_2 - y_1}{x_2 - x_1}}_{\text{옳음}} \qquad \underbrace{m = \frac{y_1 - y_2}{x_1 - x_2}}_{\text{옳음}} \qquad \underbrace{\cancel{m = \frac{y_2 - y_1}{x_1 - x_2}}}_{\text{틀림}}$$

이다. 예를 들어 두 점 (3, 4), (5, 7)을 지나는 직선의 기울기는

$$m = \frac{7 - 4}{5 - 3} = \frac{3}{2}$$

또는

$$m = \frac{4 - 7}{3 - 5} = \frac{-3}{-2} = \frac{3}{2}$$

처럼 계산해야 한다.

예제 4 기울기 구하기

다음 두 점을 지나는 직선의 기울기를 구하여라.

a. (−2, 0), (3, 1) **b.** (−1, 2), (2, 2)

c. (0, 4), (1, −1) **d.** (3, 4), (3, 1)

풀이

a. $(x_1, y_1) = (-2, 0)$, $(x_2, y_2) = (3, 1)$이라 두면 그림 1.34(a)처럼 기울기를 구할 수 있다. 즉

$$m = \frac{y_2 - y_1}{x_2 - x_1} = \frac{1 - 0}{3 - (-2)} = \frac{1}{5}$$

← y값의 차
← x값의 차

b. (−1, 2), (2, 2)를 지나는 직선의 기울기는

$$m = \frac{2 - 2}{2 - (-1)} = \frac{0}{3} = 0$$

그림 1.34(b) 참조

c. (0, 4), (1, −1)을 지나는 직선의 기울기는

$$m = \frac{-1 - 4}{1 - 0} = \frac{-5}{1} = -5$$

그림 1.34(c) 참조

d. (3, 4), (3, 1)을 지나는 수직선의 기울기는 0으로 나눌 수 없기 때문에 기울기가 정의되지 않는다[그림 1.34(d) 참조].

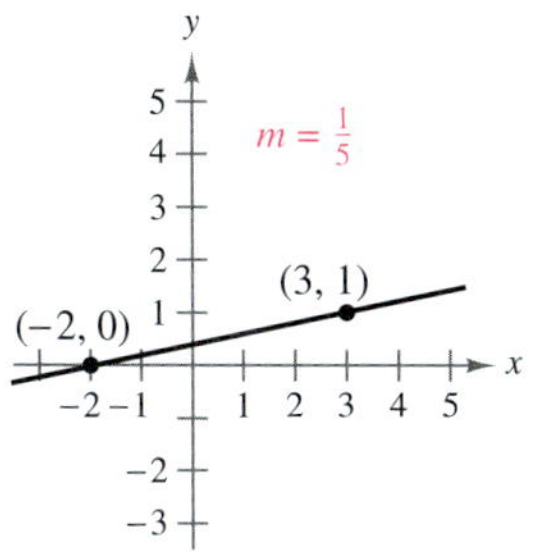

(a) 양의 기울기, 직선은 왼쪽에서 오른쪽으로 상승한다.

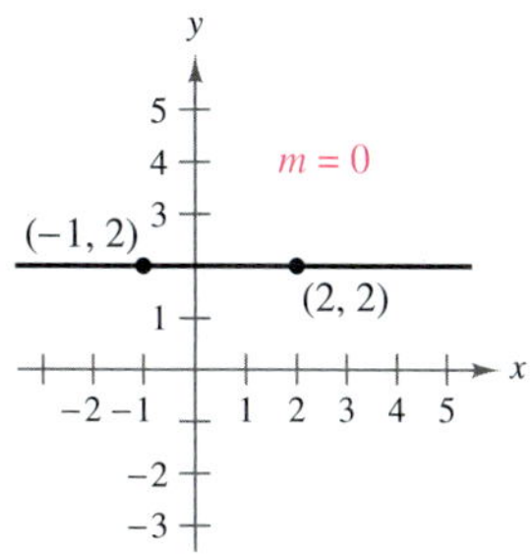

(b) 기울기 0, 직선은 수평선

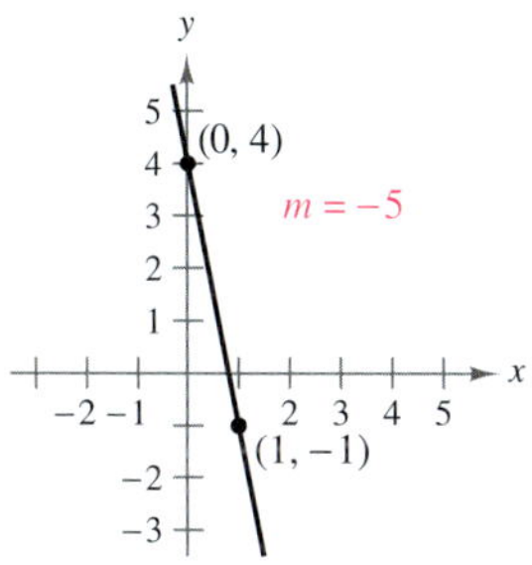

(c) 음의 기울기, 직선은 왼쪽에서 오른쪽으로 하강한다.

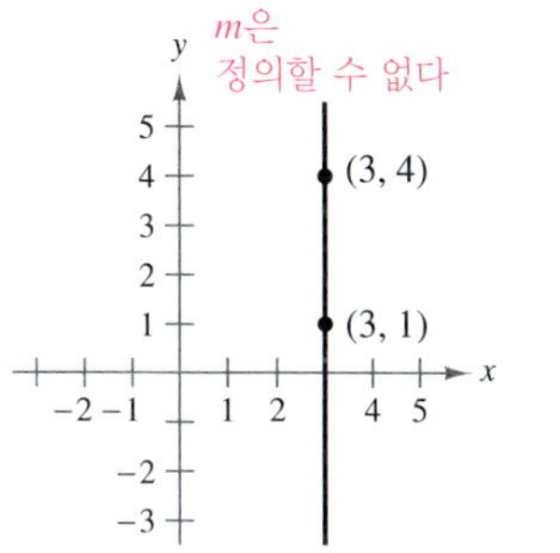

(d) 수직선, 기울기는 정의되지 않음

그림 1.34

✔ **점검문제 4** 다음 두 점을 지나는 직선의 기울기를 구하여라.

a. (−3, 2), (5, 18)

b. (−2, 1), (−4, 2)

c. (2, −4), (−2, −4) ■

직선의 방정식 쓰기

직선의 기울기와 직선 위에 있는 점의 좌표를 알 때, 직선의 방정식을 구할 수 있다. 예를 들면 그림 1.35에서처럼 기울기 m인 직선 위에 점 (x_1, y_1)이 있다고 하자. 점 (x, y)가 직선 위에 있는 임의의 또 다른 점이면

$$\frac{y - y_1}{x - x_1} = m$$

이다. 변수 x, y가 있는 이 식은 다음과 같이 다시 쓸 수 있다.

$$y - y_1 = m(x - x_1)$$

이 식은 **점-기울기 형**(point-slope form) 직선의 방정식이다.

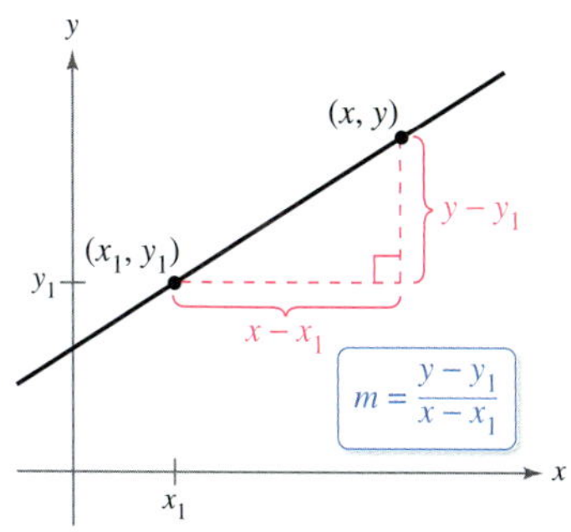

그림 1.35 수직이 아닌 직선 위의 임의의 두 점으로 직선의 기울기를 결정할 수 있다.

점-기울기 형 직선의 방정식

기울기 m이고 점 (x_1, y_1)을 지나는 직선의 방정식은 다음과 같다.

$$y - y_1 = m(x - x_1)$$

점-기울기 형 직선의 방정식은 수직선이 아닌 경우 방정식을 구할 때 매우 유용하다. 이 교재의 전 과정을 통해 사용되므로 이 공식을 반드시 기억해야 한다.

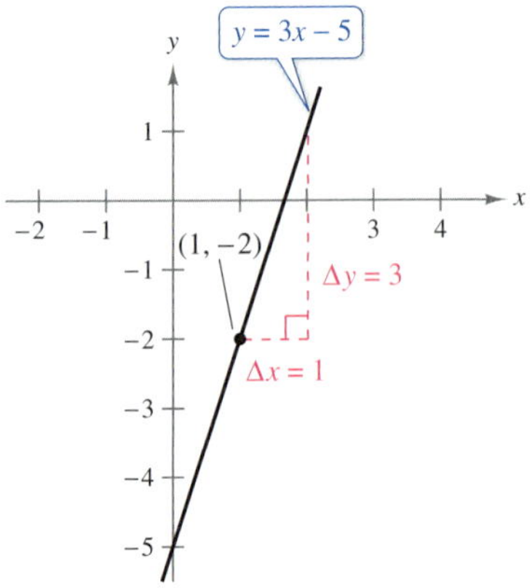

그림 1.36

예제 5 점-기울기 형 사용하기

기울기가 3이고 점 $(1, -2)$를 지나는 직선의 방정식을 기울기-절편 형으로 구하여라.

풀이 기울기 $m = 3$이고 점 $(x_1, y_1) = (1, -2)$인 점-기울기 형을 사용하면

$$
\begin{aligned}
y - y_1 &= m(x - x_1) && \text{점-기울기 형}\\
y - (-2) &= 3(x - 1) && m,\ x_1,\ y_1\text{에 대입한다}\\
y + 2 &= 3x - 3 && \text{간단히 한다}\\
y &= 3x - 5 && \text{기울기-절편 형으로 쓴다. 그림 1.36 참조}
\end{aligned}
$$

그러므로 기울기-절편 형의 직선의 방정식은 $y = 3x - 5$이다.

✓점검문제 5 기울기가 2이고 점 $(-1, 2)$를 지나는 직선의 방정식을 기울기-절편 형으로 구하여라. ■

점-기울기 형은 두 점 (x_1, y_1), (x_2, y_2)를 지나는 직선의 식을 구하는 데 이용된다. 이를 위해 먼저 직선의 기울기

$$m = \frac{y_2 - y_1}{x_2 - x_1}, \qquad x_1 \neq x_2$$

를 구하고 다음에 점-기울기 형을 사용하여 방정식을 구한다. 즉

$$y - y_1 = \frac{y_2 - y_1}{x_2 - x_1}(x - x_1) \qquad \text{두 점 형태}$$

가끔 이 식을 **두 점 형태**(two-point form) 직선의 방정식이라고 부른다.

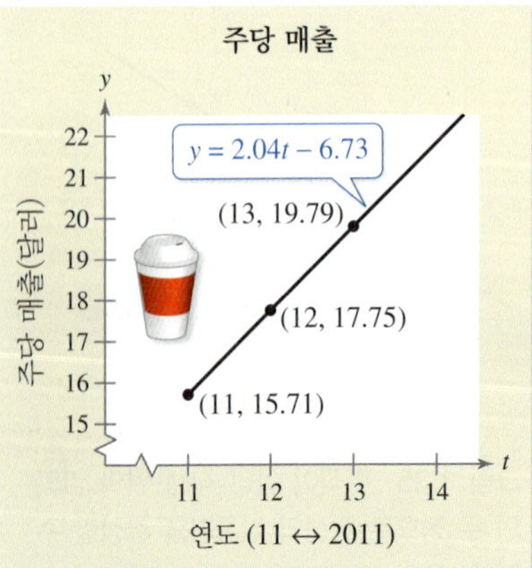

그림 1.37

예제 6 주당 매출 추정

스타벅스 회사의 2011년과 2012년 주당 매출은 각각 15.71달러와 17.75달러였다. 이 정보만 사용하여 연간 주당 매출을 보여 주는 선형 방정식을 구하여라. 2013년의 주당 매출을 추정하여라. (자료: 스타벅스 회사)

풀이 2011년을 $t = 11$라 두면, 주어진 데이터 값은 두 점 (11, 15.71), (12, 17.75)이다. 이 두 점을 지나는 직선의 기울기는 다음과 같다.

$$m = \frac{17.75 - 15.71}{12 - 11} = 2.04$$

점-기울기 형을 사용하면 주당 매출 y와 연도 t에 대한 방정식은

$$y = 2.04t - 6.73$$

임을 알 수 있다. $t = 13$이 2013년을 나타내므로 2013년의 주당 매출은

$$y = 2.04(13) - 6.73 = 26.52 - 6.73 = 19.79$$

이다. 이 방정식에 따라 2013년의 주당 매출은 19.79달러이다(그림 1.37). 이 경우 추정은 매우 좋다. 2013년의 실제 주당 매출은 19.77달러였다.

✔ **점검문제 6** 아마존 회사의 2011년과 2012년 주당 매출은 각각 105.65달러와 134.40달러였다. 이 정보만 사용하여 연간 주당 매출을 보여 주는 선형 방정식을 구하여라. 2013년의 주당 매출을 추정하여라. (자료: 아마존 회사) ■

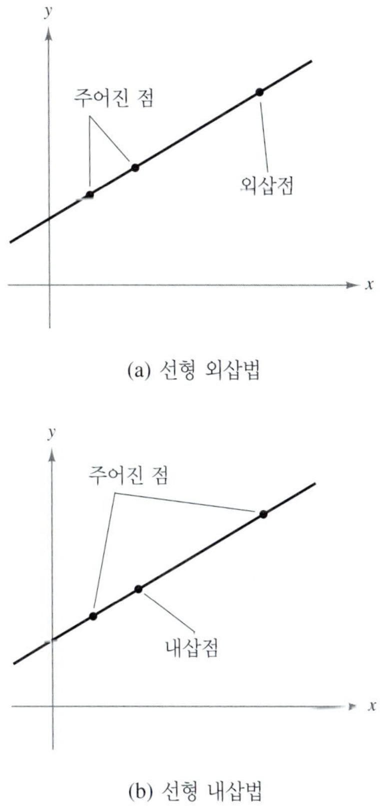

그림 1.38

예제 6은 **선형 외삽법**(linear extrapolation)으로 추정했다. 그림 1.38(a)의 추정점은 주어진 두 점 사이에 있지 않다. 그림 1.38(b)에 보는 것과 같이 추정점이 두 점 사이에 있을 때는 **선형 내삽법**(linear interpolation)으로 추정한다.

수직선의 기울기는 정의되지 않으므로 방정식을 기울기-절편 형으로 쓸 수 없다. 따라서 모든 직선은 다음과 같은 **일반형**(general form)으로 쓸 수 있다.

$$Ax + By + C = 0$$ 일반형

여기서 A, B는 둘 다 0이 아니다. 예를 들면 수직선 $x = a$는 일반형으로 다음과 같이 나타낼 수 있다.

$$x - a = 0$$ 수직선의 일반형

직선의 방정식의 가장 통상적인 5가지 형태는 다음과 같다.

직선의 방정식

1. 일반형: $Ax + By + C = 0$
2. 수직선: $x = a$
3. 수평선: $y = b$
4. 기울기-절편 형: $y = mx + b$
5. 점-기울기 형: $y - y_1 = m(x - x_1)$

평행선과 수직선

기울기는 y축에 나란하지 않은 두 직선이 서로 평행인지, 수직인지 아니면 둘 다 아닌지를 결정하는 데 사용된다.

평행과 수직인 두 직선

1. 수직이 아닌 기울기가 같은 서로 다른 두 직선은 **평행선**(parallel line)이다.
   즉 $m_1 = m_2$
2. 수직이 아닌 두 직선의 기울기가 서로 반대 부호의 역수이면 두 직선은 **수직선**(perpendicular line)이다.
   즉 $m_1 = -1/m_2$

예제 7 평행선 및 수직선 구하기

점 (2, −1)을 지나면서 직선 $2x - 3y = 5$에 (a) 평행 (b) 수직인 직선의 방정식을 기울기–절편 형으로 구하여라.

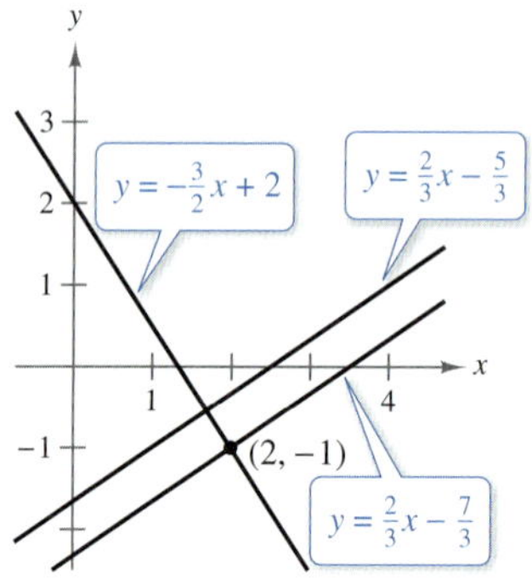

그림 1.39

풀이 주어진 방정식을 기울기–절편 형으로 쓰면

$$2x - 3y = 5 \quad \text{원래 방정식}$$
$$-3y = -2x + 5 \quad \text{양변에서 } 2x\text{를 뺀다}$$
$$y = \frac{2}{3}x - \frac{5}{3} \quad \text{기울기–절편 형으로 쓴다}$$

그림 1.39처럼 $m = \frac{2}{3}$임을 알 수 있다.

a. 주어진 직선에 평행인 임의의 직선은 기울기가 $\frac{2}{3}$이다. 그러므로 점 (2, −1)을 지나면서 주어진 직선에 평행인 직선의 방정식은

$$y - (-1) = \frac{2}{3}(x - 2) \quad \text{점–기울기 형으로 쓴다}$$
$$y + 1 = \frac{2}{3}x - \frac{4}{3} \quad \text{간단히 한다}$$
$$y = \frac{2}{3}x - \frac{4}{3} - 1 \quad y\text{에 대해 푼다}$$
$$y = \frac{2}{3}x - \frac{7}{3} \quad \text{기울기–절편 형으로 쓴다}$$

b. 주어진 직선에 수직인 임의의 직선은 기울기가 $-\frac{3}{2}$($\frac{2}{3}$의 역수의 반대 부호)이다. 그러므로 점 (2, −1)을 지나면서 주어진 직선에 수직인 직선의 방정식은

$$y - (-1) = -\frac{3}{2}(x - 2) \quad \text{점–기울기 형으로 쓴다}$$
$$y + 1 = -\frac{3}{2}x + 3 \quad \text{간단히 한다}$$
$$y = -\frac{3}{2}x + 3 - 1 \quad y\text{에 대해 푼다}$$
$$y = -\frac{3}{2}x + 2 \quad \text{기울기–절편 형으로 쓴다}$$

✓ **점검문제 7** 점 (2, 1)을 지나면서 직선 $2x - 4y = 5$에 (a) 평행 (b) 수직인 직선의 방정식을 기울기–절편 형으로 구하여라. ■

확장 응용: 선형 감가상각

대부분의 사업비는 발생한 같은 연도에 공제된다. 그러나 건물, 자동차, 설비 등과 같이 일 년 이상 사용되는 자산 비용은 그렇지 않다. 이런 비용은 자산의 내용연수 동안 감가상각 되어야 한다. 매년 같은 양이 감가상각 된다면 이때 사용하는 계산법을 **선형 감가상각**(linear depreciation) 또는 **정액법**(straight−line depreciation)이라고 한다. 장부가액은 원래 가격과 날짜에 따라 누적된 감가상각액의 총합과의 차이이다.

예제 8 감가상각 설비

어떤 회사가 내용연수가 8년인 기계를 12,000달러에 구입했다고 하자. 8년 후 잔존가액이 2000달러이다. 기계의 연도별 장부가액을 나타내는 선형 방정식을 구하여라.

풀이 t년 후 기계의 가격을 V라고 하자. 기계의 최초 가격은 (0, 12,000)이고 잔존가액은 (8, 2000)인 점으로 표현할 수 있다. 직선의 기울기는

$$m = \frac{2000 - 12,000}{8 - 0} = \frac{-1250\text{달러}}{1\text{년}} \qquad m = \frac{V_2 - V_1}{t_2 - t_1}$$

이고, 이는 연간 감가상각액(달러/연)이다. 점−기울기 형을 사용하면 직선의 방정식은

$$V - 12,000 = -1250(t - 0) \qquad \text{점−기울기 형으로 쓴다}$$
$$V = -1250t + 12,000 \qquad \text{기울기−절편 형으로 쓴다}$$

이 직선의 그래프는 그림 1.40이다.

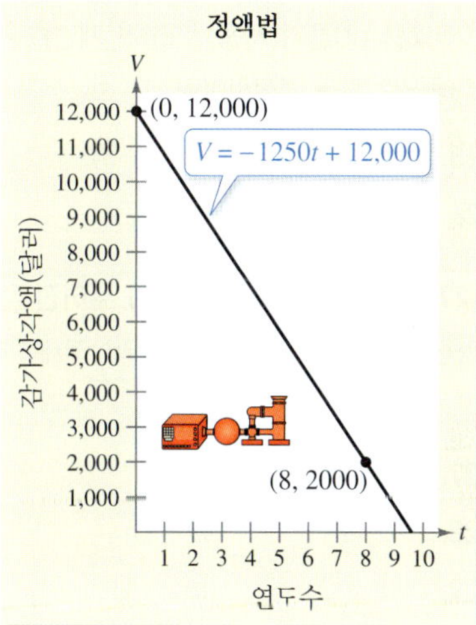

그림 1.40

✓ **점검문제 8** 예제 8의 기계가 8년 후 잔존가액이 1000달러인 경우 선형 방정식을 구하여라. ■

연습문제 1.3

[1-2] (기울기 추정) 다음 그래프에서 직선의 기울기를 추정하여라.

1.

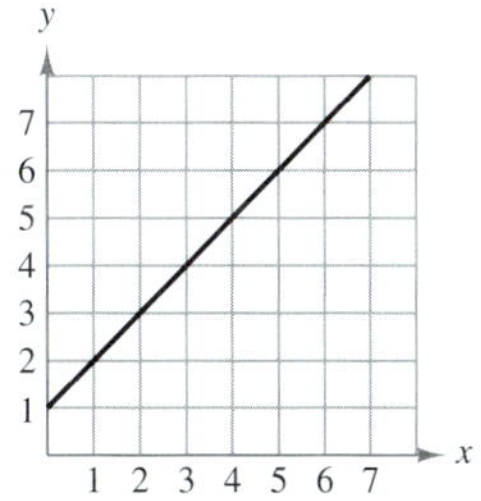

2.

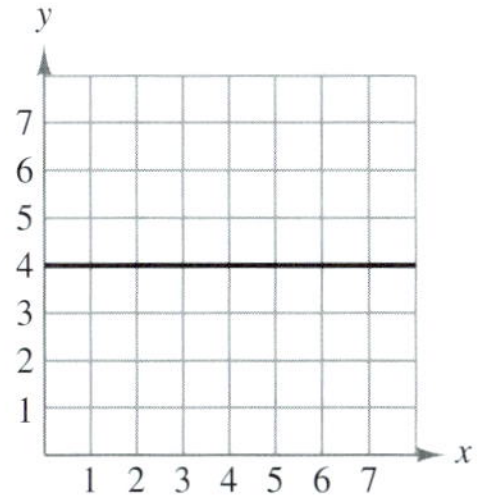

[3-8] (기울기와 y절편 구하기) 다음 직선의 방정식에서 기울기와 y절편을(구할 수 있다면) 구하여라.

3. $y = x + 7$

4. $5x + y = 20$

5. $7x + 6y = 30$

6. $3x - y = 15$

7. $x = 4$

8. $y - 9 = 0$

[9-13] (선형 방정식의 그래프 그리기) 다음 선형 방정식의 그래프를 그려라. 그래픽 도구를 사용하여 결과를 확인하여라. (예제 1 참조)

9. $y = -2$

10. $y = -2x + 1$

11. $3x + 2y = 4$

12. $2x - y - 3 = 0$

13. $3x + 5y + 30 = 0$

[14-20] (직선의 기울기 구하기) 두 점을 지나는 직선의 기울기를 구하여라. (예제 4 참조)

14. (0, −2), (8, 0)

15. (3, −4), (5, 2)

16. $(4, -1), (2, 7)$

17. $(-8, -3), (-8, -5)$

18. $(-2, 6), (1, 6)$

19. $\left(\frac{1}{4}, -2\right), \left(-\frac{3}{8}, 1\right)$

20. $\left(\frac{2}{3}, \frac{5}{2}\right), \left(\frac{1}{4}, -\frac{5}{6}\right)$

[21-24] (직선 위의 점 구하기) 직선 위의 점과 기울기를 이용하여 직선 위에 있는 또 다른 점을 구하여라. (많은 답이 존재한다.)

	점	기울기
21.	$(2, 1)$	$m = 0$
22.	$(1, 7)$,	$m = -3$
23.	$(6, -4)$,	$m = \frac{2}{3}$
24.	$(-8, 1)$,	m은 정의되지 않음

[25-26] (기울기 사용) 기울기 개념을 사용하여 세 점이 동일 직선 위에 있는지를 결정하여라.

25. $(-2, 1), (-1, 0), (2, -2)$

26. $(-2, -1), (0, 3), (2, 7)$

[27-30] (점-기울기 형 사용) 주어진 점을 지나고 주어진 기울기를 가진 직선의 방정식을 구하여라. (예제 5 참조)

	점	기울기
27.	$(0, 3)$	$m = \frac{3}{4}$
28.	$(-2, 7)$	$m = 0$
29.	$(-1, -2)$	$m = -4$
30.	$(8/3, 0)$	$m = \frac{1}{4}$

[31-35] (직선의 방정식 쓰기) 두 점을 지나는 직선의 식을 구하고, 그래프를 그려라.

31. $(4, 3), (0, -5)$

32. $(2, 3), (2, -2)$

33. $(3, -1), (-2, -1)$

34. $\left(-\frac{1}{2}, 4\right), \left(\frac{1}{2}, 8\right)$

35. $\left(-\frac{1}{3}, 1\right), \left(-\frac{2}{3}, \frac{5}{6}\right)$

[36-38] (직선의 방정식 쓰기) 다음 특징을 갖는 직선의 식을 구하여라.

36. $(3, 0)$을 지나는 수직선

37. y절편이 -10이고 모든 수평선에 평행인 직선

[38-41] (평행선 및 수직선 구하기) 주어진 점과 직선을 지나는 직선과 (a) 평행, (b) 수직인 직선의 식을 구하여라. 그래픽 도구를 사용해서 세 방정식의 그래프를 같은 화면에 나타내어라.

	점	직선
38.	$(-3, 2)$	$x + y = 7$
39.	$\left(-\frac{2}{3}, \frac{7}{8}\right)$	$3x + 4y = 7$
40.	$(-1, 0)$	$y + 3 = 0$
41.	$(1, 1)$	$x - 2 = 0$

42. (평균 임금) 다음은 2008년부터 2013년 사이 미국 고등교육 감독관의 평균 임금(달러)을 보이는 표이다. (자료: 미 노동통계국)

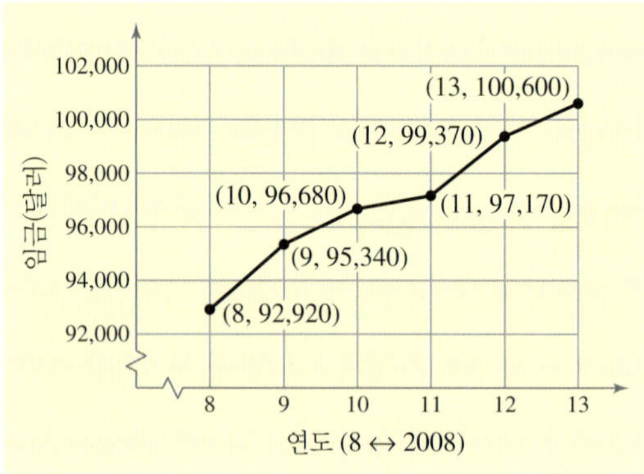

(a) 임금이 가장 많이 오르고 가장 적게 오른 시기를 구하여라.

(b) 2008년도에서 2013년 사이 연도별 선분의 기울기를 구하여라.

(c) 문제(b)에서 기울기의 의미를 설명하여라.

43. (도로 경사도) 경사도 6%인 오르막길을 운전하여 오른다고 하자. 이는 도로의 기울기가 $\frac{6}{100}$임을 의미한다. 200미터를 운전했을 때 현 위치에서의 수직 변화량을 추정하여라.

44. (인구) 미국 위스콘신 주의 거주민의 수(천 명)는 2009년에 5655이고, 2013년에는 5743이었다. 인구 y와 연도 t는 선형이라고 하자. $t = 0$은 2000년을 나타낸다. (자료: 미 인구통계국)

(a) 자료에 대한 선형 모형을 구하여라. 기울기는 얼마인가? 기울기가 인구변화에 대해 시사하는 바는 무엇인가?

(b) 모형을 사용하여 2011년의 인구를 추정하여라.

(c) 도서관, 인터넷 또는 다른 학교 자료를 이용하여 2011년의 실제 인구를 찾아라. 찾은 자료와 추정한 인구는 얼마나 일치하는가?

(d) 구한 모형으로 2018년의 인구를 예측할 수 있는가? 그 이유를 설명하여라.

45. (정액법) 한 작은 회사가 1025달러의 장비를 구입했다. 5년 후 이 장비는 폐기 처분하고 이때의 가격은 없다고

하자.

(a) 연도 t에 대한 장비값 y(달러)의 선형 방정식을 구하여라($0 \le t \le 5$).

(b) 그래픽 도구를 사용하여 그래프를 그려라.

(c) 그래프를 따라 커서를 움직여 3년 후 장비의 가격을 추정하여라(소수점 아래 둘째 자리까지 정확하게).

(d) 그래프를 따라 커서를 이동하여 장비 가격이 600달러일 때는 언제인가? (소수점 아래 둘째 자리까지 정확하게)

46. (직장 선택) 한 판매원이 현재 월 2000달러의 임금에 판매액의 7 %의 수수료를 받고 있다. 새 직장에서는 월 2300달러의 임금에 5 %의 수수료를 제의한다고 하자.

(a) 현재 직장과 제의받은 새 직장에 대해 월급 W(달러)를 월 매출 S에 대한 선형 관계식으로 구하여라.

(b) 그래픽 도구를 사용하여 각 그래프를 그리고, 교점을 구하여라. 두 그래프의 교점은 무엇을 의미하는가?

(c) 매달 20,000달러 정도 판매할 수 있다고 하자. 전직해야 하는가? 그 이유를 설명하여라.

1.4 함 수

- 두 변수 사이의 관계가 함수인지 아닌지 결정하기
- 함수의 정의역과 치역 구하기
- 함수의 기호를 사용하고 함수를 계산하기
- 함수를 결합하여 새로운 함수 만들기
- 대수적으로 역함수 구하기

함수

두 변수 사이에서 흔히 볼 수 있는 관계는 한 변수의 값에 따라 다른 변수의 값이 달라지는 경우가 많다. 여기 몇 가지 예가 있다.

1. 제품의 세금은 판매가에 따른다.

2. 주어진 시간 동안 물체가 움직인 거리는 속력에 따른다.

3. 원의 면적은 반지름에 따른다.

총수입 R과 개당 1.25달러에 판매하는 제품의 매출 x 사이의 관계를 생각해 보자. 이 관계는

$$R = 1.25x$$

로 표현된다. 이 방정식에서 R의 값은 x의 선택에 따른다. 이런 이유로 R은 **종속변수**(dependent variable), x는 **독립변수**(independent variable)이다. 이 과정에서 학습할 대부분의 관계는 주어진 한 독립변수에 종속변수가 꼭 하나의 값으로 대응되는 성질을 갖는다. 이런 관계를 **함수**(function)라고 한다.

함수의 정의

함수란 각각의 독립변수에 종속변수가 오직 하나씩 대응되는 두 변수 사이의 관계이다.

함수의 **정의역**(domain)은 함수가 정의되는 독립변수의 모든 값의 집합이다. 함수의 **치역**(range)은 종속변수가 취하는 모든 값의 집합이다.

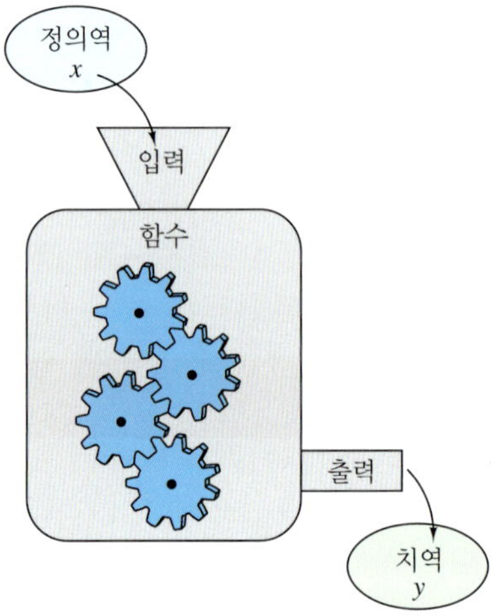

옆 그림에서 보는 것처럼, 함수는 독립변수의 값을 입력하고 종속변수의 값을 출력하는 함수기계로 생각할 수 있다.

함수는 표, 그래프, 다이어그램 등 다양한 방법으로 의미를 드러낼 수 있지만 가장 흔하게는 공식이나 방정식으로 명시할 수 있다. 예를 들어 방정식

$$y = 4x^2 + 3$$

은 y를 x의 함수로 표현것이다. 이 함수에서 x는 독립변수이고 y는 종속변수이다.

예제 1 방정식이 함수인지 아닌지 결정하기

다음 방정식에서 y가 x의 함수인지 아닌지 결정하여라.

a. $x + y = 1$

b. $x^2 + y^2 = 1$

c. $x^2 + y = 1$

d. $x + y^2 = 1$

풀이 방정식이 함수인지 아닌지를 결정하기 위해 종속변수를 좌변으로 보내는 것이 도움이 된다. 예를 들면 방정식 $x + y = 1$이 x의 함수로서 y를 정의하는지 결정하기 위해

$$y = 1 - x$$

의 형태로 쓰자. 이 형태로부터 임의의 x값에 대해 y값이 유일하게 결정됨을 알 수 있다. 그러므로 y는 x의 함수이다.

원래 방정식	변형된 방정식	검증: y는 x의 함수인가?
a. $x + y = 1$	$y = 1 - x$	그렇다. x의 각 값은 유일한 y값을 결정한다.
b. $x^2 + y^2 = 1$	$y = \pm\sqrt{1 - x^2}$	아니다. x의 몇몇 값은 두 개의 y값을 결정한다.
c. $x^2 + y = 1$	$y = 1 - x^2$	그렇다. x의 각 값은 유일한 y값을 결정한다.
d. $x + y^2 = 1$	$y = \pm\sqrt{1 - x}$	아니다. x의 몇몇 값은 두 개의 y값을 결정한다.

한 독립변수의 값에 두(±) 종속변수의 값이 대응되는 방정식은 x의 함수를 정의하지 않는다. 예를 들면 (b)에서 $x = 0$일 때, $y = +1$ 또는 $y = -1$이다. 그림 1.41은 네 방정식의 그래프이다.

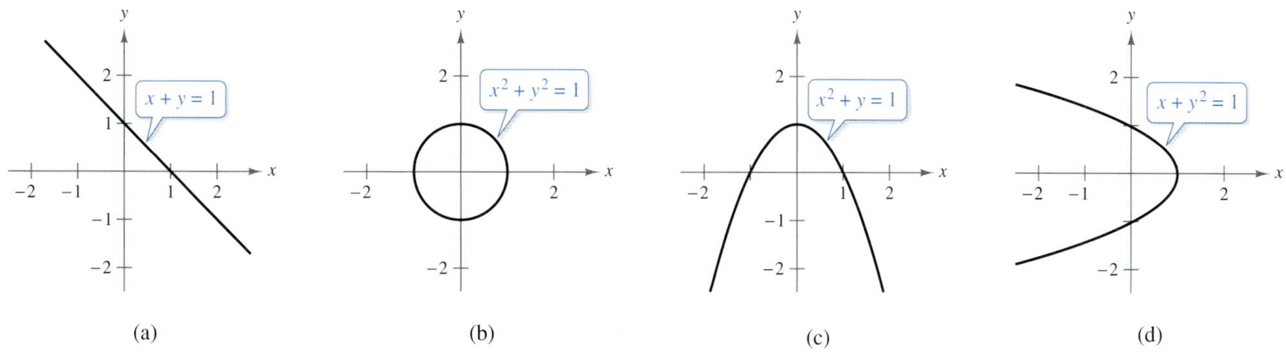

그림 1.41

✓**점검문제 1** 다음 방정식에서 y가 x의 함수인지 아닌지 결정하여라.

a. $x - y = 1$ **b.** $x^2 + y^2 = 4$ **c.** $y^2 + x = 2$ **d.** $x^2 - y = 0$ ■

함수의 그래프를 그릴 때 일반적으로 독립변수는 가로축에 나타난다. y가 x의 함수이면 모든 독립변수 x에 대해 y값이 한 개씩 대응된다. 따라서 모든 수직선이 방정식의 그래프와 기껏해야 한 점에서 만나면, 이 방정식은 y가 x의 함수임을 나타낸다. 이처럼 수직선을 그어 그래프가 함수임을 검증하는 것을 **수직선 검증**(vertical line test)이라 한다. 그림 1.41에서 (a), (c)의 그래프는 수직선 검증을 통과하나, (b), (d)는 아니다.

함수의 정의역과 치역

함수의 정의역은 구체적으로 주어지거나 함수를 정의하는 방정식에서 찾을 수 있다. 예를 들면 방정식

$$y = \frac{1}{x^2 - 4}$$

은 $x = \pm 2$를 제외한 모든 실수가 정의역이다. 이 두 값은 분모를 0으로 하기 때문에 정의역에서 제외된다.

정의역을 구하는 또 다른 형태의 방법은 예제 2에서처럼 음의 근호를 제외하는 것이다.

예제 2 함수의 정의역과 치역 구하기

다음 함수의 정의역과 치역을 구하여라.

a. $y = \sqrt{x - 1}$

b. $y = \begin{cases} 1 - x, & x < 1 \\ \sqrt{x - 1}, & x \geq 1 \end{cases}$

풀이

a. $\sqrt{x - 1}$은 $x - 1 < 0$(즉 $x < 1$)에서 정의되지 않으므로 함수의 정의역은

$x \geq 1$ 또는 $[1, \infty)$

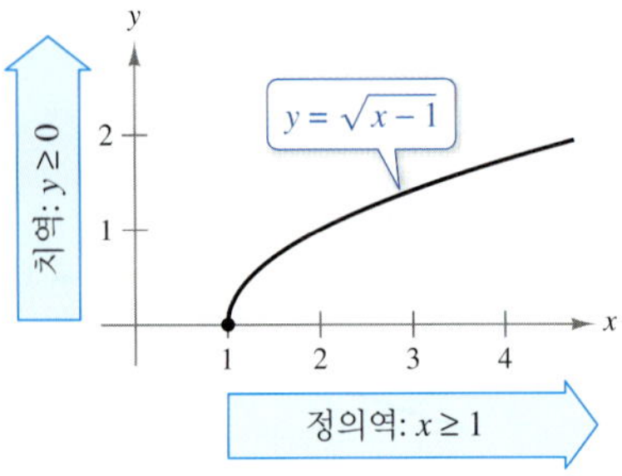

(a)

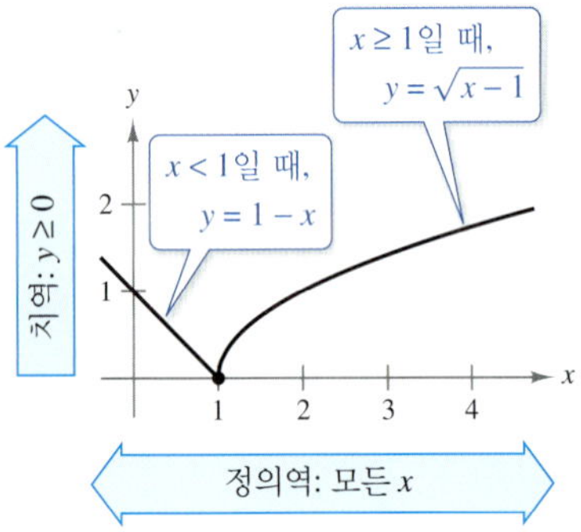

(b)

그림 1.42

이다. 또한 정의역에 있는 모든 x값에 대해 $\sqrt{x-1}$은 음이 아닌 모든 값을 취하므로 치역은

$$y \ge 0 \quad \text{또는} \quad [0, \infty)$$

이다[그림 1.42(a)].

b. 함수는 $x < 1$과 $x \ge 1$에서 정의되므로 정의역은 실수 전체이다. 함수는 특정 정의역에서 둘 또는 그 이상의 방정식으로 정의되어 있으므로 **조각으로 정의된 함수**(piecewise-defined function)라고 한다. $x \ge 1$이면 함수는 (a)처럼 거동하고, $x < 1$이면 $1 - x$가 양이므로 함수의 치역은 그림 1.42(b)처럼

$$y \ge 0 \quad \text{또는} \quad [0, \infty)$$

이다.

✔**점검문제 2** 다음 함수의 정의역과 치역을 구하여라.

a. $y = \sqrt{x+1}$ **b.** $y = \begin{cases} x^2, & x \le 0 \\ \sqrt{x}, & x > 0 \end{cases}$ ■

치역에 있는 종속변수 각각에 정의역에 있는 독립변수가 꼭 하나만 대응하는 함수를 **1대1 함수**(one-to-one function)라고 한다. 예제 2(a)는 1대1 함수이다. 그러나 예제 2(b)는 1대1 함수가 아니다.

기하학적으로 모든 수평선이 함수의 그래프와 기껏해야 한 번만 교차하면 이 함수는 1대1 함수이다. 이 기하학적 설명은 1대1 함수에 대한 **수평선 검증**(horizontal line test)이다. 그러므로 1대1 함수의 그래프는 수직선 검증과 수평선 검증을 모두 만족한다.

함수 기호

함수를 정의하기 위해 방정식을 사용할 때, 일반적으로 종속변수를 좌변에 둔다. 예를 들면 방정식 $x + 2y = 1$을

$$y = \frac{1-x}{2} \qquad y\text{는 } x\text{의 함수이다}$$

로 쓰면, y는 종속변수이고 x는 독립변수이다. f를 함수의 명칭으로 사용하면, 이 방정식은 다음과 같은 **함수 기호**(function notation)로 쓴다. 즉

$$f(x) = \frac{1-x}{2} \qquad \text{함수 기호}$$

기호 $f(x)$는 독립변수 x에 대한 종속변수의 값을 나타낸다. f는 함수의 이름이고, $f(x)$는 x에서의 값이다. 예를 들면 $x = 3$일 때 f의 값은

$$f(3) = \frac{1-3}{2} = \frac{-2}{2} = -1$$

이다. 기호 $f(3)$은 **함숫값**(function value)이라 불리고, 이것은 f의 치역 안에 있다. 또한 점 $(3, f(3))$은 f의 그래프 위에 있다. 함수 기호의 장점 중의 하나는 말을 줄일 수 있다는 것이다. 예를 들면 "$x = 3$일 때, y의 값은 얼마인가?"라고 묻는 대신에 "$f(3)$은 얼마인가?"로 질문할 수 있다.

예제 3 함수 계산

$x = -1, 0, 2$일 때 함수

$$f(x) = 2x^2 - 4x + 1$$

의 값을 구하여라. f는 1대1인가?

풀이 다음과 같이 x에서 f의 값을 계산할 수 있다.

$$x = -1:\quad f(-1) = 2(-1)^2 - 4(-1) + 1 = 2 + 4 + 1 = 7$$
$$x = 0:\quad f(0) = 2(0)^2 - 4(0) + 1 = 0 - 0 + 1 = 1$$
$$x = 2:\quad f(2) = 2(2)^2 - 4(2) + 1 = 8 - 8 + 1 = 1$$

x값은 서로 다르지만 $f(x)$값이 같으므로, 함수는 그림 1.43에서처럼 1대1이 아니다.

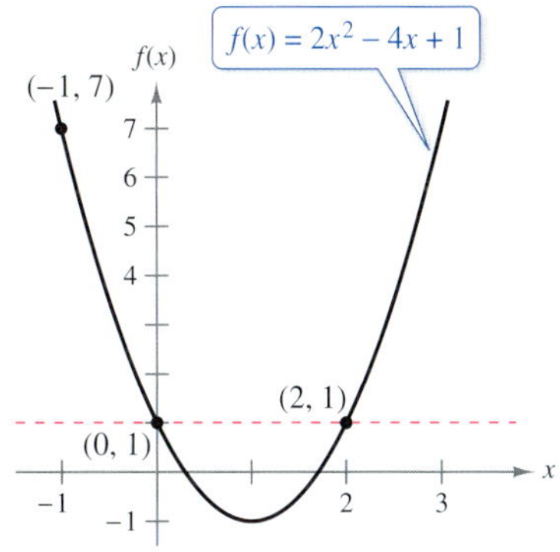

그림 1.43

✓ 점검문제 3 $x = 0, 1, 4$일 때 $f(x) = x^2 - 5x + 1$의 값을 구하여라. f는 1대1인가?

x의 함수를 정의하는 방정식에서 변수 x의 역할은 단순히 수식 내의 기호일 뿐이다. 예를 들면 예제 3의 함수, $f(x) = 2x^2 - 4x + 1$에서 x 대신 ☐ 을 사용할 수 있다. 즉

$$f(\square) = 2(\square)^2 - 4(\square) + 1$$

$f(-2)$를 계산하기 위해 각 직사각형 자리에 -2를 집어넣으면 된다.

$$f(-2) = 2(-2)^2 - 4(-2) + 1 = 8 + 8 + 1 = 17$$

f가 x를 독립변수로 하는 편리한 함수의 이름으로 사용되고 있지만, 다른 문자를 독립변수로 쓸 수 있다. 즉 아래 세 방정식은 같은 함수를 정의한다.

$f(x) = x^2 - 4x + 7$　　함수 이름은 f, 독립변수는 x
$f(t) = t^2 - 4t + 7$　　함수 이름은 f, 독립변수는 t
$g(s) = s^2 - 4s + 7$　　함수 이름은 g, 독립변수는 s

예제 4 함수 계산

함수 $f(x) = x^2 + 7$일 때 다음 식을 계산하여라.

a. $f(x + \Delta x)$　　**b.** $\dfrac{f(x + \Delta x) - f(x)}{\Delta x}$

풀이

a. $x + \Delta x$에서 f를 계산하기 위해 원래 함수의 x 대신에 $x + \Delta x$를 대입하면 다음과 같다.

$$\begin{aligned} f(x + \Delta x) &= (x + \Delta x)^2 + 7 \\ &= x^2 + 2x\Delta x + (\Delta x)^2 + 7 \end{aligned}$$

b. (a)의 결과를 사용하면 다음과 같다.

$$\begin{aligned} \frac{f(x + \Delta x) - f(x)}{\Delta x} &= \frac{[(x + \Delta x)^2 + 7] - (x^2 + 7)}{\Delta x} \\ &= \frac{x^2 + 2x\Delta x + (\Delta x)^2 + 7 - x^2 - 7}{\Delta x} \\ &= \frac{2x\Delta x + (\Delta x)^2}{\Delta x} \\ &= \frac{\Delta x(2x + \Delta x)}{\Delta x} \\ &= 2x + \Delta x, \quad \Delta x \neq 0 \end{aligned}$$

✓ **점검문제 4** 함수 $f(x) = x^2 + 3$일 때 다음 식을 계산하여라.

a. $f(x + \Delta x)$ **b.** $\dfrac{f(x + \Delta x) - f(x)}{\Delta x}$ ■

미적분에서 함수의 정의역을 특정 짓는 것과 식을 분명하게 하는 것은 중요하다. 즉 예제 4(b)에서 두 식

$$\frac{f(x + \Delta x) - f(x)}{\Delta x} \text{와} \quad 2x + \Delta x, \quad \Delta x \neq 0$$

은 $\Delta x = 0$이 두 식의 정의역에서 제외되므로 동치이다. 정의역을 제한한다는 언급이 없으면 두 식은 동치가 아니다.

함수의 결합

두 함수를 여러 가지 방법으로 결합하여 새로운 함수를 만들 수 있다. 주어진 함수 $f(x) = 2x - 3$과 $g(x) = x^2 + 1$에서 다음 형태의 함수를 만들 수 있다.

$$f(x) + g(x) = (2x - 3) + (x^2 + 1) = x^2 + 2x - 2 \qquad \text{합}$$

$$f(x) - g(x) = (2x - 3) - (x^2 + 1) = -x^2 + 2x - 4 \qquad \text{차}$$

$$f(x)g(x) = (2x - 3)(x^2 + 1) = 2x^3 - 3x^2 + 2x - 3 \qquad \text{곱}$$

$$\frac{f(x)}{g(x)} = \frac{2x - 3}{x^2 + 1} \qquad \text{몫}$$

이 밖에도 **합성**(composition)이라 불리는 또 다른 결합이 있다. 이렇게 만들어진 함수를 **합성함수**(composite function)라고 한다. 즉 $f(x) = x^2$과 $g(x) = x + 1$에서 g와 f의 합성함수는

$$f(g(x)) = f(x + 1) = (x + 1)^2$$

이다. 이 합성은 $f \circ g$로 나타내고 'g와 f의 합성'이라고 읽는다.

합성함수의 정의

f와 g가 함수라고 하자. 함수

$$(f \circ g)(x) = f(g(x))$$

를 g와 f의 **합성**이라고 한다. $f \circ g$의 **정의역**은 $g(x)$가 f의 정의역에 있는 함수 g의 정의역에 있는 모든 x의 집합이다(그림 1.44).

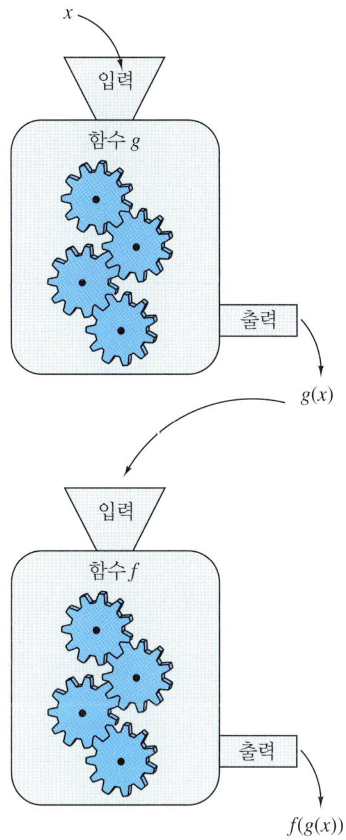

그림 1.44

일반적으로 g와 f의 합성함수와 f와 g의 합성함수는 같지 않다(예제 5).

예제 5 합성함수의 구성

함수 $f(x) = 2x - 3$, $g(x) = x^2 + 1$에 대해 다음 합성함수를 구하여라.

a. $f(g(x))$ **b.** $g(f(x))$

풀이

a. g와 f의 합성함수는

$$\begin{aligned} f(g(x)) &= 2(g(x)) - 3 && g(x)\text{에서 } f\text{를 계산} \\ &= 2(x^2 + 1) - 3 && g(x) \text{ 대신 } x^2+1\text{을 대입} \\ &= 2x^2 + 2 - 3 && \text{분배 법칙} \\ &= 2x^2 - 1 && \text{간단히 한다} \end{aligned}$$

b. f와 g의 합성함수는

$$\begin{aligned} g(f(x)) &= (f(x))^2 + 1 && f(x)\text{에서 } g\text{를 계산} \\ &= (2x - 3)^2 + 1 && f(x) \text{ 대신 } 2x-3\text{을 대입} \\ &= 4x^2 - 12x + 9 + 1 && \text{전개한다} \\ &= 4x^2 - 12x + 10 && \text{간단히 한다} \end{aligned}$$

✔ **점검문제 5** 함수 $f(x) = 2x + 1$, $g(x) = x^2 + 2$에 대해 다음 합성함수를 구하여라.

a. $f(g(x))$ **b.** $g(f(x))$ ■

역함수

직관적인 방법으로 설명하면 f의 역함수는 f의 결과를 원래대로 되돌리는 또 다른 함수 g이다. 예를 들면 빼기는 더하기를 원래대로 되돌리기 위해 사용되고, 나누기는 곱하기를 원래대로 되돌리기 위해 사용될 수 있다.

$$x \xrightarrow{f} f(x) \xrightarrow{g} g(f(x)) = x$$

역함수의 정의

두 함수 f와 g에 대해 g의 정의역에 있는 모든 x에 대해

$$f(g(x)) = x$$

이고, f의 정의역에 있는 모든 x에 대해

$$g(f(x)) = x$$

라고 하자. 이런 조건에서 g를 f의 **역함수**(inverse function)라고 하고, $g = f^{-1}$라고 쓰고 f의 '역함수'라고 읽는다. 그러므로

$$f(f^{-1}(x)) = x \text{이고 } f^{-1}(f(x)) = x$$

이다. f의 정의역은 f^{-1}의 치역과 일치하고, f의 치역은 f^{-1}의 정의역과 같다.

첨자 -1은 역함수 f^{-1}를 나타내기 위해 사용함에 유의하자. 이 교재에서는 f^{-1}라고 쓰면, 항상 f의 역함수를 말하는 것으로 $f(x)$의 역수를 말하는 것이 아니다.

예제 6 직관적으로 역함수 구하기

다음 함수의 역함수를 직관적으로 구하여라.

a. $f(x) = 2x$ **b.** $f(x) = x + 4$

풀이

a. 함수 f는 입력값 x에 2를 곱한 것이다. 원래대로 되돌리기 위해서는 각 입력값을 2로 나누어야 한다. 그러므로 $f(x) = 2x$의 역함수는

$$f^{-1}(x) = \frac{x}{2}$$

이다.

b. f는 입력값에 4를 더한 것이므로 이 함수를 원래대로 되돌리기 위해서는 각 입력값에서 4를 빼야 한다. 그러므로 함수 $f(x) = x + 4$의 역함수는

$$f^{-1}(x) = x - 4$$

이다. f와 f^{-1}가 서로 역함수임을 보이기 위해 $f(f^{-1}(x)) = x$, $f^{-1}(f(x)) = x$임을 밝혀야 한다. 모두 성립함을 알 수 있다.

✓점검문제 6 다음 함수의 역함수를 직관적으로 구하여라.

a. $f(x) = \frac{1}{5}x$ **b.** $f(x) = x - 6$ ■

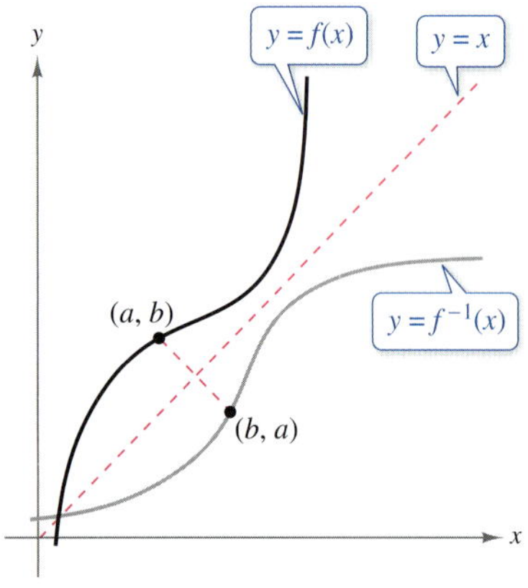

그림 1.45 f^{-1}의 그래프는 직선 $y = x$에 대하여 f의 거울상이다.

f와 f^{-1}의 그래프는 직선 $y = x$에 대해 거울상이다(그림 1.45). 그래픽 도구를 사용하여 예제 6의 함수들을 정사각형 안에 넣어 이 조건을 만족함을 보여라.

예제 6의 함수들은 직관적으로 역함수를 구할 수 있었다. 다음 예제는 역함수를 구할 때 좀 더 복잡한 전략이 필요함을 보여 준다.

예제 7 역함수 구하기

다음 함수의 역함수를 구하여라.

$$f(x) = \sqrt{2x - 3}$$

풀이 $f(x) = y$로 두고 시작하자.

$$\begin{aligned} f(x) &= \sqrt{2x-3} && \text{원래 함수를 쓴다} \\ y &= \sqrt{2x-3} && f(x)\text{를 } y\text{로 둔다} \\ x &= \sqrt{2y-3} && x\text{와 } y\text{를 바꾼다} \\ x^2 &= 2y-3 && \text{양변을 제곱한다} \\ x^2+3 &= 2y && \text{양변에 3을 더한다} \\ \frac{x^2+3}{2} &= y && \text{양변을 2로 나눈다} \end{aligned}$$

그러므로 역함수는 다음 모양이다.

$$f^{-1}(\quad) = \frac{(\quad)^2 + 3}{2}$$

x를 독립변수로 사용하면, 다음과 같이 쓸 수 있다.

$$f^{-1}(x) = \frac{x^2 + 3}{2}, \quad x \ge 0$$

그림에서 f^{-1}의 정의역은 f의 치역, 즉 $[0, \infty)$이다. 또한 f^{-1}의 치역은 f의 정의역 $\left[\frac{3}{2}, \infty\right)$이다.

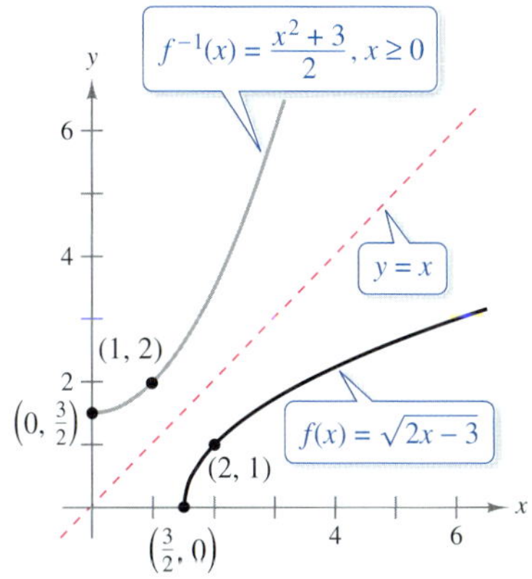

✓ **점검문제 7** $f(x) = x^2 + 2$, $x \ge 0$의 역함수를 구하여라. ■

역함수를 구한 후 결과를 검토해야 한다. f와 f^{-1}의 그래프가 직선 $y = x$에 대해 서로 대칭인지 그래프를 그려 확인한다.

대수적으로는 $f(f^{-1}(x))$와 $f^{-1}(f(x))$가 x와 같은지 그 결과를 검토할 수 있다.

$f(f^{-1}(x)) = x$인지 검토

$$\begin{aligned} f(f^{-1}(x)) &= f\left(\frac{x^2+3}{2}\right) \\ &= \sqrt{2\left(\frac{x^2+3}{2}\right) - 3} \\ &= \sqrt{x^2} \\ &= x, \quad x \ge 0 \end{aligned}$$

$f^{-1}(f(x)) = x$인지 검토

$$\begin{aligned} f^{-1}(f(x)) &= f^{-1}\left(\sqrt{2x-3}\right) \\ &= \frac{\left(\sqrt{2x-3}\right)^2 + 3}{2} \\ &= \frac{2x}{2} \\ &= x, \quad x \ge \frac{3}{2} \end{aligned}$$

모든 함수가 역함수를 갖는 것은 아니다. 사실 어떤 함수가 역함수를 갖기 위해서는 그 함수가 1대1 함수이어야 한다.

예제 8 **역함수를 갖지 않는 함수**

다음 함수가 역함수를 갖지 않음을 보여라.

$$f(x) = x^2 - 1$$

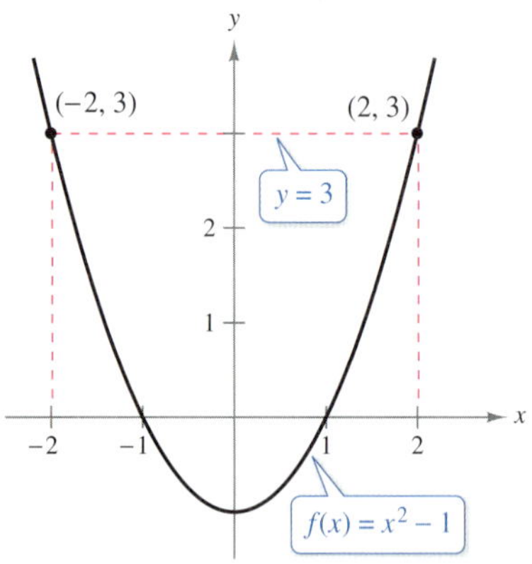

그림 1.46 f는 1대1 함수가 아니며 역함수를 갖지 않는다.

풀이 그림 1.46에서 보는 것처럼 f의 그래프를 그린 다음에 시작하자.

$$f(2) = (2)^2 - 1 = 3$$

이고

$$f(-2) = (-2)^2 - 1 = 3$$

이므로 f는 수평선 검증을 통과하지 못한다. 이는 이 함수가 1대1 함수가 아님을 뜻한다. 따라서 역함수를 갖지 않는다. 대수적으로 f의 역함수를 구해보면 같은 결론에 도달함을 알 수 있다.

$f(x) = x^2 - 1$	원래 함수를 쓴다
$y = x^2 - 1$	$f(x)$를 y로 둔다
$x = y^2 - 1$	x와 y를 바꾼다
$x + 1 = y^2$	양변에 1을 더한다
$\pm\sqrt{x+1} = y$	양변에 제곱근을 취한다

마지막 식은 y가 x의 함수로 정의되지 않는다. 즉 f는 역함수를 갖지 않는다.

✓ **점검문제 8** 다음 함수가 역함수를 갖지 않음을 보여라.

$$f(x) = x^2 + 4$$

■

연습문제 1.4

[1-4] (방정식이 함수인지 아닌지 결정하기) 다음 방정식에서 y가 x의 함수인지 아닌지 결정하여라. (예제 1 참조)

1. $x^2 + y^2 = 16$ **2.** $\frac{1}{2}x - 6y = -3$

3. $x^2 + y = 4$ **4.** $y = |x + 2|$

[5-6] (수직선 검증) 수직선 검증을 통해 y가 x의 함수인지 아닌지 결정하여라.

5. $x^2 + y^2 = 9$

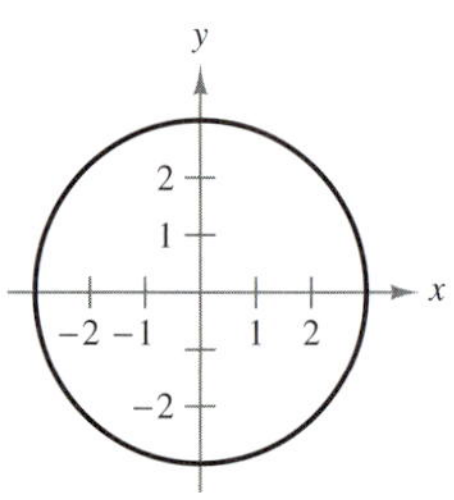

6. $x^2 = xy - 1$

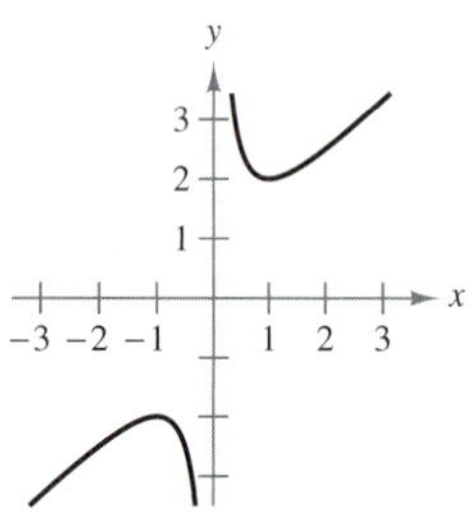

[7-8] (정의역과 치역 구하기) 다음 함수의 정의역과 치역을 구하여라. 구간 기호로 나타내어라. (예제 2 참조)

7. $f(x) = x^3$

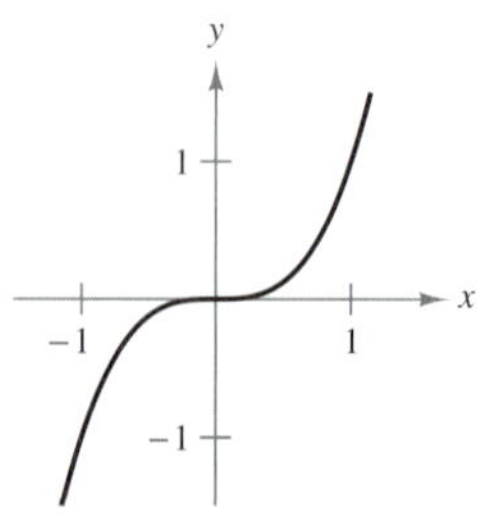

8. $f(x) = \sqrt{4 - x^2}$

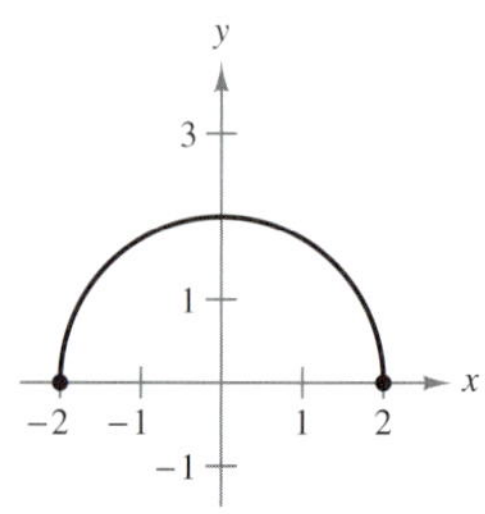

[9-12] (함수의 정의역과 치역 구하기) 다음 함수의 정의역과 치역을 구하여라. 그래픽 도구를 사용하여 결과를 확인하여라. (예제 2 참조)

9. $f(x) = -x^2 - 2x + 3$ **10.** $f(x) = \dfrac{|x|}{x}$

11. $f(x) = \begin{cases} x - 5, & x \geq 0 \\ 3x - 5, & x < 0 \end{cases}$ **12.** $f(x) = \dfrac{x-2}{x+4}$

[13-14] (함수 계산) 주어진 독립변수에 따라 함숫값을 계산하여라. 결과를 간단히 하여라. (예제 3 참조)

13. $f(x) = 3x - 2$

(a) $f(0)$ (b) $f(5)$ (c) $f(x-1)$

14. $g(x) = 1/x$

(a) $g\left(\frac{1}{5}\right)$ (b) $g(-0.6)$ (c) $g(x+4)$

[15-17] (함수 계산) 차몫을 계산하고 결과를 간단히 하여라. (예제 4 참조)

15. $f(x) = x^2 - 5x + 2$

$\dfrac{f(x + \Delta x) - f(x)}{\Delta x}$

16. $g(x) = \sqrt{x+1}$

$\dfrac{g(4 + \Delta x) - g(4)}{\Delta x}$

17. $f(x) = \dfrac{1}{x-2}$

$\dfrac{f(x + \Delta x) - f(x)}{\Delta x}$

[18-19] (함수의 결합) 다음을 구하여라. (예제 5 참조)

(a) $f(x) + g(x)$ (b) $f(x) - g(x)$ (c) $f(x) \cdot g(x)$
(d) $f(x)/g(x)$ (e) $f(g(x))$ (f) $g(f(x))$

18. $f(x) = 2x - 5,\ g(x) = 4 - 3x$

19. $f(x) = x^2 + 1,\ g(x) = x - 1$

20. (합성함수) $f(x) = \sqrt{x},\ g(x) = x^2 - 1$에 대해 함숫값과 합성함수를 구하여라.

(a) $f(g(1))$ (b) $g(f(1))$
(c) $g\left(f\left(\frac{1}{2}\right)\right)$ (d) $f\left(g\left(-\sqrt{5}\right)\right)$
(e) $f(g(x))$ (f) $g(f(x))$

[21-22] (직관적으로 합성함수 구하기) f의 역함수를 직관적으로 구하여라. 또 $f(f^{-1}(x)) = x,\ f^{-1}(f(x)) = x$임을 보여라. (예제 6 참조)

21. $f(x) = 4x$ **22.** $f(x) = x + 12$

[23-28] (역함수 구하기) 다음 함수의 역함수를 구하여라. (예제 7 참조)

23. $f(x) = 2x - 3$ **24.** $f(x) = \frac{3}{2}x + 1$

25. $f(x) = x^5$ **26.** $f(x) = \dfrac{1}{x}$

27. $f(x) = \sqrt{9 - x^2},\quad 0 \leq x \leq 3$

28. $f(x) = x^{2/3},\quad x \geq 0$

[29-31] (1대1 함수인지 아닌지 결정하기) 그래픽 도구를 사용하여 그래프를 그려라. 수평선 검증법을 사용하여 1대1 함수인지 아닌지 결정하여라. 1대1 함수이면 역함수를 구하여라.

29. $f(x) = 3 - 7x$ **30.** $f(x) = x^2$

31. $f(x) = |x + 3|$

32. (함수의 그래프 그리기) $f(x) = \sqrt{x}$의 그래프를 이용하여 다음 함수의 그래프를 그려라.

(a) $y = \sqrt{x} + 2$
(b) $y = -\sqrt{x}$
(c) $y = \sqrt{x-2}$
(d) $y = \sqrt{x+3}$
(e) $y = \sqrt{x-4} - 1$
(f) $y = 2\sqrt{x}$

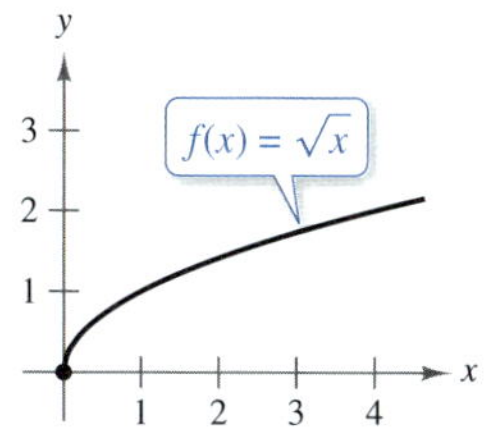

33. (함수 쓰기) 함수 $f(x) = x^2$의 그래프를 이용하여 다음 그래프의 함수를 구하여라.

(a)

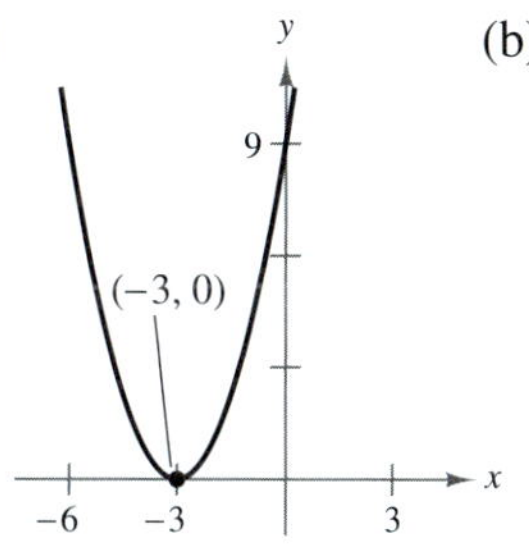

(b)

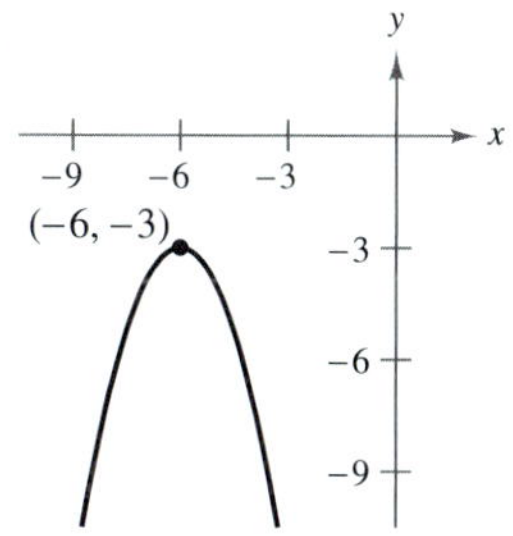

34. (조제약) 2002년에서 2013년 사이 미국에서 조제약의 소비액 d(10억 달러)는 다음 식으로 근사할 수 있다(그림 참조).

$$d(t) = \begin{cases} 15.73t + 128.3, & 2 \leq t \leq 5 \\ -0.620t^2 + 18.11t + 138.8, & 6 \leq t \leq 13 \end{cases}$$

여기서 t는 연도로서 $t = 2$는 2002년에 해당한다.
(자료: 미 의료보건국)

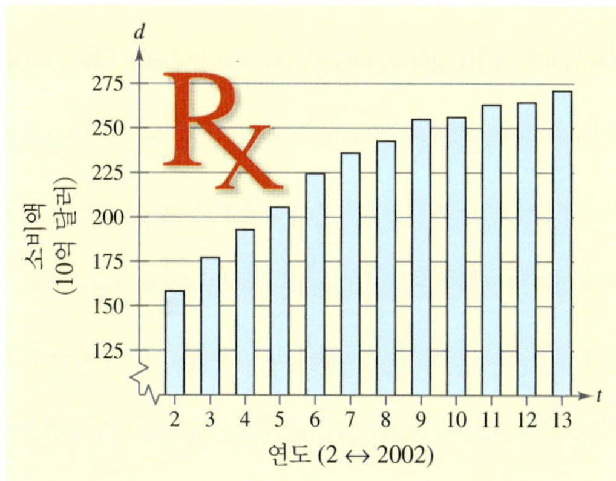

(a) 2004, 2006, 2013년 조제약의 소비액을 그래프를 사용하여 추정하여라.

(b) 모형식을 사용하여 2004, 2006, 2013년 조제약의 소비액을 구하여라. 그래프의 자료와 잘 맞는가? 답

에 대한 의견을 설명하여라.

35. (창업) 두 개의 레스토랑을 소유한 사람이 있다. 2009년에서 2015년 사이 한 가게의 매출 R_1(천 달러)이 다음 식으로 주어졌다고 하자.

$$R_1 = 690 - 8t - 0.8t^2, \quad t = 9, 10, 11, 12, 13, 14, 15$$

여기서 t는 연도로서 $t = 9$는 2009년에 해당한다.
같은 7년간 다른 가게의 매출 R_2(천 달러)는 다음 식으로 주어졌다.

$$R_2 = 458 + 0.78t, \quad t = 9, 10, 11, 12, 13, 14, 15$$

두 레스토랑의 전체 매출을 나타내는 함수를 구하여라. 그래픽 도구를 사용하여 전체 매출 함수의 그래프를 그려라.

36. (비용) 새로운 게임에 대해 투자자는 개당 생산가로 2.89달러의 비용이 든다고 본다. 고정비용이 8000달러일 때

(a) 전체 비용 C를 게임 판매량 x에 대한 함수로 나타내어라.

(b) 개당 평균비용에 대한 공식을 구하여라. 평균비용은

$$\overline{C} = \frac{C}{x}$$

(c) 이 게임에 대한 개당 판매가가 6.89달러이다. 개당 평균단가가 판매가 이하로 떨어지려면 먼저 몇 개를 팔아야 하는가?

37. (비용) 생산과정에서 x단위를 생산하는 데 필요한 주당 비용 C는 $C(x) = 70x + 500$이다. 시간 t에 생산된 x단위 수는 $x(t) = 40t$이다.

(a) $C(x(t))$를 구하고 설명하여라.

(b) 4시간 동안의 생산비용을 구하여라.

(c) 생산비용이 18,000달러에 도달하려면 얼마의 시간이 경과해야 하는가?

38. (비용, 수입, 이익) 어떤 회사가 신제품을 생산하기 위해 98,000달러의 장비를 투입했다. 생산 단가는 12.30달러이고, 17.98달러에 판매한다고 한다. 생산해서 판매한 단위 수를 x라 하자.

(a) 총비용 C를 x의 함수로 나타내어라.

(b) 수입 R을 x의 함수로 나타내어라.

(c) 이익 P를 x의 함수로 나타내어라.

[39-42] (정의역 제한) 다음 함수가 1대1 함수가 되어 역함수를 갖도록 정의역을 제한하여라. 제한된 정의역에 대해 치역을 구하여라. 역함수를 구하고 역함수 f^{-1}의 정의역을 구하여라. (많은 답이 존재한다.)

39. $f(x) = (x - 1)^2$

40. $f(x) = |x + 4|$

41. $f(x) = -2x^2 + 1$

42. $f(x) = |x + 1| - 2$

1.5 극 한

- 그래프 및 수치적으로 함수의 극한 구하기
- 함수의 극한의 정의를 이해하고 극한의 성질을 사용하여 함수의 극한 계산하기
- 해석적 기법을 사용하여 함수의 극한 계산하기
- 한쪽 극한 계산하기
- 함수의 비유계 성질을 인지하기

함수의 극한

일상 언어로 사람들은 속도 한계, 레슬링 선수의 체중 한계, 인간의 참을성 한계, 또는 용수철의 탄성 한계 등을 언급한다. 이 용어들은 모두 경우에 따라 도달하거나 그렇지 못하는 유한한 한계를 제시한다.

무게가 10킬로그램 이상일 때 용수철이 끊어진다고 하자. 용수철이 끊어지지 않고 점점 무게를 늘려 용수철이 어디까지 늘어나는지 결정하기 위해 그림 1.47에서와 같이 각각의 무게 w에 대해 용수철의 길이 s를 측정한다. 만약 용수철의 길이가 L값에 도달하면, "w가 10에 접근할 때 s의 탄성한계는 L이다"라고 한다. 수학적 극한은 용수철의 탄성한계와 매우 유사하다. 이 수학적 극한에 대한 기호는

$$\lim_{x \to c} f(x) = L$$

이고 "x가 c에 접근할 때 $f(x)$의 극한은 L이다"라고 한다.

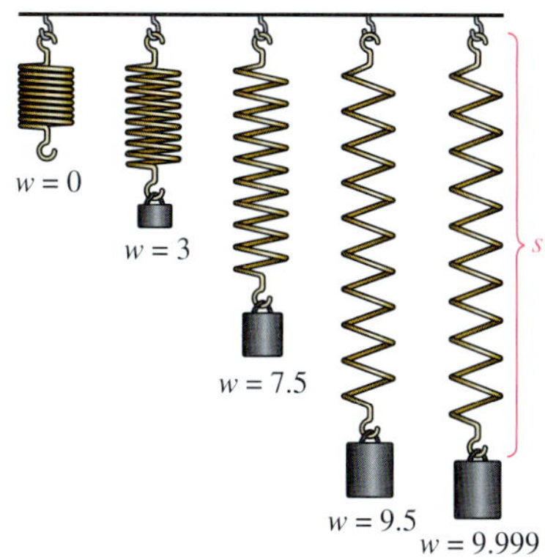

그림 1.47 w가 10에 접근할 때 s의 극한은 얼마인가?

예제 1 극한 구하기

극한 $\lim_{x \to 1} (x^2 + 1)$을 구하여라.

풀이 $f(x) = x^2 + 1$이라 두자. 그림 1.48에 있는 f의 그래프에서 x가 1의 양쪽에서 접근하면 $f(x)$는 2에 접근함을 보인다. 즉

$$\lim_{x \to 1} (x^2 + 1) = 2$$

로 쓸 수 있다. 다음 표는 같은 결론을 보여 준다. x가 점점 1에 가까워지면 $f(x)$는 점점 2에 가까워짐을 볼 수 있다.

x는 1에 접근 → ← x는 1에 접근

x	0.9	0.99	0.999	1	1.001	1.01	1.1
$f(x)$	1.810	1.980	1.998	2.000	2.002	2.020	2.210

$f(x)$는 2에 접근 → ← $f(x)$는 2에 접근

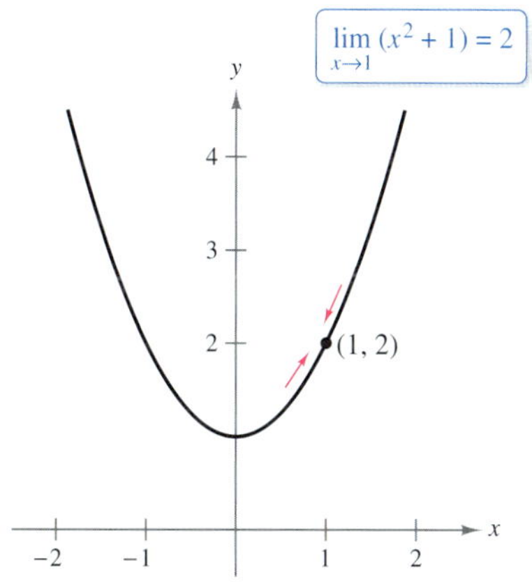

그림 1.48

✓ **점검문제 1** 극한 $\lim_{x \to 1} (2x + 4)$를 구하여라. ■

예제 2 그래프 및 수치적으로 극한 구하기

다음 극한을 구하여라.

$$\lim_{x \to 1} f(x)$$

a. $f(x) = \dfrac{x^2 - 1}{x - 1}$ **b.** $f(x) = \dfrac{|x - 1|}{x - 1}$ **c.** $f(x) = \begin{cases} x, & x \neq 1 \\ 0, & x = 1 \end{cases}$

풀이

a. 그림 1.49(a)의 f의 그래프에서 x가 1의 양쪽에서 접근할 때, $f(x)$는 2에 접근함을 볼 수 있다. $x = 1$에서는 함수가 정의되지 않으므로 (1, 2)는 그래프 상에서 빈 점으로 나타나 있다. x가 1에 접근할 때 $f(x)$가 2에 접근함은 표에서도 확인할 수 있다. x가 1에 접근할 때의 함수의 극한은 1 가까이에 있는 x값에 의존하고 1에서의 함숫값과는 무관함을 알 수 있다.

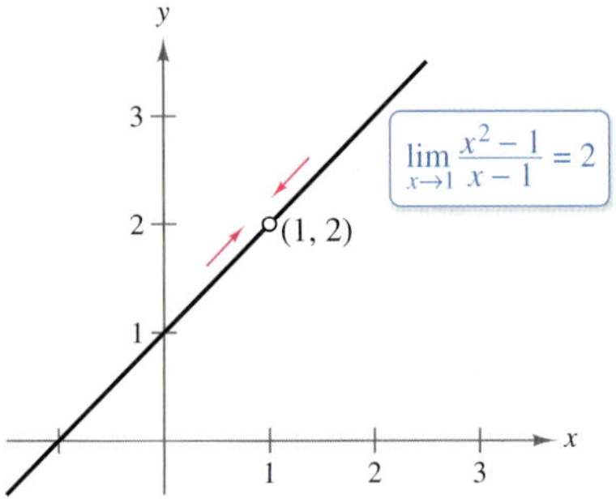

(a)

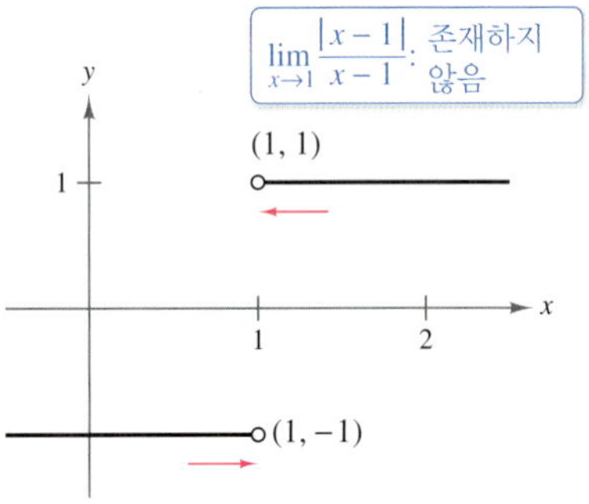

(b)

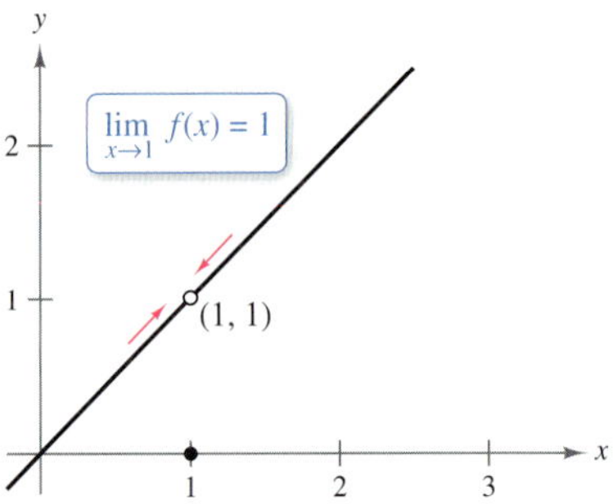

(c)

그림 1.49

x는 1에 접근 → ← x는 1에 접근

x	0.9	0.99	0.999	1	1.001	1.01	1.1
$f(x)$	1.900	1.990	1.999	?	2.001	2.010	2.100

$f(x)$는 2에 접근 → ← $f(x)$는 2에 접근

b. 그림 1.49(b)의 f의 그래프로부터 $x = 1$의 왼쪽의 모든 값에 대해 $f(x)$의 값은 -1이다. 그리고 $x = 1$의 오른쪽의 모든 값에 대해 $f(x) = 1$이다. 그러므로 $x = 1$의 왼쪽과 $x = 1$의 오른쪽에서 $f(x)$는 다른 값으로 접근한다. 이런 상태에서는 '극한이 존재하지 않는다'라고 결론내릴 수 있다. 이 결론은 표로 확인할 수 있다.

x는 1에 접근 → ← x는 1에 접근

x	0.9	0.99	0.999	1	1.001	1.01	1.1
$f(x)$	−1.000	−1.000	−1.000	?	1.000	1.000	1.000

$f(x)$는 -1에 접근 → ← $f(x)$는 1에 접근

c. 그림 1.49(c)의 f의 그래프로부터 x가 1의 양쪽에서 접근하면 $f(x)$는 1로 접근한다. 이 결론은 표로 확인할 수 있다. $f(1) = 0$은 중요하지 않다. 극한은 1 근처에서 $f(x)$의 값에 의해 결정되고, 1에서의 값에는 의존하지 않는다.

x는 1에 접근 → ← x는 1에 접근

x	0.9	0.99	0.999	1	1.001	1.01	1.1
$f(x)$	0.900	0.990	0.999	?	1.001	1.010	1.100

$f(x)$는 1에 접근 → ← $f(x)$는 1에 접근

✓ **점검문제 2** 다음 극한을 구하여라.

$$\lim_{x\to 2} f(x)$$

a. $f(x) = \dfrac{x^2-4}{x-2}$ **b.** $f(x) = \dfrac{|x-2|}{x-2}$ **c.** $f(x) = \begin{cases} x^2, & x \neq 2 \\ 0, & x = 2 \end{cases}$ ■

함수의 극한의 정의와 극한의 성질

예제 1과 예제 2에서 알 수 있는 중요한 세 가지 개념이 있다.

1. x가 c에 접근할 때 $f(x)$의 극한은 L이라는 것은 x를 c에 충분히 가깝게 접근시킬 때 $f(x)$를 L에 얼마든지 가깝게 갈 수 있음을 의미한다.

2. 만약 $f(x)$가 c의 양쪽에서 같은 수에 접근하면, x가 c에 접근할 때 $f(x)$의 극한이 존재한다. 그러나 x가 c의 오른쪽에서 c에 접근할 때 $f(x)$의 극한과 x가 c의 왼쪽에서 c에 접근할 때 $f(x)$의 극한이 다르면 x가 c에 접근할 때 $f(x)$의 극한값은 '존재하지 않는다.'[예제 2(b) 참조]

3. $x = c$일 때 $f(x)$의 값은 x가 c에 접근할 때 $f(x)$의 극한의 존재 여부와 관련이 없다. 예를 들어 예제 2(a)에서처럼 $x = 1$에서 f가 정의되지 않아도 x가 1에 접근하면 $f(x)$의 극한은 존재한다.

함수의 극한의 정의

x가 c의 양쪽에서 c에 접근할 때 $f(x)$가 하나의 값 L에 한없이 가까워지면

$$\lim_{x \to c} f(x) = L$$

이고, "x가 c에 접근할 때 $f(x)$의 **극한**은 L이다"라고 읽는다.

예제 1에서처럼 많은 경우 x가 c에 접근할 때 $f(x)$의 극한은 단순히 $f(c)$이다. x가 c에 접근할 때 $f(x)$의 극한이

$$\lim_{x \to c} f(x) = f(c)$$

x 대신 c 대입

일 때마다 극한은 **직접 대입**(direct substitution)하여 계산할 수 있다(다음 절에서 이 성질을 갖는 함수는 'c에서 연속'인 함수라는 것을 알게 될 것이다). 이 성질을 갖는 함수의 형태를 인지하여 알아내는 것이 중요하다. 몇 가지 기본적인 극한이 다음에 주어져 있다.

몇 가지 기본적인 극한

b와 c는 실수이고, n은 양의 정수라고 하자.

1. $\lim_{x \to c} b = b$ **2.** $\lim_{x \to c} x = c$ **3.** $\lim_{x \to c} x^n = c^n$ **4.** $\lim_{x \to c} \sqrt[n]{x} = \sqrt[n]{c}$

성질 4에서 n이 짝수이면, c는 양수여야 한다.

예제 3 기본적인 극한 계산

a. $\lim_{x \to 2} 3 = 3$ **b.** $\lim_{x \to -4} x = -4$

c. $\lim_{x \to 2} x^3 = 2^3 = 8$ **d.** $\lim_{x \to 9} \sqrt{x} = \sqrt{9} = 3$

✔ **점검문제 3** 극한을 구하여라.

a. $\lim_{x \to 1} 5$ **b.** $\lim_{x \to 6} x$

c. $\lim_{x \to 5} x^2$ **d.** $\lim_{x \to -8} \sqrt[3]{x}$ ■

위쪽의 기본적인 극한과 다음의 극한 성질을 결합하면 많은 다양한 대수 함수의 극한을 구할 수 있다.

극한의 성질

b와 c는 실수이고, n이 양의 정수, 그리고 f와 g는 다음 극한을 갖는 함수라고 하자.

$$\lim_{x\to c} f(x) = L, \quad \lim_{x\to c} g(x) = K$$

1. 실수 곱: $\lim_{x\to c} [bf(x)] = bL$

2. 합과 차: $\lim_{x\to c} [f(x) \pm g(x)] = L \pm K$

3. 곱: $\lim_{x\to c} [f(x) \cdot g(x)] = LK$

4. 몫: $\lim_{x\to c} \dfrac{f(x)}{g(x)} = \dfrac{L}{K}, \quad K \neq 0$

5. 거듭제곱: $\lim_{x\to c} [f(x)]^n = L^n$

6. 거듭제곱근: $\lim_{x\to c} \sqrt[n]{f(x)} = \sqrt[n]{L}$

성질 6에서 n이 짝수라면, L은 양수여야 한다.

예제 4 다항함수의 극한 구하기

극한 $\lim_{x\to 2} (x^2 + 2x - 3)$을 구하여라.

풀이

$$\begin{aligned}\lim_{x\to 2} (x^2 + 2x - 3) &= \lim_{x\to 2} x^2 + \lim_{x\to 2} 2x - \lim_{x\to 2} 3 && \text{성질 2를 적용한다}\\ &= \lim_{x\to 2} x^2 + 2\lim_{x\to 2} x - \lim_{x\to 2} 3 && \text{성질 1을 적용한다}\\ &= 2^2 + 2(2) - 3 && \text{직접 대입한다}\\ &= 5\end{aligned}$$

✓ **점검문제 4** 극한 $\lim_{x\to 1} (2x^2 - x + 4)$를 구하여라. ■

예제 4에서 **다항함수**

$$p(x) = x^2 + 2x - 3$$

의 극한($x \to 2$일 때)은 단순히 $x = 2$에서 p의 값임에 유의하자. 즉

$$\lim_{x\to 2} p(x) = p(2) = 2^2 + 2(2) - 3 = 4 + 4 - 3 = 5$$

이것은 다항함수의 극한은 직접 대입으로 계산할 수 있음을 말한다.

다항함수의 극한

p가 다항함수이고, c가 임의의 실수이면 극한은 다음과 같다.

$$\lim_{x\to c} p(x) = p(c)$$

극한 계산의 기법

극한 계산의 많은 기법은 다음 성질에 근거한다. 모든 $x \neq c$(c는 실수)에 대해 $f(x) = g(x)$라고 하자. 만약 x가 c에 접근할 때 $g(x)$의 극한이 존재하면 $f(x)$의 극한 또한 존재하고

$$\lim_{x \to c} f(x) = \lim_{x \to c} g(x)$$

이다. 이 성질을 적용하기 위해 '다항함수 p가 $p(c) = 0$이면 $p(x)$는 $(x - c)$로 나누어 떨어진다'라는 대수적 성질을 기억하자. 이 과정은 다음 예제에서 볼 수 있다.

예제 5 **함수의 극한 구하기**

극한 $\lim_{x \to 1} \dfrac{x^3 - 1}{x - 1}$을 구하여라.

풀이 $x = 1$일 때 분모와 분자가 0임에 유의하자. 이는 $x - 1$이 둘의 인수임을 의미한다. 그러므로 이 공통 인수를 나누어 버릴 수 있다. 즉

$$\frac{x^3 - 1}{x - 1} = \frac{(x - 1)(x^2 + x + 1)}{x - 1} \qquad \text{분자를 인수분해 한다}$$

$$= \frac{\cancel{(x - 1)}(x^2 + x + 1)}{\cancel{x - 1}} \qquad \text{공통 인수를 나누어 버린다}$$

$$= x^2 + x + 1, \quad x \neq 1 \qquad \text{간단히 한다}$$

그러므로 유리함수 $f(x) = (x^3 - 1)/(x - 1)$과 다항함수 $g(x) = x^2 + x + 1$은 $x = 1$이 아닌 모든 x에서 일치한다. 그래서 다음과 같이 극한을 구할 수 있다.

$$\lim_{x \to 1} \frac{x^3 - 1}{x - 1} = \lim_{x \to 1} (x^2 + x + 1) = 1^2 + 1 + 1 = 3$$

이 결과는 아래 두 그래프에서 보여 주고 있다. 두 그래프는 g가 점 (1, 3)을 포함하고 있다는 것을 제외하고는 일치함에 유의하자. 반면에 f는 이 점 (1, 3)이 f의 그래프에 없다(f의 그래프에서 이 점은 빈 점으로 나타나 있다).

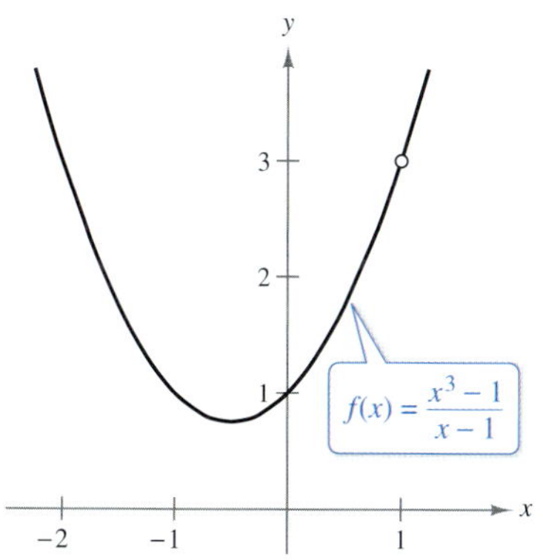

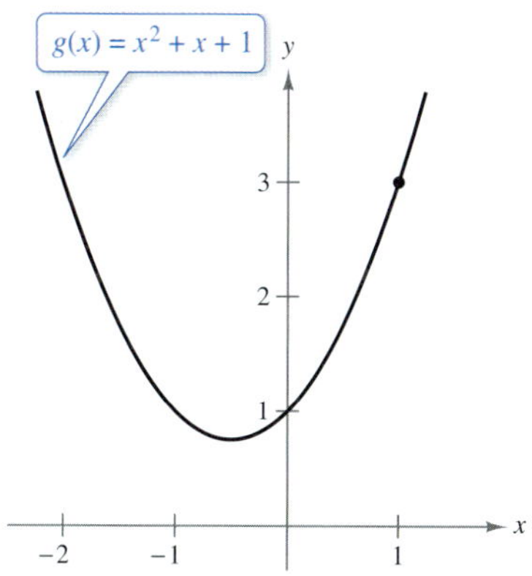

✓점검문제 5 극한 $\lim_{x \to 2} \dfrac{x^3 - 8}{x - 2}$을 구하여라. ■

예제 5에서 극한을 계산할 때 사용하는 기법을 '**나누어 버림 기법**(dividing out technique)'이라고 부른다. 이 기법은 다음 예제에서 보다 더 많이 보일 것이다.

예제 6 나누어 버림 기법 사용

$\lim_{x \to -3} \frac{x^2 + x - 6}{x + 3}$에서 $x = -3$일 때 분자, 분모가 모두 0이므로 직접 대입할 수 없다.

$$\lim_{x \to -3} \frac{x^2 + x - 6}{x + 3}$$

← $\lim_{x \to -3}(x^2 + x - 6) = 0$
← $\lim_{x \to -3}(x + 3) = 0$

$x = -3$일 때 분자와 분자의 극한은 모두 0이므로 '공통 인수'는 $x + 3$이다. 그러므로 $x \neq -3$인 모든 x에 대해 이 인수를 나누어 버리고 다음과 같이 극한을 구한다.

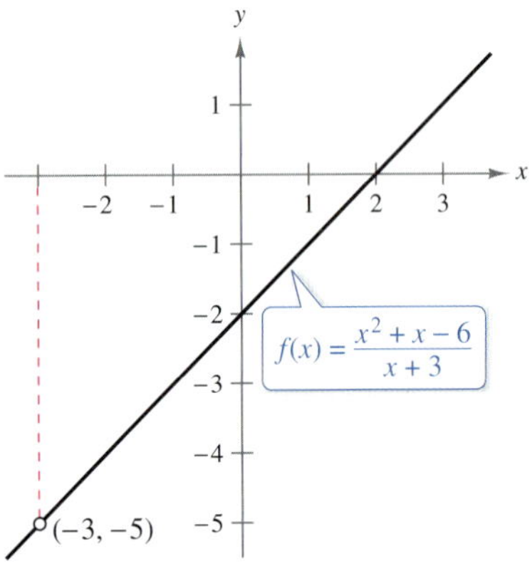

그림 1.50 $x = -3$일 때 f는 정의되지 않음

$$
\begin{aligned}
\lim_{x \to -3} \frac{x^2 + x - 6}{x + 3} &= \lim_{x \to -3} \frac{(x - 2)(x + 3)}{x + 3} && \text{분자를 인수분해 한다} \\
&= \lim_{x \to -3} \frac{(x - 2)\cancel{(x + 3)}}{\cancel{x + 3}} && \text{공통 인수를 나누어 버린다} \\
&= \lim_{x \to -3} (x - 2) && \text{간단히 한다} \\
&= -3 - 2 && \text{직접 대입한다} \\
&= -5 && \text{간단히 한다}
\end{aligned}
$$

이 결과는 그림 1.50에 그래프로 보여 주고 있다. f의 그래프가 점 $(-3, -5)$를 포함하지 않는 것을 제외하면 f의 그래프와 $g(x) = x - 2$의 그래프는 일치함에 유의하자.

✓ **점검문제 6** 극한 $\lim_{x \to 3} \frac{x^2 + x - 12}{x - 3}$를 구하여라. ■

예제 7 함수의 극한 구하기

극한 $\lim_{x \to 0} \frac{\sqrt{x + 1} - 1}{x}$을 구하여라.

풀이 $x = 0$일 때 분자, 분모가 모두 0이므로 직접 대입할 수 없다. 분자를 유리화하여 분수를 다시 쓴다.

$$
\begin{aligned}
\frac{\sqrt{x + 1} - 1}{x} &= \left(\frac{\sqrt{x + 1} - 1}{x}\right)\left(\frac{\sqrt{x + 1} + 1}{\sqrt{x + 1} + 1}\right) \\
&= \frac{(x + 1) - 1}{x(\sqrt{x + 1} + 1)} \\
&= \frac{\cancel{x}}{\cancel{x}(\sqrt{x + 1} + 1)} \\
&= \frac{1}{\sqrt{x + 1} + 1}, \quad x \neq 0
\end{aligned}
$$

이제 다음과 같이 극한을 계산한다.

$$\lim_{x \to 0} \frac{\sqrt{x + 1} - 1}{x} = \lim_{x \to 0} \frac{1}{\sqrt{x + 1} + 1} = \frac{1}{\sqrt{0 + 1} + 1} = \frac{1}{1 + 1} = \frac{1}{2}$$

✓ 점검문제 7 극한 $\lim_{x\to 0}\frac{\sqrt{x+4}-2}{x}$를 계산하여라. ■

한쪽 극한

예제 2(b)에서 c가 왼쪽에서 접근할 때와 오른쪽에서 접근할 때에 서로 다른 값에 접근하는, 즉 극한이 존재하지 않는 경우를 보았다. 이런 형태는 '**한쪽 극한**(one-sided limit)'이라는 개념으로 보다 분명히 설명된다.

$$\lim_{x\to c^-} f(x) = L \qquad \text{좌극한}$$

$$\lim_{x\to c^+} f(x) = L \qquad \text{우극한}$$

위 두 극한에서 첫 번째는 'x가 c의 왼쪽에서 접근할 때, $f(x)$의 극한은 L이다'라고 읽고, 두 번째는 'x가 c의 오른쪽에서 접근할 때 $f(x)$의 극한은 L이다'라고 읽는다.

예제 8 한쪽 극한의 계산

다음 함수에서 왼쪽으로부터 $x\to 0$일 때의 극한(좌극한)과 오른쪽으로부터 $x\to 0$일 때의 극한(우극한)을 구하여라.

$$f(x) = \frac{|2x|}{x}$$

풀이 옆 그림 f의 그래프와 같이 모든 $x<0$에 대해

$$f(x) = -2$$

이다. 그러므로 왼쪽으로부터의 극한(좌극한)은

$$\lim_{x\to 0^-}\frac{|2x|}{x} = -2 \qquad \text{좌극한}$$

이고, 모든 $x>0$에 대해 $f(x)=2$이므로 오른쪽으로부터의 극한(우극한)은 다음과 같다.

$$\lim_{x\to 0^+}\frac{|2x|}{x} = 2 \qquad \text{우극한}$$

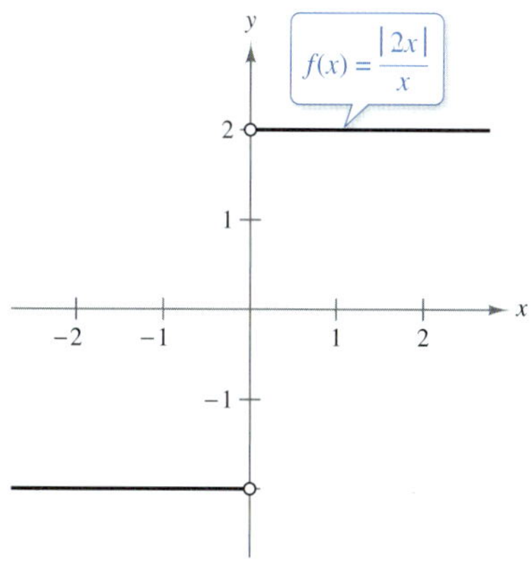

✓ 점검문제 8 다음 극한을 구하여라.

a. $\lim_{x\to 2^-}\frac{|x-2|}{x-2}$

b. $\lim_{x\to 2^+}\frac{|x-2|}{x-2}$ ■

예제 8에서의 함수는 오른쪽으로부터와 왼쪽으로부터 접근할 때 서로 다른 극한에 접근한다. 이런 경우 $x\to c$일 때 $f(x)$의 극한은 존재하지 않는다. $x\to c$일 때 함수의 극한이 존재하기 위해서는 두 개의 한쪽 극한이 반드시 존재하고 같아야 한다. 즉 좌극한과 우극한이 존재하고 두 극한값이 같아야 한다.

극한의 존재

f가 함수이고, c와 L은 실수이다. 만약

$$\lim_{x\to c} f(x) = L$$

이면, 이 경우 좌우 극한이 L로 일치한다.

예제 9 한쪽 극한 구하기

x가 1에 접근할 때 $f(x)$의 극한을 구하여라.

$$f(x) = \begin{cases} 4 - x, & x < 1 \\ 4x - x^2, & x > 1 \end{cases}$$

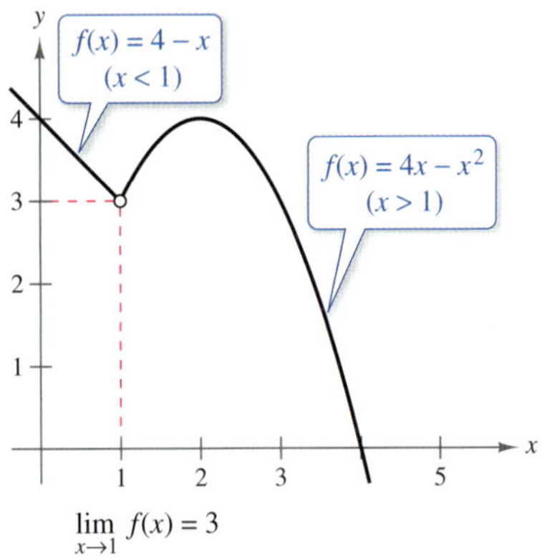

그림 1.51

풀이 $x = 1$에서 보다 $x = 1$ 근방에서 f의 값에 관심을 둔다는 것을 기억하자. $x < 1$이면 $f(x) = 4 - x$이므로 직접 대입하면

$$\lim_{x\to 1^-} f(x) = \lim_{x\to 1^-} (4 - x) = 4 - 1 = 3$$

이고 $x > 1$이면 $f(x) = 4x - x^2$이므로 직접 대입하면

$$\lim_{x\to 1^+} f(x) = \lim_{x\to 1^+} (4x - x^2) = 4(1) - 1^2 = 4 - 1 = 3$$

이다. 두 개의 한쪽 극한이 존재하고 모두 같은 값 3이므로

$$\lim_{x\to 1} f(x) = 3$$

이다. 그림 1.51의 그래프에서 결론을 확인할 수 있다.

✓ **점검문제 9** x가 0에 접근할 때 $f(x)$의 극한을 구하여라.

$$f(x) = \begin{cases} x^2 + 1, & x < 0 \\ 2x + 1, & x > 0 \end{cases}$$

■

예제 10 한쪽 극한의 비교

낮 시간(오전 9시부터 오후 5시까지) 대학의 방문객 주차장의 주차비가 함수 f로 주어져 있다. $f(x)$는 시간 x(시)에 대한 주차비(달러)이다. x가 2로 접근할 때 $f(x)$의 극한은 존재하지 않음을 보여라.

$$f(x) = \begin{cases} 4, & 0 < x \le 2 \\ 6, & 2 < x \le 3 \\ 7, & 3 < x \le 4 \\ 8, & 4 < x \le 5 \\ 9, & 5 < x \le 6 \\ 10, & 6 < x \le 8 \end{cases}$$

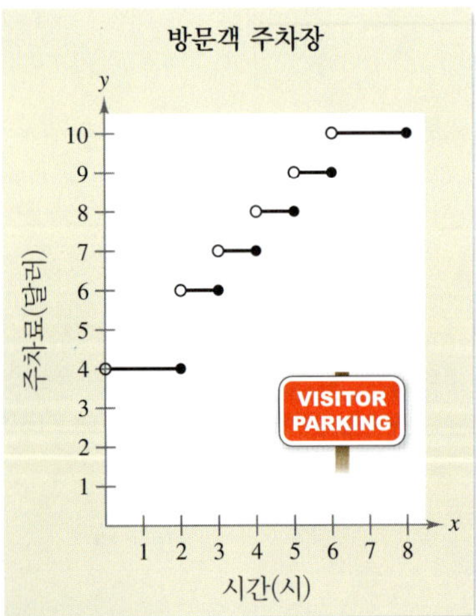

그림 1.52

풀이 f의 그래프는 그림 1.52이다. x가 2의 왼쪽으로부터 접근할 때 $f(x)$의 극한(좌극한)은

$$\lim_{x\to2^-} f(x) = 4$$ 좌극한

이다. 한편 x가 2의 오른쪽에서 접근할 때 $f(x)$의 극한(우극한)은

$$\lim_{x\to2^+} f(x) = 6$$ 우극한

두 한쪽 극한이 일치하지 않으므로 x가 2에 접근할 때 $f(x)$의 극한은 존재하지 않는다.

점검문제 10 예제 10에서 x가 3에 접근할 때 $f(x)$의 극한은 존재하지 않음을 보여라. ■

비유계 성질

예제 10에서 좌우 극한값이 다르므로 극한은 존재하지 않는다. 또 다른 형태는 x가 c에 접근할 때 $f(x)$가 한없이 증가하거나 감소하여 극한이 존재하지 않는 경우이다.

예제 11 비유계 함수

만약 가능하다면 다음 극한을 구하여라.

$$\lim_{x\to2} \frac{3}{x-2}$$

풀이 옆 그림으로부터 x가 왼쪽으로부터 2로 접근하면 $f(x)$는 한없이 감소하고 x가 2의 오른쪽에서 접근하면 $f(x)$는 역시 한없이 증가함을 볼 수 있다. 기호로

$$\lim_{x\to2^-} \frac{3}{x-2} = -\infty$$

그리고

$$\lim_{x\to2^+} \frac{3}{x-2} = \infty$$

로 쓴다. x가 2로 접근하면 f는 비유계이므로 극한은 존재하지 않는다(기호 ∞, $-\infty$는 각각 양의 무한대, 음의 무한대라고 한다). 이 기호는 실수를 의미하지는 않으며 비유계 조건을 표현할 때 보다 분명하다.

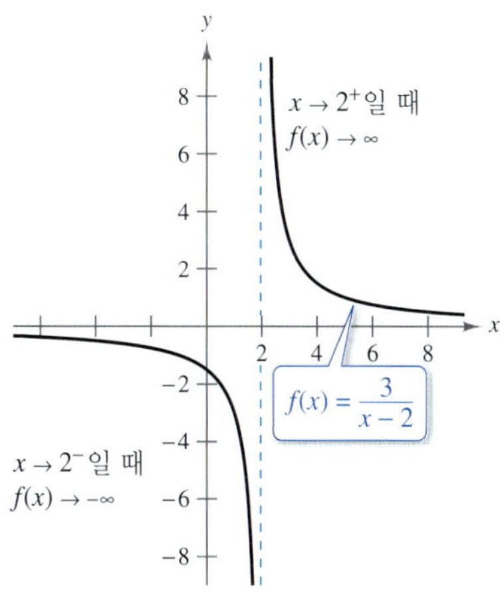

점검문제 11 만약 가능하다면 극한 $\lim_{x\to-2} \frac{5}{x+2}$를 구하여라. ■

연습문제 1.5

[1-2] (그래프로 극한 구하기) 그래프를 사용하여 극한을 구하여라. (예제 1, 2 참조)

1.

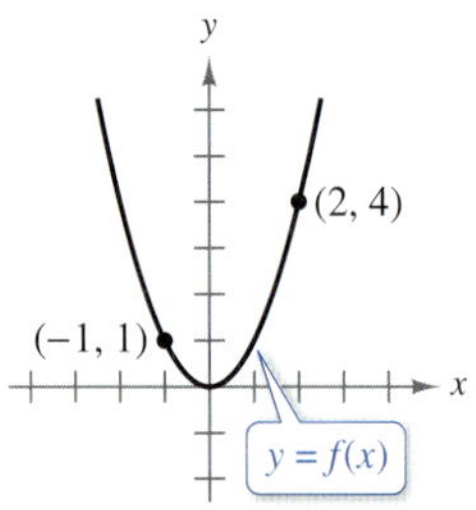

(a) $\lim_{x\to 2} f(x)$

(b) $\lim_{x\to -1} f(x)$

2.

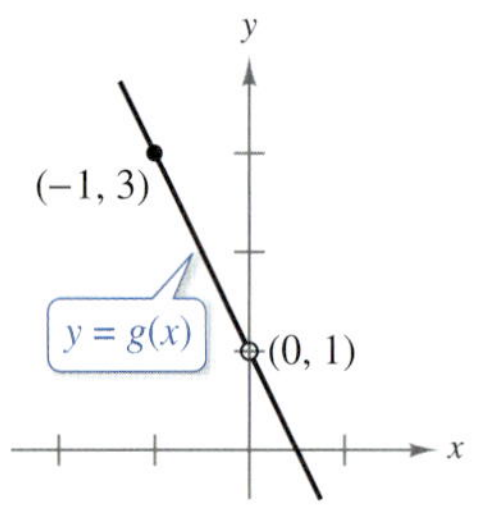

(a) $\lim_{x\to 0} g(x)$

(b) $\lim_{x\to -1} g(x)$

[3-6] (수치적으로 극한 구하기) 표를 완성하고, 극한을 구하여라. 그래픽 도구를 사용하여 결과를 확인하여라. (예제 1, 2 참조)

3. $\lim_{x\to 6} \dfrac{2x+3}{5}$

x	5.9	5.99	5.999	6	6.001	6.01	6.1
$f(x)$				?			

4. $\lim_{x\to 4} \dfrac{x-4}{x^2-5x+4}$

x	3.9	3.99	3.999	4	4.001	4.01	4.1
$f(x)$				?			

5. $\lim_{x\to 0} \dfrac{\sqrt{x+16}-4}{x}$

x	−0.1	−0.01	−0.001	0	0.001	0.01	0.1
$f(x)$				?			

6. $\lim_{x\to -4} \dfrac{\dfrac{1}{x+4}-\dfrac{1}{4}}{x}$

x	−4.1	−4.01	−4.001	−4	−3.999	−3.99	−3.9
$f(x)$				?			

[7-10] (기본 극한 계산) 다음 극한을 구하여라. (예제 3 참조)

7. $\lim_{x\to 3} 6$

8. $\lim_{x\to -2} x$

9. $\lim_{x\to 7} x^2$

10. $\lim_{x\to 36} \sqrt{x}$

11. (극한의 연산) x가 c로 접근할 때 (a) $f(x)+g(x)$, (b) $f(x)g(x)$, (c) $f(x)/g(x)$를 계산하여라. 단 $\lim_{x\to c} f(x) = 3$, $\lim_{x\to c} g(x) = 9$이다.

12. (극한의 연산) $\lim_{x\to c} f(x) = 16$이다. x가 c로 접근할 때, (a) $\sqrt{f(x)}$, (b) $3f(x)$, (c) $[f(x)]^2$을 구하여라.

[13-18] (극한의 성질 사용) 직접 대입하여 극한을 구하여라. (예제 3, 4 참조)

13. $\lim_{x\to -3} (2x+5)$

14. $\lim_{x\to 1} (1-x^2)$

15. $\lim_{x\to 3} \sqrt{x+6}$

16. $\lim_{x\to -3} \dfrac{2}{x+2}$

17. $\lim_{x\to -2} \dfrac{x^2-1}{2x}$

18. $\lim_{x\to 5} \dfrac{\sqrt{x+11}+6}{x}$

[19-29] (극한 계산) 극한이 존재하면 극한을 구하여라. (예제 5, 6, 7, 9, 11 참조)

19. $\lim_{x\to -3} \dfrac{x^2-9}{x+3}$

20. $\lim_{x\to 2} \dfrac{x^2+3x-10}{x^2-4}$

21. $\lim_{x\to -2} \dfrac{x^3+8}{x+2}$

22. $\lim_{\Delta x\to 0} \dfrac{2(x+\Delta x)-2x}{\Delta x}$

23. $\lim_{\Delta t\to 0} \dfrac{(t+\Delta t)^2-5(t+\Delta t)-(t^2-5t)}{\Delta t}$

24. $\lim_{x\to 4} \dfrac{\sqrt{x+5}-3}{x-4}$

25. $\lim_{x\to 0} \dfrac{\sqrt{x+5}-\sqrt{5}}{x}$

26. $\lim_{x\to 2} f(x)$, 여기서 $f(x) = \begin{cases} 4-x, & x \neq 2 \\ 0, & x = 2 \end{cases}$

27. $\lim_{x\to 3} f(x)$, 여기서 $f(x) = \begin{cases} \frac{1}{3}x-5, & x \leq 3 \\ -3x+7, & x > 3 \end{cases}$

28. $\lim_{x\to -4} \dfrac{2}{x+4}$

29. $\lim_{x\to 2} \dfrac{x-2}{x^2-4x+4}$

[30-31] (그래프로 극한 구하기) 만약 극한이 존재하면 그래프를 사용하여 극한을 구하여라. (a) $\lim_{x\to c^+} f(x)$ (b) $\lim_{x\to c^-} f(x)$ (c) $\lim_{x\to c} f(x)$

30.

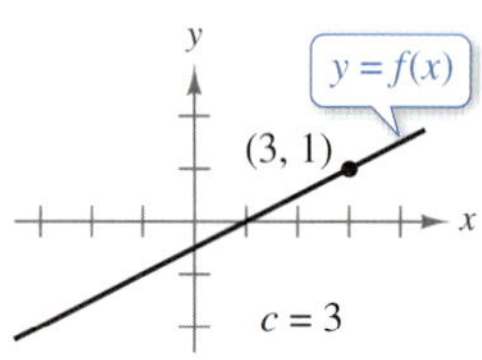

31.

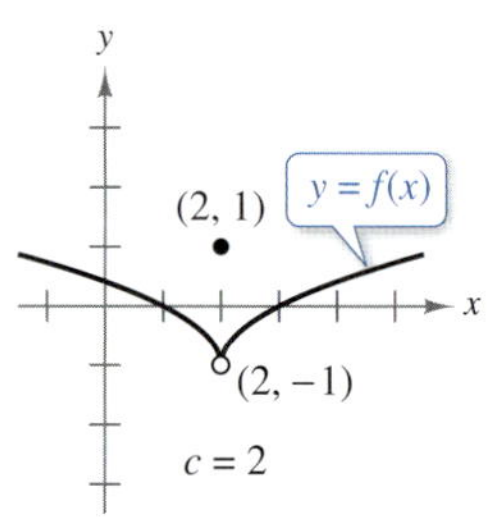

32.

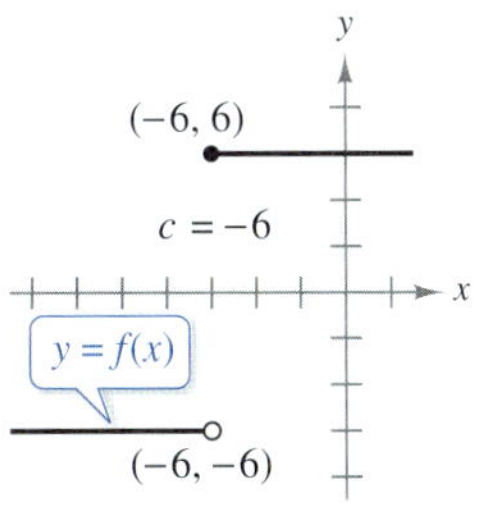

33. (한쪽 극한 구하기) 그래프를 사용하여 왼쪽으로부터의 극한(좌극한)과 오른쪽으로부터의 극한(우극한)을 구하여라.

$$\lim_{x \to -3^-} \frac{|x+3|}{x+3}, \quad \lim_{x \to -3^+} \frac{|x+3|}{x+3}$$

[34-35] (비유계 함수의 한쪽 극한) 그래픽 도구를 사용하여 함수의 그래프를 그리고 극한이 존재하면 극한값을 구하여라. 표를 사용하여 결과를 확인하여라. 만약 극한이 존재하지 않으면 그 이유를 설명하여라.

34. $\displaystyle\lim_{x \to 2^+} \frac{3}{x^2 - 4}$ **35.** $\displaystyle\lim_{x \to -2^-} \frac{1}{x+2}$

[36-39] (극한 추정) 그래픽 도구를 사용하여 극한이 존재하면 극한을 추정하여라.

36. $\displaystyle\lim_{x \to 2} \frac{x^2 - 5x + 6}{x^2 - 4x + 4}$

37. $\displaystyle\lim_{x \to -4} \frac{x^3 + 4x^2 + x + 4}{2x^2 + 7x - 4}$

38. (환경) 작은 호수의 물에서 오염물질 p %를 제거하는 데 드는 비용 C(달러)는

$$C = \frac{25{,}000p}{100 - p}, \quad 0 \le p < 100$$

으로 주어진다.

(a) 50 %의 오염물질을 제거하는 데 드는 비용을 구하여라.

(b) 100,000(달러)로는 몇 퍼센트의 오염물질을 제거할 수 있는가?

(c) $\displaystyle\lim_{p \to 100^-} C$를 계산하고, 결과를 설명하여라.

39. (복리) 1000달러를 원금으로 연 이자율 10 %인 양도성 예금증서를 구입한다고 하자. 10년 후의 잔고 A는 $A = 1000(1 + 0.1x)^{10/x}$ (여기서 x는 복리가 적용되는 기간)으로 주어진다.

(a) 그래픽 도구를 사용하여 $0 \le x \le 1$에서 A의 그래프를 그려라.

(b) 줌과 추적 기능을 사용하여 분기 복리와 일 복리에 대한 잔고를 추정하여라.

(c) 줌과 추적 기능을 사용하여 $\displaystyle\lim_{x \to 0^+} A$를 계산하여라. 이 극한의 의미는 무엇인가? 그렇게 생각하는 이유를 설명하여라.

1.6 연속성

- 함수의 연속성 결정하기
- 닫힌구간에서 함수의 연속성 결정하기
- 최대 정수 함수를 사용하여 실생활 문제를 모형화하고 풀기
- 복리 모형을 사용하여 실생활 문제 풀기

연속성

수학에서 '연속성'이라는 용어는 일상에서 사용하는 것과 똑같은 의미이다. 함수가 $x = c$에서 연속이라는 의미는 c에서 f의 그래프가 끊어지지 않는다는 의미이다. 즉 f의 그래프가

1. c에서 끊어짐이 없고

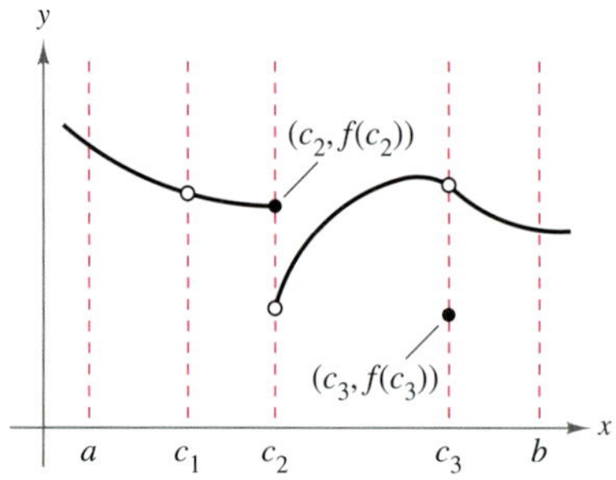

그림 1.53 f는 $x = C_1,\ C_2,\ C_3$에서 연속이 아니다.

2. 구멍, 뛰어오름, 틈이 없다.

이처럼 매우 단순한 정의임에도 불구하고 수학자들은 여러 해 동안 이를 분명히 정의하기를 기피했다. 사실, 연속의 분명한 정의가 전개된 시기는 겨우 1800년대 초이다.

정의를 들여다보기 전에 그림 1.53에 있는 함수의 그래프를 생각하자. 그림은 x의 세 값에서 f가 연속이 아님을 보여 준다.

1. $x = c_1$에서 $f(c_1)$이 정의되지 않는다.

2. $x = c_2$에서 $\lim_{x \to c_2} f(x)$가 존재하지 않는다.

3. $x = c_3$에서 $f(c_3) \neq \lim_{x \to c_3} f(x)$이다.

구간 (a, b)에서 이 세 점을 제외한 모든 점에서 함수 f는 끊어짐이 없다. 이는 함수 f가 구간 (a, b)에서 이 세 점 이외에는 연속임을 의미한다.

연속의 정의

c가 구간 (a, b)에서 실수이고, 구간 (a, b)는 f의 정의역에 포함되어 있다고 하자. 다음 세 조건이 성립할 때 함수 f는 c에서 연속이다.

1. $f(c)$가 정의된다.

2. $\lim_{x \to c} f(x)$가 존재한다.

3. $\lim_{x \to c} f(x) = f(c)$

f가 구간 (a, b)의 모든 점에서 연속일 때, f는 열린구간 (a, b)에서 연속이다.

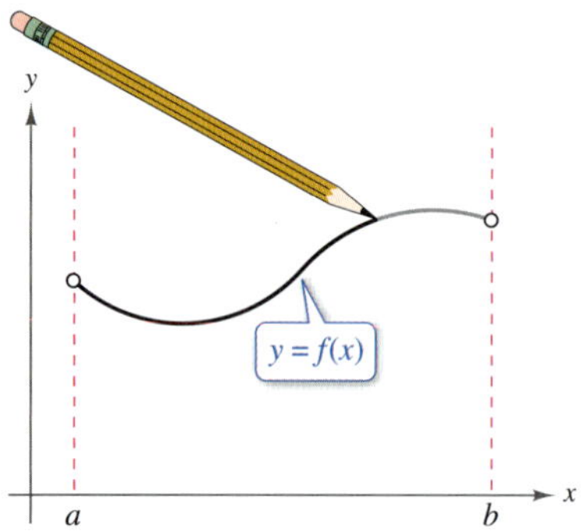

그림 1.54 구간 (a, b)에서 f의 그래프는 연필로 이어 그릴 수 있다.

비공식적으로 함수가 구간에서 연속이라는 것은 함수의 그래프를 따라 종이에서 연필을 떼지 않고 한 번에 그릴 수 있다는 의미이다(그림 1.54).

다항함수와 유리함수의 연속성

1. 다항함수는 모든 실수에서 연속이다.

2. 유리함수는 정의역의 모든 점에서 연속이다.

예제 1 **다항함수의 연속성 결정**

다음 함수의 연속성에 대해 논하여라.

a. $f(x) = x^2 - 2x + 3$

b. $f(x) = x^3 - x$

c. $f(x) = x^4 - 2x^2 + 1$

풀이 이들 함수는 각각이 모두 다항함수이다. 그러므로 실수 전체 구간에서 각 함수는 모두 연속이다(그림 1.55).

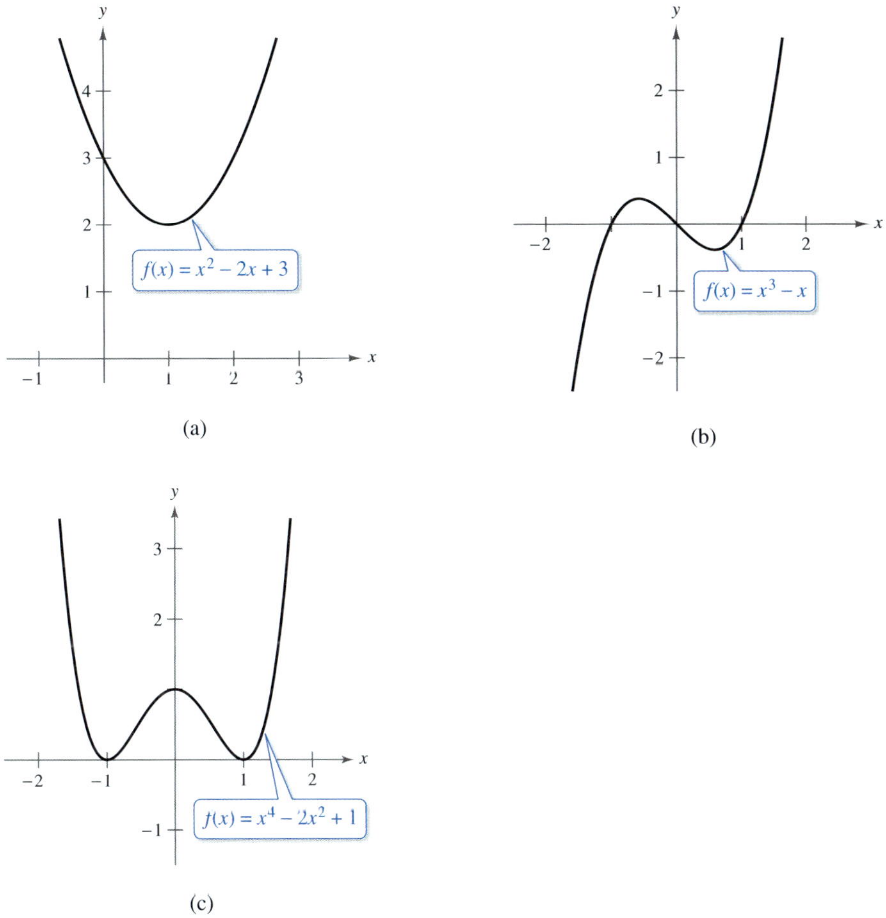

그림 1.55 세 함수는 $(-\infty, \infty)$에서 모두 연속이다.

✓ 점검문제 1 다음 함수의 연속성에 대해 논하여라.

a. $f(x) = x^2 + x + 1$ **b.** $f(x) = x^3 + x$ **c.** $f(x) = x^4$ ■

다항함수는 미적분학에서 사용되는 가장 중요한 형태의 함수 중 하나이다. 예제 1에서 다항함수의 그래프는 실수 전체 구간에서 연속이고, 그래서 구멍, 뛰어오름, 틈이 없음을 볼 수 있음을 확인할 수 있다. 반면에 예제 2에서 볼 수 있듯이 유리함수는 실수 전체 구간에서 연속이 아니다.

예제 2 유리함수의 연속성 결정

다음 함수의 연속성에 대해 논하여라.

a. $f(x) = \dfrac{1}{x}$ **b.** $f(x) = \dfrac{x^2 - 1}{x - 1}$ **c.** $f(x) = \dfrac{1}{x^2 + 1}$

풀이 각 함수는 유리함수이므로 정의역의 모든 점에서 연속이다.

a. $f(x) = 1/x$의 정의역은 $x = 0$을 제외한 모든 실수이므로, 함수는 구간 $(-\infty, 0)$과 $(0, \infty)$에서 연속이다[그림 1.56(a)].

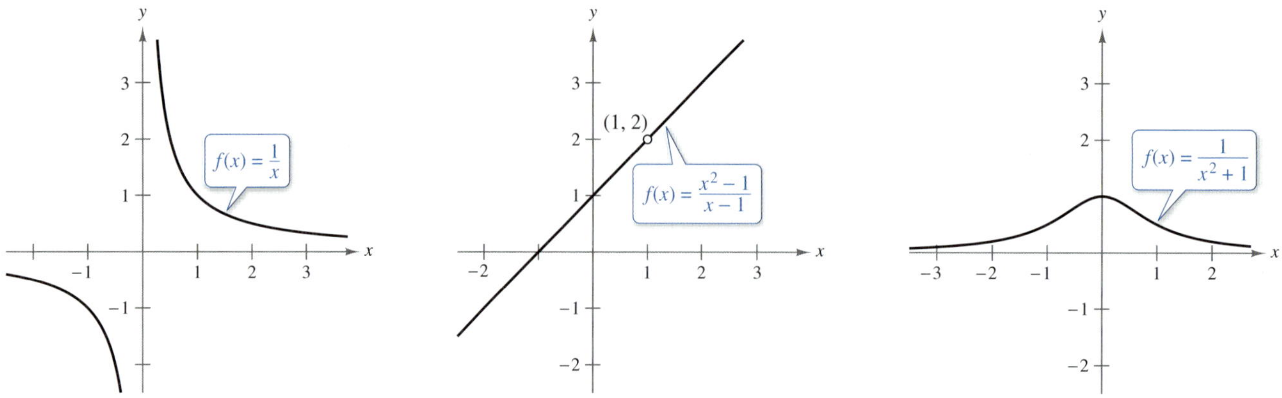

(a) $(-\infty, 0)$과 $(0, \infty)$에서 연속　(b) $(-\infty, 1)$과 $(1, \infty)$에서 연속　(c) $(-\infty, \infty)$에서 연속

그림 1.56

b. $f(x) = (x^2 - 1)/(x - 1)$의 정의역은 $x = 1$을 제외한 모든 실수이므로, 함수는 구간 $(-\infty, 1)$과 $(1, \infty)$에서 연속이다[그림 1.56(b)].

c. $f(x) = 1/(x^2 + 1)$의 정의역은 모든 실수로 이루어져 있으므로, 함수는 실수 전체 구간에서 연속이다[그림 1.56(c)].

✓**점검문제 2** 다음 함수의 연속성에 대해 논하여라.

a. $f(x) = \dfrac{1}{x - 1}$

b. $f(x) = \dfrac{x^2 - 4}{x - 2}$

c. $f(x) = \dfrac{1}{x^2 + 2}$ ■

실수 c를 포함하는 열린구간 I를 생각하자. f가 구간 I(c를 제외할 수 있다)에서 정의되고 c에서 연속이 아니라고 하면, f는 c에서 **불연속**(discontinuity)이라고 한다. 불연속은 두 가지(제거할 수 있는 불연속과 제거할 수 없는 불연속)로 분류할 수 있다. c에서의 불연속이 제거할 수 있다는 것은 $f(c)$를 적당히 정의함으로써(또는 다시 정의함으로써) f를 연속이 되게 할 수 있다. 예를 들어 예제 2(b)의 함수는 제거할 수 있는 불연속점 (1, 2)를 갖는다. 이 불연속을 제거하기 위해서는 $f(1) = 2$가 되게 함수를 다시 정의하면 된다.

c에서의 불연속이 제거될 수 없다는 것은 $x = c$에서 함수를 정의하거나 다시 정의해도 $x = c$에서 연속이 되게 할 수 없는 것이다. 예를 들면 예제 2(a)의 함수는 $x = 0$에서 제거할 수 없는 불연속점을 갖는다.

닫힌구간에서의 연속성

예제 1, 2에서 언급한 구간은 열린구간이다. 닫힌구간에서의 연속성에 대해 논하기 위해서는 1장 5절에서 정의한 한쪽 극한의 개념을 사용할 수 있다.

닫힌구간에서 연속성의 정의

함수 f가 닫힌구간 $[a, b]$에서 정의되어 있다고 하자. f가 열린구간 (a, b)에서 연속이고

$$\lim_{x\to a^+} f(x) = f(a), \quad \lim_{x\to b^-} f(x) = f(b)$$

라고 하면 f는 **닫힌구간 $[a, b]$에서 연속**이다. 이때 f는 a에서 **오른쪽으로부터 연속**이고 b에서 **왼쪽으로부터 연속**이다.

비슷한 정의를 구간 $(a, b]$, $[a, b)$와 같은 모양에서도 할 수 있다. 또한 무한구간에서도 정의할 수 있다. 예를 들면 함수

$$f(x) = \sqrt{x}$$

는 무한구간 $[0, \infty)$에서 연속이다.

예제 3 끝점에서의 연속성 조사

$f(x) = \sqrt{3-x}$ 의 연속성에 대해 논하여라.

풀이 f의 정의역은 $(-\infty, 3]$이다.

$$\begin{aligned}\lim_{x\to 3^-} f(x) &= \lim_{x\to 3^-} \sqrt{3-x}\\ &= \sqrt{3-3}\\ &= 0\\ &= f(3)\end{aligned}$$

이므로 f는 $x = 3$에서 왼쪽으로부터 연속이다.
따라서 $x < 3$인 모든 x에 대해 f는 연속성의 세 조건을 만족한다. 그러므로 그림 1.57에서 보는 것과 같이 함수 f는 구간 $(-\infty, 3]$에서 연속이라고 결론지을 수 있다.

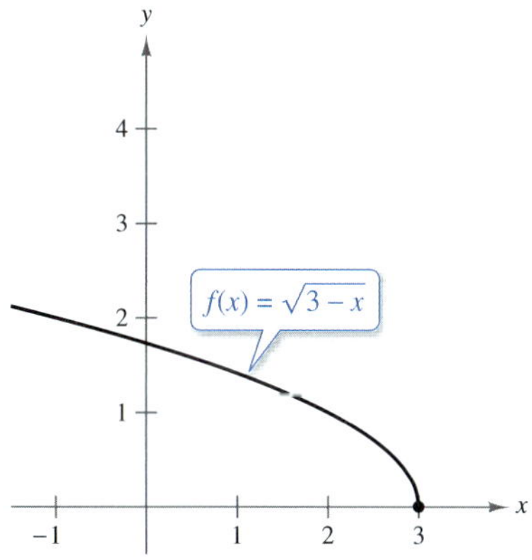

그림 1.57

✔ **점검문제 3** $f(x) = \sqrt{x-2}$의 연속성에 대해 논하여라. ■

예제 4 닫힌구간에서의 연속성 조사

함수 $g(x) = \begin{cases} 5-x, & -1 \le x \le 2 \\ x^2-1, & 2 < x \le 3 \end{cases}$

의 연속성에 대해 논하여라.

풀이 두 다항함수 $5-x$와 x^2-1은 각각 구간 $[-1, 2]$와 $(2, 3]$에서 연속이다. 그러므로 함수 g는 구간 $[-1, 3]$에서 연속이라고 결론지을 수 있다. 단지 $x = 2$에서 g의 모습을 확인할 필요가 있다. 먼저 $x = 2$에서 한쪽 극한을 취하면, 즉

$$\lim_{x\to 2^-} g(x) = \lim_{x\to 2^-} (5-x) = 5-2 = 3 \qquad \text{좌극한}$$

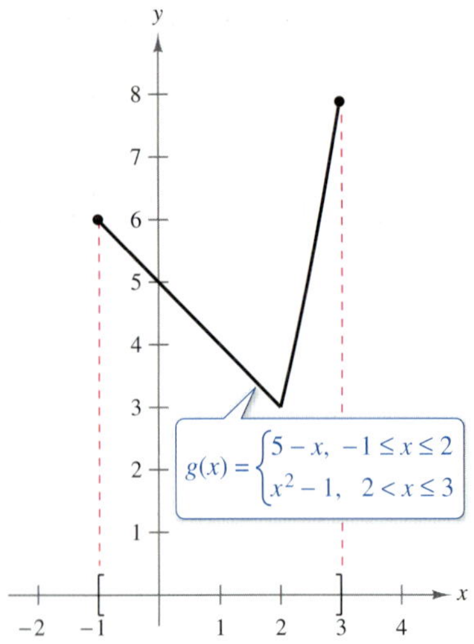

그림 1.58

이고

$$\lim_{x \to 2^+} g(x) = \lim_{x \to 2^+} (x^2 - 1) = 2^2 - 1 = 3 \qquad \text{우극한}$$

이다. 두 극한이 같고

$$\lim_{x \to 2} g(x) = g(2) = 3$$

이므로 g는 $x = 2$에서 연속이고, 결론적으로 이 함수는 구간 $[-1, 3]$ 전체에서 연속이다. g의 그래프는 그림 1.58에 있다.

✓ 점검문제 4 다음 함수의 연속성에 대해 논하여라.

$$f(x) = \begin{cases} x + 2, & -1 \le x < 3 \\ 14 - x^2, & 3 \le x \le 5 \end{cases}$$

■

최대 정수 함수

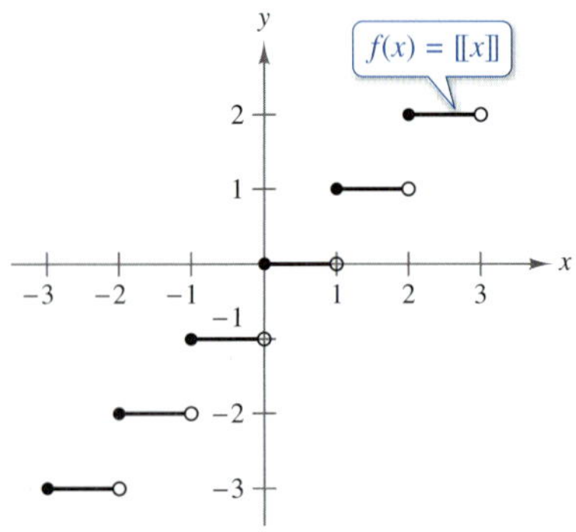

그림 1.59 최대 정수 함수

경제학에서 사용되는 함수 중 하나는 계단 함수이다. 예를 들면 1장 5절의 예제 10에 있는 함수는 **계단 함수**(step function)이다. **최대 정수 함수**(greatest integer function)는 계단 함수의 또 다른 예이다. 이 함수는

$$[\![x]\!] = x\text{와 작거나 같은 최대 정수}$$

로 나타낸다. 예를 들면

$$[\![-2.1]\!] = -2.1\text{보다 작거나 같은 최대 정수} = -3$$
$$[\![-2]\!] = -2\text{보다 작거나 같은 최대 정수} = -2$$
$$[\![1.5]\!] = 1.5\text{보다 작거나 같은 최대 정수} = 1$$

최대 정수 함수의 그래프(그림 1.59)는 각 정수에서 한 단위 뛰어오르는 것을 볼 수 있다. 그러므로 이 함수는 각 정수에서 연속이 아니다.

실생활의 응용에서 최대 정수 함수의 정의역은 음이 아닌 x값으로 제한한다. 이 경우 함수는 x의 소수부분을 잘라내는 데 사용된다. 즉 1.345는 1로 3.57은 3으로 소수부분을 절사한다. 다시 말하면 다음과 같다.

$$[\![1.345]\!] = 1, \quad [\![3.57]\!] = 3$$

예제 5 비용함수의 모형화

어떤 회사가 8시간의 근무조로 매일 10,000단위를 생산한다. 교대 근무조당 5000달러의 고정비용이 든다고 하고, 단위당 단가는 3달러이다. 최대 정수 함수를 이용하여 x개의 생산가는

$$C = 5000\left(1 + \left[\!\!\left[\frac{x - 1}{10{,}000}\right]\!\!\right]\right) + 3x$$

로 쓸 수 있다. 이 비용함수의 그래프를 그려라.

풀이 첫 8시간의 교대 근무조 동안

$$\left[\!\left[\frac{x-1}{10,000}\right]\!\right] = 0, \quad 1 \le x \le 10,000$$

이다. 이는

$$C = 5000\left(1 + \left[\!\left[\frac{x-1}{10,000}\right]\!\right]\right) + 3x = 5000 + 3x$$

임을 나타낸다. 두 번째 8시간의 교대 근무조는

$$\left[\!\left[\frac{x-1}{10,000}\right]\!\right] = 1, \quad 10,001 \le x \le 20,000$$

이므로

$$C = 5000\left(1 + \left[\!\left[\frac{x-1}{10,000}\right]\!\right]\right) + 3x$$
$$= 10,000 + 3x$$

이다. 그림 1.60에 세 근무조에 대한 C의 그래프를 보여 주고 있다. 그래프는 $x = 10,000$, $x = 20,000$ 등등에서 불연속임을 보여 준다.

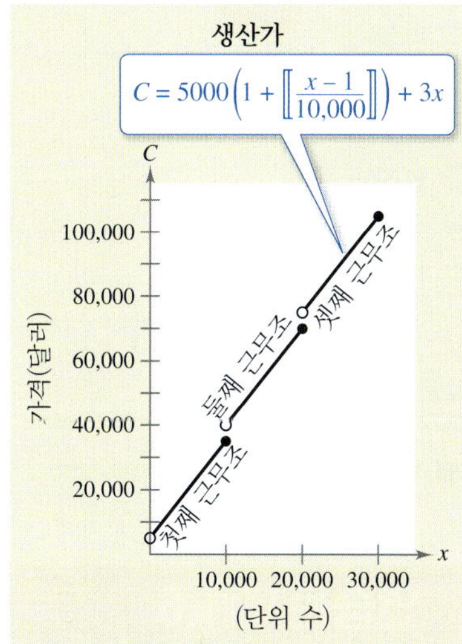

그림 1.60

✓ **점검문제 5** 그래픽 도구를 사용하여 예제 5의 비용함수의 그래프를 그려라. ■

확장 응용: 복리

은행과 기타 금융기관이 계좌에 이자를 지불하는 방식은 조금씩 다르다. 이자를 원금에 가산하여 그 합계액을 다음 기간의 원금으로 하여 가산하는 이자를 **복리**(compound interest)라고 한다. 예를 들면 예금액 10,000달러에 연 이자율 6 %로 분기 복리 계산을 하면, 분기 이자는 $\frac{1}{4}(0.06) = 0.015$ 또는 1.5 %이다. 첫 다섯 분기의 잔고는 아래와 같다.

분기	잔고
첫 번째	10,000달러
두 번째	$10,000 + (0.015)(10,000) = 10,150.00$달러
세 번째	$10,150 + (0.015)(10,150.00) = 10,302.25$달러
네 번째	$10,302.25 + (0.015)(10,302.25) = 10,456.78$달러
다섯 번째	$10,456.78 + (0.015)(10456.78) = 10613.63$달러

예제 6 **복리 그래프**

위에 설명한 계좌의 잔고의 그래프를 그려라.

풀이 A를 계좌의 잔고라고 하자. t는 시간, 즉 연도를 나타낸다고 하면, 최대 정수 함수를 사용하여 잔고를 다음과 같이 표현할 수 있다.

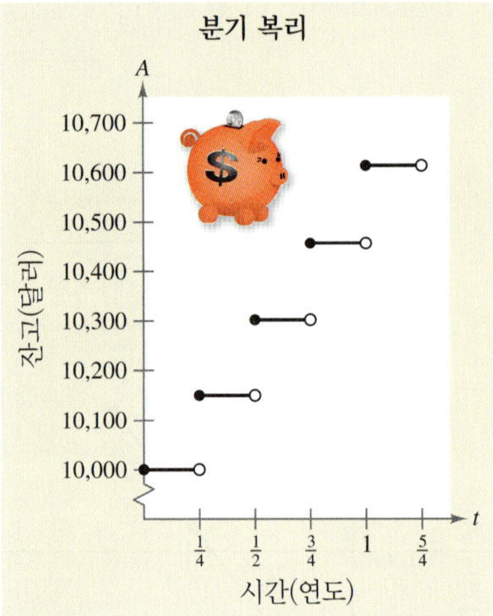

그림 1.61

$$A = 10{,}000(1 + 0.015)^{[\![4t]\!]}$$

그림에서 함수의 불연속점은 각 분기에 있다. 즉 A는 $t = \frac{1}{4}, t = \frac{1}{2}, t = \frac{3}{4}, t = 1, t = \frac{5}{4}$ 등에서 불연속이다. 그래픽 도구를 사용하여 이를 확인하고 추적 기능과 표를 이용하여 이 함수가 각 분기에서 불연속임을 확인할 수 있다.

✓ **점검문제 6** 예제 6에서 연 이자율이 3 %일 때 계좌의 잔고에 대한 방정식을 쓰고, 이 방정식의 그래프를 그려라. ■

연습문제 1.6

[1-5] (연속성 결정) 다음 함수가 실수 전체 구간에서 연속인지 아닌지 판정하여라. 그 이유를 설명하여라. (예제 1, 2 참조)

1. $f(x) = 5x^3 - x^2 + 2$　　**2.** $f(x) = \dfrac{3}{x^2 - 16}$

3. $f(x) = \dfrac{1}{x^2 + 4}$　　**4.** $f(x) = \dfrac{2x - 1}{x^2 - 8x + 15}$

5. $f(x) = \dfrac{x^2 - 8x + 12}{x^2 - 36}$

[6-20] (연속성 결정) 다음 함수가 연속인 구간을 구하고 그 이유를 설명하여라. 불연속점이 있다면 연속성이 만족되지 못한 조건을 구체화하여라. (예제 1, 2, 3, 4, 5 참조)

6. $f(x) = \dfrac{x^2 - 1}{x}$

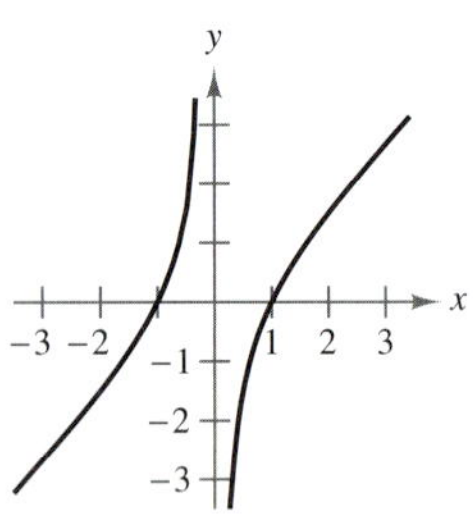

7. $f(x) = \dfrac{x^2 - 1}{x + 1}$

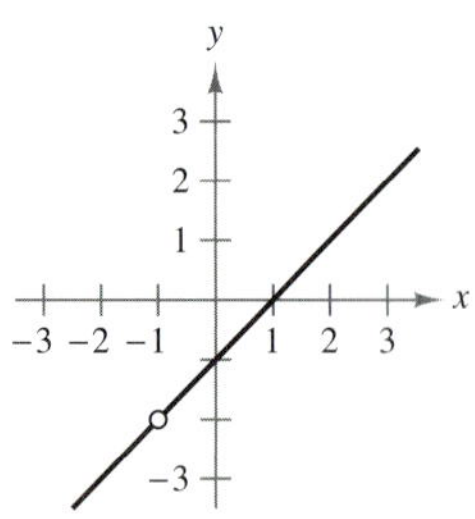

8. $f(x) = x^2 - 9x + 14$　　**9.** $f(x) = \dfrac{x}{x^2 - 1}$

10. $f(x) = \dfrac{7x}{x^2 + 5}$　　**11.** $f(x) = \dfrac{x - 5}{x^2 - 9x + 20}$

12. $f(x) = \sqrt{4 - x}$　　**13.** $f(x) = \sqrt{x + 2}$

14. $f(x) = \begin{cases} -2x + 3, & -1 \le x \le 1 \\ x^2, & 1 < x \le 3 \end{cases}$

15. $f(x) = \begin{cases} 4 - 2x, & x \le 2 \\ x^2 - 3, & x > 2 \end{cases}$

16. $f(x) = \dfrac{|x + 1|}{x + 1}$

17. $f(x) = x\sqrt{x + 3}$

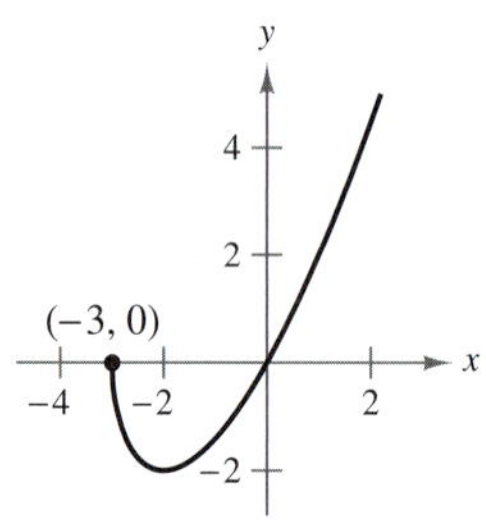

18. $f(x) = [\![2x]\!] + 1$

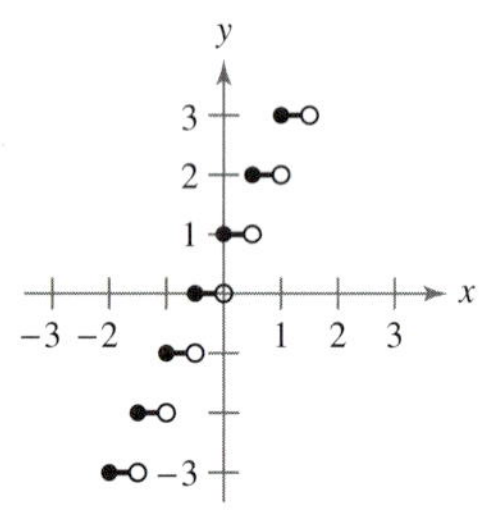

19. $f(x) = [\![x - 1]\!]$

20. $h(x) = f(g(x)), \quad f(x) = \dfrac{1}{\sqrt{x}}, \quad g(x) = x - 1, x > 1$

[21-23] (연속성 결정) 닫힌구간에서 함수의 연속성에 대해 논하여라. 불연속점이 있다면 그것이 제거할 수 있는 불연속인지 결정하여라.

21. $f(x) = \dfrac{x^2 - 16}{x - 4}$　　**22.** $f(x) = \dfrac{x + 4}{3x^2 - 12}$

23. $f(x) = \begin{cases} x^2 + 1, & x < 0 \\ x - 1, & x \ge 0 \end{cases}$

[24-25] (닫힌구간에서 연속성 결정) 닫힌구간에서 함수의 연속성에 대해 논하여라. 불연속점이 있다면 그것이 제거할 수 있는 불연속인지 결정하여라.

24. $f(x) = x^2 - 4x - 5 \quad [-1, 5]$

25. $f(x) = \dfrac{1}{x-2} \quad [1, 4]$

[26-28] (불연속점 찾기) 그래픽 도구를 사용하여 함수의 그래프를 그려라. 그래프에서 함수가 연속이 아닌 x값을 결정하여라. 그 x값에서 함수가 연속이 아닌 이유를 설명하여라.

26. $h(x) = \dfrac{1}{x^2 - x - 2}$

27. $f(x) = \begin{cases} 2x - 4, & x \le 3 \\ x^2 - 2x, & x > 3 \end{cases}$

28. $f(x) = x - 2[\![x]\!]$

29. (연속 함수 만들기) 다음 함수가 실수 전체 구간에서 연속이 되도록 상수 a를 구하여라.

$$f(x) = \begin{cases} x^3, & x \le 2 \\ ax^2, & x > 2 \end{cases}$$

30. (쓰기) 그래픽 도구를 사용하여 구간 $[-4, 4]$에서 다음 함수의 그래프를 그려라. 이 구간에서 함수가 연속으로 나타나는가? 함수가 실제로 구간 $[-4, 4]$에서 연속인가? 함수를 해석적으로 뿐만 아니라 그래프적으로 검토하는 것의 중요성에 대해 간단히 기술하여라.

$$f(x) = \frac{x^2 + x}{x}$$

31. (환경비용) 공장의 굴뚝에서 배출되는 오염물질을 x퍼센트 제거하는 데 드는 비용 C(백만 달러)는 다음 식으로 모형화할 수 있다.

$$C = \frac{2x}{100 - x}$$

(a) 이 식이 암시하는 C의 정의역은?

(b) 그래픽 도구를 사용하여 함수의 그래프를 그려라. 함수는 정의역에서 연속인가? 그 이유를 설명하여라.

(c) 굴뚝에서 배출되는 오염물질의 75 %를 제거하는 데 드는 비용은 얼마인가?

32. (생물) 토끼의 임신기간은 29일에서 35일 사이이다. 그러므로 토끼의 개체 수는 짧은 기간에 폭발적으로 증가한다. 아래 표는 토끼의 개체 수 증가 형태를 보여 주고 있다. 여기서 t는 시간(달)이고 N은 토끼의 개체 수이다.

t	0	1	2	3	4	5	6
N	2	8	10	14	10	15	12

시간의 함수로 개체 수의 그래프를 그려라. 함수에서 불연속점을 찾고, 그 이유를 설명하여라.

33. (소비자 인식) 미 우체국에서 일급 우편물 발송 비용이 첫 1온스까지 0.49달러이고, 그 후 1온스 추가될 때마다 0.21달러씩 최대 3.5온스까지 추가할 수 있다. 일급 우편물 발송 비용의 모형식은 다음과 같다.

$$C(x) = \begin{cases} 0.49, & 0 \le x \le 1 \\ 0.70, & 1 < x \le 2 \\ 0.91, & 2 < x \le 3 \\ 1.12, & 3 < x \le 3.5 \end{cases}$$

(a) 그래픽 도구를 사용하여 함수의 그래프를 그리고 연속성에 대해 논하여라. 어떤 값에서 불연속인가? 그 이유를 설명하여라.

(b) 2.5온스의 편지를 발송하는 데 드는 비용을 구하여라.

34. (복리) 7500달러를 예치하면 이자율 6 %로 분기 복리가 적용된다. t년 후 잔고는

$$A = 7500(1.015)^{[\![4t]\!]}, \quad t \ge 0$$

이다.

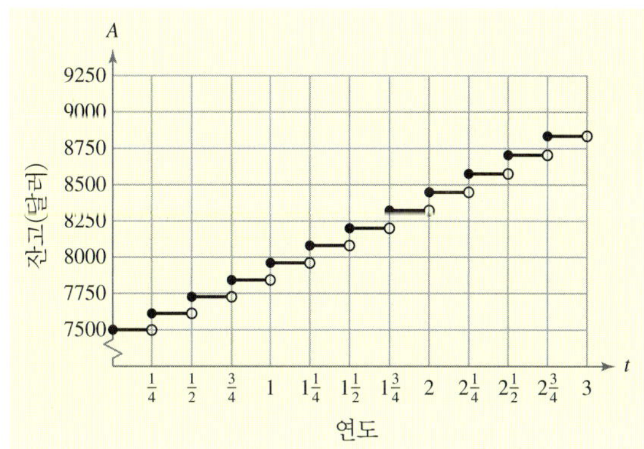

(a) 그래프는 연속적인가? 그 이유를 설명하여라.

(b) 2년 후 잔고는 얼마인가?

(c) 7년 후 잔고는 얼마인가?

35. (건강 식품점) 어떤 협동조합 건강 식품점에서 유기농으로 키운 땅콩을 첫 1파운드당 3.50달러를 받고 그 후 추가 1파운드당 1.90달러를 받는다고 한다.

(a) 최대 정수 함수를 사용하여 유기농 땅콩 x파운드당 가격 C의 모형식을 만들어라.

(b) 그래픽 도구를 사용하여 함수의 그래프를 그리고, 함수의 연속성에 대해 논하여라.

요약 및 학습 전략

이 장을 학습한 후 여러분은 다음 내용을 습득했을 것이다.
각 절에 대한 요약과 관련 복습문제 번호가 표시되어 있다. 복습문제의 답은 이 교재의 말미에 수록되어 있다.

1.1절

	관련 복습문제
■ 좌표평면에 점을 찍는다.	1
■ 좌표평면에서 두 점 사이의 거리를 구한다. $d = \sqrt{(x_2 - x_1)^2 + (y_2 - y_1)^2}$	2~4
■ 두 점을 잇는 선분의 중점을 구한다. 중점 $= \left(\frac{x_1 + x_2}{2}, \frac{y_1 + y_2}{2}\right)$	5~7
■ 주어진 실생활의 자료를 그래프로 설명한다.	8
■ 좌표평면에서 점을 이동한다.	9

1.2절

■ 손으로 방정식의 그래프를 그린다.	10~14
■ 방정식의 그래프에서 x절편과 y절편을 찾는다.	15~16
■ 원의 표준방정식을 쓴다. $(x - h)^2 + (y - k)^2 = r^2$	17~18
■ 두 그래프의 교점을 찾는다.	19~20
■ 경제학에서 손익분기점을 구한다. 수입 R과 비용 C가 같을 때 손익분기점이 발생한다.	21
■ 공급과 수요 방정식의 균형점을 구한다. 공급과 수요 방정식의 그래프의 교점이 균형점이다.	22
■ 수학적 모형식을 사용하여 실생활 문제를 모형화하고 푼다.	

1.3절

■ 선형 방정식의 기울기-절편 형을 사용하여 직선의 그래프를 그린다. $y = mx + b$	23~26
■ 두 점을 지나는 직선의 기울기를 구한다. $m = \frac{y_2 - y_1}{x_2 - x_1}$	27~28
■ 점-기울기 형을 사용하여 직선의 방정식을 쓴다. $y - y_1 = m(x - x_1)$	29~32
■ 평행, 수직인 직선의 방정식을 구한다. 평행인 직선: $m_1 = m_2$ 수직인 직선: $m_1 = -\frac{1}{m_2}$	33
■ 선형 방정식을 사용하여 실생활의 문제를 모형화하고 푼다.	34

1.4절

관련 복습문제

■ 수직선 검증을 통해 두 변수 사이의 관계가 함수인지 아닌지 결정한다. 모든 수직선이 방정식의 그래프와 기껏해야 한 점에서 교차하면 그 방정식은 y가 x의 함수임을 정의한다.	35~36
■ 함수의 정의역과 치역을 구한다.	37~39
■ 함수의 기호를 사용하고 함수를 계산한다.	40
■ 함수를 결합하여 새로운 함수를 만든다.	41
■ 수평선 검증을 통해 함수가 역함수를 갖는지 아닌지 결정한다. 역함수를 가지면 역함수를 구한다. 모든 수평선이 함수의 그래프와 기껏해야 한 점에서 교차하면 함수는 1대1 함수이다. 함수가 역함수를 가지면 그 함수는 1대1 함수이다.	42~44

1.5절

■ 표를 사용하여 극한을 측정한다.	45~46
■ 다른 해석적 기법을 사용하여 함수의 극한을 계산한다.	47~55

1.6절

■ 함수의 연속성을 결정한다.	56~61
■ f가 연속이 되도록 상수를 결정한다.	62
■ 조각으로 정의된 함수와 최대 정수 함수를 사용하여 실생활의 문제를 모형화하고 푼다.	63~64

학습 전략

■ **그래프 그리기 도구 사용** 그래프를 그릴 수 있는 계산기나 컴퓨터의 그래픽 소프트웨어는 이 교재에서 꼭 필요한 두 가지 중요한 도구이다. '탐구 도구'로서 그래픽 도구는 개념을 파악하는 데 초점을 맞출 수 있다. 예를 들면 $y = x^2$, $y = x^2 + 1$, 그리고 $y = x^2 - 1$의 그래프를 그릴 때 함수의 그래프에 상수를 더하거나 빼서 수직으로 이동할 수 있음을 확인할 수 있다. 다음으로 '문제 해석 도구'로서 그래픽 도구는 복잡한 그래프를 손으로 그리는 불편함을 해소할 수 있다.

■ **추가적인 학습 보조재 사용** 추가적인 학습 보조재는 이 교재에서 논의되는 개념을 터득하도록 특별히 마련되어 있다. 웹사이트 *LarsonAppliedCalculus.com*, *CalcChat.com*, *CalcView.com* 등을 참조하라.

복습문제

1. **(데카르트 평면에 점 찍기)** 다음 점을 데카르트 평면에 표시하여라.
   $(2, 3), (0, 0), (-5, 1), (4, -3), (-3, -1)$

[2-4] (거리 구하기) 두 점 사이의 거리를 구하여라.

2. $(0, 0), (5, 2)$
3. $(-1, 3), (-4, 6)$
4. $\left(\frac{1}{4}, -8\right), \left(\frac{3}{4}, -6\right)$

[5-7] (선분의 중점 구하기) 두 점을 연결하는 선분의 중점을 구하여라.

5. $(5, 6), (9, 2)$
6. $(-10, 4)$
7. $(-2, 0.1), (4.3, -3)$

8. **(수입, 비용, 이익)** 다음은 2009년부터 2013년 사이 구글의 수입, 비용, 이익을 나타내는 그래프이다.

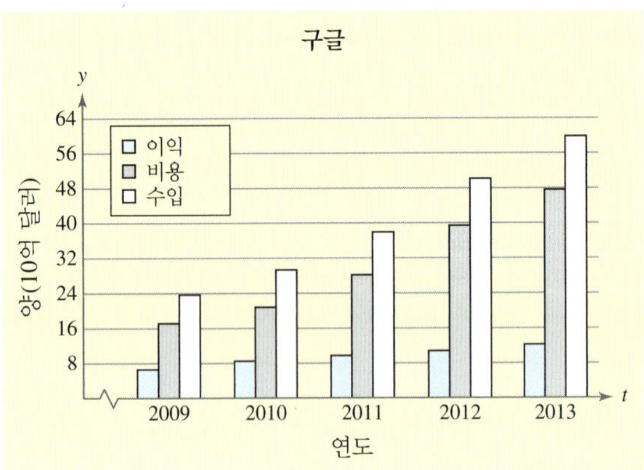

수입 R, 비용 C, 이익 P 사이의 관계를 나타내는 식을 구하여라. 막대의 높이와 방정식 사이의 관계를 설명하여라.

9. **(평면에서 점의 이동)** 다음 꼭짓점을 오른쪽으로 2단위, 위로 3단위 이동하여라.

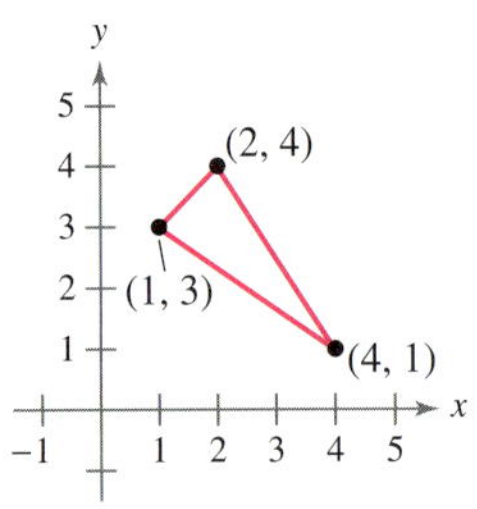

[10-14] (방정식의 그래프 그리기) 방정식의 그래프를 그려라. 그래픽 도구를 사용하여 결과를 확인하여라.

10. $y = 4x - 12$
11. $y = x^2 + 5$
12. $y = |4 - x|$
13. $y = 2 - x^2$
14. $y = \sqrt{4x + 1}$

[15-16] (x, y절편 구하기) 다음 방정식의 그래프에서 x절편, y절편을 구하여라.

15. $4x + y + 3 = 0$
16. $y = x^2 + 2x - 8$

[17-18] (원의 방정식 구하기) 주어진 조건을 만족하는 원의 표준방정식을 구하고 그래프를 그려라.

17. 중심: $(0, 0)$, 반지름: 8
18. 중심: $(2, 0)$, 원 위의 점: $(4, \sqrt{5})$

[19-20] (교점 찾기) 다음 방정식의 그래프에서 (존재하면) 교점을 찾아라. 그래픽 도구를 사용하여 결과를 확인하여라.

19. $y = 2x + 13, \quad y = -5x - 1$
20. $y = x^3, \quad y = x$

21. **(손익분기점 분석)** 어떤 학생 동아리에서 셔츠를 판매하여 수익을 올리려고 한다. 셔츠는 1장당 8달러를 지불하였다. 날염 디자인에 200달러가 들어 셔츠당 2달러를 추가하였다. 셔츠는 1장당 14달러에 판매할 예정이다.
   (a) x개의 셔츠에 대한 총비용 C와 총수입 R의 방정식을 구하여라.
   (b) 손익분기점을 구하여라.
   (c) 600달러의 이익을 남기려면 몇 장의 셔츠를 판매해야 하는가?

22. **(수요와 공급)** 전동 드라이버의 수요와 공급 곡선이 다음과 같다고 한다.

$p = 91.4 - 0.009x$ 수요 방정식

$p = 6.4 + 0.008x$ 공급 방정식

여기서 p는 가격(달러)이고, x는 단위 수이다. 이 시장에서 균형점을 구하여라.

[23-26] (선형 방정식의 그래프 그리기) 다음 방정식의 기울기, y절편을 구하여라(존재하는 경우). 직선의 그래프를 그려라.

23. $y = -x + 12$
24. $4x - y = 6$
25. $y = \frac{7}{4}$
26. $-2x - 56 - 5 = 0$

[27-28] (직선의 기울기 구하기) 두 점을 지나는 직선의 기울기를 구하여라.

27. $(0, 0), (7, 6)$ **28.** $(5, 29), (-3, 29)$

[29-30] (점-기울기 형 사용) 주어진 점을 지나고 주어진 기울기를 가진 직선의 방정식을 구하여라.

	점	기울기
29.	$(3, -1)$	$m = -2$
30.	$(1.5, -4)$	$m = 0$

[31-32] (두 점을 지나는 직선의 방정식 쓰기) 다음 두 점을 지나는 직선의 방정식을 써라.

31. $(1, -7), (7, 5)$ **32.** $(5, 7), (5, 14)$

33. **(평행선 및 수직선 구하기)** 점 $(-3, 6)$을 지나고 다음 조건을 만족하는 직선의 방정식을 구하여라.
(a) 직선 $y = \frac{5}{8}x$에 평행인 직선
(b) 직선 $y = -5x - 3$에 수직인 직선
(c) 직선 $4x + 2y = 7$에 평행인 직선
(d) 직선 $3x - 2y = 2$에 수직인 직선

34. **(수요)** 도매상이 개당 32달러로 생산품을 팔면 주당 750개를 팔고, 개당 5달러를 인상하면 주당 700개로 하향 판매된다고 한다. 가격 p와 주당 판매 개수 x와의 관계는 선형이라고 가정하자.
(a) p에 관해 x를 표현하는 선형 방정식을 구하여라.
(b) 개당 34.50달러로 판매할 때 주당 판매 개수를 예측하여라.
(c) 개당 42달러로 판매할 때 주당 판매 개수를 예측하여라.

[35-36] (수직선 검증) 수직선 검증을 통해 y가 x의 함수인지 아닌지 결정하여라.

35. $y = -x^2 + 2$ **36.** $y^2 - \frac{1}{4}x^2 = 4$

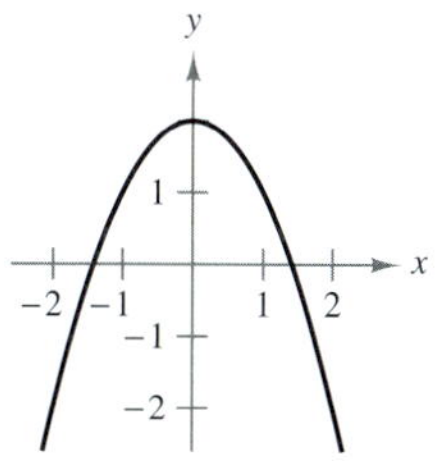

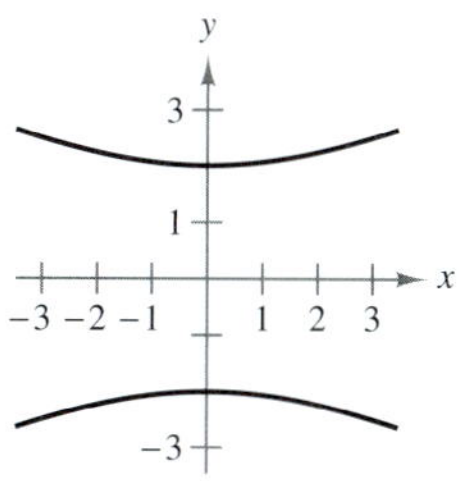

[37-38] (정의역과 치역 구하기) 다음 함수의 정의역과 치역을 구하여라. 그래픽 도구를 사용하여 결과를 확인하여라.

37. $f(x) = x^3 + 2x^2 - x + 2$

38. $f(x) = \sqrt{x + 5}$

39. $f(x) = \dfrac{x - 1}{x^2 - 1}$

40. **(함수 계산)** 주어진 독립변수에 따라 함숫값을 구하여라. 결과를 간단히 하여라.

$f(x) = 3x + 4$

(a) $f(1)$ (b) $f(-5)$ (c) $f(x + 1)$

41. **(함수의 결합)** 함수가 $f(x) = 6 + x^2$, $g(x) = 3x - 5$로 주어질 때 다음을 구하여라.
(a) $f(x) + g(x)$ (b) $f(x) - g(x)$
(c) $f(x) \cdot g(x)$ (d) $f(x)/g(x)$
(e) $f(g(x))$ (f) $g(f(x))$

[42-44] (1대1 함수인지 아닌지 결정하기) 다음 함수의 그래프를 그려라. 수평선 검증을 통해 1대1 함수인지 아닌지 결정하여라. 1대1 함수이면 역함수를 구하여라.

42. $f(x) = 4x - 3$ **43.** $f(x) = \sqrt{x - \frac{1}{2}}$

44. $f(x) = |x + 1|$

[45-46] (수치적으로 극한 구하기) 표를 완성하고, 그 결과로 극한을 구하여라. 그래픽 도구를 사용하여 결과를 확인하여라.

45. $\lim_{x \to 1} (4x - 3)$

x	0.9	0.99	0.999	1	1.001	1.01	1.1
$f(x)$				?			

46. $\lim_{x \to 0} \dfrac{\sqrt{x + 6} - \sqrt{6}}{x}$

x	-0.1	-0.01	-0.001	0	0.001	0.01	1.1
$f(x)$				?			

[47-55] (극한 계산) 극한이 존재하면 극한을 구하여라.

47. $\lim_{x \to 3} 8$ **48.** $\lim_{x \to 2} (5x - 3)$

49. $\lim_{x \to -1} \dfrac{x + 3}{6x + 1}$ **50.** $\lim_{t \to 0} \dfrac{t^2 + 1}{t}$

51. $\lim_{x \to -2} \dfrac{x + 2}{x^2 - 4}$ **52.** $\lim_{x \to 0^+} \left(x - \dfrac{1}{x}\right)$

53. $\lim_{x \to 0} \dfrac{\sqrt{3} - \sqrt{x + 3}}{x}$

54. $\lim_{x \to 0} f(x)$, 여기서 $f(x) = \begin{cases} x + 5, & x \neq 0 \\ 3, & x = 0 \end{cases}$

55. $\lim_{\Delta x \to 0} \dfrac{(x + \Delta x)^3 - (x + \Delta x) - (x^3 - x)}{\Delta x}$

[56-61] (연속성 결정) 다음 함수가 연속인 구간을 구하고, 그 이유를 설명하여라. 불연속점이 있다면, 연속성이 만족되지 못한 조건을 구체화하여라.

56. $f(x) = x + 6$

57. $f(x) = \dfrac{1}{(x + 4)^2}$

58. $f(x) = \dfrac{3}{x + 1}$

59. $f(x) = \sqrt{x - 8}$

60. $f(x) = [\![x + 3]\!]$

61. $f(x) = \begin{cases} x, & x \leq 0 \\ x + 1, & x > 0 \end{cases}$

62. 다음 함수가 실수 전체 구간에서 연속이 되도록 상수 a를 구하여라.

$$f(x) = \begin{cases} -x + 1, & x \leq 3 \\ ax - 8, & x > 3 \end{cases}$$

63. (소비자 인식) 유기농 식품가게에서 x병의 비타민을 구매하는 비용 C(달러)는 다음과 같다.

$$C(x) = \begin{cases} 5.99x, & 0 < x \leq 5 \\ 4.99x, & 5 < x \leq 10 \\ 3.99x, & 10 < x \leq 15 \\ 2.99x, & x > 15 \end{cases}$$

(a) 그래픽 도구를 사용하여 함수의 그래프를 그리고 연속성에 대해 논하여라. 어떤 값에서 불연속인가? 그 이유를 설명하여라.

(b) 10병을 구매할 때의 비용을 구하여라.

64. (재활용) 재활용 센터에서 알루미늄 캔을 파운드당 0.50달러를 지불한다. 24개의 알루미늄 캔의 무게는 1파운드이다. 재활용 센터에서 지불하는 액수 A의 수학적 모형 식은

$$A = \frac{1}{2}\left[\!\!\left[\frac{x}{24}\right]\!\!\right]$$

이다. 여기서 x는 캔의 수이다.

(a) 그래픽 도구를 사용하여 함수의 그래프를 그리고 연속성에 대해 논하여라.

(b) 재활용 센터에서는 1500개의 캔에 대해 얼마를 지불해야 하는가?

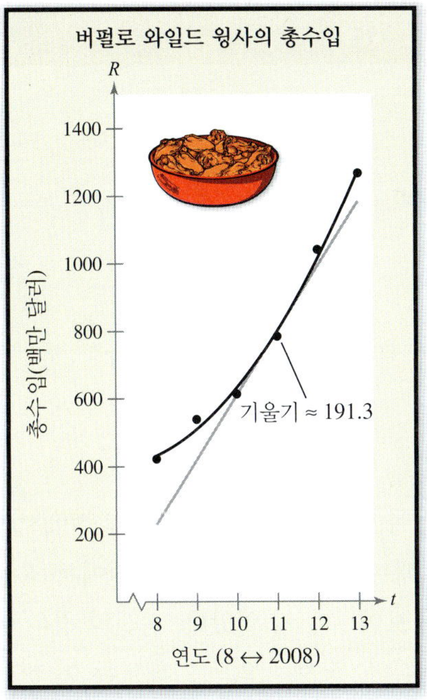

2장 2절의 예제 11은 미분이 회사의 수입에서 변화율을 구하는 데 어떻게 활용되는지 보여 주고 있다.

2 미 분

Monkey Business Images/Shutterstock.com

2.1 미분과 그래프의 기울기

- 한 점에서 그래프의 접선을 결정하기
- 한 점에서 그래프의 접선의 기울기 근사하기
- 극한의 정의를 사용하여 한 점에서 그래프의 기울기 구하기
- 극한의 정의를 사용하여 함수의 도함수 구하기
- 미분가능성과 연속성의 관계 설명하기

그래프의 접선

미적분학은 함수의 변화율을 연구하는 수학의 한 분야이다. 이 과정에서 여러분은 변화율이 실생활에서 많이 응용됨을 배우게 될 것이다. 1장 3절에서 직선의 기울기가 직선의 증가, 감소 비율을 어떻게 보여 주는지 알았다. 직선의 경우 이 비율(또는 기울기)은 직선 위의 모든 점에서 같다. 직선 이외의 그래프는 이 비율이 그래프의 증가나 감소에 따라 점을 따라 변한다. 예를 들어 그림 2.1에서 포물선은 점 (x_2, y_2)에서보다 점 (x_1, y_1)에서 더 빠르게 증가한다. 꼭짓점 (x_3, y_3)에서 그래프는 수평이고, 점 (x_4, y_4)에서 그래프는 하강한다. 즉 감소한다.

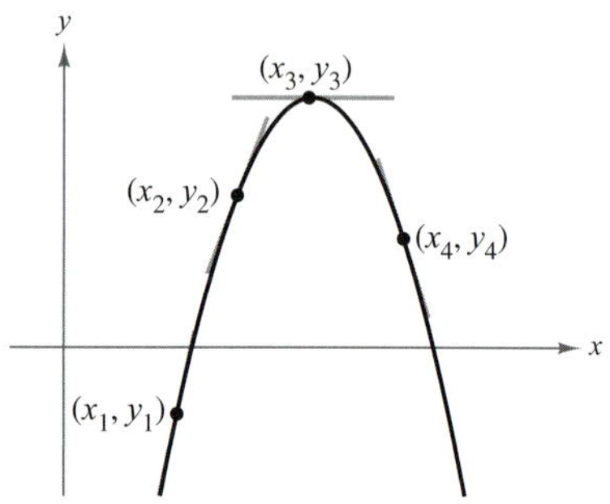

그림 2.1 직선이 아닌 그래프의 기울기는 점을 따라 변한다.

한 점에서 그래프가 증가 또는 감소하는 비율을 결정하기 위해 그 점에서 **접선**(tangent line)의 기울기를 구할 수 있다. 간단히 말해 점 $P(x_1, y_1)$에서 함수 f의 그래프의 접선은 그 점에서 그래프의 기울기에 가장 잘 근사하는 직선이다(그림 2.1). 그림 2.2는 접선의 다른 예를 보여 준다.

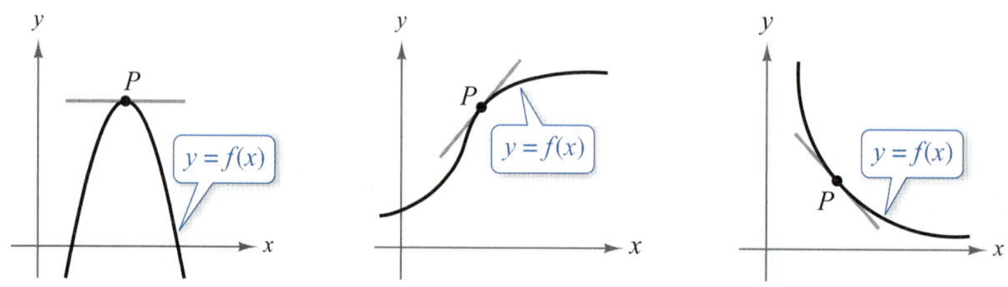

그림 2.2 한 점에서의 그래프의 접선

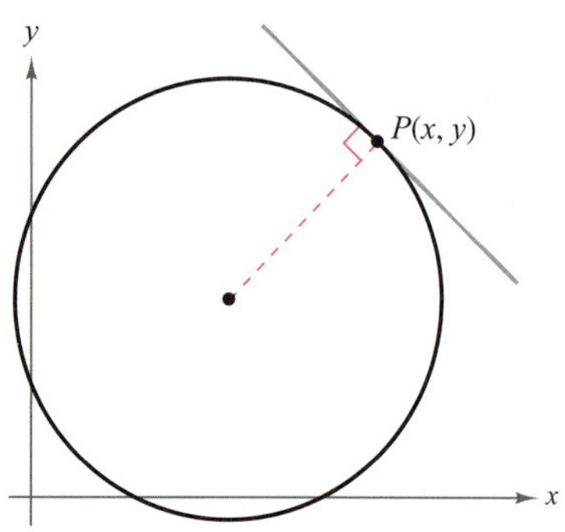

그림 2.3 원의 접선

아이작 뉴턴(Isaac Newton, 1642~1727)은 '접선 문제'를 연구할 때, 일반 곡선에 접한다는 것의 분명한 의미가 무엇인지 정의하는 데 어려움이 있다는 것을 알았다. 기하학적으로 직선이 원에 접한다는 것은 직선이 원과 오직 한 점에서 교차한다는 것을 알고 있다(그림 2.3). 그러나 원이 아닌 곡선에의 접선은 한 점 이상에서 곡선과 교차할 수 있다. 예를 들어 그림 2.2의 두 번째 그래프에서 접선이 연장되면 접점 이외의 점에서도 그래프와 교차한다. 이 절에서 일반적인 접선을 정의하는 데 극한의 기호를 이용하는 것을 보게 될 것이다.

그래프의 기울기

접선은 한 점에서 그래프의 기울기에 근사하므로 한 점에서 그래프의 기울기를 구하는 문제는 그 점에서 접선의 기울기를 구하는 것이 된다.

예제 1 그래프의 기울기 근사

그림 2.4를 이용하여 점 (1, 1)에서

$$f(x) = x^2$$

의 그래프의 기울기를 근사하여라.

풀이 $f(x) = x^2$의 그래프로부터 (1, 1)에서의 접선은 x의 1단위에 대해 약 2단위 올라간다. 그러므로 (1, 1)에서의 접선의 기울기는

$$\text{기울기} = \frac{\Delta y}{\Delta x} = \frac{y\text{의 변화}}{x\text{의 변화}} \approx \frac{2}{1} = 2$$

로 주어진다. 점 (1, 1)에서 접선의 기울기는 약 2이므로 점 (1, 1)에서 그래프는 기울기가 거의 2임을 알 수 있다.

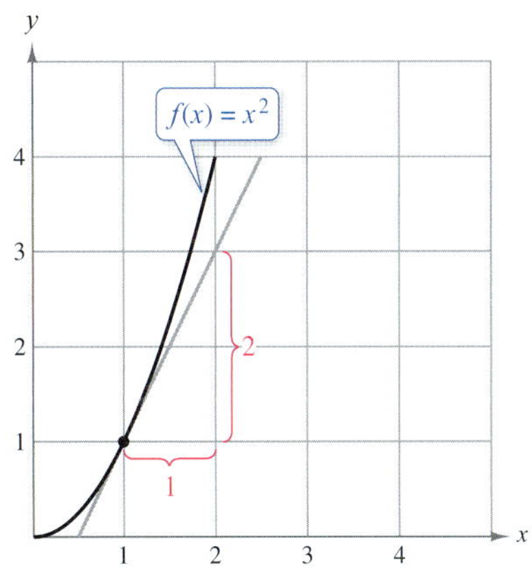

그림 2.4

✓점검문제 1 그림 2.5를 이용하여 점 (1, 1)에서

$$f(x) = x^3$$

의 그래프의 기울기를 근사하여라. ■

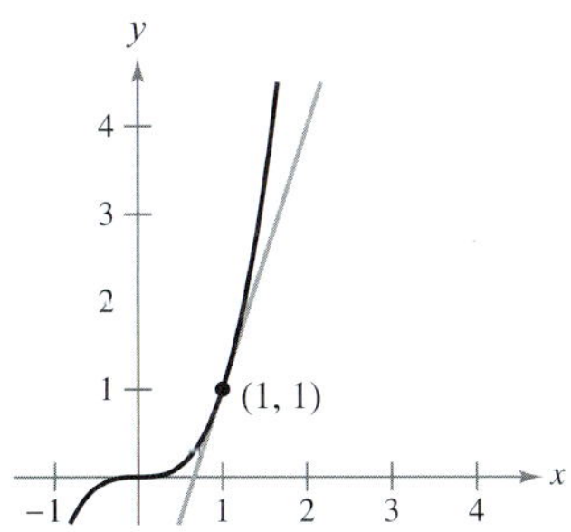

그림 2.5

그래프의 기울기를 시각적으로 확인할 때 가로축과 세로축의 눈금이 다를 수 있음에 유의하자. 이런 경우(응용에서 가끔 볼 수 있음) 접선의 기울기가 왜곡될 수 있으므로 눈금의 차이를 고려해야 한다(예제 2 참조).

예제 2 기울기 설명

그림 2.6은 미네소타 주 덜루스 시의 월 평균 기온(화씨)을 그래프로 나타내고 있다. 표시된 점에서의 그래프의 기울기를 측정하고 이 결과를 물리적으로 해석하여라. (자료: 미 해양기후국)

풀이 그래프에서 보면 주어진 점에서 접선은 x에서 2단위 변화에 약 28도 하락함을 볼 수 있다. 그러므로 주어진 점에서의 기울기는 다음과 같다.

$$\text{기울기} = \frac{\Delta y}{\Delta x} = \frac{y\text{의 변화}}{x\text{의 변화}} \approx \frac{-28}{2} = -14 \ (\text{도/월})$$

이는 11월의 온도가 10월보다 일 평균 기온이 14도 낮아질 것으로 예상할 수 있다.

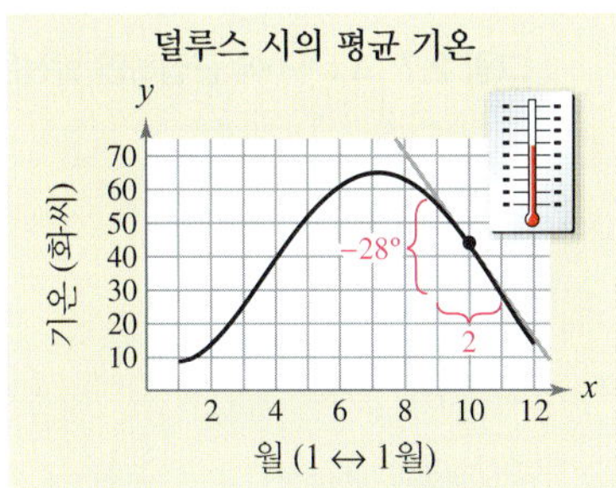

그림 2.6

✓점검문제 2 그림 2.6에서 접선의 기울기가 양인 달과 음인 달을 구하여라. 문제의 내용에서 이들 기울기를 설명하여라. ■

기울기와 극한 과정

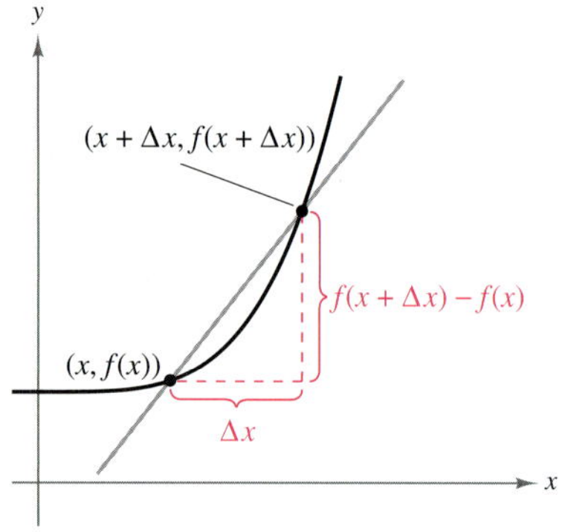

두 점 $(x, f(x))$와 $(x + \Delta x, f(x + \Delta x))$를 통과하는 할선

예제 1, 2에서 주어진 점에서 그래프의 기울기는 그래프를 그려서 접점에서 접선을 살펴 그래프의 기울기를 추정했다. 접선의 기울기를 추정하는 좀 더 분명한 방법은 접점과 그래프 위의 또 다른 점을 통과하는 **할선**(secant line)을 사용하는 방법이다(옆 그림). $(x, f(x))$가 접점이고

$$(x + \Delta x, f(x + \Delta x))$$

가 f의 그래프 위에 있는 또 다른 점이라고 하면, 두 점을 지나는 할선의 기울기는

$$m = \frac{y_2 - y_1}{x_2 - x_1} \qquad \text{기울기 공식}$$

$$m_{\text{sec}} = \frac{f(x + \Delta x) - f(x)}{(x + \Delta x) - x} \qquad \frac{y\text{의 변화량}}{x\text{의 변화량}}$$

$$m_{\text{sec}} = \frac{f(x + \Delta x) - f(x)}{\Delta x} \qquad \text{할선의 기울기}$$

이다. 이 식의 우변을 **차몫**(difference quotient)이라고 한다. 분모 Δx는 ***x*의 변화량**이고, 분자는 ***y*의 변화량**이다. 이 과정의 아름다움은 그림 2.7에서처럼 접점에 점점 가까운 점들을 선택하면 접선의 기울기는 점점 더 정확하게 구해진다는 것이다. 극한법을 사용하면 점 $(x, f(x))$에서 접선의 정확한 기울기를 구할 수 있다. 이는 또한 $(x, f(x))$에서 f의 그래프의 기울기이다.

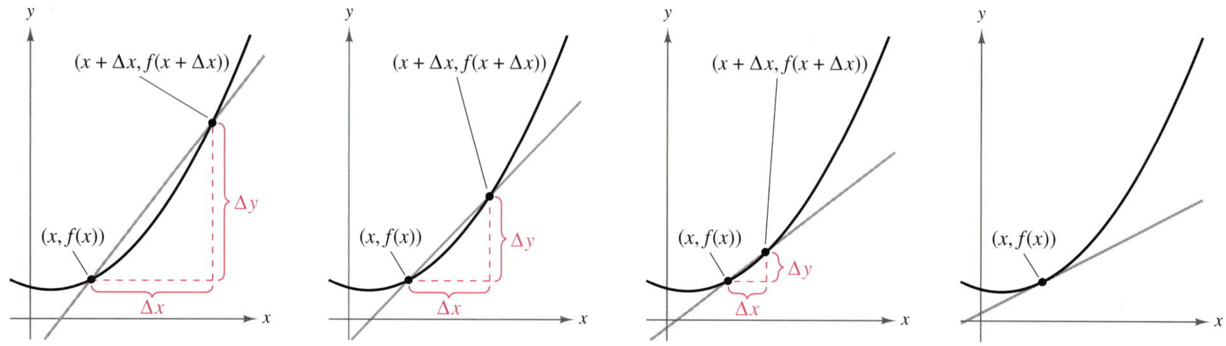

그림 2.7 Δx가 0에 근접하면 할선은 접선에 근접한다.

> **그래프의 기울기의 정의**
>
> 점 $(x, f(x))$에서 f의 그래프의 기울기 m은 $(x, f(x))$에서 접선의 기울기와 같고, 극한이 존재한다면 다음과 같다.
>
> $$m = \lim_{\Delta x \to 0} m_{\text{sec}} = \lim_{\Delta x \to 0} \frac{f(x + \Delta x) - f(x)}{\Delta x}$$

예제 3 극한을 이용하여 기울기 구하기

점 $(-2, 4)$에서 $f(x) = x^2$의 그래프의 기울기를 구하여라.

풀이 점 $(-2, 4)$에서 할선의 기울기를 나타내는 식을 찾아 시작하자. 즉 다음과 같다.

$$\begin{aligned} m_{\text{sec}} &= \frac{f(-2+\Delta x)-f(-2)}{\Delta x} && \text{차몫을 구성한다} \\ &= \frac{(-2+\Delta x)^2-(-2)^2}{\Delta x} && f(x)=x^2\text{을 사용한다} \\ &= \frac{4-4\Delta x+(\Delta x)^2-4}{\Delta x} && \text{항을 전개한다} \\ &= \frac{-4\Delta x+(\Delta x)^2}{\Delta x} && \text{간단히 한다} \\ &= \frac{\Delta x(-4+\Delta x)}{\Delta x} && \text{인수분해 하고 나눈다} \\ &= -4+\Delta x, \quad \Delta x \neq 0 && \text{간단히 한다} \end{aligned}$$

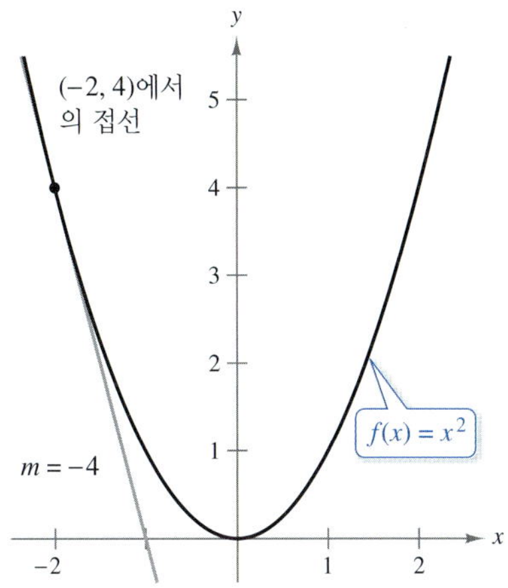

그림 2.8

다음으로 $\Delta x \to 0$일 때, m_{sec}의 극한을 취하면

$$m = \lim_{\Delta x \to 0} m_{\text{sec}} = \lim_{\Delta x \to 0} (-4+\Delta x) = -4+0 = -4$$

이므로 f의 그래프는 그림 2.8에서 보는 것처럼 $(-2, 4)$에서 기울기는 -4이다.

✓ 점검문제 3 점 $(2, 4)$에서 $f(x) = x^2$의 그래프의 기울기를 구하여라. ■

예제 4 그래프의 기울기 구하기

$f(x) = -2x + 4$의 그래프의 기울기를 구하여라.

풀이 함수 $f(x) = -2x + 4$의 기울기는 그림 2.9에서 보는 것처럼 -2이다. 이 결론은 기울기의 극한의 정의와 일치한다. 즉 다음과 같다.

$$\begin{aligned} m &= \lim_{\Delta x \to 0} \frac{f(x+\Delta x)-f(x)}{\Delta x} \\ &= \lim_{\Delta x \to 0} \frac{[-2(x+\Delta x)+4]-(-2x+4)}{\Delta x} \\ &= \lim_{\Delta x \to 0} \frac{-2x-2\Delta x+4+2x-4}{\Delta x} \\ &= \lim_{\Delta x \to 0} \frac{-2\Delta x}{\Delta x} \\ &= -2 \end{aligned}$$

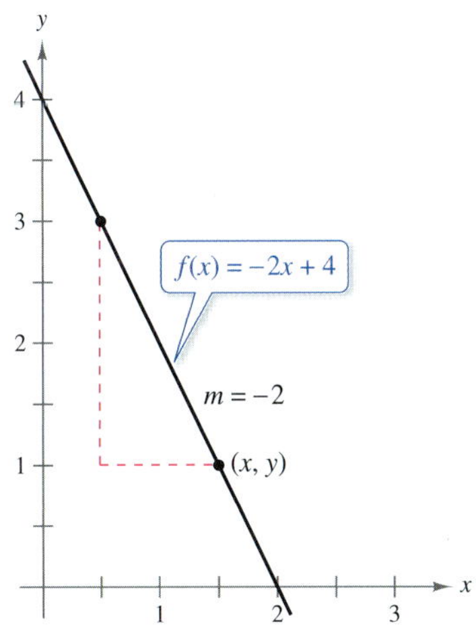

그림 2.9

✓ 점검문제 4 $f(x) = 2x + 5$의 그래프의 기울기를 구하여라. ■

예제 5 그래프의 기울기 공식 구하기

$f(x) = x^2 + 1$의 그래프의 기울기 공식을 구하여라. 점 $(-1, 2)$와 $(2, 5)$에서의 기울기를 구하여라.

풀이 임의의 점 $(x, f(x))$에서 할선의 기울기를 나타내는 식을 구하여 시작하자.

$$m_{sec} = \frac{f(x + \Delta x) - f(x)}{\Delta x}$$ 차몫을 구성한다

$$= \frac{[(x + \Delta x)^2 + 1] - (x^2 + 1)}{\Delta x}$$ $f(x) = x^2 + 1$을 사용한다

$$= \frac{x^2 + 2x\Delta x + (\Delta x)^2 + 1 - x^2 - 1}{\Delta x}$$ 항을 전개한다

$$= \frac{2x\Delta x + (\Delta x)^2}{\Delta x}$$ 간단히 한다

$$= \frac{\Delta x(2x + \Delta x)}{\Delta x}$$ 인수분해 하고 나눈다

$$= 2x + \Delta x, \quad \Delta x \neq 0$$ 간단히 한다

다음으로 $\Delta x \to 0$일 때, m_{sec}의 극한을 취한다. 즉

$$\begin{aligned} m &= \lim_{\Delta x \to 0} m_{sec} \\ &= \lim_{\Delta x \to 0} (2x + \Delta x) \\ &= 2x + 0 \\ &= 2x \end{aligned}$$

이다. 공식 $m = 2x$를 사용하여 특정한 점에서 기울기를 구할 수 있다. 점 $(-1, 2)$에서 기울기는 $m = 2(-1) = -2$이고, 점 $(2, 5)$에서 기울기는 $m = 2(2) = 4$이다. f의 그래프는 그림 2.10과 같다.

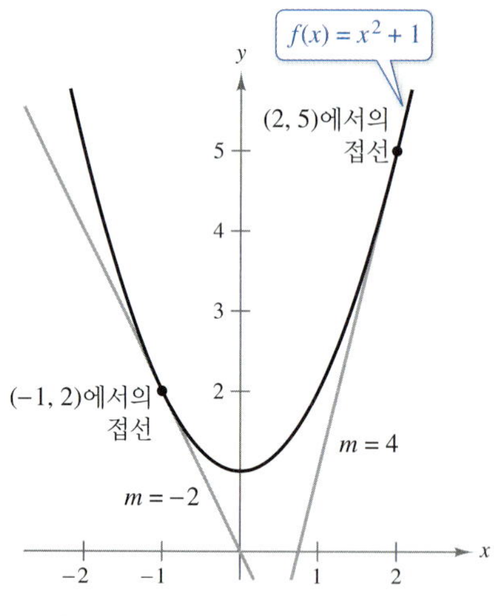

그림 2.10

✔ **점검문제 5** $f(x) = 4x^2 + 1$의 그래프의 기울기 식을 구하여라. 특히 점 $(0, 1)$와 $(1, 5)$에서의 기울기는 각각 얼마인가? ■

함수의 도함수

예제 5에서 함수 $f(x) = x^2 + 1$로 시작하여, 극한법을 사용하여 또 다른 함수 $m = 2x$를 유도했고, 이는 점 $(x, f(x))$에서 f의 그래프의 기울기를 나타낸다. 이 새

로 구해진 함수를 x에서 f의 **도함수**(derivative)라고 한다. 이 함수를 $f'(x)$로 쓴다.

도함수의 정의

x에서 f의 도함수는 극한이 존재한다면

$$f'(x) = \lim_{\Delta x \to 0} \frac{f(x + \Delta x) - f(x)}{\Delta x}$$

로 주어진다. x에서 도함수가 존재하면 함수는 x에서 **미분가능**(differentiable)이다. 도함수를 구하는 과정을 **미분**(differentiation)이라고 한다.

$f'(x)$뿐만 아니라 $y = f(x)$의 도함수를 나타내는 기호는 여러 가지가 있다. 가장 일반적으로

$$\frac{dy}{dx}, \quad y', \quad \frac{d}{dx}[f(x)], \quad \text{또는} \quad D_x[y]$$

등으로 표시한다.

예제 6 도함수 구하기

$f(x) = 3x^2 - 2x$의 도함수를 구하여라.

풀이

$$\begin{aligned} f'(x) &= \lim_{\Delta x \to 0} \frac{f(x + \Delta x) - f(x)}{\Delta x} \\ &= \lim_{\Delta x \to 0} \frac{[3(x + \Delta x)^2 - 2(x + \Delta x)] - (3x^2 - 2x)}{\Delta x} \\ &= \lim_{\Delta x \to 0} \frac{3x^2 + 6x\Delta x + 3(\Delta x)^2 - 2x - 2\Delta x - 3x^2 + 2x}{\Delta x} \\ &= \lim_{\Delta x \to 0} \frac{6x\Delta x + 3(\Delta x)^2 - 2\Delta x}{\Delta x} \\ &= \lim_{\Delta x \to 0} \frac{\Delta x(6x + 3\Delta x - 2)}{\Delta x} \\ &= \lim_{\Delta x \to 0} (6x + 3\Delta x - 2) \\ &= 6x + 3(0) - 2 \\ &= 6x - 2 \end{aligned}$$

그러므로 $f(x) = 3x^2 - 2x$의 도함수는 다음과 같다.

$$f'(x) = 6x - 2$$

학습 팁

기호 dy/dx는 'x에 관한 y의 도함수' 또는 'dy, dx'라고 읽는다. 극한 기호를 사용하여

$$\begin{aligned} \frac{dy}{dx} &= \lim_{\Delta x \to 0} \frac{\Delta y}{\Delta x} \\ &= \lim_{\Delta x \to 0} \frac{f(x + \Delta x) - f(x)}{\Delta x} \\ &= f'(x) \end{aligned}$$

로 쓸 수 있다.

✔ **점검문제 6** $f(x) = x^2 - 5x$의 도함수를 구하여라. ■

많은 응용에서 독립변수로 x 이외의 변수를 사용하는 것이 더 편리하다. 예제 7에서 독립변수로 t를 사용하는 함수를 볼 수 있다.

예제 7 **도함수 구하기**

함수 $y = \frac{2}{t}$에서 t에 대한 y의 도함수를 구하여라.

풀이 $y = f(t)$에 대하여 극한성질을 사용하면 다음과 같다.

$$
\begin{aligned}
\frac{dy}{dt} &= \lim_{\Delta t \to 0} \frac{f(t + \Delta t) - f(t)}{\Delta t} && \text{차몫을 구성한다} \\
&= \lim_{\Delta t \to 0} \frac{\frac{2}{t + \Delta t} - \frac{2}{t}}{\Delta t} && f(t) = 2/t\text{를 사용한다} \\
&= \lim_{\Delta t \to 0} \frac{\frac{2t - 2(t + \Delta t)}{t(t + \Delta t)}}{\Delta t} && \text{분자에서 분수를 통분한다} \\
&= \lim_{\Delta t \to 0} \frac{2t - 2t - 2\Delta t}{\Delta t(t)(t + \Delta t)} && \text{분자에서 항을 전개한다} \\
&= \lim_{\Delta t \to 0} \frac{-2\Delta t}{\Delta t(t)(t + \Delta t)} && \text{인수분해 하고 나눈다} \\
&= \lim_{\Delta t \to 0} \frac{-2}{t(t + \Delta t)} && \text{간단히 한다} \\
&= \frac{-2}{t(t + 0)} && \text{직접 대입한다} \\
&= -\frac{2}{t^2} && \text{간단히 한다}
\end{aligned}
$$

그러므로 t에 대한 y의 도함수는 다음과 같다.

$$\frac{dy}{dt} = -\frac{2}{t^2}$$

✓ **점검문제 7** 함수 $y = 4/t$에서 t에 대한 y의 도함수를 구하여라. ■

함수의 도함수는 함수의 그래프 위 임의의 점에서 접선의 기울기를 구하는 공식을 제공하는 것임을 기억하자. 예를 들면 예제 7에서처럼 점 (1, 2)에서 f 의 그래프에 대한 접선의 기울기는

$$f'(1) = -\frac{2}{1^2} = -2$$

로 주어진다. 다른 점에서 그래프의 기울기를 구하기 위해 도함수에 점 t좌표를 대입하면 다음과 같다.

점	t좌표	기울기
(2, 1)	$t = 2$	$m = f'(2) = -\frac{2}{2^2} = -\frac{1}{2}$
(−2, −1)	$t = -2$	$m = f'(-2) = -\frac{2}{(-2)^2} = -\frac{1}{2}$

미분가능성과 연속성

모든 함수가 미분가능인 것은 아니다. 그림 2.11에서 보듯이 어떤 점에서는 미분이 불가능할 수 있다. 즉 그래프에서 수직접선, 불연속점, 날카로운 변화점 등에서 미분불가능이다. 그림 2.11에 있는 각 그래프는 $x = 0$을 제외한 모든 점에서는 미분가능임을 보여 주고 있다.

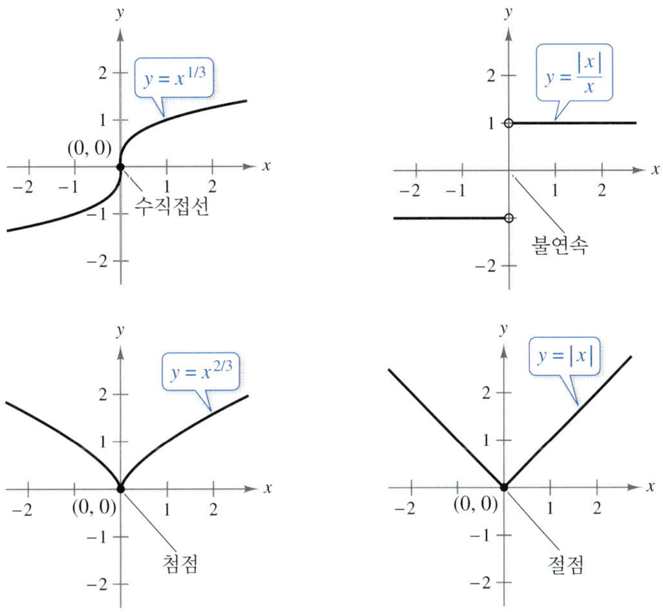

그림 2.11 $x = 0$에서 미분불가능인 함수

그림 2.11에서처럼 한 개 함수를 제외하고 모든 함수는 $x = 0$에서 연속임을 볼 수 있다. 그러나 어떤 함수도 $x = 0$에서 미분가능하지 않다. 이는 연속성이 미분가능성을 보장하는 충분조건이 아님을 보여 준다. 반면에 함수가 어떤 점에서 미분가능이면 이 함수는 그 점에서 연속임이 분명하다. 이 중요한 결과는 다음 정리를 가져올 수 있다.

미분가능성은 연속성을 갖는다.

어떤 함수 f가 $x = c$에서 미분가능이면, f는 $x = c$에서 연속이다.

연습문제 2.1

[1-3] (접선 그리기) 곡선을 탐지하고, 점 (x_1, y_1), (x_2, y_2)에서 접선을 그려라.

1.

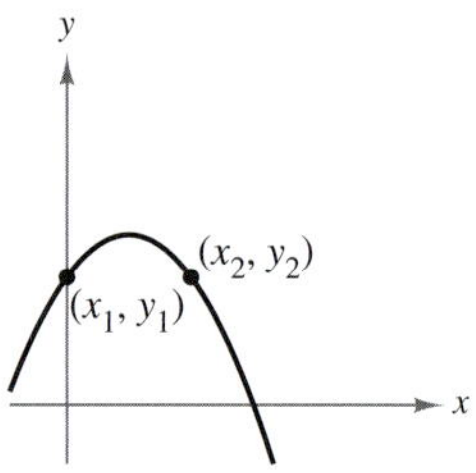

2.

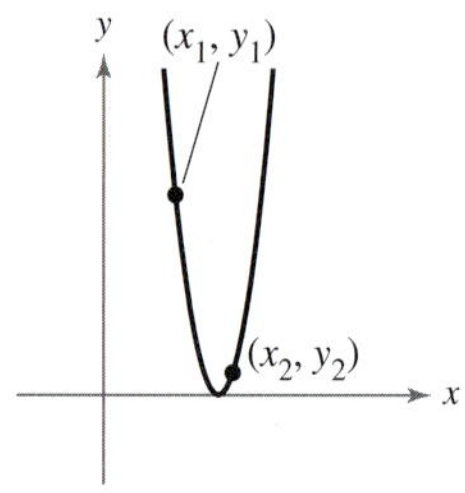

3.

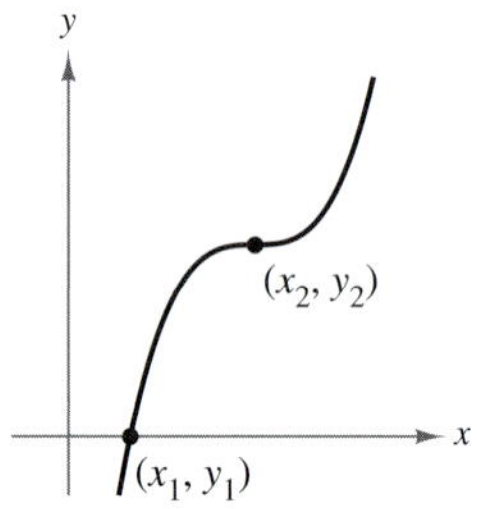

[4-6] (그래프의 기울기 근사) 점 (x, y)에서 그래프의 기울기를 추정하여라(모눈의 한 눈금은 1단위이다). (예제 1 참조)

4.

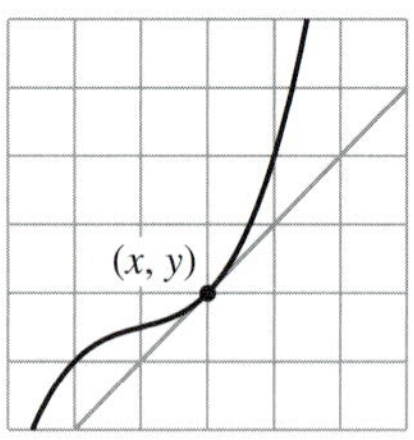

5.

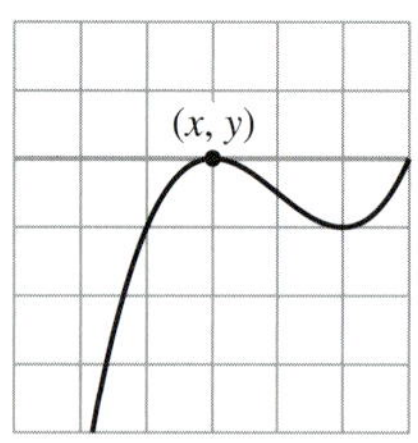

6.

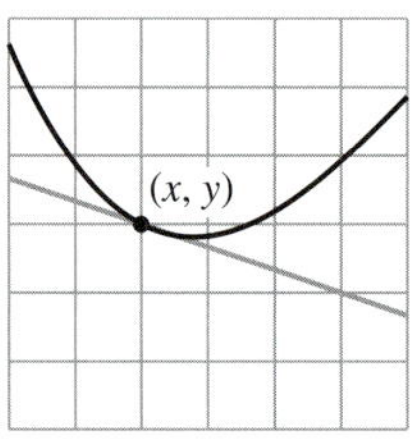

7. (수입) 다음 그래프는 2008년부터 2013년 사이 언더 아머사의 수입 R을 나타낸다. 여기서 t는 연도로서 $t = 8$은 2008년에 해당한다. 2009년과 2011년의 그래프의 기울기를 추정하고 설명하여라. (자료: 언더 아머)

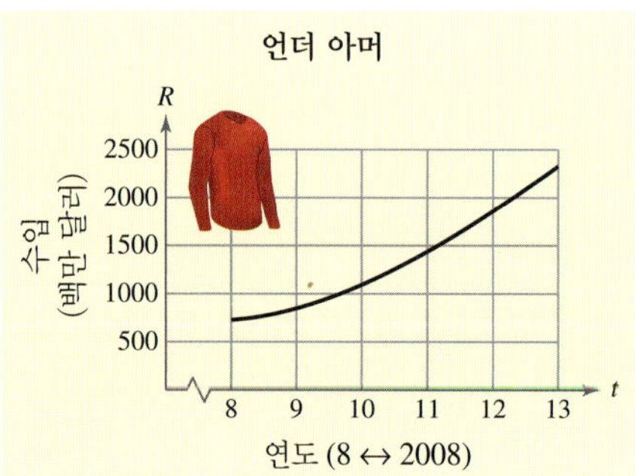

8. (기온) 다음 그래프는 미국 버지니아 주 브랜드 시의 월평균 기온 F(화씨)를 나타낸다. t는 월을 나타내고 $t = 1$은 1월이고 $t = 2$는 2월이다. $t = 3, 7, 10$일 때, 그래프에서 기울기를 추정하고 설명하여라. (자료: 미 해양기후국)

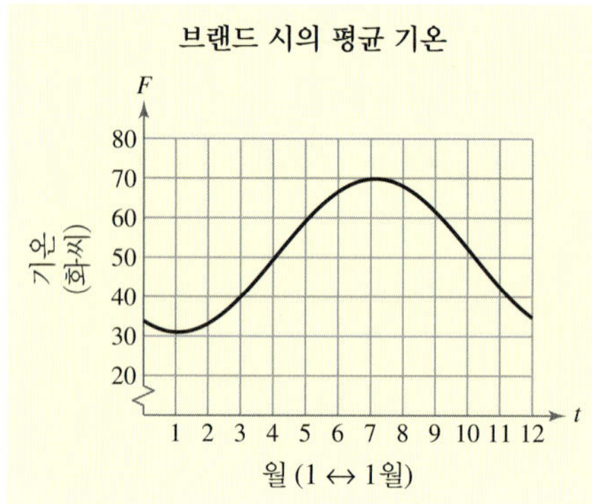

[9-13] (그래프의 기울기 구하기) 주어진 점에서 극한의 정의를 사용하여 함수 f의 그래프의 기울기를 구하여라. (예제 3, 4, 5 참조)

9. $f(x) = -1;\ (0, -1)$

10. $f(x) = 13 - 4x;\ (3, 1)$

11. $f(x) = 2x^2 - 3;\ (2, 5)$

12. $f(x) = x^3 - 4x;\ (-1, 3)$

13. $f(x) = 2\sqrt{x};\ (4, 4)$

[14-20] (도함수 구하기) 극한의 정의를 사용하여 다음 함수의 도함수를 구하여라. (예제 6, 7 참조)

14. $f(x) = 3$

15. $f(x) = -5x$

16. $g(s) = \frac{1}{3}s + 2$

17. $f(x) = 4x^2 - 5x$

18. $h(t) = \sqrt{t - 3}$

19. $f(t) = t^3 - 12t$

20. $f(x) = \dfrac{1}{x + 2}$

[21-24] (접선의 방정식 구하기) 주어진 점에서 함수 f의 그래프에 접하는 직선의 방정식을 구하여라. 또 그래픽 도구를 사용하여 함수의 그래프의 접선을 그리고 결과를 확인하여라.

21. $f(x) = \frac{1}{2}x^2;\ (2, 2)$

22. $f(x) = (x - 1)^2;\ (-2, 9)$

23. $f(x) = \sqrt{x} + 1;\ (4, 3)$

24. $f(x) = \dfrac{1}{5x};\ \left(-\dfrac{1}{5}, -1\right)$

[25-26] (접선의 방정식 구하기) 함수 f의 그래프에 접하고 주어진 직선에 평행인 직선의 방정식을 구하여라.

	함수	직선
25.	$f(x) = -\frac{1}{4}x^2$	$x + y = 0$
26.	$f(x) = -\frac{1}{3}x^3$	$9x + y - 6 = 0$

[27-29] (미분가능성 결정) 함수가 미분가능인 x값을 구하고, 이유를 설명하여라.

27. $y = |x + 3|$

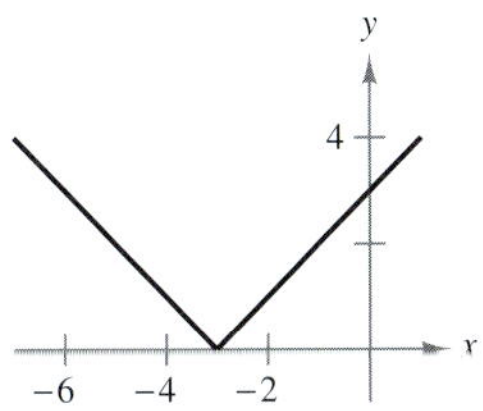

28. $y = -\sqrt[5]{2x + 1}$

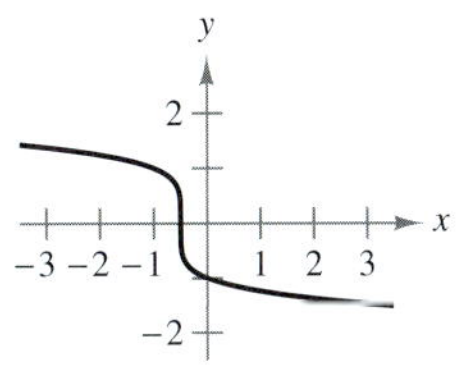

29. $y = \dfrac{x^2}{x^2 - 4}$

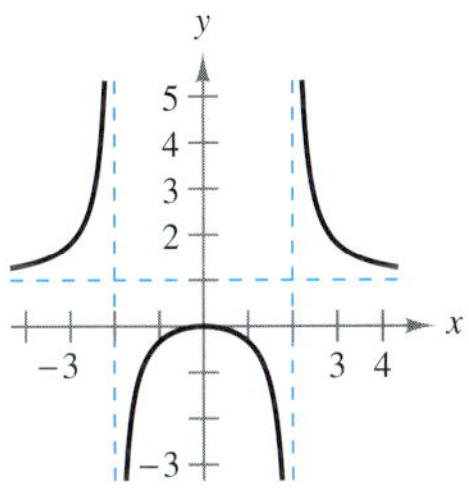

30. (도함수를 이용하여 함수 구하기) 다음의 주어진 특징을 갖는 함수 f를 구하고, 그래프를 그려라.

$$f(0) = 2;\ f'(x) = -3,\quad -\infty < x < \infty$$

[31-32] (그래프적, 수치적, 해석적 분석) 구간 $[-2, 2]$에서 다음 함수 f의 그래프를 그래픽 도구를 사용하여 그리고, 그래프적으로 주어진 점에서 그래프의 기울기를 추정하여 표를 완성하여라. 해석적으로 그래프의 기울기를 계산하고 그래프적으로 얻은 결과와 비교하여라.

x	-2	$-\frac{3}{2}$	-1	$-\frac{1}{2}$	0	$\frac{1}{2}$	1	$\frac{3}{2}$	2
$f(x)$									
$f'(x)$									

31. $f(x) = \frac{1}{4}x^2$

32. $f(x) = -\frac{1}{2}x^3$

[32-33] (함수와 그 도함수 그리기) 다음 함수에서 f의 도함수를 구하여라. 또 그래픽 도구를 사용하여 f의 그래프와 그 도함수를 같은 화면에 나타내어라. 도함수의 x절편은 f의 그래프에서 무엇을 나타내는가?

33. $f(x) = x^2 - 4x$

34. $f(x) = x^3 - 3x$

[35-36] (참, 거짓 판별) 다음 명제가 참인지 거짓인지 판별하여라. 만약 거짓이면 그 이유를 설명하거나 그것이 거짓임을 보여 주는 보기를 들어라.

35. $y = x^2$의 그래프의 기울기는 f의 그래프 상의 모든 점에서 다르다.

36. 어떤 함수가 어떤 점에서 미분가능이면, 이 함수는 그 점에서 연속이다.

37. (쓰기) 그래픽 도구를 사용하여 다음 두 함수의 그래프를 같은 화면에 나타내어라.

$$f(x) = x^2 + 1,\quad g(x) = |x| + 1$$

줌과 추적 기능을 사용하여 점 $(0, 1)$의 근처에서 그래프를 분석하여라. 무엇을 볼 수 있는가? 어느 함수가 미분가능인가? 한 점에서 미분가능성의 기하학적 중요성에 대해 간단히 서술하여라.

2.2 미분 규칙

- 상수 규칙을 사용하여 함수의 도함수 구하기
- 거듭제곱 규칙을 사용하여 함수의 도함수 구하기
- 상수곱 규칙을 사용하여 함수의 도함수 구하기
- 합과 차의 규칙을 사용하여 함수의 도함수 구하기
- 도함수를 사용하여 실생활 문제 풀기

상수 규칙

2장 1절에서 극한법으로 도함수를 구했다. 이 과정은 비록 간단한 함수라고 할지라도 지루하다. 그러나 다행스럽게도 미분을 매우 단순하게 구하는 규칙이 있다. 극한법을 직접 사용하지 않고 이들 규칙으로 미분을 계산할 수 있다.

상수 규칙

상수함수의 도함수는 0이다. 즉 다음과 같다.

$$\frac{d}{dx}[c] = 0,\ c\text{는 상수}$$

[증명] $f(x) = c$라 두자. 그러면 도함수의 극한 정의에 의해

$$f'(x) = \lim_{\Delta x \to 0} \frac{f(x + \Delta x) - f(x)}{\Delta x} = \lim_{\Delta x \to 0} \frac{c - c}{\Delta x} = \lim_{\Delta x \to 0} 0 = 0$$

이므로 $\frac{d}{dx}[c] = 0$이다. ■

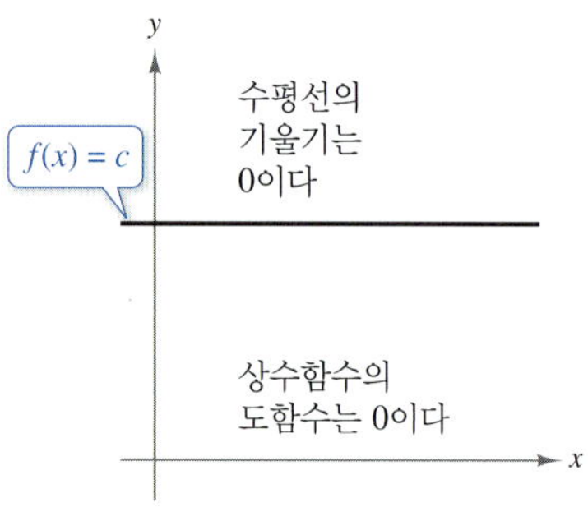

그림 2.12

그림 2.12에서 상수 규칙은 수평선의 기울기가 0임을 의미한다. 상수 규칙으로부터 상수함수의 접선은 함수 자신임을 알 수 있다. 예를 들어 $x = -1$에서 함수 $f(x) = 4$의 접선의 방정식은 $y = 4$이다.

예제 1 상수함수의 도함수 구하기

	원래 함수	도함수
a.	$y = 7$	$\frac{dy}{dx} = 0$
b.	$f(x) = 0$	$f'(x) = 0$
c.	$y = 2$	$y' = 0$
d.	$g(t) = -\frac{3}{2}$	$g'(t) = 0$

✓점검문제 1 다음 함수의 도함수를 구하여라.

a. $f(x) = -2$ **b.** $y = \pi$

c. $g(w) = \sqrt{5}$ **d.** $s(t) = 320.5$ ■

거듭제곱 규칙

거듭제곱 규칙의 특별한 경우를 증명하기 위해서는 이항 전개를 사용한다.

$$(x + \Delta x)^2 = x^2 + 2x\Delta x + (\Delta x)^2$$
$$(x + \Delta x)^3 = x^3 + 3x^2\Delta x + 3x(\Delta x)^2 + (\Delta x)^3$$
$$(x + \Delta x)^n - x^n + nx^{n-1}\Delta x + \underbrace{\frac{n(n-1)x^{n-2}}{2}(\Delta x)^2 + \cdots + (\Delta x)^n}_{(\Delta x)^2\text{은 이들 항의 인수이다}}$$

간단한 거듭제곱 규칙

$$\frac{d}{dx}[x^n] = nx^{n-1}, \quad n\text{은 실수}$$

[증명] 증명은 n이 양의 정수(자연수)인 경우만 한다. $f(x) = x^n$이라 두자. 이항 전개를 사용하면

$$
\begin{aligned}
f'(x) &= \lim_{\Delta x \to 0} \frac{f(x + \Delta x) - f(x)}{\Delta x} \qquad \text{도함수의 정의} \\
&= \lim_{\Delta x \to 0} \frac{(x + \Delta x)^n - x^n}{\Delta x} \\
&= \lim_{\Delta x \to 0} \frac{x^n + nx^{n-1}\Delta x + \frac{n(n-1)x^{n-2}}{2}(\Delta x)^2 + \cdots + (\Delta x)^n - x^n}{\Delta x} \\
&= \lim_{\Delta x \to 0} \left[nx^{n-1} + \frac{n(n-1)x^{n-2}}{2}(\Delta x) + \cdots + (\Delta x)^{n-1} \right] \\
&= nx^{n-1} + 0 + \cdots + 0 \\
&= nx^{n-1}
\end{aligned}
$$

이 된다. ■

거듭제곱 규칙에서 $n = 1$인 경우는 따로 미분 규칙을 기억해야 한다. 즉

$$\frac{d}{dx}[x] = 1 \qquad x\text{의 도함수는 1이다}$$

이다. 이 규칙은 직선 $y = x$의 기울기가 1인 사실과 일치한다(그림 2.13).

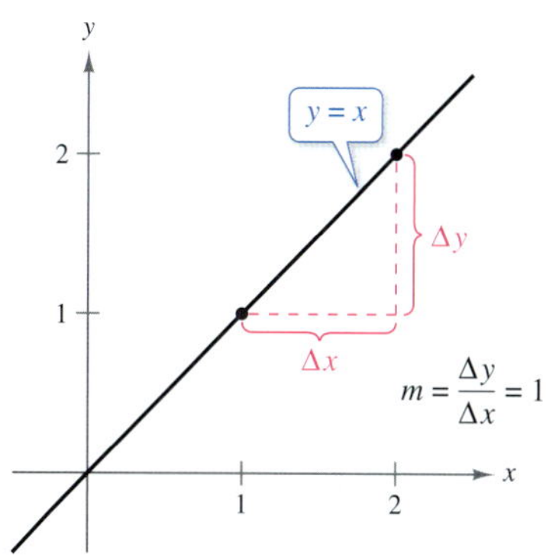

그림 2.13 직선 $y = x$의 기울기는 1이다.

예제 2 거듭제곱 규칙의 응용

	원래 함수	도함수
a.	$f(x) = x^3$	$f'(x) = 3x^2$
b.	$y = \dfrac{1}{x^2} = x^{-2}$	$\dfrac{dy}{dx} = (-2)x^{-3} = -\dfrac{2}{x^3}$
c.	$g(t) = t$	$g'(t) = 1$

✓점검문제 2 다음 함수의 도함수를 구하여라.

a. $f(x) = x^4$ **b.** $y = \dfrac{1}{x^3}$ **c.** $g(w) = w^2$ ■

예제 2(b)에서 미분하기 전에 $1/x^2$을 x^{-2}로 다시 쓴 것에 주목하자. 다시 쓰기는 미분 계산의 첫 단계이다.

원래 함수: $y = \dfrac{1}{x^2}$ ⇨ 다시 쓰기: $y = x^{-2}$ ⇨ 미분: $\dfrac{dy}{dx} = (-2)x^{-3}$ ⇨ 간단히 하기: $\dfrac{dy}{dx} = -\dfrac{2}{x^3}$

함수 f의 도함수는 f가 미분가능인 점에서 f의 기울기를 주는 또 다른 함수이다. 그러므로 예제 3에서처럼 도함수는 기울기를 구하는 데 사용할 수 있다.

예제 3 그래프의 기울기 구하기

$x = -2, -1, 0, 1, 2$에서 $f(x) = x^2$의 그래프의 기울기를 구하여라.

풀이 f의 도함수를 구하기 위해 거듭제곱 규칙을 사용하여 시작하자.

$$f'(x) = 2x \qquad \text{도함수}$$

다음과 같이 f의 그래프의 기울기를 구하기 위해 도함수를 사용할 수 있다.

x값	f의 그래프의 기울기
$x = -2$	$m = f'(-2) = 2(-2) = -4$
$x = -1$	$m = f'(-1) = 2(-1) = -2$
$x = 0$	$m = f'(0) = 2(0) = 0$
$x = 1$	$m = f'(1) = 2(1) = 2$
$x = 2$	$m = f'(2) = 2(2) = 4$

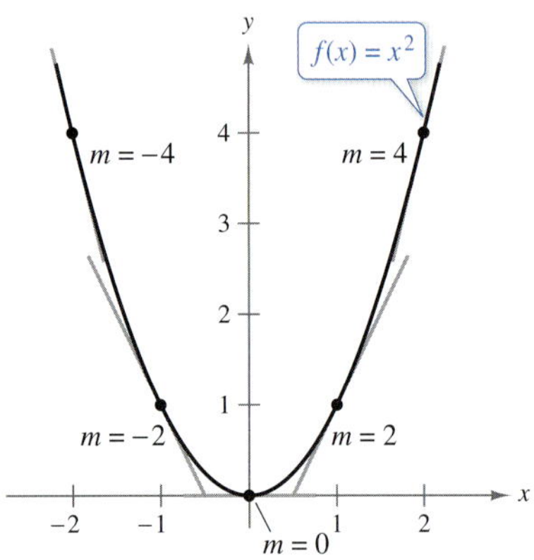

그림 2.14

f의 그래프는 그림 2.14이다.

✓점검문제 3 $x = -1, 0, 1$에서 함수 $f(x) = x^3$의 그래프의 기울기를 구하여라. ■

상수곱 규칙

상수곱 규칙을 증명하기 위해서는 다음 극한 성질이 사용된다.

$$\lim_{x\to a} cg(x) = c[\lim_{x\to a} g(x)]$$

상수곱 규칙

f가 x에 관한 미분가능 함수이고, c가 실수이면 다음과 같다.

$$\frac{d}{dx}[cf(x)] = cf'(x), \quad c\text{는 상수}$$

[증명] 도함수의 정의를 적용하자.

$$\begin{aligned}\frac{d}{dx}[cf(x)] &= \lim_{\Delta x\to 0}\frac{cf(x+\Delta x)-cf(x)}{\Delta x} && \text{도함수의 정의}\\ &= \lim_{\Delta x\to 0} c\left[\frac{f(x+\Delta x)-f(x)}{\Delta x}\right]\\ &= c\left[\lim_{\Delta x\to 0}\frac{f(x+\Delta x)-f(x)}{\Delta x}\right]\\ &= cf'(x)\end{aligned}$$

■

직관적으로 보면, 상수곱 규칙은 미분 과정에서 상수 c를 인수로 뽑아낼 수 있음을 알 수 있다. 즉

$$\frac{d}{dx}[cf(x)] = c\frac{d}{dx}[\ \ f(x)] = cf'(x)$$

이다. 이 규칙의 유용성은 가끔 간과될 수 있다. 특히 다음과 같이 상수가 분모에 있을 때이다. 즉

$$\begin{aligned}\frac{d}{dx}\left[\frac{f(x)}{c}\right] &= \frac{d}{dx}\left[\frac{1}{c}f(x)\right]\\ &= \frac{1}{c}\left(\frac{d}{dx}[\ \ f(x)]\right)\\ &= \frac{1}{c}f'(x)\end{aligned}$$

이다. 상수곱 규칙을 효과적으로 사용하기 위해서는 미분하기 전에 인수로 뽑아낼 수 있는 상수를 찾는 것이다. 예를 들면

$$\begin{aligned}\frac{d}{dx}[5x^2] &= 5\frac{d}{dx}[x^2] && \text{5를 뽑아낸다}\\ &= 5(2x) && \text{미분한다}\\ &= 10x && \text{간단히 한다}\end{aligned}$$

이고

$$\frac{d}{dx}\left[\frac{x^2}{5}\right] = \frac{1}{5}\left(\frac{d}{dx}[x^2]\right) \qquad \tfrac{1}{5}\text{을 뽑아낸다}$$
$$= \frac{1}{5}(2x) \qquad \text{미분한다}$$
$$= \frac{2}{5}x \qquad \text{간단히 한다}$$

이다.

예제 4 **거듭제곱 규칙과 상수곱 규칙 사용하기**

(a) $y = 2x^{1/2}$과 (b) $f(t) = \frac{4t^2}{5}$의 도함수를 구하여라.

풀이

a. 상수곱 규칙과 거듭제곱 규칙을 사용한다.

$$\frac{dy}{dx} = \frac{d}{dx}[2x^{1/2}] = \underbrace{2\frac{d}{dx}[x^{1/2}]}_{\text{상수곱 규칙}} = \underbrace{2\left(\frac{1}{2}x^{-1/2}\right)}_{\text{거듭제곱 규칙}} = x^{-1/2} = \frac{1}{\sqrt{x}}$$

b. $f(t)$를 다음과 같이 다시 써서 시작한다.

$$f(t) = \frac{4t^2}{5} = \frac{4}{5}t^2$$

그리고 상수곱 규칙과 거듭제곱 규칙을 사용하면 다음을 얻는다.

$$f'(t) = \frac{d}{dt}\left[\frac{4}{5}t^2\right] = \frac{4}{5}\left(\frac{d}{dt}[t^2]\right) = \frac{4}{5}(2t) = \frac{8}{5}t$$

✓ **점검문제 4** $y = 4x^2$의 도함수를 구하여라. ■

상수곱 규칙과 거듭제곱 규칙을 결합하면 보다 편리한 결합규칙을 얻을 수 있다. 즉

$$\frac{d}{dx}[cx^n] = cnx^{n-1}, \quad n\text{은 실수}, \quad c\text{는 상수}$$

이다. 예를 들면 예제 4(b)에서 결합규칙을 적용하면 다음을 얻는다.

$$\frac{d}{dt}\left[\frac{4}{5}t^2\right] = \left(\frac{4}{5}\right)(2)(t) = \frac{8}{5}t$$

다음 예제에 있는 세 함수는 간단하나 가끔 x의 거듭제곱이 1인 경우의 상수곱 규칙을 미분할 때 실수를 할 수 있다. 다음을 염두에 두어라.

$$\frac{d}{dx}[cx] = c, \quad c\text{는 상수}$$

예제 5 상수곱 규칙 적용

원래 함수	도함수
a. $y = -\frac{3x}{2}$	$y' = -\frac{3}{2}$
b. $y = 3\pi x$	$y' = 3\pi$
c. $y = -\frac{x}{2}$	$y' = -\frac{1}{2}$

✓ 점검문제 5 다음 함수의 도함수를 구하여라.

a. $y = \frac{t}{4}$ **b.** $y = -\frac{2x}{5}$ ■

상수곱 규칙과 거듭제곱 규칙에서 괄호는 중요한 역할을 한다. 예제 6에서 괄호를 사용하면 수학적으로 편리하다는 것을 확실히 이해할 것이다.

예제 6 미분할 때 괄호 사용

원래 함수	다시 쓰기	도함수	간단히 하기
a. $y = \frac{5}{2x^3}$	$y = \frac{5}{2}(x^{-3})$	$y' = \frac{5}{2}(-3x^{-4})$	$y' = -\frac{15}{2x^4}$
b. $y = \frac{5}{(2x)^3}$	$y = \frac{5}{8}(x^{-3})$	$y' = \frac{5}{8}(-3x^{-4})$	$y' = -\frac{15}{8x^4}$
c. $y = \frac{7}{3x^{-2}}$	$y = \frac{7}{3}(x^2)$	$y' = \frac{7}{3}(2x)$	$y' = \frac{14x}{3}$
d. $y = \frac{7}{(3x)^{-2}}$	$y = 63(x^2)$	$y' = 63(2x)$	$y' = 126x$

✓ 점검문제 6 다음 함수의 도함수를 구하여라.

a. $y = \frac{9}{4x^2}$ **b.** $y = \frac{9}{(4x)^2}$ ■

미분할 함수가 근호를 포함할 때는, 함수를 유리수의 거듭제곱으로 다시 쓰는 것이 좋다. 예를 들면 $y = \sqrt[3]{x}$를 $y = x^{1/3}$로 $y = \frac{1}{\sqrt[3]{x^4}}$은 $y = x^{-4/3}$로 다시 쓴다.

예제 7 근호 함수의 미분

원래 함수	다시 쓰기	도함수	간단히 하기
a. $y = \sqrt{x}$	$y = x^{1/2}$	$y' = \left(\frac{1}{2}\right)x^{-1/2}$	$y' = \frac{1}{2\sqrt{x}}$
b. $y = \frac{1}{2\sqrt[3]{x^2}}$	$y = \frac{1}{2}x^{-2/3}$	$y' = \frac{1}{2}\left(-\frac{2}{3}\right)x^{-5/3}$	$y' = -\frac{1}{3x^{5/3}}$
c. $y = \sqrt{2x}$	$y = \sqrt{2}(x^{1/2})$	$y' = \sqrt{2}\left(\frac{1}{2}\right)x^{-1/2}$	$y' = \frac{1}{\sqrt{2x}}$

점검문제 7 다음 함수의 도함수를 구하여라.

a. $y = \sqrt{5x}$ **b.** $y = \sqrt[4]{x}$

합과 차의 규칙

$y = 3x + 2x^3$의 도함수를 구하면 여러분은 의심 없이 $y' = 3 + 6x^2$으로 쓸 것이다. 함수의 항별 합이나 차를 미분하는 것을 분명히 하려면 합과 차의 규칙에 따르는 것이 좋다.

합과 차의 규칙

미분가능한 두 함수의 합 또는 차의 도함수는 그들 각각의 도함수의 합이나 차이다. 즉 다음과 같다.

$$\frac{d}{dx}[f(x) + g(x)] = f'(x) + g'(x) \qquad \text{합의 규칙}$$

$$\frac{d}{dx}[f(x) - g(x)] = f'(x) - g'(x) \qquad \text{차의 규칙}$$

[증명] $h(x) = f(x) + g(x)$라 두자. 그러면 다음과 같이 합 규칙을 증명할 수 있다.

$$\begin{aligned} h'(x) &= \lim_{\Delta x \to 0} \frac{h(x+\Delta x) - h(x)}{\Delta x} \qquad \text{도함수의 정의} \\ &= \lim_{\Delta x \to 0} \frac{f(x+\Delta x) + g(x+\Delta x) - f(x) - g(x)}{\Delta x} \\ &= \lim_{\Delta x \to 0} \frac{f(x+\Delta x) - f(x) + g(x+\Delta x) - g(x)}{\Delta x} \\ &= \lim_{\Delta x \to 0} \left[\frac{f(x+\Delta x) - f(x)}{\Delta x} + \frac{g(x+\Delta x) - g(x)}{\Delta x}\right] \\ &= \lim_{\Delta x \to 0} \frac{f(x+\Delta x) - f(x)}{\Delta x} + \lim_{\Delta x \to 0} \frac{g(x+\Delta x) - g(x)}{\Delta x} \\ &= f'(x) + g'(x) \end{aligned}$$

그러므로

$$\frac{d}{dx}[f(x) + g(x)] = f'(x) + g'(x)$$

차의 규칙도 같은 방법으로 증명할 수 있다.

합과 차의 규칙은 임의의 유한 개의 함수의 합이나 차의 경우로 확장할 수 있다. 즉 $y = f(x) + g(x) + h(x)$이면 $y' = f'(x) + g'(x) + h'(x)$이다.

예제 8 합과 차의 규칙 사용

	원래 함수	도함수
a.	$y = x^3 + 4x^2$	$y' = 3x^2 + 8x$
b.	$f(x) = 3x^2 - 2x$	$f'(x) = 6x - 2$
c.	$y = \dfrac{3x^2 - x + 1}{x} = 3x - 1 + \dfrac{1}{x}$	$y' = 3 - \dfrac{1}{x^2} = \dfrac{3x^2 - 1}{x^2}$

✔ **점검문제 8** 다음 함수의 도함수를 구하여라.

a. $f(x) = 2x^2 + 5x$ **b.** $y = x^4 - 2x$

c. $y = \dfrac{x^3 + 5x - 1}{x}$

이 절에 나열한 미분 규칙으로 임의의 다항함수를 미분할 수 있다.

예제 9 그래프의 기울기 구하기

점 (1, −1)에서 함수 $f(x) = x^3 - 4x + 2$의 그래프의 기울기를 구하여라.

풀이 $f(x)$의 도함수는

$$f'(x) = 3x^2 - 4$$

이다. 그러므로 (1, −1)에서 f의 그래프의 기울기는

$$\text{기울기} = f'(1) = 3(1)^2 - 4 = 3 - 4 = -1$$

이다(그림 2.15).

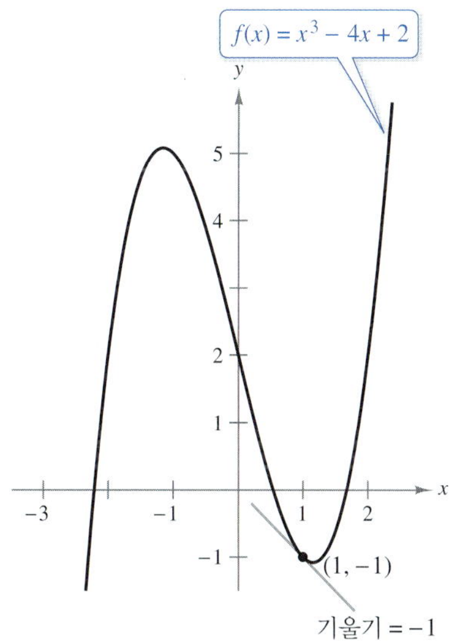

그림 2.15

✔ **점검문제 9** 점 (2, −5)에서 함수 $f(x) = x^2 - 5x + 1$의 그래프의 기울기를 구하여라.

예제 9는 그래프의 모양을 결정할 때 미분이 이용됨을 보여 주고 있다. $f(x) = x^3 - 4x + 2$의 개략적인 그래프에서 점 (1, −1)이 그래프에서 최소점이라고 생각할 수 있다. 이 점에서 기울기가 −1임을 알면 최소점(기울기 0인 점)은 좀 더 오른쪽에 위치한다고 결론 내릴 수 있다(최소점, 최대점 구하는 문제는 3장 2절에서 공부할 것이다).

예제 10 접선의 방정식 구하기

점 $\left(-1, -\frac{3}{2}\right)$에서 $g(x) = -\frac{1}{2}x^4 + 3x^3 - 2x$의 그래프에의 접선의 방정식을 구하여라.

풀이 $g(x)$의 도함수 $g'(x) = -2x^3 + 9x^2 - 2$이다. $\left(-1, -\frac{3}{2}\right)$에서 g의 그래프의 기울기는 그림 2.16에서 보는 것처럼

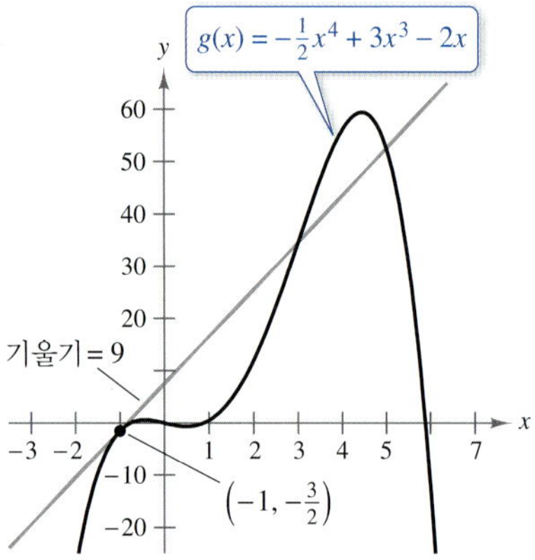

그림 2.16

$$\begin{aligned}
\text{기울기} &= g'(-1) \\
&= -2(-1)^3 + 9(-1)^2 - 2 \\
&= 2 + 9 - 2 \\
&= 9
\end{aligned}$$

이다. 점-기울기 형을 사용하여 점 $\left(-1, -\frac{3}{2}\right)$에서 접선의 방정식은 다음과 같이 구할 수 있다.

$$y - \left(-\frac{3}{2}\right) = 9[x - (-1)] \quad \text{점-기울기 형}$$

$$y + \frac{3}{2} = 9x + 9 \quad \text{간단히 한다}$$

$$y = 9x + \frac{15}{2} \quad \text{접선의 방정식}$$

✔ **점검문제 10** 점 (2, 0)에서 $f(x) = -x^2 + 3x - 2$의 그래프에의 접선의 방정식을 구하여라. ■

응용

이 교재에서 미분의 많은 응용을 학습하게 될 것이다. 예제 11에서는 시간에 따른 회사의 총수입의 변화율을 구하기 위해 도함수를 사용할 것이다.

예제 11 수입 모형화

2008년에서 2013년 사이 버펄로 와일드 윙사의 수입 R(백만 달러)이

$$R = 22.766t^2 - 309.59t + 1452.0, \quad 8 \le t \le 13$$

으로 모형화된다. 여기서 t는 연도로서 $t = 8$은 2008년에 해당한다. 2011년에 버펄로 와일드 윙사의 수입 변화율은 얼마인가?

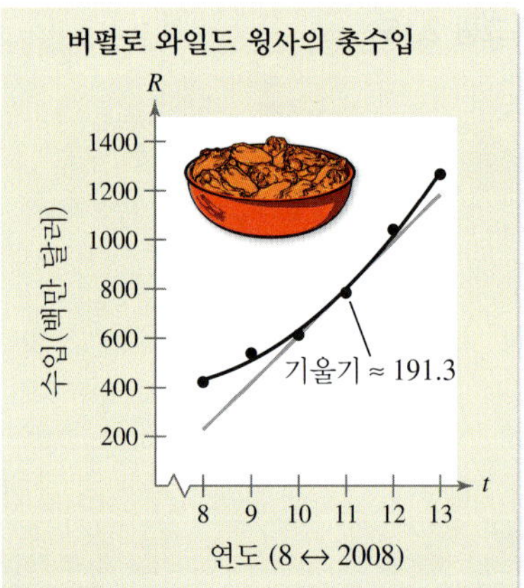

그림 2.17

풀이 이 질문에 답하기 위한 한 방법은 시간에 대한 수입 모형에서 도함수를 구하는 것이다. 즉

$$\frac{dR}{dt} = 45.532t - 309.59, \quad 8 \le t \le 13$$

이다. 2011년($t = 11$)에 시간에 대한 수입 변화율은

$$\frac{dR}{dt} = 45.532(11) - 309.59 \approx 191.3$$

으로 수입 R은 백만 달러 단위로 측정되었고, t는 연도이므로 도함수 dR/dt도 연 백만 달러로 측정된다. 그러므로 2011년 말에 버펄로 와일드 윙사의 수입의 변화율은 연 1억 9130만 달러로 증가했다(그림 2.17).

✔ **점검문제 11**

2011년에서 2013년 사이 월마트의 주당 매출 S(달러)가

$$S = 0.1655t^2 + 6.129t + 42.04, \quad 1 \le t \le 13$$

으로 모형화된다. 여기서 t는 연도로서 $t = 1$은 2001년에 해당한다. 2010년도 월마트의 주당 매출 변화율은 얼마인가? (자료: wal-mart stores) ■

연습문제 2.2

[1-12] (도함수 구하기) 다음 함수의 도함수를 구하여라. (예제 1, 2, 4, 5, 8 참조)

1. $y = 3$

2. $y = x^5$

3. $h(x) = 3x^3$

4. $y = \dfrac{5x^4}{6}$

5. $f(x) = 4x$

6. $y = 8 - x^3$

7. $f(x) = 4x^2 - 3x$

8. $f(t) = -3t^2 + 2t - 4$

9. $s(t) = 4t^4 - 2t^2 + t + 3$

10. $g(x) = x^{2/3}$

11. $y = 4t^{4/3}$

12. $y = 4x^{-2} + 2x^2$

[13-15] (미분할 때 괄호 사용) 다음 함수의 도함수를 구하여라. (예제 6 참조)

	함수	다시 쓰기	미분한다	간단히 한다
13.	$y = \dfrac{2}{7x^4}$			
14.	$y = \dfrac{1}{(4x)^3}$			
15.	$y = \dfrac{4}{(2x)^{-5}}$			

[16-18] (근호 함수의 미분) 다음 함수의 도함수를 구하여라. (예제 7 참조)

	함수	다시 쓰기	미분한다	간단히 한다
16.	$y = 6\sqrt{x}$			
17.	$y = \dfrac{1}{7\sqrt[6]{x}}$			
18.	$y = \sqrt[5]{8x}$			

[19-22] (그래프의 기울기 구하기) 주어진 점에서 함수의 그래프의 기울기를 구하여라. 그래픽 도구에 나타난 도함수를 보고 결과를 확인하여라. (예제 3, 9 참조)

19. $y = x^{3/2}$

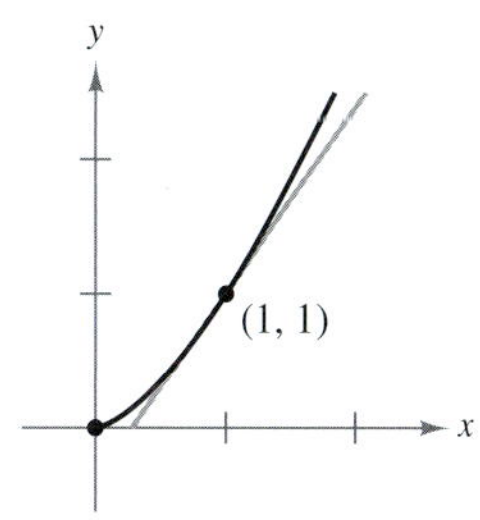

20. $f(t) = t^{-4};\ \left(\frac{1}{2}, 16\right)$

21. $f(x) = 2x^3 + 8x^2 - x - 4;\ (-1, 3)$

22. $f(x) = -\frac{1}{2}x(1 + x^2);\ (1, -1)$

[23-25] (접선의 방정식 구하기) 다음 함수에서 (a) 주어진 점에서 함수의 그래프에의 접선을 구하여라. (b) 그래픽 도구를 사용하여 함수의 그래프를 그려라. 주어진 점에서 접선을 그려라. (c) 그래픽 도구에 나타난 접선을 보고 결과를 확인하여라. (예제 10 참조)

23. $y = -2x^4 + 5x^2 - 3;\ (1, 0)$

24. $f(x) = \sqrt[3]{x} + \sqrt[5]{x};\ (1, 2)$

25. $y = 3x\left(x^2 - \dfrac{2}{x}\right);\ (2, 18)$

[26-31] (도함수 구하기) 다음 함수에서 $f'(x)$를 구하여라.

26. $f(x) = x^2 - \dfrac{4}{x} - 3x^{-2}$

27. $f(x) = x^2 - 2x - \dfrac{2}{x^4}$

28. $f(x) = x^{4/5} + x$

29. $f(x) = x(x^2 + 1)$

30. $f(x) = \dfrac{2x^3 - 4x^2 + 3}{x^2}$

31. $f(x) = \dfrac{4x^3 - 3x^2 + 2x + 5}{x^2}$

[32-33] (수평 접선 찾기) 다음 함수의 그래프에서 수평 접선을 갖는 점이 있다면 그 점을 찾아라.

32. $y = x^4 - 2x^2 + 3$

33. $y = \frac{1}{2}x^2 + 5x$

34. (도함수 이용하기) $y = x^2 + 3$의 그래프에서 기울기 $m = 4$를 갖는 점이 있다면 구하여라.

35. (관계 탐구) (a) 함수 f와 g의 그래프를 그려라. (b) $f'(1)$, $g'(1)$을 구하여라. (c) $x = 1$에서 각각의 함수의 접선을 그려라. (d) f'와 g'의 관계를 설명하여라.

$$f(x) = x^3, \quad g(x) = x^3 + 3$$

[36-37] (관계 탐구) 두 함수 f와 g의 관계가 다음과 같이 주어져 있다. f'와 g' 사이의 관계를 설명하여라.

36. $g(x) = f(x) + 6$

37. $g(x) = -5f(x)$

38. (수입) 언더 아머사의 2008년에서 2013년 사이 수입 R (백만 달러)이 다음과 같이 모형화된다.

$$R = -4.1685t^3 + 175.037t^2 - 1950.88t + 7265.3$$

여기서 t는 연도로서 $t = 8$은 2008년에 해당한다.

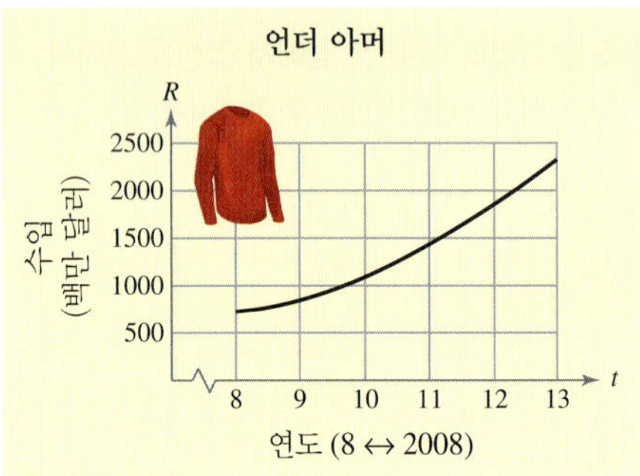

(a) 2009년과 2011년의 그래프의 기울기를 구하여라.

(b) 2장 1절의 연습문제 7에서 구한 결과와 비교하여라.

(c) 이 문제에서 그래프의 기울기를 설명하여라.

39. (심리학: 편두통 유병률) 다음 그래프는 소득층에 따른 남성과 여성의 편두통 유병률을 나타낸다.

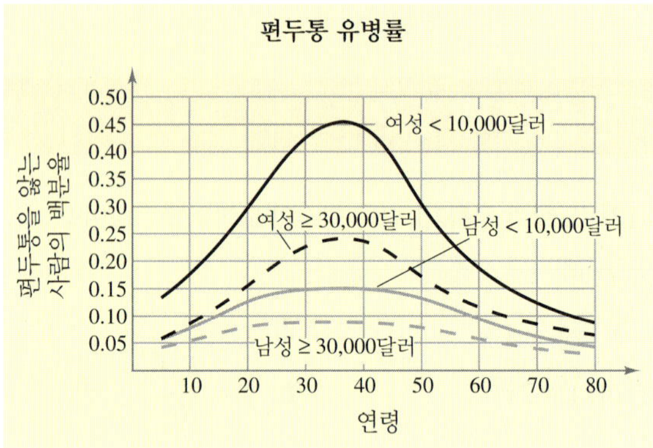

(a) 연령층과 소득층에 따른 남녀 편두통 유병률에 관한 일반적인 관찰을 간단히 묘사하여라.

(b) 각 곡선의 도함수의 그래프를 그리고, 그 도함수의 중요성을 설명하여라. 도함수의 단위에 대한 설명을 포함하고 도함수가 양, 또는 음인 연령 구간을 표시하여라.

40. (비용) 전기 부품을 생산하는 한계비용은 개당 7.75달러이고, 고정비용은 500달러이다. 생산하는 부품 개수 x에 대한 비용 C의 함수를 나타내어라. 비용함수의 도함수는 상수임을 보이고 한계비용과 같음을 보여라.

41. (수평 접선 구하기) 함수 $f(x) = 4.1x^3 - 12x^2 + 2.5x$에 대해 구간 $[0, 3]$에서 그래픽 도구를 사용하여 f와 f'의 그래프를 그려라. 함수 f의 수평접선을 갖는 점을 찾아라.

42. (참, 거짓 판별) 다음 명제가 참인지 거짓인지 판별하여라. 만약 거짓이면 그 이유를 설명하거나 그것이 거짓임을 보여 주는 보기를 들어라.

만약 $f'(x) = g'(x)$이면 $f(x) = g(x)$이다.

2.3 변화율: 속도와 한계비용

- 구간에서 함수의 평균 변화율 구하기
- 점에서 함수의 순간 변화율 구하기
- 생산품에 대한 한계수입, 한계비용, 한계이익 구하기

평균 변화율

2장 1절과 2장 2절에서 도함수의 중요한 두 가지 응용을 학습했다.

1. **기울기**(slope): f의 도함수는 점 $(x, f(x))$에서 f의 그래프의 기울기를 주는 함수이다.
2. **변화율**(rate of change): f의 도함수는 점 $(x, f(x))$에서 f의 변화율을 주는 함수이다.

이 절에서는 변화율이 실생활에서 많이 응용됨을 보게 될 것이다. 예를 들면 속도, 가속도, 인구 증가율, 비고용률, 생산율, 물의 흐름률 등이다. 변화율은 가끔 시간에 대한 변화를 포함하지만 한 변수가 다른 관련 변수에 대한 변화율을 조사할 수 있다.

다른 변수에 대한 한 변수의 변화율을 결정할 때 평균 변화율과 순간 변화율을 구별해야 한다. 이 두 변화율은 그래프 위에서의 두 점을 연결하는 할선의 기울기와 그래프 위의 한 점에서 접선의 기울기와 비교하여 구별할 수 있다.

평균 변화율의 정의

$y = f(x)$이면 구간 $[a, b]$에서 x에 대한 y의 **평균 변화율**(average rate of change)은

$$\text{평균 변화율} = \frac{f(b) - f(a)}{b - a} = \frac{\Delta y}{\Delta x}$$

이다. $f(a)$는 구간의 왼쪽 끝점에서의 함숫값이고, $f(b)$는 구간의 오른쪽 끝점에서의 값이다. $b - a$는 구간의 폭이다(그림 2.18).

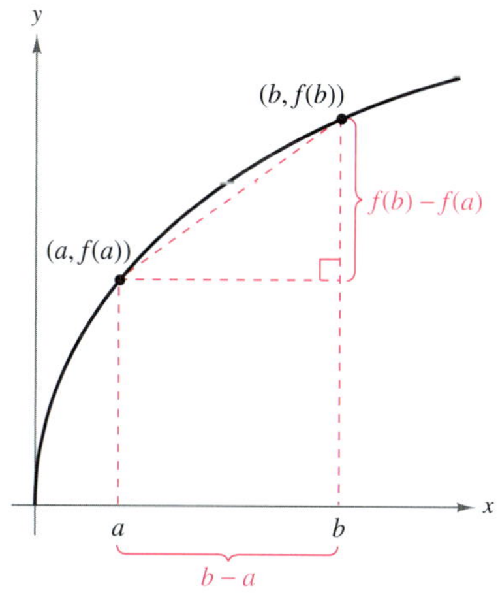

그림 2.18

예제 1 약

환자의 혈류에서 약의 농도 C(밀리그램/밀리리터)를 아래 표와 같이 2시간 동안 10분 간격으로 관찰하여 기록했다. t는 분으로 측정되었다.

t	0	10	20	30	40	50	60	70	80	90	100	110	120
C	0	2	17	37	55	73	89	103	111	113	113	103	68

다음 구간에서 C의 평균 변화율을 구하여라.

a. [0, 10] **b.** [0, 20] **c.** [100, 110]

풀이

a. 구간 [0, 10]에서 평균 변화율은

오른쪽 끝점에서의 C의 값
왼쪽 끝점에서의 C의 값

$$\frac{\Delta C}{\Delta t} = \frac{2-0}{10-0} = \frac{2}{10} = 0.2\,(\text{밀리그램/밀리미터/분})$$

구간의 폭

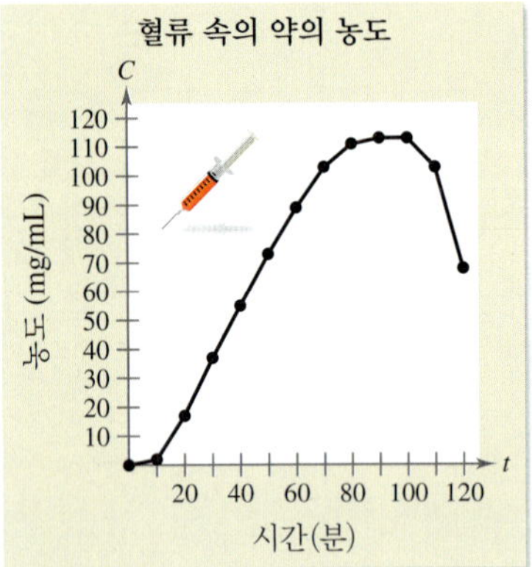

그림 2.19

b. 구간 [0, 20]에서 평균 변화율은

$$\frac{\Delta C}{\Delta t} = \frac{17-0}{20-0} = \frac{17}{20} = 0.85\,(\text{밀리그램/밀리미터/분})$$

c. 구간 [100, 110]에서 평균 변화율은

$$\frac{\Delta C}{\Delta t} = \frac{103-113}{110-100} = \frac{-10}{10} = -1\,(\text{밀리그램/밀리미터/분})$$

그림 2.19에서 보면 농도가 증가할 때는 평균 변화율이 양이고 농도가 감소할 때는 평균 변화율이 음임에 유의하자.

✓**점검문제 1** 예제 1의 표를 사용하여 다음 구간에서 C의 평균 변화율을 구하여라.

a. [0, 120] **b.** [90, 100] **c.** [90, 120] ■

예제 1에서의 변화율은 '밀리그램/밀리리터/분'이다. 왜냐하면 농도는 밀리리터당 밀리그램으로 측정되었고, 시간은 분 단위로 측정되었기 때문이다.

농도는 밀리리터당 밀리그램으로 측정되었다
변화율은 분당 밀리리터당 밀리그램으로 측정되었다

$$\frac{\Delta C}{\Delta t} = \frac{2-0}{10-0} = \frac{2}{10} = 0.2\,(\text{밀리그램/밀리미터/분})$$

시간은 분으로 측정되었다

통상적인 평균 변화율의 응용은 직선 위를 움직이는 물체의 **평균 속도**(average velocity)를 구하는 것이다. 즉

$$\text{평균 속도} = \frac{\text{거리의 변화량}}{\text{시간의 변화량}}$$

이다. 이 공식은 예제 2에서 볼 수 있다.

예제 2 **평균 속도 구하기**

자유 낙하 물체가 높이 30미디에서 떨어졌다. 공기 지항을 무시하면 시긴 t(초)에서 물체의 높이 s(미터)는

$$s = -4.9t^2 + 30$$

이다. 다음 구간에서 물체의 평균 속도를 구하여라(그림 2.20).

a. [1, 2] **b.** [1, 1.5] **c.** [1, 1.1]

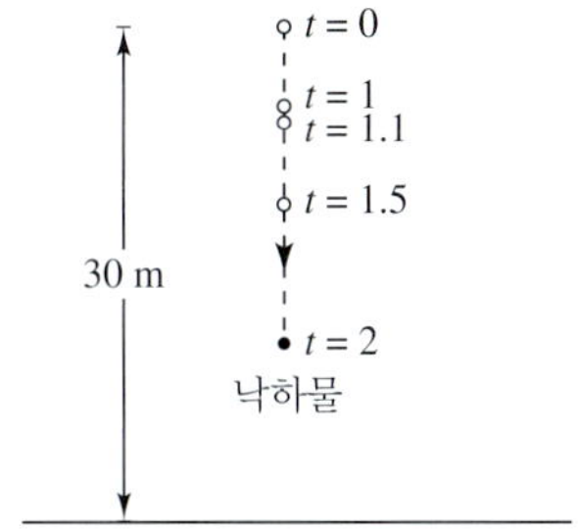

그림 2.20 낙하물은 공기 저항을 받는다. 낙하물 문제를 모형화할 때 공기 저항의 유무를 생각해야 한다.

풀이 위치 방정식 $s = -4.9t^2 + 30$을 사용하여 다음과 같이 구한다.

$$t = 1, \ 1.1, \ 1.5, \ 2$$

에서 아래 표처럼 높이를 구할 수 있다.

t(초)	0	1	1.1	1.5	2
s(미터)	30	25.1	24.071	18.975	10.4

a. 구간 [1, 2]에서 물체는 높이 25.1미터에서 높이 10.4미터로 떨어진다. 그러므로 평균 속도는 다음과 같다.

$$\frac{\Delta s}{\Delta t} = \frac{10.4 - 25.1}{2 - 1} = \frac{-14.7}{1} = -14.7 \text{ (미터/초)}$$

b. 구간 [1, 1.5]에서 평균 속도는 다음과 같다.

$$\frac{\Delta s}{\Delta t} = \frac{18.975 - 25.1}{1.5 - 1} = \frac{-6.125}{0.5} = -12.25 \text{ (미터/초)}$$

c. 구간 [1, 1.1]에서 평균 속도는 다음과 같다.

$$\frac{\Delta s}{\Delta t} = \frac{24.071 - 25.1}{1.1 - 1} = \frac{-1.029}{0.1} = -10.29 \text{ (미터/초)}$$

✓ **점검문제 2** 시간 t(초)에서 자유 낙하 물체의 높이 s(미터)는

$$s = -4.9t^2 + 55$$

이다. 다음 구간에서 물체의 평균 속도를 구하여라.

a. [0, 1] **b.** [1, 2] **c.** [2, 3] ■

학습 팁

예제 2에서 평균 속도는 음이다. 그 이유는 물체가 지상으로 움직이기 때문이다.

순간 변화율과 속도

예제 2에서 $t = 1$초일 때 그 순간의 변화율을 구하려고 한다고 하자. 이런 비율을 **순간 변화율**(instantaneous rate of change)이라고 한다. $t = 1$에서 순간 변화율은 표와 같이 구간을 $[1, 1 + \Delta t]$처럼 점점 짧게 하여 평균 변화율을 계산하여 근사할 수 있다. 표에서 $t = 1$에서 높이의 순간 변화율은 −9.8미터/초로 결론짓는 것이 타당해 보인다.

Δt는 0에 접근한다 →

Δt	1	0.5	0.1	0.01	0.001	0.0001	0
$\frac{\Delta s}{\Delta t}$	−14.7	−12.25	−10.29	−9.849	−9.8049	−9.80049	−9.8

$\frac{\Delta s}{\Delta t}$는 −9.8에 접근한다 →

학습 팁

순간 변화율의 정의에서 극한은 x에서 f의 도함수의 정의에서 극한과 같다. 이것은 한 변수의 다른 변수에 대한 순간 변화율로서 정의된 두 번째로 중요한 설명이다. 도함수의 첫 번째 설명은 x에서 f의 그래프의 기울기로서이다.

순간 변화율의 정의

x에서 $y = f(x)$의 **순간 변화율**(instantaneous rate of change)[간단히 **변화율**(rate of change)]은 Δx가 0에 접근할 때, 구간 $[x, x + \Delta x]$에서 평균 변화율의 극한이다. 즉

$$\lim_{\Delta x \to 0} \frac{\Delta y}{\Delta x} = \lim_{\Delta x \to 0} \frac{f(x + \Delta x) - f(x)}{\Delta x}$$

이다. y가 거리이고 x가 시간이면 변화율은 **속도**(velocity)이다.

예제 3 순간 변화율 구하기

예제 2에서 $t = 1$에서 물체 속도를 구하여라.

풀이 예제 2에서 낙하 물체의 높이는 다음과 같음을 안다.

$$s = -4.9t^2 + 30 \qquad \text{위치 함수}$$

이 위치 함수의 도함수를 구하면 속도 함수를 얻는다. 즉

$$s' = -9.8t \qquad \text{속도 함수}$$

이다. 속도 함수는 임의의 시간에서의 속도를 준다. 그러므로 $t = 1$에서 속도는 다음과 같다.

$$\begin{aligned} s' &= -9.8(1) \\ &= -9.8 \text{ (미터/초)} \end{aligned}$$

✓ **점검문제 3** 점검문제 2에서 물체의 높이는

$$s = -4.9t^2 + 55$$

이다. **a.** $t = 1.75$, **b.** $t = 2$에서 물체의 속도를 구하여라. ■

공기 저항을 무시한 낙하 물체의 **위치 함수**(position function)는

$$s = -4.9t^2 + v_0 t + s_0 \qquad \text{위치 함수}$$

이다. 여기서 s(미터)는 높이이고, t(초)는 시간, v_0는 초기 속도(미터/초), s_0는 초기 높이(미터)이다. 모형식에서 양의 속도는 공중으로 향하고, 음의 속도는 지상으로 향한다. 위치 함수의 도함수는 **속도 함수**(velocity function)이다. 즉

$$s' = -9.8t + v_0 \qquad \text{속도 함수}$$

이다. 속도의 절댓값은 물체의 **속력**(speed)이다.

예제 4 다이버의 속도 구하기

$t = 0$에서 다이버가 다이빙대에서 점프한다. 그림 2.21에서처럼 다이빙대의 높이는 9.8

미터이다. 다이버의 초기 속도는 4.9미터/초이므로 다이버의 위치는 다음과 같다.

$$s = -4.9t^2 + 4.9t + 9.8 \qquad \text{위치 함수}$$

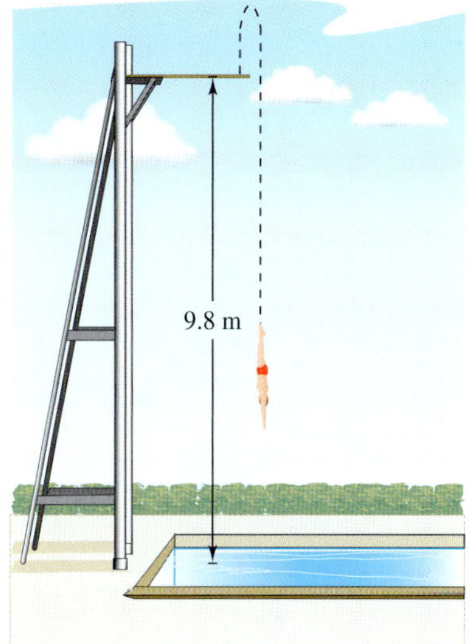

그림 2.21

a. 다이버는 언제 수면에 닿는가?

b. 수면에 닿는 순간 다이버의 속도는 얼마인가?

풀이

a. 다이버가 물에 닿는 순간을 구하려면, $s = 0$으로 두고 t에 대해 푼다.

$$-4.9t^2 + 4.9t + 9.8 = 0 \qquad s = 0\text{으로 둔다}$$
$$-4.9(t^2 - t - 2) = 0 \qquad \text{공통 인수를 끄집어낸다}$$
$$-4.9(t + 1)(t - 2) = 0 \qquad \text{인수분해 한다}$$
$$t = -1 \text{ 또는 } t = 2 \qquad t\text{에 대해 푼다}$$

해 $t = -1$은 합당하지 않다. 왜냐하면 이는 다이버가 1초 전에 수면에 닿았다는 것이므로 불합리하다. 그러므로 $t = 2$초 후에 수면에 닿는다.

b. t에서의 속도는 도함수로 주어진다. 즉 다음과 같다.

$$s' = -9.8t + 4.9 \qquad \text{속도 함수}$$

그러므로 $t = 2$에서의 속도는 다음과 같다.

$$s' = -9.8(2) + 4.9 = -14.7 \text{ (미터/초)}$$

✓ **점검문제 4** $t = 0$에서 다이버가 높이 2.45미터인 다이빙대에서 초기 속도 2.45미터/초로 점프한다고 한다. 다이버의 위치 함수 $s = -4.9t^2 + 2.45t + 2.45$이다.

a. 다이버는 언제 수면에 닿는가?

b. 수면에 닿는 순간 다이버의 속두는 얼마인가? ■

예제 4에서 다이버의 초기 속도 v_0은 4.9미터/초이고, 초기 높이 $s_0 = 9.8$미터이다. 즉 다음과 같다.

초기 속도는 4.9미터/초
초기 높이는 9.8미터

$$s = -4.9t^2 + 4.9t + 9.8$$

경제학에서 변화율: 한계비용

변화율이 이용되는 또 다른 분야는 경제학이다. 경제학자들은 x에 관한 이익, 수입, 비용의 변화율로 **한계이익**(marginal profit), **한계수입**(marginal revenue), **한계비용**(marginal cost)을 언급한다. 여기서 x는 생산 또는 판매 단위를 나타낸다. 이 세 양의 관계는

$$P = R - C$$

이다. P, R, C는 각각 다음과 같다.

$P =$ 이익, $R =$ 수입, $C =$ 비용

이들 양의 도함수를 **한계이익**(marginal profit), **한계수입**(marginal revenue), **한계비용**(marginal cost)으로 각각 부른다. 즉 다음과 같다.

$$\frac{dP}{dx} = \text{한계이익}$$

$$\frac{dR}{dx} = \text{한계수입}$$

$$\frac{dC}{dx} = \text{한계비용}$$

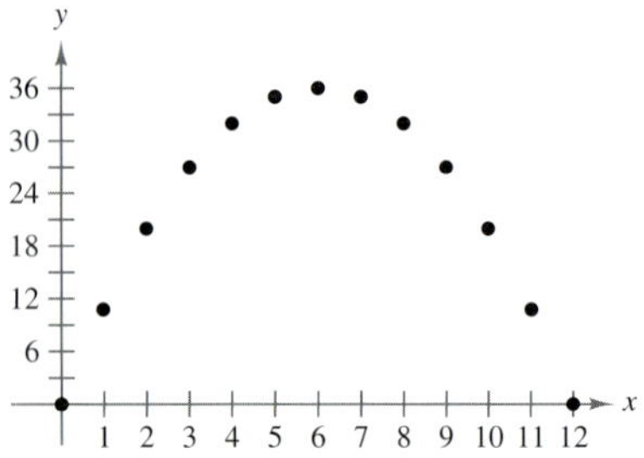

그림 2.22 이산 변수의 함수

그림 2.23 연속 변수의 함수

많은 경영과 경제 문제에서 생산 또는 판매 단위 개수는 음이 아닌 양의 값이다(그림 2.22). 물론 간혹 판매에서 단위의 반, 1/4 등도 발생할 수 있으나 $\sqrt{2}$ 단위 등의 판매는 생각하기 어렵다. 이와 같이 판매 단위를 나타내는 값을 **이산값**(discrete variable)이라고 부른다.

이산값 x의 함수를 해석하기 위해 일시적으로 x가 **연속 변수**(continuous variable)라고 가정하고 그림 2.23에서처럼 주어진 구간에서 어떤 실숫값을 택하는 것도 가능하다. 그렇게 함으로써 한계수입, 최대 이익, 최소 비용 등 기타 어떻게 부르는 것이라도 이에 해당하는 x값을 구하는 데 미적분학의 방법을 사용할 수 있다. 끝으로 해를 가까운 의미 있는 x값(센트, 달러, 단위, 일 등) 문제의 내용에 따라 반올림해야 한다.

예제 5 **한계이익 구하기**

자명종 시계를 x단위만큼 판매할 때 이익(달러)이

$$P = 0.0002x^3 + 10x$$

이다.

a. 생산 수준이 50단위일 때 한계이익을 구하여라.

b. 생산 수준을 50단위에서 51단위로 증가할 때 얻어지는 실제 이익과 한계이익을 비교하여라.

풀이

a. 이익은 $P = 0.0002x^3 + 10x$이다. 한계이익은 도함수로 주어진다. 즉

$$\frac{dP}{dx} = 0.0006x^2 + 10$$

이다. $x = 50$일 때 한계이익은 다음과 같다.

$$\begin{aligned}\frac{dP}{dx} &= 0.0006(50)^2 + 10 && x \text{ 대신에 50을 대입}\\ &= 0.0006(2500) + 10\\ &= 1.5 + 10\\ &= 11.50 \text{ (달러/단위)} && x = 50\text{일 때 한계이익}\end{aligned}$$

b. $x = 50$일 때 실제 이익은

$$\begin{aligned} P &= 0.0002(50)^3 + 10(50) && x \text{ 대신에 50을 대입} \\ &= 0.0002(125,000) + 500 \\ &= 25 + 500 \\ &= 525.00\,(\text{달러}) && x = 50\text{일 때 실제 이익} \end{aligned}$$

이고 $x = 51$일 때 실제 이익은

$$\begin{aligned} P &= 0.0002(51)^3 + 10(51) && x \text{ 대신에 51을 대입} \\ &= 0.0002(132,651) + 510 \\ &\approx 26.53 + 510 \\ &= 536.53\,(\text{달러}) && x = 51\text{일 때 실제 이익} \end{aligned}$$

이므로 50단위에서 51단위로 생산을 증가할 때 얻어지는 초과 이익은 다음과 같다.

$$536.53 - 525.00 = 11.53\,(\text{달러}) \qquad \text{한 단위에 대한 초과 이익}$$

실제 이익 증가액인 11.53달러(x가 50단위에서 51단위로 증가할 때)는 단위당 한계이익($x = 50$일 때) 11.50달러와 근사할 수 있다(그림 2.24).

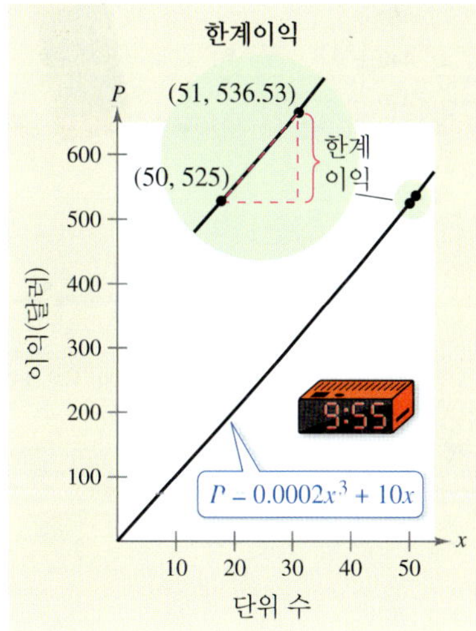

그림 2.24

✓ 점검문제 5 예제 5에서 생산 수준이 100단위일 때 한계이익을 구하여라. 생산 수준을 100에서 101단위로 증가할 때 얻어지는 실제 이익과 한계이익을 비교하여라. ■

예제 5의 이익함수는 판매 단위가 증가하는 한 이익이 계속 증가한다는 것으로 정상적이지 않다. 실제로 상품의 단가를 낮춤으로써 판매가 증가한다는 상황에 이르는 것이 보다 일반적이다. 가격의 인하는 궁극적으로 이익의 감소를 초래한다.

단위당 주어진 가격 p에서 소비자가 기꺼이 구매하는 단위 수 x는 **수요함수**(demand function)로 주어진다. 즉 다음과 같다.

$$p = f(x) \qquad \text{수요함수}$$

따라서 수입 R은 단위당 가격과 수요량과 관계되고 다음 식으로 주어진다.

$$R = xp \qquad \text{수입함수}$$

예제 6 수요함수 구하기

다음 표는 2010년에서 2014년 사이 어떤 회사에서 판매한 스마트폰의 수 x(백만)와 평균 단가 p(달러)를 나타낸다. 이 정보를 이용하여 수요함수와 수입함수를 구하여라.

연도	2010	2011	2012	2013	2014
x	38	54	72	96	127
p	474	443	407	372	332

풀이 순서쌍 (x, p)를 사용하여 자료의 이산 그래프를 그려 보자. 그래프로부터 자료

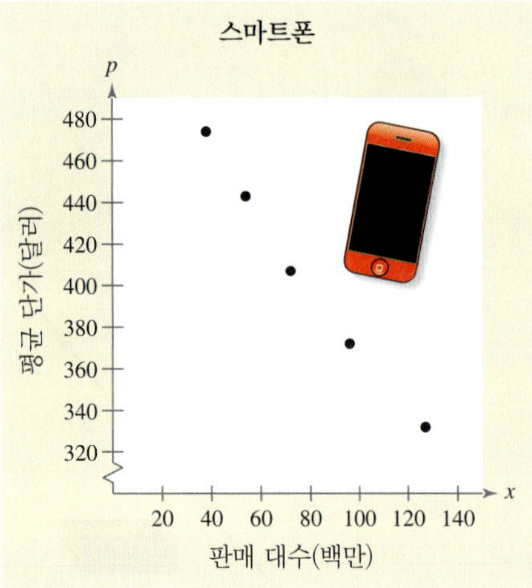

는 직선 모형이 잘 맞을 것 같다. 수요함수에 대한 직선 모형을 구하기 위해 임의의 두 점 (38, 474)와 (127, 332)를 사용하자. 두 점을 지나는 직선의 기울기는 다음과 같다.

$$m = \frac{332 - 474}{127 - 38} = \frac{-142}{89}$$
$$\approx -1.6$$

직선의 점-기울기 형을 이용하여 수요 곡선을 다음과 같이 근사할 수 있다. 즉

$$p = -1.6x + 535 \qquad \text{수요함수}$$

이므로 이 회사의 스마트폰에 대한 수입함수는 다음과 같다.

$$R = xp = x(-1.6x + 535) = -1.6x^2 + 535x \qquad \text{수입함수}$$

✓ **점검문제 6** 회기 분석이 가능한 계산기나 스프레드시트를 사용하여 예제 6의 문제의 수요함수와 수입함수를 구하여라. 이 결과를 예제 6의 결과와 비교하여라. ■

예제 7 한계수입 구하기

패스트푸드 레스토랑의 햄버거에 대한 월 수요가

$$p = \frac{60{,}000 - x}{20{,}000}$$

로 주어진다. 그림 2.25는 가격이 하락하면 수요량이 증가함을 보여 준다. 다음 표는 여러 가지 가격에 따른 햄버거의 수요를 보여 준다.

x	60,000	50,000	40,000	30,000	20,000	10,000	0
p	0.00	0.50	1.00	1.50	2.00	2.50	3.00

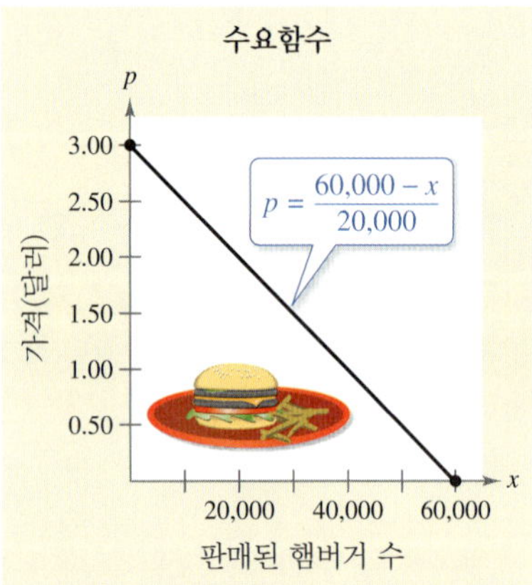

그림 2.25 가격이 하락하면 더 많은 햄버거가 팔린다.

햄버거를 월 20,000개 판매할 때 수입은 얼마나 증가하는가? 다시 말하면 $x = 20{,}000$일 때 한계수입을 구하여라.

풀이 수요함수는

$$p = \frac{60{,}000 - x}{20{,}000}$$

로 주어지고, 수입은 $R = xp$로 주어지므로

$$R = xp \qquad \text{수입 공식}$$
$$= x\left(\frac{60{,}000 - x}{20{,}000}\right) \qquad p \text{ 대신에 대입}$$
$$= \frac{1}{20{,}000}(60{,}000x - x^2) \qquad \text{수입함수}$$

이고 미분하면 한계수입을 구할 수 있다. 즉

$$\frac{dR}{dx} = \frac{1}{20{,}000}(60{,}000 - 2x)$$

이므로 $x = 20{,}000$일 때, 한계수입은

$$\begin{aligned}\frac{dR}{dx} &= \frac{1}{20{,}000}(60{,}000 - 2x) && \text{한계수입}\\ &= \frac{1}{20{,}000}[60{,}000 - 2(20{,}000)] && x \text{ 대신에 20,000을 대입}\\ &= \frac{1}{20{,}000}(60{,}000 - 40{,}000) && \text{곱한다}\\ &= \frac{1}{20{,}000}(20{,}000) && \text{뺀다}\\ &= 1\,(\text{달러/단위}) && x = 20{,}000\text{일 때 한계수입}\end{aligned}$$

이다. 그러므로 햄버거를 월 20,000개 판매할 때 수입은 개당 1달러로 증가함을 알 수 있다.

✓ **점검문제 7** 수요함수 $p = 2000 - 4x$에 대한 수입함수와 한계수입을 구하여라. $x = 250$일 때 한계수입을 구하여라. ■

학습 팁

수요함수를 $p = f(x)$로 쓰는 것은 경제학에서 사용되는 관행이다. 소비자의 관점에서 보면 요구되는 양은 가격의 함수로 생각하는 것이 보다 합리적이다. 그러나 수학적으로 전형적인 수요함수는 1대1 함수이고 그래서 역함수를 가지므로 두 관점은 동치이다. 예를 들면 예제 7에서 수요함수를 $x = 60{,}000 - 20{,}000p$로 쓸 수 있다.

예제 8 한계이익 구하기

예제 7의 패스트푸드 레스토랑에서 x개의 햄버거를 생산하는 비용은

$$C = 5000 + 0.56x, \quad 0 \le x \le 50{,}000$$

이다. 각 생산 수준에서 이익과 한계이익을 구하여라.

a. $x = 20{,}000$

b. $x = 24{,}400$

c. $x = 30{,}000$

풀이 예제 7에서 x개의 햄버거 판매에 따른 수입은

$$R = \frac{1}{20{,}000}(60{,}000x - x^2)$$

이다. 이익은 $P = R - C$로 주어지므로

$$\begin{aligned}P &= \frac{1}{20{,}000}(60{,}000x - x^2) - (5000 + 0.56x)\\ &= 3x - \frac{x^2}{20{,}000} - 5000 - 0.56x\\ &= 2.44x - \frac{x^2}{20{,}000} - 5000 && \text{그림 2.26 참조}\end{aligned}$$

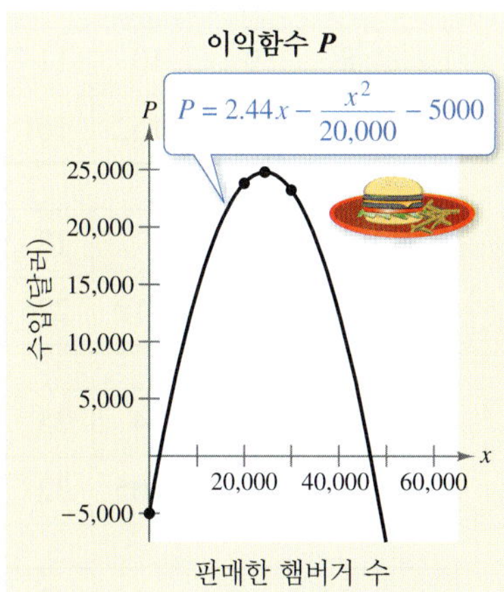

그림 2.26

이다. 그러므로 한계이익은

$$\frac{dP}{dx} = 2.44 - \frac{x}{10{,}000}$$

이다. 이 공식을 사용하여 이익과 한계이익을 계산할 수 있다.

	생산품	이익	한계이익
a.	$x = 20{,}000$	$P = 23{,}800$달러	$2.44 - \dfrac{20{,}000}{10{,}000} = 0.44$(달러/개)
b.	$x = 24{,}400$	$P = 24{,}768$달러	$2.44 - \dfrac{24{,}400}{10{,}000} = 0.00$(달러/개)
c.	$x = 30{,}000$	$P = 23{,}200$달러	$2.44 - \dfrac{30{,}000}{10{,}000} = -0.56$(달러/개)

✓ **점검문제 8** 예제 8에서 10,000단위를 생산할 때 한계이익과 10,000단위에서 10,001단위까지 생산을 늘릴 때 증가한 실제 이익을 비교하여라. ■

연습문제 2.3

1. (연구개발) 다음 표는 미국의 1980년부터 2012년 사이 연구 개발에 소요된 금액은 A(10억 달러)이다. t는 연도로서 $t = 0$은 1980년에 해당한다. 각 기간 동안 A의 평균 변화율을 근사하여라. (자료: 미국과학재단)

(a) 1980~1986 (b) 1986~1992
(c) 1992~1998 (d) 1998~2004
(e) 2004~2010 (f) 1980~2012
(g) 1990~2012 (h) 2000~2012

t	0	1	2	3	4	5	6	7
A	63	72	81	90	102	115	120	126

t	8	9	10	11	12	13	14
A	134	142	152	161	165	166	169

t	15	16	17	18	19	20	21
A	184	197	212	226	245	269	280

t	22	23	24	25	26	27	28
A	279	293	305	327	353	380	407

t	29	30	31	32
A	405	408	428	453

[2-6] (변화율 구하기) 주어진 구간에서 함수의 평균 변화율을 구하여라. 이 평균 변화율과 구간의 끝점에서 순간 변화율을 비교하여라.

2. $f(t) = 3t + 5;\ [1, 2]$

3. $h(x) = x^2 - 4x + 2;\ [-2, 2]$

4. $f(x) = 3x^{4/3};\ [1, 8]$

5. $f(x) = \dfrac{1}{x};\ [1, 5]$

6. $f(t) = t^4 - 2t^2;\ [-2, -1]$

7. (소비자 경향) 다음 그래프는 일 년 동안 국립공원 방문객 수 V(천 명)이다. 여기서 $t = 1$은 1월을 나타낸다.

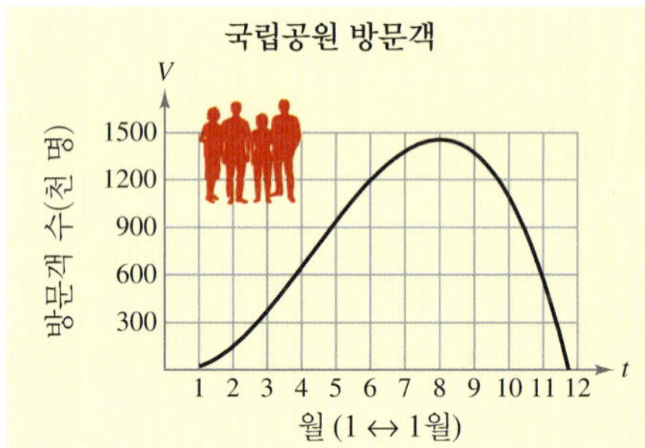

(a) 구간 [9, 12]에서 평균 변화율을 추정하고 결과를 설명하여라.

(b) 어느 구간에서의 평균 변화율이 $t = 8$에서의 변화율과 근사적으로 같은가? 그 이유를 설명하여라.

8. (속도) 건물의 꼭대기에서 공을 위로 던져 올릴 때, 시간 t(초)에서 높이 s(미터)는 $s = -4.9t^2 + 9t + 76$으로 주어진다. 각 표시된 구간에서 평균 속도를 구하고 각 구간의 끝점에서 순간 속도와 비교하여라.

(a) [0, 1] (b) [1, 2] (c) [2, 3] (d) [3, 4]

9. (속도) 건물 꼭대기에서 은화를 지상으로 떨어뜨렸을 때 시간 t(초)에서의 높이 s(미터)는 $s = -4.9t^2 + 170$으로

주어진다.

(a) 구간 [2, 3]에서 평균 속도를 구하여라.

(b) $t = 2$와 $t = 3$일 때, 순간 속도를 구하여라.

(c) 은화가 땅에 떨어질 때까지 걸리는 시간은 얼마인가?

(d) 은화가 땅에 떨어지는 순간의 속도는 얼마인가?

[10-11] (한계비용) x단위를 생산할 때의 한계비용을 구하여라.

10. $C = 205{,}000 + 9800x$

11. $C = 55{,}000 + 470x - 0.25x^2,\ 0 \le x \le 940$

[12-13] (한계수입) x 단위 판매에 대한 한계수입을 구하여라.

12. $R = 50x - 0.5x^2$

13. $R = \quad 6x^3 + 8x^2 + 200x$

[14-15] (한계이익) x 단위 판매에 대한 한계이익을 구하여라.

14. $P = -2x^2 + 72x - 145$

15. $P = 0.0013x^3 + 12x$

16. (한계비용) x단위를 생산하는 비용 C는

$$C = 3.6\sqrt{x} + 500$$

으로 주어진다.

(a) $x = 9$일 때 한계비용을 구하여라.

(b) 생산이 9에서 10단위로 증가할 때 추가 비용을 구하여라.

(c) (a)와 (b)의 결과를 비교하여라.

17. (한계이익) x개의 태블릿 컴퓨터 판매에 따른 이익 P는

$$P = -0.04x^2 + 25x - 1500$$

으로 주어진다.

(a) $x = 150$일 때 한계이익을 구하여라.

(b) 판매가 150에서 151단위로 증가할 때 추가 이익을 구하여라.

(c) (a)와 (b)의 결과를 비교하여라.

18. (인구 증가) 1990년에서 2013년 사이 호주의 인구 P(천 명)는 다음과 같이 모형화된다.

$$P = 1.73t^2 + 190.6t + 16{,}994$$

여기서 t는 연도로서 $t = 0$은 1990년도에 해당한다.

(a) $t = 0, 3, 6, 9, 12, 15, 18, 21$일 때, P를 구하고, 이 값을 설명하여라.

(b) dP/dt를 구하고, 이 경우 이것의 의미를 설명하여라.

(c) (a)에 있는 각 값에서 dP/dt를 계산하고, 결과를 설명하여라.

19. (경제) 표에 있는 정보를 사용하여 모형식을 구하고 아래 질문에 답하여라.

생산량 및 판매량(Q)	가격 (p)	수입 (TR)	한계수입 (MR)
0	160	0	—
2	140	280	130
4	120	480	90
6	100	600	50
8	80	640	10
10	60	600	−30

(a) 회기 분석이 가능한 계산기를 사용하여 수입(TR)과 생산량 및 판매량(Q)를 연관 짓는 이차 모형식을 구하여라.

(b) 도함수를 이용하여 (a)에서 구한 모형식에서 한계수입에 대한 모형식을 구하여라.

(c) (b)에서의 모형식을 사용하여 Q의 모든 값에 대한 한계수입을 계산하고, 이 값과 실제 주어진 값과 비교하여라. 모형식은 얼마나 유효한가?

20. (한계이익) 레모네이드를 한 잔에 1.75달러에 판매하면 400잔이 팔리고, 1.50달러로 낮추어 판매하면 500잔이 팔린다고 한다. 수요함수가 선형이고, 한계비용과 고정비용이 각각 0.10, 25달러라고 하자.

(a) 판매한 레모네이드의 잔 수 x의 함수로 이익함수 P를 구하여라.

(b) P의 그래프를 그래픽 도구로 그리고 $x = 300, 530, 700$일 때 각각 P의 기울기에 대해 언급하여라.

(c) 레모네이드가 300잔, 530잔, 700잔 판매되었을 때 한계이익을 각각 구하여라.

21. (연료비) 리터당 x킬로미터를 달리는 자동차가 일 년에 25,000킬로미터 주행한다. 휘발유의 평균 가격이 리터당 0.70달러라고 하자.

(a) x의 함수로 연간 연료비 C를 구하여라.

(b) dC/dx를 구하고 이 경우 이것의 의미를 설명하여라.

(c) 함수를 이용하여 다음 표를 완성하여라.

x	10	15	20	25	30	35	40
C							
dC/dx							

(d) 연비가 리터당 1킬로미터 증가하면 리터당 15킬로미터 가는 운전자와 리터당 35킬로미터 가는 운전자

중 누가 이익인가? 설명하여라.

22. (다우존스산업평균지수) 다음 표는 2000년에서 2013년 사이 다우존스산업평균지수(DJIA) 연말 종가 p를 나타낸다. 여기서 t는 연도이고 $t = 0$는 2000년에 해당한다.

t	0	1	2	3
p	10,786.85	10,021.50	8341.63	10,453.92

t	4	5	6	7
p	10,783.01	10,717.50	12,463.15	13,264.82

t	8	9	10	11
p	8776.39	10,428.05	11,577.51	12,217.56

t	12	13
p	13,104.14	16,576.66

(a) 2000년에서 2013년 사이 DJIA의 평균 변화율을 구하여라.

(b) 2004년에서 2007년 사이 평균 변화율을 구하여 2005년의 순간 변화율을 추정하여라.

(c) 2004년에서 2006년 사이 평균 변화율을 구하여 2005년의 순간 변화율을 추정하여라.

(d) (b)와 (c)의 답을 비교하여라. 2005년의 순간 변화율을 더 잘 추정한 것은 어느 구간인가?

2.4 곱과 몫의 규칙

- 곱 규칙을 사용하여 함수의 도함수 구하기
- 몫 규칙을 사용하여 함수의 도함수 구하기
- 도함수를 사용하여 실생활 문제 풀기

곱 규칙

2장 2절에서 두 함수의 합 또는 차의 도함수는 단순히 두 함수의 도함수의 합 또는 차로 주어짐을 알았다. 그러나 두 함수의 곱과 몫의 도함수는 그렇게 간단하지 않다.

곱 규칙

미분이 가능한 두 함수의 곱의 도함수는 처음 함수와 두 번째 함수의 도함수의 곱에 두 번째 함수와 첫 번째 함수의 도함수의 곱의 합으로 이루어진다. 즉 다음과 같다.

$$\frac{d}{dx}[f(x)g(x)] = f(x)g'(x) + g(x)f'(x)$$

[증명] 합 규칙처럼 때때로 수학적 증명이 간단한 경우가 있다. 다른 경우는 앞에서처럼 증명이 간단하지 않기 때문에 명백한 단계를 밟아야 한다. 이 증명에서는 같은 양을 빼고 더하는 단계를 포함하는데, 아래에 붉은색으로 보여 주고 있다. $F(x)=f(x)g(x)$라 두면

$$\begin{aligned}
F'(x) &= \lim_{\Delta x\to 0}\frac{F(x+\Delta x)-F(x)}{\Delta x}\\
&= \lim_{\Delta x\to 0}\frac{f(x+\Delta x)g(x+\Delta x)-f(x)g(x)}{\Delta x}\\
&= \lim_{\Delta x\to 0}\frac{f(x+\Delta x)g(x+\Delta x)-f(x+\Delta x)g(x)+f(x+\Delta x)g(x)-f(x)g(x)}{\Delta x}\\
&= \lim_{\Delta x\to 0}\left[f(x+\Delta x)\frac{g(x+\Delta x)-g(x)}{\Delta x}+g(x)\frac{f(x+\Delta x)-f(x)}{\Delta x}\right]\\
&= \lim_{\Delta x\to 0}\left[f(x+\Delta x)\frac{g(x+\Delta x)-g(x)}{\Delta x}\right]+\lim_{\Delta x\to 0}\left[g(x)\frac{f(x+\Delta x)-f(x)}{\Delta x}\right]\\
&= \lim_{\Delta x\to 0}f(x+\Delta x)\cdot\lim_{\Delta x\to 0}\frac{g(x+\Delta x)-g(x)}{\Delta x}\\
&\quad+\lim_{\Delta x\to 0}g(x)\cdot\lim_{\Delta x\to 0}\frac{f(x+\Delta x)-f(x)}{\Delta x}\\
&= f(x)g'(x)+g(x)f'(x)
\end{aligned}$$

가 된다. ■

예제 1 곱 규칙 사용

$y=(3x\quad 2x^2)(5+4x)$의 도함수를 구하여라.

풀이 곱 규칙을 사용하여 다음과 같이 쓸 수 있다.

$$\begin{aligned}
\frac{dy}{dx} &= \overbrace{(3x-2x^2)}^{\text{첫 함수}}\overbrace{\frac{d}{dx}[5+4x]}^{\text{두 번째의 도함수}}+\overbrace{(5+4x)}^{\text{두 번째 함수}}\overbrace{\frac{d}{dx}[3x-2x^2]}^{\text{첫 함수의 도함수}}\\
&= (3x-2x^2)(4)+(5+4x)(3-4x)\\
&= (12x-8x^2)+(15-8x-16x^2)\\
&= 15+4x-24x^2
\end{aligned}$$

✓ **점검문제 1** $y=(4x+3x^2)(6-3x)$의 도함수를 구하여라. ■

일반적으로 두 함수의 곱의 도함수는 두 함수의 도함수의 곱과 같지 않다. 이를 확인하기 위해 함수

$$f(x)=3x-2x^2\text{과}\quad g(x)=5+4x$$

의 도함수의 곱과 예제 1에서 구한 도함수를 비교해 본다.

다음 예제는 도함수를 편하게 구하기 위해 원래 함수 다시 쓰기를 하여 도함수를 구하는 과정이다.

예제 2 **곱 규칙 사용**

$f(x) = \left(\frac{1}{x} + 1\right)(x - 1)$의 도함수를 구하여라.

풀이 원래 함수를 다시 쓰면

$$\begin{aligned} f(x) &= \left(\frac{1}{x} + 1\right)(x - 1) && \text{원래 함수를 쓴다} \\ &= (x^{-1} + 1)(x - 1) && \text{다시 쓰기를 한다} \end{aligned}$$

다음으로 곱의 규칙을 적용한다.

$$\begin{aligned} f'(x) &= (x^{-1} + 1)\frac{d}{dx}[x - 1] + (x - 1)\frac{d}{dx}[x^{-1} + 1] && \text{곱 규칙} \\ &= (x^{-1} + 1)(1) + (x - 1)(-x^{-2}) \\ &= \frac{1}{x} + 1 - \frac{x - 1}{x^2} \\ &= \frac{x + x^2 - x + 1}{x^2} && \text{통분한다} \\ &= \frac{x^2 + 1}{x^2} && \text{간단히 한다} \end{aligned}$$

✓ **점검문제 2** $f(x) = \left(\frac{1}{x} + 1\right)(2x + 1)$의 도함수를 구하여라. ■

곱에 관련한 두 가지 미분 규칙(상수곱 규칙과 곱 규칙)을 접했다. 이 두 규칙의 차이는 상수곱 규칙은 인자 중의 하나가 상수, 즉

$$F(x) = \underset{\text{상수}}{c}\,\underbrace{f(x)}_{\text{변량}} \qquad \text{상수곱 규칙 사용}$$

이고, 반면에 곱 규칙은 두 인자가 모두 변량인 경우 사용된다. 즉

$$F(x) = \underbrace{f(x)}_{\text{변량}}\underbrace{g(x)}_{\text{변량}} \qquad \text{곱 규칙 사용}$$

이다. 다음 예제는 이 두 규칙을 비교한다.

예제 3 **미분 규칙의 비교**

다음 함수의 도함수를 구하여라.

a. $y = 2x(x^2 + 3x)$

b. $y = 2(x^2 + 3x)$

풀이

a. 두 인자가 모두 변량이므로 곱 규칙을 사용한다.

$$y = 2x(x^2 + 3x)$$
$$\frac{dy}{dx} = (2x)\frac{d}{dx}[x^2 + 3x] + (x^2 + 3x)\frac{d}{dx}[2x] \qquad \text{곱 규칙}$$
$$= (2x)(2x + 3) + (x^2 + 3x)(2)$$
$$= 4x^2 + 6x + 2x^2 + 6x$$
$$= 6x^2 + 12x$$

b. 한 인자가 상수이므로 상수곱 규칙을 사용한다.

$$y = 2(x^2 + 3x)$$
$$\frac{dy}{dx} = 2\frac{d}{dx}[x^2 + 3x] \qquad \text{상수곱 규칙}$$
$$= 2(2x + 3)$$
$$= 4x + 6$$

학습 팁

예제 3(a)에서 곱 규칙을 사용하지 않고 도함수를 구할 수 있다. 즉

$$y = 2x(x^2 + 3x) = 2x^3 + 6x^2$$

이고

$$\frac{dy}{dx} = 6x^2 + 12x$$

이다.

✓ **점검문제 3** 다음 함수의 도함수를 구하여라.

a. $y = 3x(2x^2 + 5x)$ **b.** $y = 3(2x^2 + 5x)$

곱의 규칙은 인자가 둘 이상인 경우로 확장할 수 있다. 예를 들어 f, g, h가 모두 x에 관한 미분가능 함수이면 다음과 같다.

$$\frac{d}{dx}[f(x)g(x)h(x)] = f'(x)g(x)h(x) + f(x)g'(x)h(x) + f(x)g(x)h'(x)$$

몫의 규칙

2장 2절에서 상수 규칙, 거듭제곱 규칙, 상수곱 규칙, 그리고 합과 차의 규칙을 사용하여 어떤 다항식도 미분할 수 있음을 보았다. 이들 규칙과 몫의 규칙을 결합하면 어떤 **유리함수**도 미분할 수 있다.

몫의 규칙

미분이 가능한 두 함수의 몫의 도함수는 분모 함수에 분자 함수의 도함수를 곱하고 거기다 분자 함수에 분모 함수의 도함수를 곱하여 뺀 뒤 이들을 분모 함수의 제곱으로 나눈 것과 같다. 즉

$$\frac{d}{dx}\left[\frac{f(x)}{g(x)}\right] = \frac{g(x)f'(x) - f(x)g'(x)}{[g(x)]^2}, \quad g(x) \neq 0$$

[증명] $F(x) = \dfrac{f(x)}{g(x)}$라 두고 시작하자.

곱의 규칙의 증명과 같이 증명에서의 중요 단계는 같은 양을 빼고 더하는 것이다.

이를 아래에 붉은색으로 보여 주고 있다.

$$\begin{aligned}
F'(x) &= \lim_{\Delta x\to 0}\frac{F(x+\Delta x)-F(x)}{\Delta x} \\
&= \lim_{\Delta x\to 0}\frac{\dfrac{f(x+\Delta x)}{g(x+\Delta x)}-\dfrac{f(x)}{g(x)}}{\Delta x} \\
&= \lim_{\Delta x\to 0}\left[\left(\frac{g(x)f(x+\Delta x)}{g(x)g(x+\Delta x)}-\frac{f(x)g(x+\Delta x)}{g(x)g(x+\Delta x)}\right)\div\Delta x\right] \\
&= \lim_{\Delta x\to 0}\left[\frac{g(x)f(x+\Delta x)-f(x)g(x+\Delta x)}{g(x)g(x+\Delta x)}\cdot\frac{1}{\Delta x}\right] \\
&= \lim_{\Delta x\to 0}\frac{g(x)f(x+\Delta x)-f(x)g(x+\Delta x)}{\Delta x g(x)g(x+\Delta x)} \\
&= \lim_{\Delta x\to 0}\frac{g(x)f(x+\Delta x)-f(x)g(x)+f(x)g(x)-f(x)g(x+\Delta x)}{\Delta x g(x)g(x+\Delta x)} \\
&= \frac{\displaystyle\lim_{\Delta x\to 0}\frac{g(x)[f(x+\Delta x)-f(x)]}{\Delta x}-\lim_{\Delta x\to 0}\frac{f(x)[g(x+\Delta x)-g(x)]}{\Delta x}}{\displaystyle\lim_{\Delta x\to 0}[g(x)g(x+\Delta x)]} \\
&= \frac{g(x)\left[\displaystyle\lim_{\Delta x\to 0}\frac{f(x+\Delta x)-f(x)}{\Delta x}\right]-f(x)\left[\displaystyle\lim_{\Delta x\to 0}\frac{g(x+\Delta x)-g(x)}{\Delta x}\right]}{\displaystyle\lim_{\Delta x\to 0}[g(x)g(x+\Delta x)]} \\
&= \frac{g(x)f'(x)-f(x)g'(x)}{[g(x)]^2}
\end{aligned}$$

■

몫의 규칙에서 몫의 도함수는 일반적으로 도함수의 몫과 같지 않음을 볼 수 있다. 즉

$$\frac{d}{dx}\left[\frac{f(x)}{g(x)}\right]\neq\frac{f'(x)}{g'(x)}$$

이다.

예제 4 몫의 규칙 사용

$y=\dfrac{x-1}{2x+3}$ 의 도함수를 구하여라.

풀이 다음과 같이 몫의 규칙을 적용하자.

$$\begin{aligned}
\frac{dy}{dx} &= \frac{(2x+3)\dfrac{d}{dx}[x-1]-(x-1)\dfrac{d}{dx}[2x+3]}{(2x+3)^2} \\
&= \frac{(2x+3)(1)-(x-1)(2)}{(2x+3)^2} \\
&= \frac{2x+3-2x+2}{(2x+3)^2} \\
&= \frac{5}{(2x+3)^2}
\end{aligned}$$

✓ 점검문제 4 $y = \dfrac{x+4}{5x-2}$의 도함수를 구하여라. ■

예제 5 접선의 방정식 구하기

점 $(1, -1)$에서

$$y = \frac{2x^2 - 4x + 3}{2 - 3x}$$

의 그래프에의 접선의 방정식을 구하여라.

풀이 다음과 같이 몫의 규칙을 적용하자.

$$\begin{aligned}\frac{dy}{dx} &= \frac{(2-3x)\frac{d}{dx}[2x^2 - 4x + 3] - (2x^2 - 4x + 3)\frac{d}{dx}[2 - 3x]}{(2-3x)^2}\\ &= \frac{(2-3x)(4x-4) - (2x^2 - 4x + 3)(-3)}{(2-3x)^2}\\ &= \frac{-12x^2 + 20x - 8 - (-6x^2 + 12x - 9)}{(2-3x)^2}\\ &= \frac{-12x^2 + 20x - 8 + 6x^2 - 12x + 9}{(2-3x)^2}\\ &= \frac{-6x^2 + 8x + 1}{(2-3x)^2}\end{aligned}$$

$(1, -1)$에서 기울기를 구하기 위해 $x = 1$일 때 dy/dx를 계산한다.

$$\frac{dy}{dx} = \frac{-6(1)^2 + 8(1) + 1}{[2 - 3(1)]^2} = 3 \qquad (1, -1)\text{에서 그래프의 기울기}$$

직선의 점-기울기 형식을 사용하면, 접선의 방정식은 $y = 3x \quad 4$임을 알 수 있다. 함수의 그래프와 접선은 그림 2.27에서 보는 것과 같다.

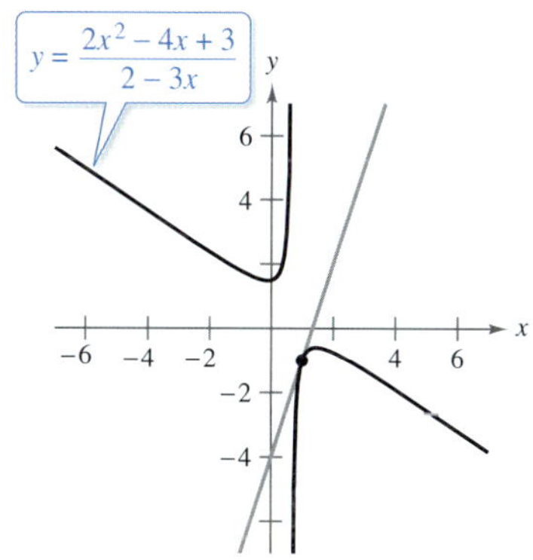

그림 2.27

✓ 점검문제 5 점 $\left(0, -\dfrac{4}{5}\right)$에서

$$y = \frac{x^2 - 4}{2x + 5}$$

의 그래프에의 접선의 방정식을 구하여라. ■

예제 6 미분하기 전 다시 쓰기

$y = \dfrac{3 - (1/x)}{x + 5}$의 도함수를 구하여라.

풀이 함수 다시 쓰기를 시작으로, 몫의 규칙을 적용하고 간단히 한다.

$$\begin{aligned} y &= \frac{3 - (1/x)}{x + 5} && \text{원래 함수를 쓴다}\\ &= \frac{x[3 - (1/x)]}{x(x+5)} && \text{분자, 분모에 } x\text{를 곱한다}\\ &= \frac{3x - 1}{x^2 + 5x} && \text{다시 쓴다}\end{aligned}$$

$$\frac{dy}{dx} = \frac{(x^2+5x)(3)-(3x-1)(2x+5)}{(x^2+5x)^2} \quad \text{몫의 규칙 적용}$$
$$= \frac{(3x^2+15x)-(6x^2+13x-5)}{(x^2+5x)^2}$$
$$= \frac{-3x^2+2x+5}{(x^2+5x)^2} \quad \text{간단히 한다}$$

✓**점검문제 6** $y = \dfrac{3-(2/x)}{x+4}$ 의 도함수를 구하여라. ■

분수 함수를 모두 몫의 규칙으로 미분할 필요는 없다. 예를 들어 다음 예제에서 각 함수는 상수와 x의 함수의 곱으로 생각할 수 있다. 이 경우 몫의 규칙보다 상수곱 규칙이 보다 효과적임을 알 수 있다.

예제 7 **상수곱 규칙 사용**

원래 함수	다시 쓰기	미분	간단히 하기
a. $y = \dfrac{x^2+3x}{6}$	$y = \dfrac{1}{6}(x^2+3x)$	$y' = \dfrac{1}{6}(2x+3)$	$y' = \dfrac{1}{3}x + \dfrac{1}{2}$
b. $y = \dfrac{5x^4}{8}$	$y = \dfrac{5}{8}x^4$	$y' = \dfrac{5}{8}(4x^3)$	$y' = \dfrac{5}{2}x^3$
c. $y = \dfrac{-3(3x-2x^2)}{7x}$	$y = -\dfrac{3}{7}(3-2x)$	$y' = -\dfrac{3}{7}(-2)$	$y' = \dfrac{6}{7}$
d. $y = \dfrac{9}{5x^2}$	$y = \dfrac{9}{5}(x^{-2})$	$y' = \dfrac{9}{5}(-2x^{-3})$	$y' = -\dfrac{18}{5x^3}$

✓**점검문제 7** 다음 함수의 도함수를 구하여라.

a. $y = \dfrac{x^2+4x}{5}$ **b.** $y = \dfrac{3x^4}{4}$ ■

응용

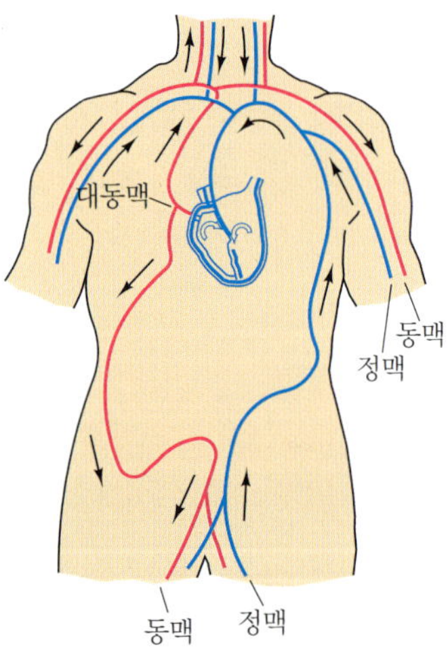

예제 8 **수축기 혈압의 변화율**

혈액이 주동맥을 통해 심장에서 모세혈관으로 또 정맥을 통해 되돌아오면 수축기 혈압은 지속적으로 감소한다. 어떤 사람의 수축기 혈압(mmHg) P는

$$P = \frac{25t^2+125}{t^2+1}, \quad 0 \le t \le 10$$

이고, 여기서 t는 초 단위로 측정한다. 혈액이 심장을 떠난 지 5초 후 혈압 변화율은?

풀이 몫의 규칙을 적용하여 시작하자.

$$P = \frac{25t^2 + 125}{t^2 + 1}$$ 원래 함수를 쓴다

$$\frac{dP}{dt} = \frac{(t^2 + 1)(50t) - (25t^2 + 125)(2t)}{(t^2 + 1)^2}$$ 몫의 규칙

$$= \frac{50t^3 + 50t - 50t^3 - 250t}{(t^2 + 1)^2}$$

$$= -\frac{200t}{(t^2 + 1)^2}$$ 간단히 한다

$t = 5$일 때 변화율은 다음과 같다.

$$\frac{dP}{dt} = -\frac{200(5)}{26^2} \approx -1.48(\text{mmHg/초})$$

그러므로 $t = 5$일 때 혈압은 약 1.48 mmHg/초로 떨어진다.

✓점검문제 8 예제 8에서의 수축기 혈압의 변화를 다음 표의 각 시간대에서의 변화율로 구하여라. 심장에서 혈액이 멀어질 때 혈압의 변화에 대해 설명하여라.

t	0	1	2	3	4	5	6	7
$\frac{dP}{dt}$								

■

연습문제 2.4

[1-5] (곱의 규칙 사용) 곱의 규칙을 사용하여 다음 함수의 도함수를 구하여라. (예제 1, 2, 3 참조)

1. $f(x) = (2x - 3)(1 - 5x)$

2. $f(x) = (6x - x^2)(4 + 3x)$

3. $f(x) = x(x^2 + 3)$

4. $h(x) = \left(\frac{2}{x} - 3\right)(x^2 + 7)$

5. $g(x) = (x^2 - 4x + 3)(x - 2)$

[6-10] (몫의 규칙 사용) 몫의 규칙을 사용하여 다음 함수의 도함수를 구하여라. (예제 4, 6 참조)

6. $h(x) = \frac{x}{x - 5}$

7. $f(t) = \frac{2t^2 - 3}{3t + 1}$

8. $f(t) = \frac{t + 6}{t^2 - 8}$

9. $f(x) = \frac{x^2 + 6x + 5}{2x - 1}$

10. $f(x) = \frac{6 + (2/x)}{3x - 1}$

[11-15] (상수곱 규칙 사용) 다음 함수의 도함수를 구하여라. (예제 7 참조)

원래 함수	다시 쓴다	미분한다	간단히 한다
11. $f(x) = \frac{x^3 + 6x}{3}$			
12. $y = \frac{7x^2}{5}$			
13. $y = \frac{7}{3x^3}$			
14. $y = \frac{4x^2 - 3x}{8\sqrt{x}}$			
15. $y = \frac{x^2 - 4x + 3}{2(x - 1)}$			

[16-23] 다음 함수의 도함수를 구하여라. 어떤 미분 규칙을 사용했는지 말하여라.

16. $f(x) = (x^3 - 3x)(2x^2 + 3x + 5)$

17. $h(t) = \frac{1}{3}(6t - 4)$

18. $f(x) = \frac{x^3 + 3x + 2}{x^2 - 1}$

19. $f(x) = \dfrac{x^2 - x - 20}{x + 4}$

20. $g(t) = (2t^3 - 1)^2$

21. $g(s) = \dfrac{s^2 - 2s + 5}{\sqrt{s}}$

22. $f(x) = \dfrac{(x - 2)(3x + 1)}{4x + 2}$

23. $g(x) = (x + 4)(2x + 9)(x - 3)$

[24-27] (접선의 방정식 구하기) 주어진 점에서 함수의 그래프에의 접선의 방정식을 구하여라. 그래픽 도구를 사용하여 함수의 그래프와 접선의 방정식을 같은 화면에 나타내어라. (예제 5 참조)

24. $f(x) = (5x + 2)(x^2 + x);\ (-1,\ 0)$

25. $f(x) = x^3(x^2 - 4);\ (1, -3)$

26. $f(x) = \dfrac{3x - 2}{x + 1};\ (4,\ 2)$

27. $f(x) = \dfrac{(3x - 2)(6x + 5)}{2x - 3};\ (-1, -1)$

[28-29] (수평 접선 찾기) 다음 함수의 그래프에 수평 접선이 존재하면 그 존재하는 점을 찾아라.

28. $f(x) = \dfrac{x^2}{x - 1}$ **29.** $f(x) = \dfrac{x^4}{x^3 + 1}$

[30-31] (함수와 그 도함수의 그래프 그리기) 구간 $[-2, 2]$에서 그래픽 도구를 사용하여 f와 f'의 그래프를 그려라.

30. $f(x) = x(x + 1)$

31. $f(x) = x(x + 1)(x - 1)$

32. (수요) 수요함수를 사용하여 주어진 가격 p에 대한 수요 x의 변화율을 구하여라.

$$x = 275\left(1 - \frac{3p}{5p + 1}\right), \quad p = 4(\text{달러})$$

33. (개체 수 증가) 배양기에 박테리아를 넣었다. 박테리아의 개체 수 P는 다음 모형으로 주어진다.

$$P = 500\left(1 + \frac{4t}{50 + t^2}\right)$$

여기서 t는 시간(시)이다. $t = 2$일 때, 개체 수의 변화율을 구하여라.

34. (환경) 다음 모형식

$$P = \frac{t^2 - t + 1}{t^2 + 1}$$

은 연못의 정상 산소 수준 P의 퍼센트(소수형)를 측정한 것이다. 여기서 t는 폐기유기물을 연못에 넣은 후의 시간(주)이다. (a) $t = 0.5$, (b) $t = 2$, (c) $t = 8$일 때의 P의 변화율을 구하여라. 이 값의 의미를 설명하여라.

35. (비용) x단위를 생산하는 생산비용 C가

$$C = x^3 - 15x^2 + 87x - 73;\ 4 \le x \le 9$$

로 주어진다.

(a) 그래픽 도구로 한계비용함수와 평균비용함수, 즉 C/x의 그래프를 같은 화면에 나타내어라.

(b) dC/dx의 그래프와 C/x의 그래프의 교점을 구하여라. 이 점은 어떤 의미를 갖는가?

36. (재고 보충) 제품 제작에 사용되는 부품의 발주비와 수송비 C(천 달러)가

$$C = 100\left(\frac{200}{x^2} + \frac{x}{x + 30}\right), \quad x \ge 1$$

로 주어진다. 여기서 x(백 개)는 발주량이다. (a) $x = 10$, (b) $x = 15$, (c) $x = 20$일 때 x에 관한 C의 변화율을 구하여라. 이 변화율은 발주량을 증가시키는 데 어떤 영향을 주는가? 주어진 발주량 중 어느 것을 선택할 것인가? 그 이유를 설명하여라.

[37-38] (관계 사용) 주어진 정보를 사용하여 $f'(2)$를 구하여라.

$g(2) = 3,\ g'(2) = -2$

$h(2) = -1,\ h'(2) = 4$

37. $f(x) = 2g(x) + h(x)$

38. $f(x) = g(x)h(x)$

2.5 연쇄 법칙

- 연쇄 법칙을 사용하여 함수의 도함수 구하기
- 일반적인 거듭제곱 규칙을 사용하여 함수의 도함수 구하기
- 간단한 모양으로 도함수 쓰기
- 도함수를 사용하여 실생활 문제 풀기
- 대수 함수의 기본적인 미분 규칙 복습하기

연쇄 법칙

이 절에서 미분 계산에서 가장 강력한 규칙인 **연쇄 법칙**(chain rule)을 학습하게 될 것이다. 연쇄 법칙은 합성함수의 미분을 취급하며 2장 2절과 2장 4절에서 제시된 미분 규칙에 다양성을 더해준다. 예를 들어 아래 함수를 비교해 보자. 왼쪽의 함수들은 연쇄 법칙 없이 미분할 수 있으나 오른쪽의 함수는 연쇄 법칙으로 미분하는 것이 가장 좋다.

연쇄 법칙 없이	연쇄 법칙으로
$y = x^2 + 1$	$y = \sqrt{x^2 + 1}$
$y = x + 1$	$y = (x + 1)^{-1/2}$
$y = 3x + 2$	$y = (3x + 2)^5$
$y = \dfrac{x + 5}{x^2 + 2}$	$y = \left(\dfrac{x + 5}{x^2 + 2}\right)^2$
$y = \dfrac{x + 1}{x}$	$y = \sqrt{\dfrac{x + 1}{x}}$

연쇄 법칙

$y = f(u)$가 u의 함수로 미분가능이고, $u = g(x)$는 x의 함수로 미분가능이다. 그러면 $y = f(g(x))$는 x의 함수로 미분가능이고

$$\frac{dy}{dx} = \frac{dy}{du} \cdot \frac{du}{dx}$$

이다. 마찬가지로

$$\frac{d}{dx}[f(g(x))] = f'(g(x))g'(x)$$

가 된다.

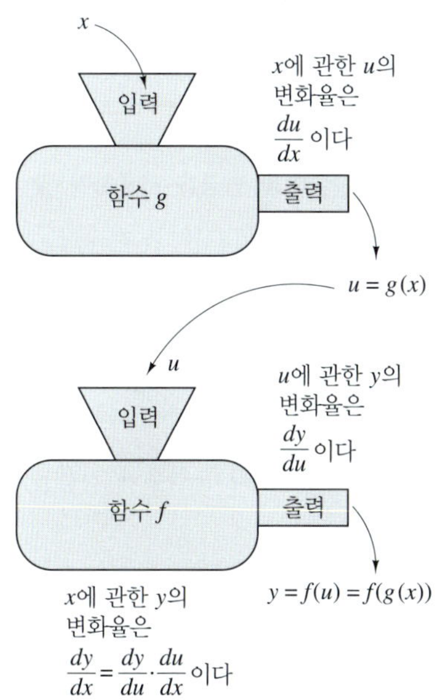

그림 2.28

기본적으로 연쇄 법칙은 y가 u만큼 빨리 $\dfrac{dy}{du}$배 변하고, u가 x만큼 빨리 $\dfrac{du}{dx}$배 변한다면 y는 x만큼 빨리 $\dfrac{dy}{du} \cdot \dfrac{du}{dx}$배 변한다(그림 2.28). 미분에 관한 기호 $\dfrac{dy}{dx}$ 의 이

점은 연쇄 법칙 같은 미분 규칙을 기억하도록 도와준다.

예를 들면 공식

$$\frac{dy}{dx} = \frac{dy}{du} \cdot \frac{du}{dx}$$

에서 du를 소거했다고 생각할 수 있다.

연쇄 법칙을 적용할 때 합성함수 $y = f(g(x))$ 또는 $y = f(u)$가 두 부분(안쪽과 바깥쪽)으로 이루어져 있다고 생각하면 도움이 된다. 즉

안쪽

$$y = f(g(x)) = f(u)$$

바깥쪽

이다. 연쇄 법칙은 $y = f(u)$의 도함수는 바깥쪽 함수(안쪽 함수 u에서)와 안쪽 함수의 도함수와의 곱이다. 즉 다음과 같다.

$$y' = f'(u) \cdot u'$$

예제 1 합성함수로 분해

다음을 두 함수의 합성함수로 나타내어라.

a. $y = \dfrac{1}{x+1}$ **b.** $y = \sqrt{3x^2 - x + 1}$

풀이 각 함수를 정확하게 분해하는 방법은 여러 가지가 있다. 한 방법은 다음과 같다.

$y = f(g(x))$	$u = g(x)$ (안쪽)	$y = f(u)$ (바깥쪽)
a. $y = \dfrac{1}{x+1}$	$u = x + 1$	$y = \dfrac{1}{u}$
b. $y = \sqrt{3x^2 - x + 1}$	$u = 3x^2 - x + 1$	$y = \sqrt{u}$

✓ **점검문제 1** 다음을 두 함수의 합성함수로 나타내어라. 여기서 $y = f(g(x))$이다.

a. $y = \dfrac{1}{\sqrt{x} + 1}$ **b.** $y = (x^2 + 2x + 5)^3$ ■

예제 2 연쇄 법칙 사용

$y = (x^2 + 1)^3$의 도함수를 구하여라.

풀이 연쇄 법칙을 적용하기 위해 안쪽 함수 u를 확인하는 것이 필요하다. 즉

$$y = (\overbrace{x^2 + 1}^{u})^3 = u^3$$

이다. 안쪽 함수는 $u = x^2 + 1$이다. 연쇄 법칙에 의해 다음과 같이 도함수를 쓸 수 있다.

학습 팁

예제 2는 연쇄 법칙을 사용하지 않고 전개하여

$$y = x^6 + 3x^4 + 3x^2 + 1$$

을 얻는다. 미분하면

$$y' = 6x^5 + 12x^3 + 6x$$

를 구할 수 있다.

이것은 예제 2의 도함수와 같음을 보여라.

$$\frac{d}{dx}[(x^2 + 1)^{50}]$$

을 구하려면 어느 방법을 사용할까?

$$\frac{dy}{dx} = \overbrace{3(x^2+1)^2}^{\frac{dy}{du}}\overbrace{(2x)}^{\frac{du}{dx}} = 6x(x^2+1)^2$$

✓ **점검문제 2** $y = (x^3+1)^2$의 도함수를 구하여라. ■

일반적인 거듭제곱 규칙

예제 2의 함수는 가장 흔한 형태의 합성함수, 즉 다음 형태의 거듭제곱 함수

$$y = [u(x)]^n$$

이나. 이런 함수의 미분 규칙을 **일반적인 거듭제곱 규칙**(general power rule)이라 하며, 이는 연쇄 법칙의 특별한 경우이다.

일반적인 거듭제곱 규칙

$y = [u(x)]^n$, 여기서 u는 x의 미분가능 함수이고 n이 실수일 때, 도함수는

$$\frac{dy}{dx} = n[u(x)]^{n-1}\frac{du}{dx}$$

이거나 또는 동등하게

$$\frac{d}{dx}[u^n] = nu^{n-1}u'$$

이다.

[증명] 다음과 같이 연쇄 법칙과 간단한 거듭제곱 규칙을 적용하자.

$$\begin{aligned}\frac{dy}{dx} &= \frac{dy}{du}\cdot\frac{du}{dx}\\ &= \frac{d}{du}[u^n]\frac{du}{dx}\\ &= nu^{n-1}\frac{du}{dx}\end{aligned}$$ ■

예제 3 일반적인 거듭제곱 규칙 사용

$y = (3x-2x^2)^3$의 도함수를 구하여라.

풀이 일반적인 거듭제곱 규칙을 사용하기 위해 안쪽 함수 u를 확인할 필요가 있다.

$$y = (\overbrace{3x-2x^2}^{u})^3 = u^3$$

안쪽 함수는

$$u = 3x - 2x^2$$

이므로 일반적인 거듭제곱 규칙에 의해 다음과 같이 구할 수 있다.

$$\frac{dy}{dx} = \overset{n}{3}\overbrace{(3x - 2x^2)^2}^{u^{n-1}}\overbrace{\frac{d}{dx}[3x - 2x^2]}^{u'}$$
$$= 3(3x - 2x^2)^2(3 - 4x)$$

✓ **점검문제 3** $y = (x^2 + 3x)^4$의 도함수를 구하여라. ■

예제 4 접선의 방정식 구하기

$x = 2$에서 $y = \sqrt[3]{(x^2 + 4)^2}$의 그래프의 접선의 방정식을 구하여라.

풀이 함수를 유리수 지수 모양의 함수로 다시 쓰면

$$y = (x^2 + 4)^{2/3} \qquad \text{원래 함수를 다시 쓴다}$$

그러면 안쪽 함수는 $u = x^2 + 4$이므로 일반적인 거듭제곱 규칙을 적용하면

$$\frac{dy}{dx} = \overset{n}{\frac{2}{3}}\overbrace{(x^2 + 4)^{-1/3}}^{u^{n-1}}\overbrace{(2x)}^{u'} \qquad \text{일반적인 거듭제곱 규칙 적용}$$
$$= \frac{4x(x^2 + 4)^{-1/3}}{3}$$
$$= \frac{4x}{3\sqrt[3]{x^2 + 4}} \qquad \text{제곱근 형태로 쓴다}$$

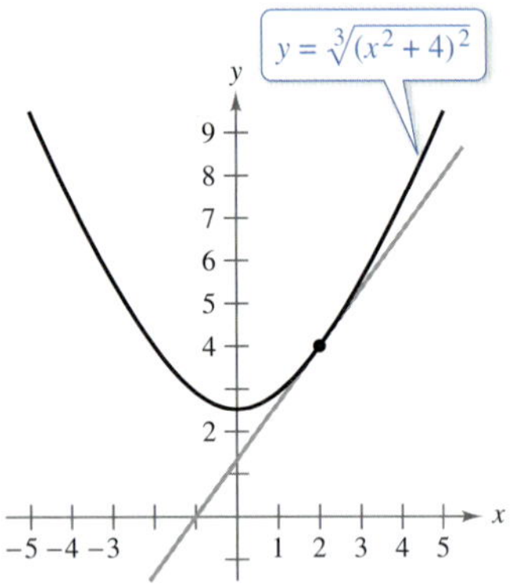

그림 2.29

$x = 2$일 때 $y = 4$이므로 점 (2, 4)에서 그래프의 접선의 기울기는 $\frac{4}{3}$이다. 점-기울기 형을 사용하면 접선의 방정식은 $y = \frac{4}{3}x + \frac{4}{3}$임을 알 수 있다. 함수의 그래프와 접선의 방정식은 그림 2.29에 있다.

✓ **점검문제 4** $x = 4$에서 $y = \sqrt[3]{(x + 4)^2}$의 그래프의 접선의 방정식을 구하여라. ■

예제 5 상수 분자를 갖는 몫의 미분

$y = \dfrac{5}{(4x - 3)^2}$의 도함수를 구하여라.

풀이 함수를 유리수 지수를 갖는 모양으로 고쳐 쓰면

$$y = 5(4x - 3)^{-2} \qquad \text{원래 함수를 고쳐 쓴다}$$

이고, 안쪽 함수로 $u = 4x - 3$을 사용하고 일반적인 거듭제곱의 규칙을 사용하면

$$\frac{dy}{dx} = \underset{\text{상수곱 규칙}}{5}\overbrace{(-2)}^{n}\overbrace{(4x - 3)^{-3}}^{u^{n-1}}\overbrace{(4)}^{u'} \qquad \text{일반적인 거듭제곱 규칙 사용}$$
$$= -40(4x - 3)^{-3} \qquad \text{간단히 한다}$$
$$= -\frac{40}{(4x - 3)^3} \qquad \text{양의 지수로 쓴다}$$

이 된다.

✔ **점검문제 5** $y = \dfrac{4}{2x+1}$ 의 도함수를 구하여라. ■

간단히 하기의 기법

이 장을 통해 도함수를 간단한 모양으로 쓰는 것을 강조했다. 그 이유는 대부분의 도함수의 응용이 단순한 모양을 요구하기 때문이다. 다음 두 예제는 상당히 유용한 간단히 하기의 기법을 보여 준다.

예제 6 최소 거듭제곱 지수를 인수분해 하여 간단히 하기

$y = x^2\sqrt{1-x^2}$ 의 도함수를 구하여라.

풀이

$$\begin{aligned}
y &= x^2\sqrt{1-x^2} && \text{원래 함수를 쓴다}\\
&= x^2(1-x^2)^{1/2} && \text{함수를 다시 쓴다}\\
y' &= x^2\frac{d}{dx}[(1-x^2)^{1/2}] + (1-x^2)^{1/2}\frac{d}{dx}[x^2] && \text{곱의 규칙}\\
&= x^2\left[\frac{1}{2}(1-x^2)^{-1/2}(-2x)\right] + (1-x^2)^{1/2}(2x) && \text{일반적인 거듭제곱 규칙}\\
&= -x^3(1-x^2)^{-1/2} + 2x(1-x^2)^{1/2} && \text{간단히 한다}\\
&= x(1-x^2)^{-1/2}[-x^2(1) + 2(1-x^2)] && \text{인수분해 한다}\\
&= x(1-x^2)^{-1/2}(2-3x^2) && \text{간단히 한다}\\
&= \frac{x(2-3x^2)}{\sqrt{1-x^2}} && \text{근호 모양으로 쓴다}
\end{aligned}$$

✔ **점검문제 6** $y = x^2\sqrt{x^2+1}$ 의 도함수를 구하여라. ■

예제 7 몫 함수의 거듭제곱 모양의 미분

$f(x) = \left(\dfrac{3x-1}{x^2+3}\right)^2$ 의 도함수를 구하여라.

풀이

$$\begin{aligned}
f'(x) &= \underbrace{2}_{n}\underbrace{\left(\frac{3x-1}{x^2+3}\right)}_{u^{n-1}}\underbrace{\frac{d}{dx}\left[\frac{3x-1}{x^2+3}\right]}_{u'} && \text{일반적인 거듭제곱 규칙}\\
&= \left[\frac{2(3x-1)}{x^2+3}\right]\left[\frac{(x^2+3)(3)-(3x-1)(2x)}{(x^2+3)^2}\right] && \text{몫의 규칙}\\
&= \frac{2(3x-1)(3x^2+9-6x^2+2x)}{(x^2+3)^3} && \text{곱한다}\\
&= \frac{2(3x-1)(-3x^2+2x+9)}{(x^2+3)^3} && \text{간단히 한다}
\end{aligned}$$

✔ **점검문제 7** $f(x) = \left(\dfrac{x+1}{x-5}\right)^2$의 도함수를 구하여라. ■

응용

예제 8 **변화율 구하기**

2004년에서 2013년 사이 애플사의 주당 매출(달러)은 다음 모형식으로 주어진다.

$$S = (0.0351t^2 - 0.134t + 1.19)^2, \quad 4 \le t \le 13$$

여기서 t는 연도로서 $t = 4$는 2004년에 해당한다. 모형식을 사용하여 2006, 2009, 2012년의 주당 매출(SPS)의 변화율을 추정하여라. 애플사의 주주들은 2004년에서 2013년 사이의 이 주식의 성과에 만족할까?

풀이 S의 변화율은 도함수 dS/dt이다. 이 도함수를 구하기 위해 일반적인 거듭제곱 규칙을 사용할 수 있다.

$$\begin{aligned}\frac{dS}{dt} &= 2(0.0351t^2 - 0.134t + 1.19)(0.0702t - 0.134)\\ &= (0.1404t - 0.268)(0.0351t^2 - 0.134t + 1.19)\end{aligned}$$

그러므로 2006년의 주당 매출의 변화율은

$$[0.1404(6) - 0.268][0.0351(6)^2 - 0.134(6) + 1.19] \approx 0.95\,(\text{달러/연})$$

이고 2009년의 주당 매출의 변화율은

$$[0.1404(9) - 0.268][0.0351(9)^2 - 0.134(9) + 1.19] \approx 2.81(\text{달러/연})$$

이다. 2012년의 주당 매출의 변화율은 다음과 같다.

$$[0.1404(12) - 0.268][0.0351(12)^2 - 0.134(12) + 1.19] \approx 6.57\,(\text{달러/연})$$

주당 매출 함수의 그래프는 그림 2.30이다. 그러므로 대부분의 주주들은 이 주식의 성과에 만족했을 것이다.

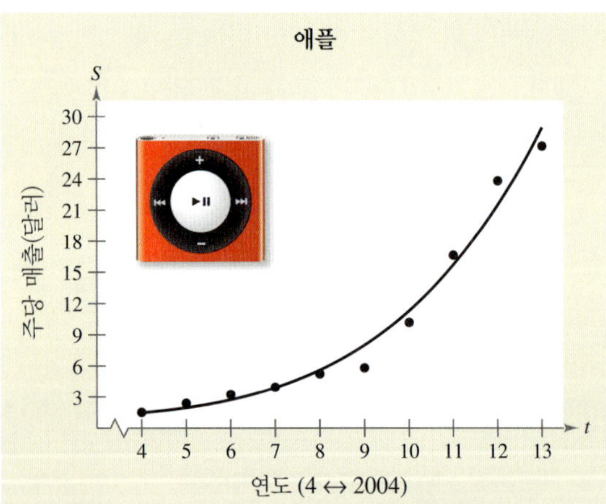

그림 2.30

✔ **점검문제 8** 2004년에서 2013년 사이 달러트리사의 주당 매출은 다음 모형식으로 주어진다.

$$S = (0.0120t^2 + 0.140t + 2.30)^2, \quad 4 \le t \le 13$$

여기서 t는 연도로서 $t = 4$는 2004년에 해당한다. 모형식을 사용하여 2010년의 주당 매출의 변화율을 추정하여라. ■

기본적인 미분 규칙의 복습

임의의 대수적 함수를 미분하는 데 필요한 규칙을 모아 아래에 요약해 놓았다.

기본적인 미분 규칙의 요약

u와 v는 x의 미분가능 함수라고 하자.

1. 상수 규칙 $\quad \dfrac{d}{dx}[c] = 0$, c는 상수
2. 상수곱 규칙 $\quad \dfrac{d}{dx}[cu] = c\dfrac{du}{dx}$, c는 상수
3. 합과 차의 규칙 $\quad \dfrac{d}{dx}[u \pm v] = \dfrac{du}{dx} \pm \dfrac{dv}{dx}$
4. 곱의 규칙 $\quad \dfrac{d}{dx}[uv] = u\dfrac{dv}{dx} + v\dfrac{du}{dx}$
5. 몫의 규칙 $\quad \dfrac{d}{dx}\left[\dfrac{u}{v}\right] = \dfrac{v\dfrac{du}{dx} - u\dfrac{dv}{dx}}{v^2}$
6. 거듭제곱 규칙 $\quad \dfrac{d}{dx}[x^n] = nx^{n-1}$, n은 실수
   $\dfrac{d}{dx}[u^n] = nu^{n-1}\dfrac{du}{dx}$, n은 실수
7. 연쇄 법칙 $\quad y = f(u)$는 u의 미분가능 함수이고, $u = g(x)$는 x의 미분가능 함수이면, $y = f(g(x))$는 x의 미분가능 함수이고 $\dfrac{dy}{dx} = \dfrac{dy}{du} \cdot \dfrac{du}{dx}$이다.

연습문제 2.5

[1-3] (합성함수로 분해) 안쪽 함수 $u(x)$와 바깥쪽 함수 $y = f(u)$를 구별하여라. (예제 1 참조)

$y = f(g(x))$	$u = g(x)$	$y = f(u)$
1. $y = (6x - 5)^4$		
2. $y = \sqrt{5x - 2}$		
3. $y = \dfrac{1}{3x + 1}$		

[4-6] (연쇄 법칙 사용) 연쇄 법칙을 사용하여 다음 함수의 도함수를 구하여라. (예제 2 참조)

4. $y = (4x + 7)^2$ **5.** $y = \sqrt{3 - x^2}$

6. $y = (5x^4 - 2x)^{2/3}$

[7-9] (미분 규칙 선택) 가장 효과적으로 도함수를 구하기 위해 사용한 미분 규칙을 골라라. (a) 간단한 거듭제곱 규칙 (b) 상수 규칙 (c) 일반적인 거듭제곱 규칙 (d) 몫 규칙

7. $f(x) = \dfrac{2}{1 - x^3}$ **8.** $f(x) = \sqrt[3]{8^2}$

9. $f(x) = \dfrac{x^2 + 9}{x^3 + 4x^2 - 6}$

[10-15] (일반적인 거듭제곱 규칙 사용) 일반적인 거듭제곱 규칙을 사용하여 다음 함수의 도함수를 구하여라. (예제 3, 5 참조)

10. $y = (2x - 7)^3$ **11.** $h(x) = (6x - x^3)^2$

12. $f(t) = \sqrt{t + 1}$ **13.** $s(t) = \sqrt{2t^2 + 5t + 2}$

14. $f(x) = \dfrac{2}{(2 - 9x)^3}$ **15.** $f(x) = \dfrac{1}{\sqrt{(x^2 + 11)^7}}$

[16-18] (접선의 방정식 구하기) 점 $(2, f(2))$에서 f의 그래프의 접선의 방정식을 구하고, 그래픽 도구를 사용하여 함수의 그래프와 접

선의 식을 같은 화면에 나타내어라. (예제 4 참조)

16. $f(x) = 2(x^2 - 1)^3$

17. $f(x) = \sqrt{4x^2 - 7}$

18. $f(x) = \sqrt{x^2 - 2x + 1}$

[19-20] (기기 사용) 기호 미분 도구를 사용하여 함수의 도함수를 구하여라. 함수와 그 함수의 도함수의 그래프를 같은 화면에 나타내어라. 도함수가 0일 때 함수의 성질을 서술하여라.

19. $f(x) = \dfrac{\sqrt{x} + 1}{x^2 + 1}$ **20.** $f(x) = \sqrt{\dfrac{x + 1}{x}}$

[21-28] (도함수 구하기) 함수의 도함수를 구하여라. 도함수를 구하기 위해 어떤 미분 규칙을 사용했는지 말하여라.

21. $y = \dfrac{1}{4 - x^2}$ **22.** $y = -\dfrac{5t}{(t + 8)^2}$

23. $y = (2x - 1)(9 - 3x^2)$ **24.** $y = \dfrac{1}{\sqrt{x + 2}}$

25. $f(x) = x(3x - 9)^3$ **26.** $y = x\sqrt{2x + 3}$

27. $y = t^2\sqrt{t - 2}$ **28.** $y = \left(\dfrac{6 - 5x}{x^2 - 1}\right)^2$

[29-32] (접선의 방정식 구하기) 주어진 점에서 함수의 그래프의 접선의 방정식을 구하여라. 그래픽 도구를 사용하여 함수의 그래프와 접선의 방정식을 같은 화면에 나타내어라.

29. $y = (x^3 - 2x^2 - x + 1)^2$; $(1, 1)$

30. $f(t) = \dfrac{36}{(3 - t)^2}$; $(0, 4)$

31. $f(t) = (t^2 - 9)\sqrt{t + 2}$; $(-1, -8)$

32. $f(x) = \dfrac{x + 1}{\sqrt{2x - 3}}$; $(2, 3)$

[33-34] (수평 접선 구하기) f의 그래프에서(만약 존재한다면) 수평 접선을 갖는 점을 구하여라.

33. $f(x) = \sqrt[3]{x^2 + 4}$ **34.** $f(x) = \dfrac{x}{\sqrt{2x - 1}}$

35. (복리) 1000달러를 예치하면 연 이자율 r(소수점 형태)로 월 복리가 적용된다. 5년 후 잔고 A는

$$A = 1000\left(1 + \frac{r}{12}\right)^{60}$$

이다. r에 대한 A의 변화율이 (a) $r = 0.08$ (b) $r = 0.10$ (c) $r = 0.12$일 때 각각 구하여라.

36. (감가상각비) 기계를 구입한 t년 후의 가격 V는 $t + 1$의 제곱근에 반비례한다. 기계의 초기 가격은 10,000달러이다. V를 t의 함수로 나타내어라. 그리고 $t = 1$과 $t = 3$일 때 감가상각비의 변화율을 구하여라.

2.6 고계도함수

- 고계도함수 구하기
- 위치 함수를 사용하여 움직이는 물체의 속도와 가속도 구하기

이계, 삼계 그리고 고계도함수

'표준' 도함수 f'을 f의 **일계도함수**(first derivative)라고 한다. f'의 도함수를 f의 **이계도함수**(second derivative)라고 하고 f''으로 나타낸다. 즉

$$\frac{d}{dx}[f'(x)] = f''(x)$$ 이계도함수

이다. f''의 도함수를 f의 **삼계도함수**(third derivative)라고 하고 f'''으로 나타낸다. 즉

$$\frac{d}{dx}[f''(x)] = f'''(x) \qquad \text{삼계도함수}$$

이다. 이 과정을 반복하면 f의 **고계도함수**(higher-order derivatives)를 얻는다. f의 고계도함수는 다음과 같이 나타낸다.

고계도함수의 기호

1. 일계도함수:	y',	$f'(x)$,	$\frac{dy}{dx}$,	$\frac{d}{dx}[f(x)]$,	$D_x[y]$
2. 이계도함수:	y'',	$f''(x)$,	$\frac{d^2y}{dx^2}$,	$\frac{d^2}{dx^2}[f(x)]$,	$D_x^2[y]$
3. 삼계도함수:	y''',	$f'''(x)$,	$\frac{d^3y}{dx^3}$,	$\frac{d^3}{dx^3}[f(x)]$,	$D_x^3[y]$
4. 사계도함수:	$y^{(4)}$,	$f^{(4)}(x)$,	$\frac{d^4y}{dx^4}$,	$\frac{d^4}{dx^4}[f(x)]$,	$D_x^4[y]$
5. n계도함수:	$y^{(n)}$,	$f^{(n)}(x)$,	$\frac{d^ny}{dx^n}$,	$\frac{d^n}{dx^n}[f(x)]$,	$D_x^n[y]$

예제 1 고계도함수 구하기

$f(x) = 2x^4 - 3x^2$의 오계도함수를 구하여라.

풀이

$$\begin{aligned} f(x) &= 2x^4 - 3x^2 && \text{원래 함수를 쓴다} \\ f'(x) &= 8x^3 - 6x && \text{일계도함수} \\ f''(x) &= 24x^2 - 6 && \text{이계도함수} \\ f'''(x) &= 48x && \text{삼계도함수} \\ f^{(4)}(x) &= 48 && \text{사계도함수} \\ f^{(5)}(x) &= 0 && \text{오계도함수} \end{aligned}$$

✓ **점검문제 1** $f(x) = 6x^3 - 2x^2 + 1$의 사계도함수를 구하여라. ■

예제 2 고계도함수 구하기

함수 $g(t) = -t^4 + 2t^3 + t + 4$에서 $g'''(2)$를 구하여라.

풀이 미분을 세 번 하면

$$\begin{aligned} g'(t) &= -4t^3 + 6t^2 + 1 && \text{일계도함수} \\ g''(t) &= -12t^2 + 12t && \text{이계도함수} \\ g'''(t) &= -24t + 12 && \text{삼계도함수} \end{aligned}$$

이다. 따라서 $t = 2$에서 g의 삼계도함수를 계산하면 다음을 얻는다.

$$\begin{aligned} g'''(2) &= -24(2) + 12 \\ &= -36 && t = 2\text{에서 삼계도함수의 값} \end{aligned}$$

✓ **점검문제 2** 함수 $g(x) = x^4 - x^3 + 2x$에서 $g'''(1)$을 구하여라.

예제 1과 2는 다항식 함수의 고계도함수를 어떻게 구하는지 보여 주고 있다. 미분을 연달아 할 때마다 다항식의 차수가 하나씩 낮아짐에 유의하자. 결국 다항식 함수의 고계도함수는 상수 함수가 된다. 특히 n차 다항식의 n계도함수는 상수이다. 즉

$$f(x) = a_n x^n + a_{n-1}x^{n-1} + \cdot\cdot\cdot + a_1 x + a_0$$

의 n계도함수는

$$f^{(n)}(x) = n!a_n$$

이다. 여기서 $n! = n(n-1)\cdot\cdot\cdot 2\cdot 3\cdot 1$이다. n보다 높은 계수의 도함수는 영함수이다.

예제 3 고계도함수 구하기

$y = x^{-1}$의 사계도함수를 구하여라.

풀이

$$y = x^{-1} = \frac{1}{x}$$ 원래 함수를 쓴다

$$y' = (-1)x^{-2} = -\frac{1}{x^2}$$ 일계도함수

$$y'' = (-1)(-2)x^{-3} = \frac{2}{x^3}$$ 이계도함수

$$y''' = (-1)(-2)(-3)x^{-4} = -\frac{6}{x^4}$$ 삼계도함수

$$y^{(4)} = (-1)(-2)(-3)(-4)x^{-5} = \frac{24}{x^5}$$ 사계도함수

✓ **점검문제 3** $y = \frac{1}{x^2}$의 사계도함수를 구하여라.

가속도

2장 3절에서 자유 낙하 물체(공기 저항 무시)의 속도는 위치 함수의 도함수임을 보았다. 다시 말하면 시간에 대한 위치 함수의 변화율이 속도이다. 같은 방법으로 시간에 대한 속도의 변화율은 물체의 **가속도**(acceleration)이다.

$$s = f(t)$$ 위치 함수

$$\frac{ds}{dt} = f'(t)$$ 속도 함수

$$\frac{d^2s}{dt^2} = f''(t)$$ 가속도 함수

특정 시간에서 위치, 속도 또는 가속도를 구하기 위해 예제 4에서 보는 것처럼 해당 함수에 t의 값을 대입한다.

예제 4 가속도 구하기

그림에서처럼 50미터 높이의 절벽 위에서 위로 공을 던져 올렸다. 공의 초기 속도는 14미터/초이고, 위치 함수는

$$s = -4.9t^2 + 14t + 50$$

이다. 여기서 시간 t는 초 단위로 측정했다. $t = 3$일 때 공의 위치, 속도, 가속도를 구하여라.

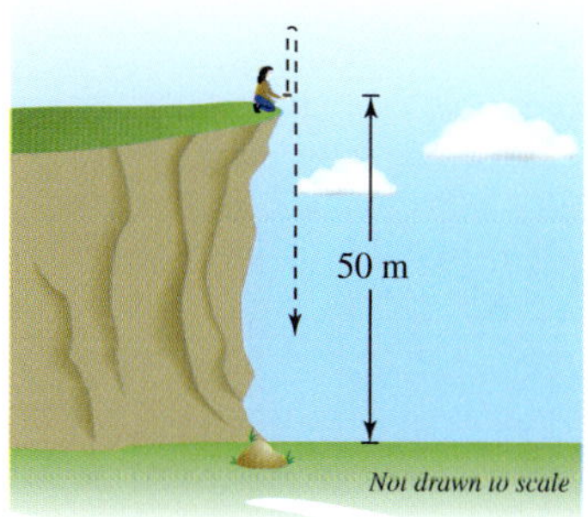

풀이 속도와 가속도를 구하기 위해 미분으로 시작하자.

$$s = -4.9t^2 + 14t + 50 \qquad \text{위치 함수}$$

$$\frac{ds}{dt} = -9.8t + 14 \qquad \text{속도 함수}$$

$$\frac{d^2s}{dt^2} = -9.8 \qquad \text{가속도 함수}$$

$t = 3$에서 높이, 속도, 가속도를 구하기 위해 각 함수에 $t = 3$을 위 식에 대입하여 구한다.

높이 $= -4.9(3)^2 + 14(3) + 50 = 47.9$미터

속도 $= -9.8(3) + 14 = -15.4$ 미터/초

가속도 $= -9.8$미터/제곱초

✓ 점검문제 4 높이 25미터의 절벽 위에서 위로 공을 던져 올렸다. 공의 초기 속도는 19미터/초이다. 위치 함수는

$$s = -4.9t^2 + 19t + 25$$

이다. 여기서 시간 t는 초 단위로 측정했다. $t = 2$일 때 공의 높이, 속도, 가속도를 구하여라. ■

예제 4에서 공의 가속도는 항상 −9.8미터/제곱초이다. 가속도가 일정한 것은 지구의 중력 때문인데 이를 **중력 가속도**(acceleration due to gravity)라고 한다. 음의 값은 공이 지구 쪽으로 끌려 내려옴을 뜻한다.

지구 표면 근처에서 낙하물에 작용하는 가속도는 상대적으로 일정하지만 우리 태양계 전체에서 보면 크게 변한다. 큰 행성은 작은 행성이나 달보다 더 큰 중력으로 끌어당긴다. 다음 예제는 달에서의 자유 낙하 물체의 운동을 나타낸다.

달의 표면에서 중력 가속도는 지구 표면에서 작용하는 중력의 $\frac{1}{6}$이다.

예제 5 달에서 가속도 구하기

달 표면에 서 있는 우주 비행사가 위쪽으로 돌을 던져 올렸다. 돌의 높이 s(미터)는

$$s = -\frac{4}{5}t^2 + 8t + 2$$

이다. 여기서 t는 초 단위로 측정했다. 달에서의 중력 가속도는 지구에서의 중력 가속도와 비교하면 어떤가?

풀이

$$s = -\frac{4}{5}t^2 + 8t + 2 \qquad \text{위치 함수}$$

$$\frac{ds}{dt} = -\frac{8}{5}t + 8 \qquad \text{속도 함수}$$

$$\frac{d^2s}{dt^2} = -\frac{8}{5} \qquad \text{가속도 함수}$$

그러므로 임의의 시간에서 가속도는 다음과 같다.

$$-\frac{8}{5} = -1.6\ (\text{미터/제곱초})$$

이것은 지구에서의 중력 가속도의 약 1/6이다.

✓ **점검문제 5** 지구에서의 위치 함수(s는 미터로, t는 초로 측정)가 초기 속도 v_0(미터/초), 초기 높이 h_0(미터)일 때

$$s = -4.9t^2 + v_0t + h_0$$

로 주어진다. 초기 속도 2.2미터/초로, 초기 높이 3.6미터로 물체를 위로 던져 올렸다. 지구의 중력 가속도는 얼마인가? 단, 단위는 미터/제곱초이다. ■

예제 5에서의 위치 함수는 공기 저항을 무시했다. 달에는 공기가 없으므로 이는 합리적이다. 그러므로 달에서의 임의의 낙하물의 위치 함수는

$$s = -\frac{4}{5}t^2 + v_0t + h_0$$

이고, 여기서 s는 높이(미터), t는 시간(초), v_0는 초기 속도(미터/초), h_0는 초기 높이(미터)이다. 예를 들면 예제 5에서 초기 속도는 8미터/초이고, 초기 높이는 2미터이다. 이 위치 함수는 모든 물체에 유용하다. 즉 공기 저항이 없기 때문에 해머나 깃털의 위치 함수는 모두 같다.

예제 6 속도와 가속도 구하기

정지 상태에서 출발한 자동차의 속도(미터/초)가

$$v = \frac{25t}{t + 10} \qquad \text{속도 함수}$$

이다. 여기서 t는 시간(초)이다. $t = 0$에서 $t = 60$까지에서 10초 간격으로 자동차의 속도와 가속도를 구하여라.

풀이 속도 함수를 미분하여 가속도 함수를 구한다.

$$\frac{dv}{dt} = \frac{(t + 10)(25) - (25t)(1)}{(t + 10)^2} \qquad \text{몫의 규칙 적용}$$

$$= \frac{250}{(t+10)^2}$$ 가속도 함수

t(초)	0	10	20	30	40	50	60
v(미터/초)	0	12.5	16.7	18.8	20	20.8	21.4
$\frac{dv}{dt}$(미터/제곱초)	2.5	0.63	0.28	0.16	0.10	0.07	0.05

표에서 속도가 일정하게 변하면 가속도는 0에 가까워진다. 이 관찰은 여러분의 경험과 일치한다. 즉 가속하는 자동차를 타고 있을 때 속도는 느끼지 못하나 가속도는 느낀다. 다시 말하면 속도의 변화는 느낀다.

✓**점검문제 6** 그래픽 도구를 사용하여 예제 6의 함수의 속도 함수와 가속도 함수의 그래프를 같은 화면에 나타내어라. 그래프를 예제 6의 표와 비교하여라. 속도가 거의 일정해지면 가속도는 어디에 접근하는가? ■

연습문제 2.6

[1-6] (고계도함수 구하기) 다음 함수의 이계도함수를 구하여라. (예제 1, 3 참조)

1. $f(x) = 9 - 2x$

2. $f(x) = x^2 + 7x - 4$

3. $g(t) = \frac{1}{3}t^3 - 4t^2 + 2t$

4. $f(t) = \dfrac{2}{t^3}$

5. $f(x) = 3(2 - x^2)^3$

6. $f(x) = \dfrac{x+1}{x-1}$

[7-9] (고계도함수 구하기) 다음 함수의 삼계도함수를 구하여라. (예제 1, 3 참조)

7. $f(x) = x^5 - 3x^4$

8. $f(x) = 5x(x+4)^3$

9. $f(x) = \dfrac{3}{8x^4}$

[10-12] (고계도함수 구하기) 함수의 고계도함수에서 주어진 값을 구하여라. (예제 2 참조)

10. $g(t) = 5t^4 + 10t^2 + 3;\ g''(2)$

11. $f(x) = \sqrt{4-x};\ f'''(-5)$

12. $f(x) = (x^3 - 2x)^3;\ f''(1)$

[13-15] (고계도함수 구하기) 다음 함수의 고계도함수를 구하여라. (예제 1, 3 참조)

13. $f'(x) = 2x^2;\ f''(x)$

14. $f'''(x) = 4x^{-4};\ f^{(4)}(x)$

15. $f^{(4)}(x) = (x^2 + 1)^2;\ f^{(6)}(x)$

[16-17] (도함수 사용) 다음 함수의 이계도함수를 구하고 $f''(x) = 0$을 풀어라.

16. $f(x) = x^3 - 9x^2 + 27x - 27$

17. $f(x) = x\sqrt{x^2 - 1}$

18. **(속도와 가속도)** 공을 44.1미터/초의 초기 속도로 지상에서 쏘아 올렸다.

(a) 공의 위치, 속도, 가속도 함수를 구하여라.

(b) $t = 3$일 때의 높이, 속도, 가속도를 구하여라.

(c) 공은 언제 최대 높이가 되는가? 이때의 높이는 얼마인가?

(d) 공이 지상에 다시 떨어질 때의 속도는 얼마인가? 이때의 속력은 초기 속도와 어떻게 관련지어지는가?

19. **(속도와 가속도)** 정지 상태에서 출발한 자동차의 속도 v(미터/초)가 다음과 같이 모형화된다고 하자. 즉

$$v = 27.5t/(t+10)$$

이다. 여기서 t는 시간(초)이다. 주행을 시작한 첫 1분 동안 10초 단위로 속도와 가속도를 보여 주는 표를 만들어라. 어떤 결론을 내릴 수 있는가?

20. **(다항식 함수의 도함수)** $f(x) = x^2 - 6x + 6$에서

(a) 그래픽 도구를 사용하여 f, f', f''을 같은 화면에 나타내어라.

(b) f의 차수와 연이은 도함수의 차수는 어떤 관계에 있는가?

(c) $f(x) = 3x^3 - 9x$에 대해서도 (a), (b)를 반복하여라.

(d) 일반적으로 다항식 함수의 차수와 이의 연이은 도함수의 관계는 무엇인가?

21. **(자료 모형화하기)** 다음 표는 페트스마트사의 2008년에서 2013년 사이 매출 y(백만 달러)를 나타낸다. 여기서 t는 연도로서 $t = 8$은 2008년에 해당한다.

t	8	9	10	11	12	13
y	5065	5336	5694	6113	6758	6917

(a) 그래픽 도구를 사용하여 페트스마트사의 매출 $y(t)$를 삼차식으로 모형화하여라.

(b) 이 함수의 일계, 이계도함수를 구하여라.

(c) 2008년에서 2013년 사이 페트스마트사의 매출이 증가했음을 보여라.

(d) $y''(t) = 0$을 풀어 매출이 최대로 증가한 연도를 찾아라.

22. **(참, 거짓 판별)** 다음 명제가 참인지 거짓인지 판별하여라. 만약 거짓이면 그 이유를 설명하거나 그것이 거짓임을 보여 주는 보기를 들어라.

$y = (x + 1)(x + 2)(x + 3)(x + 4)$이면 $\dfrac{d^5y}{dx^5} = 0$이다.

2.7 음함수의 도함수

- 양함수적으로 도함수 구하기
- 음함수적으로 도함수 구하기
- 음함수의 도함수를 사용하여 실생활 문제 풀기

양함수와 음함수

지금까지 이 교재에서 두 변수를 포함하는 대부분의 함수는 **양함수 형**(explicit form), 즉

$$y = f(x) \qquad \text{양함수 형}$$

로 표현했다. 즉 두 변수 중 하나는 다른 변수로 분명히 표현되어 있다. 예를 들면 방정식

$$y = 3x - 5$$

에서 변수 y는 x의 함수로 분명히 쓰여 있다. 그러나 몇몇 함수는 예제 1에서처럼 양함수로 표현되어 있지 않고 방정식으로 주어져 있다.

예제 1 양함수로 도함수 구하기

$xy = 1$에 대해 $\dfrac{dy}{dx}$를 구하여라.

풀이 이 방정식에서는 y가 x의 함수로서 **음함수**(implicit)로 정의되어 있다. dy/dx를 구하는 한 방법은 먼저 y에 대해 방정식을 푸는 것이다. 다음으로 보통처럼 미분한다. 즉

$$
\begin{aligned}
xy &= 1 && \text{원래 함수를 쓴다} \\
y &= \frac{1}{x} && y\text{에 대해 푼다} \\
&= x^{-1} && \text{다시 쓴다} \\
\frac{dy}{dx} &= -x^{-2} && x\text{에 대해 미분한다} \\
&= -\frac{1}{x^2} && \text{간단히 한다}
\end{aligned}
$$

✓**점검문제 1** $x^2y = 1$에 대해 $\frac{dy}{dx}$를 구하여라. ■

예제 1에서의 과정은 함수를 양함수로 표현할 수 있을 때 가능하다. 그러나 y를 x에 관한 함수로 풀 수 없을 때는 이 과정은 사용할 수 없다. 예를 들면

$$x^2 - 2y^3 + 4y = 2$$

와

$$x^2 + 2xy - y^3 = 5$$

이다. 어느 것도 y를 x의 함수로서 분명히 양함수로 표현할 수 없다. 이런 방정식을 미분하기 위해서는 **음함수 미분**(implicit differentiation)이라는 과정을 사용할 수 있다.

음함수 미분

dy/dx를 어떻게 음함수에서 구할지 이해하기 위해서는 미분이 x에 대해 이루어진다는 것을 알아야 한다. x만 포함하는 항을 미분할 때는 통상적으로 미분하면 되는 것을 의미한다. 그러나 y를 포함하는 항을 미분할 때는 y가 x의 미분가능 함수로서 음함수로 정의되어 있기 때문에 연쇄 법칙을 적용해야 한다. 다음 예제를 조심스럽게 살펴보자. 특히 예제 2의 (b), (c), (d)에서 인수 dy/dx를 구하기 위해 연쇄 법칙이 어떻게 사용되는지에 주목한다.

예제 2 **연쇄 법칙 적용**

다음 식을 x에 관해 미분하여라.

a. $3x^2$ **b.** $2y^3$

c. $x + 3y$ **d.** xy^2

풀이

a. 이 식에서는 x가 유일한 변수이다. 그러므로 x에 대해 미분하기 위해서는 거듭제곱 규칙과 상수곱 규칙을 사용하여

$$\frac{d}{dx}[3x^2] = 6x$$

를 얻는다.

b. 이 경우는 다르다. 식의 변수는 y이고, x에 대해 미분할 것을 요구하고 있다. 이를 위해 y는 x에 대해 미분가능인 함수라고 가정하자. 그러면 상수곱 규칙과 연쇄 법칙을 적용할 수 있다.

$$\frac{d}{dx}[2y^3] = \overbrace{2}^{c}\ \overbrace{(3)}^{n}\ \overbrace{y^2}^{u^{n-1}}\ \overbrace{\frac{dy}{dx}}^{u'} \qquad \text{연쇄 법칙}$$

(위 식에서 $\frac{d}{dx}[2y^3]$ 위에 cu^n)

$$= 6y^2\frac{dy}{dx}$$

c. 이 표현식은 x와 y를 둘 다 포함한다. 합 규칙, 상수곱 규칙, 연쇄 법칙을 적용하면 다음과 같다.

$$\frac{d}{dx}[x + 3y] = 1 + 3\frac{dy}{dx} \qquad \text{연쇄 법칙: } \frac{d}{dx}[3y] = 3\frac{dy}{dx}$$

d. 곱의 규칙과 연쇄 법칙에 의해 다음과 같이 나타낼 수 있다.

$$\frac{d}{dx}[xy^2] = x\frac{d}{dx}[y^2] + y^2\frac{d}{dx}[x] \qquad \text{곱의 규칙}$$

$$= x\left(2y\frac{dy}{dx}\right) + y^2(1) \qquad \text{연쇄 법칙}$$

$$= 2xy\frac{dy}{dx} + y^2$$

✔ **점검문제 2** 다음 식을 x에 대해 미분하여라.

a. $4x^3$ **b.** $3y^2$

c. $x + 5y$ **d.** xy^3 ■

음함수 미분의 지침

y가 x의 미분가능인 x, y를 포함하는 방정식이라고 생각하면 아래의 단계를 사용하여 dy/dx를 구할 수 있다.

1. 방정식의 양쪽을 x에 대해 미분한다.
2. dy/dx를 포함하는 모든 항은 방정식의 좌변에 모으고 그렇지 않은 항은 우변에 모은다.
3. 방정식의 좌변에서 dy/dx를 뽑아낸다.
4. 방정식의 양변을 dy/dx를 포함하지 않은 좌변 인수로 나누어 dy/dx에 대해 푼다.

예제 3에서 보면 음함수 미분은 x, y를 둘 다 포함하는 dy/dx에 대한 식을 생성함에 유의하자.

예제 3 음함수 미분 사용

방정식 $y^3+y^2-5y-x^2=-4$에서 dy/dx를 구하여라.

풀이

1. 방정식의 양변을 x에 대해 미분한다.

$$\frac{d}{dx}[y^3+y^2-5y-x^2]=\frac{d}{dx}[-4]$$

$$\frac{d}{dx}[y^3]+\frac{d}{dx}[y^2]-\frac{d}{dx}[5y]-\frac{d}{dx}[x^2]=\frac{d}{dx}[-4]$$

$$3y^2\frac{dy}{dx}+2y\frac{dy}{dx}-5\frac{dy}{dx}-2x=0$$

2. dy/dx를 포함하는 항을 방정식의 좌변에 그렇지 않은 항은 방정식의 우변에 모은다.

$$3y^2\frac{dy}{dx}+2y\frac{dy}{dx}-5\frac{dy}{dx}=2x$$

3. 방정식의 좌변에서 dy/dx를 뽑아낸다.

$$\frac{dy}{dx}(3y^2+2y-5)=2x$$

4. $(3y^2+2y-5)$로 양변을 나누어 dy/dx에 대해 푼다.

$$\frac{dy}{dx}=\frac{2x}{3y^2+2y-5}$$

✓ **점검문제 3** 방정식 $y^2+x^2-2y-4x=4$에서 dy/dx를 구하여라. ■

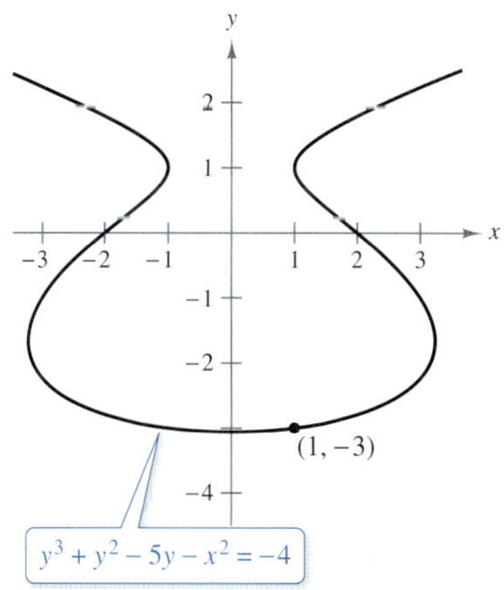

그림 2.31

음함수의 도함수를 어떻게 사용하는지 보기 위해 그림 2.31의 그래프를 생각하자. 예제 3에서 구한 도함수는 이 그래프 위에 있는 어떤 점에서의 접선의 기울기에 대한 공식을 준다. 예를 들면 점 $(1, -3)$에서의 기울기는

$$\frac{dy}{dx}=\frac{2(1)}{3(-3)^2+2(-3)-5}=\frac{1}{8}$$

이다.

예제 4 음함수 그래프의 기울기 구하기

그림 2.32에서 타원 $x^2+4y^2=4$ 위의 점 $(\sqrt{2}, -1/\sqrt{2})$에서 접선의 기울기를 구하여라.

풀이 dy/dx를 음함수 미분으로 구하여 시작하자.

$$x^2+4y^2=4 \qquad \text{원래 함수를 쓴다}$$

$$\frac{d}{dx}[x^2+4y^2]=\frac{d}{dx}[4] \qquad x\text{에 대해 미분한다}$$

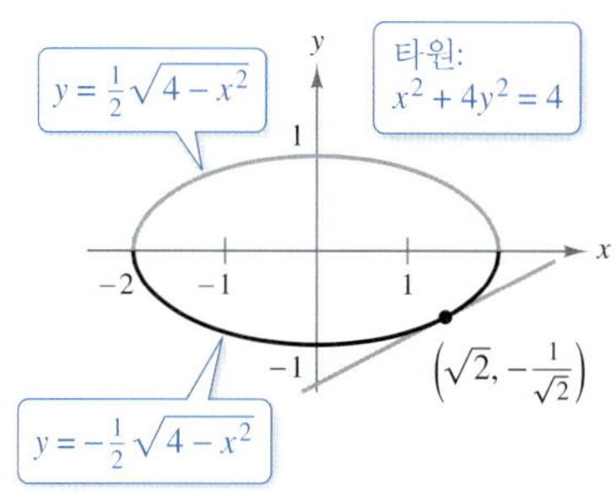

그림 2.32 접선의 기울기는 $\frac{1}{2}$이다.

$$2x + 8y\frac{dy}{dx} = 0$$ 음함수 미분

$$8y\frac{dy}{dx} = -2x$$ 양변에서 $2x$를 뺀다

$$\frac{dy}{dx} = \frac{-2x}{8y}$$ 양변을 $8y$로 나눈다

$$\frac{dy}{dx} = -\frac{x}{4y}$$ 간단히 한다

주어진 점에서 기울기를 구하기 위해 $x = \sqrt{2}$, $y = -1/\sqrt{2}$을 다음과 같이 도함수에 대입한다.

$$\frac{dy}{dx} = -\frac{\sqrt{2}}{4(-1/\sqrt{2})} = \frac{1}{2}$$

학습 팁

음함수 미분의 이점은 다음 양함수

$$y = -\frac{1}{2}\sqrt{4 - x^2}$$

을 사용하여 예제 4에서의 기울기 구하는 과정을 다시 해보는 것이다. 이 양함수의 그래프는 타원의 아래쪽 반이다.

✔ **점검문제 4** 원 $x^2 + y^2 = 25$ 위의 점 $(3, -4)$에서의 접선의 기울기를 구하여라. ■

예제 5 음함수 그래프의 기울기 구하기

그래프 $2x^2 - y^2 = 1$ 위의 점 $(1, 1)$에서의 접선의 기울기를 구하여라.

풀이 음함수 미분으로 dy/dx를 구하여 시작하자.

$$2x^2 - y^2 = 1$$ 원래 함수를 쓴다

$$4x - 2y\frac{dy}{dx} = 0$$ x에 대해 미분한다

$$-2y\frac{dy}{dx} = -4x$$ 양변에서 $4x$를 뺀다

$$\frac{dy}{dx} = \frac{2x}{y}$$ 양변을 $-2y$로 나눈다

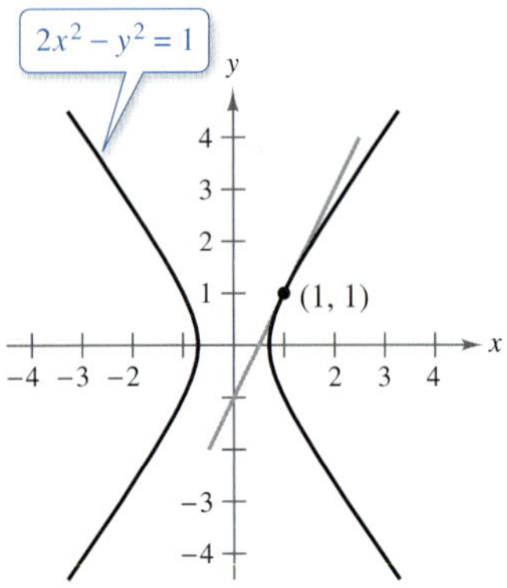

그림 2.33 쌍곡선

점 $(1, 1)$에서 그래프의 기울기는 그림 2.33에서 보는 것처럼

$$\frac{dy}{dx} = \frac{2(1)}{1} = 2$$

이다. 이 그래프를 **쌍곡선**(hyperbola)이라고 한다.

✔ **점검문제 5** 그래프 $x^2 - 9y^2 = 16$ 위의 점 $(5, 1)$에서 그래프의 기울기를 구하여라. ■

응용

예제 6 수요함수 사용

생산품에 대한 수요함수는

$$p = \frac{3}{0.000001x^3 + 0.01x + 1}$$

으로 모형화된다. 여기서 p는 달러, x는 천 단위로 측정되었다(그림 2.34). $x = 100$일 때 가격 p에 대한 수요 x의 변화율을 구하여라.

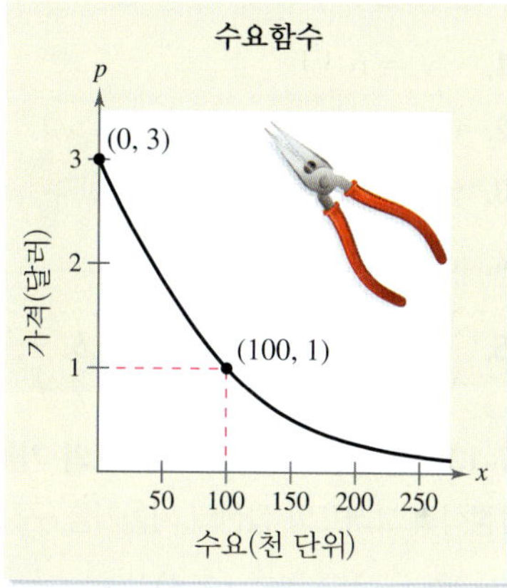

그림 2.34

풀이 미분을 간단히 하기 위해 함수를 다시 쓰자. 그리고 p에 대해 미분한다.

$$p = \frac{3}{0.000001x^3 + 0.01x + 1}$$

$$0.000001x^3 + 0.01x + 1 = \frac{3}{p}$$

$$0.000003x^2\frac{dx}{dp} + 0.01\frac{dx}{dp} = -\frac{3}{p^2}$$

$$(0.000003x^2 + 0.01)\frac{dx}{dp} = -\frac{3}{p^2}$$

$$\frac{dx}{dp} = -\frac{3}{p^2(0.000003x^2 + 0.01)}$$

$x = 100$일 때 가격

$$p = \frac{3}{0.000001(100)^3 + 0.01(100) + 1} = 1\text{(달러)}$$

이므로 $x = 100$, $p = 1$일 때 가격에 대한 수요의 변화율은

$$\frac{dx}{dp} = -\frac{3}{(1)^2[0.000003(100)^2 + 0.01]} = -75$$

이다. 즉 $x = 100$일 때 가격이 1달러 상승하면 수요는 7만 5천 단위 비율로 감소한다.

✓ **점검문제 6** 생산품에 대한 수요함수는

$$p = \frac{2}{0.001x^2 + x + 1}$$

로 모형화된다. dx/dp를 음함수 미분으로 구하여라. ■

연습문제 2.7

[1-6] (도함수 구하기) dy/dx를 구하여라. (예제 1, 3 참조)

1. $x^3y = 6$

2. $y^2 = 1 - x^2, 0 \le x \le 1$

3. $y^4 - y^2 + 7y - 6x = 9$

4. $xy^2 + 4xy = 10$

5. $\dfrac{2x + y}{x - 5y} = 1$

6. $\dfrac{2y}{y^2 + 3} = 4x$

[7-13] (음함수 미분으로 그래프의 기울기 구하기) 주어진 점에서 방정식의 그래프의 접선의 기울기를 구하여라. (예제 4, 5 참조)

7. $x^2 + y^2 = 16$; $(0, 4)$

8. $y + xy = 4$; $(-5, -1)$

9. $x^2 - xy + y^2 = 3$; $(-2, -1)$

10. $xy - x = y$; $\left(\frac{3}{2}, 3\right)$

11. $x^{1/2} + y^{1/2} = 9$; $(16, 25)$

12. $\sqrt{xy} = x - 2y$; $(4, 1)$

13. $y^2(x^2 + y^2) = 2x^2$; $(1, 1)$

[14-16] (음함수 미분으로 그래프의 기울기 구하기) 주어진 점에서 그래프의 기울기를 구하여라. (예제 4, 5 참조)

14. $3x^2 - 2y + 5 = 0$

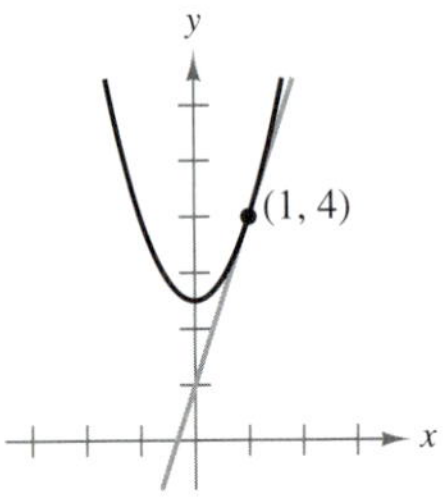

15. $x^2 + y^2 = 4$

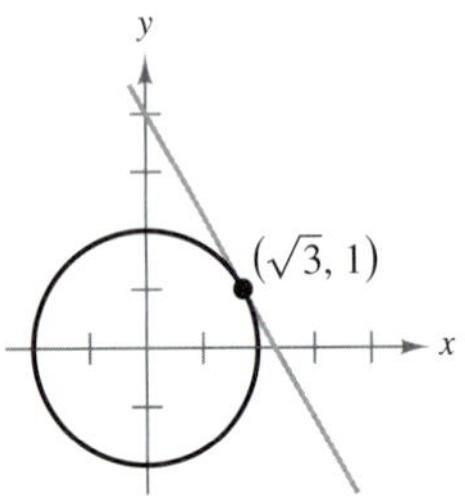

16. $x^2 - y^3 = 0$

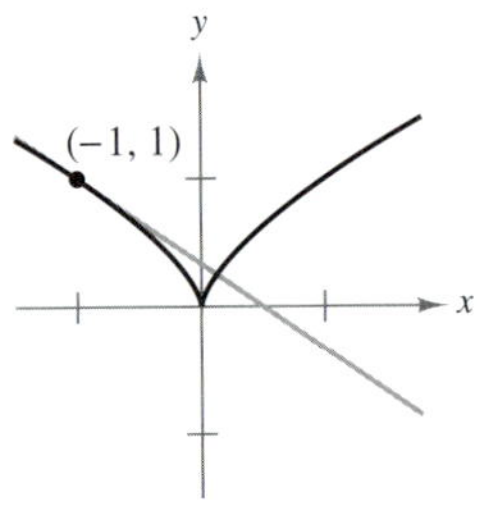

17. (음함수로 그리고 양함수로 도함수 구하기) 다음 함수에서 음함수로 그리고 양함수로 dy/dx를 구하여라(양함수는 그래프에 표시되어 있다). 그리고 두 결과가 같음을 보여라. 다음 그래프를 이용하여 표시된 점에서의 접선의 기울기를 추정하여라. 그런 다음 주어진 점에서 dy/dx를 해석적으로 구하고 그 결과를 증명하여라.

$$x - y^2 - 1 = 0$$

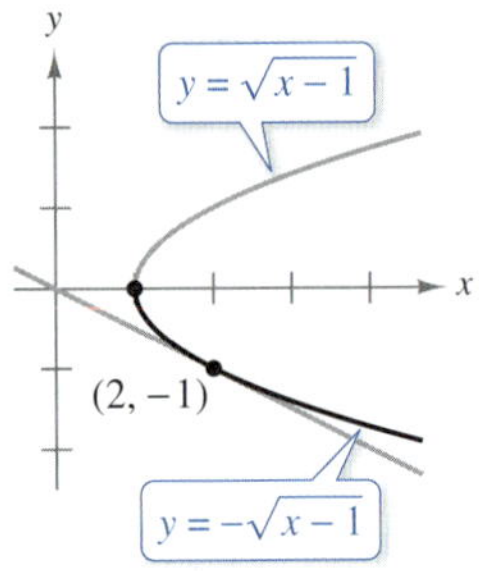

[18-21] 다음 문제의 주어진 점에서 방정식의 그래프의 접선의 방정식을 구하여라. 그래픽 도구를 사용하여 방정식의 그래프와 접선의 그래프를 같은 화면에 나타내어라.

18. $x^2 + y^2 = 100$; $(8, 6), (-6, 8)$

19. $y^2 = 5x^3$; $(1, \sqrt{5}), (1, -\sqrt{5})$

20. $x^3 + y^3 = 8$; $(0, 2), (2, 0)$

21. $y^2 = \dfrac{x^3}{4 - x}$; $(2, 2), (2, -2)$

[22-23] (수요) p에 대해 x의 변화율을 구하여라.

22. $p = \dfrac{2}{0.00001x^3 + 0.1x}, \quad x \ge 0$

23. $p = \sqrt{\dfrac{200 - x}{2x}}, \quad 0 < x \le 200$

24. (생산) x는 노동 단위이고 y는 공정 과정에 투자된 자본이다. 135,540단위를 생산할 때 노동과 자본의 관계를 $100x^{0.75}y^{0.25} = 135{,}540$으로 모형화할 수 있다.

(a) $x = 1500$, $y = 1000$일 때 x에 대한 y의 변화율을 구하여라.

(b) 문제에서의 모형식을 **콥-더글러스 생산함수**라고 부른다. 그래픽 도구로 모형식의 그래프를 그리고 노동과 자본 사이의 관계를 설명하여라.

25. (건강: 미국의 수두 감소) 2008년에서 2012년 사이에 미국에서 보고된 수두 감염자 수 y(천 명)는 다음과 같이 모형화된다.

$$y^2 - 35{,}892.5 = -27.0021t^3 + 888.789t^2 - 9753.25t$$

여기서 t는 연도로서 $t = 8$은 2008년에 해당한다. (자료:

미 질병관리예방센터)

(a) 그래픽 도구를 사용하여 모형식의 그래프를 그리고 그 결과를 설명하여라.

(b) 그래프를 통해 가장 큰 비율로 보고된 감염자 수가 줄어든 기간을 추정하여라.

(c) 다음 표를 완성하여 가장 큰 비율로 보고된 감염자 수가 감소하는 기간을 추정하여라. 이 추정 값을 (b)의 답과 비교해 보라.

t	8	9	10	11	12
y					
y'					

2.8 관계 비율

■ 관계 변수 조사하기

■ 관계 비율 문제 풀기

관계 변수

이 절에서는 시간에 따라 변하는 변수를 포함하는 문제를 공부할 것이다. 만약 둘 또는 그 이상 이런 변수들이 서로 관계될 때 시간에 관한 이들의 변화율 또한 서로 관계한다.

예를 들면 x, y가 다음과 같이 관계된다고 하자.

$$y = 2x$$

만약 두 변수가 시간에 관해 변한다면, 그들의 변화 또한 관계될 것이다.

x와 y가 서로 관계한다 x, y의 변화율이 관계한다

$$y = 2x \quad \Rightarrow \quad \frac{dy}{dt} = 2\frac{dx}{dt}$$

이 단순한 예에서 y는 항상 x의 값의 2배이므로 시간에 대한 y의 변화율도 역시 시간에 관한 x의 변화율의 2배이다.

예제 1 서로 관련된 두 비

두 변수 x, y가 t의 함수로서 다음과 같이 관계한다.

$$y = x^2 + 3$$

$x = 1$일 때 $dx/dt = 2$이다. $x = 1$일 때 dy/dt를 구하여라.

풀이 연쇄 법칙을 사용하여 방정식의 양변을 t에 대해 미분한다.

$$y = x^2 + 3 \qquad \text{원래 함수를 쓴다}$$

$$\frac{d}{dt}[y] = \frac{d}{dt}[x^2 + 3] \qquad t\text{에 대해 미분한다}$$

$$\frac{dy}{dt} = 2x\frac{dx}{dt} \qquad \text{연쇄 법칙을 적용한다}$$

$x = 1$일 때 $dx/dt = 2$이므로 다음을 얻는다.

$$\frac{dy}{dt} = 2(1)(2)$$
$$= 4$$

✓ **점검문제 1** 두 변수 x, y가 t의 함수로서 다음과 같이 관계한다.

$$y = x^3 + 2$$

$x = 1$일 때 $dx/dt = 3$이다. $x = 1$일 때 dy/dt를 구하여라. ■

관계 비율 문제 풀기

예제 1에서 수학적 모형이 주어졌었다.

주어진 방정식: $y = x^2 + 3$

주어진 값: $\frac{dx}{dt} = 2$ ($x = 1$일 때)

구하려는 값: $\frac{dy}{dt}$ ($x = 1$일 때)

다음 예제에서 말로 표현한 것으로부터 수학적 모형을 만들어야 한다.

예제 2 **변하는 면적**

바깥쪽 반지름이 증가하면 전체 면적이 증가한다.

조약돌을 잔잔한 연못 수면 위에 떨어뜨렸더니 사진에서 보는 것처럼 동심원의 물결이 일었다. 바깥쪽 물결의 반지름 r이 초당 0.5미터의 비율로 증가한다. 물결의 반지름이 2미터일 때 물결이 생긴 물의 전체 면적 A의 변화율은 얼마인가?

풀이 변수 r과 A는 원의 면적 방정식 $A = \pi r^2$으로 관계된다. 이 문제를 풀기 위해 반지름의 변화율은 초당 0.5미터로 일정하다는 사실을 이용한다. 즉 $dr/dt = 0.5$이다.

방정식: $A = \pi r^2$

주어진 값: $\frac{dr}{dt} = 0.5$ ($r = 2$일 때)

구하려는 값: $\frac{dA}{dt}$ ($r = 2$일 때)

이 정보를 이용하여 예제 1에서처럼 진행할 수 있다. 즉

$$A = \pi r^2 \qquad \text{원래 함수를 쓴다}$$

$$\frac{d}{dt}[A] = \frac{d}{dt}[\pi r^2] \qquad t\text{에 대해 미분한다}$$

$$\frac{dA}{dt} = 2\pi r\frac{dr}{dt} \qquad \text{연쇄 법칙을 적용한다}$$

$r = 2$일 때 $dr/dt = 0.5$이므로

$$\frac{dA}{dt} = 2\pi(2)(0.5) = 2\pi$$

이다. 그러므로 반지름이 2미터일 때 면적은 초당 2π제곱미터로 변한다.

✓점검문제 2 예제 2에서 조약돌이 연못에 떨어졌으나 이번에는 바깥쪽 물결이 초당 0.3미터의 비율로 증가한다. 반지름이 3미터일 때 연못에서 물결에 의한 원의 전체 면적의 변화율은 얼마인가? ■

예제 2에서 반지름의 변화율은 일정 비율(모든 t에 대해 $dr/dt = 0.5$)임에 유의하자. 그러나 표에서 보는 것처럼 면적은 일정하지 않은 비율로 변한다.

r (미터)	0.5	1	1.5	2
$\frac{dA}{dt}$(제곱미터/초)	0.5π	π	1.5π	2π

예제 2의 풀이로부터 관계 비율 문제의 풀이 단계를 정리할 수 있다.

관계 비율 문제 풀이 지침

1. 주어진 값과 구해야 할 값을 확인한다. 가능하면 그림을 그리고 값에 번호를 붙인다.
2. 변화율이 주어졌거나 변화율을 결정해야 할 모든 변수들이 관련된 방정식을 쓴다.
3. 시간에 관해 방정식의 양변을 음함수적으로 미분하기 위해 연쇄 법칙을 사용한다.
4. 단계 3을 완성한 뒤 결과식에 변수들의 알려진 값과 변화율을 대입한다. 그런 다음 원하는 변화율에 대해 푼다.

학습 팁

위 지침에서 단계 3과 단계 4의 순서는 반드시 지켜야 한다. 미분을 완성할 때까지 변수의 알려진 값을 대입하면 안 된다.

지침의 단계 2에서 주어진 값과 관련된 방정식을 꼭 써야 함에 유의하자. 이 단계를 돕기 위해 많은 공식이 포함된 참고표를 부록에 첨부해 놓았다. 예를 들면 구의 부피(반지름 r)는 다음 공식으로 주어진다. 즉

$$V = \frac{4}{3}\pi r^3$$

이다.

다음 표는 관계 비율 문제 해결의 첫 단계에서 사용되는 공통적인 변화율에 대한 수학적 모형식의 예를 열거한 것이다.

언어적 표현	수학적 모형
1시간 동안 자동차가 80킬로미터/시의 속도로 움직이고 있다.	x = 이동 거리 $\frac{dx}{dt}$ = 80킬로미터/시($t = 1$)
수영장에 분당 3제곱미터의 물을 넣고 있다.	V = 연못의 물의 부피 $\frac{dV}{dt}$ = 3세제곱미터/분
박테리아의 개체 수가 시간당 2000의 비율로 증가하고 있다.	x = 개체 수 $\frac{dx}{dt}$ = 2000 박테리아/시
수입이 월 4000달러의 비율로 증가하고 있다.	R = 수입 $\frac{dR}{dt}$ = 4000 달러/월
이익이 매일 2500달러의 비율로 감소하고 있다.	P = 이익 $\frac{dP}{dt}$ = −2500 달러/일

예제 3 이익함수 분석

어떤 회사가 x개의 제품을 판매하여 생긴 이익 P(달러)가

$$P = 500x - \frac{1}{4}x^2 \qquad \text{이익의 모형식}$$

이다. 판매가 매일 10단위씩 증가한다. 500단위가 판매될 때 시간(일)에 대한 이익의 변화율을 구하여라.

풀이 판매가 하루에 10단위 비율로 증가하므로 시간 t에서의 변화율은 $dx/dt = 10$ 이다. 그러므로 문제는 다음과 같이 쓸 수 있다.

주어진 값: $\frac{dx}{dt} = 10$

구하려는 값: $\frac{dP}{dt}$ ($x = 500$일 때)

이익의 변화율을 구하기 위해 이익 P와 생산품의 판매량 x를 관계 짓는 이익에 대한 모형식은 다음과 같다.

모형식: $P = 500x - \frac{1}{4}x^2$

t에 대해 방정식의 양변을 미분하면

$$\frac{d}{dt}[P] = \frac{d}{dt}\left[500x - \frac{1}{4}x^2\right] \qquad t\text{에 대해 미분한다}$$

$$\frac{dP}{dt} = \left(500 - \frac{1}{2}x\right)\frac{dx}{dt} \qquad \text{연쇄 법칙을 적용한다}$$

이다. $x = 500$이고 $dx/dt = 10$일 때 이익의 변화율은 다음과 같다.

$$\frac{dP}{dt} = \left[500 - \frac{1}{2}(500)\right](10) = (500 - 250)(10) = 250(10) = 2500(\text{달러/일})$$

(x에 관한) 이익함수의 그래프는 그림 2.35에서 볼 수 있다.

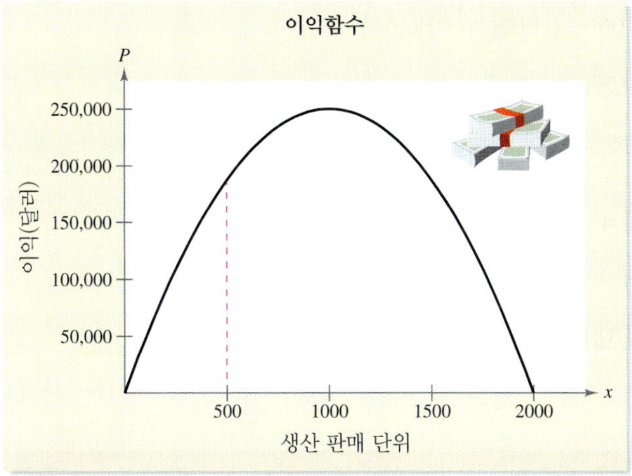

그림 2.35

✓ **점검문제 3** 50단위가 판매될 때 시간(일)에 대한 이익의 변화율을 구하여라. 판매가 매일 10단위씩 증가하고, $P = 200x - \frac{1}{2}x^2$이다. ■

예제 4 증산

어떤 회사가 주당 200단위의 비율로 생산품을 증산하고 있다. 주별 수요함수는

$$p = 100 - 0.001x$$

로 모형화되고, 여기서 p는 단위당 가격(달러)이고 x는 일주일에 생산되는 단위 수이다. 주당 생산이 2000단위일 때 시간(주)에 대한 수입의 변화율을 구하여라. 수입의 변화율은 주당 20,000달러보다 큰가?

풀이 생산이 주당 200단위의 비율로 증가하고 있으므로 시간 t에서 변화율은 $dx/dt = 200$임을 안다. 그러므로 문제는 다음과 같이 쓸 수 있다.

주어진 값: $\dfrac{dx}{dt} = 200$

구하려는 값: $\dfrac{dR}{dt}$ ($x = 2000$일 때)

수입의 변화율을 구하기 위해 수입 R과 생산단위 수 x 사이의 관계식을 찾아야 한다. 즉

방정식: $R = xp = x(100 - 0.001x) = 100x - 0.001x^2$

이다. t에 대해 방정식의 양변을 미분하면

$$R = 100x - 0.001x^2 \quad \text{원래 방정식}$$

$$\frac{d}{dt}[R] = \frac{d}{dt}[100x - 0.001x^2] \quad t\text{에 대해 미분한다}$$

$$\frac{dR}{dt} = (100 - 0.002x)\frac{dx}{dt} \quad \text{연쇄 법칙을 적용한다}$$

가 된다. $x = 2000$이고 $dx/dt = 200$이므로 수입의 변화율은

$$\frac{dR}{dt} = [100 - 0.002(2000)](200)$$
$$= 19{,}200\text{(달러/주)}$$

이다. 그러므로 수입의 변화율은 20,000달러보다 크지 않다.

✓ **점검문제 4** 예제 4의 회사에 대해 수요함수가

$$p = 150 - 0.002x$$

일 때 시간에 대한 수입의 변화율을 구하여라. ■

연습문제 2.8

[1-2] (관계 비율 사용) x, y가 t에 관해 미분가능한 함수라고 하자. 주어진 값을 사용하여 (a) dx/dt, (b) dy/dt를 구하여라. (예제 1 참조)

	방정식	주어진 값	구하려는 값
1.	$y = \sqrt{x}$	(a) $\frac{dx}{dt} = 3$,	$\frac{dy}{dt}$ ($x = 4$일 때)
		(b) $\frac{dy}{dt} = 2$,	$\frac{dx}{dt}$ ($x = 25$일 때)
2.	$xy = 4$	(a) $\frac{dx}{dt} = 10$,	$\frac{dy}{dt}$ ($x = 8$일 때)
		(b) $\frac{dy}{dt} = -6$,	$\frac{dx}{dt}$ ($x = 1$일 때)

3. (면적) 원의 반지름이 분당 3센티미터의 비율로 증가한다. (a) $r = 6$센티미터, (b) $r = 24$센티미터일 때 면적의 변화율을 구하여라.

4. (면적) 시간에 관해 변하는 반지름 r인 원의 면적을 A라고 하자. 만약 dr/dt이 상수이면 dA/dt도 상수인가? 이유를 설명하여라.

5. (부피) 공 모양의 풍선에 가스가 주입되어 분당 10세제곱미터의 비율로 부풀고 있다. 반지름이 (a) 1미터, (b) 2미터일 순간의 공의 반지름의 변화는 얼마나 빠른가?

6. (비용, 수입, 이익) 스포츠 용품을 제작하는 어떤 회사의 비용 C와 수입 R이 다음과 같은 방정식으로 모형화된다. 즉

$$C = 125{,}000 + 0.75x,\ R = 250x - \tfrac{1}{10}x^2$$

여기서 x는 1주일에 생산되는 스포츠 용품의 단위 수이다. 어떤 특정한 주간의 생산이 1000단위이고 주당 150단위의 비율로 증가한다. (a) 비용, (b) 수입, (c) 이익의 변화율을 구하여라.

7. (수입) 생산품을 x단위 판매한 데 따른 수입 R은

$$R = 1200x - x^2$$

으로 주어진다. 판매가 매일 23단위의 비율로 증가한다. (a) $x = 300$단위, (b) $x = 450$단위일 때 수입의 변화율을 구하여라.

8. (부피) 정육면체의 모든 모서리가 초당 6센티미터의 비율로 증가한다. 각 모서리가 (a) 2센티미터, (b) 10센티미터일 때 부피의 변화는 얼마나 빠른가?

9. (선박 견인) 선박이 권양기로 부두로 견인되고 있고, 권양기는 선박의 데크에서 3미터 높이에 있다(그림 참조). 권양기는 초당 1미터의 비율로 밧줄로 견인한다. 밧줄의 길이가 5미터일 때 선박의 속력을 구하여라. 선박이 부두에 가까워질수록 선박의 속력은 어떻게 되는가?

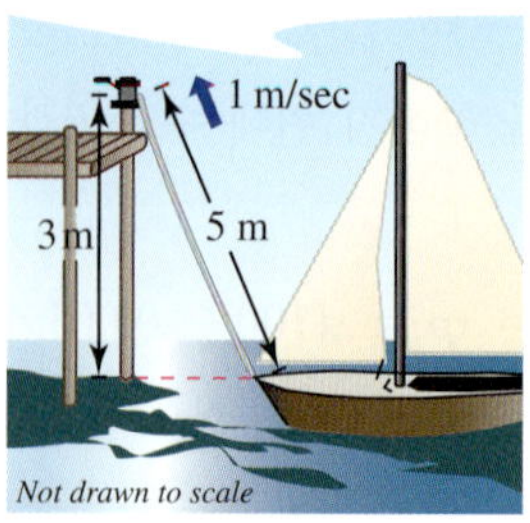

그림 9

10. (항공관제) 레이더 안테나의 상공 10킬로미터의 높이에서 항공기가 직진으로 통과한다(그림 참조). 항공기가 26킬로미터 멀어졌을 때, 즉 $s = 26$킬로미터일 때 레이

더는 거리 s가 시간당 384킬로미터의 비율로 변한다고 추적한다. 항공기의 속력은 얼마인가?

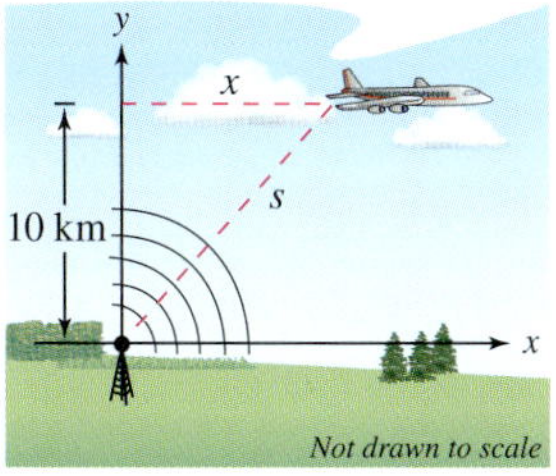

그림 10

11. **(항공관제)** 항공 교통 관제사가 두 비행기가 같은 높이에서 서로 직각으로 같은 지점으로 접근하고 있는 것으로 탐지했다. 한 비행기는 관측 지점에서 240킬로미터 거리에서 시속 720킬로미터이고, 다른 비행기는 관측 지점에서 320킬로미터의 거리에서 시속 960킬로미터로 서로 접근하고 있다.
   (a) 두 비행기 사이의 거리의 변화율은 얼마인가?
   (b) 관제사가 두 비행기 중 하나를 다른 경로로 안내할 시간은 얼마나 남았는가?

12. **(환경)** 석유 시추 플랫폼에서 사고가 나 원형 유막이 형성되었다. 유막의 두께가 0.025미터이고, 유막의 반지름이 50미터일 때 반지름은 분당 0.25미터의 비율로 증가한다. 사고 장소에서 기름의 확산 비율(세제곱미터/분)은 얼마인가?

13. **(판매)** 어떤 제품의 이익이 주당 5600달러의 비율로 증가한다. 이 제품에 대한 수요함수와 비용함수는 각각 $p = 6000 - 25x$, $C = 2400x + 5200$으로 주어진다. 여기서 x는 주당 생산되는 단위 수이다. 주당 44단위 판매할 때 시간에 대한 판매의 변화율을 구하여라.

요약 및 학습 전략

이 장을 학습한 후 여러분은 다음 내용을 습득했을 것이다.
각 절에 대한 요약과 관련 복습문제 번호가 표시되어 있다. 복습문제의 답은 이 교재의 말미에 수록되어 있다.

2.1절

	관련 복습문제
■ 한 점에서 그래프의 접선의 기울기를 조사한다.	1~2
■ 실생활에서 그래프의 기울기를 해석한다.	3~4
■ 극한의 정의를 사용하여 한 점에서의 그래프의 기울기와 함수의 도함수를 구한다. $f'(x) = \lim_{\Delta x \to 0} \frac{f(x + \Delta x) - f(x)}{\Delta x}$	5~12
■ 함수의 그래프를 사용하여 함수의 미분이 불가능한 점을 찾아낸다.	13~14

2.2절

■ 상수 규칙을 사용하여 미분을 한다. $\frac{d}{dx}[c] = 0$, c는 상수	15
■ 거듭제곱 규칙을 사용하여 미분을 한다. $\frac{d}{dx}[x^n] = nx^{n-1}$, n은 실수	16
■ 상수곱 규칙을 사용하여 미분을 한다. $\frac{d}{dx}[cf(x)] = cf'(x)$, c는 상수	17~18
■ 합과 차의 규칙을 사용하여 미분을 한다.	19~20

$$\frac{d}{dx}[f(x) \pm g(x)] = f'(x) \pm g'(x)$$

- 도함수를 사용하여 한 점에서 그래프의 기울기를 구한다. 21~22
- 도함수를 사용하여 접선의 방정식을 구한다. 23~24
- 도함수를 사용하여 실생활 문제를 푼다. 25

2.3절

- 한 구간에서 함수의 평균 변화율과 한 점에서의 순간 변화율을 구한다. 26~27

  평균 변화율: $\dfrac{f(b) - f(a)}{b - a}$ 순간 변화율: $\displaystyle\lim_{\Delta x \to 0} \frac{f(x + \Delta x) - f(x)}{\Delta x}$

- 도함수를 사용하여 물체의 속도를 구한다. 28
- 상품에 대한 한계수입, 한계비용, 한계이익을 구한다. 29~33
- 도함수를 사용하여 실생활 문제를 푼다. 34

2.4절

- 곱 규칙을 사용하여 미분한다. 35~36

  $$\frac{d}{dx}[f(x)g(x)] = f(x)g'(x) + g(x)f'(x)$$

- 몫 규칙을 사용하여 미분한다. 37~38

  $$\frac{d}{dx}\left[\frac{f(x)}{g(x)}\right] = \frac{g(x)f'(x) - f(x)g'(x)}{[g(x)]^2}, \quad g(x) \neq 0$$

2.5절

- 일반적인 거듭제곱 규칙을 사용하여 미분한다. 39~40

  $\dfrac{d}{dx}[u^n] = nu^{n-1}u'$, n은 실수

- 임의의 대수 함수의 도함수를 구하기 위해 미분 규칙을 효과적으로 사용한 다음 결과를 간단히 한다. 41~45
- 도함수를 사용하여 실생활 문제를 푼다. 46

2.6절

- 고계도함수를 구한다. 47~50
- 위치 함수를 사용하여 움직이는 물체의 속도와 가속도를 구한다. 51

2.7절

- 음함수로 도함수를 구한다. 52~53
- 음함수 미분을 사용하여 접선의 방정식을 구한다. 54~55

2.8절

- 관계 비율 문제를 푼다. 56~57

학습 전략

■ **도함수를 간단히 한다** 도함수를 간단히 해야 하는가 라는 질문은 받을 수 있다. 만약 그 도함수를 사용하기를 기대한다면 답은 '그렇다'이다. 다음 장에서 거의 모든 미분의 응용에서 도함수가 단순화된 형태로 표현될 것이다. 간단한 형태의 도함수의 이점을 쉽게 볼 수 있다. 예를 들어 다음 함수의 도함수를 생각하자.

$$f(x) = \frac{x}{\sqrt{x^2 + 1}}$$

몫의 규칙과 연쇄 법칙에 의한 도함수의 정리되지 않은 형태는

$$f'(x) = \frac{(x^2 + 1)^{1/2}(1) - (x)\left(\frac{1}{2}\right)(x^2 + 1)^{-1/2}(2x)}{\left(\sqrt{x^2 + 1}\right)^2}$$

이다. 이는 다음의 단순화된 형태보다 분명히 훨씬 복잡하다는 것을 알 수 있다.

$$f'(x) = \frac{1}{(x^2 + 1)^{3/2}}$$

■ **응용 문제에서 측성의 단위를 표기한다** 실생활의 응용 문제에서 도함수를 사용할 때 각 변수의 측정 단위를 표기해야 한다. 예를 들면 R이 달러로 측정되고, t가 연도로 측정되었다면, 도함수 dR/dt는 연도에 대한 달러로 측정된다. 즉 '달러/연도'이다.

복습문제

[1-2] (그래프의 기울기 측정) 그래프의 점 (x, y)에서의 접선의 기울기를 추정하여라. (눈금은 가로 세로 1단위이다.)

1.

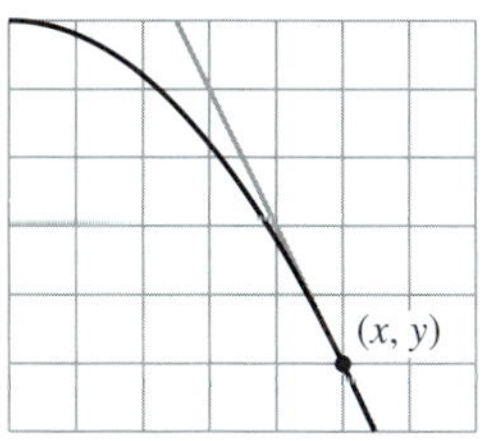

2.

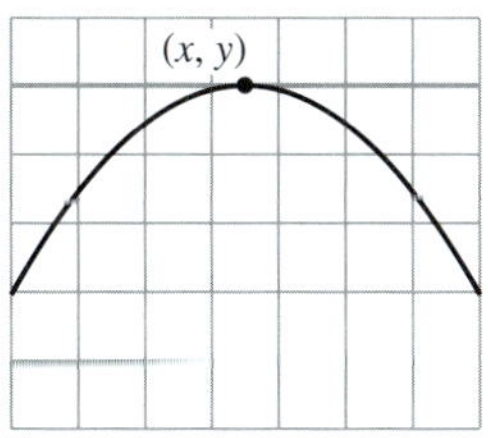

3. **(수입)** 다음 그래프는 치포틀 멕시칸 그릴사의 2007년에서 2013년 사이 수입 R(백만 달러)을 나타낸다. 여기서 t는 연도로서 $t = 7$은 2007년에 해당한다. 그래프에서 2008년과 2010년에 대한 기울기를 추정하고 설명하여라.

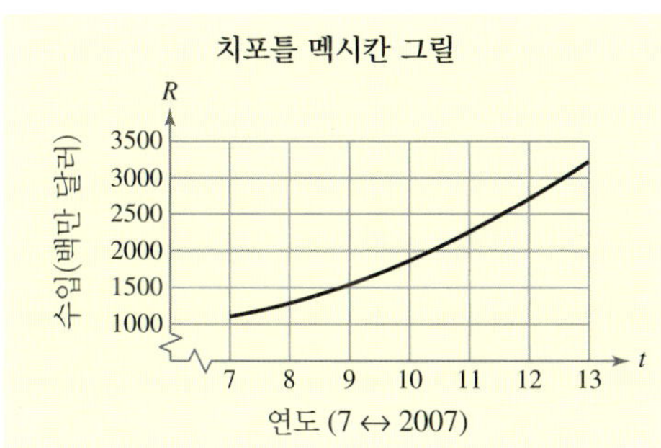

4. **(소비자 경향)** 다음 그래프는 연간 국립공원 방문객 수에 대한 것이고, $t = 1$은 1월에 해당한다. $t = 1, 8, 12$ 에서의 그래프의 기울기를 추정하고 설명하여라.

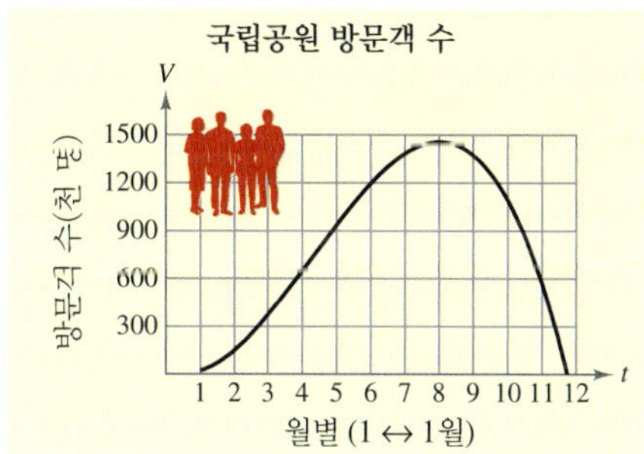

[5-8] (그래프의 기울기 구하기) 극한의 정의를 사용하여 주어진 점에서 f의 그래프의 기울기를 구하여라.

5. $f(x) = -3x - 5;\ (-2, 1)$

6. $f(x) = x^2 + 9;\ (3, 18)$

7. $f(x) = \sqrt{x + 9};\ (-5, 2)$

8. $f(x) = \dfrac{1}{x - 5};\ (6, 1)$

[9-12] (도함수 구하기) 극한의 정의를 사용하여 함수의 도함수를 구하여라.

9. $f(x) = 9x + 1$

10. $f(x) = -\frac{1}{2}x^2 + 2x$

11. $f(x) = \sqrt{x - 5}$

12. $f(x) = \dfrac{5}{x}$

[13-14] (미분가능성 결정) 함수가 미분가능인 x값을 구하여라. 그 이유를 설명하여라.

13. $y = \sqrt[3]{3x + 3}$

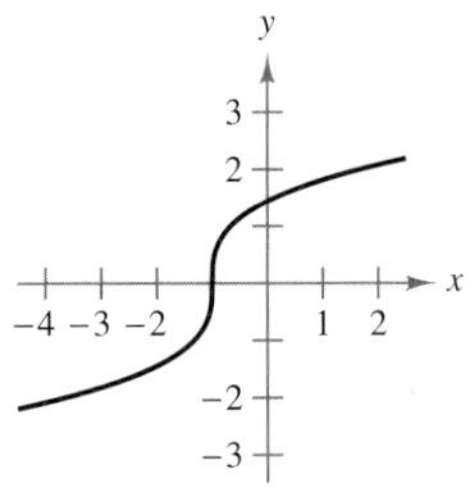

14. $y = \begin{cases} -x - 2, & x \le 0 \\ x^3 + 2, & x > 0 \end{cases}$

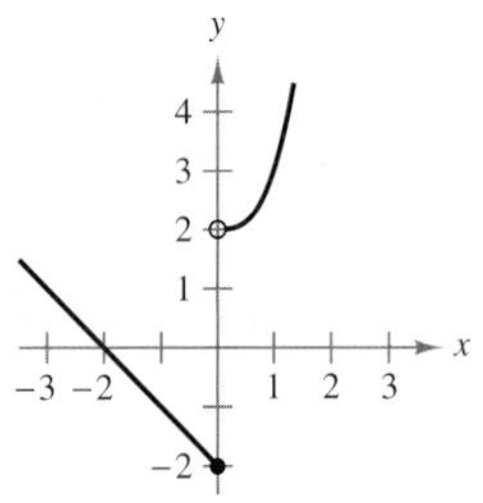

[15-20] (도함수 구하기) 함수의 도함수를 구하여라.

15. $y = -6$

16. $f(x) = x^7$

17. $f(x) = 4x^2$

18. $f(x) = \dfrac{5x^3}{4}$

19. $g(x) = 2x^4 + 3x^2$

20. $y = x^2 + 6x - 7$

[21-22] (그래프의 기울기 구하기) 주어진 점에서 함수의 그래프의 기울기를 구하여라. 그래픽 도구를 사용하여 도함수의 모습을 그려 결과를 확인하여라.

21. $f(x) = 2x^{-1/2}; (4, 1)$

22. $g(x) = x^3 - 4x^2 - 6x + 8; (-1, 9)$

[23-24] (접선의 방정식 구하기) (a) 주어진 점에서 함수의 그래프에의 접선의 방정식을 구하여라. (b) 그래픽 도구를 사용하여 함수의 그래프와 접선의 방정식을 구하여라. (c) 그래픽 도구를 사용하여 접선의 모양을 그려 결과를 확인하여라.

23. $f(x) = 2x^2 - 3x + 1; (2, 3)$

24. $f(x) = \sqrt{x} - \dfrac{1}{\sqrt{x}}; (1, 0)$

25. **(수입)** 치포틀 멕시칸 그릴사의 2007년에서 2013년 사이 수입 R(백만 달러)이 다음과 같이 모형화된다.

$$R = -0.5972t^3 + 51.187t^2 - 485.54t + 2199.0$$

여기서 t는 연도로서 $t = 7$은 2007년에 해당한다.

(a) 2008년과 2010년의 그래프의 기울기를 구하여라.

(b) 이 결과를 복습문제 3에서 얻은 결과와 비교하여라.

(c) 문제의 내용에 있는 그래프에 대한 기울기를 설명하여라.

[26-27] (변화율 구하기) 주어진 구간에서 다음 함수의 평균 변화율을 구하여라. 이 변화율과 구간의 끝점에서의 순간 변화율을 비교하여라.

26. $f(t) = 4t + 3; [-3, 1]$

27. $f(x) = x^{2/3}; [1, 8]$

28. **(속도)** 높이 200미터의 건물 옥상에서 10미터/초의 초기 속도로 공을 수직으로 낙하시켰다. 시간 t(초)에서 높이 s(미터)는 다음과 같다.

$$s = -4.9t^2 - 10t + 200$$

(a) 구간 [1, 3]에서의 평균 속도를 구하여라.

(b) $t = 1$과 $t = 3$에서 순간 속도를 구하여라.

(c) 공이 지상에 부딪칠 때까지 걸리는 시간은 얼마인가?

(d) 공이 지상에 부딪칠 때의 속도를 구하여라.

[29-30] (한계비용) 다음에서 x단위 생산할 때의 한계비용(달러)을 구하여라.

29. $C = 2500 + 320x$

30. $C = 370 + 2.55\sqrt{x}$

[31-32] (한계수입) x단위를 판매할 때의 한계수입(달러)을 구하여라.

31. $R = 150x - 0.6x^2$

32. $R = -4x^3 + 2x^2 + 100x$

33. **(한계이익)** x단위 판매할 때 한계이익을 구하여라.

$$P = -0.0002x^3 + 6x^2 - x - 2000$$

34. 상품을 x단위 판매할 때 이익 P(달러)는 다음과 같다.

$$P = -0.05x^2 + 20x - 1000$$

(a) $x = 100$단위일 때 한계이익을 구하여라.

(b) 판매가 100단위에서 101단위로 증가할 때 추가 이익을 구하여라.

(c) (a)와 (b)의 결과를 비교하여라.

[35-45] (도함수 구하기) 다음 함수의 도함수를 구하여라. 어떤 미분 규칙이 사용되었는지 말하여라.

35. $f(x) = x^3(5 - 3x^2)$

36. $y = (4x - 3)(x^3 - 2x^2)$

37. $g(x) = \dfrac{x}{x + 3}$

38. $f(x) = \dfrac{6x - 5}{x^2 + 1}$

39. $f(x) = (5x^2 + 2)^3$

40. $h(x) = \dfrac{2}{\sqrt{x+1}}$

41. $g(x) = x\sqrt{x^2+1}$

42. $f(x) = x(1-4x^2)^2$

43. $h(x) = [x^2(2x+3)]^3$

44. $f(x) = x^2(x-7)^{6/5}$

45. $h(t) = \dfrac{\sqrt{3t+1}}{(1-3t)^2}$

46. (물리학) 냉장고에 넣어둔 음식의 온도 T(화씨온도)는 다음과 같은 모형식이다.

$$T = \frac{1300}{t^2 + 2t + 25}$$

여기서 t는 시간(시)이다.

(a) $t = 1, 3, 5, 10$일 때 T의 변화율을 각각 구하여라.

(b) 그래픽 도구로 모형식의 그래프를 그리고 또 온도의 초과 시간에서의 변화율에 대해 언급하여라.

[47-50] (고계도함수 구하기) 다음 함수의 표시된 고계도함수를 구하여라.

47. $f(x) = 3x^2 + 7x + 1$; $f''(x)$

48. $f'''(x) = -\dfrac{3}{x^4}$; $f^{(6)}(x)$

49. $f'(x) = 8x^{5/2}$; $f^{(4)}(x)$

50. $f(x) = x^2 + \dfrac{3}{x}$; $f''(x)$

51. (운동 경기) 다이빙 선수가 10미터 높이의 플랫폼에서 1.5미터/초의 초기 속도로 위로 뛰어올라 다이빙을 한다.

(a) 다이빙 선수의 위치 함수, 속도 함수, 가속도 함수를 구하여라.

(b) 다이빙 선수가 수면에 닿을 때까지 걸리는 시간은 얼마인가?

(c) 수면에 닿을 때의 속도는 얼마인가?

(d) 수면에 닿을 때의 가속도는 얼마인가?

[52-53] (도함수 구하기) 음함수 미분법을 사용하여 다음에서 dy/dx를 구하여라.

52. $x^2 + 3xy + y^3 = 10$

53. $y^2 - x^2 + 8x - 9y - 1 = 0$

[54-55] (접선의 방정식 구하기) 음함수 미분을 이용하여 주어진 점에서 다음 방정식의 그래프에서의 접선의 방정식을 구하여라.

54. $y^2 = x - y$; $(2, 1)$

55. $y^2 - 2x = xy$; $(1, 2)$

56. (면적) 반지름 r인 원이 분당 2센티미터의 비율로 반지름이 증가한다. (a) $r = 3$센티미터, (b) $r = 10$센티미터일 때 각각 면적의 변화율을 구하여라.

57. (수면 높이) 수영장이 길이가 12미터, 폭이 6미터, 입구목의 깊이는 1미터, 가장 깊은 끝점은 3미터이다(그림 참조). 수영장에 물이 분당 2세제곱미터로 유입되고 있다. 가장 깊은 끝점의 깊이가 1미터일 때 이 지점의 수면 상승 속도는 얼마인가?

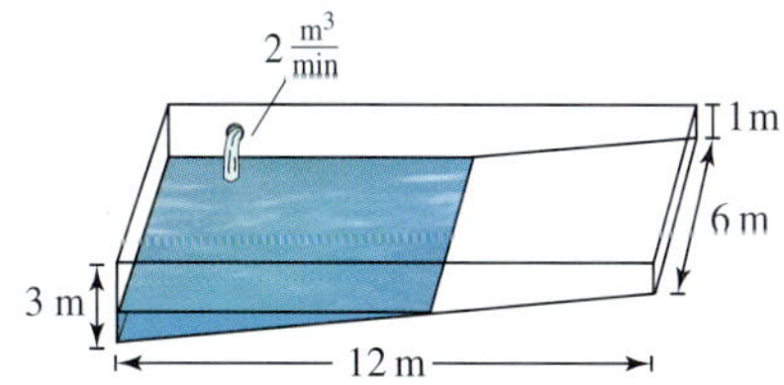

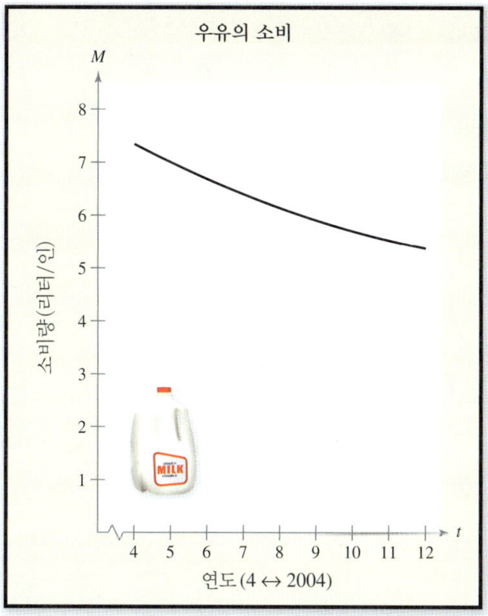

3장 1절의 예제 2에서는 2004년에서 2012년 사이 미국에서 우유 소비량이 감소하고 있음을 미분을 사용하여 보여 주고 있다.

3 미분의 응용

3.1 증가 · 감소 함수

- 증가 · 감소 함수에 대해 알아보기
- 함수의 임계수를 찾고 함수가 증가 또는 감소하는 열린구간 구하기
- 증가 · 감소 함수를 사용하여 실생활 문제를 모형화하고 풀기

증가 · 감소 함수

x가 오른쪽으로 움직일 때 함수의 그래프가 위로 이동하면 함수는 **증가**(increasing)하고, x가 오른쪽으로 움직일 때 그래프가 아래로 이동하면 함수는 **감소**(decreasing)한다. 다음 정의는 이 의미를 좀 더 구체적으로 보여 주고 있다.

증가 · 감소 함수의 정의

구간에 있는 두 수 x_1, x_2에 대해

$$x_2 > x_1 \text{이면 } f(x_2) > f(x_1)$$

일 때, 그 구간에서 f는 **증가**(increasing)한다.

구간에 있는 두 수 x_1, x_2에 대해

$$x_2 > x_1 \text{이면 } f(x_2) < f(x_1)$$

일 때, 그 구간에서 f는 **감소**(decreasing)한다.

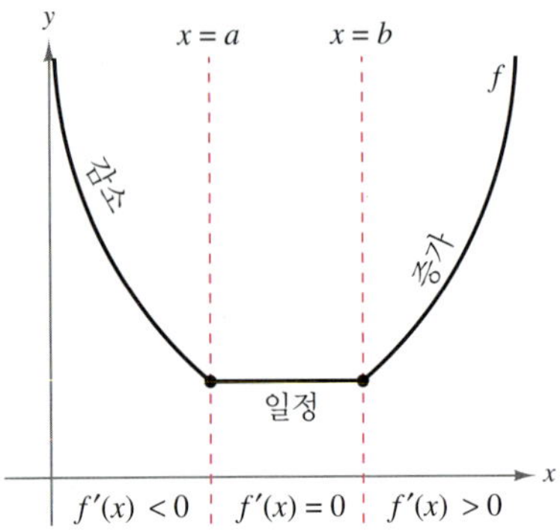

그림 3.1

그림 3.1에 있는 함수의 그래프에서 구간 $(-\infty, a)$에서는 감소, 구간 (a, b)에서는 일정, 구간 (b, ∞)에서는 증가이다. 실제로 증가 · 감소 함수의 정의에서 그림 3.1에 있는 함수는 $(-\infty, a]$에서 감소, $[b, \infty)$에서 증가이다. 이 교재에서는 함수가 증가 또는 감소하는 구간으로 열린구간을 구하는 것에만 국한한다. 어떤 구간에서 함수가 증가 또는 감소 여부를 결정하는 데 함수의 도함수를 사용한다.

증가 · 감소 함수에 대한 판정

f가 구간 (a, b)에서 미분가능이라고 하자.

1. (a, b)에 있는 모든 x에 대해 $f'(x) > 0$이면, f는 (a, b)에서 증가한다.

2. (a, b)에 있는 모든 x에 대해 $f'(x) < 0$이면, f는 (a, b)에서 감소한다.

3. (a, b)에 있는 모든 x에 대해 $f'(x) = 0$이면, f는 (a, b)에서 상수함수이다.

학습 팁

증가 · 감소 함수에 대한 판정에서 1, 2의 경우에 대한 결론은 구간 (a, b)에 있는 유한개의 x 값에서 $f'(x) = 0$일 때도 유효하다.

예제 1 증가 · 감소 함수에 대한 판정

함수 $f(x) = x^2$은 열린구간 $(-\infty, 0)$에서 감소이고, 열린구간 $(0, \infty)$에서 증가이다.

풀이 f의 도함수는

$$f'(x) = 2x$$

이므로 열린구간 $(-\infty, 0)$에서 x가 음이면 $f'(x) = 2x$ 또한 음이다. 그러므로 감소 함수에 대한 판정에 의해 f는 이 구간에서 **감소**이다. 같은 방법으로 열린구간 $(0, \infty)$에서 x가 양이면 $f'(x) = 2x$ 또한 양이다. 그러므로 이 구간에서 f는 **증가**이다(그림 3.2).

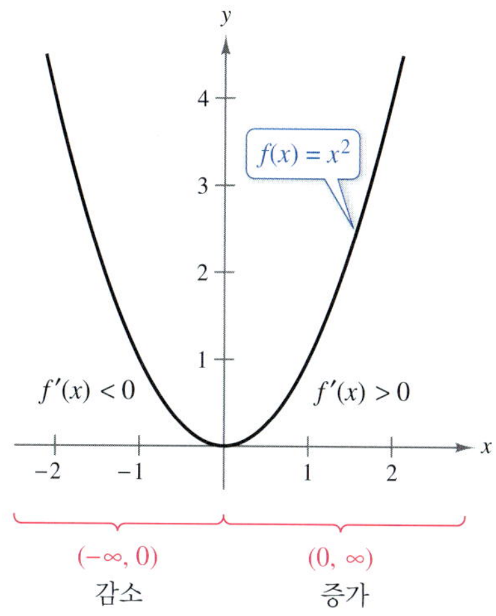

그림 3.2

점검문제 1 함수 $f(x) = x^4$은 열린구간 $(-\infty, 0)$에서 감소이고, 열린구간 $(0, \infty)$에서 증가임을 보여라. ■

예제 2 소비 모형화

2004년에서 2012년 사이 미국에서 우유 소비량 M(리터/인)은 다음과 같이 모형화된다.

$$M = 0.053t^2 - 1.78t + 34.1, \quad 4 \le t \le 12$$

여기서 $t = 4$는 2004년에 해당한다(그림 3.3). 2004년에서 2012년까지 우유 소비량이 감소했음을 보여라. (자료: 미 농무부)

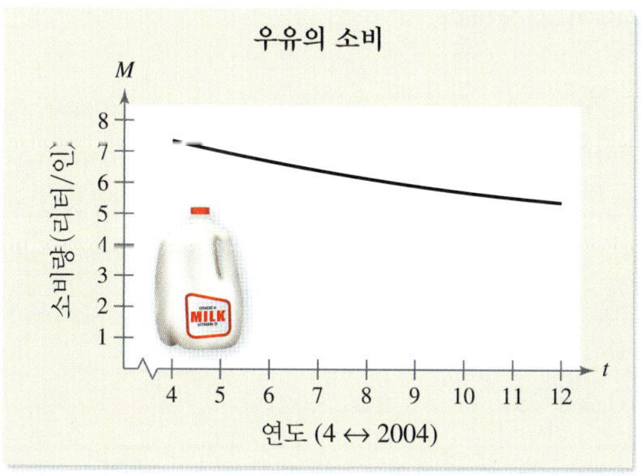

그림 3.3

풀이 모형식의 도함수 $dM/dt = 0.106t - 1.78$이다. 2004년에서 2012년까지는 열린구간 $(4, 12)$에 해당한다. 이 구간에서 도함수는 음이다. 그러므로 함수는 감소이고, 이는 2004년에서 2012년까지 우유 소비량은 감소했다는 것을 의미한다.

점검문제 2 2007년에서 2012년 사이 미국에서 블루베리 소비량 B(킬로그램/인)는 다음과 같이 모형화된다.

$$B = -0.0081t^2 + 0.220t - 0.92, \quad 7 \le t \le 12$$

여기서 $t = 7$은 2007년에 해당한다. 2007년에서 2012년까지 블루베리 소비량이 증가했음을 보여라. (자료: 미 농무부) ■

임계수와 그 사용

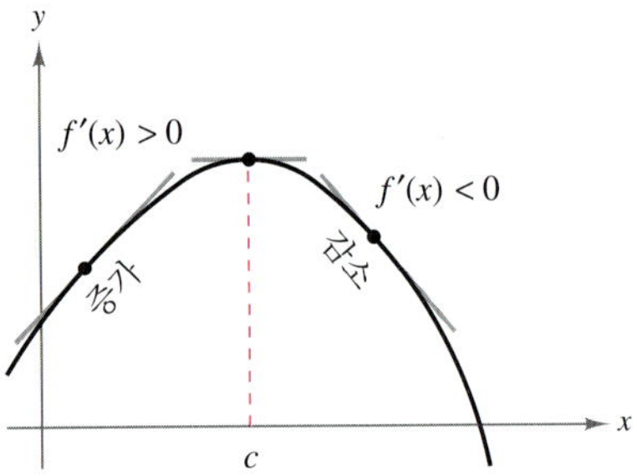

$f'(c) = 0$

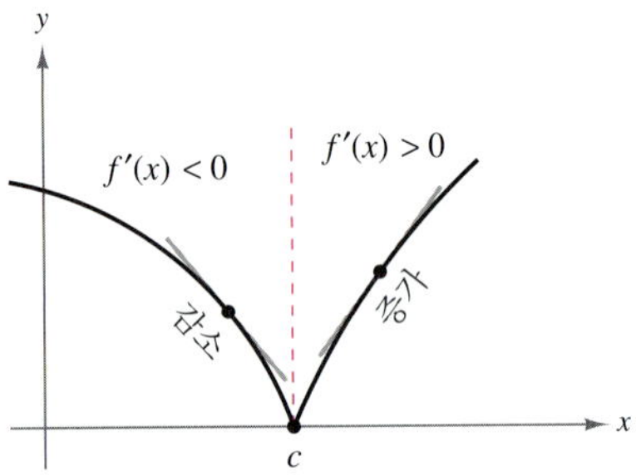

$f'(c)$가 정의되지 않음

그림 3.4

예제 1의 두 구간 중, 한 구간에서는 함수가 감소하고 또 다른 한 구간에서는 함수가 증가함을 보았다. 이런 구간을 결정해야 하는 문제에 부딪친다면 이를 해결하기 위해 어떤 연속 함수에 대해 $f'(x) = 0$인 x값에서 $f'(x)$의 부호가 바뀌거나 또는 $f'(x)$가 존재하지 않는 x값을 찾아야 한다(그림 3.4). 이런 두 형태의 수를 f의 **임계수**(critical number)라고 한다.

임계수의 정의

f가 c에서 정의되고 $f'(c) = 0$이거나 또는 $f'(c)$가 정의되지 않는 c는 f의 **임계수**(critical number)이다.

임계수의 정의에서 임계수는 함수의 정의역에 있어야 함을 확실히 이해해야 한다. 예를 들면 $x = 0$은 $f'(x) = -1/x^2$에서 정의되지 않지만 함수 $f(x) = 1/x$의 임계수가 아니다.

예제 3 **임계수 찾기**

$f(x) = 2x^3 - 9x^2$의 임계수를 구하여라.

풀이 함수를 미분하여 시작한다.

$$f(x) = 2x^3 - 9x^2 \quad \text{원래 함수를 쓴다}$$
$$f'(x) = 6x^2 - 18x \quad \text{미분한다}$$

f의 임계수를 구하기 위해 $f'(x) = 0$이거나 $f'(x)$가 정의되지 않는 x값을 찾아야 한다.

$$6x^2 - 18x = 0 \quad f'(x)\text{를 0으로 둔다}$$
$$6x(x - 3) = 0 \quad \text{인수분해 한다}$$
$$x = 0, x = 3 \quad \text{임계수}$$

$f'(x)$가 정의되지 않는 x는 존재하지 않기 때문에 $x = 0$과 $x = 3$이 f의 임계수이다.

✓ **점검문제 3** $f(x) = x^2 - x$의 임계수를 구하여라. ■

연속 함수가 증가하거나 감소하는 구간을 결정하기 위해 아래 지침을 사용하는 것이 좋다.

증가 또는 감소 판정 적용 지침

1. f의 도함수를 구한다.

2. f의 임계수의 위치를 찾고 이 수를 사용하여 판정 구간을 결정한다. 즉 $f'(x) = 0$이거나 $f'(x)$가 정의되지 않는 모든 x를 구한다.

3. 각 구간에 있는 한 판정값에서 $f'(x)$의 부호를 결정한다.

4. 각 구간에서 f가 증가 또는 감소인지를 결정하기 위해 지침 3의 증가 또는 감소 함수에 대한 판정을 사용한다.

예제 4 f가 증가 또는 감소인 구간

함수 $f(x) = x^3 - \frac{3}{2}x^2$의 증가 또는 감소인 열린구간을 구하여라.

풀이 먼저 f의 도함수를 구한다. 도함수를 0으로 두고 임계수에 대해 푼다.

$$f'(x) = 3x^2 - 3x \quad \text{원래 함수를 미분한다}$$
$$3x^2 - 3x = 0 \quad \text{도함수를 0으로 둔다}$$
$$3x(x - 1) = 0 \quad \text{인수분해 한다}$$
$$x = 0, x = 1 \quad \text{임계수}$$

$f'(x)$가 정의되지 않는 x값은 없으므로 $x = 0$과 $x = 1$이 임계수이다. 그러므로 판정 구간은 다음과 같다.

$(-\infty, 0), (0, 1), (1, \infty)$ 판정 구간

다음 표는 세 구간에 대한 판정을 요약한 것이다.

구간	$-\infty < x < 0$	$0 < x < 1$	$1 < x < \infty$
판정값	$x = -1$	$x = \frac{1}{2}$	$x = 2$
$f'(x)$의 부호	$f'(-1) = 6 > 0$	$f'(\frac{1}{2}) = -\frac{3}{4} < 0$	$f'(2) = 6 > 0$
결과	증가	감소	증가

그러므로 구간 $(-\infty, 0)$, $(1, \infty)$에서 f는 증가이고, 구간 $(0, 1)$에서 f는 감소이다(그림 3.5). 각 구간에서의 판정값을 편하게 선택한 것이므로 다른 x값을 사용해도 좋다.

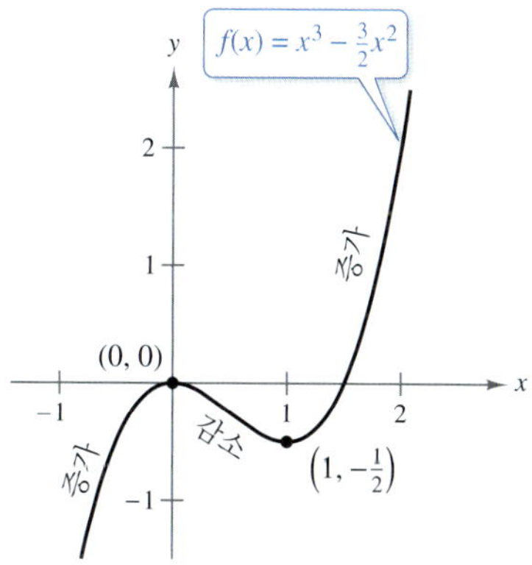

그림 3.5

✓ **점검문제 4** 함수 $f(x) = x^3 - 12x$의 증가 또는 감소인 열린구간을 구하여라. ■

예제 4의 함수는 실수 전체 구간에서 연속일 뿐만 아니라 미분가능이다. 이런 함수들은 $f'(x) = 0$인 x값만 임계수이다. 다음 예제에서는 두 가지 형태의 임계수를 갖는 연속 함수를 생각한다. 즉 $f'(x) = 0$과 $f'(x)$가 정의되지 않는 함수이다.

예제 5 f가 증가 또는 감소인 구간

다음 함수에서 증가 또는 감소인 열린구간을 구하여라.

$$f(x) = (x^2 - 4)^{2/3}$$

풀이 먼저 함수의 도함수를 구한다.

$$f'(x) = \frac{2}{3}(x^2 - 4)^{-1/3}(2x) \quad \text{미분한다}$$
$$= \frac{4x}{3(x^2 - 4)^{1/3}} \quad \text{간단히 한다}$$

이 식에서 $x = 0$에서 도함수는 0이고, $x = \pm 2$에서 도함수는 정의되지 않는다. 그러므로 임계수는

$$x = -2, \quad x = 0, \quad x = 2 \qquad \text{임계수}$$

이다. 이 임계수에서 판정 구간은

$$(-\infty, -2), \quad (-2, 0), \quad (0, 2), \quad (2, \infty) \qquad \text{판정 구간}$$

이고 다음 표는 네 구간에 대한 판정을 요약한 것이다.

구간	$-\infty < x < -2$	$-2 < x < 0$	$0 < x < 2$	$2 < x < \infty$
판정값	$x = -3$	$x = -1$	$x = 1$	$x = 3$
$f'(x)$의 부호	$f'(-3) < 0$	$f'(-1) > 0$	$f'(1) < 0$	$f'(3) > 0$
결과	감소	증가	감소	증가

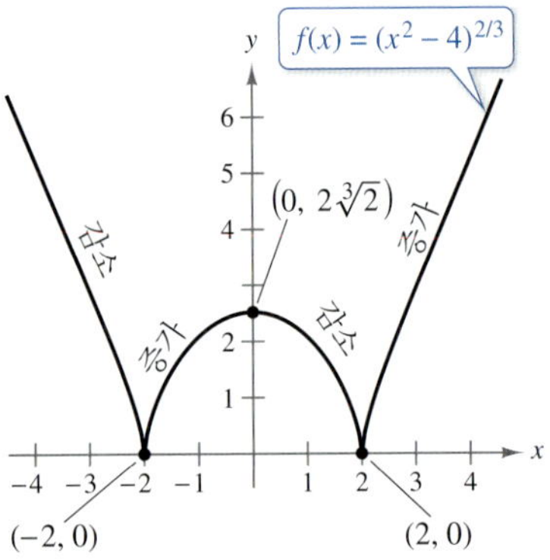

그림 3.6

그러므로 f는 구간 $(-2, 0)$, $(2, \infty)$에서 증가이고, 구간 $(-\infty, -2)$, $(0, 2)$에서 감소이다(그림 3.6).

✓ 점검문제 5 함수 $f(x) = x^{2/3}$에서 증가 또는 감소인 열린구간을 구하여라. ■

예제 1에서 예제 5까지의 함수는 모두 실수 전체 구간에서 연속이다. 연속이 아닌 함수가 되게 하는 x값이 있다면, 이 x값은 판정 구간을 결정하기 위한 임계수로 사용되어야 한다.

예제 6 연속이 아닌 함수의 판정

함수

$$f(x) = \frac{x^4 + 1}{x^2}$$

은 $x = 0$에서 연속이 아니다. 또한 f의 도함수

$$f'(x) = \frac{2(x^4 - 1)}{x^3}$$

은 $x = \pm 1$에서 0이다. 그러므로 판정 구간을 결정하기 위해 이 수들을 사용한다.

$$x = -1, x = 1 \qquad \text{임계수}$$
$$x = 0 \qquad \text{불연속점}$$

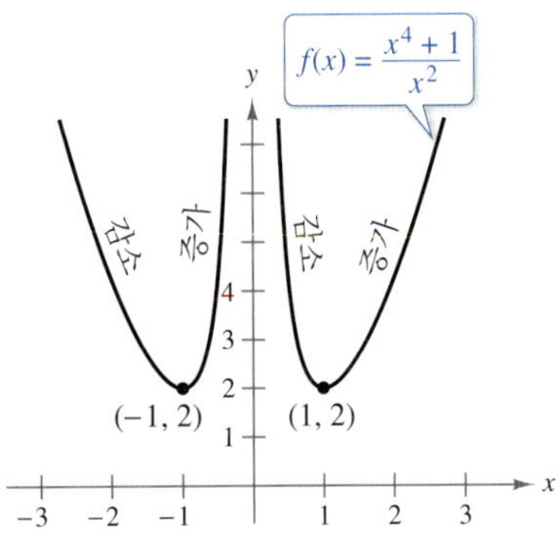

그림 3.7

$f'(x)$를 판정하면 구간 $(-\infty, -1)$, $(0, 1)$에서 감소이고, 구간 $(-1, 0)$, $(1, \infty)$에서 증가이다(그림 3.7).

✓ 점검문제 6

$$f(x) = \frac{x^2 + 1}{x}$$

에서 증가 또는 감소인 열린구간을 구하여라. ■

예제 7 증가 함수 판정

$f(x) = x^3 - 3x^2 + 3x$는 실수 전체 구간에서 증가임을 보여라.

풀이 f의 도함수

$$f'(x) = 3x^2 - 6x + 3 = 3(x-1)^2$$

에서 $x = 1$이 유일한 임계수이다. 그러므로 판정 구간은 $(-\infty, 1)$, $(1, \infty)$이다. 다음 표는 이 두 구간에 대한 판정을 요약한 것이다. 그림 3.8에서 $f'(1) = 0$이지만 f는 실수 전체 구간에서 증가임을 볼 수 있다. 이를 확인하기 위해 증가 함수에 대한 정의를 되돌아보자.

구간	$-\infty < x < 1$	$1 < x < \infty$
판정값	$x = 0$	$x = 2$
$f'(x)$의 부호	$f'(0) = 3(-1)^2 > 0$	$f'(2) = 3(1)^2 > 0$
결과	증가	증가

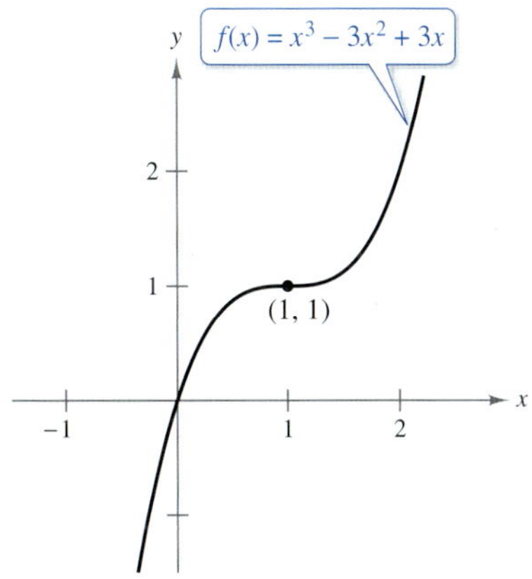

그림 3.8

✓점검문제 7 $f(x) = -x^3 + 2$는 실수 전체 구간에서 감소임을 보여라. ■

응용

예제 8 이익 분석

장난감 유통업자가 게임기에 대한 비용(C)과 수입함수(R)를 다음과 같이 결정했다.

$$C = 2.4x - 0.0002x^2, \quad 0 \le x \le 6000$$
$$R = 7.2x - 0.001x^2, \quad 0 \le x \le 6000$$

이익함수가 증가하는 열린구간을 결정하여라.

풀이 x게임기의 생산에 대한 이익함수는

$$\begin{aligned} P &= R - C \\ &= (7.2x - 0.001x^2) - (2.4x - 0.0002x^2) \\ &= 4.8x - 0.0008x^2 \end{aligned}$$

이익이 증가하는 구간을 구하기 위해 한계이익 P'을 0으로 두고 x에 대해 풀면

$$P' = 4.8 - 0.0016x \qquad \text{이익함수를 미분한다}$$
$$4.8 - 0.0016x = 0 \qquad P'\text{을 0으로 둔다}$$
$$-0.0016x = -4.8 \qquad \text{4.8을 양변에서 뺀다}$$
$$x = \frac{-4.8}{-0.0016} \qquad \text{양변을 }-0.0016\text{으로 나눈다}$$
$$x = 3000\text{(게임기)} \qquad \text{간단히 한다}$$

구간 (0, 3000)에서 $P'(x)$는 양이고, 이익은 **증가한다**. 구간 (3,000, 6,000)에서 $P'(x)$는 음이고 이익은 **감소한다**. 비용, 수입, 이익함수가 그림 3.9에 있다.

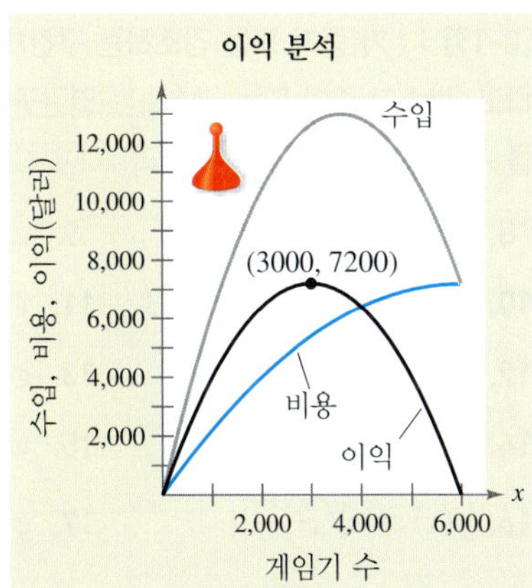

그림 3.9

✓**점검문제 8** 애완동물 장난감 공급업자가 장난감에 대한 비용(C) 및 수입함수(R)를 다음과 같이 결정했다.

$$C = 1.2x - 0.0001x^2, \quad 0 \le x \le 6000$$
$$R = 3.6x - 0.0005x^2, \quad 0 \le x \le 6000$$

이익함수가 증가하는 열린구간을 결정하여라. ■

연습문제 3.1

[1-2] (그래프 사용) 그래프를 사용하여 함수가 증가 또는 감소하는 열린구간을 추정하여라.

1. $f(x) = -(x+1)^2$

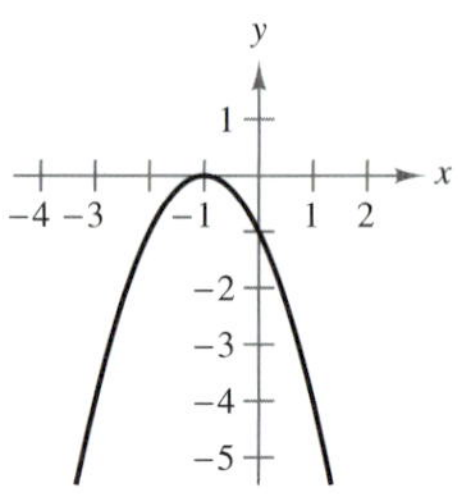

2. $f(x) = x^4 - 2x^2$

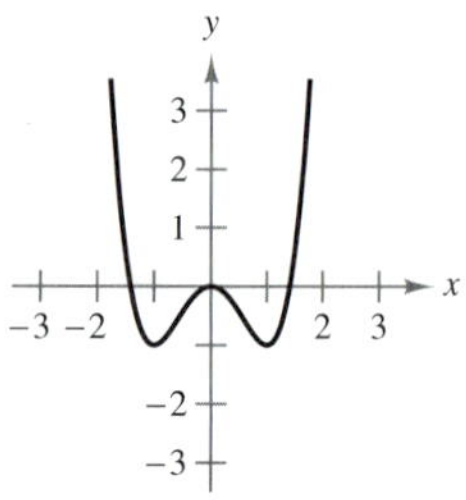

[3-4] (증가 함수 및 감소 함수에 대한 판정) 다음 함수가 주어진 열린구간에서 증가 또는 감소임을 보여라. (예제 1 참조)

3. $y = -x^2$; $(-\infty, 0)$에서 증가; $(0, \infty)$에서 감소

4. $y = (x-2)^2$; $(-\infty, 2)$에서 감소; $(2, \infty)$에서 증가

[5-7] (임계수 구하기) 다음 함수의 임계수를 구하여라.

5. $f(x) = 4x^2 - 6x$

6. $y = x^4 + 4x^3 + 8$

7. $f(x) = \sqrt{x^2 - 25}$

[8-19] (f가 증가 또는 감소하는 구간) 다음 함수에서 임계수를 구하고, 함수가 증가 또는 감소하는 열린구간을 구하여라. 그래픽 도구를 사용하여 결과를 확인하여라. (예제 4, 5, 7 참조)

8. $f(x) = 2x - 3$

9. $y = x^2 - 6x$

10. $f(x) = -2x^2 + 4x + 3$

11. $y = 3x^3 + 12x^2 + 15x$

12. $f(x) = x^4 - 2x^3$

13. $g(x) = (x+2)^2$

14. $g(x) = 2(5x-1)^3$

15. $y = x^{1/3} + 1$

16. $f(x) = \sqrt[3]{x^2 - 1}$

17. $g(x) = (x+2)^{1/3}$

18. $f(x) = x\sqrt{x+1}$

19. $f(x) = \dfrac{x}{x^2 + 9}$

[20-24] (f가 증가 또는 감소하는 구간) 다음 함수에서 임계수를 찾고, 함수가 증가 또는 감소하는 열린구간을 구하여라(힌트: 불연속에 대해 조사하여라). 함수의 그래프를 그려 결과를 확인하여라. (예제 6 참조)

20. $f(x) = \dfrac{x+4}{x-5}$

21. $f(x) = \dfrac{x^3 + 2}{x}$

22. $f(x) = \dfrac{2x}{16 - x^2}$

23. $y = \begin{cases} 4 - x^2, & x \le 0 \\ -2x, & x > 0 \end{cases}$

24. $y = \begin{cases} 2x + 1, & x \le -1 \\ x^2 - 2, & x > -1 \end{cases}$

25. (판매) 2009년에서 2013년 사이 메이시 백화점의 매출 S(10억 달러)는 다음과 같이 모형화된다고 한다.

$$S = -0.193t^2 + 5.39t - 9.5, \quad 9 \le t \le 13$$

여기서 t는 연도로서 $t = 9$는 2009년에 해당한다. 2009년에서 2013년 사이 매출이 증가했음을 보여라. (자료: 메이시 백화점)

26. (학사 학위) 1998년에서 2012년 사이 미국에서 수여된 생물 및 생약 전공자 수 y(천 명)는 다음과 같이 모형화된다.

$$y = -0.0253t^3 + 1.431t^2 - 22.63t + 170.1, \quad 8 \le t \le 22$$

여기서 t는 연도로서 $t = 8$은 1998년에 해당한다. (자료: 미국 국가교육 통계센터)

(a) 그래픽 도구로 모형식의 그래프를 그려라. 그래프로 모형식이 증가하는 기간과 감소하는 기간을 추정하여라.

(b) 증가 또는 감소에 대한 판정을 하여 (a)의 결과를 확인하여라.

27. (이익 분석) 패스트푸드 레스토랑의 햄버거에 대한 비용과 수입의 모형식이 다음과 같다. 즉

$$C = 0.6x + 7500,\ \ 0 \le x \le 50{,}000$$

$$R = \frac{1}{20{,}000}(65{,}000x - x^2),\quad 0 \le x \le 50{,}000$$

(a) 이 상황에서의 이익함수를 표시하여라.

(b) 이익함수가 증가 또는 감소하는 열린구간을 결정하여라.

(c) 레스토랑에서 얼마나 많은 햄버거를 팔아야 최대 이익을 얻을 수 있는지 결정하여라. 이유를 설명하여라.

3.2 극값과 일계도함수 판정법

- 함수의 상대극값 구하기
- 일계도함수 판정법을 사용하여 함수의 상대극값 구하기
- 닫힌구간에서 연속 함수의 절대극값 구하기
- 실생활 모형에서 극솟값, 극댓값을 구하고 문맥에서 그 결과의 의미를 해석하기

상대극값

함수가 구간에서 증가 또는 감소함을 결정하기 위해 도함수를 사용했다. 이 절에서는 함수의 증가, 감소가 변하는 점을 조사하고, 그 반대도 조사할 것이다. 이런 점에서 함수는 **상대극값**(relative extremum)을 갖는다. 함수의 상대극값은 함수의 **상대극소**(relative minimum)와 **상대극대**(relative maximum)를 포함한다. 예를 들면 그림 3.10에서의 함수는 왼쪽에서 상대극대, 오른쪽에서 상대극소를 갖는다.

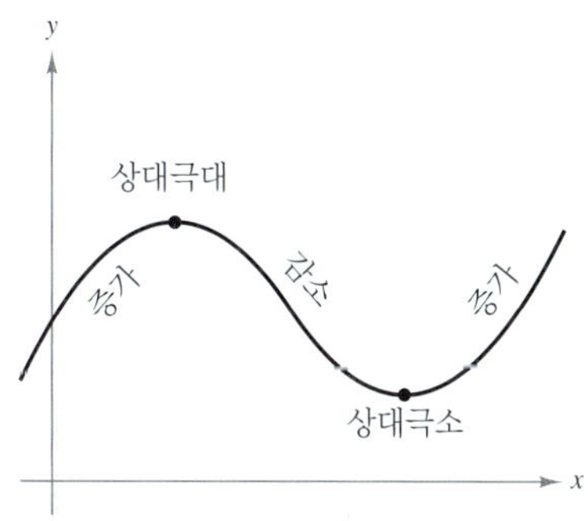

그림 3.10

상대극값의 정의

함수 f는 c에서 정의되어 있다고 하자.

1. c를 포함하는 구간 (a, b)가 존재하여 (a, b)에 있는 모든 x에 대해 $f(x) \le f(c)$일 때, $f(c)$는 f의 **상대극대**(relative maximum)이다.

2. c를 포함하는 구간 (a, b)가 존재하여 (a, b)에 있는 모든 x에 대해 $f(x) \ge f(c)$일 때, $f(c)$는 f의 **상대극소**(relative minimum)이다.

만약 $f(c)$가 f의 상대극값이면, 상대극값은 $x = c$에 있다.

연속 함수에서 상대극값은 함수의 임계수에서 나타난다(그림 3.11).

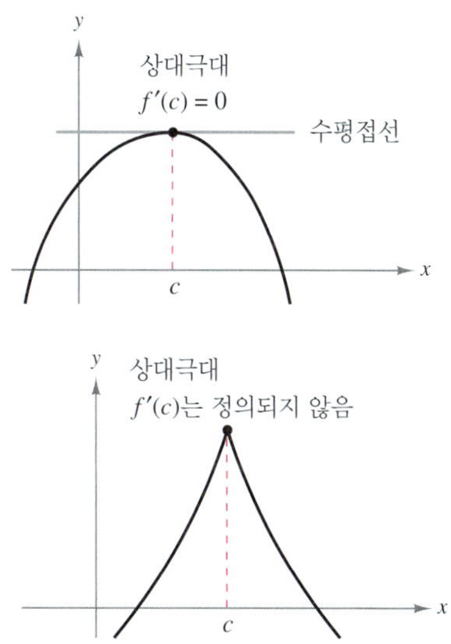

그림 3.11

상대극값의 발생

함수 f가 $x = c$에서 상대극소나 상대극대를 가질 때, c는 f의 임계수이다. 즉 $f'(c) = 0$ 또는 $f'(c)$가 정의되지 않는다.

일계도함수 판정법

앞에서 언급한 것은 연속 함수의 극값을 찾을 때, 함수의 임계수만 조사해도 되었다. c가 함수 f의 임계수임을 한 번 결정했다면, 상대극값에 대한 **일계도함수 판정법**(first-derivative test)으로 $f(c)$가 상대극소, 상대극대, 또는 상대극소도 상대극대도 아님을 판정한다.

상대극값에 대한 일계도함수 판정법

f는 구간 (a, b)에서 연속이고, c가 (a, b)에서 유일한 임계수라고 하자. f가 (a, b)에서 미분가능(c는 제외 가능)이라고 하면, $f(c)$는 다음과 같이 상대극소, 상대극대 또는 상대극소도 상대극대도 아니다.

1. 구간 (a, b)에서 $f'(x)$가 $x = c$의 왼쪽에서 음이고, 오른쪽에서 양이면 $f(c)$는 상대극소이다.

2. 구간 (a, b)에서 $f'(x)$가 $x = c$의 왼쪽에서 양이고, $x = c$의 오른쪽에서 음이면 $f(c)$는 상대극대이다.

3. 구간 (a, b)에서 $f'(x)$가 $x = c$의 양쪽에서 양이거나 또는 $x = c$의 양쪽에서 음이면 $f(c)$는 상대극소도 상대극대도 아니다.

일계도함수 판정법의 그래프에 의한 설명은 그림 3.12에 보여 주고 있다.

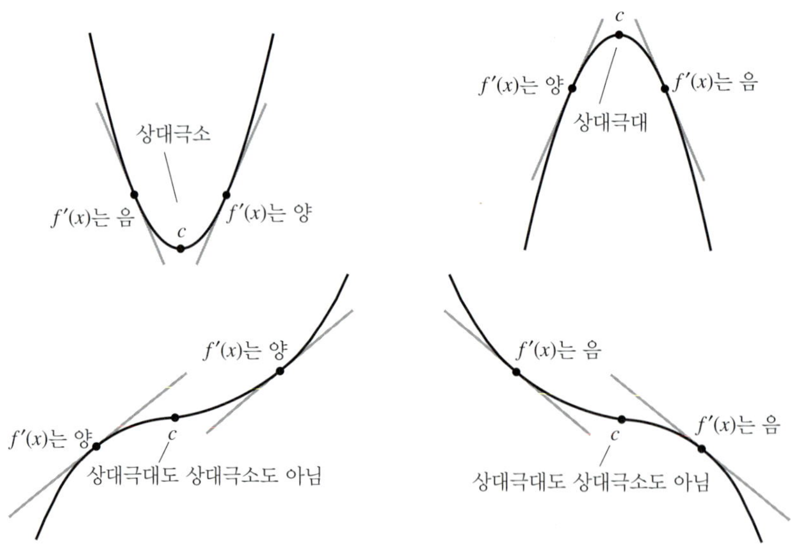

그림 3.12

상대극값을 구하는 지침

1. f의 도함수를 구한다.

2. f의 임계수의 위치를 찾고 이를 사용하여 판정 구간을 결정한다.

3. 각 판정 구간에 있는 임의의 수에서 $f'(x)$의 부호를 결정한다.

4. 각각의 임계수 c에 대해 일계도함수 판정법을 사용하여 $f(c)$가 상대극소인지, 상대극대인지, 상대극소도 상대극대도 아닌지를 결정한다.

예제 1 상대극값 구하기

다음 함수의 상대극값을 모두 구하여라.

$$f(x) = 2x^3 - 3x^2 - 36x + 14$$

풀이 f의 도함수를 구하여 시작한다.

$$f'(x) = 6x^2 - 6x - 36 \qquad \text{도함수를 구한다}$$

다음으로 f의 임계수를 구한다.

$$6x^2 - 6x - 36 = 0 \qquad \text{도함수를 0으로 둔다}$$
$$6(x^2 - x - 6) = 0 \qquad \text{공통 인수를 인수분해 한다}$$
$$6(x - 3)(x + 2) = 0 \qquad \text{인수분해 한다}$$
$$x = -2, x = 3 \qquad \text{임계수}$$

$f'(x)$는 모든 x에 대해 정의되므로 f의 임계수는

$$x = -2, \ x = 3 \qquad \text{임계수}$$

이다. 이를 사용하여 세 판정 구간을 만들 수 있다. 즉

$$(-\infty, -2), \ (-2, 3), \ (3, \infty) \qquad \text{판정 구간}$$

이다. 세 구간에 대한 판정은 다음 표와 같다.

구간	$-\infty < x < -2$	$-2 < x < 3$	$3 < x < \infty$
판정값	$x = -3$	$x = 0$	$x = 4$
$f'(x)$의 부호	$f'(-3) = 36 > 0$	$f'(0) = -36 < 0$	$f'(4) = 36 > 0$
결과	증가	감소	증가

일계도함수 판정법을 사용하면 임계수 $x = -2$는 상대극대를 줌을 알 수 있고, [$f'(x)$는 부호가 양에서 음으로 바뀐다], 그리고 임계수 $x = 3$은 상대극소를 줌을 알 수 있다 [$f'(x)$의 부호는 음에서 양으로 바뀐다]. f의 그래프는 그림 3.13에서 볼 수 있다. 상대극대는

$$f(-2) = 58$$

이고 상대극소는

$$f(3) = -67$$

이다.

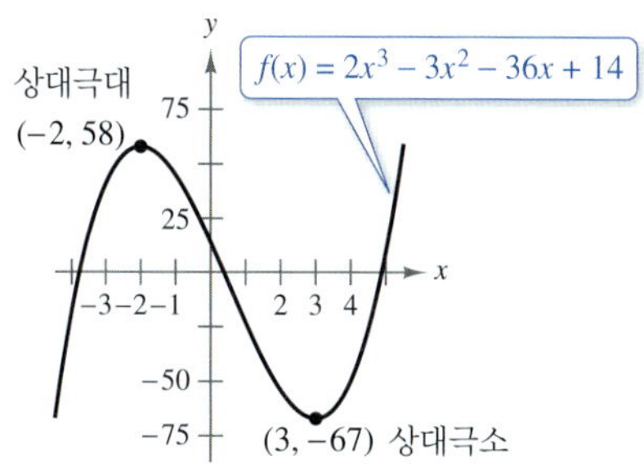

그림 3.13

✔ **점검문제 1** $f(x) = 2x^3 - 6x + 1$의 상대극값을 모두 구하여라. ■

예제 1에서는 두 임계수에서 상대극값을 갖는다. 다음 예제는 두 임계수 중 하나

만 상대극값을 갖는다.

예제 2 상대극값 구하기

함수 $f(x) = x^4 - x^3$의 상대극값을 모두 구하여라.

풀이 함수의 도함수를 구하면

$$f'(x) = 4x^3 - 3x^2 = x^2(4x - 3)$$

이며, 함수는 단지 두 개의 임계수 $x = 0$, $x = \frac{3}{4}$을 가짐을 볼 수 있다. 이 두 임계수는 판정 구간 $(-\infty, 0)$, $\left(0, \frac{3}{4}\right)$, $\left(\frac{3}{4}, \infty\right)$를 갖는다. 표를 만들면 다음과 같다.

구간	$-\infty < x < 0$	$0 < x < \frac{3}{4}$	$\frac{3}{4} < x < \infty$
판정값	$x = -1$	$x = \frac{1}{2}$	$x = 1$
$f'(x)$의 부호	$f'(-1) = -7 < 0$	$f'\left(\frac{1}{2}\right) = -\frac{1}{4} < 0$	$f'(1) = 1 > 0$
결과	감소	감소	증가

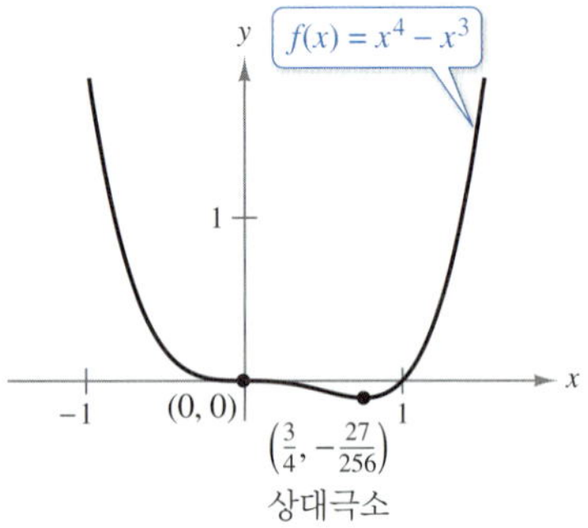

그림 3.14

일계도함수 판정법에 의해 $x = \frac{3}{4}$에서 f는 상대극소를 갖는다(그림 3.14). 상대극소는

$$f\left(\frac{3}{4}\right) = -\frac{27}{256}$$

이다. 임계수 $x = 0$은 양쪽에서 $f'(x)$의 부호가 음이므로 상대극값을 갖지 않는다.

✓ **점검문제 2** $f(x) = x^4 - x^3$의 상대극값을 모두 구하여라. ■

예제 3 상대극값 구하기

다음 함수

$$f(x) = 2x - 3x^{2/3}$$

의 상대극값을 모두 구하여라.

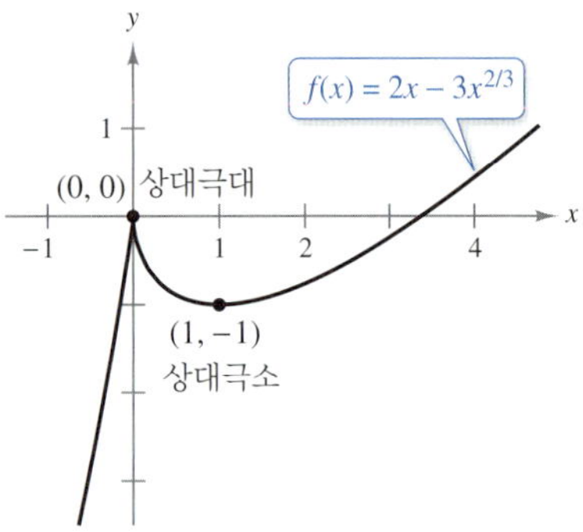

그림 3.15

풀이 함수의 도함수

$$f'(x) = 2 - \frac{2}{x^{1/3}} = \frac{2(x^{1/3} - 1)}{x^{1/3}}$$

에서 $f'(1) = 0$이고 $x = 0$에서 $f'(x)$는 정의되지 않는다. 그러므로 함수는 두 개의 임계수 $x = 1$과 $x = 0$을 갖는다. 이 임계수는 판정 구간 $(-\infty, 0)$, $(0, 1)$, $(1, \infty)$를 갖는다. 이 구간을 조사하면 f는 $(0, 0)$에서 상대극대를 갖고 $(1, -1)$에서 상대극소를 갖는다(그림 3.15).

✓ **점검문제 3** $f(x) = 3x^{2/3} - 2x$의 상대극값을 모두 구하여라. ■

절대극값

상대극소와 **상대극대**는 함수의 국소적 성질을 나타내는 용어이다. 전 구간에서 함수의 전체적 성질을 언급하기 위해 **절대극대**(absolute maximum)와 **절대극소**(absolute minimum)라는 용어를 사용한다.

절대극값의 정의

f가 c의 포함하는 구간 I에서 정의되었다고 하자.

1. 구간 I에 있는 모든 x에 대해 $f(c) \le f(x)$일 때, $f(c)$는 I에서 ***f*의 절대극소(최소)**(absolute minimum of f)이다.
2. 구간 I에 있는 모든 x에 대해 $f(c) \ge f(x)$일 때, $f(c)$는 I에서 ***f*의 절대극대(최대)**(absolute maximum of f)이다.

어떤 구간에서 함수의 절대극소와 절대극대는 가끔 간단히 I에서 f의 **극소(최소)**(minimum)와 **극대(최대)**(maximum)로 부른다.

상대극값과 절대극값의 차이를 이해했음을 확인하여라. 예를 들면 그림 3.16에서 함수는 구간 $[a, b]$에서 상대극소를 가지면서 또한 절대극소를 가질 수 있다. 그러나 f의 상대극대가 구간 $[a, b]$에서 절대극대인 것은 아니다. 다음 정리는 연속함수가 정의역으로 닫힌구간을 갖는다면, 이 함수는 구간에서 절대극소와 절대극대를 동시에 갖는다는 것을 의미한다. 그림 3.16에서 이런 극값은 구간의 끝점에서 나타날 수 있다는 점에 유의하자.

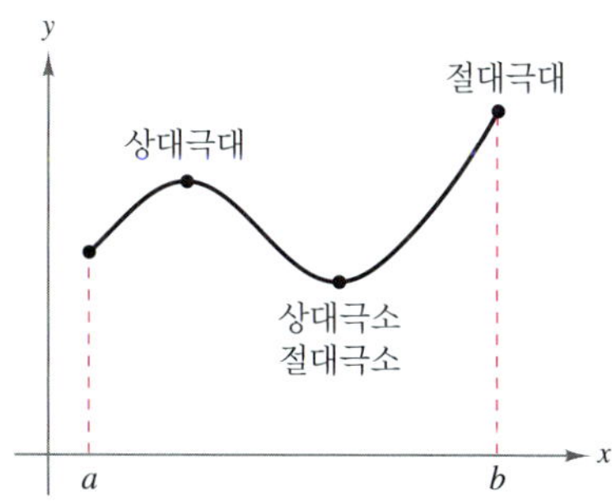

그림 3.16

극값 정리

f가 닫힌구간 $[a, b]$에서 연속이면, f는 $[a, b]$에서 최솟값과 최댓값을 둘 다 갖는다.

연속 함수가 닫힌구간에서 한 개의 최솟값과 한 개의 최댓값을 갖지만 이들 값의 어느 하나는 많은 x값에서 나타날 수 있다. 예를 들면 구간 $[-3, 3]$에서 함수

$$f(x) = 9 - x^2$$

은 $x = -3$과 $x = 3$에서 최솟값 0을 갖는다(그림 3.17).

닫힌구간에서 함수의 극값을 찾을 때 구간의 끝점에서의 함숫값뿐만 아니라 함수의 임계수에서도 조사해야 한다. 닫힌구간 위에서 극값을 구하기 위해 다음의 지침을 사용하는 것이 좋다.

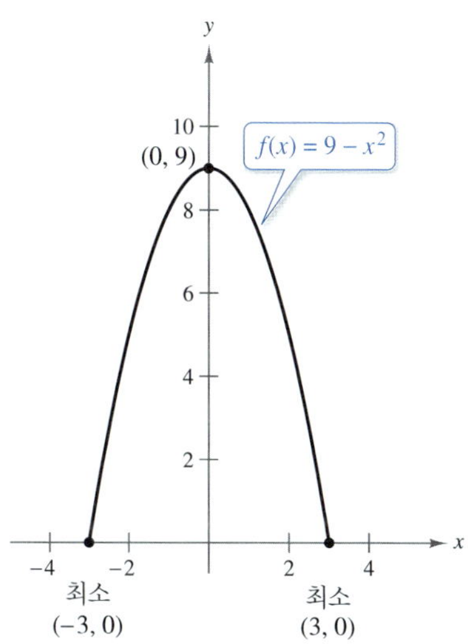

그림 3.17

닫힌구간에서 극값 구하기 지침

닫힌구간 $[a, b]$에서 연속 함수 f의 극값은 다음 단계에 따라 구한다.

1. 열린구간 (a, b)에서 f의 임계수를 구한다.
2. (a, b)에 있는 임계수에서 f의 값을 계산한다.
3. 끝점 a, b에서 f의 값을 계산한다.
4. 이들 값 중에서 가장 작은 값이 최소이고, 가장 큰 값이 최대이다.

예제 4 닫힌구간에서 극값 구하기

구간 $[0, 5]$에서 함수

$$f(x) = x^2 - 6x + 2$$

의 최댓값, 최솟값을 구하여라.

풀이 먼저 함수의 도함수를 구한다.

$$f(x) = x^2 - 6x + 2 \quad \text{원래 함수}$$
$$f'(x) = 2x - 6 \quad \text{미분한다}$$

f의 임계수는

$$2x - 6 = 0 \quad \text{도함수를 0으로 둔다}$$
$$2x = 6 \quad \text{양변에 6을 더한다}$$
$$x = 3 \quad x\text{에 대해 푼다}$$

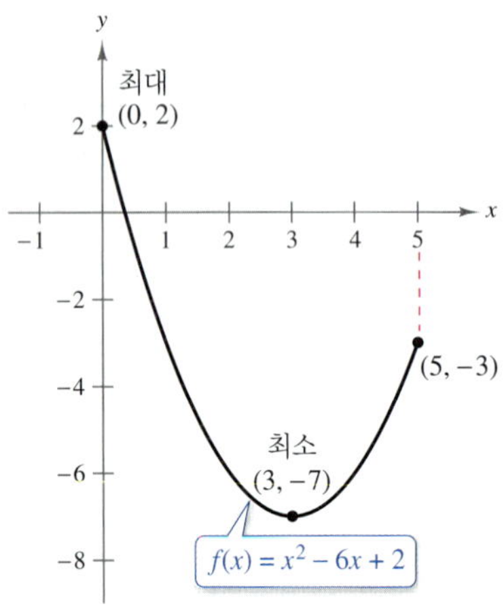

그림 3.18

$f'(x)$가 x의 모든 값에서 정의되므로 f의 유일한 임계수는 $x = 3$이다. 이 임계수는 구간 $[0, 5]$에 포함되므로 이 값에서 f를 계산하고 양 끝점에서 계산하면 표에 보는 것과 같다.

x값	끝점: $x = 0$	임계수: $x = 3$	끝점: $x = 5$
$f(x)$	$f(0) = 2$	$f(3) = -7$	$f(5) = -3$
결과	최대는 2	최소는 −7	최대, 최소 아님

표로부터 구간 $[0, 5]$에서 f의 최솟값은 $f(3) = -7$이다. 또한 구간 $[0, 5]$에서 최댓값은 $f(0) = 2$이다. 이는 그림 3.18에서 확인할 수 있다.

✓ **점검문제 4** 구간 $[0, 7]$에서 다음 함수의 최솟값, 최댓값을 구하여라. f의 그래프를 그리고 최댓값, 최솟값을 표시하여라.

$$f(x) = x^2 - 8x + 10$$

응용

함수의 최댓값, 최솟값을 구하는 것은 미적분학의 가장 일반적인 응용 중 하나이다.

예제 5 최대 이익 구하기

2장 3절의 예제 7, 8에서 패스트푸드 레스토랑 문제를 다시 생각하자. 이 레스토랑에서 x개의 햄버거를 팔았을 때의 이익함수는

$$P = 2.44x - \frac{x^2}{20{,}000} - 5000, \quad 0 \le x \le 50{,}000$$

으로 주어졌다. 최대 이익을 주는 판매 수준을 구하여라.

풀이 한계이익함수를 구하여 시작하자.

$$\frac{dP}{dx} = 2.44 - \frac{x}{10{,}000} \qquad \text{한계이익을 구한다}$$

다음으로 한계이익을 0으로 두고 x에 대해 푼다.

$$2.44 - \frac{x}{10{,}000} = 0 \qquad \text{한계이익을 0으로 둔다}$$

$$-\frac{x}{10{,}000} = -2.44 \qquad \text{양변에서 2.44를 뺀다}$$

$$x = 24{,}400\,(\text{개}) \qquad \text{임계수}$$

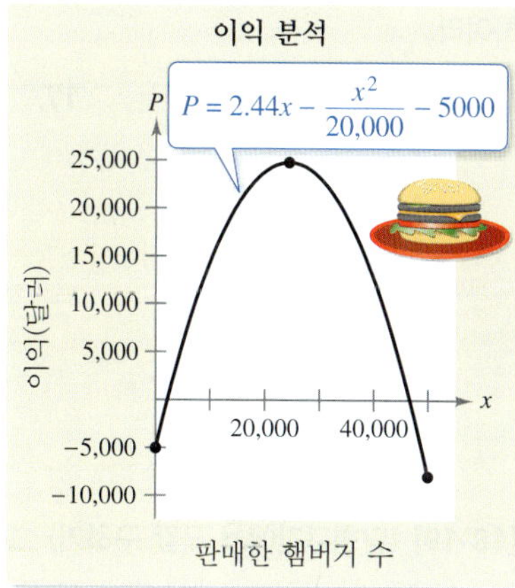

그림 3.19

그림 3.19에서 임계수는 $x = 24{,}400$이고, 이는 최대 이익을 보장하는 판매 수준이다. 최대 이익을 구하기 위해 $x = 24{,}400$을 이익함수에 대입한다.

$$P = 2.44x - \frac{x^2}{20{,}000} - 5000$$

$$= 2.44(24{,}400) - \frac{(24{,}400)^2}{20{,}000} - 5000$$

$$= 24{,}768\,(\text{달러})$$

✓ **점검문제 5** 다음 표를 완성하여 예제 5의 결과를 증명하여라.

x	24,000	24,200	24,300	24,400	24,500	24,600	24,800
P							

■

연습문제 3.2

[1-6] (상대극값 구하기) 다음 함수의 상대극값을 모두 구하여라. (예제 1, 2, 3 참조)

1. $f(x) = -2x^2 + 4x + 3$ **2.** $f(x) = x^2 - 6x$

3. $f(x) = x^4 - 12x^3$ **4.** $h(x) = -(x + 4)^3$

5. $f(x) = 5x^3 - 10x^2 + 3$ **6.** $f(x) = 6x^{2/3} + 4x$

[7-9] (상대극값 구하기) 그래픽 도구를 사용하여 다음 함수의 상대극값을 모두 구하여라.

7. $f(x) = 2x - 6x^{2/3}$ **8.** $g(t) = t - \frac{1}{2t^2}$

9. $f(x) = \frac{x}{x + 1}$

[10-15] (닫힌구간에서 극값 구하기) 닫힌구간에서 다음 함수의 절대극값을 구하여라. 그래픽 도구를 사용하여 결과를 검증하여라. (예제 4 참조)

10. $f(x) = 3(1 - x), \quad [-4, -1]$

11. $f(x) = 5 - 2x^2, \quad [-3, 1]$

12. $f(x) = x^3 - 6x^2, \quad [0, 6]$

13. $h(s) = \dfrac{1}{3 - s}, \quad [0, 2]$

14. $g(t) = \dfrac{1}{x} - \dfrac{2}{x^2}, \quad [-2, 1]$

15. $h(t) = (t - 1)^{2/3}, \quad [-7, 2]$

[16-17] (각 임계수에서 극값의 형태 결정) 그래프의 열린구간에서 함수의 임계수를 근사하여라. 각 임계수에서 함수의 상대극대, 상대극소, 절대극대, 절대극소 또는 어느 것도 갖지 않는지를 결정하여라.

16.

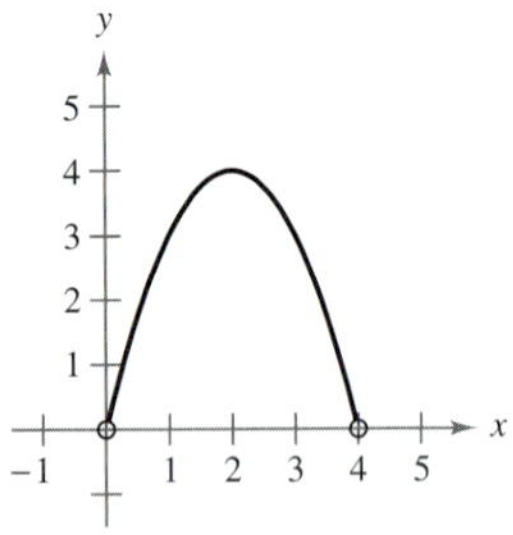

17.

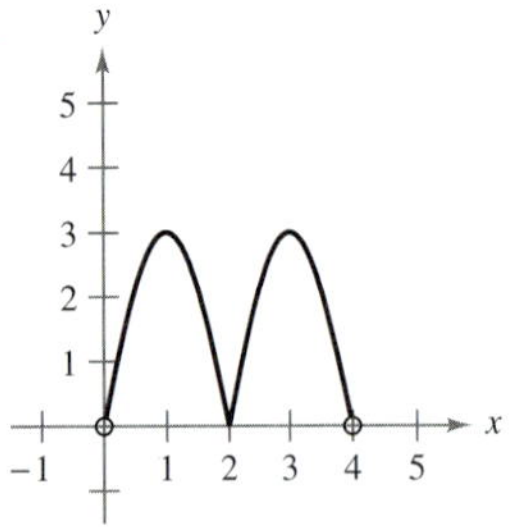

[18-19] (닫힌구간에서 극값 구하기) 그래픽 도구를 사용하여 다음 함수의 주어진 닫힌구간에서 절대극값을 찾아라.

18. $f(x) = 0.4x^3 - 1.8x^2 + x - 3, \quad [0, 5]$

19. $f(x) = \frac{4}{3}x\sqrt{3 - x}, \quad [0, 3]$

[20-21] (절대극값 구하기) 구간 $[0, \infty)$에서 다음 함수의 절대극값을 구하여라.

20. $f(x) = \dfrac{8}{x + 1}$ **21.** $f(x) = \dfrac{2x}{x^2 + 4}$

22. (함수의 그래프 만들기) 다음 주어진 특징을 갖는 함수의 그래프를 닫힌구간 $[-2, 5]$에서 만들어라(많은 답이 존재한다).

$x = -2$에서 절대극대(최대), $x = 1$에서 절대극소(최소), $x = 3$에서 상대극대

23. (인구) 2000년에서 2013년 사이 미국의 현재 거주 인구 P(백만)는 다음과 같은 모형식으로 주어진다고 한다. (자료: 미 인구조사국)

$$P = -0.0023t^3 + 0.015t^2 + 2.83t + 281.8$$

여기서 $t = 0$은 2000년에 해당한다.

(a) 2000년에서 2013년까지 미국 인구의 최대, 최소를 추측하여라.

(b) 이 기간 동안 최대와 최소 인구를 해석적으로 구하여라.

(c) 여러분의 추측과 (b)의 결과를 비교하여 간단히 설명하여라.

24. (비용) 한 소매상이 x개의 상품을 주문하고 보관하는 비용 C는 다음과 같은 모형식으로 결정된다고 한다.

$$C = 3x + \frac{20{,}000}{x}, \quad 0 < x \le 200$$

운반 트럭은 주문당 최대 200단위만 운반할 수 있다. 비용을 최소화할 수 있는 주문량을 구하여라. 그래픽 도구로 결과를 검증하여라.

25. (이익) 축구 경기장에서 병당 1달러로 무알콜성 음료가 판매된다면, 약 6000병이 판매된다. 만약 병당 1.20달러로 가격이 인상되면, 판매량은 5600병으로 감소한다. 초기 비용이 5000달러이고 병당 비용이 0.50달러이다. 수요함수는 선형이라고 가정하고 최대 이익을 얻기 위한 병당 판매 가격과 판매 병수를 추정하여라.

3.3 오목성과 이계도함수 판정법

- 함수의 그래프에서 위로 또는 아래로 오목인 구간 정하기
- 함수의 그래프에서 변곡점 구하기
- 이계도함수 판정법을 사용하여 함수의 상대극값 구하기
- 입력-출력 모형에서 수확체감점 구하기

오목성

함수 f의 증가 또는 감소하는 구간의 위치가 함수의 그래프를 나타내는 데 도움

이 된다는 것을 이미 알고 있다. 이 절에서 f'의 증가 또는 감소하는 구간의 위치가 함수 f의 그래프가 위로 굽는지 또는 아래로 굽는지 결정한다는 것을 보게 될 것이다. 위로 굽는가 또는 아래로 굽는가의 성질은 통상 함수의 그래프의 **오목성**(concavity)으로 정의한다.

오목성의 정의

f가 열린구간 I에서 미분가능하다고 하자. f의 그래프에 대해

1. 구간 I에서 f'이 증가하면 **위로 오목**(concave upward),

2. 구간 I에서 f'이 감소하면 **아래로 오목**(concave downward)

이라고 한다.

그림 3.20에서 오목성에 대한 설명을 그래프로 보게 될 것이다.

1. 위로 오목한 곡선은 곡선의 접선 위에 놓여 있다[그림 3.20(a)].

2. 아래로 오목한 곡선은 이 곡선의 접선 아래에 놓여 있다[그림 3.20(b)].

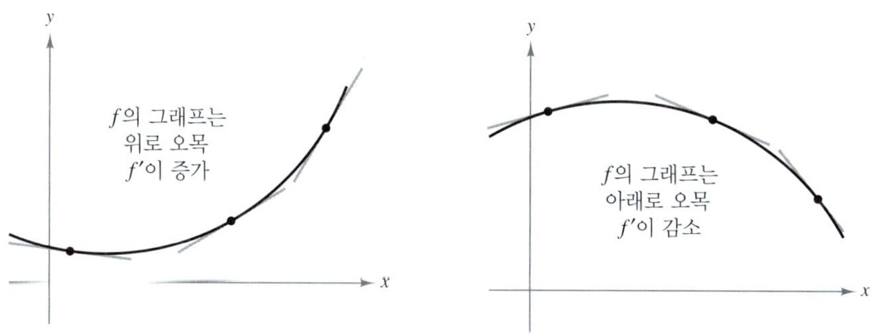

(a) f의 그래프는 접선 위에 있다. (b) f의 그래프는 접선 아래에 있다.

그림 3.20

함수의 그래프가 위로 오목 또는 아래로 오목인 열린구간을 구하기 위해 다음과 같이 이계도함수를 사용할 수 있다.

오목성 판정

f가 열린구간 I에서 이계도함수를 갖는다고 하자.

1. I의 모든 x에 대해 $f''(x) > 0$이면, f의 그래프는 I에서 위로 오목이다.

2. I의 모든 x에 대해 $f''(x) < 0$이면, f의 그래프는 I에서 아래로 오목이다.

예제 1 오목성 결정

f의 이계도함수를 구하고 함수의 그래프의 오목성을 논하여라.

a. $f(x) = x^2$ **b.** $f(x) = \sqrt{x}$

풀이

a. 함수의 그래프

$$f(x) = x^2 \qquad \text{원래 함수}$$

은 실수 전체 구간에서 위로 오목이다. 왜냐하면 이계도함수

$$f''(x) = 2 \qquad \text{이계도함수}$$

가 모든 x에 대해 양이기 때문이다(그림 3.21).

b. 함수의 그래프

$$f(x) = \sqrt{x} \qquad \text{원래 함수}$$

는 $x > 0$ 에서 아래로 오목이다. 왜냐하면 이계도함수

$$f''(x) = -\frac{1}{4}x^{-3/2} \qquad \text{이계도함수}$$

은 $x > 0$에서 음이기 때문이다(그림 3.22).

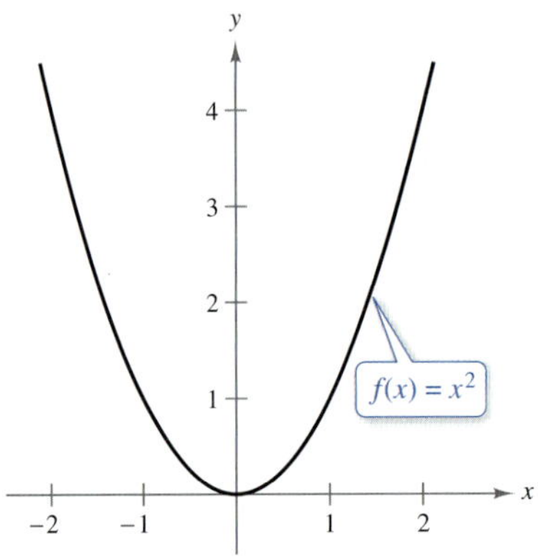

그림 3.21 위로 오목

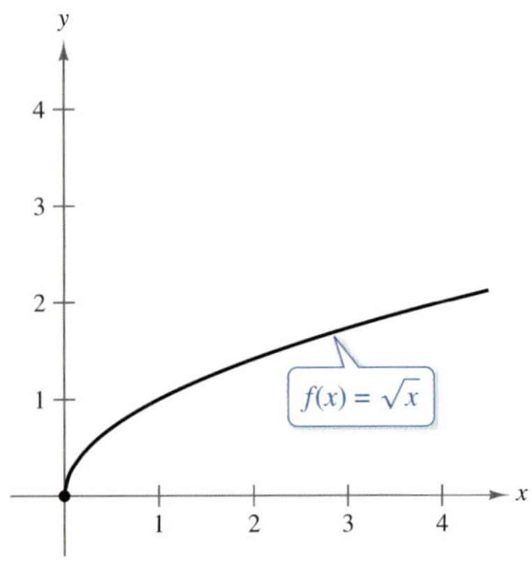

그림 3.22 아래로 오목

✔ **점검문제 1** f의 이계도함수를 구하고 함수의 그래프의 오목성을 논하여라.

a. $f(x) = -2x^2$ **b.** $f(x) = -2\sqrt{x}$ ■

연속 함수 f에서 f의 그래프가 위로 오목하고 아래로 오목한 열린구간을 다음 지침에 의해서 구할 수 있다. [함수가 연속이 아닌 x값이 있을 때, 이 값 또한 $f''(x) = 0$이거나 $f''(x)$가 정의되지 않는 점과 함께 판정 구간을 구성하는 데 사용해야 한다.]

오목성 판정 적용 지침

1. $f''(x) = 0$이거나 $f''(x)$가 정의되지 않는 x값의 위치를 정한다.
2. 판정 구간을 결정하기 위해 이들 x값을 사용한다.
3. 각 판정 구간에서 $f''(x)$의 부호를 결정한다.

예제 2 오목성 판정의 적용

다음 함수의 그래프에서 위로 오목이거나 아래로 오목인 열린구간을 구하여라.

$$f(x) = \frac{6}{x^2 + 3}$$

풀이 f의 이계도함수를 먼저 구한다.

$$\begin{aligned} f(x) &= 6(x^2+3)^{-1} && \text{원래 함수를 다시 쓴다} \\ f'(x) &= 6(-1)(x^2+3)^{-2}(2x) && \text{연쇄 규칙} \\ &= \frac{-12x}{(x^2+3)^2} && \text{간단히 한다} \\ f''(x) &= \frac{(x^2+3)^2(-12) - (-12x)(2)(x^2+3)(2x)}{(x^2+3)^4} && \text{몫의 규칙} \\ &= \frac{-12(x^2+3) + 48x^2}{(x^2+3)^3} && \text{간단히 한다} \\ &= \frac{36(x^2-1)}{(x^2+3)^3} && \text{간단히 한다} \end{aligned}$$

이 식에서 $f''(x)$는 모든 실수에 대해 정의되고 $x = \pm 1$일 때 $f''(x) = 0$이다. 그러므로 다음 판정 구간에서 f의 오목성을 판정할 수 있다.

$$(-\infty, -1), \quad (-1, 1), \quad (1, \infty) \qquad \text{판정 구간}$$

결과는 다음 표와 그림 3.23에서 볼 수 있다.

구간	$-\infty < x < -1$	$-1 < x < 1$	$1 < x < \infty$
판정값	$x = -2$	$x = 0$	$x = 2$
$f''(x)$의 부호	$f''(-2) > 0$	$f''(0) < 0$	$f''(2) > 0$
결과	위로 오목	아래로 오목	위로 오목

학습 팁

예제 2에서 f'이 구간 $(1, \infty)$에서 증가이나 f는 여기서 감소이다. f'의 증가나 감소가 f의 증가나 감소와 필연적으로 대응하는 것도 아님을 볼 수 있다.

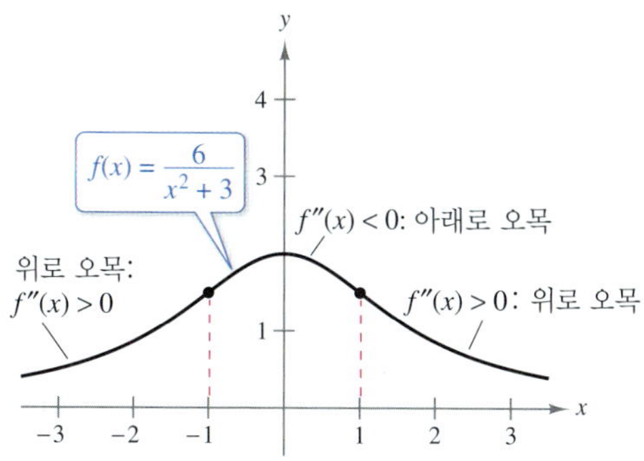

그림 3.23

✔ 점검문제 2 다음 함수의 그래프에서 위로 오목이거나 아래로 오목인 열린구간을 구하여라.

$$f(x) = \frac{12}{x^2 + 4}$$

변곡점

그래프에 접선이 존재하고 오목성이 바뀌는 점을 **변곡점**(point of inflection)이라 한다. 그림 3.24에 변곡점의 세 가지 예를 보여 주고 있다(세 번째 그래프는 변곡점에서 수직 접선을 가짐에 유의하자).

학습 팁

그림 3.24에서 보면 곡선은 변곡점에서 접선을 가로지른다.

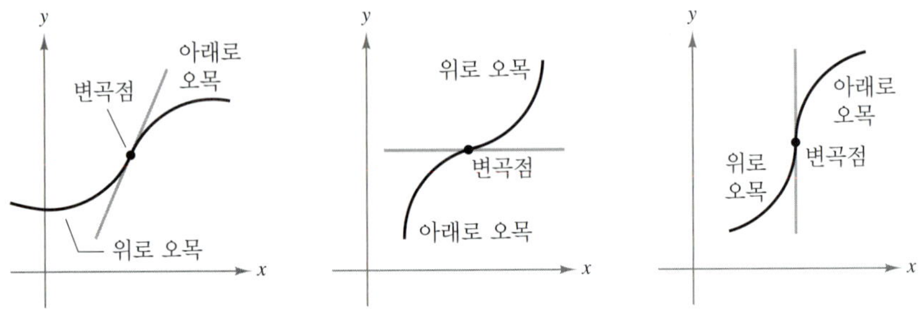

그림 3.24 함수의 그래프의 오목성은 변곡점에서 바뀐다.

변곡점의 정의

연속 함수의 그래프가 오목성이 위에서 아래로(또는 아래에서 위로) 바뀌는 점에서 접선을 갖는다면 그 점은 **변곡점**(point of inflection)이다.

변곡점은 그래프의 오목성이 바뀌는 곳에서 나타나므로 그런 점에서 $f''(x)$의 부호가 바뀐다. 그러므로 변곡점의 위치를 알기 위해 $f''(x) = 0$이거나 또는 $f''(x)$가 정의되지 않는 x의 값으로만 정해야 한다. 이는 f의 임계수를 결정하여 f의 상대극값의 위치를 결정하는 과정과 동일하다.

변곡점의 성질

점 $(c, f(c))$가 f의 그래프의 변곡점이면, $f''(c) = 0$이거나 또는 $f''(c)$가 존재하지 않는다.

예제 3 변곡점 구하기

$f(x) = 2x^3 + 1$의 그래프의 오목성을 논하고 변곡점을 구하여라.

풀이 두 번 미분하면 다음과 같다.

$f(x) = 2x^3 + 1$ 원래 함수를 쓴다

$f'(x) = 6x^2$ 일계도함수를 구한다

$f''(x) = 12x$ 이계도함수를 구한다

$f''(x) = 0$으로 두면 $x = 0$에서 유일한 변곡점을 갖는다. 두 구간 $(-\infty, 0)$과 $(0, \infty)$를 조사하면 그래프는 $(-\infty, 0)$에서 아래로 오목하고, $(0, \infty)$에서 위로 오목함을 알 수 있다. $x = 0$에서 오목성이 바뀌므로 f의 그래프는 $(0, 1)$에서 변곡점을 갖는다(그림 3.25).

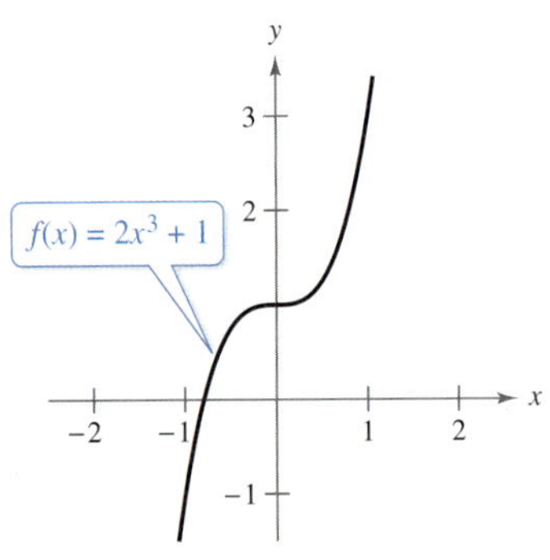

그림 3.25

✔ **점검문제 3** $f(x) = -x^3$의 그래프의 오목성을 논하고 변곡점을 구하여라. ■

예제 4 **변곡점 구하기**

다음 함수의 그래프의 오목성을 논하고 변곡점을 구하여라.

$$f(x) = x^4 + x^3 - 3x^2 + 1$$

풀이 f의 이계도함수를 먼저 구하자.

$$\begin{aligned} f(x) &= x^4 + x^3 - 3x^2 + 1 && \text{원래 함수를 쓴다} \\ f'(x) &= 4x^3 + 3x^2 - 6x && \text{일계도함수를 구한다} \\ f''(x) &= 12x^2 + 6x - 6 && \text{이계도함수를 구한다} \\ &= 6(2x - 1)(x + 1) && \text{인수분해 한다} \end{aligned}$$

이계도함수에서 변곡점은 $x = \frac{1}{2}$, $x = -1$에서 나타난다. 구간 $(-\infty, -1)$, $\left(-1, \frac{1}{2}\right)$, $\left(\frac{1}{2}, \infty\right)$를 조사하면, 구간 $(-\infty, -1)$에서는 위로 오목, $\left(-1, \frac{1}{2}\right)$에서는 아래로 오목, $\left(\frac{1}{2}, \infty\right)$에서는 위로 오목하다. 오목성이 $x = -1$, $x = \frac{1}{2}$에서 변하므로 f의 그래프의 변곡점은 이 두 x값에서 가짐을 알 수 있다(그림 3.26). 두 변곡점은

$$(-1, -2)\text{와 } \left(\frac{1}{2}, \frac{7}{16}\right)$$

이다.

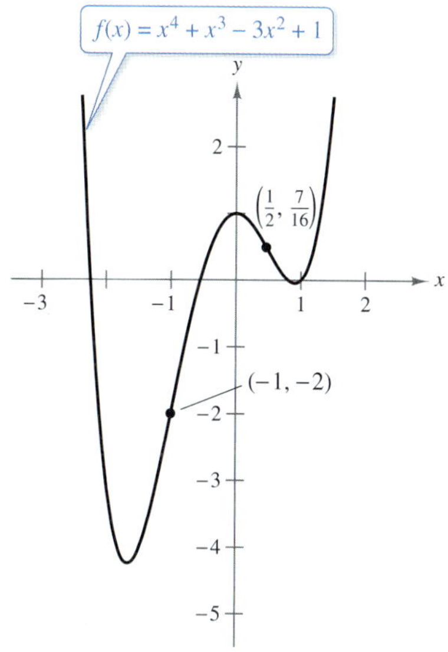

그림 3.26 두 변곡점

✔ **점검문제 4** 다음 함수의 그래프의 오목성을 논하고 변곡점을 구하여라.

$$f(x) = x^4 - 2x^3 + 1$$ ■

변곡점이 아닌 점에서 이계도함수가 영이 될 수 있다. 예를 들면

$$f(x) = x^3\text{과 } g(x) = x^4$$

의 그래프를 비교하자(그림 3.27). 두 함수의 이계도함수는 모두 $x = 0$에서 0이다. 그러나 f만 $x = 0$에서 변곡점을 갖는다. 이는 $f''(x) = 0$인 x값에서 변곡점이 존재

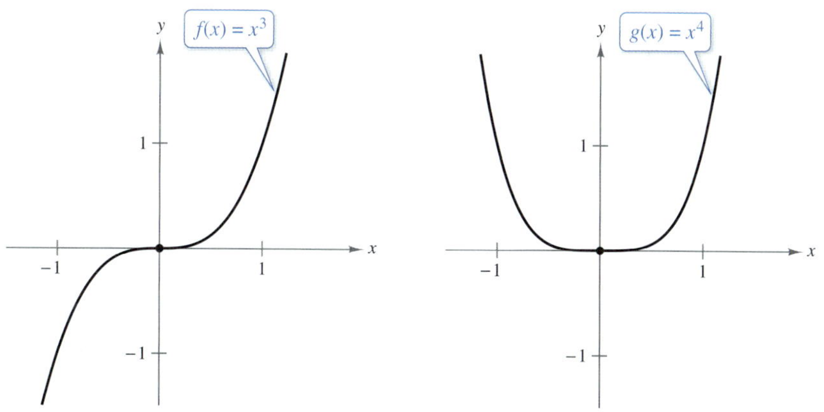

$f''(0) = 0$, $(0, 0)$은 변곡점이다.

$g''(0) = 0$, 그러나 $(0, 0)$은 변곡점이 아니다.

그림 3.27

한다고 결론짓기 전에 그 점에서 오목성이 실제로 변하는지를 조사해야 함을 보여준다.

이계도함수 판정법

오목성의 판정 이외에도, 이계도함수는 상대극소와 상대극대의 간단한 판정에도 사용할 수 있다. f가 $f'(c) = 0$인 함수이고 f의 그래프가 $x = c$에서 위로 오목이면, $f(c)$는 f의 상대극소이다. 같은 방법으로 f가 $f'(c) = 0$인 함수이고 f의 그래프가 $x = c$에서 아래로 오목이면 $f(c)$는 f의 상대극대이다(그림 3.28).

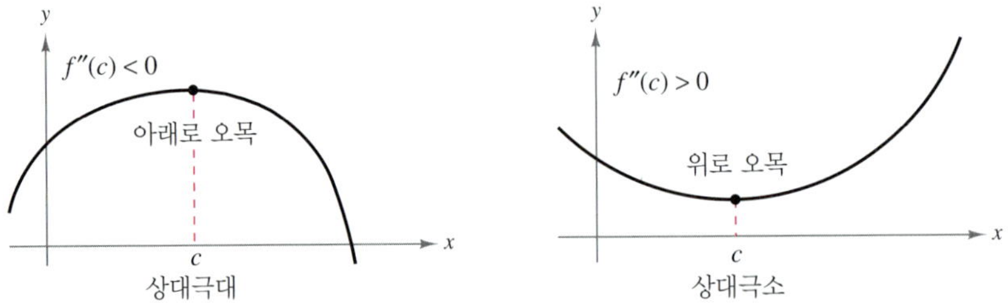

그림 3.28

이계도함수 판정법

$f'(c) = 0$이고, f''이 c를 포함하는 열린구간에서 존재한다고 하자.

1. $f''(c) > 0$이면, $f(c)$는 상대극소이다.

2. $f''(c) < 0$이면, $f(c)$는 상대극대이다.

3. $f''(c) = 0$이면, 판정할 수 없다. 이런 경우는 일계도함수 판정법으로 $f(c)$가 상대극소, 상대극대, 또는 상대극소도 상대극대도 아님을 판정할 수 있다.

예제 5 이계도함수 판정법 사용

$f(x) = -3x^5 + 5x^3$의 상대극값을 모두 구하여라.

풀이 f의 일계도함수를 구하여 시작하자.

$$f'(x) = -15x^4 + 15x^2 = 15x^2(1 - x^2)$$

이 도함수로부터 $x = 0$, $x = -1$, $x = 1$이 f의 임계수이다. 이계도함수를 사용하여, 즉

$$f''(x) = -60x^3 + 30x = 30x(1 - 2x^2)$$

이므로 아래와 같이 이계도함수 판정법을 적용할 수 있다.

점	$(-1, -2)$	$(0, 0)$	$(1, 2)$
$f''(x)$의 부호	$f''(-1) > 0$	$f''(0) = 0$	$f''(1) < 0$
결과	상대극소	판정할 수 없다	상대극대

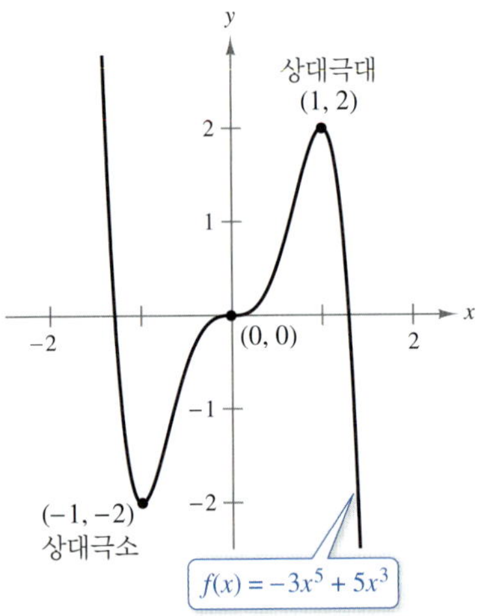

그림 3.29

점 (0, 0)에서 이계도함수 판정법을 적용할 수 없으므로 일계도함수 판정법을 사용할 수 있고 $x = 0$의 양쪽에서 $f'(x)$는 양이다. 그러므로 (0, 0)은 상대극소도 상대극대도 아니다. 오목성 판정에 의해 (0, 0)은 변곡점이다. f의 그래프는 그림 3.29에서 볼 수 있다.

✓ **점검문제 5** $f(x) = x^4 - 4x^3 + 1$의 상대극값을 모두 구하여라. ■

확장 응용: 수확체감

경제학에서 오목성의 개념은 **수확체감**(diminishing returns)의 의미와 관련이 있다. 다음 함수를 생각하자.

$$y = f(x)$$

(산출 → y, 투입 → x)

여기서 x는 투입량(달러)이고 y는 산출량(달러)이다. 그림 3.30에서 이 함수의 그래프는 구간 (a, c)에서 위로 오목하고 구간 (c, b)에서 아래로 오목하다. 구간 (a, c)에서는 추가로 자본을 투입하면 이전보다 산출량이 증가한다. 반대로 구간 (c, b)에서는 추가로 자본을 투입해도 이전보다 산출량이 감소한다. 점 $(c, f(c))$를 **수확체감점**(point of diminishing returns)이라 한다. 이 점 이후로 투자를 늘리는 것은 자본을 가치 없이 쓰는 것으로 간주된다.

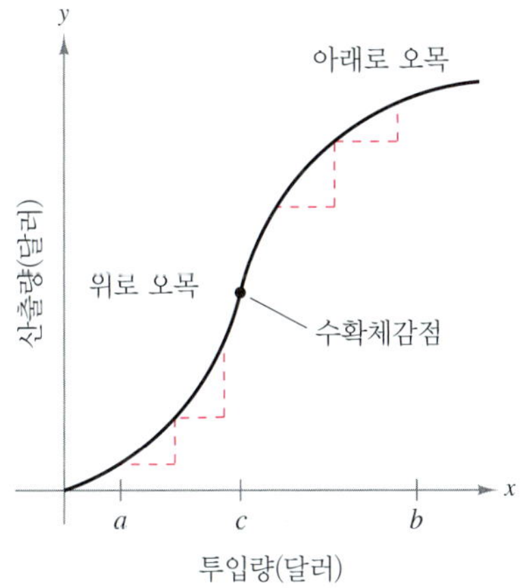

그림 3.30

예제 6 수확체감 탐구

생산품에 대한 광고비 x(천 달러)를 증가하면, 회사는 다음 모형식으로 판매 y(천 달러)가 증가함을 알았다.

$$y = -\frac{1}{10}x^3 + 6x^2 + 400, \quad 0 \le x \le 40$$

이 생산품의 수확체감점을 구하여라.

풀이 일계, 이계도함수를 구하자.

$$y' = 12x - \frac{3x^2}{10} \qquad \text{일계도함수}$$

$$y'' = 12 - \frac{3x}{5} \qquad \text{이계도함수}$$

$x = 20$일 때, 이계도함수는 0이다. 구간 (0, 20)과 (20, 40)에서 오목성을 조사하면 그래프는 $x = 20$에서 수확체감점을 갖는다고 결론 낼 수 있다(그림 3.31). 그러므로 이 생산품에 대한 수확체감점은 광고비로 20,000달러를 사용했을 때 나타난다.

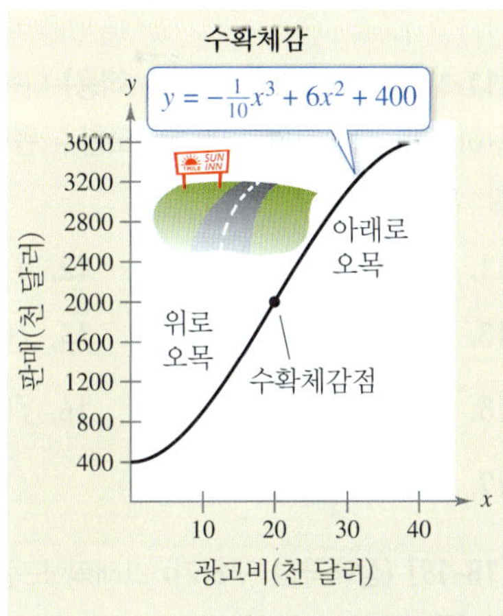

그림 3.31

✓ **점검문제 6** 아래 모형에 대한 수확체감점을 구하여라. 여기서 R은 수입(천 달러)이고 x는 광고비(천 달러)이다.

$$R = \frac{1}{20,000}(450x^2 - x^3), \quad 0 \le x \le 300$$ ■

연습문제 3.3

[1-2] (그래프 사용) 구간 $(0, 2)$에서 $f'(x)$와 $f''(x)$의 부호를 말하여라.

1.

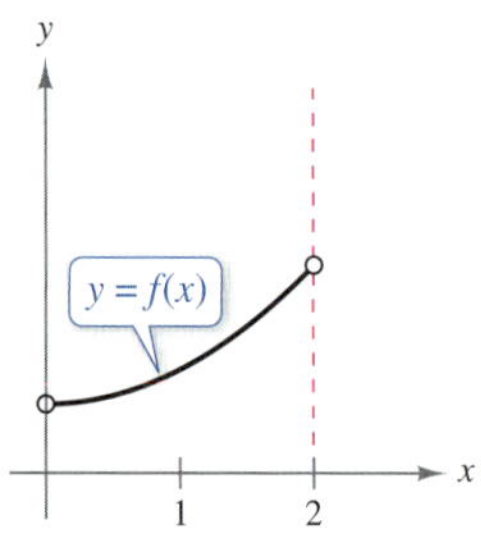

2.

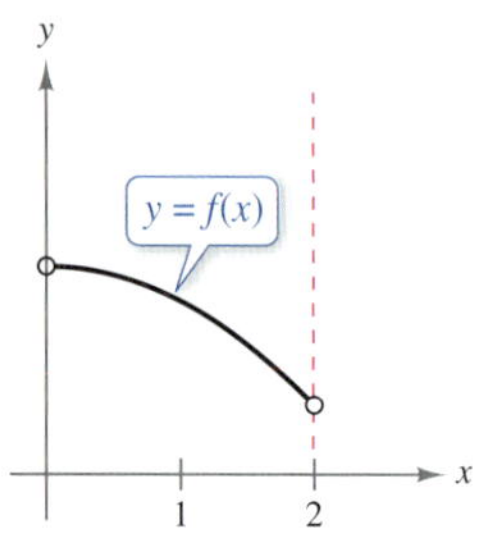

[3-6] (오목성 결정) 다음 함수의 그래프에서 위로 오목 또는 아래로 오목인 열린구간을 결정하라. (예제 1, 2 참조)

3. $f(x) = -3x^2$

4. $y = -x^3 + 3x^2 - 2$

5. $f(x) = \dfrac{x^2+1}{x^2-1}$

6. $f(x) = \dfrac{24}{x^2+12}$

[7-10] (변곡점 구하기) 다음 함수의 그래프에서 오목성을 논하고 변곡점을 구하여라. (예제 3, 4 참조)

7. $f(x) = x^3 - 9x^2 + 24x - 18$

8. $f(x) = 2x^3 - 3x^2 - 12x + 5$

9. $g(x) = 4 - x - 3x^4$

10. $f(x) = x(x-4)^3$

[11-17] (이계도함수 판정법 적용) 다음 함수의 상대극값을 모두 구하여라. 적용 가능하면 이계도함수 판정법을 적용하여라. (예제 5 참조)

11. $f(x) = 6x - x^2$

12. $f(x) = x^4 - 4x^3 + 2$

13. $f(x) = x^{2/3} - 3$

14. $f(x) = \sqrt{x^2+1}$

15. $f(x) = \sqrt{9-x^2}$

16. $f(x) = \dfrac{8}{x^2+2}$

17. $f(x) = \dfrac{x}{x-1}$

[18-19] (상대극값 구하기) 그래픽 도구를 사용하여 다음 함수의 상대극값을 모두 구하여라.

18. $f(x) = 5 + 3x^2 - x^3$

19. $f(x) = \frac{1}{2}x^4 - \frac{1}{3}x^3 - \frac{1}{2}x^2$

[20-25] (이계도함수 판정법 사용) 다음 함수의 상대극값과 변곡점을 모두 구하여라. 그래픽 도구를 사용하여 함수의 그래프를 그려라.

20. $f(x) = x^3 - 12x$

21. $g(x) = \sqrt{x} + \dfrac{4}{\sqrt{x}}$

22. $f(x) = \frac{1}{4}x^4 - 2x^2$

23. $g(x) = (x+2)(x+5)^2$

24. $g(x) = x\sqrt{x+3}$

25. $f(x) = \dfrac{4}{1+x^2}$

[26-27] (함수 구하기) 다음 특성을 갖는 함수 f의 그래프를 그려라(많은 답이 존재한다).

26. $f(0) = f(2) = 0$
$f'(x) > 0\,(x < 1$인 경우$)$
$f'(1) = 0$
$f'(x) < 0\,(x > 1$인 경우$)$
$f''(x) < 0$

27. $f(2) = f(4) = 0$
$f'(x) > 0\,(x < 3$인 경우$)$
$f'(3)$: 정의되지 않음
$f'(x) < 0\,(x > 3$인 경우$)$
$f''(x) > 0,\ x \neq 3$

28. (그래프 사용) 다음 f의 그래프를 사용하여 f'의 그래프를 그려라.
(a) $f'(x)$가 양인 열린구간을 구하여라.
(b) $f'(x)$가 음인 열린구간을 구하여라.
(c) f'이 증가인 열린구간을 구하여라.
(d) f'이 감소인 열린구간을 구하여라.
또 이들 각 구간에서 대응되는 f의 성질을 설명하여라.

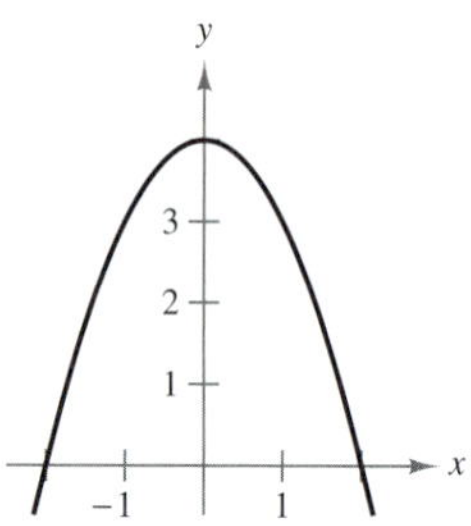

[29-30] (일계도함수 사용) 주어진 f'에 대해
(a) $f'(x)$가 증가 또는 감소하는 열린구간을 구하여라.
(b) f의 그래프가 위로 오목 또는 아래로 오목인 열린구간을 구하여라.
(c) f의 상대극값과 변곡점을 갖는 x값을 구하여라.

29. $f'(x) = 2x + 5$

30. $f'(x) = -x^2 + 2x - 1$

31. (수확체감점) 다음 함수의 수확체감점을 구하여라. 여기서 R은 수입(천 달러)이고, x는 광고비(천 달러)이다. 그래픽 도구를 사용하여 결과를 확인하여라. (예제 6 참조)

$$R = \frac{1}{50{,}000}(600x^2 - x^3), \quad 0 \le x \le 400$$

32. (생산성) 대학생이 오후 7시부터 11시까지 기계 부품을 정리하는 아르바이트를 한다. t시간 후에 정리한 기계 부품의 수 N은 다음 함수로 주어진다. 최대 비율로 기계 부품을 정리하는 시간은 언제인가?

$$N = -0.12t^3 + 0.54t^2 + 8.22t, \quad 0 \le t \le 4$$

[33-34] (함수와 도함수 비교) 그래픽 도구를 사용하여 f, f', f''의 그래프를 같은 화면에 나타내어라. 그래프에서 f의 상대극값과 변곡점의 위치를 표시하여라. f의 성질과 f', f''의 부호 사이의 관계를 말하여라.

33. $f(x) = \frac{1}{2}x^3 - x^2 + 3x - 5, \quad [0, 3]$

34. $f(x) = \dfrac{2}{x^2 + 1}, \quad [-3, 3]$

35. (평균비용) 공장을 가동하는 전체 비용 C(달러)는

$$C = 0.5x^2 + 10x + 7200$$

이다. 여기서 x는 생산된 단위 수이다. 단위당 평균비용이 최소가 되는 생산수준은 얼마인가? (단위당 평균비용은 C/x이다.)

36. (주택 판매) 2005년에서 2013년 사이 미국에서 판매된 단독 가구용 새집 판매의 중간값 p(천 달러)는 다음과 같은 모형식이다.

$$p = -0.1238t^4 + 5.105t^3 - 73.61t^2 + 438.7t - 674, \quad 5 \le t \le 13$$

여기서 t는 연도로서 $t = 5$는 2005년에 해당한다. (자료: 미 인구조사국)

(a) 그래픽 도구를 사용하여 구간 [5, 13]에서 모형식의 그래프를 그려라.

(b) (a)의 그래프를 사용하여 절대극소(최소) 판매가에 해당하는 연도를 추정하여라.

(c) (a)의 그래프를 사용하여 절대극대(최대) 판매가에 해당하는 연도를 추정하여라.

(d) 대략 어느 연도 사이에 판매가의 증가가 최대인가? 또 최소인가?

37. (빈곤 수준) 2005년에서 2013년 사이 미국에서 빈곤 수준 이하 생활을 하는 인구 p(백만 명)는 다음과 같은 모형식이다.

$$p = 0.01469t^4 - 0.6364t^3 + 9.677t^2 - 59.63t + 163.8, \quad 5 \le t \le 13$$

여기서 t는 연도로서 $t = 5$는 2005년에 해당한다. (자료: 미 인구조사국)

(a) 그래픽 도구를 사용하여 구간 [5, 13]에서 모형식의 그래프를 그려라.

(b) 이계도함수를 사용하여 p의 그래프의 오목성을 결정하여라.

(c) p의 그래프에서 변곡점을 구하여라.

(d) (c)로부터 변곡점의 의미를 설명하여라.

38. (그래프 그리기) $f''(c) = 0$이지만 변곡점을 갖지 않는 함수 f의 그래프를 그려라.

3.4 최적화 문제

■ 실생활에서 최적화 문제 풀기

최적화 문제 풀기

미적분학에서 가장 통상적인 응용은 최적(최소 또는 최대)값 결정이다. 최적화 문제를 푸는 일반적인 방법을 학습하기 전에 다음 예제를 생각하자.

예제 1 최대 부피 구하기

어떤 제작자가 밑면이 정사각형이고 표면적 S가 108제곱센티미터이며 윗면이 없는 그

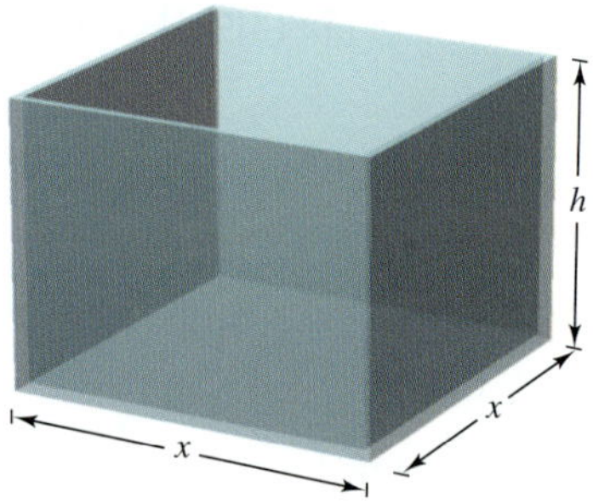

그림 3.32 밑면이 정사각형이고 윗면이 없는 상자: $S = x^2 + 4xh = 108$

림 3.32와 같은 상자를 만들려고 한다. 부피가 최대인 상자의 치수를 구하여라.

풀이 상자의 바닥면이 정사각형이므로 부피는

$$V = x^2h \qquad \text{주방정식(또는 제1방정식)}$$

이 방정식은 최적화할 양을 나타내므로 **주방정식**(primary equation)이라 한다. 상자의 표면적은

$$S = (\text{바닥 면적}) + (4\text{ 옆면의 넓이})$$
$$108 = x^2 + 4xh \qquad \text{제2방정식}$$

V가 최적화되어야 하므로, 즉 V가 최대가 되어야 하므로 V를 하나의 변수로 나타내어야 좋다. 이를 위해 제2방정식에서 h를 x로 나타내면

$$h = \frac{108 - x^2}{4x}$$

이다. h를 주방정식에 대입한다.

$$V = x^2h = x^2\left(\frac{108 - x^2}{4x}\right) = 27x - \frac{1}{4}x^3 \qquad \text{일변수 함수}$$

어떤 x값이 V의 최댓값을 주는가 구하기 전에, 함수의 **적정한 정의역**을 결정해야 한다. 즉 이 문제에서 어떤 x값이 의미가 있는가? x가 음이 아니어야 하고 바닥의 면적 $(A = x^2)$이 최대 108이므로 적정한 정의역은

$$0 \le x \le \sqrt{108} \qquad \text{적정한 정의역}$$

이다. 이 장의 앞 세 절에서 언급된 기법을 사용하면(구간 $0 \le x \le \sqrt{108}$에서) 이 함수는 $x = 6$(센티미터), $h = 3$(센티미터)에서 절대극대(최댓값)를 가짐을 알 수 있다.

✓**점검문제 1** 예제 1의 구간 $0 \le x \le \sqrt{108}$에서 그래픽 도구를 사용하여 부피 함수 $V = 27x - \frac{1}{4}x^3$의 그래프를 그려라. 이 함수는 $x = 6$에서 절대극대를 가짐을 증명하여라. 최대 부피는 얼마인가? ■

예제 1에서 질문하는 기본적인 의문을 확실히 이해해야 한다. 분명히 문제를 특정 짓지 않고는 최적화 문제를 풀기 위한 준비가 되어 있지 않음을 기억하자. 질문이 무엇인지 확실히 이해했다면 문제를 풀 방법을 생각하기 시작할 준비가 되어 있는 것이다.

예를 들어 예제 1에서 표면적이 108제곱센티미터인 윗면이 없는 상자는 무수히 많음을 인식해야 한다. 이 문제를 풀기 시작하려면 최대 부피를 주는 기본적인 모양이 어떤 것인지 스스로 질문해야 한다. 상자가 키가 커야 하는지, 땅딸막해야 하는지, 또는 거의 정육면체이어야 하는지 등이다. 그림 3.33에서 보는 것처럼 몇 개의 부피를 계산해보는 것이 좋다. 이렇게 하면 최적의 치수가 어떤 것이어야 하는지 느낌을 얻을 수 있다.

예제 1의 풀이에는 몇 단계가 있다. 첫 단계는 도표를 그리고 알려진 양을 특정 짓고 모든 양이 결정되어야 한다. 두 번째 단계는 최적화할 양에 대한 주방정식을

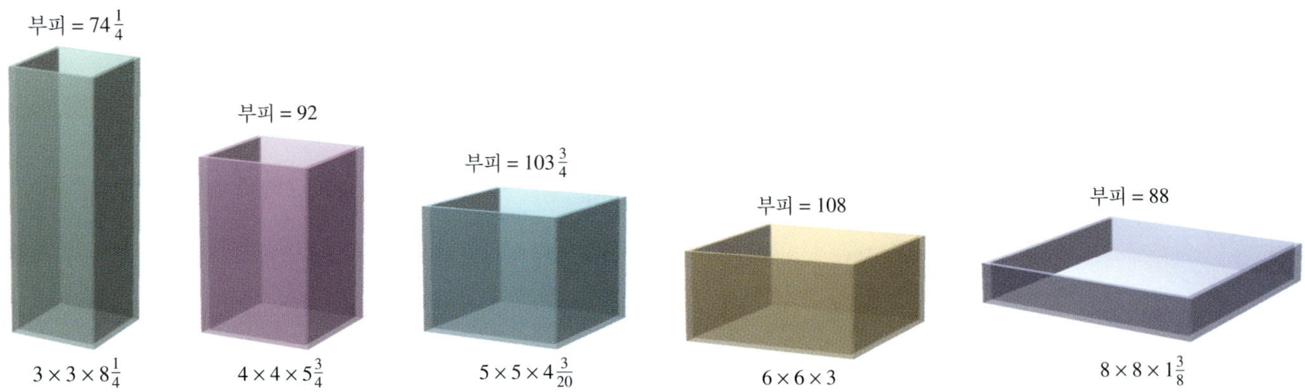

그림 3.33 어느 상자의 부피가 가장 큰가?

쓰고, 그런 다음 일변수 함수로 쓰기 위해 제2방정식을 사용하여 주방정식을 다시 써야 한다. 끝으로 최적값을 결정하기 위해 미적분학을 사용한다. 이 단계는 다음에 요약되어 있다.

최적화 문제 풀이 지침

1. 주어진 양과 구해야 할 양을 확인한다. 가능하면 그림을 그린다.
2. 최소 또는 최대가 되는 양의 **주방정식**을 구한다.
3. 주방정식을 독립변수로 나타낸다. 이 경우 주방정식의 독립변수와 관련된 **제2방정식**이 사용될 수 있다.
4. 주방정식의 적정한 정의역을 결정한다. 즉 언급한 문제에서 의미가 있는 값을 결정한다.
5. 3장 1절에서 3장 3절까지 학습한 미적분학의 기법을 사용하여 원하는 최댓값 또는 최솟값을 결정한다.

예제 2 **최소 거리 구하기**

점 (0, 2)에 가장 가까운 그래프 $y = 4 - x^2$ 위의 점을 구하여라.

풀이

1. 그림 3.34에서 점 (0, 2)에서 최소 거리인 점은 두 개 있다.
2. 거리 d를 최소화해야 한다. 그러므로 주방정식을 얻기 위해 거리 공식을 사용할 수 있다.

$$d = \sqrt{(x - 0)^2 + (y - 2)^2} \qquad \text{주방정식}$$

3. 제2방정식 $y = 4 - x^2$을 사용하여 주방정식을 일변수 함수로 다시 쓸 수 있다.

$$d = \sqrt{x^2 + (4 - x^2 - 2)^2} \qquad y \text{ 대신에 } 4-x^2\text{을 대입한다}$$
$$= \sqrt{x^2 + (2 - x^2)^2} \qquad \text{간단히 한다}$$

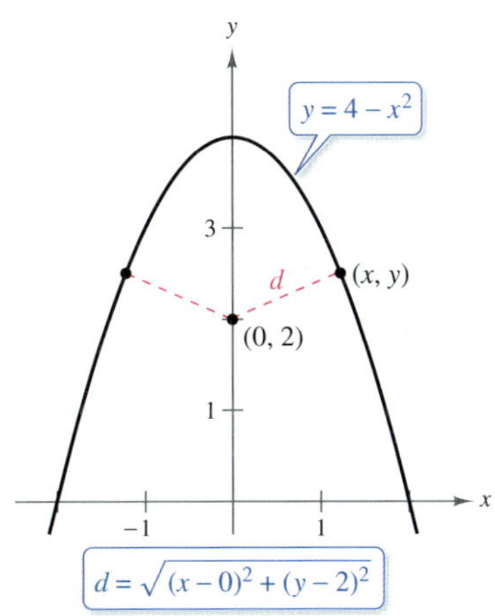

그림 3.34

$$= \sqrt{x^2 + 4 - 4x^2 + x^4} \quad \text{이항전개를 한다}$$
$$= \sqrt{x^4 - 3x^2 + 4} \quad \text{같은 항을 결합한다}$$

근호 안의 식이 최소일 때, d는 최소이므로 $f(x) = x^4 - 3x^2 + 4$의 최솟값을 구하는 문제로 단순화한다.

4. f의 정의역은 실수 전체이다.

5. $f(x)$의 최솟값은 구하기 위해 f의 임계수를 구한다.

$$f'(x) = 4x^3 - 6x \quad f\text{의 일계도함수}$$
$$0 = 4x^3 - 6x \quad \text{도함수를 0으로 둔다}$$
$$0 = 2x(2x^2 - 3) \quad \text{인수분해 한다}$$
$$x = 0,\ x = \sqrt{\tfrac{3}{2}},\ x = -\sqrt{\tfrac{3}{2}} \quad \text{임계수}$$

일계도함수 판정법은 $x = 0$이 상대극대, 반면에 $x = \sqrt{3/2}$과 $x = -\sqrt{3/2}$은 극소를 준다. 그러므로 $(0, 2)$에 가장 가까운 점은

$$\left(\sqrt{\tfrac{3}{2}}, \tfrac{5}{2}\right),\quad \left(-\sqrt{\tfrac{3}{2}}, \tfrac{5}{2}\right)$$

이다.

✓ **점검문제 2** 점 $(0, 3)$에 가장 가까운 그래프 $y = 4 - x^2$ 위의 점을 구하여라. ■

예제 3 최소 면적 구하기

직사각형 모양의 종이 한 면에 인쇄된 부분이 216제곱센티미터이다. 상하 여백은 3센티미터, 좌우 여백은 2센티미터이다. 최소 넓이일때의 종이의 치수를 구하여라.

풀이

1. 종이 모양이 그림 3.35에 있다.

2. A를 최소화해야 할 면적으로 두면, 주방정식은 다음과 같다.

$$A = (x + 6)(y + 4) \quad \text{주방정식}$$

3. 여백 안의 인쇄된 면적은 다음과 같다.

$$216 = xy \quad \text{제2방정식}$$

이 식을 y에 대해 풀면

$$y = \frac{216}{x}$$

이 결과를 주방정식에 대입하면 다음을 얻는다.

$$A = (x + 6)\left(\frac{216}{x} + 4\right) \quad \text{일변수 함수로 쓴다}$$
$$= (x + 6)\left(\frac{216 + 4x}{x}\right) \quad \text{두 번째 인수를 단분수로 쓴다}$$
$$= \frac{4x^2}{x} + \frac{240x}{x} + \frac{1296}{x} \quad \text{곱하고 항을 분리한다}$$
$$= 4x + 240 + \frac{1296}{x} \quad \text{간단히 한다}$$

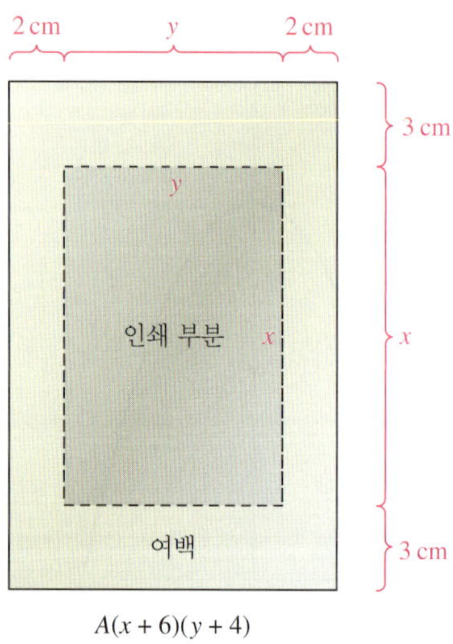

그림 3.35

4. x는 양이어야 하므로 적정한 정의역은 $x > 0$이다.

5. 최소 면적을 구하기 위해 A의 임계수를 구하자.

$$\frac{dA}{dx} = 4 - \frac{1296}{x^2} \qquad A\text{의 도함수를 구한다}$$

$$0 = 4 - \frac{1296}{x^2} \qquad \text{도함수를 0으로 둔다}$$

$$-4 = -\frac{1296}{x^2} \qquad \text{양쪽 변에서 2를 뺀다}$$

$$x^2 = 324 \qquad \text{간단히 한다}$$

$$x = \pm 18 \qquad \text{임계수}$$

$x = -18$은 적정한 정의역에 있지 않으므로 임계수 $x = 18$만 생각한다. 일계도함수 판정법을 사용하면 A는 $x = 18$일 때 최소이다. 그러므로 종이의 치수는 세로가 $x + 6 = 18 + 6 = 24$(센티미터), 가로는 $y + 4 = \frac{216}{18} + 4 = 16$(센티미터)이다.

✓ **점검문제 3** 직사각형 모양의 종이 한 면에 인쇄된 부분이 486제곱센티미터이다. 상하 여백은 3센티미터, 좌우 여백은 2센티미터이다. 가장 작게 사용할 종이의 치수를 구하여라. ■

응용이 계속되면 이 절에서 나오는 예제는 상당히 단순하나, 그럼에도 이에 따른 주방정식은 상당히 복잡하다. 실생활의 응용 문제에서는 가끔 예제에 있는 것처럼 상당히 복잡한 방정식을 포함한다. 이 과정의 주목적 중 하나는 언뜻 보기에는 만만찮은 방정식을 미적분학으로 분석함으로써 간단히 하는 것임을 기억하자.

일단 주방정식을 구했다고 해도 문제를 푸는 데 방정식의 그래프를 사용할 수 있음도 기억하자. 예를 들면 예제 1에서 예제 3까지의 주방정식의 그래프는 그림 3.36에 있다.

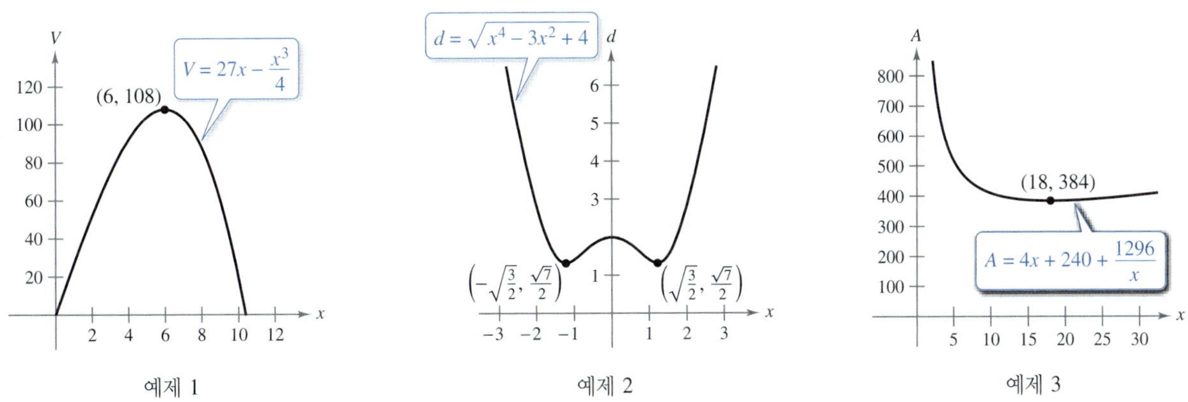

그림 3.36

연습문제 3.4

1. **(최대 면적)** 둘레의 길이가 80미터인 직사각형의 면적이 최대가 되도록 가로와 세로의 길이를 구하여라.

2. **(최소 둘레)** 면적이 49제곱미터인 직사각형에서 둘레의 길이가 최소가 되는 가로와 세로의 길이를 구하여라.

3. **(최대 면적)** 길이 48미터의 펜스로 아래 그림과 같은 두 개의 맞붙은 강아지 놀이터를 만들려고 한다. 면적이 최대가 되도록 가로, 세로를 결정하여라.

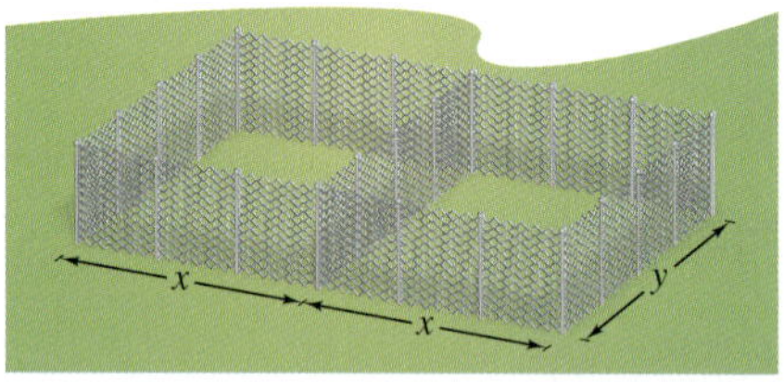

4. **(최대 부피)**
   (a) 다음 각 직육면체의 표면적이 150제곱센티미터임을 보여라.
   (b) 각 입체의 부피를 구하여라.
   (c) 표면적이 150제곱센티미터이고 밑면이 정사각형이면서 최대 부피를 갖는 직육면체의 치수를 결정하여라.

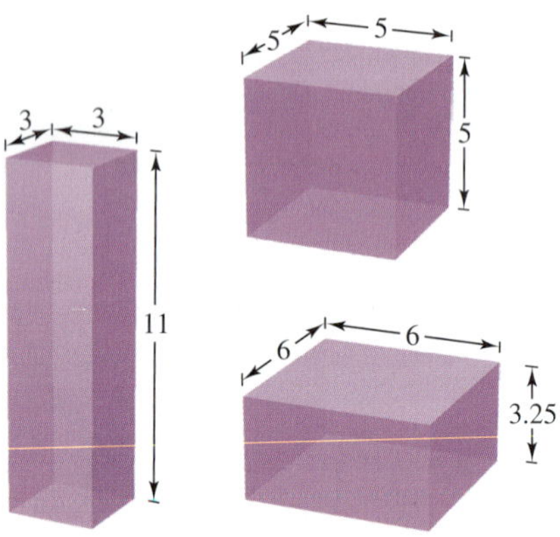

5. **(최소 표면적)** 밑면이 정사각형인 직육면체의 부피가 8000세제곱센티미터이다.
   (a) 표면적이 최소가 되도록 치수를 정하여라.
   (b) 최소 표면적을 구하여라.

6. **(최대 면적)** 실내 체력 단련장이 직사각형 모양에 양 끝에 반원 모양으로 되어 있다. 단련장의 둘레는 200미터 달리기용 트랙이다. 직사각형 모양의 면적이 가능한 한 최대가 되도록 하는 치수를 구하여라.

7. **(최소 비용)** 바닥이 정사각형인 보관함의 부피가 80세제곱센티미터이다. 바닥과 뚜껑은 제곱센티미터당 제작 비용이 0.20달러이고 옆면은 제곱센티미터당 0.10달러이다. 비용을 최소화할 수 있는 치수를 구하여라.

8. **(최대 부피)** 가로, 세로 6센티미터의 정사각형 재료로 네 귀퉁이를 정사각형으로 잘라내어 뚜껑이 없는 상자를 만들려고 한다. 부피가 최대인 상자를 만들어라.

9. **(최소 면적)** 직사각형 모양의 종이 한 면에 인쇄된 부분이 36제곱센티미터이다. 상하 여백은 $1\frac{1}{2}$센티미터, 좌우 여백은 $1\frac{1}{2}$센티미터이다. 가장 작게 사용할 종이의 치수를 구하여라.

10. **(최대 면적)** 직사각형이 x축, y축, 그리고

$$y = \tfrac{1}{2}(6 - x)$$

의 그래프로 둘러싸여 있다. 면적이 최대가 되려면 길이와 폭은 얼마가 되어야 하는가?

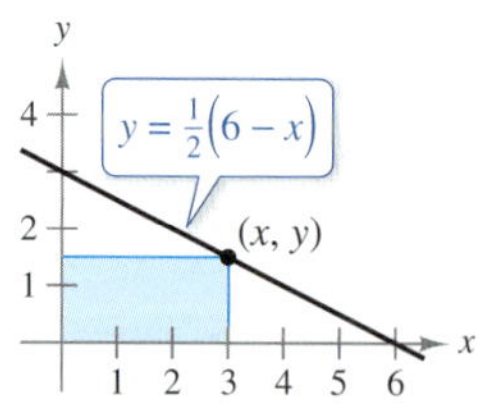

11. **(최대 면적)** 직사각형이 x축과 반원 $y = \sqrt{25 - x^2}$으로 둘러싸여 있다. 면적이 최대가 되도록 가로 세로를 결정하여라.

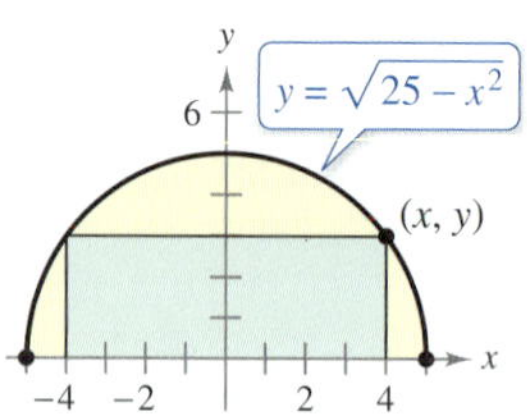

12. **(최소 표면적)** 주스 저장 용기를 직원기둥 모양으로 디자인하려고 한다. 저장 용기에 244밀리리터의 액체를 담고자 한다(1밀리리터는 약 1세제곱센티미터이다). 재료의 사용량을 최소로 하는 치수를 구하여라.

[13-14] (최소 거리 구하기) 주어진 점에서 최소 거리인 그래프 위의 점을 구하여라. (예제 2 참조)

13. $f(x) = x^2,\ \left(2, \frac{1}{2}\right)$

14. $f(x) = \sqrt{x},\ (4, 0)$

15. (최대 부피) 우편물로 보내고자 하는 직육면체 모양의 꾸러미는 길이와 절단면의 둘레의 길이의 합이 276센티미터이다. 꾸러미의 부피를 최대로 하는 치수를 구하여라. 꾸러미의 치수는 $x \times x \times y$라 하자.

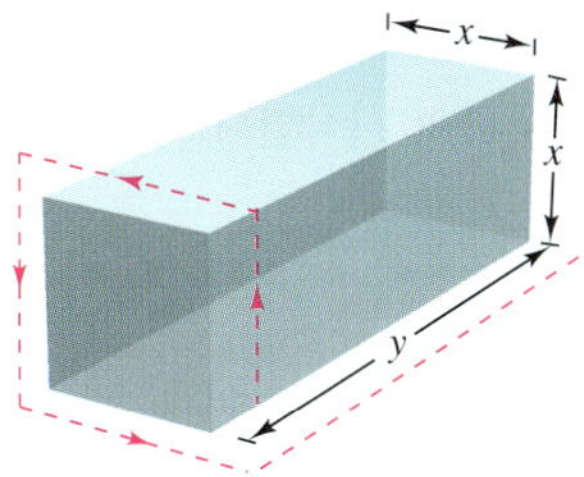

16. (최소 비용) 직원통의 양 끝에 반구가 붙여진 공업용 용기의 부피가 4000세제곱미터이다. 반구 모양의 제작 비용은 측면의 제작 비용의 두 배이다(제곱미터당). 비용을 최소화하려면 치수를 어떻게 해야 하는가?

17. (최소 면적) 원의 둘레와 정사각형의 둘레의 길이의 합이 16이다. 면적의 합이 최소가 되도록 치수를 정하여라.

18. (면적) 정사각형과 원을 만들기 위해 4미터의 와이어가 사용된다.

(a) 정사각형과 원의 면적의 합을 정사각의 한 변의 길이 x에 대한 함수 A로 나타내어라.

(b) A의 정의역은?

(c) 그래픽 도구를 사용하여 정의역 A의 그래프를 그려라.

(d) 전체 면적이 최소가 되게 하려면 정사각형과 원을 에워 쌀 와이어의 길이는 각각 얼마인가? 최대 면적이 되게 하려면 어떻게 해야 하는가?

19. (농업) 딸기 농장주가 수확 첫 주에는 1리터당 1달러를 받고, 그 이후로는 주별로 리터당 0.03달러 하락한다. 농장주는 밭에 4200리터의 딸기가 있는 것으로 추정하고 있으며 수확은 주당 140리터의 비율로 증가한다. 가격을 최대로 받기 위해 농장주는 언제 수확해야 하는가? 최대 가격이 되려면 몇 리터의 딸기가 필요한가? 딸기 수확으로 얻는 최대금액은 얼마인가?

3.5 경영과 경제에의 응용

- 경영과 경제에서 최적화 문제 풀기
- 수요함수에 대한 수요의 가격 탄력성 구하기
- 기본적인 경제 용어와 공식 알기

경영과 경제에서의 최적화

이 절에서의 문제는 주로 최적화 문제이다. 그러므로 앞 4절에서의 최적화 문제 풀이 지침 5단계를 사용하는 것은 적절한 전략이다.

예제 1 최대 수입 구하기

어떤 회사의 생산품에 대한 수입(달러)은 다음과 같이 모형화된다. 즉

$$R = -x^3 + 450x^2 + 52{,}500x$$

여기서 x는 생산해서 판매한 단위 수이다. 어떤 수준의 생산이 최대의 수입을 주는가?

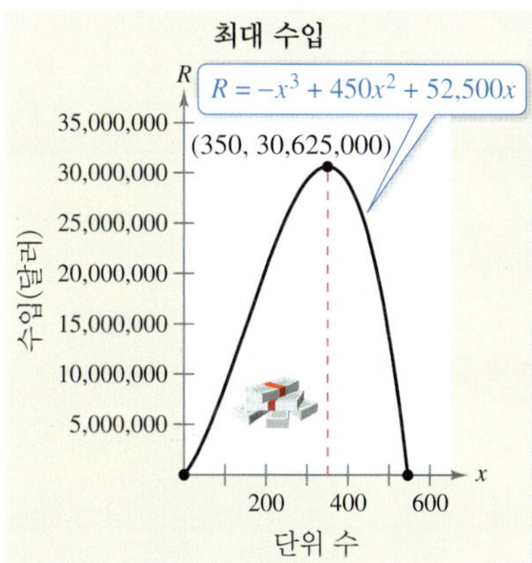

그림 3.37 최대의 수입은 $\frac{dR}{dx} = 0$에서 나타난다.

풀이

1. 수입함수의 그래프는 그림 3.37에 있다.

2. 주방정식은 수입함수로 주어진다.

$$R = -x^3 + 450x^2 + 52{,}500x$$

3. R은 일변수 함수이므로 제2방정식은 필요 없다.

4. 주방정식의 적정한 정의역은 $0 \le x \le 546$이다. 그림 3.37에서 보는 바와 같이 수입함수의 x절편으로 결정된다.

5. 수입을 최대로 하기 위해 R의 도함수를 구하여 시작한다.

$$\frac{dR}{dx} = -3x^2 + 900x + 52{,}500$$ R의 도함수를 구한다

다음으로 R의 임계수를 구한다.

$$-3x^2 + 900x + 52{,}500 = 0$$ 도함수를 0으로 둔다

$$-3(x - 350)(x + 50) = 0$$ 인수분해 한다

$$x = 350, \quad x = -50$$ 임계수

적정한 정의역에서 임계수는 $x = 350$이다. 함수의 그래프에서 350단위의 생산 수준이 최대 수입을 준다는 것을 알 수 있다.

✓ **점검문제 1** 수입함수 $R = -x^3 + 150x^2 + 9375x$가 최대가 되도록 생산해야 할 단위 수를 구하여라. 여기서 R은 수입(달러)이고 x는 생산해서 판매한 단위 수이다. 최대 수입은 얼마인가? ■

비용에 대한 생산 수준의 효과를 조사하기 위해서 경제학자들이 사용하는 한 방법은 **평균비용함수**(average cost function) $\overline{C}$이고, 다음과 같이 정의된다.

$$\overline{C} = \frac{C}{x}$$ 평균비용함수

여기서 $C = f(x)$는 비용함수이고 x는 생산 단위 수이다.

예제 2 최소 평균비용 구하기

어떤 회사가 생산품을 x단위 생산하는 데 필요한 비용함수 C(달러)는 다음과 같은 모형식으로 추정된다.

$$C = 800 + 0.04x + 0.0002x^2$$

단위당 평균비용을 최소화할 수 있는 생산 수준을 구하여라.

풀이

1. C는 총비용, x는 생산 단위 수, $\overline{C}$는 단위당 평균비용을 나타낸다.

2. 주방정식은 다음과 같다.

$$\overline{C} = \frac{C}{x}$$ 주방정식

3. C에 대한 원래 방정식을 대입한다.

$$\overline{C} = \frac{800 + 0.04x + 0.0002x^2}{x} \quad C \text{ 대신 대입한다}$$

$$= \frac{800}{x} + 0.04 + 0.0002x \quad \text{일변수 함수}$$

4. $\overline{C}$의 적정한 정의역은 $x > 0$(왜냐하면 회사는 음의 단위 수는 생산하지 않음)이다.

5. 평균비용을 최소화하기 위해 $\overline{C}$의 도함수를 구한다.

$$\frac{d\overline{C}}{dx} = -\frac{800}{x^2} + 0.0002 \quad \overline{C}\text{의 도함수를 구한다}$$

다음으로 $\overline{C}$의 임계수를 구한다.

$$-\frac{800}{x^2} + 0.0002 = 0 \quad \text{도함수를 0으로 둔다}$$

$$0.0002 = \frac{800}{x^2}$$

$$x^2 = \frac{800}{0.0002} \quad \text{양변을 } x^2\text{으로 곱하고 양변을 0.0002로 나눈다}$$

$$x^2 = 4{,}000{,}000$$

$$x = \pm 2000 \quad \text{임계수}$$

양의 x값을 선택하고 그림 3.38처럼 $\overline{C}$의 그래프를 그리면, 2000단위의 생산 수준이 단위당 평균비용을 최소화한다.

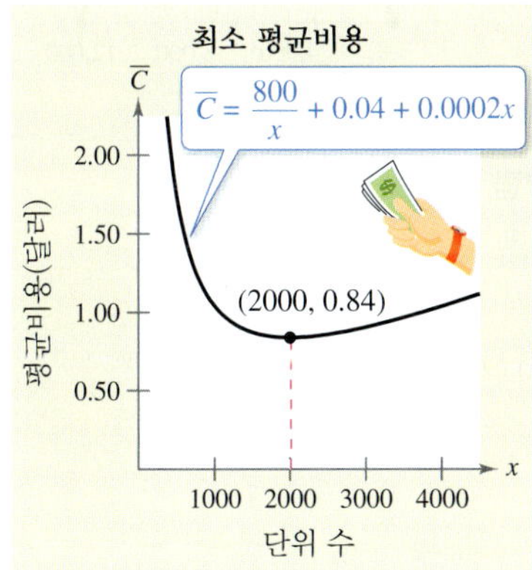

그림 3.38 최소 평균비용은 $\frac{d\overline{C}}{dx} = 0$에서 나타난다.

✓ 점검문제 2 비용함수 $C = 400 + 0.05x + 0.0025x^2$에 대해 단위당 평균비용을 최소화할 수 있는 생산 수준을 구하여라. 여기서 C는 생산비용(달러)이고 x는 생산품의 생산단위이다. ■

예제 3 최대 수입 구하기

회사가 개당 10달러의 가격으로 매달 2000단위를 판매한다. 가격을 개당 0.25달러 인하하면 250개를 더 판매한다고 한다. 월 수입을 최대로 하려면 단위당 판매가격을 얼마로 하면 되는가?

풀이

1. x는 매달 판매 단위 수를 나타내고, p는 단위당 가격, R은 월 수입을 나타낸다고 하자.

2. 수입이 최대가 되어야 하므로 주방정식은 $R = xp$이다.

3. 가격 $p = 10$(달러)는 $x = 2000$에 대응하고, $p = 9.75$(달러)는 $x = 2250$에 대응한다. 이 정보를 이용하여 1장 3절에서의 직선의 방정식을 구하는 방법인 두 점 형태를 사용하여 수요함수를 쓸 수 있다.

$$p - 10 = \frac{10 - 9.75}{2000 - 2250}(x - 2000) \quad \text{두 점 형태}$$

$$p - 10 = -0.001(x - 2000) \quad \text{간단히 한다}$$

$$p = -0.001x + 12 \quad \text{제2방정식}$$

이 결과를 수입 방정식에 대입하면 다음을 얻는다.

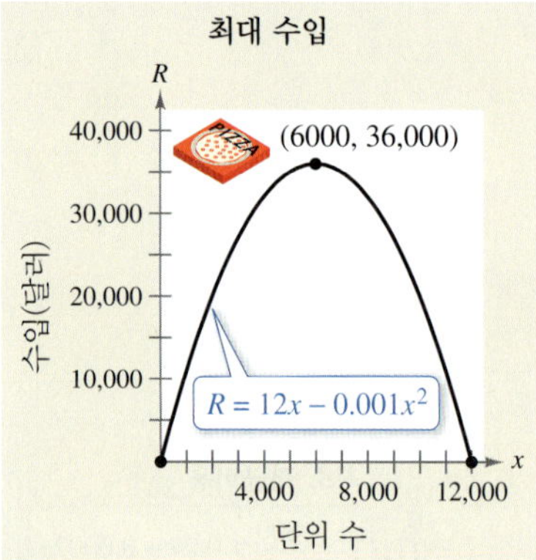

그림 3.39

$$R = x(-0.001x + 12) \quad p \text{ 대신에 대입한다}$$
$$= -0.001x^2 + 12x \quad \text{일변수 함수}$$

4. 수입함수의 적정한 정의역은 $0 \le x \le 12{,}000$이다. 이는 수입함수의 x절편을 구하여 결정할 수 있다.

5. 수입을 최대화하기 위해 R의 도함수를 먼저 구하자.

$$\frac{dR}{dx} = 12 - 0.002x \quad R\text{의 도함수를 구한다}$$

다음으로 R의 임계수를 구한다.

$$12 - 0.002x = 0 \quad \text{도함수를 0으로 둔다}$$
$$-0.002x = -12$$
$$x = 6000 \quad \text{임계수}$$

그림 3.39에 있는 R의 그래프에서 이 생산 수준이 최대의 수입을 주는 것은 볼 수 있다. 이 생산 수준에 대응하는 가격은 다음과 같다.

$$p = 12 - 0.001x \quad \text{수요함수}$$
$$= 12 - 0.001(6000) \quad x \text{ 대신에 6000을 대입한다}$$
$$= 6(\text{달러}) \quad \text{단위당 가격}$$

✓ **점검문제 3** 예제 3에서 회사가 가격을 0.25달러 인하하면 200단위 더 판매된다고 하면 월 수입을 최대로 하는 단위당 가격은 얼마인가? ■

예제 3에서 수입함수는 x의 함수로 나타내었다. 이는 또한 p의 함수로도 나타낼 수 있다. 즉

$$R = 1000(12p - p^2)$$

이 함수의 임계수를 구하여 최대 수입이 $p = 6$에서 나타남을 알 수 있다.

예제 4 최대 이익 구하기

어떤 회사의 판매 부서에서 상품의 수요는 $p = 50/\sqrt{x}$로 모형화된다고 한다. 여기서 p는 단위당 가격(달러)이고 x는 단위 수이다. x단위를 생산하는 비용(달러)은 $C = 0.5x + 500$이다. 최대 이익을 주는 가격은 얼마인가?

풀이

1. R은 수입, P는 이익, p는 단위당 가격, x는 단위 수, C는 x단위를 생산하는 비용이라고 하자.

2. 이익을 최대로 해야 하므로 주방정식은 $P = R - C$이다.

3. 수입은 $R = xp$이므로 이익함수는 다음과 같이 쓸 수 있다.

$$P = R - C$$
$$= xp - (0.5x + 500) \quad R\text{과 } C \text{ 대신에 대입한다}$$
$$= x\left(\frac{50}{\sqrt{x}}\right) - 0.5x - 500 \quad p \text{ 대신에 대입한다}$$
$$= 50\sqrt{x} - 0.5x - 500 \quad \text{일변수 함수}$$

4. 적정한 정의역은 $127 < x \le 7872$이다(x가 127 이하이거나 7872보다 크면 이익은 음이다. 그러므로 이 값들은 제외되어야 한다).

5. 이익을 최대화하기 위해 P의 도함수를 구하여 시작한다.

$$\frac{dP}{dx} = \frac{25}{\sqrt{x}} - 0.5 \qquad P\text{의 도함수를 구한다}$$

다음으로 P의 임계수를 구한다.

$$\frac{25}{\sqrt{x}} - 0.5 = 0 \qquad \text{도함수를 0으로 둔다}$$

$$\frac{25}{\sqrt{x}} = 0.5 \qquad \text{양변에 0.5를 더한다}$$

$$50 = \sqrt{x} \qquad x\text{항을 한 편에 모은다}$$

$$2500 = x \qquad \text{임계수}$$

그림 3.40에 있는 이익함수의 그래프로부터 최대 이익은 $x = 2500$에서 나타난다. 그리고 $x = 2500$에 해당하는 가격은

$$p = \frac{50}{\sqrt{x}} = \frac{50}{\sqrt{2500}} = \frac{50}{50} = 1(\text{달러}) \qquad \text{단위당 가격}$$

이다.

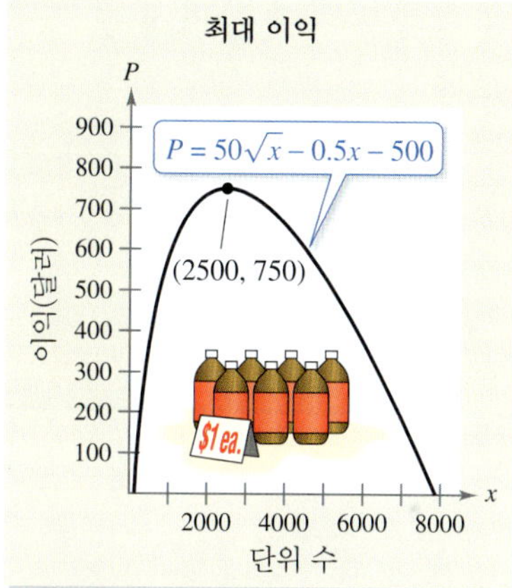

그림 3.40

✓점검문제 4 수요와 비용함수 $p = 40/\sqrt{x}$, $C = 2x + 50$에 대해 이익을 최대로 하는 가격을 구하여라. 여기서 p는 단위당 가격(달러), x는 단위 수, C는 비용(달러)이다. ■

예제 4에서 최대 이익을 구하기 위해 방정식 $P = R - C$를 미분하고, 0으로 두었다.

$$\frac{dP}{dx} = \frac{dR}{dx} - \frac{dC}{dx} = 0$$

이는 최대 이익은 한계수입과 한계비용이 같음을 의미한다(그림 3.41).

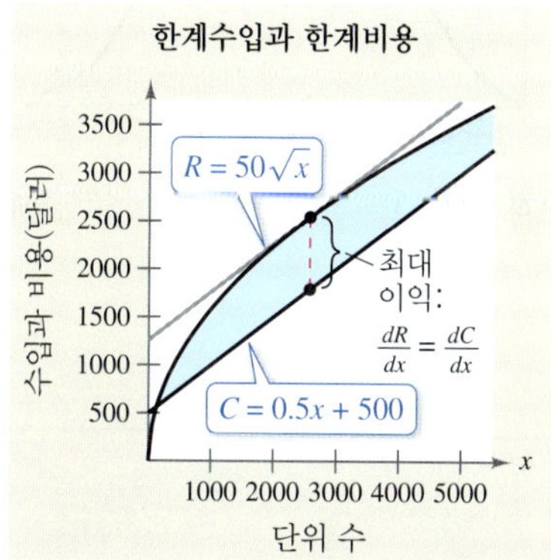

그림 3.41

수요의 가격 탄력성

경제학자들은 제품의 가격 변동에 따른 소비자의 반응을 **수요의 가격 탄력성**(price elasticity of demand)을 통해 알아낸다. 예를 들면 신선한 토마토의 가격이 인하되면 신선한 토마토에 대한 수요가 증가할 것이다. 이런 수요를 **탄력적**(elastic)이라고 한다. 반대로 커피나 휘발유 같은 제품은 가격 변화에 상대적으로 반응이 없다. 이런 제품에 대한 수요를 **비탄력적**(inelastic)이라고 한다.

좀 더 구체적으로 수요의 탄력성은 가격의 백분위 변화를 수요량 x의 백분위 변화로 나눈 것이다. 다음 근사식을 사용하여 수요의 가격 탄력성에 대한 공식을 전개할 수 있다.

$$\frac{\Delta p}{\Delta x} \approx \frac{dp}{dx}$$

이것은 미분의 정의에 기초한다. 이 근사식을 사용하여 다음과 같이 쓸 수 있다.

$$\text{수요의 가격 탄력성} = \frac{\text{수요량의 변화율}}{\text{가격의 변화율}} = \frac{\Delta x/x}{\Delta p/p} = \frac{p/x}{\Delta p/\Delta x} \approx \frac{p/x}{dp/dx}$$

수요의 가격 탄력성 정의

$p = f(x)$가 미분가능 함수이면 **수요의 가격 탄력성**(price elasticity of demand)은

$$\eta = \frac{p/x}{dp/dx}$$

로 주어진다. 여기서 η는 그리스 소문자 '에타'이다. 주어진 가격에서 $|\eta| > 1$이면 수요는 **탄력적**(elastic)이고, $|\eta| < 1$이면 수요는 **비탄력적**(inelastic)이다. 그리고 $|\eta| = 1$이면 수요는 **단위 탄력성**(unit elasticity)이라고 한다.

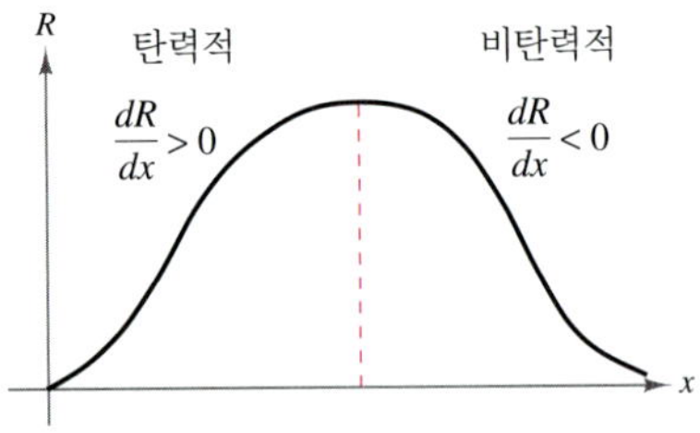

그림 3.42 수입 곡선

수요의 가격 탄력성은 수입함수와 관련이 있다(그림 3.42와 다음 사항).

1. 수요의 가격 탄력성이 **탄력적**일 때 가격을 인하하면 판매 수량이 증가하여 총수입은 증가한다.
2. 수요의 가격 탄력성이 **비탄력적**일 때는 가격을 인하하더라도 판매 수량이 크게 증가하지 않으므로 수입은 감소할 수 있다.

예제 5 **탄력성과 수입의 비교**

생산품에 대한 수요함수가 다음과 같이 모형화되었다.

$$p = 24 - 2\sqrt{x}, \quad 0 \le x \le 144$$

여기서 p는 단위당 가격(달러)이고 x는 단위 수이다(그림 3.43).

a. 수요는 언제 탄력적, 비탄력적, 단위 탄력성인가?

b. (a)의 결과를 사용하여 수입함수의 성질을 설명하여라.

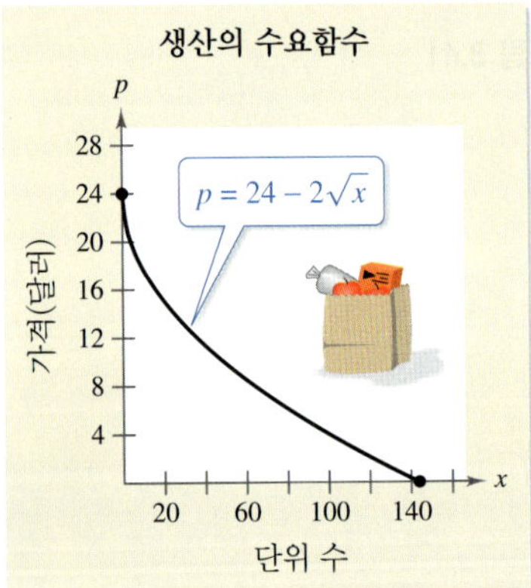

그림 3.43

풀이

a. 수요의 가격 탄력성은 다음과 같다.

$$\eta = \frac{p/x}{dp/dx} \qquad \text{수요의 가격 탄력성 공식}$$

$$= \frac{\dfrac{24 - 2\sqrt{x}}{x}}{\dfrac{-1}{\sqrt{x}}} \qquad p\text{와 } dp/dx\text{를 대입한다}$$

$$= \frac{\left(\frac{24 - 2\sqrt{x}}{x}\right)(-\sqrt{x})}{\left(\frac{-1}{\sqrt{x}}\right)(-\sqrt{x})}$$ 분자, 분모에 $(-\sqrt{x})$를 곱한다

$$= \frac{-24\sqrt{x} + 2x}{x}$$ 간단히 한다

$$= -\frac{24}{\sqrt{x}} + 2$$ 두 개의 분수로 다시 쓰고 간단히 한다

$|\eta| = 1$일 때, 수요는 단위 탄력성이다. 구간 [0, 144]에서 방정식의 유일한 해는

$$\left|-\frac{24}{\sqrt{x}} + 2\right| = 1$$ 단위 탄력성$(|\eta| = 1)$

에서 $x = 64$이다. 그러므로 $x = 64$일 때 수요는 단위 탄력성이다. 구간 (0, 64)에서의 x값에 대해

$$\left|-\frac{24}{\sqrt{x}} + 2\right| > 1, \quad 0 < x < 64$$ 탄력적$(|\eta| > 1)$

는 $0 < x < 64$에서 수요가 탄력적임을 뜻한다. 또한 구간 (64, 144)에서의 x값에 대해

$$\left|-\frac{24}{\sqrt{x}} + 2\right| < 1, \quad 64 < x < 144$$ 비탄력적$(|\eta| < 1)$

는 $64 < x < 144$에서 수요가 비탄력적임을 말한다.

b. (a)로부터 수입함수 R은 열린구간 (0, 64)에서 증가하고, 열린구간 (64, 144)에서 감소한다. 그리고 최대는 $x = 64$일 때이다(그림 3.44).

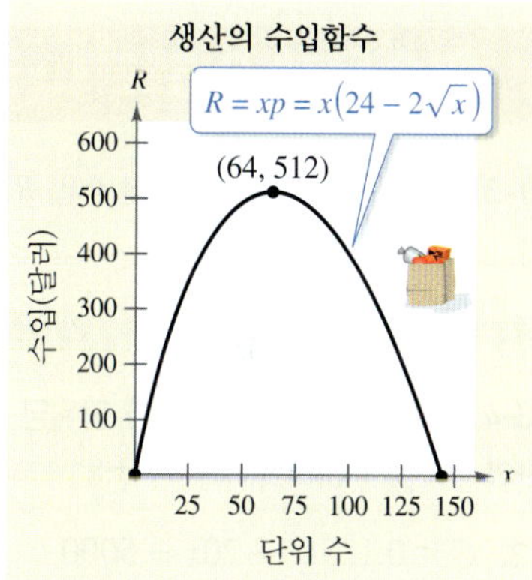

그림 3.44

✔ **점검문제 5** 생산에 대한 수요함수가 다음과 같이 모형화되었다.

$$p = 36 - 2\sqrt{x}, \quad 0 \le x \le 324$$

여기서 p는 단위당 가격(달러)이고 x는 단위 수이다. 수요는 언제 탄력적, 비탄력적, 단위 탄력성인가?

경제 용어와 공식

이 절에서 사용한 경제 용어와 공식을 요약하면 아래와 같다.

경제 용어와 공식 요약

x = 생산품(판매)의 단위 수	η = 수요의 가격 탄력성 $= \frac{p/x}{dp/dx}$
p = 단위 가격	
R = x단위 판매에 따른 총수입 $= xp$	$\frac{dR}{dx}$ = 한계수입
C = x단위 생산의 총비용	$\frac{dC}{dx}$ = 한계비용
P = x단위 판매에 따른 총이익 $= R - C$	$\frac{dP}{dx}$ = 한계이익
$\overline{C}$ = 단위당 평균비용 $= \frac{C}{x}$	

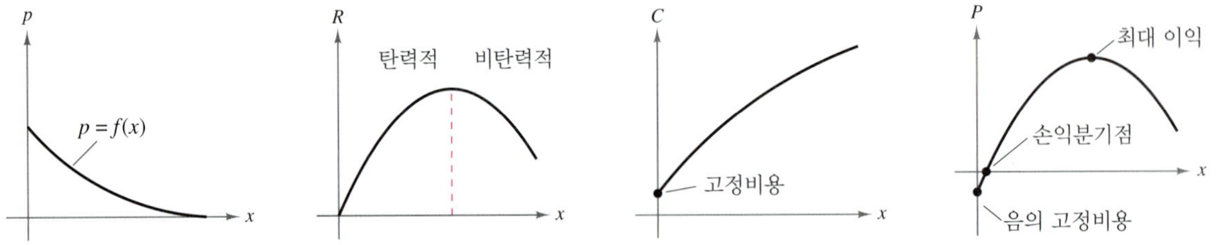

수요함수
가격이 하락하면 수요량은 증가

수입함수
낮은 가격은 더 많은 단위를 판매하길 요구하나 결과적으로는 수입의 감소를 초래한다.

비용함수
x단위를 생산하는 비용은 고정비용을 포함한다.

이익함수
$R = C$일 때 손익분기점(채산점)이 나타난다.

그림 3.45

연습문제 3.5

[1-3] (최대 수입 구하기) 최대 수입 R을 주는 단위 수 x를 구하여라. (예제 1 참조)

1. $R = 800x - 0.2x^2$ **2.** $R = 900x + 222x^2 - x^3$

[3-4] (최소 평균비용 구하기) 단위당 평균비용 $\overline{C}$를 최소화하는 단위 수 x를 구하여라. (예제 2 참조)

3. $C = 0.125x^2 + 20x + 5000$

4. $C = 0.001x^3 + 5x + 250$

[5-6] (최대 이익 구하기) 수요와 비용함수에서 이익을 최대로 하는 가격을 구하여라. 여기서 p는 가격, x는 단위 수, C는 비용이다. (예제 4 참조)

	수요함수	비용함수
5.	$p = 90 - x$	$C = 100 + 30x$
6.	$p = 50 - 0.1\sqrt{x}$	$C = 35x + 500$

7. (평균비용) 아래 비용함수를 사용하여 평균비용이 최소인 생산 수준을 구하여라. 이 생산 수준에서 한계비용과 평균비용이 같음을 보여라. 그래픽 도구를 사용하여 평균비용함수를 그리고 결과를 검증하여라.

$$C = 2x^2 + 5x + 18$$

8. (최대 이익) 어떤 상품의 수요함수와 비용함수의 모형식이 다음과 같다.

$$p = 80 - 0.2x, \quad C = 30x + 40$$

여기서 x는 단위 수이다.

(a) 최대 이익을 주는 가격은 얼마인가?

(b) 이익이 최대일 때, 단위당 평균비용은 얼마인가?

9. (최대 이익) 이익을 최대로 하기 위해 사용된 광고비 s를 구하고 수확체감점을 구하여라. 단위는 천 달러이다.

$$P = -2s^3 + 35s^2 - 100s + 200$$

10. (최대 이익) MP3 플레이어의 개당 생산 단가는 90달러이다. 제조자는 100개 이하로 주문하면 개당 150달러를 받는다. 그러나 주문량을 늘리기 위해 100개 이상 주문 시에는 개당 0.10달러를 감해준다. 예를 들어 101개를 주문하면 개당 149.90달러, 102개를 주문하면 개당 149.80달러 등등이다. 제조자가 최대 이익을 얻기 위해서는 최대 몇 개를 주문받아야 하는가?

11. (최대 수입) 도매상이 상품을 개당 40달러에 판매할 때 주당 300개가 판매된다. 개당 가격을 5달러 인상하면 주당 판매량이 275개로 감소했다. 수요함수가 선형이라고 하면 개당 가격이 얼마일 때 주당 이익이 최대가 되는가?

12. (최소 비용) 발전소가 강 폭이 0.5킬로미터인 강의 한쪽에 있고, 공장은 발전소의 반대편 하류 쪽으로 6킬로미터 아래에 있다(그림 참조). 전력선의 설치비용이 지상은 미터당 60달러이고, 수면 아래에는 미터당 85달러라

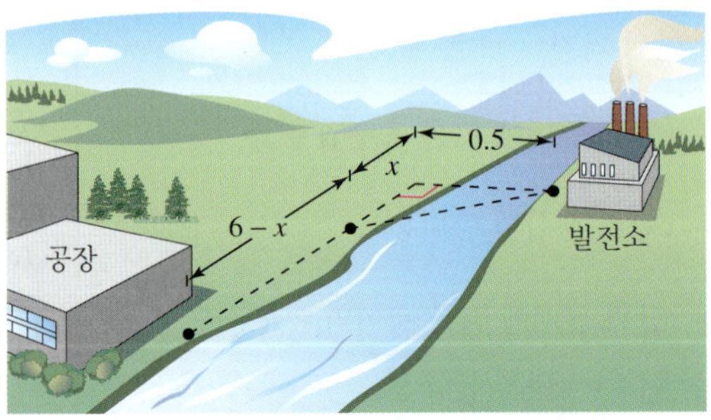

고 한다. 발전소에서 공장까지 전력선을 설치하기 위한 비용함수를 구하여라. 그래픽 도구로 함수의 그래프를 그려라. 비용을 최소화하는 x값을 추정하고, 결과를 설명하여라.

13. (최소 비용) 차로 110킬로미터를 달려 배달하는 데 비용을 최소화하는 속도 v(킬로미터/시간)를 구하여라. 연료에 대한 시간당 비용은 C달러, 운전자에게는 시간당 W달러를 지불한다(연료와 임금 외 다른 비용은 없다고 한다).

$$\text{연료비: } C = \frac{v^2}{500}; \quad \text{운전자: } W = 21(\text{달러})$$

[14-16] (탄력성) 주어진 x값에서 수요함수에 대한 수요의 가격 탄력성을 구하여라. 수요는 주어진 x값에서 탄력적, 비탄력적, 단위 탄력성인가? 그래픽 도구로 수입함수의 그래프를 그리고, 탄력성과 비탄력성 구간을 구별하여라.

	수요함수	수요량
14.	$p = 600 - 5x$	$x = 60$
15.	$p = 5 - 0.03x$	$x = 100$
16.	$p = \dfrac{500}{x+2}$	$x = 23$

17. (탄력성) 생상품의 수요함수가 다음과 같은 모형식이다.

$$p = 20 - 0.02x, \quad 0 \le x \le 1000$$

여기서 p는 단위당 가격(달러)이고 x는 단위 수이다.

(a) 수요가 탄력적, 비탄력적, 단위 탄력성일 때를 결정하여라.

(b) (a)의 결과를 사용하여 수입함수의 성질을 설명하여라.

18. (최소 비용) 공장에서 생산된 제품의 선적과 취급 비용 C(천 달러)는 다음과 같이 모형화된다.

$$C = 4\left(\frac{25}{x^2} - \frac{x}{x-10}\right), \quad 0 < x < 10$$

여기서 x는 선적된 단위 수(백 개)이다. 그래픽 도구로 생성한 그래프의 모습을 참고하여 비용을 최소화할 수 있는 선적량을 구하여라.

19. (수입) 세차 수요가 $x = 900 - 45p$이고, 세차 가격은 8달러이다. 세차 가격을 인하하면 고객을 끌어들여 수입이 증가하는가? 답을 결정하기 위해 수요의 가격 탄력성을 이용하여라.

20. (판매) 2004년에서 2013년 사이 록히드 마틴사의 매출 S(10억 달러)는 다음과 같이 모형화된다.

$$S = -0.0227t^3 + 0.401t^2 - 0.32t + 31.8, \quad 4 \le t \le 13$$

여기서 t는 연도로서 $t = 4$는 2004년에 해당한다. (자료: 록히드 마틴사)

(a) 2004년에서 2013년 사이 최대, 최소 매출을 기록한 해를 구하여라.

(b) 매출이 가장 빨리 증가한 해는 언제인가?

(c) 매출이 가장 빨리 감소한 해는 언제인가?

(d) 그래픽 도구로 판매 함수의 그래프를 그리고 (a), (b), (c)의 결과를 검증하여라.

21. (수요) 수요함수가

$$x = \frac{a}{p^m}$$

로 모형화된다. 여기서 a는 상수이고 $m > 1$이다. $\eta = -m$임을 보여라. 다시 말하면 가격이 1% 상승하면 수요량은 m% 감소함을 보여라.

3.6 점근선

- 함수의 수직 점근선과 무한 극한 구하기
- 함수의 수평 점근선과 무한대에서 극한 구하기
- 점근선을 사용하여 실생활 문제 풀기

수직 점근선과 무한 극한

이 장의 앞 세 절에서는 함수의 그래프를 분석하는 데 도움이 되도록 미적분학을

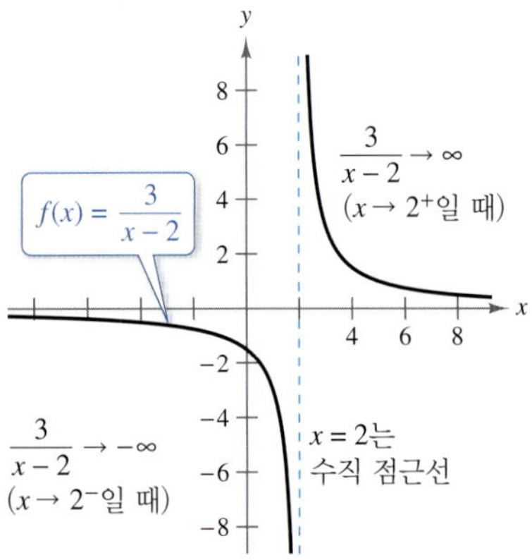

그림 3.46

사용하는 방법을 학습했다. 이 절에서는 곡선 그리기에 보다 효과적인 수직 점근선과 수평 점근선에 대해 학습한다.

1장 5절의 예제 11을 다시 보면 함수

$$f(x) = \frac{3}{x-2}$$

은 x가 2에 접근하면 비유계이다(그림 3.46).

이런 형태의 성질을 갖는 직선

$$x = 2 \qquad \text{수직 점근선}$$

는 f의 그래프의 **수직 점근선**(vertical asymptote)이라고 한다. x가 c로 왼쪽이나 오른쪽에서 접근하면 $f(x)$가 무한대로 접근할 때(또는 음의 무한대로 접근할 때)의 극한을 **무한 극한**(infinite limit)이라고 한다. 함수 $f(x) = 3/(x-2)$에 대한 무한 극한은

$$\lim_{x \to 2^-} \frac{3}{x-2} = -\infty \qquad x\text{가 왼쪽에서 2로 접근하면 } f(x)\text{는 한없이 감소한다}$$

그리고

$$\lim_{x \to 2^+} \frac{3}{x-2} = \infty \qquad x\text{가 오른쪽에서 2로 접근하면 } f(x)\text{는 한없이 증가한다.}$$

이다.

수직 점근선의 정의

x가 오른쪽이나 왼쪽에서 c로 접근할 때 $f(x)$는 무한대(또는 음의 무한대)로 접근하면, 직선

$$x = c$$

는 f의 그래프의 **수직 점근선**(vertical asymptote)이다.

수직 점근선의 가장 일반적인 예는 **유리함수**의 그래프이다. 즉 $f(x) = p(x)/q(x)$ 형태의 함수이고, 여기서 $p(x)$, $q(x)$는 다항식이다. 만약 c는 실수로서 $q(c) = 0$, $p(c) \neq 0$이면 f의 그래프는 $x = c$가 수직 점근선이다. 예제 1은 네 경우를 보여준다.

예제 1 무한 극한 구하기

	좌극한	우극한	
a.	$\lim_{x \to 1^-} \frac{1}{x-1} = -\infty$	$\lim_{x \to 1^+} \frac{1}{x-1} = \infty$	그림 3.47(a)
b.	$\lim_{x \to 1^-} \frac{-1}{x-1} = \infty$	$\lim_{x \to 1^+} \frac{-1}{x-1} = -\infty$	그림 3.47(b)

c. $\lim_{x\to 1^-} \dfrac{-1}{(x-1)^2} = -\infty$ $\qquad \lim_{x\to 1^+} \dfrac{-1}{(x-1)^2} = -\infty$ $\qquad$ 그림 3.47(c)

d. $\lim_{x\to 1^-} \dfrac{1}{(x-1)^2} = \infty$ $\qquad \lim_{x\to 1^+} \dfrac{1}{(x-1)^2} = \infty$ $\qquad$ 그림 3.47(d)

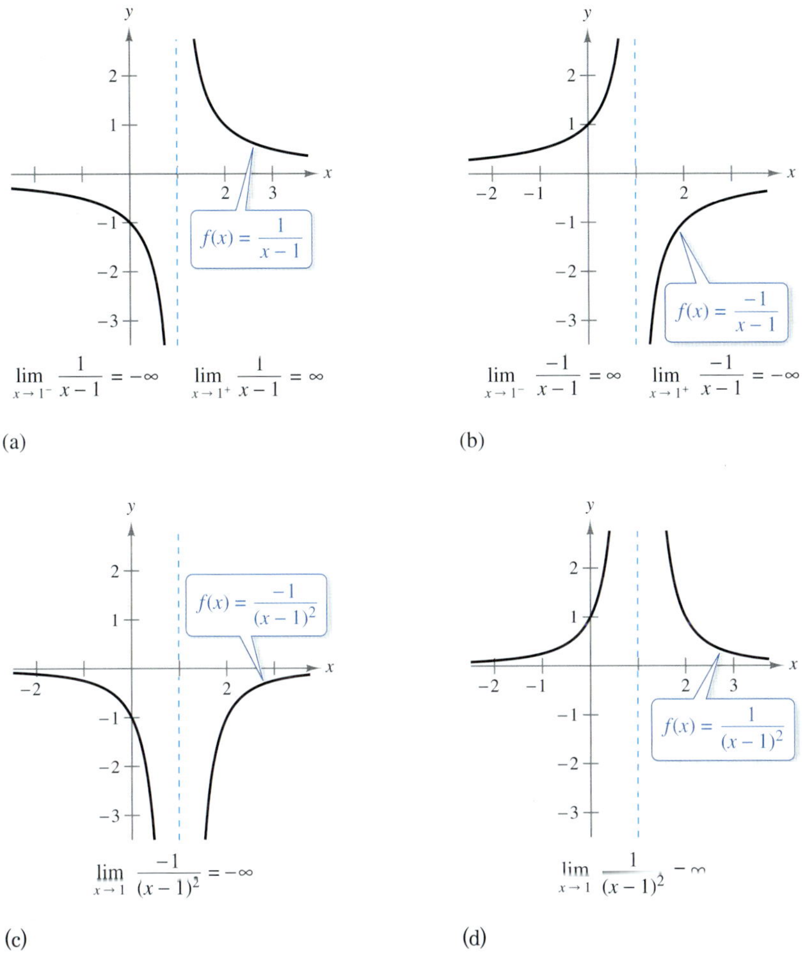

그림 3.47

✓ 점검문제 1 다음 극한을 구하여라.

a. $\lim_{x\to 2^-} \dfrac{1}{x-2}$ $\quad$ **b.** $\lim_{x\to 2^+} \dfrac{1}{x-2}$ $\quad$ **c.** $\lim_{x\to -3^-} \dfrac{1}{x+3}$ $\quad$ **d.** $\lim_{x\to -3^+} \dfrac{1}{x+3}$ ■

예제 1의 각 그래프는 단 한 개의 수직 점근선을 갖는다. 다음 예제에서 보는 것처럼 유리함수의 그래프는 한 개 이상의 수직 점근선을 가질 수 있다.

예제 2 수직 점근선 구하기

다음 함수의 그래프의 수직 점근선을 모두 구하여라.

$$f(x) = \frac{x+2}{x^2 - 2x}$$

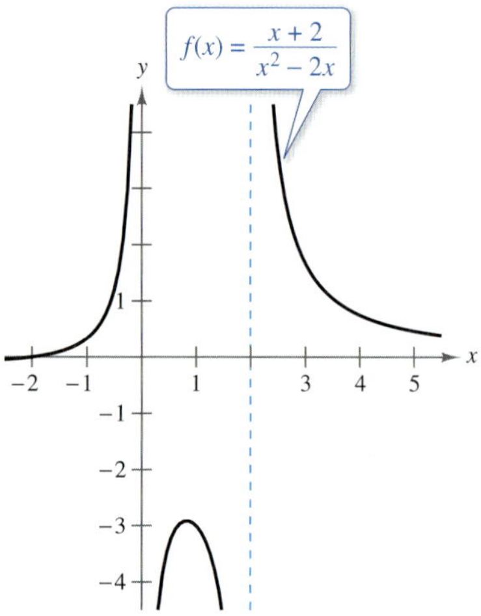

그림 3.48 수직 점근선: $x = 0$, $x = 2$

풀이 가능한 점근선은 분모가 0인 x값에 대응한다.

$$x^2 - 2x = 0 \quad \text{분모를 0으로 둔다}$$
$$x(x-2) = 0 \quad \text{인수분해 한다}$$
$$x = 0,\ x = 2 \quad \text{분모의 근}$$

이 두 x값의 어느 것에도 분자가 0이 아니므로 f의 그래프는 두 개의 점근선을 갖는다. 즉 $x = 0$과 $x = 2$에서이다(그림 3.48).

✓ **점검문제 2** 다음 함수의 그래프의 수직 점근선을 모두 구하여라.

$$f(x) = \frac{x+4}{x^2-4x}$$

■

예제 3 **수직 점근선 구하기**

다음 함수의 그래프의 수직 점근선을 모두 구하여라.

$$f(x) = \frac{x^2+2x-8}{x^2-4}$$

풀이 먼저 분자, 분모를 인수분해 한다. 그리고 공통 인수를 약분한다.

$$f(x) = \frac{x^2+2x-8}{x^2-4} \quad \text{원래 함수를 쓴다}$$
$$= \frac{(x+4)(x-2)}{(x+2)(x-2)} \quad \text{분자 분모를 인수분해 한다}$$
$$= \frac{(x+4)\cancel{(x-2)}}{(x+2)\cancel{(x-2)}} \quad \text{공통 인수를 약분한다}$$
$$= \frac{x+4}{x+2},\ x \neq 2 \quad \text{간단히 한다}$$

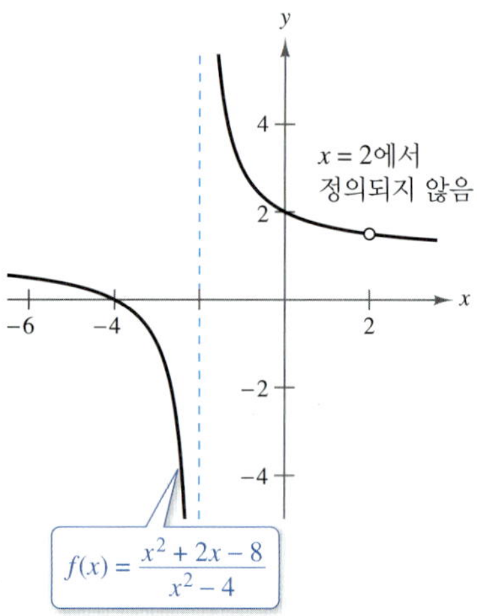

그림 3.49 수직 점근선: $x = -2$

$x = 2$를 제외한 모든 x에서 f의 그래프는 함수 $g(x) = (x+4)/(x+2)$와 일치한다. 분모의 유일한 근은 $x = -2$이다. 그런데 $x = -2$일 때 분자가 0이 아니므로 f의 그래프는 $x = -2$에서 수직 점근선을 갖는다(그림 3.49). $x = 2$가 수직 점근선이 아님에 유의하고, $f(2)$는 정의되지 않으므로 $x = 2$에서 그래프는 구멍을 갖는다.

✓ **점검문제 3** 다음 함수의 그래프의 수직 점근선을 모두 구하여라.

$$f(x) = \frac{x^2+4x+3}{x^2-9}$$

■

예제 3에서

$$f(x) = \frac{x^2+2x-8}{x^2-4}$$

의 그래프는 $x = -2$에서 수직 점근선을 갖는다. 이는 오른쪽에서 x가 -2에서 접근할 때 $f(x)$의 극한은 ∞이고 왼쪽에서 x가 -2에 접근하면 $f(x)$의 극한은 $-\infty$이다. 그러나 그래프를 보지 않고, 좌극한은 음의 무한대이고, 우극한은 양의 무한대임을

어떻게 결정할 것인가? 즉 왜 좌극한

$$\lim_{x\to-2^-}\frac{x^2+2x-8}{x^2-4}=-\infty \qquad \text{좌극한}$$

이고 우극한

$$\lim_{x\to-2^+}\frac{x^2+2x-8}{x^2-4}=\infty \qquad \text{우극한}$$

인가? 이런 극한을 해석적으로 구하는 것은 성가신 일이다. 그래서 다음 예제에서처럼 그래프 방법은 보다 효과적이다.

예제 4 무한 극한 구하기

다음 극한을 구하여라.

$$\lim_{x\to1^-}\frac{x^2-3x}{x-1} \text{ 와 } \lim_{x\to1^+}\frac{x^2-3x}{x-1}$$

풀이 다음 함수를 생각하자.

$$f(x)=\frac{x^2-3x}{x-1}$$

$x=1$일 때 분모는 0이고, 분자는 0이 아니다. 그러므로 함수의 그래프는 $x=1$에서 수직 점근선을 갖는다. 이는 두 한쪽 극한이 ∞이거나 또는 −∞임을 뜻한다. 어느 것인가를 결정하기 위해 그래픽 도구를 사용하여 함수의 그래프를 그린다(그림 3.50). 그래프에서 좌극한은 양의 무한대, 우극한은 음의 무한대이다. 즉

$$\lim_{x\to1^-}\frac{x^2-3x}{x-1}=\infty \qquad \text{좌극한}$$

그리고

$$\lim_{x\to1^+}\frac{x^2-3x}{x-1}=-\infty \qquad \text{우극한}$$

이다.

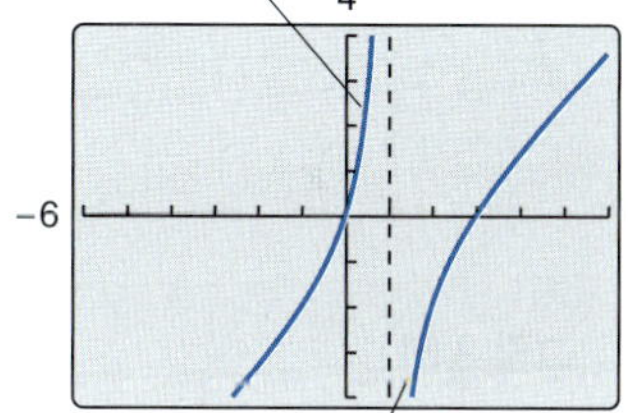

그림 3.50

✓ **점검문제 4** 다음 극한을 구하여라.

$$\lim_{x\to2^-}\frac{x^2-4x}{x-2} \text{ 와 } \lim_{x\to2^+}\frac{x^2-4x}{x-2}$$

■

예제 4에서 1의 왼쪽에서 아주 가까운 x값에서 f의 값을 구하려고 해보자. x가 1에 충분히 가까운 값에서 f를 임의로 크게 할 수 있다. 예를 들면 $f(0.99999)\approx 199{,}999$이다.

수평 점근선과 무한대에서의 극한

또 다른 형태의 극한, 즉 **무한대에서의 극한**(limit at infinity)은 x가 한없이 증가(또는 감소)할 때, 함수는 유한값을 갖는다.

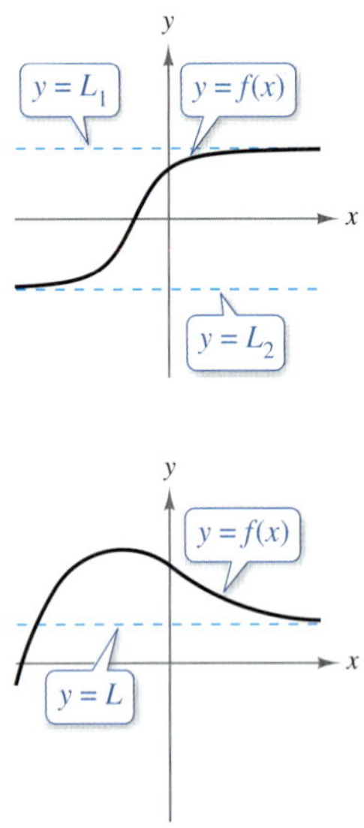

그림 3.51

수평 점근선의 정의

f가 함수이고, L_1, L_2가 실수이다. 그러면

$$\lim_{x\to\infty} f(x) = L_1 \quad \text{그리고} \quad \lim_{x\to-\infty} f(x) = L_2$$

는 **무한대에서의 극한**(limit at infinity)을 나타낸다. 직선 $y = L_1$과 $y = L_2$는 f의 그래프의 **수평 점근선**(horizontal asymptote)이다.

그림 3.51은 함수의 그래프가 한 개 또는 그 이상의 수평 점근선에 접근할 수 있는 두 가지 방법을 보여 준다. 함수의 그래프가 수평 점근선을 통과할 수 있음에 유의하자.

무한대에서의 극한은 1장 5절에서 논한 많은 극한의 성질을 공유한다. 수평 점근선을 구할 때, 다음 성질을 사용할 수 있다.

$$\lim_{x\to\infty} \frac{1}{x^r} = 0, \quad r > 0 \quad \text{그리고} \quad \lim_{x\to-\infty} \frac{1}{x^r} = 0, \quad r > 0$$

(두 번째 극한은 $x < 0$일 때 x^r이 정의됨을 가정한다.)

예제 5 무한대에서 극한 구하기

다음 극한을 구하여라.

$$\lim_{x\to\infty}\left(5 - \frac{2}{x^2}\right)$$

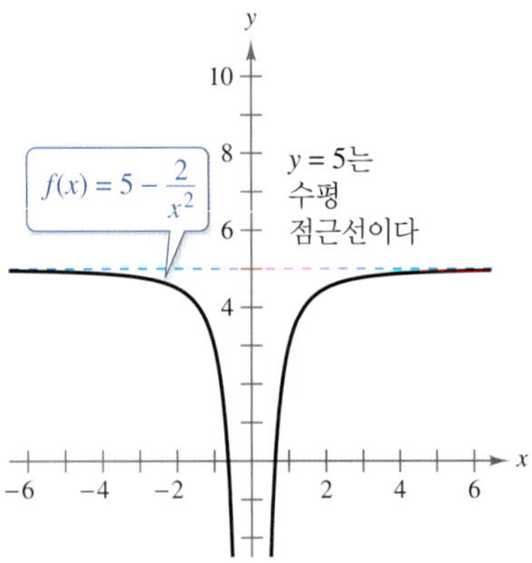

풀이

$$\lim_{x\to\infty}\left(5 - \frac{2}{x^2}\right) = \lim_{x\to\infty} 5 - \lim_{x\to\infty}\frac{2}{x^2} \qquad \lim_{x\to\infty}[f(x) - g(x)] = \lim_{x\to\infty} f(x) - \lim_{x\to\infty} g(x)$$

$$= \lim_{x\to\infty} 5 - 2\left(\lim_{x\to\infty}\frac{1}{x^2}\right) \qquad \lim_{x\to\infty} cf(x) = c\lim_{x\to\infty} f(x)$$

$$= 5 - 2(0)$$

$$= 5$$

이 극한은 다음 그래프를 그려서 증명할 수 있다(그림 참조).

$$f(x) = 5 - \frac{2}{x^2}$$

그래프는 $y = 5$는 오른쪽으로 수평 점근선이다. 극한

$$\lim_{x\to-\infty}\left(5 - \frac{2}{x^2}\right)$$

를 계산하면 $y = 5$는 왼쪽으로 수평 점근선임을 보일 수 있다.

✔ 점검문제 5 다음 극한을 구하여라.

$$\lim_{x \to \infty} \left(2 + \frac{5}{x^2}\right)$$

■

유리함수가 수평 점근선을 갖는지의 여부를 결정하는 지름길이 있다. 유리함수의 분자, 분모의 차수를 비교하는 것이다.

유리함수의 수평 점근선

$f(x) = p(x)/q(x)$를 유리함수라고 하자.

1. 분자의 차수가 분모보다 작으면 $y = 0$이 f의 그래프의 수평 점근선이다(왼쪽 또는 오른쪽으로).

2. 분자의 차수와 분모의 차수가 같으면 $y = a/b$가 f의 그래프의 수평 점근선이다(왼쪽 또는 오른쪽으로).

3. 분자의 차수가 분모보다 크면 f의 그래프는 수평 점근선을 갖지 않는다.

예제 6 수평 점근선 구하기

다음 함수의 그래프의 수평 점근선을 구하여라.

a. $y = \dfrac{-2x + 3}{3x^2 + 1}$ **b.** $y = \dfrac{-2x^2 + 3}{3x^2 + 1}$ **c.** $y = \dfrac{-2x^3 + 3}{3x^2 + 1}$

풀이

a. 분자의 차수가 분모보다 작으므로 $y = 0$이 수평 점근선이다[그림 3.52(a)].

b. 분자, 분모의 차수가 같으므로 직선 $y = -\frac{2}{3}$가 수평 점근선이다[그림 3.52(b)].

c. 분자의 차수가 분모보다 크므로 그래프는 수평 점근선을 갖지 않는다[그림 3.52(c)].

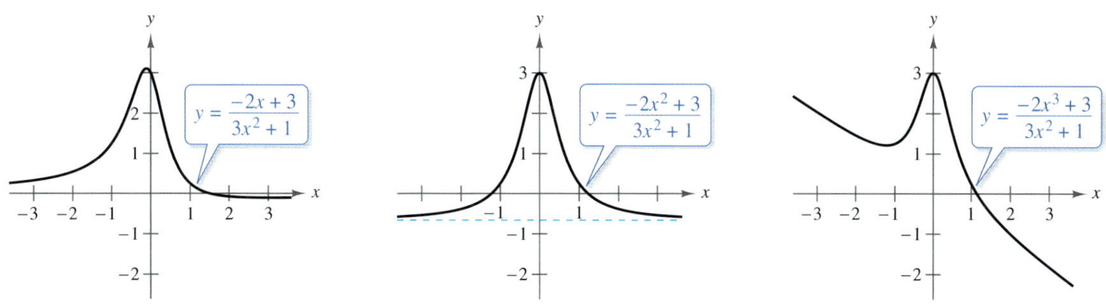

(a) $y = 0$이 수평 점근선이다. (b) $y = -\frac{2}{3}$가 수평 점근선이다. (c) 수평 점근선이 없다.

그림 3.52

✔ 점검문제 6 다음 함수의 그래프의 수평 점근선을 구하여라.

a. $y = \dfrac{2x + 1}{4x^2 + 5}$ **b.** $y = \dfrac{2x^2 + 1}{4x^2 + 5}$ **c.** $y = \dfrac{2x^3 + 1}{4x^2 + 5}$

■

어떤 함수는 하나는 오른쪽으로, 다른 하나는 왼쪽으로 두 개의 수평 점근선을 갖는다(연습문제 31).

응용

실생활에도 점근선의 성질을 갖는 문제가 많이 있다. 예를 들면 예제 7은 평균비용함수에서의 점근선을 설명한다.

예제 7 평균비용 모형화

소규모 회사가 신제품 생산에 5000달러를 투자했다. 초기 투자와 더불어 생산단위당 0.50달러의 비용이 든다.

a. 1000단위를 생산할 때, 단위당 평균비용을 구하여라.
b. 10,000단위를 생산할 때, 단위당 평균비용을 구하여라.
c. 100,000단위를 생산할 때, 단위당 평균비용을 구하여라.
d. 생산 단위 수를 증가할 때, 평균비용의 극한을 구하여라.

풀이 주어진 정보로부터 총비용 C(달러)의 모형식은

$$C = 0.5x + 5000 \qquad \text{총비용함수}$$

이다. 여기서 x는 생산 단위 수이다. 이 식으로부터 평균비용함수는

$$\overline{C} = \frac{C}{x} = 0.5 + \frac{5000}{x} \qquad \text{평균비용함수}$$

a. 1000단위를 생산할 때, 단위당 평균비용은 다음과 같다.

$$\overline{C} = 0.5 + \frac{5000}{1000} \qquad x\text{에 1000을 대입한다}$$
$$= 5.50\text{(달러)} \qquad \text{1000단위에 대한 평균비용}$$

b. 10,000단위를 생산할 때, 단위당 평균비용은 다음과 같다.

$$\overline{C} = 0.5 + \frac{5000}{10{,}000} \qquad x\text{에 10,000을 대입한다}$$
$$= 1.00\text{(달러)} \qquad \text{10,000단위에 대한 평균비용}$$

c. 100,000단위를 생산할 때, 단위당 평균비용은 다음과 같다.

$$\overline{C} = 0.5 + \frac{5000}{100{,}000} \qquad x\text{ 대신에 100,000을 대입한다}$$
$$= 0.55\text{(달러)} \qquad \text{100,000단위에 대한 평균비용}$$

d. x가 무한대로 접근할 때, 단위당 평균비용의 극한은 다음과 같다.

$$\lim_{x\to\infty}\left(0.5 + \frac{5000}{x}\right) = 0.50\text{(달러)}$$

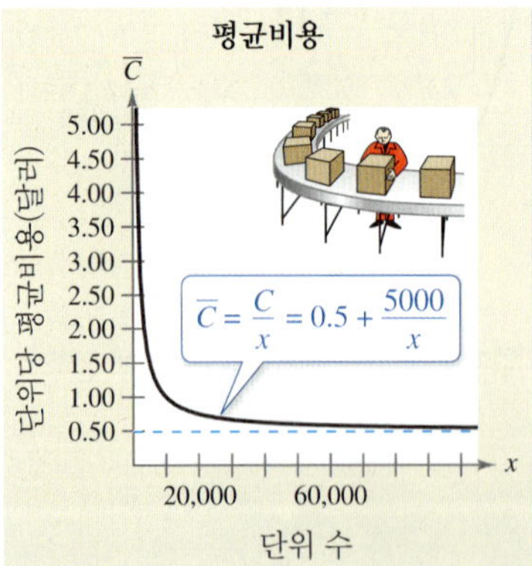

그림 3.53 $x\to\infty$일 때, 단위당 평균비용은 0.50달러이다.

그림 3.53에서 보는 것처럼 이 예는 소규모 회사에서의 영업에 부딪치는 주된 문제를 나타낸다. 즉 생산수준이 낮을 때는 경쟁적으로 가격을 인하하는 것은 어렵다.

✓점검문제 7 소규모 회사가 신제품 생산에 25,000달러를 투자했다. 생산에는 단위당 0.75달러의 비용이 든다. 비용함수와 평균비용함수를 구하여라. 생산 단위 수를 증가할 때 평균비용함수의 극한을 구하여라. ■

예제 7에서 소규모 회사가 초기 투자로 50,000달러를 투자했다면, 이 변화가 질문에 대한 답에는 어떤 변화를 주는가? 이것이 x단위를 생산하는 데 드는 평균비용을 변화시키는가? 이것이 단위당 평균비용 극한을 변화시키는가?

예제 8 굴뚝 배출물의 모형화

어떤 생산 공장이 주 굴뚝에서 배출되는 오염물질을 p % 제거하는 데 비용이 C(달러)인데 다음과 같은 모형식으로 결정된다.

$$C = \frac{80{,}000p}{100 - p}, \quad 0 \le p < 100$$

이 함수의 수직 점근선을 구하여라. 공장주에게 수직 점근선은 무엇을 의미하는가?

풀이 비용함수의 그래프는 그림 3.54에 있다. 그래프에서 수직 점근선은 $p = 100$이다. 이것은 공장에서 오염물질을 점점 높은 수준으로 제거하려면 비용이 극적으로 증가함을 의미한다. 예를 들어 오염물질을 85 % 제거할 때 비용은

$$C = \frac{80{,}000(85)}{100 - 85} \approx 453{,}333(\text{달러}) \qquad \text{85 \% 제거 시 비용}$$

이다. 그러나 90 % 제거 시 비용은

$$C = \frac{80{,}000(90)}{100 - 90} = 720{,}000(\text{달러}) \qquad \text{90 \% 제거 시 비용}$$

이다.

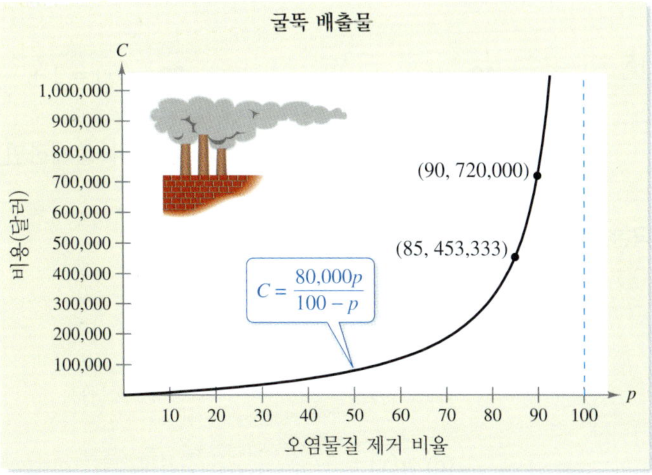

그림 3.54

✓점검문제 8 예제 8의 비용함수에 의하면 굴뚝 오염물질을 100 % 제거하는 것이 가능한가? 가능 여부를 말하고 이유를 설명하여라. ■

연습문제 3.6

[1-3] (수직, 수평 점근선) 수직, 수평 점근선을 구하여라.

1. $f(x) = \dfrac{x^2 + 1}{x^2}$

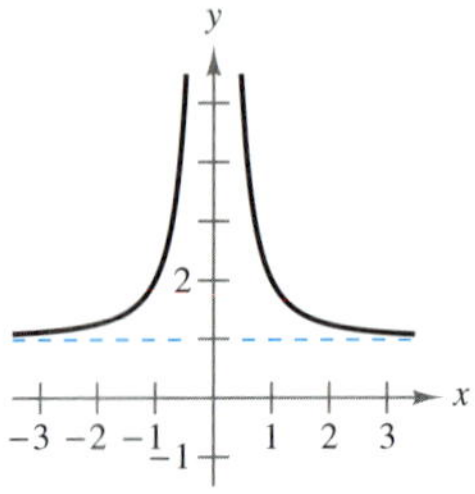

2. $f(x) = \dfrac{x^2 - 2}{x^2 - x - 2}$

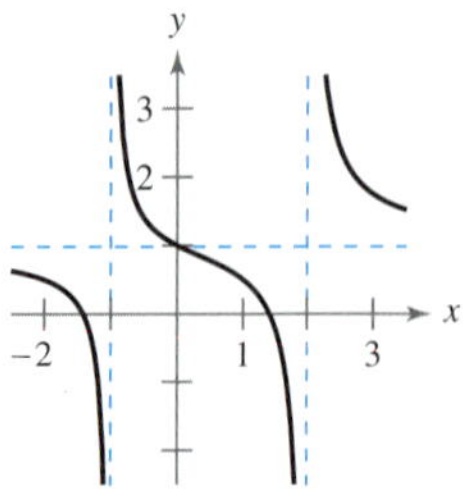

3. $f(x) = \dfrac{3x^2}{2(x^2 + 1)}$

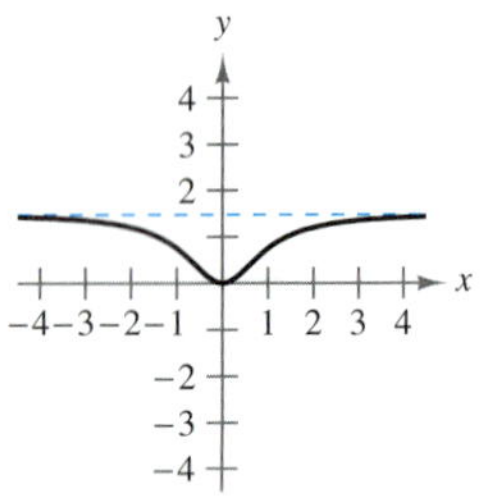

[4-6] (무한 극한 구하기) 다음 극한을 구하여라. (예제 1 참조)

4. $\lim_{x \to 4^+} \dfrac{1}{x - 4}$

5. $\lim_{x \to -6^+} \dfrac{-4}{x + 6}$

6. $\lim_{x \to 2^-} \dfrac{1}{(x - 2)^2}$

[7-9] (수직 점근선 구하기) 다음 함수의 그래프에서 수직 점근선을 모두 구하여라. (예제 2, 3 참조)

7. $f(x) = \dfrac{x - 3}{x^2 + 3x}$

8. $f(x) = \dfrac{x^2 - 8x + 15}{x^2 - 9}$

9. $f(x) = \dfrac{2x^2 - x - 3}{2x^2 - 11x + 12}$

[10-12] (무한 극한 결정하기) 그래픽 도구를 사용하여 극한을 구하여라. (예제 4 참조)

10. $\lim_{x \to 6^+} \dfrac{1}{(x - 6)^2}$

11. $\lim_{x \to 3^+} \dfrac{x - 4}{x - 3}$

12. $\lim_{x \to -1^-} \dfrac{x^2 + 1}{x^2 - 1}$

[13-14] (무한대에서 극한 구하기) 다음 극한을 구하여라. (예제 5 참조)

13. $\lim_{x \to \infty} \left(1 + \dfrac{1}{x}\right)$

14. $\lim_{x \to -\infty} \left(\dfrac{5}{x^3} - 8\right)$

[15-18] (수평 점근선 구하기) 다음 함수의 그래프에서 수평 점근선을 구하여라. (예제 6 참조)

15. $f(x) = \dfrac{4x - 3}{2x + 1}$

16. $f(x) = \dfrac{3x - 7}{4 - x - 2x^2}$

17. $f(x) = \dfrac{5x^2}{x + 3}$

18. $f(x) = \dfrac{2x}{x - 1} + \dfrac{3x}{x + 1}$

[19-20] (수평 점근선 사용) 수평 점근선을 사용하여 다음 함수와 그래프를 짝지어라.

(a)

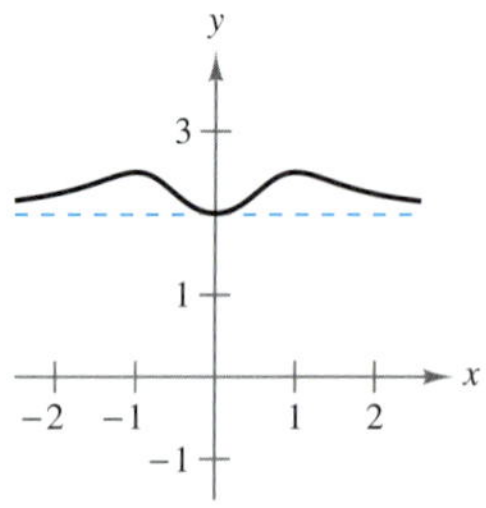

(b)

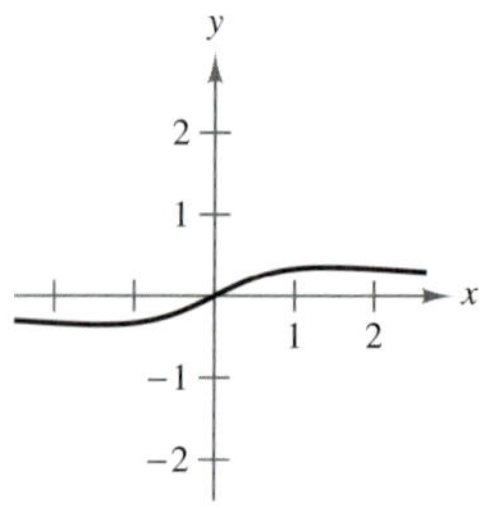

(c)

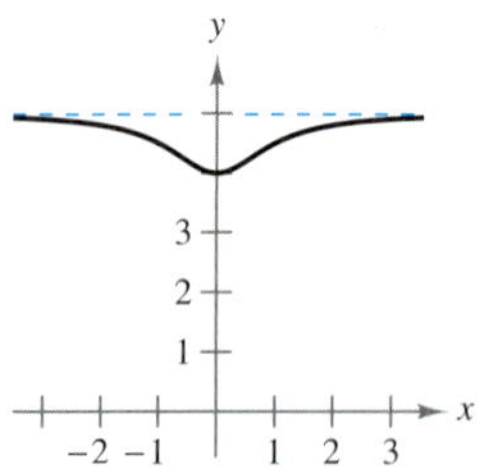

(d)

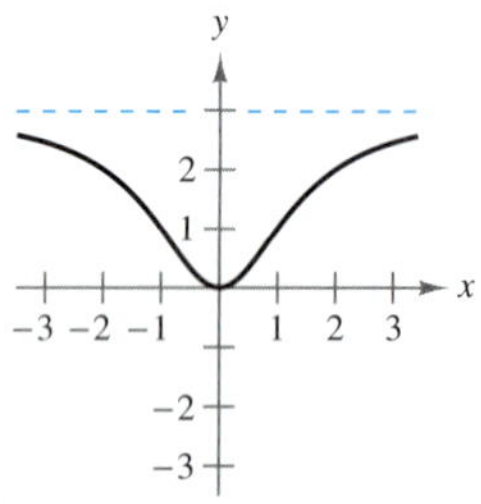

19. $f(x) = \dfrac{3x^2}{x^2 + 2}$

20. $f(x) = 2 + \dfrac{x^2}{x^4 + 1}$

21. (무한대에서의 극한 구하기) 극한이 존재하면 $\lim_{x \to \infty} h(x)$를 구하여라.

$$f(x) = 5x^3 - 3$$

(a) $h(x) = \dfrac{f(x)}{x^2}$

(b) $h(x) = \dfrac{f(x)}{x^3}$

(c) $h(x) = \dfrac{f(x)}{x^4}$

22. (무한대에서 극한 구하기) 극한이 존재하면 극한을 구하여라.

(a) $\lim_{x \to \infty} \dfrac{x^2 + 2}{x^3 - 1}$

(b) $\lim_{x\to\infty} \frac{x^2 + 2}{x^2 - 1}$

(c) $\lim_{x\to\infty} \frac{x^2 + 2}{x - 1}$

[23-24] (무한대에서의 극한 추정) 그래픽 도구나 스프레드시트 소프트웨어 프로그램을 사용하여 다음 표를 완성하여라. 이 결과를 이용하여 x가 무한대로 접근할 때 $f(x)$의 극한을 추정하여라.

x	10^0	10^1	10^2	10^3	10^4	10^5	10^6
$f(x)$							

23. $f(x) = \sqrt{x^3 + 6} - 2x$

24. $f(x) = \frac{x + 1}{x\sqrt{x}}$

[25-31] (그래프 그리기) 다음 함수의 그래프를 그려라. 그래프 그리는 데 절편, 극값, 점근선을 사용하여라.

25. $y = \frac{3x}{1 - x}$

26. $f(x) = \frac{x^2}{x^2 + 9}$

27. $g(x) = \frac{x^2}{x^2 - 16}$

28. $y = 1 - \frac{3}{x^2}$

29. $g(x) = \frac{x^2 - x - 2}{x - 2}$

30. $y = \frac{2x^2 - 6}{(x - 1)^2}$

31. $y = \frac{x}{\sqrt{x^2 + 1}}$

32. (평균비용) x단위를 생산하는 비용 C(달러)가 다음과 같다.

$$C = 1.15x + 6000$$

(a) 평균비용함수 $\overline{C}$를 구하여라.

(b) $x = 600$, $x = 6000$일 때, $\overline{C}$를 구하여라.

(c) x가 무한대로 접근할 때, 평균비용함수의 극한을 결정하여라. 문제의 내용에서 극한을 설명하여라.

33. (평균이익) 상품을 x단위 생산하여 판매할 때의 비용 C와 수입 R은 각각 $C = 34.5x + 15,000$, $R = 69.9x$이다. 단위는 달러이다.

(a) 평균이익함수를 구하여라.

$$\overline{P} = \frac{R - C}{x}$$

(b) $x = 1000$, $10,000$, $100,000$일 때 평균이익을 구하여라.

(c) x가 무한대로 접근할 때, 평균이익함수의 극한을 구하여라. 답에 대해 설명하여라.

34. (약품 압수) 국내로 유입되는 불법 약품의 압수율이 p %일 때의 비용 C(백만 달러)는 다음과 같은 모형식이다.

$$C = \frac{528p}{100 - p}, \quad 0 \le p < 100$$

(a) 압수율이 25 %, 50 %, 75 %일 때의 비용을 구하여라.

(b) $p \to 100^-$일 때 C의 극한을 구하여라. 문제의 내용에서 극한을 설명하여라. 그래픽 도구를 사용하여 결과를 확인하여라.

35. (학습곡선) 심리학자가 행동을 예측하는 수학 모형 P(정확한 반응률을 소수형으로)를 과업이 수행된 횟수 n의 함수로 개발했다. 그 한 모형이 다음과 같다.

$$P = \frac{0.5 + 0.9(n - 1)}{1 + 0.9(n - 1)}, \quad n > 0$$

(a) 모형식에 대해 스프레드시트 소프트웨어 프로그램을 사용하여 다음 표를 완성하여라.

n	1	2	3	4	5	6	7	8	9	10
P										

(b) n이 무한대로 접근할 때, P의 극한을 구하여라.

(c) 그래픽 도구를 사용하여 학습곡선의 그래프를 그려라. 문제의 내용에서 그래프를 설명하여라.

3.7 곡선 그리기: 요약

- 함수의 그래프를 분석하고 그리기
- 간단한 다항식 함수의 그래프 알기

그래프 그리기 기법 요약

수학에서 그래프 사용의 중요성을 과장하여 말하는 것은 어려울 것이다. 데카르트가 도입한 해석기하학은 17세기 중반에 시작된 미적분학의 급격한 발전에 크게 기여했다.

지금까지 함수의 그래프를 분석하는 몇 가지 개념을 학습했다.

- x절편과 y절편 (1장 2절)
- 정의역과 치역 (1장 4절)
- 연속성 (1장 6절)
- 미분가능성 (2장 1절)
- 상대극값 (3장 2절)
- 오목성 (3장 3절)
- 변곡점 (3장 3절)
- 수직 점근선 (3장 6절)
- 수평 점근선 (3장 6절)

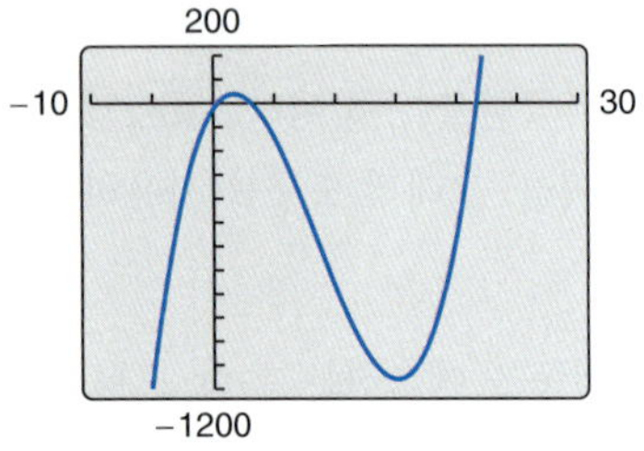

(a)

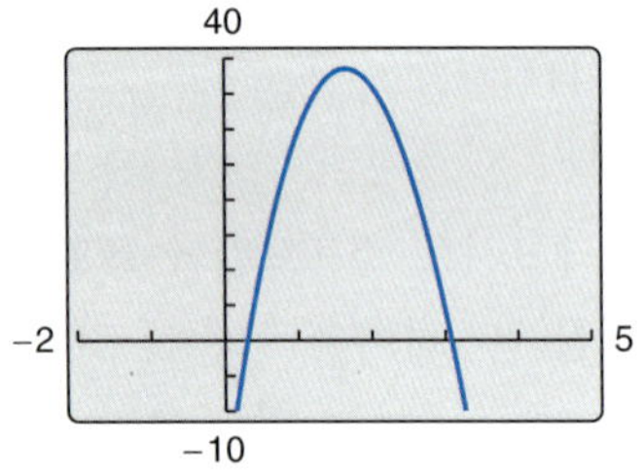

(b)

그림 3.55

손이나 그래픽 도구로 함수의 그래프를 그릴 때 보통 그래프 전체를 그릴 수는 없다. 그래프를 그릴 때 어느 부분까지 보여 주는가 하는 것은 매우 중요하다. 예를 들어 그림 3.55에서 어느 그림의 화면이 함수

$$f(x) = x^3 - 25x^2 + 74x - 20$$

의 그래프를 더 잘 나타내는가? 그림 3.55(a)는 그래프의 보기 화면이 좀 더 완벽하나 그림 3.55(b)는 문제의 상황을 더 잘 나타낼 수도 있다.

함수의 그래프 분석 지침

1. 함수의 정의역, 치역을 결정한다. 실생활의 상황을 함수로 모형화할 때는 전후 사정을 잘 고려한다.

2. 그래프의 절편과 점근선을 결정한다.

3. $f'(x)$, $f''(x)$가 영이거나 정의되지 않는 x값의 위치를 구한다. 이에 따라 상대극값과 변곡점이 어디에 나타나는지 결정한다.

예제 1 그래프 분석

다음 함수의 그래프를 분석하고 그려라.

$$f(x) = x^3 + 3x^2 - 9x + 5$$

풀이 f의 정의역은 실수 전체이다. 그리고 치역도 실수 전체이다. y절편은 (0, 5)에 있다. 함수는 다음과 같이 인수분해 된다.

$$f(x) = (x - 1)^2(x + 5) \quad \text{인수분해 형태}$$

x절편은 (−5, 0), (1, 0)이다. 일계도함수는

$$f'(x) = 3x^2 + 6x - 9 \quad \text{일계도함수}$$
$$= 3(x - 1)(x + 3) \quad \text{인수분해 형태}$$

이므로 f의 임계수는 $x = 1$, $x = -3$이다. 이계도함수는

$$f''(x) = 6x + 6 \quad \text{이계도함수}$$
$$= 6(x + 1) \quad \text{인수분해 형태}$$

이므로 $x = -1$에서 이계도함수는 0이 된다. $f'(x)$와 $f''(x)$를 표에서처럼 조사하면, f는 한 개의 상대극소와 한 개의 상대극대를, 또 한 개의 변곡점을 갖는다. f의 그래프는 그림 3.56이다.

	$f(x)$	$f'(x)$	$f''(x)$	그래프의 특징
$x \in (-\infty, -3)$		+	−	증가, 아래로 오목
$x = -3$	32	0	−	상대극대
$x \in (-3, -1)$		−	−	감소, 아래로 오목
$x = -1$	16	−	0	변곡점
$x \in (-1, 1)$		−	+	감소, 위로 오목
$x = 1$	0	0	+	상대극소
$x \in (1, \infty)$		+	+	증가, 위로 오목

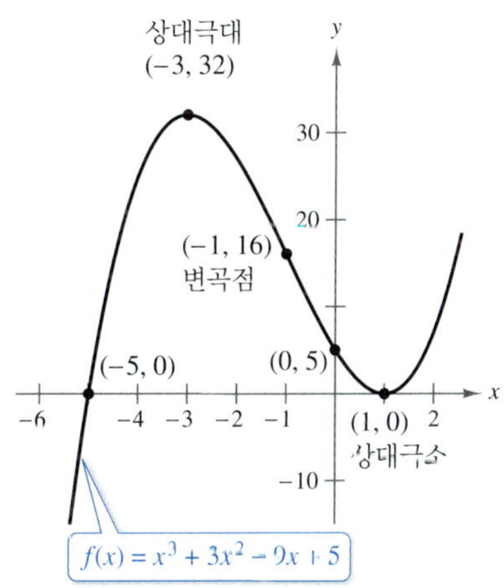

그림 3.56

✓ **점검문제 1** $f(x) = -x^3 + 3x^2 + 9x - 27$의 그래프를 분석하고 그려라. ■

예제 2 그래프 분석

다음 함수의 그래프를 분석하고 그려라.

$$f(x) = x^4 - 12x^3 + 48x^2 - 64x$$

풀이 f의 정의역은 모든 실수이고 치역은 $[-27, \infty)$이다. 그리고 한 절편은 (0, 0)에 있다. 함수는 다음과 같이 인수분해 된다.

$$f(x) = x(x^3 - 12x^2 + 48x - 64)$$
$$= x(x - 4)^3 \quad \text{인수분해 형태}$$

그러므로 두 번째 절편은 (4, 0)이다. 일계도함수는

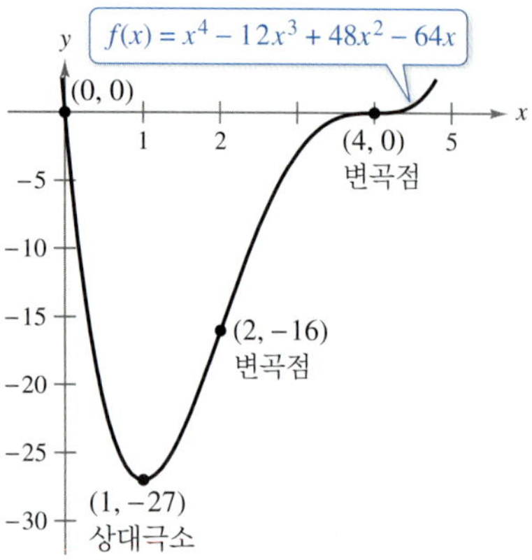

그림 3.57

$$f'(x) = 4x^3 - 36x^2 + 96x - 64 \quad \text{일계도함수}$$
$$= 4(x-1)(x-4)^2 \quad \text{인수분해 형태}$$

이므로 f의 임계수는 $x = 1$, $x = 4$이다. 이계도함수는

$$f''(x) = 12x^2 - 72x + 96 \quad \text{이계도함수}$$
$$= 12(x-4)(x-2) \quad \text{인수분해 형태}$$

이므로 $x = 2$, $x = 4$에서 이계도함수는 0이 된다. 표에 있는 것처럼 $f'(x)$, $f''(x)$를 조사하면 f는 한 개의 상대극소와 두 개의 변곡점을 가지고 있다. f의 그래프는 그림 3.57이다.

	$f(x)$	$f'(x)$	$f''(x)$	그래프의 특징
$x \in (-\infty, 1)$		−	+	감소, 위로 오목
$x = 1$	−27	0	+	상대극소
$x \in (1, 2)$		+	+	증가, 위로 오목
$x = 2$	−16	+	0	변곡점
$x \in (2, 4)$		+	−	증가, 아래로 오목
$x = 4$	0	0	0	변곡점
$x \in (4, \infty)$		+	+	증가, 위로 오목

✔ **점검문제 2** $f(x) = x^4 - 4x^3 + 5$의 그래프를 분석하고 그려라. ■

예제 2의 4차 다항식은 한 개의 상대극소를 가지고 상대극대는 없다. 일반적으로 n차 다항식은 최대 $n - 1$개의 극값을 가질 수 있고, 최대 $n - 2$개의 변곡점을 갖는다. 게다가 짝수 차수 다항식 함수는 적어도 한 개의 극값을 갖는다.

예제 3 그래프 분석

다음 그래프를 분석하고 그려라.

$$f(x) = \frac{x^2 - 2x + 4}{x - 2}$$

풀이 f의 정의역은 $x = 2$를 제외한 모든 실수이다. f의 치역은 $(-\infty, -2] \cup [4, \infty)$이다. 분자에 이차 방정식의 근의 공식을 적용하면 x절편은 없다. 분모는 $x = 2$에서 0이므로(분자는 $x = 2$에서 0이 아니다) $x = 2$는 그래프의 수직 점근선이다. 분자의 차수가 분모보다 크므로 수평 점근선은 존재하지 않는다.

$$f'(x) = \frac{(x-2)(2x-2) - (x^2 - 2x + 4)}{(x-2)^2} \quad \text{일계도함수}$$
$$= \frac{x(x-4)}{(x-2)^2} \quad \text{인수분해 형태}$$

그러므로 f의 임계수는 $x = 0$과 $x = 4$이다. 이계도함수는

$$f''(x) = \frac{(x-2)^2(2x-4)-(x^2-4x)(2)(x-2)}{(x-2)^4}$$ 이계도함수

$$= \frac{(x-2)(2x^2-8x+8-2x^2+8x)}{(x-2)^4}$$

$$= \frac{8}{(x-2)^3}$$ 인수분해 형태

이다. 이계도함수는 근을 갖지 않고, 또 $x = 2$는 함수의 정의역에 포함되지 않으므로, 그래프는 변곡점을 갖지 않는다. $f'(x)$, $f''(x)$를 표에서처럼 조사하면 f는 한 개의 상대극소와 한 개의 상대극대를 갖는다. f의 그래프는 그림 3.58이다.

	$f(x)$	$f'(x)$	$f''(x)$	그래프의 특징
$x \in (-\infty, 0)$		+	−	증가, 아래로 오목
$x = 0$	−2	0	−	상대극대
$x \in (0, 2)$		−	−	감소, 아래로 오목
$x = 2$	정의되지 않음	정의되지 않음	정의되지 않음	수직 점근선
$x \in (2, 4)$		−	+	감소, 위로 오목
$x = 4$	6	0	+	상대극소
$x \in (4, \infty)$		+	+	증가, 위로 오목

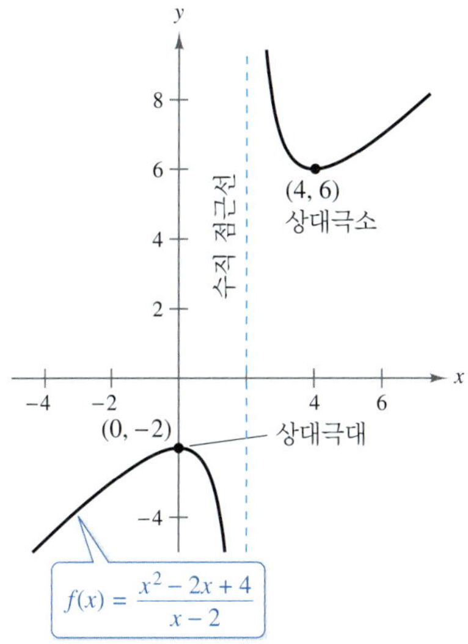

그림 3.58

✓점검문제 3 다음 그래프를 분석하고 그려라.

$$f(x) = \frac{x^2}{x-1}$$

예제 4 그래프 분석

다음 그래프를 분석하고 그려라.

$$f(x) = \frac{2(x^2-9)}{x^2-4}$$

풀이 함수를 인수분해 형태로 써서 시작하자.

$$f(x) = \frac{2(x-3)(x+3)}{(x-2)(x+2)}$$ 인수분해 형태

f의 정의역은 $x = 2$와 $x = -2$를 제외한 모든 실수이다. f의 치역은 $(-\infty, 2) \cup \left[\frac{9}{2}, \infty\right)$이다. y절편은 $\left(0, \frac{9}{2}\right)$이고, x절편은 $(-3, 0)$, $(3, 0)$이다. f의 그래프는 $x = \pm 2$에서 수직 점근선을 갖고, $y = 2$에서 수평 점근선을 갖는다. 일계도함수는

$$f'(x) = \frac{2[(x^2-4)(2x)-(x^2-9)(2x)]}{(x^2-4)^2}$$ 일계도함수

$$= \frac{2(2x^3-8x-2x^3+18x)}{(x^2-4)^2}$$ 곱한다

$$= \frac{20x}{(x^2-4)^2}$$ 인수분해 형태

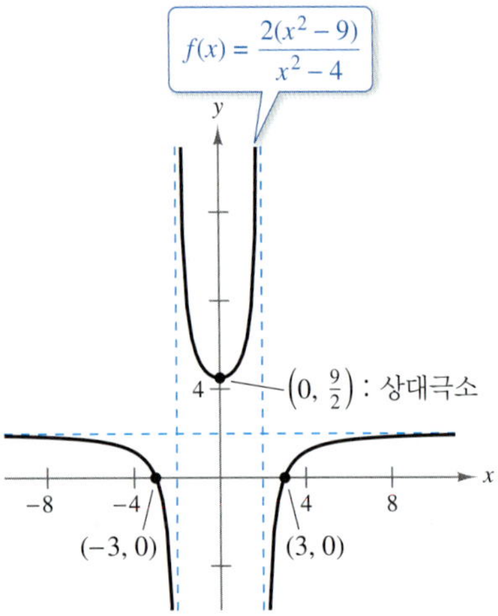

그림 3.59

이므로 f의 임계수는 $x = 0$이다. 이계도함수는

$$f''(x) = \frac{(x^2-4)^2(20)-(20x)(2)(x^2-4)(2x)}{(x^2-4)^4}$$ 이계도함수

$$= \frac{20(x^2-4)(x^2-4-4x^2)}{(x^2-4)^4}$$

$$= \frac{20(3x^2+4)}{(x^2-4)^3}$$ 인수분해 형태

이다. 이계도함수는 근을 갖지 않고, $x = \pm 2$가 함수의 정의역에 있지 않으므로, 그래프는 변곡점을 갖지 않는다. 아래 표에서처럼 $f'(x)$와 $f''(x)$를 조사하면, f는 한 개의 상대극소를 갖는다. f의 그래프는 그림 3.59이다.

	$f(x)$	$f'(x)$	$f''(x)$	그래프의 특징
$x \in (-\infty, -2)$		−	−	감소, 아래로 오목
$x = -2$	정의되지 않음	정의되지 않음	정의되지 않음	수직 점근선
$x \in (-2, 0)$		−	+	감소, 위로 오목
$x = 0$	9 / 2	0	+	상대극소
$x \in (0, 2)$		+	+	증가, 위로 오목
$x = 2$	정의되지 않음	정의되지 않음	정의되지 않음	수직 점근선
$x \in (2, \infty)$		+	−	증가, 아래로 오목

✓ **점검문제 4** 다음 그래프를 분석하고 그려라.

$$f(x) = \frac{x^2+1}{x^2-1}$$

■

예제 5 그래프 분석

다음 그래프를 분석하고 그려라.

$$f(x) = 2x^{5/3} - 5x^{4/3}$$

풀이 함수를 인수분해 형태로 써서 시작하자.

$$f(x) = x^{4/3}(2x^{1/3} - 5)$$ 인수분해 형태

f의 정의역은 모든 실수이다. 그리고 치역 또한 모든 실수이다. 절편 중 하나는 (0, 0)이다. 두 번째 x절편은 $2x^{1/3} - 5 = 0$일 때 나타난다. 즉

$$2x^{1/3} - 5 = 0$$
$$2x^{1/3} = 5$$
$$x^{1/3} = \frac{5}{2}$$
$$x = \left(\frac{5}{2}\right)^3$$
$$x = \frac{125}{8}$$

그러므로 두 번째 절편은 $\left(\frac{125}{8}, 0\right)$이다. 일계도함수는

$$f'(x) = \frac{10}{3}x^{2/3} - \frac{20}{3}x^{1/3} \qquad \text{일계도함수}$$

$$= \frac{10}{3}x^{1/3}(x^{1/3} - 2) \qquad \text{인수분해 형태}$$

따라서 f의 임계수는 $x = 0$과 $x = 8$이다. 이계도함수는

$$f''(x) = \frac{20}{9}x^{-1/3} - \frac{20}{9}x^{-2/3} \qquad \text{이계도함수}$$

$$= \frac{20}{9}x^{-2/3}(x^{1/3} - 1)$$

$$= \frac{20(x^{1/3} - 1)}{9x^{2/3}} \qquad \text{인수분해 형태}$$

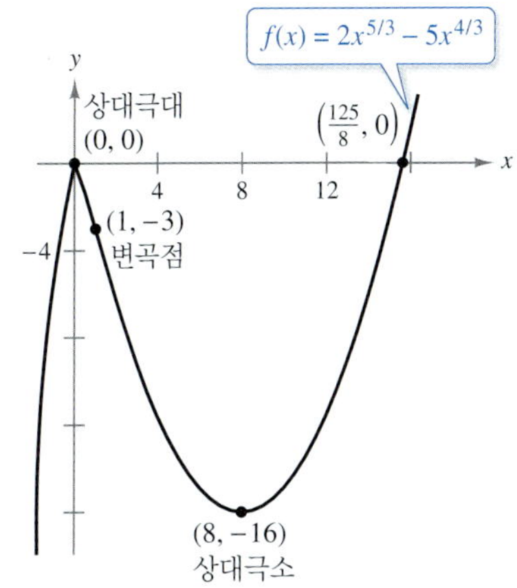

그림 3.60

이므로 가능한 변곡점은 $x = 1$과 $x = 0$에서 나타난다. $f'(x)$, $f''(x)$를 아래 표처럼 조사하면, f는 한 개의 상대극대, 한 개의 상대극소, 그리고 한 개의 변곡점을 갖는 것을 볼 수 있다. f의 그래프는 그림 3.60이다.

	$f(x)$	$f'(x)$	$f''(x)$	그래프의 특징
$x \in (-\infty, 0)$		+	−	증가, 아래로 오목
$x = 0$	0	0	정의되지 않음	상대극대
$x \in (0, 1)$		−	−	감소, 아래로 오목
$x = 1$	−3	−	0	변곡점
$x \in (1, 8)$		−	+	감소, 위로 오목
$x = 8$	−16	0	+	상대극소
$x \in (8, \infty)$		+	+	증가, 위로 오목

✓ **점검문제 5** 다음 그래프를 분석하고 그려라.

$$f(x) = 2x^{3/2} - 6x^{1/2}$$

간단한 다항식 그래프 요약

영, 일, 이, 삼차 다항식 함수의 그래프를 그림 3.61에 요약했다. 간단하기 때문에 낮은 차수의 다항식 함수는 보통 수학적 모형식으로 사용한다.

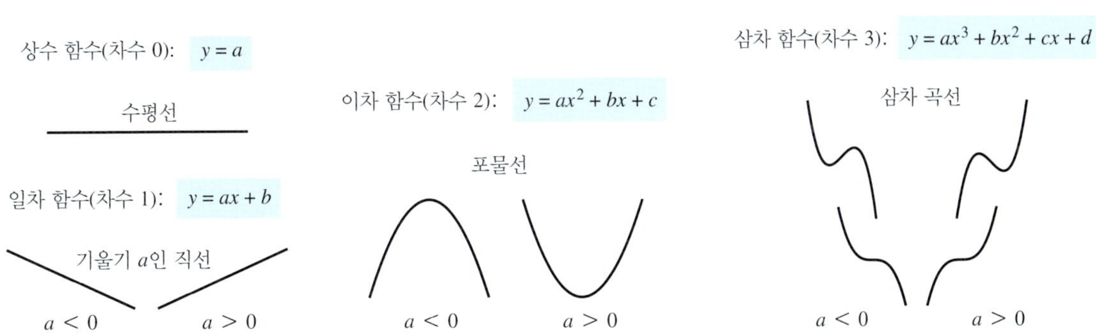

그림 3.61

연습문제 3.7

[1-11] (그래프 분석) 다음 함수의 그래프를 분석하고 그래프를 그려라. 절편, 상대극값, 변곡점, 점근선을 명시하여라. (예제 1, 2, 3 4, 5 참조)

1. $y=-x^2-2x+3$ **2.** $y=x^3-3x^2+4$

3. $y=2-x-x^3$ **4.** $y=3x^4+4x^3$

5. $y=x^4-8x^3+18x^2-16x+5$

6. $y=\dfrac{x^2+1}{x}$ **7.** $y=\dfrac{x^2-6x+12}{x-4}$

8. $y=\dfrac{x^2+1}{x^2-9}$ **9.** $y=3x^{2/3}-x^2$

10. $y=x\sqrt{9-x}$ **11.** $y=\begin{cases} x^2+1, & x\le 0 \\ 1-2x, & x>0 \end{cases}$

[12-18] (함수의 그래프 그리기) 그래픽 도구로 그래프를 그려라. 모든 상대극값, 변곡점이 나타나도록 화면을 설정하여라.

12. $y=3x^3-9x+1$ **13.** $y=-(x+2)^4$

14. $y=\dfrac{5-3x}{x-2}$ **15.** $y=1-x^{2/3}$

16. $y=x^{4/3}$ **17.** $y=\dfrac{x}{\sqrt{x^2-4}}$

18. $y=\dfrac{x^3}{x^3-1}$

[19-20] (그래프 설명) $f'(x)$, $f''(x)$의 그래프를 사용하여 f의 그래프를 그려라(많은 답이 존재한다).

19.

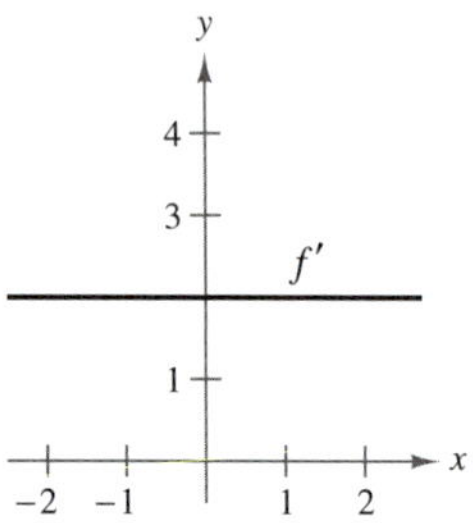

20.

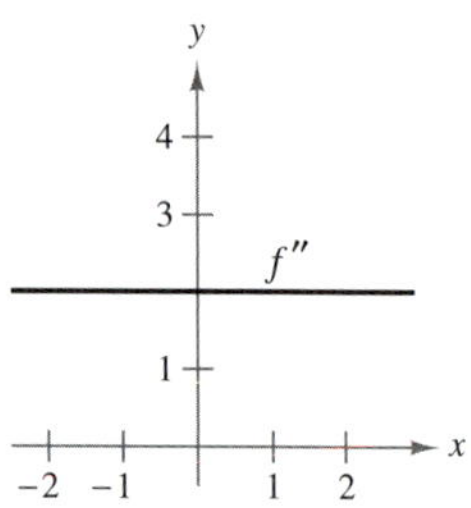

21. (함수 그리기) 다음 특징을 갖는 함수의 그래프를 그려라(많은 답이 존재한다).

$f(-2)=f(0)=0$
$f'(x)>0,\ x<-1$
$f'(x)<0,\ -1<x<0$
$f'(x)>0,\ x>0$
$f'(-1)=f'(0)=0$

22. (함수 만들기) 그래프가 다음 주어진 특징을 갖는 함수를 만들어라(많은 답이 존재한다).

수직 점근선: $x=3$
수평 점근선: $y=0$

23. (사회보장) 다음 표는 2009년부터 2014년 사이 62세 이상 퇴직 노동자들의 월별 사회보장연금 B(달러)를 나열한 것이다. 2009년도는 $t=9$에 해당한다. 이 자료에 대한 모형식은 다음과 같다.

$$B=\frac{2057.91-64.007t+40.6404t^2}{1+0.217t+0.0144t^2},\quad 9\le t\le 14$$

(자료: 미국 사회보장국)

t	9	10	11	12	13	14
B	1164	1175	1229	1262	1294	1329

(a) 그래픽 도구로 이산 그래프와 모형식을 같은 화면에 그려라.

(b) 모형식을 사용하여 2018년의 월 평균 연금을 예측하여라.

(c) 모형식으로 미래의 월 평균 사회보장연금을 예측할 수 있는가? 예측 여부를 말하고 이유를 설명하여라.

24. (기상) 다음은 매사추세츠 주 보스턴 시의 월 평균 최고 기온(화씨) 모형식이다.

$$T=\frac{31.58-3.616t+0.2243t^2}{1-0.211t+0.0141t^2},\ 1\le t\le 12$$

여기서 t는 월로서 $t=1$은 1월이다. 그래픽 도구로 그래프를 그리고 절대극값을 모두 찾아라. 문제의 내용에서 이 값들의 의미를 설명하여라. (자료: 미 국립기상자료 센터)

25. (쓰기) 그래픽 도구를 사용하여 다음 함수의 그래프를 그려라. 함수의 외관상 조사에는 한 개의 점근선이 있어야 함을 나타내지만 실제로는 수직 점근선이 존재하지 않는 이유를 설명하여라.

$$h(x)=\frac{6-2x}{3-x}$$

26. (발견) 다음 함수를 생각하자.

$$f(x)=\frac{x^2-2x+4}{x-2}$$

(a) f를 다음과 같이 다시 쓸 수 있음을 보여라.

$$f(x) = x + \frac{4}{x-2}$$

(b) 그래픽 도구를 사용하여 f의 그래프와 직선 $y = x$를 그려라. 화면을 축소하여 비교해 볼 때 두 그래프는 어떠한가?

(c) (b)의 결과를 사용하여 기울어진 점근선의 의미를 설명하여라.

3.8 미분과 한계 분석

- 함수의 미분 구하기
- 경제학에서 미분을 사용하여 수입, 비용, 이익의 변화 근사하기
- 미분 공식을 사용하여 함수의 미분 구하기

미분

2장 1절에서 비율 $\Delta y/\Delta x$의 극한으로 미분이 정의될 때, 극한의 몫을 상징적으로 나타내는 것은 자연스럽다. 그러므로 x에 대한 y의 미분을

$$\frac{dy}{dx} = \lim_{\Delta x \to 0} \frac{\Delta y}{\Delta x}$$

로 나타내는 것은 dy/dx가 별개의 양에 대한 몫으로 해석하지 않더라도 자연스럽다. 이 절에서는 양 dy와 dx가 $dx \neq 0$일 때, 이들의 몫에 의미를 부여하고 x에 관한 y의 미분과 같은 뜻으로 본다.

미분의 정의

$y = f(x)$는 미분가능 함수이다. **x의 미분**(differential of x)(dx로 나타낸다)은 임의의 영이 아닌 실수이다. **y의 미분**(differential of y)(dy로 나타낸다)은 $dy = f'(x)\ dx$이다.

미분의 정의에 추가하여 dx는 임의의 영이 아닌 값이다. 대부분의 응용에서 dx는 아주 작은 값으로 선택하고, 이렇게 선택된 것을 $dx = \Delta x$로 나타낸다.

미분의 이용 중 하나는 x의 변화량에 대응하여 y의 변화량을 근사하는 것이다(그림 3.62). 이 변화는 다음과 같이 나타낸다.

$$\Delta y = f(x + \Delta x) - f(x) \qquad y\text{의 변화량}$$

그림 3.62에서 Δx가 점점 작아지면 dy와 Δy의 값은 점점 더 가까워진다. 즉 Δx가 작으면 $dy \approx \Delta y$이다. **접선 근사**(tangent line approximation)는 대부분의 미분 응용의 기초가 된다.

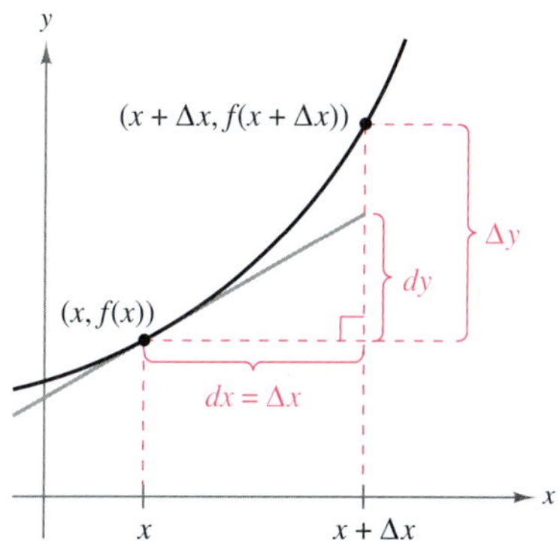

그림 3.62

그림 3.62에서 보면 접점 가까이에서는 f의 그래프와 접선이 매우 가깝다는 점에 유의하자. 이 점이 이 절에서 사용하는 근삿값의 본질이다. 다시 말하면 접점 근처에서 $dy \approx \Delta y$이다.

예제 1 Δy와 dy의 비교

다음과 같이 주어진 함수를 생각하자.

$$f(x) = x^2$$

$x = 1$, $dx = 0.01$일 때 dy를 구하여라. 이를 $x = 1$, $\Delta x = 0.01$일 때 Δy의 값과 비교하여라.

풀이 f의 도함수를 구하여 시작하자.

$$f'(x) = 2x \qquad f\text{의 도함수}$$

$x = 1$, $dx = 0.01$일 때 미분 dy의 값은 다음과 같다.

$$\begin{aligned} dy &= f'(x)\,dx && y\text{의 미분} \\ &= f'(1)(0.01) && x \text{ 대신에 1, } dx \text{ 대신에 0.01을 대입한다} \\ &= 2(1)(0.01) && f'(x) = 2x \text{ 사용} \\ &= 0.02 && \text{간단히 한다} \end{aligned}$$

$x = 1$, $\Delta x = 0.01$일 때 Δy의 값은 다음과 같다.

$$\begin{aligned} \Delta y &= f(x + \Delta x) - f(x) && y\text{의 변화} \\ &= f(1.01) - f(1) && x \text{ 대신에 1 그리고 } \Delta x \text{ 대신에 0.01을 대입한다} \\ &= (1.01)^2 - (1)^2 \\ &= 1.0201 - 1 \\ &= 0.0201 && \text{간단히 한다} \end{aligned}$$

그림 3.63에서처럼 $dy \approx \Delta y$임에 유의하여라.

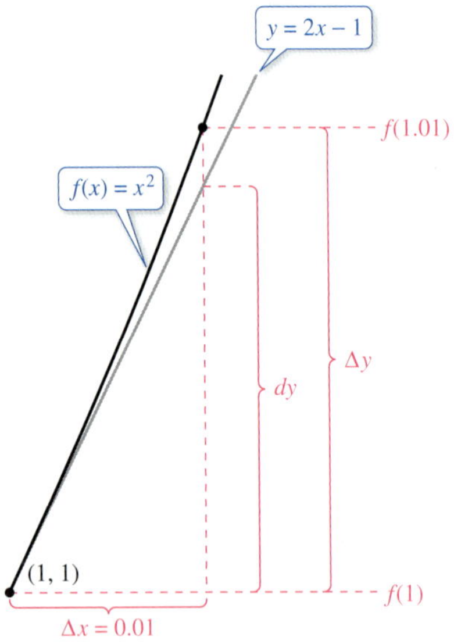

그림 3.63

✓ **점검문제 1** $f(x) = x^4$에 대해 $x = 2$, $dx = 0.01$일 때 dy의 값을 구하여라. 이를 $x = 2$, $\Delta x = 0.01$일 때 Δy의 값과 비교하여라. ■

예제 1에서 $f(x) = x^2$의 그래프에서 $x = 1$에서의 접선은 $y = 2x - 1$이다. 1에 가까운 x값에 대해서는 그림 3.63과 같이 아래 표에서 보는 것처럼 이 접선은 f의 그래프에 매우 가깝다.

x	0.5	0.9	0.99	1	1.01	1.1	1.5
$f(x) = x^2$	0.25	0.81	0.9801	1	1.0201	1.21	2.25
$y = 2x - 1$	0	0.8	0.98	1	1.02	1.2	2

근삿값 $dy \approx \Delta y$, $dx \neq 0$은 도함수의 정의로부터 유효하다. 즉 Δx가 0에 가까울 때 다음 극한의 존재

$$f'(x) = \lim_{\Delta x \to 0} \frac{f(x + \Delta x) - f(x)}{\Delta x}$$

는 $f'(x)$가 차몫에 가깝게 한다. 그러므로

$$\frac{f(x + \Delta x) - f(x)}{\Delta x} \approx f'(x)$$
$$f(x + \Delta x) - f(x) \approx f'(x)\Delta x$$
$$\Delta y \approx f'(x)\Delta x$$

이다. Δx 대신에 dx, $f'(x)dx$ 대신에 dy를 대입하면 $\Delta y \approx dy$이다.

한계 분석

미분은 경제학에서 수입, 비용, 이익의 변화를 근사할 때 사용된다. $R = f(x)$를 제품을 x단위 판매할 때의 수입이라고 하자. 단위 수가 1 증가할 때, x의 변화량 $\Delta x = 1$이고 R의 변화량은

$$\Delta R = f(x + \Delta x) - f(x) \approx dR = \frac{dR}{dx}dx$$

이다. 달리 말하면 미분 dR은 추가 단위 판매에 수반하는 수입의 변화량을 근사하는 데 사용할 수 있다. 마찬가지로 미분 dC와 dP도 추가 단위 판매에 수반하는 비용과 이익의 변화량을 근사하는 데 사용할 수 있다.

예제 2 한계 분석 사용

제품에 대한 수요함수는 다음과 같은 모형식이다.

$$p = 400 - x, \quad 0 \le x \le 400$$

여기서 p는 단위당 가격(달러)이고 x는 단위 수이다. 판매가 149에서 150단위로 증가할 때 수입의 변화를 미분을 사용하여 근사하여라. 이를 수입의 실제 변화와 비교하여라.

풀이 수입함수를 구하여 시작한다. 수요함수는 $p = 400 - x$로 주어져 있으므로 수입은

$$R = xp \qquad \text{수입 공식}$$
$$= x(400 - x) \qquad p = 400 - x \text{ 사용}$$
$$= 400x - x^2 \qquad \text{곱한다}$$

이다. 다음으로 한계수입 dR/dx를 구한다.

$$\frac{dR}{dx} = 400 - 2x \qquad \text{거듭제곱의 법칙}$$

$x = 149$이고 $dx = \Delta x = 1$일 때, 수입의 변화를 근사하면 다음과 같다.

$$\Delta R \approx dR = \frac{dR}{dx}dx = (400 - 2x)\,dx$$
$$= [400 - 2(149)](1)$$
$$= 102(\text{달러})$$

x가 149에서 150으로 증가하고 $R = f(x) = 400x - x^2$일 때, 수입의 실제 변화는 다음과 같다.

$$\begin{aligned}\Delta R &= f(x + \Delta x) - f(x)\\ &= [400(150) - 150^2] - [400(149) - 149^2]\\ &= 37{,}500 - 37{,}399\\ &= 101\text{(달러)}\end{aligned}$$

✓점검문제 2 제품에 대한 수요함수의 모형식이 $p = 200 - x$, $0 \le x \le 200$이다. 여기서 p는 단위당 가격(달러)이고 x는 단위 수이다. 판매가 89에서 90단위로 증가할 때 수입의 변화를 미분을 사용하여 근사하여라. 이를 실제 수입의 변화와 비교하여라. ■

예제 3 한계 분석 사용

자명종 시계에 대한 x단위 판매에 따른 이익(달러) 함수의 모형식이 다음과 같다. 즉

$$P = 0.0002x^3 + 10x$$

생산수준이 50에서 51단위로 변할 때, 미분 dP를 사용하여 이익의 변화를 근사하여라. 이 결과와 생산수준이 50에서 51단위로 증가하여 얻어지는 실제 이익과 비교하여라.

풀이 한계이익은

$$\frac{dP}{dx} = 0.0006x^2 + 10$$

이다. $x = 50$, $dx = \Delta x = 1$일 때, 이익 변화를 근사하면 다음과 같다.

$$\begin{aligned}\Delta P &\approx dP\\ &= \frac{dP}{dx}dx\\ &= (0.0006x^2 + 10)\,dx\\ &= [0.0006(50)^2 + 10](1)\\ &= 11.50\text{(달러)}\end{aligned}$$

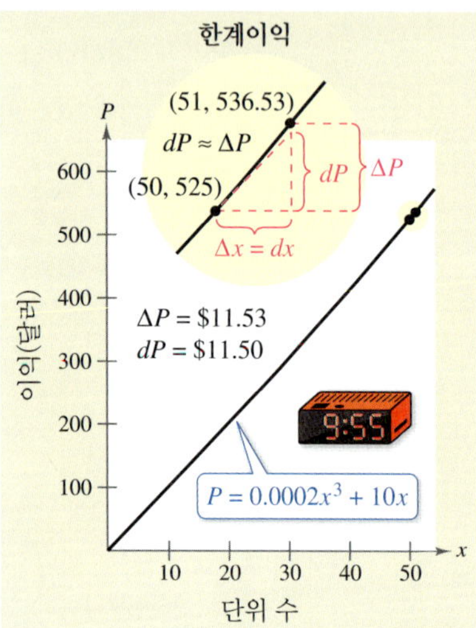

x가 50에서 51단위로 변하고, $P = f(x) = 0.0002x^3 + 10x$일 때, 실제 이익 변화는 다음과 같다.

$$\begin{aligned}\Delta P &= f(x + \Delta x) - f(x)\\ &= [(0.0002)(51)^3 + 10(51)] - [(0.0002)(50)^3 + 10(50)]\\ &\approx 536.53 - 525.00\\ &= 11.53\text{(달러)}\end{aligned}$$

이들 값은 그림에서 그래프로 나타나 있다.

✓점검문제 3 예제 3에서의 이익함수에서 생산수준이 40에서 41단위로 변할 때, 미분 dP를 사용하여 이익의 변화를 근사하여라. 이 결과와 생산수준이 40에서 41단위로 증가하여 얻어지는 실제 이익과 비교하여라. ■

요약 및 학습 전략

이 장을 학습한 후 여러분은 다음 내용을 습득했을 것이다.
각 절에 대한 요약과 관련 복습문제 번호가 표시되어 있다. 복습문제의 답은 이 교재의 말미에 수록되어 있다.

3.1절	관련 복습문제
■ 함수의 임계수를 찾는다.	1~3
$f'(c) = 0$이거나 $f'(c)$가 정의되지 않으면 c는 f의 임계수이다.	
■ 함수가 증가하거나 감소하는 열린구간을 구한다.	4~8
$f'(x) > 0$일 때, f는 증가한다.	
$f'(x) < 0$일 때, f는 감소한다.	
■ 실생활 모형에서 증가 또는 감소하는 구간을 구한다.	9

3.2절

■ 일계도함수 판정법을 사용하여 함수의 상대극값을 구한다.	10~14
■ 닫힌구간에서 연속 함수의 절대극값(최대, 최소)을 구한다.	15~18
■ 실생활 모형에서 극솟값, 극댓값을 구하고 문맥에서 그 결과의 의미를 해석한다.	19

3.3절

■ 함수의 그래프에서 위로 오목 또는 아래로 오목인 열린구간을 구한다.	20~21
$f''(x) > 0$일 때, f는 위로 오목이다.	
$f''(x) < 0$일 때, f는 아래로 오목이다.	
■ 함수의 그래프에서 변곡점을 구한다.	22~23
■ 이계도함수 판정법을 사용하여 함수의 상대극값을 구한다.	24~26
■ 투입-산출 모형에서 수확체감점을 구한다.	27

3.4절

■ 실생활에서 최적화 문제를 푼다.	28~29

3.5절

■ 경영과 경제에서 최적화 문제를 푼다.	30~32
■ 수요함수에서 수요의 가격 탄력성을 구한다.	33

3.6절

■ 함수의 수직 점근선을 구한다.	34~35
■ 무한 극한을 구한다.	36~37
■ 함수의 수평 점근선을 구한다.	38~39
■ 점근선을 사용하여 실생활 문제를 푼다.	40~41

3.7절

관련 복습문제

- 함수의 그래프를 분석한다. 42~48

3.8절

- 미분을 사용하여 함수의 변화를 근사한다. 49~50
- 경제학에서 미분을 사용하여 비용, 수입, 이익의 변화를 근사한다. 51~53
- 미분 공식을 사용하여 함수의 미분을 구한다. 54~56
- 미분을 사용하여 실생활 모형에서 변화를 근사한다. 57~58

학습 전략

- **문제를 그래프, 해석적, 대수적으로 푼다** 함수의 그래프를 분석할 때, 다양한 문제 해결 전략을 사용한다. 예를 들어 다음 함수

$$f(x) = x^3 - 4x^2 + 5x - 4$$

의 그래프를 분석하기 위해 그래프적으로 시작할 수 있다. 즉 그래픽 도구로 함수의 그래프의 중요한 특징을 화면에 나타냄으로써 함수를 표현할 수 있다. 아래 그래프에서처럼 이 함수는 한 개의 상대극소, 한 개의 상대극대, 그리고 한 개의 변곡점을 갖는 것으로 나타난다.

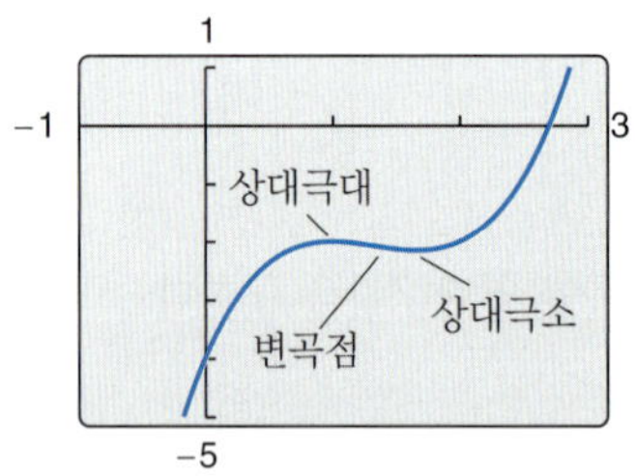

다음으로 그래프를 분석하기 위해 미적분을 사용할 수 있다. f의 도함수는

$$f'(x) = 3x^2 - 8x + 5 = (3x - 5)(x - 1)$$

이므로 f는 $x = \frac{5}{3}$와 $x = 1$에서 임계수를 갖는다. 일계도함수 판정법에 따라 $x = \frac{5}{3}$에서 상대극소, $x = 1$에서 상대극대이다. 이계도함수는

$$f''(x) = 6x - 8$$

이다. 구간 $\left(-\infty, \frac{4}{3}\right)$와 $\left(\frac{4}{3}, \infty\right)$를 조사해 보면 $x = \frac{4}{3}$에서 변곡점이다. 끝으로 그래프를 대수적으로 분석할 수 있다. 예를 들면 함숫값의 표를 만들고 관찰하면 f는 구간 $(-\infty, 1)$에서 증가, 구간 $\left(1, \frac{5}{3}\right)$에서는 감소, 구간 $\left(\frac{5}{3}, \infty\right)$에서는 증가함을 알 수 있다.

- **문제 해결 전략** 최적화 문제를 풀기 시작할 때, 다음 전략을 생각하자.
  1. **도표를 그린다** 가능한 한 문제를 나타내는 도표를 그린다. 도표에 모든 알려진 값과 모르는 값을 나열한다.
  2. **단순해진 문제를 푼다** 문제를 단순화하거나 문제의 간단한 예를 몇 가지 쓴다. 예를 들어 최대 면적의 치수를 구하는 문제를 푼다면 몇 가지 예제의 면적을 계산해 본다.
  3. **여러분의 단어로 문제를 다시 써라** 문제를 다시 써 보면 보다 깊이 문제를 이해할 수 있다.
  4. **추측, 확인 그리고 수정** 답을 추정하려고 노력한다. 그러고 나서 원래 문제로 돌아가 추정을 확인한다. 추정을 수정함으로써 일반적인 문제 해결 전략을 생각할 수 있다.

복습문제

[1-3] (임계수 구하기) 다음 함수의 임계수를 구하여라.

1. $f(x) = -x^2 - 5x + 9$

2. $y = 4x^3 - 108x$

3. $g(x) = (x-1)^2(x-3)$

[4-8] (f가 증가 또는 감소하는 구간) 다음 함수에서 임계수를 찾고 함수가 증가 또는 감소하는 열린구간을 구하여라. 그래픽 도구를 사용하여 결과를 확인하여라.

4. $f(x) = x^2 + x - 2$

5. $f(x) = -x^3 + 6x^2 - 2$

6. $y = (x-6)^{2/3}$

7. $g(x) = \sqrt{25 - x^2}$

8. $y = \dfrac{x}{x^2 + 49}$

9. (판매) 2009년에서 2013년 사이 폴라리스 산업의 매출 S(백만 달러)는 다음과 같이 모형화된다고 한다.

$$S = 12.236t^2 + 294.92t - 2109.0, \quad 9 \le t \le 13$$

여기서 t는 연도로서 $t = 9$는 2009년에 해당한다. 2009년에서 2013년 사이에 매출이 증가했음을 보여라.

[10-14] (상대극값 구하기) 일계도함수 판정법을 사용하여 다음 함수의 상대극값을 구하여라. 그래픽 도구를 사용하여 결과를 검증하여라.

10. $f(x) = 4x^3 - 6x^2 - 2$

11. $h(x) = 4 + 10x - x^2$

12. $h(x) = 2x^2 - x^4$

13. $f(x) = \dfrac{6}{x^2 + 1}$

14. $h(x) = x - 3x^{1/3}$

[15-18] (닫힌구간에서 극값 구하기) 닫힌구간에서 다음 함수의 절대극값을 구하여라. 그래픽 도구를 사용하여 결과를 검증하여라.

15. $f(x) = x^2 + 5x + 6; \quad [-3, 0]$

16. $f(x) = x^3 - 12x + 1; \quad [-4, 4]$

17. $f(x) = 2\sqrt{x} - x; \quad [0, 9]$

18. $f(x) = \dfrac{2x}{x^2 + 1}; \quad [-1, 2]$

19. (표면적) 반지름이 r이고 높이가 h인 직원기둥의 부피가 25세제곱센티미터이다(그림 참고). 반지름 r에 의한 원기둥의 전체 표면적은

$$S = 2\pi r\left(r + \frac{25}{\pi r^2}\right)$$

이다. 표면적을 최소화하는 반지름을 구하여라. 그래픽 도구를 사용하여 결과를 확인하여라.

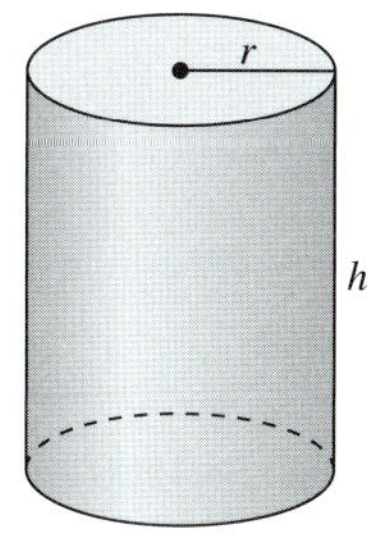

[20-21] (오목성 결정) 다음 함수의 그래프에서 위로 오목 또는 아래로 오목인 열린구간을 결정하여라.

20. $f(x) = (x-2)^3$

21. $g(x) = \frac{1}{4}(-x^4 + 8x^2 - 12)$

[22-23] (변곡점 구하기) 다음 함수의 그래프에서 오목성을 논하고, 변곡점을 구하여라.

22. $f(x) = \frac{1}{2}x^4 - 4x^3$ **23.** $f(x) = x(2x-3)^2$

[24-26] (이계도함수 판정법 사용) 다음 함수의 상대극값을 모두 구하여라. 적용 가능하다면 이계도함수 판정법을 사용하여라.

24. $f(x) = x^3 - 6x^2 + 12x$

25. $f(x) = x^5 - 5x^3$

26. $f(x) = 2x^2(1 - x^2)$

27. (수확체감점) 다음 함수의 수확체감점을 구하여라. 여기서 R은 수입(천 달러)이고, x는 광고비(천 달러)이다. 그래픽 도구를 사용하여 결과를 확인하여라.

$$R = \frac{1}{1500}(150x^2 - x^3), \quad 0 \le x \le 100$$

28. (최소 둘레) 면적이 225제곱미터인 직사각형에서 둘레의 길이가 최소가 되는 가로와 세로의 길이를 구하여라.

29. (최대 부피) 가로 16센티미터, 세로 10센티미터인 직사각형 재료로 네 귀퉁이를 정사각형으로 잘라내어 윗면이 없는 상자를 만들려고 한다(그림 참조). 부피가 최대인 상자를 만들어라.

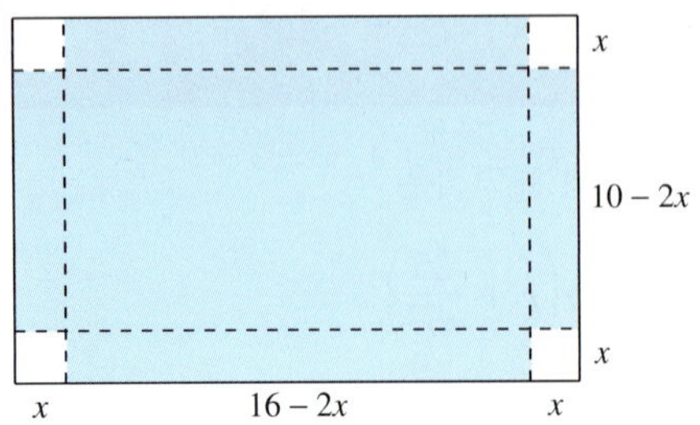

30. (최대 수입 구하기) 수입 R을 최대로 하는 단위 수 x를 구하여라.

$$R = 450x - 0.25x^2$$

31. (최소 평균비용 구하기) 단위당 평균비용 $\overline{C}$를 최소화하는 단위 수 x를 구하여라.

$$C = 0.2x^2 + 10x + 4500$$

32. (최대 이익) 어떤 상품의 수요함수와 총비용함수의 모형식이 다음과 같다.

$$p = 36 - 4x, \quad C = 2x^2 + 6$$

여기서 x는 단위 수이다.

(a) 최대 이익을 주는 가격은 얼마인가?

(b) 이익이 최대일 때, 단위당 평균비용은 얼마인가?

33. (탄력성) 생산품의 수요함수가 다음과 같은 모형식이다.

$$p = 60 - 0.04x, \quad 0 \le x \le 1500$$

여기서 p는 단위당 가격(달러)이고 x는 단위 수이다.

(a) 수요가 탄력적, 비탄력적, 단위 탄력성일 때를 결정하여라.

(b) (a)의 결과를 이용하여 수입함수의 성질을 설명하여라.

[34-35] (수직 점근선 구하기) 다음 함수의 그래프에서 수직 점근선을 모두 구하여라.

34. $f(x) = \dfrac{x + 7}{x^2 + 9x}$

35. $f(x) = \dfrac{x^2 - 16}{2x^2 + 9x + 4}$

[36-37] (무한 극한 결정하기) 그래픽 도구를 사용하여 극한을 구하여라.

36. $\lim\limits_{x \to 0^+} \left(x - \dfrac{1}{x^3}\right)$

37. $\lim\limits_{x \to -1^+} \dfrac{x^2 - 2x + 1}{x + 1}$

[38-39] (수평 점근선 구하기) 다음 함수의 그래프에서 수평 점근선을 구하여라.

38. $f(x) = \dfrac{3x^2}{5 - 4x^2}$

39. $f(x) = \dfrac{3x}{x^2 + 1}$

40. (평균비용) x단위를 생산하는 비용 C(달러)가 다음과 같다.

$$C = 0.75x + 4000$$

(a) 평균비용함수 $\overline{C}$를 구하여라.

(b) $x = 100$, $x = 1000$일 때 $\overline{C}$를 구하여라.

(c) x가 무한대로 접근할 때, 평균비용함수의 극한을 결정하여라. 문제의 내용에서 극한을 설명하여라.

41. (약품 압수) 미국 내로 유입되는 불법 약품의 압수율이 p %일 때의 비용 C(백만 달러)는 다음과 같은 모형식이다.

$$C = \frac{250p}{100 - p}, \quad 0 \le p < 100$$

(a) 압수율이 20 %, 50 %, 90 %일 때의 비용을 구하여라.

(b) $p \to 100^-$일 때 C의 극한을 구하여라. 문제의 내용에서 극한의 의미를 설명하여라. 그래픽 도구를 사용하여 결과를 확인하여라.

[42-47] (그래프 분석) 다음 함수의 그래프를 분석하고 그래프를 그려라. 절편, 상대극값, 변곡점, 점근선을 명시하여라.

42. $f(x) = 4x - x^2$

43. $f(x) = x^3 - 6x^2 + 3x + 10$

44. $f(x) = x^4 - 4x^3 + 16x - 16$

45. $f(x) = \dfrac{x + 1}{x - 1}$

46. $f(x) = 3x^{2/3} - 2x$

47. $f(x) = x\sqrt{6 - x}$

48. (박테리아) 아래 표의 자료는 시간 t에서 배양 중인 박테리아의 수 N을 보여 주고 있다. t는 날짜이다.

t	1	2	3	4	5	6	7	8
N	25	200	804	1756	2296	2434	2467	2473

이 자료에 대한 모형식은 다음과 같다.

$$N = \frac{24{,}670 - 35{,}153t + 13{,}250t^2}{100 - 39t + 7t^2}, \quad 1 \le t \le 8$$

(a) 그래픽 도구를 사용하여 자료의 이산 그래프를 그

리고 같은 화면에 모형식의 그래프를 나타내어라. 모형식과 자료의 이산 그래프는 얼마만큼 일치하는가?

(b) 10일 후의 박테리아 배양수를 모형식으로 예측하여라.

(c) 몇 달 후에 박테리아 배양수를 모형식으로 예측할 수 있는가? 예측 여부를 말하고 이유를 설명하여라.

[49-50] (Δy와 dy 비교하기) 다음 함수에서 dy와 Δy의 값을 비교하여라.

	함수	x값	x의 미분
49.	$f(x) = 2x^2$	$x = 2$	$\Delta x = dx = 0.01$
50.	$f(x) = 6x - x^3$	$x = 3$	$\Delta x = dx = 0.1$

[51-53] (한계 분석) 미분을 이용하여 한 단위 판매(생산) 증가에 따른 비용, 수입, 이익의 변화를 근사하여라(예를 들어 연습문제 51에서 x가 10에서 11단위로 증가할 때, 비용의 변화를 근사하여라. 이 결과를 실제 비용, 수입, 이익의 변화와 비교하여라).

	함수	x값
51.	$C = 40x^2 + 1225$	$x = 10$
52.	$R = 6.25x + 0.4x^{3/2}$	$x = 225$
53.	$P = 0.003x^2 + 0.019x - 1200$	$x = 750$

[54-55] (미분 구하기) 다음 함수에서 미분 dy를 구하여라.

54. $y = 0.8x^3$

55. $y = (3x^2 - 2)^3$

56. $y = \dfrac{2 - x}{x + 5}$

57. (이익) x단위를 생산하는 회사의 이익 P(달러)가 다음과 같은 모형식이다.

$$P - -0.8x^2 + 324x - 2000$$

(a) 생산수준이 100에서 101단위로 변화할 때, 미분을 이용하여 이익의 변화를 근사하여라.

(b) 이 결과를 실제 이익의 변화와 비교하여라.

58. (생리학: 체표면적) 신장 180센티미터인 사람의 체표면적(BSA)의 모형식이 $B = 0.1\sqrt{5w}$이다. 여기서 w는 체중(킬로그램), B는 BSA(제곱미터)이다. 사람의 체중이 90킬로그램에서 95킬로그램으로 변할 때, 사람의 BSA의 변화를 미분을 이용하여 근사하여라.

4 지수함수와 로그함수

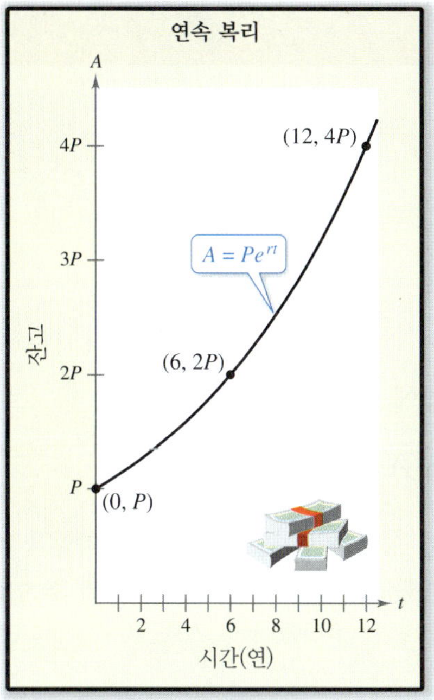

4장 6절의 예제 3에서는 예금계좌의 연 이자율을 구하는 데 지수 성장 모형이 사용되고 있음을 보여 주고 있다.

Ammentorp | Dreamstime.com

4.1 지수함수

■ 지수의 성질을 이용한 계산과 지수 식 간단히 하기
■ 지수함수의 그래프 그리기

지수함수

여러분은 다음과 같은 대수함수의 성질에 익숙할 것이다.

$$f(x) = x^2, \quad g(x) = \sqrt{x} = x^{1/2}, \quad h(x) = \frac{1}{x} = x^{-1}$$

이들 함수는 상수 지수를 갖고 있다. 이들 상수를 변수로 바꾸고 그 역할을 바꾸면 또 다른 중요한 부류의 함수인 **지수함수**(exponential function)를 얻을 수 있다. 몇몇 예로

$$f(x) = 2^x, \quad g(x) = \left(\frac{1}{10}\right)^x = \frac{1}{10^x}, \quad h(x) = 3^{2x} = 9^x$$

등을 들 수 있다. 일반적으로 임의의 양수 $a \neq 1$을 지수함수의 밑으로 사용할 수 있다.

지수함수의 정의

$a > 0$이고 $a \neq 1$이면 밑이 a인 **지수함수**는 $f(x) = a^x$이다.

지수함수의 정의에서 밑 $a = 1$은 제외한다. 왜냐하면 $f(x) = 1^x = 1$이기 때문이다. 이것은 상수함수이고 지수함수는 아니다.

지수함수를 학습할 때 지수의 성질은 매우 유용하다.

지수의 성질

a와 b가 양의 실수이고, x, y가 실수라고 할 때 다음이 성립된다.

1. $a^0 = 1$ **2.** $a^x a^y = a^{x+y}$ **3.** $\dfrac{a^x}{a^y} = a^{x-y}$ **4.** $(a^x)^y = a^{xy}$

5. $(ab)^x = a^x b^x$ **6.** $\left(\dfrac{a}{b}\right)^x = \dfrac{a^x}{b^x}$ **7.** $a^{-x} = \dfrac{1}{a^x}$

예제 1 지수 성질의 적용

a. $(2^2)(2^3) = 2^{2+3} = 2^5 = 32$ 성질 2 적용

b. $(2^2)(2^{-3}) = 2^{2-3} = 2^{-1} = \dfrac{1}{2}$ 성질 2와 7 적용

c. $(3^2)^3 = 3^{2(3)} = 3^6 = 729$ 성질 4 적용

점검문제 1 지수 성질을 이용하여 다음 식을 간단히 하여라.

a. $(3^2)(3^3)$ **b.** $(3^2)(3^{-1})$ **c.** $(2^3)^2$

예제 2 지수 성질 적용

a. $\left(\frac{1}{3}\right)^{-2} = \left(\frac{3}{1}\right)^2 = \frac{3^2}{1^2} = 9$ 성질 7과 6 적용

b. $\frac{3^2}{3^3} = 3^{2-3} = 3^{-1} = \frac{1}{3}$ 성질 3과 7 적용

c. $(2^{1/2})(3^{1/2}) = [(2)(3)]^{1/2} = 6^{1/2} = \sqrt{6}$ 성질 5 적용

점검문제 2 지수의 성질을 이용하여 다음 식을 간단히 하여라.

a. $\left(\frac{1}{2}\right)^{-3}$ **b.** $\frac{2^2}{2^3}$ **c.** $(2^{1/2})(5^{1/2})$

예제 1과 2는 정수와 유리수 지수의 성질을 보여 주고 있지만, 지수의 성질은 **모든 실수 지수에서도 성립한다는 것을 인지하는 것은 중요하다.** 계산기로 모든 양수 a와 모든 실수 x에 대해 a^x를 계산할 수 있다. 여기 몇 가지 예가 있다.

$$2^{-0.6} \approx 0.660, \qquad \pi^{0.75} \approx 2.360, \qquad (1.56)^{\sqrt{2}} \approx 1.876$$

예제 3 유기물질 연대 결정

살아 있는 유기물질에서 방사능 탄소 동위원소의 비율은 선제 탄소 원자의 약 10^{12}분의 1이다. 유기물질이 죽으면 방사능 탄소 동위원소는 감소하기 시작하며, 반감기는 약 5715년이다. 이는 5715년 후 원자의 동위원소의 비율이 원래 비율의 반으로 감소한다는 것을 의미한다. 두 번째 5715년 후 그 비율은 원래의 1/4로 감소한다. 계속 이러하다. 그림 4.1은 이 감소 비율을 보여 준다. 탄소 원자에 대한 탄소 동위원소의 비율 R에 대한 공식은

$$R = \left(\frac{1}{10^{12}}\right)\left(\frac{1}{2}\right)^{t/5715}$$

이다. 여기서 t는 시간(연)이다. 다음 기간에 대한 R의 값을 구하여라.

a. 10,000년

b. 20,000년

c. 25,000년

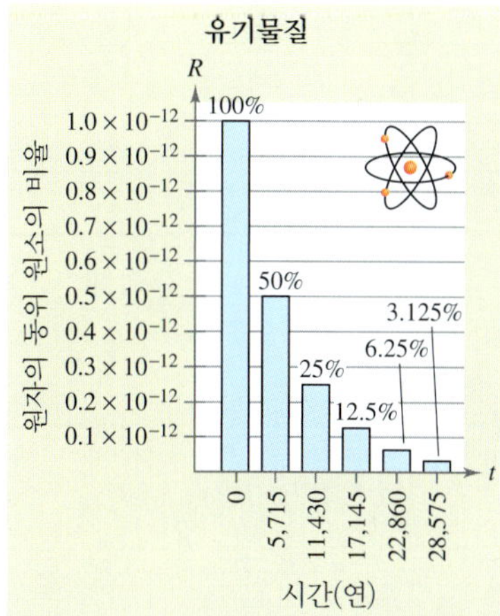

그림 4.1

풀이

a. $R = \left(\frac{1}{10^{12}}\right)\left(\frac{1}{2}\right)^{10,000/5715} \approx 2.973 \times 10^{-13}$ 10,000년 후에 대한 비율

b. $R = \left(\frac{1}{10^{12}}\right)\left(\frac{1}{2}\right)^{20,000/5715} \approx 8.842 \times 10^{-14}$ 20,000년 후에 대한 비율

c. $R = \left(\frac{1}{10^{12}}\right)\left(\frac{1}{2}\right)^{25,000/5715} \approx 4.821 \times 10^{-14}$ 25,000년 후에 대한 비율

✓ 점검문제 3 예제 3에서 탄소 원자에 대한 탄소 동위원소의 비율 R에 대한 공식을 사용하여 다음 기간에 대한 R의 값을 구하여라.

a. 5000년 **b.** 15,000년 **c.** 30,000년 ■

지수함수의 그래프

지수함수의 그래프의 기본적인 성질은 점 찍기 방법이나 그래픽 도구를 사용하여 결정할 수 있다.

예제 4 지수함수의 그래프 그리기

다음 지수함수의 그래프를 그려라.

a. $f(x) = 2^x$

b. $g(x) = \left(\dfrac{1}{2}\right)^x = 2^{-x}$

c. $h(x) = 3^x$

풀이 이들 함수의 그래프를 그리기 위해, 아래와 같이 값들의 표를 만들어 보자.

x	-3	-2	-1	0	1	2	3	4
$f(x)=2^x$	$\frac{1}{8}$	$\frac{1}{4}$	$\frac{1}{2}$	1	2	4	8	16
$g(x)=2^{-x}$	8	4	2	1	$\frac{1}{2}$	$\frac{1}{4}$	$\frac{1}{8}$	$\frac{1}{16}$
$h(x)=3^x$	$\frac{1}{27}$	$\frac{1}{9}$	$\frac{1}{3}$	1	3	9	27	81

이 세 함수의 그래프는 그림 4.2에 보여 주고 있다. $f(x)=2^x$와 $h(x)=3^x$의 그래프는 증가하는 반면에 $g(x)=2^{-x}$의 그래프는 감소하고 있다.

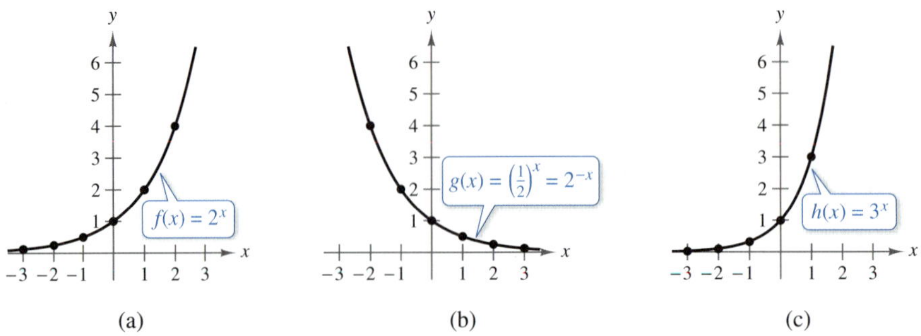

그림 4.2

✓ 점검문제 4 $f(x)=5^x$의 그래프를 그려라. ■

그림 4.2에 있는 그래프의 형태는 지수함수 $y = a^x$와 $y = a^{-x}\ (a > 1)$의 그래프의 전형이다. 이런 그래프는 그림 4.3에 요약되어 있다.

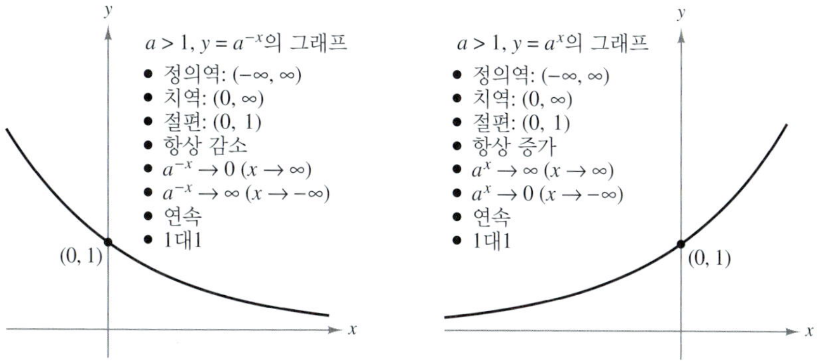

그림 4.3 $a>1$인 경우 지수함수 $y=a^{-x}$와 $y=a^{x}$의 특징

예제 5 **지수함수의 그래프 그리기**

$f(x)=3^{-x}-1$의 그래프를 그려라.

풀이 아래와 같이 값의 표를 만들어 보자.

x	-2	-1	0	1	2
$f(x)$	$3^2-1=8$	$3^1-1=2$	$3^0-1=0$	$3^{-1}-1=-\frac{2}{3}$	$3^{-2}-1=-\frac{8}{9}$

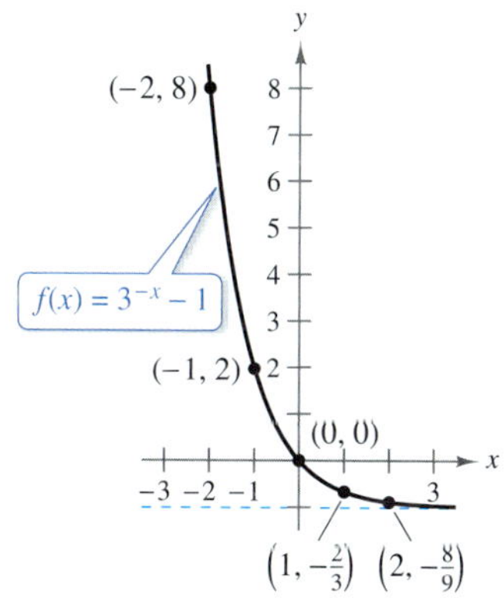

그림 4.4

극한으로부터

$$\begin{aligned}\lim_{x\to\infty}(3^{-x}-1) &= \lim_{x\to\infty}3^{-x} - \lim_{x\to\infty}1\\ &= \lim_{x\to\infty}\frac{1}{3^x} - \lim_{x\to\infty}1\\ &= 0-1\\ &= -1\end{aligned}$$

이다. 따라서 $y=-1$이 그래프의 수평 점근선임을 알 수 있다. 그래프는 그림 4.4이다.

✓ **점검문제 5** $f(x)=2^{-x}+1$의 그래프를 그려라. ■

연습문제 4.1

[1-2] (지수의 성질 적용) 지수의 성질을 사용하여 다음 식을 간단히 하여라. (예제 1, 2 참조)

1. (a) $(6^2)(6^4)$ (b) $(9^3)(9^{-4})$
(c) $(5^2)^4$ (d) 5^{-3}

2. (a) $\dfrac{7^5}{49^3}$ (b) $(9^{2/3})(3)(3^{2/3})$
(c) $[(25^{1/2})(5^2)]^{1/3}$ (d) $(1/8)^{-3}(2^{-3})(4^0)$

3. (방사능 감쇠) 반감기가 30년인 방사능 원소가 16그램으로 시작하여 t년 후에 남아 있는 질량 y(그램)는

$$y=16\left(\frac{1}{2}\right)^{t/30}, \quad t\ge 0$$

으로 주어진다. 90년 후 처음 질량의 얼마가 남아 있는가?

[4-9] (지수함수의 그래프 그리기) 다음 함수의 그래프를 그려라. (예제 4, 5 참조)

4. $f(x)=6^x$ **5.** $f(x)=\left(\dfrac{1}{5}\right)^x=5^{-x}$

6. $y=2^x-3$ **7.** $y=-2^x$

8. $y = 3^{-x^2}$

9. $s(t) = \frac{1}{4}(3^{-t})$

10. (인구 증가) 2005년에서 2014년까지 텍사스 주의 거주 인구 P(백만)가 다음과 같은 지수함수로 모형화된다.

$$P(t) = 20.922(1.0186)^t$$

여기서 t는 시간(연)으로 $t = 5$는 2005년에 해당한다. 모형식을 사용하여 (a) 2017년과 (b) 2022년의 인구를 추정하여라. (자료: 미 인구조사국)

11. (자산 가치) 부동산의 일부를 64,000달러에 판매한다. 자산 가치는 15년마다 2배가 된다고 한다. 구입 후 t년 후의 부동산의 가치 V에 대한 모형식이 다음과 같다.

$$V(t) = 64{,}000(2)^{t/15}$$

모형식을 사용하여 구입 후 (a) 5년 후, (b) 20년 후의 자산 가치를 근사하여라.

12. (인플레이션 비율) 향후 10년간 인플레이션 비율이 연 4 %이고 이 기간 중 어느 해의 상품 또는 서비스 가격 C는

$$C(t) = P(1.04)^t,\ 0 \le t \le 10$$

으로 추정된다. 여기서 t는 시간(연도)이고 P는 현재가치이다. 자동차 오일의 교체 비용이 현재로는 24.95달러이다. 지금부터 10년 후의 가격을 추정하여라.

13. (감가상각) 어떤 자동차를 30,000달러에 판매한다. 자동차는 매년 전년도 가격의 $\frac{4}{5}$로 감가상각된다고 한다. t년 후의 자동차의 가격 V에 대한 모형식을 구하여라. 모형식의 그래프를 그리고 또 자동차를 구매한 뒤 5년 후의 가격을 결정하여라.

14. (약사) 2008년에서 2013년 사이 미국에서 약사의 평균 임금 y(달러)는 표에서 보는 것과 같다. (자료: 미 노동통계국)

연도	2008	2009	2010
임금	104,260	106,630	109,380

연도	2011	2012	2013
임금	112,160	114,950	116,500

이 자료에 의한 모형식은

$$y = 86{,}827(1.0233)^t$$

이다. 여기서 t는 연도로서 $t = 8$은 2008년에 해당한다.

(a) 실제 임금과 모형식의 임금을 비교하여라. 자료와 모형은 얼마나 일치하는가? 이유를 설명하여라.

(b) 모형식의 그래프를 그리기 위해 그래픽 도구를 사용하여라.

(c) 그래픽 도구의 줌 및 추적 기능을 사용하여 약사의 평균 임금이 130,000달러에 도달하는 연도를 예측하여라.

4.2 자연 지수함수

- 자연 지수함수를 포함하는 함수를 계산하고 그래프 그리기
- 복리 문제 풀기
- 현재가치 문제 풀기

자연 지수함수

4장 1절에서 특화되지 않은 밑 a를 사용한 지수함수가 소개되었다. 미적분학에서는 소수 근사로

$$e \approx 2.71828182846$$

인 무리수 e를 밑으로 선택하는 것이 가장 편리하다. 이 밑의 선택은 통상적이지 않

을지라도 이의 편리성은 4장 3절에서 다루게 될 지수함수의 미분 규칙으로 분명해진다. 이 전개에서는 e의 정의에 사용되는 극한을 접하게 될 것이다.

e의 극한 정의

무리수 e는 $x \to 0$일 때, $(1 + x)^{1/x}$의 극한으로 정의한다. 즉

$$\lim_{x \to 0} (1 + x)^{1/x} = e$$

예제 1 자연 지수함수의 그래프 그리기

$f(x) = e^x$에 대한 값의 표를 완성하고 f의 그래프를 그려라.

x	-2	-1	0	1	2
$f(x)$					

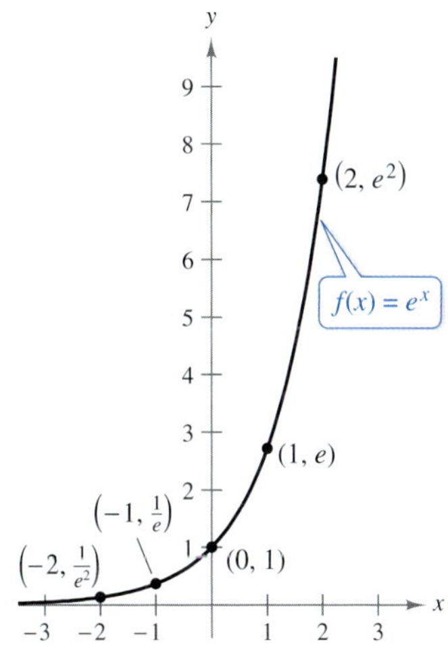

그림 4.5

풀이 다음과 같이 표를 완성하여 보자.

x	-2	-1	0	1	2
$f(x)$	$e^{-2} \approx 0.135$	$e^{-1} \approx 0.368$	$e^0 = 1$	$e^1 \approx 2.718$	$e^2 \approx 7.389$

그림 4.5에서 보는 것처럼 점 찍기 방법으로 f의 그래프를 그린다. x의 모든 값에 대해 e^x는 양임에 유의하자. 또한 그래프는 x축을 왼쪽으로 수평 점근선을 가진다. 즉

$$\lim_{x \to -\infty} e^x = 0$$

이다.

✔ **점검문제 1** $g(x) = e^{-x}$에 대한 값의 표를 완성하고 g의 그래프를 그려라.

x	-2	-1	0	1	2
$g(x)$					

■

지수함수는 가끔 양의 증가나 개체 수 증가의 모형식으로 사용된다. 양의 증가가 제한받지 않을 때 지수 모형이 가끔 사용된다. 양의 증가가 제한될 때는 가끔 다음 형태의 **로지스틱 성장 모형**(logistic growth model)이 사용된다.

$$f(t) = \frac{a}{1 + be^{-kt}}$$

두 형태의 인구 증가 모형의 그래프는 그림 4.6에 있다. 로지스틱 성장 모형의 그래프를 **로지스틱 곡선**이라 한다.

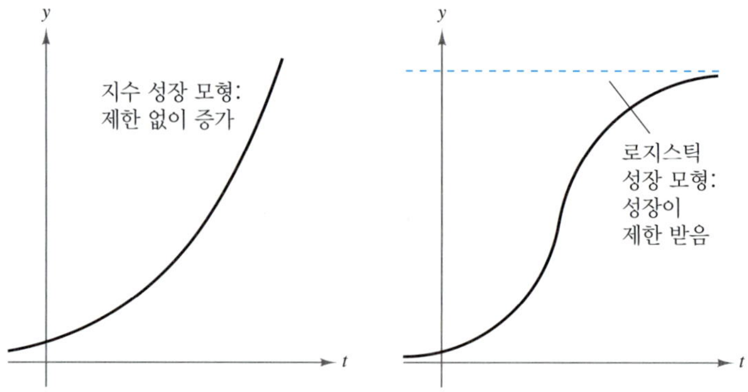

그림 4.6

예제 2 개체 수 모형화

박테리아 배양균이 다음 로지스틱 성장 모형에 따라 성장한다고 하자.

$$y = \frac{1.25}{1 + 0.25e^{-0.4t}}, \quad t \geq 0$$

여기서 y는 배양균 무게(그램)이고 t는 시간(시)이다. 0시간, 1시간, 10시간 후 배양균 무게를 구하여라. 제한 없이 t가 증가할 때 모형식의 극한을 구하여라.

풀이 모형식의 그래프는 그림 4.7에 있다.

$$y = \frac{1.25}{1 + 0.25e^{-0.4(0)}} \approx 1(\text{그램}) \qquad t = 0\text{일 때 무게}$$

$$y = \frac{1.25}{1 + 0.25e^{-0.4(1)}} \approx 1.071(\text{그램}) \qquad t = 1\text{일 때 무게}$$

$$y = \frac{1.25}{1 + 0.25e^{-0.4(10)}} \approx 1.244(\text{그램}) \qquad t = 10\text{일 때 무게}$$

t가 무한대로 접근하면, y의 극한은

$$\lim_{t\to\infty} \frac{1.25}{1 + 0.25e^{-0.4t}} = \lim_{t\to\infty} \frac{1.25}{1 + (0.25/e^{0.4t})} = \frac{1.25}{1 + 0} = 1.25$$

이므로 t가 제한 없이 증가할 때 배양균의 무게는 1.25그램에 접근한다.

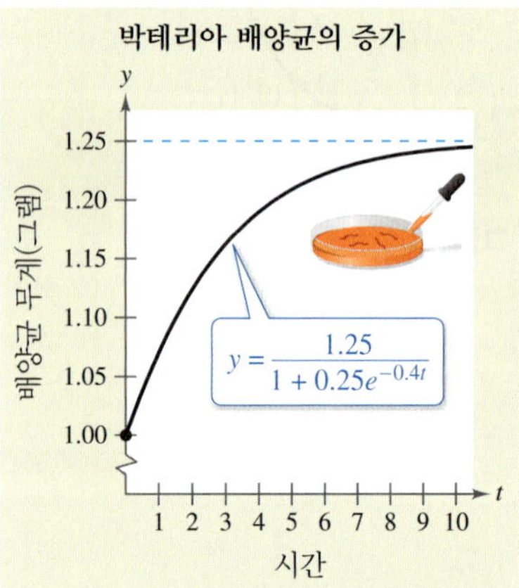

그림 4.7 배양균이 배양기에서 성장할 때 배양기의 크기와 배양액의 양이 배양균의 성장을 제한한다.

✓ **점검문제 2** 박테리아균의 배양이 $y = 1.50/(1 + 0.2e^{-0.5t})$, $t \geq 0$인 모형식에 따라 성장한다고 한다. 여기서 y는 배양균의 무게(그램)이고 t는 시간(시)이다. 0시간, 1시간, 10시간 후 배양균의 무게를 구하여라. t가 제한 없이 증가할 때 모형식의 극한을 구하여라. ■

확장 응용: 복리

연 이자율 r(소수형)로 예금 계좌에 P달러를 예치했다. 일 년 후의 잔고는 얼마인가? 답은 복리 계산 기간의 수에 따르고, 다음 공식에 따른다.

$$A = P\left(1 + \frac{r}{n}\right)^n$$

여기서 n은 연간 복리 횟수이다. 다음 표는 8 %로 1000달러를 예치했을 때 1년 후 여러 복리 계산 기간에 따른 예금 잔고이다.

연간 복리 횟수, n	잔고 A(달러)
1년, $n = 1$	$A = 1000\left(1 + \frac{0.08}{1}\right)^{1} = 1080.00$달러
6개월, $n = 2$	$A = 1000\left(1 + \frac{0.08}{2}\right)^{2} = 1081.60$달러
3개월, $n = 4$	$A = 1000\left(1 + \frac{0.08}{4}\right)^{4} = 1082.43$달러
1개월, $n = 12$	$A = 1000\left(1 + \frac{0.08}{12}\right)^{12} = 1083.00$달러
1일, $n = 365$	$A = 1000\left(1 + \frac{0.08}{365}\right)^{365} = 1083.28$달러

n이 증가하면 잔고 A는 다음 전개에서 나타나는 것처럼 극한에 접근한다는 것을 발견하고는 놀랄 것이다. 이 전개에서

$$x = \frac{r}{n} \quad \text{또는} \quad \frac{1}{x} = \frac{n}{r}$$

이라고 할 때, $n \to \infty$이면, $x \to 0$이고

$$\begin{aligned} A &= \lim_{n\to\infty} P\left(1 + \frac{r}{n}\right)^n && n \to \infty\text{일 때 극한을 취한다} \\ &= P \lim_{n\to\infty}\left(1 + \frac{r}{n}\right)^n && \text{극한의 성질을 적용한다} \\ &= P \lim_{n\to\infty}\left[\left(1 + \frac{r}{n}\right)^{n/r}\right]^r && \text{다시 쓴다} \\ &= P\left[\lim_{x\to 0}(1 + x)^{1/x}\right]^r && x = r/n\text{이라 두면, } n \to \infty\text{이면 } x \to 0\text{이다} \\ &= Pe^r && e\text{의 극한 정의 적용} \end{aligned}$$

이 극한은 연속 복리에 의한 1년 후의 잔고이다. 그러므로 8 %로 1000달러를 예치하여 연속 복리로 하면 연말의 잔고는

$$A = 1000e^{0.08} = 1083.29(\text{달러})$$

이다.

예치 후 t년 경과한 후의 잔고를 구하려면, 다음 요약에서 적당한 공식을 사용한다.

복리 공식 요약

P를 예금액, t는 연도 수, A는 잔고, r은 연 이자율(소수형)라고 하자.

1. 매년 n번 복리 계산: $A = P\left(1 + \frac{r}{n}\right)^{nt}$

2. 연속 복리: $A = Pe^{rt}$

은행에서 예금 계좌에 지급하는 평균 이자율은 지난 수십 년 동안 매우 크게 변했다. 때로는 예금 계좌에서 연 이자율 12 %만큼 받기도 하고, 때로는 1 % 미만 받

기도 한다. 다음 예제는 연 이자율이 예금 계좌의 잔고에 어떤 영향을 미치는지 보여 준다.

예제 3 예금 계좌 잔고 구하기

새로 태어난 조카를 위해 신탁자금 계좌를 만들려고 한다. 조카의 25번째 생일에 통장을 넘겨주기로 하고 12,000달러를 예치할 계획을 세웠다. 다음 상황에서 잔고를 비교하여라. 어느 것이 가장 유리한가?

a. 7 %, 연속 복리
b. 7 %, 분기 복리
c. 11 %, 연속 복리
d. 11 %, 분기 복리

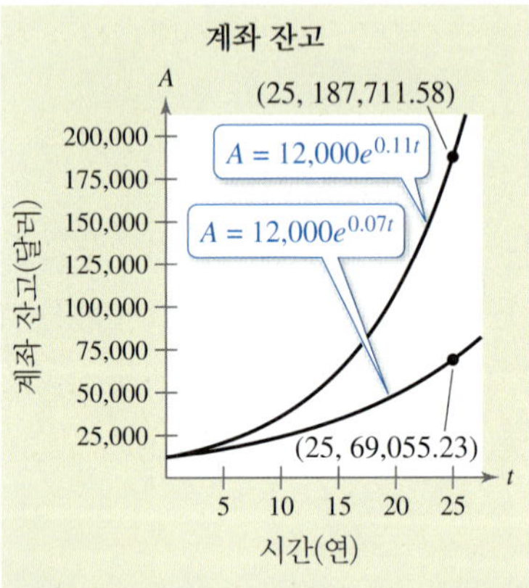

그림 4.8

풀이

a. $A = 12{,}000e^{0.07(25)} = 69{,}055.23$ (달러) 7 %, 연속 복리

b. $A = 12{,}000\left(1 + \frac{0.07}{4}\right)^{4(25)} = 68{,}017.87$ (달러) 7 %, 분기 복리

c. $A = 12{,}000e^{0.11(25)} = 187{,}711.58$ (달러) 11 %, 연속 복리

d. $A = 12{,}000\left(1 + \frac{0.11}{4}\right)^{4(25)} = 180{,}869.07$ (달러) 11 %, 분기 복리

(a)와 (c)의 계좌에 있는 잔고는 그림 4.8에 보여 주고 있다. 7 %와 11 %의 잔고 사이의 현격한 차이에 주목하자. (c)의 계좌가 가장 유리하다. 왜냐하면 다른 어떤 계좌보다 금액이 많다.

✓ **점검문제 3** 연 이자율 9 %로 10년간 2,000달러를 다음 복리로 계좌에 예치했다. 결과를 비교하고 복리에 대한 일반적인 언급을 하여라.

a. 분기 복리 **b.** 월 복리
c. 일 복리 **d.** 연속 복리

예제 3에서 이자 수입은 이자에 대한 복리 횟수에 따른다. 연 이자율을 **공인이자율**(stated rate) 또는 **명목이자율**(nominal rate)이라 한다. 그러나 명목이자율이 이자 수입에서 실질이자율을 반영하는 것은 아니다. 복리는 명목이자율보다 높은 **유효이자율**(effective rate)을 만든다. 일반적으로 r의 명목이자율에 대응하는 유효이자율은 연 n회의 복리로 다음과 같다.

$$\text{유효이자율} = r_{eff} = \left(1 + \frac{r}{n}\right)^n - 1$$

예제 4 유효이자율 구하기

연 6 %의 명목이자율에 대응하는 다음 복리에 따른 유효이자율을 구하여라. (a) 연 복리 (b) 반년 복리 (c) 분기 복리 (d) 월 복리

풀이

a. $r_{eff} = \left(1 + \dfrac{r}{n}\right)^n - 1$ 유효이자율 공식

$= \left(1 + \dfrac{0.06}{1}\right)^1 - 1$ r과 n 대신 대입

$= 1.06 - 1$ 간단히 한다

$= 0.06$

그러므로 유효이자율은 연 6 %이다.

b. $r_{eff} = \left(1 + \dfrac{r}{n}\right)^n - 1$ 유효이자율 공식

$= \left(1 + \dfrac{0.06}{2}\right)^2 - 1$ r과 n 대신 대입

$= (1.03)^2 - 1$ 간단히 한다

$= 0.0609$

그러므로 유효이자율은 연 6.09 %이다.

c. $r_{eff} = \left(1 + \dfrac{r}{n}\right)^n - 1$ 유효이자율 공식

$= \left(1 + \dfrac{0.06}{4}\right)^4 - 1$ r과 n 대신 대입

$= (1.015)^4 - 1$ 간단히 한다

≈ 0.0614

그러므로 유효이자율은 약 연 6.14 %이다.

d. $r_{eff} = \left(1 + \dfrac{r}{n}\right)^n - 1$ 유효이자율 공식

$= \left(1 + \dfrac{0.06}{12}\right)^{12} - 1$ r과 n 대신 대입

$= (1.005)^{12} - 1$ 간단히 한다

≈ 0.0617

그러므로 유효이자율은 약 연 6.17 %이다.

✓ **점검문제 4** 명목이자율 7 %를 사용하여 예제 4를 반복하여라. ■

현재가치

미래를 설계할 때, 이런 문제가 제기된다. 즉 "고정 이자율이 r일 때 t년 후에 원리금 A가 되려면 오늘 은행에 예금할 금액 P는 얼마인가?" 이 문제에 대한 답은 A의 **현재가치**(present value)로 주어진다.

미래 투자에 대한 현재가치를 구하기 위해 다음과 같은 복리 공식을 사용한다.

$A = P\left(1 + \dfrac{r}{n}\right)^{nt}$ 복리 공식

P에 대해 풀면, 현재가치는

$$P = \frac{A}{\left(1 + \dfrac{r}{n}\right)^{nt}} \quad \text{또는} \quad P = \frac{A}{(1 + i)^N}$$

이다. 여기서 $i = r/n$은 복리 기간에 대한 이자율이고, $N = nt$는 복리 기간의 총 수이다. 미래 투자에 대한 현재가치를 구하는 또 다른 방법은 6장 1절에서 다시 학습할 것이다.

예제 5 현재가치 구하기

어떤 투자자가 연 이자율 8 %, 월 복리로 지불하는 10년 만기 양도성예금증서를 구입한다. 만기에 잔고가 15,000달러가 되려면 이 사람은 지금 얼마를 투자해야 하는가?

풀이 여기서 $A = 15{,}000$, $r = 0.08$, $n = 12$, $t = 10$이다. 현재가치에 대한 공식에서

$$P = \frac{15{,}000}{\left(1 + \dfrac{0.08}{12}\right)^{12(10)}} \qquad A,\ r,\ n,\ t \text{ 값을 대입한다}$$

$$\approx 6757.85 \qquad \text{간단히 한다}$$

그러므로 이 사람은 양도성예금증서에 6757.85달러를 투자해야 한다.

✓ **점검문제 5** 연 이자율 6 %, 월 복리로 하여 3년 후 잔고가 20,000달러가 되려면 계좌에 얼마를 예치해야 하는가? ■

연습문제 4.2

[1-2] (지수의 성질 적용) 지수의 성질을 사용하여 다음 식을 간단히 하여라.

1. (a) $(e^3)(e^4)$ (b) $(e^3)^4$

(c) $(e^3)^{-2}$ (d) e^0

2. (a) $(e^2)^{5/2}$ (b) $(e^2)(e^{1/2})$

(c) $(e^{-2})^{-3}$ (d) $\dfrac{e^5}{e^{-2}}$

[3-5] (짝짓기) 함수와 그래프를 짝지어라.

(a)

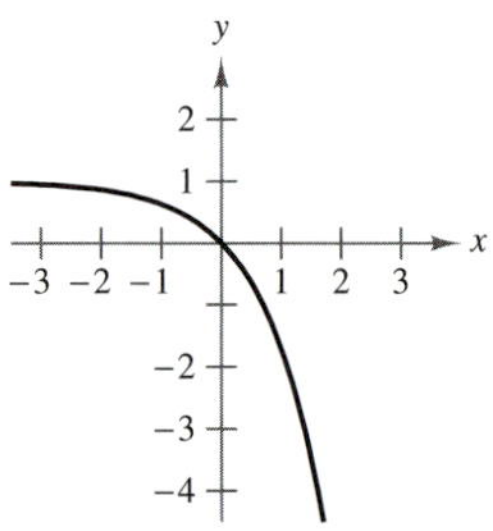

(b)

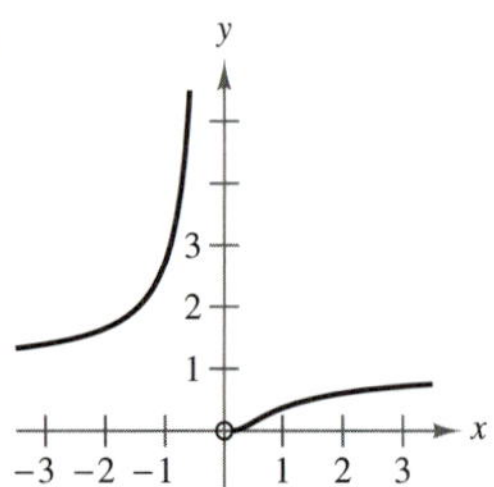

(c)

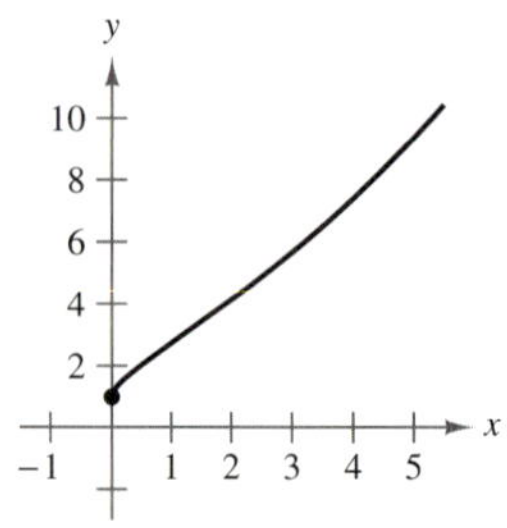

(d)

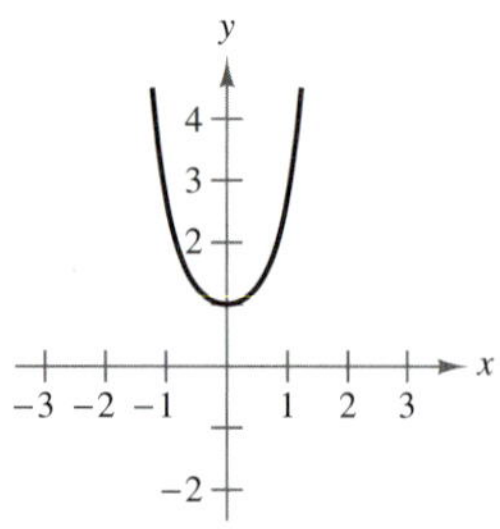

(e)

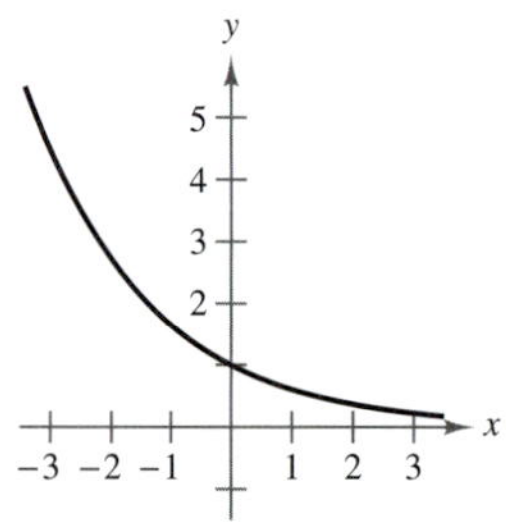

(f)

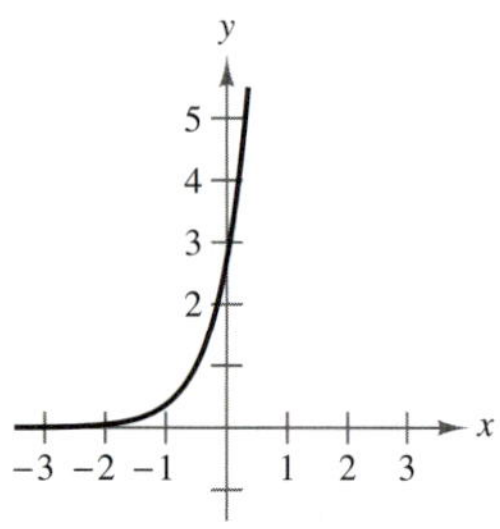

3. $f(x) = e^{2x+1}$

4. $f(x) = e^{x^2}$

5. $f(x) = e^{\sqrt{x}}$

[6-8] (자연 지수함수의 그래프 그리기) 다음 함수의 그래프를 그려라. (예제 1 참조)

6. $f(x) = e^{-x/3}$

7. $g(x) = e^{x} - 2$

8. $g(x) = e^{1-x}$

[9-12] (함수의 그래프 그리기) 그래픽 도구를 사용하여 다음 함수의 그래프를 그려라. 수평 점근선을 가지는지 결정하고, 또 연속성에 대해 논하여라.

9. $N(t) = 600e^{-0.4t}$

10. $g(x) = \dfrac{4}{1 + e^{x^3}}$

11. $f(x) = \dfrac{e^{x} + e^{-x}}{2}$

12. $f(x) = \dfrac{2}{1 + e^{1/x}}$

13. (지수함수의 그래프 그리기) 그래픽 도구를 사용하여 $f(x) = e^{x}$의 그래프를 그리고 다음 함수를 같은 화면에 나타내어라. 두 그래프는 어떤 관계에 있는가?

(a) $g(x) = e^{x-2}$ (b) $h(x) = -\frac{1}{2}e^{x}$

(c) $q(x) = e^{x+3}$

[14-15] (계좌 잔고 구하기) 3000달러를 연 이자율 r로 t년 동안 매년 n번의 복리로 투자할 때, 잔고 A를 결정하는 다음 표를 완성하여라. (예제 3 참조)

n	1	2	4	12	365	연속 복리
A						

14. $r = 3$ %, $t = 10$년

15. $r = 4.5$ %, $t = 30$년

[16-17] (현재가치 구하기) 이자율 r로 t년 후 최종 잔고가 100,000달러가 되도록 할 때 현재 금액 P를 결정하는 다음 표를 완성하여라. (예제 5 참조)

t	1	10	20	30	40	50
P						

16. $r = 4$ %, 연속 복리

17. $r = 5$ %, 월 복리

18. (신탁 자금) 새로 태어난 질녀를 위해 이자율 8 %의 연속 복리로 15,000달러를 신탁 자금에 예치했다. 30회 생일에 계좌가 만료된다고 한다면, 이때의 계좌 잔고는 얼마인가?

19. (유효이자율) 연 9 %의 명목이자율에 대해 다음 복리에 해당하는 유효이자율을 구하여라. (a) 연 복리 (b) 반년 복리 (c) 분기 복리 (d) 월 복리

20. (현재가치) 이자율 7.2 %로 월 복리가 적용될 때 3년 후 원리금이 8,000달러가 되려면 얼마를 예금해야 하는가?

21. (수요) 어떤 상품의 수요함수가 다음과 같은 모형식이다.

$$p = 5000\left(1 - \frac{4}{4 + e^{-0.002x}}\right)$$

상품의 수요량이 (a) $x = 100$단위, (b) $x = 500$단위일 때 상품의 가격 p(달러)를 구하여라. (c) x가 제한 없이 증가할 때 가격의 극한을 구하여라.

22. (확률) 전화교환대에 걸려오는 전화 사이의 평균 시간은 3분이다. 방금 전화가 걸려오고 다음 t분 이내에 다음 전화가 걸려올 확률은

$$P(t) = 1 - e^{-t/3}$$

이다. 다음 상황에서의 확률을 구하여라.

(a) 1/2분 이내에 전화가 걸려온다.

(b) 2분 이내에 전화가 걸려온다.

(c) 5분 이내에 전화가 걸려온다.

23. (수입) 2007년에서 2014년 사이 넷플릭스사의 총수입 R(10억 달러)이 다음 표와 같다. (자료: 넷플릭스사)

연도	2007	2008	2009	2010	2011	2012	2013	2014
수입	1.21	1.36	1.67	2.16	3.20	3.61	4.37	5.50

자료에 의한 모형식은 $R = 0.23e^{0.228t}$이다. 여기서 t는 연도로서 $t = 7$은 2007년에 해당한다.

(a) 모형식은 자료와 얼마나 일치하는가?

(b) 자료에 대해 선형 모형을 구하여라. 선형 모형은 자료와 얼마나 일치하는가? 지수 모형, 선형 모형 중 어느 모형이 자료와 더 잘 일치하는가?

(c) 두 모형을 사용하여 넷플릭스사의 수입이 200억 달러를 초과하는 연도를 예측하여라.

24. (양도성예금증서) 5000달러를 12개월 만기 양도성예금증서에 투자하려고 한다. 다음 중 어느 것이 가장 유리한가? 이유를 설명하여라.

(a) $r = 5.25$ %, 분기 복리

(b) $r = 5$ %, 월 복리

(c) $r = 4.75$ %, 연속 복리

25. **(학습 이론)** 학습 이론 연구 과제에서 n번 시도 후의 정확한 응답 비율 P는 다음과 같은 모형식이다.

$$P = \frac{0.83}{(1 + e^{-0.2n})}$$

(a) 3번 시도 후의 정확한 응답 비율을 구하여라.

(b) 7번 시도 후의 정확한 응답 비율을 구하여라.

(c) 그래픽 도구를 사용하여 모형식의 그래프를 그려라. 정확한 응답 비율이 0.75가 되기 위해서는 몇 번을 시도해야 하는가?

(d) n이 증가할 때 정확한 응답 비율은 무한히 증가하는가? 이유를 설명하여라.

26. **(생물학)** 박테리아 배양균의 개체 수 y는 로지스틱 성장 함수 $y = 925/(1 + e^{-0.3t})$로 모형화된다. 여기서 t는 시간(일)이다.

(a) 그래픽 도구를 사용하여 모형 식의 그래프를 그려라. 개체 수가 711에 도달하는 일수를 구하여라.

(b) t가 제한 없이 증가할 때, 개체 수는 극한을 갖는가? 답을 설명하여라.

(c) 모형식이 $y = 1000/(1 + e^{-0.3t})$일 때 극한은 어떻게 변하는가? 답을 설명하여라. 이런 형태의 모형에 관한 결론을 도출하여라.

4.3 지수함수의 미분

- 자연 지수함수의 도함수 구하기
- 미적분을 사용하여 자연 지수함수를 포함하는 실생활 함수의 그래프 분석하기
- 정규 확률 밀도함수 탐구하기

지수함수의 미분

4장 2절에서 지수함수의 밑으로 가장 편리한 것은 무리수 e라고 했다. 이 밑의 편리성은 함수

$$f(x) = e^x$$

의 도함수는 자기 자신이라는 사실에 주로 기인한다. 이것은 다른 지수함수에서는 그러하지 않음을 보게 될 것이다. 즉

$$y = a^x \quad (a \neq e)$$

형태의 지수함수이다. $f(x) = e^x$가 자신의 도함수라는 것을 증명하기 위해 다음 극한에 유의하자.

$$\lim_{\Delta x \to 0} (1 + \Delta x)^{1/\Delta x} = e$$

는 매우 작은 값 Δx에 대해

$$e \approx (1 + \Delta x)^{1/\Delta x}$$

또는 $e^{\Delta x} \approx 1 + \Delta x$임을 알 수 있다.

이 의미는 다음 미분에 사용된다.

$$
\begin{aligned}
f'(x) &= \lim_{\Delta x \to 0} \frac{f(x+\Delta x) - f(x)}{\Delta x} && \text{도함수의 정의}\\
&= \lim_{\Delta x \to 0} \frac{e^{x+\Delta x} - e^x}{\Delta x} && f(x) = e^x\text{를 사용한다}\\
&= \lim_{\Delta x \to 0} \frac{e^x(e^{\Delta x} - 1)}{\Delta x} && \text{인수분해 한다}\\
&= \lim_{\Delta x \to 0} \frac{e^x[(1+\Delta x) - 1]}{\Delta x} && e^{\Delta x}\text{ 대신 } 1+\Delta x\text{를 대입한다}\\
&= \lim_{\Delta x \to 0} \frac{e^x(\Delta x)}{\Delta x} && \text{약분한다}\\
&= \lim_{\Delta x \to 0} e^x && \text{간단히 한다}\\
&= e^x && \text{극한을 계산한다}
\end{aligned}
$$

u가 x의 미분가능 함수일 때 연쇄 법칙을 적용하여 x에 관한 e^u의 도함수를 얻을 수 있다. 두 공식은 아래에 요약되어 있다.

자연 지수함수의 미분

u를 x의 미분가능 함수라고 하자.

1. $\dfrac{d}{dx}[e^x] = e^x$　　　**2.** $\dfrac{d}{dx}[e^u] = e^u \dfrac{du}{dx}$

예제 1 접선의 기울기 구하기

점 (0, 1), (1, e)에서 함수

$$f(x) = e^x$$

의 그래프의 접선의 기울기를 구하여라. 어떤 결론을 내릴 수 있는가?

풀이 f의 도함수는

$$f'(x) = e^x \qquad \text{도함수}$$

이므로 점 (0, 1)에서 f의 그래프에의 접선의 기울기는

$$f'(0) = e^0 = 1 \qquad \text{점 (0, 1)에서의 기울기}$$

이고 또 점 (1, e)에서는

$$f'(1) = e^1 = e \qquad \text{점 (1, } e\text{)에서의 기울기}$$

이다. 이런 형태에서 보면 점 (x, e^x)에서 함수 $f(x) = e^x$의 그래프의 접선의 기울기는 그 점의 y좌표와 같다(그림 4.9).

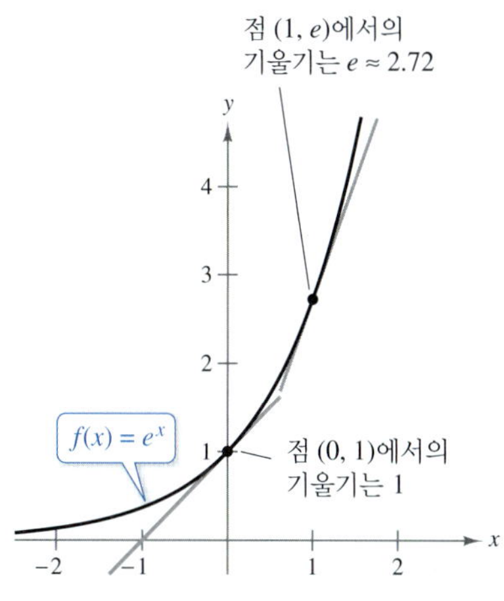

그림 4.9

✔ **점검문제 1** 점 (0, 2), (1, 2e)에서 $f(x) = 2e^x$의 그래프의 접선의 기울기를 구하여라. ■

예제 2 **지수함수 미분하기**

다음 함수를 미분하여라.

a. $f(x) = e^{2x}$ **b.** $f(x) = e^{-3x^2}$

c. $f(x) = 6e^{x^3}$ **d.** $f(x) = e^{-x}$

풀이

a. $u = 2x$라 두면 $du/dx = 2$, 그리고 연쇄 법칙을 적용할 수 있다.

$$f'(x) = e^u \frac{du}{dx} = e^{2x}(2) = 2e^{2x}$$

b. $u = -3x^2$이라 두면 $du/dx = -6x$, 그리고 연쇄 법칙을 적용할 수 있다.

$$f'(x) = e^u \frac{du}{dx} = e^{-3x^2}(-6x) = -6xe^{-3x^2}$$

c. $u = x^3$이라 두면 $du/dx = 3x^2$, 그리고 연쇄 법칙을 적용할 수 있다.

$$f'(x) = 6e^u \frac{du}{dx} = 6e^{x^3}(3x^2) = 18x^2e^{x^3}$$

d. $u = -x$라 두면 $du/dx = -1$, 그리고 연쇄 법칙을 적용할 수 있다.

$$f'(x) = e^u \frac{du}{dx} = e^{-x}(-1) = -e^{-x}$$

✓ **점검문제 2** 다음 함수를 미분하여라.

a. $f(x) = e^{3x}$ **b.** $f(x) = e^{-2x^3}$

c. $f(x) = 4e^{x^2}$ **d.** $f(x) = e^{-2x}$ ■

2장에서 학습한 미분 규칙은 예제 3에서처럼 지수함수에 사용된다.

예제 3 **지수함수 미분하기**

다음 함수를 미분하여라.

a. $f(x) = 4e$ **b.** $f(x) = e^{2x-1}$ **c.** $f(x) = xe^x$

d. $f(x) = \dfrac{e^x - e^{-x}}{2}$ **e.** $f(x) = \dfrac{e^x}{x}$ **f.** $f(x) = xe^x - e^x$

풀이

a. $f(x) = 4e$ 원래 함수를 쓴다

$f'(x) = 0$ 상수 규칙

b. $f(x) = e^{2x-1}$ 원래 함수를 쓴다

$f'(x) = (e^{2x-1})(2)$ 연쇄 법칙

$= 2e^{2x-1}$ 간단히 한다

c. $f(x) = xe^x$ 원래 함수를 쓴다

$f'(x) = xe^x + e^x(1)$ 곱의 규칙

$= xe^x + e^x$ 간단히 한다

d. $f(x) = \dfrac{e^x - e^{-x}}{2}$ 원래 함수를 쓴다

$= \dfrac{1}{2}(e^x - e^{-x})$ 다시 쓴다

$f'(x) = \dfrac{1}{2}[e^x - e^{-x}(-1)]$ 상수배 규칙과 연쇄 법칙

$= \dfrac{1}{2}(e^x + e^{-x})$ 간단히 한다

e. $f(x) = \dfrac{e^x}{x}$ 원래 함수를 쓴다

$f'(x) = \dfrac{xe^x - e^x(1)}{x^2}$ 몫의 규칙

$= \dfrac{e^x(x-1)}{x^2}$ 간단히 한다

f. $f(x) = xe^x - e^x$ 원래 함수를 쓴다

$f'(x) = [xe^x + e^x(1)] - e^x$ 곱과 차의 규칙

$= xe^x + e^x - e^x$

$= xe^x$ 간단히 한다

✓ 점검문제 3 다음 함수를 미분하여라.

a. $f(x) = 9e$ **b.** $f(x) = e^{3x+1}$ **c.** $f(x) = x^2e^x$

d. $f(x) = \dfrac{e^x + e^{-x}}{2}$ **e.** $f(x) = \dfrac{e^x}{x^2}$ **f.** $f(x) = x^2e^x - e^x$ ■

응용

3장에서는 함수의 그래프를 분석하기 위해 도함수를 어떻게 사용하는지 학습했다. 다음 예는 지수함수가 포함된 함수에 이런 기법을 적용한다. 예제에서 $e^a = e^b$는 $a = b$가 되게 한다.

예제 4 현수선 분석

두 기둥 사이에 전화선이 연결되어 있을 때, 전화선은 U자 모양 곡선, 즉 **현수선**(catenary)을 만든다. 예를 들면 함수

$$y = 9(e^{x/18} + e^{-x/18}), \quad -9 \le x \le 9$$

는 18미터 떨어진 두 기둥 사이에 전화선이 연결되어 있는 모양을 모형화한다(x, y는 미터 단위로 측정됨). 전화선의 가장 낮은 점은 두 기둥 사이의 중간쯤이 됨을 보여라. 전화선은 두 기둥 사이에서 얼마나 처지는가?

풀이 먼저 함수의 도함수를 구한다.

$y = 9(e^{x/18} + e^{-x/18})$ 원래 함수를 쓴다

$y' = 9\left[e^{x/18}\left(\dfrac{1}{18}\right) + e^{-x/18}\left(-\dfrac{1}{18}\right)\right]$ 미분한다

$$= 9\left(\frac{1}{18}\right)(e^{x/18} - e^{-x/18}) \qquad \frac{1}{18}\text{을 끄집어낸다}$$

$$= \frac{1}{2}(e^{x/18} - e^{-x/18}) \qquad \text{간단히 한다}$$

임계수를 구하기 위해 도함수를 0으로 둔다.

$$\frac{1}{2}(e^{x/18} - e^{-x/18}) = 0 \qquad \text{도함수를 0으로 둔다}$$

$$e^{x/18} - e^{-x/18} = 0 \qquad \text{양변에 2를 곱한다}$$

$$e^{x/18} = e^{-x/18} \qquad \text{양변에 } e^{-x/18}\text{을 더한다}$$

$$\frac{x}{18} = -\frac{x}{18} \qquad e^a = e^b\text{이면 } a = b\text{이다}$$

$$x = -x \qquad \text{양변에 18을 곱한다}$$

$$2x = 0 \qquad x\text{를 양변에 더한다}$$

$$x = 0 \qquad \text{양변을 2로 나눈다}$$

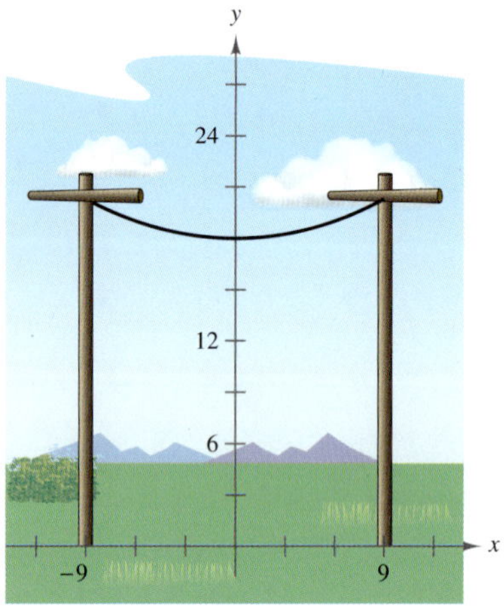

그림 4.10

일계도함수 판정법을 사용하면 임계수 $x = 0$에서 상대극소이다. 그림 4.10에 있는 그래프에서 이 상대극소는 구간 $[-9, 9]$에서 실제로 최소이다. 그러므로 전화선에서 최저점은 두 기둥의 중간쯤이다. 두 기둥 사이에서 전화선이 얼마나 처져 있는가 알기 위해서 각 기둥에서의 높이를 상대극소에서의 높이와 비교할 수 있다.

$$y = 9(e^{-9/18} + e^{-(-9)/18}) \approx 20.4\,(\text{미터}) \qquad \text{왼쪽 기둥의 높이}$$

$$y = 9(e^{0/18} + e^{-(0)/18}) = 18\,(\text{미터}) \qquad \text{상대극소에서의 높이}$$

$$y = 9(e^{9/18} + e^{-(9)/18}) \approx 20.4\,(\text{미터}) \qquad \text{오른쪽 기둥의 높이}$$

이로부터 전화선은 약 2.4미터 처져 있다.

✓ **점검문제 4** 그래픽 도구를 사용하여 예제 4의 함수의 그래프를 그려라. 최솟값을 구하여라. 예제에 있는 정보를 담은 그래프를 보기 화면에 나타내어라. ■

예제 5 최대 수입 구하기

어떤 제품에 대한 수요함수가 다음 모형식이다.

$$p = 56e^{-0.000012x} \qquad \text{수요함수}$$

여기서 p는 단위당 가격(달러)이고 x는 단위 수이다. 어떤 가격이 최대 수입을 주는가? 이 가격에서 최대 수입은 얼마인가?

풀이 수입함수는 다음과 같다.

$$R = xp = 56xe^{-0.000012x} \qquad \text{수입함수}$$

해석적으로 최대 수입을 구하기 위해 먼저 한계비용을 구한다.

$$\frac{dR}{dx} = 56xe^{-0.000012x}(-0.000012) + e^{-0.000012x}(56)$$

그리고 dR/dx을 0으로 두면

$$56xe^{-0.000012x}(-0.000012) + e^{-0.000012x}(56) = 0$$

이며 x에 대해 푼다. 이 점에서 해석적 접근은 오히려 번거롭다. 이 문제에서는 **그래프**로 접근하는 것이 보다 쉽다. 합리적인 그래프 화면을 구하기 위해 실험을 한 뒤 R의 그래프는 그림 4.11에서 보는 것과 비슷한 것을 얻는다. 그래프의 모습을 관찰하면, **최대** 수입은 x가 약 83,333단위일 때 나타난다고 결론을 낼 수 있다. 이 생산수준에서의 $x \approx 83{,}333$을 수요함수에 대입하면

$$p \approx 56e^{-0.000012(83{,}333)} \approx 20.60\,(\text{달러})$$

이므로 약 20.60달러의 가격이 최대 수입을 준다.

$$R \approx 56(83{,}333)e^{-0.000012(83{,}333)}$$
$$\approx 1{,}716{,}771\,(\text{달러}) \qquad \text{최대 수입}$$

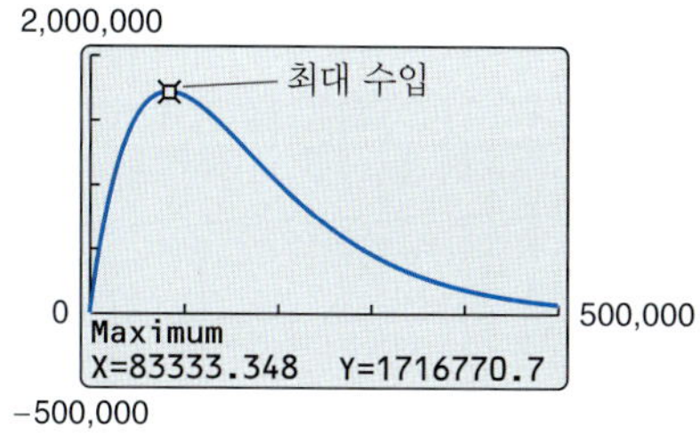

그림 4.11 최대 수입에 대응하는 x값을 조사하기 위해 그래프의 모습을 사용한다.

✓ **점검문제 5** 어떤 제품에 대한 수요함수가 다음 모형식이다.

$$p = 50e^{-0.0000125x}$$

여기서 p는 단위당 가격(달러)이고 x는 단위 수이다. 어떤 가격이 최대 수입을 주는가? 이 가격에서의 최대 수입은 얼마인가?

예제 5를 해석적으로 풀려고 시도해 보자. 이렇게 할 때 방정식

$$56xe^{-0.000012x}(-0.000012) + e^{-0.000012x}(56) = 0$$

을 풀어야 한다. 이 방정식을 어떻게 풀지 설명하여라. 해는 무엇인가?

정규 확률 밀도함수

통계 교과목이나 계량경제 분석 교과목을 수강한다면 상당한 시간 동안을 확률과 **정규 확률 밀도함수**(normal probability density function)를 학습하는 데 할애해야 할 것이다. 정규 확률 밀도함수는

$$f(x) = \frac{1}{\sigma\sqrt{2\pi}}e^{-(x-\mu)^2/(2\sigma^2)}$$

으로 주어지고, 여기서 σ는 그리스 소문자 '시그마' 그리고 μ는 그리스 소문자 '뮤'이다. 이 공식에서 σ는 확률 밀도의 **표준편차**를 나타낸다. 그리고 μ는 확률 밀도의 **평균**이다.

예제 6 확률 밀도함수 탐구

$\mu = 0$, $\sigma = 1$인 정규 확률 밀도함수

$$f(x) = \frac{1}{\sqrt{2\pi}}e^{-x^2/2}$$

를 생각하자. 이 함수를 '**표준 정규 확률 밀도함수**'라고 한다. 이 함수의 그래프가 $x = \pm 1$에서 변곡점을 가짐을 보여라(그림 4.12).

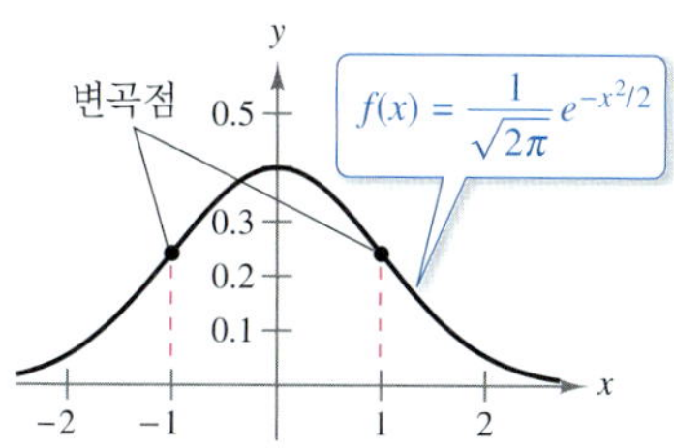

그림 4.12 표준 정규 확률 밀도함수의 그래프는 종모양이다.

풀이 함수의 이계도함수를 구하여 시작하자.

$$f'(x) = \frac{1}{\sqrt{2\pi}}(-x)e^{-x^2/2} \qquad \text{일계도함수}$$

$$f''(x) = \frac{1}{\sqrt{2\pi}}[(-x)(-x)e^{-x^2/2} + (-1)e^{-x^2/2}] \qquad \text{이계도함수}$$

$$= \frac{1}{\sqrt{2\pi}}(e^{-x^2/2})(x^2 - 1) \qquad \text{간단히 한다}$$

이계도함수를 0으로 두면, $x = \pm 1$을 얻을 수 있다. 그래프의 오목성을 조사하면 이 x 값에서 변곡점임을 알 수 있다(그림 4.12).

✔ **점검문제 6** 정규 확률 밀도함수

$$f(x) = \frac{1}{4\sqrt{2\pi}}e^{-x^2/32}$$

의 그래프를 그리고, 변곡점을 구하여라. ■

연습문제 4.3

[1-8] (지수함수 미분하기) 다음 함수의 도함수를 구하여라. (예제 2, 3 참조)

1. $f(x) = 3e$

2. $y = e^{5x}$

3. $y = e^{3-x}$

4. $f(x) = 7e^{-1/x^2}$

5. $y = 4x^3e^{-x}$

6. $f(x) = \dfrac{2}{(e^x + e^{-x})^3}$

7. $f(x) = \dfrac{e^x + 1}{e^x - 1}$

8. $y = xe^x - 4e^{-x}$

[9-10] (접선의 기울기 구하기) 점 (0, 1)에서 다음 지수함수의 접선의 기울기를 구하여라.

9. $y = e^{4x}$

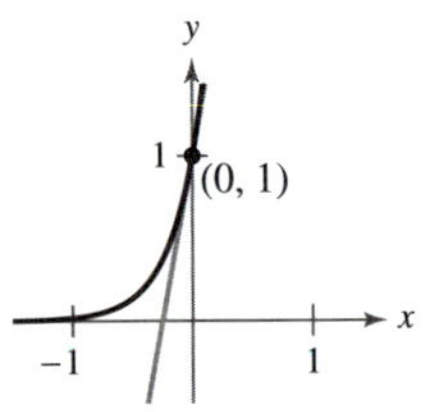

10. $y = e^{-x/2}$

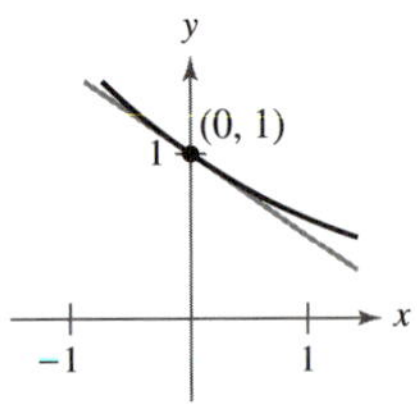

[11-13] (접선의 방정식 구하기) 주어진 점에서 다음 함수의 그래프의 접선의 방정식을 구하여라.

11. $y = e^{3x-x^2}$, $(3, 1)$

12. $y = x^2e^{-x}$, $\left(2, \dfrac{4}{e^2}\right)$

13. $y = (e^{2x} + 1)^3$, $(0, 8)$

[14-15] (음함수적으로 도함수 구하기) 음함수적으로 다음 함수의 dy/dx를 구하여라.

14. $xe^y - 10x + 3y = 0$

15. $x^2e^{-x} + 2y^2 - xy = 0$

[16-17] (이계도함수 구하기) 다음 함수의 이계도함수를 구하여라.

16. $f(x) = 2e^{3x} + 3e^{-2x}$

17. $f(x) = (1 + 2x)e^{4x}$

[18-19] (그래프 분석) 다음 함수를 분석하고 그래프를 그려라. 상대극값, 변곡점, 점근선을 표시하여라.

18. $f(x) = \dfrac{1}{2 - e^{-x}}$

19. $f(x) = x^2e^{-x}$

[20-21] (방정식 풀기) x에 대한 방정식을 풀어라.

20. $e^{-3x} = e$

21. $e^{\sqrt{x}} = e^3$

22. (현수선) 14미터 떨어진 두 개의 철탑에 연결된 전력선은 다음 모형식이다.

$$y = 7(e^{x/14} + e^{-x/14}), \quad -7 \le x \le 7$$

여기서 x, y는 미터로 측정했다.

(a) 전력선의 최저점은 두 탑의 중간임을 보여라.

(b) 그래픽 도구로 함수의 그래프를 그리고 (a)의 결과를 확인하여라.

(c) 두 탑 사이에서 전력선은 얼마만큼 처지는가?

23. (감가상각) t년 후 어떤 제품의 가격 V(달러)는 $V = 15{,}000e^{-0.6286t}$로 주어진다.

(a) 구간 [0, 10]에서 함수의 그래프를 그려라. 그래픽 도구를 사용하여 결과를 확인하여라.

(b) 1년 후 V의 변화율을 구하여라.

(c) 6년 후 V의 변화율을 구하여라.

24. (복리) 저축예금 계좌에서의 잔고 A는 $A = 5000\ e^{0.08t}$로 주어진다. 여기서 t는 연 단위로 한다. 다음 경우 잔고의 변화율을 구하여라.

(a) 1년일 때, (b) $t = 10$년일 때, (c) $t = 50$년일 때

25. (확률) 최근 연도에 대한 진학 예정 최상급생의 SAT 수학분야 평균 점수가 513, 표준편차가 120이다.

(a) 이 자료로 표준 확률 밀도함수를 모형화할 수 있다고 가정하고, 이 자료에 따라 모형식을 구하여라.

(b) 모형식의 그래프를 그래픽 도구를 사용하여 그리고 화면에 나타내어라.

(c) 모형식의 도함수를 구하여라.

(d) $x < \mu$일 때 $f' > 0$이고, $x > \mu$일 때 $f' < 0$임을 보여라.

26. (표준 확률 밀도함수) 그래픽 도구를 사용하여 $\mu = 0$이고 $\sigma = 2, 3, 4$일 때 표준 확률 밀도함수의 그래프를 같은 화면에 나타내어라. 표준편차 σ는 함수에 어떤 영향을 주는가? 이유를 설명하여라.

27. (표준 확률 밀도함수) 예제 6을 모형으로 하여 $\mu = 0$인 표준 확률 밀도함수

$$f(x) = \frac{1}{\sigma\sqrt{2\pi}}e^{-x^2/(2\sigma^2)}$$

은 $x = \pm\sigma$에서 변곡점을 가짐을 보여라. 이 함수의 최댓값은 얼마인가? 그래픽 도구를 사용하여 여러 가지 σ 값에 대한 그래프를 그리고 여러분의 답을 확인하여라.

4.4 로그함수

- 자연 로그함수의 성의를 이해하고, 자연 로그함수의 그래프 그리기
- 로그의 성질을 사용하여 로그 식을 간단히 하고 전개하고 요약하기
- 지수와 로그의 역함수 성질을 사용하여 지수 및 로그 방정식 풀기
- 자연 로그함수의 성질을 사용하여 실생활 문제 풀기

자연 로그함수

앞 절의 학습으로 로그함수에 어느 정도 익숙할 것이다. 예를 들면 **상용 로그**(common logarithm) $\log_{10} x$는 다음과 같이 정의한다.

$$\log_{10} x = b \iff 10^b = x$$

상용 로그의 밑은 10이다. 미적분학에서 가장 유용한 밑은 수 e이다.

자연 로그함수의 정의

자연 로그함수는 $\ln x$로 표시하며 다음과 같이 정의한다.

$$\ln x = b \iff e^b = x$$

기호 $\ln x$는 '엘 엔 엑스' 또는 '자연 로그 x'라고 읽는다.

이 정의는 자연 지수함수와 자연 로그함수는 서로 역함수임을 말해 준다. 그러므로 모든 로그 방정식은 동등한 지수 형태로 쓸 수 있고, 모든 지수함수는 로그함수 형태로 쓸 수 있다. 여기 몇 가지 예가 있다.

로그 형태	지수 형태
$\ln 1 = 0$	$e^0 = 1$
$\ln e = 1$	$e^1 = e$
$\ln \frac{1}{e} = -1$	$e^{-1} = \frac{1}{e}$
$\ln 2 \approx 0.693$	$e^{0.693} \approx 2$
$\ln 0.1 \approx -2.303$	$e^{-2.303} \approx 0.1$

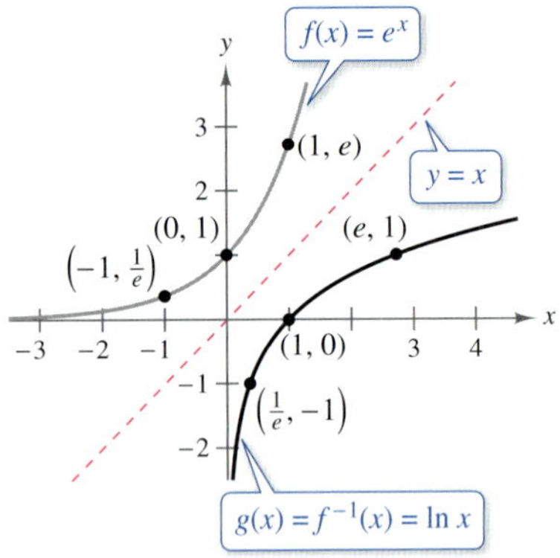

그림 4.13

함수 $f(x) = e^x$와 $g(x) = \ln x$는 서로 역함수이므로, 이들의 그래프는 직선 $y = x$에 대해 서로 대칭이다. 이 대칭 성질은 그림 4.13에서 볼 수 있다. 여기 몇 가지 자연 로그함수의 성질이 있다.

자연 로그함수의 성질

$g(x) = \ln x$라고 하자.

1. g의 정의역은 $(0, \infty)$이고, g의 치역은 $(-\infty, \infty)$이다.

2. g의 그래프의 x절편은 $(1, 0)$이다.

3. 함수 g는 연속, 증가, 1대1 함수이다.

4. $x \to 0^+$일 때 $g(x)$의 극한은 $-\infty$이고 $x \to \infty$일 때 $g(x)$의 극한은 ∞이다.

자연 로그함수의 정의역은 양의 실수임에 유의하자. $\ln x$는 0이나 음수에서 정의되지 않음을 확인하여라. 계산기로 검증할 수 있다. $\ln(-1)$ 또는 $\ln 0$을 계산하려고 하면 여러분의 계산기는 이들 값은 실수가 아님을 표시할 것이다.

예제 1 로그함수의 그래프 그리기

다음 함수의 그래프를 그려라.

a. $f(x) = \ln(x + 1)$

b. $f(x) = 2\ln(x - 2)$

풀이

a. 자연 로그함수는 양의 실숫값에만 정의되므로 함수의 정의역은 $x + 1 > 0$ 또는 $x > -1$이다. 그래프를 그리기 위해 다음과 같이 값의 표를 만들어 보자. 그런 다음 표에 있는 점을 찍고 그림 4.14(a)처럼 이 점들을 매끄러운 곡선으로 연결한다.

x	-0.5	0	0.5	1	1.5	2
$\ln(x + 1)$	-0.693	0	0.405	0.693	0.916	1.099

b. 이 함수의 정의역은 $x - 2 > 0$ 또는 $x > 2$이다. 함수에 대한 값의 표는 아래와 같고 그래프는 그림 4.14(b)에 보여 주고 있다.

x	2.5	3	3.5	4	4.5	5
$2\ln(x-2)$	−1.386	0	0.811	1.386	1.833	2.197

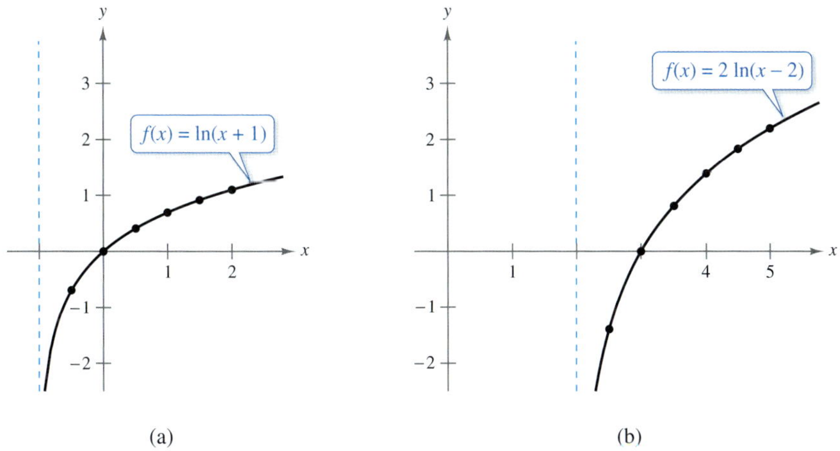

그림 4.14

✓ **점검문제 1** $f(x) = \ln(x + 2)$에서 표를 완성하고 그래프를 그려라.

x	−1.5	−1	−0.5	0	0.5	1
$f(x)$						

로그함수의 성질

1장 4절에서 역함수는 다음 성질을 가짐을 기억하자.

$$f(f^{-1}(x)) = x \quad \text{그리고} \quad f^{-1}(f(x)) = x$$

아래 나열한 성질은 자연 로그함수와 자연 지수함수는 역함수라는 사실에서 나온다.

로그와 지수의 역함수 성질

1. $\ln e^x = x$ **2.** $e^{\ln x} = x$

예제 2 역함수 성질 적용

다음 식을 간단히 하여라.

a. $\ln e^{\sqrt{2}}$ **b.** $e^{\ln 3x}$

풀이

a. $\ln e^x = x$이므로

$$\ln e^{\sqrt{2}} = \sqrt{2}$$

이다.

b. $e^{\ln x} = x$이므로

$$e^{\ln 3x} = 3x$$

이다.

✓ 점검문제 2 다음 식을 간단히 하여라.

a. $\ln e^3$ **b.** $e^{\ln(x+1)}$

지수함수의 대부분의 성질은 로그함수에 관하여 다시 쓸 수 있다. 예를 들면 성질

$$e^x e^y = e^{x+y}$$

은 두 지수함수의 곱은 지수의 합으로 표현된다. 이 성질은 로그함수로

$$\ln xy = \ln x + \ln y$$

가 된다. 이 성질과 로그의 다른 두 성질은 아래에 요약되어 있다.

학습 팁

$\ln(x+y)$를 다시 쓸 수 있는 일반적인 성질은 없다. 특히 $\ln(x+y)$는 $\ln x + \ln y$와 같지 않다.

로그함수의 성질

x, y, n은 실수이고, $x > 0$, $y > 0$이다.

1. $\ln xy = \ln x + \ln y$ **2.** $\ln \frac{x}{y} = \ln x - \ln y$ **3.** $\ln x^n = n \ln x$

하나의 양을 로그함수의 합, 차 또는 로그의 곱으로 다시 쓰는 것을 로그함수식의 전개라고 하고 이것의 역과정을 로그함수식의 압축이라고 한다.

예제 3 로그함수식의 전개

로그의 성질을 사용하여 다음 로그함수식을 합, 차 또는 로그의 곱으로 다시 써라. ($x > 0$, $y > 0$이라 가정한다.)

a. $\ln \frac{10}{9}$ **b.** $\ln \sqrt{x^2+1}$

c. $\ln \frac{xy}{5}$ **d.** $\ln[x^2(x+1)]$

풀이

a. $\ln \frac{10}{9} = \ln 10 - \ln 9$ 성질 2

b. $\ln \sqrt{x^2+1} = \ln(x^2+1)^{1/2}$ 유리수 지수로 다시 쓴다

$= \frac{1}{2}\ln(x^2+1)$ 성질 3

c. $\ln \frac{xy}{5} = \ln xy - \ln 5$ 성질 2

$= \ln x + \ln y - \ln 5$ 성질 1

d. $\ln[x^2(x+1)] = \ln x^2 + \ln(x+1)$ 성질 1
$= 2\ln x + \ln(x+1)$ 성질 3

✓ **점검문제 3** 로그의 성질을 사용하여 다음 로그함수식을 합, 차 또는 로그의 곱으로 다시 써라. ($x > 0$, $y > 0$이라 가정한다.)

a. $\ln \frac{2}{5}$ **b.** $\ln \sqrt[3]{x+2}$ **c.** $\ln \frac{x}{5y}$ **d.** $\ln x(x+1)^2$ ■

예제 4 **로그함수식의 압축**

로그의 성질을 사용하여 다음 식을 하나의 로그함수식으로 다시 써라. ($x > 0$, $y > 0$이라 가정한다.)

a. $\ln x + 2\ln y$ **b.** $2\ln(x+2) - 3\ln x$

풀이

a. $\ln x + 2\ln y = \ln x + \ln y^2$ 성질 3
$= \ln xy^2$ 성질 1

b. $2\ln(x+2) - 3\ln x = \ln(x+2)^2 - \ln x^3$ 성질 3
$= \ln \frac{(x+2)^2}{x^3}$ 성질 2

✓ **점검문제 4** 로그의 성질을 사용하여 다음 식을 하나의 로그함수식으로 다시 써라. ($x > 0$, $y > 0$이라 가정한다.)

a. $4\ln x + 3\ln y$ **b.** $\ln(x+1) - 2\ln(x+3)$ ■

지수 및 로그 방정식 풀이

지수 방정식을 풀기 위해서는 먼저 지수 식을 분리하고 다음에 방정식의 양변에 로그를 취한다. 그리고 변수에 대해 푼다.

예제 5 **지수 방정식 풀기**

다음 방정식을 풀어라.

a. $e^x = 5$ **b.** $10 + e^{0.1t} = 14$

풀이

a. $e^x = 5$ 원래 방정식을 쓴다
$\ln e^x = \ln 5$ 양변에 자연 로그를 취한다
$x = \ln 5$ 역함수 성질: $\ln e^x = x$

b. $10 + e^{0.1t} = 14$ 원래 방정식을 쓴다
$e^{0.1t} = 4$ 양변에서 10을 뺀다
$\ln e^{0.1t} = \ln 4$ 양변에 자연 로그를 취한다
$0.1t = \ln 4$ 역함수 성질: $\ln e^{0.1t} = 0.1t$
$t = 10\ln 4$ 양변에 10을 곱한다

✓점검문제 5 다음 방정식을 풀어라.

a. $e^x = 6$ **b.** $5 + e^{0.2t} = 10$ ■

로그 방정식을 풀기 위해서는 먼저 로그함수식을 분리한다. 그런 다음 양변을 지수로 취하고 변수에 대해 푼다.

예제 6 로그 방정식 풀기

다음 방정식을 풀어라.

a. $\ln x = 5$ **b.** $3 + 2\ln x = 7$

풀이

a. $\ln x = 5$ 원래 방정식을 쓴다

$e^{\ln x} = e^5$ 양변에 지수를 취한다

$x = e^5$ 역함수 성질: $e^{\ln x} = x$

b. $3 + 2\ln x = 7$ 원래 방정식을 쓴다

$2\ln x = 4$ 양변에서 3을 뺀다

$\ln x = 2$ 양변을 2로 나눈다

$e^{\ln x} = e^2$ 양변에 지수를 취한다

$x = e^2$ 역함수 성질: $e^{\ln x} = x$

✓점검문제 6 다음 방정식을 풀어라.

a. $\ln x = 4$ **b.** $4 + 5\ln x = 19$ ■

로그함수의 정의역은 모든 실수를 포함하는 것이 아니기 때문에 로그 방정식에서 관계없는 해를 제거해야 한다.

응용

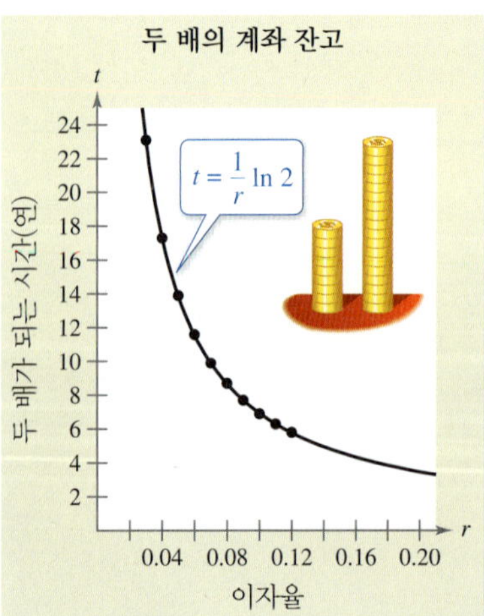

그림 4.15

예제 7 두 배가 되는 시간 구하기

연 이자율 r, 연속 복리로 P달러를 계좌에 예치했다. 잔고가 두 배가 되려면 시간은 얼마나 걸리는가?

풀이 t년 후의 계좌의 잔고는 $A = Pe^{rt}$이다. 그러므로 $Pe^{rt} = 2P$일 때, 잔고는 두 배가 될 것이다. '두 배가 되는 시간'을 구하기 위해 t에 대한 방정식을 푼다.

$Pe^{rt} = 2P$ 계좌의 잔고가 두 배가 됨

$e^{rt} = 2$ 양변을 P로 나눈다

$\ln e^{rt} = \ln 2$ 양변에 자연 로그를 취한다

$rt = \ln 2$ 역 성질: $\ln e^{rt} = rt$

$t = \frac{1}{r}\ln 2$ 양변을 r로 나눈다

이 결과에서 잔고가 두 배가 되기까지 걸리는 시간은 이자율 r에 반비례함을 볼 수 있다. 아래 표는 몇 가지 이자율에 대해 걸리는 시간을 보여 주고 있다. 이자율이 증가하면 잔고가 두 배가 되는 기간이 단축됨을 볼 수 있다. 표 4.15는 이자율과 잔고가 두 배가 되는 기간 사이의 관계를 보여 주고 있다.

r	3 %	4 %	5 %	6 %	7 %	8 %	9 %	10 %	11 %	12 %
t	23.1	17.3	13.9	11.6	9.9	8.7	7.7	6.9	6.3	5.8

✓점검문제 7 예제 7의 방정식을 사용하여 이자율 8.75 %일 때 잔고가 두 배가 되는 시간을 구하여라. ■

연습문제 4.4

[1-4] (로그와 지수 형태의 방정식) 로그 방정식을 지수 방정식으로, 반대로 지수 방정식을 로그 방정식으로 나타내어라.

1. $\ln 5 = 1.6094\ldots$ **2.** $\ln 0.2 = -1.6094\ldots$

3. $e^3 = 20.0855\ldots$ **4.** $e^{-3} = 0.0498\ldots$

[5-6] (짝짓기) 함수와 그래프를 짝지어라.

(a)

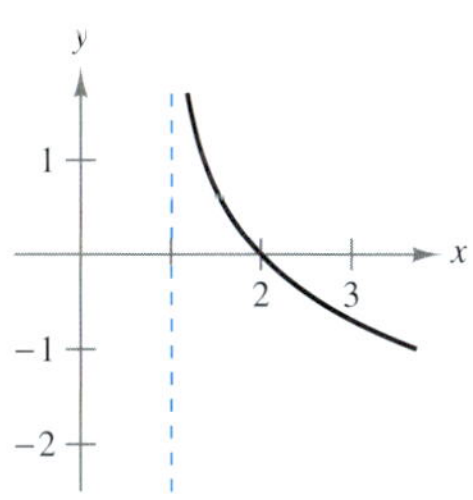

(b)

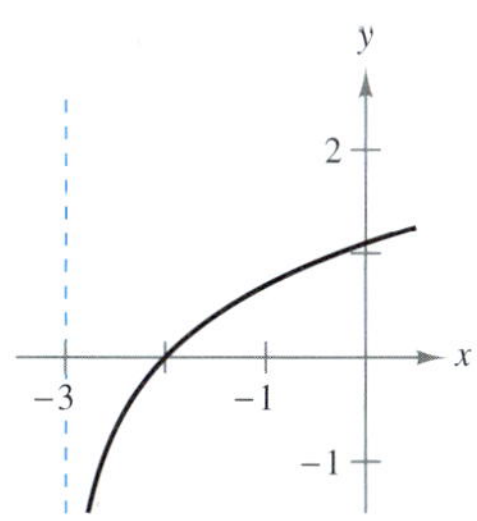

(c)

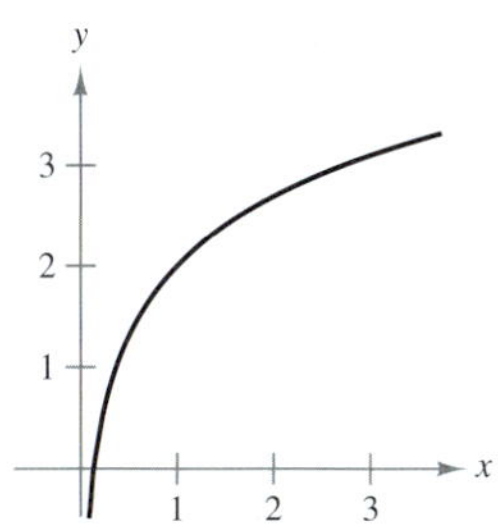

(d)

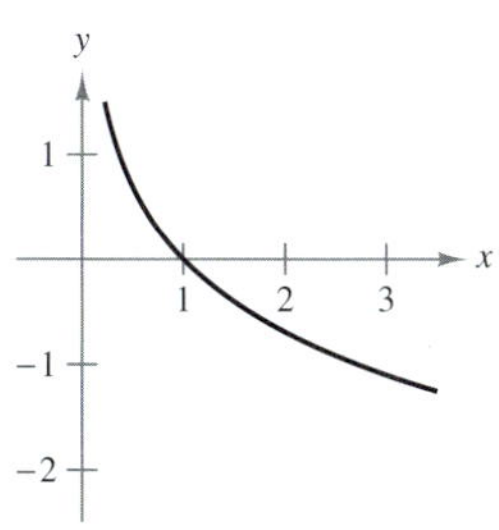

5. $f(x) = 2 + \ln x$

6. $f(x) = \ln(x + 3)$

[7-10] (로그 함수의 그래프 그리기) 다음 함수의 그래프를 그려라. (예제 1 참조)

7. $y = \ln(x - 1)$ **8.** $y = \ln 2x$

9. $y = 3\ln(x + 1)$ **10.** $y = -2 + \frac{1}{3}\ln x$

[11-13] (역함수 성질 적용) 로그와 지수의 역함수 성질을 적용하여 다음 식을 간단히 하여라. (예제 2 참조)

11. $\ln e^{x^2}$ **12.** $e^{\ln(5x+2)}$

13. $-1 + \ln e^{2x}$

[14-18] (로그함수식의 전개) 로그함수의 성질을 이용하여 다음 식을 로그의 합, 차, 곱 등으로 나시 써라(보든 변수는 양이다). (예제 3 참조)

14. $\ln \frac{2}{3}$ **15.** $\ln \dfrac{xy}{z}$

16. $\ln \sqrt[3]{2x + 7}$ **17.** $\ln z(z - 1)^2$

18. $\ln \dfrac{3x(x + 1)}{(2x + 1)^2}$

19. **(로그 성질 사용)** 로그의 성질과 $\ln 2 \approx 0.6931$, $\ln 3 \approx 1.0986$을 사용하여 다음 값을 근사하여라. 그런 다음 계산기를 사용하여 구한 값을 확인하여라.

(a) $\ln 6$ (b) $\ln \frac{2}{3}$ (c) $\ln 81$ (d) $\ln \sqrt{3}$

[20-23] (로그함수식의 압축) 로그의 성질을 사용하여 다음 식을 하나의 로그함수식으로 다시 써라. (모든 변수는 양으로 가정한다). (예제 4 참조)

20. $\ln(x - 2) - \ln(x + 2)$

21. $3\ln x + 2\ln y - 4\ln z$

22. $5\ln(x - 6) + \frac{1}{2}\ln(4x + 1)$

23. $\frac{2}{3}[\ln x + \ln(x + 5) - 4\ln(x^2 + 4)]$

[24-34] (지수 및 로그 방정식 풀기) 다음 방정식을 x 또는 t에 대해 풀어라.

24. $e^{\ln x} = 4$

25. $e^{x+2} = 8$

26. $300e^{-0.2t} = 700$

27. $4e^{2x-1} - 1 = 5$

28. $\ln x = 0$

29. $\ln 2x = 2.4$

30. $3 + 4\ln x = 15$

31. $\ln x - \ln(x-6) = 3$

32. $5^{2x} = 15$

33. $500(1.07)^t = 1000$

34. $\left(1 + \frac{0.07}{12}\right)^{12t} = 3$

[35-36] (역함수) 다음 두 쌍의 함수가 서로 역함수임을 해석적으로 보여라. 그래픽 도구를 사용하여 그래프를 그리고 서로 역함수임을 보여라.

35. $f(x) = e^{2x}$
$g(x) = \ln\sqrt{x}$

36. $f(x) = e^{2x-1}$
$g(x) = \frac{1}{2} + \ln\sqrt{x}$

37. (복리) 3000달러를 이자율 $r = 8.5\,\%$로 연속 복리로 어떤 계좌에 투자했다. 잔고가 (a) 두 배, (b) 세 배가 되는 시간을 구하여라.

38. (복리) 1000달러를 연 5 %의 금리로 예금할 때 원리금이 두 배가 되는 데 걸리는 시간을 (a) 연 복리, (b) 월 복리, (c) 일 복리, (d) 연속 복리로 구하여라.

39. (인구 증가) 1980년에서 2013년 사이 플로리다 올랜도 시의 인구 P(천 명)는 다음 모형식이다. (자료: 미 인구조사국)

$$P = 130e^{0.0204t}$$

여기서 t는 연도로서 $t = 0$은 1980년에 해당한다.

(a) 2013년에 올랜도 시의 인구는 얼마인가?

(b) 언제 올랜도 시의 인구가 310,000명에 도달하는가?

[40-41] (탄소 연대 측정) 화석에 있는 탄소 원자에 탄소 동위원소의 비율이 아래와 같이 주어져 있다. 이를 이용해 화석의 연대를 추정하여라. 살아 있는 유기물질에서 방사능 탄소 동위원소의 비율은 전체 탄소 원자 수의 약 $1/10^{12}$이다(4장 1절의 예제 3 참조). 유기물질이 죽으면 방사능 탄소 동위원소는 감소하기 시작하며 반감기는 약 5715년이다. 그러므로 탄소14 원자에 대한 탄소 동위원소의 비율 R은 $R = 10^{-12}\left(\frac{1}{2}\right)^{t/5715}$로 모형화된다. 여기서 t는 시간(연)이고 $t = 0$은 유기물질이 죽는 시간이다.

40. $R = 0.32 \times 10^{-12}$

41. $R = 0.22 \times 10^{-12}$

42. (학습 이론) 수학반 학생들이 시험을 치르는데 매달 동등한 시험이 다시 실시된다고 한다. 평균 점수 S(100점 만점)는 $S = 80 - 14\ln(t+1)$, $0 \le t \le 12$로 이 반의 성적이 모형화된다고 한다. 여기서 t는 시간(월)이다.

(a) 원래 시험의 평균 점수는 얼마인가?

(b) 4개월 후 평균 점수는 얼마인가?

(c) 몇 개월 후 평균 점수가 46점이 되는가?

43. (수요) 생산품의 수요함수는

$$p = 6000\left(1 - \frac{4}{4 + e^{-0.002x}}\right)$$

로 주어지고, 여기서 p는 단위당 가격(달러)이고 x는 판매된 단위 수이다. (a) $p = 200$달러, (b) $p = 700$달러일 때 판매된 단위 수를 찾아라. 그래픽 도구를 사용하여 (a)와 (b)의 결과를 검증하여라.

44. (로그의 성질 사용) 스프레드시트를 사용하여 다음 표를 완성하고

$$\frac{\ln x}{\ln y} \neq \ln\frac{x}{y} = \ln x - \ln y$$

를 증명하여라.

x	y	$\ln x/\ln y$	$\ln x/y$	$\ln x - \ln y$
1	2			
3	4			
10	5			
4	0.5			

45. (로그의 성질 증명) 그래픽 도구를 사용하여 $x > 0$일 때 두 함수가 동치임을 증명하여라.

$$f(x) = \ln\frac{x^2}{4}, \quad g(x) = 2\ln x - \ln 4$$

[46-48] (참, 거짓 판별) $f(x) = \ln x$로 주어져 있을 때 다음 명제가 참인지 거짓인지 판별하여라. 만약 거짓이면 이유를 설명하거나 그것이 거짓임을 보여 주는 보기를 들어라.

46. $f(0) = 0$

47. $f(x-2) = f(x) - f(2), \quad x > 2$

48. 만약 $f(u) = 2f(v)$이면, $v = u^2$이다.

49. (금융) 연 이자율 r, 연속 복리로 t년 동안 P달러를 투자했다. 다음 중 어느 것이 가장 유리한가? 이유를 설명하여라.

(a) 투자액을 두 배로 한다.

(b) 이자율을 두 배로 한다.

(c) 횟수를 두 배로 한다.

50. (추적선) 그래픽 도구를 사용하여 구간 (0, 10]에서

$$y = 10 \ln\left(\frac{10 + \sqrt{100 - x^2}}{10}\right) - \sqrt{100 - x^2}$$

의 그래프를 그려라. 이 그래프를 **추적선**이라고 한다. 도서관, 인터넷, 또는 다른 참고 자료를 사용하여 추적선의 정보를 구하여라. 실생활에서 이런 곡선이 어떻게 나타나는지 설명하여라.

4.5 로그함수의 미분

■ 자연 로그함수의 도함수 구하기
■ 다른 밑을 갖는 지수함수와 로그함수의 도함수 구하기

로그함수의 도함수

자연 로그함수의 미분을 구하는 데는 음함수 미분(2장 7절)을 사용할 수 있다.

$y = \ln x$	자연 로그함수
$e^y = x$	지수 모양으로 쓴다
$\dfrac{d}{dx}[e^y] = \dfrac{d}{dx}[x]$	x에 대해 미분한다
$e^y \dfrac{dy}{dx} = 1$	연쇄 법칙
$\dfrac{dy}{dx} = \dfrac{1}{e^y}$	양변을 e^y로 나눈다
$\dfrac{dy}{dx} = \dfrac{1}{x}$	e^y 대신 x를 대입한다

이 결과와 이것의 연쇄 법칙이 아래에 요약되어 있다.

자연 로그함수의 도함수

u를 x의 미분가능함수라고 하자.

1. $\dfrac{d}{dx}[\ln x] = \dfrac{1}{x},\ x > 0$

2. $\dfrac{d}{dx}[\ln u] = \dfrac{1}{u}\dfrac{du}{dx},\ u > 0$

예제 1 로그함수 미분하기

$f(x) = \ln 2x$

의 도함수를 구하여라.

풀이 $u = 2x$라 두자. 그러면 $du/dx = 2$이므로 다음처럼 연쇄 법칙을 적용한다.

$$f'(x) = \frac{1}{u}\frac{du}{dx}$$ 연쇄 법칙

$$= \frac{1}{2x}(2)$$

$$= \frac{1}{x}$$ 간단히 한다

✔ **점검문제 1** $f(x) = \ln 5x$의 도함수를 구하여라. ■

예제 2 로그함수 미분하기

다음 함수의 도함수를 구하여라.

a. $f(x) = \ln(2x^2 + 4)$ **b.** $f(x) = x \ln x$ **c.** $f(x) = \dfrac{\ln x}{x}$

풀이

a. $$f'(x) = \frac{1}{u}\frac{du}{dx}$$ 연쇄 법칙

$$= \frac{1}{2x^2+4}(4x)$$ $u = 2x^2 + 4,\ du/dx = 4x$

$$= \frac{2x}{x^2+2}$$ 간단히 한다

b. $$f'(x) = x\frac{d}{dx}[\ln x] + (\ln x)\frac{d}{dx}[x]$$ 곱의 규칙

$$= x\left(\frac{1}{x}\right) + (\ln x)(1)$$

$$= 1 + \ln x$$ 간단히 한다

c. $$f'(x) = \frac{x\frac{d}{dx}[\ln x] - (\ln x)\frac{d}{dx}[x]}{x^2}$$ 몫의 규칙

$$= \frac{x\left(\frac{1}{x}\right) - (\ln x)(1)}{x^2}$$

$$= \frac{1 - \ln x}{x^2}$$ 간단히 한다

✔ **점검문제 2** 다음 함수의 도함수를 구하여라.

a. $f(x) = \ln(x^2 - 4)$ **b.** $f(x) = x^2 \ln x$ **c.** $f(x) = -\dfrac{\ln x}{x^2}$ ■

예제 3 미분하기 전 다시 쓰기

$$f(x) = \ln\sqrt{x+1}$$ 원래 함수

$$= \ln(x+1)^{1/2}$$ 유리수 지수로 다시 쓴다

$$= \frac{1}{2}\ln(x+1)$$ 로그의 성질

$$f'(x) = \frac{1}{2}\left(\frac{1}{x+1}\right) \quad \text{미분한다}$$
$$= \frac{1}{2(x+1)} \quad \text{간단히 한다}$$

✔ **점검문제 3** 다음 함수의 도함수를 구하여라.

$$f(x) = \ln \sqrt[3]{x+1}$$ ■

예제 4 미분하기 전 다시 쓰기

다음 함수의 도함수를 구하여라.

$$f(x) = \ln[x(x^2+1)^2]$$

풀이

$$f(x) = \ln[x(x^2+1)^2] \quad \text{원래 함수}$$
$$= \ln x + \ln(x^2+1)^2 \quad \text{로그의 성질}$$
$$= \ln x + 2\ln(x^2+1) \quad \text{로그의 성질}$$
$$f'(x) = \frac{1}{x} + 2\left(\frac{2x}{x^2+1}\right) \quad \text{미분한다}$$
$$= \frac{1}{x} + \frac{4x}{x^2+1} \quad \text{간단히 한다}$$

✔ **점검문제 4** $f(x) = \ln\left[x^2\sqrt{x^2+1}\right]$의 도함수를 구하여라. ■

예제 4의 도함수를 구하기 위해 다시 쓰기를 하지 않으면 계산이 복잡하다. 즉

$$f'(x) = \frac{1}{x(x^2+1)^2}\frac{d}{dx}[x(x^2+1)^2]$$

은 예제 4에서 얻은 결과와 같은 것임을 보여야 한다. 그러나 계산이 상당히 번거롭다.

예제 5 접선의 방정식 구하기

함수

$$f(x) = 2 + 3x\ln x$$

의 그래프 위의 점 (1, 2)에서 접선의 방정식을 구하여라.

풀이 f의 도함수를 구하여 시작한다.

$$f(x) = 2 + 3x\ln x \quad \text{원래 함수를 쓴다}$$
$$f'(x) = 3x\left(\frac{1}{x}\right) + (\ln x)(3) \quad \text{미분한다}$$
$$= 3 + 3\ln x \quad \text{간단히 한다}$$

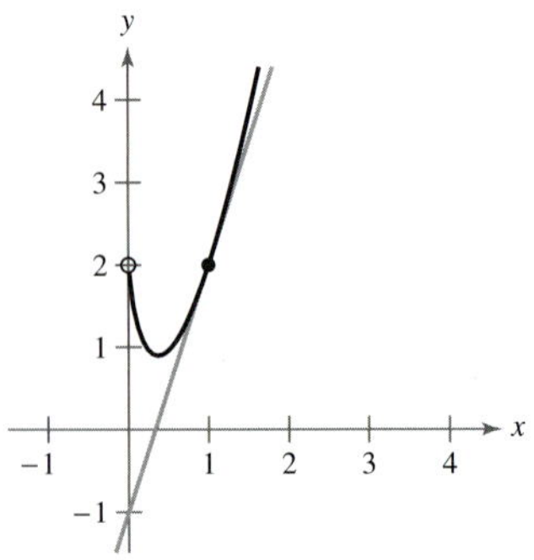

그림 4.16

점 (1, 2)에서 f의 그래프의 접선의 기울기는

$$f'(1) = 3 + 3\ln 1 = 3 + 3(0) = 3$$

이고 직선의 점-기울기 형을 사용하면, 접선의 방정식은

$$y = 3x - 1$$

이다. 함수의 그래프와 접선은 그림 4.16에 있다.

✓ 점검문제 5 $f(x) = 4\ln x$의 그래프 위의 점 (1, 0)에서 접선의 방정식을 구하여라. ■

예제 6 상대극값 구하기

함수 $f(x) = \frac{x^2}{2} - \ln x$의 상대극값을 모두 구하여라.

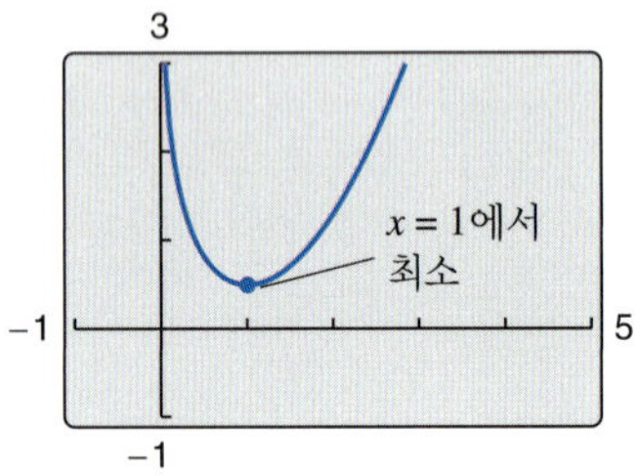

그림 4.17

풀이 그림 4.17에서 함수는 $x = 1$에서 최소를 갖는 것으로 보인다. 해석적으로 최소를 구하기 위해서는 f의 도함수를 영으로 두고 x에 대해 풀어 임계수를 구한다.

$f(x) = \frac{x^2}{2} - \ln x$	원래 함수를 쓴다
$f'(x) = x - \frac{1}{x}$	미분한다
$x - \frac{1}{x} = 0$	도함수를 0으로 둔다
$x = \frac{1}{x}$	양변에 $1/x$을 더한다
$x^2 = 1$	양변에 x를 곱한다
$x = \pm 1$	양변에 제곱근을 취한다

이 두 임계수에서 양수만이 f의 정의역에 놓여 있다. 일계도함수 판정법을 적용하면, 함수는 $x = 1$에서 상대극소를 가짐을 확인할 수 있다.

✓ 점검문제 6 함수 $f(x) = x - 2\ln x$ 의 상대극값을 모두 구하여라. ■

예제 7 변화율 구하기

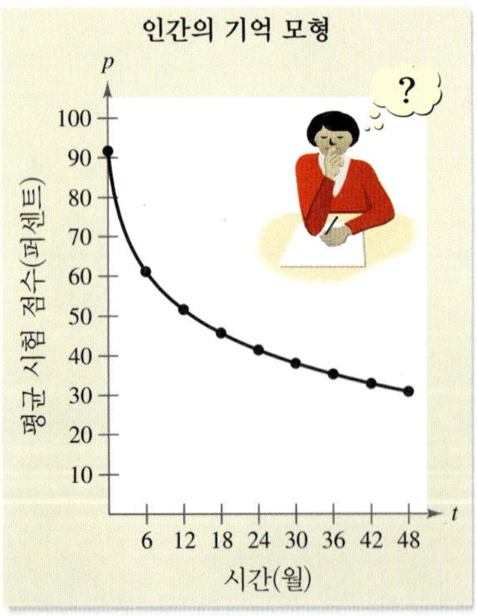

그림 4.18

학생 수가 200명인 한 대학생 집단이 4년 동안 6개월마다 시험을 친다. 이 집단은 1학년 때 스페인어를 수강한 학생들로 이루어져 있다. 그리고 계속하여 스페인어를 수강하지는 않았다. 평균 시험 점수 p(퍼센트)는 다음과 같은 모형식이다(그림 4.18).

$$p = 91.6 - 15.6\ln(t + 1), \quad 0 \le t \le 48$$

여기서 t는 시간(월)이다. 1년 후 평균 시험 점수는 어떤 비율로 변하는가?

풀이 변화율은

$$\frac{dp}{dt} = -\frac{15.6}{t + 1}$$

이고 $t = 12$일 때의 변화율은

$$\frac{dp}{dt} = -\frac{15.6}{12 + 1} = -\frac{15.6}{13} = -1.2$$

이다. 이는 1년 후 월 1.2 %의 비율로 평균 시험 점수가 감소하는 것을 의미한다.

✓ 점검문제 7 예제 7의 평균 시험 점수가 다음과 같은 모형식이라고 하자.

$$p = 92.3 - 16.9 \ln(t + 1), \quad 0 \le t \le 48$$

여기서 t는 시간(월)이다. 예제 7의 모형식과 비교하여 1년 후 평균 시험 점수는 어떤 비율로 변하는가? ■

일반적인 밑

이 장은 일반적인 지수함수를 학습한다. 즉

$$f(x) = a^x$$

여기서 a는 양수이고 $a \neq 1$이다. 밑이 a인 로그는 다음과 같이 정의한다.

$$\log_a x = b \quad \Leftrightarrow \quad a^b = x$$

자연 로그함수처럼 밑이 a인 로그함수의 정의역은 또는 양의 실수 집합이다.

예제 8 로그 계산

a. $\log_2 8 = 3$ $\qquad 2^3 = 8$

b. $\log_{10} 100 = 2$ $\qquad 10^2 = 100$

c. $\log_{10} \frac{1}{10} = -1$ $\qquad 10^{-1} = \frac{1}{10}$

d. $\log_3 81 = 4$ $\qquad 3^4 = 81$

✓ 점검문제 8 계산기를 사용하지 않고 다음 로그함수를 계산하여라.

a. $\log_2 16$ **b.** $\log_{10} \frac{1}{100}$ **c.** $\log_2 \frac{1}{32}$ **d.** $\log_5 125$ ■

대부분의 계산기는 두 개의 로그 키가 있는데, 자연 로그 키는 LN, 상용 로그 키는 LOG로 표시되어 있다. 다른 밑의 로그는 밑 변환 공식으로 계산할 수 있다.

$$\log_a x = \frac{\ln x}{\ln a}$$ 밑 변환 공식

예제 9 로그 계산을 위한 밑의 변환

밑 변환 공식과 계산기를 사용하여 다음 로그함수를 계산하여라.

a. $\log_2 3$ **b.** $\log_3 6$ **c.** $\log_2(-1)$

풀이 다음 각 경우 로그함수의 밑 변환 공식과 계산기를 사용한다.

a. $\log_2 3 = \dfrac{\ln 3}{\ln 2} \approx 1.585$ $\qquad \log_a x = \dfrac{\ln x}{\ln a}$

b. $\log_3 6 = \dfrac{\ln 6}{\ln 3} \approx 1.631$ $\qquad \log_a x = \dfrac{\ln x}{\ln a}$

c. $\log_2(-1)$은 정의되지 않음.

✓ **점검문제 9** 밑 변환 공식과 계산기를 사용하여 다음 로그함수를 계산하여라.

a. $\log_2 5$ **b.** $\log_3 18$ **c.** $\log_4 80$ **d.** $\log_{16} 0.25$ ■

학습 팁

다음 공식을 사용하여 밑 e로 변환할 수 있음을 기억하자.

$a^x = e^{(\ln a)x}$

그리고

$\log_a x = \left(\dfrac{1}{\ln a}\right)\ln x$

밑이 e가 아닌 지수함수나 로그함수의 도함수를 구하기 위해서는 밑을 e로 변환하거나 다음의 미분 규칙을 사용할 수 있다.

일반적인 밑과 미분

$a(a \neq 1)$를 양수라 하고 u는 x의 미분가능 함수라고 하자.

1. $\dfrac{d}{dx}[a^x] = (\ln a)a^x$ **2.** $\dfrac{d}{dx}[a^u] = (\ln a)a^u \dfrac{du}{dx}$

3. $\dfrac{d}{dx}[\log_a x] = \left(\dfrac{1}{\ln a}\right)\dfrac{1}{x}$ **4.** $\dfrac{d}{dx}[\log_a u] = \left(\dfrac{1}{\ln a}\right)\left(\dfrac{1}{u}\right)\dfrac{du}{dx}$

[증명] 정의에 따라 $a^x = e^{(\ln a)x}$이다. 그러므로 규칙 1은 $u = (\ln a)x$로 두고 밑이 e인 지수함수로 미분하여 증명할 수 있다.

$$\frac{d}{dx}[a^x] = \frac{d}{dx}[e^{(\ln a)x}] = e^u \frac{du}{dx} = e^{(\ln a)x}(\ln a) = (\ln a)a^x$$

다른 규칙의 증명도 마찬가지이다. ■

예제 10 변화율 구하기

방사능 탄소 동위원소의 반감기가 5715년이다. 어떤 물질이 1그램의 동위원소를 포함하고 있다. t년 후에 존재할 양 A(그램)는

$$A = \left(\frac{1}{2}\right)^{t/5715}$$

이다. $t = 10{,}000$년일 때 동위원소 양의 변화율은 얼마인가?

풀이 t에 대한 A의 도함수는

$$\frac{dA}{dt} = \left(\ln\frac{1}{2}\right)\left(\frac{1}{2}\right)^{t/5715}\left(\frac{1}{5715}\right)$$

이다. $t = 10{,}000$일 때, 양의 변화율은

$$\left(\ln\frac{1}{2}\right)\left(\frac{1}{2}\right)^{10{,}000/5715}\left(\frac{1}{5715}\right) \approx -0.000036$$

이다. 이는 물질에 있는 동위원소의 양이 매년 0.000036그램의 비율로 감소하는 것을 의미한다.

✓ **점검문제 10** 그래픽 도구를 사용하여 예제 10의 모형의 그래프를 그려라. t가 증가하면 동위원소 양의 변화율에 어떤 일이 일어나는지 설명하여라. ■

연습문제 4.5

[1-11] (로그함수 미분하기) 다음 함수의 도함수를 구하여라. (예제 1, 2, 3, 4 참조)

1. $y = \ln x^8$

2. $y = \ln(x^2 + 3)$

3. $y = \ln\sqrt[4]{3x - 5}$

4. $y = (\ln x)^4$

5. $f(x) = 2x \ln x$

6. $y = \ln\left(x\sqrt{x^6 - 2}\right)$

7. $y = \ln\dfrac{x}{x + 1}$

8. $y = \ln\sqrt[3]{\dfrac{x - 1}{x + 1}}$

9. $y = \ln\dfrac{\sqrt{4 + x^2}}{x}$

10. $g(x) = e^{-x}\ln x$

11. $g(x) = \ln\dfrac{e^x + e^{-x}}{2}$

[12-14] (로그 값 계산) 계산기 없이 로그를 계산하여라.

12. $\log_5 25$

13. $\log_3 \frac{1}{27}$

14. $\log_4 64$

[15-17] (로그 계산을 위한 밑의 변환) 밑 변환 공식과 계산기를 사용하여 다음 로그함수를 계산하여라. (예제 9 참조)

15. $\log_4 7$

16. $\log_2 48$

17. $\log_3 \frac{1}{2}$

[18-22] (다른 밑의 함수 미분하기) 다음 함수의 도함수를 구하여라.

18. $y = 3^x$

19. $f(x) = \log_2 x$

20. $h(x) = 4^{2x-3}$

21. $y = \log_{10}(x^2 + 6x)$

22. $y = x2^x$

[23-26] (접선의 방정식 구하기) 주어진 점에서 함수의 그래프에의 접선의 방정식을 구하여라. (예제 5 참조)

23. $y = \ln x^3$; $(1, 0)$

24. $y = x^3 \ln x$; (e, e^3)

25. $f(x) = \ln\dfrac{5(x + 2)}{x}$; $\left(-\dfrac{5}{2}, 0\right)$

26. $y = \log_3 x$; $(27, 3)$

[27-28] (음함수의 도함수 구하기) 음함수식에서 dy/dx를 구하여라.

27. $x^2 - 3\ln y + y^2 = 10$

28. $4x^3 + \ln y^2 + 2y = 2x$

[29-31] (이계도함수 구하기) 다음 함수의 이계도함수를 구하여라.

29. $f(x) = 2 + x^3 \ln x$

30. $f(x) = 5 + \dfrac{\ln x}{3x^2}$

31. $f(x) = 5^x$

32. **(소리의 강도)** 데시벨 β와 소리의 강도 I(와트/제곱센티미터) 사이의 관계는

$$\beta = 10\log_{10}\left(\frac{I}{10^{-16}}\right)$$

로 주어진다. 강도가 10^{-4}(와트/제곱센티미터)일 때 데시벨 수의 변화율을 구하여라.

[33-34] (상대극값 구하기) 다음 함수의 상대극값을 모두 구하여라. 그래픽 도구를 사용하여 결과를 확인하여라.

33. $y = \ln x - x$

34. $y = \ln(1 - 4x - x^2)$

[35-36] (그래프 분석) 다음 함수를 분석하고 그래프를 그려라. 상대극값, 변곡점, 점근선을 명시하여라.

35. $y = \dfrac{x}{\ln x}$

36. $y = x^2 \ln\dfrac{x}{4}$

37. **(수요)** 다음 수요함수에서 dx/dp를 구하여라. 가격이 10

달러일 때 변화율을 구체적으로 설명하여라.

$$x = \ln \frac{1000}{p}$$

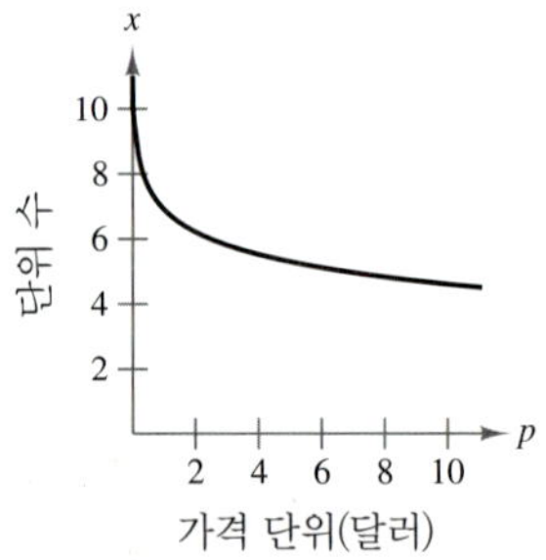

38. (수요) 문제 37의 수요함수를 p에 대해 풀어라. 이 결과를 사용하여 dp/dx를 구하여라. $p = 10$달러일 때 변화율을 구하여라. 이 도함수와 dx/dp는 어떤 관계인가?

39. (최소 평균비용) x단위를 생산하는 비용은 다음과 같은 모형식이다.

$$C = 500 + 300x - 300 \ln x, \quad x \geq 1$$

(a) 평균비용함수 $\overline{C}$를 구하여라.

(b) 해석적으로 최소 평균 비용을 구하여라. 그래픽 도구로 결과를 확인하여라.

40. (소비자 경향) 2009년에서 2013년 사이 외래환자 전용 돌봄 센터의 피고용인의 수가 아래 표와 같다.

연도	2009	2010	2011	2012	2013
피고용인	558	600	621	649	682

이 자료로부터 $E = 323.3 \ln t - 151$로 모형화할 수 있다. 여기서 $t = 9$는 2009년에 해당한다. (자료: 미 고용통계국)

(a) 그래픽 도구를 사용하여 자료를 점으로 찍어 나타내고 구간 [9, 13]에서 E의 그래프를 그려라.

(b) 2011년의 피고용인 수의 변화율은 얼마인가?

41. (주택자금 대출) 200,000달러를 t년 동안 이자율 7.5 %로 주택자금 대출을 받는 경우 대략 다음 식으로 주어진다.

$$t = -13.375 \ln \frac{x - 1250}{x}, \quad x > 1250$$

여기서 x는 월상환액(달러)이다.

(a) 그래픽 도구로 모형식의 그래프를 그려라.

(b) 모형식을 사용하여 월상환액이 1398.43달러일 때, 주택자금 대출금의 납입기간을 근사하여라.

(c) 모형식을 사용하여 월상환액이 1611.19달러일 때, 주택자금 대출금의 납입기간을 추정하여라. 총 납입액은 얼마인가?

(d) $x = 1398.43$달러와 $x = 1611.19$달러일 때 x에 관한 t의 순간 변화율을 구하여라.

(e) 월상환액이 높을 때의 유리한 점에 대해 간단히 언급하여라.

42. (학습 이론) 학습 이론 연구에 참여하고 있는 학생들이 시험을 치르는데, 6개월 동안 매달 동등한 시험이 다시 실시된다고 한다. 이 연구에서의 자료는 아래 표에 있다. 여기서 t는 첫 시험 이후의 시간(월)이고, s는 학생들의 평균 점수이다.

t	1	2	3	4	5	6
s	84.2	78.4	72.1	68.5	67.1	65.3

(a) 그래픽 도구를 사용하여 시간 t에 관한 평균 점수 s의 로그 모형식을 구하여라.

(b) 그래픽 도구를 사용하여 자료를 점을 찍어 나타내고 모형식의 그래프를 그려라.

(c) $t = 2$, $t = 5$일 때 t에 관한 s의 변화율을 구하여라.

(d) 이 문제의 내용에서 (c)에서 구한 변화율의 의미를 설명하여라.

4.6 지수 증가와 감쇠

■ 지수 증가와 감쇠를 사용하여 실생활의 상황 모형화하기

지수 증가와 감쇠

이 절에서 **지수 증가와 감쇠**의 모형을 만드는 것을 학습하게 될 것이다. 지수 증가와 감쇠를 포함하는 실생활에서의 상황은 임의의 시간에서의 변화율이 그 시간대에서 존재하는 물질의 양에 비례하는 물질이나 또는 인구 문제를 다루게 될 것이다. 예를 들면 방사능 물질의 분해율은 주어진 순간에서의 방사능 물질의 양에 비례한다. 이들의 가장 단순한 사실에서 이 관계는 다음 방정식으로 표현된다.

y의 변화율은 → 한다 → y에 비례

$$\frac{dy}{dt} = ky$$

이 방정식에서 k는 상수이고 y는 t의 함수이다. 이 방정식의 해는 아래에 보여 주고 있다.

지수 증가와 감쇠

y가 양의 양으로서 시간에 대한 변화율이 임의의 시간대에 존재하는 양에 비례한다면 y는 다음 형태이다.

$$y = Ce^{kt}$$

여기서 C는 **초깃값**(initial value)이고 k는 **비례식의 상수**(constant of proportionality)이다. $k > 0$은 **지수 증가**(exponential growth), $k < 0$은 **지수 감쇠**(exponential decay)를 나타낸다.

[증명] y는 변화율이 y 자신에 비례하므로 다음과 같이 쓸 수 있다.

$$\frac{dy}{dt} = ky$$

$y = Ce^{kt}$는 이 방정식의 해이다. 미분하면 $dy/dt = kCe^{kt}$이고 대입하면 된다.

$$y = Ce^{kt} \quad \text{원래 방정식}$$
$$\frac{dy}{dt} = kCe^{kt} \quad \text{미분한다}$$
$$= k(Ce^{kt}) \quad \text{다시 쓴다}$$
$$= ky \quad Ce^{kt} \text{ 대신 } y\text{를 대입한다}$$

■

학습 팁

$y = Ce^{kt}$ 모형에서, C를 '초깃값'이라고 한다. 왜냐하면 $t = 0$일 때 다음과 같이 나타나기 때문이다.

$$y = Ce^{k(0)}$$
$$= C(1)$$
$$= C$$

방사능 붕괴는 반감기에 의해 측정된다. 즉 방사능 물질이 반으로 줄어드는 데 걸리는 시간이 **반감기**(half-life)이다. 몇몇 방사능 동위원소의 반감기는 다음과 같다.

우라늄(^{238}U)	4,470,000,000년
플루토늄(^{239}Pu)	24,100년
탄소(^{14}C)	5715년
라듐(^{226}Ra)	1599년
아인슈타이늄(^{254}Es)	276일
노벨륨(^{257}No)	25초

예제 1 방사능 붕괴 모형

한 샘플이 1그램의 라듐을 포함하고 있다. 1000년 후 남아 있는 라듐은 얼마인가?

풀이 y를 샘플에 남아 있는 라듐의 질량(그램)이라고 하자. 붕괴율은 y에 비례하므로 y는 $y = Ce^{kt}$ 모양이라고 결론 내릴 수 있다. 여기서 t는 시간(연)이다. 주어진 정보에서 $y = 1$이다($t = 0$일 때). 이들 값을 모형식에 대입하면

$$1 = Ce^{k(0)} \qquad y\text{에 } 1,\ t\text{에 } 0\text{을 대입한다}$$

이고 $C = 1$이 된다. 라듐은 반감기가 1599년이므로 $t = 1599$일 때 $y = \frac{1}{2}$임을 알 수 있다. 이 값들을 모형식에 대입하고 k에 대해 풀면 다음과 같다.

$$y = e^{kt} \qquad \text{지수 감쇠 모형}$$
$$\frac{1}{2} = e^{k(1599)} \qquad y\text{에 } \tfrac{1}{2},\ t\text{에 } 1599\text{를 대입한다}$$
$$\ln\frac{1}{2} = 1599k \qquad \text{양변에 자연로그를 취한다}$$
$$\frac{1}{1599}\ln\frac{1}{2} = k \qquad \text{양변을 1599로 나눈다}$$

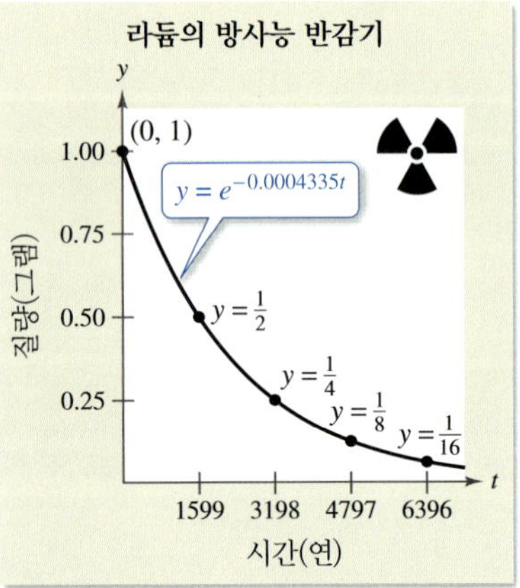

그림 4.19 라듐의 방사능 반감기

그러므로 $k \approx -0.0004335$이므로 라듐의 방사능 붕괴 모형은

$$y = e^{-0.0004335t}$$

이다. $t = 1000$을 모형식에 대입하여 1000년 후 샘플에 남아 있는 라듐의 양을 구한다.

$$y = e^{-0.0004335(1000)} \approx 0.648(\text{그램})$$

모형식의 그래프는 그림 4.19이다.

✓ **점검문제 1** 예제 1의 모형을 사용하여 1그램의 라듐 샘플이 0.4그램으로 붕괴하는 데 걸리는 시간을 결정하여라. ■

예제 1에서 k값의 근삿값을 구하는 대신 값을 정확하게 두고 다음과 같이 쓸 수 있다.

$$\begin{aligned} y &= e^{[(1/1599)\ln(1/2)]t} \\ &= e^{\ln[(1/2)^{(t/1599)}]} \\ &= \left(\frac{1}{2}\right)^{t/1599} \end{aligned}$$

이 형태는 반감기를 분명히 보여 주는 모형식이다. $t = 1599$일 때 y의 값은 $\frac{1}{2}$, $t = 2(1599)$일 때는 $y = \frac{1}{4}$ 등등이다.

지수 증가와 감쇠를 모형화 하는 지침

1. 주어진 정보를 사용하여 y와 t를 포함하는 두 개의 조건 집합을 쓴다.
2. 주어진 조건을 모형식 $y = Ce^{kt}$에 대입하고 이 결과를 상수 C와 k를 푸는 데 사용한다(조건 중 하나가 $t = 0$을 포함할 때 이 값을 먼저 C를 풀기 위해 대입한다).
3. 질문에 답하기 위해 모형식 $y = Ce^{kt}$를 사용한다.

예제 2 개체 수 증가의 모형화

연구 실험에 의하면 초파리(과일파리)의 개체 수는 지수 증가 모형에 따라 증가한다. 2일 후 100마리, 4일 후 300마리가 되었다. 5일 후 초파리는 몇 마리일까?

풀이 y를 t시간에서 초파리의 개체 수라고 하자. 주어진 정보에서 $t = 2$일 때 $y = 100$, $t = 4$일 때 $y = 300$이다. 이 정보를 모형식 $y = Ce^{kt}$에 대입하면 다음과 같다.

$$100 = Ce^{2k}, \quad 300 = Ce^{4k}$$

첫 번째 식에서 C를 구하고 그 결과 두 번째 식에 대입하여 k에 대해 푼다.

$$300 = Ce^{4k} \qquad \text{두 번째 식}$$

$$300 = \left(\frac{100}{e^{2k}}\right)e^{4k} \qquad C \text{ 대신 } 100/e^{2k}\text{를 대입한다}$$

$$\frac{300}{100} = e^{2k} \qquad \text{양변을 100으로 나눈다}$$

$$\ln 3 = 2k \qquad \text{양변에 자연 로그를 취한다}$$

$$\frac{1}{2}\ln 3 = k \qquad k\text{에 대해 푼다}$$

$k = \frac{1}{2}\ln 3 \approx 0.5493$을 사용하면 C를 구할 수 있다. 즉

$$C \approx \frac{100}{e^{2(0.5493)}} \approx 33$$

이므로 지수 증가 모형은

$$y = 33e^{0.5493t}$$

이다(그림 4.20). 이에 따라 5일 후 개체 수는 다음과 같다.

$$y = 33e^{0.5493(5)} = 514(\text{마리})$$

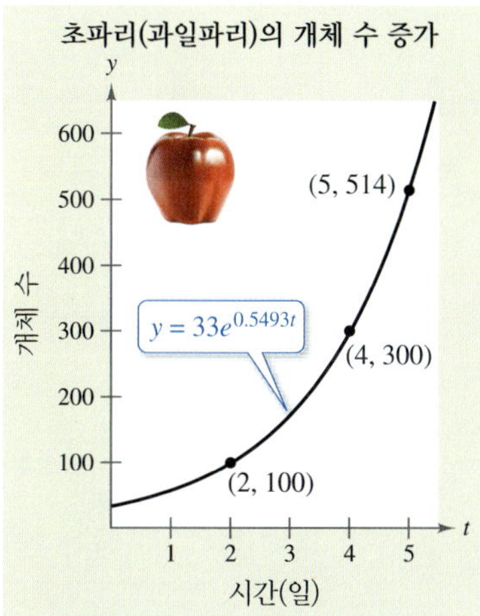

그림 4.20

✓ 점검문제 2 초파리의 개체 수가 2일 후 100마리, 4일 후 400마리로 증가한다. 초파리 개체 수 증가에 대한 지수 증가 모형을 구하여라. ■

예제 3 복리의 모형화

연속 복리가 적용되는 계좌에 저축했다. 6년 후 잔고가 두 배가 된다고 한다. 연 이자율은 얼마인가?

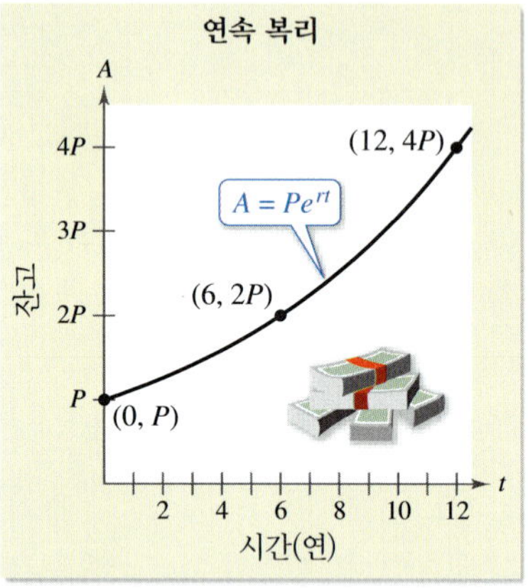

그림 4.21

풀이 연속 복리가 적용되는 계좌의 잔고 A는 지수 증가 모형으로 주어진다. 즉

$$A = Pe^{rt} \qquad \text{지수 증가 모형}$$

여기서 P는 원래 예금액이고 r은 연 이자율(소수형), t는 시간(연)이다. 주어진 정보에서 $t = 6$일 때(그림 4.21)

$$A = 2P$$

이다. 이 정보를 사용하여 r에 대해 푼다.

$$
\begin{aligned}
A &= Pe^{rt} && \text{지수 증가 모형} \\
2P &= Pe^{r(6)} && A \text{ 대신 } 2P,\ t \text{ 대신 6 대입} \\
2 &= e^{6r} && \text{양변을 } P\text{로 나눈다} \\
\ln 2 &= 6r && \text{양변에 자연 로그를 취한다} \\
\tfrac{1}{6}\ln 2 &= r && \text{양변을 6으로 나눈다}
\end{aligned}
$$

그러므로 연 이자율은

$$
\begin{aligned}
r &= \tfrac{1}{6}\ln 2 \\
&\approx 0.1155
\end{aligned}
$$

또는 11.55 %이다.

✓점검문제 3 이자율이 연속 복리로 적용될 경우 8년 후 잔고가 두 배가 되는 연 이자율을 구하여라. ■

이 절의 각 예제는 지수 증가 모형 $y = Ce^{kt}$를 사용한다. 모두 밑이 e이다. 그러나 지수 증가는 임의의 밑으로도 모형화할 수 있다. 즉 모형식

$$y = Ca^{bt}$$

도 지수 증가를 나타낸다(이는 $y = Ce^{(\ln a)bt}$로 쓸 수 있음에 유의하자). 몇몇 실생활 문제에서는 밑이 e보다 편리한 경우가 있다. 예를 들면 예제 1의 경우 라듐의 반감기가 1599년이라는 것을 알기 때문에 바로 지수 감쇠 모형

$$y = \left(\frac{1}{2}\right)^{t/1599}$$

로 쓸 수 있다. 이 모형을 사용하면, 1000년 후 샘플에 남아 있는 라듐의 양은

$$
\begin{aligned}
y &= \left(\frac{1}{2}\right)^{1000/1599} \\
&\approx 0.648\text{(그램)}
\end{aligned}
$$

이고 예제 1의 답과 같다.

예제 4 **판매의 모형화**

텔레비전에 광고를 중단한 후 4개월 뒤 제조사는 MP3 플레이어가 매달 100,000개에서 80,000개로 판매가 감소했음을 알았다. 지수 감쇠를 사용하여 그다음 4개월 후 판매를 구하여라.

풀이 y를 MP3 플레이어의 수라고 하자. t는 시간(월)이고 지수 감쇠 모형을 생각하면

$$y = Ce^{kt} \qquad \text{지수 감쇠 모형}$$

주어진 정보에서 $t = 0$일 때 $y = 100{,}000$이다. 이 정보에 의해

$$100{,}000 = Ce^{0}$$

이고, 따라서 $C = 100{,}000$이다. k를 풀기 위해 $t = 4$일 때 $y = 80{,}000$인 사실을 사용하면

$$\begin{aligned} y &= 100{,}000e^{kt} && \text{지수 감쇠 모형} \\ 80{,}000 &= 100{,}000e^{k(4)} && y\text{에 } 80{,}000,\ t\text{에 4를 대입한다} \\ 0.8 &= e^{4k} && \text{양변을 100,000으로 나눈다} \\ \ln 0.8 &= 4k && \text{양변에 자연 로그를 취한다} \\ \tfrac{1}{4}\ln 0.8 &= k && \text{양변을 4로 나눈다} \end{aligned}$$

이므로 $k = \frac{1}{4}\ln 0.8 \approx -0.0558$이므로 모형식은

$$y = 100{,}000e^{-0.0558t}$$

이다. 그다음 4개월 후($t = 8$)의 판매는

$$\begin{aligned} y &= 100{,}000e^{-0.0558(8)} \\ &\approx 64{,}000 \text{ (MP3 플레이어의 수)} \end{aligned}$$

로 하락함을 예상할 수 있다(그림 4.22).

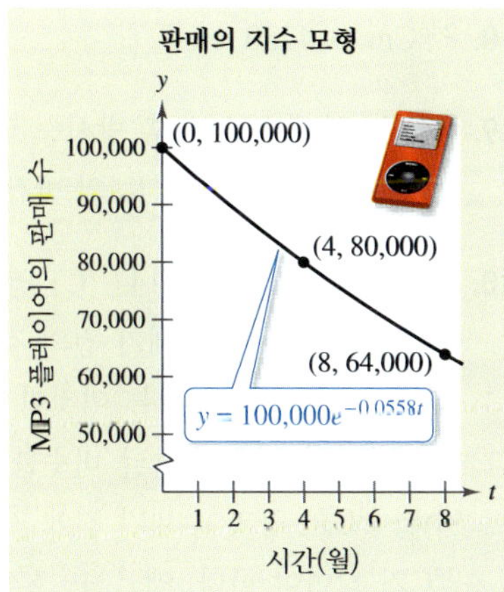

그림 4.22

✓ **점검문제 4** 예제 4의 모형을 사용하여 MP3 플레이어의 판매가 50,000개로 하락하는 때는 언제인지 예상하여라. ■

연습문제 4.6

[1-3] (지수 증가 및 감쇠의 모형화) 다음 그래프에서 두 점을 지나는 지수함수 $y = Ce^{kt}$를 구하여라.

1. $y = Ce^{kt}$

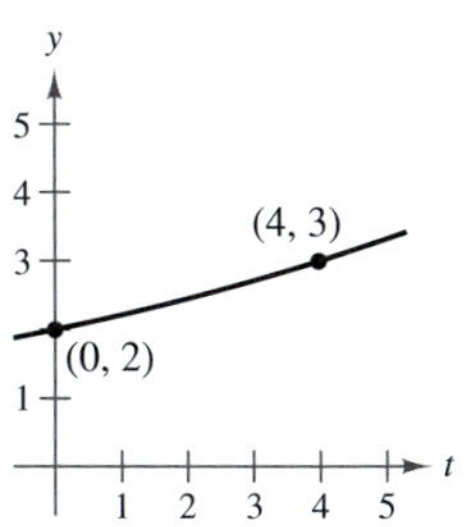

2. $y = Ce^{kt}$

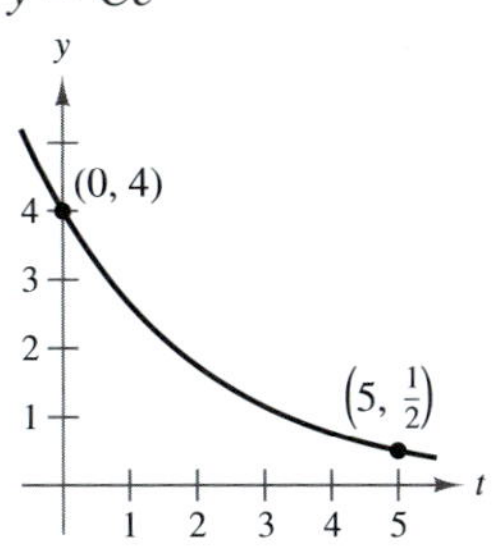

3. $y = Ce^{kt}$

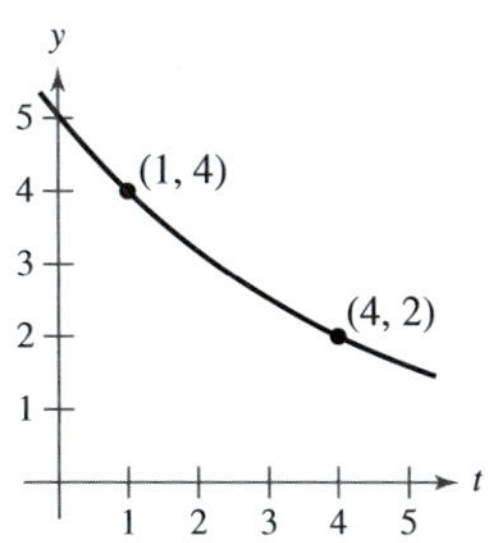

[4-5] (지수 증가 및 감쇠의 결정) 주어진 정보를 이용하여 y에 대한 지수 방정식을 써라. 구한 함수가 지수 증가인지 감쇠인지 말하여라.

4. $\dfrac{dy}{dt} = 2y,\ y = 10\ (t = 0$일 때$)$

5. $\dfrac{dy}{dt} = -4y,\ y = 30\ (t = 0$일 때$)$

[6-8] (방사능 붕괴의 모형화) 각 방사능 동위원소에 대한 표를 완성하여라. (예제 1 참조)

	동위원소	반감기 (연)	처음 양	1000년 후의 양	10,000년 후의 양
6.	^{226}Ra	1599	10그램		
7.	^{239}Pu	24,100		2.1그램	
8.	^{246}Cm	4730			2그램

9. (방사능 붕괴) 900년 후 방사능 라듐(^{226}Ra)이 현재의 몇 퍼센트가 남는가? (^{226}Ra의 반감기는 1599년이다.)

10. (탄소 연대 측정) 탄소14 (^{14}C) 연대 측정은 오늘날 지구의 이산화탄소가 수세기 전의 것과 같은 방사능 물질을 갖고 있다고 가정한다. 이것이 사실이라면, 나무가 흡수한 ^{14}C의 양은 오늘날 비슷한 종류의 나무에 의해 흡수된 ^{14}C의 양과 수세기 전에 자란 나무가 흡수한 양의 ^{14}C가 같아야 한다. 옛날 숯 조각에서는 오늘날 숯 조각의 15 %의 방사능 탄소만 포함한다. 나무가 얼마 전에 숯으로 변했는가? (^{14}C의 반감기는 5715년이다.)

11. (지수 모형 구하기) 두 점 (0, 5) (12, 20)을 지나는 지수 모형 $y_1 = Ce^{k_1 t}$와 $y_2 = C(2)^{k_2 t}$를 구하여라. k_1과 k_2의 값을 비교하여라. 결과를 간단히 설명하여라.

12. (개체 수 증가) 어떤 형태의 박테리아는 현재 개체 수에 비례하는 비율로 연속적으로 증가한다. 주어진 시간에 박테리아의 수가 150에서 5시간 후 450으로 되었다.

(a) 처음 시간에서 10시간 후의 박테리아의 개체 수는?

(b) 개체 수가 두 배가 되기 위해 걸리는 시간은 얼마인가?

(c) (b)의 답은 배양을 시작한 시간에 영향을 받는가? 이유를 설명하여라.

[13-16] (복리의 모형화) 연속 복리 계좌에 대한 다음 표를 완성하여라. (예제 3 참조)

	초기 투자	연 이자율	원금의 두 배가 되는 시간	10년 후의 잔고	25년 후의 잔고
13.	1000달러	12 %			
14.	750달러		8년		
15.	500달러			1292.85달러	
16.		4.5 %			15,000.00달러

17. t년 후 퇴직 시 1,000,000달러가 되도록 이자 r, 연속 복리로 원금 P를 얼마 투자해야 하는지 결정하여라.

$r = 7.5\ \%,\quad t = 40$년

18. (유효이자율) 유효이자율 r_{eff}는 정규이율처럼 매년 같은 이율을 주는 연 이자율이다.

(a) 이자율 r로 연간 n번 복리인 경우 유효이자율 r_{eff}는 다음과 같음을 보여라. 단 r, r_{eff}는 소수형이다.

$$r_{eff} = \left(1 + \frac{r}{n}\right)^n - 1$$

(b) 이자율 r로 연속 복리인 경우 유효이자율 r_{eff}는 다음과 같음을 보여라. 단 r, r_{eff}는 소수형이다.

$$r_{eff} = e^r - 1$$

19. (투자: 70 규칙) 연속 복리로 투자의 두 배가 되는 데 필요한 시간은 대략 $70/r$임을 증명하여라. 여기서 r은 연 이자율(퍼센트)이다.

20. (감가상각) 스포츠용 차량(SUV)의 신차 가격은 33,000달러이고 3년 후의 장부가격은 20,856달러이다.

(a) 차량 가격에 대한 선형 모형을 구하여라.

(b) 차량 가격에 대한 지수 모형을 구하여라.

(c) 두 모형식을 사용하여 1년 후와 4년 후의 차량의 장부가격을 구하여라.

(d) 그래픽 도구를 사용하여 두 모형의 그래프를 같은 화면에 나타내어라.

(e) 판매자와 구입자에게 각 모형이 유리한지 불리한지 설명하여라.

21. (판매) 신제품이 시장에 출하된 지 t년 후의 누적 매출액 S (천 단위)는 다음과 같은 모형식이다.

$$S = Ce^{k/t}$$

첫 해 동안은 5000단위가 판매되었다. 시장의 포화점은 30,000단위이다. 즉 $t \to \infty$일 때 S의 극한은 30,000이다.

(a) 모형식에서 C와 k를 구하여라.
(b) 5년 후 얼마나 많은 단위가 판매되는가?
(c) 그래픽 도구를 사용하여 판매 함수의 그래프를 그려라.

22. (학습 곡선) 회사 경영진이 노동자 한 명이 하루에 생산할 수 있는 최대 생산 대수가 30대라는 것을 알았다. 새로 고용한 노동자가 t일을 일하고 하루에 생산하는 대수 N에 대한 학습 곡선이 다음과 같다.

$$N = 30(1 - e^{kt})$$

20일 일한 뒤 한 노동자가 하루에 19단위를 생산한다. 노동자가 하루에 25단위 생산할 때까지 며칠 더 일해야 하는가?

23. (수입) 한 소규모 사업자의 신제품 중 하나에 대한 수요함수가 다음과 같은 모형식이다. 즉

$$p = Ce^{kx}$$

이다. $p = 45$달러일 때, $x = 1000$단위이고, $p = 40$달러일 때는 $x = 1200$단위이다.
(a) 모형식에서 C와 k를 구하여라.
(b) 제품에 대한 최대 수입을 주는 x와 p값을 구하여라.

요약 및 학습 전략

이 장을 학습한 후 여러분은 다음 내용을 습득했을 것이다.
각 절에 대한 요약과 관련 복습문제 번호가 표시되어 있다. 복습문제의 납은 이 교재의 말미에 수록되어 있다.

4.1절

관련 복습문제

■ 지수의 성질을 사용하여 계산하고 지수 식을 간단히 한다. — 1

$$a^0 = 1,\quad a^x a^y = a^{x+y},\quad \frac{a^x}{a^y} = a^{x-y},\quad (a^x)^y = a^{xy},$$
$$(ab)^x = a^x b^x,\quad \left(\frac{a}{b}\right)^x = \frac{a^x}{b^x},\quad a^{-x} = \frac{1}{a^x}$$

■ 지수함수의 그래프를 그린다. — 2~4

■ 지수의 성질을 사용하여 실생활 문제를 푼다. — 5~6

4.2절

■ 지수 성질을 사용하여 자연 지수함수를 포함하는 함수를 계산하고 간단히 한다. — 7

■ 자연 지수함수의 그래프를 그린다. — 8~9

■ 복리 문제를 푼다. — 10~12

$$A = P(1 + r/n)^{nt},\quad A = Pe^{rt}$$

■ 유효이자율 문제를 푼다. — 13

$$r_{eff} = (1 + r/n)^n - 1$$

■ 현재가치 문제를 푼다. — 14

$$P = \frac{A}{(1 + r/n)^{nt}}$$

■ 실생활 모형으로서 자연 지수함수가 포함된 질문에 답한다. — 15~17

4.3절	관련 복습문제
■ 자연 지수함수의 도함수를 구한다. $\frac{d}{dx}[e^x] = e^x, \quad \frac{d}{dx}[e^u] = e^u \frac{du}{dx}$	18~20
■ 자연 지수함수의 그래프에의 접선의 방정식을 구한다.	21~22
■ 미적분학을 사용하여 자연 지수함수를 포함하는 함수의 그래프를 분석한다.	23~24

4.4절	
■ 자연 로그함수의 정의를 사용하여 지수 방정식을 로그 방정식으로 쓴다. $\ln x = b \Leftrightarrow e^b = x$	25~26
■ 자연 로그함수의 그래프를 그린다.	27~28
■ 로그 성질을 사용하여 로그 식을 간단히 하고 전개하고 압축한다. $\ln xy = \ln x + \ln y, \quad \ln \frac{x}{y} = \ln x - \ln y, \quad \ln x^n = n \ln x$	29~33
■ 지수와 로그의 역함수 성질을 사용하여 지수 및 로그 방정식을 푼다. $\ln e^x = x, \quad e^{\ln x} = x$	34~40
■ 자연 로그의 성질을 사용하여 실생활 문제를 푼다.	41~42

4.5절	
■ 자연 로그함수의 도함수를 구한다. $\frac{d}{dx}[\ln x] = \frac{1}{x}, \quad \frac{d}{dx}[\ln u] = \frac{1}{u}\frac{du}{dx}$	43~49
■ 로그의 정의를 사용하여 다른 밑을 포함하는 로그 식을 계산한다. $\log_a x = b \Leftrightarrow a^b = x$	50~51
■ 밑 변환 공식을 사용하여 다른 밑을 포함하는 로그 식을 계산한다. $\log_a x = \frac{\ln x}{\ln a}$	52~53
■ 다른 밑을 갖는 지수함수와 로그함수의 도함수를 구한다. $\frac{d}{dx}[a^x] = (\ln a)a^x, \quad \frac{d}{dx}[a^u] = (\ln a)a^u \frac{du}{dx}$ $\frac{d}{dx}[\log_a x] = \left(\frac{1}{\ln a}\right)\frac{1}{x}, \quad \frac{d}{dx}[\log_a u] = \left(\frac{1}{\ln a}\right)\left(\frac{1}{u}\right)\frac{du}{dx}$	54~56
■ 미적분학을 사용하여 자연 로그함수를 포함하는 함수의 상대극값을 구한다.	57~58
■ 미적분학을 사용하여 실생활 문제를 푼다.	59

4.6절	
■ 지수 증가와 감쇠를 사용하여 실생활 문제를 모형화한다.	60~66

학습 전략

- **미분 규칙 분류** 미분 규칙은 두 가지로 분류된다. (1) 일반적인 규칙으로 모든 미분이 가능한 함수에 적용된다. (2) 특별한 규칙으로 특별한 형태의 함수에 적용된다. 이 과정에서 지금까지 여섯 가지 일반적인 규칙을 학습했다. 즉 상수 규칙, 상수곱 규칙, 합 규칙, 차 규칙, 곱 규칙, 몫 규칙이다. 이 모든 규칙은 대수함수의 내용에서 소개되었지만, 이들은 지수함수와 로그함수에도 사용된다. 또한 특별한 세 가지 규칙(거듭제곱 규칙, 자연 지수함수의 도함수, 자연 로그함수의 도함수)을 공부했다. 각 규칙은 두 가지 형태로 이루어져 있다. 다시 말해 간단한 형태, 즉 $D_x[e^x] = e^x$ 형태와 또 다른 형태, 즉 연쇄 법칙 $D_x[e^u] = e^u(du/dx)$이다.
- **암기 또는 유도** 수학을 학습할 때 몇 가지 규칙과 공식은 암기해야 할 때가 있다. 많은 경우 훈련을 통해 습득된다. 즉 아주 자주 사용하는 공식은 기억하게 될 것이다. 그러나 몇몇 공식은 자주 사용되지 않는다. 이런 것들은 아는 공식에서 유도하는 것이 도움이 된다. 예를 들어 미분에 관한 로그 규칙과 밑 변환 공식, 즉 $\log_a x = (\ln x)/(\ln a)$는 밑이 a인 로그함수의 도함수를 유도하는 공식에 도움이 된다.

복습문제

1. **(지수 성질 적용)** 지수 성질을 사용하여 다음 식을 간단히 하여라.

(a) $(4^5)(4^2)$　　(b) $(7^3)^3$

(c) 2^{-4}　　(d) $\dfrac{9^8}{9^6}$

[2-4] (지수함수의 그래프 그리기) 다음 함수의 그래프를 그려라.

2. $f(x) = 9^{x/2}$　　**3.** $f(t) = \left(\frac{1}{6}\right)^t$

4. $f(x) = \left(\frac{1}{2}\right)^{-2x} - 4$

5. **(인구 증가)** 2005년에서 2014년까지 버지니아 주의 거주 인구 P(천 명)가 다음과 같은 지수함수로 모형화된다.

$$P(t) = 7195(1.0107)^t$$

여기서 t는 시간(연)으로서 $t = 5$는 2005년에 해당한다. 모형식을 사용하여 (a) 2016년과 (b) 2025년의 인구를 추정하여라. (자료: 미 인구조사국)

6. **(자산 가치)** 부동산의 일부를 55,000달러에 판매한다. 자산 가치는 12년마다 두 배가 된다고 한다. 구입 후 t년 후의 부동산 가치 V에 대한 모형식이 다음과 같다.

$$V(t) = 55{,}000(2)^{t/12}$$

모형식을 사용하여 (a) 4년 후, (b) 25년 후의 자산 가치를 근사하여라.

7. **(지수의 성질 적용)** 지수의 성질을 사용하여 다음 식을 간단히 하여라.

(a) $(e^7)^3$　　(b) $\dfrac{e^3}{e^5}$

(c) $(e^3)(e^{5/3})$　　(d) $(e^2)^{-4}$

[8-9] (자연 지수함수의 그래프 그리기) 다음 함수의 그래프를 그려라.

8. $f(x) = e^{-x} + 1$　　**9.** $f(x) = 1 - e^{x+3}$

[10-11] (계좌 잔고 구하기) P달러를 연 이자율 r로 t년 동안 연간 n번 복리로 투자할 때 잔고 A를 결정하는 다음 표를 완성하여라.

n	1	2	4	12	365	연속 복리
A						

10. P = 1000달러, r = 4 %, t = 5년

11. P = 3000달러, r = 3.5 %, t = 10년

12. **(계좌 잔고 비교)** 2000달러를 어떤 계좌에 예치한다. (a)와 (b) 중 어느 계좌가 10년 후 잔고가 더 많은가?

(a) 5 %, 연속 복리　　(b) 6 %, 분기 복리

13. **(유효이자율)** 연 4 %의 명목이자율에 대해 다음 각 복리에 해당하는 유효이자율을 구하여라. (a) 연 복리 (b) 반년 복리 (c) 분기 복리 (d) 월 복리

14. **(현재가치)** 이자율 7 %로 분기 복리가 적용될 때 3년 후 원리금이 12,000달러가 되려면 지금 얼마를 예금해야 하는가?

15. (수요) 어떤 제품의 수요함수가 다음과 같은 모형식이다.

$$p = 12{,}500 - \frac{10{,}000}{2 + e^{-0.001x}}$$

제품의 수요량이 (a) $x = 1000$단위, (b) $x = 2000$단위일 때 상품의 가격 p(달러)를 구하여라. (c) x가 무한히 증가할 때 가격의 극한을 구하여라.

16. (이익) 2004년에서 2013년 사이 익스프레스 스크립트사의 순이익 P(백만 달러)가 다음 표와 같다. (자료: 익스프레스 스크립트사)

연도	2004	2005	2006	2007	2008
이익	300.1	388.1	468.7	620.6	779.6
연도	2009	2010	2011	2012	2013
이익	826.5	1204.6	1275.8	1340.5	1898.2

자료에 의한 모형식은 $P = 147.8e^{0.196t}$이다. 여기서 t는 연도로서 $t = 4$는 2004년에 해당한다.

(a) 이 모형식은 자료와 얼마나 일치하는가?

(b) 자료의 선형 모형식을 구하여라. 선형 모형은 자료와 얼마나 일치하는가? 선형 모형, 지수 모형 중 어느 모형이 자료와 더 잘 일치하는가?

(c) 두 모형을 사용하여 2018년의 순이익을 예측하여라.

17. (생물학) 호수에 500마리의 물고기를 방류했는데 물고기 수 P는 로지스틱 성장 모형

$$P = \frac{10{,}000}{1 + 19e^{-t/5}}, \quad t \geq 0$$

에 따라 증가한다. 여기서 t는 시간(월)이다.

(a) 4개월 후 호수의 물고기 수를 구하여라.

(b) 그래픽 도구를 사용하여 모형식의 그래프를 그려라. 호수의 물고기 수가 4000에 도달하는 데 소요되는 개월 수를 구하여라.

(c) t가 제한 없이 증가할 때 극한을 갖는가? 이유를 설명하여라.

[18-20] (지수함수의 도함수 구하기) 다음 함수의 도함수를 구하여라.

18. $y = 3e^{x6}$ **19.** $y = \dfrac{x}{e^{2x}}$

20. $y = \dfrac{5}{1 + e^{2x}}$

[21-22] (접선의 방정식 구하기) 주어진 점에서 다음 함수의 그래프의 접선의 방정식을 구하여라.

21. $y = e^{2-x}, \quad (2, 1)$

22. $y = x^3e^{-x}, \quad \left(3, \dfrac{27}{e^3}\right)$

[23-24] (그래프 분석) 다음 함수를 분석하고 그래프를 그려라. 상대극값, 변곡점, 점근선을 명시하여라.

23. $f(x) = x^3e^x$ **24.** $f(x) = \dfrac{1}{xe^x}$

[25-26] (로그와 지수 형태의 방정식) 로그 방정식을 지수 방정식으로, 반대로 지수 방정식을 로그 방정식으로 나타내어라.

25. $\ln 12 = 2.4849\ldots$

26. $e^{1.5} = 4.4816\ldots$

[27-28] (로그함수의 그래프 그리기) 다음 함수의 그래프를 그려라.

27. $y = \ln(4 - x)$ **28.** $y = \ln \dfrac{x}{3}$

[29-31] (로그 식의 전개) 로그 성질을 이용하여 다음 식을 로그의 합, 차, 곱 등으로 다시 써라. (모든 변수는 양으로 가정한다.)

29. $\ln\sqrt{x^2(x-1)}$ **30.** $\ln \dfrac{x^2}{(x+1)^3}$

31. $\ln\left(\dfrac{1-x}{5xz}\right)^3$

[32-33] (로그 식의 압축) 로그의 성질을 사용하여 다음 식을 하나의 로그 양으로 다시 써라. (모든 변수는 양으로 가정한다.)

32. $\ln(2x + 5) + \ln(x - 3)$

33. $4[\ln(x^3 - 1) + 2\ln x - \ln(x - 5)]$

[34-40] (지수 및 로그 방정식 풀기) 다음 방정식을 x에 대해 풀어라.

34. $e^{\ln x} = 12$ **35.** $\ln x = 3$

36. $e^{-1.386x} = 0.25$ **37.** $e^{2x-1} - 6 = 2$

38. $\ln 2x - \ln(3x - 1) = 5$

39. $\ln x + \ln(x - 3) = 0$

40. $100(1.21)^x = 110$

41. (복리) 400달러를 연 2.5 %의 금리로 예금할 때, 원리금이 두 배가 되는 데 걸리는 시간을 (a) 연 복리, (b) 월 복리, (c) 일 복리, (d) 연속 복리로 구하여라.

42. (학습 이론) 심리학 실험에 참가한 학생들이 시험을 치르는데, 매달 동등한 시험을 다시 실시한다고 한다. 평균 점수 S(100점 만점)는 $S = 75 - 6\ln(t + 1), 0 \leq t \leq 12$

로 학생들의 성적이 모형화된다고 한다.
여기서 t는 시간(월)이다.

(a) 원래 시험의 평균 점수는 얼마인가?

(b) 4개월 후 평균 점수는 얼마인가?

(c) 몇 개월 후 평균 점수가 60이 되는가?

[43-49] (로그함수의 도함수 구하기) 다음 함수의 도함수를 구하여라.

43. $f(x) = \ln 3x^2$ **44.** $y = \ln(x^2 - 2)^{2/3}$

45. $f(x) = \ln(x^3 - 5)$ **46.** $y = \dfrac{\ln x}{x^4}$

47. $y = \ln \dfrac{x^2}{x + 1}$ **48.** $f(x) = \ln\left(x^2\sqrt{x + 1}\right)$

49. $y = \ln \dfrac{e^x}{1 + e^x}$

[50-51] (로그 계산) 계산기 없이 다음 로그를 계산하여라.

50. $\log_6 36$ **51.** $\log_{10} 1$

[52-53] (로그 계산을 위한 밑의 변환) 밑 변환 공식과 계산기를 사용하여 다음 로그를 계산하여라.

52. $\log_5 13$ **53.** $\log_{16} 64$

[54-56] (다른 밑의 함수 미분하기) 다음 함수의 도함수를 구하여라.

54. $y = 5^{2x+1}$ **55.** $y = \log_3(2x - 1)$

56. $y = \log_{10} \dfrac{3}{x}$

[57-58] (상대극값 구하기) 다음 함수의 모든 상대극값을 구하여라. 그래픽 도구를 사용하여 결과를 확인하여라.

57. $y = 3\ln x - x$ **58.** $y = \ln(x^2 + 2x + 7)$

59. (음악) 2005년에서 2013년 사이 내려받기한 음악 앨범의 수 D(백만)는 다음과 같은 모형식이다.

$$D = -179.8 + 116.84 \ln t$$

여기서 t는 연도로서 $t = 5$는 2005년에 해당한다. 2010년과 2011년에 내려받기한 음악 앨범 수의 변화율을 구하여라. (자료: RIAA)

60. (지수 증가 및 감쇠의 모형화) 주어진 두 점 (0, 3), (4, 1)을 지나는 지수함수 $y = Ce^{kt}$를 구하여라.

[61-63] (방사능 감쇠 모형화) 각 방사능 동위원소에 대한 표를 완성하여라.

	동위원소	반감기 (연)	처음 양	100년 후의 양	10,000년 후의 양
61.	^{226}Ra	1599	8그램		
62.	^{14}C	5715			6그램
63.	^{239}Pu	24,100		2.4그램	

[64-65] (복리의 모형화) 연속 복리 계좌에 대한 다음 표를 완성하여라.

	초기 투자	연 이자율	원금의 두 배가 되는 시간	10년 후의 잔고	25년 후의 잔고
64.	600달러	8 %			
65.	15,000달러			18,321.04달러	

66. (의학) 주사 후 바로 환자의 혈류에서의 약의 농도 D(밀리그램/밀리리터)는 밀리리터당 500밀리그램이다. 6시간 후 혈류 속에는 밀리리터당 50밀리그램의 약이 있다고 한다.

(a) t시간 후 농도 D에 대한 지수 모형을 구하여라.

(b) 4시간 후 약의 농도는 얼마인가?

(c) (a)에서 구한 함수의 그래프를 그래픽 도구를 사용하여 그려라.

5 적분과 응용

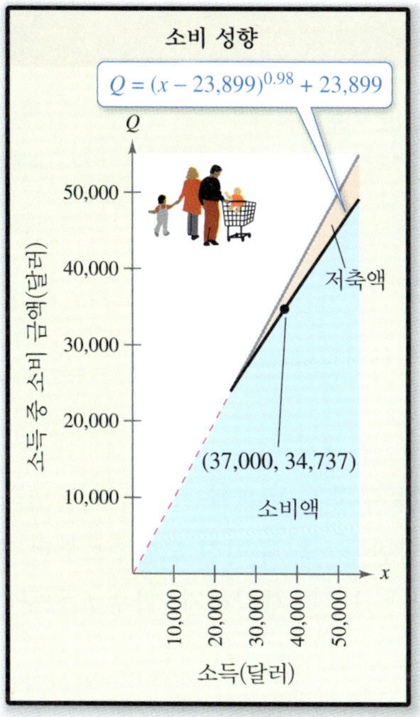

5장 2절의 예제 8은 한계 소비 성향을 분석하는 데 적분이 사용됨을 보여 주고 있다.

iStockphoto.com/pixdeluxe

5.1 역도함수와 부정적분

- 역도함수의 정의를 이해하고 역도함수에 대해 부정적분 기호 사용하기
- 기본 적분 규칙을 사용하여 역도함수 구하기
- 초기조건을 사용하여 부정적분의 특수해 구하기
- 역도함수를 사용하여 실생활 문제 풀기

역도함수

2장에서는 주로 '**주어진 함수의 도함수**'를 구하는 문제에 관심을 기울였다. 미적분학의 몇몇 중요한 응용은 역 문제를 포함한다. 즉 '**주어진 도함수로부터 원래 함수**'를 찾는 것이다. 예를 들어 도함수 $f'(x) = 3x^2$을 생각하자. 함수 f를 구하기 위해 다음을 마주하게 된다.

$$\frac{d}{dx}[x^3] = 3x^2 \text{ 이므로 } f(x) = x^3$$

도함수로부터 원래 함수를 구하는 연산은 미분의 역 연산이다. 이것을 **역도함수**라고 한다.

> **역도함수의 정의**
>
> f의 정의역에 있는 모든 x에 대해 $F'(x) = f(x)$일 때, 함수 F는 f의 **역도함수**(antidifferentiation)이다.

만약 $F(x)$가 $f(x)$의 역도함수이면 $F(x) + C$(여기서 C는 상수) 또한 $f(x)$의 역도함수이다. 예를 들면

$$F(x) = x^3, \quad G(x) = x^3 - 5, \quad H(x) = x^3 + 0.3$$

은 모두 $3x^2$의 역도함수이다. 왜냐하면 각각의 도함수는 $3x^2$이기 때문이다. $3x^2$의 **모든** 역도함수는 $x^3 + C$ 형태임이 밝혀진다. 그러므로 역도함수 구하는 과정은 한 개의 함수를 결정하지 않는다. 대신 함수족이다. 단지 각각이 상수만큼 다르다.

> **학습 팁**
>
> 이 교재에서는 '$F(x)$는 $f(x)$의 역도함수이다'는 'F는 f의 역도함수이다'와 동의어로 쓴다.

역도함수를 구하는 과정을 **적분**(integration)이라고 하고 다음과 같이 나타낸다.

$$\int \qquad \text{적분 기호}$$

이것은 **적분 기호**(integral sign)이다. 부호

$$\int f(x)\,dx \qquad \text{부정적분}$$

는 $f(x)$의 **부정적분**(indefinite integral)이고, $f(x)$의 모든 역도함수족을 나타낸다. 즉 모든 x에 대해 $F'(x) = f(x)$이면

$$\int f(x)\,dx = F(x) + C$$

(적분 기호: $\int$, 미분: dx, 피적분 함수: $f(x)$, 역도함수: $F(x) + C$)

로 쓸 수 있고 $f(x)$는 **피적분 함수**(integrand), C는 **적분 상수**(constant of integration)이다. 부정적분에서의 미분 dx는 적분 변수를 의미한다. 즉 기호 $\int f(x)\,dx$는 마치 기호 dy/dx가 '**x에 관한 y의 미분**'을 나타내는 것처럼 '**x에 관한 f의 역도함수**'를 나타낸다.

역도함수 구하기

적분과 미분의 연산 사이의 역 관계는 다음과 같은 기호로 쓸 수 있다.

$$\frac{d}{dx}\left[\int f(x)\,dx\right] = f(x)$$ 미분은 적분의 역이다

$$\int f'(x)\,dx = f(x) + C$$ 적분은 미분의 역이다

적분과 미분 사이의 역 관계는 바로 미분 공식에서 적분 공식을 얻게 한다. 다음 적분 공식의 요약표는 이미 학습한 미분 공식에 대응한다.

기본 적분 규칙

1. $\int k\,dx = kx + C$, k는 상수 — 상수 규칙
2. $\int kf(x)\,dx = k\int f(x)\,dx$ — 상수곱 규칙
3. $\int [f(x) + g(x)]\,dx = \int f(x)\,dx + \int g(x)\,dx$ — 합 규칙
4. $\int [f(x) - g(x)]\,dx = \int f(x)\,dx - \int g(x)\,dx$ — 차 규칙
5. $\int x^n\,dx = \dfrac{x^{n+1}}{n+1} + C, \quad n \neq -1$ — 단순 거듭제곱 규칙

학습 팁

적분의 일반적인 거듭제곱 규칙은 5.2절에서 학습할 것이며, 지수 및 로그 규칙은 5.3절에서 학습한다.

단순 거듭제곱 규칙에서 n은 -1이 되어서는 안 된다. 그러므로 적분

$$\int \frac{1}{x}\,dx$$

를 계산하기 위해서는 단순 거듭제곱 규칙을 **쓸 수 없다**. 이 적분을 계산하기 위해서는 5장 3절에서 언급하는 로그 규칙이 필요하다.

> **학습 팁**
>
> 예제 1(b)에서 적분 $\int 1\,dx$는 간단히 $\int dx$로 줄여 쓴다.

예제 1 부정적분 구하기

다음 부정적분을 구하여라.

a. $\int \frac{1}{2}\,dx$ **b.** $\int 1\,dx$ **c.** $\int -5\,dt$

풀이

a. $\int \frac{1}{2}\,dx = \frac{1}{2}x + C$ **b.** $\int 1\,dx = x + C$ **c.** $\int -5\,dt = -5t + C$

✓ **점검문제 1** 다음 부정적분을 구하여라.

a. $\int 5\,dx$ **b.** $\int -1\,dr$ **c.** $\int 2\,dt$ ■

예제 2 부정적분 구하기

$$\int 3x\,dx = 3\int x\,dx \qquad \text{상수곱 규칙}$$

$$= 3\int x^1\,dx \qquad x\text{를 } x^1\text{으로 다시 쓴다}$$

$$= 3\left(\frac{x^2}{2}\right) + C \qquad n = 1\text{일 때의 간단한 거듭제곱 규칙}$$

$$= \frac{3}{2}x^2 + C \qquad \text{간단히 한다}$$

✓ **점검문제 2** $\int 5x\,dx$를 구하여라. ■

부정적분을 구할 때 기본적인 적분 규칙을 너무 엄격히 적용하면 적분 상수가 번거로워질 수 있다. 예를 들어 예제 2에서

$$\int 3x\,dx = 3\int x\,dx = 3\left(\frac{x^2}{2} + C\right) = \frac{3}{2}x^2 + 3C$$

로 쓸 수 있다. 그러나 C는 임의의 상수를 나타내므로 적분 상수로 $3C$로 쓰는 것은 불필요하다. 간단히 $\frac{3}{2}x^2 + C$로 쓸 수 있다.

예제 2에서 적분의 일반적인 형태는 미분과 비슷하다.

원래 적분:	⇨	다시 쓴다:	⇨	적분한다:	⇨	간단히 한다:
$\int 3x\,dx$		$3\int x^1\,dx$		$3\left(\frac{x^2}{2}\right) + C$		$\frac{3}{2}x^2 + C$

예제 3 적분하기 전 다시 쓰기

	원래 적분	다시 쓴다	적분한다	간단히 한다
a.	$\int \frac{1}{x^3}\,dx$	$\int x^{-3}\,dx$	$\frac{x^{-2}}{-2} + C$	$-\frac{1}{2x^2} + C$
b.	$\int \sqrt{x}\,dx$	$\int x^{1/2}\,dx$	$\frac{x^{3/2}}{3/2} + C$	$\frac{2}{3}x^{3/2} + C$

✔ **점검문제 3** 다음 부정적분을 구하여라.

a. $\int \frac{1}{x^2}\,dx$ **b.** $\int \sqrt[3]{x}\,dx$ ■

역도함수 문제의 답은 바로 미분하여 점검할 수 있음에 유의하여라. 예를 들어 예제 3(b)에서 $\frac{2}{3}x^{3/2} + C$는 올바른 역도함수이다. 즉 바로 미분하면

$$\frac{d}{dx}\left[\frac{2}{3}x^{3/2} + C\right] = \left(\frac{2}{3}\right)\left(\frac{3}{2}\right)x^{1/2} = \sqrt{x}$$

를 얻는다.

기본적인 5개의 적분 규칙으로 임의의 다항 함수를 적분할 수 있다. 다음 예제에서 보자.

예제 4 다항함수 적분

(a) $\int (x + 2)\,dx$ (b) $\int (3x^4 - 5x^2 + x)\,dx$를 구하여라.

풀이

a.
$$\int (x + 2)\,dx = \int x\,dx + \int 2\,dx \qquad \text{합의 규칙 적용}$$
$$= \frac{x^2}{2} + C_1 + 2x + C_2 \qquad \text{간단한 거듭제곱과 상수 규칙 적용}$$
$$= \frac{x^2}{2} + 2x + C \qquad C = C_1 + C_2$$

이 적분의 풀이에서 두 번째 줄은 보통 생략한다.

b.
$$\int (3x^4 - 5x^2 + x)\,dx = 3\left(\frac{x^5}{5}\right) - 5\left(\frac{x^3}{3}\right) + \frac{x^2}{2} + C$$
$$= \frac{3}{5}x^5 - \frac{5}{3}x^3 + \frac{1}{2}x^2 + C$$

✔ **점검문제 4**

(a) $\int (x + 4)\,dx$ (b) $\int (4x^3 - 5x + 2)\,dx$를 구하여라. ■

학습 팁

분수를 적분할 때 분자, 분모를 따로 적분해서는 안 된다. 예를 들어 예제 5에서

$$\int \frac{x-1}{\sqrt{x}}\,dx = \frac{2}{3}\sqrt{x}(x-3) + C$$

는

$$\frac{\int (x-1)\,dx}{\int \sqrt{x}\,dx} = \frac{\frac{1}{2}x^2 - x + C}{\frac{2}{3}x\sqrt{x} + C_2}$$

와 같지 않다.

예제 5 적분하기 전 다시 쓰기

$\int \frac{x-1}{\sqrt{x}}\,dx$를 구하여라.

풀이 피적분 함수의 분수를 차로 다시 쓴 뒤 시작한다. 그런 다음 각 항을 유리수 지수로 다시 쓴다.

$$\begin{aligned}
\int \frac{x-1}{\sqrt{x}}\,dx &= \int \left(\frac{x}{\sqrt{x}} - \frac{1}{\sqrt{x}}\right) dx && \text{차로 다시 쓴다} \\
&= \int (x^{1/2} - x^{-1/2})\,dx && \text{유리수 지수로 다시 쓴다} \\
&= \int x^{1/2}\,dx - \int x^{-1/2}\,dx && \text{차의 규칙을 적용한다} \\
&= \frac{x^{3/2}}{3/2} - \frac{x^{1/2}}{1/2} + C && \text{간단한 거듭제곱 규칙을 적용한다} \\
&= \frac{2}{3}x^{3/2} - 2x^{1/2} + C && \text{간단히 한다} \\
&= \frac{2}{3}\sqrt{x}(x-3) + C && \text{인수분해 한다}
\end{aligned}$$

✓ **점검문제 5** $\int \frac{x+2}{\sqrt{x}}\,dx$를 구하여라. ■

특수해

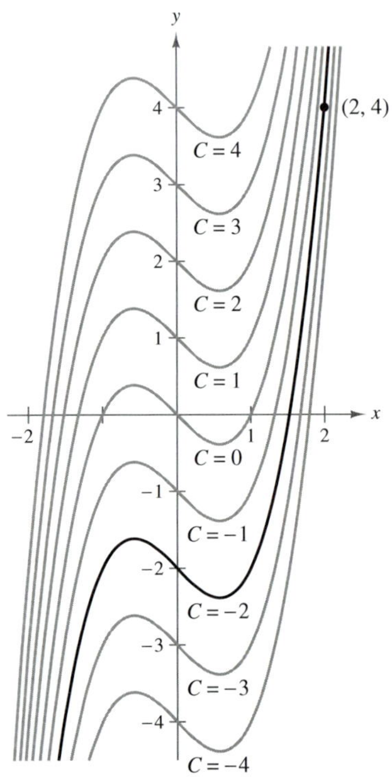

$F(x) = x^3 - x + C$

그림 5.1

여러분은 이미 방정식 $y = \int f(x)\,dx$가 많은 해를 가지고 있음을 알았다. 각각의 해는 상수만큼 서로 다르다. 이는 임의의 두 f의 역도함수는 y축을 따라 수직 이동한 것이다. 예를 들어 그림 5.1은 다음 형태의 많은 역도함수의 그래프이다.

$$y = F(x) = \int (3x^2 - 1)\,dx = x^3 - x + C$$

여기서 C는 여러 가지 정숫값이다. 이들 각각의 역도함수는 다음 **미분방정식**

$$\frac{dy}{dx} = 3x^2 - 1$$

의 해이다. x, y의 **미분방정식**(differential equation)은 x, y 그리고 y의 미분을 포함하는 방정식이다. $dy/dx = 3x^2 - 1$의 **일반해**(general solution)는 $F(x) = x^3 - x + C$이다.

많은 적분의 응용에서는 **특수해**(particular solution)를 정하는 충분한 정보가 주어질 것이다. 이 특수해를 구하기 위해서는 단 하나의 x값에 $y = F(x)$의 값을 알 필요가 있다. 이 정보를 **초기조건**(initial condition)이라 한다. 예를 들면 그림 5.1에서 오직 한 곡선만이 점 (2, 4)를 지난다. 이 곡선을 구하기 위해 다음 초기조건을 사용하자.

$$F(x) = x^3 - x + C \qquad \text{일반해}$$
$$F(2) = 4 \qquad \text{초기조건}$$

일반해에서 초기조건을 사용하면 $F(2) = 2^3 - 2 + C = 4$에서 $C = -2$임을 알 수 있고, 그러므로 특수해는

$$F(x) = x^3 - x - 2 \qquad \text{특수해}$$

이다.

예제 6 특수해 구하기

$$F'(x) = 2x - 2$$

의 일반해를 구하고 초기조건 $F(1) = 2$를 만족하는 특수해를 구하여라.

풀이 일반해를 구하기 위해 먼저 적분을 하면 다음과 같다.

$$\begin{aligned} F(x) &= \int (2x - 2)\,dx && F'(x)\text{를 적분하여 } F(x)\text{를 얻는다} \\ &= x^2 - 2x + C && \text{일반해} \end{aligned}$$

초기조건 $F(1) = 2$를 사용하여

$$F(1) = 1^2 - 2(1) + C = 2$$

로 쓸 수 있으므로 $C = 3$이다. 그러므로 특수해는

$$F(x) = x^2 - 2x + 3 \qquad \text{특수해}$$

이다. 이 해의 그래프는 그림 5.2에 있다. 각 회색 곡선은 방성식 $F'(x) = 2x - 2$의 해를 나타낸다. 그러나 검은 곡선은 점 (1, 2)를 지나는 유일한 곡선으로 이는 $F(x) = x^2 - 2x + 3$이 초기조건을 만족하는 유일한 해임을 의미한다.

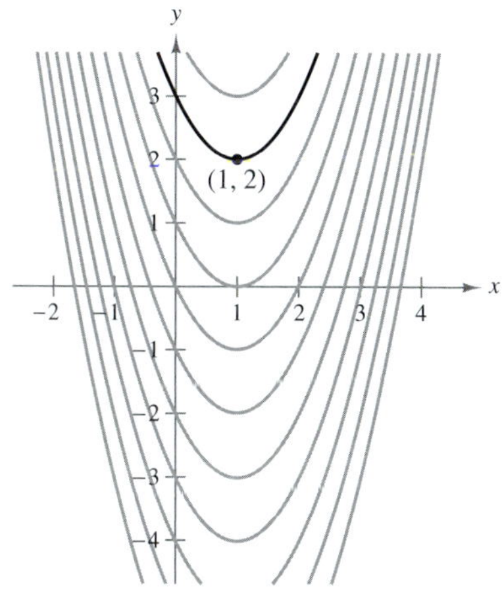

그림 5.2

✓ **점검문제 6** $F'(x) = 4x + 2$의 일반해를 구하고 초기조건 $F(1) = 8$을 만족하는 특수해를 구하여라. ■

응용

2장에서 낙하물에 대한 일반적인 위치함수

$$s(t) = -4.9t^2 + v_0 t + s_0$$

을 다루었다(공기 저항은 무시). 여기서 $s(t)$는 높이(미터)이고 t는 시간(초)이다. 다음 예제에서 이 함수를 **유도**하는 데 적분이 사용된다.

예제 7 위치함수 유도하기

초기 속도가 19.6미터/초, 초기 높이가 24.5미터로 공을 위로 던져 올렸다(그림 5.3). 시간 t(초)에 대한 함수로서 높이 s(미터)가 되는 위치함수를 유도하여라. 언제 공이 지

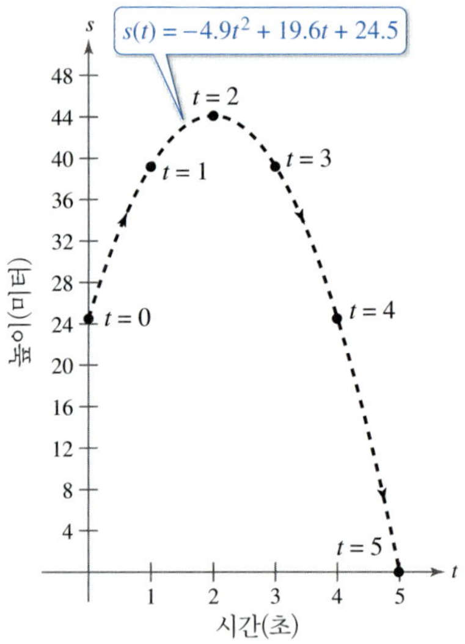

그림 5.3

상에 도달하는가?

풀이 $t = 0$이 초기 시간을 나타낸다고 하자. 주어진 두 조건은

$$s(0) = 24.5 \qquad \text{초기 높이는 24.5미터}$$
$$s'(0) = 19.6 \qquad \text{초기 속도는 19.6미터/초}$$

중력 가속도는 $-9.8\ m/s^2$이므로 다음과 같이 가속도 함수를 적분하여 속도함수를 구할 수 있다. 즉

$$s''(t) = -9.8 \qquad \text{가속도 함수}$$
$$s'(t) = \int -9.8\,dt \qquad s''(t)\text{를 적분하여 } s'(t)\text{를 얻는다}$$
$$= -9.8t + C_1 \qquad \text{속도함수}$$

이다. 초기 속도를 사용하면 $s'(0) = -9.8(0) + C_1 = 19.6$, 즉 $C_1 = 19.6$이다. 다음으로 속도함수를 적분하여 위치함수를 얻는다.

$$s'(t) = -9.8t + 19.6 \qquad \text{속도함수}$$
$$s(t) = \int (-9.8t + 19.6)\,dt \qquad s'(t)\text{를 적분하여 } s(t)\text{를 얻는다}$$
$$= -4.9t^2 + 19.6t + C_2 \qquad \text{위치함수}$$

초기 높이를 사용하면 $s(0) = -4.9(0)^2 + 19.6(0) + C_2 = 24.5$이다. 이로써 $C_2 = 24.5$가 된다. 그러므로 위치함수는 다음과 같다.

$$s(t) = -4.9t^2 + 19.6t + 24.5 \qquad \text{위치함수}$$

공이 지상에 부딪히는 시간을 구하려면, 위치함수를 0으로 두고, t에 대해 푼다.

$$-4.9t^2 + 19.6t + 24.5 = 0 \qquad s(t)\text{를 0으로 둔다}$$
$$-4.9(t+1)(t-5) = 0 \qquad \text{인수분해 한다}$$
$$t = -1, \quad t = 5 \qquad t\text{에 대해 푼다}$$

시간은 양이므로 공을 위로 던진 5초 후 공이 지상에 도달한다.

✓**점검문제 7** 초기 속도가 9.8 m/s, 초기 높이가 14.7 m로 공을 위로 던져 올렸다. 위치함수를 유도하여라. 언제 공이 지상에 도달하는가? 지상에 도달할 때의 속도는 얼마인가? ■

예제 8 **비용함수 구하기**

제품을 x단위 생산하는 한계비용의 모형식이 다음과 같다.

$$\frac{dC}{dx} = 32 - 0.04x \qquad \text{한계비용}$$

한 단위를 생산하는 비용은 50달러이다. 200단위를 생산하는 비용을 구하여라.

풀이

$$C = \int (32 - 0.04x)\,dx \qquad \frac{dC}{dx}\text{를 적분하여 } C\text{를 얻는다}$$
$$= 32x - 0.04\left(\frac{x^2}{2}\right) + K$$
$$= 32x - 0.02x^2 + K \qquad \text{비용 함수}$$

$x = 1$일 때 초기조건 $C = 50$을 사용하여 K를 구한다.

$$50 = 32(1) - 0.02(1)^2 + K \qquad C\text{에 50을 대입하고 } x\text{에 1을 대입한다}$$
$$18.02 = K \qquad K\text{에 대해 푼다}$$

그러므로 비용함수는

$$C = 32x - 0.02x^2 + 18.02 \qquad \text{비용함수}$$

로 주어진다. 그러므로 200단위를 생산하는 비용은 다음과 같다.

$$C = 32(200) - 0.02(200)^2 + 18.02$$
$$= 5618.02(\text{달러})$$

학습 팁

예제 8에서 적분상수로 C 대신 K를 사용했다. 이는 비용함수

$$C = 32x - 0.02x^2 + 18.02$$

와 상수 C 사이의 혼돈을 피하기 위함이다.

✓ **점검문제 8** 제품을 x단위 생산하는 한계비용의 모형식이 다음과 같다.

$$\frac{dC}{dx} = 28 - 0.02x$$

한 단위를 생산하는 비용은 40달러이다. 200단위를 생산하는 비용을 구하여라 ■

연습문제 5.1

[1-3] (적분과 미분) 우변의 미분이 좌변의 피적분 함수와 같음을 보여 다음 식을 증명하여라.

1. $\int 4x\,dx = 2x^2 + C$
2. $\int \left(-\frac{9}{x^4}\right) dx = \frac{3}{x^3} + C$
3. $\int \left(4x^3 - \frac{1}{x^2}\right) dx = x^4 + \frac{1}{x} + C$

[4-9] (부정적분 구하기) 다음 부정적분을 구하여라. 미분하여 결과를 점검하여라. (예제 1, 2 참조)

4. $\int du$
5. $\int 6\,dx$
6. $\int 7x\,dx$
7. $\int -9t^2\,dt$
8. $\int 5x^{-3}\,dx$
9. $\int y^{3/2}\,dy$

[10-12] (적분하기 전에 다시 쓰기) 부정적분을 구하여라. (예제 3 참조)

	원래 적분	다시 쓴다	적분한다	간단히 한다
10.	$\int \sqrt[3]{x^2}\,dx$			
11.	$\int \frac{1}{x\sqrt{x}}\,dx$			
12.	$\int \frac{1}{2x^3}\,dx$			

[13-18] (부정적분 구하기) 부정적분을 구하여라. 미분하여 결과를 점검하여라. (예제 4, 5 참조)

13. $\int (x + 3)\,dx$
14. $\int (x^5 - 8)\,dx$
15. $\int (x^2 + 5x + 1)\,dx$
16. $\int (3x^3 - 6x^2 + 2)\,dx$

17. $\int \frac{2x^3 - 1}{x^3}\,dx$ **18.** $\int \frac{5x + 4}{\sqrt[3]{x}}\,dx$

19. (적분 계산기로 적분하기) 적분 계산기를 사용하여 다음 부정적분을 구하여라.

$$\int (x + 1)(3x - 2)\,dx$$

[20-21] (그래프 설명) 함수의 도함수의 그래프가 주어져 있다. 주어진 미분을 갖는 함수의 그래프를 두 개 그려라(많은 답이 존재한다).

20.

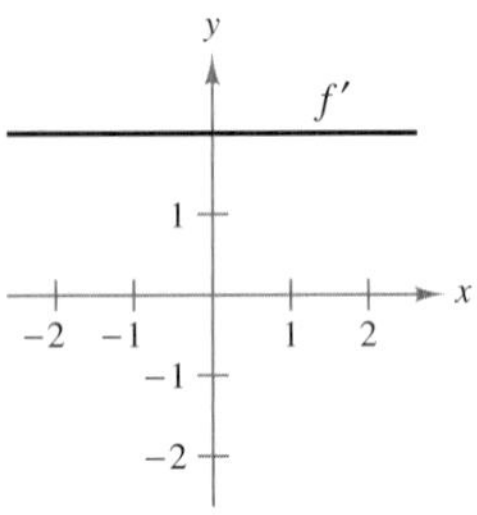

21.

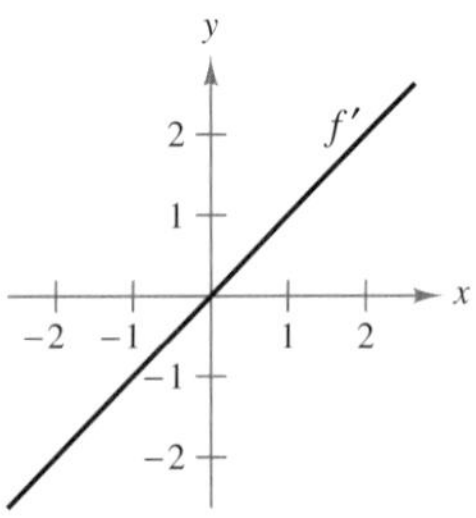

[22-25] (특수해 구하기) 다음 미분방정식과 주어진 초기조건을 만족하는 특수해를 구하여라. (예제 6 참조)

22. $f'(x) = 6x;\ f(0) = 8$

23. $f'(x) = 3x^2 + 4;\ f(-1) = -6$

24. $f'(x) = 20x^3 - 4x;\ f(1) = 3$

25. $f'(x) = \frac{2 - x}{x^3},\ x > 0;\ f(2) = \frac{3}{4}$

[26-27] (특수해 구하기) 다음 미분방정식과 초기조건을 만족하는 함수 f를 구하여라.

26. $f''(x) = 2,\ f'(2) = 5,\ f(2) = 10$

27. $f''(x) = x^{-2/3},\ f'(8) = 6,\ f(0) = 0$

[28-29] (비용함수 구하기) 다음의 주어진 한계비용과 고정비용에 대해 비용함수를 구하여라. (예제 8 참조)

	한계비용	고정비용($x = 0$)
28.	$\frac{dC}{dx} = 85$	5500(달러)
29.	$\frac{dC}{dx} = \frac{1}{20\sqrt{x}} + 4$	750(달러)

30. (수입과 수요) 주어진 한계수입에서 수입 및 수요함수를 구하여라($x = 0$일 때 $R = 0$인 사실을 사용하여라).

$$\frac{dR}{dx} = 225 - 3x$$

[31-32] (이익) 주어진 한계이익과 초기조건에 대해 이익함수를 구하여라.

	한계이익	초기조건
31.	$\frac{dP}{dx} = -18x + 1650$	$P(15) = 22{,}725$(달러)
32.	$\frac{dP}{dx} = -24x + 805$	$P(12) = 8000$(달러)

[33-34] (수직 운동) 중력 가속도(공기 저항 무시) $s''(t) = -9.8\ \mathrm{m/s^2}$를 사용하여라. (예제 7 참조)

33. 그랜드 캐니언은 가장 깊은 곳이 1837미터이다. 이 지점의 가장자리에서 바위가 떨어졌다. t(초)의 함수로 바위의 높이 s(미터)를 나타내어라. 바닥에 떨어질 때까지의 시간을 구하여라.

34. 어떤 물체를 바닥에서 수직으로 던져 올려 169미터 높이의 워싱턴 기념탑의 꼭대기에 도달하게 하려면 초기 속도를 얼마로 해야 하는가?

35. (비용) 어떤 회사가 제품을 생산하는 데 x단위 생산하는 한계비용은 $dC/dx = 2x - 12$, 고정비는 125달러로 모형화되어 있다고 한다.

(a) 총비용함수와 평균비용함수를 구하여라.

(b) 50단위를 생산하는 총비용을 구하여라.

(c) (b)에서 얼마의 총비용이 고정되어야 하는가? 얼마나 많이 변하는가? 제품 제작과 관련이 있는 고정비의 예를 들어라. 변동비의 예를 들어라.

36. (인구 증가) 1970년에서 2013년 사이 사우스캐롤라이나 주 호리 카운티의 인구 P의 증가율은 다음과 같은 모형식이다.

$$\frac{dP}{dt} = 145.52t + 2002.3$$

여기서 t는 연도로서 $t = 0$은 1970년에 해당한다. 2013년 이 카운티의 인구는 289,650명이었다.

(a) 호리 카운티의 인구에 대한 모형식을 구하여라.

(b) 모형식을 사용하여 2021년의 인구를 예측하여라. 답은 합리적인가? 이유를 설명하여라.

37. (인구동태 통계) 2008년에서 2014년 사이 미국에서 직업을 가진 기혼 부부의 수 M(백만)의 증가율은 다음과 같은 모형식이다.

$$\frac{dM}{dt} = 0.0918t^2 - 1.988t + 10.28$$

여기서 t는 연도로서 $t = 8$은 2008년에 해당한다. 2014

년도 직업을 가진 기혼 부부 수는 31.7백만 명이다.

(a) 직업을 가진 기혼 부부의 수에 대한 모형식을 구하여라.

(b) 2019년도에 직업을 가질 기혼 부부의 수를 모형식을 사용하여 예측하여라. 답은 합리적인가? 이유를 설명하여라.

38. (경제학: 한계이익과 한계비용) 다음 표는 어떤 회사에서 x 단위의 제품을 생산하는 한계이익과 한계비용을 보여주는 표이다.

(a) 각 표에 있는 점을 찍어 회귀 분석이 가능한 계산기를 사용하여 한계이익에 대해서는 선형 모형으로, 한계비용에 대해서는 이차식 모형으로 각각 x단위 생산하는 함수의 그래프를 그려라.

(b) 이익 B와 비용 C의 방정식을 적분을 이용하여 구하여라. $B(0) = 0$, $C(0) = 425$로 가정한다.

(c) 이익이 x단위 생산의 비용을 넘어서는 구간을 구하여라. 이 결과에 기초하여 회사는 얼마나 많은 단위를 생산해야 하는지 추천하여라.

단위 수	1	2	3	4	5
한계이익	330	320	290	270	250
한계비용	150	120	100	110	120

단위 수	6	7	8	9	10
한계이익	230	210	190	170	160
한계비용	140	160	190	250	320

5.2 치환 적분과 일반적인 거듭제곱 규칙

- 일반적인 거듭제곱 규칙을 사용하여 부정적분 구하기
- 치환을 사용하여 부정적분 구하기
- 일반적인 거듭제곱 규칙을 사용하여 실생활 문제 풀기

일반적인 거듭제곱 규칙

5.1절에서 다음과 같은 일반적인 거듭제곱 규칙을 사용했다.

$$\int x^n\,dx = \frac{x^{n+1}}{n+1} + C, \quad n \neq -1$$

이 공식은 x만의 거듭제곱으로 표현된 함수의 역도함수를 구한다. 이 절에서는 좀 더 복잡한 함수의 역도함수를 구하는 기법을 학습할 것이다.

다음 함수의 역도함수를 어떻게 구해야 하는지 먼저 생각하자.

$$2x(x^2+1)^3$$

도함수가 $2x(x^2+1)^3$인 함수를 구해야 하므로 다음과 같이 역도함수를 찾아야 한다.

$$\frac{d}{dx}[(x^2+1)^4] = 4(x^2+1)^3(2x) \qquad \text{연쇄 법칙 사용}$$

$$\frac{d}{dx}\left[\frac{(x^2+1)^4}{4}\right] = (x^2+1)^3(2x) \qquad \text{양변을 4로 나눈다}$$

$$\frac{(x^2+1)^4}{4} + C = \int 2x(x^2+1)^3\, dx \qquad \text{적분 형태로 쓴다}$$

이 해의 열쇠는 피적분 함수에 있는 인자 $2x$의 존재이다. 달리 말하면 이 풀이는 $2x$가 (x^2+1)의 도함수이므로 가능하다. $u = x^2 + 1$로 두면

$$\int \overbrace{(x^2+1)^3}^{u^3} \underbrace{2x\, dx}_{du} = \int u^3\, du = \frac{u^4}{4} + C$$

로 쓸 수 있다. 이것은 적분에 대한 **일반적인 거듭제곱 규칙**(general power rule)의 예이다.

적분에 대한 일반적인 거듭제곱 규칙

만약 u가 x의 미분가능 함수이면 다음이 성립한다.

$$\int u^n \frac{du}{dx}\, dx = \int u^n\, du = \frac{u^{n+1}}{n+1} + C, \quad n \neq -1$$

일반적인 거듭제곱 규칙을 사용할 때는 거듭제곱이 되는 피적분 함수의 인자 u를 먼저 확인해야 한다. 그런 다음 이의 도함수 du/dx가 또한 피적분 함수의 인자임을 보여야 한다. 이것은 예제 1에서 볼 수 있다.

예제 1 일반적인 거듭제곱 규칙의 적용

다음 부정적분을 구하여라.

a. $\int 3(3x-1)^4\, dx$ **b.** $\int (2x+1)(x^2+x)\, dx$

c. $\int 3x^2\sqrt{x^3-2}\, dx$ **d.** $\int \frac{-4x}{(1-2x^2)^2}\, dx$

풀이

a. $$\int 3(3x-1)^4\, dx = \int \overbrace{(3x-1)^4}^{u^n}\overbrace{(3)}^{\frac{du}{dx}}\, dx \qquad u = 3x-1\text{로 둔다}$$

$$= \frac{(3x-1)^5}{5} + C \qquad \text{일반적인 거듭제곱 규칙}$$

b. $$\int (2x+1)(x^2+x)\, dx = \int \overbrace{(x^2+x)}^{u^n}\overbrace{(2x+1)}^{\frac{du}{dx}}\, dx \qquad u = x^2+x\text{로 둔다}$$

$$= \frac{(x^2 + x)^2}{2} + C$$ 일반적인 거듭제곱 규칙

c. $$\int 3x^2\sqrt{x^3 - 2}\,dx = \int \overbrace{(x^3 - 2)^{1/2}}^{u^n}\overbrace{(3x^2)}^{\frac{du}{dx}}\,dx$$ $u = x^3 - 2$로 둔다

$$= \frac{(x^3 - 2)^{3/2}}{3/2} + C$$ 일반적인 거듭제곱 규칙

$$= \frac{2}{3}(x^3 - 2)^{3/2} + C$$ 간단히 한다

d. $$\int \frac{-4x}{(1 - 2x^2)^2}\,dx = \int \overbrace{(1 - 2x^2)^{-2}}^{u^n}\overbrace{(\quad 4x)}^{\frac{du}{dx}}\,dx$$ $u = 1 - 2x^2$으로 둔다

$$= \frac{(1 - 2x^2)^{-1}}{-1} + C$$ 일반적인 거듭제곱 규칙

$$= -\frac{1}{1 - 2x^2} + C$$ 간단히 한다

> **학습 팁**
>
> 예제 1(b)는 거듭제곱이 $n = 1$일 때, 일반적인 거듭제곱 규칙이 때때로 간과되는 경우를 보여 준다. 이때 규칙은 다음 모양이다.
>
> $$\int u\frac{du}{dx}\,dx = \frac{u^2}{2} + C$$

✓ **점검문제 1** 다음 부정적분을 구하여라.

a. $\int (3x^2 + 6)(x^3 + 6x)^2\,dx$ **b.** $\int 2x\sqrt{x^2 - 2}\,dx$ ■

부정적분의 결과는 그 함수를 미분하여 검증할 수 있음에 유념하자. 예를 들면 예제 1(a)의 답은 다음과 같이 검증할 수 있다.

$$\frac{d}{dx}\left[\frac{(3x - 1)^5}{5} + C\right] = \left(\frac{1}{5}\right)(5)(3x - 1)^4(3)$$ 연쇄 법칙을 적용한다

$$= 3(3x - 1)^4$$ 간단히 한다

많은 경우 미분 du/dx가 피적분 함수에 없다. 그리고 몇몇 경우에는 일반적인 거듭제곱 규칙을 적용하기 위해 적절히 변형해야 한다.

예제 2 상수 곱하기와 나누기

$\int x(3 - 4x^2)^2\,dx$를 구하여라.

풀이 $u = 3 - 4x^2$이라 두자. 일반적인 거듭제곱 규칙을 적용하기 위해 피적분 함수의 인자로 $du/dx = -8x$를 만들어야 한다. 이것은 상수 -8을 곱하고 나누어서 만들 수 있다.

$$\int x(3 - 4x^2)^2\,dx = \int\left(-\frac{1}{8}\right)\overbrace{(3 - 4x^2)^2}^{u^n}\overbrace{(-8x)}^{\frac{du}{dx}}\,dx$$ -8을 곱하고 나눈다

$$= -\frac{1}{8}\int (3 - 4x^2)^2(-8x)dx$$ $-\frac{1}{8}$을 피적분 함수에서 인수분해 한다

> **학습 팁**
>
> 연쇄 법칙을 사용하여 예제 2의 결과를 점검하자.
>
> $$-\tfrac{1}{24}(3 - 4x^2)^3 + C$$
>
> 를 미분하고 간단히 하면 원래의 피적분 함수를 얻는다.

$$= \left(-\frac{1}{8}\right)\left[\frac{(3-4x^2)^3}{3}\right] + C \qquad \text{일반적인 거듭제곱 규칙}$$

$$= -\frac{(3-4x^2)^3}{24} + C \qquad \text{간단히 한다}$$

✓ **점검문제 2** $\int x^3(3x^4+1)^2\,dx$를 구하여라. ■

예제 3 상수의 곱하기와 나누기

$\int (x^2+2x)^3(x+1)\,dx$를 구하여라.

풀이 $u = x^2 + 2x$라 두자. 일반적인 거듭제곱 규칙을 적용하기 위해 $du/dx = 2x + 2$를 피적분 함수의 인자로 만들어야 한다. 상수 2를 곱하고 나누어 이를 만들 수 있다.

$$\int (x^2+2x)^3(x+1)\,dx = \int \left(\frac{1}{2}\right)\overbrace{(x^2+2x)^3}^{u^n}\overbrace{(2)(x+1)}^{\frac{du}{dx}}\,dx \qquad \text{2를 곱하고 나눈다}$$

$$= \frac{1}{2}\int (x^2+2x)^3(2x+2)\,dx \qquad \text{피적분 함수를 다시 쓴다}$$

$$= \frac{1}{2}\left[\frac{(x^2+2x)^4}{4}\right] + C \qquad \text{일반적인 거듭제곱 규칙}$$

$$= \frac{1}{8}(x^2+2x)^4 + C \qquad \text{간단히 한다}$$

✓ **점검문제 3** $\int (x^3-3x)^2(x^2-1)\,dx$를 구하여라. ■

예제 4 일반적인 거듭제곱 규칙의 실패

$\int -8(3-4x^2)^2\,dx$를 구하여라.

풀이 $u = 3 - 4x^2$이라 두자. 일반적인 거듭제곱 규칙을 적용하기 위해서는 $du/dx = -8x$를 피적분 함수의 인자로 만들어야 한다. 예제 2와 예제 3에서는 상수를 곱하고 나누어 상수를 피적분 함수에서 뽑아내어 만들 수 있었다. 그러나 이 전략은 변수가 있을 때는 작동하지 않는다.

$$\int -8(3-4x^2)^2\,dx \neq \frac{1}{x}\int (3-4x^2)^2(-8x)\,dx$$

이 부정적분을 구하기 위해서는 피적분 함수를 전개하고 간단한 거듭제곱 규칙을 사용한다.

$$\int -8(3-4x^2)^2\,dx = \int (-72+192x^2-128x^4)\,dx$$

$$= -72x + 64x^3 - \frac{128}{5}x^5 + C$$

학습 팁

예제 4에서 변수 인자는 적분 기호 밖으로 꺼낼 수 없다. 결국 이것이 허용된다면 피적분 함수 전체를 적분 기호 밖으로 꺼낼 수 있게 되어 모든 적분 규칙이 다음을 제외하고 성립하지 않는다.

$$\int dx = x + C$$

✓ 점검문제 4 $\int 2(3x^4+1)^2\,dx$를 구하여라. ■

피적분 함수가 du/dx의 한 부분으로 필요하지 않은 상수를 포함할 때 다음 예제에서 보는 것처럼 적분 기호 밖으로 인수를 꺼낼 수 있다.

예제 5 **일반적인 거듭제곱 규칙 적용**

$\int 7x^2\sqrt{x^3+1}\,dx$를 구하여라.

풀이 $u = x^3 + 1$이라 두자. 그런 다음 상수 3을 곱하고 나누어서 $du/dx = 3x^2$을 만들어야 한다. 상수 7/3은 du/dx의 부분으로 필요하지 않으므로 적분 기호 밖으로 꺼낼 수 있다.

$$\begin{aligned}
\int 7x^2\sqrt{x^3+1}\,dx &= \int 7x^2(x^3+1)^{1/2}\,dx && \text{유리수 지수로 다시 쓴다} \\
&= \int \frac{7}{3}(x^3+1)^{1/2}(3x^2)\,dx && \text{3으로 곱하고 나눈다} \\
&= \frac{7}{3}\int (x^3+1)^{1/2}(3x^2)\,dx && \tfrac{7}{3}\text{을 적분 기호 밖으로 꺼낸다} \\
&= \frac{7}{3}\left[\frac{(x^3+1)^{3/2}}{3/2}\right] + C && \text{일반적인 거듭제곱 규칙} \\
&= \frac{14}{9}(x^3+1)^{3/2} + C && \text{간단히 한다}
\end{aligned}$$

✓ 점검문제 5 $\int 5x\sqrt{x^2-1}\,dx$를 구하여라. ■

치환

예제 1, 2, 3, 5에 있는 적분 기법은 피적분 함수의 모양을

$$u^n\,\frac{du}{dx}$$

로 만드는 기법에 따른다. 보다 복잡한 피적분 함수는 기본적인 적분 규칙에 맞추는 것이 어렵다. 이런 경우 또 다른 과정인 **치환**(substitution)이나 **변수변환**(change of variable)이 도움이 될 수 있다. 이 과정으로 피적분 함수를 u와 du의 항으로 완전히 다시 쓴다. 즉 $u = f(x)$이면 $du = f'(x)\,dx$이고 일반적인 거듭제곱 규칙은 다음 모양이다.

$$\int u^n\frac{du}{dx}\,dx = \int u^n\,du, \quad n \neq -1 \qquad \text{일반적인 거듭제곱 규칙}$$

예제 6 **치환에 의한 적분**

$\int \sqrt{1-3x}\,dx$ 를 구하여라.

풀이 $u = 1 - 3x$라 두고 시작한다. 그러면 $du/dx = -3$이고 $du = -3\,dx$이다. 그러므로

$$dx = -\frac{1}{3}\,du$$

이고 아래와 같이 부정적분을 구할 수 있다.

$$\begin{aligned}
\int \sqrt{1-3x}\,dx &= \int (1-3x)^{1/2}\,dx && \text{유리수 지수로 다시 쓴다} \\
&= \int u^{1/2}\left(-\frac{1}{3}\,du\right) && x\text{와 } dx \text{ 대신 치환한다} \\
&= -\frac{1}{3}\int u^{1/2}\,du && -\tfrac{1}{3}\text{을 적분 기호 밖으로 꺼낸다} \\
&= \left(-\frac{1}{3}\right)\left(\frac{u^{3/2}}{3/2}\right) + C && \text{거듭제곱 규칙을 적용한다} \\
&= -\frac{2}{9}u^{3/2} + C && \text{간단히 한다} \\
&= -\frac{2}{9}(1-3x)^{3/2} + C && u \text{ 대신 } 1-3x\text{로 바꾸어 넣는다}
\end{aligned}$$

이 결과는 미분하여 검증할 수 있다.

$$\begin{aligned}
\frac{d}{dx}\left[-\frac{2}{9}(1-3x)^{3/2} + C\right] &= \left(-\frac{2}{9}\right)\left(\frac{3}{2}\right)(1-3x)^{1/2}(-3) \\
&= \left(-\frac{1}{3}\right)(-3)(1-3x)^{1/2} \\
&= \sqrt{1-3x}
\end{aligned}$$

✔ **점검문제 6** 치환 방법으로 $\int \sqrt{1-2x}\,dx$를 구하여라. ■

치환에 의한 적분의 기본 단계가 다음 지침에 제시되어 있다.

치환에 의한 적분의 지침

1. u를 x의 함수라 한다(보통 피적분 함수의 한 부분).
2. 적분을 변수 u에 대한 적분으로 다시 쓴다.
3. u에 의한 식으로 적분을 한다.
4. x의 함수로 역도함수를 다시 쓴다.
5. 미분하여 결과를 확인한다.

예제 7 치환에 의한 적분

$\int x\sqrt{x^2-1}\,dx$를 구하여라.

풀이 치환 $u = x^2 - 1$을 생각하자. 이는

$$du = 2x\,dx$$

를 준다. $2x\,dx$를 적분의 한 부분으로 만들기 위해 2를 곱하고 나눈다.

$$\begin{aligned}
\int x\sqrt{x^2-1}\,dx &= \frac{1}{2}\int (x^2-1)^{1/2}\,2x\,dx && \text{2를 곱하고 나눈다}\\
&= \frac{1}{2}\int u^{1/2}\,du && x\text{와 } dx\text{를 치환한다}\\
&= \frac{1}{2}\left(\frac{u^{3/2}}{3/2}\right) + C && \text{거듭제곱 규칙을 적용한다}\\
&= \frac{1}{3}u^{3/2} + C && \text{간단히 한다}\\
&= \frac{1}{3}(x^2-1)^{3/2} + C && u\text{ 대신 치환한다}
\end{aligned}$$

이 결과는 미분하여 점검할 수 있다.

$$\begin{aligned}
\frac{d}{dx}\left[\frac{1}{3}(x^2-1)^{3/2} + C\right] &= \frac{1}{3}\left(\frac{3}{2}\right)(x^2-1)^{1/2}(2x)\\
&= \frac{1}{2}(2x)(x^2-1)^{1/2}\\
&= x\sqrt{x^2-1}
\end{aligned}$$

✔ **점검문제 7** 치환 방법으로 $\int x\sqrt{x^2+4}\,dx$를 구하여라. ■

적분을 효율적으로 하려면 이 절에서 학습한 두 가지 기법을 사용해야 한다. 간단한 적분을 하려면 형태를 인식하고 적당한 상수를 곱하고 나누어서 du/dx를 만들어야 한다. 좀 더 복잡한 적분인 경우에는 예제 6, 7에서 본대로 변수변환을 해야 한다. 이 절의 연습문제를 두 번 정도 풀어 보아야 한다. 한 번은 형태 인식으로 또 한 번은 치환 형식으로 풀어 보아야 한다.

확장 응용: 소비 성향

2013년 미국의 4인 가정의 빈곤수준은 약 23,900달러이다. 빈곤수준이나 그 이하인 가정은 소득의 100 %를 소비하는 경향이다. 즉 그들의 소득을 음식, 옷, 집 등의 생필품 구입에 모두 소비한다. 그러나 소득이 증가하면 평균 소비는 100 % 이하로 떨어지는 경향이 있다. 예를 들면 30,000달러를 버는 가정은 600달러 정도 저축하고 29,400달러만 소비한다. 즉 소득의 98 %를 지출한다. 소득이 증가하면 저축 대비 소비의 비율은 감소한다. 소득에 관한 소비의 변화율을 **한계 소비 성향**

(marginal propensity to consume)이라고 한다. (자료: 미 인구조사국)

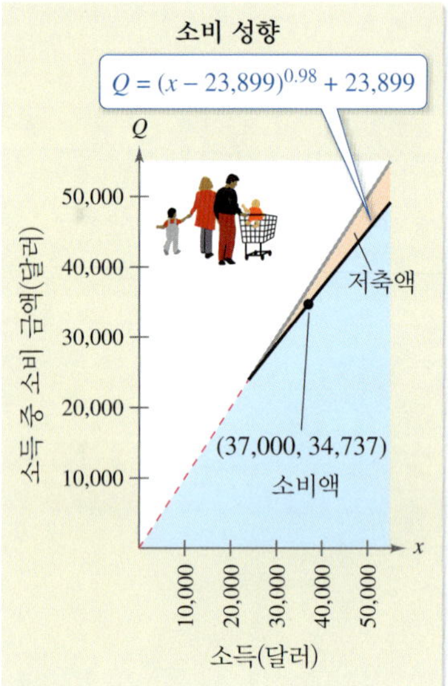

그림 5.4

예제 8 **소비 분석**

2013년 4인 가정의 소득 x(달러)의 한계 소비 성향은 다음 식으로 모형화된다고 한다.

$$\frac{dQ}{dx} = \frac{0.98}{(x - 23,899)^{0.02}}, \quad x \geq 23,900$$

여기서 Q는 소득에서 지출한 금액(달러)이다. 모형식을 사용하여, 2013년 소득이 37,000달러인 4인 가정이 소비한 액수를 추정하여라.

풀이 소비 Q에 대한 모형식을 구하기 위해 dQ/dx를 적분하여 시작한다.

$$Q = \int \frac{0.98}{(x - 23,899)^{0.02}}\,dx \qquad \frac{dQ}{dx}\text{를 적분하여 }Q\text{를 구한다}$$

$$= \int 0.98(x - 23,899)^{-0.02}\,dx \qquad \text{다시 쓴다}$$

$$= (x - 23,899)^{0.98} + C \qquad \text{일반적인 거듭제곱 규칙}$$

C를 구하기 위해 초기조건, 즉 $x = 23,900$일 때 $Q = 23,900$을 사용한다.

$$23,900 = (23,900 - 23,899)^{0.98} + C$$
$$23,900 = 1 + C$$
$$23,899 = C$$

그러므로 모형식은 $Q = (x - 23,899)^{0.98} + 23,899$이다. 이 모형식을 사용하면 소득이 $x = 37,000$달러인 4인 가정이 소비로 지출한 대략적인 금액은 다음과 같다.

$$Q = (37,000 - 23,899)^{0.98} + 23,899 \approx 34,737\text{(달러)}$$

Q의 그래프는 그림 5.4이다.

✓**점검문제 8** 예제 8의 모형에 따르면 4인 가정의 소득수준이 얼마일 때 32,000달러를 소비(지출)하는가? ■

연습문제 5.2

[1-4] (u와 du/dx 구하기) 적분 $\int u^n(du/dx)\,dx$에서 u와 du/dx를 확인하여라.

1. $\int (5x^2 + 1)^2(10x)\,dx$ **2.** $\int \sqrt{1 - x^2}(-2x)\,dx$

3. $\int \left(4 + \frac{1}{x^2}\right)^5\left(\frac{-2}{x^3}\right)dx$ **4.** $\int (1 + \sqrt{x})^3\left(\frac{1}{2\sqrt{x}}\right)dx$

[5-17] (일반적인 거듭제곱 규칙 적용) 다음 부정적분을 구하여라. 미분하여 결과를 확인하여라. (예제 1, 2, 3, 5 참조)

5. $\int (x - 1)^4\,dx$ **6.** $\int (7 - 2x)^2(-2)\,dx$

7. $\int (x^2 + 3x)(2x + 3)\,dx$ **8.** $\int \sqrt{4x^2 - 5}(8x)\,dx$

9. $\displaystyle\int \frac{6x}{(3x^2-5)^4}\,dx$ **10.** $\displaystyle\int x^2(2x^3-1)^4\,dx$

11. $\displaystyle\int t\sqrt{t^2+6}\,dt$ **12.** $\displaystyle\int \frac{x^4}{(3-2x^5)^3}\,dx$

13. $\displaystyle\int (x^2-6x)^4(x-3)\,dx$ **14.** $\displaystyle\int \frac{x^2+3}{(x^3+9x-4)^2}\,dx$

15. $\displaystyle\int 5x\sqrt[3]{1-x^2}\,dx$ **16.** $\displaystyle\int \frac{6x}{(1+x^2)^3}\,dx$

17. $\displaystyle\int \frac{-3}{\sqrt{2t+3}}\,dt$

[18-21] (치환 적분) 치환을 사용하여 다음 부정적분을 구하여라. 미분하여 결과를 확인하여라. (예제 6, 7 참조)

18. $\displaystyle\int \sqrt[3]{4x+3}\,dx$ **19.** $\displaystyle\int x(6x^2-7)^3\,dx$

20. $\displaystyle\int \frac{2}{\sqrt{7x-1}}\,dx$ **21.** $\displaystyle\int \frac{x^2+1}{\sqrt{x^3+3x+4}}\,dx$

[22-23] (방법 비교) (a) 적분을 두 가지 방법, 즉 간단한 거듭제곱 규칙과 일반적인 거듭제곱 규칙을 사용하여 수행하여라. (b) 결과의 차이를 설명하여라. (c) 어느 방법이 더 좋은가? 이유를 설명하여라.

22. $\displaystyle\int (x-1)^2\,dx$ **23.** $\displaystyle\int x(x^2+2)^2\,dx$

[24-25] (함수의 방정식 구하기) 도함수가 주어져 있고 그 함수의 그래프가 주어진 점을 지나는 함수 f를 구하여라.

24. $f'(x) = -3x^2(2-x^3)^4$; $(0, 7)$

25. $f'(x) = 2x(4x^2-10)^2$; $(2, 10)$

26. (비용) 상품의 한계비용이 다음과 같이 모형화되어 있다.

$$\frac{dC}{dx} = \frac{4}{\sqrt{x+1}}$$

여기서 x는 단위 수이다. $x = 15$일 때 $C = 50$이다.

(a) 비용함수를 구하여라.

(b) 50단위를 생산할 때의 비용을 구하여라.

27. (공급) 초기조건을 만족하는 공급함수 $x = f(p)$를 구하여라. 초기조건은 $p = 13$달러일 때 $x = 600$이다.

$$\frac{dx}{dp} = p\sqrt{p^2-25}$$

28. (수요) 초기조건을 만족하는 수요함수 $x = f(p)$를 구하여라. 초기조건은 $p = 5$달러일 때 $x = 15{,}000$이다.

$$\frac{dx}{dp} = -\frac{6000p}{(p^2-16)^{3/2}}$$

29. (원예) 상록수 묘목장에서 5년생 관목을 판매하고 있다. 15년 동안 성장률이 대략 다음 모형식이라고 하자.

$$\frac{dh}{dt} = \frac{108.12t}{\sqrt{108.12t^2+1}}$$

여기서 t는 시간(연)이고, h는 높이(센티미터)이다. 식목할 때($t = 0$)의 관목의 높이는 15센티미터이다.

(a) 관목의 높이 함수를 구하여라.

(b) 판매할 때의 관목의 높이는 얼마인가?

30. (한계 소비 성향) (a) 한계 소비 성향 dQ/dx를 사용하여 x의 함수로서 Q를 나타내어라. 여기서 x는 소득(달러)이고 Q는 소득 중 지출된 금액이다. 소득이 연 25,000달러이거나 그 이하인 가정은 그들 소득의 100 %를 소비한다고 가정한다. (b) (a)와 스프레드시트를 사용하여 다양한 소득 중 소비 금액과 저축 금액 $x - Q$를 나타내는 표를 완성하여라. (c) 그래픽 도구를 사용하여 소득 중 지출과 저축을 나타내는 그래프를 그려라. (예제 8 참조)

x	25,000	50,000	100,000	150,000
Q				
$x - Q$				

$$\frac{dQ}{dx} = \frac{0.95}{(x-24{,}999)^{0.05}},\quad x \geq 25{,}000$$

31. (적분 계산기로 적분하기) 적분 계산기를 사용하여 다음 부정적분을 구하여라. 미분하여 결과를 검증하여라. 다른 방법은 없는가?

$$\int \frac{1}{\sqrt{x}+\sqrt{x+1}}\,dx$$

5.3 지수 및 로그 적분

- 지수 규칙을 사용하여 부정적분 구하기
- 로그 규칙을 사용하여 부정적분 구하기

지수 규칙 사용

지수함수의 미분 규칙에 대응하는 적분 규칙이 있다.

지수함수의 적분

u는 x의 미분가능 함수라고 하자.

$$\int e^x\,dx = e^x + C \qquad \text{단순 지수 규칙}$$

$$\int e^u \frac{du}{dx}\,dx = \int e^u\,du = e^u + C \qquad \text{일반적인 지수 규칙}$$

예제 1 지수함수 적분하기

다음 부정적분을 구하여라.

a. $\int 2e^x\,dx$ **b.** $\int 2e^{2x}\,dx$ **c.** $\int (e^x + x)\,dx$

풀이

a. $\int 2e^x\,dx = 2\int e^x\,dx$ 상수배 규칙

$= 2e^x + C$ 단순 지수 규칙

b. $\int 2e^{2x}\,dx = \int e^{2x}(2)\,dx$ $u = 2x$라 두면 $\frac{du}{dx} = 2$

$= \int e^u \frac{du}{dx}\,dx$ u와 $\frac{du}{dx}$로 치환

$= e^u + C$ 일반적인 지수 규칙

$= e^{2x} + C$ u 대신 치환

c. $\int (e^x + x)\,dx = \int e^x\,dx + \int x\,dx$ 합 규칙

$= e^x + \frac{x^2}{2} + C$ 단순 지수 규칙과 거듭제곱 규칙

위의 각 결과는 미분하여 점검할 수 있다. 예를 들어 (a)의 경우는 다음과 같다.

$$\frac{d}{dx}[2e^x + C] = 2e^x$$

✔ 점검문제 1 다음 부정적분을 구하여라.

a. $\int 3e^x \, dx$ **b.** $\int 5e^{5x} \, dx$ **c.** $\int (e^x - x) \, dx$ ■

예제 2 지수함수 적분하기

$\int e^{3x+1} \, dx$를 구하여라.

풀이 $u = 3x + 1$이라 두자. 그러면 $du/dx = 3$이다. 피적분 함수에 없는 3을 넣기 위해 3을 곱한 뒤 다시 3을 나눈다.

$$\int e^{3x+1} \, dx = \frac{1}{3}\int e^{3x+1}(3) \, dx \qquad \text{3을 곱한 뒤 3을 나눈다}$$
$$= \frac{1}{3}\int e^u \frac{du}{dx} \, dx \qquad u\text{와 } \frac{du}{dx}\text{로 치환한다}$$
$$= \frac{1}{3}e^u + C \qquad \text{일반적인 지수 규칙}$$
$$= \frac{1}{3}e^{3x+1} + C \qquad u \text{ 대신 다시 치환한다}$$

✔ 점검문제 2 $\int e^{2x+3} \, dx$를 구하여라. ■

예제 3 지수함수 적분하기

$\int 5xe^{-x^2} \, dx$를 구하여라.

풀이 $u = -x^2$이라 두면 $du/dx = -2x$이다. 피적분 함수에 $-2x$의 인자를 만들기 위해 -2를 곱하고 다시 나눈다.

$$\int 5xe^{-x^2} \, dx = \int \left(-\frac{5}{2}\right)e^{-x^2}(-2x) \, dx \qquad -2\text{를 곱하고 다시 } -2\text{를 나눈다}$$
$$= -\frac{5}{2}\int e^{-x^2}(-2x) \, dx \qquad -\tfrac{5}{2}\text{를 피적분 함수에서 뽑아낸다}$$
$$= -\frac{5}{2}\int e^u \frac{du}{dx} \, dx \qquad u\text{와 } \frac{du}{dx}\text{로 치환한다}$$
$$= -\frac{5}{2}e^u + C \qquad \text{일반적인 지수 규칙}$$
$$= -\frac{5}{2}e^{-x^2} + C \qquad u \text{ 대신 치환한다}$$

✔ 점검문제 3 $\int 4xe^{x^2} \, dx$를 구하여라. ■

피적분 함수에 없는 변수를 넣을 수는 없음에 주의하여라. 예를 들어

$$\int e^{x^2}\,dx$$

에 $2x$를 곱하고 다시 $1/(2x)$을 피적분 함수 밖으로 빼낼 수는 없다.

$$\int e^{x^2}\,dx \neq \frac{1}{2x}\int e^{x^2}(2x)\,dx$$

로그 규칙 사용

5.1절과 5.2절에서 적분의 거듭제곱 규칙을 논할 때 $n = -1$인 거듭제곱의 경우는 논하지 않았다.

$$\int x^n\,dx = \frac{x^{n+1}}{n+1} + C, \quad n \neq -1$$ 단순 거듭제곱 규칙

$$\int u^n \frac{du}{dx}\,dx = \int u^n\,du = \frac{u^{n+1}}{n+1} + C, \quad n \neq -1$$ 일반적인 거듭제곱 규칙

적분의 로그 규칙으로 $\int x^{-1}\,dx$, $\int u^{-1}\,du$ 형태의 적분을 할 수 있다.

학습 팁

로그 규칙에서 절댓값에 유의하자. u와 x가 음이 될 수 없을 때는 절댓값 기호를 생략해도 된다. 예를 들면 예제 4(b)에서 역도함수를 $\ln|x^2| + C$로 쓸 필요가 없다. 왜냐하면 x^2은 음이 아니기 때문이다.

적분의 로그 규칙

u는 x의 미분가능 함수이다.

$$\int \frac{1}{x}\,dx = \ln|x| + C$$ 단순 로그 규칙

$$\int \frac{du/dx}{u}\,dx = \int \frac{1}{u}\,du = \ln|u| + C$$ 일반적인 로그 규칙

이들 두 규칙은 미분하면 증명할 수 있다. 예를 들면 단순 로그 규칙을 증명하기 위해 다음을 보자.

$$\frac{d}{dx}[\ln x] = \frac{1}{x} \quad \text{그리고} \quad \frac{d}{dx}[\ln(-x)] = \frac{-1}{-x} = \frac{1}{x}$$

예제 4 로그 규칙 사용하여 적분하기

다음 부정적분을 구하여라.

a. $\int \frac{4}{x}\,dx$ **b.** $\int \frac{2x}{x^2}\,dx$ **c.** $\int \frac{3}{3x+1}\,dx$

풀이

a. $\int \frac{4}{x}\,dx = 4\int \frac{1}{x}\,dx$ 상수곱 규칙

$= 4\ln|x| + C$ 단순 로그 규칙

b. $\displaystyle\int \frac{2x}{x^2}\,dx = \int \frac{du/dx}{u}\,dx$ $\qquad u = x^2$으로 두면 $\dfrac{du}{dx} = 2x$

$= \ln|u| + C$ $\qquad$ 일반적인 로그 규칙

$= \ln x^2 + C$ $\qquad u$ 대신 대입

c. $\displaystyle\int \frac{3}{3x+1}\,dx = \int \frac{du/dx}{u}\,dx$ $\qquad u = 3x+1$로 두면 $\dfrac{du}{dx} = 3$

$= \ln|u| + C$ $\qquad$ 일반적인 로그 규칙

$= \ln|3x+1| + C$ $\qquad u$ 대신 대입

✓ **점검문제 4** 다음 부정적분을 구하여라.

a. $\displaystyle\int \frac{2}{x}\,dx$ $\qquad$ **b.** $\displaystyle\int \frac{3x^2}{x^3}\,dx$ $\qquad$ **c.** $\displaystyle\int \frac{2}{2x+1}\,dx$ ■

예제 5 로그 규칙 사용하여 적분하기

$\displaystyle\int \frac{1}{2x-1}\,dx$를 구하여라.

풀이 $u = 2x - 1$로 두면 $du/dx = 2$이다. 피적분 함수에 필요한 인자 2를 곱하고 나누어서 만들 수 있다.

$\displaystyle\int \frac{1}{2x-1}\,dx = \frac{1}{2}\int \frac{2}{2x-1}\,dx$ $\qquad$ 2를 곱하고 다시 나눈다

$= \displaystyle\frac{1}{2}\int \frac{du/dx}{u}\,dx$ $\qquad u$와 $\dfrac{du}{dx}$로 치환한다

$= \dfrac{1}{2}\ln|u| + C$ $\qquad$ 일반적인 로그 규칙

$= \dfrac{1}{2}\ln|2x-1| + C$ $\qquad u$ 대신 다시 치환한다

✓ **점검문제 5** $\displaystyle\int \frac{1}{4x+1}\,dx$을 구하여라. ■

예제 6 로그 규칙 사용하여 적분하기

$\displaystyle\int \frac{6x}{x^2+1}\,dx$를 구하여라.

풀이 $u = x^2 + 1$로 두면 다음과 같다.

$$\frac{du}{dx} = 2x$$

피적분 함수에 필요한 $2x$는 피적분 함수에서 3을 적분 기호 밖으로 뽑아내면 만들 수 있다.

$\displaystyle\int \frac{6x}{x^2+1}\,dx = 3\int \frac{2x}{x^2+1}\,dx$ $\qquad$ 피적분 함수에서 3을 인수분해 한다

$$= 3\int \frac{du/dx}{u}\,dx \qquad u\text{와 } \frac{du}{dx}\text{로 치환한다}$$

$$= 3\ln|u| + C \qquad \text{일반적인 로그 규칙}$$

$$= 3\ln(x^2 + 1) + C \qquad u \text{ 대신 다시 치환한다}$$

✓ 점검문제 6 $\displaystyle\int \frac{3x}{x^2 + 4}\,dx$를 구하여라. ■

로그 규칙을 적용할 수 있는 적분은 가끔 감춰진 형태인 경우가 있다. 예를 들면 유리함수에서 분자의 차수가 분모보다 크거나 같은 경우에 긴 나눗셈을 하여 피적분 함수를 다시 써야 한다. 여기 한 예가 있다.

$$\int \frac{x^2 + 6x + 1}{x^2 + 1}\,dx = \int \left(1 + \frac{6x}{x^2 + 1}\right) dx$$
$$= x + 3\ln(x^2 + 1) + C$$

다음 예제는 피적분 함수를 다시 써서 역도함수 구하는 데 도움이 될 추가적인 사항을 요약한다.

예제 7 적분하기 전 다시 쓰기

다음 부정적분을 구하여라.

a. $\displaystyle\int \frac{3x^2 + 2x - 1}{x^2}\,dx$ **b.** $\displaystyle\int \frac{1}{1 + e^{-x}}\,dx$ **c.** $\displaystyle\int \frac{x^2 + x + 1}{x - 1}\,dx$

풀이

a. 피적분 함수를 세 분수의 합으로 다시 써서 시작한다.

$$\int \frac{3x^2 + 2x - 1}{x^2}\,dx = \int \left(\frac{3x^2}{x^2} + \frac{2x}{x^2} - \frac{1}{x^2}\right) dx$$
$$= \int \left(3 + \frac{2}{x} - \frac{1}{x^2}\right) dx$$
$$= 3x + 2\ln|x| + \frac{1}{x} + C$$

b. 피적분 함수에 e^x을 곱하고 다시 나누어 시작한다.

$$\int \frac{1}{1 + e^{-x}}\,dx = \int \left(\frac{e^x}{e^x}\right)\frac{1}{1 + e^{-x}}\,dx$$
$$= \int \frac{e^x}{e^x + 1}\,dx$$
$$= \ln(e^x + 1) + C$$

c. 분자를 분모로 나누어서 시작한다.

$$\int \frac{x^2 + x + 1}{x - 1}\,dx = \int \left(x + 2 + \frac{3}{x - 1}\right) dx$$

$$= \frac{x^2}{2} + 2x + 3\ln|x - 1| + C$$

✔ **점검문제 7** 다음 부정적분을 구하여라.

a. $\displaystyle\int \frac{4x^2 - 3x + 2}{x^2}\,dx$ **b.** $\displaystyle\int \frac{2}{e^{-x} + 1}\,dx$ **c.** $\displaystyle\int \frac{x^2 + 2x + 4}{x + 1}\,dx$ ■

연습문제 5.3

[1-6] (지수 함수 적분하기) 다음 부정적분을 구하여라. (예제 1, 2, 3 참조)

1. $\displaystyle\int 7e^{7x}\,dx$

2. $\displaystyle\int (-4e^x + x^2)\,dx$

3. $\displaystyle\int e^{5x-3}\,dx$

4. $\displaystyle\int 9xe^{-2x^2}\,dx$

5. $\displaystyle\int 5x^2e^{x^3}\,dx$

6. $\displaystyle\int (2x + 1)e^{x^2+x}\,dx$

[7-15] (로그 규칙을 사용하여 적분하기) 다음 부정적분을 구하여라. (예제 4, 5, 6 참조)

7. $\displaystyle\int \frac{4x^3}{x^4}\,dx$

8. $\displaystyle\int \frac{5}{5x + 2}\,dx$

9. $\displaystyle\int \frac{1}{3 - 2x}\,dx$

10. $\displaystyle\int \frac{2}{3x + 5}\,dx$

11. $\displaystyle\int \frac{x}{x^2 + 1}\,dx$

12. $\displaystyle\int \frac{x^2}{x^3 + 1}\,dx$

13. $\displaystyle\int \frac{x + 3}{x^2 + 6x + 7}\,dx$

14. $\displaystyle\int \frac{1}{x\ln x}\,dx$

15. $\displaystyle\int \frac{e^{-x}}{1 - e^{-x}}\,dx$

[16-23] (부정적분 구하기) 기본적인 적분 공식을 사용하여 다음 각 부정적분을 구하여라. 어떤 적분 공식을 사용했는지 언급하여라.

16. $\displaystyle\int \frac{x^3 - 8x}{2x^2}\,dx$

17. $\displaystyle\int \frac{8x^3 + 3x^2 + 6}{x^3}\,dx$

18. $\displaystyle\int \frac{e^{2x} + 2e^x + 1}{e^x}\,dx$

19. $\displaystyle\int e^x\sqrt{1 - e^x}\,dx$

20. $\displaystyle\int \frac{1 + e^{-x}}{1 + xe^{-x}}\,dx$

21. $\displaystyle\int \frac{5}{e^{-5x} + 7}\,dx$

22. $\displaystyle\int \frac{x^2 + 2x + 5}{x - 1}\,dx$

23. $\displaystyle\int \frac{x - 3}{x + 3}\,dx$

[24-25] (함수의 방정식 구하기) 주어진 도함수와 주어진 점을 지나는 그래프를 가진 함수 f의 방정식을 구하여라.

24. $f'(x) = \dfrac{1}{x^2}e^{2/x}$; $(4, 6)$

25. $f'(x) = \dfrac{x^2 + 4x + 3}{x - 1}$; $(2, 4)$

26. **(생물학)** 박테리아의 개체 수 P는 다음 비율로 번식한다.

$$\frac{dP}{dt} = \frac{3000}{1 + 0.25t}$$

여기서 t는 시간(일)이다. $t = 0$일 때 개체 수는 1000이다.

(a) 개체 수에 대한 모형식을 구하여라.

(b) 3일 후의 개체 수는 얼마인가?

(c) 며칠 후에 개체 수가 12,000이 되는가?

27. **(수요)** 어떤 상품에 대한 수요의 한계 가격은 다음과 같은 모형식이다.

$$\frac{dp}{dx} = 0.1e^{-x/500}$$

여기서 x는 수요량이다. 수요가 600단위일 때 가격 p는 30달러이다.

(a) 수요함수를 구하여라.

(b) 그래픽 도구를 사용하여 수요함수의 그래프를 그려라. 수요가 증가하면 가격이 증가하는가 감소하는가?

(c) 그래픽 도구의 줌 및 추적 기능을 사용하여 가격이 22달러일 때, 수요량을 구하여라.

28. **(수입)** 프라이스라인 그룹의 2004년에서 2013년 사이 수입의 변화율은 다음과 같이 모형화된다고 한다.

$$\frac{dR}{dt} = 0.07e^{0.2387t}$$

여기서 R은 수입(10억 달러)이고 t는 시간(연)으로 $t = 4$는 2004년에 해당한다. 2013년도 프라이스라인 그룹의 수입은 60억 8천만 달러였다. (자료: 프라이스라인 그룹)

(a) 프라이스라인 그룹의 수입에 대한 모형식을 구하여라.

(b) 2012년도의 프라이스라인 그룹의 수입을 구하여라.

29. (참, 거짓 판정) 다음 명제가 참인지 거짓인지 판정하여라. 거짓이면 그 이유를 설명하고 거짓임을 보여 주는 예를 보여라.

$$(\ln x)^{1/2} = \frac{1}{2}(\ln x)$$

5.4 면적과 미적분학의 기본 정리

- 면적과 정적분 사이의 관계 이해하기
- 미적분학의 기본 정리를 사용하여 정적분 계산하기
- 정적분을 사용하여 한계 분석 문제 풀기
- 닫힌구간에서 함수의 평균값 구하기
- 홀수, 짝수 함수의 성질을 사용하여 정적분 계산하기
- 연금액 구하기

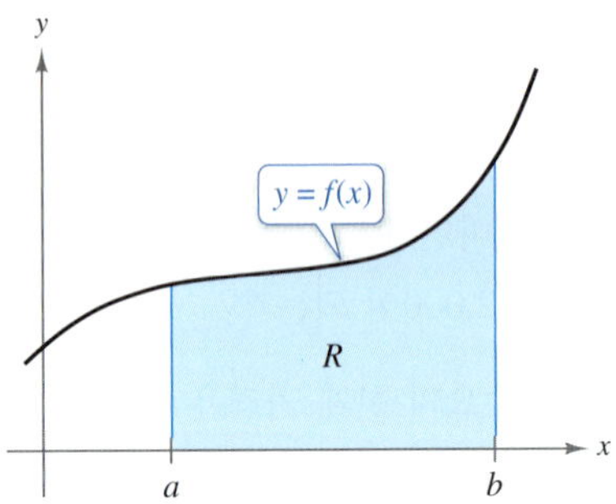

$\int_a^b f(x)\,dx =$ 면적

면적과 정적분

기하학에서 면적은 유계 영역의 크기를 정의하는 수이다. 사각형, 삼각형, 원 같은 간단한 영역의 경우 면적은 기하 공식을 사용하여 구할 수 있다.

이 절에서는 옆 그림에서 보여 주는 영역 R과 같은 일반적인 영역의 면적을 미적분학을 적용하여 구하는 방법을 학습할 것이다.

정적분의 정의

f가 닫힌구간 $[a, b]$에서 음이 아닌 연속함수라고 하자. f의 그래프, x축, $x = a$, $x = b$로 둘러싸인 영역의 면적은

$$\text{면적} = \int_a^b f(x)\,dx$$

으로 나타낸다. 식 $\int_a^b f(x)\,dx$는 a에서 b까지 **정적분**(definite integral)이며, 여기서 a는 **적분의 하한**(lower limit of integration), b는 **적분의 상한**(upper limit of integration)이다.

예제 1 기하 공식을 사용하여 정적분 계산하기

정적분

$$\int_0^2 2x\,dx$$

는 $f(x) = 2x$의 그래프, x축, 직선 $x = 2$로 둘러싸인 영역(그림 5.5)의 면적을 나타낸다. 이 영역은 높이 4단위, 밑변 2단위의 삼각형이다. 삼각형의 면적 공식에 의해 정적분은 다음과 같다.

$$\int_0^2 2x\,dx = \frac{1}{2}(\text{밑변})(\text{높이}) = \frac{1}{2}(2)(4) = 4$$

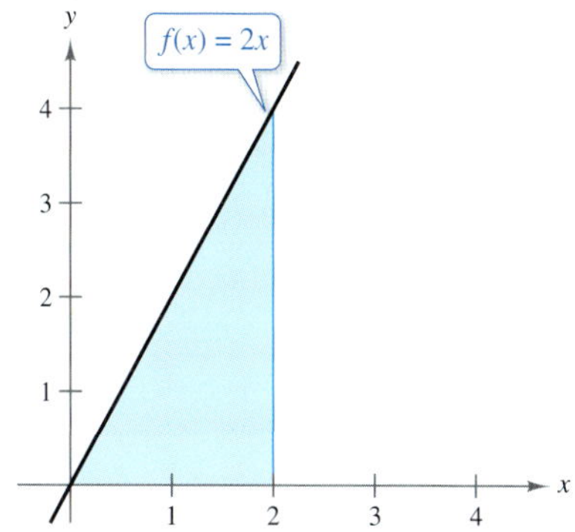

그림 5.5

✓ 점검문제 1 기하 공식을 사용하여 정적분을 계산하고 그래프를 그려라.

$$\int_0^3 4x\,dx$$

미적분학의 기본 정리

그림 5.6에 있는 영역의 면적을 나타내는 함수 A를 생각하자.

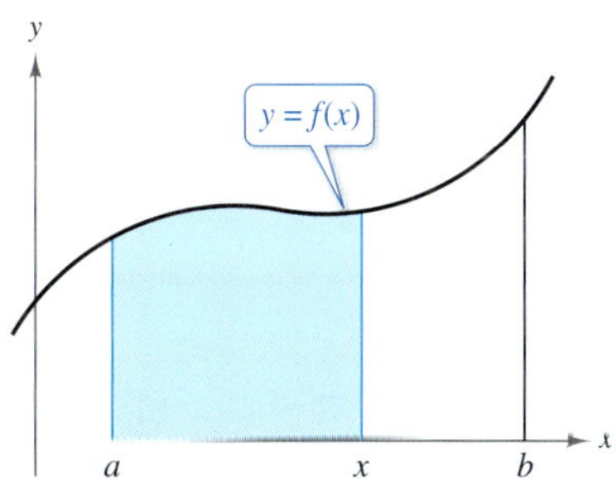

그림 5.6 $A(x) = a$에서 x까지의 면적

A와 f 사이의 관계를 찾기 위해 x가 양 Δx만큼 증가한다고 하자. 이는 면적을 ΔA만큼 증가하게 한다. 그리고 $f(m)$과 $f(M)$을 각각 구간 $[x, x + \Delta x]$에서 f의 최솟값과 최댓값을 나타낸다고 하자.

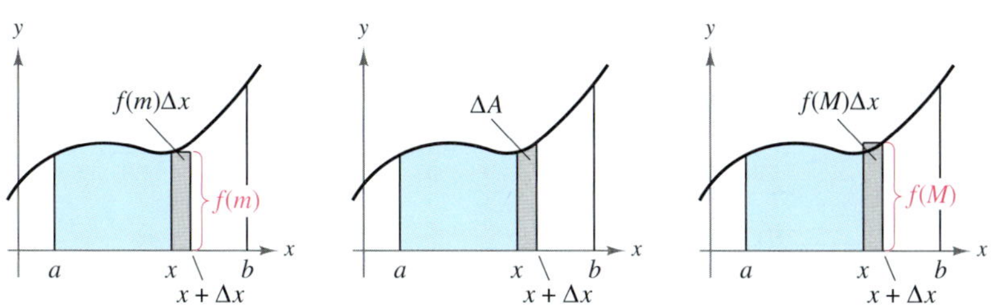

그림 5.7

그림 5.7에 나타나 있는 것처럼 다음 부등식을 쓸 수 있다.

$$f(m)\,\Delta x \le \Delta A \le f(M)\,\Delta x \qquad \text{그림 5.7 참조}$$

$$f(m) \le \frac{\Delta A}{\Delta x} \le f(M) \qquad \text{각 항을 } \Delta x\text{로 나눈다}$$

$$\lim_{\Delta x \to 0} f(m) \le \lim_{\Delta x \to 0} \frac{\Delta A}{\Delta x} \le \lim_{\Delta x \to 0} f(M) \qquad \text{각 항에 극한을 취한다}$$

$$f(x) \le \quad A'(x) \quad \le f(x) \qquad\qquad A(x)\text{의 미분의 정의}$$

그러므로 $f(x) = A'(x)$, 따라서 $A(x) = F(x) + C$이다. 여기서 $F'(x) = f(x)$이다. $A(a) = 0$이므로 $C = -F(a)$가 되고 따라서 $A(x) = F(x) - F(a)$이다. 이 식에서

$$A(b) = \int_a^b f(x)\, dx = F(b) - F(a)$$

이다. 이 방정식은 다음과 같이 말할 수 있다. 즉 "**만약 f의 역도함수를 구할 수 있다면**" 정적분 $\int_a^b f(x)\, dx$는 역도함수를 사용하여 계산할 수 있다. 이 결과를 **미적분학의 기본 정리**(fundamental theorem of calculus)라고 한다.

미적분학의 기본 정리

만약 f가 닫힌구간 $[a, b]$에서 음이 아닌 연속 함수이면

$$\int_a^b f(x)\, dx = F(b) - F(a)$$

이다. 여기서 F는 $[a, b]$에 있는 모든 x에 대해 $F'(x) = f(x)$인 임의의 함수이다.

미적분학의 기본 정리 사용 지침

1. 미적분학의 기본 정리는 정적분을 계산하는 한 방법이지 역도함수를 구하는 과정은 아니다.

2. 미적분학의 기본 정리를 적용할 때 다음 기호를 사용하면 도움이 된다.

$$\int_a^b f(x)\, dx = F(x)\Big]_a^b = F(b) - F(a)$$

예를 들면 $\int_1^3 x^3\, dx$를 계산하기 위해 다음과 같이 쓸 수 있다.

$$\begin{aligned}\int_1^3 x^3\, dx &= \frac{x^4}{4}\Big]_1^3\\ &= \frac{3^4}{4} - \frac{1^4}{4}\\ &= 20\end{aligned}$$

3. 적분 상수 C가 이용되지 않는 이유는 다음과 같다.

$$\begin{aligned}\int_a^b f(x)\, dx &= \Big[F(x) + C\Big]_a^b\\ &= [F(b) + C] - [F(a) + C]\\ &= F(b) - F(a) + C - C\\ &= F(b) - F(a)\end{aligned}$$

미적분학의 기본 정리를 전개할 때, f는 닫힌구간 $[a, b]$에서 음이 아닌 것으로

가정했다. 그러므로 정적분은 면적으로 정의되어 있다. 이제 기본 정리로 정적분의 정의를 닫힌구간 $[a, b]$의 전부 또는 일부에서 f가 음인 경우도 포함되도록 확장할 수 있다. 특히 f가 닫힌구간 $[a, b]$에서 연속인 임의의 함수이면, a에서 b까지의 $f(x)$의 **정적분**(definite integral)은

$$\int_a^b f(x)\,dx = F(b) - F(a)$$

로 정의된다. 여기서 F는 f의 역도함수이다. 이제부터 정적분은 면적을 나타낼 필요가 없으므로 음, 영, 양 어느 것도 될 수 있다.

정적분의 성질

f와 g가 닫힌구간 $[a, b]$에서 연속이라고 하자.

1. $\int_a^b kf(x)\,dx = k\int_a^b f(x)\,dx$, k는 상수

2. $\int_a^b [f(x) \pm g(x)]\,dx = \int_a^b f(x)\,dx \pm \int_a^b g(x)\,dx$

3. $\int_a^b f(x)\,dx = \int_a^c f(x)\,dx + \int_c^b f(x)\,dx, \quad a < c < b$

4. $\int_a^a f(x)\,dx = 0$

5. $\int_a^b f(x)\,dx = -\int_b^a f(x)\,dx$

학습 팁

부정적분과 정적분의 차이를 확실히 보아야 한다. 부정적분

$$\int f(x)\,dx$$

는 각각이 f의 역도함수인 함수족이고 정적분

$$\int_a^b f(x)\,dx$$

는 수이다.

예제 2 기본 정리로 면적 구하기

x축과 다음 그래프로 둘러싸인 영역의 면적을 구하여라.

$$f(x) = x^2 - 1, \quad 1 \le x \le 2$$

풀이 그림 5.8에서 보는 것처럼 구간 $1 \le x \le 2$에서 $f(x) \ge 0$이므로 영역의 면적을 정적분으로 나타낼 수 있다. 면적을 구하려면 미적분학의 기본 정리를 사용한다.

$$\begin{aligned}
\text{면적} &= \int_1^2 (x^2 - 1)\,dx && x = 1\text{에서 } x = 2\text{까지 적분한다} \\
&= \left[\frac{x^3}{3} - x\right]_1^2 && \text{역도함수를 구한다} \\
&= \left(\frac{2^3}{3} - 2\right) - \left(\frac{1^3}{3} - 1\right) && \text{기본 정리를 적용한다} \\
&= \frac{2}{3} - \left(-\frac{2}{3}\right) \\
&= \frac{4}{3} && \text{간단히 한다}
\end{aligned}$$

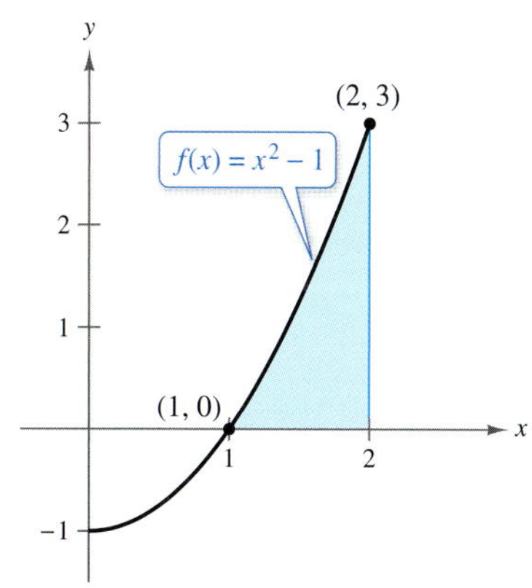

그림 5.8 면적 $= \int_1^2 (x^2 - 1)\,dx$

학습 팁

정적분을 계산할 때 부호에 오류를 범하기 쉽다. 이런 오류를 피하기 위해 역도함수를 적분의 상한과 하한은 다른 괄호로 묶는 것이 좋다(예제 2).

그러므로 영역의 면적은 $\frac{4}{3}$ 제곱 단위이다.

✓ **점검문제 2** x축과 다음 그래프로 둘러싸인 영역의 면적을 구하여라.

$$f(x) = x^2 + 1, \quad 2 \le x \le 3$$

■

예제 3 정적분 계산하기

다음 정적분을 계산하여라.

$$\int_0^1 (4t + 1)^2\, dt$$

그리고 적분으로 표시되는 영역을 그려라.

풀이

$$\begin{aligned}\int_0^1 (4t+1)^2\,dt &= \frac{1}{4}\int_0^1 (4t+1)^2(4)\,dt && \text{4를 곱하고 나눈다}\\ &= \frac{1}{4}\left[\frac{(4t+1)^3}{3}\right]_0^1 && \text{역도함수를 구한다}\\ &= \frac{1}{4}\left[\left(\frac{5^3}{3}\right) - \left(\frac{1}{3}\right)\right] && \text{기본 정리를 적용한다}\\ &= \frac{1}{4}\left(\frac{124}{3}\right)\\ &= \frac{31}{3} && \text{간단히 한다}\end{aligned}$$

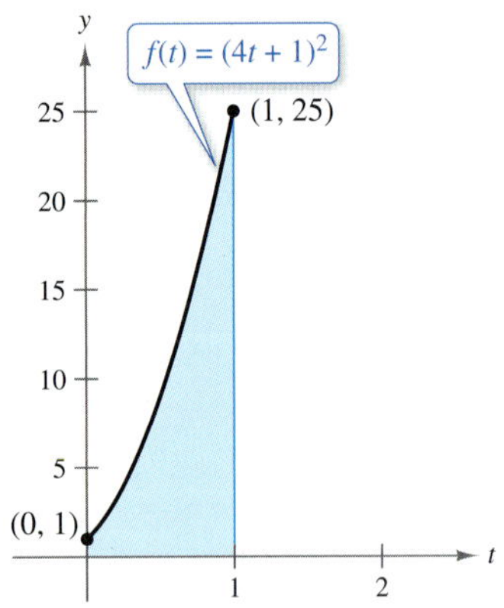

그림 5.9

영역은 그림 5.9에 나타내었다.

✓ **점검문제 3** $\int_0^1 (2t+3)^3\,dt$를 계산하여라. ■

예제 4 정적분 계산하기

다음 정적분을 계산하여라.

a. $\int_0^3 e^{2x}\,dx$ **b.** $\int_1^2 \frac{1}{x}\,dx$ **c.** $\int_1^4 -3\sqrt{x}\,dx$

풀이

a. $\int_0^3 e^{2x}\,dx = \frac{1}{2}e^{2x}\Big]_0^3 = \frac{1}{2}(e^6 - e^0) \approx 201.21$

b. $\int_1^2 \frac{1}{x}\,dx = \ln x\Big]_1^2 = \ln 2 - \ln 1 = \ln 2 \approx 0.69$

c.
$$\begin{aligned}\int_1^4 -3\sqrt{x}\,dx &= -3\int_1^4 x^{1/2}\,dx && \text{유리수 지수로 다시 쓴다}\\ &= -3\left[\frac{x^{3/2}}{3/2}\right]_1^4 && \text{역도함수를 구한다}\end{aligned}$$

학습 팁

예제 4(c)에서 정적분의 값은 음이 될 수 있음에 유의하여라.

$$= -2x^{3/2}\Big]_1^4$$

$$= -2(4^{3/2} - 1^{3/2}) \quad \text{기본 정리를 적용한다}$$

$$= -2(8 - 1)$$

$$= -14 \quad \text{간단히 한다}$$

✓ **점검문제 4** 다음 정적분을 계산하여라.

a. $\int_0^1 e^{4x}\,dx$ **b.** $\int_2^5 -\frac{1}{x}\,dx$ ■

예제 5 절댓값을 포함하는 정적분

$\int_0^2 |2x - 1|\,dx$를 계산하여라.

풀이 정적분으로 표시된 영역을 그림 5.10에 나타내었다. 절댓값의 정의에서

$$|2x - 1| = \begin{cases} -(2x - 1), & x < \frac{1}{2} \\ 2x - 1, & x \geq \frac{1}{2} \end{cases}$$

로 쓸 수 있다. 정적분의 성질 3을 사용하여 적분을 두 정적분으로 나누어 쓴다.

$$\int_0^2 |2x - 1|\,dx = \int_0^{1/2} -(2x - 1)\,dx + \int_{1/2}^2 (2x - 1)\,dx$$

$$= \Big[-x^2 + x\Big]_0^{1/2} + \Big[x^2 - x\Big]_{1/2}^2$$

$$= \left(-\frac{1}{4} + \frac{1}{2}\right) - (0 + 0) + (4 - 2) - \left(\frac{1}{4} - \frac{1}{2}\right)$$

$$= \frac{5}{2}$$

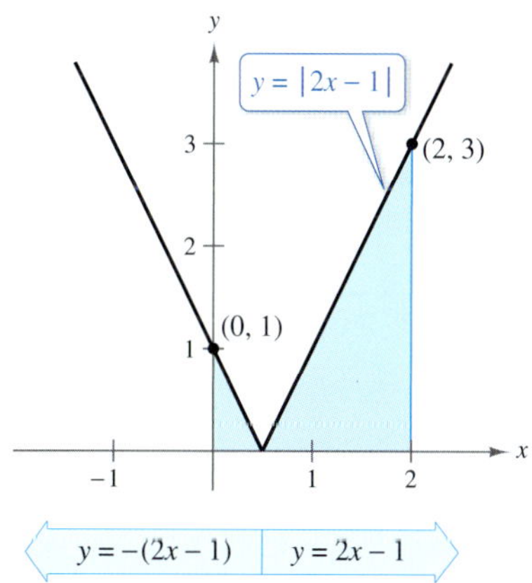

그림 5.10

✓ **점검문제 5** $\int_0^5 |x - 2|\,dx$를 계산하여라. ■

한계 분석

한계 분석은 이미 미분과 도함수 부분에서 학습했다(2.3절과 3.8절). 거기서 비용, 수입, 이익을 다루었고 추가 단위를 판매하여 얻어지는 추가 비용, 추가 수입, 추가 이익을 추정하기 위해 도함수를 사용했다. 이 절에서는 반대 과정을 다룰 것이다. 즉 한계비용, 한계수입, 한계이익이 주어졌을 때 하나 또는 다수의 단위를 추가로 판매하여 얻어지는 비용, 수입, 이익에 있어서의 증가나 감소를 정확히 구하기 위해 정적분을 이용할 것이다.

예를 들면 판매가 x_1단위에서 x_2단위로 증가하여 얻어지는 추가 수입을 구한다고 하자. 수입함수 R을 알 때, 추가 수입은 $R(x_2)$에서 $R(x_1)$을 빼서 구할 수 있다. R을 모를 때는 한계수입함수 dR/dx를 사용하여 정적분

$$\int_{x_1}^{x_2} \frac{dR}{dx}\,dx = R(x_2) - R(x_1)$$

에서 추가 수입을 구할 수 있다.

예제 6 한계 분석 사용하기

어떤 제품에 대한 한계이익이

$$\frac{dP}{dx} = -0.0005x + 12.2$$

로 모형화된다고 한다.

a. 판매가 100에서 101단위로 증가할 때 이익의 변화를 구하여라.

b. 판매가 100에서 110단위로 증가할 때 이익의 변화를 구하여라.

풀이

a. 판매를 100에서 101단위로 증가할 때 얻어지는 이익의 변화는 다음과 같다.

$$\begin{aligned}\int_{100}^{101} \frac{dP}{dx}\,dx &= \int_{100}^{101} (-0.0005x + 12.2)\,dx \\ &= \Big[-0.00025x^2 + 12.2x\Big]_{100}^{101} \\ &= 12.15(\text{달러})\end{aligned}$$

b. 판매를 100에서 110단위로 증가하여 얻어지는 이익의 변화는 다음과 같다.

$$\begin{aligned}\int_{100}^{110} \frac{dP}{dx}\,dx &= \int_{100}^{110} (-0.0005x + 12.2)\,dx \\ &= \Big[-0.00025x^2 + 12.2x\Big]_{100}^{110} \\ &= 121.48(\text{달러})\end{aligned}$$

✓ **점검문제 6** 어떤 제품에 대한 한계이익이

$$\frac{dP}{dx} = -0.0002x + 14.2$$

로 모형화된다고 한다.

a. 판매가 100에서 101단위로 증가할 때 이익의 변화를 구하여라.

b. 판매가 100에서 110단위로 증가할 때 이익의 변화를 구하여라. ■

평균값

닫힌구간에서 함수의 평균값을 다음과 같이 정의된다.

함수의 평균값 정의

f가 $[a, b]$에서 연속이면 $[a, b]$에서 f의 **평균값**(average value)은 다음과 같다.

$$[a, b]\text{에서 } f\text{의 평균값} = \frac{1}{b-a}\int_a^b f(x)\,dx$$

예제 7 평균 인구 구하기

1951년에서 2000년 사이 세계 인구 P(10억 명)는 다음의 모형식이다.

$$P = 0.0004t^2 + 0.053t + 2.49, \quad 1 \le t \le 50$$

여기서 t는 연도로서 $t = 1$은 1951년에 해당한다. 1951년에서 1975년 사이 세계의 평균 인구를 구하여라. (자료: 미 인구조사국)

풀이 1951년에서 1975년 사이 세계의 평균 인구를 구하려면 구간 $[1, 25]$에서 P를 적분한다.

$$\begin{aligned}\text{평균 인구} &= \frac{1}{25-1}\int_1^{25}(0.0004t^2 + 0.053t + 2.49)\,dt \\ &= \frac{1}{24}\left[\frac{0.0004t^3}{3} + \frac{0.053t^2}{2} + 2.49t\right]_1^{25} \\ &= \frac{1}{24}(78.3792) \\ &= 3.2658\ (10\text{억 명})\end{aligned}$$

그러므로 1951년에서 1975년 사이 세계의 평균 인구는 약 33억 명이다(그림 5.11).

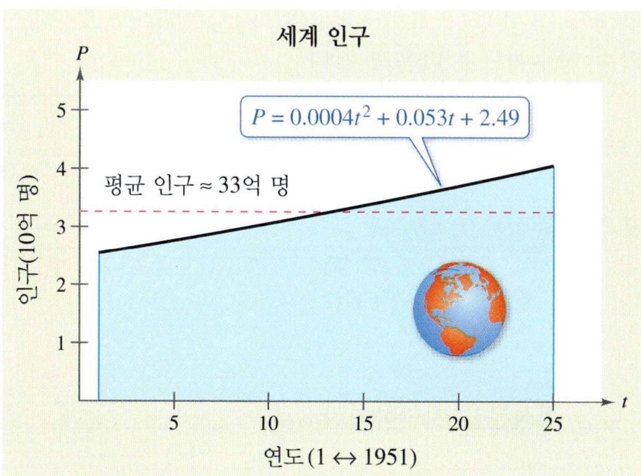

그림 5.11

기술 교습

아래 표를 보면 예제 7에서 구한 평균은 합리적이다. 인구는 매년 증가하고, 25년 동안 평균 인구는 32억 6740만 명이다.

	A	B
1	t	$P = 0.0004t^2 + 0.053t + 2.49$
2	1	2.5434
3	2	2.5976
4	3	2.6526
5	4	2.7084
6	5	2.765
7	6	2.8224
8	7	2.8806
9	8	2.9396
10	9	2.9994
11	10	3.06
12	11	3.1214
13	12	3.1836
14	13	3.2466
15	14	3.3104
16	15	3.375
17	16	3.4404
18	17	3.5066
19	18	3.5736
20	19	3.6414
21	20	3.71
22	21	3.7794
23	22	3.8496
24	23	3.9206
25	24	3.9924
26	25	4.065
27		
28	합계	81.685
29	평균	3.2674

✓ **점검문제 7** 예제 7의 모형을 사용하여 1976년에서 2000년 사이 세계의 평균 인구를 구하여라. 이 결과를 예제 7의 결과와 비교하여라. ■

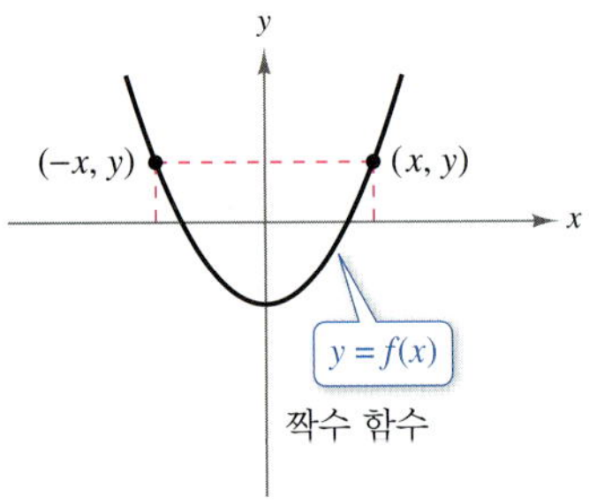

(a) y축 대칭

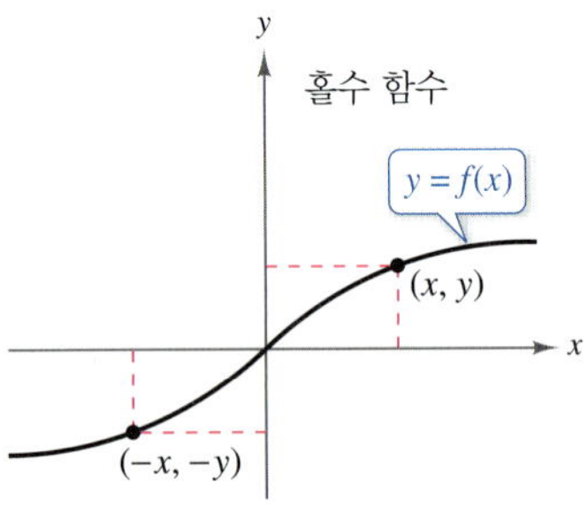

(b) 원점 대칭

그림 5.12

짝수 및 홀수 함수

몇몇 함수는 y축 또는 원점에 관하여 대칭이다(그림 5.12). 만약 f의 그래프가 y축에 대칭이면[그림 5.12(a)]

$$f(-x) = f(x) \qquad \text{짝수 함수}$$

이다. 이때 f는 **짝수 함수**(even function)라고 한다. 만약 f의 그래프가 원점에 대칭이면[그림 5.12(b)]

$$f(-x) = -f(x) \qquad \text{홀수 함수}$$

이다. 이때 f는 **홀수 함수**(odd function)라고 한다.

짝수 및 홀수 함수의 적분

1. f가 짝수 함수이면, $\displaystyle\int_{-a}^{a} f(x)\,dx = 2\int_{0}^{a} f(x)\,dx$

2. f가 홀수 함수이면, $\displaystyle\int_{-a}^{a} f(x)\,dx = 0$

예제 8 짝수 및 홀수 함수의 적분

다음 정적분을 계산하여라.

a. $\displaystyle\int_{-2}^{2} x^2\,dx$ **b.** $\displaystyle\int_{-2}^{2} x^3\,dx$

풀이

a. $f(x) = x^2$은 짝수 함수이므로 다음과 같다.

$$\int_{-2}^{2} x^2\,dx = 2\int_{0}^{2} x^2\,dx = 2\left[\frac{x^3}{3}\right]_0^2 = 2\left(\frac{8}{3} - 0\right) = \frac{16}{3}$$

b. $f(x) = x^3$은 홀수 함수이므로 다음과 같다.

$$\int_{-2}^{2} x^3\,dx = 0$$

✓ **점검문제 8** 다음 정적분을 계산하여라.

a. $\displaystyle\int_{-1}^{1} x^4\,dx$ **b.** $\displaystyle\int_{-1}^{1} x^5\,dx$ ■

연금

일정 기간 규칙적으로 지급되는 급여를 **연금**(annuity)이라고 한다. 몇몇 연금의 예는 봉급 형태의 장기저축, 주택 담보 모기지, 개인퇴직연금저축 등이다. **연금액**

(amount of an annuity)은 이자를 더한 지급액이다.

연금액

c를 연속적인 연 단위 수입함수라고 하자[t는 시간(연)이다]. r은 이자율(소수형)로 연속 복리로 계산한다고 하자. 그리고 T는 연금 기간(연)이라고 하면 **연금액** (amount of an annuity)은 다음과 같다.

$$\text{연금액} = e^{rT}\int_0^T c(t)e^{-rt}\,dt$$

예제 9 **연금액 구하기**

15년 동안 매년 2000달러를 연 이자율 5 %인 개인퇴직연금저축(IRA)에 예금한다고 하자. 15년 후 IRA의 잔고는 얼마인가?

풀이 저축에 대한 수입함수는

$$c(t) = 2000$$

이다. 그러므로 15년 후의 연금액은 다음과 같다.

$$\begin{aligned}\text{연금액} &= e^{rT}\int_0^T c(t)e^{-rt}\,dt\\ &= e^{(0.05)(15)}\int_0^{15} 2000e^{-0.05t}\,dt\\ &= 2000e^{0.75}\left[-\frac{e^{-0.05t}}{0.05}\right]_0^{15}\\ &= 44{,}680.00(\text{달러})\end{aligned}$$

✓ **점검문제 9** 매년 1000달러를 이자율 4 %인 연금저축에 예금한다고 하자. 10년 후 계좌의 잔고는 얼마인가? ■

연습문제 5.4

[1-3] (기하 공식을 사용하여 정적분 계산하기) 다음 정적분으로 표시되는 영역을 그려라. 그리고 기하 공식을 사용하여 정적분을 계산하여라. (예제 1 참조)

1. $\int_1^3 5\,dx$

2. $\int_0^4 x\,dx$

3. $\int_{-3}^3 \sqrt{9-x^2}\,dx$

4. (정적분의 성질 이용하기) $\int_0^5 f(x)dx = 6,\ \int_0^5 g(x)dx = 2$ 일 때 다음 정적분을 계산하여라.

(a) $\int_0^5 [f(x)+g(x)]\,dx$ (b) $\int_0^5 [f(x)-g(x)]\,dx$

(c) $\int_0^5 -4f(x)\,dx$ (d) $\int_0^5 [f(x)-3g(x)]\,dx$

[5-8] (기본 정리로 면적 구하기) 다음 영역의 면적을 구하여라. (예제 2 참조)

5. $y = x - x^2$

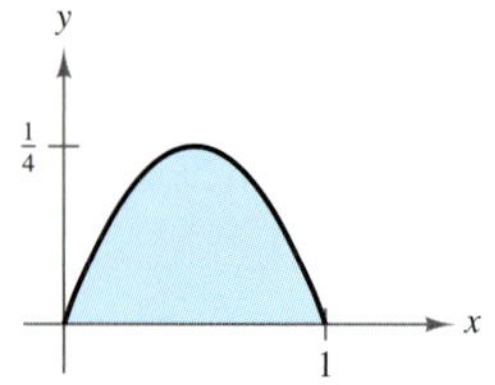

6. $y = \dfrac{1}{x^2}$

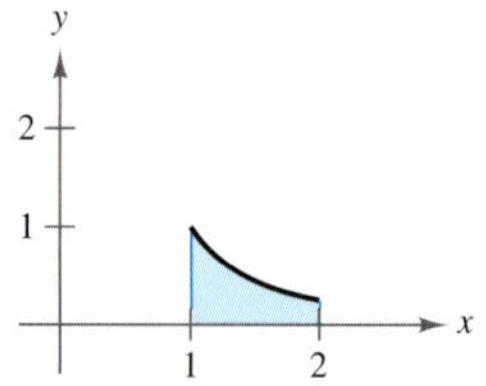

7. $y = 3e^{-x/2}$

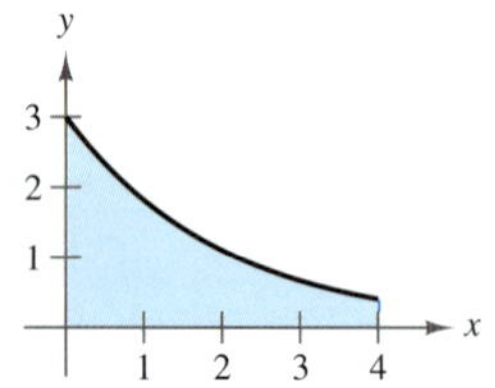

8. $y = \dfrac{x^2+4}{x}$

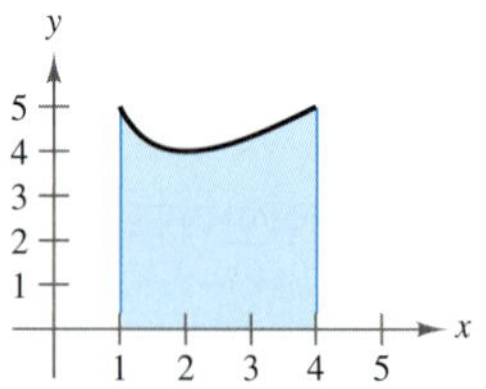

[9-19] (정적분 계산하기) 다음 정적분을 계산하여라. (예제 3, 4 참조)

9. $\displaystyle\int_0^2 5x\,dx$ **10.** $\displaystyle\int_{-1}^0 (x-2)\,dx$

11. $\displaystyle\int_{-1}^1 (4-3t)^2\,dt$ **12.** $\displaystyle\int_2^5 (x-4)^3\,dx$

13. $\displaystyle\int_{-1}^1 \left(\sqrt[3]{t}-2\right)dt$ **14.** $\displaystyle\int_{-1}^0 (t^{1/3}-t^{2/3})\,dt$

15. $\displaystyle\int_2^8 \frac{3}{x}\,dx$ **16.** $\displaystyle\int_0^4 \frac{1}{\sqrt{2x+1}}\,dx$

17. $\displaystyle\int_1^2 e^{1-x}\,dx$ **18.** $\displaystyle\int_0^1 e^{2x}\sqrt{e^{2x}+1}\,dx$

19. $\displaystyle\int_0^2 \frac{x}{1+4x^2}\,dx$

[20-21] (절댓값을 포함하는 정적분) 다음 정적분을 계산하여라. (예제 5 참조)

20. $\displaystyle\int_{-2}^1 |4x|\,dx$ **21.** $\displaystyle\int_2^8 |3x-9|\,dx$

[22-23] (영역의 면적 구하기) 방정식의 그래프로 둘러싸인 영역의 면적을 구하여라. 그래픽 도구로 결과를 확인하여라.

22. $y = 3x^2+1,\ y=0,\ x=0,\ x=2$

23. $y = \dfrac{4}{x},\ y=0,\ x=1,\ x=e$

[24-26] (한계 분석) 주어진 한계 함수에서 비용 C, 수입 R, 이익 P의 변화를 구하여라. 각 경우 단위 수 x는 특정된 x의 값에서 3만큼 증가한다고 가정한다. (예제 6 참조)

	한계 함수	단위 수
24.	$\dfrac{dC}{dx} = 2.25$	$x = 100$
25.	$\dfrac{dR}{dx} = 48 - 3x$	$x = 12$
26.	$\dfrac{dP}{dx} = \dfrac{400-x}{150}$	$x = 200$

[27-30] (함수의 평균값) 주어진 구간에서 함수의 평균값을 구하여라. 평균값과 같은 함숫값을 갖는 구간 내의 모든 x값을 구하여라.

27. $f(x) = 6x;\ [0, 3]$ **28.** $f(x) = 4 - x^2;\ [-2, 2]$

29. $f(x) = 2e^x;\ [-1, 1]$ **30.** $f(x) = \dfrac{3}{x+2};\ [1, 5]$

[31-32] (짝수 및 홀수 함수 적분하기) 짝수 및 홀수 함수의 성질을 이용하여 다음 정적분을 계산하여라. (예제 8 참조)

31. $\displaystyle\int_{-1}^1 3x^4\,dx$ **32.** $\displaystyle\int_{-1}^1 (2t^5-2t)\,dt$

33. (정적분의 성질 이용하기) 값 $\int_0^1 x^2\,dx = \frac{1}{3}$을 이용하여 다음 정적분을 계산하여라.

(a) $\displaystyle\int_{-1}^0 x^2\,dx$ (b) $\displaystyle\int_{-1}^1 x^2\,dx$ (c) $\displaystyle\int_0^1 -x^2\,dx$

[34-35] (연금액 구하기) 다음 주어진 수입함수 $c(t)$, 이자율 r, 기간 T로 연금액을 구하여라. (예제 9 참조)

34. $c(t) = 250$달러, $r = 8\ \%$, $T = 6$년

35. $c(t) = 1500$달러, $r = 2\ \%$, $T = 10$년

[36-37] (자산 축적) 투자율 dI/dt가 주어졌을 때 정적분을 계산하여 5년간의 자산 축적을 구하여라.

$$\text{자산 축적} = \int_0^5 \frac{dI}{dt}\,dt$$

여기서 t는 시간(연)이다.

36. $\dfrac{dI}{dt} = 500$ **37.** $\dfrac{dI}{dt} = 500\sqrt{t+1}$

38. (비용) 장비 한 세트를 구입하여 x해 동안 유지하는 총비용은 다음 모형식이다.

$$C = 5000\left(25 + 3\int_0^x t^{1/4}\,dt\right)$$

(a) 1년 후, (b) 5년 후, (c) 10년 후의 총비용을 구하여라.

39. (복리) 예금 계좌에 연 이자율 6 %, 연속 복리로 2250달

러를 예치했다. 첫 5년 동안 계좌의 평균 잔고를 구하여라.

40. (모기지 부채) 2000년에서 2013년 사이 미국의 1인에서 4인 가정의 모기지 대출 잔액의 변화율은 다음과 같은 모형식이다.

$$\frac{dM}{dt} = -1.079 + 2.5550t^{0.5} - 0.75428t + 0.0000061e^{t}$$

여기서 M은 모기지 대출 잔액(조 달러)이고 t는 연도로서 $t = 0$은 2000년에 해당한다. 2000년 미국의 모기지 대출 잔액은 5.1조 달러이다. (자료: 미연방준비제도 이사국)

(a) 대출에 대한 모형식을 t의 함수로 써라.

(b) 2000년에서 2013년 사이 모기지 평균 대출 잔액은 얼마인가?

5.5 두 그래프로 둘러싸인 영역의 면적

- 두 그래프로 둘러싸인 영역의 면적 구하기
- 소비자 잉여와 생산자 잉여 구하기
- 두 그래프로 둘러싸인 영역의 면적을 이용하여 실생활 문제 풀기

두 그래프로 둘러싸인 영역의 면적

어떤 그래프 아래의 면적을 구하는 것에서 약간 변경하여 두 그래프로 둘러싸인 영역의 면적을 구하는 것으로 정적분을 확장하여 사용할 수 있다. 이것이 어떻게 이루어지는지를 보기 위해 다음 그래프로 둘러싸인 영역을 생각해 보자(그림 5.13).

$f,\ g,\ x = a$ 그리고 $x = b$

그림 5.13은 f와 g가 x축 위에 있는 그래프를 그리고 있지만 이는 불필요하다. 그리고 피적분 함수

$[f(x) - g(x)]$

가 구간 $[a, b]$에서 연속이고 $g(x) \le f(x)$인 면적을 구할 수 있다.

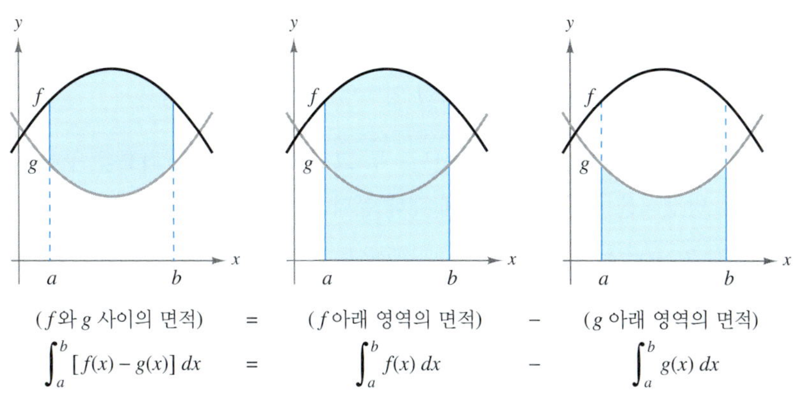

그림 5.13

두 그래프로 둘러싸인 영역의 면적

두 함수 f와 g가 구간 $[a, b]$에서 연속이고 $[a, b]$에 있는 모든 x에 대해 $g(x) \le f(x)$이면

$$f,\ g,\ x = a \quad \text{그리고} \quad x = b$$

의 그래프로 둘러싸인 영역의 면적은 다음과 같다(그림 5.14).

$$A = \int_a^b [f(x) - g(x)]\,dx$$

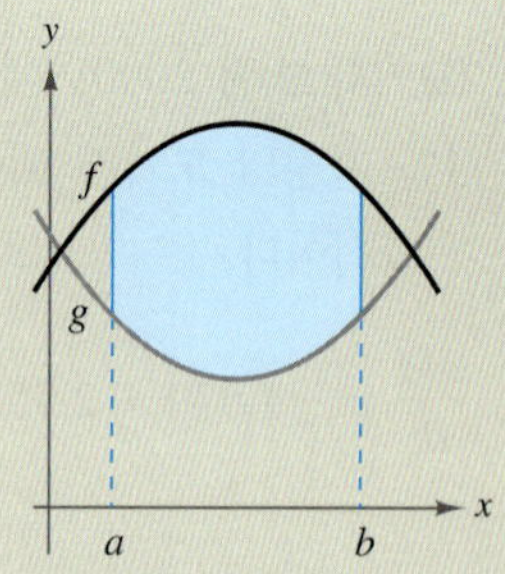

그림 5.14

예제 1 두 그래프로 둘러싸인 영역의 면적 구하기

$0 \le x \le 1$에서 두 그래프 $y = x^2 + 2$와 $y = x$로 둘러싸인 영역의 면적을 구하여라.

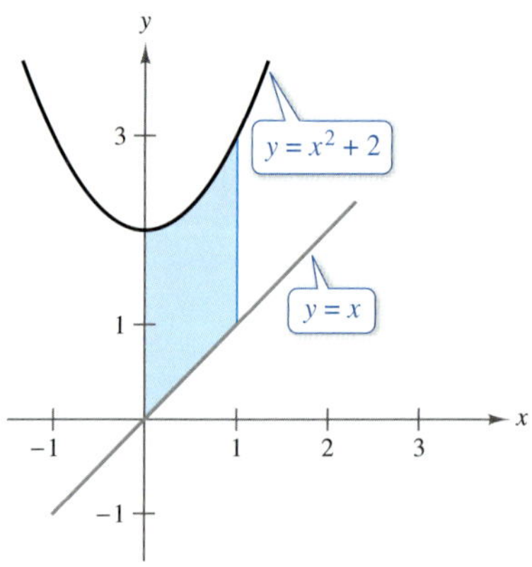

그림 5.15

풀이 그림 5.15에서 보는 것처럼 두 함수의 그래프를 그려서 시작하자. 그림에서 보면 [0, 1]에 있는 모든 x에 대해 $x \le x^2 + 2$임을 알 수 있다. 그러므로 $f(x) = x^2 + 2$, $g(x) = x$로 둘 수 있고 다음과 같이 면적을 구할 수 있다.

$$\begin{aligned}
\text{면적} &= \int_a^b [f(x) - g(x)]\,dx && f\text{와 } g \text{ 사이의 면적} \\
&= \int_0^1 [(x^2 + 2) - (x)]\,dx && f\text{와 } g \text{ 대신 대입} \\
&= \int_0^1 (x^2 - x + 2)\,dx \\
&= \left[\frac{x^3}{3} - \frac{x^2}{2} + 2x\right]_0^1 && \text{역도함수를 구한다} \\
&= \frac{11}{6}(\text{제곱 단위}) && \text{기본 정리 적용}
\end{aligned}$$

✓ **점검문제 1** $0 \le x \le 2$에서 $y = x^2 + 1$과 $y = x$로 둘러싸인 영역의 면적을 구하여라. 그래프로 둘러싸인 영역을 그려라. ■

예제 2 교차하는 두 그래프 사이 영역의 면적 구하기

두 그래프 $y = 2 - x^2$과 $y = x$로 둘러싸인 영역의 면적을 구하여라.

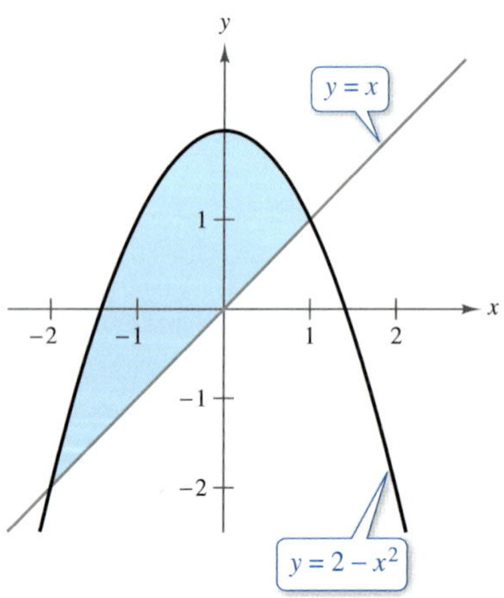

그림 5.16

풀이 두 값 a와 b가 주어져 있지 않으므로 두 그래프의 교점의 x좌표를 구해야 한다. 이를 위해 두 방정식을 같다고 두고 x에 대해 푼다.

$$\begin{aligned}
2 - x^2 &= x && \text{함수를 같이 둔다} \\
-x^2 - x + 2 &= 0 && \text{일반형으로 쓴다} \\
-(x + 2)(x - 1) &= 0 && \text{인수분해 한다} \\
x &= -2,\ x = 1 && x\text{에 대해 푼다}
\end{aligned}$$

그러므로 $a = -2$이고 $b = 1$이다. 그림 5.16에서 구간 $[-2, 1]$에 있는 모든 x에 대해

$f(x) = 2 - x^2$이 $g(x) = x$ 위에 놓여 있음을 볼 수 있다.

$$\text{면적} = \int_a^b [f(x) - g(x)]\,dx \qquad f\text{와 } g \text{ 사이의 면적}$$
$$= \int_{-2}^{1} [(2 - x^2) - (x)]\,dx \qquad f\text{와 } g \text{ 대신 대입}$$
$$= \int_{-2}^{1} (-x^2 - x + 2)\,dx$$
$$= \left[-\frac{x^3}{3} - \frac{x^2}{2} + 2x\right]_{-2}^{1} \qquad \text{역도함수를 구한다}$$
$$= \frac{9}{2}(\text{제곱 단위}) \qquad \text{기본 정리 적용}$$

✓ **점검문제 2** 두 그래프 $y = 3 - x^2$과 $y = 2x$로 둘러싸인 영역의 면적을 구하여라. ■

예제 3 ***x*축 아랫부분의 면적 구하기**

다음 그래프와 x축으로 둘러싸인 영역의 면적을 구하여라.

$$y = x^2 - 3x - 4$$

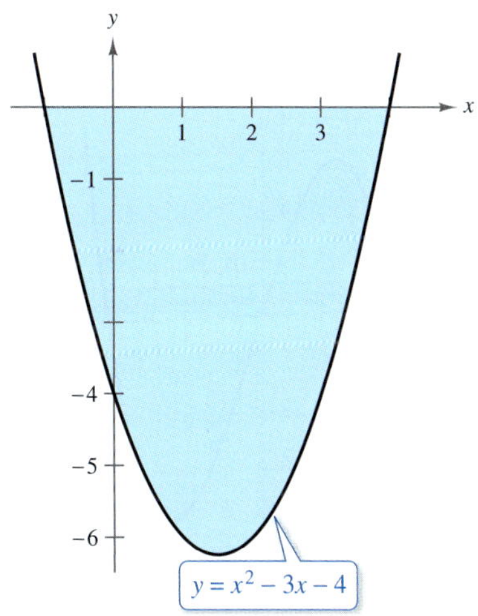

그림 5.17

풀이 그래프의 x절편을 구하여 시작한다. 이를 위해 함수를 0으로 두고 x에 대해 푼다.

$$x^2 - 3x - 4 = 0 \qquad \text{함수를 0으로 둔다}$$
$$(x - 4)(x + 1) = 0 \qquad \text{인수분해 한다}$$
$$x = 4,\ x = -1 \qquad x\text{에 대해 푼다}$$

그림 5.17에서 구간 $[-1, 4]$에 있는 모든 x에 대해 $x^2 - 3x - 4 \le 0$이다.
그러므로 $f(x) = 0$, $g(x) = x^2 - 3x - 4$로 둘 수 있고 면적은 다음과 같이 구한다.

$$\text{면적} = \int_a^b [f(x) - g(x)]\,dx \qquad f\text{와 } g \text{ 사이의 면적}$$
$$= \int_{-1}^{4} [(0) - (x^2 - 3x - 4)]\,dx \qquad f\text{와 } g \text{ 대신 대입}$$
$$= \int_{-1}^{4} (-x^2 + 3x + 4)\,dx$$
$$= \left[-\frac{x^3}{3} + \frac{3x^2}{2} + 4x\right]_{-1}^{4} \qquad \text{역도함수를 구한다}$$
$$= \frac{125}{6}(\text{제곱 단위}) \qquad \text{기본 정리 적용}$$

✓ **점검문제 3** 다음 그래프와 x축으로 둘러싸인 영역의 면적을 구하여라.

$$y = x^2 - x - 2$$

■

때때로 두 그래프는 두 점 이상에서 교차한다. 이런 형태의 두 그래프로 둘러싸인 영역의 면적을 구하기 위해서는 모든 교점을 구하고, 이 점들로 결정되는 각 구간에서 어느 그래프가 다른 그래프 위에 있는지 조사해야 한다. 이 과정은 다음 예제에서 볼 수 있다.

예제 4 여러 교점 사용하기

다음 두 그래프로 둘러싸인 영역의 면적을 구하여라.

$$f(x) = 3x^3 - x^2 - 10x \text{와 } g(x) = -x^2 + 2x$$

풀이 두 그래프의 교점을 구하기 위해, 두 함수를 같다고 두고 x에 대해 푼다.

$$f(x) = g(x) \qquad f(x)\text{와 } g(x)\text{를 같게 둔다}$$
$$3x^3 - x^2 - 10x = -x^2 + 2x \qquad f(x)\text{와 } g(x) \text{ 대신 대입한다}$$
$$3x^3 - 12x = 0 \qquad \text{일반형으로 쓴다}$$
$$3x(x^2 - 4) = 0$$
$$3x(x-2)(x+2) = 0 \qquad \text{인수분해 한다}$$
$$x = 0,\ x = 2,\ x = -2 \qquad x\text{에 대해 푼다}$$

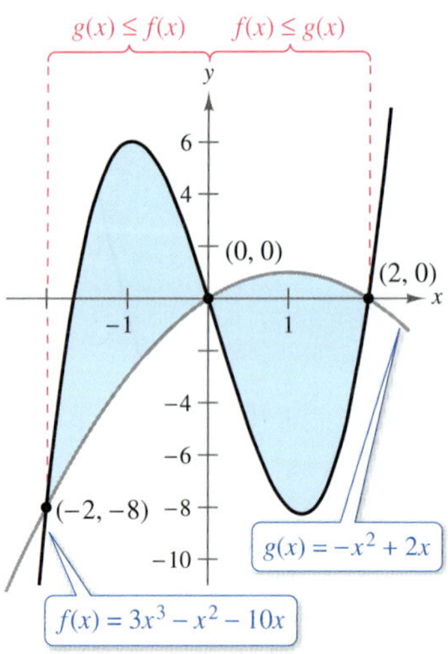

그러므로 f와 g의 그래프는 $(-2, -8)$, $(0, 0)$, $(2, 0)$에서 교차한다. 이 세 교점은 두 개의 적분구간 $[-2, 0]$과 $[0, 2]$를 결정한다.
옆 그림에서 구간 $[-2, 0]$에서의 모든 x에서

$$g(x) \le f(x)$$

이고 구간 $[0, 2]$의 모든 x에서

$$f(x) \le g(x)$$

이다. f와 g의 그래프로 둘러싸인 영역의 면적을 구하기 위해 적분을 두 번 해야 한다. 한 번은 구간 $[-2, 0]$에서 또 다른 한 번은 구간 $[0, 2]$에서이고 다음과 같다.

$$\begin{aligned}
\text{면적} &= \int_{-2}^{0} [f(x) - g(x)]\,dx + \int_{0}^{2} [g(x) - f(x)]\,dx \\
&= \int_{-2}^{0} (3x^3 - 12x)\,dx + \int_{0}^{2} (-3x^3 + 12x)\,dx \\
&= \left[\frac{3x^4}{4} - 6x^2\right]_{-2}^{0} + \left[-\frac{3x^4}{4} + 6x^2\right]_{0}^{2} \\
&= (0 - 0) - (12 - 24) + (-12 + 24) - (0 + 0) \\
&= 24
\end{aligned}$$

그러므로 영역의 면적은 24제곱 단위이다.

✓ 점검문제 4 다음 두 그래프로 둘러싸인 영역의 면적을 구하여라.

$$f(x) = x^3 + 2x^2 - 3x \text{와 } g(x) = x^2 + 3x$$

또 영역의 그래프를 그려라. ■

학습 팁

예제 4와 같은 영역의 면적을 계산할 때는 오류를 범하기 쉽다. 답을 점검하기 위해서는 모눈종이에 그래프의 영역을 그리고 모눈종이의 네모 칸을 이용해서 면적을 추정해야 한다. 예제 4의 f와 g를 모눈종이에 그리고 면적을 추정해보자. 추정치가 24제곱 단위에 근접하는가?

소비자 잉여와 생산자 잉여

1.2절에서 수요함수는 소비자 수요에 대한 제품의 가격과 관련이 있다는 것을 알았다. 또한 공급함수는 제품을 공급하는 생산자의 의지에 의해 제품가격이 좌우된다는 것을 알았다. 수요함수 $p = D(x)$와 공급함수 $p = S(x)$가 교차하는 점 (x_0, p_0)은 균형점이다.

경제학자들은 수요함수의 그래프와 수평선 $p = p_0$, 수직선 $x = 0$으로 둘러싸인 영역을 **소비자 잉여**(consumer surplus)라고 한다(그림 5.18). 소비자 잉여는 소비자가 기꺼이 지불한 금액과 제품에 실제 지불한 금액 사이의 차이이다. 공급함수의 그래프와 수평선 $p = p_0$, 수직선 $x = 0$으로 둘러싸인 영역의 면적은 **생산자 잉여**(producer surplus)라고 한다(그림 5.18). 생산자 잉여는 제품의 판매로 획득하는 생산자의 금액과 제품을 공급하는 생산자가 획득하는 데 필요한 최소 가격 사이의 차이이다.

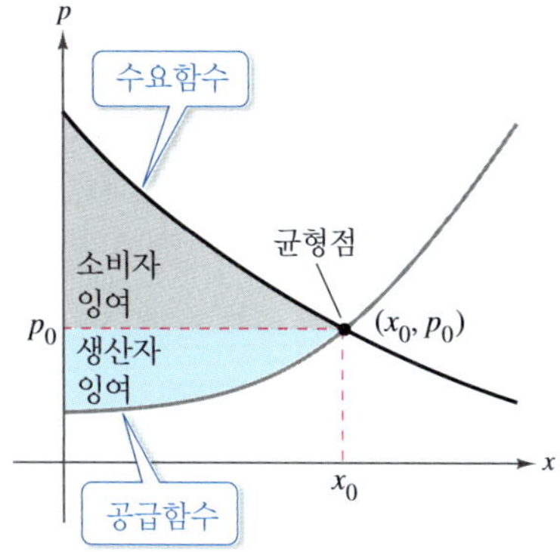

그림 5.18

예제 5 잉여 구하기

어떤 제품의 수요함수와 공급함수의 모형식이 다음과 같다.

수요: $p = -0.36x + 9$ 공급: $p = 0.14x + 2$

여기서 p는 가격(달러)이고, x는 단위 수(백만)이다. 이 제품에 대한 소비자 잉여와 생산자 잉여를 구하여라.

풀이 수요와 공급함수를 같게 두면 균형점은 $x = 14$(백만)에서 나타나고 가격은 단위당 3.96달러이다.

$$\begin{aligned}\text{소비자 잉여} &= \int_0^{14} (\text{수요 함수} - \text{가격})\,dx \\ &= \int_0^{14} [(-0.36x + 9) - 3.96]\,dx \\ &= \Big[-0.18x^2 + 5.04x\Big]_0^{14} \\ &= 35.28\end{aligned}$$

즉 소비자 잉여는 35.28달러이다.

$$\begin{aligned}\text{생산자 잉여} &= \int_0^{14} (\text{가격} - \text{공급 함수})\,dx \\ &= \int_0^{14} [3.96 - (0.14x + 2)]\,dx \\ &= \Big[-0.07x^2 + 1.96x\Big]_0^{14} \\ &= 13.72\end{aligned}$$

생산자 잉여는 13.72달러이고 소비자 잉여와 생산자 잉여는 그림 5.19에 있다.

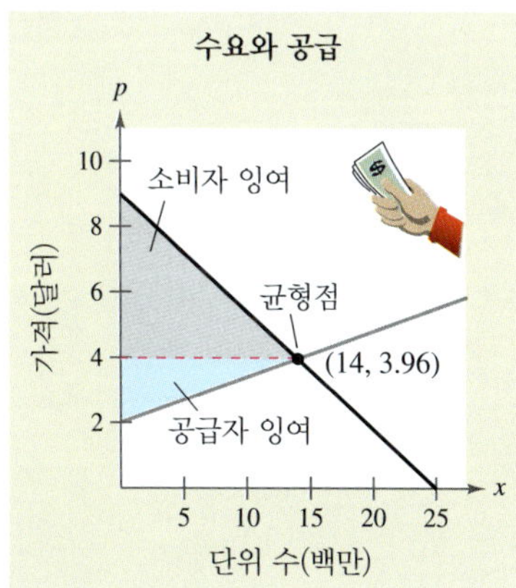

그림 5.19

✔ 점검문제 5 어떤 제품의 수요함수와 공급함수의 모형식이 다음과 같다.

수요: $p = -0.2x + 8$ 공급: $p = 0.1x + 2$

여기서 p는 가격(달러)이고 x는 단위 수(백만)이다. 이 제품에 대한 소비자 잉여와 생산자 잉여를 구하여라. ■

응용

소비자와 생산자 잉여에 대해 수요함수와 공급함수의 두 그래프로 둘러싸인 영역의 면적을 포함하는 다른 형태의 응용이 많이 있다.

예제 6 에너지 소비

2020년에서 2040년 사이 미국에서 예상되는 총에너지 소비량(연간 천조 Btu)의 모형식이 다음과 같다.

$$C_1 = 0.628t + 92.42, \quad 20 \le t \le 40$$

여기서 $t = 20$은 2020년에 해당한다. 실제 소비량의 모형식이

$$C_2 = 0.00135t^3 - 0.1186t^2 + 3.620t + 64.91, \quad 20 \le t \le 40$$

이라면 절약될 에너지양은 얼마인지 결정하여라. (자료: 미 에너지정보국)

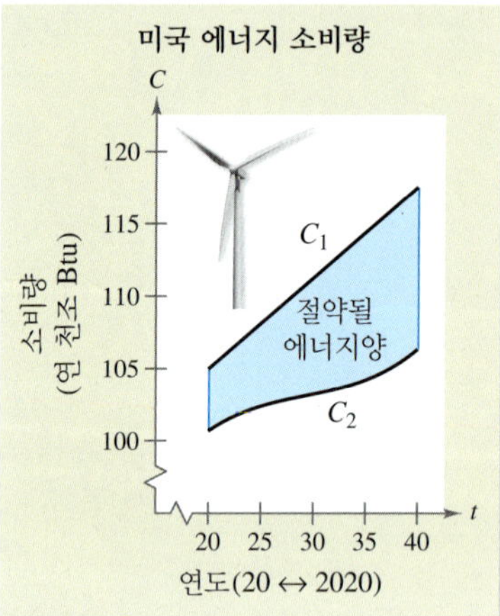

그림 5.20

풀이 절약될 에너지양은 그림 5.20처럼 두 그래프 C_1과 C_2 사이 영역의 면적으로 나타낼 수 있다.

$$\begin{aligned}\text{절약될 에너지양} &= \int_{20}^{40} (C_1 - C_2)\,dt \\ &= \int_{20}^{40} (-0.00135t^3 + 0.1186t^2 - 2.992t + 27.51)\,dt \\ &= \left[-\frac{0.00135}{4}t^4 + \frac{0.1186}{3}t^3 - \frac{2.992}{2}t^2 + 27.51t\right]_{20}^{40} \\ &\approx 158.87\end{aligned}$$

그러므로 20년 동안 절약될 에너지 양은 약 158.87(천조 Btu)이다.

✔ 점검문제 6 2020년에서 2032년 사이 운송 회사의 예상 연료비 C(연간 백만 달러)의 모형식이 다음과 같다.

$$C_1 = 2.21t + 5.6, \quad 20 \le t \le 32$$

여기서 $t = 20$은 2020년에 해당한다. 더욱 엔진 효율이 좋은 트럭을 구입한 후 회사는 연료비를 다음과 같이 예측한다.

$$C_2 = 2.04t + 4.7, \quad 20 \le t \le 32$$

회사는 보다 효율이 좋은 엔진으로 얼마를 절약할 수 있는가? ■

연습문제 5.5

[1-4] (두 그래프로 둘러싸인 면적 구하기) 다음 영역의 면적을 구하여라. (예제 1, 2, 3, 4 참조)

1. $f(x) = x^2 - 6x$
$g(x) = 0$

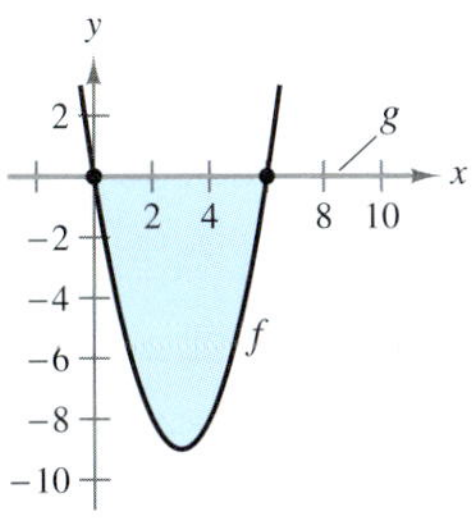

2. $f(x) = x^2 - 4x + 3$
$g(x) = -x^2 + 2x + 3$

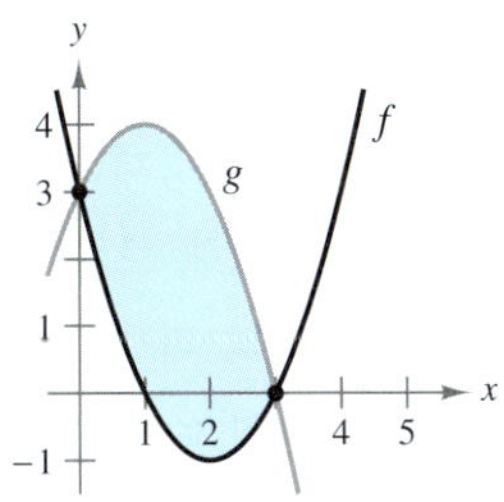

3. $f(x) = e^x - 1$
$g(x) = 0$

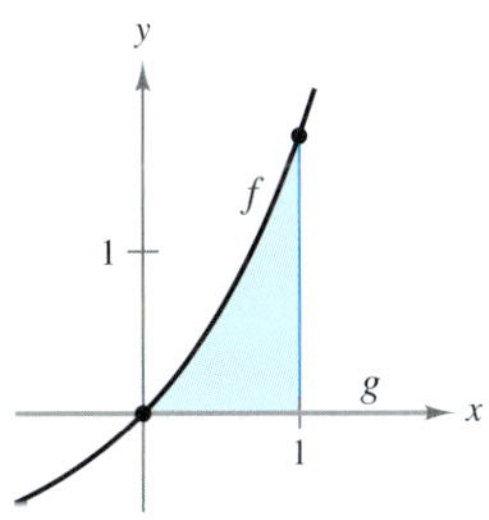

4. $f(x) = 3(x^3 - x)$
$g(x) = 0$

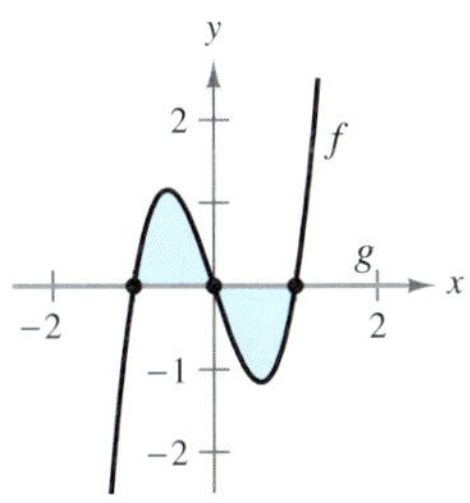

[5-6] (영역 구하기) 정적분의 피적분 함수는 두 함수의 차이다. 함수의 그래프를 그리고 적분으로 표시된 면적의 영역을 음영으로 나타내어라.

5. $\int_0^4 \left[(x + 1) - \frac{1}{2}x\right] dx$

6. $\int_{-2}^{2} \left[2x^2 - (x^4 - 2x^2)\right] dx$

7. **(생각해보기)** f와 g로 둘러싸인 영역의 면적을 가장 잘 근사하는 값을 정하여라. 그려진 영역에 기초하여 선택하고 계산은 하지 말아라.

$f(x) = x + 1,\ g(x) = (x - 1)^2$

(a) −2 (b) 2 (c) 10 (d) 4 (e) 8

[8-15] (두 그래프로 둘러싸인 영역의 면적 구하기) 두 함수로 둘러싸인 영역을 그리고 그 영역의 면적을 구하여라. (예제 1, 2, 3, 4 참조)

8. $y = x^2 - 1,\ y = -x + 2,\ x = 0,\ x = 1$

9. $y = x^2 - 4x + 3,\ y = 3 + 4x - x^2$

10. $y = \dfrac{1}{x^2},\ y = 0,\ x = 1,\ x = 5$

11. $f(x) = 1 - x,\ g(x) = x^4 - x$

12. $f(x) = x^3 + 4x^2,\ g(x) = x + 4$

13. $y = xe^{-x^2},\ y = -1,\ x = 0,\ x = 1$

14. $f(x) = e^{0.5x},\ g(x) = -\dfrac{1}{x},\ x = 1,\ x = 2$

15. $y = \dfrac{8}{x},\ y = x^2,\ y = 0,\ x = 1,\ x = 4$

[16-17] (적분 쓰기) 그래픽 도구를 사용하여 함수의 그래프로 둘러싸인 영역을 그려라. 영역의 면적을 나타내는 정적분을 써라(힌트: 한 개 이상의 적분이 필요할 수도 있다).

16. $f(x) = 2x,\ \ g(x) = 4 - 2x,\ \ h(x) = 0$

17. $y = \dfrac{4}{x},\ y = x,\ x = 1,\ x = 4$

[18-20] (면적 구하기) 그래픽 도구를 사용하여 함수의 그래프로 둘러싸인 영역을 그려라. 영역의 면적을 손으로 구하여라.

18. $f(x) = x^2 - 4x,\ g(x) = 0$

19. $f(x) = x^2 + 2x + 1,\ g(x) = x + 1$

20. $f(x) = x^4 - 2x^2;\ g(x) = 2x^2$

21. **(영역의 면적)** 주어진 꼭짓점을 갖는 삼각형의 영역을 적분을 사용하여 구하여라.

(0, 0), (4, 0), (4, 4)

[22-24] (소비자 잉여와 생산자 잉여) 수요함수와 공급함수를 사용하여 소비자 잉여와 생산자 잉여를 구하여라. 여기서 p는 가격(달러)이고 x는 단위 수(백만)이다. (예제 5 참조)

	수요함수	공급함수
22.	$p = 50 - 0.5x$	$p = 0.125x$
23.	$p = 200 - 0.4x$	$p = 100 + 1.6x$
24.	$p = 42 - 0.015x^2$	$p = 0.01x^2 + 2$

25. **(수입)** 어떤 회사의 2020년에서 2025년 사이 예상되는 수입(10억 달러) 모형 R_1과 R_2가 다음과 같다.

$R_1 = 7.21 + 0.58t,\ R_2 = 7.21 + 0.45t$

여기서 $t = 20$은 2020년에 해당한다. 수입이 더 많을 것으로 예상되는 모형은 어느 것인가? 그 모형이 6년 동안 창출할 것으로 예상되는 수입은 얼마인가?

26. **(연료비)** 어떤 항공사의 2020년에서 2030년까지 추정한 연료비 C(백만 달러)가 다음과 같다. 여기서 $t = 20$은 2020년에 해당한다.

$C_1 = 568.5 + 7.15t$

보다 효율이 좋은 비행기 엔진을 구입한 후, 연료비는 다음과 같은 모형식으로 감소할 것으로 예상된다.

$C_2 = 525.6 + 6.43t$

이 항공사는 보다 효율이 좋은 엔진으로 연료비를 얼마나 절약하는가? 이유를 설명하여라.

27. (소비자 성향) 2003년에서 2013년 사이 미국의 1인당 전체 과일 소비량 C(킬로그램)가 다음 모형식으로 주어진다.

$$C(t) = \begin{cases} -0.027t^2 - 1.67t + 133.2, & 3 \le t \le 9 \\ -1.472t^2 + 29.70t - 33.42, & 9 < t \le 12 \end{cases}$$

여기서 t는 연도로서 $t = 3$은 2003년에 해당한다. (자료: 미 농무국)

(a) 그래픽 도구로 모형식의 그래프를 그려라.

(b) 2010년에서 2012년 사이 과일 소비량이 2003년에서 2009년 사이 모형식에 따라 연속이 되도록 가정한다. 2010년에서 2012년 사이 과일 소비량이 얼마나 더 많아졌는가 또는 적어졌는가?

28. (비용, 수입, 이익) 10년 동안 제조 과정에서 발생하는 수입(백만 달러)의 모형식은

$R = 100$

일 것으로 예상되며 같은 기간 동안 비용(백만 달러)의 모형식을

$C = 60 + 0.2t^2$

일 것으로 예상된다. 여기서 t는 시간(연)이다. 10년간의 이익을 추정하여라.

29. (소비자 잉여와 생산자 잉여) 냉방기 생산공장이 가격이 331달러일 때는 주당 6000단위, 가격이 303달러일 때는 8000단위(세트)를 주문받는다고 한다. 공급함수 $p = 0.0275x$로 주어져 있다. 소비자 잉여와 생산자 잉여를 구하여라(수요함수는 선형이라고 가정한다).

30. (로렌츠 곡선) 경제학자들은 한 국가에서의 소득 분포를 표시하기 위해 로렌츠 곡선을 사용한다. x는 한 국가에서의 가정의 퍼센트를 나타내고 y는 전체 소득을 나타낸다고 하면 $y = x$는 각 가정이 같은 소득을 갖는 국가라는 모형이다. 로렌츠 곡선 $y = f(x)$는 실제 소득 분포를 나타낸다. $0 \le x \le 100$에서 이 두 모형 사이의 면적은 국가의 '소득 불균형'을 나타낸다. 2013년 미국의 로렌츠 곡선은 다음 모형식이다.

$$y = (0.00063x^2 + 0.0190x + 1.723)^2, \quad 0 \le x \le 100$$

여기서 x는 가장 가난한 가정에서 가장 부유한 가정까지 측정한 것이다. (자료: 미 인구조사국)

(a) 2013년 미국의 소득 불균형을 구하여라.

(b) 로렌츠 곡선을 이용하여 다음 표를 완성하여라. 이 표는 2013년 미국에서 5단계의 총소득 퍼센트를 나열한 것이다.

오분위수	최저	2단계	3단계	4단계	최고
퍼센트					

5.6 합의 극한으로서 정적분

■ 중점 법칙을 사용하여 정적분 근사하기
■ 합의 극한으로 정적분 이해하기

중점 법칙

5.4절에서 정적분을 계산할 때 피적분 함수의 역도함수를 구하지 않고는 미적분학의 기본 정리를 사용할 수 없다는 것을 학습했다. 피적분 함수의 역도함수를 구할 수 없을 때 근사 기법을 사용할 수 있다. 그런 기법의 하나인 **중점 법칙**(midpoint rule)을 다음 예제 1에서 다룬다.

예제 1 **평면 영역의 면적 근사**

그림 5.21에 있는 5개의 직사각형을 사용하여 $f(x) = -x^2 + 5$의 그래프, x축, 직선 $x = 0$과 $x = 2$로 둘러싸인 영역의 면적을 근사하여라.

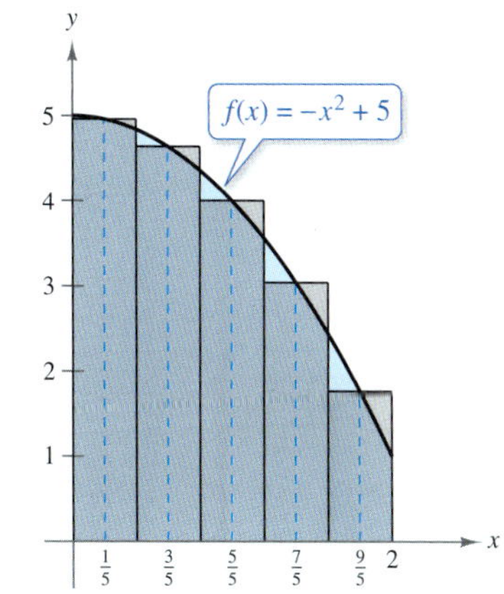

그림 5.21

풀이 다음 각 구간의 중점에서 f의 값을 계산하여 5개의 직사각형의 높이를 구할 수 있다.

$$\left[0, \frac{2}{5}\right], \quad \left[\frac{2}{5}, \frac{4}{5}\right], \quad \left[\frac{4}{5}, \frac{6}{5}\right], \quad \left[\frac{6}{5}, \frac{8}{5}\right], \quad \left[\frac{8}{5}, \frac{10}{5}\right]$$

각 직사각형이 폭은 $\frac{2}{5}$이다. 그러므로 5개의 직사각형의 면적의 합은 다음과 같다.

$$\begin{aligned}
\text{면적} &\approx \frac{2}{5}f\left(\frac{1}{5}\right) + \frac{2}{5}f\left(\frac{3}{5}\right) + \frac{2}{5}f\left(\frac{5}{5}\right) + \frac{2}{5}f\left(\frac{7}{5}\right) + \frac{2}{5}f\left(\frac{9}{5}\right) \\
&= \frac{2}{5}\left[f\left(\frac{1}{5}\right) + f\left(\frac{3}{5}\right) + f\left(\frac{5}{5}\right) + f\left(\frac{7}{5}\right) + f\left(\frac{9}{5}\right)\right] \\
&= \frac{2}{5}\left(\frac{124}{25} + \frac{116}{25} + \frac{100}{25} + \frac{76}{25} + \frac{44}{25}\right) \\
&= \frac{920}{125} \\
&= 7.36
\end{aligned}$$

✓ **점검문제 1** 4개의 직사각형을 사용하여 $f(x) = x^2 + 1$의 그래프, x축, $x = 0$과 $x = 2$로 둘러싸인 영역의 면적을 근사하여라. ■

예제 1의 영역에서 정적분으로 정확한 면적을 구할 수 있다.

$$\text{면적} = \int_0^2 (-x^2 + 5)\, dx = \frac{22}{3} \approx 7.33$$

예제 1에서 사용한 근삿값 구하는 과정을 **중점 법칙**(midpoint rule)이라 한다. 중점 법칙을 사용하면 어떤 정적분도 근사할 수 있다. 비록 정확한 면적을 나타내는 것은 아니지만 기본적인 단계가 아래에 요약되어 있다.

중점 법칙 사용의 지침

중점 법칙으로 정적분 $\int_a^b f(x)\, dx$를 근사하기 위해 다음 단계를 사용한다.

1. 구간 $[a, b]$를 n개의 부분구간으로 나눈다. 각각의 폭은 다음과 같다.

$$\Delta x = \frac{b - a}{n}$$

2. 각 부분구간의 중점을 구한다.

$$\text{중점} = \{x_1, x_2, x_3, \ldots, x_n\}$$

3. 각 중점에서 f의 값을 구하고 다음과 같이 합을 만든다.

$$\int_a^b f(x)\,dx \approx \frac{b-a}{n}[f(x_1)+f(x_2)+f(x_3)+\cdot\cdot\cdot+f(x_n)]$$

중점 법칙의 중요한 특징은 n이 증가하면 근삿값이 개선된다는 점이다. 아래 표는 여러 가지 n의 값에 따라 예제 1에 있는 영역의 면적의 근삿값을 보여 준다. 예를 들어 $n = 10$일 때 중점 법칙에서

$$\int_0^2 (-x^2+5)\,dx \approx \frac{2}{10}\left[f\left(\frac{1}{10}\right)+f\left(\frac{3}{10}\right)+\cdot\cdot\cdot+f\left(\frac{19}{10}\right)\right]$$
$$= 7.34$$

n	5	10	15	20	25	30
근삿값	7.3600	7.3400	7.3363	7.3350	7.3344	7.3341

이다. n이 증가하면 근삿값은 이미 구한 값인 정확한 값

$$\frac{22}{3} \approx 7.3333$$

에 점점 가까워짐에 유의하자.

학습 팁

예제 1에서는 중점 법칙이 미적분학의 기본 정리로 정확한 값을 구할 수 있는 적분을 근사하는 데 사용되었다. 이것은 법칙의 정확성을 보여 주기 위해 이루어졌다. 실제로는 물론 역도함수를 구할 수 없는 정적분의 값을 근사하기 위해 중점 법칙을 사용할 것이다. 예제 2, 3은 이런 적분을 보여 준다.

예제 2 중점 법칙 사용하기

중점 법칙을 사용하여 $n = 5$인 경우 다음 그래프와 x축, 직선 $x = 0$과 $x = 1$로 둘러싸인 영역의 면적을 근사하여라.

$$f(x) = \frac{1}{x^2+1}$$

풀이 영역은 그림 5.22에 보여 주고 있다. $n = 5$인 경우 구간 $[0, 1]$은 다음 5개의 부분구간으로 나눌 수 있다.

$$\left[0, \frac{1}{5}\right],\ \left[\frac{1}{5}, \frac{2}{5}\right],\ \left[\frac{2}{5}, \frac{3}{5}\right],\ \left[\frac{3}{5}, \frac{4}{5}\right],\ \left[\frac{4}{5}, 1\right]$$

이 구간의 중점은 각각 $\frac{1}{10}, \frac{3}{10}, \frac{5}{10}, \frac{7}{10}, \frac{9}{10}$이다. 각 부분구간의 폭은 $\Delta x = (1-0)/5 = \frac{1}{5}$이므로 정적분의 값은 다음과 같이 근사할 수 있다.

$$\int_0^1 \frac{1}{x^2+1}\,dx \approx \frac{1}{5}\left(\frac{1}{1.01}+\frac{1}{1.09}+\frac{1}{1.25}+\frac{1}{1.49}+\frac{1}{1.81}\right)$$
$$\approx 0.786$$

이 영역의 실제 면적은 $\pi/4 \approx 0.785$이다. 그러므로 근삿값은 약 0.001 차이가 난다.

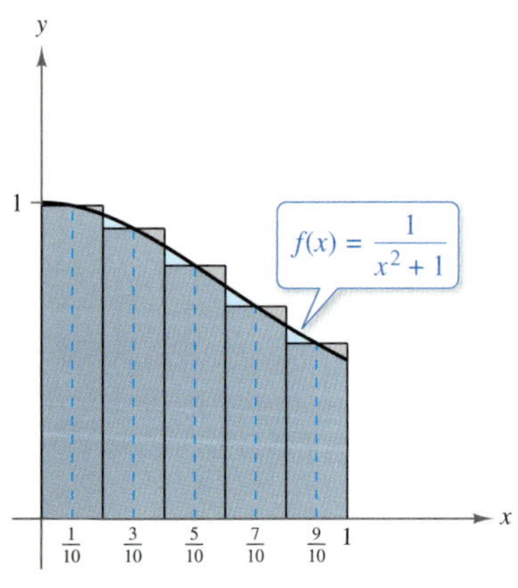

그림 5.22

✓ **점검문제 2** 중점 법칙을 사용하여 $n = 4$인 경우 $f(x) = 1/(x^2+2)$의 그래프와 x축, 직선 $x = 0$과 $x = 1$로 둘러싸인 영역의 면적을 근사하여라. ■

예제 3 **중점 법칙 사용하기**

중점 법칙을 사용하여 $n = 10$인 경우 $f(x) = \sqrt{x^2+1}$의 그래프, x축, 그리고 직선 $x = 1$과 $x = 3$으로 둘러싸인 영역의 면적을 근사하여라.

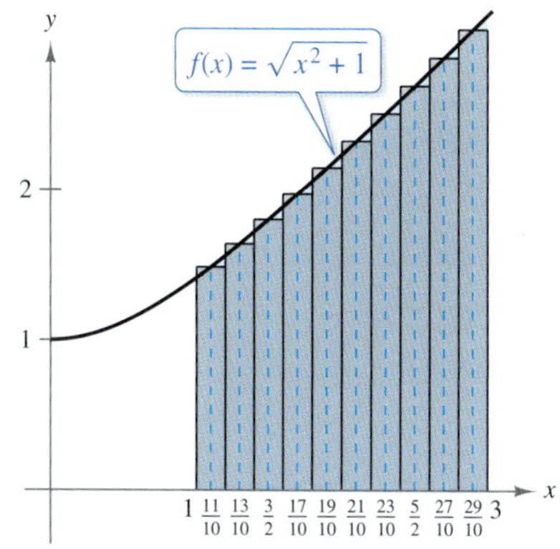

그림 5.23

풀이 영역은 그림 5.23에 보여 주고 있다.
구간 [1, 3]을 10개의 부분구간으로 나눈 뒤 이들 구간의 중점을 구할 수 있다. 즉

$$\frac{11}{10}, \frac{13}{10}, \frac{3}{2}, \frac{17}{10}, \frac{19}{10}, \frac{21}{10}, \frac{23}{10}, \frac{5}{2}, \frac{27}{10}, \frac{29}{10}$$

이다. 각 부분구간은 폭이 $\Delta x = (3-1)/10 = \frac{1}{5}$이므로 정적분의 값은 다음과 같이 근사할 수 있다.

$$\int_1^3 \sqrt{x^2+1}\,dx \approx \frac{1}{5}\left[\sqrt{(1.1)^2+1} + \sqrt{(1.3)^2+1} + \cdots + \sqrt{(2.9)^2+1}\right]$$
$$\approx 4.504$$

실제 면적은

$$\frac{1}{2}\left[3\sqrt{10} + \ln\left(3+\sqrt{10}\right) - \sqrt{2} - \ln\left(1+\sqrt{2}\right)\right] \approx 4.505$$

이므로 근삿값은 약 0.001 차이가 난다.

✓ **점검문제 3** 중점 법칙을 사용하여 $n = 4$인 경우 $f(x) = \sqrt{x^2-1}$의 그래프, x축, 그리고 직선 $x = 2$와 $x = 4$로 둘러싸인 영역의 면적을 근사하여라. ■

합의 극한으로서의 정적분

n개의 부분구간으로 나누어지고, 중점이 x_i 그리고 폭이 $\Delta x = (b-a)/n$인 닫힌 구간 $[a, b]$를 생각하자. 이 절에서 중점 근삿값

$$\int_a^b f(x)\,dx \approx f(x_1)\,\Delta x + f(x_2)\,\Delta x + f(x_3)\,\Delta x + \cdots + f(x_n)\,\Delta x$$
$$= [f(x_1) + f(x_2) + f(x_3) + \cdots + f(x_n)]\,\Delta x$$

는 n이 커질수록 근삿값은 점점 정확해진다. 사실 n이 무한대로 접근할 때, 이 합의 극한은 정확하게 정적분과 같다. 즉

$$\int_a^b f(x)\,dx = \lim_{n\to\infty}[f(x_1) + f(x_2) + f(x_3) + \cdots + f(x_n)]\,\Delta x$$

이다. 이 극한은 x_i가 i번째 부분구간의 임의의 점인 경우도 유효하다는 것을 보일 수 있다.

예제 4 **정적분의 근사**

중점 법칙 프로그램이나 적분 계산기를 사용하여 다음 정적분의 근삿값을 구하여라.

그림 5.24

$$\int_0^1 e^{-x^2}dx$$

풀이 예를 들어 중점 법칙 프로그램(그림 5.24)을 사용하여 다음 표를 완성할 수 있다.

n	10	20	30	40	50
근삿값	0.7471	0.7469	0.7469	0.7468	0.7468

이 표로부터

$$\int_0^1 e^{-x^2}dx \approx 0.7468$$

을 얻는다. 적분 계산기를 사용하면 적분의 값은 대략 0.7468241328이다.

✓ **점검문제 4** 중점 법칙 프로그램이나 적분 계산기를 사용하여 다음 정적분의 근삿값을 구하여라.

$$\int_0^1 e^{x^2}dx$$

■

연습문제 5.6

[1-3] (평면 영역의 면적 근사) 직사각형을 사용하여 영역의 면적을 근사하여라. 이 결과를 정적분을 사용하여 구한 정확한 면적과 비교하여라. (예제 1 참조)

1. $f(x) = -x + 3, [1, 3]$

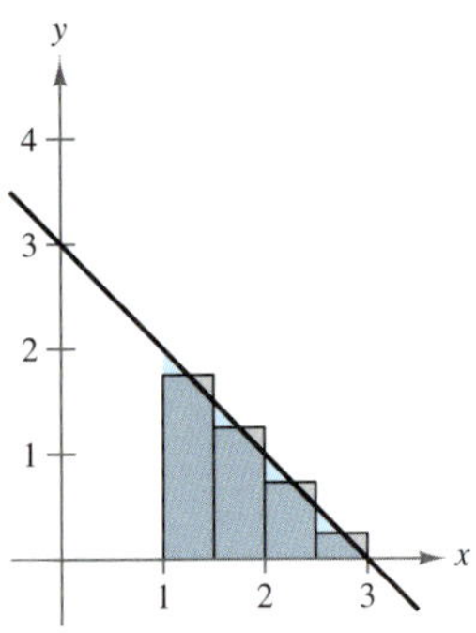

2. $f(x) = \sqrt{x}, [0, 1]$

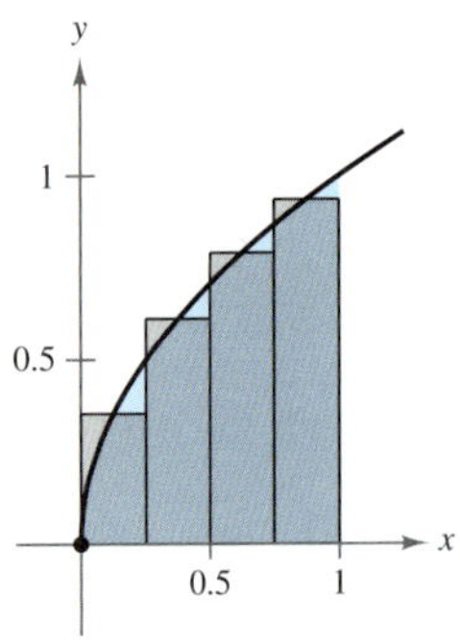

3. $f(x) = x^3 + 1, [0, 1]$

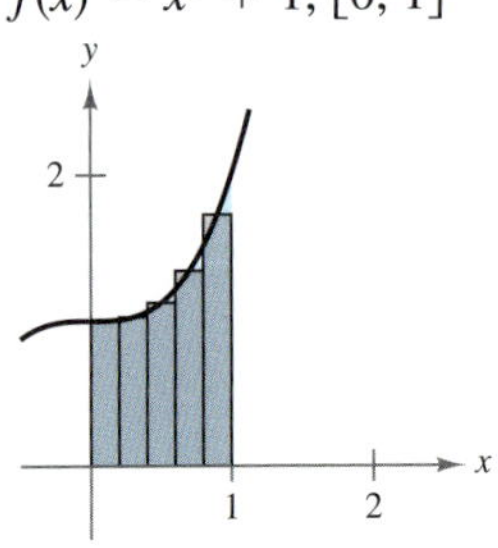

[4-7] (중점 법칙 사용하기) 중점 법칙을 사용하여 $n = 5$인 경우 주어진 구간에서 f의 그래프와 x축으로 둘러싸인 영역의 면적을 근사하여라. 영역을 그려라. (예제 2, 3 참조)

	함수	구간
4.	$f(x) = x^2$	$[1, 6]$
5.	$f(x) = x\sqrt{x+4}$	$[0, 1]$
6.	$f(x) = (x^2+1)^{2/3}$	$[0, 5]$
7.	$f(x) = \dfrac{8}{x^2+1}$	$[-5, 5]$

[8-10] (중점 법칙 사용하기) 중점 법칙을 사용하여 $n = 4$인 경우 주어진 구간에서 f의 그래프와 x축으로 둘러싸인 영역의 면적을 근사하여라. 영역을 그려라. (예제 2, 3 참조)

	함수	구간
8.	$f(x) = \frac{1}{2}x^3$	$[1, 3]$
9.	$f(x) = \sqrt{x^3+6}$	$[1, 5]$
10.	$f(x) = \dfrac{1}{(x^2+1)^2}$	$[-1, 3]$

[11-12] (정적분 근사하기) 적분 계산기를 사용하여 정적분을 근사하여라. 계산기를 사용하여 다음 표를 완성하여라. (예제 4 참조)

n	10	20	30	40	50
근삿값					

11. $\displaystyle\int_0^4 \sqrt{2+3x^2}\,dx$　　**12.** $\displaystyle\int_1^3 x\sqrt[3]{x+1}\,dx$

[13-14] (더 근접한 근삿값 만들기) 중점 법칙을 사용하여 다음 정적분을 근사하여라. 근삿값이 0.01 이내로 정확하기 위해서는 n이 얼마나 커야 하는가?

13. $\displaystyle\int_0^4 (2x^2+3)\,dx$　　**14.** $\displaystyle\int_1^4 \frac{1}{x+1}\,dx$

15. (표면적) 중점 법칙을 사용하여 그림에 있는 연못의 표면적을 추정하여라.

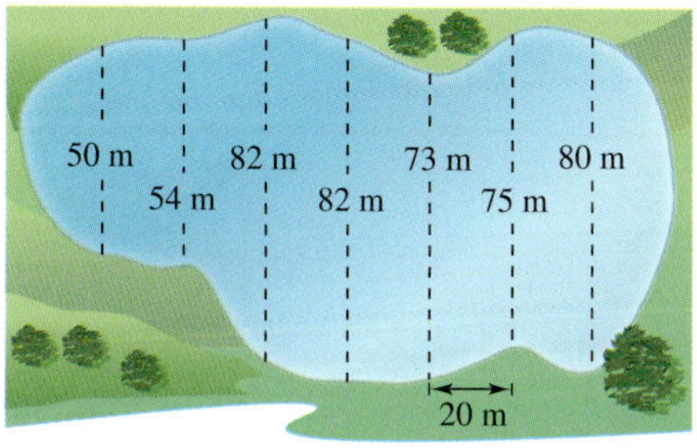

16. (표면적) 중점 법칙을 사용하여 그림에 있는(해상에서의) 기름 유출 유역의 표면적을 추정하여라.

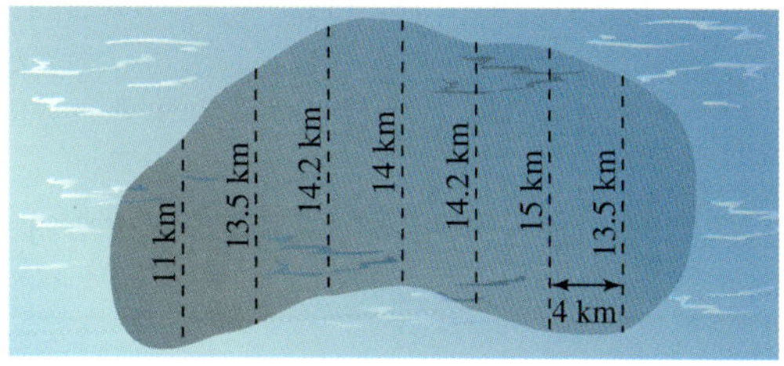

17. (수치적 근삿값) $n=4$인 경우 중점 법칙을 사용하여 π를 근사하여라.

$$\pi = \int_0^1 \frac{4}{1+x^2}\,dx$$

그리고 그래픽 도구를 사용하여 정적분을 계산하여라. 두 결과를 비교하여라.

요약 및 학습 전략

이 장을 학습한 후 여러분은 다음 내용을 습득했을 것이다.
각 절에 대한 요약과 관련 복습문제 번호가 표시되어 있다. 복습문제의 답은 이 교재의 말미에 수록되어 있다.

5.1절

	관련 복습문제
■ 기본 적분 규칙을 사용하여 부정적분을 구한다. $\int k\,dx = kx + C$, k는 상수 $\int kf(x)\,dx = k\int f(x)\,dx$ $\int [f(x)+g(x)]\,dx = \int f(x)\,dx + \int g(x)\,dx$ $\int [f(x)-g(x)]\,dx = \int f(x)\,dx - \int g(x)\,dx$ $\int x^n\,dx = \frac{x^{n+1}}{n+1} + C,\quad n \neq -1$	1~7
■ 초기조건을 사용하여 부정적분의 특수해를 구한다.	8~9
■ 역도함수를 사용하여 실생활 문제를 푼다.	10

5.2절 관련 복습문제

	관련 복습문제
■ 일반적인 거듭제곱 규칙이나 치환적분을 사용하여 부정적분을 구한다.	11~16

$$\int u^n \frac{du}{dx}\,dx = \int u^n\,du = \frac{u^{n+1}}{n+1} + C, \quad n \neq -1$$

■ 일반적인 거듭제곱 규칙이나 치환적분을 사용하여 실생활 문제를 푼다. 17

5.3절

■ 지수 및 로그 규칙을 사용하여 부정적분을 구한다. 18~23

$$\int e^x\,dx = e^x + C \qquad \int \frac{1}{x}\,dx = \ln|x| + C$$

$$\int e^u \frac{du}{dx}\,dx = \int e^u\,du = e^u + C \qquad \int \frac{du/dx}{u}\,dx = \int \frac{1}{u}\,du = \ln|u| + C$$

5.4절

■ 기하 공식을 사용하여 영역의 면적을 구한다. 24~25

■ 정적분의 성질을 사용한다. 26

■ 함수의 그래프와 x축으로 둘러싸인 영역의 면적을 구한다. 27~29

■ 미적분학의 기본 정리를 사용하여 정적분을 계산한다. 30~35

$$\int_a^b f(x)\,dx = F(x)\Big]_a^b = F(b) - F(a), \quad \text{여기서} \quad F'(x) = f(x)$$

■ 닫힌구간에서 함수의 평균값을 구한다. 36~38

$$\text{평균값} = \frac{1}{b-a}\int_a^b f(x)\,dx$$

■ 짝수 함수와 홀수 함수의 성질을 사용하여 정적분을 계산한다. 39~40

짝수 함수: $f(-x) = f(x)$

f가 짝수 함수이면 $\displaystyle\int_{-a}^{a} f(x)\,dx = 2\int_0^a f(x)\,dx$

홀수 함수: $f(-x) = -f(x)$

f가 홀수 함수이면 $\displaystyle\int_{-a}^{a} f(x)\,dx = 0$

■ 연금액을 구한다. 41

■ 정적분을 사용하여 한계 분석 문제를 푼다. 42

■ 평균값을 사용하여 실생활 문제를 푼다. 43

5.5절

■ 두 그래프로 둘러싸인 영역의 면적을 구한다. 44~47

$$A = \int_a^b [f(x) - g(x)]\,dx$$

5.5절(계속)	관련 복습문제
■ 소비자 잉여와 생산자 잉여를 구한다.	48~49
■ 두 그래프로 둘러싸인 영역의 면적을 사용하여 실생활 문제를 푼다.	50~51

5.6절	
■ 중점 법칙을 사용하여 적정분의 근삿값을 구한다.	52~57
$$\int_a^b f(x)\,dx \approx \frac{b-a}{n}[f(x_1)+f(x_2)+f(x_3)+\cdots+f(x_n)]$$	
■ 중점 법칙을 사용하여 실생활 문제를 푼다.	58

학습 전략

■ **부정적분과 정적분** 적분할 때 부정적분은 각각이 상수 C만큼 차이 나는 역도함수족이고 반면에 정적분은 수임을 기억하자.

■ **미분하여 역도함수 점검하기** 역도함수를 구할 때 구한 결과는 미분하여 점검할 수 있음을 기억하자. 예를 들면 적분

$$\int (3x^3 - 4x)\,dx = \frac{3}{4}x^4 - 2x^2 + C \text{는 미분하면 } \frac{d}{dx}\left[\frac{3}{4}x^4 - 2x^2 + C\right] = 3x^3 - 4x$$

이므로 옳음을 확인할 수 있다. 도함수는 본래의 피적분 함수와 같으므로 적분은 정확하다는 것을 알 수 있다.

■ **묶음 기호와 기본 정리** 미적분학의 기본 정리를 사용하여 정적분을 계산할 때 묶음 기호를 사용하면 부호의 오류를 피할 수 있다.

$$\int_1^3 (x^3 - 9x)\,dx = \left[\frac{x^4}{4} - \frac{9x^2}{2}\right]_1^3 = \left[\frac{3^4}{4} - \frac{9(3^2)}{2}\right] - \left[\frac{1^4}{4} - \frac{9(1^2)}{2}\right] = \frac{81}{4} - \frac{81}{2} - \frac{1}{4} + \frac{9}{2} = -16$$

복습문제

[1-7] (부정적분 구하기) 다음 부정적분을 구하여라. 미분하여 결과를 검증하여라.

1. $\int 16\,dx$

2. $\int \frac{3}{5}x\,dx$

3. $\int 3x^2\,dx$

4. $\int \frac{2}{3\sqrt[3]{x}}\,dx$

5. $\int (2x^2 + 5x)\,dx$

6. $\int \left(\sqrt[3]{x^4} + 3x\right)dx$

7. $\int \frac{2x^4 - 1}{\sqrt{x}}\,dx$

[8-9] (특수해 구하기) 다음 미분방정식과 초기조건을 만족하는 특수해를 구하여라.

8. $f'(x) = 12x;\ f(0) = -3$

9. $f'(x) = \sqrt{x};\ f(9) = 4$

10. (수직 운동) 24.5미터의 속도로 어떤 물체를 지상에서 위로 쏘아 올렸다. 물체의 높이 s(미터)를 t의 함수로 나타내어라. 물체는 공중에 몇 초 동안 머무르는가? [중력 가속도는 $s''(t) = -9.8\ \text{m/s}^2$이고, 공기 저항은 무시한다.]

[11-16] (일반적인 거듭제곱 규칙 적용) 다음 부정적분을 구하여라. 미분하여 결과를 확인하여라.

11. $\int (x + 4)^3\,dx$

12. $\int (5x + 1)^4(5)\,dx$

13. $\int (x^2 + 8x)^2(x + 4)\, dx$ **14.** $\int 4x^2(3x^3 + 1)^2\, dx$

15. $\int \frac{x^2}{(2x^3 - 5)^3}\, dx$ **16.** $\int \frac{2}{\sqrt{7x - 1}}\, dx$

17. (생산) 작은 제재소의 생산량의 변화율은 다음과 같다.

$$\frac{dP}{dt} = 0.00472t(0.001t^2 + 0.5)^{1/4}, \quad 0 \le t \le 40$$

여기서 t는 시간(시)이고 P(세제곱미터)는 생산량이다. (a) 6시간, (b) 12시간 후 제재소의 생산량을 구하여라.

[18-23] (지수 및 로그 규칙 사용) 다음 부정적분을 구하여라.

18. $\int 4e^{4x}\, dx$ **19.** $\int e^{-5x}\, dx$

20. $\int 7xe^{3x^2}\, dx$ **21.** $\int \frac{1}{x - 6}\, dx$

22. $\int \frac{4}{6x - 1}\, dx$ **23.** $\int \frac{x^2}{1 - x^3}\, dx$

[24-25] (기하 공식을 사용하여 정적분 계산하기) 다음 정적분으로 표시되는 영역을 그려라. 그리고 기하 공식을 사용하여 적분을 계산하여라.

24. $\int_2^6 2\, dx$ **25.** $\int_0^4 (4 - x)\, dx$

26. (정적분의 성질 사용하기) $\int_2^6 f(x)\, dx = 10$, $\int_2^6 g(x)\, dx = 3$ 일 때 다음 정적분을 계산하여라.

(a) $\int_2^6 [f(x) + g(x)]\, dx$ (b) $\int_2^6 [f(x) - g(x)]\, dx$

(c) $\int_2^6 [2f(x) - 3g(x)]\, dx$ (d) $\int_2^6 5f(x)\, dx$

[27-29] (기본 정리로 면적 구하기) 다음 영역의 면적을 구하여라.

27. $f(x) = 4 - x^2$ **28.** $f(x) = \frac{4}{\sqrt{x}}$

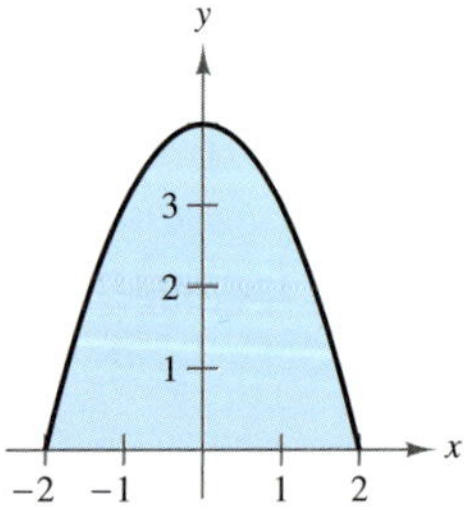

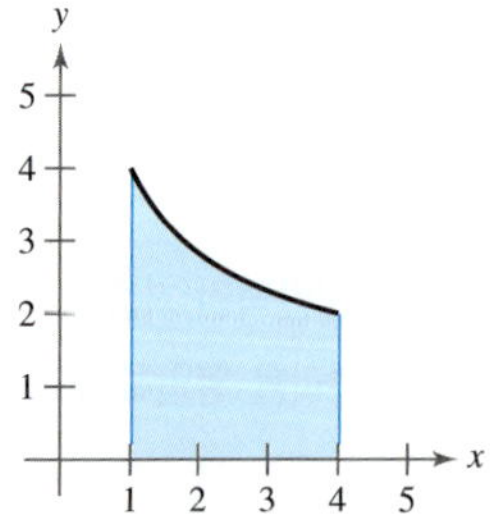

29. $f(x) = \frac{2}{x + 1}$

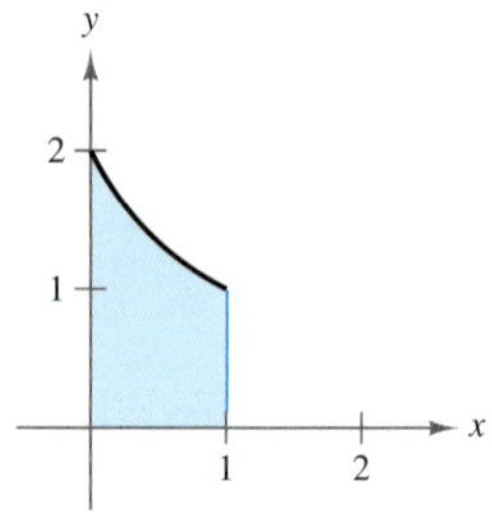

[30-35] (정적분 계산하기) 다음 정적분을 계산하여라.

30. $\int_0^4 (2 + x)\, dx$ **31.** $\int_{-1}^1 \left(4t^3 - 2\sqrt[3]{t}\right) dt$

32. $\int_{-2}^0 (4x + 5)^3\, dx$ **33.** $\int_3^9 \frac{5}{x}\, dx$

34. $\int_1^5 \frac{1}{\sqrt{4 + x}}\, dx$ **35.** $\int_0^{\ln 5} e^{x/5}\, dx$

[36-38] (함수의 평균값) 주어진 구간에서 함수의 평균값을 구하여라. 평균값과 같은 함숫값을 갖는 구간 내의 모든 x값을 구하여라.

36. $f(x) = 3x;\ [0, 2]$ **37.** $f(x) = -2e^x;\ [0, 3]$

38. $f(x) = \frac{1}{\sqrt{x}};\ [4, 9]$

[39-40] (짝수 및 홀수 함수 적분하기) 짝수 및 홀수 함수의 성질을 이용하여 다음 정적분을 계산하여라.

39. $\int_{-2}^2 6x^5\, dx$ **40.** $\int_{-3}^3 (x^4 + x^2)\, dx$

41. (연금액 구하기) 소득함수 $c(t) = 3000$달러이고, 이자율 $t = 6\ \%$, 기간 $T = 5$년일 때, 연금액을 구하여라.

42. (비용) 어떤 법률회사가 추가로 의뢰인을 접견하는 한계비용은 다음 모형식이다.

$$\frac{dC}{dx} = 675 + 0.5x$$

여기서 x는 의뢰인의 수이다. x가 50에서 51로 증가했을 때, 비용 C(달러)의 변화를 구하여라.

43. (복리) 예금 계좌에 연 이자율 4 %, 연속 복리로 500달러를 예치했다. 첫 6년 동안 계좌의 평균 잔고를 구하여라.

[44-47] (두 그래프로 둘러싸인 영역의 면적 구하기) 두 함수의 그래프로 둘러싸인 영역을 그리고 영역의 면적을 구하여라.

44. $y = -\dfrac{1}{x^3},\ y = 0,\ x = 1,\ x = 3$

45. $y = (x-3)^2,\ y = 8-(x-3)^2$

46. $y = \dfrac{5}{\sqrt{x+1}},\ y = 0,\ x = 0,\ x = 8$

47. $y = x,\ y = x^3$

[48-49] (소비자 잉여와 생산자 잉여) 수요함수와 공급함수를 사용하여 소비자 잉여와 생산자 잉여를 구하여라. 여기서 p는 가격(달러)이고 x는 단위 수(백만)이다.

	수요함수	공급함수
48.	$p = 36 - 0.35x$	$p = 0.05x$
49.	$p = 250 - x$	$p = 150 + x$

50. (수입) 어떤 회사의 2020년에서 2025년 사이에 예상되는 수입(10억 달러) 모형 R_1과 R_2가 다음과 같다.

$$R_1 = 24.3 + 8.24t,\ R_2 = 21.6 + 9.36t$$

여기서 $t = 20$은 2020년에 해당한다. 수입이 더 클 것으로 예상되는 모형은 어느 것인가? 그 모형이 6년 동안 창출할 것으로 예상되는 수입은 얼마인가?

51. (비용, 수입, 이익) 10년 동안 제조 과정에서 발생하는 수입(백만 달러)의 모형식은

$$R = 70$$

일 것으로 예상되며 같은 기간 동안 비용(백만 달러)의 모형식은

$$C = 30 + 0.3t^2$$

일 것으로 예상된다. 여기서 t는 시간(연)이다. 10년간의 이익을 추정하여라.

52. (평면 영역의 면적 근사) 직사각형을 사용하여 영역의 면적을 근사하여라. 이 결과를 정적분을 사용하여 구한 정확한 면적과 비교하여라.

$$f(x) = \frac{x}{3},\ [0, 3]$$

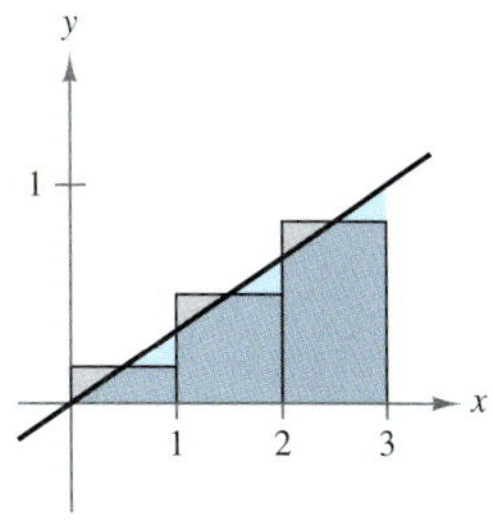

[53-55] (중점 법칙 사용하기) 중점 법칙을 사용하여 $n = 4$인 경우 주어진 구간에서 f의 그래프와 x축으로 둘러싸인 영역의 면적을 근사하여라. 영역을 그려라.

	함수	구간
53.	$f(x) = x^3$	$[0, 2]$
54.	$f(x) = (x^2-1)^{1/3}$	$[-1, 1]$
55.	$f(x) = \dfrac{9}{x^2+3}$	$[2, 3]$

[56-57] (중점 법칙 사용하기) 중점 법칙을 사용하여 $n = 6$인 경우 주어진 구간에서 f의 그래프와 x축으로 둘러싸인 영역의 면적을 근사하여라.

	함수	구간
56.	$f(x) = 9 - x^2$	$[-3, 3]$
57.	$f(x) = \dfrac{3}{x^2+1}$	$[-6, 6]$

58. (표면적) 중점 법칙을 사용하여 그림에 있는 습지의 표면적을 추정하여라.

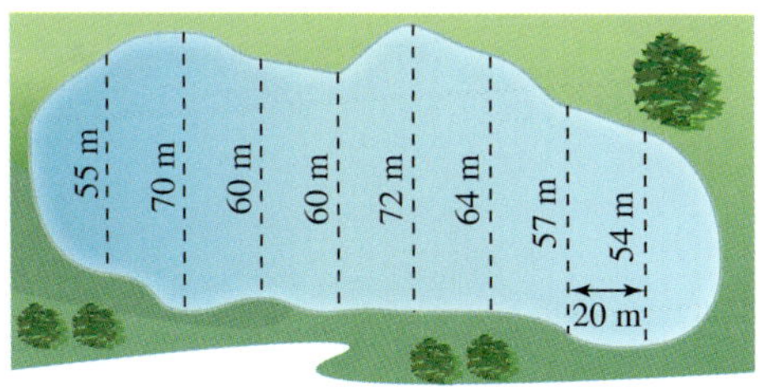

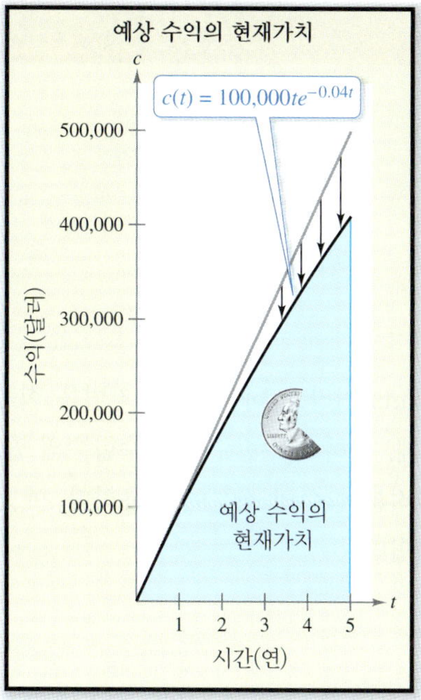

6장 1절의 예제 7은 어떤 회사의 예상 수익에 대한 현재가치를 계산하는 데 부분적분이 사용됨을 보여 주고 있다.

6 적분 기법

iStockphoto.com/PeopleImages

6.1 부분적분과 현재가치

- 부분적분을 이용하여 부정적분과 정적분 구하기
- 미래 수익의 현재가치 구하기

부분적분

이 절에서는 **부분적분**(integration by parts)이라고 하는 적분 기법을 학습한다. 이 기법은 다양한 함수에 적용할 수 있는데, 특히 대수함수와 지수함수의 곱, 또는 대수함수와 로그함수의 곱을 포함하는 피적분 함수의 적분에 유용하다. 예를 들면 부분적분은 다음과 같은 적분을 잘 할 수 있다.

$$\int x^2e^x\,dx \text{ 와 } \int x\ln x\,dx$$

부분적분은 미분의 곱의 규칙에 근거한다.

$$\frac{d}{dx}[uv] = u\frac{dv}{dx} + v\frac{du}{dx} \qquad \text{곱의 규칙}$$

$$uv = \int u\frac{dv}{dx}\,dx + \int v\frac{du}{dx}\,dx \qquad \text{양변을 적분한다}$$

$$uv = \int u\,dv + \int v\,du \qquad \text{미분 형식으로 쓴다}$$

$$\int u\,dv = uv - \int v\,du \qquad \text{다시 쓴다}$$

부분적분

u, v는 x의 미분가능 함수라고 하자.

$$\int u\,dv = uv - \int v\,du$$

부분적분의 공식은 원래 적분을 또 다른 적분으로 표현하는 것임에 유의하자. u와 dv의 선택에 따라 원래 적분보다 두 번째 적분이 계산하기가 쉬워질 수 있다. 부분적분의 과정에서 u와 dv의 선택은 매우 중요하므로 다음 지침을 참고하자.

부분적분의 지침

1. dv가 기본 적분 공식에 알맞은 피적분 함수의 가장 복잡한 부분으로 택하도록 한다. 그러면 u는 피적분 함수의 나머지 인자가 된다.
2. u는 미분이 u보다 간단한 함수가 되는 피적분 함수의 한 부분이 되도록 한다. 그러면 dv는 피적분 함수의 나머지 인자가 된다.

> dv는 항상 원래 피적분 함수의 dx를 포함한다.

부분적분을 할 때 먼저 dv나 또는 u를 선택한다. 먼저 인자를 선택하면 나머지는 저절로 결정된다—이것은 피적분 함수의 나머지 부분임에 틀림없다. 또한 dv는 원래 적분의 미분 dx를 포함해야 함에 유의하자.

예제 1 부분적분

$\int xe^x\,dx$를 구하여라.

풀이 부분적분을 적용하려면 원래 적분을 $\int u\,dv$ 형태로 다시 써야 한다. 즉 $xe^x dx$를 두 인자로 쪼개야 한다. 한 부분은 u를 나타내고, 다른 부분은 dv를 나타내도록 한다. 이렇게 하는 방법에는 여러 가지가 있다.

$$\int \underbrace{(x)}_{u}\underbrace{(e^x\,dx)}_{dv} \qquad \int \underbrace{(e^x)}_{u}\underbrace{(x\,dx)}_{dv} \qquad \int \underbrace{(1)}_{u}\underbrace{(xe^x\,dx)}_{dv} \qquad \int \underbrace{(xe^x)}_{u}\underbrace{(dx)}_{dv}$$

앞에서 제시한 지침은 $dv = e^x dx$가 기본 적분 공식에 맞고 피적분 함수의 가장 복잡한 부분이고 또한 $u = x$의 미분은 x보다 간단하므로 첫 번째 선택을 제안한다. 즉

$$dv = e^x\,dx \quad \Rightarrow \quad v = \int dv = \int e^x\,dx = e^x$$

$$u = x \quad \Rightarrow \quad du = dx$$

그러므로 다음 단계는 아래와 같이 부분적분 공식을 적용할 수 있다.

$$\int u\,dv = uv - \int v\,du \qquad \text{부분적분 공식}$$

$$\int xe^x\,dx = xe^x - \int e^x\,dx \qquad \text{대입한다}$$

$$= xe^x - e^x + C \qquad \int e^x\,dx\text{를 적분한다}$$

이 결과는 미분하여 점검할 수 있다. 즉

$$\frac{d}{dx}[xe^x - e^x + C] = xe^x + e^x(1) - e^x = xe^x$$

✓ **점검문제 1** $\int xe^{2x}\,dx$를 구하여라. ■

예제 1에서 $v = \int e^x\,dx = e^x$를 풀 때 적분상수를 포함할 필요가 없음에 유의하자. 이는 풀이에서 e^x를 $e^x + C_1$로 바꾸면

$$\int xe^x\,dx = x(e^x + C_1) - \int (e^x + C_1)\,dx$$

$$= xe^x + C_1x - e^x - C_1x + C$$

$$= xe^x - e^x + C$$

적분 후 C_1을 포함하는 항이 소거되는 것을 보면 알 수 있다.

예제 2 부분적분

$\int x^2 \ln x\, dx$를 구하여라.

풀이 이 경우는 $\ln x$보다 x^2이 쉽게 적분된다. $\ln x$의 미분은 간단하다. 그러므로 $dv = x^2\, dx$로 선택해야 한다.

$$dv = x^2\, dx \quad \Rightarrow \quad v = \int dv = \int x^2\, dx = \frac{x^3}{3}$$

$$u = \ln x \quad \Rightarrow \quad du = \frac{1}{x}\, dx$$

> **학습 팁**
>
> 아래의 Z 형태를 활용하여 부분적분을 기억해보자. 윗줄은 원래 적분, 대각선 줄은 uv, 그리고 아랫줄은 새 적분이다.
>
> 윗줄 대각선줄 아랫줄
>
> $$\int u\, dv = uv - \int v\, du$$
>
> 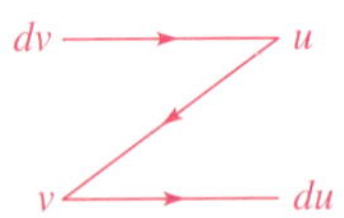
>

다음으로 부분적분 공식을 적용하면

$$\int u\, dv = uv - \int v\, du \qquad \text{부분적분 공식}$$

$$\int x^2 \ln x\, dx = \frac{x^3}{3}\ln x - \int \left(\frac{x^3}{3}\right)\left(\frac{1}{x}\right) dx \qquad \text{대입한다}$$

$$= \frac{x^3}{3}\ln x - \frac{1}{3}\int x^2\, dx \qquad \text{간단히 한다}$$

$$= \frac{x^3}{3}\ln x - \frac{x^3}{9} + C \qquad \text{적분한다}$$

✓ **점검문제 2** $\int x \ln x\, dx$를 구하여라. ■

예제 3 하나의 항으로서 부분적분

$\int \ln x\, dx$를 구하여라.

풀이 이 피적분 함수는 단 하나의 항만 가지므로 보통 적분과 다르다. 이런 경우는 $dv = dx$로 선택해야 하고, u가 하나의 항이 되게 선택한다.

$$dv = dx \quad \Rightarrow \quad v = \int dv = \int dx = x$$

$$u = \ln x \quad \Rightarrow \quad du = \frac{1}{x}\, dx$$

다음으로 부분적분 공식을 적용한다.

$$\int u\, dv = uv - \int v\, du \qquad \text{부분적분}$$

$$\int \ln x\, dx = x\ln x - \int (x)\left(\frac{1}{x}\right) dx \qquad \text{대입한다}$$

$$= x\ln x - \int dx \qquad \text{간단히 한다}$$

$$= x\ln x - x + C \qquad \text{적분한다}$$

✓ 점검문제 3 $\int \ln 2x\, dx$를 구하여라. ■

예제 4 반복해서 부분적분 사용하기

$\int x^2 e^x\, dx$를 구하여라.

풀이 인자 x^2과 e^x는 모두 적분하기가 쉽다. 그러나 x^2의 미분은 간단하나, 반면에 e^x의 미분은 그렇지 아니하다. 그러므로 $u = x^2$으로 두고 $dv = e^x\, dx$로 두어야 한다.

$$dv = e^x\, dx \Rightarrow v = \int dv = \int e^x\, dx = e^x$$

$$u = x^2 \Rightarrow du = 2x\, dx$$

다음으로 부분적분 공식을 적용한다.

$$\int x^2 e^x\, dx = x^2 e^x - \int 2xe^x\, dx \qquad \text{부분적분의 첫 적용}$$

부분적분을 처음 적용하여 원래 적분을 간단히 하는 데는 성공했지만, 오른쪽의 적분은 아직도 기본 적분 규칙을 적용하기에는 쉽지 않다. 이 두 번째 적분을 계산하기 위해서는 부분적분을 다시 적용해야 한다. 이번에는 $u = 2x$, $dv = e^x\, dx$로 두자.

$$dv = e^x\, dx \Rightarrow v = \int dv = \int e^x\, dx = e^x$$

$$u = 2x \Rightarrow du = 2\, dx$$

다시 부분적분 공식을 적용하자.

$$\begin{aligned}
\int x^2 e^x\, dx &= x^2 e^x - \int 2xe^x\, dx && \text{첫 번째 부분적분 적용}\\
&= x^2 e^x - \left(2xe^x - \int 2e^x\, dx\right) && \text{두 번째 부분적분 적용}\\
&= x^2 e^x - 2xe^x + 2e^x + C && \text{적분한다}\\
&= e^x(x^2 - 2x + 2) + C && \text{간단히 한다}
\end{aligned}$$

이 결과는 미분하여 점검할 수 있다.

$$\begin{aligned}
\frac{d}{dx}[e^x(x^2 - 2x + 2) + C] &= e^x(2x - 2) + (x^2 - 2x + 2)(e^x)\\
&= 2xe^x - 2e^x + x^2 e^x - 2xe^x + 2e^x\\
&= x^2 e^x
\end{aligned}$$

✓ 점검문제 4 $\int x^3 e^x\, dx$를 구하여라. ■

부분적분을 반복하여 적용할 때, 연이은 적용에서 치환을 바꾸지 않도록 주의를 기울여야 한다. 예를 들어 예제 4에서 첫 치환은 $dv = e^x dx$와 $u = x^2$이었다. 만약 두 번째 적용에서 치환을 바꾸어 $dv = 2x\, dx$와 $u = e^x$로 하면 다음을 얻을 것이다.

$$\begin{aligned}\int x^2e^x\,dx &= x^2e^x - \int 2xe^x\,dx\\ &= x^2e^x - \left(x^2e^x - \int x^2e^x\,dx\right)\\ &= \int x^2e^x\,dx\end{aligned}$$

그러므로 앞 적분이 정리되어 원래 적분으로 되돌아온다.

예제 5 **정적분 계산하기**

$\int_1^e \ln x\,dx$를 계산하여라.

풀이 예제 3에서 부분적분을 사용하여 $\ln x$의 역도함수를 구했다. 이 결과를 사용하여 다음과 같이 정적분을 계산할 수 있다.

$$\begin{aligned}\int_1^e \ln x\,dx &= \Big[x\ln x - x\Big]_1^e && \text{예제 3의 결과를 사용한다}\\ &= (e\ln e - e) - (1\ln 1 - 1) && \text{기본 정리를 적용한다}\\ &= (e - e) - (0 - 1)\\ &= 1 && \text{간단히 한다}\end{aligned}$$

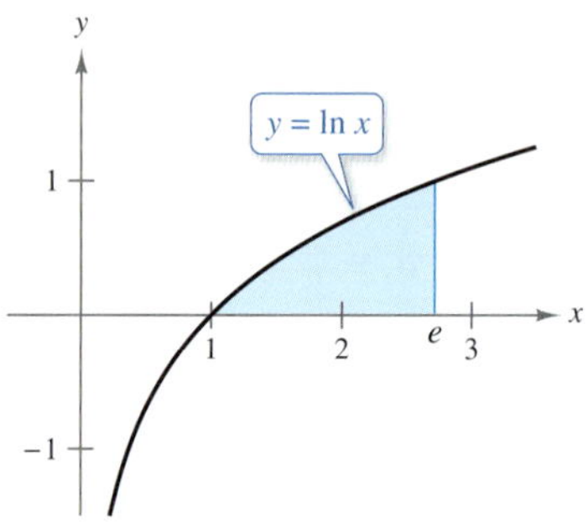

그림 6.1

이 정적분으로 표시된 면적은 그림 6.1에 보여 주고 있다.

✓ **점검문제 5** 예제 4의 결과를 사용하여 $\int_0^1 x^2e^x\,dx$를 계산하여라. ■

이 절의 연습문제를 풀기 전에 여러 가지 적분 기법을 어떻게 사용할 것인지 아는 것만으로는 충분하지 않다는 것을 기억하자. 또한 언제 그 기법을 사용할지 알아야 한다. 적분은 무엇보다 먼저 문제의 인식이다. 즉 역도함수를 구하기 위해 적용하는 공식과 기법의 인식이다. 가끔 피적분 함수를 약간 바꾸면 다른 적분 기법을 사용해야 할 경우가 있다. 다음에 몇 가지 예가 있다.

적분	기법	역도함수
$\int x\ln x\,dx$	부분적분	$\frac{x^2}{2}\ln x - \frac{x^2}{4} + C$
$\int \frac{\ln x}{x}\,dx$	거듭제곱 규칙: $\int u^n\frac{du}{dx}\,dx$	$\frac{(\ln x)^2}{2} + C$
$\int \frac{1}{x\ln x}\,dx$	로그 규칙: $\int \frac{1}{u}\frac{du}{dx}\,dx$	$\ln\lvert\ln x\rvert + C$

부분적분을 적용하는 문제를 많이 풀어봤으므로 u와 dv를 결정하는 요령이 향상되었을 것이다. 다음 요약은 u와 dv의 선택을 제안하는 두 가지 통상적인 적분을 보여 준다.

부분적분을 사용하는 통상적인 적분의 요약

1. 다음 형태의 적분

$$\int x^n e^{ax}\, dx$$

는 $u = x^n$, $dv = e^{ax}\, dx$로 둔다(예제 1, 4 참조).

2. 다음 형태의 적분

$$\int x^n \ln x\, dx$$

는 $u = \ln x$, $dv = x^n\, dx$로 둔다(예제 2, 3 참조).

현재가치

4.2절을 돌이켜 보면 미래에 지급될 금액의 현재가치는 미래에 주어진 금액을 얻기 위해 현재 필요한 금액이다. 1년 후 받을 1000달러의 현재가치는 얼마인가? 인플레이션으로 인해 1년 후 1000달러보다는 현재 1000달러로 더 많이 구입할 수 있을 것이다. 아래의 정의는 인플레이션의 효과만 생각한다.

현재가치

매년 지속적인 수익함수 c(달러/연)와 연 인플레이션(물가상승)율 r(소수형)인 경우, t_1년 후의 실질적인 전체 수익은

$$t_1\text{년 후의 실제 수익} = \int_0^{t_1} c(t)\, dt$$

이고, 이것의 **현재가치**(present value)는

$$\text{현재가치} = \int_0^{t_1} c(t)e^{-rt}\, dt$$

이다.

학습 팁

현재가치의 정의에 따르면 인플레이션율이 4 %일 때, 현재 1000달러는 1년 후 980.26달러이다.

인플레이션을 무시하면 현재가치를 나타내는 방정식은 또한 이자 포괄 계좌에 적용될 수 있다. 여기서 연 이자율는 r이고 연속 복리로 계산하고 c는 수익함수이다. 단위는 달러/연이다.

예제 6 현재가치 구하기

연방주 복권에서 1,000,000달러를 획득했다. 20년간 매년 50,000달러의 연금을 받을 것이다. 인플레이션율이 연 3 %일 때 이 수익의 현재가치는 얼마인가?

풀이 복권 당첨에 의한 수익함수는 $c(t) = 50{,}000$으로 주어진다. 그러므로

$$\begin{aligned}\text{실제 수익} &= \int_0^{20} 50{,}000\,dt \\ &= \Big[50{,}000t\Big]_0^{20} \\ &= 1{,}000{,}000\,(\text{달러})\end{aligned}$$

현재 이 금액을 전부 받을 수 없으므로, 현재가치는

$$\begin{aligned}\text{현재가치} &= \int_0^{20} 50{,}000e^{-0.03t}\,dt \\ &= \left[\frac{50{,}000}{-0.03}e^{-0.03t}\right]_0^{20} \\ &= 751{,}980.61\,(\text{달러})\end{aligned}$$

이다. 현재가치는 20년간 당신에게 줄 지급액을 지금 주정부가 예치하는 금액이다. 이것은 주 입장에서 주의 복권 사업이 왜 이득인지를 보여 준다.

학습 팁

현재가치의 공식을 사용할 때, 연 인플레이션율 r을 소수형으로 써야 함에 유의하자. 예제 6에서 인플레이션율 3 %는 $r = 0.03$이다.

✓ **점검문제 6** 예제 6의 복권에 의한 수익의 현재가치를 구하여라. 인플레이션율은 7 %이다. ■

예제 7 현재가치 구하기

어떤 회사가 앞으로 5년 동안 수익을

$$c(t) = 100{,}000t, \quad 0 \le t \le 5$$

그림 6.2(a) 참조

로 예상한다. 인플레이션율이 연 4 %라고 하면 회사는 예상 수익의 현재가치가 적어도 백만 달러라고 주장할 수 있는가?

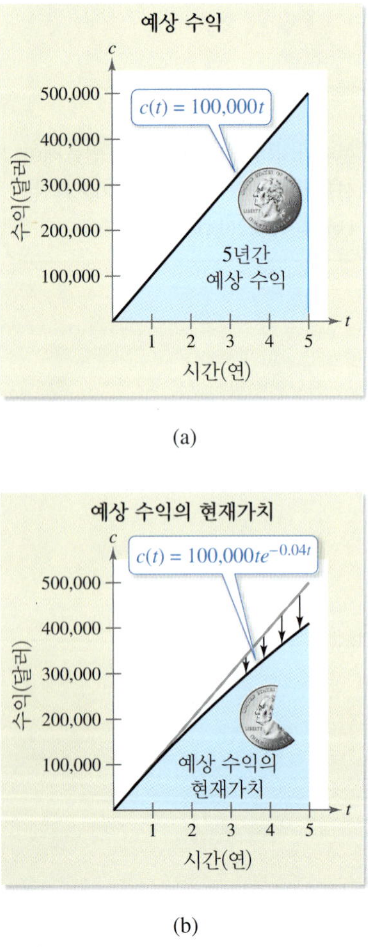

그림 6.2

풀이 현재가치는

$$\text{현재가치} = \int_0^5 100{,}000te^{-0.04t}\,dt = 100{,}000\int_0^5 te^{-0.04t}\,dt$$

부분적분을 사용하여 $dv = e^{-0.04t}\,dt$라 두면

$$dv = e^{-0.04t}\,dt \quad \Rightarrow \quad v = \int dv = \int e^{-0.04t}\,dt = -25e^{-0.04t}$$

$$u = t \quad \Rightarrow \quad du = dt$$

이로부터

$$\begin{aligned}\int te^{-0.04t}\,dt &= -25te^{-0.04t} + 25\int e^{-0.04t}\,dt \\ &= -25te^{-0.04t} - 625e^{-0.04t} \\ &= -25e^{-0.04t}(t+25)\end{aligned}$$

이므로 현재가치는

$$\text{현재가치} = 100{,}000\int_0^5 te^{-0.04t}\,dt$$

그림 6.2(b) 참조

$$= 100{,}000\Big[-25e^{-0.04t}(t+25)\Big]_0^5$$

$$= 1{,}095{,}193.52\,(\text{달러})$$

이다. 그러므로 회사는 앞으로 5년 동안 예상 수익의 현재가치는 적어도 백만 달러라고 주장할 수 있다.

✓ 점검문제 7 어떤 회사가 앞으로 10년 동안 수익을 $c(t) = 20{,}000t$, $0 \le t \le 10$으로 예상한다. 인플레이션율이 연 5 %라면 예상 수익의 현재가치는 얼마인가? ■

연습문제 6.1

[1-2] (부분적분 준비) dv와 u를 구분하여 다음 적분을 부분적분으로 계산하여라(적분은 계산하지 말아라).

1. $\int xe^{9x}\,dx$ **2.** $\int x\ln 2x\,dx$

[3-8] (부분적분) 부분적분을 사용하여 다음 부정적분을 구하여라. (예제 1, 2, 3, 4 참조)

3. $\int xe^{3x}\,dx$ **4.** $\int x^3\ln x\,dx$

5. $\int \ln 5x\,dx$ **6.** $\int x^2e^{-x}\,dx$

7. $\int x^2\sqrt{x+4}\,dx$ **8.** $\int x^2(\ln x)^3\,dx$

[9-19] (부정적분 구하기) 다음 부정적분을 구하여라(힌트: 다음 적분에 모두 부분적분을 적용하는 것은 아니다).

9. $\int e^{4x}\,dx$ **10.** $\int xe^{4x}\,dx$

11. $\int \frac{x^2}{e^{x/4}}\,dx$ **12.** $\int t\ln(t+1)\,dt$

13. $\int \frac{e^{1/t}}{t^2}\,dt$ **14.** $\int x(\ln x)^2\,dx$

15. $\int \frac{(\ln x)^2}{x}\,dx$ **16.** $\int \frac{\ln x}{x^2}\,dx$

17. $\int x\sqrt{x-3}\,dx$ **18.** $\int \frac{x}{\sqrt{x-1}}\,dx$

19. $\int \frac{xe^{2x}}{(2x+1)^2}\,dx$

[20-23] (정적분 계산하기) 부분적분을 사용하여 다음 정적분을 계산하여라. (예제 5 참조)

20. $\int_1^e x^5\ln x\,dx$ **21.** $\int_0^1 \ln(1+2x)\,dx$

22. $\int_0^8 x\sqrt{x+1}\,dx$ **23.** $\int_1^2 x^2e^{2x}\,dx$

[24-26] (영역의 면적) 다음 방정식의 그래프로 경계된 영역의 면적을 구하여라. 그래픽 도구를 사용하여 여러분의 결과를 증명하여라.

24. $y = (x+4)e^x,\ y = 0,\ x = -2,\ x = 1$

25. $y = \frac{1}{9}xe^{-x/3},\ \ y = 0,\ x = 0,\ x = 3$

26. $y = x^4\ln x,\ y = 0,\ x = 1,\ x = e$

27. (공식 증명) 부분적분을 사용하여 다음 공식을 증명하여라.

$$\int x^n\ln x\,dx = \frac{x^{n+1}}{(n+1)^2}[-1+(n+1)\ln x] + C,$$

$n \ne -1$

[28-29] (공식 사용) 적당한 공식을 사용하여 다음 적분을 구하여라.

28. $\int x^2e^{5x}\,dx$ **29.** $\int x^{-4}\ln x\,dx$

[30-31] (계산기를 사용하여 적분) 적분 계산기(적분용 소프트웨어)를 사용하여 다음 적분을 계산하여라.

30. $\int_0^2 t^3e^{-4t}\,dt$ **31.** $\int_0^5 x^4(25-x^2)^{3/2}\,dx$

32. (수요) 어떤 생산 회사의 앞으로 10년간 생산품에 대한 예상 수요 x(달러)는 다음의 모형식이다.

$$x = 500(20 + te^{-0.1t}), \quad 0 \le t \le 10$$

여기서 t는 시간(연)이다.

(a) 그래픽 도구를 사용하여 앞으로 10년간 이 회사는 수요가 증가 또는 감소를 예상하는지 어떤지 결정하여라.

(b) 다음 10년간 총수요를 구하여라.

(c) 10년간의 연 평균 수요를 구하여라.

33. (기억 모형) 0에서 10까지의 단계로 측정한 어린 아이의 기억력 M은

$$M = 1 + 1.6t \ln t, \quad 0 < t \le 4$$

로 모형화된다. 여기서 t는 어린이의 나이이다.

(a) 어린이의 첫 번째와 두 번째 생일 사이 모형의 평균값을 구하여라.

(b) 어린이의 세 번째와 네 번째 생일 사이 모형의 평균값을 구하여라.

[34-36] (현재가치 구하기) 연 인플레이션율 r이 다음과 같을 때 t_1년간 수익 c(달러)의 현재가치를 구하여라. (예제 6, 7 참조)

34. $c = 5000,\ r = 4\%,\ t_1 = 4$년

35. $c = 100{,}000 + 4000t,\ r = 5\%,\ t_1 = 10$년

36. $c = 1000 + 50te^{t/2},\ r = 6\%,\ t_1 = 4$년

37. (현재가치) 주 복권에서 2,000,000달러를 획득했다고 하자. 25년간 매년 80,000달러를 연금으로 받을 것이라고 한다. 인플레이션율이 연 5 %일 때 수익의 현재가치는 얼마인가?

38. (현재가치) 어떤 회사가 앞으로 4년간 수익 c를 다음 모형식으로 예상한다.

$$c = 150{,}000 + 75{,}000t, \quad 0 \le t \le 4$$

(a) 4년간 이 사업에 대한 실제 수익을 구하여라.

(b) 인플레이션율이 연 4 %라고 가정하면 수익의 현재가치는 얼마인가?

39. (현재가치) 프로 운동선수의 4년간 계약에서 수익 c는 다음 모형식이다.

$$c = 3{,}000{,}000 + 750{,}000t$$

여기서 t는 연도이다.

(a) 운동선수의 계약에 대한 실제 수익을 구하여라.

(b) 인플레이션율이 연 5 %라고 가정하면 계약의 현재가치는 얼마인가?

40. (미래가치) 연 이자율 r로 t_1년 동안 수익함수 $f(t)$에 대해 연속 복리라고 하면 이 투자의 미래가치는

$$\text{미래가치} = e^{rt_1}\int_0^{t_1} f(t)e^{-rt}\,dt$$

로 주어진다. r은 소수형이다.

만약 $f(t) = 3000,\ r = 8\%,\ t_1 = 10$년이라고 할 때 투자의 미래가치를 구하여라.

41. (금융: 미래가치) 연습문제 40의 방정식 미래가치 $= e^{rt_1}\int_0^{t_1} f(t)e^{-rt}\,dt$를 사용하여 다음을 계산하여라.

(a) 매년 1200달러를 7 %의 이자로 10년간 저축할 때 미래가치를 구하여라.

(b) 어떤 사람이 매년 1200달러를 투자하려고 하는데 한 곳은 9 %의 이자를 주고 다른 곳은 좀 더 위험하나 10 %의 이자를 준다고 한다. 15년간 투자를 한다면 돌려받는 금액(미래가치)은 얼마나 차이가 날까?

42. (중점 법칙) 중점 법칙 프로그램과 비슷한 컴퓨터 소프트웨어를 사용하여 $n = 10$인 경우 다음의 근삿값을 구하여라(소프트웨어는 여러 가지가 있음).

$$\int_1^4 \frac{4}{\sqrt{x} + \sqrt[3]{x}}\,dx$$

6.2 적분표

- 적분표를 사용하여 부정적분과 정적분 구하기
- 축소 공식을 사용하여 부정적분 구하기
- 적분표를 사용하여 실생활 문제 풀기

적분표

앞서 기본 적분 공식을 사용할 수 있는 몇 가지 적분 기법을 학습했다. 적분 기법과 적분 공식이 역도함수를 구하는 모든 방법을 제시하는 것은 아니지만 중요한 것을 대부분 포함하고 있다.

이 절에서는 적분 공식 목록을 확장하여 적분표를 만들 것이다. 기본 목록에 새로운 적분 공식을 추가하면 두 가지 효과가 발생한다. 하나는 적분표를 점점 더 외우기 힘들어져 적분 공식 전체 목록과 친해지려 한다는 것이고, 다른 하나는 더 긴 목록을 가지고 있다면 목록의 공식 중 하나에 적분을 맞추기가 더 수월해진다는 것이다. 긴 적분 공식의 표에 의해 적분하는 과정을 **표에 의한 적분**(integration by tables)이라고 한다. (부록 C의 적분표는 단지 적분 공식의 일부분을 나열한 것에 불과하다. 훨씬 더 길게 나열한 적분표도 있다. 몇몇 적분표는 수백 개의 공식을 포함하는 것도 있다.)

적분표에 의한 적분을 쉽게 생각해서는 안 된다. 상당히 깊은 생각과 직관이 요구되고 이따금 치환이 필요하기도 하다. 많은 적분표가 이 교재에서 논의된 적분 기법에 큰 도움이 됨을 알게 될 것이다. 적분표를 능숙하게 사용하게 되면 다양한 적분 기법을 사용할 수 있을 것이다. 적분 기법과 적분표를 결합하면 무척 다양한 적분을 할 수 있을 것이다.

부록 C에 있는 공식은 여러분이 학습한 기법의 하나 또는 그 이상을 사용하는 데 도움이 될 것이다. 공식 중 일부는 증명을 해 봐야 한다. 예를 들어 공식 17, 즉

$$\int \frac{\sqrt{a+bu}}{u}\,du = 2\sqrt{a+bu} + a\int \frac{1}{u\sqrt{a+bu}}\,du \qquad \text{공식 17}$$

는 부분적분으로 증명할 수 있고, 공식 39

$$\int \frac{1}{1+e^u}\,du = u - \ln(1+e^u) + C \qquad \text{공식 39}$$

는 치환으로 증명할 수 있다. 또 공식 44

$$\int (\ln u)^2\,du = u[2 - 2\ln u + (\ln u)^2] + C \qquad \text{공식 44}$$

는 부분적분을 두 번 적용하여 증명할 수 있다.

부록 C에 있는 적분표의 공식은 피적분 함수의 형태에 따라 분류되어 있다. 몇

가지 형태가 아래에 나열되어 있다.

- u^n을 포함하는 형태
- $a + bu$를 포함하는 형태
- $\sqrt{a + bu}$를 포함하는 형태
- $u^2 - a^2$을 포함하는 형태
- $\sqrt{u^2 \pm a^2}$을 포함하는 형태
- $\sqrt{a^2 - u^2}$을 포함하는 형태
- e^u를 포함하는 형태
- $\ln u$를 포함하는 형태

예제 1 적분표 사용하기

$\int \frac{x}{\sqrt{x-1}}\,dx$를 구하여라.

풀이 근호 안의 식이 선형이므로 공식 19에 있는 $\sqrt{a + bu}$를 포함하는 형태로 생각해야 한다.

$$\int \frac{u}{\sqrt{a+bu}}\,du = -\frac{2(2a - bu)}{3b^2}\sqrt{a+bu} + C \qquad \text{공식 19}$$

이 공식을 사용하여 $a = -1, b = 1, u = x$라 두면 $du = dx$이고 따라서 다음을 얻는다.

$$\begin{aligned}\int \frac{x}{\sqrt{x-1}}\,dx &= -\frac{2(-2 - x)}{3}\sqrt{x-1} + C && a, b, u\text{의 값을 대입한다}\\ &= \frac{2}{3}(2 + x)\sqrt{x-1} + C && \text{간단히 한다}\end{aligned}$$

✓ **점검문제 1** 부록 C의 적분표를 사용하여 다음을 구하여라.

$$\int \frac{x}{\sqrt{2+x}}\,dx$$

■

예제 2 적분표 사용하기

$\int x\sqrt{x^4 - 9}\,dx$를 구하여라.

풀이 어느 공식을 사용해야 할지 분명하지 않으므로 $u = x^2$ 그리고 $du = 2x\,dx$를 두고 시작할 수 있다. 치환으로 주어진 적분은 다음과 같이 쓸 수 있다.

$$\begin{aligned}\int x\sqrt{x^4 - 9}\,dx &= \frac{1}{2}\int \sqrt{(x^2)^2 - 9}\,(2x)\,dx && \text{2를 곱하고 다시 2로 나눈다}\\ &= \frac{1}{2}\int \sqrt{u^2 - 9}\,du && u\text{와 } du\text{로 치환한다}\end{aligned}$$

이제 공식 23을 사용할 수 있음을 알 수 있다.

$$\int \sqrt{u^2 - a^2}\, du = \frac{1}{2}\left(u\sqrt{u^2 - a^2} - a^2 \ln\left|u + \sqrt{u^2 - a^2}\right|\right) + C$$

$a = 3$으로 두면 다음을 얻는다.

$$\begin{aligned}\int x\sqrt{x^4 - 9}\, dx &= \frac{1}{2}\int \sqrt{u^2 - a^2}\, du \\ &= \frac{1}{2}\left[\frac{1}{2}\left(u\sqrt{u^2 - a^2} - a^2 \ln\left|u + \sqrt{u^2 - a^2}\right|\right)\right] + C \\ &= \frac{1}{4}\left(x^2\sqrt{x^4 - 9} - 9 \ln\left|x^2 + \sqrt{x^4 - 9}\right|\right) + C\end{aligned}$$

✓ **점검문제 2** 부록 C의 적분표를 사용하여 다음을 구하여라.

$$\int \frac{\sqrt{x^2 + 16}}{x}\, dx$$

■

예제 3 **적분표 사용하기**

$\int \frac{1}{x\sqrt{x + 1}}\, dx$를 구하여라.

풀이 $\sqrt{a + bu}$를 포함하는 형태를 생각하자. 여기서 $a = 1$, $b = 1$, $u = x$, 그러면 공식 15를 사용할 수 있다.

$$\int \frac{1}{u\sqrt{a + bu}}\, du = \frac{1}{\sqrt{a}} \ln\left|\frac{\sqrt{a + bu} - \sqrt{a}}{\sqrt{a + bu} + \sqrt{a}}\right| + C, \quad a > 0$$

그리므로 다음을 얻는다.

$$\begin{aligned}\int \frac{1}{x\sqrt{x + 1}}\, dx &= \int \frac{1}{u\sqrt{a + bu}}\, du \\ &= \frac{1}{\sqrt{a}} \ln\left|\frac{\sqrt{a + bu} - \sqrt{a}}{\sqrt{a + bu} + \sqrt{a}}\right| + C \\ &= \ln\left|\frac{\sqrt{x + 1} - 1}{\sqrt{x + 1} + 1}\right| + C\end{aligned}$$

✓ **점검문제 3** 부록 C의 적분표를 사용하여 $\int \frac{1}{x^2 - 4}\, dx$를 구하여라. ■

예제 4 **적분표 사용하기**

$\int_0^2 \frac{x}{1 + e^{-x^2}}\, dx$를 계산하여라.

풀이 e^u를 포함하는 형태의 공식 39

$$\int \frac{1}{1 + e^u}\, du = u - \ln(1 + e^u) + C$$

가 가장 알맞아 보인다. 이 공식을 사용하기 위해 $u = -x^2$ 그리고 $du = -2x\, dx$라 두면

$$\int \frac{x}{1+e^{-x^2}}\,dx = -\frac{1}{2}\int \frac{1}{1+e^{-x^2}}(-2x)\,dx$$
$$= -\frac{1}{2}\int \frac{1}{1+e^{u}}\,du$$
$$= -\frac{1}{2}[u - \ln(1+e^{u})] + C$$
$$= -\frac{1}{2}[-x^2 - \ln(1+e^{-x^2})] + C$$
$$= \frac{1}{2}[x^2 + \ln(1+e^{-x^2})] + C$$

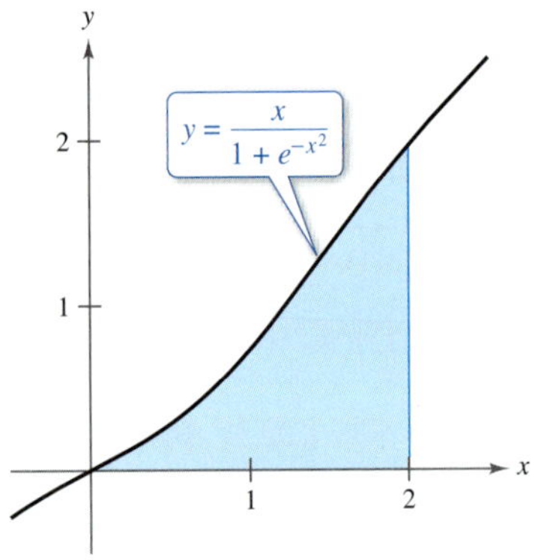

그림 6.3

이므로 정적분의 값은 다음과 같다.

$$\int_0^2 \frac{x}{1+e^{-x^2}}\,dx = \frac{1}{2}\Big[x^2 + \ln(1+e^{-x^2})\Big]_0^2 \approx 1.66$$ 그림 6.3 참조

✓**점검문제 4** 부록 C의 적분표를 사용하여 $\int_0^1 \frac{x^2}{1+e^{x^3}}\,dx$를 계산하여라. ■

축소 공식

적분표에 있는 몇몇 공식은 다음 형태이다.

$$\int f(x)\,dx = g(x) + \int h(x)\,dx$$

여기서 우변은 적분을 포함한다. 이런 적분 공식을 **축소 공식**(reduction formula)이라고 하는데 원래 적분은 어떤 함수와 더 간단한 적분의 합으로 표현되기 때문이다.

예제 5 축소 공식 사용하기

$\int x^2e^x\,dx$를 구하여라.

풀이 공식 38을 사용하면

$$\int u^ne^u\,du = u^ne^u - n\int u^{n-1}e^u\,du$$

$u = x$ 그리고 $n = 2$라 두면, $du = dx$이고 다음과 같이 쓸 수 있다.

$$\int x^2e^x\,dx = x^2e^x - 2\int xe^x\,dx$$

그리고 공식 37을 사용하면

$$\int ue^u\,du = (u-1)e^u + C$$

이므로 다음과 같다.

$$\begin{aligned}\int x^2e^x\,dx &= x^2e^x - 2\int xe^x\,dx\\ &= x^2e^x - 2(x-1)e^x + C\\ &= x^2e^x - 2xe^x + 2e^x + C\\ &= e^x(x^2-2x+2)+C\end{aligned}$$

이 결과는 미분하여 다음과 같이 검증할 수 있다.

$$\begin{aligned}\frac{d}{dx}[e^x(x^2-2x+2)+C] &= e^x(2x-2)+(x^2-2x+2)(e^x)\\ &= 2xe^x - 2e^x + x^2e^x - 2xe^x + 2e^x\\ &= x^2e^x\end{aligned}$$

✓ **점검문제 5** 부록 C의 적분표를 사용하여 $\int (\ln x)^3\,dx$를 구하여라. ■

응용

적분은 어떤 사건이 일어날 확률을 구하는 데 사용된다. 실제 응용에서 x가 a와 b 사이에 있을 확률은 **확률 밀도함수** f에 의해 다음과 같이 표현된다.

$$P(a \le x \le b) = \int_a^b f(x)\,dx$$

확률 $P(a \le x \le b)$는 0과 1 사이에 있어야 한다.

예제 6 확률 구하기

한 심리학자가 기억 실험에서 어떤 참가자가 a에서 b퍼센트(소수형) 사이에서 자료를 기억할 확률이 다음과 같음을 발견했다.

$$P(a \le x \le b) = \int_a^b \frac{1}{e-2}x^2e^x\,dx, \quad 0 \le a \le b \le 1$$

임의로 선택된 참가자가 0 %에서 87.5 % 사이에서 자료를 기억할 확률을 구하여라.

풀이 상수배 규칙을 사용하여 적분을 다음과 같이 다시 쓸 수 있다.

$$\frac{1}{e-2}\int_a^b x^2e^x\,dx$$

피적분 함수가 예제 5와 같음에 유의하자. 예제 5의 결과를 사용하여 $a=0$, $b=0.875$ 사이에서 확률을 구하면

$$\begin{aligned}P(0 \le x \le 0.875) &= \frac{1}{e-2}\int_0^{0.875} x^2e^x\,dx\\ &= \frac{1}{e-2}\Big[e^x(x^2-2x+2)\Big]_0^{0.875}\\ &\approx 0.608\end{aligned}$$

이다. 확률은 약 60.8 %이다(그림 6.4).

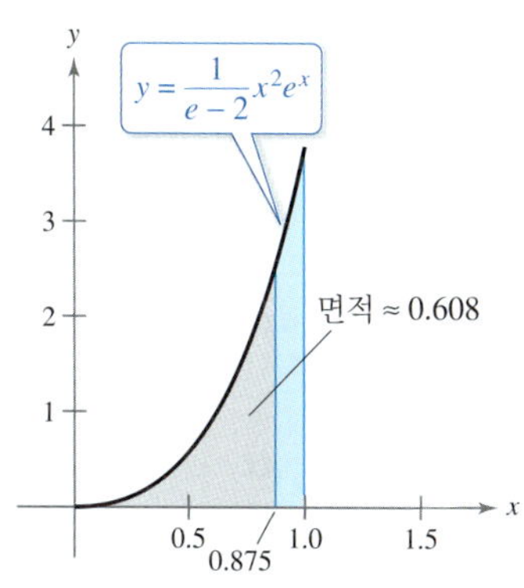

그림 6.4

✓점검문제 6 예제 6을 사용하여 어떤 참가자가 0 %에서 62.5 % 사이에서 자료를 기억할 확률을 구하여라. ■

연습문제 6.2

[1-4] (적분표 사용하기) 부록 C에 있는 적분표의 공식을 사용하여 다음 부정적분을 구하여라. (예제 1, 2, 3 참조)

1. $\int \frac{x}{(2+3x)^2}\,dx$; 공식 4

2. $\int 8x^2\sqrt{x^2+16}\,dx$; 공식 24

3. $\int \frac{2x}{\sqrt{x^4-9}}\,dx$; 공식 27

4. $\int x^3e^{x^2}\,dx$; 공식 37

[5-18] (적분표 사용하기) 부록 C에 있는 적분표의 공식을 사용하여 다음 부정적분을 구하여라. (예제 1, 2, 3, 5 참조)

5. $\int \frac{1}{x(1+x)}\,dx$

6. $\int \frac{1}{x\sqrt{x^2+49}}\,dx$

7. $\int \frac{1}{x\sqrt{4-x^2}}\,dx$

8. $\int 3x\ln 3x\,dx$

9. $\int \frac{6x}{1+e^{3x^2}}\,dx$

10. $\int \frac{x}{x^4-36}\,dx$

11. $\int x^2\sqrt{3+x}\,dx$

12. $\int \sqrt{3+x^2}\,dx$

13. $\int \frac{x^2}{1+x}\,dx$

14. $\int \frac{1}{x^2\sqrt{1-x^2}}\,dx$

15. $\int \frac{8x^2}{(9-2x)^5}\,dx$

16. $\int 4x^2\ln 2x\,dx$

17. $\int \frac{x^2}{(3x-5)^2}\,dx$

18. $\int \frac{\ln x}{x(4+3\ln x)}\,dx$

[19-22] (적분표 사용하기) 부록 C의 적분표를 사용하여 다음 정적분을 계산하여라. (예제 4 참조)

19. $\int_0^1 \frac{x}{\sqrt{1+x}}\,dx$

20. $\int_3^6 \frac{x}{4x-7}\,dx$

21. $\int_0^4 \frac{6}{1+e^{0.5x}}\,dx$

22. $\int_1^3 \frac{1}{x^2\sqrt{x^2+5}}\,dx$

[23-25] (영역의 면적) 부록 C의 적분표를 사용하여 다음 방정식의 그래프로 둘러싸인 영역의 정확한 면적을 구하여라. 그래픽 도구를 사용하여 결과를 검증하여라.

23. $y = \frac{1}{(16-x^2)^{3/2}},\ y=0,\ x=-2,\ x=2$

24. $y = \frac{1}{9x^2(2+3x)},\ y=0,\ x=1,\ x=2$

25. $y = x^2\sqrt{x^2+4},\ y=0,\ x=\sqrt{5}$

[26-27] (두 방법을 사용하여 부정적분 구하기) (a) 부록 C의 적분표 (b) 부분적분을 사용하여 다음 부정적분을 구하여라.

26. $\int \ln\frac{x}{3}\,dx$

27. $\int \frac{x}{\sqrt{7x-3}}\,dx$

28. **(확률)** 기억 실험에서 학습한 자료를 a에서 b퍼센트(소수형) 사이에서 기억할 확률이 다음과 같은 모형식이다.

$$P(a \le x \le b) = \int_a^b \frac{75}{14}\left(\frac{x}{\sqrt{4+5x}}\right)dx$$

여기서 $0 \le a \le b \le 1$이다. 자료를 (a) 40 %에서 80 % 사이에서 기억할 확률과 (b) 0 %에서 50 % 사이에서 기억할 확률을 각각 구하여라.

29. **(개체 수 증가)** 그래픽 도구를 사용하여 성장함수의 그래프를 그려라. 부록 C의 적분표를 사용하여 주어진 구간에서 성장함수의 평균값을 구하여라. 여기서 N은 개체 수의 크기이고 t는 시간(일)이다.

$$N = \frac{5000}{1+e^{4.8-1.9t}},\ [0, 2]$$

30. **(수입)** 신제품에 대한 수입(달러)은 $R = 10{,}000[1 - 1/(1+0.1t^2)^{1/2}]$의 모형식이다. 여기서 t는 시간(연)이다. 시장에서 첫 2년간의 신제품의 수입을 추정하여라.

31. **(소비자 잉여와 생산자 잉여)** 어떤 제품의 수요함수 및 공급함수는 다음 모형식이다.

수요함수: $p = 60/\sqrt{x^2+81}$, 공급함수: $p = x/3$

여기서 p는 가격(달러)이고 x는 단위 수(백만)이다. 이 제품에 대한 소비자 잉여와 생산자 잉여를 구하여라.

6.3 수치 적분

- 사다리꼴 공식을 사용하여 정적분 근사하기
- 심프슨 공식을 사용하여 정적분 근사하기
- 사다리꼴 공식과 심프슨 공식에서 근사 오차 분석하기

사다리꼴 공식

5장 6절에서 정적분의 값을 근사하는 한 기법인 중점 법칙을 학습했다. 이 절에서는 또 다른 두 가지 기법, 즉 **사다리꼴 공식**(trapezoidal rule)과 **심프슨 공식**(Simpson's rule)을 학습할 것이다.

사다리꼴 공식을 전개하기 위해 함수 f는 닫힌구간 $[a, b]$에서 음이 아니고 연속이라고 가정한다. 다음 식

$$\int_a^b f(x)\,dx$$

의 면적을 근사하기 위해 구간을 n개의 부분 구간으로 나눈다. 각 폭은 다음과 같다.

$$\Delta x = \frac{b-a}{n} \qquad \text{부분 구간의 폭}$$

다음으로 그림 6.5와 같이 n개의 사다리꼴을 만든다. 그림 6.6에서처럼 첫 번째 사다리꼴의 면적은

$$\text{첫 번째 사다리꼴의 면적} = \left(\frac{b-a}{n}\right)\left[\frac{f(x_0)+f(x_1)}{2}\right]$$

이다. 다른 사다리꼴의 면적은 같은 형태를 따르고, n개의 면적의 합을 구한다.

$$\begin{aligned}\text{면적} &= \left(\frac{b-a}{n}\right)\left[\frac{f(x_0)+f(x_1)}{2}+\frac{f(x_1)+f(x_2)}{2}+\cdot\cdot\cdot+\frac{f(x_{n-1})+f(x_n)}{2}\right]\\ &= \left(\frac{b-a}{2n}\right)[f(x_0)+f(x_1)+f(x_1)+f(x_2)+\cdot\cdot\cdot+f(x_{n-1})+f(x_n)]\\ &= \left(\frac{b-a}{2n}\right)[f(x_0)+2f(x_1)+2f(x_2)+\cdot\cdot\cdot+2f(x_{n-1})+f(x_n)]\end{aligned}$$

이 전개는 f가 연속이고 $[a, b]$에서 음이 아님을 가정했지만, 결과 공식은 f가 $[a, b]$에서 연속인 한 유효하다.

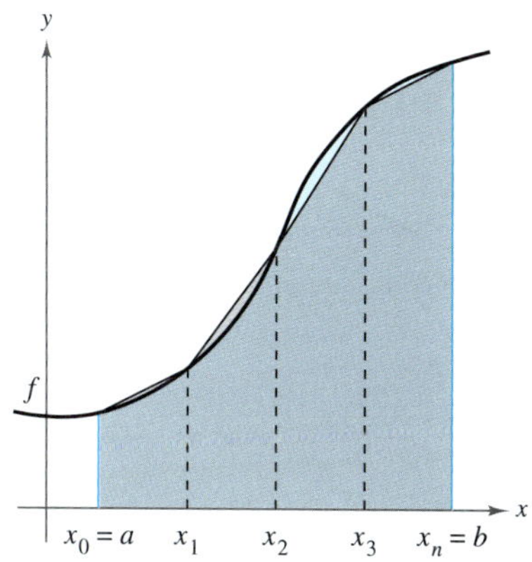

그림 6.5 영역의 면적은 4개의 사다리꼴을 사용하여 근사할 수 있다.

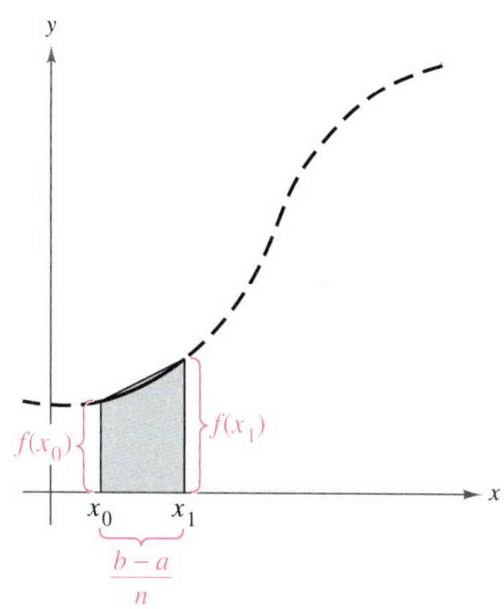

그림 6.6

사다리꼴 공식

f가 $[a, b]$에서 연속이면 다음과 같이 근사할 수 있다.

$$\int_a^b f(x)\,dx \approx \left(\frac{b-a}{2n}\right)[f(x_0)+2f(x_1)+\cdot\cdot\cdot+2f(x_{n-1})+f(x_n)]$$

사다리꼴 공식에서 계수는 다음 형태를 갖는다.

$$1 \quad 2 \quad 2 \quad 2 \quad \cdots \quad 2 \quad 2 \quad 1$$

예제 1 사다리꼴 공식 사용하기

사다리꼴 공식을 사용하여 $\int_0^1 e^x\,dx$를 근사하여라. $n = 4$, $n = 8$인 경우 결과를 비교하여라.

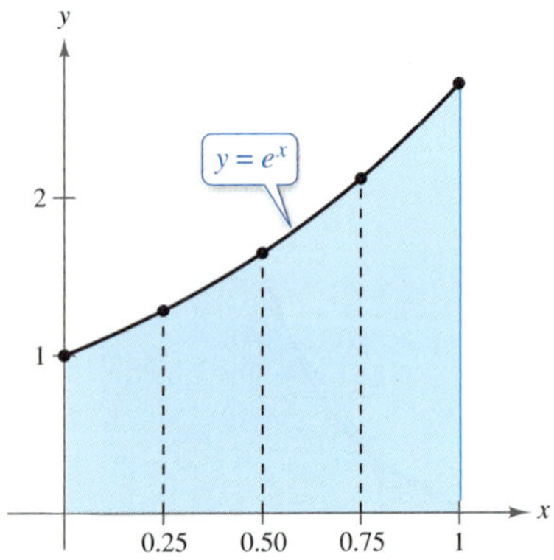

그림 6.7 4개의 부분 구간

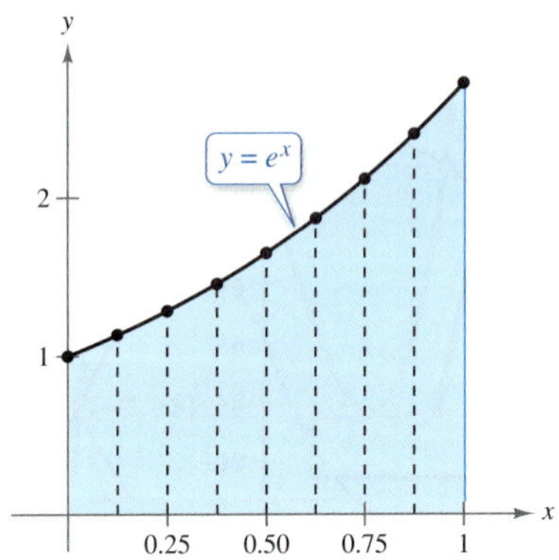

그림 6.8 8개의 부분 구간

풀이 $n = 4$인 경우 각 부분 구간의 폭은

$$\frac{1-0}{4} = \frac{1}{4}$$

이고 부분 구간의 끝점은 그림 6.7에 표시된 것처럼

$$x_0 = 0, \quad x_1 = \frac{1}{4}, \quad x_2 = \frac{1}{2}, \quad x_3 = \frac{3}{4}, \quad x_4 = 1$$

이므로 사다리꼴 공식에 의해 다음을 얻는다.

$$\begin{aligned}\int_0^1 e^x\,dx &= \frac{1}{8}(e^0 + 2e^{0.25} + 2e^{0.5} + 2e^{0.75} + e^1) \\ &\approx 1.7272 \qquad n = 4\text{를 사용한 근삿값}\end{aligned}$$

$n = 8$일 때 각 부분 구간의 폭은

$$\frac{1-0}{8} = \frac{1}{8}$$

이고 부분 구간의 끝점은 그림 6.8에 표시된 것처럼

$$x_0 = 0, \quad x_1 = \frac{1}{8}, \quad x_2 = \frac{1}{4}, \quad x_3 = \frac{3}{8}, \quad x_4 = \frac{1}{2},$$
$$x_5 = \frac{5}{8}, \quad x_6 = \frac{3}{4}, \quad x_7 = \frac{7}{8}, \quad x_8 = 1$$

이므로 사다리꼴 공식에 의해 다음을 얻는다.

$$\begin{aligned}\int_0^1 e^x\,dx &= \frac{1}{16}(e^0 + 2e^{0.125} + 2e^{0.25} + \cdots + 2e^{0.875} + e^1) \\ &\approx 1.7205 \qquad n = 8\text{을 사용한 근삿값}\end{aligned}$$

물론 이 특별한 적분에 대해서도 역도함수를 구하고 미적분학의 기본 정리를 사용하여 정적분의 정확한 값을 구할 수 있었다. 정확한 값은 다음과 같다.

$$\int_0^1 e^x\,dx = e - 1 \qquad \text{정확한 값}$$

이 근삿값은 1.718282이다.

✔ **점검문제 1** $n = 4$인 경우 사다리꼴 공식을 사용하여 $\int_0^1 e^{2x}\,dx$를 근사하여라. ■

사다리꼴 공식에 관한 두 가지 중요한 요점이 있다. 첫째는 근삿값에서 n이 증가하면 점점 정확해진다. 예를 들어 예제 1에서 $n = 16$일 때 사다리꼴 공식은 1.7188의 근삿값을 준다. 둘째는 예제 1의 적분을 계산하기 위해 미적분학의 기본 정리를 사용했지만 미분적분학의 기본 정리는 $\int_0^1 e^{x^2}\,dx$ 형태의 적분 계산에는 사용할 수 없다. 반면에 사다리꼴 공식은 이 적분을 추정하는 데 쉽게 적용된다.

심프슨 공식

사다리꼴 공식을 관찰하는 한 방법은 각 부분 구간에서 f를 일차 다항식으로 근사하는 것이다. 심프슨 공식에서는 f가 각 부분 구간에서 이차 다항식으로 근사한다.

심프슨 공식을 전개하기 위해 구간 $[a, b]$를 짝수 n개로 나눈다. 각 폭은 다음과 같다.

$$\Delta x = \frac{b - a}{n}$$

부분 구간 $[x_0, x_2]$에서 함수 f는 세 점

$$(x_0, f(x_0)), \quad (x_1, f(x_1)), \quad (x_2, f(x_2))$$

를 지나는 이차 다항식으로 근사한다(그림 6.9). 미적분학의 기본 정리를 사용하여 다음을 보일 수 있다.

$$\begin{aligned}\int_{x_0}^{x_2} f(x)\,dx &\approx \int_{x_0}^{x_2} p(x)\,dx \\ &= \left(\frac{x_2 - x_0}{6}\right)\left[p(x_0) + 4p\left(\frac{x_0 + x_2}{2}\right) + p(x_2)\right] \\ &= \frac{2[(b-a)/n]}{6}[p(x_0) + 4p(x_1) + p(x_2)] \\ &= \left(\frac{b-a}{3n}\right)[f(x_0) + 4f(x_1) + f(x_2)]\end{aligned}$$

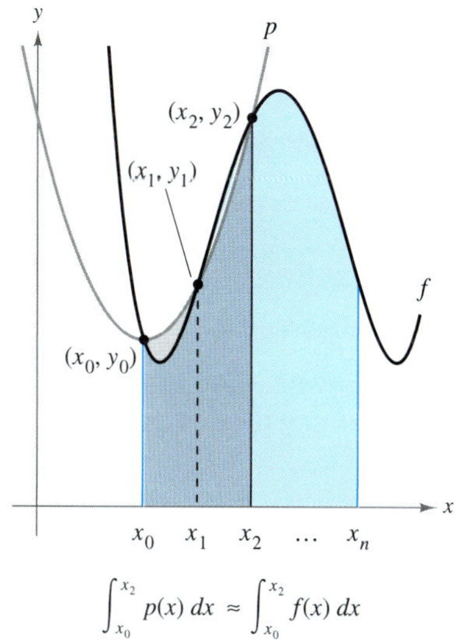

그림 6.9

이 과정을 부분 구간 $[x_{i-2}, x_i]$에 반복하면 다음을 얻는다.

$$\begin{aligned}\int_a^b f(x)\,dx \approx \left(\frac{b-a}{3n}\right)&[f(x_0) + 4f(x_1) + f(x_2) + f(x_2) + 4f(x_3) + \\ &f(x_4) + \cdots + f(x_{n-2}) + 4f(x_{n-1}) + f(x_n)]\end{aligned}$$

같은 항끼리 묶으면 아래의 근삿값을 얻을 수 있다. 이 근삿값은 심프슨 공식으로 알려져 있다. 이 공식은 영국의 수학자 토머스 심프슨(Thomas Simpson, 1710~1761)의 이름을 딴 것이다.

심프슨 공식(n은 짝수)

f가 $[a, b]$에서 연속이고, n이 짝수이면 다음과 같이 쓸 수 있다.

$$\int_a^b f(x)\,dx \approx \left(\frac{b-a}{3n}\right)[f(x_0) + 4f(x_1) + 2f(x_2) + 4f(x_3) + \cdots + 4f(x_{n-1}) + f(x_n)]$$

심프슨 공식에서 계수는 다음 형태를 따른다.

1 4 2 4 2 4 . . . 4 2 4 1

사다리꼴 공식과 심프슨 공식은 수익의 현재가치를 구하는 실생활 문제를 근사적으로 푸는 데 필요하다.

예제 1에서

$$\int_0^1 e^x\,dx$$

의 값을 추정하기 위해 사다리꼴 공식을 사용했다. 다음 예제는 같은 적분을 근사하기 위해 심프슨 공식을 사용한다.

예제 2 심프슨 공식 사용하기

심프슨 공식을 사용하여 다음을 근사하여라.

$$\int_0^1 e^x\,dx$$

$n = 4$, $n = 8$인 경우를 비교하여라.

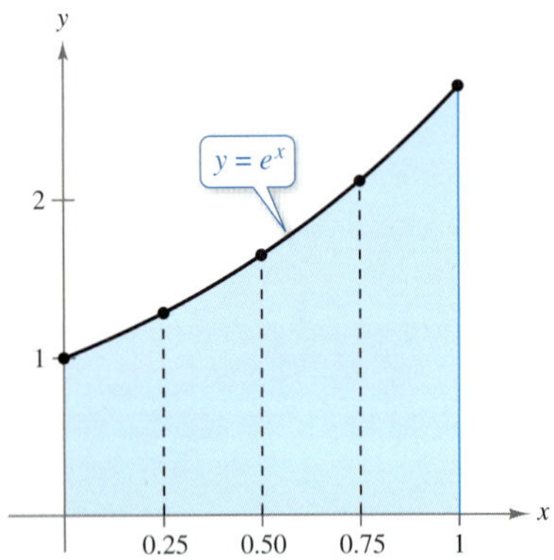

그림 6.10 4개의 부분 구간

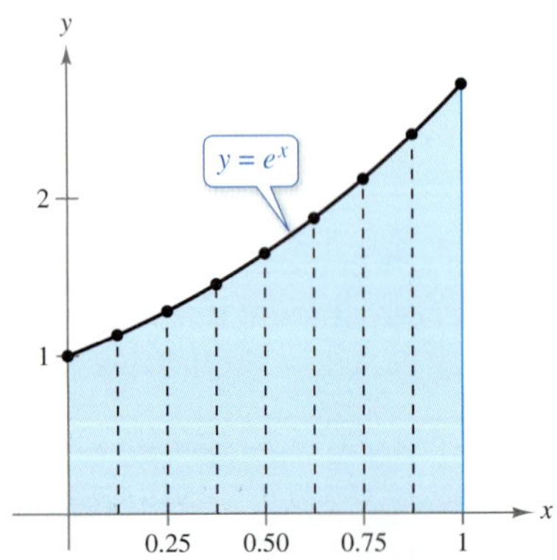

그림 6.11 8개의 부분 구간

풀이 $n = 4$일 때 각 부분 구간의 폭은

$$\frac{1-0}{4} = \frac{1}{4}$$

이고 부분 구간의 끝점은 그림 6.10에 표시된 것처럼

$$x_0 = 0,\quad x_1 = \frac{1}{4},\quad x_2 = \frac{1}{2},\quad x_3 = \frac{3}{4}\quad \text{그리고}\quad x_4 = 1$$

이므로 심프슨 공식에 의해 다음을 얻는다.

$$\int_0^1 e^x\,dx = \frac{1}{12}(e^0 + 4e^{0.25} + 2e^{0.5} + 4e^{0.75} + e^1)$$

$$\approx 1.718319 \qquad n = 4\text{를 사용한 근사}$$

$n = 8$일 때 각 부분 구간의 폭은

$$(1-0)/8 = \tfrac{1}{8}$$

이고 각 부분 구간의 끝점은 그림 6.11에서 표시된 것처럼

$$x_0 = 0,\quad x_1 = \frac{1}{8},\quad x_2 = \frac{1}{4},\quad x_3 = \frac{3}{8},\quad x_4 = \frac{1}{2},$$

$$x_5 = \frac{5}{8},\quad x_6 = \frac{3}{4},\quad x_7 = \frac{7}{8},\quad x_8 = 1$$

이므로 심프슨 공식에 의해 다음을 얻는다.

$$\int_0^1 e^x\,dx = \frac{1}{24}(e^0 + 4e^{0.125} + 2e^{0.25} + \cdots + 4e^{0.875} + e^1)$$

$$\approx 1.718284 \qquad n = 8\text{을 사용한 근사}$$

이 적분의 정확한 값을 기억하자.

$$\int_0^1 e^x\,dx = e - 1 \qquad \text{정확한 값}$$

이고 근삿값은

$$1.718282 \qquad \text{근삿값}$$

이므로 부분구간이 8개일 때는 단지 0.000002 이내로 정확한 근삿값을 얻는다. 인상적인 결과이다.

✓ **점검문제 2** $n = 4$인 심프슨 공식을 사용하여 $\int_0^1 e^{2x}\,dx$를 근사하여라. ■

오차 분석

예제 1과 2에서 정확한 적분값을 계산할 수 있었고 근삿값과 오차가 거의 없다는 것을 알 수 있었다. 실제로는 근삿값이 얼마나 정확한 값을 주는지 언급하는 다른 방법이 필요하다. 그런 방법이 다음 결과로 주어져 있다.

사다리꼴 공식과 심프슨 공식에서의 오차

$\int_a^b f(x)\,dx$의 근삿값의 오차 E는 다음과 같다.

사다리꼴 공식: $|E| \le \frac{(b-a)^3}{12n^2}\left[\max|f''(x)|\right], \quad a \le x \le b$

심프슨 공식: $|E| \le \frac{(b-a)^5}{180n^4}\left[\max|f^{(4)}(x)|\right], \quad a \le x \le b$

이 결과는 사다리꼴 공식과 심프슨 공식에 의한 오차는 구간 $[a, b]$에서 각각

$$f''(x)\text{와 } f^{(4)}(x)$$

의 극값에 따른다는 것을 나타낸다. 게다가 오차의 한계는 ***n*****을 크게 하면** 임의로 작게 만들 수 있다. n으로 어떤 값을 선택해야 하는지 결정하기 위해 다음 단계를 생각하자.

사다리꼴 공식

1. $f''(x)$를 구한다.

2. 구간 $[a, b]$에서 $|f''(x)|$의 최댓값을 구한다.

3. 다음 부등식을 만든다.

$$|E| \le \frac{(b-a)^3}{12n^2}\left[\max|f''(x)|\right]$$

4. ε(그리스 소문자 엡실론)보다 작은 오차를 구하기 위해 다음 부등식에서 n에 대해 푼다.

$$\frac{(b-a)^3}{12n^2}\left[\max|f''(x)|\right] < \varepsilon$$

5. $[a, b]$를 n개의 부분 구간으로 나누고 사다리꼴 공식을 적용한다.

심프슨 공식

1. $f^{(4)}(x)$를 구한다.

2. 구간 $[a, b]$에서 $|f^{(4)}(x)|$의 최댓값을 구한다.

3. 다음 부등식을 만든다.

$$|E| \le \frac{(b-a)^5}{180n^4}\left[\max|f^{(4)}(x)|\right]$$

4. ε보다 작은 오차를 구하기 위해 다음 부등식에서 n에 대해 푼다.

$$\frac{(b-a)^5}{180n^4}\left[\max|f^{(4)}(x)|\right] < \varepsilon$$

5. $[a, b]$를 n개의 부분 구간으로 나누고 심프슨 공식을 적용한다.

예제 3 사다리꼴 공식에서 오차 근사

사다리꼴 공식을 사용하여 적분의 근삿값의 오차가 0.01보다 작게 $\int_0^1 e^{-x^2}\,dx$의 값을 근사하여라.

풀이

1. 먼저 $f(x) = e^{-x^2}$의 이차 도함수를 구하여 시작하자.

$$\begin{aligned} f(x) &= e^{-x^2} \\ f'(x) &= -2xe^{-x^2} \\ f''(x) &= 4x^2e^{-x^2} - 2e^{-x^2} \\ &= 2e^{-x^2}(2x^2 - 1) \end{aligned}$$

2. f''은 구간 $[0, 1]$에서 오직 하나의 임계수를 갖고 이 구간에서 $|f''(x)|$의 최댓값은 $|f''(0)| = 2$이다.

3. 사다리꼴 공식을 사용한 오차 E는 다음과 같다.

$$|E| \le \frac{(b-a)^3}{12n^2}(2) = \frac{1}{12n^2}(2) = \frac{1}{6n^2}$$

4. 근삿값을 오차 0.01보다 작게 하려면 다음과 같은 n을 선택해야 한다. 즉

$$\frac{1}{6n^2} < 0.01$$

이다. n에 대해 풀면 n은 5이거나 또는 그 이상이어야 함을 알 수 있다.

5. 구간 [0, 1]을 5개의 부분 구간으로 나눈다(그림 6.12). 그런 다음 사다리꼴 공식을 적용하면 다음을 얻는다.

$$\int_0^1 e^{-x^2}\,dx = \frac{1}{10}\left(\frac{1}{e^0} + \frac{2}{e^{0.04}} + \frac{2}{e^{0.16}} + \frac{2}{e^{0.36}} + \frac{2}{e^{0.64}} + \frac{1}{e^1}\right) \approx 0.744$$

그러므로 0.01보다 작은 오차로

$$0.734 \le \int_0^1 e^{-x^2}\,dx \le 0.754$$

임을 알 수 있다.

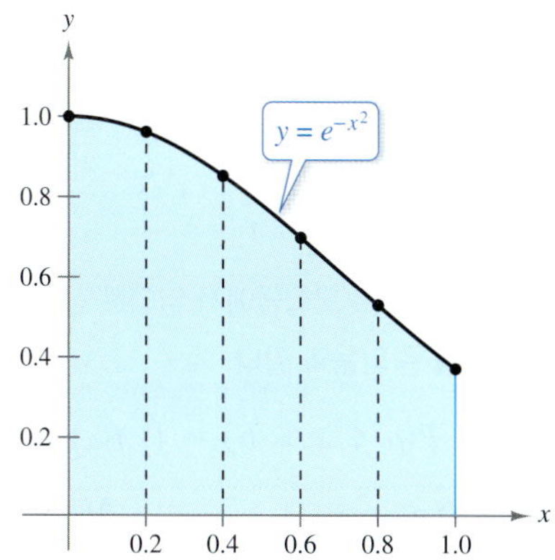

그림 6.12

✓점검문제 3 사다리꼴 공식을 사용하여 적분의 근삿값의 오차가 0.01보다 작게 다음 적분의 값을 추정하여라.

$$\int_0^1 \sqrt{1 + x^2}\,dx$$

■

연습문제 6.3

[1-5] (사다리꼴 공식과 심프슨 공식 사용하기) 사다리꼴 공식과 심프슨 공식을 사용하여 n이 다음과 같을 때 정적분의 값을 근사하여라. 이 결과를 정확한 정적분의 값과 비교하여라. 답은 소수점 아래 넷째 자리에서 반올림한다. (예제 1, 2 참조)

1. $\int_0^2 x^2\,dx,\ n = 4$

2. $\int_1^3 (4 - x^2)\,dx,\ n = 4$

3. $\int_0^4 \sqrt{x}\,dx,\ n = 8$

4. $\int_3^4 \frac{1}{x - 2}\,dx,\ n = 4$

5. $\int_0^1 xe^{3x^2}\,dx,\ n = 4$

[6-10] (사다리꼴 공식과 심프슨 공식 사용하기) n이 다음과 같을 때 (a) 사다리꼴 공식, (b) 심프슨 공식을 사용하여 정적분의 값을 근사하여라. 답은 소수점 아래 셋째 자리에서 반올림한다. (예제 1, 2 참조)

6. $\int_0^1 \frac{1}{1 + x^2}\,dx,\ n = 4$

7. $\int_0^2 \sqrt{9 - x^3}\,dx,\ n = 4$

8. $\int_0^1 e^{x^2}\,dx,\ n = 8$

9. $\int_0^4 \frac{1}{\sqrt[3]{x^2 + 1}}\,dx,\ n = 8$

10. $\int_0^3 \frac{1}{2 - 2x + x^2}\,dx,\ n = 6$

[11-12] (심프슨 공식 사용하기) 심프슨 공식 프로그램을 사용하여 $n = 100$인 경우 다음 정적분을 근사하여라.

11. $\int_1^4 x\sqrt{x + 4}\,dx$ **12.** $\int_2^5 10xe^{-x}\,dx$

13. (한계 분석) 심프슨 공식 프로그램을 사용하여 $n = 4$인 경우 한계수입함수 dR/dx에서 수입의 변화를 근사하여라. 판매된 단위 수 x는 14에서 16으로 증가한다고 가정한다.

$$\frac{dR}{dx} = 5\sqrt{8000 - x^3}$$

[14-15] (확률) 심프슨 공식 프로그램을 사용하여 $n = 6$인 경우 얻은 확률을 근사하여라. 표준 정규 확률 밀도함수는

$$f(x) = \frac{1}{\sqrt{2\pi}} e^{-x^2/2}$$

이다. 이 밀도로 모집단에서 임의로 선택된 x에서 구간 $[a, b]$에 x가 있을 확률은 다음과 같다.

$$P(a \le x \le b) = \int_a^b f(x)\,dx$$

14. $P(0 \le x \le 1)$ **15.** $P(0 \le x \le 3.5)$

16. (조사) 사다리꼴 공식을 사용하여 토지 구획정리 구역에 있는 땅의 크기를 추정하여라. 길이는 미터로 측정했다. 토지는 두 직선 도로와 개울로 둘러싸여 있다(그림).

x	0	100	200	300	400	500
y	125	125	120	112	90	90

x	600	700	800	900	1000
y	95	88	75	35	0

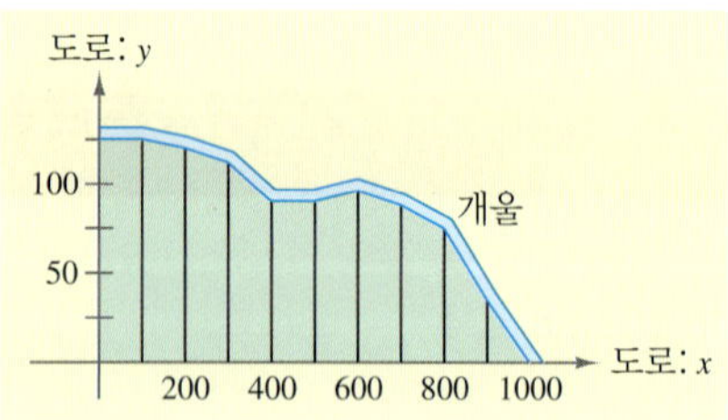

[17-18] (오차 분석) (a) 사다리꼴 공식, (b) 심프슨 공식의 오차 공식을 사용하여 정적분의 근삿값의 오차의 한계를 구하여라. 단, $n = 4$인 경우

17. $\int_0^2 (x^2 + 2x)\,dx$ **18.** $\int_0^1 e^{x^3}\,dx$

[19-20] (오차 분석) (a) 사다리꼴 공식, (b) 심프슨 공식의 오차공식을 사용하여 정적분의 근삿값의 오차가 0.0001보다 작게 하는 n을 구하여라. (예제 3 참조)

19. $\int_0^2 x^4\,dx$ **20.** $\int_1^3 e^{2x}\,dx$

21. (현재가치) 심프슨 공식 프로그램을 사용하여 $n = 8$인 경우 $t_1 = 4$년 동안 연 이자율 $r = 7\,\%$로 수익 $c(t) = 6000 + 200\sqrt{t}$의 현재가치를 추정하여라. 현재가치를 구하기 위해 적분 계산기를 사용하여라. 결과를 서로 비교하여라(현재가치는 6.1절에 정의되어 있다).

22. (중위연령) 다음 표는 2005년에서 2013년 사이 미국에 거주한 인구의 중위연령이다. (자료: 미 인구조사국)

연도	2005	2006	2007	2008	2009
중위연령	36.2	36.3	36.5	36.7	36.8

연도	2010	2011	2012	2013
중위연령	37.2	37.3	37.5	37.6

(a) 심프슨 공식을 사용하여 이 기간 동안 평균 중위연령을 추정하여라.

(b) 자료의 모형식은 $5 \le t \le 13$일 때

$$A = 37.2 - 0.54t + 0.084t^2 - 0.0031t^3$$

이다. 여기서 A는 중위연령이고, t는 연도로서 $t = 5$는 2005년에 해당한다. 적분을 사용하여 이 기간 동안의 평균 중위연령을 구하여라.

(c) (a)와 (b)의 결과를 비교하여라.

23. (약) 인체가 12시간 지속형 알약을 다음 모형식의 비율로 흡수한다고 한다.

$$\frac{dC}{dt} = 8 - \ln(t^2 - 2t + 4), \quad 0 \le t \le 12$$

여기서 dC/dt는 시간당 밀리그램으로 측정했고 t는 시간(시)이다. $n = 8$인 경우 심프슨 공식을 사용하여 12시간 동안 인체에 흡수된 약의 총량을 추정하여라.

24. (소비자 성향) 새로 출간된 잡지의 구독자 S의 변화율은 다음 모형식이다.

$$\frac{dS}{dt} = 1000t^2e^{-t}, \quad 0 \le t \le 6$$

여기서 t는 시간(연)이다. 심프슨 공식을 사용하여 $n = 12$인 경우 첫 6년간 증가한 총 구독자 수를 추정하여라.

6.4 이상적분

- 이상적분 알기
- 적분구간이 무한대인 이상적분 계산하기
- 이상적분을 사용하여 실생활 문제 풀기
- 종신연금의 현재가치 구하기

이상적분

정적분

$$\int_a^b f(x)\,dx$$

의 정의에서 구간 $[a, b]$는 유한이어야 한다. 더욱이 미적분학의 기본 정리로 정적분을 계산하면 f가 $[a, b]$에서 연속이 되어야 한다. 그러나 몇몇 적분은 아래와 같은 조건으로 인해 이런 조건을 충족하지 못한다. 즉

1. 적분 한계 중 적어도 하나가 무한이다.

2. 함수 f가 구간 $[a, b]$에서 **무한 불연속성**을 갖는다.

이 둘 중 어느 하나에 해당하는 특징을 갖는 적분을 **이상적분**(improper integral)이라고 한다. 이 절에서는 적분 한계가 하나 또는 둘 모두가 무한대인 적분을 학습한다. 예를 들면 적분

$$\int_0^\infty e^{-x}\,dx$$

는 적분의 한 구간이 무한대이므로 이상적분이다(그림 6.13).

마찬가지로 적분

$$\int_{-\infty}^\infty \frac{1}{x^2+1}\,dx$$

는 적분의 구간이 무한대이므로 이상적분이다(그림 6.14).

적분

$$\int_1^5 \frac{1}{\sqrt{x-1}}\,dx \text{ 와 } \int_{-2}^2 \frac{1}{(x+1)^2}\,dx$$

는 피적분 함수가 **무한 불연속성**(infinite discontinuity), 즉 적분구간 내의 어디에선가 무한대로 접근하기 때문에 이상적분이다. 피적분 함수가 무한 불연속성인 적분의 계산은 이 교재에서 다루지 않는다.

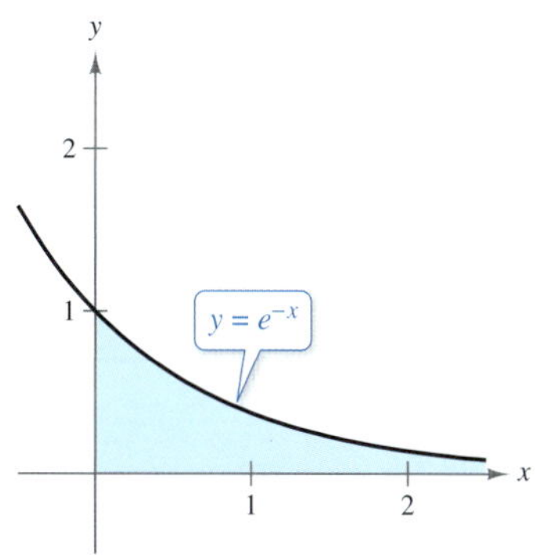

그림 6.13

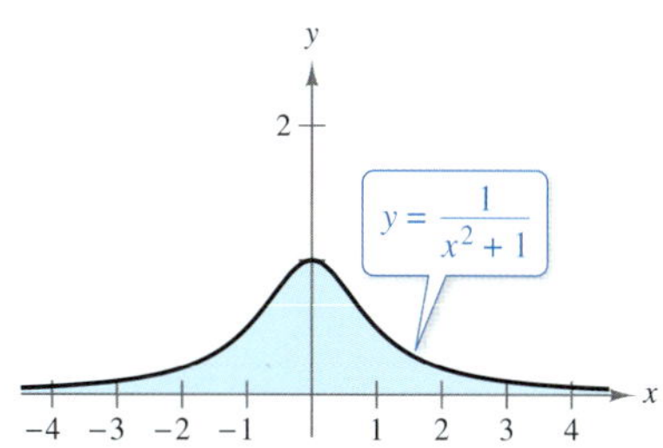

그림 6.14

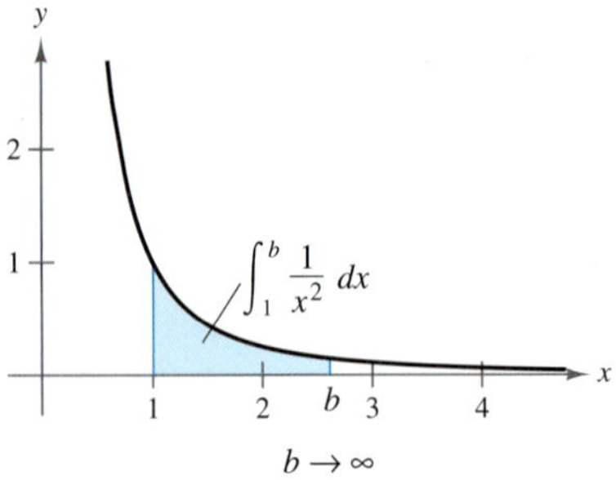

그림 6.15

적분구간이 무한대인 적분

이상적분을 어떻게 계산하는지 보기 위해 다음 그림 6.15에 있는 적분을 생각하자.

b가 1보다 큰 실수(아무리 크더라도)인 한 이것은 정적분이고, 적분값은

$$\int_1^b \frac{1}{x^2}\,dx = \left[-\frac{1}{x}\right]_1^b = -\frac{1}{b} + 1 = 1 - \frac{1}{b}$$

이다. 다음 표는 몇몇 b의 값에 대한 이 적분의 값을 보여 준다.

b	2	5	10	100	1000	10,000
$\int_1^b \frac{1}{x^2}\,dx = 1 - \frac{1}{b}$	0.5000	0.8000	0.9000	0.9900	0.9990	0.9999

이 표로부터 적분값은 b가 한없이 증가하면 극한값 1에 접근한다. 이 극한은 아래에 보는 것처럼 이상적분으로 표시된다. 즉

$$\int_1^\infty \frac{1}{x^2}\,dx = \lim_{b\to\infty} \int_1^b \frac{1}{x^2}\,dx = \lim_{b\to\infty}\left(1 - \frac{1}{b}\right) = 1$$

이 이상적분은 $f(x) = 1/x^2$의 그래프와 x축($x = 1$의 오른쪽) 사이의 유계가 아닌 영역의 면적으로 해석할 수 있다.

이상적분의 정의(적분구간이 무한대)

1. f가 구간 $[a, \infty)$에서 연속이면

$$\int_a^\infty f(x)\,dx = \lim_{b\to\infty} \int_a^b f(x)\,dx$$

2. f가 구간 $(-\infty, b]$에서 연속이면

$$\int_{-\infty}^b f(x)\,dx = \lim_{a\to-\infty} \int_a^b f(x)\,dx$$

3. f가 구간 $(-\infty, \infty)$에서 연속이면

$$\int_{-\infty}^\infty f(x)\,dx = \int_{-\infty}^c f(x)\,dx + \int_c^\infty f(x)\,dx$$

이다. 여기서 c는 임의의 실수이다.

첫 두 경우는 만약 극한이 존재하면 이상적분은 **수렴한다**(converge). 그렇지 않으면 이상적분은 **발산한다**(diverge). 세 번째 경우는 우변의 두 적분 중 어느 하나가 발산할 때 좌변의 적분은 발산한다.

예제 1 이상적분 계산하기

$\int_1^{\infty} \frac{1}{x}\, dx$의 수렴, 발산을 결정하여라.

풀이 이상적분의 정의를 이용하여 시작한다.

$$\int_1^{\infty} \frac{1}{x}\, dx = \lim_{b \to \infty} \int_1^b \frac{1}{x}\, dx \qquad \text{이상적분의 정의}$$

$$= \lim_{b \to \infty} \Big[\ln x\Big]_1^b \qquad \text{로그 규칙을 적용한다}$$

$$= \lim_{b \to \infty} (\ln b - 0) \qquad \text{기본 정리를 적용한다}$$

$$= \infty \qquad \text{극한을 계산한다}$$

극한이 존재하지 않으므로 이상적분은 발산한다.

✓ 점검문제 1 다음 적분의 수렴, 발산을 결정하여라.

a. $\int_1^{\infty} \frac{1}{x^3}\, dx$ **b.** $\int_1^{\infty} \frac{1}{\sqrt{x}}\, dx$

이상적분을 학습해 보면 비슷해 보이는 적분이 매우 다른 값을 갖는 적분임을 발견할 것이다. 예를 들면 다음 두 이상적분을 생각해 보자.

$$\int_1^{\infty} \frac{1}{x}\, dx = \infty \qquad \text{발산 적분}$$

이고

$$\int_1^{\infty} \frac{1}{x^2}\, dx = 1 \qquad \text{수렴 적분}$$

이다. 첫 번째 적분은 발산하고 두 번째 적분은 1에 수렴한다. 그래프로는 그림 6.16에서 보여 주는 면적이 매우 다르다는 것을 의미한다. $y = \frac{1}{x}$의 그래프와 x축$(x \geq 1)$ 사이의 영역은 **무한** 면적을 갖고, 반면에

$$y = \frac{1}{x^2}$$

의 그래프와 x축$(x \geq 1)$ 사이에 놓여 있는 영역은 **유한** 면적을 갖는다.

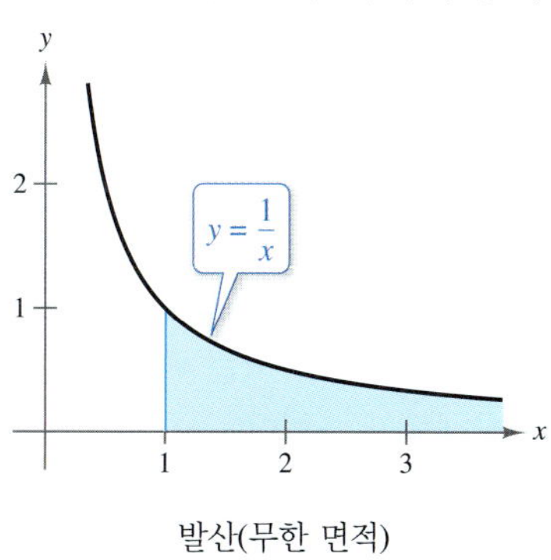

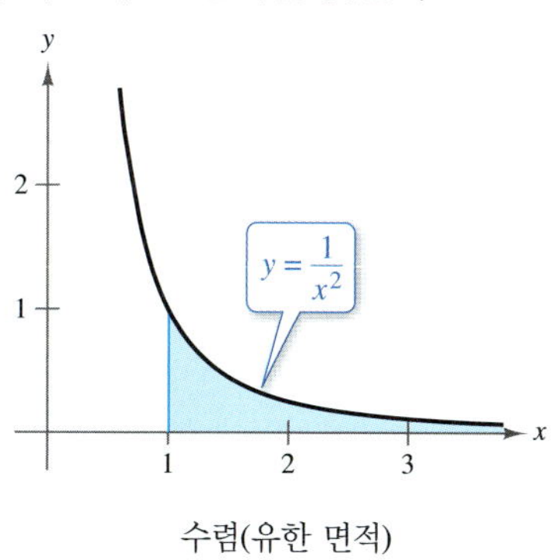

그림 6.16

예제 2 이상적분 계산하기

다음 이상적분을 계산하여라.

$$\int_{-\infty}^{0} \frac{1}{(1-2x)^{3/2}}\,dx$$

풀이 이상적분의 정의를 적용하여 시작하자.

$$\begin{aligned}\int_{-\infty}^{0} \frac{1}{(1-2x)^{3/2}}\,dx &= \lim_{a\to-\infty}\int_{a}^{0} \frac{1}{(1-2x)^{3/2}}\,dx && \text{이상적분의 정의}\\ &= \lim_{a\to-\infty}\left[\frac{1}{\sqrt{1-2x}}\right]_{a}^{0} && \text{역도함수를 구한다}\\ &= \lim_{a\to-\infty}\left(1-\frac{1}{\sqrt{1-2a}}\right) && \text{기본 정리를 적용한다}\\ &= 1-0 && \text{극한을 계산한다}\\ &= 1 && \text{간단히 한다}\end{aligned}$$

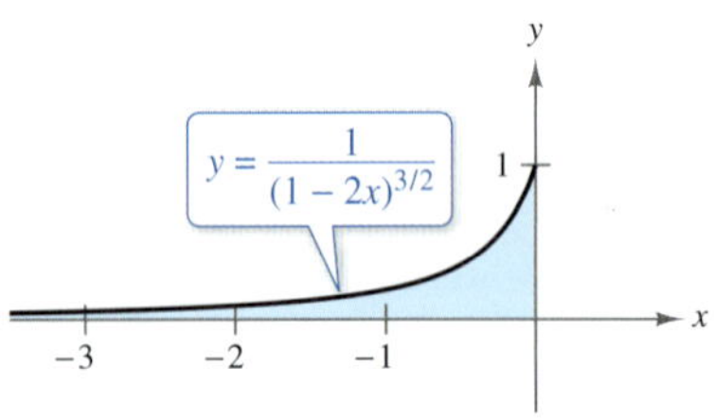

그림 6.17

그러므로 이상적분은 1에 수렴한다. 그림 6.17에서 보는 것처럼 이는 $y = 1/(1-2x)^{3/2}$의 그래프와 x축($x \le 0$) 사이에 놓여 있는 영역의 면적이 1제곱 단위임을 의미한다.

✓ **점검문제 2** 계산이 가능한 경우이면 다음 이상적분을 계산하여라.

$$\int_{-\infty}^{0} \frac{1}{(x-1)^2}\,dx$$

예제 3 이상적분 계산하기

다음 이상적분을 계산하여라.

$$\int_{0}^{\infty} 2xe^{-x^2}\,dx$$

풀이 이상적분의 정의를 적용하여 시작하자.

$$\begin{aligned}\int_{0}^{\infty} 2xe^{-x^2}\,dx &= \lim_{b\to\infty}\int_{0}^{b} 2xe^{-x^2}\,dx && \text{이상적분의 정의}\\ &= \lim_{b\to\infty}\left[-e^{-x^2}\right]_{0}^{b} && \text{지수 규칙 적용}\\ &= \lim_{b\to\infty}\left(-e^{-b^2}+1\right) && \text{기본 정리 적용}\\ &= 0+1 && \text{극한 계산}\\ &= 1 && \text{간단히 한다}\end{aligned}$$

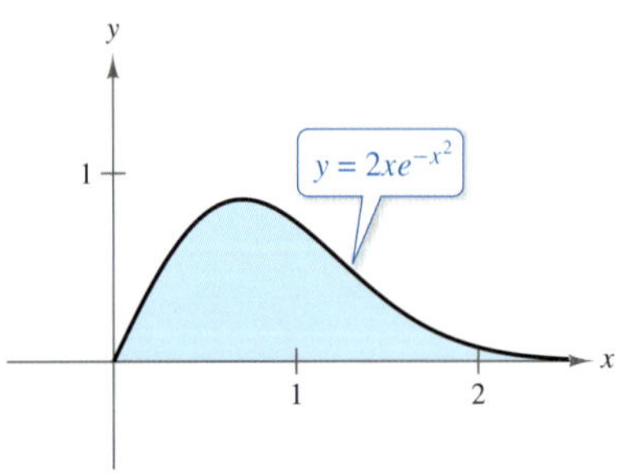

그림 6.18

그러므로 이상적분은 1에 수렴한다. 그림 6.18에서 보는 것처럼 이는 $y = 2xe^{-x^2}$의 그래프와 x축($x \ge 0$) 사이에 놓여 있는 영역의 면적이 1제곱 단위임을 의미한다.

✓ **점검문제 3** 계산이 가능한 경우이면 다음 이상적분을 계산하여라.

$$\int_{-\infty}^{0} e^{2x}\,dx$$

응용

4.3절에서 **정규 확률 밀도함수**

$$f(x) = \frac{1}{\sigma\sqrt{2\pi}} e^{-(x-\mu)^2/(2\sigma^2)}$$

의 그래프를 학습했다. 이 함수는 통계에서 평균이 μ이고 표준편차가 σ인 정규분포의 모집단을 나타내는 데 사용된다. 특히, 사건 x가 모집단에서 임의로(무작위로) 선택될 때 x가 a와 b 사이에 값을 가질 확률은

$$P(a \le x \le b) = \int_a^b \frac{1}{\sigma\sqrt{2\pi}} e^{-(x-\mu)^2/(2\sigma^2)}\,dx$$

이다. 그림 6.19에서 보는 것처럼 확률 $P(-\infty < x < \infty)$는 다음과 같다.

$$P(-\infty < x < \infty) = \int_{-\infty}^{\infty} \frac{1}{\sigma\sqrt{2\pi}} e^{-(x-\mu)^2/(2\sigma^2)}\,dx = 1$$

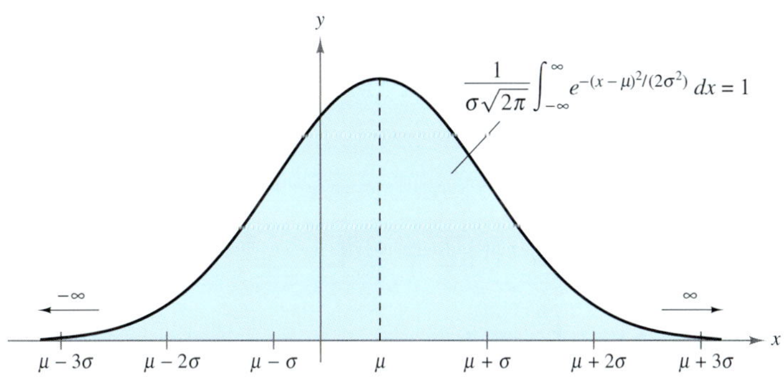

그림 6.19

예제 4 확률 구하기

미국 남성(20세에서 29세 사이)의 평균 신장은 1.75미터이고, 표준편차는 7.6센티미터이다. 20세에서 29세 사이 남성을 모집단에서 무작위로 선택할 때 이 사람의 키가 1.8미터이거나 그 이상일 확률은 얼마인가?

풀이 평균은 미터로 표준편차는 센티미터로, 무작위로 선택된 남성의 키는 미터 단위임에 유의하자. 확률을 계산하기 위해 같은 단위의 양으로 사용하는 것이 필요하다. 센티미터를 미터로 바꾸는 것은 쉬우므로 남성의 키로 1.80미터를 사용한다. 그러므로 확률은 $P(1.80 \le x < \infty)$로 쓸 수 있다. 평균 $\mu = 1.75$, 표준편차 $\sigma = 0.076$을 사용하면 확률은 다음과 같이 이상적분으로 주어진다.

$$P(1.80 \le x < \infty) = \int_{1.80}^{\infty} \frac{1}{0.076\sqrt{2\pi}} e^{-(x-1.75)^2/0.011552}\,dx$$

적분 계산기를 사용하면 적분의 근삿값을 구할 수 있고, 약 0.255이다. 그러므로 남성의 키가 1.8미터이거나 그 이상일 확률은 25.5 %이다.

✓ **점검문제 4** 예제 4의 자료를 사용하여 20세에서 29세 사이 남성을 모집단에서 무작위로 선택할 때 이 사람의 키가 1.98미터이거나 그 이상일 확률을 구하여라. ■

종신연금의 현재가치

6.1절을 되돌아보면 이자를 주는 계좌에서 t_1해 동안의 현재가치는 다음과 같다.

$$\text{현재가치} = \int_0^{t_1} c(t)e^{-rt}\,dt$$

여기서 c는 연 이자율 r(소수형)의 연속 복리로 계산하는 지속적인 수익함수(달러/연)임을 나타낸다. 연금 지급액의 규모가 상수인 P달러라고 하면 $c(t)$는 P와 같고, 현재가치는 다음과 같이 나타낼 수 있다.

$$\text{현재가치} = \int_0^{t_1} Pe^{-rt}\,dt = P\int_0^{t_1} e^{-rt}\,dt$$ 지급액 P인 연금의 현재가치

장학기금 같이 매년 같은 금액을 영구 지급하는 연금을 생각하자. 연금이 무한정 계속되므로 햇수 t_1은 무한대에 접근한다. 이런 연금을 **종신연금**(perpetual annuity 또는 perpetuity)이라고 한다. 이 상황은 다음의 이상적분으로 표현할 수 있다.

$$\text{현재가치} = P\int_0^{\infty} e^{-rt}\,dt$$ 지급액 P인 종신연금의 현재가치

이 적분은 다음과 같이 간단히 나타낼 수 있다.

$$P\int_0^{\infty} e^{-rt}\,dt = P\lim_{b\to\infty}\int_0^{b} e^{-rt}\,dt$$ 이상적분의 정의

$$= P\lim_{b\to\infty}\left[-\frac{e^{-rt}}{r}\right]_0^b$$ 지수 규칙 적용

$$= P\lim_{b\to\infty}\left(-\frac{e^{-rb}}{r}+\frac{1}{r}\right)$$ 기본 정리 적용

$$= P\left(0+\frac{1}{r}\right)$$ 극한 계산

$$= \frac{P}{r}$$ 간단히 한다

그러므로 이상적분은 P/r에 수렴한다. 그림 6.20에서 보는 것처럼 이는

$$y = Pe^{-rt}$$

의 그래프와 t축($t \ge 0$) 사이에 놓여 있는 영역은 연 지급액 P를 연 이자율 r로 나눈 면적이다.

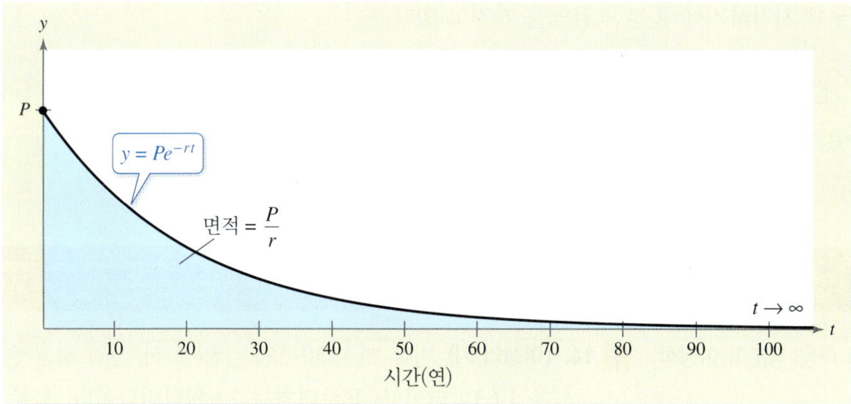

그림 6.20

종신연금의 현재가치는 다음과 같이 정의된다.

종신연금의 현재가치

만약 P가 매년 달러로 지급되는 연금액이고 r(소수형)은 연속 복리의 연 이자율을 나타낸다면 종신연금의 현재가치는

$$\text{현재가치} = P\int_0^{\infty} e^{-rt}\,dt = \frac{P}{r}$$

이다.

이 정의는 예제 5의 장학기금처럼 기부를 시작할 때 필요한 돈의 액수를 결정할 때 매우 유용하다.

예제 5 현재가치 구하기

당신이 모교에 장학기금을 기부하려고 한다고 하자. 지금부터 매년 한 사람에게 9000달러의 장학금을 지급할 계획을 세우고 시작 기금으로 적어도 120,000달러를 가지고 있다고 하자. 그리고 장학금이 영구 지급되기를 원한다고 하자. 연속 복리로 연 이자율이 8 %라고 가정하면 장학기금 기부를 시작하기에 충분한 액수인가?

풀이 이 문제에 답하기 위해서는 장학기금의 현재가치를 구해야 한다. 장학금이 영구 지급되어야 하므로 기간은 무한이다. 기금이 $P = 9000$이고 $r = 0.08$인 종신연금이다. 현재가치는 다음과 같다.

$$\begin{aligned}\text{현재가치} &= \frac{P}{r}\\ &= \frac{9000}{0.08}\\ &= 112{,}500\end{aligned}$$

장학기금을 시작하는 데 필요한 자금이 112,500달러이다. 그러므로 당신은 장학기금

기부를 시작하기에 충분한 금액을 가지고 있다.

✓ **점검문제 5** 예제 5에서 매년 10,000달러를 지급하는 장학금 기부를 시작하려고 하면 120,000달러는 충분한 액수인가? 충분한지 아닌지 설명하여라. ■

연습문제 6.4

[1-3] (적분이 이상적분인지 아닌지 결정하기) 다음 적분이 이상적분인지 아닌지 결정하여라. 이유를 설명하여라.

1. $\displaystyle\int_0^1 \frac{1}{3x-2}\,dx$ **2.** $\displaystyle\int_0^1 \frac{2x-5}{x^2-5x+6}\,dx$

3. $\displaystyle\int_3^{\infty} e^{x^2}\,dx$

[4-10] (이상적분 계산하기) 다음 이상적분이 발산하는지 수렴하는지 결정하여라. 수렴하면 적분을 계산하여라. (예제 1, 2, 3 참조)

4. $\displaystyle\int_1^{\infty} \frac{1}{x^4}\,dx$ **5.** $\displaystyle\int_0^{\infty} e^{x/3}\,dx$

6. $\displaystyle\int_5^{\infty} \frac{1}{\sqrt{2x-1}}\,dx$ **7.** $\displaystyle\int_{-\infty}^{-1} e^{x}\,dx$

8. $\displaystyle\int_1^{\infty} \frac{e^{\sqrt{x}}}{\sqrt{x}}\,dx$ **9.** $\displaystyle\int_4^{\infty} \frac{1}{x(\ln x)^3}\,dx$

10. $\displaystyle\int_{-\infty}^{\infty} 2xe^{-3x^2}\,dx$

[11-13] (영역의 면적) 다음 문제에서 유계가 아닌 색칠된 영역의 면적을 구하여라.

11. $y = e^{-x}$ **12.** $y = -\dfrac{7}{(x-1)^3}$

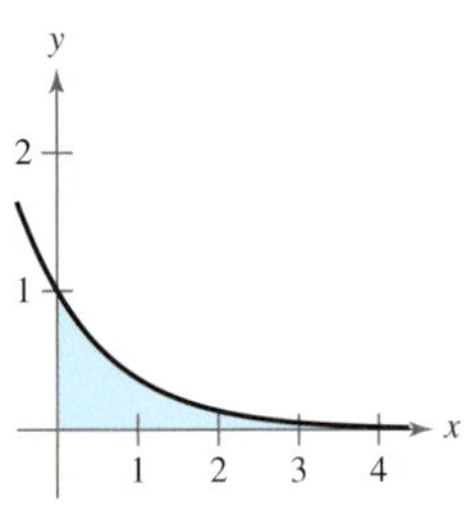

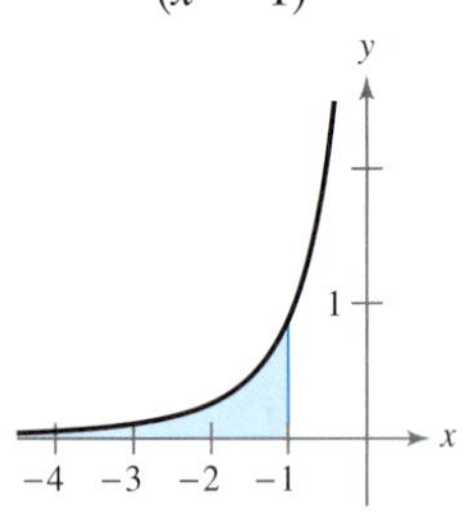

13. $y = \dfrac{6x}{x^2+1}$

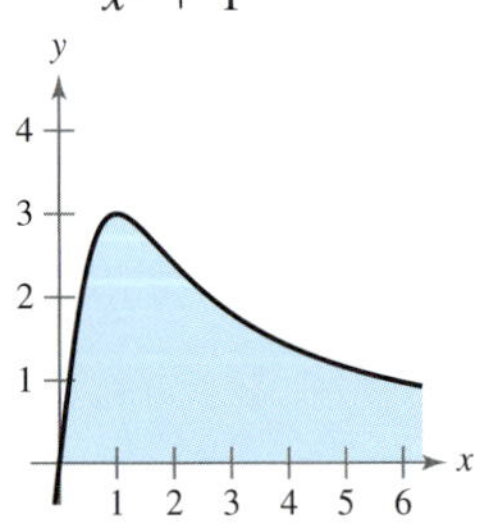

14. (여성의 키) 미국 여성(30세에서 39세 사이)의 평균 신장은 1.63미터이고, 표준편차는 7.6센티미터이다. 적분 계산기나 그래픽 도구를 사용하여 30세에서 39세 사이 여성을 모집단에서 무작위로 선택할 때, 그 여성이 다음 구간에 있을 확률을 구하여라.

(a) 1.50미터에서 1.80미터 사이

(b) 1.70미터 이상

(c) 1.80미터 이상

15. (품질관리) 어떤 회사가 나무로 자를 만든다. 자의 길이는 정규분포로 평균이 36센티미터, 표준편차 0.2센티미터라고 한다. 적분 계산기나 그래픽 도구를 사용하여 무작위로 자를 선택할 때, 다음 경우일 확률을 구하여라.

(a) 35.5센티미터보다 길다.

(b) 35.9센티미터보다 길다.

[16-17] (기부) 연 이자율 r의 연속 복리로 매년 P만큼 영구 지급하는 자선 기금을 마련하는 데 필요한 액수를 결정하여라. (예제 5 참조)

16. $P = 12{,}000$달러, $r = 6\ \%$

17. $P = 5000$달러, $r = 7.5\ \%$

18. (장학기금) 모교에 장학금 지급을 시작하려고 한다. 지금부터 시작하여 매년 18,000달러를 장학금으로 지급하고 현재 마련된 기금은 400,000달러이다. 연 이자율 5 %의 연속 복리로 영구 지급하려고 하면 이 기금이 장학사업을 시작하기에 충분한 액수인가?

19. (현재가치) 어떤 사업이 해마다 500,000달러로 지속적으로 이익이 창출되기를 기대한다. 연 이자율 9 %의 연속 복리로 가정하면 다음 경우 이 사업의 현재가치는 얼마인가?

(a) 20년 동안

(b) 영구히

[20-21] (투자 비용) 어떤 자산의 투자 비용 C는 다음으로 주어진다.

$$C = C_0 + \int_0^n c(t)e^{-rt}\,dt$$

여기서 C_0은 원래 투자액이고, t는 햇수, r은 연속 복리에 의한 연 이자율(소수형), $c(t)$는 연 유지비용(달러)이다. 다음 경우 자산의 투자 비용을 구하여라.

(a) 5년 동안 (b) 10년 동안 (c) 영구히

20. $C_0 = 650{,}000$달러, $c(t) = 25{,}000$, $r = 10\ \%$

21. $C_0 = 300{,}000$달러, $c(t) = 15{,}000t$, $r = 6\ \%$

요약 및 학습 전략

이 장을 학습한 후 여러분은 다음 내용을 습득했을 것이다.
각 절에 대한 요약과 관련 복습문제 번호가 표시되어 있다. 복습문제의 답은 이 교재의 말미에 수록되어 있다.

6.1절 — 관련 복습문제

- 부분적분을 이용하여 부정적분과 정적분을 구한다. — 1~6

$$\int u\,dv = uv - \int v\,du$$

다음 형태의 적분인 경우:

$$\int x^n e^{ax}\,dx$$

$u = x^n$ 그리고 $dv = e^{ax}\,dx$로 둔다.

다음 형태의 적분인 경우:

$$\int x^n \ln x\,dx$$

$u = \ln x$ 그리고 $dv = x^n\,dx$로 둔다.

- 미래 수익의 현재가치를 구한다. — 7~9

$$t_1\text{년 후의 실제 수익} = \int_0^{t_1} c(t)\,dt$$

$$\text{현재가치} = \int_0^{t_1} c(t)e^{-rt}\,dt$$

6.2절

- 적분표를 사용하여 정적분과 부정적분을 구한다. — 10~16
- 적분표를 사용하여 실생활 문제를 푼다. — 17

6.3절

- 사다리꼴 공식과 심프슨 공식을 사용하여 정적분을 근사한다. — 18~23

사다리꼴 공식:

$$\int_a^b f(x)\,dx \approx \left(\frac{b-a}{2n}\right)[f(x_0) + 2f(x_1) + \cdots + 2f(x_{n-1}) + f(x_n)]$$

6.3절(계속) 관련 복습문제

심프슨 공식:

$$\int_a^b f(x)\,dx \approx \left(\frac{b-a}{3n}\right)[f(x_0) + 4f(x_1) + 2f(x_2) + 4f(x_3) + \cdot\cdot\cdot + 4f(x_{n-1}) + f(x_n)]$$

■ 사다리꼴 공식과 심프슨 공식에서 근사 오차를 분석한다. 24~25

사다리꼴 공식에서의 오차:

$$|E| \le \frac{(b-a)^3}{12n^2}[\max|f''(x)|], \quad a \le x \le b$$

심프슨 공식에서의 오차:

$$|E| \le \frac{(b-a)^5}{180n^4}[\max|f^{(4)}(x)|], \quad a \le x \le b$$

6.4절

■ 적분구간이 무한대인 이상적분을 계산한다. 26~28

$$\int_a^\infty f(x)\,dx = \lim_{b\to\infty}\int_a^b f(x)\,dx$$

$$\int_{-\infty}^b f(x)\,dx = \lim_{a\to-\infty}\int_a^b f(x)\,dx$$

$$\int_{-\infty}^\infty f(x)\,dx = \int_{-\infty}^c f(x)\,dx + \int_c^\infty f(x)\,dx$$

■ 경계가 없는(무한) 영역의 면적을 구한다. 29~30

■ 종신연금의 현재가치를 구한다. 31~32

$$현재가치 = P\int_0^\infty e^{-rt}\,dt = \frac{P}{r}$$

학습 전략

■ **다양한 접근** 역도함수를 효과적으로 구하려면 다양하게 접근해야 한다.

1. 적분이 기본 공식 중 어느 하나에 들어맞는지 확인한다. 이런 기본 공식은 암기해야 한다.

2. 치환이나 부분적분 또는 적분 기법을 시도하기 전에 기본 공식 중 어느 하나에 알맞은 형태로 적분을 다시 쓴다.

3. 적분표를 사용한다.

4. 적분 계산기를 사용한다(적분용 소프트웨어: 매스매티카, 메이플, 맷랩 등).

■ **수치적분을 사용한다** 정적분을 풀 때 피적분 함수의 역도함수를 구할 수 없으면 미적분학의 기본 정리를 적용할 수 없음을 기억하여라. 적분 계산기로 조차도 이것이 항상 가능한 것은 아니다. 이 경우에는 중점 법칙, 사다리꼴 공식, 심프슨 공식 같은 수치적분을 사용하여 적분의 값을 근사할 수 있다.

복습문제

[1-4] (부분적분) 부분적분을 이용하여 다음 부정적분을 구하여라.

1. $\int (x+1)e^x\,dx$　　**2.** $\int \frac{\ln x}{\sqrt{x}}\,dx$

3. $\int x\sqrt{x-5}\,dx$　　**4.** $\int 2x^2e^{2x}\,dx$

[5-6] (정적분 계산하기) 부분적분을 사용하여 다음 정적분을 계산하여라.

5. $\int_1^e 6x\ln x\,dx$　　**6.** $\int_0^1 \frac{x}{e^{x/4}}\,dx$

[7-8] (현재가치 구하기) t_1년간 수익 c(달러)에 대해 연 인플레이션율이 r인 경우 수익 c의 현재가치를 구하여라.

7. $c = 20{,}000,\quad r = 4\ \%, t_1 = 5$년

8. $c = 24{,}000t,\quad r = 5\ \%, t_1 = 10$년

9. (현재가치) 어떤 회사가 향후 4년간 수익 c를 다음 모형식으로 예상한다.

$$c = 200{,}000 + 50{,}000t,\quad 0 \le t \le 4$$

(a) 4년 동안 이 사업에 대한 실제 수익을 구하여라.

(b) 인플레이션율이 연 6 %라고 가정하면 이 수익의 현재가치는 얼마인가?

[10-11] (적분표 사용하기) 부록 C의 적분표에 있는 공식을 사용하여 다음 부정적분을 구하여라.

10. $\int \frac{x^2}{2+3x}\,dx$: 공식 6

11. $\int \frac{1}{x\sqrt{x^2+64}}\,dx$: 공식 28

[12-15] (적분표 사용하기) 부록 C의 적분표에 있는 공식을 사용하여 다음 부정적분을 구하여라.

12. $\int \frac{1}{x(2+3x)^2}\,dx$　　**13.** $\int \frac{\sqrt{x^2+25}}{x}\,dx$

14. $\int \frac{1}{4x^2-49}\,dx$　　**15.** $\int \frac{\sqrt{1+x}}{x}\,dx$

16. (적분표 사용하기) 부록 C의 적분표에 있는 공식을 사용하여 다음 정적분을 계산하여라.

$$\int_1^2 \frac{1}{x(4+3x)}\,dx$$

17. (확률) 기억 실험에서 학습한 자료를 a와 b퍼센트(소수형) 사이에서 기억할 확률이 다음과 같은 모형식이다.

$$P(a \le x \le b) = \int_a^b \frac{96}{11}\left(\frac{x}{\sqrt{9+16x}}\right)dx$$

여기서 $0 \le a \le b \le 1$이다. 자료를 (a) 0에서 80 % 사이에서 기억할 확률과 (b) 0에서 50 % 사이에서 기억할 확률을 각각 구하여라.

[18-20] (사다리꼴 공식과 심프슨 공식 사용하기) 사다리꼴 공식과 심프슨 공식을 사용하여 n이 다음과 같을 때 정적분의 값을 근사하여라. 이 결과를 정확한 정적분의 값과 비교하여라. 답은 소수점 아래 넷째 자리에서 반올림한다.

18. $\int_1^3 \frac{1}{x^2}\,dx,\ n = 4$

19. $\int_0^2 (x^2+1)\,dx,\ n = 8$

20. $\int_0^4 e^{-x/2}\,dx,\ n = 4$

[21-23] (사다리꼴 공식과 심프슨 공식 사용하기) n이 다음과 같을 때 (a) 사다리꼴 공식, (b) 심프슨 공식을 사용하여 정적분의 값을 근사하여라. 답은 소수점 아래 셋째 자리에서 반올림한다.

21. $\int_1^2 \frac{1}{1+\ln x}\,dx,\ n = 4$

22. $\int_0^1 \frac{x^{3/2}}{2-x^2}\,dx,\ n = 4$

23. $\int_0^8 \frac{3}{x^2+2}\,dx,\ n = 8$

24. (오차 분석) $n = 4$인 경우 (a) 사다리꼴 공식, (b) 심프슨 공식의 오차공식을 사용하여 정적분의 근삿값의 오차의 한계를 구하여라.

$$\int_0^1 e^{3x}\,dx$$

25. (오차 분석) (a) 사다리꼴 공식, (b) 심프슨 공식의 오차공식을 사용하여 정적분의 근사 오차가 0.0001보다 작게 하는 n을 구하여라.

$$\int_0^3 x^5\,dx$$

[26-28] (이상적분 계산하기) 다음 이상적분이 발산하는지 수렴하는지 결정하여라. 수렴하면 적분을 계산하여라.

26. $\displaystyle\int_{-\infty}^{-1} \frac{1}{x^5}\,dx$

27. $\displaystyle\int_{-\infty}^{0} \frac{1}{\sqrt[3]{8-x}}\,dx$

28. $\displaystyle\int_{1}^{\infty} \frac{\ln x}{x}\,dx$

[29-30] (영역의 면적) 다음 문제에서 유계가 아닌 색칠된 영역의 면적을 구하여라.

29. $y = e^{-x/4}$

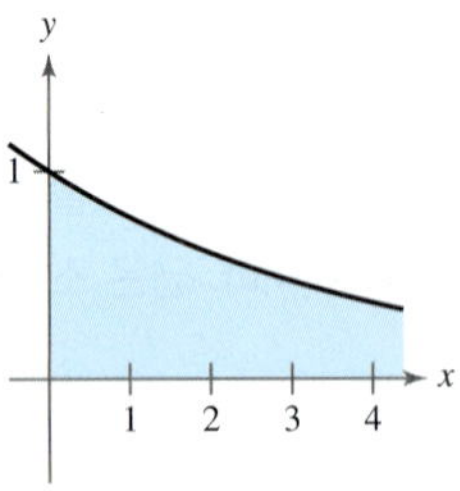

30. $y = \dfrac{3}{(1-3x)^{2/3}}$

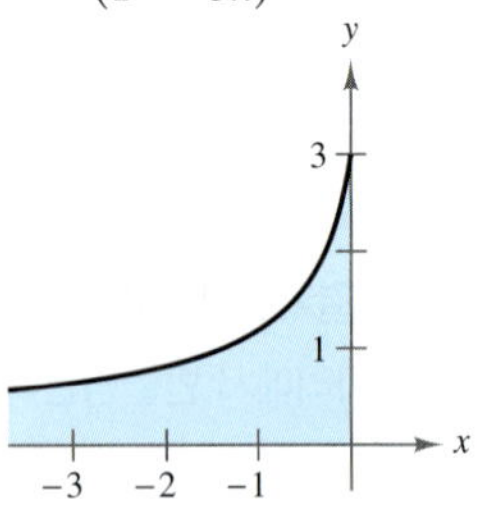

31. (기부) 연 이자율 3 %의 연속 복리로 매년 8000달러를 영구 지급하는 자선 기금을 마련하는 데 필요한 액수를 결정하여라.

32. (장학기금) 모교에 장학금 지급을 시작하려고 한다. 지금부터 시작하여 매년 21,000달러를 장학금으로 지급하고 현재 마련된 기금은 325,000달러이다. 연 이자율 7 %의 연속 복리로 장학금을 영구 지급하려고 하면 이 기금이 장학사업을 시작하기에 충분한 액수인가?

7 다변수 함수

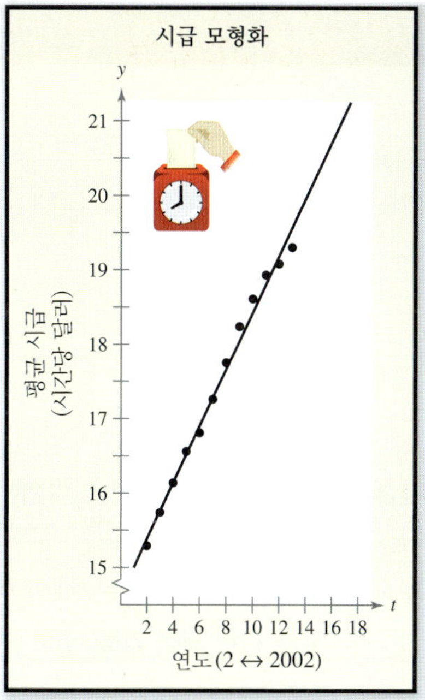

7장 7절의 예제 3은 제조업에 근무하는 생산직 노동자의 시급을 모형화하는 데 가장 잘 맞는 직선을 구하기 위해 최소제곱 회귀분석이 사용됨을 보여 주고 있다.

iStockphoto.com/mediaphotos

7.1 삼차원 좌표계

- 공간에 점 찍기
- 공간에서 점 사이의 거리와 공간에서 선분의 중점 구하기
- 구의 표준방정식을 쓰고 구의 중심과 반지름 구하기
- 곡면의 좌표평면 궤적 그리기

삼차원 좌표계

1.1절에서 데카르트 평면은 x축과 y축으로 부르는 두 수직인 실수 직선으로 결정되었음을 기억하자. 이 두 축은 교점(원점)과 함께 이차원 좌표계를 이루어 평면에 있는 점을 나타낼 수 있다. 공간에 있는 점을 특정 짓기 위해서는 이 모형에 세 번째 차원을 도입해야 한다. 이 삼차원 모형의 기하를 **강체 해석 기하**(solid analytic geometry)라고 한다.

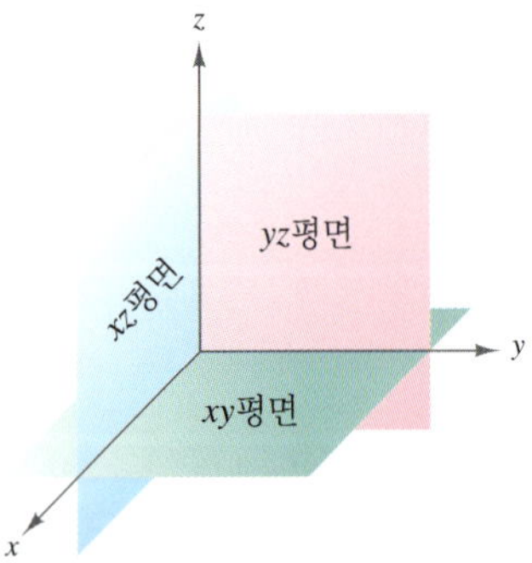

그림 7.1

원점에서 두 축, x축과 y축에 동시에 수직인 z축을 지나는 **삼차원 좌표계**(three-dimensional coordinate system)를 만들 수 있다. 그림 7.1은 각 좌표축의 양의 부분을 보여 주고 있다. 두 개씩 짝을 지으면 좌표축은 세 **좌표평면**(coordinate plane), 즉 ***xy*평면**(*xy*-plane), ***xz*평면**(*xz*-plane), ***yz*평면**(*yz*-plane)을 결정한다. 이 세 좌표평면은 삼차원 좌표계를 8개의 분면으로 나눈다. 첫 번째 분면은 세 좌표가 모두 양이다. 삼차원 좌표계에서 공간에 있는 점 P는 순서가 주어진 세 짝 (x, y, z)로 결정되고 여기서 x, y, z는 다음과 같다.

x = yz평면에서 P까지 유향 거리
y = xz평면에서 P까지 유향 거리
z = xy평면에서 P까지 유향 거리

예제 1 공간에 점 찍기

동일한 삼차원 좌표계에 다음 점을 표시하여라.

a. $(2, -3, 3)$ **b.** $(-2, 6, 2)$ **c.** $(1, 4, 0)$ **d.** $(2, 2, -3)$

풀이 점 $(2, -3, 3)$을 나타내려면

$$x = 2,\quad y = -3,\quad z = 3$$

임에 유의하자. 점을 보는 데 도움이 되도록 $(2, -3)$을 xy평면에 둔다(그림 7.2에서 × 표로 나타냄). 구하는 점은 × 표에서 3단위 위에 놓여 있다. 다른 점도 같은 방법으로 표시할 수 있다(그림 7.2).

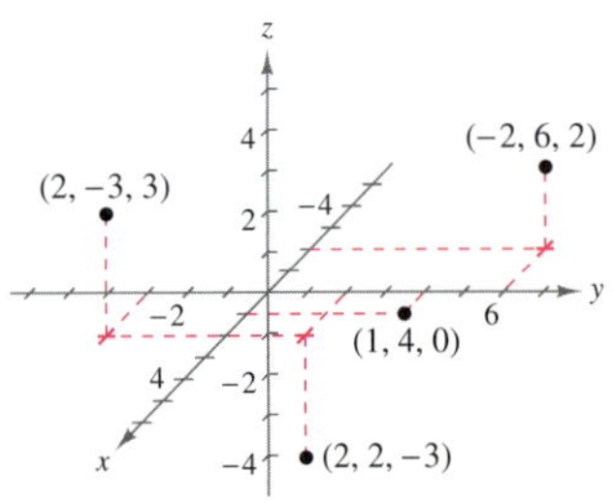

그림 7.2

✓ 점검문제 1 동일한 삼차원 좌표계에 다음 점을 표시하여라.

a. $(2, 5, 1)$ **b.** $(-2, -4, 3)$ **c.** $(4, 0, -5)$ ■

거리와 중점 공식

이차원 좌표계에서 만들어진 많은 공식은 삼차원으로 확장할 수 있다. 예를 들면 공간에서 두 점 사이의 거리를 구하기 위해서는 그림 7.3에서처럼 $a = |x_2 - x_1|$, $b = |y_2 - y_1|$, $c = |z_2 - z_1|$로 하여 피타고라스 정리를 두 번 사용한다. 이렇게 하면 공간에 있는 두 점 사이의 거리 공식을 얻을 수 있다.

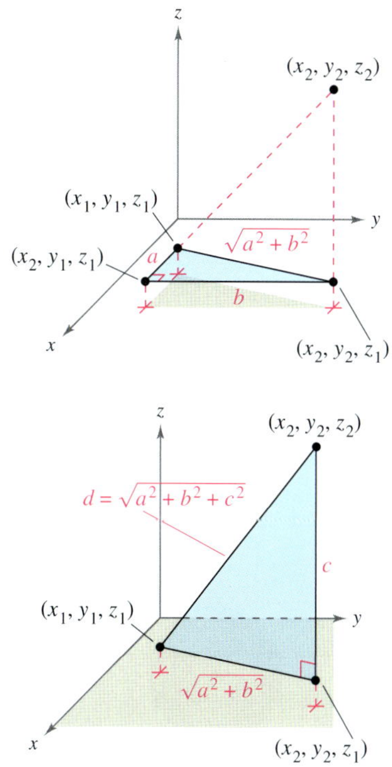

그림 7.3

공간의 거리 공식

두 점 (x_1, y_1, z_1)과 (x_2, y_2, z_2) 사이의 거리는

$$d = \sqrt{(x_2 - x_1)^2 + (y_2 - y_1)^2 + (z_2 - z_1)^2}$$

이다.

예제 2 공간에서 두 점 사이의 거리 구하기

(1, 0, 2)와 (2, 4, −3) 사이의 거리를 구하여라.

풀이

$$\begin{aligned} d &= \sqrt{(x_2 - x_1)^2 + (y_2 - y_1)^2 + (z_2 - z_1)^2} && \text{공간에서의 거리 공식} \\ &= \sqrt{(2 - 1)^2 + (4 - 0)^2 + (-3 - 2)^2} && \text{대입한다} \\ &= \sqrt{1 + 16 + 25} && \text{간단히 한다} \\ &= \sqrt{42} && \text{간단히 한다} \end{aligned}$$

✓ **점검문제 2** (2, 3, −1)과 (0, 5, 3) 사이의 거리를 구하여라. ■

평면과 공간에서 거리 공식 사이에는 유사성이 있음에 유의하자. 평면과 공간에서 중점 공식 또한 유사하다.

공간에서 중점 공식

두 점 (x_1, y_1, z_1)과 (x_2, y_2, z_2)를 잇는 선분의 중점은

$$\text{중점} = \left(\frac{x_1 + x_2}{2}, \frac{y_1 + y_2}{2}, \frac{z_1 + z_2}{2}\right)$$

이다.

예제 3 공간에서 중점 공식

다음 두 점을 잇는 선분의 중점을 구하여라.

(5, −2, 3)과 (0, 4, 4)

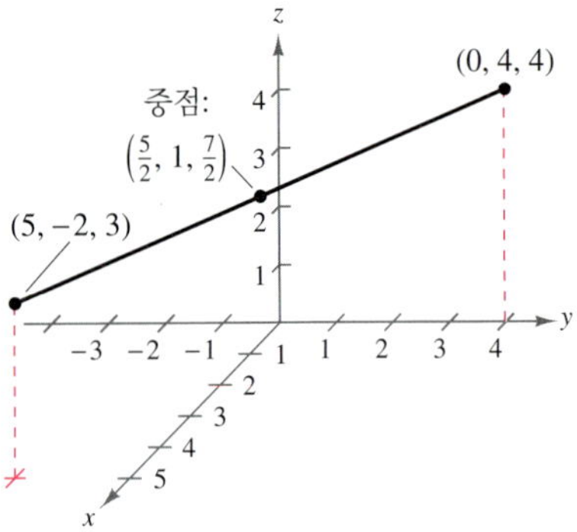

그림 7.4

풀이 공간의 중점 공식을 이용하면, 중점은

$$\left(\frac{5+0}{2}, \frac{-2+4}{2}, \frac{3+4}{2}\right) = \left(\frac{5}{2}, 1, \frac{7}{2}\right)$$

이다(그림 7.4).

✔ **점검문제 3** 다음 두 점을 잇는 선분의 중점을 구하여라.

(3, −2, 0)과 (−8, 6, −4) ■

구의 방정식

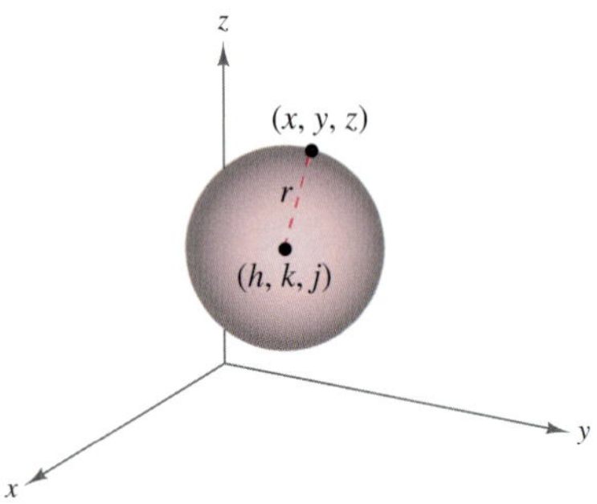

그림 7.5 구: 반지름 r, 중심 (h, k, j)

중심이 (h, k, j)이고 반지름이 r인 구는 (x, y, z)와 (h, k, j) 사이의 거리가 r인 모든 점 (x, y, z)의 집합이다(그림 7.5). 거리 공식을 사용하면 이 조건은 다음과 같이 쓸 수 있다.

$$\sqrt{(x-h)^2 + (y-k)^2 + (z-j)^2} = r$$

양변을 제곱하면 구의 표준방정식을 얻는다.

구의 표준방정식

중심 (h, k, j)이고 반지름 r인 구의 표준방정식은 다음과 같다.

$$(x-h)^2 + (y-k)^2 + (z-j)^2 = r^2$$

예제 4 구의 방정식 구하기

중심 (2, 4, 3)이고 반지름 3인 구의 표준방정식을 구하여라. 이 구는 xy평면과 교차하는가?

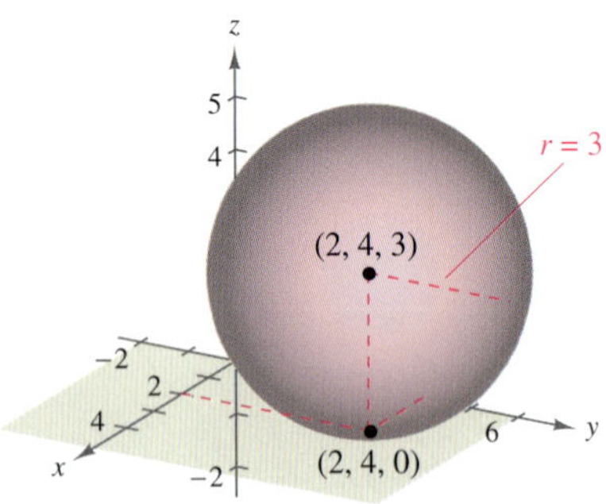

그림 7.6

풀이

$$(x-h)^2 + (y-k)^2 + (z-j)^2 = r^2 \quad \text{표준방정식을 쓴다}$$
$$(x-2)^2 + (y-4)^2 + (z-3)^2 = 3^2 \quad \text{대입한다}$$
$$(x-2)^2 + (y-4)^2 + (z-3)^2 = 9 \quad \text{간단히 한다}$$

그림 7.6에서 구의 중심은 xy평면 위 3단위에 있음에 유의하자. 구의 반지름이 3이므로 구는 xy평면과 접한다. 접점은 (2, 4, 0)이다.

✔ **점검문제 4** 중심 (4, 3, 2)이고 반지름 5인 구의 표준방정식을 구하여라. ■

예제 5 구의 방정식 구하기

지름의 두 끝점이 다음과 같은 구의 방정식을 구하여라.

(3, −2, 6)과 (−1, 4, 2)

풀이 중점 공식에 의해 구의 중심은

$$(h, k, j) = \left(\frac{3 + (-1)}{2}, \frac{-2 + 4}{2}, \frac{6 + 2}{2}\right) \qquad \text{중점 공식을 적용한다}$$
$$= (1, 1, 4) \qquad \text{간단히 한다}$$

이고 거리 공식에 의해 반지름은

$$r = \sqrt{(3 - 1)^2 + (-2 - 1)^2 + (6 - 4)^2} \qquad \text{거리 공식을 적용한다}$$
$$= \sqrt{4 + 9 + 4} \qquad \text{간단히 한다}$$
$$= \sqrt{17} \qquad \text{간단히 한다}$$

이므로 구의 표준방정식은 다음과 같다.

$$(x - h)^2 + (y - k)^2 + (z - j)^2 = r^2 \qquad \text{구의 공식을 쓴다}$$
$$(x - 1)^2 + (y - 1)^2 + (z - 4)^2 = 17 \qquad \text{대입한다}$$

✔ **점검문제 5** 지름의 두 끝점이 $(-2, 5, 7)$과 $(4, 1, -3)$인 구의 방정식을 구하여라. ■

예제 6 구의 중심과 반지름 구하기

방정식이 다음과 같은 구의 중심과 반지름을 구하여라.

$$x^2 + y^2 + z^2 - 2x + 4y - 6z + 8 = 0$$

풀이 완전제곱으로 만들어 구의 표준방정식을 얻을 수 있다. 이를 위해 같은 변수끼리 모으고 일차항 계수의 절반의 제곱을 방정식의 양변에 더한다. 이후 $(x^2 - 2x)$ 를 완전제곱으로 만들기 위해 양변에 $\left[\frac{1}{2}(-2)\right]^2 = 1$을 더한다. $y^2 + 4y$는 완전제곱으로 만들기 위해 $\left[\frac{1}{2}(4)\right]^2 = 4$를 양변에 더한다. $(z^2 - 6z)$은 완전제곱으로 만들기 위해 $\left[\frac{1}{2}(-6)\right]^2 = 9$를 양변에 더한다.

$$x^2 + y^2 + z^2 - 2x + 4y - 6z + 8 = 0$$
$$(x^2 - 2x + \square) + (y^2 + 4y + \square) + (z^2 - 6z + \square) = -8$$
$$(x^2 - 2x + 1) + (y^2 + 4y + 4) + (z^2 - 6z + 9) = -8 + 1 + 4 + 9$$
$$(x - 1)^2 + (y + 2)^2 + (z - 3)^2 = 6$$

그러므로 구의 중심은 $(1, -2, 3)$이고, 반지름은 $\sqrt{6}$ 이다(그림 7.7).

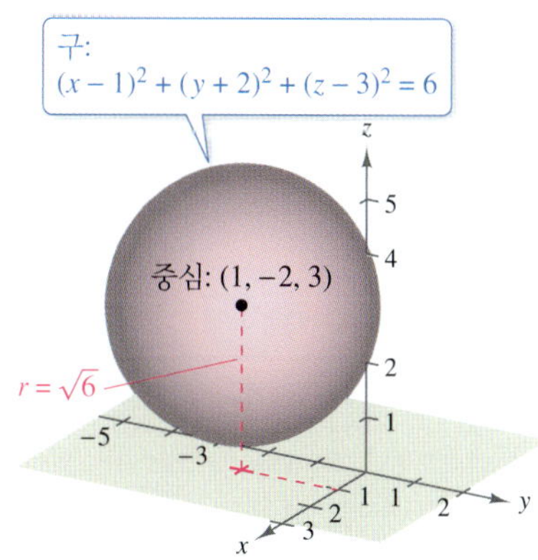

그림 7.7

✔ **점검문제 6** 방정식이 다음과 같은 구의 중심과 반지름을 구하여라.

$$x^2 + y^2 + z^2 + 6x - 8y + 2z - 10 = 0$$ ■

예제 6에서 구의 방정식을 만족하는 점은 표면의 점으로, 내부의 점이 아니다. 일반적으로 x, y, z를 포함하는 방정식을 만족하는 점들의 모임을 **공간 곡면**(surface in space)이라고 한다.

곡면의 궤적

곡면과 세 좌표평면 중 어느 하나(또는 세 좌표평면 중 어느 하나와 평행인 평면)와의 할선을 구하면 곡면을 시각적으로 보는 데 도움이 된다. 이런 할선을 곡면의 **궤적**(trace)이라고 한다. 예를 들면 곡면의 xy궤적은 곡면과 xy평면과 만나는 모든 점이다. 비슷하게 xz궤적은 곡면과 xz평면이 만나는 모든 점으로 이루어져 있다.

예제 7 곡면의 궤적 구하기

$(x-3)^2+(y-2)^2+(z+4)^2=5^2$으로 주어진 구의 xy궤적을 그려라.

풀이 이 곡면의 xy궤적을 구하기 위해 xy평면의 모든 점은 z좌표가 0인 사실을 사용한다. 원래 방정식에 $z=0$을 대입하면 그 결과의 방정식은 곡면과 xy평면의 교선을 나타낼 것이다.

$$(x-3)^2+(y-2)^2+(z+4)^2=5^2 \quad \text{원래 방정식}$$
$$(x-3)^2+(y-2)^2+(0+4)^2=25 \quad z=0\text{으로 두고 } xy\text{궤적을 구한다}$$
$$(x-3)^2+(y-2)^2+16=25 \quad \text{간단히 한다}$$
$$(x-3)^2+(y-2)^2=9 \quad \text{양변에서 16을 뺀다}$$
$$(x-3)^2+(y-2)^2=3^2 \quad \text{원의 방정식}$$

이 방정식에서 xy궤적은 반지름 3인 원임을 알 수 있다(그림 7.8).

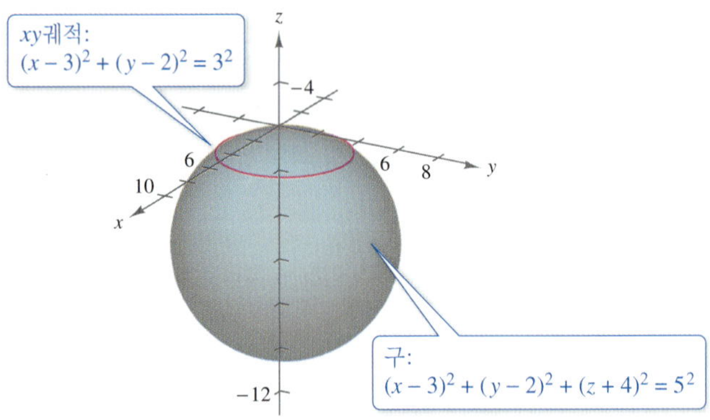

그림 7.8

점검문제 7 다음으로 주어진 구의 xy궤적을 구하여라.

$$(x+1)^2+(y-2)^2+(z+3)^2=5^2$$

연습문제 7.1

[1-2] (공간에 점 찍기) 동일한 삼차원 좌표계에 다음 점을 표시하여라. (예제 1 참조)

1. $(-3, 0, -1), (0, -1, -4), (-2, -3, 0), (1, 3, 4)$

2. $(2, 1, 3), (-1, 2, 1), (3, -2, 5), \left(\frac{3}{2}, 4, -2\right)$

[3-5] (공간에 점의 좌표 구하기) 점의 좌표를 구하여라.

3. yz평면 뒤로 3단위, xz평면 오른쪽으로 4단위, xy평면 위로 5단위에 위치한 점

4. x축 위에 있고, yz평면 앞에 10단위에 위치한 점

5. (생각해 보기) xy평면에 있는 임의의 점의 z좌표는 무엇인가?

[6-7] (공간에 있는 두 점 사이의 거리 구하기) 다음 두 점 사이의 거리를 구하여라. (예제 2 참조)

6. $(4, 1, 5), (8, 2, 6)$ **7.** $(6, -9, 1), (-2, -1, 5)$

[8-9] (공간에서 중점 공식 사용하기) 두 점을 잇는 선분의 중점을 구하여라. (예제 3 참조)

8. $(4, 0, -6), (8, 8, 20)$ **9.** $(6, -4, 2), (-2, 1, 3)$

[10-11] (공간에서 중점 공식 사용하기) 점 (x, y, z)를 구하여라.

10.

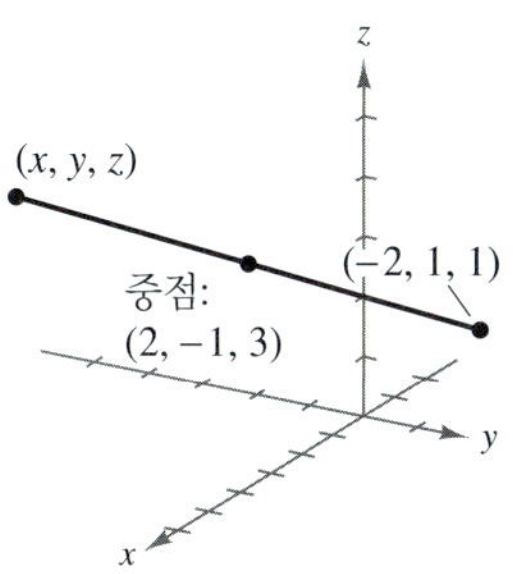

11.

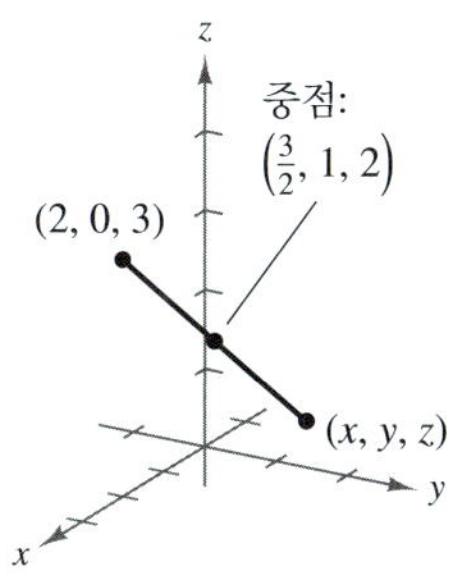

[12-13] (삼각형 특성화) 주어진 꼭짓점을 갖는 삼각형의 변의 길이를 구하여라. 그리고 삼각형이 직각삼각형인지, 이등변삼각형인지, 둘 다 아닌지 판별하여라.

12. $(0, 0, 0), (2, 2, 1), (2, -4, 4)$

13. $(-1, 0, -2), (-1, 5, 2), (-3, -1, 1)$

14. (생각해 보기) 연습문제 12에 있는 삼각형을 z축의 음의 방향으로 아래로 5단위 이동했다. 이동한 삼각형의 좌표를 결정하여라.

[15-19] (구의 방정식 구하기) 다음 특징을 갖는 구의 표준방정식을 구하여라. (예제 4, 5 참조)

15.

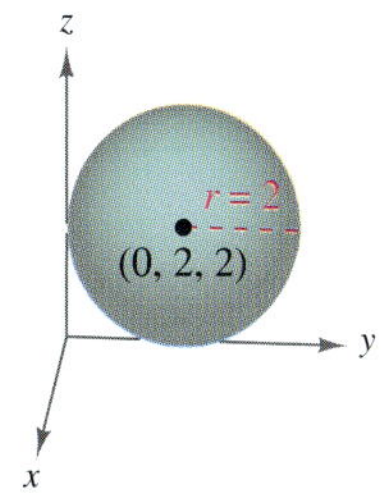

16.

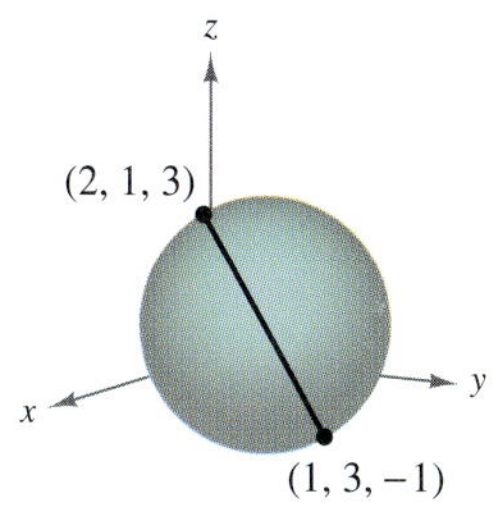

17. 중심: $(3, -2, -3)$; 반지름: 4

18. 지름의 끝점: $(-3, 6, 1), (1, -5, 2)$

19. 중심: $(-4, 3, 6)$; xy평면에 접함

[20-22] (구의 중심과 반지름 구하기) 구의 중심과 반지름을 구하여라. (예제 6 참조)

20. $x^2 + y^2 + z^2 - 12x = 0$

21. $x^2 + y^2 + z^2 + 4x - 2y + 8z - 4 = 0$

22. $2x^2 + 2y^2 + 2z^2 - 4x - 12y - 8z + 3 = 0$

[23-24] (구의 궤적 구하기) 구의 xy궤적의 방정식을 구하여라. 구의 xy궤적을 그려라. (예제 7 참조)

23. $(x - 1)^2 + (y + 3)^2 + (z - 2)^2 = 29$

24. $x^2 + y^2 + z^2 - 6x - 10y + 6z + 30 = 0$

[25-26] (구의 궤적 구하기) 구의 yz궤적의 방정식을 구하여라. 구의 yz궤적을 그려라. (예제 7 참조)

25. $x^2 + (y - 4)^2 + z^2 = 16$

26. $x^2 + y^2 + z^2 - 4x - 4y - 6z - 12 = 0$

[27-28] (구의 궤적 구하기) 주어진 구가 각 평면과 만나는 교선을 그려라.

27. $x^2 + y^2 + z^2 = 25$

(a) $z = 3$ (b) $x = 4$

28. $x^2 + y^2 + z^2 - 4x - 6y + 9 = 0$

(a) $x = 2$ (b) $y = 3$

29. (건축) 구 모양의 건축물의 지름이 55미터이다. 건축물의 중심이 삼차원 좌표계의 중심에 놓여 있다. 건축물의 모형인 구의 방정식을 구하라.

7.2 공간 곡면

■ 공간에서 평면 그리기
■ 공간에서 절편의 수가 다른 평면 그리기
■ 공간에서 이차곡면 분류하기

공간에서 평면의 방정식

7.1절에서 공간에서 곡면의 한 형태인 구에 대해 학습했다. 이 절에서는 두 번째 형태인 공간에서의 평면을 학습한다. 방정식

$$ax + by + cz = d \qquad \text{평면의 방정식}$$

의 그래프는 a, b, c가 모두는 영이 아닌 **공간에서의 평면**이다. 이 방정식은 이차원 좌표계에서의 직선 방정식인 $ax + by = c$와 유사함에 유의하자. 사실 이 방정식으로 표현된 공간에서의 평면을 세 좌표평면과 교차하게 하면 그림 7.9에서 보는 세 개의 직선 궤적을 얻는다.

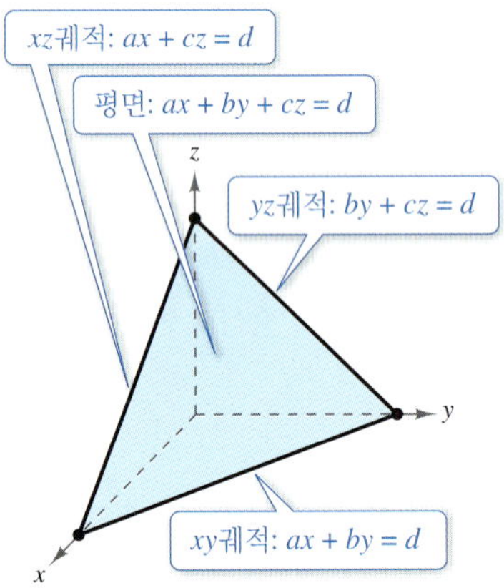

그림 7.9

그림 7.9에서 평면이 세 좌표축과 교차하는 점은 x절편, y절편, z절편이다. 이 세 점을 연결하면 삼각형 영역을 만들 수 있고 이것으로 공간에서의 평면이 시각화된다.

예제 1 공간에서 평면 그리기

평면

$$3x + 2y + 4z = 12$$

의 x절편, y절편, z절편을 구하고 평면을 그려라.

풀이 x절편을 구하기 위해 y와 z를 0으로 둔다.

$$3x + 2(0) + 4(0) = 12 \qquad y\text{와 } z\text{에 0을 대입한다}$$
$$3x = 12 \qquad \text{간단히 한다}$$
$$x = 4 \qquad x\text{에 대해 푼다}$$

그러므로 x절편은 (4, 0, 0)이다. y절편을 구하기 위해 x와 z를 영으로 두면 $y = 6$을 얻는다. 그러므로 y절편은 (0, 6, 0)이다. 같은 방법으로 x와 y를 영으로 두면 $z = 3$으로 결정할 수 있고 z절편은 (0, 0, 3)이다. 세 절편

$$(4, 0, 0), (0, 6, 0), (0, 0, 3)$$

을 연결하면 평면의 삼각형 부분이 만들어지고 그림 7.10에서 시각적으로 볼 수 있다.

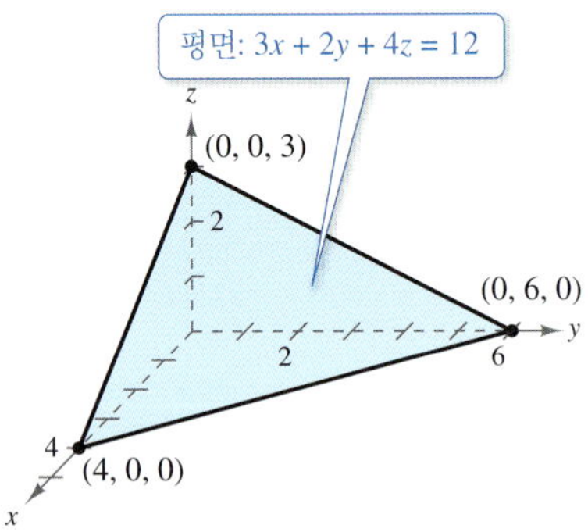

그림 7.10 절편 (4, 0, 0), (0, 6, 0), (0, 0, 3)을 연결하여 만들어진 평면 그림

✓ **점검문제 1** 평면

$$2x + 4y + z = 8$$

의 x절편, y절편, z절편을 구하고 평면을 그려라. ■

공간에서 평면 그리기

그림 7.9와 7.10에서 보여 주는 평면은 세 개의 절편이 있다. 이런 경우 세 절편을 연결하여 삼각형 영역을 만들어 평면의 그래프를 그릴 수 있다.

공간에서 세 개보다 적은 절편을 갖는 평면도 가능하다. 이것은 평면의 방정식 $ax + by + cz = d$의 계수 중 하나 또는 둘이 영일 때 나타난다. 그림 7.11은 공간에서 절편이 하나뿐인 평면 몇 개를 보여 준다. 그림 7.12는 절편이 두 개인 평면을 보여 준다. 각 그림에서 점선과 음영색은 삼차원임을 보여 주기 위한 것이다.

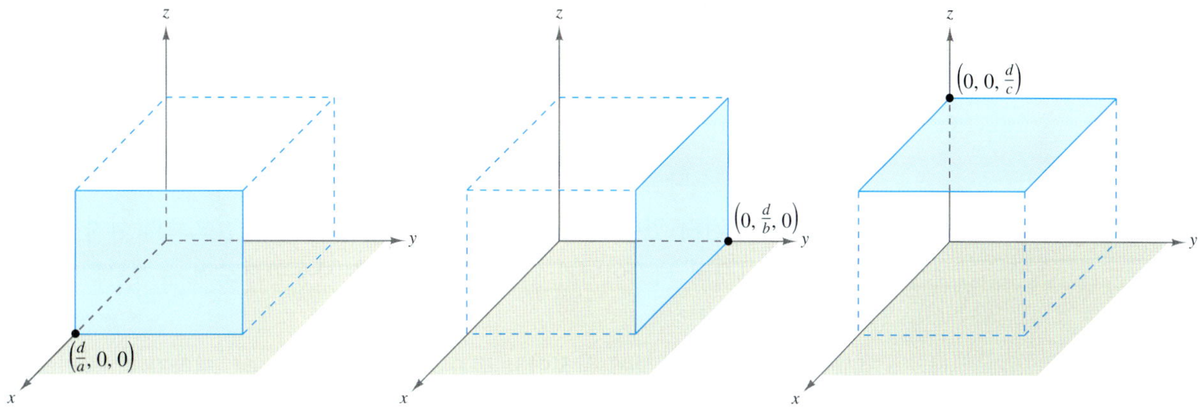

평면 $ax = d$는 yz평면에 평행　평면 $by = d$는 xz평면에 평행　평면 $cz = d$는 xy평면에 평행

그림 7.11 좌표평면에 평행인 평면

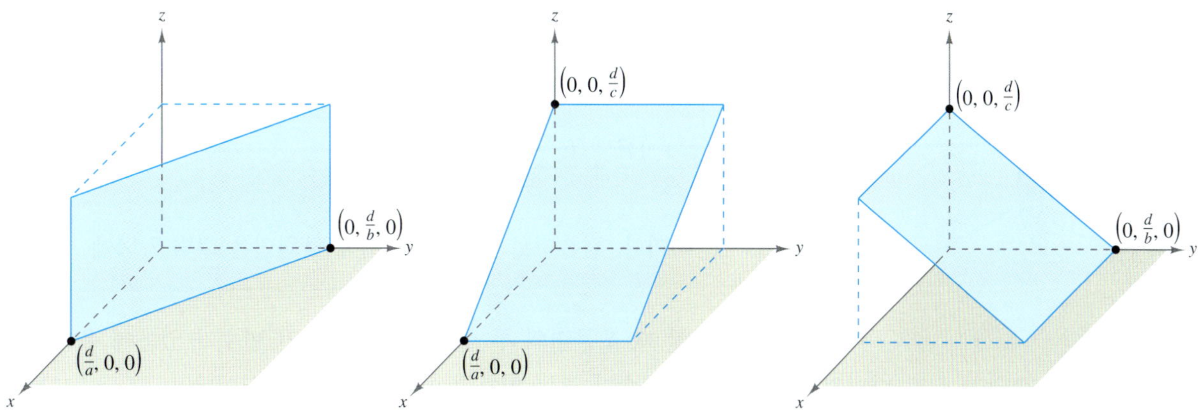

평면 $ax + by = d$는 z축에 평행　평면 $ax + cz = d$는 y축에 평행　평면 $by + cz = d$는 x축에 평행

그림 7.12 좌표축에 평행인 평면

다음과 같은 한 변수가 없는 평면의 방정식, 즉

$$2x + z = 1$$

그림 7.13 참조

은 없는 변수인 좌표축에 평행임에 틀림없다(그림 7.12). 변수 두 개가 없는 평면의

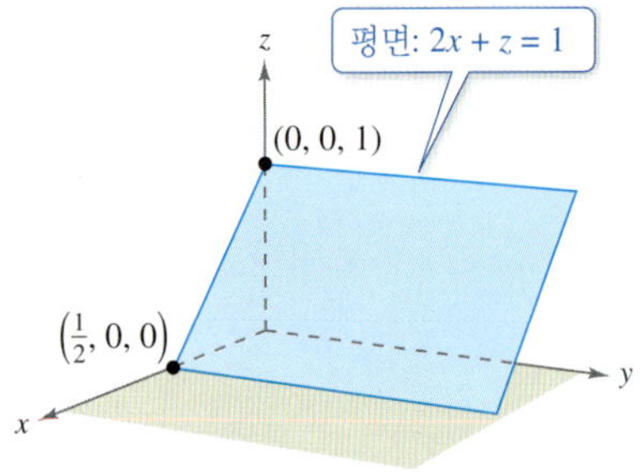

그림 7.13 평면 $2x + z = 1$은 y축에 평행

방정식은 없는 변수로 나타나는 **좌표평면에 평행**이다(그림 7.11).

이차곡면

공간에서 곡면의 세 번째 공통적인 형태는 **이차곡면**(quadric surface)이다. 이차곡면은 원추 곡선의 삼차원 유사체이다. 공간에서 이차곡면의 방정식은 변수가 세 개인 이차 방정식으로 다음과 같다.

$$Ax^2 + By^2 + Cz^2 + Dx + Ey + Fz + G = 0 \qquad \text{이차 방정식}$$

다음은 여섯 가지 기본적인 이차곡면이다.

1. 타원뿔면 **2.** 타원포물면
3. 쌍곡포물면 **4.** 타원면
5. 일엽쌍곡면 **6.** 이엽쌍곡면

이 여섯 형태는 다음 두 페이지에 요약되어 있다. 각 곡면은 삼차원 공간에 두 가지 형태로 그려져 있다. 컴퓨터로 생성한 그림은 선을 숨김으로써 삼차원을 형상화했으며 그래픽 디자이너가 만든 그림은 색을 사용함으로써 삼차원을 형상화했다.

모든 이차곡면은 중심이 원점이고 좌표축을 축으로 삼는다. 게다가 각 곡면의 여러 가능한 방향 중 하나만 보여 주고 있다. 곡면이 다른 중심이나 다른 축을 따라 방향이 주어지면 그에 따라 표준방정식도 변하게 된다. 예를 들면 타원면

$$\frac{x^2}{1^2} + \frac{y^2}{3^2} + \frac{z^2}{2^2} = 1$$

은 (0, 0, 0)이 중심이다. 그러나 타원면

$$\frac{(x-2)^2}{1^2} + \frac{(y+1)^2}{3^2} + \frac{(z-4)^2}{2^2} = 1$$

은 중심이 (2, −1, 4)이다. 컴퓨터로 생성한 첫 번째 타원면은 그림 7.14에 보는 것과 같다.

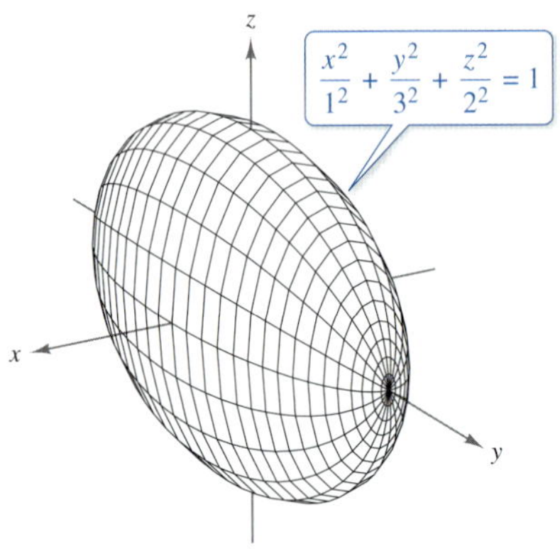

그림 7.14

이차곡면을 분류할 때 포물면의 두 형태는 지수가 1인 변수가 있음에 유의하자. 나머지 네 형태는 세 변수가 모두 이차인 이차곡면의 방정식이다.

예제 2 **이차곡면의 분류**

곡면 $x - y^2 - z^2 = 0$에서 xy평면, xz평면, $x = 1$로 주어진 평면에서의 궤적을 묘사하여라. 곡면을 분류하여라.

풀이 x만이 일차이므로 곡면은 포물면이고, 축은 x축이다. 표준형은 $x = y^2 + z^2$이다. xy평면, xz평면, $x = 1$로 주어진 평면에서의 궤적은 다음과 같다.

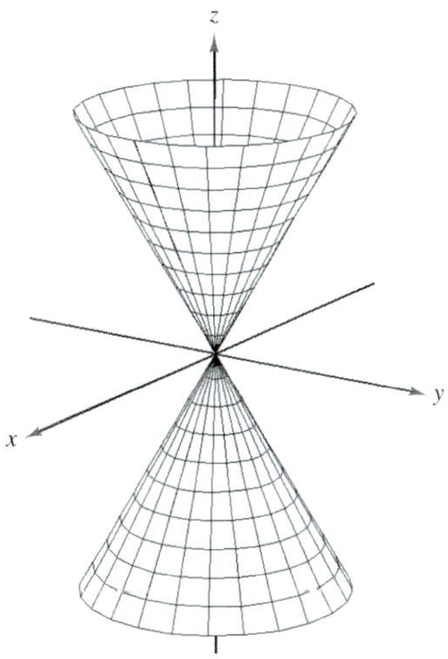

타원뿔면

$$\frac{x^2}{a^2} + \frac{y^2}{b^2} - \frac{z^2}{c^2} = 0$$

궤적	평면
타원	xy평면에 평행
쌍곡선	xz평면에 평행
쌍곡선	yz평면에 평행

원추의 축은 계수가 음인 변수에 대응한다. 이 축에 평행인 좌표평면에 있는 궤적은 교선이다.

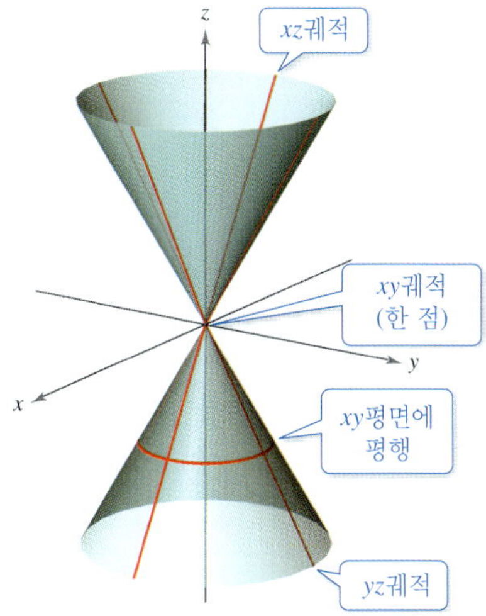

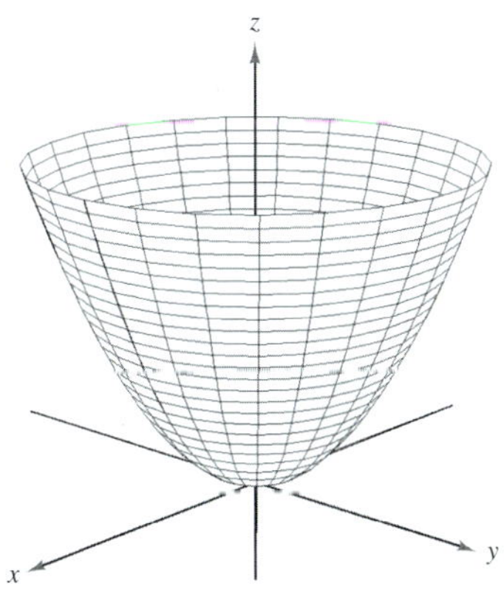

타원포물면

$$z = \frac{x^2}{a^2} + \frac{y^2}{b^2}$$

궤적	평면
타원	xy평면에 평행
포물선	xz평면에 평행
포물선	yz평면에 평행

타원포물면의 축은 지수가 1인 변수에 대응한다.

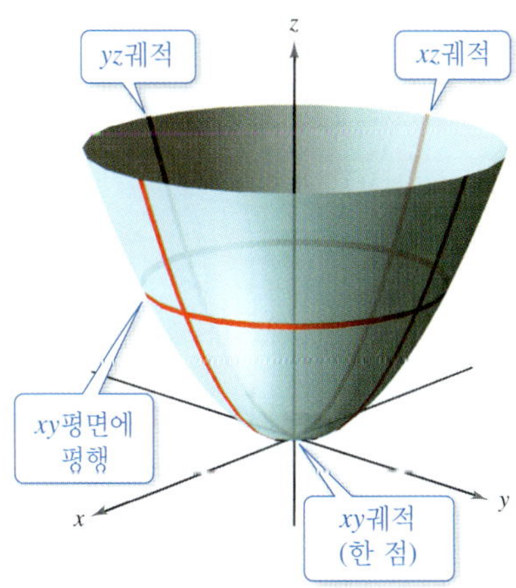

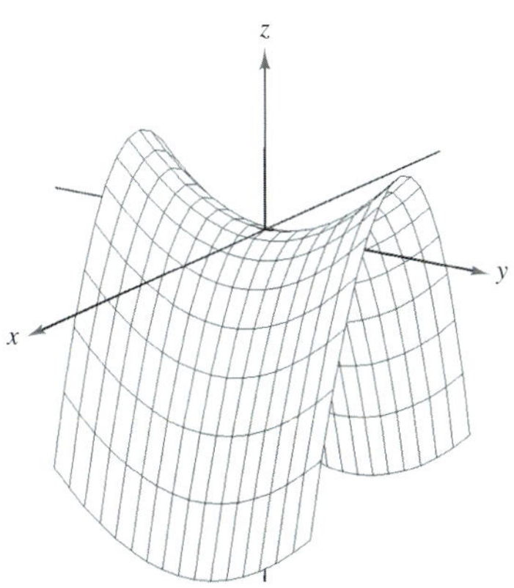

쌍곡포물면

$$z = \frac{y^2}{b^2} - \frac{x^2}{a^2}$$

궤적	평면
쌍곡선	xy평면에 평행
포물선	xz평면에 평행
포물선	yz평면에 평행

쌍곡포물면의 축은 지수가 1인 변수에 대응한다.

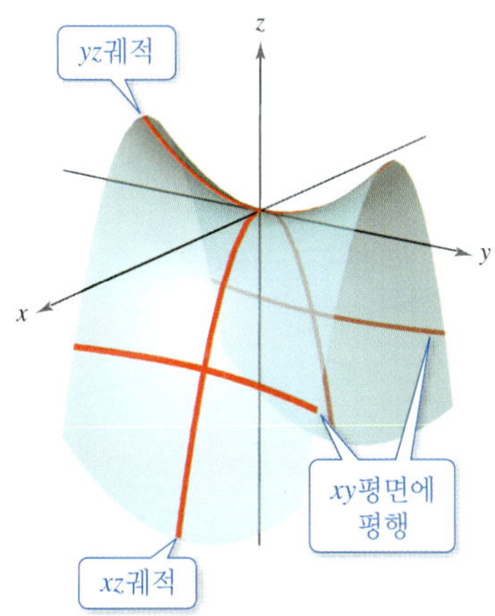

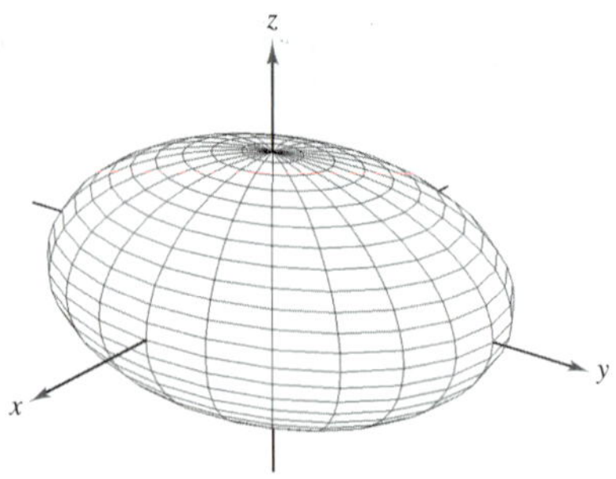

타원면

$$\frac{x^2}{a^2}+\frac{y^2}{b^2}+\frac{z^2}{c^2}=1$$

궤적	평면
타원	xy평면에 평행
타원	xz평면에 평행
타원	yz평면에 평행

이 곡면은 계수 a, b, c가 모두 같고 0이 아니면 구이다.

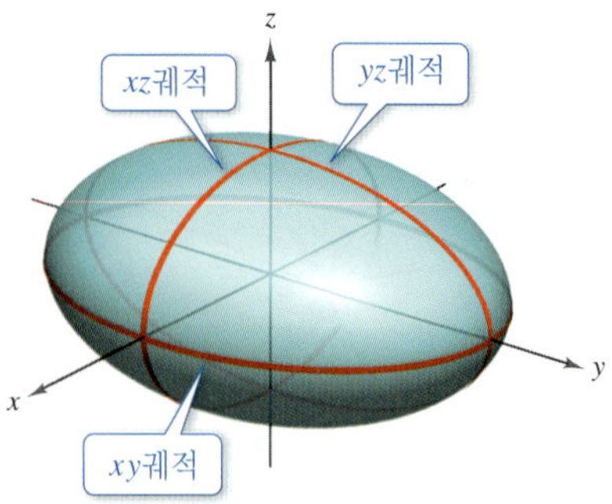

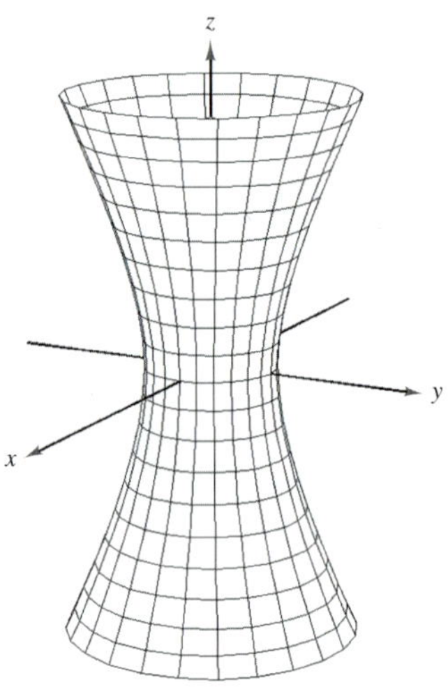

일엽쌍곡면

$$\frac{x^2}{a^2}+\frac{y^2}{b^2}-\frac{z^2}{c^2}=1$$

궤적	평면
타원	xy평면에 평행
쌍곡선	xz평면에 평행
쌍곡선	yz평면에 평행

쌍곡면의 축은 계수가 음인 변수에 대응한다.

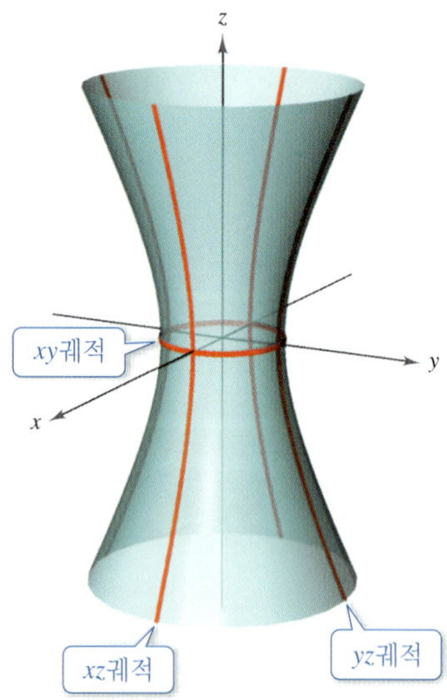

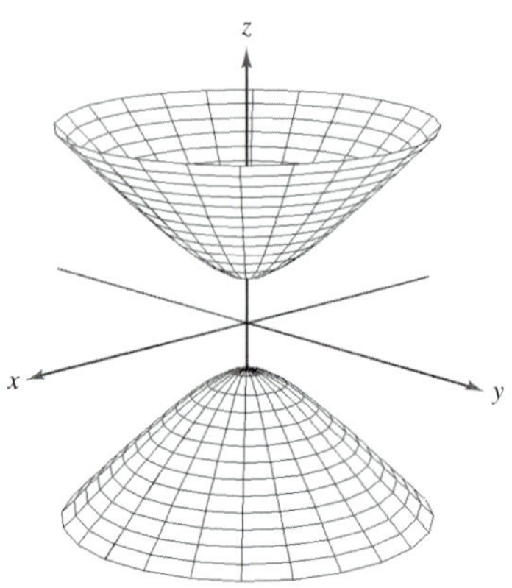

이엽쌍곡면

$$\frac{z^2}{c^2}-\frac{x^2}{a^2}-\frac{y^2}{b^2}=1$$

궤적	평면
타원	xy평면에 평행
쌍곡선	xz평면에 평행
쌍곡선	yz평면에 평행

쌍곡면의 축은 계수가 양인 변수에 대응한다. 이 축에 수직인 좌표평면에는 궤적이 없다.

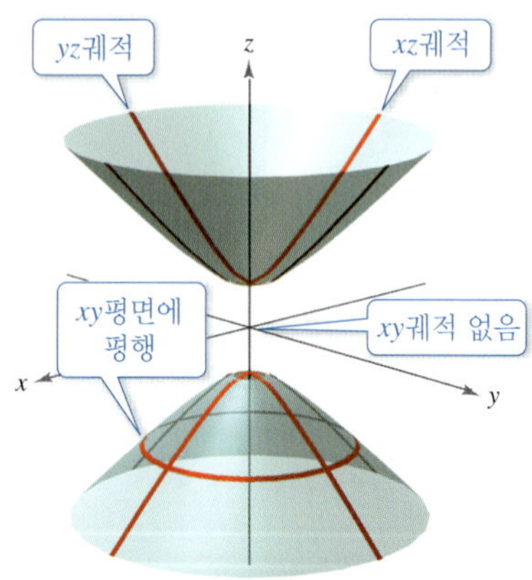

xy평면의 궤적($z = 0$):	$x = y^2$	포물선
xz평면의 궤적($y = 0$) :	$x = z^2$	포물선
평면 $x = 1$에서의 궤적:	$y^2 + z^2 = 1$	원

세 궤적은 그림 7.15에 있다.

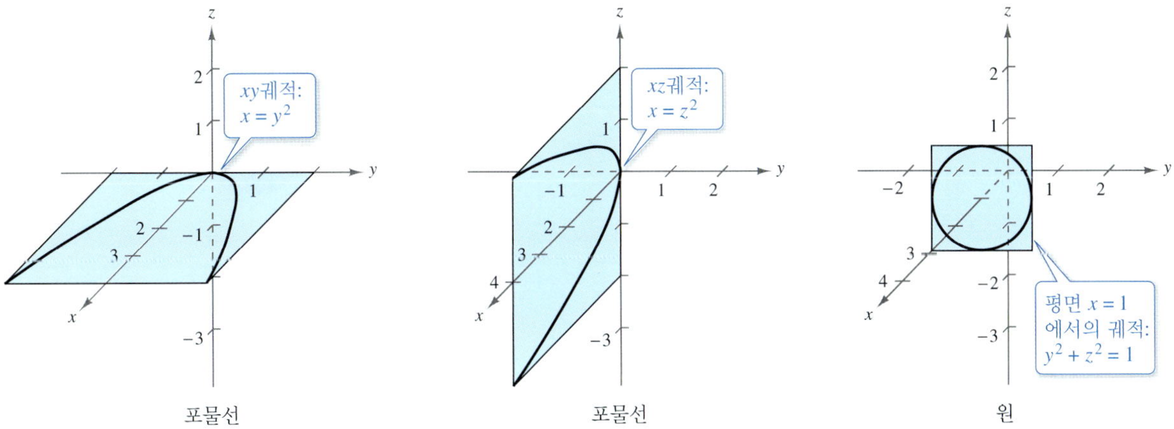

그림 7.15

궤적으로부터 곡면은 타원(원)포물면임을 알 수 있다(그림 7.16).

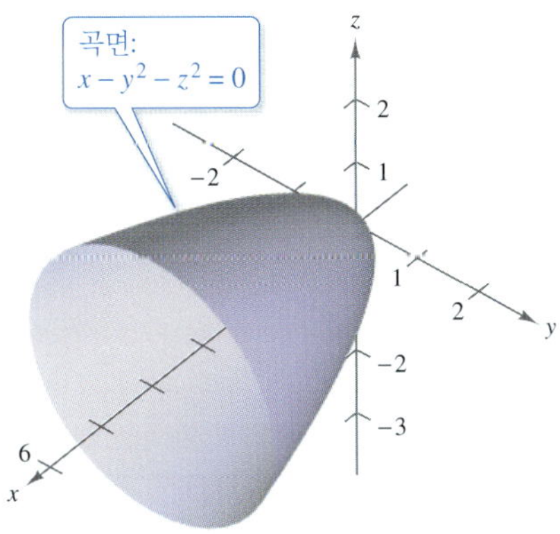

그림 7.16 타원포물면

✔ **점검문제 2** 곡면 $x^2 + y^2 - z^2 = 1$에서 xy평면, yz평면, xz평면, $z = 3$으로 주어진 평면에서의 궤적을 묘사하여라. 곡면을 분류하여라. ■

예제 3 이차곡면의 분류

다음 방정식으로 주어진 곡면을 분류하여라.

a. $x^2 - 4y^2 - 4z^2 - 4 = 0$

b. $x^2 + 4y^2 + z^2 - 4 = 0$

풀이

a. 방정식 $x^2 - 4y^2 - 4z^2 - 4 = 0$은 다음과 같은 형태로 쓸 수 있다.

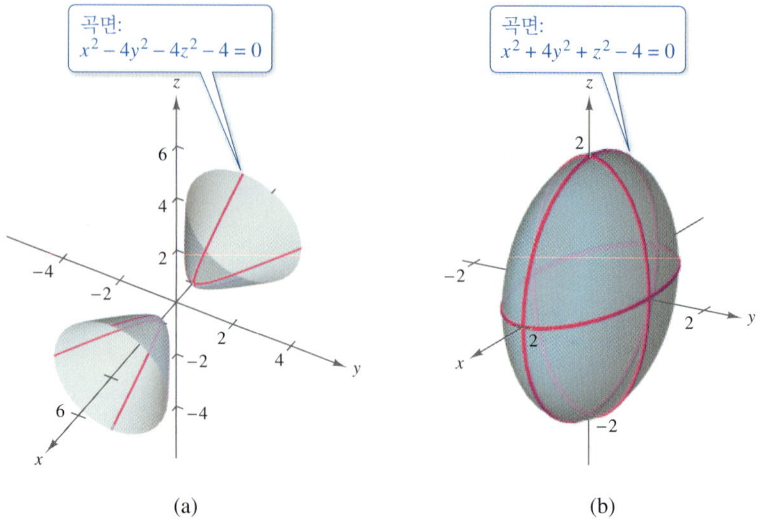

그림 7.17

$$\frac{x^2}{4} - y^2 - z^2 = 1 \qquad \text{표준형}$$

표준형에서 그래프는 이엽쌍곡면이고 x축이 축이다[그림 7.17(a)].

b. 방정식 $x^2 + 4y^2 + z^2 - 4 = 0$은 다음 형으로 쓸 수 있다.

$$\frac{x^2}{4} + y^2 + \frac{z^2}{4} = 1 \qquad \text{표준형}$$

표준형에서 그래프는 타원면이다[그림 7.17(b)].

✓ **점검문제 3** 다음 방정식으로 주어진 곡면을 분류하여라.

a. $4x^2 + 9y^2 - 36z = 0$

b. $36x^2 + 16y^2 - 144z^2 = 0$

연습문제 7.2

[1-6] (공간에서 평면 그리기) 다음 각 평면의 x절편, y절편, z절편을 구하여라. 그리고 평면을 그려라. (예제 1 참조)

1. $x + y + z = 3$

2. $4x + 2y + 6z = 12$

3. $2x - y + 3z = 4$

4. $z = 8$

5. $x + y = 6$

6. $x - 3z = 3$

[7-11] (평면의 비교) 두 평면

$$a_1x + b_1y + c_1z = d_1$$

과

$$a_2x + b_2y + c_2z = d_2$$

가 서로 평행인지, 수직인지, 또는 둘 다 아닌지 결정하여라. 영이 아닌 실수 k가 존재하여 $a_1 = ka_2$, $b_1 = kb_2$, $c_1 = kc_2$일 때 두 평면은 평행이고, $a_1a_2 + b_1b_2 + c_1c_2 = 0$이면 두 평면은 수직이다.

7. $5x - 3y + z = 4,\ x + 4y + 7z = 1$

8. $x - 5y - z = 1,\ 5x - 25y - 5z = -3$

9. $x + 3y + z = 7,\ x - 5z = 0$

10. $x + 2y = 3,\ 4x + 8y = 5$

11. $x = 3,\ z = -1$

[12-14] (짝짓기) 방정식과 그래프를 짝지어라.

(a)

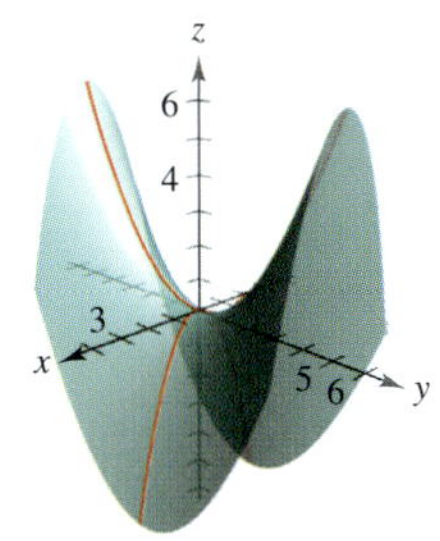

(b)

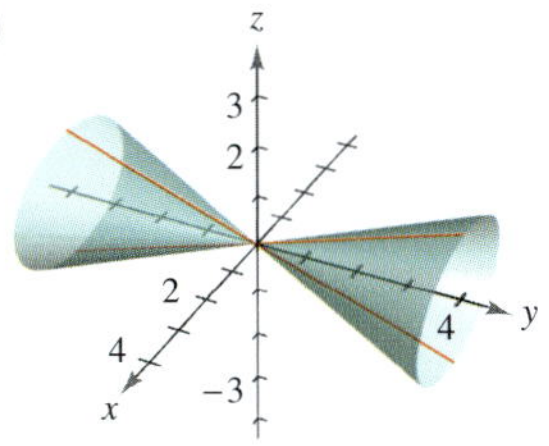

(c)

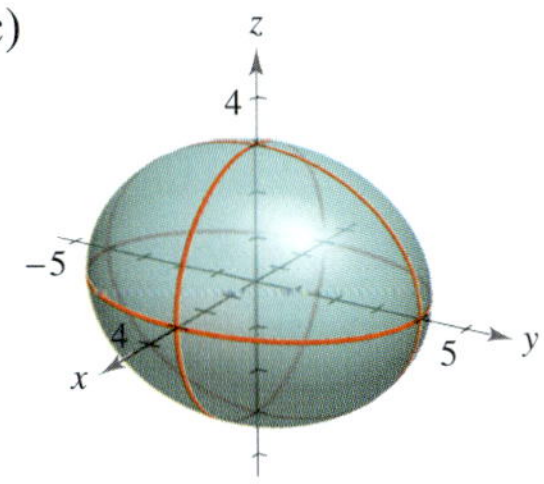

(d)

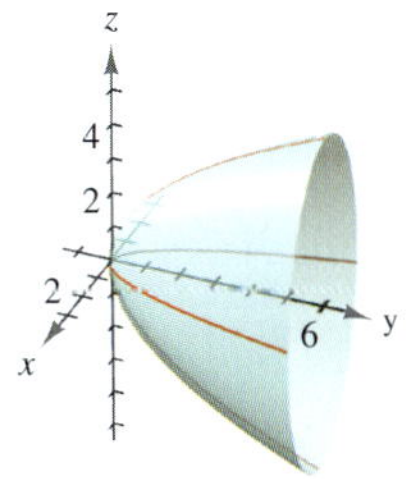

(e)

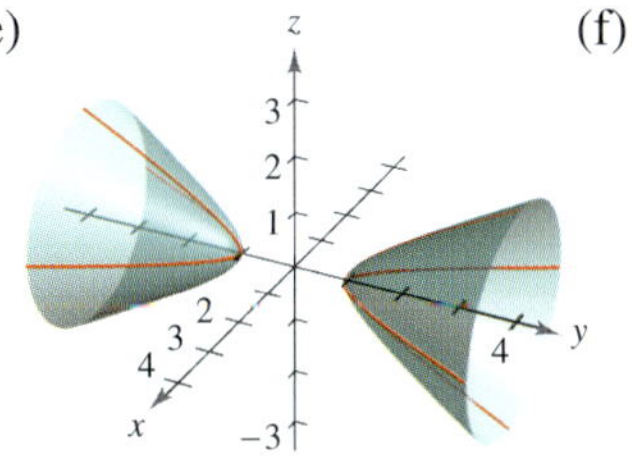

(f)

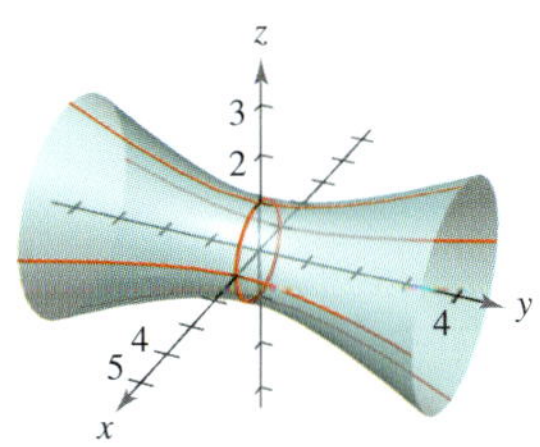

12. $\dfrac{x^2}{9} + \dfrac{y^2}{16} + \dfrac{z^2}{9} = 1$

13. $4x^2 - y^2 + 4z^2 = 4$

14. $4x^2 - 4y + z^2 = 0$

[15-17] (이차곡면의 분류) 주어진 평면에 곡면의 궤적을 나타내어라. 곡면을 분류하여라. (예제 2 참조)

15. $z = x^2 - y^2$

(a) xy평면 (b) $x = 3$ (c) xz평면

16. $\dfrac{x^2}{4} + y^2 + z^2 = 1$

(a) xy평면 (b) xz평면 (c) yz평면

17. $z^2 - \dfrac{x^2}{3} - \dfrac{y^2}{8} = 1$

(a) xz평면 (b) $x = 2$ (c) $z = -4$

[18-24] (이차곡면의 분류) 이차곡면을 분류하여라. (예제 3 참조)

18. $x^2 + \dfrac{y^2}{4} + z^2 = 1$

19. $z = \dfrac{x^2}{36} + \dfrac{y^2}{49}$

20. $z^2 = x^2 + \dfrac{y^2}{64} + 1$

21. $x^2 - y^2 + z = 0$

22. $2x^2 - y^2 + 2z^2 = -4$

23. $z^2 = 9x^2 + y^2$

24. $25x^2 + 25y^2 - z^2 = 5$

25. (물리과학) 회전력으로 인해 지구는 구라기보다는 타원면이다. 적도 반지름은 6378킬로미터이고 극반지름은 6357킬로미터이다. 타원면의 방정식을 구하여라(지구의 중심은 원점이고, $z = 0$으로 형성되는 궤적은 적도에 해당한다).

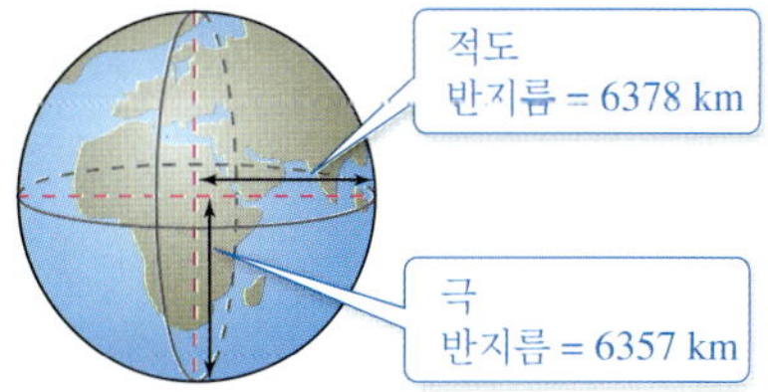

26. (모형화 자료) 다음 표는 2008년에서 2013년까지 여러 가지 형태의 레크리에이션에 대한 개인 소비지출(10억 달러)을 나타낸 것이다. 여기서 x는 놀이공원이나 캠핑장에서의 지출이고, y는 생활 오락(스포츠 포함)에서의 지출, z는 스포츠 관람에서의 지출이다.

연도	2008	2009	2010	2011	2012	2013
x	38.3	37.2	38.8	41.3	44.4	46.5
y	24.3	25.2	26.3	28.3	28.4	28.7
z	19.4	18.8	19.2	20.4	21.2	22.3

이 표에 있는 자료의 모형은 다음과 같다.

$$-0.391x + 0.069y + z = 6$$

(a) 이 표에 다섯 번째 행을 추가하여 주어진 x, y로 z를 구하여라. 이 값을 z의 실제 값과 비교하여라.

(b) 모형에 따르면 y와 z형태의 지출이 증가하게 되면 x형태의 레크리에이션 지출에는 어떤 변화가 나타나는가?

7.3 다변수 함수

- 다변수 함수 계산하기
- 이변수 함수의 정의역과 치역 구하기
- 등고선도를 읽고 이변수 함수의 등위곡선 그리기
- 다변수 함수를 사용하여 실생활 문제 풀기

다변수 함수

지금까지 이 교재에서는 단일 (독립) 변수의 함수를 학습했다. 그러나 상업, 과학, 기술 분야의 많은 양이 둘 이상의 변수로 된 함수이다. 예를 들면 어떤 제품의 수요함수는 가격 하나에만 의한 것이라기보다는 가끔은 가격과 광고에 따른다고 할 수 있다. 둘 이상의 변수에 대한 함수 기호는 일변수 함수의 기호와 비슷하다. 여기에 두 개의 보기가 있다.

$$z = f(\underbrace{x, y}_{\text{이변수}}) = x^2 + xy \qquad \text{이변수 함수}$$

그리고

$$w = f(\underbrace{x, y, z}_{\text{삼변수}}) = x + 2y - 3z \qquad \text{삼변수 함수}$$

이변수 함수의 정의

D를 실수의 순서쌍의 집합이라고 하자. 만약 D에 있는 각 순서쌍 (x, y)에 실수 $f(x, y)$가 유일하게 대응한다면 f는 **x와 y의 함수**(function of x and y)이다. 집합 D는 f의 **정의역**(domain) 그리고 대응하는 $f(x, y)$의 값들의 집합은 f의 **치역**(range)이다. 삼변수, 사변수 또는 그 이상 변수의 함수도 비슷하게 정의된다.

함수 $z = f(x, y)$에 대해 x와 y는 **독립변수**(independent variable)이고 z는 **종속변수**(dependent variable)이다.

예제 1 다변수 함숫값 구하기

a. $f(x, y) = 2x^2 - y^2$에서 $f(2, 3)$을 구하여라.

b. $f(x, y, z) = e^x(y + z)$에서 $f(0, -1, 4)$를 구하여라.

풀이

a. $f(x, y)$에서 x에 2를 y에 3을 대입해 넣고 간단히 한다.

$$f(2, 3) = 2(2)^2 - (3)^2 = 8 - 9 = -1$$

b. $f(x, y, z) = e^x(y + z)$에 x 대신 0, y에 -1, z에 4를 대입해 넣고 간단히 한다. 즉

$$f(0, -1, 4) = e^0(-1 + 4) = (1)(3) = 3$$

✔ 점검문제 1

a. $f(x, y) = x^2 + 2xy$에서 $f(2, -1)$을 구하여라.

b. $f(x, y, z) = \dfrac{2x^2z}{y^3}$에서 $f(-3, 2, 1)$을 구하여라. ■

이변수 함수의 정의역과 치역

이변수 함수는

$z = f(x, y)$ 이변수 함수

라 두면 공간에서 곡면의 그래프로 나타낼 수 있다. x와 y의 함수의 그래프를 그릴 때, 그래프는 삼차원에 있지만 함수의 정의역은 이차원이다. 즉 함수가 정의된 xy 평면의 점으로 이루어져 있다. 일변수 함수처럼 특별히 제한하지 않으면 이변수 함수의 정의역은 정의한 함수의 방정식이 의미를 갖는 모든 (x, y)의 집합으로 가정한다. 다시 말하면 f의 정의역에 있는 모든 점 (x, y)에 곡면 위의 점 (x, y, z)가 대응한다. 역으로 곡면 위의 모든 점 (x, y, z)에 f의 정의역에 있는 점 (x, y)가 대응한다.

예제 2 **함수의 정의역과 치역 구하기**

다음 함수의 정의역과 치역을 구하여라.

$$f(x, y) = \sqrt{64 - x^2 - y^2}$$

풀이 어떤 제한도 주어져 있지 않기 때문에 정의역은 함수를 정의하는 방정식이 성립할 수 있는 모든 점의 집합으로 생각된다. 즉

$64 - x^2 - y^2 \ge 0$ 근호 안의 양은 음이 아니어야 한다

$-x^2 - y^2 \ge -64$ 양변에서 64를 뺀다

$x^2 + y^2 \le 64$ 양변에 −1을 곱하고 부등식의 기호를 반대로 한다

이므로 f의 정의역은 원

$$x^2 + y^2 = 8^2$$

의 내부와 원 위에 놓여 있는 모든 점의 집합이다(그림 7.18). f의 치역은

$0 \le z \le 8$ 함수의 치역

이다. 그림 7.19와 같이 함수의 그래프는 반구이다.

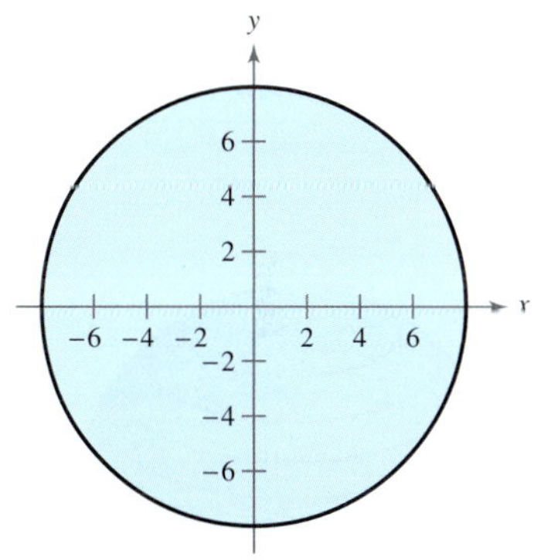

$f(x, y) = \sqrt{64 - x^2 - y^2}$ 의 정의역

그림 7.18

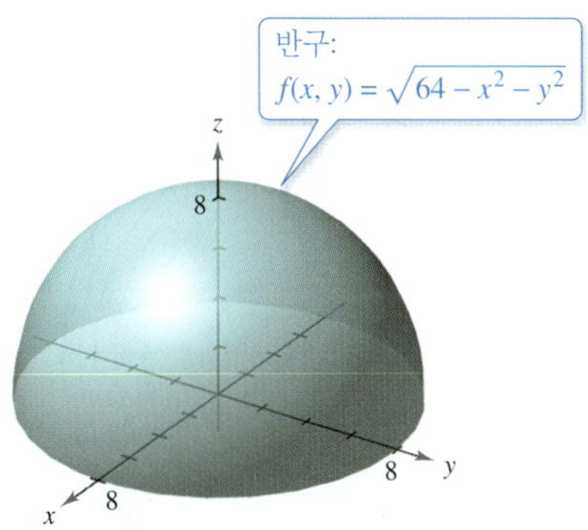

정의역: $x^2 + y^2 \le 64$
치역: $0 \le z \le 8$

그림 7.19

✔ 점검문제 2 다음 함수를 생각하자.

$$f(x, y) = \sqrt{9 - x^2 - y^2}$$

a. f의 정의역을 구하여라.

b. f의 치역을 구하여라. ■

등고선도와 등위곡선

곡면의 **등고선도**(contour map)는 xy평면에 평행하면서 동일한 간격으로 택한 평면으로 절단한 곡면의 궤적을 xy평면 위로 사영하여 만들어진다. 각 사영은 곡면의 **등위곡선**(level curve)이다.

등고선도는 일기도, 지형도, 인구 밀도 지도를 만드는 데 사용된다. 예를 들면 그림 7.20(a)는 $z = f(x, y)$로 주어진 곡면의 '산과 계곡'의 그래프를 보여 준다. 그림 7.20(b)에 있는 등위곡선은 곡면 $z = f(x, y)$와 평면 $z = c$와의 교선을 나타낸다. 여기서 $c = 828, 830, \ldots, 854$이다.

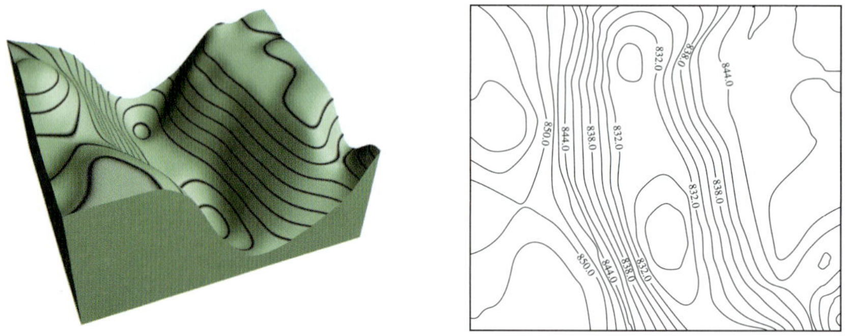

(a) 곡면 (b) 등고선도

그림 7.20

곡면:
$f(x, y) = \sqrt{64 - x^2 - y^2}$

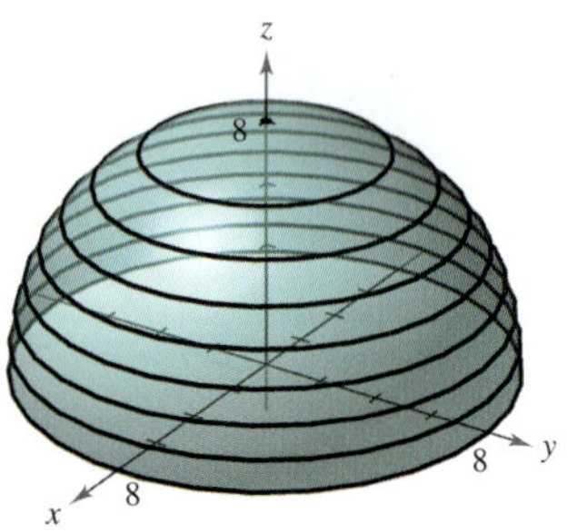

그림 7.21 반구

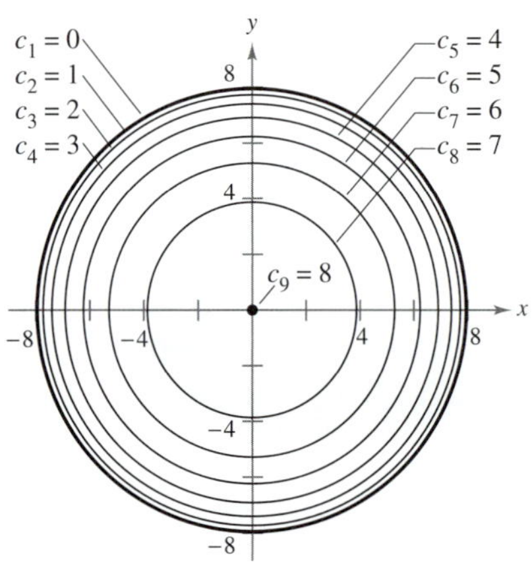

그림 7.22 등고선도

예제 3 등고선도 그리기

구면 $f(x, y) = \sqrt{64 - x^2 - y^2}$에서 $c = 0, 1, 2, \ldots, 8$에 대응하는 등위곡선을 사용하여 곡면의 등고선도를 그려라(그림 7.21).

풀이 각 c의 값에 대해 방정식 $f(x, y) = c$는 xy평면에서의 원(점)이다. 예를 들면 $c_1 = 0$일 때 등위곡선은

$$x^2 + y^2 = 8^2 \qquad \text{반지름 8인 원}$$

이고 이것은 반지름 8인 원이다. 그림 7.22는 반구의 9개의 등위곡선을 보여 준다.

✔ **점검문제 3** $f(x, y) = \sqrt{9 - x^2 - y^2}$의 등위곡선을 설명하여라. $c = 0, 1, 2, 3$인 경우 등위곡선의 그래프를 그려라. ■

응용

콥-더글러스 생산함수(Cobb-Douglas production function)는 경제학에서 노동과 자본의 변화량에 따른 생산된 단위 수를 나타내는 데 사용된다. x를 노동의 단위

수, y는 자본의 단위 수를 나타낸다고 하면 생산된 단위 수는

$$f(x, y) = Cx^a y^{1-a}$$

로 모형화되고, 여기서 C와 a는 상수이고 $0 < a < 1$이다.

예제 4 생산함수의 사용

어떤 제조회사에서 생산된 제품(생산 단위)이 $f(x, y) = 100x^{0.6}y^{0.4}$로 모형화된다고 추정한다. 여기서 x는 노동(인시*), y는 자본(천 달러)이라고 한다.

a. $x = 1000$, $y = 500$일 때, 생산 수준은 얼마인가?

b. $x = 2000$, $y = 1000$일 때, 생산 수준은 얼마인가?

c. (a)와 (b)에서 노동과 자본을 2배로 하면, 생산에는 어떤 영향을 주는가?

풀이

a. $x = 1000$, $y = 500$일 때 생산 수준은 다음과 같다.

$$f(1000, 500) = 100(1000)^{0.6}(500)^{0.4} \approx 75{,}786 \text{ 단위}$$

b. $x = 2000$, $y = 1000$일 때 생산 수준은 다음과 같다.

$$f(2000, 1000) = 100(2000)^{0.6}(1000)^{0.4} \approx 151{,}572 \text{ 단위}$$

c. 투입된 노동과 자본의 양이 2배가 되면 생산 수준 역시 2배가 된다. 연습문제 23은 콥–더글러스 생산함수의 특징을 잘 드러낸 문제이다.

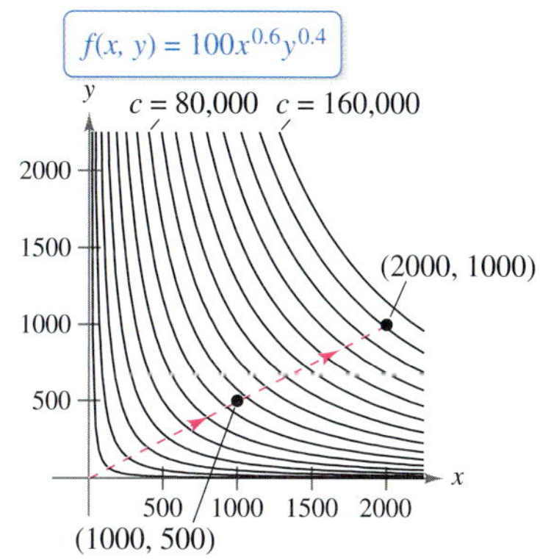

그림 7.23 등위곡선(10,000만큼 증가)

이 함수의 등고선도는 그림 7.23에 보여 주고 있다. 등위곡선의 증분은 10,000임에 유의하자.

✓ **점검문제 4** 예제 4에 콥–더글러스 생산함수를 사용하여 $x = 1500$, $y = 1000$ 그리고 $x = 1000$, $y = 1500$일 때 생산 수준을 각각 구하여라. 두 결과에서 어느 경우가 생산 수준에 더 큰 영향을 주는지 결정하여라. ■

예제 5 월상환액 구하기

연 이자율 r %(소수형)로 t년 동안 P달러의 대출금에서 월상환액 M이

$$M = f(P, r, t) = \frac{\dfrac{Pr}{12}}{1 - \left[\dfrac{1}{1 + (r/12)}\right]^{12t}}$$

이다.

a. 대출금이 100,000달러일 때 이자율 4 %, 30년 주택 모기지에서 월상환액을 구하여라. 총 납입액은 얼마인가?

b. 5년 동안 이자율 2.5 %로 자동차 융자금이 22,000달러일 때 월상환액은 얼마인가?

풀이

a. $P = 100{,}000$달러, $r = 0.04$, $t = 30$일 때 납입액은 다음과 같다.

---

* 한 사람이 한 시간에 처리하는 작업량의 단위

$$M = f(100{,}000,\ 0.04,\ 30)$$
$$= \frac{\dfrac{(100{,}000)(0.04)}{12}}{1 - \left[\dfrac{1}{1 + (0.04/12)}\right]^{12(30)}}$$
$$= 477.42(\text{달러})$$

30년 모기지이므로 지급하는 총 납입횟수는 $12(30) = 360$이므로 총 납입액은 $360(477.42) = 171{,}871.20$(달러)이다.

b. $P = 22{,}000$달러, $r = 0.025$, $t = 5$일 때이므로 월상환액은

$$M = f(22{,}000,\ 0.025,\ 5)$$
$$= \frac{\dfrac{(22{,}000)(0.025)}{12}}{1 - \left[\dfrac{1}{1 + (0.025/12)}\right]^{12(5)}}$$
$$= 390.44(\text{달러})$$

이고 납입 기간이 5년이므로 총 납입횟수는 $12(5) = 60$이다. 그러므로 총 납입액은 $60(390.44) = 23{,}426.40$(달러)이다.

✓ **점검문제 5** 대출금이 100,000달러일 때 이자율 3 %, 30년 주택 모기지에서 월상환액 M을 구하여라. 총 납입액은 얼마인가? ■

연습문제 7.3

[1-7] (다변수 함수 계산하기) 다음 함숫값을 구하고 간단히 하여라. (예제 1 참조)

1. $f(x, y) = 2x - y + 3$

(a) $f(0, 2)$ (b) $f(-1, 0)$ (c) $f(5, 30)$
(d) $f(3, y)$ (e) $f(x, 4)$ (f) $f(5, t)$

2. $f(x, y) = xe^y$

(a) $f(5, 0)$ (b) $f(3, 2)$ (c) $f(2, -1)$
(d) $f(4, y)$ (e) $f(x, \ln 6)$ (f) $f(t, t)$

3. $h(x, y, z) = \dfrac{xy}{z}$

(a) $h(2, 3, 9)$ (b) $h(1, 0, 1)$

4. $V(r, h) = \pi r^2 h$

(a) $V(3, 10)$ (b) $V(5, 2)$

5. $A(P, r, t) = P\left[\left(1 + \dfrac{r}{12}\right)^{12t} - 1\right]\left(1 + \dfrac{12}{r}\right)$

(a) $A(100, 0.10, 10)$ (b) $A(275, 0.0925, 40)$

6. $f(x, y) = \displaystyle\int_x^y (2t - 3)\,dt$

(a) $f(1, 2)$ (b) $f(1, 4)$

7. $f(x, y) = x^2 - 2y$

(a) $f(x + \Delta x, y)$ (b) $\dfrac{f(x, y + \Delta y) - f(x, y)}{\Delta y}$

[8-15] (함수의 정의역과 치역 구하기) 다음 함수의 정의역과 치역을 구하여라. (예제 2 참조)

8. $f(x, y) = \sqrt{16 - x^2 - y^2}$

9. $f(x, y) = x^2 + y^2$

10. $f(x, y) = e^{x/y}$

11. $z = \ln(5 - x - y)$

12. $z = \sqrt{9 - 3x^2 - y^2}$

13. $z = \dfrac{y}{x}$

14. $f(x, y) = \dfrac{1}{xy}$

15. $h(x, y) = x\sqrt{y}$

[16-17] (짝짓기) 다음 등고선도와 곡면의 그래프를 짝지어라.

(a)

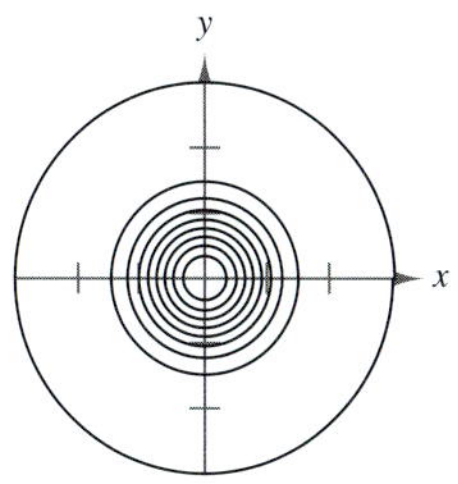

(b)

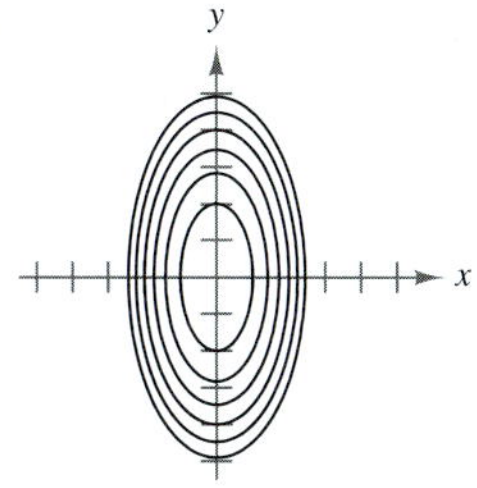

(c)

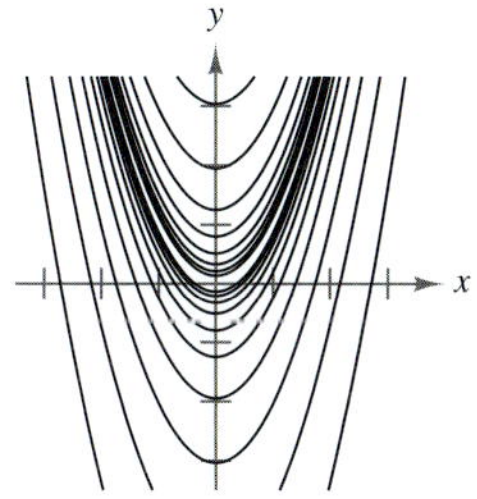

(d)

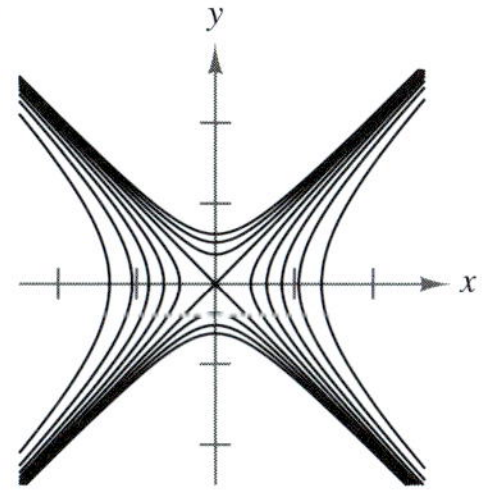

16. $f(x, y) = x^2 + \dfrac{y^2}{4}$

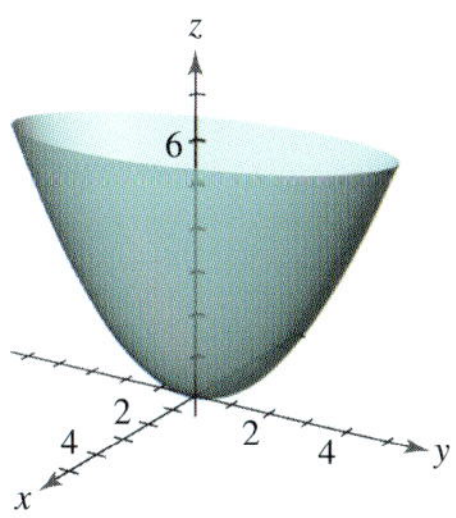

17. $f(x, y) = e^{1-x^2-y^2}$

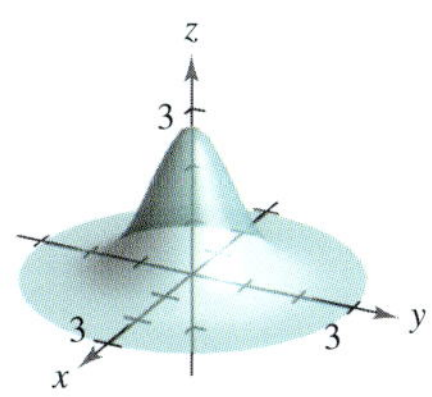

[18-21] (등고선도 그리기) 다음 함수의 등위곡선을 설명하여라. 주어진 c값에 대한 등위곡선을 사용하여 곡면의 등고선도를 그려라. (예제 3 참조)

	함수	c값
18.	$z = x + y$	$c = -1, 0, 2, 4$
19.	$z = \sqrt{25 - x^2 - y^2}$	$c = 0, 1, 2, 3, 4, 5$
20.	$f(x, y) = xy$	$c = \pm 1, \pm 2, \ldots, \pm 6$
21.	$f(x, y) = \dfrac{x}{x^2 + y^2}$	$c = \pm\frac{1}{2}, \pm 1, \pm\frac{3}{2}, \pm 2$

22. (콥–더글러스 생산함수) 어떤 제조회사의 생산함수의 모형이 $f(x, y) = 100x^{0.8}y^{0.2}$, $x = 1000$, $y = 2000$일 때 생산 수준을 추정하여라.

23. (콥–더글러스 생산함수) 콥–더글러스 생산함수 $f(x, y) = Cx^a y^{1-a}$를 사용하여 노동 및 자본의 단위 수를 2배로 하면 생산 수준도 2배가 됨을 보여라.

24. (이윤) 스포츠 제품 생산자가 두 공장에서 축구공을 생산한다. 1공장에서는 x_1단위를, 2공장에서는 x_2단위를 다음과 같은 모형식으로 생산한다고 한다.

$$C_1(x_1) = 0.02x_1^2 + 4x_1 + 500$$

그리고

$$C_2(x_2) = 0.05x_2^2 + 4x_2 + 275$$

생산된 공을 50달러에 판매한다고 하면 제품의 이익함수는

$$P(x_1, x_2) = 50(x_1 + x_2) - C_1(x_1) - C_2(x_2)$$

로 주어진다. 다음을 계산하여라.

(a) $P(250, 150)$

(b) $P(300, 200)$

(c) $P(600, 400)$

25. (투자) 2015년에 어떤 회사채에 연 이자율 10 %의 복리 이자로 2000달러를 투자했다. 이 투자자는 세율 R(소수형), 연 인플레이션율 I(소수형)을 부담한다고 한다. 2025년에도 2015년과 동일한 기준이라면 회사채의 가치 V는

$$V(I, R) = 2000\left[\frac{1 + 0.10(1 - R)}{1 + I}\right]^{10}$$

으로 주어진다. 이 이변수 함수와 스프레드시트를 사용하여 다음 표를 완성하여라.

	인플레이션율		
세율	0	0.03	0.05
0			
0.28			
0.35			

26. (기상학) 기상학자는 기압을 밀리바로 측정한다. 이 관측으로부터 기압(등압)이 같은 지점을 연결하여 기상도를 만든다(그림 참조). 지도에서 등압선이 촘촘할수록 바람의 강도는 더 세다. 기상도의 A, B, C지점과 (a) 고기압, (b) 저기압, (c) 최고 풍속 지점을 각각 연결하여라.

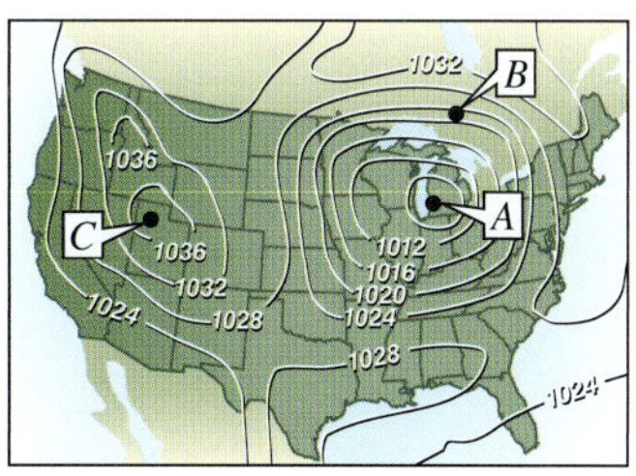

27. **(자기자본)** 2009년에서 2013년 사이 스케쳐스사의 자기자본 z(백만 달러)를 $z = 0.105x + 0.339y + 257$로 모형화할 수 있다. 여기서 x는 매출(백만 달러)이고 y는 자산(백만 달러)이다.

(a) $x = 1000$이고 $y = 500$일 때, 자기자본을 구하여라.

(b) 이 모형에서 두 변수 중 어느 것이 자기자본에 더 크게 영향을 주는가? 설명하여라.

28. **(월상환액)** 대출금 120,000달러에 대한 주택 모기지의 조건이 다음과 같다. 다음 모기지에서 월상환액과 총 납입액을 구하여라. 어느 것이 가장 유리한가? 이유를 설명하여라.

(a) 고정 이자율 8 %, 20년

(b) 고정 이자율 7 %, 30년

(c) 고정 이자율 7 %, 15년

7.4 편미분(편도함수)

- 이변수 함수의 일계편도함수 구하기
- 곡면에서 x방향과 y방향으로의 기울기를 구하고, 편도함수를 사용하여 실생활 문제 풀기
- 삼변수 함수의 편도함수 구하기
- 고차 편도함수 구하기

이변수 함수의 편도함수

다변수 함수를 실생활에 응용할 때 변수 중 하나가 변하면 함숫값이 어떻게 달라지는지에 대해 가끔 관심을 갖는다. 예를 들면 어떤 경제학자가 국가경제에서 세금 인상의 영향을 알아 보려면 모든 다른 변수, 즉 실업률 같은 변수를 상수로 고정하고 다른 세율을 사용하여 계산해야 한다.

비슷한 과정으로 독립변수 중 어느 하나에 관해 함수 f의 변화율을 구할 수 있다. 즉 다른 변수(들)는 상수로 유지하고 한 독립변수에 관해 f의 도함수를 구한다. 이 과정을 **편미분**(partial differentiation)이라 하고 각 도함수를 **편도함수**(partial derivative)라고 한다. 다변수 함수는 그 독립변수만큼 많은 편도함수를 갖는다.

이변수 함수의 편도함수

만약 $z = f(x, y)$이면 **x와 y에 관한 f의 일계편도함수**(first partial derivatives of f with respect to x and y) $\partial z/\partial x$와 $\partial z/\partial y$는 다음과 같이 정의된다.

$$\frac{\partial z}{\partial x} = \lim_{\Delta x \to 0} \frac{f(x + \Delta x, y) - f(x, y)}{\Delta x} \qquad y\text{는 상수로 둔다}$$

$$\frac{\partial z}{\partial y} = \lim_{\Delta y \to 0} \frac{f(x, y + \Delta y) - f(x, y)}{\Delta y} \qquad x\text{는 상수로 둔다}$$

이 정의는 $z = f(x, y)$에서 $\partial z/\partial x$를 구하려면 **y는 상수로 생각하고** x에 대해 미분한다. 같은 방법으로 $\partial z/\partial y$를 구하기 위해 **x를 상수로 생각하고** y에 대해 미분한다.

예제 1 편도함수 구하기

다음 함수에 대해 $\partial z/\partial x$와 $\partial z/\partial y$를 구하여라.

$$z = 3x - x^2y^2 + 2x^3y$$

풀이

$$\frac{\partial z}{\partial x} = 3 - 2xy^2 + 6x^2y \qquad y\text{는 상수로 두고 }x\text{에 대해 미분한다}$$

$$\frac{\partial z}{\partial y} = -2x^2y + 2x^3 \qquad x\text{는 상수로 두고 }y\text{에 대해 미분한다}$$

✓ 점검문제 1 $z = 2x^2 - 4x^2y^3 + y^4$에 대해 $\partial z/\partial x$와 $\partial z/\partial y$를 구하여라. ■

> **학습 팁**
>
> 기호 $\partial z/\partial x$는 'x에 관한 z의 편도함수', $\partial z/\partial y$는 'y에 관한 z의 편도함수'라고 읽는다.

일계편도함수의 기호

$z = f(x, y)$의 일계편도함수는 다음과 같이 여러 가지 기호로 나타낸다.

$$\frac{\partial z}{\partial x} = f_x(x, y) = z_x = \frac{\partial}{\partial x}[f(x, y)] \qquad x\text{에 관한 편도함수}$$

그리고

$$\frac{\partial z}{\partial y} = f_y(x, y) = z_y = \frac{\partial}{\partial y}[f(x, y)] \qquad y\text{에 관한 편도함수}$$

점 (a, b)에서 일계편도함수의 값은 다음과 같이 나타난다.

$$\left.\frac{\partial z}{\partial x}\right|_{(a,\,b)} = f_x(a, b)$$

그리고

$$\left.\frac{\partial z}{\partial y}\right|_{(a,\,b)} = f_y(a, b)$$

예제 2 일계편도함수를 구하고 계산하기

다음 함수의 일계편도함수를 구하고 점 $(1, \ln 2)$에서의 값을 구하여라.

$$f(x, y) = xe^{x^2y}$$

풀이 x에 관한 일계편도함수를 구하기 위해 y는 상수로 두고 곱의 규칙을 사용하여 미분한다.

$$\begin{aligned} f_x(x, y) &= x\frac{\partial}{\partial x}[e^{x^2y}] + e^{x^2y}\frac{\partial}{\partial x}[x] && \text{곱의 규칙을 적용한다} \\ &= xe^{x^2y}(2xy) + e^{x^2y} && y\text{를 상수로 둔다} \\ &= e^{x^2y}(2x^2y + 1) && \text{간단히 한다} \end{aligned}$$

점 $(1, \ln 2)$에서 이 미분의 값은

$$f_x(1, \ln 2) = e^{(1)^2(\ln 2)}[2(1)^2(\ln 2) + 1]$$ x, y 대신 대입한다
$$= 2(2 \ln 2 + 1)$$ 간단히 한다
$$\approx 4.773$$ 계산기를 사용한다

y에 관한 일계편도함수를 구하기 위해 x는 상수로 두고 미분하면

$$f_y(x, y) = xe^{x^2y}(x^2)$$ 상수곱 규칙을 사용한다
$$= x^3e^{x^2y}$$ 간단히 한다

점 (1, ln 2)에서 이 미분의 값은

$$f_y(1, \ln 2) = (1)^3e^{(1)^2(\ln 2)}$$ x, y에 대입한다
$$= 2$$ 간단히 한다

✓ **점검문제 2** 다음 함수의 일계편도함수를 구하고 점 (1, 2)에서의 값을 구하여라.

$$f(x, y) = x^2y^3$$ ■

편도함수를 그래프로 설명

이 교재의 앞부분에서 일변수 함수의 도함수를 그래프로 설명한 것을 학습했다. 거기서 $f'(x_0)$이 점 (x_0, y_0)에서 $y = f(x)$의 그래프에 대한 접선의 기울기를 나타내는 것을 알았다. 이변수 함수의 편도함수도 역시 그래프적인 설명이 유용하다. 다음 함수를 생각하자.

$$z = f(x, y)$$ 이변수 함수

그림 7.24(a)에서 보는 것처럼 이 함수의 그래프는 공간에서의 곡면이다. $y = y_0$이면

$$z = f(x, y_0)$$ 일변수 함수

은 일변수 함수이다. 이 함수의 그래프는 평면 $y = y_0$과 곡면 $z = f(x, y)$와 교차하는 곡선이다. 이 곡선에서 편도함수

$$f_x(x, y_0)$$ x방향의 기울기

은 그림 7.24(a)에서 보는 것처럼 평면 $y = y_0$에서 곡선의 기울기를 나타낸다. 마찬가지로 $x = x_0$이면

$$z = f(x_0, y)$$ 일변수 함수

는 일변수 함수이다. 이 그래프는 평면 $x = x_0$과 곡면 $z = f(x, y)$의 교선이다. 이 곡선 위에서 편도함수

$$f_y(x_0, y)$$ y방향의 기울기

는 그림 7.24(b)에서처럼 평면 $x = x_0$에서 곡선의 기울기를 나타낸다.

단순하게 $f_x(x_0, y_0)$과 $f_y(x_0, y_0)$은 점 (x_0, y_0, z_0)에서 **x방향과 y방향으로의 곡면의 기울기**(slopes of the surface in the x-and y-directions)를 각각 나타낸다.

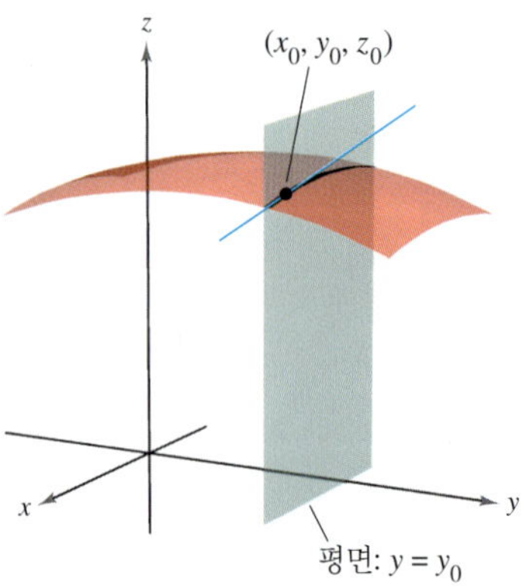

(a) $f_x(x, y_0) = x$방향의 기울기

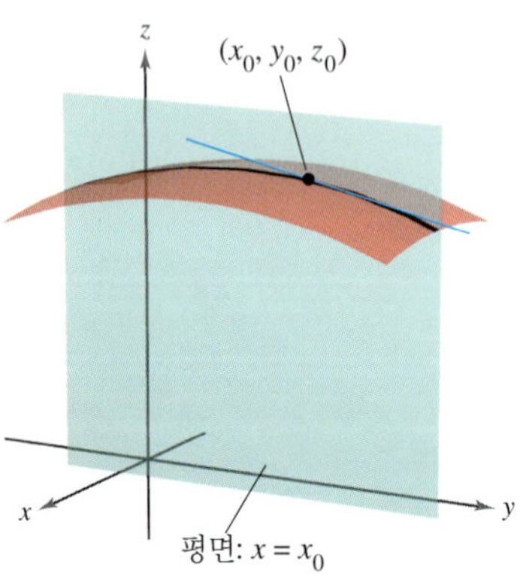

(b) $f_y(x_0, y) = y$방향의 기울기

그림 7.24

어떤 점에서 곡면의 기울기를 구하는 지침

점 (x_0, y_0, z_0)은 곡면

$$z = f(x, y)$$

위의 한 점이다.

1. x와 y에 관한 f의 편도함수를 구한다.
2. 점 (x_0, y_0, z_0)에서 x방향의 기울기는 $f_x(x_0, y_0)$이다.
3. 점 (x_0, y_0, z_0)에서 y방향의 기울기는 $f_y(x_0, y_0)$이다.

예제 3 x 방향과 y 방향으로의 기울기 구하기

점 $\left(\frac{1}{2}, 1, 2\right)$에서 다음 곡면의 기울기를 주어진 방향으로 구하여라.

$$f(x, y) = -\frac{x^2}{2} - y^2 + \frac{25}{8}$$

a. x 방향
b. y 방향

풀이

a. x방향의 기울기를 구하기 위해 y를 상수로 두고 x에 대해 미분하면

$$f_x(x, y) = -x \qquad x\text{에 관한 편도함수}$$

를 얻는다.
점 $\left(\frac{1}{2}, 1, 2\right)$에서 x방향의 기울기는 그림 7.25(a)와 같다.

$$f_x\left(\frac{1}{2}, 1\right) = -\frac{1}{2} \qquad x\text{방향 기울기}$$

b. y방향의 기울기를 구하기 위해 x를 상수로 두고 y에 대해 미분하면

$$f_y(x, y) = -2y \qquad y\text{에 관한 편도함수}$$

를 얻는다.
점 $\left(\frac{1}{2}, 1, 2\right)$에서 y방향의 기울기는 그림 7.25(b)와 같다.

$$f_y\left(\frac{1}{2}, 1\right) = -2 \qquad y\text{방향 기울기}$$

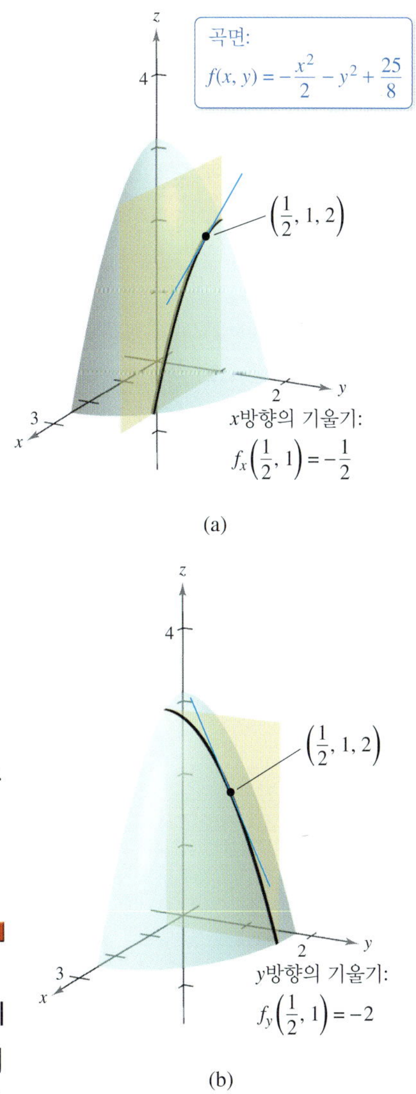

그림 7.25

✔ 점검문제 3 점 $(1, -1, 49)$에서 다음 곡면의 기울기를 주어진 방향으로 구하여라.

$$f(x, y) = 4x^2 + 9y^2 + 36$$

a. x방향
b. y방향

같은 시장이나 관련 시장에서 소비재는 **보완재**(complementary product)와 **대체재**(substitute product)로 분류할 수 있다. 한 제품의 수요가 증가할 때 다른 제품의 수요가 **증가**하면 두 제품은 서로 보완재이다. 예를 들면 휴대전화가 팔릴 때 소비자

는 휴대전화에 사용할 애플리케이션을 구매하려고 한다. 반면에 한 제품의 수요가 **증가**할 때 다른 제품의 수요가 **감소**하면 두 제품은 서로 대체재이다. 케이블 텔레비전 공급자와 위성 텔레비전 공급자 관계처럼 대체재는 경쟁 관계이다.

동일 시장에서 두 제품이 대체재인지 보완재인지 또는 둘 다 아닌지를 결정하는 판정법을 아래에 제시한다. 이 판정법에서 (1) 각 제품의 수요함수는 두 제품의 가격에 종속되고, (2) 각 수요함수의 편도함수는 타 제품의 가격에 관해 미분한다.

보완재와 대체재의 판정

동일 시장에서 두 제품의 수요함수는

$$x_1 = f(p_1, p_2) \text{ 그리고 } x_2 = g(p_1, p_2)$$

이다. 여기서 p_1, p_2는 두 제품의 단위당 가격이고, x_1, x_2는 판매된 단위 수이다. 두 제품이 보완재일 때는 다음과 같다.

$$\frac{\partial x_1}{\partial p_2} < 0 \quad \text{그리고} \quad \frac{\partial x_2}{\partial p_1} < 0 \qquad \text{보완재}$$

두 제품이 대체재일 때는

$$\frac{\partial x_1}{\partial p_2} > 0 \quad \text{그리고} \quad \frac{\partial x_2}{\partial p_1} > 0 \qquad \text{대체재}$$

이다. 조건 중 어느 하나라도 충족하지 못하면 제품은 보완재도 대체재도 아니다.

예제 4 보완재, 대체재

동일 시장에서 두 제품의 수요함수는

$$x_1 = 200(p_2 - p_1) \qquad \text{제품 1의 수요}$$

그리고

$$x_2 = 500 + 100p_1 - 180p_2 \qquad \text{제품 2의 수요}$$

이다. 여기서 p_1, p_2는 단위당 가격(달러)이고 x_1, x_2는 판매된 단위 수이다. 두 제품이 보완재인지 대체재인지 또는 둘 다 아닌지 결정하여라.

풀이 편도함수는

$$\frac{\partial x_1}{\partial p_2} = 200 \quad \text{그리고} \quad \frac{\partial x_2}{\partial p_1} = 100$$

이므로 두 편도함수는 양이고 그러므로 제품은 대체재이다.

✓ 점검문제 4 동일 시장에서 두 제품의 수요함수는

$$x_1 = 100 - 2p_1 + 1.5p_2$$

그리고

$$x_2 = 145 + 0.5p_1 - 0.75p_2$$

이다. 여기서 p_1, p_2는 단위당 가격(달러)이고 x_1, x_2는 판매된 단위 수이다. 두 제품이 보완재인지 대체재인지 또는 둘 다 아닌지 결정하여라. ■

삼변수 함수의 편도함수

편도함수의 개념은 자연스럽게 삼변수 또는 그 이상의 변수로 확장된다. 예를 들면 함수

$$w = f(x, y, z) \qquad \text{삼변수 함수}$$

는 3개의 편도함수를 갖는다. 각 편도함수는 두 변수를 상수로 두고 구해진다. 즉 x에 관한 w의 편도함수를 정의하기 위해 y와 z를 상수로 두고 다음과 같이 쓴다.

$$\frac{\partial w}{\partial x} = f_x(x, y, z) = \lim_{\Delta x \to 0} \frac{f(x + \Delta x, y, z) - f(x, y, z)}{\Delta x}$$

y에 관한 w의 편도함수를 정의하기 위해 x와 z를 상수로 두고 다음과 같이 쓴다.

$$\frac{\partial w}{\partial y} = f_y(x, y, z) = \lim_{\Delta y \to 0} \frac{f(x, y + \Delta y, z) - f(x, y, z)}{\Delta y}$$

z에 관한 w의 편도함수를 구하기 위해 x와 y를 상수로 두고 다음과 같이 쓴다.

$$\frac{\partial w}{\partial z} = f_z(x, y, z) = \lim_{\Delta z \to 0} \frac{f(x, y, z + \Delta z) - f(x, y, z)}{\Delta z}$$

예제 5 **함수의 편도함수 구하기**

x, y, z에 관해 $w = xe^{xy+2z}$의 일계편도함수를 구하여라.

풀이 y와 z를 상수로 두면 다음을 얻는다.

$$\begin{aligned} \frac{\partial w}{\partial x} &= x\frac{\partial}{\partial x}[e^{xy+2z}] + e^{xy+2z}\frac{\partial}{\partial x}[x] && \text{곱의 규칙 적용한다} \\ &= x(e^{xy+2z})(y) + e^{xy+2z}(1) && y\text{와 } z\text{를 상수로 둔다} \\ &= (xy + 1)e^{xy+2z} && \text{간단히 한다} \end{aligned}$$

x와 z를 상수로 두면 다음을 얻는다.

$$\begin{aligned} \frac{\partial w}{\partial y} &= x\frac{\partial}{\partial y}[e^{xy+2z}] && \text{상수곱 규칙을 적용한다} \\ &= x(e^{xy+2z})(x) && x\text{와 } z\text{를 상수로 둔다} \\ &= x^2e^{xy+2z} && \text{간단히 한다} \end{aligned}$$

x와 y를 상수로 두면 다음을 얻는다.

$$\begin{aligned} \frac{\partial w}{\partial z} &= x\frac{\partial}{\partial z}[e^{xy+2z}] && \text{상수곱 규칙을 적용한다} \\ &= x(e^{xy+2z})(2) && x\text{와 } y\text{를 상수로 둔다} \\ &= 2xe^{xy+2z} && \text{간단히 한다} \end{aligned}$$

✔ **점검문제 5** x, y, z에 관해 $w = x^2y\ln(xz)$의 일계편도함수를 구하여라. ■

예제 5에서 곱의 규칙은 x에 관한 편도함수를 구할 때만 사용되었다.

$$\frac{\partial w}{\partial y} \text{ 와 } \frac{\partial w}{\partial z}$$

의 경우는 x가 상수로 생각되기 때문에 상수곱 규칙만 사용되었다.

고계편도함수

통상의 미분에서처럼 도함수가 존재하면 다변수 함수의 이계, 삼계, 고계편도함수를 취하는 것은 가능하다. 고계 미분은 미분이 되는 계수로 표시된다. 예를 들면 $z = f(x, y)$는 이계편도함수를 구하는 데 네 가지 다른 방법이 있다.

1. $\frac{\partial}{\partial x}\left(\frac{\partial f}{\partial x}\right) = \frac{\partial^2 f}{\partial x^2} = f_{xx}$ x에 관해 두 번 미분한다

2. $\frac{\partial}{\partial y}\left(\frac{\partial f}{\partial y}\right) = \frac{\partial^2 f}{\partial y^2} = f_{yy}$ y에 관해 두 번 미분한다

3. $\frac{\partial}{\partial y}\left(\frac{\partial f}{\partial x}\right) = \frac{\partial^2 f}{\partial y \partial x} = f_{xy}$ x에 관해 먼저 미분한 다음 y에 관해 미분한다

4. $\frac{\partial}{\partial x}\left(\frac{\partial f}{\partial y}\right) = \frac{\partial^2 f}{\partial x \partial y} = f_{yx}$ y에 관해 먼저 미분한 다음 x에 관해 미분한다

세 번째와 네 번째는 **혼합 편도함수**(mixed partial derivative)이다. 혼합 편도함수의 두 가지 기호에는 미분의 순서를 표시하기 위해 다른 기호가 사용되었다. 예를 들면 편도함수

$$\frac{\partial}{\partial y}\left(\frac{\partial f}{\partial x}\right) = \frac{\partial^2 f}{\partial y \partial x}$$ 오른쪽에서 왼쪽으로의 순서

는 먼저 x에 관해 미분했음을 나타낸다. 그러나 편미분

$$(f_y)_x = f_{yx}$$ 왼쪽에서 오른쪽으로의 순서

는 먼저 y에 관해 미분했음을 나타낸다. 이것을 기억하기 위해 각 경우 f에 '가장 가까운' 변수에 관해 미분한다.

예제 6 이계편도함수 구하기

다음 함수의 이계편도함수를 구하고 $f_{xy}(-1, 2)$의 값을 구하여라.

$$f(x, y) = 3xy^2 - 2y + 5x^2y^2$$

풀이 x와 y에 관한 일계편도함수를 구하여 시작한다.

$$f_x(x, y) = 3y^2 + 10xy^2 \qquad f_y(x, y) = 6xy - 2 + 10x^2y$$

그런 다음 x와 y에 관해 미분하면 다음과 같다.

$$f_{xx}(x, y) = 10y^2, \qquad f_{yy}(x, y) = 6x + 10x^2,$$

$$f_{xy}(x, y) = 6y + 20xy, \qquad f_{yx}(x, y) = 6y + 20xy$$

점 (−1, 2)에서 f_{xy}의 값은 다음과 같다.

$$f_{xy}(-1, 2) = 6(2) + 20(-1)(2) = 12 - 40 = -28$$

✓ **점검문제 6** $f(x, y) = 4x^2y^2 + 2x + 4y^2$의 이계편도함수를 구하여라. ■

예제 6에서 두 혼합 편도함수는 같음에 유의하자. 어떤 함수가 연속인 이계편도함수를 가질 때 편도함수를 구하는 순서에는 상관이 없음을 보일 수 있다.

이변수 함수는 2개의 일계편도함수를 가지고 4개의 이계편도함수를 갖는다. 삼변수 함수의 경우는 3개의 일계편도함수

$$f_x,\ f_y,\ f_z$$

가 있고 9개의 이계편도함수

$$f_{xx},\quad f_{xy},\quad f_{xz},\quad f_{yx},\quad f_{yy},\quad f_{yz},\quad f_{zx},\quad f_{zy},\quad f_{zz}$$

를 갖고 이 중 6개가 혼합 편도함수이다. 삼계나 고계편도함수를 구하기 위해서는 이계편도함수를 구할 때와 같은 형태를 따른다. 예를 들면 $z = f(x, y)$인 경우

$$z_{xxx} = \frac{\partial}{\partial x}\left(\frac{\partial^2 f}{\partial x^2}\right) = \frac{\partial^3 f}{\partial x^3} \text{ 이고 } \qquad z_{xxy} = \frac{\partial}{\partial y}\left(\frac{\partial^2 f}{\partial x^2}\right) = \frac{\partial^3 f}{\partial y \partial x^2}$$

이다.

예제 7 이계편도함수 구하기

다음 함수의 이계편도함수를 구하여라.

$$f(x, y, z) = ye^x + x \ln z$$

풀이 일계편도함수를 구하여 시작한다.

$$f_x(x, y, z) = ye^x + \ln z, \quad f_y(x, y, z) = e^x, \quad f_z(x, y, z) = \frac{x}{z}$$

그런 다음 9개의 이계편도함수를 구하기 위해 x, y, z에 관해 각각 미분한다.

$$f_{xx}(x, y, z) = ye^x, \quad f_{xy}(x, y, z) = e^x, \quad f_{xz}(x, y, z) = \frac{1}{z}$$

$$f_{yx}(x, y, z) = e^x, \quad f_{yy}(x, y, z) = 0, \quad f_{yz}(x, y, z) = 0$$

$$f_{zx}(x, y, z) = \frac{1}{z}, \quad f_{zy}(x, y, z) = 0, \quad f_{zz}(x, y, z) = -\frac{x}{z^2}$$

✓ **점검문제 7** $f(x, y, z) = xe^y + 2xz + y^2$의 이계편도함수를 구하여라. ■

연습문제 7.4

[1-7] (편도함수 구하기) 다음 함수의 일계편도함수를 구하여라. (예제 1 참조)

1. $z = 3x + 5y - 1$ **2.** $z = 6x - x^2y + 8y^2$

3. $h(x, y) = e^{-(x^2+y^2)}$ **4.** $f(x, y) = \sqrt{x^2 + y^2}$

5. $z = y^2e^{2xy}$ **6.** $g(x, y) = \ln(x^2 + y^2)$

7. $f(x, y) = \dfrac{x^4y}{3y + 2}$

8. (편도함수 구하기) 편도함수의 극한 정의를 사용하여 $\partial z/\partial x$와 $\partial z/\partial y$를 구하여라.

$$z = 3x + 2y$$

[9-12] (편도함수를 구하고 계산하기) 다음 편도함수를 구하고 주어진 점에서의 값을 구하여라. (예제 2 참조)

9. $f(x, y) = 3x^2 + xy - y^2$; $(2, 1)$

10. $f(x, y) = e^xy^2$; $(\ln 3, 2)$

11. $f(x, y) = \ln(3x + 5y)$; $(1, 0)$

12. $f(x, y) = \dfrac{xy}{x - y}$; $(2, -2)$

[13-14] (x방향과 y방향으로의 기울기 구하기) 주어진 점에서 (a) x방향과 (b) y방향으로의 곡면의 기울기를 구하여라. (예제 3 참조)

13. $z = xy$; $(1, 2, 2)$ **14.** $z = 4 - x^2 - y^2$; $(1, 1, 2)$

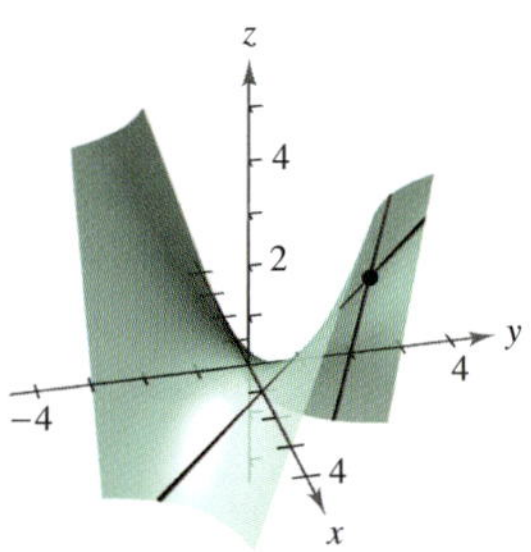

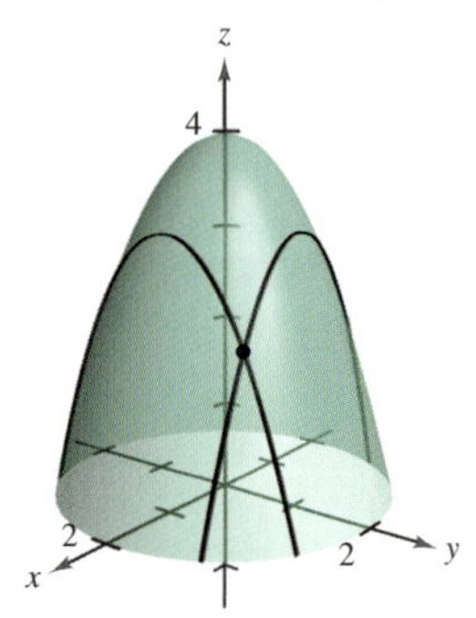

[15-16] (편도함수 구하기) x, y, z에 관해 일계편도함수를 구하여라. (예제 5 참조)

15. $w = xy^2z^4 + 9xy - z$ **16.** $w = \dfrac{2z}{x + y}$

[17-20] (편도함수 구하고 값 계산하기) x, y, z에 관해 일계편도함수를 구하고, 주어진 점에서의 값을 구하여라.

17. $w = 2xz^2 + 3xyz - 6y^2z$; $(1, -1, 2)$

18. $w = \sqrt{x^2 + y^2 + z^2}$; $(2, -1, 2)$

19. $w = y^3z^2e^{2x^2}$; $\left(\frac{1}{2}, -1, 2\right)$

20. $w = \ln(5x + 2y^3 - 3z)$; $(4, 1, -1)$

[21-22] (일계편도함수 사용) $f_x(x, y) = 0$과 $f_y(x, y) = 0$을 동시에 만족하는 모든 x, y의 값을 구하여라.

21. $f(x, y) = x^2 + 4xy + y^2 - 4x + 16y + 3$

22. $f(x, y) = \dfrac{1}{x} + \dfrac{1}{y} + xy$

[23-26] (이계편도함수 구하기) 4개의 이계편도함수를 구하여라. (예제 6 참조)

23. $z = x^3 - 4y^2$ **24.** $z = x^4 - 2xy + 3y^3$

25. $z = (3x^4 - 2y^3)^3$ **26.** $z = \dfrac{x^2 - y^2}{2xy}$

[27-28] (이계편도함수 구하기와 계산하기) 4개의 이계편도함수를 구하고 주어진 점에서의 값을 계산하여라.

27. $f(x, y) = x^4 - 3x^2y^2 + y^2$; $(1, 0)$

28. $f(x, y) = y^3e^{x^2}$; $(1, -1)$

[29-30] (이계편도함수 구하기) 9개의 이계편도함수를 구하여라. (예제 7 참조)

29. $w = x^2 - 3xy + 4yz + z^3$ **30.** $w = \dfrac{4xz}{x + y}$

31. (한계비용) 어떤 회사가 산악용 자전거와 경주용 자전거를 생산한다. x대의 산악용 자전거와 y대의 경주용 자전거를 생산하는 비용함수는

$$C = 10\sqrt{xy} + 149x + 189y + 675$$

로 주어진다.

(a) $x = 120$, $y = 160$일 때 한계비용($\partial C/\partial x$와 $\partial C/\partial y$)을 구하여라.

(b) 추가 제작이 필요할 때, 어떤 모형의 자전거가 비용 상승면에서 더 높은 비율로 증가하는가? 비용함수에서 이는 어떻게 결정될 수 있는가?

32. (한계 생산성) 콥-더글러스 생산함수 $f(x, y) = 200x^{0.7}y^{0.3}$을 생각하자. $x = 1000$이고 $y = 500$일 때 다음을 구하여라.

(a) 노동의 한계 생산성 $\partial f/\partial x$

(b) 자본의 한계 생산성 $\partial f/\partial y$

33. (보완재와 대체재) 수요함수가 설명하는 제품이 동일 시장에서 보완재인지 또는 대체재인지 아니면 둘 다 아닌지를 결정하여라. 예제 4의 기호를 사용하여 p_1, p_2는 각각 단위당 가격(달러)이고 x_1, x_2는 두 제품의 수요함수라고 하자. (예제 4 참조)

$$x_1 = 150 - 2p_1 - \tfrac{5}{2}p_2, \quad x_2 = 350 - \tfrac{3}{2}p_1 - 3p_2$$

34. (소비) 2008년에서 2013년까지 스포츠 관람에 대한 소비 z(10억 달러)는

$$z = 0.391x - 0.069y + 6$$

으로 모형화된다. 여기서 x는 놀이공원과 캠핑장에서의 소비(10억 달러)이고 y는 생활 오락(스포츠 포함)에 대한 소비(10억 달러)이다.

(a) $\partial z/\partial x$와 $\partial z/\partial y$를 구하여라.

(b) 문제의 내용에서 편도함수를 설명하여라.

35. (심리학) 20세기 초 **스탠퍼드-비네 검사**(보다 일반적으로 IQ 검사로 알려짐)로 부르는 지능검사가 알려졌다. 이 검사에서는 개인의 정신 연령 M을 개인의 실제 연령 C로 나누고 이 몫에 100을 곱한다. 이 결과가 개인 IQ이다.

$$IQ(M, C) = \frac{M}{C} \times 100$$

M에 관한 IQ의 편도함수와 C에 관한 IQ의 편도함수를 구하여라. 점 (12, 10)에서의 편도함수의 값을 계산하고 결과를 설명하여라.

36. (투자) 연 10 %의 복리로 1000달러를 투자할 때의 가치는

$$V(I, R) = 1000\left[\frac{1 + 0.10(1 - R)}{1 + I}\right]^{10}$$

이다. 여기서 I는 연 인플레이션율(소수형)이고 R은 개인 투자자에게 부과되는 세율(소수형)이다. $V_I(0.03, 0.28)$과 $V_R(0.03, 0.28)$을 계산하여라. 투자의 증액에 세율 또는 인플레이션율 중 어느 것이 더 '부정적인(음의)' 영향을 주는지 결정하여라.

37. (한계 효용) 효용함수 $U = f(x, y)$는 두 제품 x, y의 소비로부터 어떤 개인에 의해 나타나는 효용성(만족)의 측도이다. 두 상품의 효용함수는

$$U = -5x^2 + xy - 3y^2$$

이다.

(a) 제품 x의 한계 효용을 결정하여라.

(b) 제품 y의 한계 효용을 결정하여라.

(c) $x = 2$, $y = 3$일 때 효용성 측면에서 어떤 개인이 제품 x를 한 단위 더 또는 제품 y를 한 단위 더 소비해야 하는가? 이유를 설명하여라.

(d) 심차원 그래픽 도구를 사용하여 함수의 그래프를 그려라. 제품 x와 y의 한계 효용을 그래프로 설명하여라.

7.5 이변수 함수의 극값

- 이변수 함수의 상대극값 이해하기
- 일계편도함수 판정법을 사용하여 이변수 함수의 상대극값 구하기
- 이계편도함수 판정법을 사용하여 이변수 함수의 상대극값 구하기
- 상대극값을 사용하여 실생활 문제 풀기

상대극값

3장 2절에서 일변수 함수의 상대극소와 상대극대를 구하기 위해 도함수를 어떻게 사용하는지 학습했다. 이 절에서 이변수 함수의 상대극소와 상대극대를 구하기

위해 편도함수를 어떻게 사용하는지 학습하게 될 것이다.

이변수 함수의 상대극값

f는 (x_0, y_0)을 포함하는 영역에서 정의되어 있다. 중심이 (x_0, y_0)인 원형 영역 R이 존재하여 함수 f가 R에 있는 모든 (x, y)에 대해

$$f(x, y) \le f(x_0, y_0) \qquad f\text{는 } (x_0, y_0)\text{에서 상대극대를 갖는다}$$

일 때 f는 (x_0, y_0)에서 **상대극대**(relative maximum)를 갖는다. 마찬가지로 중심이 (x_0, y_0)인 원형 영역 R이 존재하여 f가 R에 있는 모든 (x, y)에 대해

$$f(x, y) \ge f(x_0, y_0) \qquad f\text{는 } (x_0, y_0)\text{에서 상대극소를 갖는다}$$

일 때 f는 (x_0, y_0)에서 **상대극소**(relative minimum)를 갖는다.

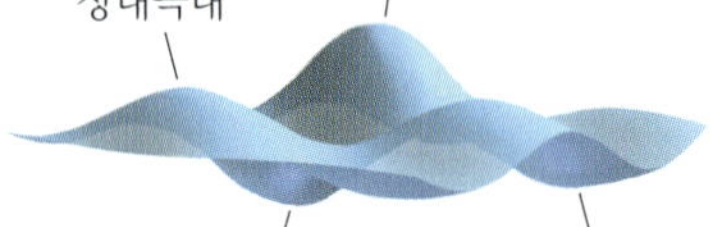

그림 7.26 상대극값

f가 (x_0, y_0)에서 상대극대를 갖는다고 하는 것은 점 (x_0, y_0, z_0)이 $z = f(x, y)$의 그래프 위에서 근처의 모든 점보다 최고로 높다는 의미이다. 마찬가지로 f가 (x_0, y_0)에서 상대극소를 갖는다는 것은 (x_0, y_0, z_0)이 그래프의 근처에 있는 모든 점보다 최저로 낮다는 것이다(그림 7.26).

일변수 함수에서의 계산처럼 이변수 함수의 상대극값과 절대극값을 구별할 필요가 있다. 수 $f(x_0, y_0)$이 영역 R에서 f의 절대극대라는 것은 이 영역에 있는 다른 어떤 값보다 크거나 같을 때이다(f의 절대극소도 비슷하게 정의된다). 예를 들면 함수

$$f(x, y) = -(x^2 + y^2)$$

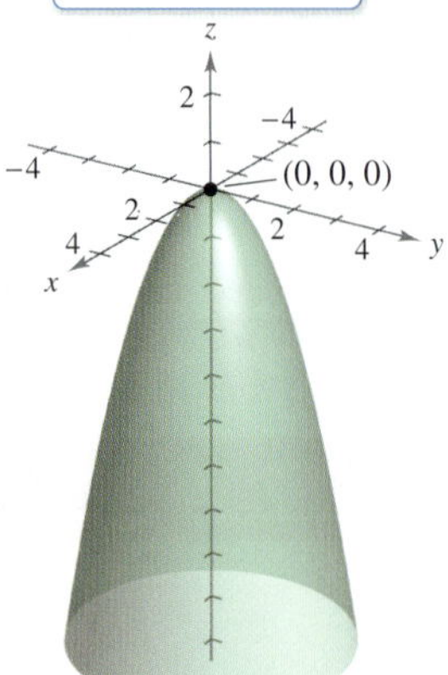

그림 7.27 f는 (0, 0, 0)에서 절대극대이다.

은 포물면이고 아래로 열려 있고 꼭짓점은 (0, 0, 0)이다(그림 7.27). 수 $f(0, 0) = 0$은 전 xy평면에서 함수의 절대극대(최댓값)이다.

상대극값과 일계편도함수 판정법

이변수 함수의 상대극값의 위치를 알기 위해서는 일변수 함수에서 사용한 미분과 비슷한 과정을 사용할 수 있다. 다음에 설명한 판정법에서 **열린영역**이라는 용어의 사용에 유의하자. xy평면에서 열린영역은 실수 직선에서 열린구간과 비슷하다. 예를 들면 원 $x^2 + y^2 = 1$의 내부로 이루어진 영역은 열린영역이다. 만약 영역 R이 원의 내부와 원 위의 모든 점으로 이루어져 있으면 R은 **닫힌영역**이다.

상대극값의 일계편도함수 판정법

함수 f가 xy평면에 있는 열린영역 R의 점 (x_0, y_0)에서 상대극값을 갖고 f의 일계편도함수가 R에서 존재하면

$$f_x(x_0, y_0) = 0$$

그리고

$$f_y(x_0, y_0) = 0$$

이다(그림 7.28).

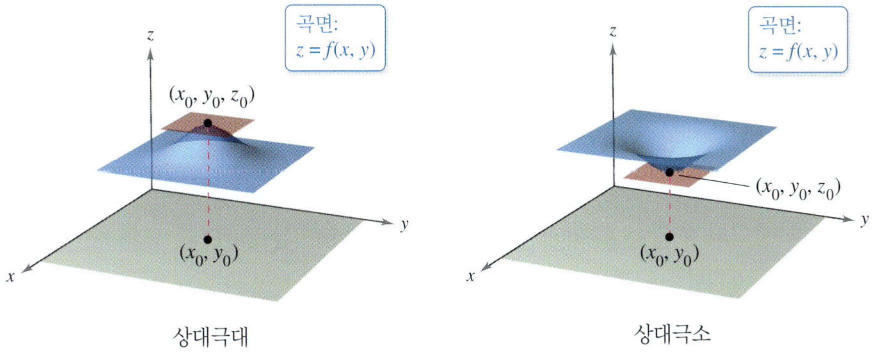

그림 7.28

f가 (x_0, y_0)을 포함하는 열린영역 R에서 정의되어 있다고 하자. f가 다음 중 어느 하나가 참일 때 점 (x_0, y_0)은 **임계점**(critical point)이다.

1. $f_x(x_0, y_0)$과 $f_y(x_0, y_0)$이 둘 다 모두 0이다.
2. $f_x(x_0, y_0)$ 또는 $f_y(x_0, y_0)$ 중 어느 하나가 정의되지 않는다.

일계편도함수 판정법은 일계편도함수가 존재한다면 상대극값을 구하기 위해 임계점에서 $f(x, y)$의 값을 조사할 필요가 있다는 것을 말한다. 그러나 일변수 함수에서 성립했던 것처럼 이변수 함수의 임계점이 항상 상대극값을 주는 것은 아니다. 예를 들면 점 (0, 0)은 그림 7.29에 있는 곡면의 임계점이지만 $f(0, 0)$은 함수의 상대극값이 아니다. 이런 점을 함수의 **안장점**(saddle point)이라고 한다.

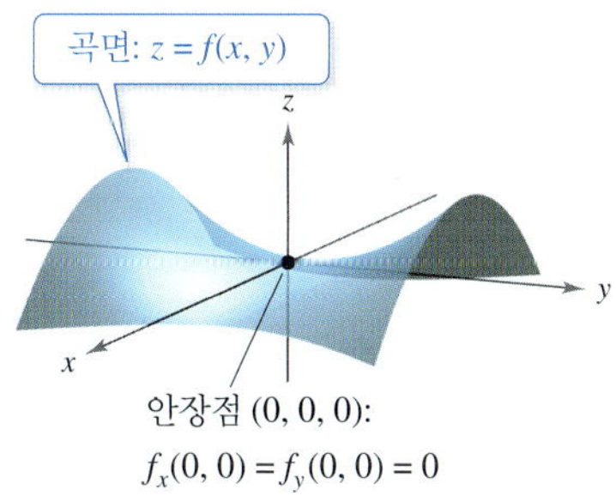

그림 7.29

예제 1 **상대극값 구하기**

다음 함수의 상대극값을 구하여라.

$$f(x, y) = 2x^2 + y^2 + 8x - 6y + 20$$

풀이 f의 일계편도함수를 구하여 시작한다.

$$f_x(x, y) = 4x + 8 \quad \text{그리고} \quad f_y(x, y) = 2y - 6$$

xy평면 위의 모든 점에서 두 편도함수가 정의되므로 유일한 임계점은 두 일계편도함수가 0이 되는 점이다. 이 점의 위치를 구하기 위해 $f_x(x, y)$와 $f_y(x, y)$를 모두 0으로 두고 다음 두 연립방정식을 풀면

$$4x + 8 = 0 \qquad f_x(x, y)\text{를 0으로 둔다}$$
$$2y - 6 = 0 \qquad f_y(x, y)\text{를 0으로 둔다}$$

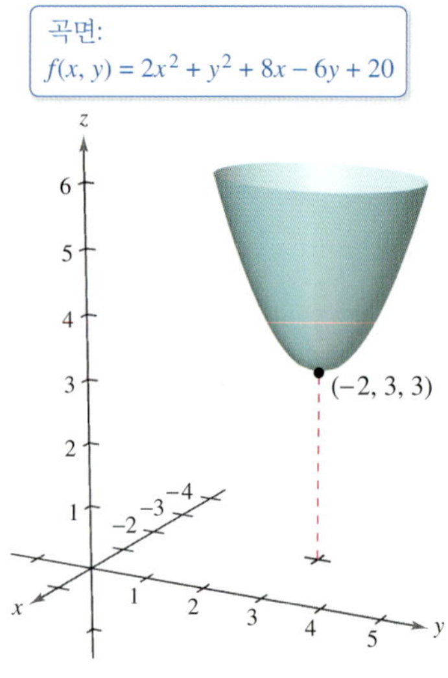

그림 7.30

이 연립방정식의 해는 $x = -2$와 $y = 3$이다. 그러므로 f의 유일한 임계점은 $(-2, 3)$이다. 그림 7.30에서 이 임계점이 함수의 상대극소를 줌을 볼 수 있다. 그러므로 함수는 유일한 상대극값을 갖고 이 값은

$$f(-2, 3) = 3 \quad \text{상대극소}$$

이다.

✓ **점검문제 1** 다음 함수의 상대극값을 구하여라.

$$f(x, y) = x^2 + 2y^2 + 16x - 8y + 8$$

■

예제 1은 임계점의 한 유형에서 존재하는 상대극소를 보여 준다. 즉 $f_x(x, y)$와 $f_y(x, y)$가 모두 영인 유형이다. 다음 예제는 다른 유형의 임계점 즉 $f_x(x, y)$와 $f_y(x, y)$가 정의되지 않는 유형의 임계점으로 나타나는 상대극대를 보여 준다.

예제 2 **상대극값 구하기**

다음 함수의 상대극값을 구하여라.

$$f(x, y) = 1 - (x^2 + y^2)^{1/3}$$

풀이 f의 일계편도함수를 구하여 시작하자.

$$f_x(x, y) = -\frac{2x}{3(x^2 + y^2)^{2/3}} \quad \text{그리고} \quad f_y(x, y) = -\frac{2y}{3(x^2 + y^2)^{2/3}}$$

이들 편도함수는 xy평면에서 $(0, 0)$을 제외한 모든 점에서 정의된다. 그러므로 $(0, 0)$은 f의 임계점이다. 더욱이 유일한 임계점이다. 왜냐하면 편도함수 중 어느 하나가 정의되지 않거나 두 편도함수가 모두 영인 x와 y가 이 외에는 없기 때문이다. 그림 7.31에서 이 임계점은 함수의 상대극대를 줌을 볼 수 있다. 그러므로 함수는 유일한 상대극값을 갖고, 그 값은 다음과 같다.

$$f(0, 0) = 1 \quad \text{상대극대}$$

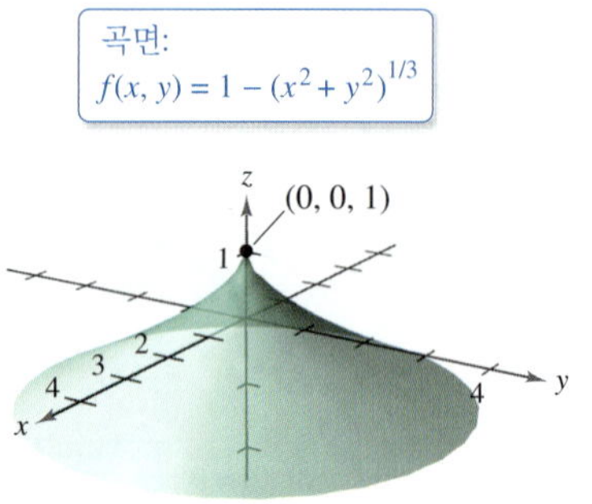

그림 7.31 $f_x(x, y)$, $f_y(x, y)$는 $(0, 0)$에서 정의되지 않음

✓ **점검문제 2** $f(x, y) = \sqrt{1 - \frac{x^2}{16} - \frac{y^2}{4}}$의 상대극값을 구하여라. ■

상대극값의 이계편도함수 판정법

예제 1과 2에 있는 함수에 대해서는 함수의 그래프를 그려서 임계점에서의 극값의 유형을 결정할 수 있다. 그러나 더 복잡한 함수에서는 그래프로 접근하는 것은 쉽지 않다. **이계편도함수 판정법**(second-partials test)은 임계수가 상대극소 상대극대 또는 둘 다 아님을 결정하는 데 사용할 수 있는 해석적인 판정법이다.

상대극값의 이계편도함수 판정법

f는 점 (a, b)를 포함하는 열린영역에서 연속인 이계편도함수를 갖는다고 하자. 여기서

$$f_x(a, b) = 0 \text{ 과 } f_y(a, b) = 0$$

을 만족한다. f의 상대극값을 판정하기 위해 다음 양을 생각하자.

$$d = f_{xx}(a, b) f_{yy}(a, b) - [f_{xy}(a, b)]^2$$

1. $d > 0$이고 $f_{xx}(a, b) > 0$이면 f는 (a, b)에서 **상대극소**(relative minimum)를 갖는다.
2. $d > 0$이고 $f_{xx}(a, b) < 0$이면 f는 (a, b)에서 **상대극대**(relative maximum)를 갖는다.
3. $d < 0$이면 $(a, b, f(a, b))$는 **안장점**(saddle point)이다.
4. $d = 0$이면 판정할 수 없다.

만약 $d > 0$이면 $f_{xx}(a, b)$와 $f_{yy}(a, b)$는 같은 부호를 가져야 한다. 그러므로 앞의 두 판정 1, 2에서 $f_{xx}(a, b)$를 $f_{yy}(a, b)$로 대체할 수 있다.

예제 3 이계편도함수 판정법 적용하기

$f(x, y) = xy - \frac{1}{4}x^4 - \frac{1}{4}y^4$ 의 상대극값과 안장점을 구하여라.

풀이 f의 임계점을 구하여 시작한다.

$$f_x(x, y) = y - x^3, \quad f_y(x, y) = x - y^3$$

이므로 xy평면의 모든 점에 대해 정의된다. 유일한 임계점은 두 편도함수가 모두 영인 점이다. 다음 두 방정식을 동시에 풀면

$$y - x^3 = 0 \quad \text{그리고} \quad x - y^3 = 0$$

이고 임계점이 $(1, 1)$, $(-1, -1)$, $(0, 0)$임을 결정할 수 있다. 한편

$$f_{xx}(x, y) = -3x^2, \quad f_{yy}(x, y) = -3y^2, \quad f_{xy}(x, y) = 1$$

이므로 양 $d = f_{xx}(a, b) f_{yy}(a, b) - [f_{xy}(a, b)]^2$을 사용하여 임계점을 다음과 같이 분류할 수 있다.

임계점	d	$f_{xx}(x, y)$	결론
$(1, 1)$	$(-3)(-3) - 1 = 8$	-3	상대극대
$(-1, -1)$	$(-3)(-3) - 1 = 8$	-3	상대극대
$(0, 0)$	$(0)(0) - 1 = -1$	0	안장점

f의 그래프는 그림 7.32와 같다.

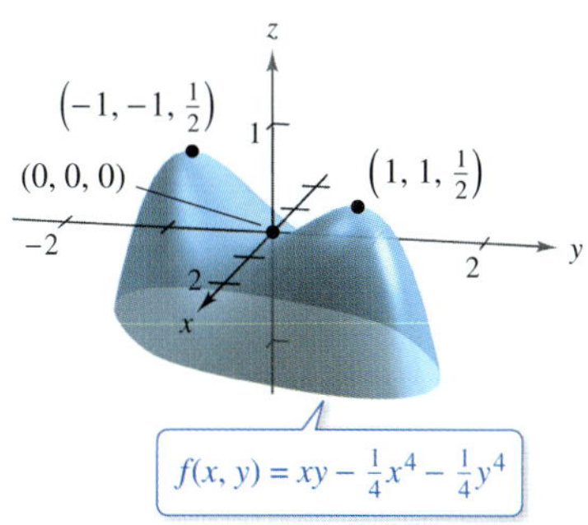

그림 7.32

✔ **점검문제 3** $f(x, y) = \dfrac{y^2}{16} - \dfrac{x^2}{4}$ 의 상대극값과 안장점을 구하여라.

응용

예제 4 최대 이익 구하기

어떤 회사의 수요함수가 다음과 같이 주어진 대체재를 생산한다고 한다.

$$x_1 = 200(p_2 - p_1) \qquad \text{제품 1의 수요}$$

그리고

$$x_2 = 500 + 100p_1 - 180p_2 \qquad \text{제품 2의 수요}$$

여기서 p_1과 p_2는 단위당 가격(달러)이고 x_1과 x_2는 판매된 단위 수이다. 단위당 두 제품의 생산비용은 각각 0.50달러와 0.75달러이다. 최대 이익을 주는 가격을 구하여라.

풀이 비용함수는

$$\begin{aligned} C &= 0.5x_1 + 0.75x_2 && \text{비용함수를 쓴다} \\ &= 0.5(200)(p_2 - p_1) + 0.75(500 + 100p_1 - 180p_2) && \text{대입한다} \\ &= 375 - 25p_1 - 35p_2 && \text{간단히 한다} \end{aligned}$$

이고 수입함수는

$$\begin{aligned} R &= p_1x_1 + p_2x_2 && \text{수입함수를 쓴다} \\ &= p_1(200)(p_2 - p_1) + p_2(500 + 100p_1 - 180p_2) && \text{대입한다} \\ &= -200p_1^2 - 180p_2^2 + 300p_1p_2 + 500p_2 && \text{간단히 한다} \end{aligned}$$

이다. 이로부터 이익함수는

$$\begin{aligned} P &= R - C && \text{이익함수를 쓴다} \\ &= -200p_1^2 - 180p_2^2 + 300p_1p_2 + 500p_2 - (375 - 25p_1 - 35p_2) \\ &= -200p_1^2 - 180p_2^2 + 300p_1p_2 + 25p_1 + 535p_2 - 375 \end{aligned}$$

이다. 다음으로 P의 일계편도함수를 구하면

$$\frac{\partial P}{\partial p_1} = -400p_1 + 300p_2 + 25 \qquad \frac{\partial P}{\partial p_2} = 300p_1 - 360p_2 + 535$$

이다. 일계편도함수를 0으로 두고 방정식을 동시에 풀면

$$\begin{aligned} -400p_1 + 300p_2 + 25 &= 0 \\ 300p_1 - 360p_2 + 535 &= 0 \end{aligned}$$

에서 $p_1 = 3.14$(달러), $p_2 = 4.10$(달러)이다. P의 그래프로부터 임계수가 최댓값을 준다. 그러므로 최대 이익은 다음과 같다.

$$P(3.14, 4.10) = 761.48(\text{달러})$$

학습 팁

예제 4의 수요함수는 7.4절의 예제 4와 동일하다. 4절의 예제에서는 두 제품은 대체재였다.

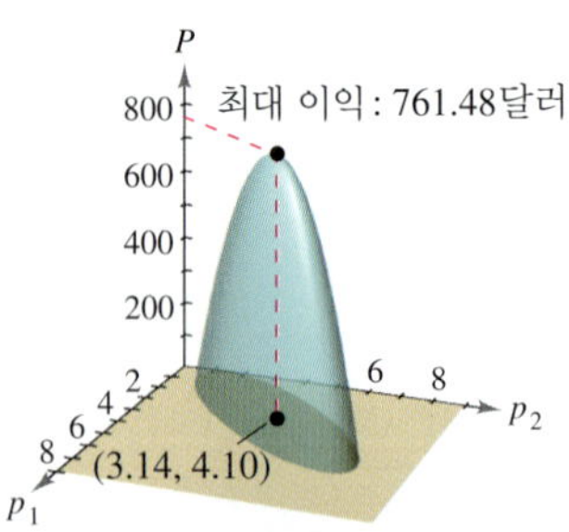

✓점검문제 4 예제 4에서 두 제품의 생산비용이 각각 0.75달러와 0.50달러일 때 두 제품에 대해 최대 이익을 주는 가격을 구하여라. ■

예제 4에서 최대 이익이 761.48달러임을 확신하기 위해 이익함수에 다른 가격을 대입하여 보아라. 각 쌍의 가격에서 모두 761.48달러보다 적은 이익을 얻을 것이

다. 예를 들면 $p_1 = 2$달러, $p_2 = 3$달러일 때 이익은 $P(2, 3) = 660$달러이다.

예제 5 최대 부피 구하기

xy평면에 놓여 있는 직사각형 상자의 한 꼭짓점이 원점에 있다. 반대편 꼭짓점은 평면

$$6x + 4y + 3z = 24$$

위에 있다(그림 7.33). 상자의 최대 부피를 구하여라.

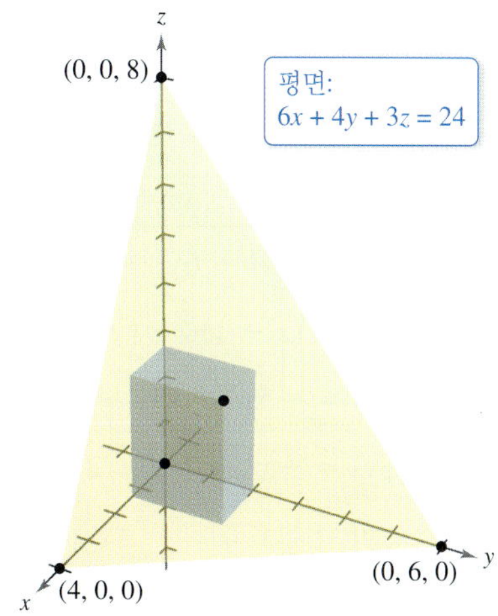

그림 7.33

풀이 x, y, z를 각각 상자의 길이, 폭, 높이라고 하자. 상자의 한 꼭짓점은 평면 $6x + 4y + 3z = 24$ 위에 놓여 있으므로

$$z = \tfrac{1}{3}(24 - 6x - 4y) \qquad z\text{에 대해 푼다}$$

임을 알 수 있다. 이제 상자의 부피를 이변수 함수로 나타낼 수 있다.

$$\begin{aligned} V &= xyz && \text{부피} = (\text{길이})(\text{폭})(\text{높이}) \\ &= xy\left(\tfrac{1}{3}\right)(24 - 6x - 4y) && z \text{ 대신 대입한다} \\ &= \tfrac{1}{3}(24xy - 6x^2y - 4xy^2) && \text{간단히 한다} \end{aligned}$$

다음으로 V의 일계편도함수를 구한다.

$$\begin{aligned} V_x &= \tfrac{1}{3}(24y - 12xy - 4y^2) && x\text{에 관해 편미분} \\ &= \tfrac{1}{3}y(24 - 12x - 4y) && \text{인수분해 한다} \\ V_y &= \tfrac{1}{3}(24x - 6x^2 - 8xy) && y\text{에 관해 편미분} \\ &= \tfrac{1}{3}x(24 - 6x - 8y) && \text{인수분해 한다} \end{aligned}$$

두 방정식을 동시에 푼다.

$$\begin{aligned} \tfrac{1}{3}y(24 - 12x - 4y) &= 0 && V_x\text{를 0으로 둔다} \\ \tfrac{1}{3}x(24 - 6x - 8y) &= 0 && V_y\text{를 0으로 둔다} \end{aligned}$$

그러므로 해는 $(0, 0)$, $(0, 6)$, $(4, 0)$, $\left(\tfrac{4}{3}, 2\right)$로 결론 내릴 수 있다. 이계편도함수 판정법을 사용하면 최대 부피는 길이 $x = \tfrac{4}{3}$이고 폭 $y = 2$일 때 나타난다. 이 값에 상자의 높이는

$$z = \tfrac{1}{3}\left[24 - 6\left(\tfrac{4}{3}\right) - 4(2)\right] = \tfrac{8}{3}$$

이므로 최대 부피는 다음과 같다.

$$V = xyz = \left(\tfrac{4}{3}\right)(2)\left(\tfrac{8}{3}\right) = \tfrac{64}{9}(\text{세제곱 단위})$$

✓ **점검문제 5** xy평면에 놓여 있는 상자의 한 꼭짓점이 원점에 있다. 반대편 꼭짓점은 평면

$$2x + 4y + z = 8$$

위에 있다. 상자의 최대 부피를 구하여라. ■

연습문제 7.5

[1-9] (이계편도함수 판정법 적용하기) 다음 함수의 상대극값과 안장점을 구하여라. (예제 1, 2, 3 참조)

1. $f(x, y) = x^2 + y^2 + 8x - 12y - 3$

2. $f(x, y) = -3x^2 - 4y^2 - 6x - 2y + 9$

3. $f(x, y) = \sqrt{x^2 + y^2 + 1}$

4. $f(x, y) = (3x^2 + 6y^2 + 8)^{1/3}$

5. $f(x, y) = (x - 1)^2 + (y - 3)^2$

6. $f(x, y) = -5x^2 + 4xy - y^2 + 16x + 10$

7. $f(x, y) = -x^3 + 4xy - 2y^2 + 1$

8. $f(x, y) = \frac{1}{2}xy$

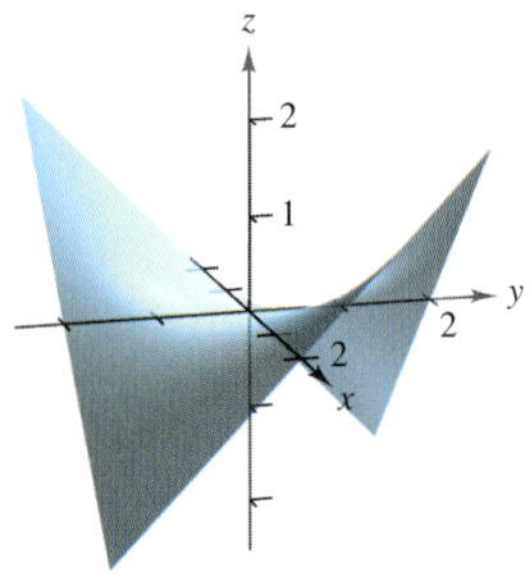

9. $f(x, y) = (x + y)e^{1-x^2-y^2}$

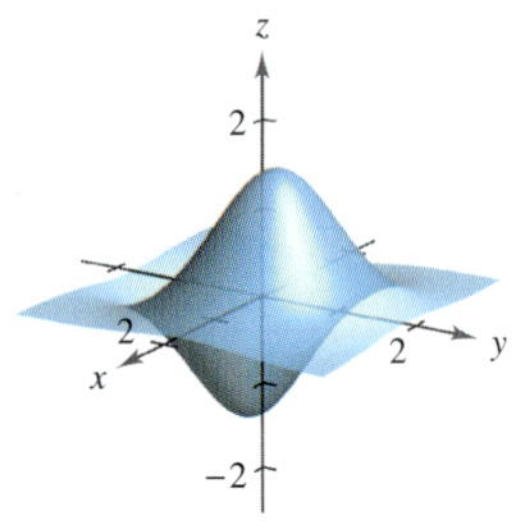

[10-12] (생각해 보기) 다음 각 경우 임계점 (x_0, y_0)에서 상대극대, 상대극소, 안장점 또는 함수 $f(x, y)$의 성질을 결정할 충분한 정보가 없는지 등을 결정하여라.

10. $f_{xx}(x_0, y_0) = 9,\ f_{yy}(x_0, y_0) = 4,\ f_{xy}(x_0, y_0) = 6$

11. $f_{xx}(x_0, y_0) = -9,\ f_{yy}(x_0, y_0) = 6,\ f_{xy}(x_0, y_0) = 10$

12. $f_{xx}(x_0, y_0) = 4,\ f_{yy}(x_0, y_0) = 8,\ f_{xy}(x_0, y_0) = 3$

[13-15] (함수의 분석) 다음 함수에서 임계점, 상대극값, 안장점을 구하여라. 그리고 이계편도함수 판정법이 실패하는 임계점을 나열하여라.

13. $f(x, y) = x^3 + y^3$

14. $f(x, y) = (xy)^2$

15. $f(x, y) = x^{2/3} + y^{2/3}$

16. (삼변수 함수 분석하기) 다음 함수에서 임계점을 구하고 각 임계점에서 함수의 형태로부터 상대극대 또는 상대극소인지 결정하여라.

$$f(x, y, z) = (x - 1)^2 + (y + 3)^2 + z^2$$

[17-18] (양수 구하기) 주어진 조건을 만족하는 양수 x, y, z를 구하여라.

17. 합이 45이고 곱이 최대

18. 합이 60이고 제곱의 합이 최소

19. (수입) 어떤 회사가 운동화와 야구화를 생산한다. x_1단위의 운동화와 x_2단위의 야구화의 생산에 따른 총수입은

$$R = -5x_1^2 - 8x_2^2 - 2x_1x_2 + 42x_1 + 102x_2$$

이다. 여기서 x_1과 x_2는 천 단위이다. 수입이 최대가 되도록 x_1과 x_2를 구하여라.

20. (수입) 수입 $R = x_1p_1 + x_2p_2$가 최대가 되도록 단위당 가격(달러)을 결정하여라. 여기서 x_1과 x_2는 판매된 단위 수이고, 소매점에서는 주어진 수요함수로 두 대체재를 판매한다. (예제 4 참조)

$$x_1 = 1000 - 2p_1 + p_2,\ x_2 = 1500 + 2p_1 - 1.5p_2$$

21. (이익) 어떤 기업이 고성능 자동엔진을 두 곳에서 생산한다. 1공장에서의 x_1단위 생산비용은

$$C_1 = 0.05x_1^2 + 15x_1 + 5400$$

이고 2공장에서 x_2단위 생산비용은

$$C_2 = 0.03x_2^2 + 15x_2 + 6100$$

이다. 제품의 수요함수는

$$p = 225 - 0.4(x_1 + x_2)$$

이고 수입함수는

$$R = [225 - 0.4(x_1 + x_2)](x_1 + x_2)$$

이다. 이익 $P = R - C_1 - C_2$를 최대로 하는 두 공장에서의 생산 수준을 구하여라.

22. (최대 부피 구하기) 어떤 상자가 xy평면 위에 놓여 있고 한 꼭짓점은 원점에 반대편 꼭짓점은 평면 $5x + 2y + z = 10$ 위에 있을 때 최대 부피를 구하여라. (예제 5 참조)

23. (부피) 길이와 절단면의 둘레의 길이의 합이 246센티미터를 초과하지 않게 하여 운송회사에 보낼 사각형 꾸러미의 부피가 최대가 되는 치수를 구하여라.

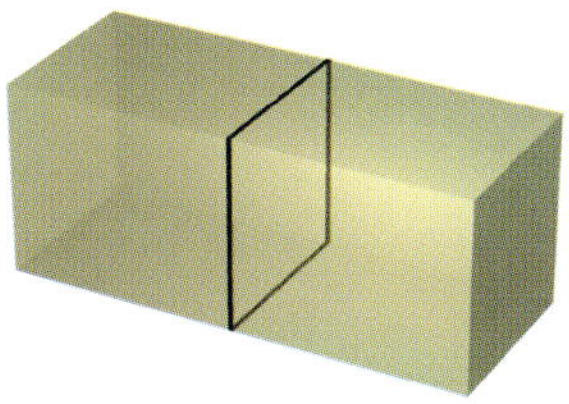

24. (비용) 어떤 제작자가 부피가 18세제곱미터인 뚜껑이 없는 나무상자를 만든다. 재료의 가격이 바닥은 제곱미터당 0.60달러이고, 옆면은 제곱미터당 0.45달러이다. 이 나무상자의 제작비용을 최소로 하는 치수를 구하여라. 최소 가격은 얼마인가?

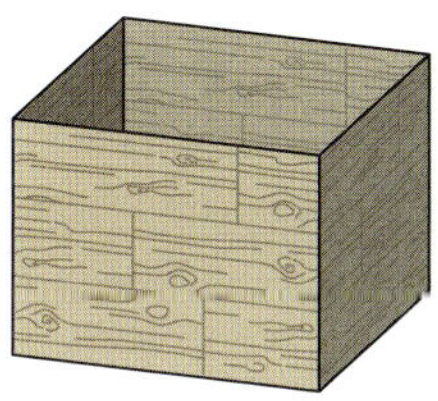

25. (비용) 어떤 자동차 생산회사의 연간 인건비와 장비비로 다음 모형식이 주어졌다고 한다.

$$C(x, y) = 2x^2 + 3y^2 - 15x - 20y + 4xy + 39$$

여기서 x는 인건비로 매년 지출된 금액(백만 달러)이고 y는 장비비로 매년 지출된 금액(백만 달러)이다. 인건비와 장비비를 최소화하는 x와 y의 값을 구하여라. 최소 비용은 얼마인가?

26. (생물학) 어떤 호수에 작은입배스와 큰입배스를 놓아 기른다. x는 작은입배스의 수이고 y는 큰입배스의 수이다. 각 고기의 무게는 개체 수의 밀도에 따른다. 6개월 후 작은입배스의 무게는

$$W_1 = 3 - 0.002x - 0.001y$$

이고 큰입배스의 무게는

$$W_2 = 4.5 - 0.004x - 0.005y$$

로 주어진다. 6개월간 죽은 고기는 한 마리도 없다고 가정하고 호수 안에 있는 배스의 총 무게 T가 최대가 되도록 하려면 작은입배스와 큰입배스는 각각 몇 마리를 호수에 넣어 길러야 하는가?

27. (하디-바인베르크 법칙) 통상 혈액형은 유전적으로 세 대립유전자 A, B, O로 결정된다(대립유전자는 유전자 돌연변이형이 아니다). 혈액형이 AA, BB, OO인 사람은 동형접합체이고 혈액형이 AB, AO, BO인 사람은 이형접합체이다. 하디-바인베르크 법칙은 어떤 주어진 집단에서 이형접합체인 사람의 비율 P는

$$P(p, q, r) = 2pq + 2pr + 2qr$$

임을 말한다. 여기서 p는 집단에서 유전자 A인 퍼센트, q는 집단에서 유전자 B인 퍼센트, 그리고 r은 그 집단에서 유전자 O의 퍼센트를 나타낸다. $p + q + r = 1$ (세 유전자의 퍼센트의 합은 100 %이다)을 사용하여 임의의 집단에서 이형접합체인 사람의 최대 비율은 $\frac{2}{3}$임을 보여라.

28. (참, 거짓 판별) 다음 명제가 참인지 거짓인지 판별하여라. 만약 거짓이면 그 이유를 설명하거나 그것이 거짓임을 보여 주는 보기를 들어라.
안장점은 항상 임계점에서 나타난다.

7.6 라그랑주 승수

■ 라그랑주 승수법 이해하기
■ 라그랑주 승수를 사용하여 제약된 최적화 문제 풀기

제약조건이 하나인 라그랑주 승수

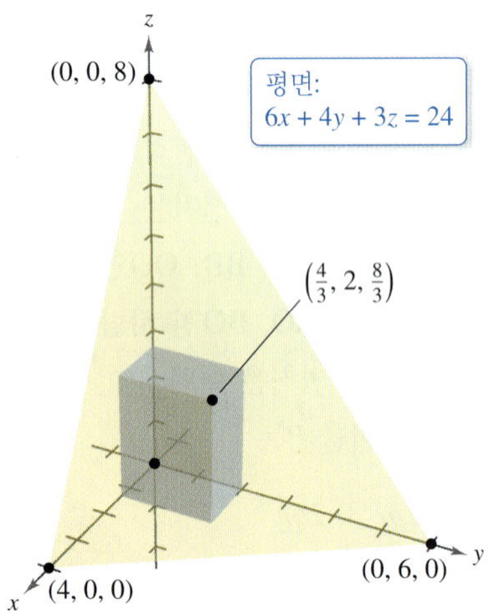

7.5절 예제 5의 그림 7.33에서 곡면

$$6x + 4y + 3z = 24$$

아래에 제1팔분면에 접하도록 놓여 있는 직사각형 상자가 최대 부피를 갖도록 치수를 구하는 문제를 다루었다.

이 문제를 다른 방식으로 묻자면

$$V = xyz \qquad \text{목적함수}$$

의 최대 부피를 다음의 제약조건에서 구하라는 것이다.

$$6x + 4y + 3z - 24 = 0 \qquad \text{제약조건}$$

이런 유형의 문제를 **제약된 최적화**(constrained optimization) 문제라고 한다. 7.5절에서는 제약조건의 방정식에서 z에 관해 풀고 V를 이변수 함수로 다시 쓰고 이 문제를 풀었다.

이 절에서는 다른(가끔은 보다 더 좋은) 방법으로 제약된 최적화 문제를 학습한다. 이 방법은 프랑스 수학자 조제프 루이 라그랑주(Joseph Louis Lagrange, 1736~1813)의 이름을 따서 **라그랑주 승수**(Lagrange multiplier)라는 변수를 사용한다.

라그랑주 승수법

만약 $f(x, y)$가 제약조건 $g(x, y) = 0$에 따라 최대나 최소를 갖는다면

$$F(x, y, \lambda) = f(x, y) - \lambda g(x, y)$$

로 정의되는 함수 F의 임계수 중 하나에서 최대, 최소가 있다.

변수 λ(그리스 소문자 람다)를 **라그랑주 승수**(Lagrange multiplier)라고 한다. f의 최소나 최대를 구하기 위해 다음 단계를 사용한다.

1. 다음 연립방정식을 푼다.

$$F_x(x, y, \lambda) = 0$$
$$F_y(x, y, \lambda) = 0$$
$$F_\lambda(x, y, \lambda) = 0$$

2. 처음 단계에서 구한 각 해의 점에서 f를 계산한다. 제일 큰 값은 제약조건 $g(x, y) = 0$에 따라 f의 최대를 주고 제일 작은 값은 제약조건 $g(x, y) = 0$에 따라 f의 최소를 준다.

삼변수 함수에서 라그랑주 승수법을 사용할 때 F는 다음 모양이다.

$$F(x, y, z, \lambda) = f(x, y, z) - \lambda g(x, y, z)$$

1단계에서 사용한 연립방정식은 다음과 같다.

$$\begin{aligned} F_x(x, y, z, \lambda) &= 0 \\ F_y(x, y, z, \lambda) &= 0 \\ F_z(x, y, z, \lambda) &= 0 \\ F_\lambda(x, y, z, \lambda) &= 0 \end{aligned}$$

제약된 최적화 문제

예제 1 라그랑주 승수 사용하기

제약조건

$$6x + 4y + 3z - 24 = 0 \qquad \text{제약}$$

에 따라

$$V = xyz \qquad \text{목적함수}$$

의 최대를 구하여라.

풀이 먼저 $f(x, y, z) = xyz$, $g(x, y, z) = 6x + 4y + 3z - 24$라고 하자. 그런 다음 새로운 함수 F를 다음과 같이 정의한다.

$$\begin{aligned} F(x, y, z, \lambda) &= f(x, y, z) - \lambda g(x, y, z) \\ &= xyz - \lambda(6x + 4y + 3z - 24) \end{aligned}$$

F의 임계수를 구하기 위해 x, y, z 그리고 λ에 대해 F의 편도함수를 구하여 시작한다. 그런 다음 편도함수를 0으로 둔다.

$$\begin{aligned} F_x(x, y, z, \lambda) &= yz - 6\lambda &\Rightarrow\quad yz - 6\lambda &= 0 \\ F_y(x, y, z, \lambda) &= xz - 4\lambda &\Rightarrow\quad xz - 4\lambda &= 0 \\ F_z(x, y, z, \lambda) &= xy - 3\lambda &\Rightarrow\quad xy - 3\lambda &= 0 \\ F_\lambda(x, y, z, \lambda) &= -6x - 4y - 3z + 24 &\Rightarrow\quad -6x - 4y - 3z + 24 &= 0 \end{aligned}$$

첫 번째 방정식에서 λ에 대해 풀면 다음과 같다.

$$yz - 6\lambda = 0 \quad\Rightarrow\quad \lambda = \frac{yz}{6}$$

λ를 두 번째와 세 번째 방정식에 대입하면 다음을 얻는다.

학습 팁

예제 1은 7장 5절의 예제 5를 라그랑주 승수를 사용하여 푼 것이다.

$$xz - 4\left(\frac{yz}{6}\right) = 0 \quad \Rightarrow \quad y = \frac{3}{2}x$$

$$xy - 3\left(\frac{yz}{6}\right) = 0 \quad \Rightarrow \quad z = 2x$$

다음에 y와 z를 방정식 $F_\lambda(x, y, z, \lambda) = 0$에 대입하고 x에 대해 푼다.

$$\begin{aligned} F_\lambda(x, y, z, \lambda) &= 0 \\ -6x - 4y - 3z + 24 &= 0 \\ -6x - 4\left(\tfrac{3}{2}x\right) - 3(2x) + 24 &= 0 \\ -18x &= -24 \\ x &= \tfrac{4}{3} \end{aligned}$$

x값을 사용하여 임계값은 $x = \frac{4}{3}$, $y = 2$, $z = \frac{8}{3}$이다. 이에 따라 최댓값은 다음과 같다.

$$\begin{aligned} V &= xyz && \text{목적함수를 쓴다} \\ &= \left(\frac{4}{3}\right)(2)\left(\frac{8}{3}\right) && x,\ y,\ z\text{에 대입한다} \\ &= \frac{64}{9}\ (\text{세제곱 단위}) && \text{최대 부피} \end{aligned}$$

✓**점검문제 1** 제약조건: $2x + 4y + z - 8 = 0$에 따라 부피

$$V = xyz$$

의 최대를 구하여라. ■

예제 2 **최대 생산 수준 구하기**

제조회사의 생산은 콥-더글러스 함수로 모형화된다.

$$f(x, y) = 100x^{3/4}y^{1/4} \qquad \text{목적함수}$$

여기서 x는 노동(단위당 150달러) 단위이고 y는 자본(단위당 250달러) 단위이다. 인건비와 자본금의 총비용은 50,000달러를 초과하지 않는다. 제조회사의 최대 생산 수준이 16,000단위를 초과할 것인가?

풀이 인건비와 자본금의 총비용이 50,000달러를 초과하지 않기 때문에 제약조건은

$$\begin{aligned} 150x + 250y &= 50{,}000 && \text{제약조건} \\ 150x + 250y - 50{,}000 &= 0 && \text{일반형으로 쓴다} \end{aligned}$$

이다. 최대 생산 수준을 구하기 위해 함수를 써서 시작한다.

$$F(x, y, \lambda) = 100x^{3/4}y^{1/4} - \lambda(150x + 250y - 50{,}000)$$

그리고 x, y, λ에 대해 F의 편도함수를 구한다.

$$\begin{aligned} F_x(x, y, \lambda) &= 75x^{-1/4}y^{1/4} - 150\lambda \\ F_y(x, y, \lambda) &= 25x^{3/4}y^{-3/4} - 250\lambda \\ F_\lambda(x, y, \lambda) &= -150x - 250y + 50{,}000 \end{aligned}$$

다음으로 편도함수를 0으로 두어 다음 연립방정식을 얻는다.

$$75x^{-1/4}y^{1/4} - 150\lambda = 0 \quad \text{방정식 1}$$
$$25x^{3/4}y^{-3/4} - 250\lambda = 0 \quad \text{방정식 2}$$
$$-150x - 250y + 50{,}000 = 0 \quad \text{방정식 3}$$

첫 번째 방정식에서 λ에 대해 풀면

$$75x^{-1/4}y^{1/4} - 150\lambda = 0 \quad \text{방정식 1}$$
$$\lambda = \tfrac{1}{2}x^{-1/4}y^{1/4} \quad \lambda\text{에 대해 푼다}$$

이고 방정식 2에 λ를 대입하여 다음을 얻는다.

$$25x^{3/4}y^{-3/4} - 250\left(\tfrac{1}{2}\right)x^{-1/4}y^{1/4} = 0 \quad \text{방정식 2에 대입한다}$$
$$25x - 125y = 0 \quad x^{1/4}y^{3/4}\text{를 곱한다}$$
$$x = 5y \quad x\text{에 대해 푼다}$$

그러므로 $x = 5y$이다. 방정식 3에 x 대신 대입하면 다음을 얻는다.

$$-150(5y) - 250y + 50{,}000 = 0 \quad \text{방정식 3에 대입}$$
$$-1000y = -50{,}000 \quad \text{간단히 한다}$$
$$y = 50 \quad y\text{에 대해 푼다}$$

자본이 50단위일 때 $x = 5(50) = 250$단위의 노동이다. 그러므로 최대 생산 수준은 다음과 같다.

$$f(250, 50) = 100(250)^{3/4}(50)^{1/4} \quad x,\ y\text{에 대입한다}$$
$$\approx 16{,}719\,(\text{단위}) \quad \text{최대 생산 수준}$$

최대 생산 수준이 16,000단위를 초과할 것으로 결론 내릴 수 있다.

✓ **점검문제 2** 예제 2에서 노동 단위 비용은 200달러이고 자본 단위 비용은 250달러라고 하자. 인건비와 자본금의 총비용이 50,000달러를 초과하지 않는 최대 생산 수준을 구하여라. ■

경제학자는 생산함수에서 얻어지는 라그랑주 승수를 **화폐의 한계 생산성**(marginal productivity of money)이라고 부른다. 예를 들면 예제 2에서 $x = 250$, $y = 50$일 때 화폐의 한계 생산성은

$$\lambda = \tfrac{1}{2}x^{-1/4}y^{1/4} = \tfrac{1}{2}(250)^{-1/4}(50)^{1/4} \approx 0.334$$

이다. 이것은 생산에 소요되는 추가 비용은 약 0.334달러로 제품의 생산량을 늘릴 수 있다는 것을 의미한다.

예제 3 최대 생산 수준 구하기

예제 2의 제조회사는 현재 인건비와 자본금으로 70,000달러를 보유하고 있다. 생산할 수 있는 최대 단위 수는 얼마인가?

풀이 예제 2에서 제시한 대로 전 과정을 다시 풀이할 수 있다. 그러나 문제에서의 유일한 변화는 노동과 자본에 지출할 수 있는 추가 자금의 가용성이기 때문에 화폐의 한

계 생산성이

$$\lambda \approx 0.334$$

인 것을 사용할 수 있다. 추가로 20,000달러를 투입할 수 있고 예제 2에서 최대 생산 수준이 16,719단위이므로 최대 생산 수준은 이제

$$16,719 + (0.334)(20,000) \approx 23,400\,(\text{단위})$$

이다. 예제 2에서 제시된 풀이 과정을 사용하여 이 결과를 확인하여 보아라.

✓ **점검문제 3** 예제 2의 제조회사가 이제 인건비와 자본금으로 80,000달러를 보유하고 있다. 생산할 수 있는 최대 단위 수는 얼마인가? ■

7.5절 예제 4에서 수요함수가

$$x_1 = 200(p_2 - p_1) \quad \text{제품 1의 수요}$$
$$x_2 = 500 + 100p_1 - 180p_2 \quad \text{제품 2의 수요}$$

인 두 대체재에 대한 최대 이익을 구했다.

이 모형으로 총수요 $x_1 + x_2$는 가격 p_1과 p_2에 의해 완벽하게 결정된다. 많은 실생활 상황에서 이 가정은 너무 간단하다. 대체재 브랜드의 가격에 상관 없이 치약 같은 몇몇 제품에 대한 연간 총수요는 상대적으로 일정하다. 이런 상황에서 총수요는 제한적이고 가격의 변동은 대체재 브랜드의 시장 점유율에 영향을 주는 것만큼 총수요에 영향을 주지 않는다.

학습 팁

예제 4의 제약된 최적화 문제는 그림 7.34에 그래프로 나타나 있다. 목적함수의 그래프는 포물면이고, 제약조건의 그래프는 수직 평면이다. 7.5절 예제 4의 제약조건이 없는 최적화 문제는 최대 이익이 포물면과 수직인 '제약' 평면의 교선인 곡선에서 가장 높은 점에 대응된다.

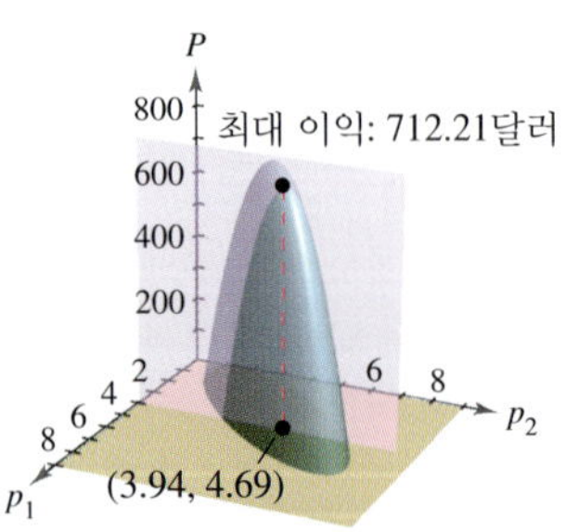

그림 7.34

예제 4 최대 이익 구하기

어떤 회사가 수요함수가

$$x_1 = 200(p_2 - p_1) \quad \text{제품 1의 수요}$$
$$x_2 = 500 + 100p_1 - 180p_2 \quad \text{제품 2의 수요}$$

인 대체재를 생산한다. 여기서 p_1, p_2는 단위당 가격(달러)이고, x_1, x_2는 판매된 단위 수이다. 두 제품의 생산비용은 각각 0.50달러, 0.75달러이다. 총수요는 연 200단위로 제한된다. 최대 이익을 주는 가격을 구하여라.

풀이 7.5절 예제 4에서 이익함수는

$$P = -200p_1^2 - 180p_2^2 + 300p_1p_2 + 25p_1 + 535p_2 - 375$$

이다. 두 제품에 대한 총수요는

$$\begin{aligned} x_1 + x_2 &= 200(p_2 - p_1) + 500 + 100p_1 - 180p_2 \\ &= 200p_2 - 200p_1 + 500 + 100p_1 - 180p_2 \\ &= -100p_1 + 20p_2 + 500 \end{aligned}$$

이다. 총수요가 200단위로 제한되기 때문에 제약조건은

$$-100p_1 + 20p_2 + 500 = 200 \quad \text{제약조건}$$

이다. 라그랑주 승수를 사용하여 최대 이익은 $p_1 = 3.94$달러, $p_2 = 4.69$달러일 때임을 알 수 있다. 이것은 연 이익 712.21달러에 해당한다.

✓ **점검문제 4** 예제 4에서 총수요가 연 250단위로 제한될 때 최대 이익을 주는 가격을 구하여라. ■

연습문제 7.6

[1-6] (라그랑주 승수 사용하기) 라그랑주 승수를 사용하여 표시된 극값을 구하여라. x, y는 양이라고 가정한다. (예제 1 참조)

1. $f(x, y) - xy$의 최대화
제약조건: $x + y - 14 = 0$

2. $f(x, y) = x^2 + y^2$의 최소화
제약조건: $3x + y = 10$

3. $f(x, y) = x^2 - y^2$의 최소화
제약조건: $x - 2y + 6 = 0$

4. $f(x, y) = 2x + 2xy + y$의 최대화
제약조건: $2x + y = 100$

5. $f(x, y) = \sqrt{6 - x^2 - y^2}$의 최대화
제약조건: $x + y - 2 = 0$

6. $f(x, y) = e^{xy}$의 최대화
제약조건: $x^2 + y^2 - 8 - 0$

[7-9] (라그랑주 승수 사용하기) 라그랑주 승수를 사용하여 표시된 극값을 구하여라. x, y, z는 양수로 가정한다. (예제 1 참조)

7. $f(x, y, z) = xyz$의 최대화
제약조건: $x + y + z - 6 = 0$

8. $f(x, y, z) = x^2 + y^2 + z^2$의 최소화
제약조건: $x + y + z = 1$

9. $f(x, y, z) = x + y + z$의 최대화
제약조건: $x^2 + y^2 + z^2 = 1$

[10-11] (양수 구하기) 주어진 조건을 만족하는 양수 x, y, z를 구하여라.

10. 합이 90이고 곱이 최대

11. 합이 120이고 제곱의 합이 최소

[12-14] (거리 구하기) 곡선이나 곡면에서 주어진 점까지의 최소 거리를 구하여라(힌트: 거리의 제곱을 최소화하여 시작한다).

12. 직선: $x + y = 6$, $(0, 0)$
$d^2 = x^2 + y^2$의 최소화

13. 포물선: $y - x^2$, $(-3, 0)$
$d^2 = (x + 3)^2 + y^2$의 최소화

14. 평면: $x + y + z = 1$, $(2, 1, 1)$
$d^2 = (x - 2)^2 + (y - 1)^2 + (z - 1)^2$의 최소화

15. **(부피)** xy평면에 놓여 있는 직사각형 상자의 한 꼭짓점이 원점에 있다. 반대편 꼭짓점은 평면

$$2x + 3y + 5z = 90$$

위에 있다. 부피를 최대로 하는 상자의 치수를 구하여라(힌트: 제약조건 $2x + 3y + 5z - 90 = 0$에 따라 부피 $V = xyz$를 최대화한다).

16. **(비용)** 사무실을 다시 꾸미려고 한다. 바닥에 새 카펫을 까는 데 제곱미터당 40달러, 벽지를 바르는 데 제곱미터당 30달러의 비용이 든다. 2430달러로 다시 꾸밀 수 있는 사무실의 최대 치수를 구하여라(그림 참조). (힌트: $40xy + 60xz + 60yz - 2430$에 의해 $V = xyz$를 최대화한다.)

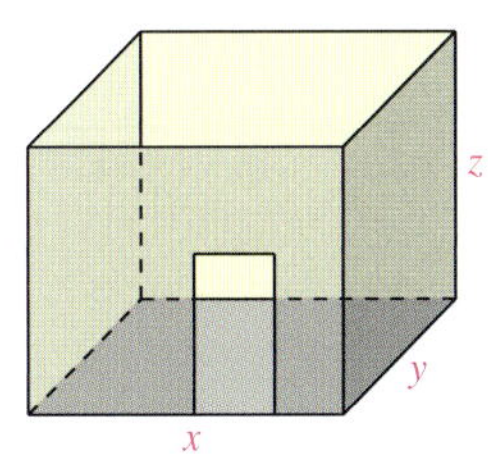

17. **(비용)** 제조회사가 두 곳에서 생산할 수 있는 양질의 종이를 1000단위 주문받았다. x_1과 x_2를 두 장소에서 생산되는 단위 수라고 하자. 비용함수는 다음과 같다.

$$C = 0.25x_1^2 + 25x_1 + 0.05x_2^2 + 12x_2$$

비용을 최소화하기 위해 각 장소에서 생산해야 하는 단

위 수를 구하여라.

18. **(생산)** 어떤 제조자의 생산함수는

$$f(x, y) = 100x^{0.25}y^{0.75}$$

이다. 여기서 x는 노동의 단위 수(단위당 48달러)이고, y는 자본의 단위 수(단위당 36달러)이다. 인건비와 자본금의 총비용은 100,000달러를 초과하지 않는다.

(a) 이 제조자의 최대 생산 수준을 구하여라.

(b) 화폐의 한계 생산성을 구하여라.

(c) 화폐의 한계 생산성을 사용하여 인건비와 자본금이 125,000달러가 될 때까지 생산할 수 있는 최대 단위 수를 구하여라.

(d) 화폐의 한계 생산성을 사용하여 인건비와 자본금이 350,000달러가 될 때까지 생산할 수 있는 최대 단위 수를 구하여라.

19. **(최소 비용 법칙)** 어떤 회사의 생산함수는

$$f(x, y) = 100x^{0.7}y^{0.3}$$

이고, 여기서 x는 노동의 단위 수(단위당 50달러)이고, 그리고 y는 자본의 단위 수(100달러)이다. 경영자는 생산목표를 20,000단위로 잡았다.

(a) 비용을 최소화하여 생산목표를 달성하는 데 필요한 노동과 자본의 단위 수를 구하여라.

(b) (a)의 조건이 다음과 같음을 보여라.

$$\frac{\text{노동의 한계 생산성}}{\text{자본의 한계 생산성}} = \frac{\text{노동의 단위 가격}}{\text{자본의 단위 가격}}$$

이 비율을 **최소 비용 법칙**(또는 동일 한계 법칙)이라고 한다.

20. **(시설)** 동물보호시설을 마구간의 옆면을 이용하여 사각형 두 개가 인접한 모양이 되도록 울타리로 둘러치려고 한다(그림 참조). 둘러치는 울타리는 비용이 미터당 30달러이고, 울타리로 둘러친 영역을 둘로 나누는 울타리는 비용이 미터당 12달러이다. 두 영역의 전체 면적은 1215제곱미터이다.

(a) 울타리를 치는 데 드는 비용을 최소화하는 치수를 구하여라.

(b) 최소 비용은 얼마인가?

21. **(생물학)** 어떤 미생물학자가 어떤 종의 박테리아를 배양하기 위해 배양기를 준비한다. 이 배양기의 염도는

$$V = xyz$$

이고 여기서 x, y, z는 배양기에 혼합되는 세 배양액의 양(리터)이다. 박테리아가 자라기 위해서는 배양기의 염도는 13 %이어야 한다. 배양액 x, y, z는 비용이 (리터당) 각각 1달러, 2달러, 3달러이다. 배양기의 비용을 최소화하기 위해 배양액이 각각 얼마씩 사용되어야 하는가?

22. **(영양)** 아이스크림의 그램 수의 모형식이 다음과 같다.

$$G = (x, y, z) = 0.05x^2 + 0.16xy + 0.25z^2$$

여기서 x는 지방의 그램 수, y는 탄수화물의 그램 수, z는 단백질의 그램 수이다. 400칼로리 이상을 소모하지 않고 먹을 수 있는 아이스크림의 최대 그램 수를 구하여라. 지방은 그램당 9칼로리, 탄수화물은 그램당 4칼로리, 단백질은 그램당 4칼로리가 들어 있다고 가정한다.

23. **(광고)** 사설 골프 클럽이 8100달러의 광고 예산을 어떻게 지출할 것인지 결정하려고 한다. 이 클럽은 전에 경험한 것에서 응답자 수 A는

$$A = 0.0001t^2pr^{1.5}$$

이다. 여기서 t는 케이블 텔레비전 광고 횟수, p는 신문 광고 횟수, r은 라디오 광고 횟수이다. 케이블 텔레비전 광고비는 90달러, 신문 광고비는 36달러, 라디오 광고비는 45달러이다.

(a) 최대 응답자 수를 얻기 위해서는 각 매체에 광고비를 어떻게 지출해야 하는가? (각 매체에 광고를 모두 낸다고 가정한다.)

(b) 예상하는 최대 응답자 수는 얼마인가?

7.7 최소제곱 회귀분석

■ 수학적 모형에서 오차제곱 합 구하기
■ 자료에 대한 최소제곱 회귀곡선 구하기

수학적 모형의 정확도 측정하기

자료의 집합을 표현하는 수학적 모형식을 세울 때, 목표는 단순성과 정확성이다. 물론 이 목표는 가끔 모순된다. 예를 들면 그림 7.35(a)에 보여 주는 점들의 단순한 모형식은 다음과 같다.

$$f(x) = 1.9x - 5 \qquad \text{선형 모형}$$

그러나 그림 7.35(b)는 좀 더 복잡한 이차 모형을 보여 준다.

$$g(x) = 0.20x^2 - 0.7x + 1 \qquad \text{이차 모형}$$

아마도 더욱 정확한 결과를 얻을 것이다.*

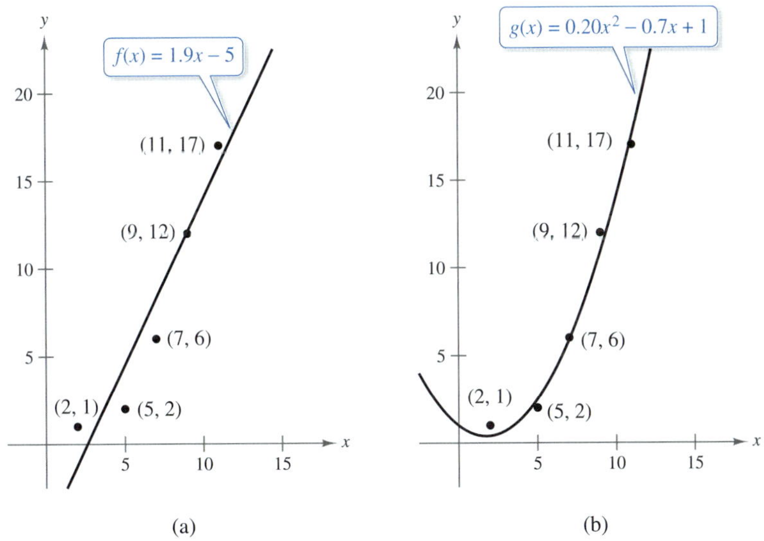

그림 7.35

모형 $y = f(x)$가 점들의 집합에 어떻게 잘 맞는지 측정하기 위해 실제 y값과 모형으로 주어진 값과의 차의 제곱의 합을 구한다. 이 합을 **오차제곱 합**(sum of the squared errors)이라고 하고 S로 나타낸다. 그래프로는 S는 f의 그래프와 주어진 점의 수직거리의 제곱의 합으로 설명될 수 있다(옆 그림). 만약 모형이 완벽하게 맞으면

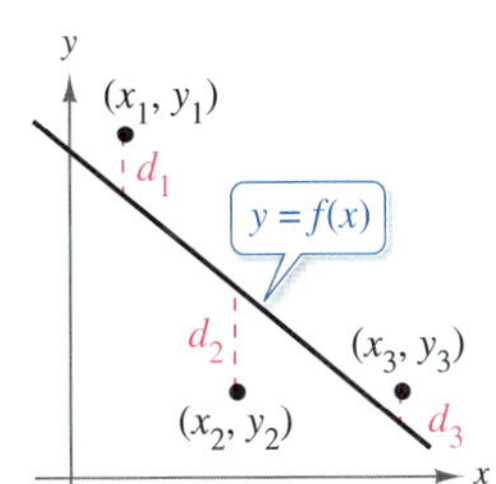

오차 제곱합: $S = d_1^2 + d_2^2 + d_3^2$

* 자료의 집합에서 이차식 모형을 구하는 것은 이 교재에서는 주어지지 않는다. 그래픽 도구나 스프레드시트 소프트웨어 프로그램을 사용하여 이 작업을 할 수 있다. 최소제곱 이차 회귀곡선을 구하는 소프트웨어 프로그램은 따로 마련되어 있다.

$S = 0$ 완벽 모형에 대한 제곱합

이다. 그러나 완벽한 맞춤이 실현 불가능일 때 S를 최소화하는 모형을 사용한다.

오차제곱 합의 정의

점

$$(x_1, y_1), (x_2, y_2), \ldots, (x_n, y_n)$$

에 관한 모형 $y = f(x)$의 **오차제곱 합**(sum of the squared errors)은 다음과 같다.

$$S = [f(x_1) - y_1]^2 + [f(x_2) - y_2]^2 + \cdots + [f(x_n) - y_n]^2$$

예제 1 오차제곱 합 구하기

주어진 점

(2, 1), (5, 3), (7, 6), (9, 12), (11, 17)

에 대해 선형 모형

$f(x) = 1.9x - 5$ 선형 모형[그림 7.35(a) 참조]

와 이차 모형

$g(x) = 0.20x^2 - 0.7x + 1$ 이차 모형[그림 7.35(b) 참조]

에 대한 오차제곱 합을 구하여라. 어떤 모형이 더 잘 맞는지 결정하여라.

풀이 다음 표에서 보는 것처럼 주어진 x값에서 각 모형의 값을 계산하여 시작한다.

x	2	5	7	9	11
실제 y값	1	2	6	12	17
선형 모형 $f(x)$	−1.2	4.5	8.3	12.1	15.9
이차 모형 $g(x)$	0.4	2.5	5.9	10.9	17.5

선형 모형 f의 경우 오차제곱 합은

$$\begin{aligned} S &= (-1.2 - 1)^2 + (4.5 - 2)^2 + (8.3 - 6)^2 + (12.1 - 12)^2 + (15.9 - 17)^2 \\ &= 17.6 \end{aligned}$$

이고 마찬가지로 이차 모형 g의 오차제곱 합은

$$\begin{aligned} S &= (0.4 - 1)^2 + (2.5 - 2)^2 + (5.9 - 6)^2 + (10.9 - 12)^2 + (17.5 - 17)^2 \\ &= 2.08 \end{aligned}$$

이다. 이차 모형의 오차제곱 합이 선형 모형의 오차제곱 합보다 작으므로 이차 모형이 더 잘 맞는다.

✓ **점검문제 1** 주어진 점

(2, 1), (4, 5), (6, 9), (8, 16), (10, 24)

에 대해 선형 모형

$f(x) = 2.9x - 6$ 선형 모형

과 이차 모형

$g(x) = 0.20x^2 + 0.5x - 1$ 이차 모형

에 대한 오차제곱 합을 구하여라. 어떤 모형이 더 잘 맞는지 결정하여라. ■

최소제곱 회귀직선

오차제곱 합은 주어진 자료의 집합에서 가장 잘 맞는 몇 개의 모형을 결정하는 데 사용된다. 일반적으로 f의 오차세곱 합이 g의 오차제곱 합보다 작으면 f가 g 보다 자료에 더 잘 맞는다고 말할 수 있다. 회귀분석에서는 어떤 유형이든지 모든 가능한 모형을 생각한다. 가장 잘 맞는 모형으로 선택되는 것은 오차제곱 합이 가장 작은 모형이다. 예제 2에서는 자료의 집합에서 가장 잘 맞는 선형 모형을 구하기 위해 7.5절에서 설명한 최적화 기법을 어떻게 사용하는지 보여 준다.

예제 2 가장 좋은 선형 모형 구하기

주어진 점

$(-3, 0), (-1, 1), (0, 2), (2, 3)$

에 대해 선형 모형

$f(x) - ax + b$

에 대한 오차제곱 합이 최소가 되도록 하는 a, b를 구하여라.

풀이 오차제곱 합은 다음과 같다.

$$\begin{aligned} S &= [f(x_1) - y_1]^2 + [f(x_2) - y_2]^2 + [f(x_3) - y_3]^2 + [f(x_4) - y_4]^2 \\ &= (-3a + b - 0)^2 + (-a + b - 1)^2 + (b - 2)^2 + (2a + b - 3)^2 \\ &= 14a^2 - 4ab + 4b^2 - 10a - 12b + 14 \end{aligned}$$

S가 최소가 되도록 하는 a, b의 값을 구하기 위해 7.5절에서 설명한 기법을 사용할 수 있다. 즉 S의 편도함수를 구한다.

$$\frac{\partial S}{\partial a} = 28a - 4b - 10 \quad a\text{에 관해 미분한다}$$

$$\frac{\partial S}{\partial b} = -4a + 8b - 12 \quad b\text{에 관해 미분한다}$$

다음으로 각 편도함수를 0으로 둔다.

$$28a - 4b - 10 = 0 \quad \partial S/\partial a\text{를 0으로 둔다}$$

$$-4a + 8b - 12 = 0 \quad \partial S/\partial b\text{를 0으로 둔다}$$

이 선형연립방정식의 해는

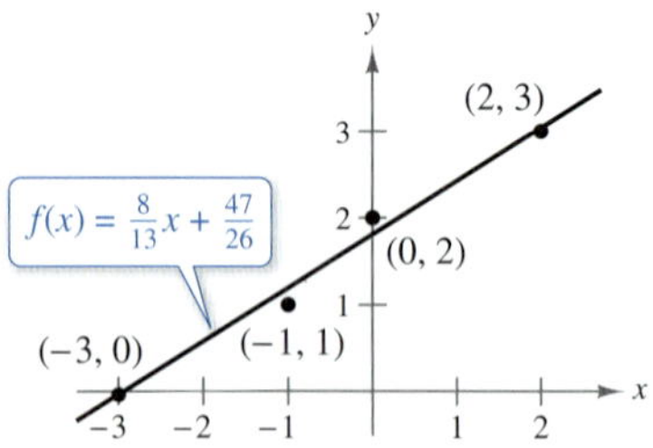

$$a = \frac{8}{13} \text{ 그리고 } b = \frac{47}{26}$$

이므로 주어진 점에 대해 가장 잘 맞는 선형 모형은

$$f(x) = \frac{8}{13}x + \frac{47}{26}$$

이다. 이 모형의 그래프는 옆의 그림이다.

✓ 점검문제 2 주어진 점

$$(-2, 0), (0, 2), (2, 5), (4, 7)$$

에 대해 선형 모형

$$f(x) = ax + b$$

에 대한 오차제곱 합이 최소가 되도록 하는 a, b를 구하여라. ■

예제 2에 있는 직선을 주어진 자료에 대한 **최소제곱 회귀직선**(least squares regression line)이라고 한다. 예제 2에서 보인 해는 최소제곱 회귀직선에 대한 공식을 구하는 것으로 일반화할 수 있다.

점

$$(x_1, y_1), (x_2, y_2), . . . , (x_n, y_n)$$

과 선형 모형

$$f(x) = ax + b$$

를 생각하자.

오차제곱 합은

$$\begin{aligned} S &= [f(x_1) - y_1]^2 + [f(x_2) - y_2]^2 + \cdot \cdot \cdot + [f(x_n) - y_n]^2 \\ &= (ax_1 + b - y_1)^2 + (ax_2 + b - y_2)^2 + \cdot \cdot \cdot + (ax_n + b - y_n)^2 \end{aligned}$$

으로 S를 최소화하기 위해 편도함수 $\partial S/\partial a$와 $\partial S/\partial b$를 영으로 두고 a와 b에 대해 푼다. 이 결과가 다음에 요약되어 있다.

최소제곱 회귀직선

$$(x_1, y_1), (x_2, y_2), . . . , (x_n, y_n)$$

에 대한 **최소제곱 회귀직선**(least squares regression line)은

$$f(x) = ax + b$$

이다. 여기서 a와 b는 다음과 같다.

$$a = \frac{n\sum_{i=1}^{n} x_i y_i - \sum_{i=1}^{n} x_i \sum_{i=1}^{n} y_i}{n\sum_{i=1}^{n} x_i^2 - \left(\sum_{i=1}^{n} x_i\right)^2}, \quad b = \frac{1}{n}\left(\sum_{i=1}^{n} y_i - a\sum_{i=1}^{n} x_i\right)$$

합 기호

$$\sum_{i=1}^{n} x_i$$

는 수의 합

$$x_1 + x_2 + \cdots + x_n$$

을 나타내기 위해 사용된다. 여기서 $\sum$는 그리스 문자 시그마이다.

마찬가지로

$$\sum_{i=1}^{n} x_i y_i = x_1 y_1 + x_2 y_2 + \cdots + x_n y_n, \quad \sum_{i=1}^{n} x_i^2 = x_1^2 + x_2^2 + \cdots + x_n^2$$

등이다.

최소제곱 회귀직선의 공식에서 x값이 0을 중심으로 대칭적으로 놓여 있다면

$$\sum_{i=1}^{n} x_i = 0$$

임에 유의하고, a와 b에 대한 공식은 간단히 다음과 같이 나타낼 수 있다.

$$a = \frac{n\sum_{i=1}^{n} x_i y_i}{n\sum_{i=1}^{n} x_i^2}, \quad b = \frac{1}{n}\sum_{i=1}^{n} y_i$$

최소제곱 회귀직선의 **전개**는 단지 편도함수를 포함한다는 것에 유의하자. 이 공식의 **응용**은 a와 b의 값을 계산하는 일이다. 이 일은 손으로 하기보다는 계산기나 컴퓨터로 훨씬 간단히 수행할 수 있다.

예제 3 시급 모형화

2002년에서 2013년까지 제조업에 근무하는 생산직 노동자의 평균 시급 y(달러/시)가 다음 표에 나타나 있다. 이 자료에 대한 최소제곱 회귀직선을 구하고, 이 결과를 사용하여 2017년의 시급을 예측하여라. (자료: 미 노동통계국)

연도	2002	2003	2004	2005	2006	2007
y	15.29	15.74	16.14	16.56	16.81	17.26

연도	2008	2009	2010	2011	2012	2013
y	17.75	18.24	18.61	18.93	19.08	19.30

풀이 t는 연도로서 $t = 2$는 2002년에 해당한다. 그러면 다음 점에 가장 잘 맞는 선형 모형을 구하는 것이 필요하다.

(2, 15.29), (3, 15.74), (4, 16.14), (5, 16.56), (6, 16.81), (7, 17.26), (8, 17.75), (9, 18.24), (10, 18.61), (11, 18.93), (12, 19.08), (13, 19.30)

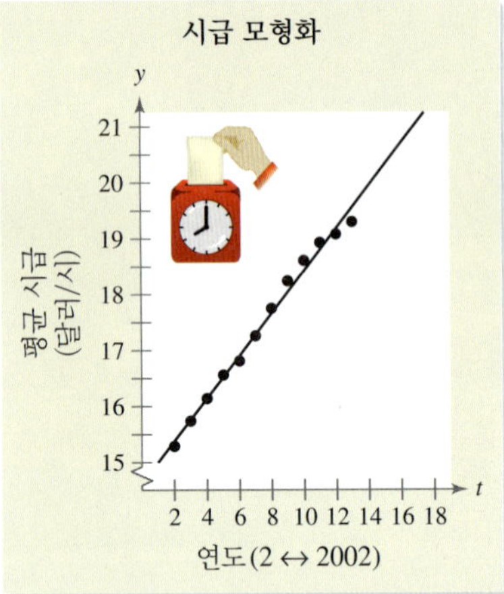

그림 7.36

최소제곱 회귀 프로그램이 내장되어 있는 계산기를 사용하여 가장 잘 맞는 직선은

$$y = 0.380t + 14.62$$

임을 결정할 수 있다. 2017년의 평균 시급을 추정하기 위해 모형에서 $t = 17$로 두면

$$y = 0.380(17) + 14.62 = 6.46 + 14.62 = 21.08$$

이므로 2017년의 평균 시급은 21.08달러임을 추정할 수 있다(그림 7.36).

✓ **점검문제 3** 2004년에서 2013년까지 휴대전화 가입자 수 y(백만)가 다음 표에 나타나 있다. 이 자료에 대한 최소제곱 회귀직선을 구하고, 이 결과를 사용하여 2017년의 가입자 수를 예측하여라. t는 연도로서 $t = 4$는 2004년에 해당한다.

연도	2004	2005	2006	2007	2008
y	182.1	207.9	233.0	255.4	270.3

연도	2009	2010	2011	2012	2013
y	285.6	296.3	316.0	326.5	335.7

■

연습문제 7.7

[1-2] (오차제곱 합 구하기) 주어진 점을 사용하여 선형 모형 $f(x)$와 이차 모형 $g(x)$에 대한 오차제곱 합을 구하여라. 그리고 어떤 모형이 더 잘 맞는지 결정하여라. (예제 1 참조)

1. $f(x) = 1.6x + 6$, $g(x) = 0.29x^2 + 2.2x + 6$
$(-3, 2), (-2, 2), (-1, 4), (0, 6), (1, 8)$

2. $f(x) = -1.4x + 8$, $g(x) = 0.14x^2 - 1.6x + 7$
$(-2, 11), (-1, 10), (0, 7), (3, 4)$

[3-4] (최소제곱 회귀직선 구하기) 주어진 점에 대한 최소제곱 회귀직선을 구하여라. 그리고 점을 찍고 회귀직선을 그려라. (예제 2 참조)

3. $(-2, -1), (0, 0), (2, 3)$

4. $(-2, 4), (-1, 1), (0, -1), (1, -3)$

[5-7] (최소제곱 회귀직선 구하기) 그래픽 도구나 스프레드시트의 회귀 기능을 사용하여 주어진 점에 대한 최소제곱 회귀직선으로 구하여라.

5. $(-4, -1), (-2, 0), (2, 4), (4, 5)$

6. $(0, 6), (4, 3), (5, 0), (8, -4), (10, -5)$

7. $(6, 4), (1, -2), (3, 1), (8, 6), (11, 8), (10, 8)$

8. (수입) 다음 표는 대형 유통업체 코스트코의 2009년에서 2014년까지 수입 y(10억 달러)를 나타낸 것이다. (자료: 코스트코사)

연도	2009	2010	2011	2012	2013	2014
수입 y	71.4	77.9	88.9	99.1	105.2	112.6

(a) 그래픽 도구나 스프레드시트의 회귀 기능을 사용하여 이 자료에 대한 최소제곱 회귀직선을 구하여라. $t = 9$는 2009년을 나타낸다.

(b) 2017년의 수입을 추정하여라.

(c) 수입이 1800억 달러에 도달하는 해는 언제인가?

9. (농업) 어떤 농업학자가 밀 생산량 y(리터/헥타르)와 퇴비량 x(킬로그램/헥타르)의 관계를 결정하기 위해 네 곳의 작은 땅을 사용했다. 결과는 다음 표에 보여 주고 있다.

퇴비량 x	112	168	224	280
생산량 y	3061	3848	4373	4898

(a) 그래픽 도구나 스프레드시트의 회귀 기능을 사용하여 이 자료에 대한 최소제곱 회귀직선을 구하여라.

(b) 퇴비 사용량이 180킬로그램/헥타르일 때 생산량을 추정하여라.

[10-12] (상관관계 결정) 다음 그림을 참조하여 주어진 점을 찍고 자료가 양, 음 또는 상관관계 없음을 결정하여라. 그런 다음 그래픽 도구를 사용하여 r의 값을 구하고 결과를 확인하여라. 수 r은 **상관계수**이다. 이것은 모형이 자료에 어떻게 잘 맞는지의 측도이다. 상관계수는 -1과 1 사이에서 변한다. 그리고 $|r|$이 1에 가까울수록 더 좋은 모형이다.

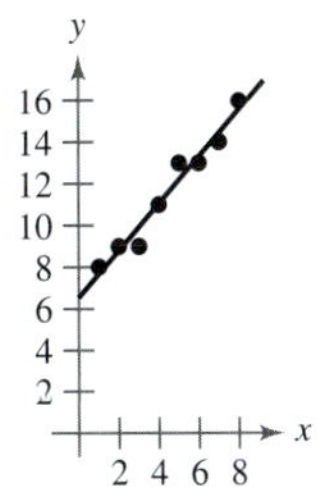
$r = 0.981$

양의 상관관계

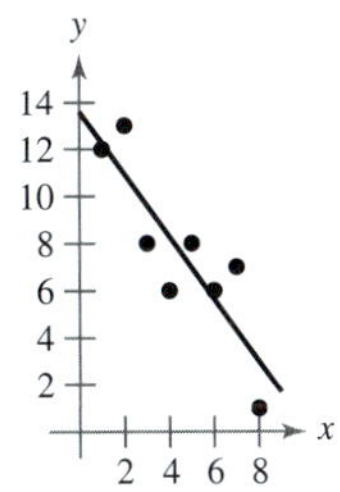
$r = -0.866$

음의 상관관계

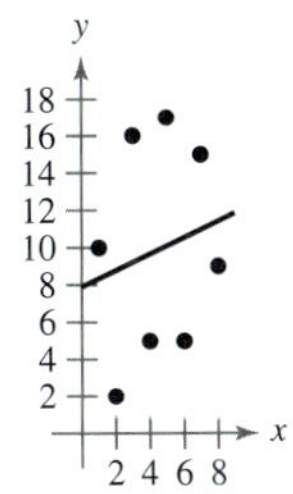
$r = 0.190$

상관관계 없음

10. (1, 4), (2, 6), (3, 8), (4, 11), (5, 13), (6, 15)

11. (1, 3), (2, 6), (3, 2), (4, 3), (5, 9), (6, 1)

12. (0.5, 9), (1, 8.5), (1.5, 7), (2, 5.5), (2.5, 5), (3, 3.5)

[13-15] (참, 거짓 판별) 다음 명제가 참인지 거짓인지 판별하여라. 만약 거짓이면 그 이유를 설명하거나 그것이 거짓임을 보여 주는 보기를 들어라.

13. 다음 모형의 자료는 음의 상관을 갖는다.

$$y = 3.29x - 4.17$$

14. 상관계수가 $r \approx -0.98781$일 때 그 모형은 잘 맞는다.

15. 양의 상관계수를 갖는 선형 모형은 0보다 큰 기울기를 가질 것이다.

7.8 이중적분과 평면의 면적

■ 이중적분 계산하기

■ 이중적분을 이용하여 영역이 면적 구하기

이중적분

7장 4절에서 다른 변수는 상수로 고정하고 한 변수에 관해 미분한 다변수 함수의 미분은 의미가 있다는 것을 학습했다. 비슷한 과정으로 다변수 함수를 적분할 수 있다. 예를 들면 다음 편도함수를 생각하자.

$$f_x(x, y) = 2xy \qquad x\text{에 관한 편도함수}$$

y를 상수로 두고 x에 관해 적분할 수 있다. 즉

$$\begin{aligned} f(x, y) &= \int f_x(x, y)\,dx && x\text{에 대해 적분한다} \\ &= \int 2xy\,dx && y\text{를 상수로 둔다} \\ &= y\int 2x\,dx && \text{상수 } y\text{를 뽑아낸다} \\ &= y(x^2) + C(y) && 2x\text{의 역도함수는 } x^2\text{이다} \\ &= x^2y + C(y) && C(y)\text{는 } y\text{의 함수이다} \end{aligned}$$

이 과정을 **x에 관한 편적분**(partial integration with respect to x)이라고 한다. '적분

상수' $C(y)$는 y의 함수이다. 왜냐하면 x에 관해 적분하는 동안 y는 고정되기 때문이다. 비슷하게 편미분

$$f_y(x, y) = x^2 + 2 \qquad \text{y에 관한 편미분}$$

에 대해 x를 상수로 두고 y에 대해 적분하면 다음을 얻는다.

$$\begin{aligned} f(x, y) &= \int f_y(x, y)\,dy && \text{y에 대해 적분한다} \\ &= \int (x^2 + 2)\,dy && \text{x를 상수로 둔다} \\ &= (x^2 + 2)\int dy && \text{상수 } x^2+2\text{를 뽑아낸다} \\ &= (x^2 + 2)(y) + C(x) && \text{1의 역도함수는 } y \\ &= x^2y + 2y + C(x) && C(x)\text{는 x의 함수이다} \end{aligned}$$

이 경우 '적분상수' $C(x)$는 y에 관해 적분하는 동안 x는 고정되므로 x의 함수이다.

다변수 함수의 정적분을 계산하려면 다른 변수는 고정하고 한 변수에 미적분학의 기본 정리를 다음과 같이 적용할 수 있다.

$$\int_1^{2y} 2xy\,dx = x^2y\Big]_1^{2y} = (2y)^2y - (1)^2y = 4y^3 - y$$

x는 적분변수이고 y는 고정되어 있다

적분 한계에 x 대신 바꿔 넣는다

결과는 y의 함수이다

일변수 함수의 정적분에서 적분상수를 뺀 것처럼 적분상수를 생략하는 것에 유의하자.

예제 1 편적분 구하기

a. $$\begin{aligned}\int_1^x (2x^2y^{-2} + 2y)\,dy &= \left[\frac{-2x^2}{y} + y^2\right]_1^x && \text{x를 상수로 둔다} \\ &= \left(\frac{-2x^2}{x} + x^2\right) - \left(\frac{-2x^2}{1} + 1\right) \\ &= 3x^2 - 2x - 1\end{aligned}$$

b. $$\begin{aligned}\int_y^{5y} \sqrt{x - y}\,dx &= \left[\frac{2}{3}(x - y)^{3/2}\right]_y^{5y} && \text{y를 상수로 둔다} \\ &= \frac{2}{3}[(5y - y)^{3/2} - (y - y)^{3/2}] \\ &= \frac{16}{3}y^{3/2}\end{aligned}$$

✔ **점검문제 1** 다음 편적분을 구하여라.

a. $\displaystyle\int_1^x (4xy + y^3)\,dy$ **b.** $\displaystyle\int_y^{y^2} \frac{1}{x + y}\,dx$ ■

예제 1(a)에서 정적분은 x의 함수를 정의하고 **자신**이 적분된다. '적분의 적분'을 **이중적분**(double integral)이라고 한다. 이변수 함수로 두 가지 유형의 이중적분이 있다.

$$\int_a^b \int_{g_1(x)}^{g_2(x)} f(x, y)\, dy\, dx = \int_a^b \left[\int_{g_1(x)}^{g_2(x)} f(x, y)\, dy \right] dx$$

$$\int_a^b \int_{g_1(y)}^{g_2(y)} f(x, y)\, dx\, dy = \int_a^b \left[\int_{g_1(y)}^{g_2(y)} f(x, y)\, dx \right] dy$$

학습 팁

두 가지 유형의 이중적분의 차이는 적분이 수행되는 순서, 즉 $dy\,dx$, 또는 $dx\,dy$에 있음에 유의하자.

예제 2 **이중적분 계산하기**

$$\begin{aligned}
\int_1^2 \int_0^x (2xy + 3)\, dy\, dx &= \int_1^2 \left[\int_0^x (2xy + 3)\, dy \right] dx \\
&= \int_1^2 \Big[xy^2 + 3y \Big]_0^x dx \\
&= \int_1^2 (x^3 + 3x)\, dx \\
&= \left[\frac{x^4}{4} + \frac{3x^2}{2} \right]_1^2 \\
&= \left(\frac{2^4}{4} + \frac{3(2^2)}{2} \right) - \left(\frac{1^4}{4} + \frac{3(1^2)}{2} \right) \\
&= \frac{33}{4}
\end{aligned}$$

✓ **점검문제 2** 다음을 계산하여라.

$$\int_1^2 \int_0^x (5x^2y - 2)\, dy\, dx$$

이중적분으로 면적 구하기

이중적분의 응용 중 하나는 평면 영역의 면적을 구하는 것이다. 예를 들면 다음으로 둘러싸인 영역 R을 생각하자(그림 7.37).

$$a \le x \le b \quad \text{그리고} \quad g_1(x) \le y \le g_2(x)$$

5.5절에서 설명된 기법을 사용하면 R의 면적은

$$\int_a^b [g_2(x) - g_1(x)]\, dx \qquad R\text{의 면적}$$

이고 같은 면적은 또한 다음의 이중적분으로 주어진다.

$$\int_a^b \int_{g_1(x)}^{g_2(x)} dy\, dx \qquad R\text{의 면적}$$

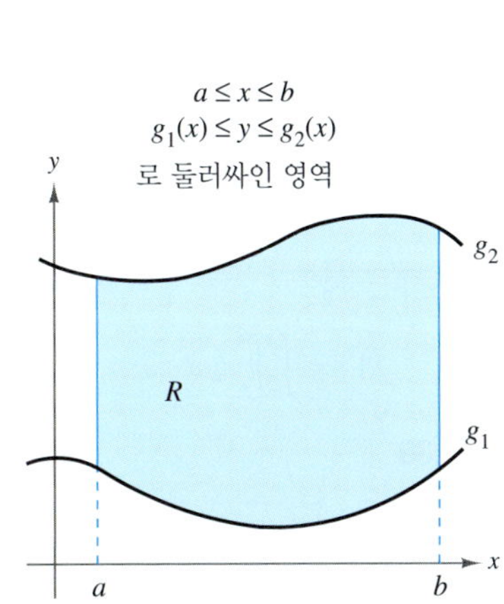

그림 7.37

왜냐하면

$$\int_a^b \int_{g_1(x)}^{g_2(x)} dy\,dx = \int_a^b \Big[y \Big]_{g_1(x)}^{g_2(x)} dx = \int_a^b [g_2(x) - g_1(x)]\,dx$$

이기 때문이다. 그림 7.38은 이중적분으로 결정되는 면적을 갖는 두 가지 유형의 평면 영역을 보여 준다.

> **학습 팁**
>
> 이중적분이나 평면의 면적을 특별한 적분 순서 없이 나타내기 위해 다음 기호를 사용한다.
>
> $$\int_R\int dA$$
>
> 여기서 $dA = dy\,dx$ 또는 $dA = dx\,dy$ 이다.

> **학습 팁**
>
> 그림 7.38에서 좁고 긴 수평 또는 수직 직사각형은 적분 순서를 표시한다. 적분의 '바깥쪽' 변수는 항상 직사각형의 폭에 대응한다. 또한 이중적분에서 적분의 바깥쪽 한계는 상수이다. 반면에 내부 한계는 바깥쪽 변수의 함수이다.

이중적분으로 평면에 있는 면적 결정하기

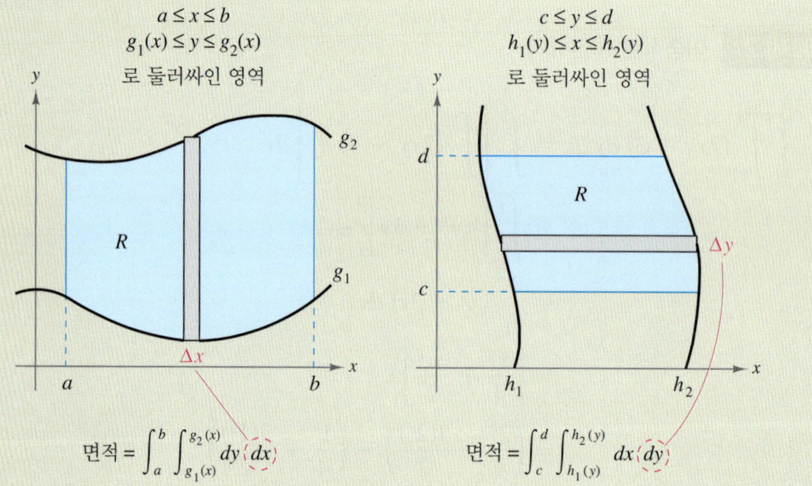

그림 7.38

예제 3 이중적분으로 면적 구하기

이중적분을 사용하여 그림 7.39에 있는 직사각형 영역의 면적을 구하여라.

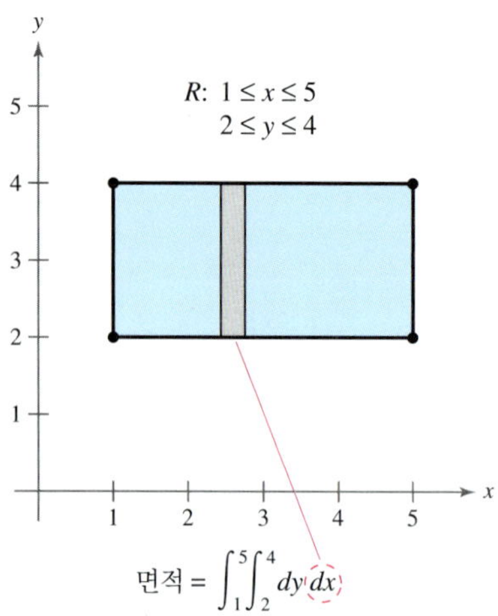

그림 7.39

풀이 x의 경계는 $1 \le x \le 5$이고, y의 경계는 $2 \le y \le 4$이다. 그러므로 영역의 면적은

$$\begin{aligned}
\int_1^5 \int_2^4 dy\,dx &= \int_1^5 \Big[y \Big]_2^4 dx && \text{y에 대해 적분한다} \\
&= \int_1^5 (4-2)\,dx && \text{미적분학의 기본 정리를 적용한다} \\
&= \int_1^5 2\,dx && \text{간단히 한다} \\
&= \Big[2x \Big]_1^5 && \text{x에 대해 적분한다} \\
&= 10 - 2 && \text{미적분학의 기본 정리를 적용한다} \\
&= 8\ (\text{제곱 단위}) && \text{간단히 한다}
\end{aligned}$$

로 직사각형은 치수가 세로 2단위, 가로 4단위임에 유의하면 이것을 확인할 수 있다.

✓ **점검문제 3** 이중적분을 사용하여 예제 3에 있는 직사각형 영역의 면적을 구하여라. 먼저 x에 관해 적분하고 다음에 y에 관해 적분하여라. ■

예제 4 이중적분으로 면적 구하기

다음 두 그래프로 둘러싸인 영역의 면적을 이중적분을 사용하여 구하여라.

$y = x^2$과 $y = x^3$

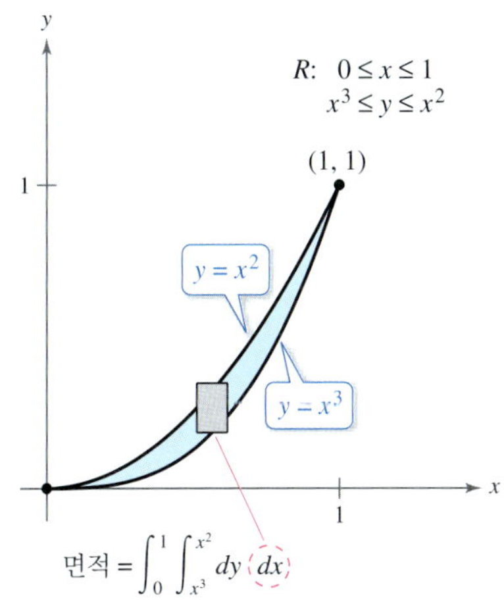

그림 7.40

풀이 그림 7.40에서처럼 두 그래프는 $x = 0$과 $x = 1$에서 교차한다. x를 바깥쪽 변수로 선택하면 x의 경계는 $0 \le x \le 1$이다. 구간 $0 \le x \le 1$에서 영역은 위로 $y = x^2$, 아래로 $y = x^3$으로 경계가 이루어진다. 그러므로 y의 경계는

$$x^3 \le y \le x^2$$

이다. 이로부터 영역의 면적은 다음과 같다.

$$\int_0^1 \int_{x^3}^{x^2} dy\, dx = \int_0^1 \Big[y \Big]_{x^3}^{x^2} dx \qquad y\text{에 대해 적분한다}$$

$$= \int_0^1 (x^2 - x^3)\, dx \qquad \text{미적분학의 기본 정리를 적용한다}$$

$$= \left[\frac{x^3}{3} - \frac{x^4}{4} \right]_0^1 \qquad x\text{에 관해 적분한다}$$

$$= \frac{1}{3} - \frac{1}{4} \qquad \text{미적분학의 기본 정리를 적용한다}$$

$$= \frac{1}{12}\ (\text{제곱 단위}) \qquad \text{간단히 한다}$$

✓**점검문제 4** 다음 두 그래프로 둘러싸인 영역의 면적을 이중적분을 사용하여 구하여라.

$y = 2x$와 $y = x^2$ ■

이중적분을 구할 때 가장 어려운 일은 적분 한계를 결정하는 것 같다. 적분영역 R을 그려 보고 x와 y의 경계를 잘 결정하면 간단해질 수 있다.

예제 5 적분 순서 바꾸기

다음 이중적분에 대해

$$\int_0^2 \int_{y^2}^4 dx\, dy$$

a. 적분으로 표현된 면적의 영역 R을 그려라.

b. x가 바깥쪽 변수가 되도록 적분을 다시 써라.

c. 적분의 순서를 바꾸어도 결과 값이 같음을 보여라.

풀이

a. 적분 한계로부터

$$y^2 \le x \le 4 \qquad \text{안쪽 적분 한계}$$

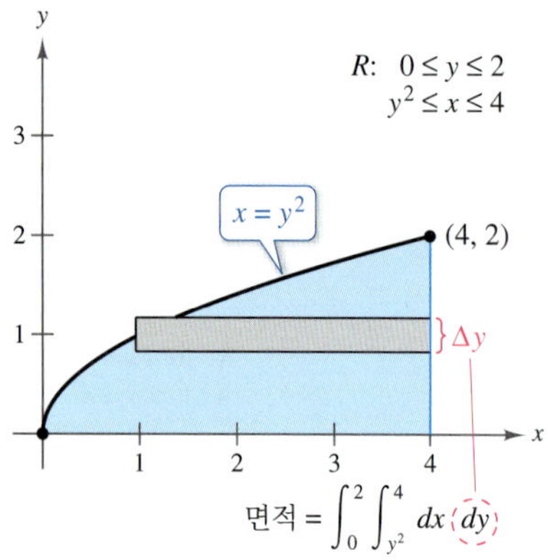

그림 7.41

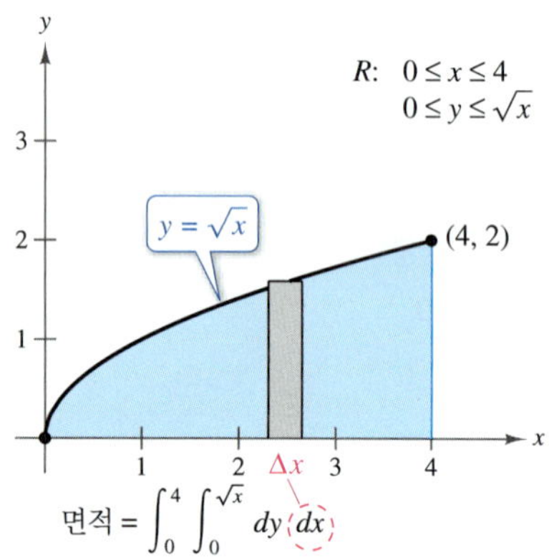

그림 7.42

임을 알 수 있고, 이것은 영역 R이 왼쪽으로는 포물선 $x = y^2$, 오른쪽으로는 직선 $x = 4$로 둘러싸여 있음을 의미한다. 더욱이

$$0 \le y \le 2 \qquad \text{바깥쪽 적분 한계}$$

이므로 그림 7.41에서 보는 것처럼 영역은 x축 위에 있음을 알 수 있다.

b. x가 바깥쪽 변수가 되도록 적분의 순서를 바꾼다면 x는 상수인 적분 경계를 갖고 다음과 같다.

$$0 \le x \le 4 \qquad \text{바깥쪽 적분 한계}$$

방정식 $x = y^2$에서 y에 대해 풀면, y의 경계는

$$0 \le y \le \sqrt{x} \qquad \text{안쪽 적분 한계}$$

로 결론지을 수 있다(그림 7.42). 그러므로 x를 바깥쪽 변수로 한 적분은 다음과 같이 쓸 수 있다.

$$\int_0^4 \int_0^{\sqrt{x}} dy\, dx$$

c. 이중적분을 순서 $dx\, dy$로 계산하면 다음과 같다.

$$\int_0^2 \int_{y^2}^4 dx\, dy = \int_0^2 \Big[x\Big]_{y^2}^4 dy = \int_0^2 (4 - y^2)\, dy = \left[4y - \frac{y^3}{3}\right]_0^2 = \frac{16}{3}$$

이중적분을 순서 $dy\, dx$로 계산하면 다음과 같다.

$$\int_0^4 \int_0^{\sqrt{x}} dy\, dx = \int_0^4 \Big[y\Big]_0^{\sqrt{x}} dx = \int_0^4 \sqrt{x}\, dx = \left[\frac{2}{3}x^{3/2}\right]_0^4 = \frac{16}{3}$$

그러므로 적분 순서를 바꾸어도 결과 값은 같다.

✔ **점검문제 5** 이중적분 $\int_0^2 \int_{2y}^4 dx\, dy$에 대해

a. 적분으로 표현된 면적의 영역 R을 그려라.

b. x가 바깥쪽 변수가 되도록 적분을 다시 써라.

c. 적분의 순서를 바꾸어도 결과 값이 같음을 보여라. ■

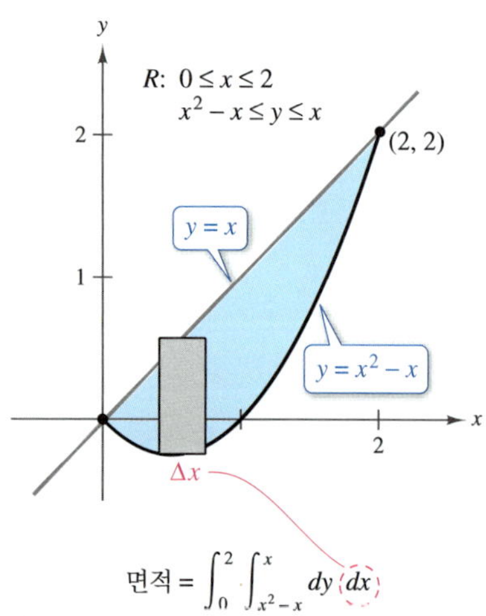

그림 7.43

예제 6 이중적분으로 면적 구하기

이중적분을 사용하여 다음으로 나타낸 면적을 계산하여라.

$$\int_R\int dA$$

여기서 R은 $y = x$와 $y = x^2 - x$로 둘러싸인 영역이다.

풀이 그림 7.43에서 보는 것처럼 영역 R을 그려서 시작한다. 그림에서 폭 dx인 수직 직사각형이 수평 직사각형보다 더 편리함을 볼 수 있다. 그러므로 x는 바깥쪽 적분변수이고 상수 경계는 $0 \le x \le 2$이다. 이로써 y의 경계는 $x^2 - x \le y \le x$이고, 면적은 다음과 같다.

$$\begin{aligned}
\iint_R dA &= \int_0^2 \int_{x^2-x}^{x} dy\,dx && \text{영역의 경계를 대입한다} \\
&= \int_0^2 \Big[y \Big]_{x^2-x}^{x} dx && y\text{에 대해 적분한다} \\
&= \int_0^2 [x - (x^2 - x)]\,dx && \text{미적분학의 기본 정리를 적용한다} \\
&= \int_0^2 (2x - x^2)\,dx && \text{간단히 한다} \\
&= \left[x^2 - \frac{x^3}{3} \right]_0^2 && x\text{에 대해 적분한다} \\
&= 4 - \frac{8}{3} && \text{미적분학의 기본 정리를 적용한다} \\
&= \frac{4}{3}\ (\text{제곱 단위}) && \text{간단히 한다}
\end{aligned}$$

✔ **점검문제 6** 이중적분을 사용하여 다음으로 나타낸 면적을 계산하여라.

$$\iint_R dA$$

여기서 R은 $y = 2x + 3$과 $y = x^2$으로 둘러싸인 영역이다. ■

이 절에서 연습문제를 풀 때 7.9절에서 주로 논의할 이중적분의 기초 단계임을 알아야 한다. 평면 영역의 면적을 구하는 방법으로 이중적분이 소개되었고 적분 한 계를 구하는 연습을 했다. 이중적분을 구할 때 첫 단계는 영역 R을 그리는 것이다. 그 다음 두 적분순서 즉 $dx\,dy$ 또는 $dy\,dx$를 선택하는 것이다.

연습문제 7.8

[1-5] (편적분 구하기) 다음 편적분을 구하여라. (예제 1 참조)

1. $\displaystyle\int_0^x (2x - y)\,dy$

2. $\displaystyle\int_x^{x^2} \frac{y}{x}\,dy$

3. $\displaystyle\int_2^y (3x^2y + x)\,dx$

4. $\displaystyle\int_{x^3}^{\sqrt{x}} (x^2 + 3y^2)\,dy$

5. $\displaystyle\int_1^{e^y} \frac{y \ln x}{x}\,dx$

[6-12] (이중적분 계산하기) 다음 이중적분을 계산하여라. (예제 2 참조)

6. $\displaystyle\int_0^1 \int_0^2 (x + y)\,dy\,dx$

7. $\displaystyle\int_{-3}^2 \int_{-2}^4 xy\,dx\,dy$

8. $\displaystyle\int_0^2 \int_0^{6x^2} x^3\,dy\,dx$

9. $\displaystyle\int_0^2 \int_0^{\sqrt{1-y^2}} -5xy\,dx\,dy$

10. $\displaystyle\int_0^1 \int_0^{3x} (3x^2 + 3y^2 + 1)\,dy\,dx$

11. $\displaystyle\int_0^1 \int_0^x \sqrt{1 - x^2}\,dy\,dx$

12. $\displaystyle\int_0^\infty \int_0^\infty e^{-(x+y)/2}\,dy\,dx$

[13-15] (이중적분으로 면적 구하기) 이중적분을 사용하여 다음으로 나타낸 영역의 면적을 구하여라. (예제 3 참조)

13.

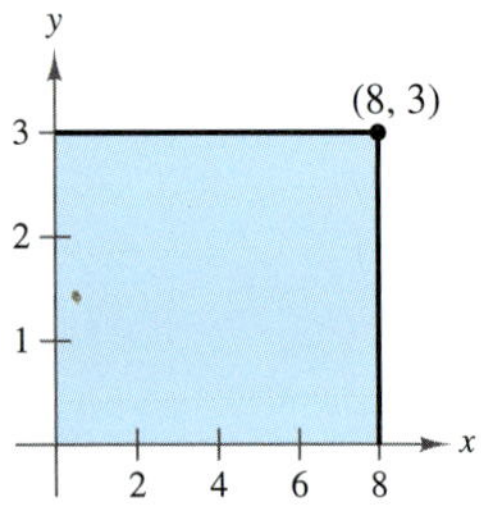

14.

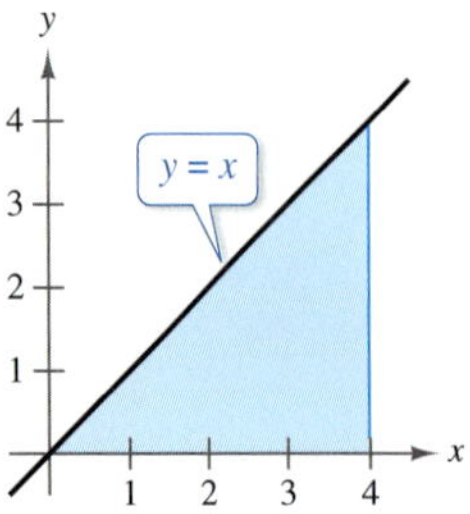

15.

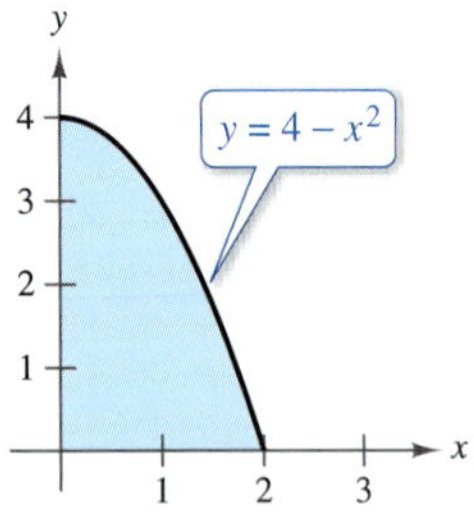

[16-18] (이중적분으로 면적 구하기) 이중적분을 사용하여 방정식의 그래프로 둘러싸인 영역의 면적을 구하여라. (예제 4 참조)

16. $y = 9 - x^2, y = 0$

17. $2x - 3y = 0, x + y = 5, y = 0$

18. $y = x, y = 2x, x = 2$

[19-22] (적분 순서 바꾸기) 이중적분으로 주어진 면적의 영역을 그려라. 그리고 적분 순서를 바꾸고 순서를 바꾼 두 적분의 결과 값이 같음을 보여라. (예제 5 참조)

19. $\displaystyle\int_0^1 \int_0^2 dy\,dx$

20. $\displaystyle\int_0^1 \int_{2y}^2 dx\,dy$

21. $\displaystyle\int_0^2 \int_{x/2}^1 dy\,dx$

22. $\displaystyle\int_0^1 \int_{y^2}^{\sqrt[3]{y}} dx\,dy$

[23-24] (이중적분으로 면적 구하기) 이중적분을 사용하여 다음으로 나타낸 면적을 계산하여라. 여기서 R은 주어진 방정식으로 둘러싸인 영역이다. (예제 6 참조)

$$\int_R\int dA$$

23. $y = x + 6, y = x^2$

24. $x - y = 1, \sqrt{5x} - y = 1$

25. (생각해 보기) 이중적분을 계산하기 위해 적분 순서를 바꾸는 것이 필요한 이유를 설명하여라. 그런 다음 이중적분을 계산하여라.

(a) $\displaystyle\int_0^3 \int_y^3 e^{x^2}\,dx\,dy$ (b) $\displaystyle\int_0^2 \int_x^2 e^{-y^2}\,dy\,dx$

[26-29] (이중적분 계산하기) 적분 계산기를 사용하여 이중적분을 계산하여라.

26. $\displaystyle\int_0^1 \int_0^2 e^{-x^2-y^2}\,dx\,dy$

27. $\displaystyle\int_1^2 \int_0^x e^{xy}\,dy\,dx$

28. $\displaystyle\int_0^1 \int_x^1 \sqrt{1-x^2}\,dy\,dx$

29. $\displaystyle\int_0^2 \int_{\sqrt{4-x^2}}^{4-x^2/4} \frac{xy}{x^2+y^2+1}\,dy\,dx$

30. (참, 거짓 판별) 다음 명제가 참인지 거짓인지 판별하여라. 만약 거짓이면 그 이유를 설명하거나 그것이 거짓임을 보여 주는 보기를 들어라.

$$\int_{-1}^1 \int_{-2}^2 y\,dy\,dx = \int_{-1}^1 \int_{-2}^2 y\,dx\,dy$$

7.9 이중적분의 응용

- 이중적분을 사용하여 강체 영역의 부피 구하기
- 이중적분을 사용하여 실생활 모형의 평균값 구하기

강체 영역의 부피

7.8절에서 평면 영역의 면적을 구하는 다른 방법으로 이중적분을 사용했다. 이 절에서는 이중적분이 주로 응용되는 경우를 학습할 것이다. 즉 강체 영역의 부피를 구하고 함수의 평균값을 구할 것이다.

영역 R에서 연속이고 음이 아닌 함수

$$z = f(x, y)$$

를 생각하자. S를 xy평면과 영역 R 바로 위에 있는 곡면 $z = f(x, y)$ 사이의 영역이라고 하자(옆 그림).

S의 부피를 R 위에서

$$f(x, y)$$

를 적분하여 구할 수 있다.

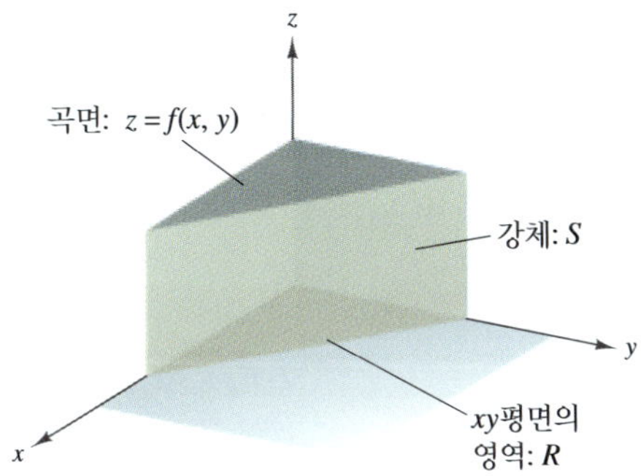

이중적분으로 부피 구하기

R은 xy평면에 있는 영역이고, f는 R 위에서 연속이고 음이 아니라고 하면 곡면

$$z = f(x, y)$$

와 R 사이의 **강체 영역의 부피**(volume of the solid region)는 다음 이중적분으로 주어진다.

$$\iint_R f(x, y)\, dA$$

여기서 $dA = dx\,dy$ 또는 $dy\,dx$이다.

강체 영역의 부피를 구할 때 다음 지침을 사용할 수 있다.

강체 영역의 부피를 구하는 지침

1. 곡면의 방정식을 다음 형태로 쓴다.

$$z = f(x, y)$$

그리고 강체 영역을 그린다.

2. xy평면에 있는 영역 R을 그리고 적분의 순서와 적분 한계를 결정한다.

3. 2단계에서 결정한 적분 순서와 적분 한계로 이중적분

$$\int_R\int f(x, y)\, dA$$

를 계산한다.

예제 1 강체 영역의 부피 구하기

제1팔분면과 다음 평면으로 둘러싸인 강체 영역의 부피를 구하여라.

$$z = 2 - x - 2y$$

풀이

1. 곡면의 방정식은 $z = f(x, y)$ 형태이다. 강체의 그래프는 그림 7.44이다.

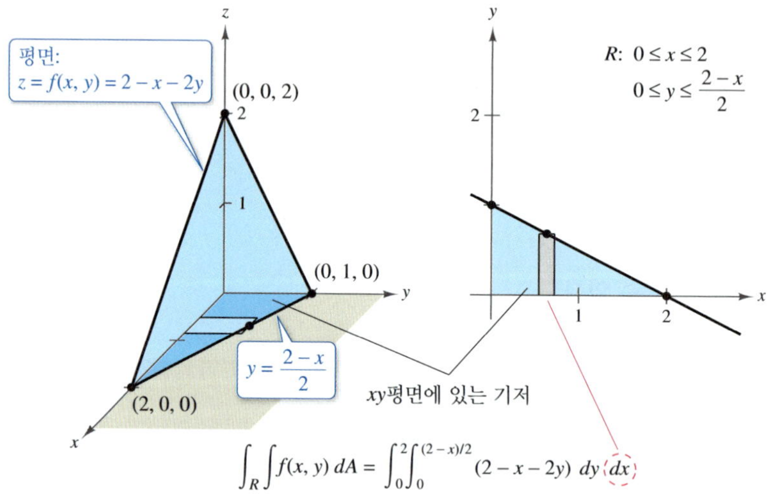

그림 7.44

2. xy평면에 영역 R을 그린다. 그림 7.44에서 영역 R은 직선 $x = 0$, $y = 0$, $y = \frac{1}{2}(2 - x)$로 둘러싸여 있다. 이중적분을 구성하는 한 방법으로 변수 x를 바깥쪽 변수로 선택한다. 이렇게 택하면 x는 $0 \le x \le 2$가 경계이고, y는 $0 \le y \le \frac{1}{2}(2 - x)$가 경계이다.

3. 강체 영역의 부피는 다음과 같다.

$$\begin{aligned}
V &= \int_0^2 \int_0^{(2-x)/2} (2 - x - 2y)\, dy\, dx \\
&= \int_0^2 \Big[(2 - x)y - y^2\Big]_0^{(2-x)/2} dx \\
&= \int_0^2 \left\{(2 - x)\left(\frac{1}{2}\right)(2 - x) - \left[\frac{1}{2}(2 - x)\right]^2\right\} dx \\
&= \frac{1}{4}\int_0^2 (2 - x)^2\, dx \\
&= \frac{1}{4}\left[-\frac{1}{3}(2 - x)^3\right]_0^2 \\
&= \frac{2}{3}\ \text{(세제곱 단위)}
\end{aligned}$$

점검문제 1 제1팔분면과 다음 평면으로 둘러싸인 강체 영역의 부피를 구하여라.

$$z = 4 - 2x - y$$

예제 1에서 적분 순서로 $dy\,dx$를 사용했다. 다른 순서인 $dx\,dy$도 같은 결과에 이른다. 확인하여 보아라(그림 7.45).

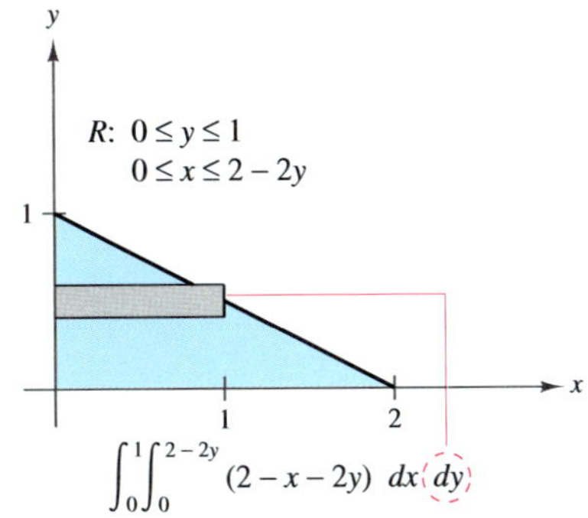

그림 7.45

예제 1에서 적분 순서는 어느 쪽을 먼저 하든 상관없다. 게다가 적분 순서 $dx\,dy$를 사용했다면 조금 어려운 이중적분을 얻었을 것이다. 그러나 어떤 경우는 한 적분 순서가 다른 적분 순서보다 훨씬 편리함을 보게 될 것이다. 예제 2는 이 경우를 보여 준다.

예제 2 다른 적분 순서의 비교

곡면

$$f(x, y) = e^{-x^2} \qquad \text{곡면}$$

과 평면 $z = 0$, $y = 0$, $y = x$, $x = 1$로 둘러싸인 강체 영역의 부피를 구하여라(그림 7.46).

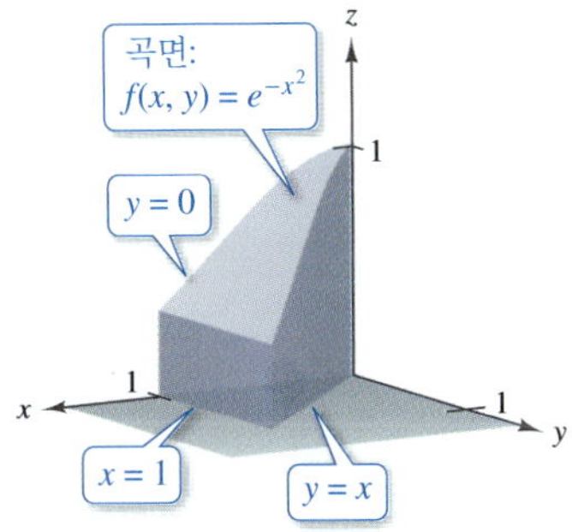

그림 7.46

풀이 xy평면에서 영역 R은 직선

$$y = 0, \quad x = 1, \quad y = x$$

로 둘러싸여 있다. 가능한 두 적분 순서는 그림 7.47에 나타나 있다.

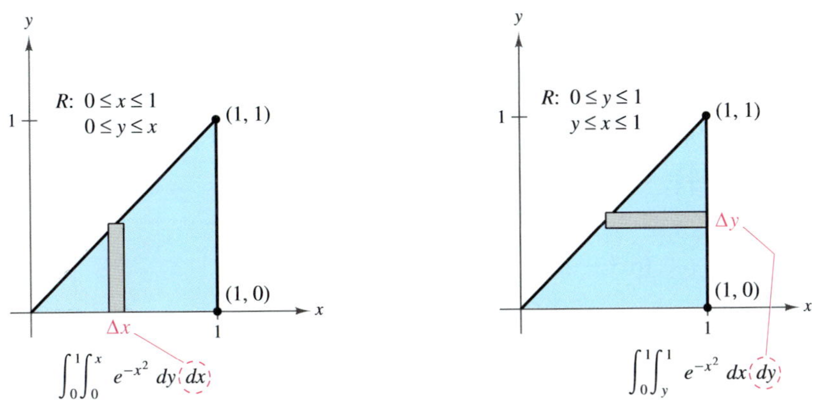

그림 7.47

해당 적분을 설정하면 $dy\,dx$ 순서가 $dx\,dy$ 순서보다 계산이 쉬운 적분을 만든다는 것을 볼 수 있다.

$$\begin{aligned} V &= \int_0^1 \int_0^x e^{-x^2}\, dy\, dx \\ &= \int_0^1 \left[e^{-x^2} y \right]_0^x dx \\ &= \int_0^1 x e^{-x^2}\, dx \end{aligned}$$

$$= \left[-\frac{1}{2} e^{-x^2} \right]_0^1$$
$$= -\frac{1}{2}\left(\frac{1}{e} - 1\right)$$
$$\approx 0.316 \text{(세제곱 단위)}$$

✓점검문제 2 곡면

$$f(x, y) = e^{x^2}$$

과 평면 $z = 0$, $y = 0$, $y = 2x$, $x = 1$로 둘러싸인 영역의 부피를 구하여라. ■

이 절의 앞부분에서 주어진 강체 영역의 부피를 구하는 지침 1단계에서 삼차원 강체 영역의 그림을 그리는 것을 제안하고 있다. 이것은 좋은 제안이나 항상 쉬운 것은 아니며 이차원 영역 R을 그리는 것만큼 중요하지 않다.

예제 3 **강체 영역의 부피 구하기**

위로는 곡면

$$f(x, y) = 6x^2 - 2xy$$

아래로는 그림 7.48에 있는 평면 영역으로 둘러싸인 강체의 부피를 구하여라.

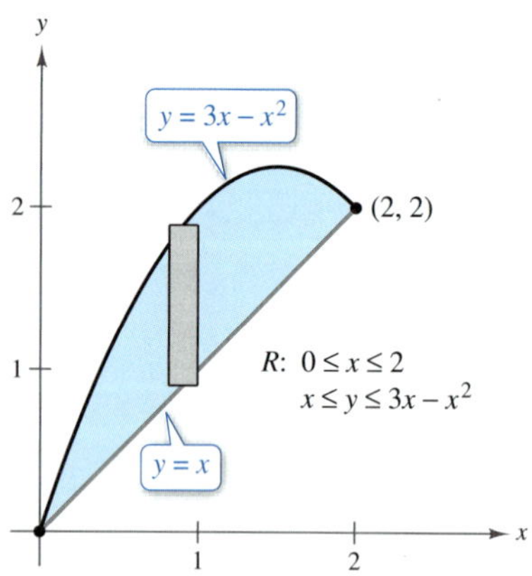

그림 7.48

풀이 평면 영역 R이 포물선

$$y = 3x - x^2$$

과 직선

$$y = x$$

로 둘러싸인 영역이므로 y의 경계는 $x \le y \le 3x - x^2$이다. x의 한계는 $0 \le x \le 2$이므로 강체의 부피는 다음과 같다.

$$V = \int_0^2 \int_x^{3x-x^2} (6x^2 - 2xy)\, dy\, dx$$
$$= \int_0^2 \left[6x^2y - xy^2 \right]_x^{3x-x^2} dx$$
$$= \int_0^2 [(18x^3 - 6x^4 - 9x^3 + 6x^4 - x^5) - (6x^3 - x^3)]\, dx$$
$$= \int_0^2 (4x^3 - x^5)\, dx$$
$$= \left[x^4 - \frac{x^6}{6} \right]_0^2$$
$$= \frac{16}{3} \text{(세제곱 단위)}$$

✓점검문제 3 위로는 곡면

$$f(x, y) = 4x^2 + 2xy$$

아래로는 옆의 그림에 있는 평면 영역으로 둘러싸인 강체의 부피를 구하여라. ■

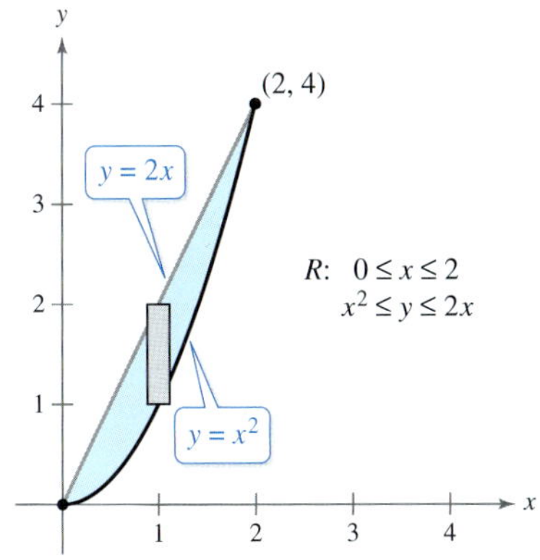

인구 밀도함수

$$p = f(x, y)$$

는 어떤 지역에서의 밀도(인구/제곱 단위)를 나타내는 모형이다. 어떤 지역의 인구를 구하기 위해 이중적분

$$\int\int_R f(x, y)\, dA$$

를 계산한다.

예제 4 어떤 도시의 인구 구하기

그림 7.49에 있는 도시의 인구밀도(인구/제곱킬로미터)는 다음 모형식이다.

$$f(x, y) = \frac{50{,}000}{x + |y| + 1}$$

여기서 x, y는 킬로미터로 측정되었다. 도시의 인구를 추정하여라. 도시의 평균 인구밀도는 제곱킬로미터당 10,000명이 넘는가?

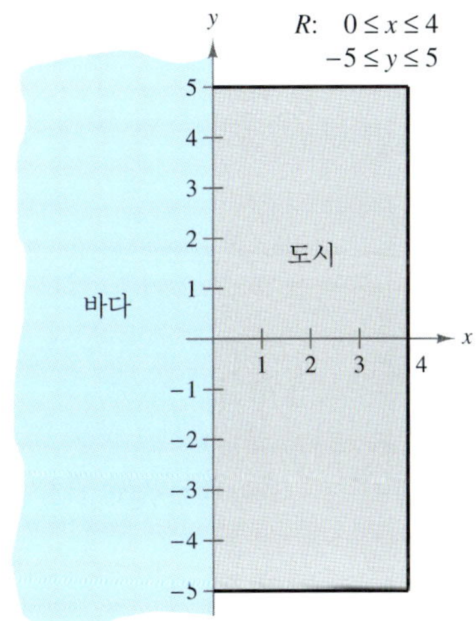

그림 7.49

풀이 모형식이 y의 절댓값을 포함하고 있으므로 인구밀도는 x축에 대칭이다. 그러므로 제1사분면에 있는 인구는 제4사분면에 있는 인구와 동일하다. 이것은 제1사분면에 있는 인구를 2배하면 된다는 것을 의미한다.

$$\begin{aligned}
\text{인구} &= 2\int_0^4 \int_0^5 \frac{50{,}000}{x + y + 1}\, dy\, dx \\
&= 100{,}000 \int_0^4 \int_0^5 \frac{1}{x + y + 1}\, dy\, dx \\
&= 100{,}000 \int_0^4 \Big[\ln(x + y + 1)\Big]_0^5 dx \\
&= 100{,}000 \int_0^4 [\ln(x + 6) - \ln(x + 1)]\, dx \\
&= 100{,}000\Big[(x + 6)\ln(x + 6) - (x + 6) - (x + 1)\ln(x + 1) + (x + 1)\Big]_0^4 \\
&= 100{,}000\Big[(x + 6)\ln(x + 6) - (x + 1)\ln(x + 1) - 5\Big]_0^4 \\
&= 100{,}000[10\ln(10) - 5\ln(5) - 5 - 6\ln(6) + 5] \\
&\approx 422{,}810(\text{명})
\end{aligned}$$

그러므로 도시의 인구는 422,810명이다. 도시는 폭이 4킬로미터이고, 길이가 10킬로미터이므로 면적은 40제곱킬로미터이다. 그러므로 평균 인구밀도는

$$\begin{aligned}
\text{평균 인구밀도} &= \frac{422{,}810}{40} \\
&\approx 10{,}570(\text{인구/제곱킬로미터})
\end{aligned}$$

이므로 도시의 평균 인구밀도는 10,000명 이상이다(인구/제곱킬로미터).

점검문제 4 예제 4에서 다음을 적분하기 위해 어떤 적분 기법이 사용되었는가?

$$\int [\ln(x+6) - \ln(x+1)]\, dx$$

영역에서 함수의 평균값

영역에서 함수의 평균값

f가 면적이 A인 평면 영역 R에서 적분이 가능하다면 R에서의 **평균값**(average value)은 다음과 같다.

$$\text{평균값} = \frac{1}{A}\int_R\int f(x, y)\, dA$$

예제 5 **평균 이익 구하기**

어떤 제조업자가 한 제품은 x단위 판매하고, 또 다른 제품은 y단위 판매하여 이익 P(달러)를 다음 모형식으로 결정하기로 한다.

$$P = -(x-200)^2 - (y-100)^2 + 5000$$

첫 번째 제품의 주당 매출은 150에서 200단위 사이에서 변하고, 두 번째 제품의 주당 매출은 80에서 100단위 사이에서 변한다. 두 제품에 대한 주당 평균 이익을 추정하여라.

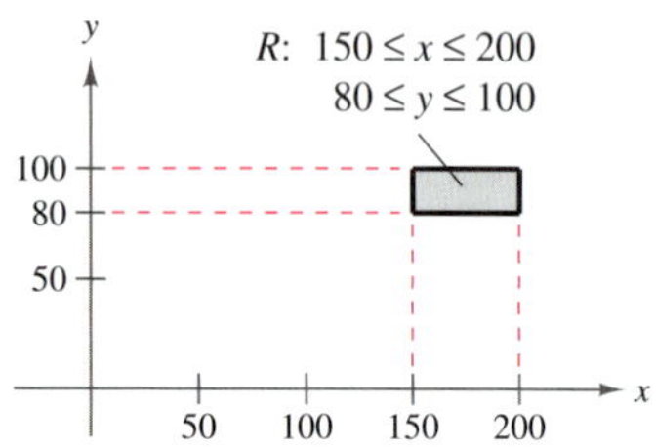

그림 7.50

풀이 $150 \le x \le 200$이고 $80 \le y \le 100$이므로 주당 이익은 그림 7.50에 있는 직사각형 영역에서 이익함수의 평균이다. 직사각형 영역의 면적은 $(50)(20) = 1000$이므로 평균 이익은 다음과 같다.

$$\begin{aligned}
\text{평균 이익} &= \frac{1}{1000}\int_{150}^{200}\int_{80}^{100} [-(x-200)^2 - (y-100)^2 + 5000]\, dy\, dx \\
&= \frac{1}{1000}\int_{150}^{200}\left[-(x-200)^2 y - \frac{(y-100)^3}{3} + 5000y\right]_{80}^{100} dx \\
&= \frac{1}{1000}\int_{150}^{200}\left[-20(x-200)^2 + \frac{292{,}000}{3}\right] dx \\
&= \frac{1}{3000}\Big[-20(x-200)^3 + 292{,}000x\Big]_{150}^{200} \\
&\approx 4033(\text{달러})
\end{aligned}$$

점검문제 5 영역 $0 \le x \le 2$와 $0 \le y \le 2$에서

$$f(x, y) = 4 - \tfrac{1}{2}x - \tfrac{1}{2}y$$

의 평균값을 구하여라.

연습문제 7.9

[1-3] (강체 영역의 부피 구하기) 제1팔분면에서 다음 평면으로 둘러싸인 강체 영역의 부피를 구하여라. (예제 1 참조)

1. $z = 5 - x - y$

2. $z = 8 - 8x - 2y$

3. $z = 2 - 6x - 6y$

[4-6] (다른 적분 순서 비교하기) 적분 순서가 두 가지인 적분을 만들어라. 곡면 $z = f(x, y)$와 평면으로 둘러싸인 강체 영역의 부피를 보다 편리한 적분 순서로 구하여라. (예제 2 참조)

4. $f(x, y) = xy$
평면: $z = 0,\ y = 0,\ y = 5,\ x = 0,\ x = 3$

5. $f(x, y) = \dfrac{y}{x^2 + y^2}$
평면: $z = 0,\ y = x,\ y = 2x,\ x = 2$

6. $f(x, y) = \dfrac{1}{\sqrt{x^2 + 4}}$
평면: $z = 0,\ y = 0,\ y = 3x,\ x = 1$

[7-10] (강체 영역의 부피 구하기) 이중적분을 사용하여 강체 영역의 부피를 구하여라.

7.

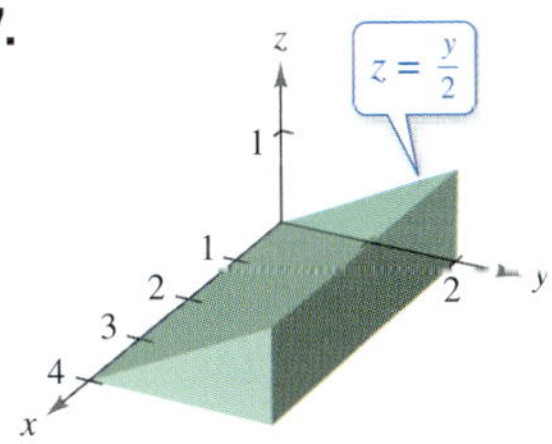

8.

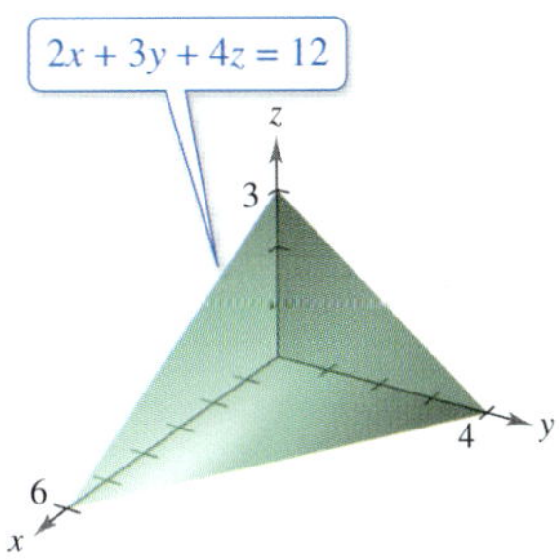

9.

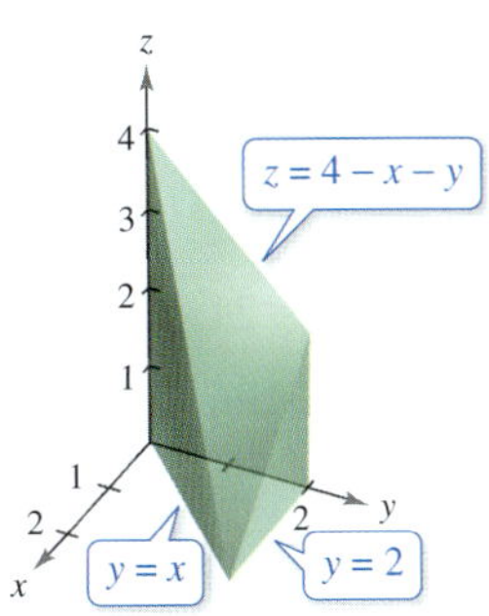

10.

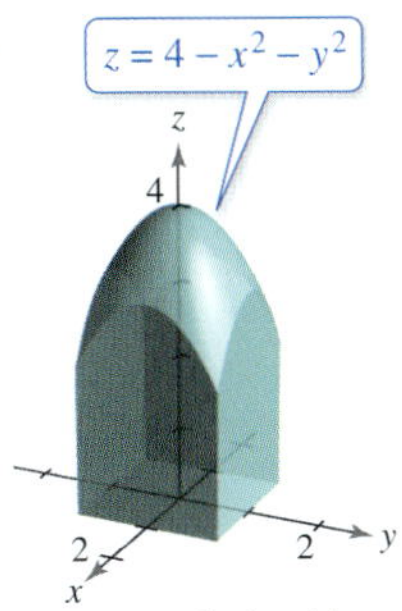

[11-12] (강체 영역의 부피 구하기) 이중적분을 사용하여 방정식의 그래프로 둘러싸인 강체 영역의 부피를 구하여라. (예제 3 참조)

11. $z = x,\ z = 0,\ y = x,\ y = 0,\ x = 0,\ x = 4$

12. $z = 9 - x^2,\ z = 0,\ y = x + 2,\ y = 0,\ x = 0,\ x = 2$

13. (인구밀도) 해변 도시의 인구밀도(인구/제곱킬로미터)는 다음 모형식이다.

$$f(x, y) = \frac{30{,}000}{(2 + x + y)^3}$$

여기서 x, y는 킬로미터로 측정했다. 꼭짓점이 (0, 0), (2, 0), (0, 2), (2, 2)인 직사각형 지역 내의 인구는 얼마인가? 도시의 평균 인구밀도는 600명 이상인가?

[14-15] (영역에서 함수의 평균값) 영역 R에서 $f(x, y)$의 평균값을 구하여라.

14. $f(x, y) = y$
R: 꼭짓점이 (0, 0), (5, 0), (5, 3), (0, 3)인 직사각형

15. $f(x, y) = x^2 + y^2$
R: 꼭짓점이 (0, 0), (2, 0), (2, 2), (0, 2)인 정사각형

16. (주별 평균 이익) 어떤 회사의 두 제품의 판매에 대한 이익 P(달러)가 다음과 같다.

$$P = 192x_1 + 576x_2 - x_1^2 - 5x_2^2 - 2x_1x_2 - 5000$$

여기서 x_1, x_2는 각 제품의 주별 판매 단위 수를 나타낸다. x_1이 40단위에서 50단위 사이에서 변하고 x_2는 45단위에서 50단위 사이에서 변할 때 주별 평균 이익을 추정하여라.

17. (평균 수입) 어떤 회사의 수요함수가

$$x_1 = 500 - 3p_1 \text{과} \quad x_2 = 750 - 2.4p_2$$

로 주어지는 두 제품을 판매한다. 수입은

$$R = x_1p_1 + x_2p_2$$

로 주어진다. 가격 p_1이 50달러에서 75달러 사이에서 변하고 가격 p_2는 100달러에서 150달러 사이에서 변할 때 평균 수입을 추정하여라.

18. (평균 생산) 자동차 생산자의 콥-더글러스 생산함수는 $f(x, y) = 100x^{0.6}y^{0.4}$이다. 여기서 x는 노동 단위 수이고 y는 자본 단위 수이다. 노동 단위 수 x가 200에서 250 사이에서 변하고 자본 단위 수는 300에서 325 사이에서 변할 때 평균 생산 수준을 추정하여라.

요약 및 학습 전략

이 장을 학습한 후 여러분은 다음 내용을 습득했을 것이다.
각 절에 대한 요약과 관련 복습문제 번호가 표시되어 있다. 복습문제의 답은 이 교재의 말미에 수록되어 있다.

7.1절

	관련 복습문제
■ 공간에 점을 찍는다.	1
■ 공간에서 두 점 사이의 거리를 구한다. $d = \sqrt{(x_2 - x_1)^2 + (y_2 - y_1)^2 + (z_2 - z_1)^2}$	2
■ 공간에서 선분의 중점을 구한다. 중점 $= \left(\frac{x_1 + x_2}{2}, \frac{y_1 + y_2}{2}, \frac{z_1 + z_2}{2}\right)$	3
■ 구의 표준방정식을 쓴다. $(x - h)^2 + (y - k)^2 + (z - j)^2 = r^2$	4~5
■ 구의 중심과 반지름을 구한다.	6
■ 구의 좌표평면 궤적을 그린다.	7

7.2절

■ 공간에서 평면을 그린다.	8~9
■ 공간에서 이차곡면을 분류한다.	10~13

7.3절

■ 다변수 함수를 계산한다.	14
■ 이변수 함수의 정의역과 치역을 구한다.	15~16
■ 이변수 함수의 등위곡선을 그린다.	17~18
■ 다변수 함수를 사용하여 실생활 문제를 푼다.	19~20

7.4절

■ 다변수 함수의 일계편도함수를 구한다.	21~25
■ 곡면에서 x방향과 y방향으로의 기울기를 구한다.	26~27
■ 다변수 함수의 이계편도함수를 구한다.	28~30
■ 편도함수를 사용하여 실생활 문제를 푼다.	31

7.5절

■ 이변수 함수의 상대극값을 구한다.	32~35
■ 상대극값을 이용하여 실생활 문제를 푼다.	36

7.6절

관련 복습문제

■ 라그랑주 승수를 사용하여 다변수 함수의 극값을 구한다. 37~39

■ 라그랑주 승수를 사용하여 실생활 문제를 푼다. 40

7.7절

■ 자료에 대한 최소제곱 회귀직선 $y = ax + b$를 구한다. 41

$$a = \left[n\sum_{i=1}^{n} x_i y_i - \sum_{i=1}^{n} x_i \sum_{i=1}^{n} y_i\right] \Big/ \left[n\sum_{i=1}^{n} x_i^2 - \left(\sum_{i=1}^{n} x_i\right)^2\right], \quad b = \frac{1}{n}\left(\sum_{i=1}^{n} y_i - a\sum_{i=1}^{n} x_i\right)$$

■ 최소제곱 회귀직선을 사용하여 실생활 문제를 푼다. 42

7.8절

■ 이중적분을 계산한다. 43~44

■ 이중적분을 이용하여 영역의 면적을 구한다. 45~46

7.9절

■ 이중적분을 사용하여 강체 영역의 부피를 구한다. 47~49

$$\text{부피} = \int_R\int f(x, y)\, dA$$

■ 이중적분을 사용하여 함수의 평균값을 구한다. 50~52

$$\text{평균값} = \frac{1}{A}\int_R\int f(x, y)\, dA$$

학습 전략

■ **이차원과 삼차원 비교하기** 이 장의 많은 공식과 기법은 이 교재의 앞 장들에서 사용한 공식과 기법의 일반화이다. 여기 몇 가지 보기가 있다.

이차원 좌표계	삼차원 좌표계
거리 공식 $d = \sqrt{(x_2 - x_1)^2 + (y_2 - y_1)^2}$	거리 공식 $d = \sqrt{(x_2 - x_1)^2 + (y_2 - y_1)^2 + (z_2 - z_1)^2}$
중점 공식 $\text{중점} = \left(\frac{x_1 + x_2}{2}, \frac{y_1 + y_2}{2}\right)$	중점 공식 $\text{중점} = \left(\frac{x_1 + x_2}{2}, \frac{y_1 + y_2}{2}, \frac{z_1 + z_2}{2}\right)$
원의 방정식 $(x - h)^2 + (y - k)^2 = r^2$	구의 방정식 $(x - h)^2 + (y - k)^2 + (z - j)^2 = r^2$
직선의 방정식: $ax + by = c$	평면의 방정식: $ax + by + cz = d$
$y = f(x)$의 도함수 $\frac{dy}{dx} = \lim_{\Delta x \to 0} \frac{f(x + \Delta x) - f(x)}{\Delta x}$	$z = f(x, y)$의 편도함수 $\frac{\partial z}{\partial x} = \lim_{\Delta x \to 0} \frac{f(x + \Delta x, y) - f(x, y)}{\Delta x}$
영역의 면적: $A = \int_a^b f(x)\, dx$	강체 영역의 부피: $V = \int_R\int f(x, y)\, dA$

복습문제

1. **(공간에 점 찍기)** 같은 삼차원 좌표공간에 다음 점을 표시하여라.

   $(2, -1, 4), (-1, 3, -3), (-2, -2, 1), (3, 1, 2)$

2. **(공간에 있는 두 점 사이의 거리 구하기)** 다음 두 점 사이의 거리를 구하여라.

   $(0, 2, 6), (3, 5, 8)$

3. **(공간에서 중점 공식 사용하기)** 두 점을 잇는 선분의 중점을 구하여라.

   $(2, 6, 4), (-4, 2, 8)$

[4-5] (구의 방정식 구하기) 다음 특징을 갖는 구의 표준방정식을 구하여라.

4. 중심: $(0, 1, 9)$; 반지름: 7
5. 지름의 끝점: $(3, -4, -1), (1, 0, -5)$

6. **(구의 중심과 반지름 구하기)** 구의 중심과 반지름을 구하여라.

   $$x^2 + y^2 + z^2 + 8x + 2y - 14z - 15 = 0$$

7. **(구의 궤적 구하기)** 구의 xy궤적의 방정식을 구하여라. 그런 다음 구의 xy궤적의 그래프를 그려라.

   $$(x + 2)^2 + (y - 1)^2 + (z - 3)^2 = 25$$

[8-9] (공간에서 평면 그리기) 평면의 x절편, y절편, z절편을 구하여라. 그리고 평면을 그려라.

8. $x + 2y + 3z = 6$ 9. $2y + z = 4$

[10-13] (이차곡면의 분류) 다음의 이차곡면을 분류하여라.

10. $x^2 + \dfrac{y^2}{16} + \dfrac{z^2}{9} = 1$ 11. $x^2 - \dfrac{y^2}{16} - \dfrac{z^2}{9} = 1$

12. $3x^2 + 9y^2 - z^2 = 9$ 13. $z = \sqrt{x^2 + y^2}$

14. **(다변수 함수 계산하기)** 함숫값을 구하고 간단히 하여라.

    $f(x, y) = xy^2$

    (a) $f(2, 3)$ (b) $f(0, 1)$
    (c) $f(-5, 7)$ (d) $f(-2, -4)$

[15-16] (함수의 정의역과 치역 구하기) 다음 함수의 정의역과 치역을 구하여라.

15. $f(x, y) = \sqrt{1 - x^2 - y^2}$

16. $f(x, y) = ye^{1/x}$

[17-18] (등고선도 그리기) 다음 함수의 등위곡선을 설명하여라. 주어진 c값에 대한 등위곡선을 사용하여 곡면의 등고선도를 그려라.

	함수	c값
17.	$z = 10 - 2x - 5y$	$c = 0, 2, 4, 5, 10$
18.	$z = (xy)^2$	$c = 1, 4, 9, 16, 25$

19. **(콥-더글러스 생산함수)** 어떤 제조회사가 생산 모형을 다음과 같이 추정한다.

    $$f(x, y) = 100x^{0.73}y^{0.27}$$

    (a) $x = 1100,\ y = 900$일 때 생산 수준을 추정하여라.
    (b) $x = 1600,\ y = 1000$일 때 생산 수준을 추정하여라.

20. **(주당 순이익)** 2007년에서 2013년까지 룰루레몬사의 주식 z(달러)당 순이익의 모형식은

    $$z = -0.398 + 0.0029x - 0.0021y$$

    이다. 여기서 x는 매출(백만 달러)이고 y는 자기자본(백만 달러)이다. (자료: 룰루레몬사)

    (a) $x = 1000,\ y = 400$일 때 주당 순이익을 구하여라.
    (b) 이 모형에서의 두 변수 중 어느 것이 주당 순이익에 더 큰 영향을 미치는가? 설명하여라.

[21-25] (편도함수 구하기) 다음 함수의 일계편도함수를 구하여라.

21. $f(x, y) = x^2y + 3xy + 2x - 5y$
22. $z = (xy + 2x + 4y)^2$
23. $f(x, y) = \ln(5x + 4y)$
24. $f(x, y) = xe^y + ye^x$
25. $w = xyz^2$

[26-27] (x방향과 y방향으로의 기울기 구하기) 주어진 점에서 (a) x방향과 (b) y방향으로의 곡면의 기울기를 구하여라.

26. $z = 3xy$; $(-2, -3, 18)$ 27. $z = 8 - x^2 - y^2$; $(1, 1, 6)$

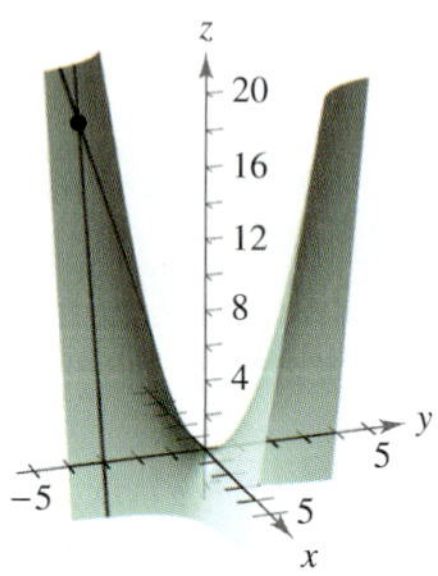

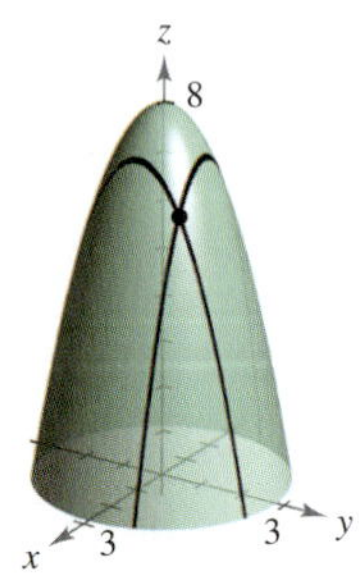

[28-30] (이계편도함수 구하기) 다음 함수의 이계편도함수를 구하여라.

28. $f(x, y) = 3x^2 - xy + 2y^3$

29. $f(x, y) = \sqrt{1 + x + y}$

30. $f(x, y, z) = xy + 5x^2yz^3 - 3y^3z$

31. (한계비용) 어떤 제조회사가 크로스컨트리 스키와 활강 스키를 제작한다. x짝의 크로스컨트리 스키와 y짝의 활강 스키를 생산하는 비용은 다음 모형식이다.

$$C = 15(xy)^{1/3} + 99x + 139y + 2293$$

(a) $x = 500,\ y = 250$일 때 한계비용($\partial C/\partial x$와 $\partial C/\partial y$)을 구하여라.

(b) 추가 제작이 필요할 때 어떤 모형의 스키가 비용 상승면에서 더 높은 비율로 증가하는가? 가격 모형식에서 이는 어떻게 결정될 수 있는가?

[32-35] (이계편도함수 판정법 적용하기) 다음 함수의 상대극값과 안장점을 구하여라.

32. $f(x, y) = x^2 + 2y^2$

33. $f(x + y) = (x^2 + y^2 + 1)^{1/4}$

34. $f(x, y) = e^x - x + y^2$

35. $f(x, y) = x^3 - 3xy + y^2$

36. (수입) 어떤 제조회사가 경주용 자전거와 산악용 자전거를 생산한다. 경주용 자전거 x_1단위와 산악용 자전거 x_2단위에 대한 총수입은 다음 모형식이다.

$$R = -6x_1^2 - 10x_2^2 - 2x_1x_2 + 32x_1 + 84x_2$$

여기서 x_1과 x_2는 1000단위이다. 수입이 최대가 되도록 하는 x_1과 x_2를 구하여라.

[37-39] (라그랑주 승수 사용하기) 라그랑주 승수를 사용하여 표시된 극값을 구하여라. 변수는 양수로 가정한다.

37. 최대화: $f(x, y) = 2xy$

제약조건: $2x + y - 12 = 0$

38. 최소화: $f(x, y) = x^2 + y^2$

제약조건: $x + y = 4$

39. 최대화: $f(x, y, z) = 5xyz$

제약조건: $x + 3y + z - 6 = 0$

40. (비용) 어떤 제조회사가 1000개의 나무 의자를 주문받았다. 두 곳에 공장이 있는데 한 곳은 x_1단위를 생산하고 다른 한 곳은 x_2단위를 생산한다. 비용함수는 다음 모형식이다.

$$C = 0.25x_1^2 + 10x_1 + 0.15x_2^2 + 12x_2$$

라그랑주 승수를 사용하여 비용이 최소가 되도록 각 공장에서 생산할 나무 의자의 수를 구하여라.

41. (최소제곱 회귀직선 구하기) 주어진 점으로 최소제곱 회귀직선을 구하여라. 그리고 점을 찍고 회귀직선을 그려라.

$$(-2, 4), (-1, 2), (1, -1), (2, -2)$$

42. (수요) 가게 경영자가 x의 함수로 블루투스 스피커에 대한 수요 y를 알고 싶어 한다. 네 가지 다른 가격으로 형성된 블루투스 스피커의 월 판매량이 다음 표에 나열되어 있다.

가격 x	190달러	200달러	210달러	220달러
수요 y	140	117	91	63

(a) 그래픽 도구의 회귀 기능이나 스프레드시트를 사용하여 이 자료에 따른 최소제곱 회귀직선을 구하여라.

(b) 가격이 195달러일 때 수요를 추정하여라.

(c) 어떤 가격대에서 스피커가 160개 판매되는가?

[43-44] (이중적분 계산하기) 다음 이중적분을 계산하여라.

43. $\displaystyle\int_0^1\int_0^{1+x} (4x - 2y)\, dy\, dx$

44. $\displaystyle\int_1^2\int_1^{2y} \frac{x}{y^2}\, dx\, dy$

[45-46] (이중적분으로 면적 구하기) 이중적분을 사용하여 방정식의 그래프로 둘러싸인 영역의 면적을 구하여라.

45. $y = 10 - x^2, y = 6$

46. $y = \sqrt{x + 3}, y = \frac{1}{3}x + 1$

[47-48] (강체 영역의 부피 구하기) 이중적분을 사용하여 강체 영역의 부피를 구하여라.

47.

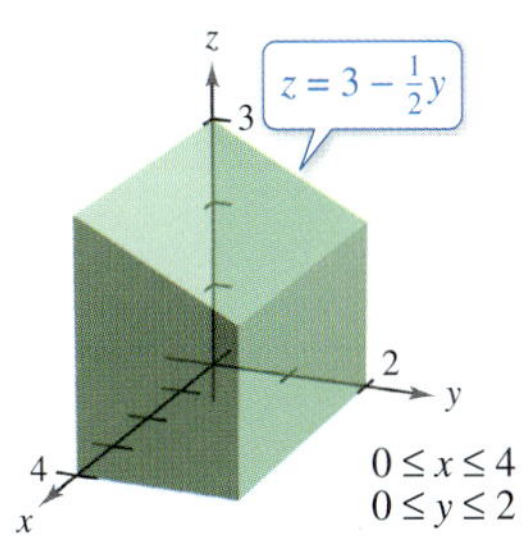

48.

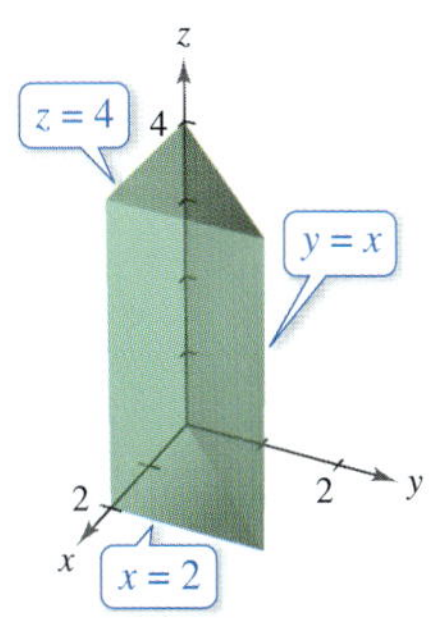

49. (강체 영역의 부피 구하기) 이중적분을 사용하여 방정식의 그래프로 둘러싸인 강체 영역의 부피를 구하여라.

$$z = (xy)^2,\ z = 0,\ y = 0,\ y = 4,\ x = 0,\ x = 4$$

50. (영역에서 함수의 평균값) 영역 R에서 다음 함수 $f(x, y)$의 평균값을 구하여라.

$$f(x, y) = 4xy$$

R: 꼭짓점이 (0, 0), (2, 0), (2, 4), (0, 4)인 직사각형

51. (주별 평균 이익) 어떤 회사의 두 제품의 판매에 대한 이익 P(달러)가 다음과 같다.

$$P = 150x_1 + 400x_2 - x_1^2 - 5x_2^2 - 2x_1x_2 - 3000$$

여기서 x_1, x_2는 각 상품의 주별 판매 단위 수를 나타낸다. x_1은 30단위에서 40단위 사이에서 변하고 x_2는 40단위에서 50단위 사이에서 변할 때 주별 평균 이익을 추정하여라.

52. (평균 생산) 어떤 제조회사의 콥–더글러스 생산함수는 $f(x, y) = 100x^{0.65}y^{0.35}$이다. 여기서 x는 노동 단위 수이고 y는 자본 단위 수이다. 노동 단위 수 x가 100에서 175 사이에서 변하고 자본 단위 수 y는 200에서 250 사이에서 변할 때 평균 생산 수준을 추정하여라.

내적에 대한 고찰

단위원에 다음과 같은 몇 개의 벡터가 있다. 몇 쌍의 벡터를 선택하여 내적을 구하여라. 그리고 사용하였던 벡터들 사이의 각들을 조사하여라.
두 벡터의 내적과 두 벡터 사이의 각에 대한 관계를 추측하여라.

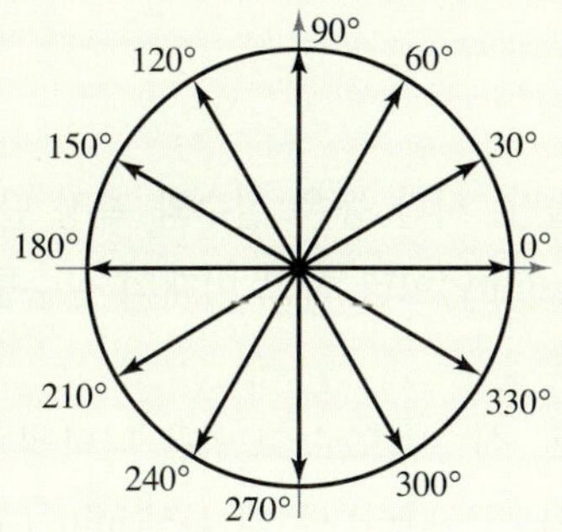

8 벡터와 공간기하

8.1 평면벡터
8.2 공간좌표와 공간벡터
8.3 벡터의 내적
8.4 공간에서 두 벡터의 외적
8.5 공간의 직선과 평면
8.6 원주좌표계와 구면좌표계

8.1 평면벡터

- 벡터를 성분형태로 나타내기
- 벡터의 연산을 수행하고 결과를 기하학적으로 해석하기
- 벡터를 표준단위벡터들의 일차결합으로 나타내기
- 벡터를 이용하여 힘 또는 속도와 관련된 문제 풀기

벡터의 성분형태

기하학과 물리학에서 넓이, 부피, 온도, 질량, 시간 등은 실수와 측정 단위로 그 양을 나타내는데 이 양을 **스칼라양**(scalar quantity)이라 하고 이때의 실수를 **스칼라**(scalar)라고 한다.

힘, 속도, 가속도는 크기와 방향이 있으므로 실수만으로 그 양을 나타낼 수 없다. 이러한 양은 **유향선분**(directed line segment)으로 나타내는데 **시점**(initial point)이 P, **종점**(terminal point)이 Q인 유향선분은 $\overrightarrow{PQ}$로 나타낸다(그림 8.1). $\overrightarrow{PQ}$의 **길이**(length) 또는 **크기**(magnitude)는 $\|PQ\|$로 나타낸다. 크기와 방향이 같은 유향선분들을 동치(equivalence)라고 한다(그림 8.2).

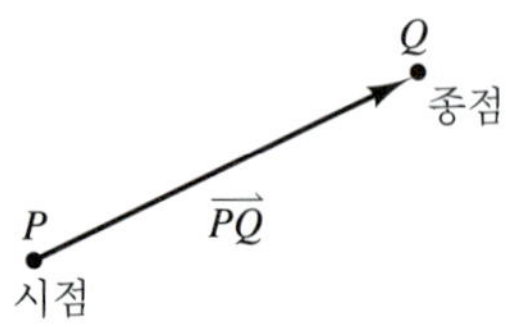

그림 8.1 유향선분

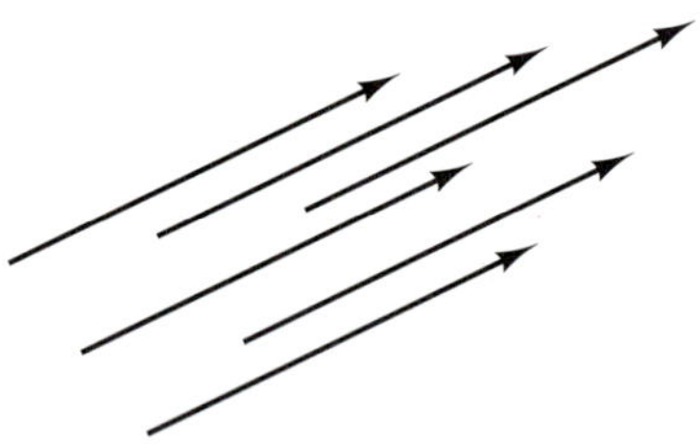

그림 8.2 동치인 유향성분들

주어진 유향선분 $\overrightarrow{PQ}$와 동치인 모든 벡터들의 집합을 평면 내의 하나의 벡터라고 하고 $\mathbf{v} = \overrightarrow{PQ}$로 나타낸다. 벡터는 인쇄물에서는 **u**, **v**, **w**와 같이 보통 진한 소문자로 표시한다. 그러나 손으로 쓸 때에는 문자 위에 화살표 기호를 사용하여 $\vec{u}$, $\vec{v}$, $\vec{w}$와 같이 표시한다.

평면에서 한 벡터는 서로 다른 많은 유향선분(길이와 방향이 같은 모든 유향선분들)으로 나타낼 수 있음에 유의하여라.

예제 1 유향선분으로 나타낸 벡터

(0, 0)에서 (3, 2)까지의 유향선분으로 **v**, (1, 2)에서 (4, 4)까지의 유향선분으로 **u**를 나타낼 때 **v**와 **u**는 동치임을 보여라.

풀이 그림 8.3에서와 같이 **v**의 시점과 종점을 $P(0, 0)$, $Q(3, 2)$, **u**의 시점과 종점을 $R(1, 2)$, $S(4, 4)$라 하면

$$\|\overrightarrow{PQ}\| = \sqrt{(3-0)^2 + (2-0)^2} = \sqrt{13}$$
$$\|\overrightarrow{RS}\| = \sqrt{(4-1)^2 + (4-2)^2} = \sqrt{13}$$

이므로 $\overrightarrow{PQ}$와 $\overrightarrow{RS}$의 길이는 같다. 그리고

$$\overrightarrow{PQ}\text{의 기울기} = \frac{2-0}{3-0} = \frac{2}{3}, \quad \overrightarrow{RS}\text{의 기울기} = \frac{4-2}{4-1} = \frac{2}{3}$$

로 같고 오른쪽 위로 향한다.

따라서 $\overrightarrow{PQ}$와 $\overrightarrow{RS}$는 길이와 방향이 같으므로 두 벡터는 동치이다. 즉 **v**와 **u**는 동치이다. ■

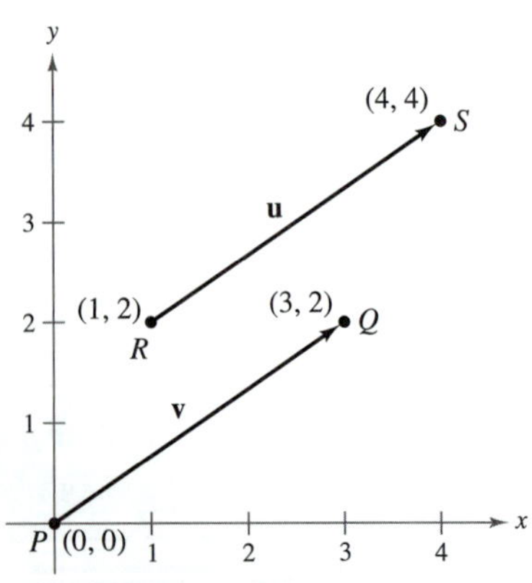

그림 8.3 벡터 **u**와 **v**는 서로 같다.

그림 8.3에서와 같이 시점이 원점인 유향선분은 동치인 유향선분들의 집합을 가장 간편하게 대표한다. 이때 **v**를 **표준위치**(standard position)에 있다고 표현한다. 그림 8.4에서와 같이 시점이 원점인 유향선분은 그것의 종점의 좌표 $Q(v_1, v_2)$에 의하여 유일하게 표현된다.

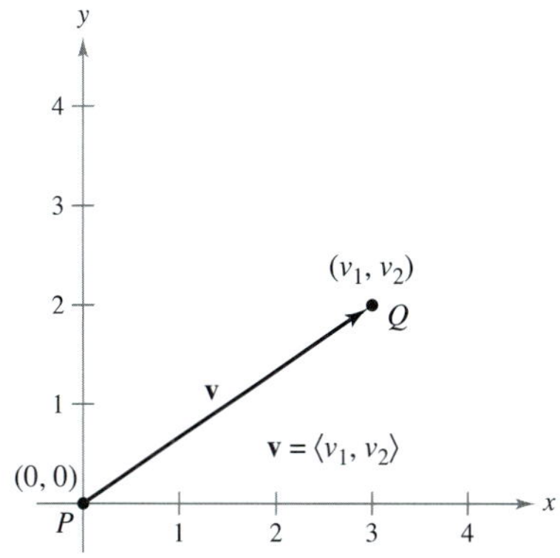

그림 8.4 벡터의 표준위치

평면벡터의 성분형태의 정의

시점이 원점인 평면벡터 **v**의 종점이 (v_1, v_2)이면 **v**의 성분형태는

$$\mathbf{v} = \langle v_1, v_2 \rangle$$

이고 좌표 v_1과 v_2를 **v의 성분**(component)이라고 한다. 시점과 종점이 모두 원점이면 **v**는 **영벡터**(zero vector)라 하고 $\mathbf{0} = \langle 0, 0 \rangle$으로 나타낸다.

위의 정의에 따르면 두 벡터 $\mathbf{u} = \langle u_1, u_2 \rangle$와 $\mathbf{v} = \langle v_1, v_2 \rangle$가 동치이기 위한 필요충분조건은 $u_1 = v_1$, $u_2 = v_2$이다.

다음 과정은 유향선분을 성분형태로 바꾸거나 또는 역으로 성분형태를 유향선분으로 바꾸는 데 이용할 수 있다.

1. $P(p_1, p_2)$와 $Q(q_1, q_2)$가 한 유향선분의 시점과 종점이라면 $\overrightarrow{PQ}$에 의하여 대표되는 벡터 **v**의 성분형태는 $\langle v_1, v_2 \rangle = \langle q_1 - p_1, q_2 - p_2 \rangle$이다. **v**의 길이(크기)는 다음과 같다.

$$\begin{aligned}\|\mathbf{v}\| &= \sqrt{(q_1 - p_1)^2 + (q_2 - p_2)^2} \\ &= \sqrt{v_1^2 + v_2^2}\end{aligned}$$

2. $\mathbf{v} = \langle v_1, v_2 \rangle$이면 **v**는 $P(0, 0)$과 $Q(v_1, v_2)$를 시점과 종점으로 하는 표준위치에 있는 유향성분으로 나타낸다.

> **학습 팁**
>
> 벡터는 길이와 방향이 같은 유향선분들의 집합이라는 것을 이해하는 것이 중요하다. 그러나 실제로 벡터와 이를 대표하는 하나의 유향선분을 구분하지 않는 것이 보통이다.

벡터 **v**의 길이는 벡터 **v의 크기**(norm)라고도 한다. $\|\mathbf{v}\| = 1$이면 **v**는 **단위벡터**(unit vector)라고 한다. $\|\mathbf{v}\| = 0$이기 위한 필요충분조건은 **v**가 영벡터이다.

예제 2 벡터의 성분형태와 크기 구하기

시점이 (3, −7), 종점이 (−2, 5)인 벡터 **v**의 성분형태와 크기를 구하여라.

풀이 $P(3, -7) = (p_1, p_2)$, $Q(-2, 5) = (q_1, q_2)$라 하면 $\mathbf{v} = \langle v_1, v_2 \rangle$의 성분은

$$v_1 = q_1 - p_1 = -2 - 3 = -5$$
$$v_2 = q_2 - p_2 = 5 - (-7) = 12$$

이므로 그림 8.5에서와 같이 $\mathbf{v} = \langle -5, 12 \rangle$이고 **v**의 크기는

$$\begin{aligned}\|\mathbf{v}\| &= \sqrt{(-5)^2 + 12^2} \\ &= \sqrt{169} = 13\end{aligned}$$

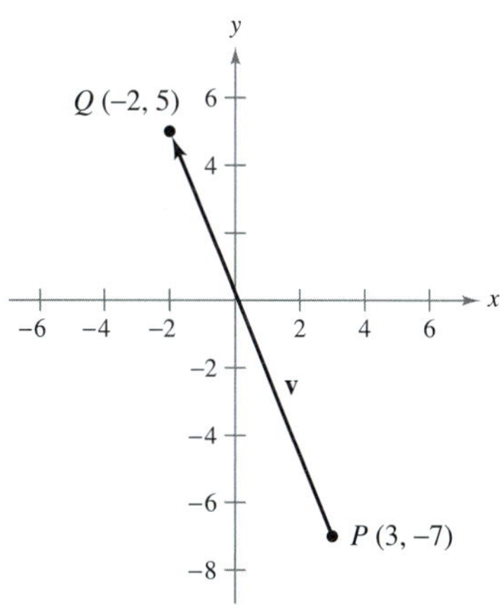

그림 8.5 벡터 **v**의 성분형태: $\mathbf{v} = \langle -5, 12 \rangle$

이다. ■

벡터 연산

벡터의 합과 스칼라곱의 정의

벡터 $\mathbf{u} = \langle u_1, u_2 \rangle$, $\mathbf{v} = \langle v_1, v_2 \rangle$와 스칼라 c에 대하여

1. $\mathbf{u}$와 $\mathbf{v}$의 **합**은 벡터 $\mathbf{u} + \mathbf{v} = \langle u_1 + v_1, u_2 + v_2 \rangle$

2. c와 $\mathbf{u}$의 **스칼라곱**은 벡터 $c\mathbf{u} = \langle cu_1, cu_2 \rangle$

3. **음**의 $\mathbf{v}$는 벡터 $-\mathbf{v} = (-1)\mathbf{v} = \langle -v_1, -v_2 \rangle$

4. $\mathbf{u}$와 $\mathbf{v}$의 **차**는 벡터 $\mathbf{u} - \mathbf{v} = \mathbf{u} + (-\mathbf{v}) = \langle u_1 - v_1, u_2 - v_2 \rangle$

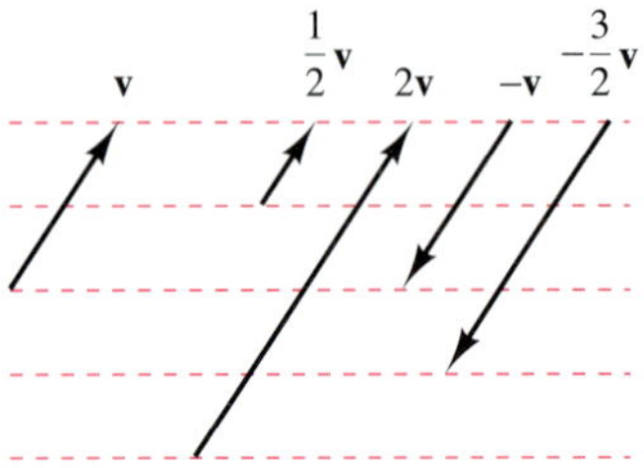

그림 8.6 벡터 $\mathbf{v}$의 스칼라곱

기하학적으로 벡터 $\mathbf{v}$와 스칼라 c의 스칼라곱은 크기가 벡터 $\mathbf{v}$의 $|c|$배인 벡터이다(그림 8.6). $c\mathbf{v}$는 $c > 0$이면 $\mathbf{v}$와 방향이 같고, $c < 0$이면 $\mathbf{v}$와 방향이 반대이다.

기하학적으로 크기와 방향은 변화없이 한 벡터의 시점을 다른 벡터의 종점에 일치시킨 합 벡터 $\mathbf{u} + \mathbf{v}$는 $\mathbf{u}$와 $\mathbf{v}$를 이웃하는 변으로 하는 평행사변형의 대각선이다(그림 8.7).

그림 8.8은 벡터의 합과 스칼라곱의 대수적 정의와 기하학적 정의가 일치함을 보여주고 있다. 또한 두 벡터의 차 $\mathbf{u} - \mathbf{v}$를 기하학적으로 설명하고 있다.

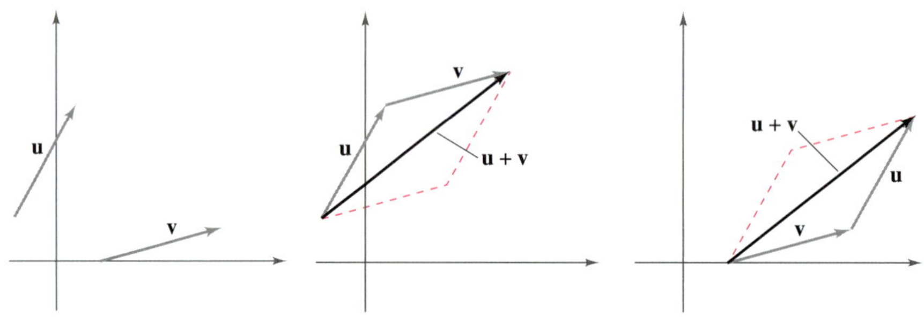

$\mathbf{u} + \mathbf{v}$ 구하기 (1) $\mathbf{v}$의 시점을 $\mathbf{u}$의 종점으로 이동하거나 (2) $\mathbf{u}$의 시점을 $\mathbf{v}$의 종점으로 이동한다.

그림 8.7

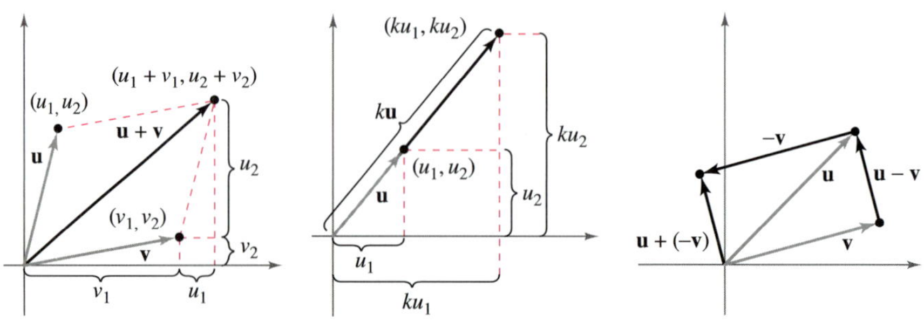

벡터의 합 스칼라곱 벡터의 차

그림 8.8

해밀턴
Isaac William Rowan Hamilton, 1805~1865

벡터에 대한 초기 연구는 아일랜드 출신의 수학자 해밀턴에 의하여 일부 이루어졌다. 해밀턴은 벡터와 닮은 체계를 갖는 사원수를 연구 개발하는 데 여러 해를 보냈다. 해밀턴은 사원수가 유용하다고 생각했으나 그가 창안한 연산체계는 물리적 현상을 모델링하는 데에는 별로 도움이 되지 못했다. 19세기 중엽에 스코틀랜드 물리학자 맥스웰(James Maxwell, 1831~1879)은 해밀턴의 사원수를 수정하여 힘, 속도, 가속도와 같은 물리적 양을 표현하는 데에 사용하였다.

예제 3 **벡터 연산**

두 벡터 $\mathbf{v}=\langle -2, 5\rangle$, $\mathbf{w}=\langle 3, 4\rangle$에 대하여 다음 벡터를 구하여라.

a. $\frac{1}{2}\mathbf{v}$ **b.** $\mathbf{w}-\mathbf{v}$ **c.** $\mathbf{v}+2\mathbf{w}$

풀이

a. $\frac{1}{2}\mathbf{v}=\left\langle \frac{1}{2}(-2),\ \frac{1}{2}(5)\right\rangle=\left\langle -1,\ \frac{5}{2}\right\rangle$

b. $\mathbf{w}-\mathbf{v}=\langle w_1-v_1,\ w_2-v_2\rangle=\langle 3-(-2),\ 4-5\rangle=\langle 5,\ -1\rangle$

c. $2\mathbf{w}=\langle 6, 8\rangle$이므로

$$\begin{aligned}\mathbf{v}+2\mathbf{w}&=\langle -2, 5\rangle+\langle 6, 8\rangle\\&=\langle -2+6,\ 5+8\rangle\\&=\langle 4, 13\rangle\end{aligned}$$

이다. ■

다음 정리에서 보듯이 실수의 연산에서 성립하는 많은 법칙들이 벡터합과 스칼라곱에서도 성립한다.

정리 8.1 벡터연산 법칙

$\mathbf{u}$, $\mathbf{v}$, $\mathbf{w}$는 임의의 평면벡터이고 c, d는 스칼라일 때 다음이 성립한다.

1. $\mathbf{u}+\mathbf{v}=\mathbf{v}+\mathbf{u}$ 교환법칙
2. $(\mathbf{u}+\mathbf{v})+\mathbf{w}=\mathbf{u}+(\mathbf{v}+\mathbf{w})$ 결합법칙
3. $\mathbf{u}+\mathbf{0}=\mathbf{u}$ 덧셈에 대한 항등원
4. $\mathbf{u}+(-\mathbf{u})=\mathbf{0}$ 덧셈에 대한 역원
5. $c(d\mathbf{u})=(cd)\mathbf{u}$
6. $(c+d)\mathbf{u}=c\mathbf{u}+d\mathbf{u}$ 분배법칙
7. $c(\mathbf{u}+\mathbf{v})=c\mathbf{u}+c\mathbf{v}$ 분배법칙
8. $1(\mathbf{u})=\mathbf{u}$, $0(\mathbf{u})=\mathbf{0}$

[증명] 벡터합의 결합법칙은 실수합의 결합법칙을 이용하여 증명할 수 있다.

$$\begin{aligned}(\mathbf{u}+\mathbf{v})+\mathbf{w}&=[\langle u_1, u_2\rangle+\langle v_1, v_2\rangle]+\langle w_1, w_2\rangle\\&=\langle u_1+v_1,\ u_2+v_2\rangle+\langle w_1, w_2\rangle\\&=\langle (u_1+v_1)+w_1,\ (u_2+v_2)+w_2\rangle\\&=\langle u_1+(v_1+w_1),\ u_2+(v_2+w_2)\rangle\\&=\langle u_1, u_2\rangle+\langle v_1+w_1,\ v_2+w_2\rangle=\mathbf{u}+(\mathbf{v}+\mathbf{w})\end{aligned}$$

벡터연산의 분배법칙도 실수연산의 분배법칙을 이용하여 증명할 수 있다.

$$
\begin{aligned}
(c+d)\mathbf{u} &= (c+d)\langle u_1, u_2\rangle \\
&= \langle (c+d)u_1, (c+d)u_2\rangle \\
&= \langle cu_1 + du_1, cu_2 + du_2\rangle \\
&= \langle cu_1, cu_2\rangle + \langle du_1, du_2\rangle = c\mathbf{u} + d\mathbf{u}
\end{aligned}
$$

나머지 법칙들도 같은 방법으로 증명할 수 있다. ■

뇌더
Emmy Noether, 1882~1935

근현세의 대표적인 여성 수학자인 뇌더는 공리적 체계라는 개념을 형성하는 데 공헌하였다.

더 알아보기

뇌더에 관하여 좀 더 알아보려면 *The Mathematics Teacher*에 실린 Clark Kimberling의 논문 "Emmy Noether, Greatest Woman Mathematician"을 보아라. 이 논문을 보려면 웹사이트 www.matharticles.com을 방문하여라.

정리 8.1의 여덟 가지 법칙들을 만족하는 임의의 벡터들의 집합을 벡터공간(vector space)이라 한다. 그리고 이 여덟 가지 성질을 벡터공간 공리라고 한다. 그러므로 이 정리에 따라 실수들의 집합과 함께 평면벡터들의 집합은 하나의 벡터공간을 이룬다.

정리 8.2 스칼라곱의 크기

벡터 $\mathbf{v}$와 스칼라 c에 대하여

$$\|c\mathbf{v}\| = |c|\,\|\mathbf{v}\|$$

이다.

[증명] $\mathbf{v} = \langle v_1, v_2\rangle$일 때 $c\mathbf{v} = \langle cv_1, cv_2\rangle$이므로

$$
\begin{aligned}
\|c\mathbf{v}\| = \|\langle cv_1, cv_2\rangle\| &= \sqrt{(cv_1)^2 + (cv_2)^2} \\
&= \sqrt{c^2v_1^2 + c^2v_2^2} \\
&= \sqrt{c^2(v_1^2 + v_2^2)} \\
&= |c|\sqrt{v_1^2 + v_2^2} \\
&= |c|\,\|\mathbf{v}\|
\end{aligned}
$$

이다. ■

많은 경우에 주어진 벡터와 방향이 같은 단위벡터를 구하는 것이 유용하다. 다음 정리는 이를 위한 방법이다.

정리 8.3 v 방향의 단위벡터

평면에서 $\mathbf{v}$가 영벡터가 아닌 벡터이면

$$\mathbf{u} = \frac{\mathbf{v}}{\|\mathbf{v}\|} = \frac{1}{\|\mathbf{v}\|}\mathbf{v}$$

는 크기가 1이고 방향은 $\mathbf{v}$와 같다.

[증명] $1/\|\mathbf{v}\|$는 양의 값이고 $\mathbf{u} = (1/\|\mathbf{v}\|)\mathbf{v}$이므로 $\mathbf{u}$와 $\mathbf{v}$의 방향은 같고

$$\begin{aligned}\|\mathbf{u}\| &= \left\|\left(\frac{1}{\|\mathbf{v}\|}\right)\mathbf{v}\right\| \\ &= \left|\frac{1}{\|\mathbf{v}\|}\right|\|\mathbf{v}\| \\ &= \frac{1}{\|\mathbf{v}\|}\|\mathbf{v}\| \\ &= 1\end{aligned}$$

이므로 **u**는 크기가 1이고 방향은 **v**와 같다.

정리 8.3의 벡터 **u**는 **v 방향의 단위벡터**라 한다. 단위벡터를 얻기 위하여 **v**에 $1/\|\mathbf{v}\|$를 곱하는 과정을 **v의 정규화**(normalization)라고 한다.

예제 4 단위벡터 구하기

$\mathbf{v} = \langle -2, 5\rangle$ 방향의 단위벡터를 구하고 크기가 1임을 보여라.

풀이 정리 8.3에 따라 **v** 방향의 단위벡터는

$$\frac{\mathbf{v}}{\|\mathbf{v}\|} = \frac{\langle -2, 5\rangle}{\sqrt{(-2)^2 + 5^2}} = \frac{1}{\sqrt{29}}\langle -2, 5\rangle = \left\langle \frac{-2}{\sqrt{29}}, \frac{5}{\sqrt{29}}\right\rangle$$

이고 벡터의 크기는

$$\sqrt{\left(\frac{-2}{\sqrt{29}}\right)^2 + \left(\frac{5}{\sqrt{29}}\right)^2} = \sqrt{\frac{4}{29} + \frac{25}{29}} = \sqrt{\frac{29}{29}} = 1$$

이다.

일반적으로 두 벡터의 합벡터의 크기는 두 벡터의 크기의 합과 다르다. 이것을 확인하기 위하여 그림 8.9의 두 벡터 **u**와 **v**가 변인 삼각형에서 제 삼의 변의 길이는 $\|\mathbf{u}+\mathbf{v}\|$이므로

$$\|\mathbf{u}+\mathbf{v}\| \le \|\mathbf{u}\| + \|\mathbf{v}\|$$

이고 등호는 **u**와 **v**가 같은 방향일 때 성립한다. 이 부등식을 **삼각부등식**(triangle inequality)이라 한다.

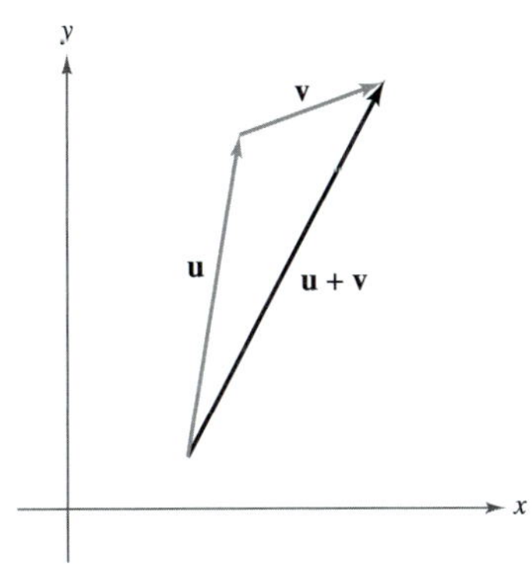

그림 8.9 삼각부등식

표준단위벡터

단위벡터 $\langle 1, 0\rangle$, $\langle 0, 1\rangle$을 평면의 **표준단위벡터**라 하고

$$\mathbf{i} = \langle 1, 0\rangle, \quad \mathbf{j} = \langle 0, 1\rangle$$

로 나타낸다(그림 8.10). 이 벡터들에 의하여 임의의 평면벡터는 다음과 같이 유일하게 표시된다.

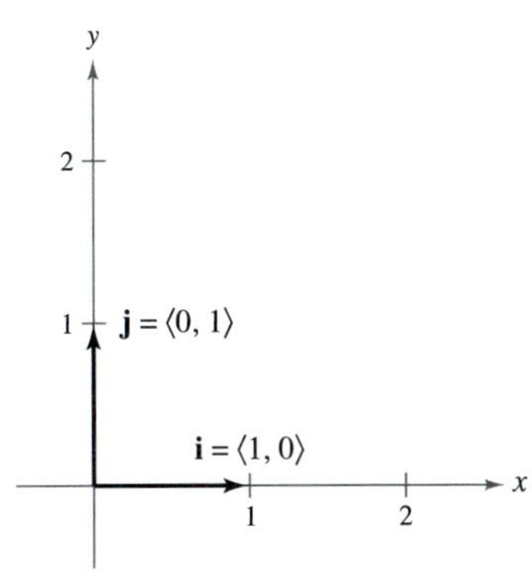

그림 8.10 표준단위벡터 **i**와 **j**

$$\mathbf{v} = \langle v_1, v_2 \rangle = \langle v_1, 0 \rangle + \langle 0, v_2 \rangle = v_1\langle 1, 0 \rangle + v_2\langle 0, 1 \rangle = v_1\mathbf{i} + v_2\mathbf{j}$$

벡터 $\mathbf{v} = v_1\mathbf{i} + v_2\mathbf{j}$는 $\mathbf{i}$와 $\mathbf{j}$의 **일차결합**(linear combination)이라 한다. 스칼라 v_1, v_2를 각각 $\mathbf{v}$의 **수평성분**과 **수직성분**이라 한다.

예제 5 단위벡터를 일차결합으로 나타내기

벡터 $\mathbf{u}$의 시점은 $(2, -5)$, 종점은 $(-1, 3)$이고 $\mathbf{v} = 2\mathbf{i} - \mathbf{j}$이다. 다음 각 벡터들을 $\mathbf{i}$와 $\mathbf{j}$의 일차결합으로 나타내어라.

a. $\mathbf{u}$ **b.** $\mathbf{w} = 2\mathbf{u} - 3\mathbf{v}$

풀이

a. $\mathbf{u} = \langle q_1 - p_1, q_2 - p_2 \rangle$
$= \langle -1-2, 3-(-5) \rangle$
$= \langle -3, 8 \rangle = -3\mathbf{i} + 8\mathbf{j}$

b. $\mathbf{w} = 2\mathbf{u} - 3\mathbf{v}$
$= 2(-3\mathbf{i} + 8\mathbf{j}) - 3(2\mathbf{i} - \mathbf{j})$
$= -6\mathbf{i} + 16\mathbf{j} - 6\mathbf{i} + 3\mathbf{j}$
$= -12\mathbf{i} + 19\mathbf{j}$ ■

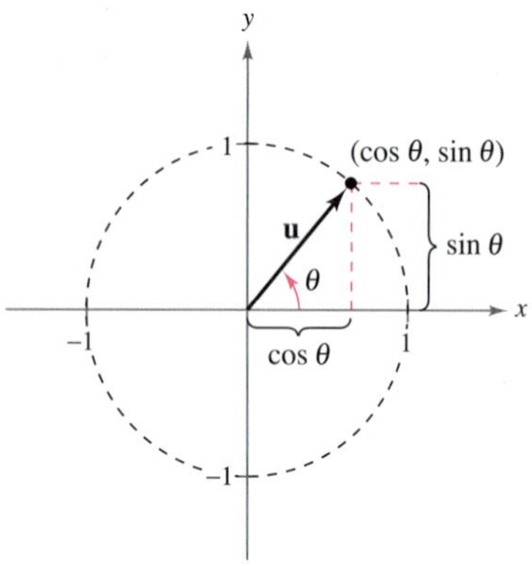

그림 8.11 양의 x축으로부터 벡터 $\mathbf{u}$까지의 각 θ

그림 8.11에서와 같이 $\mathbf{u}$는 단위벡터이고 θ는 극축(x축)에서 시계반대방향으로 $\mathbf{u}$까지의 각이면 $\mathbf{u}$의 종점이 단위원의 점이므로

$$\mathbf{u} = \langle \cos\theta, \sin\theta \rangle = \cos\theta\mathbf{i} + \sin\theta\mathbf{j} \qquad \text{단위벡터}$$

이고 영벡터가 아닌 벡터 $\mathbf{v}$가 양의 x축과 이룬 각이 θ이고 $\mathbf{u}$와 같은 방향이면

$$\mathbf{v} = \|\mathbf{v}\|\langle \cos\theta, \sin\theta \rangle = \|\mathbf{v}\|\cos\theta\mathbf{i} + \|\mathbf{v}\|\sin\theta\mathbf{j}$$

로 나타낼 수 있다.

예제 6 크기와 방향을 갖는 벡터를 나타내기

벡터 $\mathbf{v}$의 크기는 3이고 양의 x축과 각도 $30° = \pi/6$를 이룬다. $\mathbf{v}$를 단위벡터 $\mathbf{i}$와 $\mathbf{j}$의 일차결합으로 나타내어라.

풀이 $\mathbf{v}$와 양의 x축 사이의 각이 $\theta = \pi/6$이므로 $\mathbf{v}$는 다음과 같다.

$$\mathbf{v} = \|\mathbf{v}\|\cos\theta\mathbf{i} + \|\mathbf{v}\|\sin\theta\mathbf{j}$$
$$= 3\cos\frac{\pi}{6}\mathbf{i} + 3\sin\frac{\pi}{6}\mathbf{j}$$
$$= \frac{3\sqrt{3}}{2}\mathbf{i} + \frac{3}{2}\mathbf{j}$$ ■

벡터의 응용

벡터는 물리학과 공학에서 많이 이용된다. 한 예가 힘이다. 힘은 크기와 방향을 가지므로 벡터를 이용하여 힘을 표현할 수 있다. 하나 또는 그 이상의 힘들이 한 물체에 작용하면 결과적인 힘은 힘벡터들의 합이다.

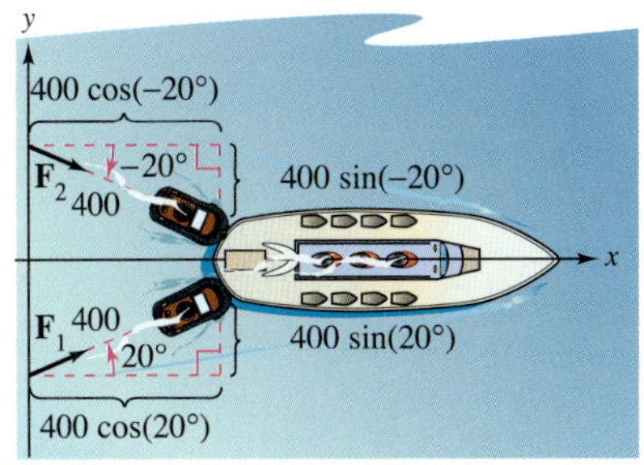

그림 8.12 두 예인선이 여객선에 작용하는 힘의 합력

예제 7 합력 구하기

그림 8.12에서와 같이 두 예인선이 각각 400파운드의 힘을 이용하여 여객선을 밀고 있다. 여객선에 작용하는 합력은 얼마인가?

풀이 그림 8.12에서와 같이 두 예인선이 작용하는 힘은

$$\begin{aligned}\mathbf{F}_1 &= 400\langle\cos 20°,\ \sin 20°\rangle\\ &= 400\cos(20°)\mathbf{i} + 400\sin(20°)\mathbf{j}\end{aligned}$$

$$\begin{aligned}\mathbf{F}_2 &= 400\langle\cos(-20°),\ \sin(-20°)\rangle\\ &= 400\cos(20°)\mathbf{i} - 400\sin(20°)\mathbf{j}\end{aligned}$$

이다. 따라서 여객선에 작용하는 합력은

$$\begin{aligned}\mathbf{F} &= \mathbf{F}_1 + \mathbf{F}_2\\ &= [400\cos(20°)\mathbf{i} + 400\sin(20°)\mathbf{j}] + [400\cos(20°)\mathbf{i} - 400\sin(20°)\mathbf{j}]\\ &= 800\cos(20°)\mathbf{i} \approx 752\mathbf{i}\end{aligned}$$

이다. 그러므로 여객선에는 양의 x축 방향으로 약 752파운드의 힘이 작용한다. ■

측량과 항공에서 방향은 경로 또는 시선(눈으로 관찰할 때)이 고정된 북남 직선과 이룬 예각을 측정한 방향이다. 항공에서 방향은 북쪽으로부터 시계방향으로 측정한다.

예제 8 속도 구하기

비행기가 그림 8.13(a)와 같이 330°의 방향으로 시간당 500마일의 속력으로 바람의 영향 없이 일정한 고도를 유지하며 비행하고 있다. 비행기가 한 지점에서 속도가 시간당 70마일인 북동쪽 45° 방향의 바람을 만났다[그림 8.13(b)]. 결과적으로 이 비행기의 속력과 방향은 어떠한가?

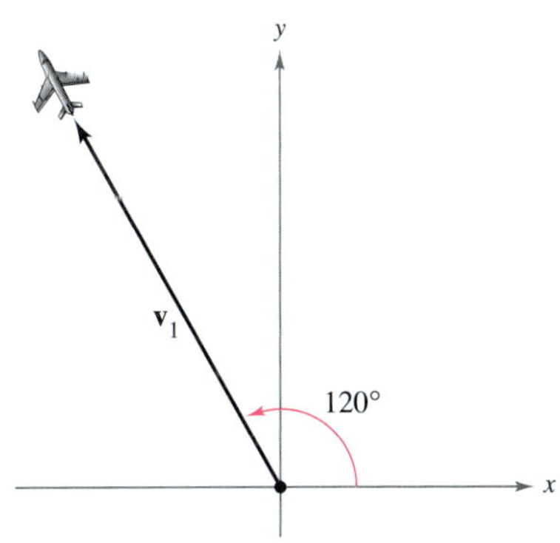

(a) 바람이 없을 때의 방향

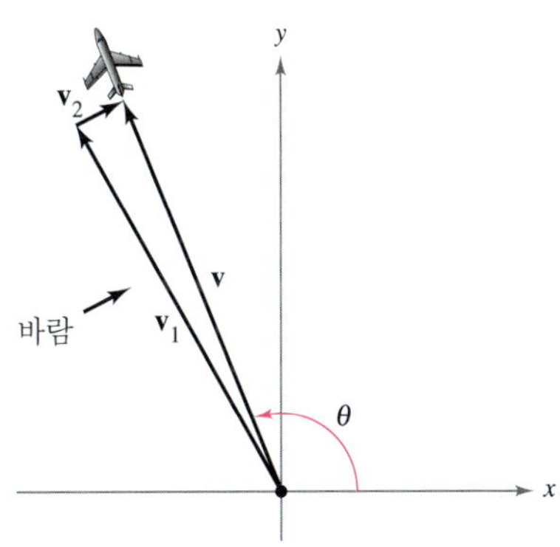

(b) 바람이 있을 때의 방향

그림 8.13

풀이 그림 8.13(a)에 따라 바람의 영향이 없다고 할 때의 비행기의 속도는

$$\mathbf{v}_1 = 500\cos(120°)\mathbf{i} + 500\sin(120°)\mathbf{j}$$

이고 바람의 속도는

$$\mathbf{v}_2 = 70\cos(45°)\mathbf{i} + 70\sin(45°)\mathbf{j}$$

이다. 따라서 바람의 영향을 받은 비행기의 속도는 결과적으로

$$\mathbf{v} = \mathbf{v}_1 + \mathbf{v}_2 = 500\cos(120°)\mathbf{i} + 500\sin(120°)\mathbf{j} + 70\cos(45°)\mathbf{i} + 70\sin(45°)\mathbf{j}$$
$$\approx -200.5\mathbf{i} + 482.5\mathbf{j}$$

이므로 $\mathbf{v} = \|\mathbf{v}\|(\cos\theta\mathbf{i} + \sin\theta\mathbf{j})$를 써서 속력과 방향을 구하면

$$\|\mathbf{v}\| \approx \sqrt{(-200.5)^2 + (482.5)^2} \approx 522.5$$

이므로

$$\mathbf{v} \approx 522.5\left(\frac{-200.5}{522.5}\mathbf{i} + \frac{482.5}{522.5}\mathbf{j}\right) \approx 522.5[\cos(112.6°)\mathbf{i} + \sin(112.6°)\mathbf{j}]$$

이다. 바람의 영향으로 비행기는 속력과 방향이 조정되어 시간당 약 522.5마일의 속력으로 양의 x축으로부터 시계반대방향으로 약 112.6°의 각도를 유지하며 비행한다. ■

연습문제 8.1

1. (a) 그림의 벡터 $\mathbf{v}$의 성분형태를 구하고 (b) 시점을 원점으로 하는 벡터를 그려라.

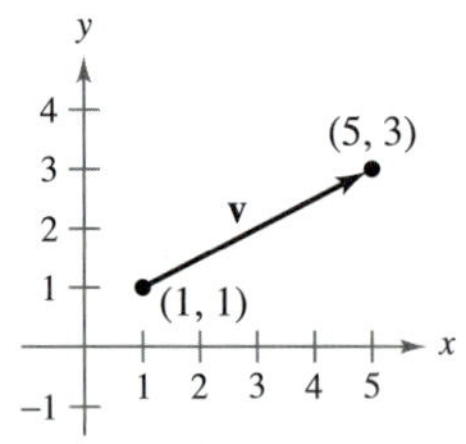

2. 시점과 종점이 다음과 같이 주어진 벡터 u와 v를 구하고 이들이 동치 벡터임을 보여라.

(a) $\mathbf{u}$: (3, 2), (5, 6) $\mathbf{v}$: (−1, 4), (1, 8)

(b) $\mathbf{u}$: (0, 3), (6, −2) $\mathbf{v}$: (3, 10), (9, 5)

벡터 $\mathbf{v}$의 시점과 종점이 다음과 같이 주어져 있다. (a) 유향선분을 그려라. (b) 벡터의 성분형태를 구하여라. (c) 벡터의 시점이 원점이 되도록 그려라(3~6).

	시점	종점
3.	(1, 2)	(5, 5)
4.	(10, 2)	(6, −1)
5.	(6, 2)	(6, 6)
6.	$\left(\frac{3}{2}, \frac{4}{3}\right)$	$\left(\frac{1}{2}, 3\right)$

7. $\mathbf{v} = \langle 2, 3\rangle$일 때 다음 각 스칼라곱을 그려라.

(a) $2\mathbf{v}$ (b) -3σ (c) $\frac{7}{2}\mathbf{v}$ (d) $\frac{2}{3}\mathbf{v}$

8. 그림을 보고 다음 벡터를 그려라. www.mathgraphs. com에서 확대된 그래프를 인쇄할 수 있다.

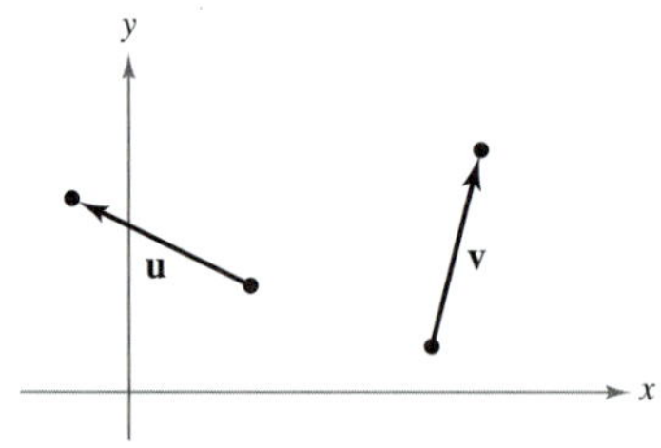

(a) $-\mathbf{u}$ (b) $\mathbf{u} - \mathbf{v}$

9. $\mathbf{u} = \langle 4, 9\rangle$, $\mathbf{v} = \langle 2, -5\rangle$에 대하여 (a) $\frac{2}{3}\mathbf{u}$ (b) $\mathbf{v} - \mathbf{u}$ (c) $2\mathbf{u} + 5\mathbf{v}$를 구하여라.

10. $\mathbf{u} = \langle 2, -1\rangle$, $\mathbf{w} = \langle 1, 2\rangle$일 때 $\mathbf{v} = \mathbf{u} + 2\mathbf{w}$를 구하여라. 벡터연산을 기하학적으로 설명하여라.

11. $\mathbf{v} = \langle -1, 3\rangle$에 대하여 시점이 (4, 2)일 때 종점을 구하여라.

12. 다음 $\mathbf{v}$의 크기를 구하여라.

(a) $\mathbf{v} = \langle 4, 3\rangle$ (b) $\mathbf{v} = 6\mathbf{i} - 5\mathbf{j}$

13. 다음 $\mathbf{u}$ 방향의 단위벡터를 구하고 벡터의 크기가 1임을 보여라.

(a) $\mathbf{u} = \langle 3, 12\rangle$ (b) $\mathbf{u} = \left\langle \frac{3}{2}, \frac{5}{2}\right\rangle$

14. $\mathbf{u} = \left\langle 1, \frac{1}{2}\right\rangle$, $\mathbf{v} = \langle 2, 3\rangle$에 대하여 다음을 구하여라.

(a) $\|\mathbf{u}\|$ (b) $\|\mathbf{v}\|$ (c) $\|\mathbf{u} + \mathbf{v}\|$

(d) $\left\|\frac{\mathbf{u}}{\|\mathbf{u}\|}\right\|$ (e) $\left\|\frac{\mathbf{v}}{\|\mathbf{v}\|}\right\|$ (f) $\left\|\frac{\mathbf{u}+\mathbf{v}}{\|\mathbf{u}+\mathbf{v}\|}\right\|$

15. $\mathbf{u} = \langle 2, 1 \rangle$, $\mathbf{v} = \langle 5, 4 \rangle$일 때 $\mathbf{u}$, $\mathbf{v}$, $\mathbf{u} + \mathbf{v}$를 그리고 $\mathbf{u}$와 $\mathbf{v}$를 이용하여 삼각부등식을 설명하여라.

16. $\mathbf{u} = \langle 1, 1 \rangle$과 방향이 같고 $\|\mathbf{v}\| = 4$인 벡터 $\mathbf{v}$를 구하여라.

17. 크기와 양의 x축과 이루는 각이 다음과 같이 주어진 벡터 $\mathbf{v}$의 성분형태를 구하여라.

(a) $\|\mathbf{v}\| = 3, \quad \theta = 0°$ (b) $\|\mathbf{v}\| = 2, \quad \theta = 150°$

18. 크기와 양의 x축과 이루는 각이 다음과 같이 주어진 벡터 $\mathbf{u}$와 $\mathbf{v}$에 대하여 $\mathbf{u} + \mathbf{v}$의 성분형태를 구하여라.

(a) $\|\mathbf{u}\| = 1, \ \theta_{\mathbf{u}} = 0°; \quad \|\mathbf{v}\| = 3, \ \theta_{\mathbf{v}} = 45°$

(b) $\|\mathbf{u}\| = 2, \ \theta_{\mathbf{u}} = 4; \quad \|\mathbf{v}\| = 1, \ \theta_{\mathbf{v}} = 2$

19. $\mathbf{u} = \langle 1, 2 \rangle$, $\mathbf{w} = \langle 1, -1 \rangle$과 다음에 대하여 $\mathbf{v} = a\mathbf{u} + b\mathbf{w}$를 만족하는 스칼라 a와 b를 구하여라.

(a) $\mathbf{v} = \langle 2, 1 \rangle$ (b) $\mathbf{v} = \langle 3, 0 \rangle$ (c) $\mathbf{v} = \langle 1, 1 \rangle$

다음 주어진 점에서 $f(x)$의 그래프와 (a) 평행인 단위벡터와 (b) 수직인 단위벡터를 구하여라. 그리고 벡터와 함수의 그래프를 그려라 (20~22).

20. $f(x) = x^2, \quad (3, 9)$

21. $f(x) = x^3, \quad (1, 1)$

22. $f(x) = \sqrt{25 - x^2}, \quad (3, 4)$

23. 크기와 양이 x축과 이루는 각이 다음과 같이 주어진 벡터 $\mathbf{u}$와 $\mathbf{u} + \mathbf{v}$에 대하여 $\mathbf{v}$의 성분형태를 구하여라.

$\|\mathbf{u}\| = 1, \ \theta = 45°; \quad \|\mathbf{u} + \mathbf{v}\| = \sqrt{2}, \ \theta = 90°$

24. **(합력)** 크기가 각각 75파운드, 100파운드, 125파운드인 세 힘이 x축과 이루는 각이 30°, 45°, 120°인 방향으로 한 물체에 작용하였을 때 세 힘의 합력의 크기와 방향을 구하여라.

25. 한 점에 작용하는 크기가 같은 두 힘이 있다고 하자.

(a) 합력의 크기가 두 힘의 크기의 합과 같을 때 두 힘이 이루는 각을 추측하여라.

(b) 두 힘의 합력이 $\mathbf{0}$일 때 두 힘 사이의 각을 추측하여라.

(c) 합력의 크기가 두 힘의 크기의 합보다 커질 수 있는가? 설명하여라.

26. **(케이블장력)** 다음 그림을 보고 주어진 무게를 지탱하기 위하여 각 케이블에 걸리는 장력을 결정하여라.

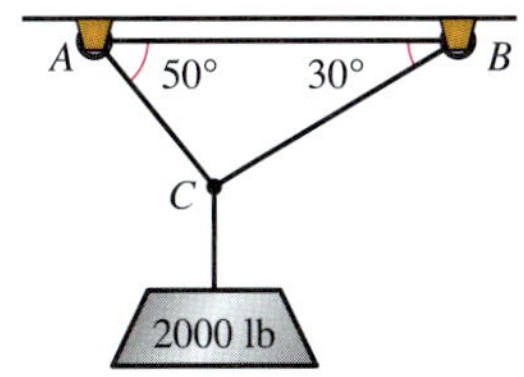

27. **(발사체운동)** 총구속도가 초당 1200피트인 총을 수평과 6°를 이루어 발사하였다. 총알의 속도의 수평성분과 수직성분을 구하여라.

28. **(비행)** 비행기가 302° 방향으로 유항하고 있다. 비행기의 속력은 시간당 900킬로미터이다. 비행기의 고도에서 남서쪽으로부터 시간당 100킬로미터의 속력으로 바람이 불어왔다. 비행기의 실제방향과 속력을 구하여라.

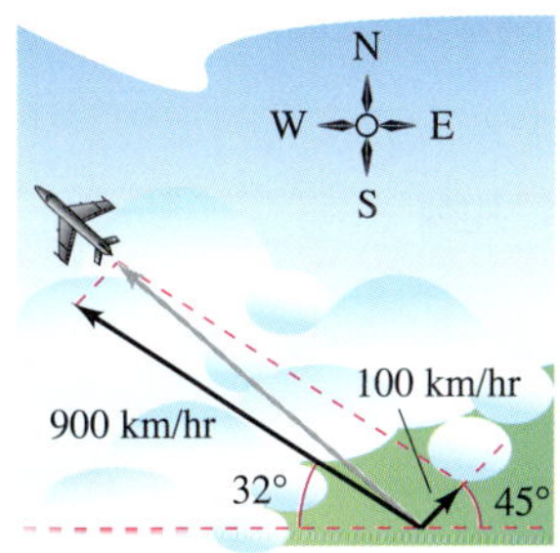

29. **(참, 거짓)** 다음 명제가 참인지 거짓인지 판별하여라. 거짓이면 그 이유를 설명하거나 예를 들어라.

(a) $\mathbf{u}$와 $\mathbf{v}$가 크기와 방향이 같으면 동치 벡터이다.

(b) $\mathbf{u} = a\mathbf{i} + b\mathbf{j}$가 단위벡터이면 $a^2 + b^2 = 1$이다.

(c) $a = b$이면 $\|a\mathbf{i} + b\mathbf{j}\| = \sqrt{2}a$이다.

30. 모든 θ에 대하여 $\mathbf{u} = (\cos\theta)\mathbf{i} - (\sin\theta)\mathbf{j}$와 $\mathbf{v} = (\sin\theta)\mathbf{i} + (\cos\theta)\mathbf{j}$는 단위벡터임을 증명하여라.

31. **(기하학)** 벡터를 이용하여 평행사변형의 두 대각선은 서로 이등분함을 증명하여라.

32. 벡터 $\mathbf{u} = \langle x, y \rangle$에 대하여 $\|\mathbf{u}\| = 5$를 만족하는 모든 점 (x, y)의 집합을 설명하여라.

8.2 공간좌표와 공간벡터

- 삼차원 직교좌표계 이해하기
- 공간벡터 해석하기
- 삼차원 벡터를 이용하여 실생활 문제 풀기

공간좌표

삼차원 좌표계(three-dimensional coordinate system)는 x축, y축 그리고 x, y축과 원점에서 수직인 z축으로 구성된다. 그림 8.14는 각 좌표축의 양의 부분을 나타낸다. 세 좌표축을 두 개씩 짝지으면 xy평면, xz평면, yz평면인 세 개의 좌표평면이 결정되고 세 개의 좌표평면은 삼차원 공간을 여덟 개의 **팔분공간**(octant)으로 나눈다. 제1팔분공간(first octant)은 공간에서 세 좌표가 모두 양인 부분이다.

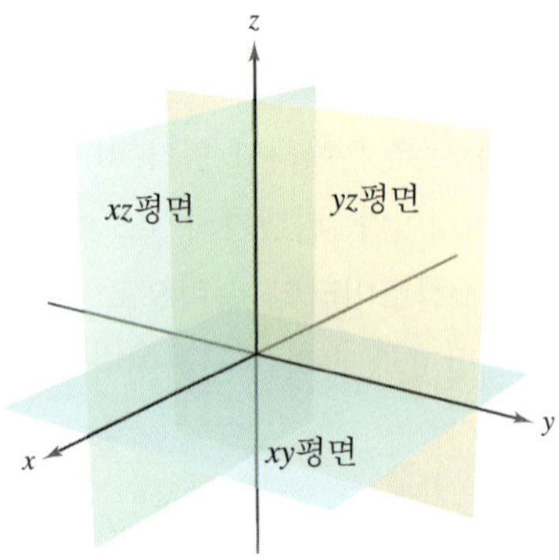

그림 8.14 삼차원 좌표계

삼차원 좌표계에서 한 점 P는 x, y, z가

$x = yz$ 평면에서 P까지의 유향거리
$y = xz$ 평면에서 P까지의 유향거리
$z = xy$ 평면에서 P까지의 유향거리

일 때 삼중순서쌍 (x, y, z)로 결정된다. 그림 8.15에 몇 개의 점들이 예시되어 있다.

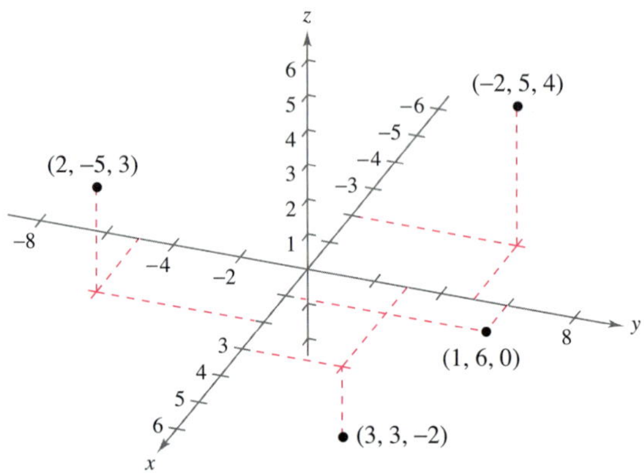

그림 8.15 삼차원 좌표계에서 점은 삼중순서쌍으로 나타낸다.

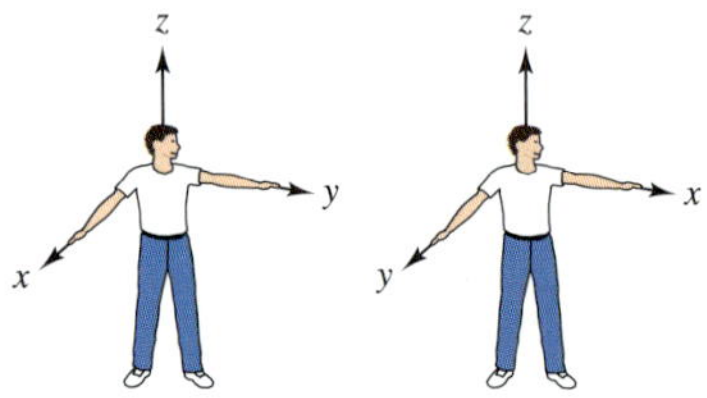

그림 8.16

삼차원 좌표계는 **왼손 좌표계**이거나 **오른손 좌표계**이다. 사람이 양팔을 벌리고 원점에 서 있을 때 두 팔은 양의 x축, y축 방향을 가리키고 z축은 위로 향한다(그림 8.16). 좌표계는 어느 팔이 x축 방향인지에 따라 정하는데 이 교재에서는 오른손 방향, 즉 오른손이 x축 방향인 좌표계만을 다룬다.

이차원 좌표계의 공식들을 삼차원으로 확장할 수 있다. 두 점 (x_1, y_1, z_1), (x_2, y_2, z_2) 사이의 거리공식은 피타고라스의 정리를 두 번 사용하면(그림 8.17)

$$d = \sqrt{(x_2 - x_1)^2 + (y_2 - y_1)^2 + (z_2 - z_1)^2}$$

이다.

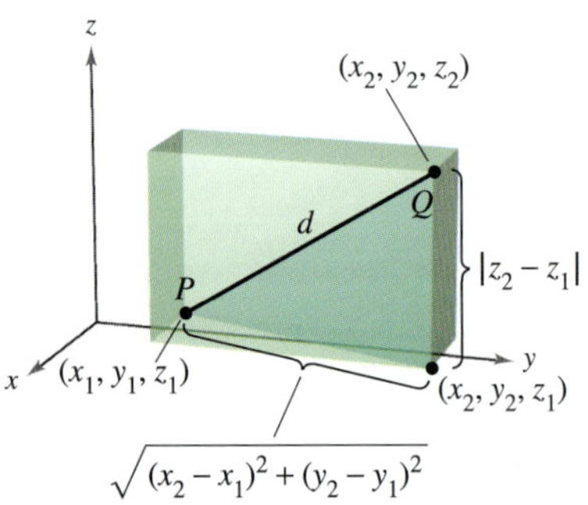

그림 8.17 공간에서 두 점 사이의 거리

예제 1 **공간에서 두 점 사이의 거리 구하기**

두 점 (2, −1, 3)과 (1, 0, −2) 사이의 거리는

$$\begin{aligned} d &= \sqrt{(1-2)^2+(0+1)^2+(-2-3)^2} \\ &= \sqrt{1+1+25} \\ &= \sqrt{27} \\ &= 3\sqrt{3} \end{aligned}$$

이다. ■

중심이 (x_0, y_0, z_0)이고 반지름이 r인 공간의 구는 (x_0, y_0, z_0)과의 거리가 r인 모든 점 (x, y, z)들의 집합이다. 그림 8.18에서와 같이 중심이 (x_0, y_0, z_0)이고 반지름이 r인 구의 표준방정식은

$$(x-x_0)^2+(y-y_0)^2+(z-z_0)^2=r^2$$

이다. 그리고 두 점 (x_1, y_1, z_1)과 (x_2, y_2, z_2)를 잇는 선분의 중점의 좌표는

$$\left(\frac{x_1+x_2}{2}, \frac{y_1+y_2}{2}, \frac{z_1+z_2}{2}\right)$$

이다.

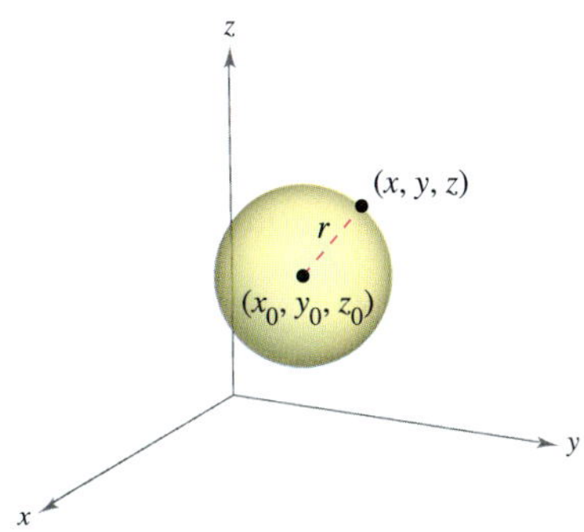

그림 8.18

예제 2 **구면 방정식 구하기**

두 점 (5, −2, 3)과 (0, 4, −3)을 잇는 선분을 지름으로 하는 구의 표준방정식을 구하여라.

풀이 구의 중심은

$$\left(\frac{5+0}{2}, \frac{-2+4}{2}, \frac{3-3}{2}\right)=\left(\frac{5}{2}, 1, 0\right)$$

이므로 반지름은 거리공식에 따라

$$r=\sqrt{\left(0-\frac{5}{2}\right)^2+(4-1)^2+(-3-0)^2}=\sqrt{\frac{97}{4}}=\frac{\sqrt{97}}{2}$$

이므로 구하는 구의 표준방정식은

$$\left(x-\frac{5}{2}\right)^2+(y-1)^2+z^2=\frac{97}{4}$$

이다. ■

공간벡터

공간에서 단위벡터 $\mathbf{i}=\langle 1, 0, 0\rangle$, $\mathbf{j}=\langle 0, 1, 0\rangle$ 그리고 z축 양의 방향 $\mathbf{k}=\langle 0, 0, 1\rangle$이 있다. 그림 8.19에서와 같이 이것을 삼중순서쌍 $\mathbf{v}=\langle v_1, v_2, v_3\rangle$으로 나타내는 벡터 $\mathbf{v}$의 성분형태는 다음과 같다.

$$\mathbf{v}=v_1\mathbf{i}+v_2\mathbf{j}+v_3\mathbf{k}$$

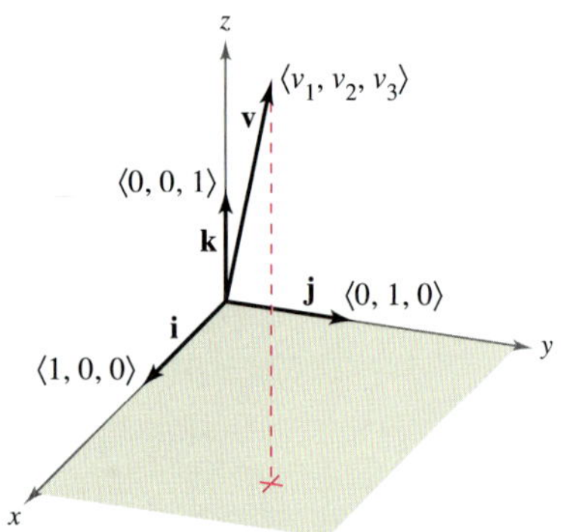

그림 8.19 공간표준단위벡터

그림 8.20에서와 같이 벡터 $\mathbf{v}$가 점 $P(p_1, p_2, p_3)$에서 점 $Q(q_1, q_2, q_3)$으로 향하는 유향선분이면 벡터 $\mathbf{v}$의 성분형태는 종점좌표에서 시점좌표를 빼서 다음과 같이 나타낸다.

$$\mathbf{v}=\langle v_1, v_2, v_3\rangle=\langle q_1-p_1, q_2-p_2, q_3-p_3\rangle$$

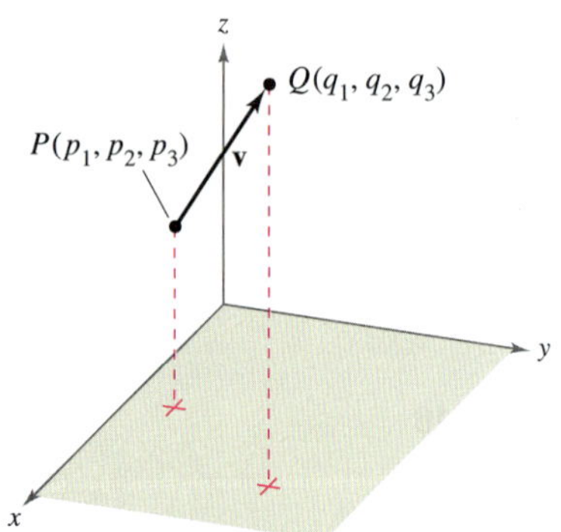

$\mathbf{v}=\langle q_1-p_1, q_2-p_2, q_3-p_3\rangle$

그림 8.20

공간벡터

공간벡터 $\mathbf{u}=\langle u_1, u_2, u_3\rangle$, $\mathbf{v}=\langle v_1, v_2, v_3\rangle$과 스칼라 c에 대하여

1. **벡터의 상등:** $\mathbf{u}=\mathbf{v}$이기 위한 필요충분조건은 $u_1=v_1$, $u_2=v_2$, $u_3=v_3$
2. **성분형태:** $\mathbf{v}$가 점 $P(p_1, p_2, p_3)$에서 점 $Q(q_1, q_2, q_3)$을 향하는 유향선분이면

   $$\mathbf{v}=\langle v_1, v_2, v_3\rangle=\langle q_1-p_1, q_2-p_2, q_3-p_3\rangle$$
3. **크기:** $\|\mathbf{v}\|=\sqrt{v_1^2+v_2^2+v_3^2}$
4. **$\mathbf{v}$ 방향의 단위벡터:** $\dfrac{\mathbf{v}}{\|\mathbf{v}\|}=\left(\dfrac{1}{\|\mathbf{v}\|}\right)\langle v_1, v_2, v_3\rangle$, $\mathbf{v}\neq\mathbf{0}$
5. **벡터의 합:** $\mathbf{v}+\mathbf{u}=\langle v_1+u_1, v_2+u_2, v_3+u_3\rangle$
6. **스칼라곱:** $c\mathbf{v}=\langle cv_1, cv_2, cv_3\rangle$

학습 팁

정리 8.1에 나열된 벡터의 합과 스칼라곱에 관한 성질들은 공간벡터에서도 성립한다.

예제 3 공간벡터의 성분형태 구하기

시점이 $(-2, 3, 1)$, 종점이 $(0, -4, 4)$인 벡터 $\mathbf{v}$의 성분형태와 크기를 구하여라. 그리고 $\mathbf{v}$ 방향의 단위벡터를 구하여라.

풀이
$$\begin{aligned}\mathbf{v}&=\langle q_1-p_1, q_2-p_2, q_3-p_3\rangle=\langle 0-(-2), -4-3, 4-1\rangle\\&=\langle 2, -7, 3\rangle\end{aligned}$$

이므로 크기는

$$\|\mathbf{v}\|=\sqrt{2^2+(-7)^2+3^2}=\sqrt{62}$$

이고 $\mathbf{v}$ 방향의 단위벡터는

$$\mathbf{u}=\frac{\mathbf{v}}{\|\mathbf{v}\|}=\frac{1}{\sqrt{62}}\langle 2, -7, 3\rangle$$

이다. ■

스칼라곱의 정의에 따르면 영벡터가 아닌 벡터 **v**의 양의 스칼라곱은 **v**와 방향이 같고 음의 스칼라곱은 **v**와 반대방향이다. 일반적으로 스칼라 c가 존재하여 $\mathbf{u} = c\mathbf{v}$를 만족하면 **u**와 **v**는 서로 **평행이다**(parallel)라고 한다.

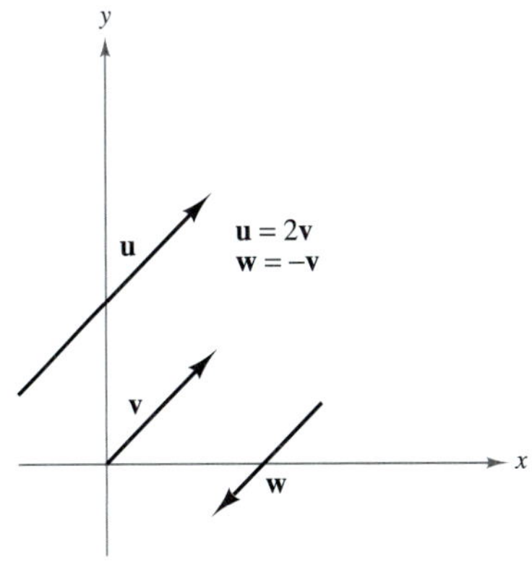

그림 8.21 평행인 벡터

평행인 벡터의 정의

스칼라 c가 존재하여 $\mathbf{u} = c\mathbf{v}$이면 두 벡터 **u**와 **v**는 **평행이다**라고 한다.

예를 들어 그림 8.21의 세 벡터 **u**, **v**, **w**는 $\mathbf{u} = 2\mathbf{v}$, $\mathbf{w} = -\mathbf{v}$이므로 서로 평행이다.

예제 4 평행인 벡터

벡터 **w**의 시점은 $(2, -1, 3)$, 종점은 $(-4, 7, 5)$이다. 다음 중 어느 벡터가 **w**와 평행인가?

a. $\mathbf{u} = \langle 3, -4, -1 \rangle$ **b.** $\mathbf{v} = \langle 12, -16, 4 \rangle$

풀이 **w**를 성분형태로 나타내면

$$\mathbf{w} = \langle -4-2, 7-(-1), 5-3 \rangle = \langle -6, 8, 2 \rangle$$

이다.

a. $\mathbf{u} = \langle 3, -4, -1 \rangle = -\frac{1}{2}\langle -6, 8, 2 \rangle = -\frac{1}{2}\mathbf{w}$이므로 **u**와 **w**는 서로 평행이다.

b. $\langle 12, -16, 4 \rangle = c\langle -6, 8, 2 \rangle$인 c가 존재하는지를 알아본다.

$$\begin{aligned} 12 &= -6c \to c = -2 \\ -16 &= 8c \to c = -2 \\ 4 &= 2c \to c = 2 \end{aligned}$$

하나의 해로 c가 존재하지 않으므로 **w**와 **v**는 평행이 아니다. ■

예제 5 벡터로 같은 직선에 있는 점인지 결정하기

세 점 $P(1, -2, 3)$, $Q(2, 1, 0)$, $R(4, 7, -6)$은 같은 직선에 있는가?

풀이 $\overrightarrow{PQ}$와 $\overrightarrow{PR}$을 성분형태로 나타내면

$$\overrightarrow{PQ} = \langle 2-1, 1-(-2), 0-3 \rangle = \langle 1, 3, -3 \rangle$$

$$\overrightarrow{PR} = \langle 4-1, 7-(-2), -6-3 \rangle = \langle 3, 9, -9 \rangle$$

이다. 두 벡터는 시점이 같으므로 P, Q, R이 같은 직선에 존재하기 위한 필요충분조건은 두 벡터 $\overrightarrow{PQ}$와 $\overrightarrow{PR}$이 평행인 것이다. $\overrightarrow{PR} = 3\overrightarrow{PQ}$이므로 세 점은 같은 직선에 있다(그림 8.22). ■

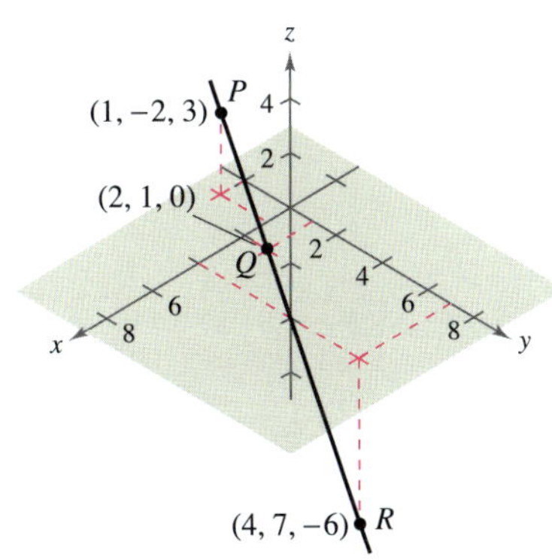

그림 8.22 같은 직선에 있는 점 P, Q, R

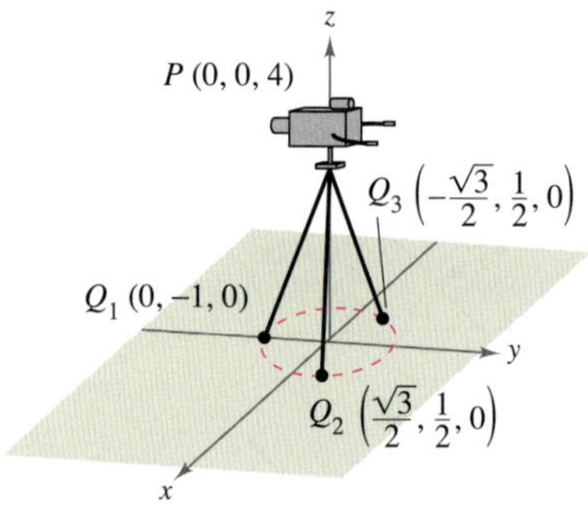

그림 8.23

예제 6 표준단위벡터 표기법

a. 벡터 $\mathbf{v} = 4\mathbf{i} - 5\mathbf{k}$를 성분형태로 나타내어라.

b. 시점이 $P(-2, 3, 5)$인 벡터 $\mathbf{v} = 7\mathbf{i} - \mathbf{j} + 3\mathbf{k}$의 종점을 구하여라.

풀이

a. $\mathbf{j}$가 없으므로 성분은 0이고

$$\mathbf{v} = 4\mathbf{i} - 5\mathbf{k} = \langle 4, 0, -5 \rangle$$

이다.

b. $\mathbf{v} = \overrightarrow{PQ} = 7\mathbf{i} - \mathbf{j} + 3\mathbf{k}$인 점을 $Q(q_1, q_2, q_3)$라 하면

$$q_1 - (-2) = 7, \ q_2 - 3 = -1, \ q_3 - 5 = 3$$

에서 $q_1 = 5$, $q_2 = 2$, $q_3 = 8$이므로 Q는 $(5, 2, 8)$이다. ■

응용

예제 7 힘의 측정

무게가 120파운드인 텔레비전 카메라를 삼각대에 받쳐 놓았다. 삼각대의 각 다리에 작용하는 힘을 벡터로 나타내어라(그림 8.23).

풀이 세 다리에 작용하는 힘을 $\mathbf{F}_1$, $\mathbf{F}_2$, $\mathbf{F}_3$라 하면 다음과 같은 $\mathbf{F}_1$, $\mathbf{F}_2$, $\mathbf{F}_3$의 방향을 결정할 수 있다.

$$\overrightarrow{PQ_1} = \langle 0 - 0, -1 - 0, 0 - 4 \rangle = \langle 0, -1, -4 \rangle$$
$$\overrightarrow{PQ_2} = \left\langle \frac{\sqrt{3}}{2} - 0, \frac{1}{2} - 0, 0 - 4 \right\rangle = \left\langle \frac{\sqrt{3}}{2}, \frac{1}{2}, -4 \right\rangle$$
$$\overrightarrow{PQ_3} = \left\langle -\frac{\sqrt{3}}{2} - 0, \frac{1}{2} - 0, 0 - 4 \right\rangle = \left\langle -\frac{\sqrt{3}}{2}, \frac{1}{2}, -4 \right\rangle$$

세 다리는 길이가 같고 세 다리에 힘이 똑같이 분배되므로 $\|\mathbf{F}_1\| = \|\mathbf{F}_2\| = \|\mathbf{F}_3\|$이고 상수 c가 존재하여

$$\mathbf{F}_1 = c\langle 0, -1, -4 \rangle, \quad \mathbf{F}_2 = c\left\langle \frac{\sqrt{3}}{2}, \frac{1}{2}, -4 \right\rangle, \quad \mathbf{F}_3 = c\left\langle -\frac{\sqrt{3}}{2}, \frac{1}{2}, -4 \right\rangle$$

이다. 카메라에 의한 힘은 $\mathbf{F} = -120\mathbf{k}$이고

$$\mathbf{F} = \mathbf{F}_1 + \mathbf{F}_2 + \mathbf{F}_3$$

이므로 $\mathbf{F}_1$, $\mathbf{F}_2$, $\mathbf{F}_3$의 수직성분은 모두 -40이고 $c(-4) = -40$에서 $c = 10$이다.
그러므로 각 다리에 작용하는 힘은

$\mathbf{F}_1 = \langle 0,\ -10,\ -40 \rangle$

$\mathbf{F}_2 = \left\langle 5\sqrt{3},\ 5,\ -40 \right\rangle$

$\mathbf{F}_3 = \left\langle -5\sqrt{3},\ 5,\ -40 \right\rangle$

이다. ■

연습문제 8.2

1. 다음 점들을 삼차원 좌표공간에 나타내어라.

(a) $(5,\ -2,\ 2)$ (b) $(5,\ -2,\ -2)$

2. yz평면 뒤쪽으로 3, xz평면 오른쪽으로 4, xy평면 위쪽으로 5만큼 떨어져 있는 점의 좌표를 구하여라.

3. xy평면에 있는 점의 z좌표는 무엇인가?

4. 다음 조건을 만족하는 점 $(x,\ y,\ z)$의 위치를 결정하여라.

(a) $z = 6$ (b) $x = 4$

(c) $y < 0$ (d) $|y| \leq 3$

(e) $xy > 0,\ z = -3$ (f) $xyz < 0$

5. 다음 두 점 사이의 거리를 구하여라.

(a) $(0,\ 0,\ 0),\ (5,\ 2,\ 6)$

(b) $(1,\ -2,\ 4),\ (6,\ -2,\ -2)$

6. $(0,\ 0,\ 0),\ (2,\ 2,\ 1),\ (2,\ -4,\ 4)$를 꼭짓점으로 하는 삼각형의 변의 길이를 구하고 어떤 삼각형인지 밝혀라.

7. 연습문제 6의 삼각형이 z축을 따라 위로 5만큼 평행이동하였다. 평행이동한 삼각형의 꼭짓점의 좌표를 구하여라.

8. $(5,\ -9,\ 7),\ (-2,\ 3,\ 3)$을 잇는 선분의 중점의 좌표를 구하여라.

9. 다음 구의 표준방정식을 구하여라.

(a) 중심: $(0,\ 2,\ 5)$, 반지름: 2

(b) 지름의 종점: $(2,\ 0,\ 0),\ (0,\ 6,\ 0)$

10. 다음 구의 방정식을 표준형으로 전환하기 위하여 완전제곱식으로 완성하여라. 그리고 중심과 반지름을 구하여라.

(a) $x^2 + y^2 + z^2 - 2x + 6y + 8z + 1 = 0$

(b) $9x^2 + 9y^2 + 9z^2 - 6x + 18y + 1 = 0$

11. 다음 조건을 만족하는 입체에 대하여 설명하여라.

(a) $x^2 + y^2 + z^2 \leq 36$

(b) $x^2 + y^2 + z^2 < 4x - 6y + 8z - 13$

12. 시점과 종점이 다음과 같은 벡터 $\mathbf{u}$의 성분형태를 구하여라. 그리고 $\mathbf{u}$ 방향의 단위벡터를 구하여라.

	시점	종점
(a)	$(3,\ 2,\ 0)$	$(4,\ 1,\ 6)$
(b)	$(-4,\ 3,\ 1)$	$(-5,\ 3,\ 0)$

13. 시점이 $(-1,\ 2,\ 3)$, 종점이 $(3,\ 3,\ 4)$인 벡터 $\mathbf{v}$에 대하여 (a) 유향선분을 그려라. (b) 벡터의 성분형태를 구하여라. (c) 벡터의 시점이 원점인 경우의 벡터를 그려라.

14. $\mathbf{v} = \langle 3,\ -5,\ 6 \rangle$의 시점이 $(0,\ 6,\ 2)$일 때 종점의 좌표를 구하여라.

15. $\mathbf{v} = \langle 1,\ 2,\ 2 \rangle$이 다음 스칼라곱을 구하고 벡터를 그려라.

(a) $2\mathbf{v}$ (b) $2\mathbf{v}$ (c) $\frac{3}{2}\mathbf{v}$ (d) $0\,\mathbf{v}$

16. $\mathbf{u} = \langle 1,\ 2,\ 3 \rangle,\ \mathbf{v} = \langle 2,\ 2,\ -1 \rangle,\ \mathbf{w} = \langle 4,\ 0,\ -4 \rangle$에 대하여 다음 벡터 $\mathbf{z}$를 구하여라.

(a) $\mathbf{z} = \mathbf{u} - \mathbf{v}$ (b) $\mathbf{z} = 2\mathbf{u} + 4\mathbf{v} - \mathbf{w}$

(c) $2\mathbf{z} - 3\mathbf{u} = \mathbf{w}$

다음 중 어느 벡터가 벡터 $\mathbf{z}$와 평행한지 밝혀라. 그래프 계산기로 결과를 확인하여라(17~18).

17. $\mathbf{z} = \langle 3 \quad 2 \quad -5 \rangle$

(a) $\langle -6,\ -4,\ 10 \rangle$ (b) $\left\langle 2,\ \frac{4}{3},\ -\frac{10}{3} \right\rangle$

(c) $\langle 6,\ 4,\ 10 \rangle$ (d) $\langle 1,\ -4,\ 2 \rangle$

18. 시점이 $(1,\ -1,\ 3)$, 종점이 $(-2,\ 3,\ 5)$인 $\mathbf{z}$

(a) $-6\mathbf{i} + 8\mathbf{j} + 4\mathbf{k}$ (b) $4\mathbf{j} + 2\mathbf{k}$

19. 세 점 $(0,\ -2,\ -5),\ (3,\ 4,\ 4),\ (2,\ 2,\ 1)$은 같은 직선에 존재하는가?

20. 벡터를 이용하여 네 점 (2, 9, 1), (3, 11, 4), (0, 10, 2), (1, 12, 5)가 평행사변형의 꼭짓점임을 밝혀라.

21. 다음 $\mathbf{v}$의 크기를 구하여라.

(a) $\mathbf{v} = \mathbf{i} - 2\mathbf{j} - 3\mathbf{k}$

(b) $\mathbf{v}$의 시점: $(1, -3, 4)$, $\mathbf{v}$의 종점: $(1, 0, -1)$

22. $\mathbf{u} = \langle 2, -1, 2\rangle$에 대하여 (a) $\mathbf{u}$ 방향의 단위벡터와 (b) $\mathbf{u}$ 반대방향의 단위벡터를 구하여라.

23. $\mathbf{u} = \mathbf{i} + 2\mathbf{j} + 3\mathbf{k}$, $\mathbf{v} = 2\mathbf{i} + 2\mathbf{j} - \mathbf{k}$일 때 $\|c\mathbf{v}\| = 5$를 만족하는 스칼라 c를 구하여라.

24. 크기가 10이고 $\mathbf{u} = \langle 0, 3, 3\rangle$의 방향을 갖는 벡터 $\mathbf{v}$를 구하여라.

25. $\mathbf{v}$는 yz평면에 있고, 크기는 2이고 양의 y축과 30°를 이룰 때 벡터 $\mathbf{v}$를 그리고 성분형태를 구하여라.

26. $P(4, 3, 0)$, $Q(1, -3, 3)$일 때 벡터를 이용하여 P에서 Q로 2/3지점에 있는 점을 구하여라.

27. $\mathbf{u} = \mathbf{i} + \mathbf{j}$, $\mathbf{v} = \mathbf{j} + \mathbf{k}$, $\mathbf{w} = a\mathbf{u} + b\mathbf{v}$에 대하여

(a) $\mathbf{u}$와 $\mathbf{v}$를 그려라.

(b) $\mathbf{w} = \mathbf{0}$이면 $a = b = 0$임을 보여라.

(c) $\mathbf{w} = \mathbf{i} + 2\mathbf{j} + \mathbf{k}$일 때 a, b를 구하여라.

(d) $\mathbf{w} = \mathbf{i} + 2\mathbf{j} + 3\mathbf{k}$를 만족하는 스칼라 a와 b를 선택할 수 없음을 보여라.

28. A, B, C를 삼각형의 꼭짓점이라고 할 때 $\overrightarrow{AB} + \overrightarrow{BC} + \overrightarrow{CA}$를 구하여라.

29. **(정육면체의 대각선)** 그림에서 정육면체의 대각선 방향의 단위벡터 $\mathbf{v}$의 성분형태를 구하여라.

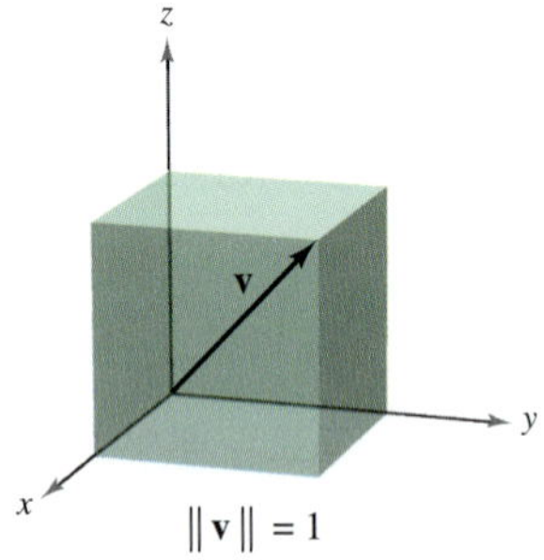

$\|\mathbf{v}\| = 1$

30. 점 $A(0, -1, 1)$로부터 거리가 점 $B(1, 2, 0)$로부터 거리의 2배인 점 $P(x, y, z)$의 집합을 나타내는 그래프의 방정식을 구하여라.

8.3 벡터의 내적

- 벡터 내적의 법칙 사용하기
- 내적을 이용하여 두 벡터 사이의 각 구하기
- 공간벡터의 방향코사인 구하기
- 다른 벡터로의 벡터 정사영 구하기
- 벡터를 이용하여 일정한 힘이 한 일 구하기

내적에 대한 고찰

단위원에 다음과 같은 몇 개의 벡터가 있다. 몇 쌍의 벡터를 선택하여 내적을 구하여라. 그리고 사용하였던 벡터들 사이의 각들을 조사하여라. 두 벡터의 내적과 두 벡터 사이의 각에 대한 관계를 추측하여라.

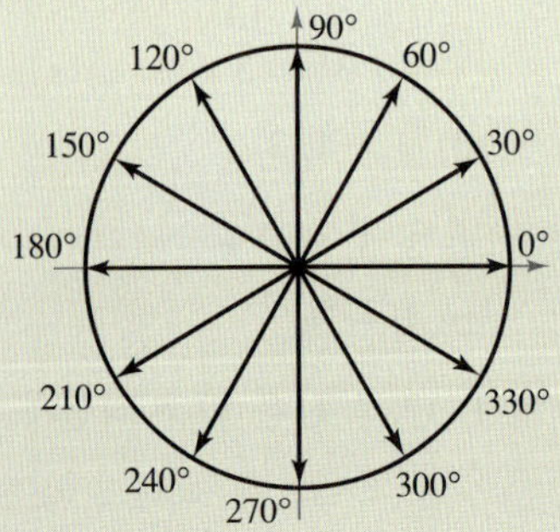

내적

이 절에서는 **내적**(dot product, inner product)이라는 벡터 연산을 다룬다. 내적은 벡터가 아니라 스칼라이다.

내적의 정의

두 평면벡터 $\mathbf{u} = \langle u_1, u_2\rangle$와 $\mathbf{v} = \langle v_1, v_2\rangle$의 내적은

$$\mathbf{u} \cdot \mathbf{v} = u_1 v_1 + u_2 v_2$$

이고 두 공간벡터 $\mathbf{u} = \langle u_1, u_2, u_3 \rangle$과 $\mathbf{v} = \langle v_1, v_2, v_3 \rangle$의 내적은

$$\mathbf{u} \cdot \mathbf{v} = u_1 v_1 + u_2 v_2 + u_3 v_3$$

로 정의된다.

학습 팁

두 벡터의 내적이 스칼라이므로 벡터의 내적을 **스칼라곱**(scalar product)이라고도 한다.

정리 8.4 내적의 법칙

$\mathbf{u}$, $\mathbf{v}$, $\mathbf{w}$는 평면 또는 공간벡터, c는 스칼라일 때 다음이 성립한다.

1. $\mathbf{u} \cdot \mathbf{v} = \mathbf{v} \cdot \mathbf{u}$ 교환법칙

2. $\mathbf{u} \cdot (\mathbf{v} + \mathbf{w}) = \mathbf{u} \cdot \mathbf{v} + \mathbf{u} \cdot \mathbf{w}$ 분배법칙

3. $c(\mathbf{u} \cdot \mathbf{v}) = c\mathbf{u} \cdot \mathbf{v} - \mathbf{u} \cdot c\mathbf{v}$

4. $\mathbf{0} \cdot \mathbf{v} = 0$

5. $\mathbf{v} \cdot \mathbf{v} = \|\mathbf{v}\|^2$

[증명] $\mathbf{u} = \langle u_1, u_2, u_3 \rangle$, $\mathbf{v} = \langle v_1, v_2, v_3 \rangle$으로 하면

1.
$$\begin{aligned} \mathbf{u} \cdot \mathbf{v} &= u_1 v_1 + u_2 v_2 + u_3 v_3 \\ &= v_1 u_1 + v_2 u_2 + v_3 u_3 \\ &= \mathbf{v} \cdot \mathbf{u} \end{aligned}$$

5.
$$\begin{aligned} \mathbf{v} \cdot \mathbf{v} &= v_1^2 + v_2^2 + v_3^3 \\ &= \left(\sqrt{v_1^2 + v_2^2 + v_3^2}\right)^2 \\ &= \|\mathbf{v}\|^2 \end{aligned}$$ ■

다른 법칙도 같은 방법으로 증명할 수 있다.

예제 1 내적 구하기

$\mathbf{u} = \langle 2, -2 \rangle$, $\mathbf{v} = \langle 5, 8 \rangle$, $\mathbf{w} = \langle -4, 3 \rangle$에 대하여 다음을 계산하여라.

a. $\mathbf{u} \cdot \mathbf{v}$ **b.** $(\mathbf{u} \cdot \mathbf{v})\mathbf{w}$

c. $\mathbf{u} \cdot (2\mathbf{v})$ **d.** $\|\mathbf{w}\|^2$

풀이

a. $\mathbf{u} \cdot \mathbf{v} = \langle 2, -2 \rangle \cdot \langle 5, 8 \rangle = 2(5) + (-2)8 = -6$

b. $(\mathbf{u} \cdot \mathbf{v})\mathbf{w} = -6\langle -4, 3 \rangle = \langle 24, -18 \rangle$

c. $\mathbf{u} \cdot (2\mathbf{v}) = 2(\mathbf{u} \cdot \mathbf{v}) = 2(-6) = -12$

d.
$$\begin{aligned} \|\mathbf{w}\|^2 &= \mathbf{w} \cdot \mathbf{w} \\ &= \langle -4, 3 \rangle \cdot \langle -4, 3 \rangle \\ &= (-4)(-4) + (3)(3) \\ &= 25 \end{aligned}$$

예제 1에서 (b)의 결과는 벡터이고 (a), (c), (d)의 결과는 스칼라임에 유의하여라. ■

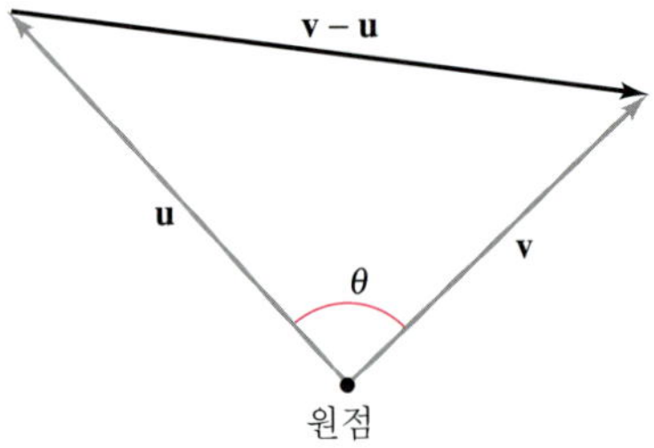

그림 8.24 두 벡터 사이의 각

두 벡터 사이의 각

영벡터가 아닌 두 벡터 사이의 각은 각각의 표준위치벡터(시점이 원점인 벡터)가 이루는 각 $\theta(0 \le \theta \le \pi)$이다(그림 8.24).

정리 8.5 두 벡터 사이의 각

θ가 영벡터가 아닌 두 벡터 $\mathbf{u}$와 $\mathbf{v}$ 사이의 각이면

$$\cos\theta = \frac{\mathbf{u}\cdot\mathbf{v}}{\|\mathbf{u}\|\|\mathbf{v}\|}$$

이다.

[증명] 벡터 $\mathbf{u}$, $\mathbf{v}$, $\mathbf{v}-\mathbf{u}$로 이루어진 삼각형에서(그림 8.24) 코사인법칙에 따라

$$\|\mathbf{v}-\mathbf{u}\|^2 = \|\mathbf{u}\|^2 + \|\mathbf{v}\|^2 - 2\|\mathbf{u}\|\|\mathbf{v}\|\cos\theta$$

이다. 내적의 법칙에 따라 좌변은

$$\begin{aligned}\|\mathbf{v}-\mathbf{u}\|^2 &= (\mathbf{v}-\mathbf{u})\cdot(\mathbf{v}-\mathbf{u})\\ &= (\mathbf{v}-\mathbf{u})\cdot\mathbf{v} - (\mathbf{v}-\mathbf{u})\cdot\mathbf{u}\\ &= \mathbf{v}\cdot\mathbf{v} - \mathbf{u}\cdot\mathbf{v} - \mathbf{v}\cdot\mathbf{u} + \mathbf{u}\cdot\mathbf{u}\\ &= \|\mathbf{v}\|^2 - 2\mathbf{u}\cdot\mathbf{v} + \|\mathbf{u}\|^2\end{aligned}$$

이고 결과를 코사인법칙을 적용한 식에 대입하면

$$\begin{aligned}\|\mathbf{v}\|^2 - 2\mathbf{u}\cdot\mathbf{v} + \|\mathbf{u}\|^2 &= \|\mathbf{u}\|^2 + \|\mathbf{v}\|^2 - 2\|\mathbf{u}\|\|\mathbf{v}\|\cos\theta\\ -2\mathbf{u}\cdot\mathbf{v} &= -2\|\mathbf{u}\|\|\mathbf{v}\|\cos\theta\\ \cos\theta &= \frac{\mathbf{u}\cdot\mathbf{v}}{\|\mathbf{u}\|\|\mathbf{v}\|}\end{aligned}$$

이다. ■

정리 8.5에서 θ를 알면 내적의 또 다른 공식은 다음과 같이 쓸 수 있다.

$$\mathbf{u}\cdot\mathbf{v} = \|\mathbf{u}\|\|\mathbf{v}\|\cos\theta$$

이 식에서 항상 $\|\mathbf{u}\|>0$, $\|\mathbf{v}\|>0$이므로 $\mathbf{u}\cdot\mathbf{v}$와 $\cos\theta$는 같은 부호이다.

그림 8.25는 두 벡터의 가능한 방향을 나타낸다.

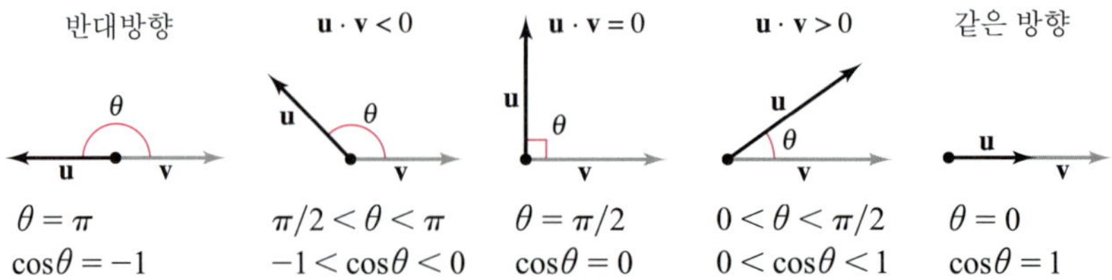

그림 8.25

정리 8.5에서 영벡터가 아닌 두 벡터가 한 점에서 수직으로 만나기 위한 필요충분조건은 내적이 영임을 알 수 있다. 이러한 두 벡터를 **직교**(orthogonal)한다고 말한다.

직교벡터의 정의

$\mathbf{u}\cdot\mathbf{v}=0$이면 두 벡터 $\mathbf{u}$와 $\mathbf{v}$는 직교한다.

학습 팁

영어단어 "perpendicular", "orthogonal", "normal"은 본질적으로 같은 의미이다. 즉 직교한다는 의미이다. 그러나 두 벡터가 직교할 때는 "orthogonal", 직선이나 평면이 직교할 때는 "perpendicular", 하나의 벡터가 주어진 직선이나 평면에 수직일 때는 "normal"을 사용한다.

임의의 $\mathbf{u}$에 대하여 $\mathbf{0}\cdot\mathbf{u}=0$이므로 영벡터는 모든 벡터 $\mathbf{u}$와 직교한다. $0\le\theta\le\pi$일 때 $\cos\theta=0$이기 위한 필요충분조건이 $\theta=\pi/2$이므로 정리 8.5에 따라 영벡터가 아닌 두 벡터가 직교하기 위한 필요충분조건은 두 벡터 사이의 각이 $\pi/2$가 되는 것이다.

예제 2 두 벡터 사이의 각 구하기

벡터 $\mathbf{u}=\langle 3,-1,2\rangle$, $\mathbf{v}=\langle -4,0,2\rangle$, $\mathbf{w}=\langle 1,-1,-2\rangle$, $\mathbf{z}=\langle 2,0,-1\rangle$에 대하여 다음 벡터 사이의 각을 구하여라.

a. $\mathbf{u}$와 $\mathbf{v}$ **b.** $\mathbf{u}$와 $\mathbf{w}$ **c.** $\mathbf{v}$와 $\mathbf{z}$

풀이

a. $\cos\theta=\dfrac{\mathbf{u}\cdot\mathbf{v}}{\|\mathbf{u}\|\|\mathbf{v}\|}=\dfrac{-12+0+4}{\sqrt{14}\sqrt{20}}=\dfrac{-8}{2\sqrt{14}\sqrt{5}}=\dfrac{-4}{\sqrt{70}}$

$\mathbf{u}\cdot\mathbf{v}<0$이므로 $\theta=\arccos\dfrac{-4}{\sqrt{70}}\approx 2.069$ rad이다.

b. $\cos\theta=\dfrac{\mathbf{u}\cdot\mathbf{w}}{\|\mathbf{u}\|\|\mathbf{w}\|}=\dfrac{3+1-4}{\sqrt{14}\sqrt{6}}=\dfrac{0}{\sqrt{84}}=0$

$\mathbf{u}\cdot\mathbf{w}=0$이므로 $\mathbf{u}$와 $\mathbf{w}$는 직교한다. 따라서 $\theta=\pi/2$이다.

c. $\cos\theta=\dfrac{\mathbf{v}\cdot\mathbf{z}}{\|\mathbf{v}\|\|\mathbf{z}\|}=\dfrac{-8+0-2}{\sqrt{20}\sqrt{5}}=\dfrac{-10}{\sqrt{100}}=-1$

그러므로 $\theta=\pi$이다. 실제로 $\mathbf{v}=-2\mathbf{z}$이므로 $\mathbf{v}$와 $\mathbf{z}$는 서로 평행임에 유의하여라. ■

방향코사인

평면벡터의 방향은 양의 x축으로부터 시계반대방향으로 주어진 벡터까지의 각으로 나타내는 것이 편리하다. 영벡터가 아닌 공간벡터 $\mathbf{v}$의 경우 그림 8.26에서와 같이 세 개의 표준단위벡터 $\mathbf{i}$, $\mathbf{j}$, $\mathbf{k}$와의 각으로 방향을 나타내는 것이 편리하다.

α, β, γ를 $\mathbf{v}$의 **방향각**(direction angle), $\cos\alpha$, $\cos\beta$, $\cos\gamma$를 $\mathbf{v}$의 **방향코사인**(direction cosine)이라 한다.

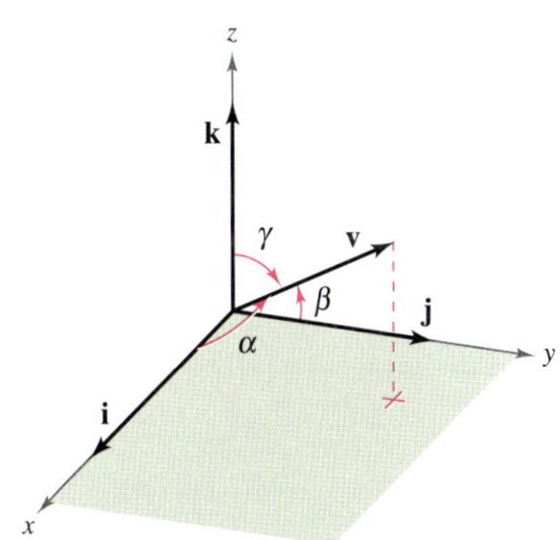

그림 8.26 방향각

$$\mathbf{v}\cdot\mathbf{i}=\|\mathbf{v}\|\|\mathbf{i}\|\cos\alpha=\|\mathbf{v}\|\cos\alpha$$

이고

$$\mathbf{v}\cdot\mathbf{i}=\langle v_1,v_2,v_3\rangle\cdot\langle 1,0,0\rangle=v_1$$

이므로 $\cos\alpha = v_1/\|\mathbf{v}\|$이다. 단위벡터 **j**, **k**에 대하여도 마찬가지로 $\cos\beta$, $\cos\gamma$를 얻는다. 즉

$$\cos\alpha = \frac{v_1}{\|\mathbf{v}\|} \qquad \alpha\text{는 } \mathbf{v}\text{와 } \mathbf{i}\text{ 의 사이의 각}$$

$$\cos\beta = \frac{v_2}{\|\mathbf{v}\|} \qquad \beta\text{는 } \mathbf{v}\text{와 } \mathbf{j}\text{ 의 사이의 각}$$

$$\cos\gamma = \frac{v_3}{\|\mathbf{v}\|} \qquad \gamma\text{는 } \mathbf{v}\text{와 } \mathbf{k}\text{ 의 사이의 각}$$

결국 영벡터가 아닌 벡터 **v**를 정규화한 형태는

$$\frac{\mathbf{v}}{\|\mathbf{v}\|} = \frac{v_1}{\|\mathbf{v}\|}\mathbf{i} + \frac{v_2}{\|\mathbf{v}\|}\mathbf{j} + \frac{v_3}{\|\mathbf{v}\|}\mathbf{k} = \cos\alpha\mathbf{i} + \cos\beta\mathbf{j} + \cos\gamma\mathbf{k}$$

이고 $\mathbf{v}/\|\mathbf{v}\|$는 단위벡터이므로

$$\cos^2\alpha + \cos^2\beta + \cos^2\gamma = 1$$

이다.

예제 3 방향각 구하기

벡터 $\mathbf{v} = 2\mathbf{i} + 3\mathbf{j} + 4\mathbf{k}$의 방향코사인과 방향각을 구하여라. 그리고 $\cos^2\alpha + \cos^2\beta + \cos^2\gamma = 1$임을 확인하여라.

풀이 $\|\mathbf{v}\| = \sqrt{2^2 + 3^2 + 4^2} = \sqrt{29}$이므로

$$\cos\alpha = \frac{v_1}{\|\mathbf{v}\|} = \frac{2}{\sqrt{29}} \Rightarrow \alpha \approx 68.2° \qquad \mathbf{v}\text{와 } \mathbf{i}\text{의 사이의 각}$$

$$\cos\beta = \frac{v_2}{\|\mathbf{v}\|} = \frac{3}{\sqrt{29}} \Rightarrow \beta \approx 56.1° \qquad \mathbf{v}\text{와 } \mathbf{j}\text{의 사이의 각}$$

$$\cos\gamma = \frac{v_3}{\|\mathbf{v}\|} = \frac{4}{\sqrt{29}} \Rightarrow \gamma \approx 42.0° \qquad \mathbf{v}\text{와 } \mathbf{k}\text{의 사이의 각}$$

이고 방향코사인 제곱의 합은

$$\begin{aligned}\cos^2\alpha + \cos^2\beta + \cos^2\gamma &= \frac{4}{29} + \frac{9}{29} + \frac{16}{29}\\ &= \frac{29}{29}\\ &= 1\end{aligned}$$

이다(그림 8.27). ■

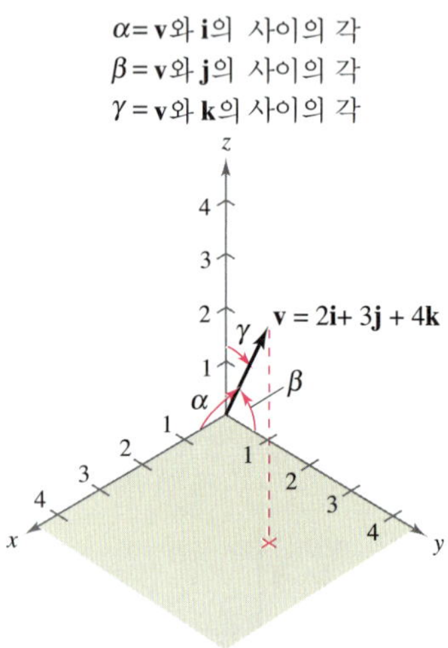

그림 8.27 v의 방향각

정사영과 벡터성분

지금까지는 벡터의 합을 이용하여 문제를 해결하였으나 물리학, 공학에서 주어

진 벡터를 **벡터성분**(vector component)의 합으로 분해하는 역과정으로 문제를 해결하는 경우가 있다.

그림 8.28에서와 같이 경사로에 보트가 있다. 중력에 의한 힘 $\mathbf{F}$는 보트를 뒤로 당기는 힘과 경사로에 작용하는 힘으로 분해할 수 있다. 두 가지 힘 $\mathbf{w}_1$과 $\mathbf{w}_2$는 서로 수직이다. 이 힘들을 $\mathbf{F}$의 벡터성분이라 한다.

$$\mathbf{F} = \mathbf{w}_1 + \mathbf{w}_2$$

힘 $\mathbf{w}_1$과 $\mathbf{w}_2$는 보트에 작용하는 중력의 효과를 분석하는 데 도움이 된다. 예를 들어 $\mathbf{w}_1$은 보트가 뒤로 미끄러지지 않도록 지탱하는 데 필요한 힘을 나타내고 $\mathbf{w}_2$는 보트의 바퀴가 감당하여야 할 힘을 나타낸다.

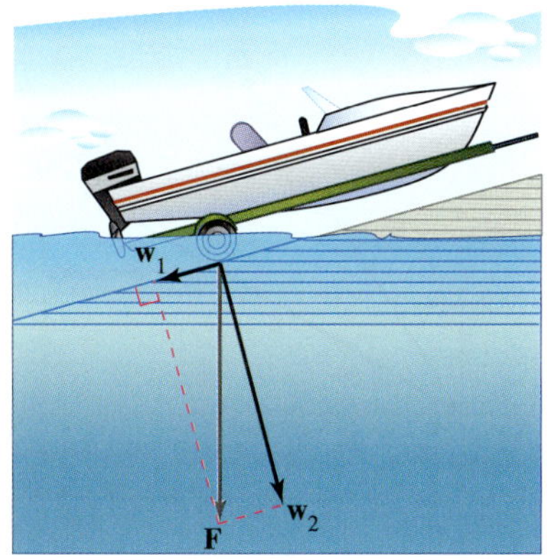

그림 8.28 중력은 보트를 경사로의 반대방향으로 당긴다.

정사영과 벡터성분의 정의

그림 8.29에서와 같이 영벡터가 아닌 두 벡터 $\mathbf{u}$와 $\mathbf{v}$에 대하여 $\mathbf{u} = \mathbf{w}_1 + \mathbf{w}_2$이고 $\mathbf{w}_1$는 $\mathbf{v}$와 평행하며 $\mathbf{w}_2$는 $\mathbf{v}$와 직교한다고 할 때

1. $\mathbf{w}_1$은 **$\mathbf{v}$로의 $\mathbf{u}$의 정사영** 또는 **$\mathbf{v}$로의 $\mathbf{u}$의 벡터성분**이라 하고 $\mathbf{w}_1 = \text{proj}_{\mathbf{v}}\mathbf{u}$로 나타낸다.
2. $\mathbf{w}_2 = \mathbf{u} - \mathbf{w}_1$은 **$\mathbf{v}$에 수직인 $\mathbf{u}$의 벡터성분**이라 한다.

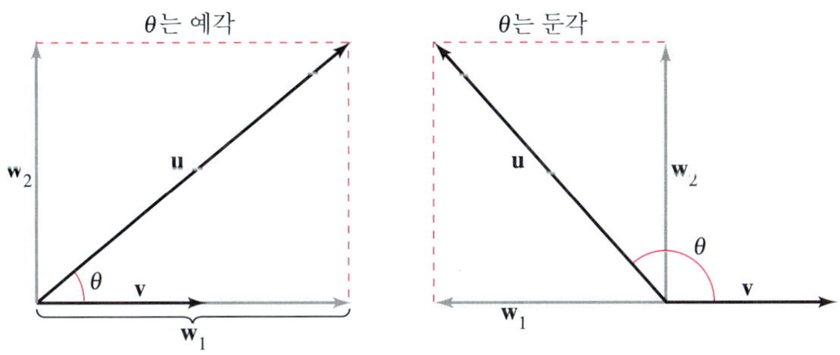

$\mathbf{w}_1 = \text{proj}_{\mathbf{v}}\mathbf{u} = \mathbf{v}$ 로의 $\mathbf{u}$의 정사영 $= \mathbf{v}$ 로의 $\mathbf{u}$의 벡터성분
$\mathbf{w}_2 = \mathbf{v}$ 에 수직인 $\mathbf{u}$의 벡터성분

그림 8.29

예제 4 v에 수직인 u의 벡터성분 구하기

$\mathbf{v} = \langle 2, 3\rangle$에 수직인 $\mathbf{u} = \langle 7, 4\rangle$의 벡터성분을 구하여라. $\mathbf{w}_1 = \text{proj}_{\mathbf{v}}\mathbf{u} = \langle 4, 6\rangle$이고

$$\mathbf{u} = \langle 7, 4\rangle = \mathbf{w}_1 + \mathbf{w}_2$$

이다.

풀이 $\mathbf{u} = \mathbf{w}_1 + \mathbf{w}_2$, $\mathbf{w}_1$는 $\mathbf{v}$에 평행이므로 $\mathbf{w}_2$는 $\mathbf{v}$에 수직인 $\mathbf{u}$의 벡터성분이다. 그러므로

$$\begin{aligned}\mathbf{w}_2 &= \mathbf{u} - \mathbf{w}_1\\ &= \langle 7, 4\rangle - \langle 4, 6\rangle\\ &= \langle 3, -2\rangle\end{aligned}$$

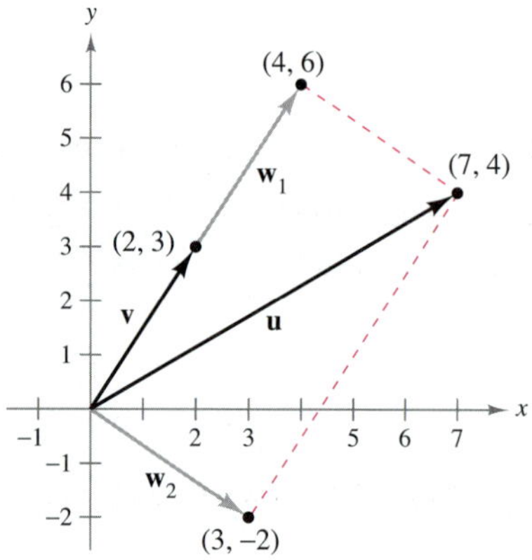

그림 8.30 $\mathbf{u} = \mathbf{w}_1 + \mathbf{w}_2$

학습 팁

두 용어 "성분"과 "벡터성분"을 구분하여야 한다. 예를 들면 표준단위벡터들로 표현된 벡터 $\mathbf{u} = u_1\mathbf{i} + u_2\mathbf{j}$에 대하여 u_1은 $\mathbf{u}$의 $\mathbf{i}$방향의 성분이고 $u_1\mathbf{i}$는 $\mathbf{i}$방향의 벡터 성분이다.

이다. 그림 8.30에서와 같이 $\mathbf{w}_2$가 $\mathbf{v}$에 수직임을 점검하여라. ■

예제 4에서 $\mathbf{u}$의 $\mathbf{v}$로의 정사영 $\mathbf{w}_1$을 알고 있으면 수직벡터성분 $\mathbf{w}_2$를 구하기가 쉽다는 것을 알 수 있다. 아래 정리는 내적을 이용하여 정사영을 구할 수 있음을 소개하고 있다. 이 정리의 증명은 연습문제(24)에 남겨둔다.

정리 8.6 내적을 이용한 정사영

영벡터가 아닌 두 벡터 $\mathbf{u}$와 $\mathbf{v}$에 대하여 $\mathbf{u}$의 $\mathbf{v}$로의 정사영은

$$\text{proj}_{\mathbf{v}}\mathbf{u} = \left(\frac{\mathbf{u}\cdot\mathbf{v}}{\|\mathbf{v}\|^2}\right)\mathbf{v}$$

이다.

$\mathbf{u}$의 $\mathbf{v}$로의 정사영벡터를 $\mathbf{v}$ 방향의 단위벡터의 스칼라곱으로 나타내면

$$\left(\frac{\mathbf{u}\cdot\mathbf{v}}{\|\mathbf{v}\|^2}\right)\mathbf{v} = \left(\frac{\mathbf{u}\cdot\mathbf{v}}{\|\mathbf{v}\|}\right)\frac{\mathbf{v}}{\|\mathbf{v}\|} = (k)\frac{\mathbf{v}}{\|\mathbf{v}\|} \quad \Rightarrow \quad k = \frac{\mathbf{u}\cdot\mathbf{v}}{\|\mathbf{v}\|} = \|\mathbf{u}\|\cos\theta$$

이다. 여기서 스칼라 $\mathbf{k}$를 **$\mathbf{v}$ 방향의 $\mathbf{u}$의 성분**이라 한다.

예제 5 벡터를 벡터성분으로 분해하기

벡터 $\mathbf{u} = 3\mathbf{i} - 5\mathbf{j} + 2\mathbf{k}$와 $\mathbf{v} = 7\mathbf{i} + \mathbf{j} - 2\mathbf{k}$에 대하여 $\mathbf{u}$의 $\mathbf{v}$로의 정사영과 $\mathbf{v}$에 수직인 $\mathbf{u}$의 벡터성분을 구하여라(그림 8.31).

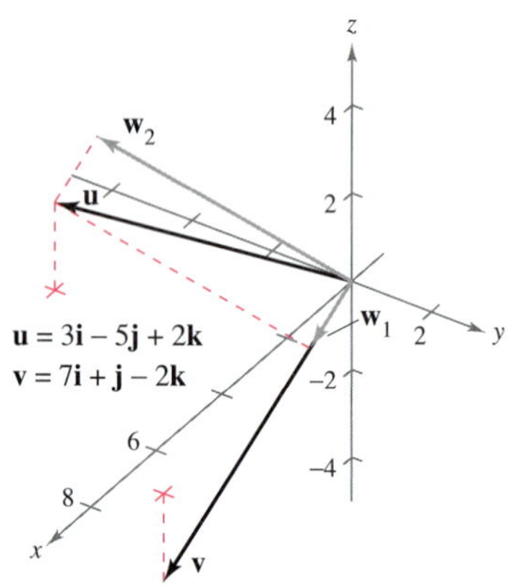

그림 8.31 $\mathbf{u} = \mathbf{w}_1 + \mathbf{w}_2$

풀이 $\mathbf{u}$의 $\mathbf{v}$로의 정사영은

$$\mathbf{w}_1 = \left(\frac{\mathbf{u}\cdot\mathbf{v}}{\|\mathbf{v}\|^2}\right)\mathbf{v} = \left(\frac{12}{54}\right)(7\mathbf{i} + \mathbf{j} - 2\mathbf{k})$$

$$= \frac{14}{9}\mathbf{i} + \frac{2}{9}\mathbf{j} - \frac{4}{9}\mathbf{k}$$

이고 $\mathbf{v}$에 수직인 $\mathbf{u}$의 벡터성분은

$$\mathbf{w}_2 = \mathbf{u} - \mathbf{w}_1 = (3\mathbf{i} - 5\mathbf{j} + 2\mathbf{k}) - \left(\frac{14}{9}\mathbf{i} + \frac{2}{9}\mathbf{j} - \frac{4}{9}\mathbf{k}\right)$$

$$= \frac{13}{9}\mathbf{i} - \frac{47}{9}\mathbf{j} + \frac{22}{9}\mathbf{k}$$

이다. ■

예제 6 힘 구하기

600파운드짜리 보트가 그림 8.32에서와 같이 30°인 경사로에서 끌려 올라가고 있다. 이 보트가 경사로에서 미끄러지지 않으려면 얼마나 큰 힘이 필요한가?

풀이 중력은 수직 아랫방향으로 작용하므로 보트에 작용하는 중력을 $\mathbf{F} = -600\,\mathbf{j}$로 나

타낼 수 있다. 경사로 방향의 단위벡터 **v**는

$$\mathbf{v} = \cos 30°\mathbf{i} + \sin 30°\mathbf{j} = \frac{\sqrt{3}}{2}\mathbf{i} + \frac{1}{2}\mathbf{j}$$

이므로 **F**의 **v**로의 정사영은

$$\begin{aligned}\mathbf{w}_1 = \text{proj}_{\mathbf{v}}\mathbf{F} &= \left(\frac{\mathbf{F}\cdot\mathbf{v}}{\|\mathbf{v}\|^2}\right)\mathbf{v} = (\mathbf{F}\cdot\mathbf{v})\,\mathbf{v}\\ &= (-600)\left(\frac{1}{2}\right)\mathbf{v}\\ &= -300\left(\frac{\sqrt{3}}{2}\mathbf{i} + \frac{1}{2}\mathbf{j}\right)\end{aligned}$$

이다. 힘의 크기가 300파운드이므로 미끄러지지 않게 하는 데 필요한 힘은 300파운드이다. ■

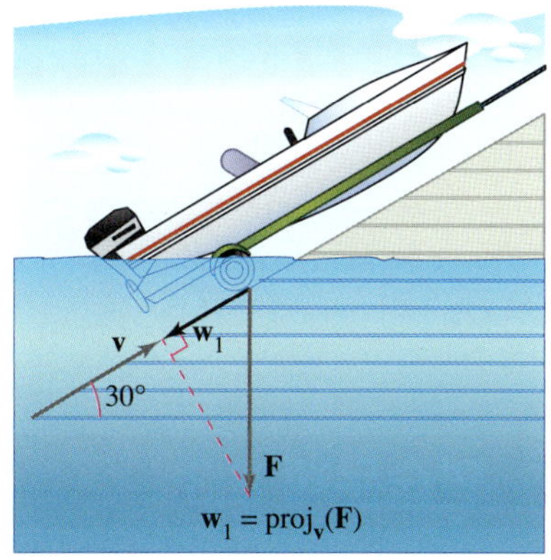

그림 8.32

일

그림 8.33(a)와 같이 직선운동을 하는 물체에 직선방향으로 일정한 힘 **F**가 한 일 W는

$$W = (\text{힘의 크기})\times(\text{거리}) = \|\mathbf{F}\|\,\|\overrightarrow{PQ}\|$$

이고 힘의 방향이 그림 8.33(b)와 같이 직선운동방향이 아니면 이 힘이 한 일은

$$W = \|\text{proj}_{\overrightarrow{PQ}}\mathbf{F}\|\,\|\overrightarrow{PQ}\| = (\cos\theta)\,\|\mathbf{F}\|\,\|\overrightarrow{PQ}\| = \mathbf{F}\cdot\overrightarrow{PQ}$$

이다.

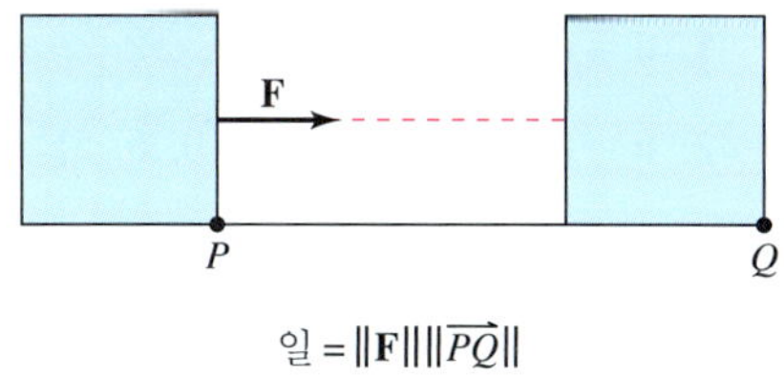

(a) 힘이 직선운동방향으로 작용한다.

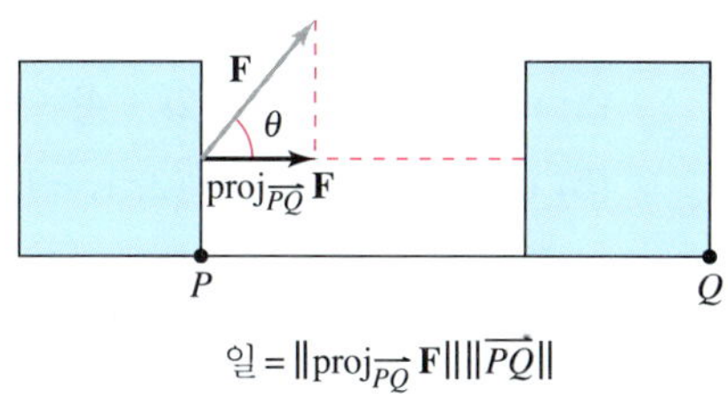

(b) 힘이 직선운동방향과 각 θ를 이루며 작용한다.

그림 8.33

> **일의 정의**
>
> 일정한 힘 **F**의 작용점이 벡터 $\overrightarrow{PQ}$를 따라 움직였을 때 힘 **F**가 한 일 W는 다음 중 하나이다.
>
> **1.** $W = \|\text{proj}_{\overrightarrow{PQ}}\mathbf{F}\|\,\|\overrightarrow{PQ}\|$ 정사영 형태
>
> **2.** $W = \mathbf{F}\cdot\overrightarrow{PQ}$ 내적 형태

예제 7 일 구하기

미끄럼 문을 닫기 위하여 한 사람이 문의 상단에 연결된 로프를 50파운드의 힘으로 일정한 각 60°를 이루며 당겨서 문을 12피트 움직였다(그림 8.34). 이때 일의 양을 구하여라.

그림 8.34

풀이 정사영 형태를 이용하여 일은 다음과 같이 계산한다.

$$\begin{aligned} W &= \|\text{proj}_{\overrightarrow{PQ}}\mathbf{F}\|\,\|\overrightarrow{PQ}\| \\ &= \cos(60°)\,\|\mathbf{F}\|\,\|\overrightarrow{PQ}\| \\ &= \frac{1}{2}(50)(12) \\ &= 300\ \text{ft}\cdot\text{lb} \end{aligned}$$

■

연습문제 8.3

다음에서 (a) $\mathbf{u}\cdot\mathbf{v}$ (b) $\mathbf{u}\cdot\mathbf{u}$ (c) $\|\mathbf{u}\|^2$ (d) $(\mathbf{u}\cdot\mathbf{v})\mathbf{v}$ (e) $\mathbf{u}\cdot(2\mathbf{v})$를 각각 구하여라(1~3).

1. $\mathbf{u}=\langle 5, -1\rangle,\quad \mathbf{v}=\langle -3, 2\rangle$

2. $\mathbf{u}=\langle 2, -3, 4\rangle,\quad \mathbf{v}=\langle 0, 6, 5\rangle$

3. $\mathbf{u}=2\mathbf{i}-\mathbf{j}+\mathbf{k},\quad \mathbf{v}=\mathbf{i}-\mathbf{k}$

4. $\|\mathbf{u}\|=8,\ \|\mathbf{v}\|=5$이고 $\mathbf{u}$와 $\mathbf{v}$ 사이의 각이 $\pi/3$일 때 $\mathbf{u}\cdot\mathbf{v}$를 구하여라.

5. 다음 두 벡터 사이의 각 θ를 구하여라.
(a) $\mathbf{u}=3\mathbf{i}+\mathbf{j},\quad \mathbf{v}=-2\mathbf{i}+4\mathbf{j}$
(b) $\mathbf{u}=\langle 1, 1, 1\rangle,\quad \mathbf{v}=\langle 2, 1, -1\rangle$
(c) $\mathbf{u}=3\mathbf{i}+4\mathbf{j},\quad \mathbf{v}=-2\mathbf{j}+3\mathbf{k}$

6. 다음 $\mathbf{u}$와 $\mathbf{v}$가 직교하는지, 평행하는지, 둘 다 아닌지를 결정하여라.
(a) $\mathbf{u}=\langle 4, 3\rangle,\quad \mathbf{v}=\left\langle \frac{1}{2}, -\frac{2}{3}\right\rangle$
(b) $\mathbf{u}=\mathbf{j}+6\mathbf{k},\quad \mathbf{v}=\mathbf{i}-2\mathbf{j}-\mathbf{k}$
(c) $\mathbf{u}=\langle 2, -3, 1\rangle,\quad \mathbf{v}=\langle -1, -1, -1\rangle$

7. 세 꼭짓점이 다음과 같은 삼각형이 예각삼각형인지, 둔각삼각형인지, 직각삼각형인지 결정하고 이유를 설명하여라.
(a) (1, 2, 0), (0, 0, 0), (−2, 1, 0)
(b) (2, −3, 4), (0, 1, 2), (−1, 2, 0)

8. 다음 $\mathbf{u}$의 방향코사인을 구하고 방향코사인의 제곱의 합이 1이 됨을 보여라.
(a) $\mathbf{u}=\mathbf{i}+2\mathbf{j}+2\mathbf{k}$　　(b) $\mathbf{u}=\langle 0, 6, -4\rangle$

9. 벡터 $\mathbf{u}=3\mathbf{i}+2\mathbf{j}-2\mathbf{k}$의 방향각을 구하여라.

10. 다음에서 $\mathbf{v}$에 수직인 $\mathbf{u}$의 성분을 구하여라($\mathbf{w}_1=\text{proj}_{\mathbf{v}}\mathbf{u}$).

$\mathbf{u}=\langle 6, 7\rangle,\quad \mathbf{v}=\langle 1, 4\rangle,\quad \text{proj}_{\mathbf{v}}\mathbf{u}=\langle 2, 8\rangle$

다음에서 (a) 벡터 $\mathbf{u}$의 $\mathbf{v}$로의 정사영 (b) $\mathbf{v}$에 수직인 $\mathbf{u}$의 벡터성분을 구하여라(11~12).

11. $\mathbf{u}=\langle 2, 3\rangle,\quad \mathbf{v}=\langle 5, 1\rangle$

12. $\mathbf{u}=\langle 2, 1, 2\rangle,\quad \mathbf{v}=\langle 0, 3, 4\rangle$

13. 다음 주어진 조건에서 영벡터가 아닌 두 벡터 $\mathbf{u}$와 $\mathbf{v}$ 사이의 각 θ에 대하여 어떤 사실을 알 수 있는가?
(a) $\mathbf{u}\cdot\mathbf{v}=0$?　　(b) $\mathbf{u}\cdot\mathbf{v}>0$?　　(c) $\mathbf{u}\cdot\mathbf{v}<0$?

14. **(수익)** 벡터 $\mathbf{u}=\langle 3240, 1450, 2235\rangle$는 어떤 패스트푸드 식당에서 일주일에 팔리는 햄버거, 치킨샌드위치, 치즈버거의 수량을 나타낸다. 그리고 벡터 $\mathbf{v}=\langle 1.35, 2.65, 1.85\rangle$는 각 품목의 개당 가격을 나타낸다(단위: 달러). $\mathbf{u}\cdot\mathbf{v}$를 구하고 이것으로부터 얻을 수 있는 정보는 무엇인지를 설명하여라.

15. **(일)** 어떤 물체를 85파운드의 힘을 사용하여 바닥을 가로질러 10피트 끌어 당겼다. 힘의 방향이 수평인 바닥에 대하여 60°를 이룰 때 한 일의 양을 구하여라.

16. **(참, 거짓)** 다음 명제가 참인지 거짓인지 판별하여라. 거짓이면 그 이유를 설명하거나 예를 들어라.

「$\mathbf{u}\cdot\mathbf{v}=\mathbf{u}\cdot\mathbf{w}$이고 $\mathbf{u}\neq\mathbf{0}$이면 $\mathbf{v}=\mathbf{w}$이다.」

17. 정육면체의 한 대각선과 한 변 사이의 각을 구하여라.

18. 두 곡선 $y=x^2$, $y=x^{1/3}$에 대하여 (a) 두 곡선의 교점에서 각 곡선에 대한 단위접선벡터 (b) 각 교점에서의 두 곡선 사이의 각($0\le\theta\le 90°$)을 구하여라.

19. 벡터를 이용하여 마름모꼴의 두 대각선이 직교함을 보여라.

20. **(결합각)** 정사면체 꼭짓점이 $(0, 0, 0)$, $(k, k, 0)$, $(k, 0, k)$, $(0, k, k)$이다(k: 양의 실수).
(a) 정사면체의 그래프를 그려라.
(b) 각 변의 길이를 구하여라.

(c) 두 변 사이의 각을 구하여라.

(d) 무게중심 $(k/2,\ k/2,\ k/2)$에서 두 꼭짓점으로의 각을 구하여라. 이 각은 CH_4 또는 $PbCl_4$ 분자의 결합각이다. 분자들의 구조는 정사면체이다.

21. $\|\mathbf{u}-\mathbf{v}\|^2=\|\mathbf{u}\|^2+\|\mathbf{v}\|^2-2\mathbf{u}\cdot\mathbf{v}$임을 증명하여라.

22. **(코시-슈바르츠 부등식)** $|\mathbf{u}\cdot\mathbf{v}|\le\|\mathbf{u}\|\|\mathbf{v}\|$를 증명하여라.

23. 삼각부등식 $\|\mathbf{u}+\mathbf{v}\|\le\|\mathbf{u}\|+\|\mathbf{v}\|$를 증명하여라.

24. 정리 8.6을 증명하여라.

8.4 공간에서 두 벡터의 외적

■ 공간에서 두 벡터의 외적 구하기
■ 공간에서 세 벡터의 스칼라삼중적 이용하기

외적

물리학, 공학, 기하학의 응용분야에서 두 벡터에 동시에 수직인 벡터의 개념이 활용되고 있다. 이 절에서는 이러한 수직벡터가 주어지는 벡터곱을 다룬다. 이 벡터곱을 **외적**(cross product)이라고 하는데 표준단위벡터를 이용하여 정의하는 것이 가장 편리하고 계산도 간단하다. 외적의 결과는 벡터이므로 **벡터곱**(vector product)라고도 한다.

두 공간벡터의 외적에 대한 정의

두 벡터 $\mathbf{u}=u_1\mathbf{i}+u_2\mathbf{j}+u_3\mathbf{k},\ \mathbf{v}=v_1\mathbf{i}+v_2\mathbf{j}+v_3\mathbf{k}$의 외적은

$$\mathbf{u}\times\mathbf{v}=(u_2v_3-u_3v_2)\mathbf{i}-(u_1v_3-u_3v_1)\mathbf{j}+(u_1v_2-u_2v_1)\mathbf{k}$$

이다.

학습 팁

이 정의는 공간벡터에만 적용되는 것에 유의하여라. 평면벡터들에 대해서는 외적이 정의되지 않는다.

$\mathbf{u}\times\mathbf{v}$를 계산하는 방법은 행렬식의 여인자전개를 이용하면 편리하다(3×3 행렬식으로 표현한 것은 외적 계산을 돕기 위한 것이다. 정방행렬의 모든 성분이 실수가 아니므로 실제로는 행렬식이 아니다). $\mathbf{u}$는 2행으로, $\mathbf{v}$는 3행으로 한다.

$$\mathbf{u}\times\mathbf{v}=\begin{vmatrix}\mathbf{i}&\mathbf{j}&\mathbf{k}\\u_1&u_2&u_3\\v_1&v_2&v_3\end{vmatrix}$$

$$=\begin{vmatrix}\mathbf{i}&\mathbf{j}&\mathbf{k}\\u_1&u_2&u_3\\v_1&v_2&v_3\end{vmatrix}\mathbf{i}-\begin{vmatrix}\mathbf{i}&\mathbf{j}&\mathbf{k}\\u_1&u_2&u_3\\v_1&v_2&v_3\end{vmatrix}\mathbf{j}+\begin{vmatrix}\mathbf{i}&\mathbf{j}&\mathbf{k}\\u_1&u_2&u_3\\v_1&v_2&v_3\end{vmatrix}\mathbf{k}$$

$$=\begin{vmatrix}u_2&u_3\\v_2&v_3\end{vmatrix}\mathbf{i}-\begin{vmatrix}u_1&u_3\\v_1&v_3\end{vmatrix}\mathbf{j}+\begin{vmatrix}u_1&u_2\\v_1&v_2\end{vmatrix}\mathbf{k}$$

$$= (u_2v_3 - u_3v_2)\mathbf{i} - (u_1v_3 - u_3v_1)\mathbf{j} + (u_1v_2 - u_2v_1)\mathbf{k}$$

j 성분 앞의 음의 부호에 유의하여라. 각각의 2×2 행렬식은 다음과 같이 대각 성분의 곱의 차로 계산된다.

$$\begin{vmatrix} a & b \\ c & d \end{vmatrix} = ad - bc$$

예를 들면

$$\begin{vmatrix} 2 & 4 \\ 3 & -1 \end{vmatrix} = (2)(-1) - (4)(3) = -2 - 12 = -14$$

$$\begin{vmatrix} 4 & 0 \\ -6 & 3 \end{vmatrix} = (4)(3) - (0)(-6) = 12$$

이다.

예제 1 외적 구하기

두 벡터 $\mathbf{u} = \mathbf{i} - 2\mathbf{j} + \mathbf{k}$, $\mathbf{v} = 3\mathbf{i} + \mathbf{j} - 2\mathbf{k}$에 대하여 다음을 구하여라.

a. $\mathbf{u} \times \mathbf{v}$ **b.** $\mathbf{v} \times \mathbf{u}$ **c.** $\mathbf{v} \times \mathbf{v}$

풀이

a. $$\mathbf{u} \times \mathbf{v} = \begin{vmatrix} \mathbf{i} & \mathbf{j} & \mathbf{k} \\ 1 & -2 & 1 \\ 3 & 1 & -2 \end{vmatrix} = \begin{vmatrix} -2 & 1 \\ 1 & -2 \end{vmatrix}\mathbf{i} - \begin{vmatrix} 1 & 1 \\ 3 & -2 \end{vmatrix}\mathbf{j} + \begin{vmatrix} 1 & -2 \\ 3 & 1 \end{vmatrix}\mathbf{k}$$

$$= (4-1)\mathbf{i} - (-2-3)\mathbf{j} + (1+6)\mathbf{k}$$

$$= 3\mathbf{i} + 5\mathbf{j} + 7\mathbf{k}$$

b. $$\mathbf{v} \times \mathbf{u} = \begin{vmatrix} \mathbf{i} & \mathbf{j} & \mathbf{k} \\ 3 & 1 & -2 \\ 1 & -2 & 1 \end{vmatrix} = \begin{vmatrix} 1 & -2 \\ -2 & 1 \end{vmatrix}\mathbf{i} - \begin{vmatrix} 3 & -2 \\ 1 & 1 \end{vmatrix}\mathbf{j} + \begin{vmatrix} 3 & 1 \\ 1 & -2 \end{vmatrix}\mathbf{k}$$

$$= (1-4)\mathbf{i} - (3+2)\mathbf{j} + (-6-1)\mathbf{k}$$

$$= -3\mathbf{i} - 5\mathbf{j} - 7\mathbf{k}$$

이 결과는 (a)와 부호가 반대임에 유의하여라.

c. $$\mathbf{v} \times \mathbf{v} = \begin{vmatrix} \mathbf{i} & \mathbf{j} & \mathbf{k} \\ 3 & 1 & -2 \\ 3 & 1 & -2 \end{vmatrix} = \mathbf{0}$$ ■

예제 1에서 $\mathbf{u} \times \mathbf{v} = -(\mathbf{v} \times \mathbf{u})$, $\mathbf{v} \times \mathbf{v} = \mathbf{0}$인 대수적 성질이 성립함을 알 수 있다. 이러한 성질을 정리하면 다음과 같다.

외적의 기하학적 성질

세 쌍의 벡터가 아래에 주어져 있다. 각 쌍의 외적을 정의에 따라 구하고 삼차원 좌표공간 내에 세 벡터를 그리고, 세 벡터 사이의 관계를 살펴보아라.

관찰에 기초하여 $\mathbf{u}$, $\mathbf{v}$, $\mathbf{u} \times \mathbf{v}$의 관계를 예측하여라.

a. $\mathbf{u} = \langle 3, 0, 3 \rangle$, $\mathbf{v} = \langle 3, 0, -3 \rangle$

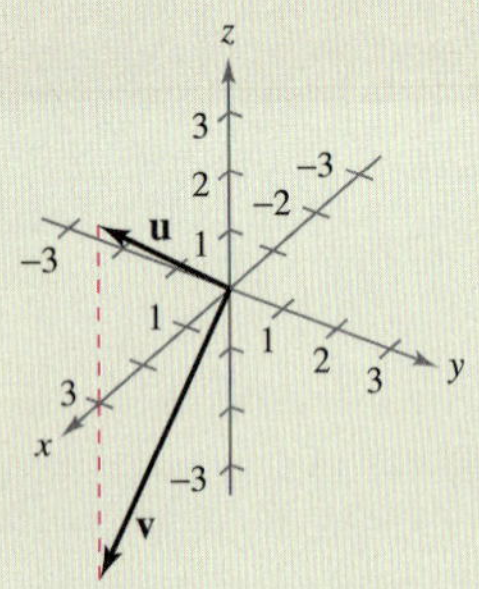

b. $\mathbf{u} = \langle 0, 3, 3 \rangle$, $\mathbf{v} = \langle 0, -3, 3 \rangle$

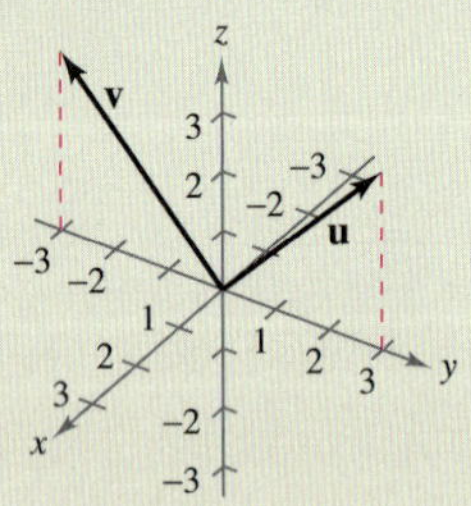

c. $\mathbf{u} = \langle 3, 3, 0 \rangle$, $\mathbf{v} = \langle 3, -3, 0 \rangle$

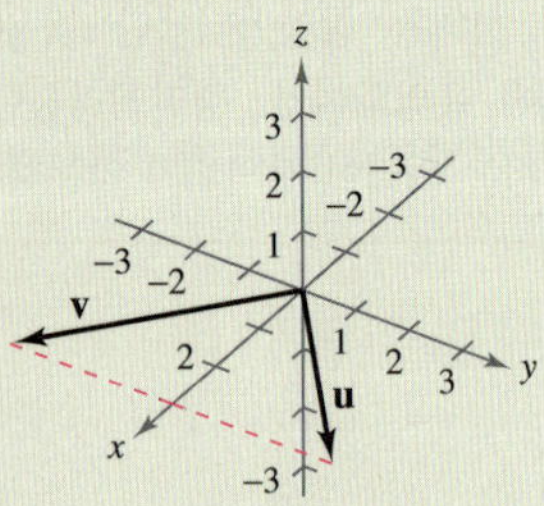

벡터의 내적과 외적의 기호

벡터의 내적과 외적을 나타내는 기호는 미국 물리학자 깁스(Josiah Willard Gibbs, 1839~1903)가 처음 도입하였다. 1880년 대 초에 깁스는 "벡터 해석"이라는 물리적 양을 표현하는 체계를 구축하였다. 이 체계는 해밀턴의 사원수 이론의 출발이 되었다.

정리 8.7 외적의 대수적 성질

u, **v**, **w**는 공간벡터이고 c는 스칼라일 때 다음이 성립한다.

1. $\mathbf{u}\times\mathbf{v}=-(\mathbf{v}\times\mathbf{u})$

2. $\mathbf{u}\times(\mathbf{v}+\mathbf{w})=(\mathbf{u}\times\mathbf{v})+(\mathbf{u}\times\mathbf{w})$

3. $c(\mathbf{u}\times\mathbf{v})=(c\mathbf{u})\times\mathbf{v}=\mathbf{u}\times(c\mathbf{v})$

4. $\mathbf{u}\times\mathbf{0}=\mathbf{0}\times\mathbf{u}=\mathbf{0}$

5. $\mathbf{u}\times\mathbf{u}=\mathbf{0}$

6. $\mathbf{u}\cdot(\mathbf{v}\times\mathbf{w})=(\mathbf{u}\times\mathbf{v})\cdot\mathbf{w}$

[증명] **1.** $\mathbf{u}=u_1\mathbf{i}+u_2\mathbf{j}+u_3\mathbf{k}$, $\mathbf{v}=v_1\mathbf{i}+v_2\mathbf{j}+v_3\mathbf{k}$라 하면

$$\mathbf{u}\times\mathbf{v}=(u_2v_3-u_3v_2)\mathbf{i}-(u_1v_3-u_3v_1)\mathbf{j}+(u_1v_2-u_2v_1)\mathbf{k}$$

이고

$$\mathbf{v}\times\mathbf{u}=(v_2u_3-v_3u_2)\mathbf{i}-(v_1u_3-v_3u_1)\mathbf{j}+(v_1u_2-v_2u_1)\mathbf{k}$$

이다. 그러므로 $\mathbf{u}\times\mathbf{v}=-(\mathbf{v}\times\mathbf{u})$이다.

성질 2, 3, 5, 6의 증명은 연습문제(15a~d)에 남겨둔다. ■

정리 8.7의 1에서 $\mathbf{u}\times\mathbf{v}$와 $\mathbf{v}\times\mathbf{u}$는 크기가 같고 방향이 반대이므로 외적에서 교환법칙은 성립하지 않는다. 다음 정리는 두 벡터의 외적의 기하학적 성질 몇 가지를 소개한 것이다.

정리 8.8 외적의 기하학적 성질

u와 **v**는 영벡터가 아닌 공간벡터이고 θ는 **u**와 **v**의 사이의 각일 때

1. $\mathbf{u}\times\mathbf{v}$는 **u**와 **v**에 모두 수직이다.

2. $\|\mathbf{u}\times\mathbf{v}\|=\|\mathbf{u}\|\|\mathbf{v}\|\sin\theta$

3. $\mathbf{u}\times\mathbf{v}=\mathbf{0}$이기 위한 필요충분조건은 **u**와 **v**는 서로의 스칼라곱이다.

4. $\|\mathbf{u}\times\mathbf{v}\|$는 **u**와 **v**가 이웃하는 두 변인 평행사변형의 넓이이다.

학습 팁

정리 8.8의 성질 1, 2에 따라 벡터 **n**이 **u**와 **v**에 동시에 수직인 단위벡터이면

$$\mathbf{u}\times\mathbf{v}=\pm(\|\mathbf{u}\|\|\mathbf{v}\|\sin\theta)\,\mathbf{n}$$

이다.

[증명] **2.** $\cos\theta=(\mathbf{u}\cdot\mathbf{v})/(\|\mathbf{u}\|\|\mathbf{v}\|)$이므로

$$\begin{aligned}\|\mathbf{u}\|\|\mathbf{v}\|\sin\theta&=\|\mathbf{u}\|\|\mathbf{v}\|\sqrt{1-\cos^2\theta}\\&=\|\mathbf{u}\|\|\mathbf{v}\|\sqrt{1-\frac{(\mathbf{u}\cdot\mathbf{v})^2}{\|\mathbf{u}\|^2\|\mathbf{v}\|^2}}\\&=\sqrt{\|\mathbf{u}\|^2\|\mathbf{v}\|^2-(\mathbf{u}\cdot\mathbf{v})^2}\\&=\sqrt{(u_1^2+u_2^2+u_3^2)(v_1^2+v_2^2+v_3^2)-(u_1v_1+u_2v_2+u_3v_3)^2}\\&=\sqrt{(u_2v_3-u_3v_2)^2+(u_1v_3-u_3v_1)^2+(u_1v_2-u_2v_1)^2}\\&=\|\mathbf{u}\times\mathbf{v}\|\end{aligned}$$

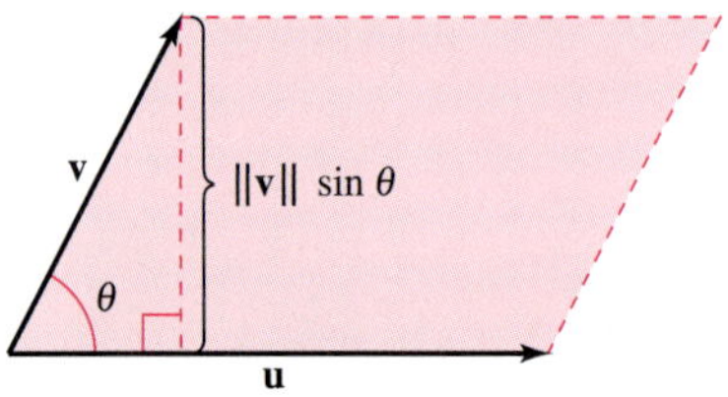

그림 8.35 벡터 **u**와 **v**는 한 평행사변형에서 이웃하는 두 변이다.

이다.

4. 그림 8.35에서 **u**와 **v**가 이웃하는 두 변인 평행사변형의 높이는 $\|\mathbf{v}\|\sin\theta$이므로

$$
\begin{aligned}
\text{넓이} &= (\text{밑변의 길이})(\text{높이}) \\
&= \|\mathbf{u}\|\|\mathbf{v}\|\sin\theta \\
&= \|\mathbf{u}\times\mathbf{v}\|
\end{aligned}
$$

이다. 성질 1, 3의 증명은 연습문제 15(e), (f)에 남겨둔다. ■

$\mathbf{u}\times\mathbf{v}$, $\mathbf{v}\times\mathbf{u}$는 둘 다 **u**와 **v**로 결정되는 평면에 수직이다. 벡터 **u**, **v**, $\mathbf{u}\times\mathbf{v}$의 방향을 기억하기 위한 방법은 이들을 그림 8.36에서와 같이 단위벡터 **i**, **j**, $\mathbf{k}=\mathbf{i}\times\mathbf{j}$와 비교하면 된다. 세 벡터 **u**, **v**, $\mathbf{u}\times\mathbf{v}$는 오른손 좌표계를 이루고 세 벡터 **u**, **v**, $\mathbf{v}\times\mathbf{u}$는 왼손 좌표계를 이룬다.

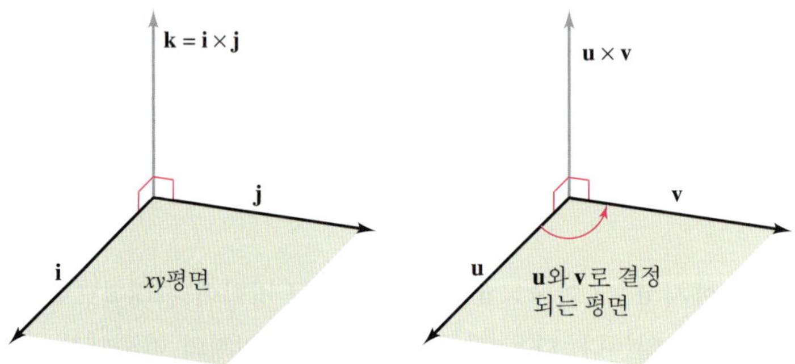

그림 8.36 오른손 좌표계

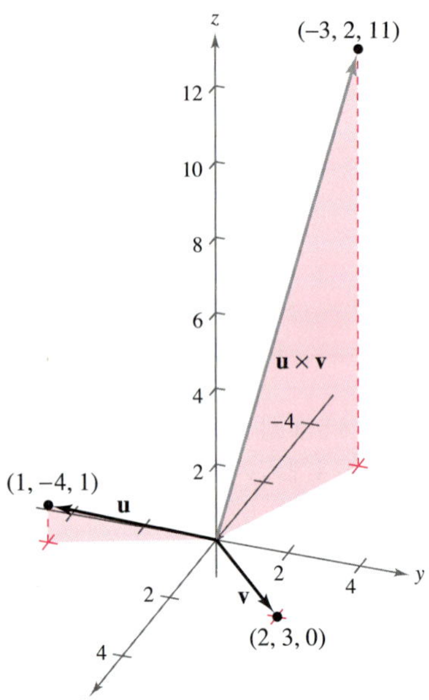

그림 8.37 벡터 $\mathbf{u}\times\mathbf{v}$는 **u**와 **v**에 모두 수직이다.

학습 팁

예제 2에서 **u**와 **v**에 모두 수직인 단위벡터를 구하는 데 외적 $\mathbf{v}\times\mathbf{u}$를 사용하는 것에 유의하여라. 그러면 예제의 단위벡터는 음의 단위벡터를 얻게 된다.

예제 2 외적 이용하기

$\mathbf{u}=\mathbf{i}-4\mathbf{j}+\mathbf{k}$와 $\mathbf{v}=2\mathbf{i}+3\mathbf{j}$에 수직인 단위벡터를 구하여라.

풀이 외적 $\mathbf{u}\times\mathbf{v}$는 **u**와 **v**에 수직이므로(그림 8.37)

$$
\begin{aligned}
\mathbf{u}\times\mathbf{v} &= \begin{vmatrix} \mathbf{i} & \mathbf{j} & \mathbf{k} \\ 1 & -4 & 1 \\ 2 & 3 & 0 \end{vmatrix} \\
&= -3\mathbf{i}+2\mathbf{j}+11\mathbf{k}
\end{aligned}
$$

이고

$$\|\mathbf{u}\times\mathbf{v}\| = \sqrt{(-3)^2+2^2+11^2} = \sqrt{134}$$

이므로 **u**와 **v**에 수직인 단위벡터는

$$\frac{\mathbf{u}\times\mathbf{v}}{\|\mathbf{u}\times\mathbf{v}\|} = -\frac{3}{\sqrt{134}}\mathbf{i}+\frac{2}{\sqrt{134}}\mathbf{j}+\frac{11}{\sqrt{134}}\mathbf{k}$$

이다. ■

예제 3 외적의 기하학적 응용

다음 네 점이 꼭짓점인 사각형은 평행사변형임을 보이고 그 넓이를 구하여라.

$A=(5,\ 2,\ 0)\qquad B=(2,\ 6,\ 1)$
$C=(2,\ 4,\ 7)\qquad D=(5,\ 0,\ 6)$

풀이 사변형의 네 변을 벡터로 나타내면(그림 8.38)

$$\overrightarrow{AB}=-3\mathbf{i}+4\mathbf{j}+\mathbf{k}\qquad \overrightarrow{CD}=3\mathbf{i}-4\mathbf{j}-\mathbf{k}=-\overrightarrow{AB}$$
$$\overrightarrow{AD}=0\mathbf{i}-2\mathbf{j}+6\mathbf{k}\qquad \overrightarrow{CB}=0\mathbf{i}+2\mathbf{j}-6\mathbf{k}=-\overrightarrow{AD}$$

이다. $\overrightarrow{AB}$와 $\overrightarrow{CD}$, $\overrightarrow{AD}$와 $\overrightarrow{CB}$가 평행이므로 이 사각형은 평행사변형이다. $\overrightarrow{AB}$와 $\overrightarrow{AD}$가 이웃하는 두 변이고

$$\overrightarrow{AB}\times\overrightarrow{AD}=\begin{vmatrix}\mathbf{i} & \mathbf{j} & \mathbf{k}\\ -3 & 4 & 1\\ 0 & -2 & 6\end{vmatrix}$$
$$=26\mathbf{i}+18\mathbf{j}+6\mathbf{k}$$

이므로 평행사변형의 넓이는

$$\|\overrightarrow{AB}\times\overrightarrow{AD}\|=\sqrt{1036}\approx 32.19$$

이다. 평행사변형이 직사각형인지 아닌지 궁금할 수 있다. 이 의문은 두 벡터 $\overrightarrow{AB}$와 $\overrightarrow{AD}$의 사이의 각을 조사하여 해소할 수 있다. ■

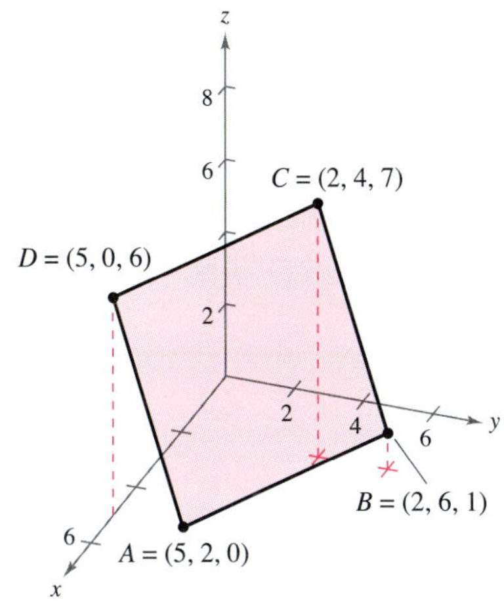

그림 8.38 평행사변형의 넓이는 약 32.19이다.

물리학에서는 외적이 **회전력**(torque), 즉 그림 8.39에서와 같이 한 점 P에 대한 힘 $\mathbf{F}$의 모멘트 $\mathbf{M}$을 측정하는 데 사용된다. 힘의 작용점이 Q이면 점 P에 대한 힘 $\mathbf{F}$의 모멘트는

$$\mathbf{M}=\overrightarrow{PQ}\times\mathbf{F}$$

이다. 모멘트 $\mathbf{M}$의 크기는 벡터 $\overrightarrow{PQ}$가 벡터 $\mathbf{M}$ 방향의 축을 중심으로 시계반대방향(오른손법칙)으로 회전하려는 정도의 측정값이다.

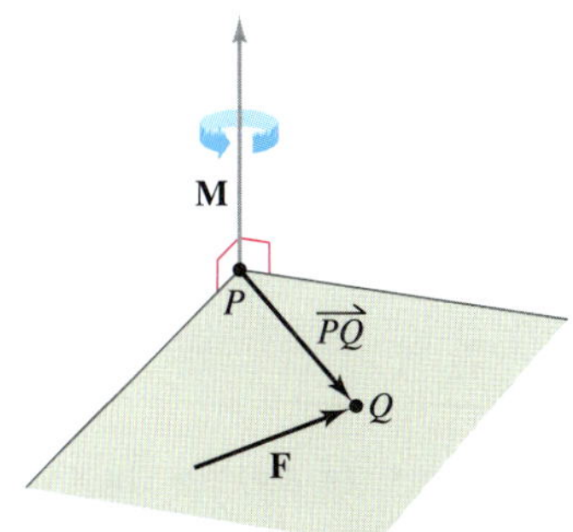

그림 8.39 점 P 주위로 $\mathbf{F}$의 모멘트

예제 4 외적의 응용

그림 8.40에서와 같이 수직방향으로 50파운드의 힘이 점 P에 위치한 차축에 연결된 길이가 1피트인 레버의 한 끝에 작용하고 있다. 각 $\theta=60°$일 때 점 P에 대한 힘의 모멘트를 구하여라.

풀이 50파운드 힘을 $\mathbf{F}=-50\mathbf{k}$로 나타내고 레버를

$$\overrightarrow{PQ}=\cos(60°)\,\mathbf{j}+\sin(60°)\,\mathbf{k}=\frac{1}{2}\mathbf{j}+\frac{\sqrt{3}}{2}\mathbf{k}$$

로 나타내면 P에 대한 힘 $\mathbf{F}$의 모멘트는

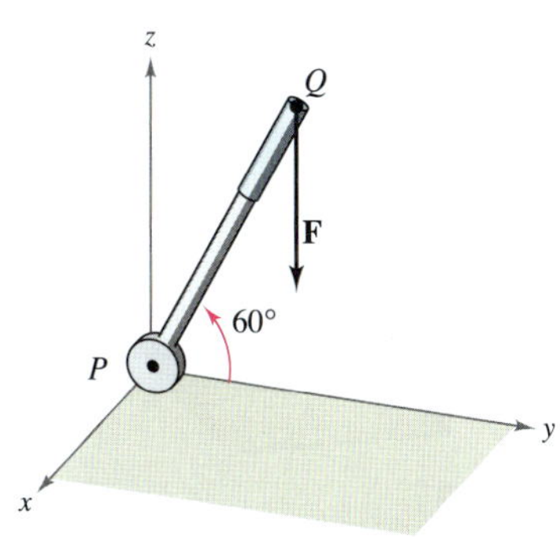

그림 8.40 50파운드의 힘이 수직으로 점 Q에 작용하고 있다.

학습 팁

예제 4에서 모멘트(레버가 축 주위로 회전하려는 경향)는 각 θ에 달려 있음에 유의하여라. $\theta = \frac{\pi}{2}$이면 모멘트는 $\mathbf{0}$이고 $\theta = 0$일 때 모멘트는 최대가 된다.

$$\mathbf{M} = \overrightarrow{PQ} \times \mathbf{F} = \begin{vmatrix} \mathbf{i} & \mathbf{j} & \mathbf{k} \\ 0 & \frac{1}{2} & \frac{\sqrt{3}}{2} \\ 0 & 0 & -50 \end{vmatrix} = -25\mathbf{i}$$

이고 모멘트의 크기는 25피트-파운드이다. ■

스칼라삼중적

벡터 $\mathbf{u}$, $\mathbf{v}$, $\mathbf{w}$에 대하여 $\mathbf{u}$와 $\mathbf{v} \times \mathbf{w}$의 내적

$$\mathbf{u} \cdot (\mathbf{v} \times \mathbf{w})$$

를 **스칼라삼중적**(triple scalar product)이라 하는데 다음 정리 8.9와 같이 정의된다. 이 정리의 증명은 연습문제(14)에 남겨둔다.

더 알아보기

우주왕복선에서 로봇팔의 회전력(torque)을 모델화하기 위하여 벡터의 외적이 사용되었는데, 자세한 내용은 *The College Mathematics Journal*에 실린 Ethan Berkove와 Rich Marchand의 논문 "The Long Arm of Calculus"에 있다. 이 논문을 보려면 웹사이트 www.matharticles.com을 방문하여라.

정리 8.9 스칼라삼중적

$\mathbf{u} = u_1\mathbf{i} + u_2\mathbf{j} + u_3\mathbf{k}$, $\mathbf{v} = v_1\mathbf{i} + v_2\mathbf{j} + v_3\mathbf{k}$, $\mathbf{w} = w_1\mathbf{i} + w_2\mathbf{j} + w_3\mathbf{k}$에 대하여 스칼라삼중적은

$$\mathbf{u} \cdot (\mathbf{v} \times \mathbf{w}) = \begin{vmatrix} u_1 & u_2 & u_3 \\ v_1 & v_2 & v_3 \\ w_1 & w_2 & w_3 \end{vmatrix}$$

이다.

학습 팁

행렬식에서 두 개의 행을 바꾸면 행렬식에 −1을 곱한 것과 같다. 행의 교환이 두 번 일어나면 행렬식의 값은 변화가 없다. 그러므로 다음 삼중곱은 같다.

$$\mathbf{u} \cdot (\mathbf{v} \times \mathbf{w}) = \mathbf{v} \cdot (\mathbf{w} \times \mathbf{u}) = \mathbf{w} \cdot (\mathbf{u} \times \mathbf{v})$$

세 벡터 $\mathbf{u}$, $\mathbf{v}$, $\mathbf{w}$가 같은 평면에 존재하지 않으면 스칼라삼중적 $\mathbf{u} \cdot (\mathbf{v} \times \mathbf{w})$는 $\mathbf{u}$, $\mathbf{v}$, $\mathbf{w}$를 이웃하는 변으로 갖는 평행육면체(모든 면이 평행사변형인 다면체)의 부피를 구하는 데 사용된다.

정리 8.10 스칼라삼중적의 기하학적 성질

$\mathbf{u}$, $\mathbf{v}$, $\mathbf{w}$가 이웃하는 변인 평행육면체의 부피는

$$V = |\mathbf{u} \cdot (\mathbf{v} \times \mathbf{w})|$$

이다.

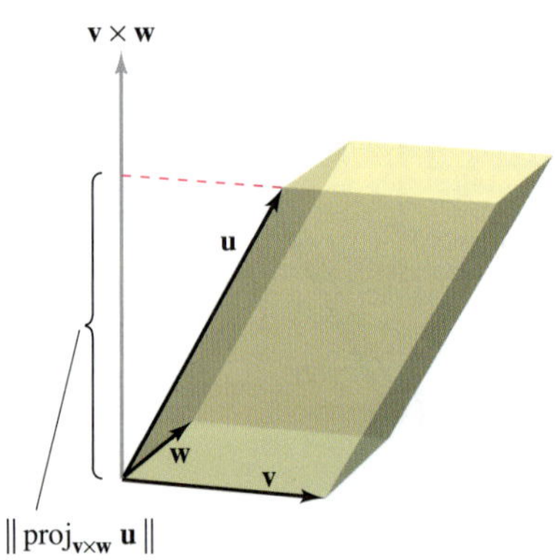

그림 8.41 밑면의 넓이 $= \|\mathbf{v} \times \mathbf{w}\|$ 평행육면체의 부피 $= |\mathbf{u} \cdot (\mathbf{v} \times \mathbf{w})|$

[증명] 그림 8.41에서

$$\|\mathbf{v} \times \mathbf{w}\| = \text{밑면의 넓이}$$

$$\|\text{proj}_{\mathbf{v} \times \mathbf{w}}\mathbf{u}\| = \text{평행육면체의 높이}$$

이므로

$$\begin{aligned} V &= (\text{높이})(\text{밑면의 넓이}) = \|\text{proj}_{\mathbf{v}\times\mathbf{w}}\mathbf{u}\|\|\mathbf{v}\times\mathbf{w}\| \\ &= \left|\frac{\mathbf{u}\cdot(\mathbf{v}\times\mathbf{w})}{\|\mathbf{v}\times\mathbf{w}\|}\right|\|\mathbf{v}\times\mathbf{w}\| \\ &= |\mathbf{u}\cdot(\mathbf{v}\times\mathbf{w})| \end{aligned}$$

이다. ■

> **학습 팁**
>
> 정리 8.10에 따라 평행육면체의 부피가 0이기 위한 필요충분조건은 세 벡터가 같은 평면에 있는 것이다. 즉 $\mathbf{u} = u_1\mathbf{i} + u_2\mathbf{j} + u_3\mathbf{k}$, $\mathbf{v} = v_1\mathbf{i} + v_2\mathbf{j} + v_3\mathbf{k}$, $\mathbf{w} = w_1\mathbf{i} + w_2\mathbf{j} + w_3\mathbf{k}$가 시점이 같으면 이들이 같은 평면에 존재하기 위한 필요충분조건은
>
> $$\mathbf{u}\cdot(\mathbf{v}\times\mathbf{w}) = \begin{vmatrix} u_1 & u_2 & u_3 \\ v_1 & v_2 & v_3 \\ w_1 & w_2 & w_3 \end{vmatrix} = 0$$
>
> 이다.

예제 5 삼중곱으로 구한 부피

벡터 $\mathbf{u} = 3\mathbf{i} - 5\mathbf{j} + \mathbf{k}$, $\mathbf{v} = 2\mathbf{j} - 2\mathbf{k}$, $\mathbf{w} = 3\mathbf{i} + \mathbf{j} + \mathbf{k}$가 이웃하는 세 변인 평행육면체의 부피를 구하여라(그림 8.42).

풀이 정리 8.10에 따라 부피는

스칼라삼중적

$$\begin{aligned} V &= |\mathbf{u}\cdot(\mathbf{v}\times\mathbf{w})| \\ &= \left|\begin{vmatrix} 3 & -5 & 1 \\ 0 & 2 & -2 \\ 3 & 1 & 1 \end{vmatrix}\right| \\ &= \left|3\begin{vmatrix} 2 & -2 \\ 1 & 1 \end{vmatrix} - (-5)\begin{vmatrix} 0 & -2 \\ 3 & 1 \end{vmatrix} + (1)\begin{vmatrix} 0 & 2 \\ 3 & 1 \end{vmatrix}\right| \\ &= |3(4) + 5(6) + 1(-6)| \\ &= 36 \end{aligned}$$

이다. ■

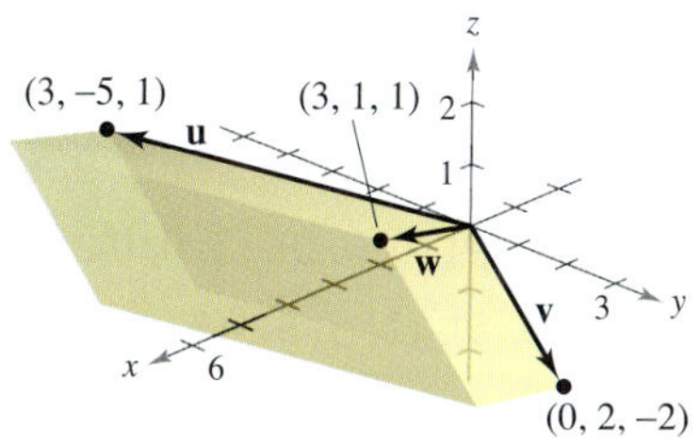

그림 8.42 평행육면체의 부피는 36이다.

연습문제 8.4

1. 다음 단위벡터들의 외적을 구하고 결과를 그림으로 나타내어라.

(a) $\mathbf{j}\times\mathbf{i}$ (b) $\mathbf{j}\times\mathbf{k}$ (c) $\mathbf{i}\times\mathbf{k}$

다음에서 (a) $\mathbf{u}\times\mathbf{v}$ (b) $\mathbf{v}\times\mathbf{u}$ (c) $\mathbf{v}\times\mathbf{v}$를 각각 구하여라(2~3).

2. $\mathbf{u} = -2\mathbf{i} + 3\mathbf{j} + 4\mathbf{k}$, $\mathbf{v} = 3\mathbf{i} + 7\mathbf{j} + 2\mathbf{k}$

3. $\mathbf{u} = \langle 7, 3, 2\rangle$, $\mathbf{v} = \langle 1, -1, 5\rangle$

4. 다음에서 $\mathbf{u}\times\mathbf{v}$를 계산하고 $\mathbf{u}$와 $\mathbf{v}$에 모두 수직임을 보여라.

(a) $\mathbf{u} = \langle 2, -3, 1\rangle$, $\mathbf{v} = \langle 1, -2, 1\rangle$

(b) $\mathbf{u} = \langle 12, -3, 0\rangle$, $\mathbf{v} = \langle -2, 5, 0\rangle$

(c) $\mathbf{u} = \mathbf{i} + \mathbf{j} + \mathbf{k}$, $\mathbf{v} = 2\mathbf{i} + \mathbf{j} - \mathbf{k}$

5. 다음에서 컴퓨터 대수시스템으로 $\mathbf{u}\times\mathbf{v}$를 구하고 $\mathbf{u}$와 $\mathbf{v}$에 모두 수직인 단위벡터를 구하여라.

(a) $\mathbf{u} = \langle 4, -3.5, 7\rangle$, $\mathbf{v} = \langle -1, 8, 4\rangle$

(b) $\mathbf{u} = -3\mathbf{i} + 2\mathbf{j} - 5\mathbf{k}$, $\mathbf{v} = \frac{1}{2}\mathbf{i} - \frac{3}{4}\mathbf{j} + \frac{1}{10}\mathbf{k}$

6. 다음 주어진 벡터가 이웃하는 변인 평행사변형의 넓이를 구하여라. 컴퓨터 대수시스템 또는 그래프 계산기로 결과를 확인하여라.

(a) $\mathbf{u} = \mathbf{j}$, $\mathbf{v} = \mathbf{j} + \mathbf{k}$

(b) $\mathbf{u} = \langle 3, 2, -1\rangle$, $\mathbf{v} = \langle 1, 2, 3\rangle$

7. **(넓이)** 점 (1, 1, 1), (2, 3, 4), (6, 5, 2), (7, 7, 5)가 평행사변형의 꼭짓점임을 보이고 넓이를 구하여라.

8. **(넓이)** 다음 주어진 점을 꼭짓점으로 하는 삼각형의 넓이를 구하여라(힌트: $\frac{1}{2}\|\mathbf{u}\times\mathbf{v}\|$는 $\mathbf{u}$와 $\mathbf{v}$가 이웃하는 두 변인 삼각형의 넓이다).

(a) (0, 0, 0), (1, 2, 3), (−3, 0, 0)

(b) $(2, -7, 3), (-1, 5, 8), (4, 6, -1)$

9. **(회전력)** 한 어린이가 20파운드의 힘으로 자전거의 페달을 아래로 밟고 있다. 크랭크축이 수평과 40°의 각을 이루고 크랭크의 길이는 6인치이다. P에서 회전력을 구하여라.

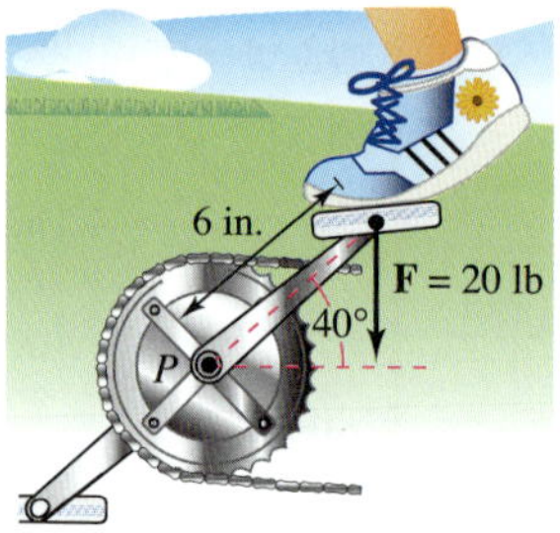

10. $\mathbf{u} = \mathbf{i} + \mathbf{j}$, $\mathbf{v} = \mathbf{j} + \mathbf{k}$, $\mathbf{w} = \mathbf{i} + \mathbf{k}$가 이웃하는 세 변인 평행육면체의 부피를 스칼라삼중적을 이용하여 구하여라.

11. 꼭짓점이 $(0, 0, 0)$, $(3, 0, 0)$, $(0, 5, 1)$, $(3, 5, 1)$, $(2, 0, 5)$, $(5, 0, 5)$, $(2, 5, 6)$, $(5, 5, 6)$인 평행육면체의 부피를 구하여라.

12. 두 벡터의 크기가 각각 두 배가 되면 외적의 크기는 어떻게 변화하는가? 설명하여라.

13. **(참, 거짓)** 다음 명제가 참인지 거짓인지 판별하여라. 거짓이면 그 이유를 설명하거나 예를 들어라.

「$\mathbf{u} \neq 0$이고 $\mathbf{u} \times \mathbf{v} = \mathbf{u} \times \mathbf{w}$이면 $\mathbf{v} = \mathbf{w}$이다.」

14. 정리 8.9를 증명하여라.

15. 다음 외적의 성질을 증명하여라.

(a) $\mathbf{u} \times (\mathbf{v} + \mathbf{w}) = (\mathbf{u} \times \mathbf{v}) + (\mathbf{u} \times \mathbf{w})$

(b) $c(\mathbf{u} \times \mathbf{v}) = (c\mathbf{u}) \times \mathbf{v} = \mathbf{u} \times (c\mathbf{v})$

(c) $\mathbf{u} \times \mathbf{u} = \mathbf{0}$

(d) $\mathbf{u} \cdot (\mathbf{v} \times \mathbf{w}) = (\mathbf{u} \times \mathbf{v}) \cdot \mathbf{w}$

(e) $\mathbf{u} \times \mathbf{v}$는 $\mathbf{u}$와 $\mathbf{v}$에 모두 수직이다.

(f) $\mathbf{u} \times \mathbf{v} = \mathbf{0}$이기 위한 필요충분조건은 $\mathbf{u}$와 $\mathbf{v}$가 서로의 스칼라곱이다.

16. $\mathbf{u}$와 $\mathbf{v}$가 서로 수직이면 $\|\mathbf{u} \times \mathbf{v}\| = \|\mathbf{u}\|\|\mathbf{v}\|$임을 보여라.

17. $\mathbf{u} \times (\mathbf{v} \times \mathbf{w}) = (\mathbf{u} \cdot \mathbf{w})\mathbf{v} - (\mathbf{u} \cdot \mathbf{v})\mathbf{w}$임을 증명하여라.

8.5 공간의 직선과 평면

- 공간의 직선을 매개방정식으로 나타내기
- 공간의 평면을 일차방정식으로 나타내기
- 일차방정식의 평면 그리기
- 공간에서 점, 평면, 직선 사이의 거리 구하기

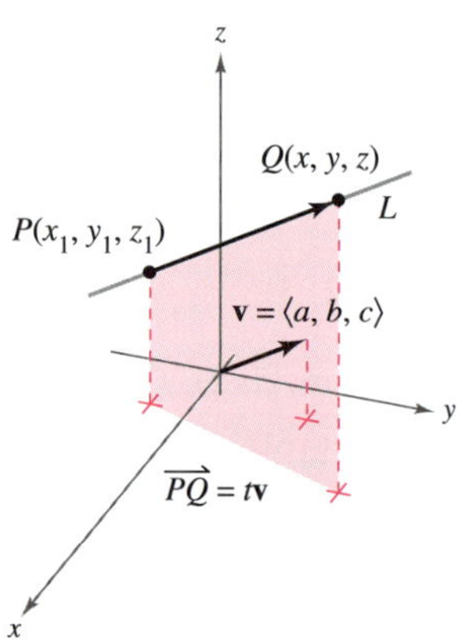

그림 8.43 직선 L과 방향벡터 $\mathbf{v}$

공간의 직선

평면에서 기울기는 직선의 방정식을 결정하는 데 사용했으나 공간에서는 벡터를 사용한다. 점 $P(x_1, y_1, z_1)$을 지나 벡터 $\mathbf{v} = \langle a, b, c \rangle$에 평행인 직선은 그림 8.43에서와 같이 벡터 $\overrightarrow{PQ}$가 $\mathbf{v}$에 평행이 되는 점 $Q(x, y, z)$의 집합이다. 따라서 스칼라 t에 대하여 $\overrightarrow{PQ} = t\mathbf{v}$로 나타낼 수 있다. 따라서

$$\overrightarrow{PQ} = \langle x - x_1, y - y_1, z - z_1 \rangle = \langle at, bt, ct \rangle = t\mathbf{v}$$

이고 성분별로 비교하여 공간의 직선 L의 **매개방정식**(parametric equation)을 얻는다. 여기서 $\mathbf{v}$를 L의 **방향벡터**, a, b, c를 L의 **방향수**라 한다.

정리 8.11 공간의 직선의 매개방정식

점 $P(x_1, y_1, z_1)$을 지나 벡터 $\mathbf{v} = \langle a, b, c \rangle$에 평행인 직선 L의 매개방정식은

$$x = x_1 + at, \quad y = y_1 + bt, \quad z = z_1 + ct$$

이다.

방향수 a, b, c가 모두 0이 아니면 t를 소거한 직선의 **대칭방정식**(symmetric equation)을 얻는다.

$$\frac{x - x_1}{a} = \frac{y - y_1}{b} = \frac{z - z_1}{c}$$

예제 1 매개방정식과 대칭방정식 구하기

점 $(1, -2, 4)$를 지나 $\mathbf{v} = \langle 2, 4, -4 \rangle$에 평행인 직선의 매개방정식과 대칭방정식을 구하여라.

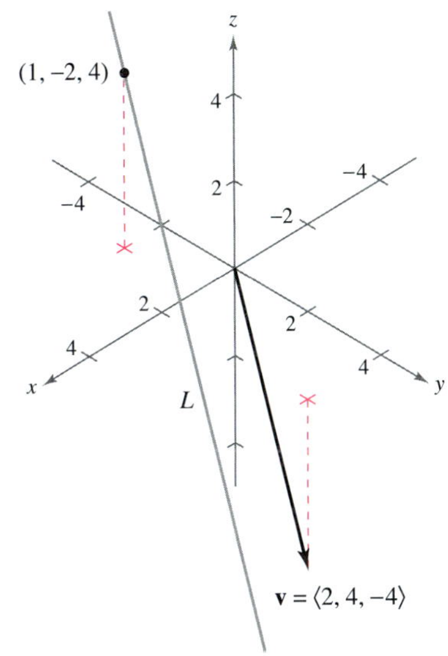

그림 8.44 벡터 $\mathbf{v}$는 직선 L에 평행이다.

풀이 $x_1 = 1$, $y_1 = -2$, $z_1 = 4$, $a = 2$, $b = 4$, $c = -4$이므로(그림 8.44)

$$x = 1 + 2t, \quad y = -2 + 4t, \quad z = 4 - 4t$$

이고 a, b, c가 모두 0이 아니므로 대칭방정식은

$$\frac{x - 1}{2} = \frac{y + 2}{4} = \frac{z - 4}{-4}$$

이다. ■

한 직선에서 매개방정식이나 대칭방정식은 유일하지 않다. 예제 1에서 $t = 1$로 하면 점 $(3, 2, 0)$을 얻는다. 이 점과 방향수 $a = 2$, $b = 4$, $c = -4$를 이용하면

$$x = 3 + 2t, \quad y = 2 + 4t, \quad z = -4t$$

로 이 직선의 다른 매개방정식을 얻을 수 있다.

예제 2 두 점을 지나는 직선의 매개방정식

두 점 $(-2, 1, 0)$과 $(1, 3, 5)$를 지나는 직선의 매개방정식을 구하여라.

풀이 두 점 $P(-2, 1, 0)$과 $Q(1, 3, 5)$를 지나는 벡터 $\overrightarrow{PQ}$는

$$\mathbf{v} = \overrightarrow{PQ} = \langle 1 - (-2), 3 - 1, 5 - 0 \rangle = \langle 3, 2, 5 \rangle = \langle a, b, c \rangle$$

이고 방향수 $a = 3$, $b = 2$, $c = 5$와 점 $P(-2, 1, 0)$을 이용하면

$$x = -2 + 3t, \quad y = 1 + 2t, \quad z = 5t$$

이다. ■

학습 팁

변수 t의 정의역은 실수전체집합이므로 예제 2의 매개방정식은 직선의 모든 점을 결정할 수 있다. 특히 $t = 0$과 $t = 1$을 대입하면 두 점 $(-2, 1, 0)$과 $(1, 3, 5)$를 얻는다.

공간의 평면

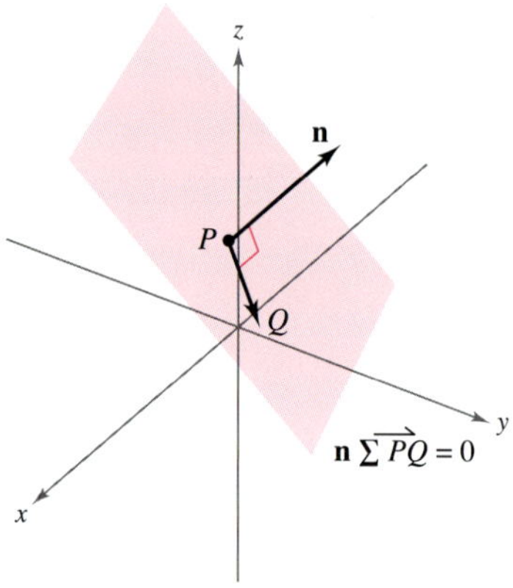

그림 8.45 법선벡터 $\mathbf{n}$은 평면의 모든 벡터 $\overrightarrow{PQ}$에 수직이다.

이제 한 점을 지나고 주어진 벡터에 수직인 평면방정식을 구해보자. 그림 8.45에서와 같이 점 $P(x_1, y_1, z_1)$를 포함하고 영벡터가 아닌 벡터 $\mathbf{n} = \langle a, b, c\rangle$에 수직인 평면은 벡터 $\overrightarrow{PQ}$가 n에 수직인 모든 점 $Q(x, y, z)$의 집합이다. 따라서 내적을 이용하여 다음과 같이 쓸 수 있다.

$$\begin{aligned} \mathbf{n} \cdot \overrightarrow{PQ} &= 0 \\ \langle a, b, c\rangle \cdot \langle x - x_1, y - y_1, z - z_1\rangle &= 0 \\ a(x - x_1) + b(y - y_1) + c(z - z_1) &= 0 \end{aligned}$$

세 번째 식을 평면방정식의 **표준형**(standard form)이라고 한다.

> **정리 8.12 공간의 평면의 표준방정식**
>
> 점 $P(x_1, y_1, z_1)$을 포함하고 법선벡터 $\mathbf{n} = \langle a, b, c\rangle$를 갖는 평면방정식의 **표준형**은
>
> $$a(x - x_1) + b(y - y_1) + c(z - z_1) = 0$$
>
> 이다.

항을 정리하여 평면방정식을 다음의 **일반형**(general form)으로 변형할 수 있다.

$$ax + by + cz + d = 0$$ 평면방정식의 일반형

주어진 평면방정식(일반형)으로부터 이 평면의 법선벡터를 쉽게 얻을 수 있다. 단순히 x, y, z의 계수로 $\mathbf{n} = \langle a, b, c\rangle$를 얻는다.

예제 3 삼차원공간에서 평면방정식 구하기

세 점 (2, 1, 1), (0, 4, 1), (−2, 1, 4)를 포함하는 평면방정식(일반형)을 구하여라.

풀이 정리 8.12를 이용하려면 평면의 한 점과 이 평면의 법선벡터가 필요하다. 세 점은 있으나 법선벡터는 없다. 법선벡터를 얻기 위하여 (2, 1, 1)에서 (0, 4, 1), (−2, 1, 4)로의 두 벡터 $\mathbf{u}$와 $\mathbf{v}$의 외적을 사용한다(그림 8.46).

$$\mathbf{u} = \langle 0 - 2, 4 - 1, 1 - 1\rangle = \langle -2, 3, 0\rangle$$
$$\mathbf{v} = \langle -2 - 2, 1 - 1, 4 - 1\rangle = \langle -4, 0, 3\rangle$$

이고

$$\begin{aligned} \mathbf{n} &= \mathbf{u} \times \mathbf{v} \\ &= \begin{vmatrix} \mathbf{i} & \mathbf{j} & \mathbf{k} \\ -2 & 3 & 0 \\ -4 & 0 & 3 \end{vmatrix} \\ &= 9\mathbf{i} + 6\mathbf{j} + 12\mathbf{k} \\ &= \langle a, b, c\rangle \end{aligned}$$

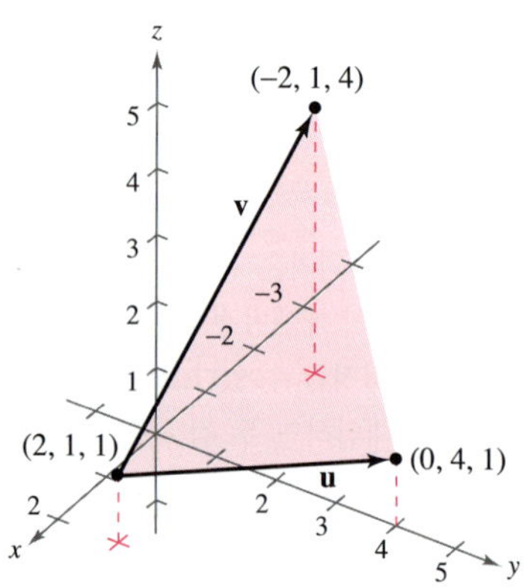

그림 8.46 $\mathbf{u}$와 $\mathbf{v}$로 결정되는 평면

는 평면에 수직이다. $\mathbf{n}$의 방향수와 $(x_1, y_1, z_1) = (2, 1, 1)$로 평면의 방정식은

$$\begin{aligned} a(x - x_1) + b(y - y_1) + c(z - z_1) &= 0 \\ 9(x - 2) + 6(y - 1) + 12(z - 1) &= 0 \\ 9x + 6y + 12z - 36 &= 0 \\ 3x + 2y + 4z - 12 &= 0 \end{aligned}$$

이다. ■

학습 팁

예제 3에서 원래 주어진 세 점이 모두 위의 방정식을 만족함을 확인하여라.

공간의 서로 다른 두 평면은 평행이거나 한 직선에서 만난다. 한 직선에서 만날 경우 두 평면 사이의 각 $\theta(0 \le \theta \le \pi/2)$을 그림 8.47과 같이 두 평면에 수직인 벡터들 사이의 각으로 정한다. 특히 두 벡터 $\mathbf{n}_1$과 $\mathbf{n}_2$가 만나는 두 평면의 법선벡터라고 하면 두 법선벡터의 사이의 각 θ가 두 평면의 사이의 각이 되고

$$\cos\theta = \frac{|\mathbf{n}_1 \cdot \mathbf{n}_2|}{\|\mathbf{n}_1\|\|\mathbf{n}_2\|}$$

이다. 그러므로 법선벡터 $\mathbf{n}_1$, $\mathbf{n}_2$를 갖는 두 평면은

1. $\mathbf{n}_1 \cdot \mathbf{n}_2 = 0$이면 서로 수직이다.

2. $\mathbf{n}_1$이 $\mathbf{n}_2$의 스칼라곱이면 평행이다.

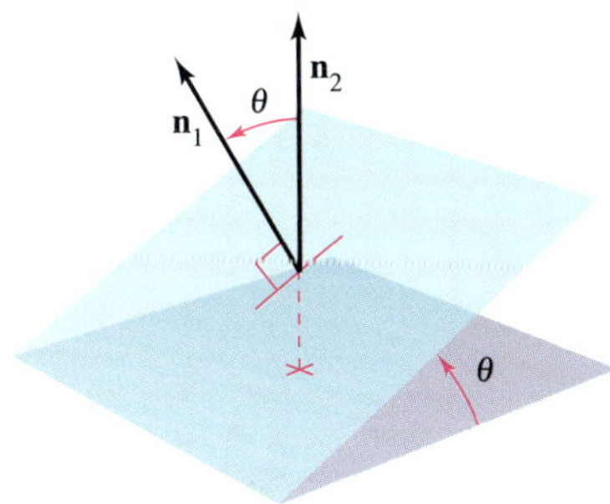

그림 8.47 두 평면 사이의 각 θ

예제 4 두 평면의 교선 구하기

다음 두 평면의 사이의 각과 교선의 매개방정식을 구하여라(그림 8.48).

$$x - 2y + z = 0 \quad \text{평면 1}$$
$$2x + 3y - 2z = 0 \quad \text{평면 2}$$

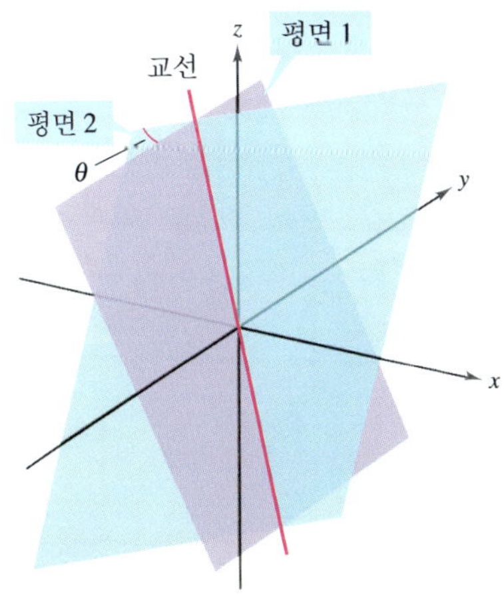

그림 8.48

풀이 평면에 대한 법선벡터는 $\mathbf{n}_1 = \langle 1, -2, 1 \rangle$과 $\mathbf{n}_2 = \langle 2, 3, -2 \rangle$이므로

$$\begin{aligned} \cos\theta &= \frac{|\mathbf{n}_1 \cdot \mathbf{n}_2|}{\|\mathbf{n}_1\|\|\mathbf{n}_2\|} \\ &= \frac{|-6|}{\sqrt{6}\sqrt{17}} \\ &= \frac{6}{\sqrt{102}} \\ &\approx 0.59409 \end{aligned}$$

이고 $\theta = \arccos 0.59409 \approx 53.55°$, 즉 두 평면의 사이의 각은 $53.55°$이다.
교선은 두 평면의 방정식을 연립하여 풀어서 얻는다.

$$\begin{aligned} x - 2y + z &= 0 \\ 2x + 3y - 2z &= 0 \end{aligned} \quad \Rightarrow \quad \begin{aligned} -2x + 4y - 2z &= 0 \\ 2x + 3y - 2z &= 0 \\ \hline 7y - 4z &= 0 \end{aligned} \quad \Rightarrow \quad y = \frac{4z}{7}$$

먼저 두 식에서 x를 소거하면 $y = 4z/7$이고 이것을 어느 한 식에 대입하면 $x = z/7$이다.

$t = z/7$로 하면 교선의 매개방정식은

$$x = t, \quad y = 4t, \quad z = 7t$$

이고 1, 4, 7은 교선의 방향수이다. ■

예제 4에서 방향수는

$$\mathbf{n}_1 \times \mathbf{n}_2 = \begin{vmatrix} \mathbf{i} & \mathbf{j} & \mathbf{k} \\ 1 & -2 & 1 \\ 2 & 3 & -2 \end{vmatrix}$$

$$= \begin{vmatrix} -2 & 1 \\ 3 & -2 \end{vmatrix}\mathbf{i} - \begin{vmatrix} 1 & 1 \\ 2 & -2 \end{vmatrix}\mathbf{j} + \begin{vmatrix} 1 & -2 \\ 2 & 3 \end{vmatrix}\mathbf{k}$$

$$= \mathbf{i} + 4\mathbf{j} + 7\mathbf{k}$$

로 1, 4, 7을 얻을 수 있다. 이것은 두 평면의 교선은 각 평면의 법선벡터의 외적과 평행임을 의미한다.

공간에서 평면 그리기

공간에서 한 평면이 좌표평면 중 하나와 만날 때 생기는 교선을 이 좌표평면에서 주어진 평면의 **자취**(추적, trace)라 한다. 공간에서 한 평면을 그릴 때 좌표축과의 교점, 좌표평면 내에서의 자취를 구하는 것이 도움이 된다. 예를 들어

$$3x + 2y + 4z = 12 \qquad \text{평면방정식}$$

를 그릴 때, $z = 0$이라 하고 xy평면에서

$$3x + 2y = 12 \qquad xy\text{자취}$$

이므로 xy자취를 구할 수 있다. 이 직선은 (4, 0, 0)에서 x축과 만나고 (0, 6, 0)에서 y축과 만난다. 그림 8.49에서는 yz자취와 xz자취를 구하기 위하여 같은 과정을 거쳐서 제1팔분공간에 삼각영역을 그려서 나타내고 있다.

한 평면방정식에 $2x + z = 1$과 같이 변수 중 하나가 없으면 그 방정식으로 나타

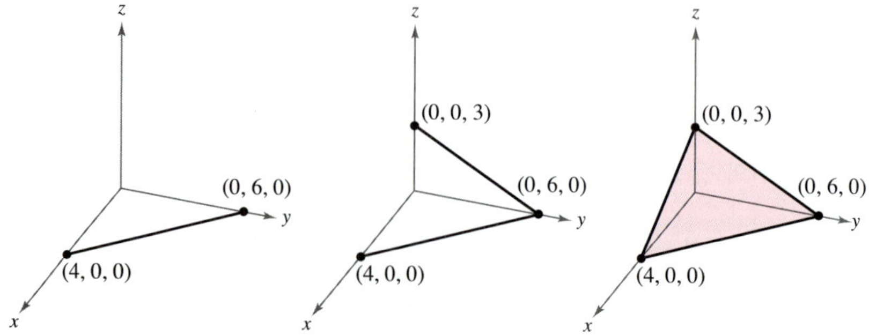

xy자취 ($z = 0$): $3x + 2y = 12$ yz자취 ($x = 0$): $2y + 4z = 12$ xz자취 ($y = 0$): $3x + 4z = 12$

그림 8.49 평면 $3x + 2y + 4z = 12$의 자취

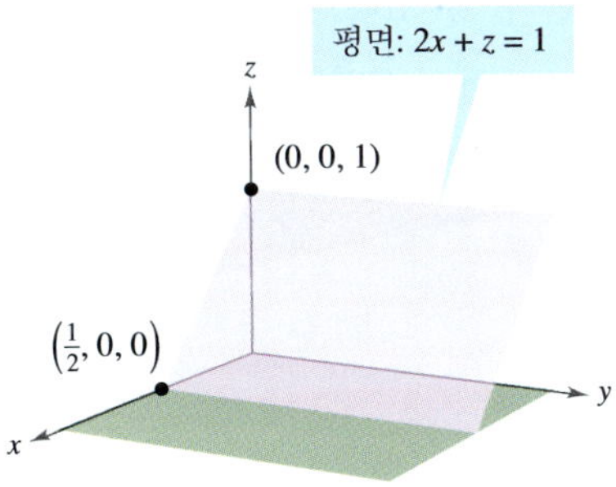

그림 8.50 평면 $2x + z = 1$은 y축과 평행이다.

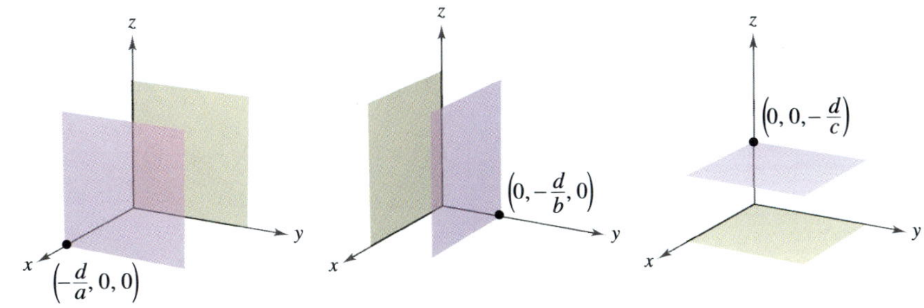

평면 $ax + d = 0$은 yz평면과 평행이다.

평면 $by + d = 0$은 xz평면과 평행이다.

평면 $cz + d = 0$은 xy평면과 평행이다.

그림 8.51

내는 평면은 변수가 없는 쪽의 좌표축과 평행이다(그림 8.50). 평면방정식에 두 변수가 없으면 이 평면은 없는 두 변수에 의한 좌표평면과 평행이다(그림 8.51).

점, 평면, 직선 사이의 거리

이 절은 공간에서 다음 두 가지 거리에 대한 기본적인 문제를 다룬다.

1. 점과 평면 사이의 거리 구하기

2. 점과 직선 사이의 거리 구하기

첫 번째 문제는 두 벡터의 내적이 이용되고, 두 번째 문제는 외적이 이용된다.

한 점 Q에서 주어진 평면까지의 거리 D는 그림 8.52와 같이 Q와 평면을 연결하는 가장 짧은 선분의 길이이다. 평면의 임의의 점을 P라 하면 벡터 $\overrightarrow{PQ}$의 평면의 법선벡터 $\mathbf{n}$으로의 정사영으로 D를 구할 수 있다. 정사영의 길이가 구하는 거리 D이다.

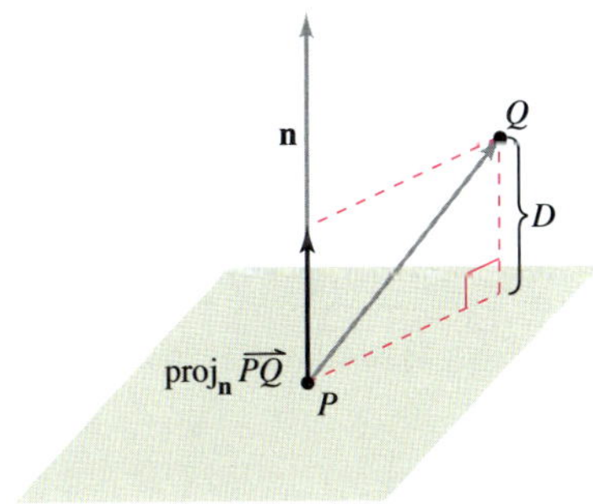

$D = \|\text{proj}_{\mathbf{n}}\overrightarrow{PQ}\|$

그림 8.52 한 점과 평면 사이의 거리

정리 8.13 한 점에서 주어진 평면까지의 거리

주어진 평면과 이 평면에 없는 한 점 Q 사이의 거리는

$$D = \left\|\text{proj}_{\mathbf{n}}\overrightarrow{PQ}\right\| = \frac{\left|\overrightarrow{PQ} \cdot \mathbf{n}\right|}{\|\mathbf{n}\|}$$

이다. 여기서 P는 주어진 평면의 한 점이고 $\mathbf{n}$은 평면에 수직인 벡터이다.

$ax + by + cz + d = 0\ (a \neq 0)$으로 주어진 평면의 한 점을 구하기 위하여 $y = 0$, $z = 0$이라 하면 $ax + d = 0$를 얻는다. 그러면 점 $(-d/a, 0, 0)$이 이 평면의 점임을 알 수 있다.

예제 5 점과 평면 사이의 거리 구하기

점 $Q(1, 5, -4)$와 평면 $3x - y + 2z = 6$ 사이의 거리를 구하여라.

풀이 $\mathbf{n} = \langle 3, -1, 2\rangle$가 주어진 평면에 수직인 벡터임을 알 수 있다. 평면의 한 점을 구하기 위하여 $y = 0$, $z = 0$이라 하면 $P(2, 0, 0)$을 얻는다. P에서 Q까지의 벡터는

$$\overrightarrow{PQ} = \langle 1-2, 5-0, -4-0\rangle = \langle -1, 5, -4\rangle$$

이고 정리 8.13의 거리공식을 이용하면 구하는 거리는

$$D = \frac{|\overrightarrow{PQ}\cdot\mathbf{n}|}{\|\mathbf{n}\|} = \frac{|\langle -1, 5, -4\rangle\cdot\langle 3, -1, 2\rangle|}{\sqrt{9+1+4}} = \frac{|-3-5-8|}{\sqrt{14}} = \frac{16}{\sqrt{14}}$$

이다. ■

학습 팁

예제 5에서 점 P는 임의로 선택할 수 있다. 다른 점을 택하여 거리를 계산해 보고 결과가 같음을 확인하여라.

정리 8.13을 이용하면 점 $Q(x_0, y_0, z_0)$과 평면 $ax + by + cz + d = 0$ 사이의 거리는

$$D = \frac{|a(x_0 - x_1) + b(y_0 - y_1) + c(z_0 - z_1)|}{\sqrt{a^2+b^2+c^2}}$$

이거나

$$D = \frac{|ax_0 + by_0 + cz_0 + d|}{\sqrt{a^2+b^2+c^2}}$$

이다. 여기서 $P(x_1, y_1, z_1)$은 평면의 한 점이고 $d = -(ax_1 + by_1 + cz_1)$이다.

예제 6 평행인 두 평면 사이의 거리 구하기

서로 평행인 다음 두 평면 사이의 거리를 구하여라.

$$3x - y + 2z - 6 = 0, \quad 6x - 2y + 4z + 4 = 0$$

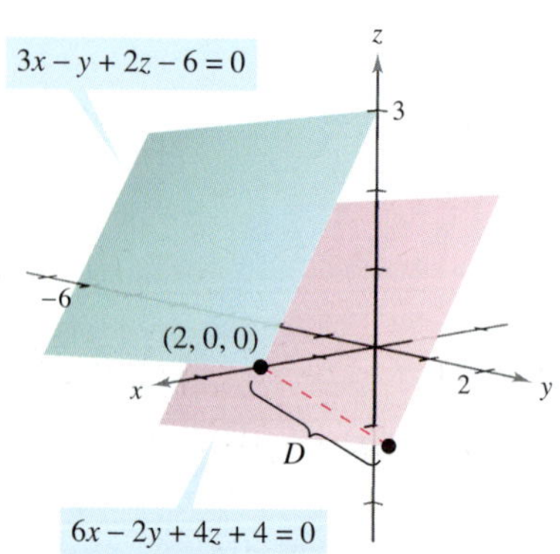

그림 8.53 평행인 두 평면 사이의 거리는 약 2.14이다.

풀이 두 평면은 그림 8.53에 나타나 있다. 거리를 구하기 위하여 첫 번째 평면의 한 점 $(x_0, y_0, z_0) = (2, 0, 0)$을 택하고 두 번째 평면에서 $a = 6$, $b = -2$, $c = 4$, $d = 4$라고 결정할 수 있다. 그러므로 거리는

$$D = \frac{|ax_0 + by_0 + cz_0 + d|}{\sqrt{a^2+b^2+c^2}} = \frac{|6(2) + (-2)(0) + (4)(0) + 4|}{\sqrt{6^2 + (-2)^2 + 4^2}} = \frac{16}{\sqrt{56}} = \frac{8}{\sqrt{14}} \approx 2.14$$

이다. ■

공간의 한 점과 한 직선 사이의 거리공식과 한 점에서 평면까지의 거리공식은 내적 대신에 외적의 크기, 법선벡터 대신에 직선의 방향벡터가 나타나는 점을 제외하면 서로 닮았다.

정리 8.14 공간에서 점과 직선 사이의 거리

공간에서 한 점 Q와 한 직선 사이의 거리는

$$D = \frac{\|\overrightarrow{PQ} \times \mathbf{u}\|}{\|\mathbf{u}\|}$$

이다. 여기서 점 P는 직선의 한 점이고 $\mathbf{u}$는 직선에 대한 방향벡터이다.

[증명] 그림 8.54에서와 같이 D는 점 Q에서 주어진 직선까지의 거리이다. 그러므로 θ가 $\overrightarrow{PQ}$와 $\mathbf{u}$ 사이의 각일 때 $D = \|\overrightarrow{PQ}\| \sin\theta$이고 정리 8.8에 따라

$$\|\mathbf{u}\| \|\overrightarrow{PQ}\| \sin\theta = \|\mathbf{u} \times \overrightarrow{PQ}\| = \|\overrightarrow{PQ} \times \mathbf{u}\|$$

이므로

$$D = \|\overrightarrow{PQ}\| \sin\theta = \frac{\|\overrightarrow{PQ} \times \mathbf{u}\|}{\|\mathbf{u}\|}$$

이다. ■

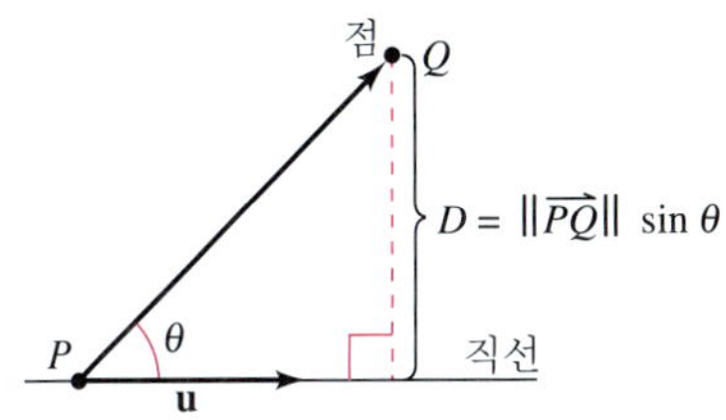

그림 8.54 점과 직선 사이의 거리

예제 7 점과 직선 사이의 거리 구하기

점 $Q(3, -1, 4)$와 다음 직선 사이의 거리를 구하여라.

$$x = -2 + 3t, \quad y = -2t, \quad z = 1 + 4t$$

풀이 방향수가 3, −2, 4이므로 직선의 방향벡터는

$$\mathbf{u} = \langle 3, -2, 4 \rangle$$

이다. 직선의 한 점을 구하기 위하여 $t = 0$이라 하면 점 $P = (-2, 0, 1)$을 얻는다. 그래서

$$\begin{aligned}\overrightarrow{PQ} &= \langle 3 - (-2),\ -1 - 0,\ 4 - 1 \rangle \\ &= \langle 5, -1, 3 \rangle\end{aligned}$$

이고

$$\begin{aligned}\overrightarrow{PQ} \times \mathbf{u} &= \begin{vmatrix} \mathbf{i} & \mathbf{j} & \mathbf{k} \\ 5 & -1 & 3 \\ 3 & -2 & 4 \end{vmatrix} \\ &= 2\mathbf{i} - 11\mathbf{j} - 7\mathbf{k} \\ &= \langle 2, -11, 7 \rangle\end{aligned}$$

이다. 정리 8.14를 이용하면

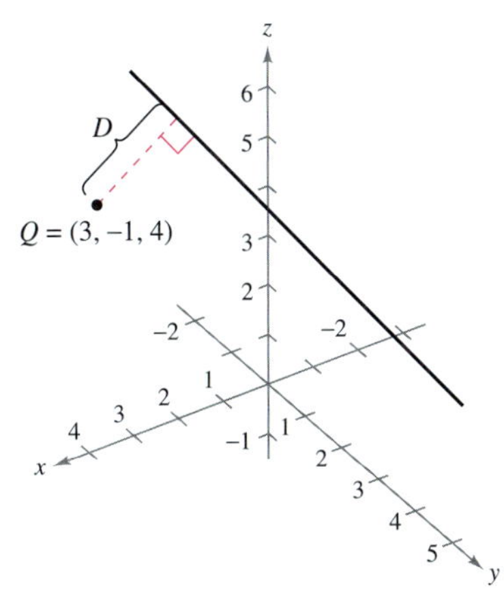

그림 8.55 점 Q와 직선 사이의 거리는 $\sqrt{6} \approx 2.45$이다.

$$D = \frac{\|\overrightarrow{PQ} \times \mathbf{u}\|}{\|\mathbf{u}\|} = \frac{\sqrt{174}}{\sqrt{29}} = \sqrt{6} \approx 2.45$$

이다(그림 8.55). ■

연습문제 8.5

1. 그림은 매개방정식 $x = 1 + 3t,\ y = 2 - t,\ z = 2 + 5t$의 직선의 그래프이다. (a) 직선에 이 직선의 방향성을 나타내는 화살표를 그려라. (b) 직선의 두 점 P와 Q의 좌표를 구하고, 벡터 $\overrightarrow{PQ}$를 구하여라. 그리고 이 벡터의 성분과 매개방정식의 계수들 사이의 관계를 살펴보고 이 관계가 성립하는 이유를 말하여라. (c) 좌표평면들과의 교점의 좌표를 구하여라. 어떤 좌표평면과 만나지 않는 경우 그 이유는 무엇인가?

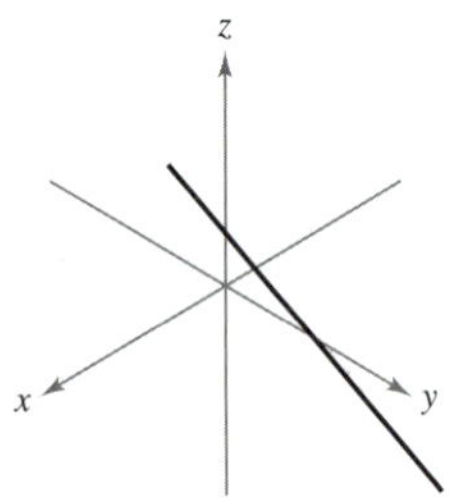

다음 주어진 점을 지나고 주어진 벡터 또는 직선과 평행인 직선의 (a) 매개방정식과 (b) 대칭방정식을 구하여라(각 직선의 방향성분을 정수로 나타내어라)(2~4).

	점	벡터 또는 직선
2.	(0, 0, 0)	$\mathbf{v} = \langle 1, 2, 3\rangle$
3.	(−2, 0, 3)	$\mathbf{v} = 2\mathbf{i} + 4\mathbf{j} - 2\mathbf{k}$
4.	(1, 0, 1)	$x = 3 + 3t,\ y = 5 - 2t,\ z = -7 + t$

다음 두 점을 지나는 직선의 (a) 매개방정식과 (b) 대칭방정식을 구하여라 (각 직선의 방향성분을 정수로 나타내어라)(5~6).

5. $(5, -3, -2),\ \left(-\frac{2}{3}, \frac{2}{3}, 1\right)$

6. (2, 3, 0), (10, 8, 12)

7. 다음 직선의 매개방정식을 구하여라.

(a) 점 (2, 3, 4)를 지나고 xz평면과 yz평면에 평행인 직선

(b) 점 (2, 3, 4)를 지나고 평면 $3x + 2y - z = 6$에 수직인 직선

(c) 점 (5, −3, −4)를 지나고 $\mathbf{v} = \langle 2, -1, 3\rangle$에 평행인 직선

(d) 점 (2, 1, 2)를 지나고 직선 $x = -t,\ y = 1 + t,\ z = -2 + t$에 평행인 직선

8. 주어진 직선의 한 점 P의 좌표와 직선에 평행한 벡터 $\mathbf{v}$를 구하여라.

(a) $x = 3 - t,\quad y = -1 + 2t,\quad z = -2$

(b) $\dfrac{x-7}{4} = \dfrac{y+6}{2} = z + 2$

9. 다음에서 평행이거나 동일한 직선들을 정하여라.

L_1: $x = 6 - 3t,\quad y = -2 + 2t,\quad z = 5 + 4t$

L_2: $x = 6t,\quad y = 2 - 4t,\quad z = 13 - 8t$

L_3: $x = 10 - 6t,\quad y = 3 + 4t,\quad z = 7 + 8t$

L_4: $x = -4 + 6t,\quad y = 3 + 4t,\quad z = 5 - 6t$

10. 주어진 직선이 만나는지 만나지 않는지 결정하고 만나는 경우 교점들을 구하고 그 점에서 교각의 코사인값을 구하여라.

(a) $x = 4t + 2,\quad y = 3,\quad z = -t + 1$

$x = 2s + 2,\quad y = 2s + 3,\quad z = s + 1$

(b) $\dfrac{x}{3} = \dfrac{y-2}{-1} = z + 1,\quad \dfrac{x-1}{4} = y + 2 = \dfrac{z+3}{-3}$

11. 컴퓨터 대수시스템으로 다음 만나는 직선을 그리고 교점을 구하여라.

$$x = 2t + 3, \quad y = 5t - 2, \quad z = -t + 1$$
$$x = -2s + 7, \quad y = s + 8, \quad z = 2s - 1$$

12. **(외적)** 평면 $4x - 3y - 6z = 6$의 (a) 세 점 P, Q, R을 구하고 $\overrightarrow{PQ}$와 $\overrightarrow{PR}$을 결정하여라. (b) $\overrightarrow{PQ} \times \overrightarrow{PR}$을 구하여라. 외적의 성분과 직선방정식의 계수들은 어떤 관계에 있는가? 왜 이러한 관계가 성립하는가?

13. 다음 주어진 점을 지나고 주어진 벡터 또는 직선에 수직인 평면방정식을 구하여라.

점	벡터 또는 직선
(a) (2, 1, 2)	$\mathbf{n} = \mathbf{i}$
(b) (3, 2, 2)	$\mathbf{n} = 2\mathbf{i} + 3\mathbf{j} - \mathbf{k}$
(c) (0, 0, 6)	$x = 1 - t,\ y = 2 + t,\ z = 4 - 2t$

14. 다음 평면방정식을 구하여라.

(a) 점 (0, 0, 0), (1, 2, 3), (−2, 3, 3)을 지나는 평면

(b) 점 (1, 2, 3), (3, 2, 1), (−1, −2, 2)를 지나는 평면

(c) 점 (1, 2, 3)을 지나고 xy평면에 평행인 평면

(d) 다음 직선을 포함하는 평면

$$\frac{x-1}{-2} = y - 4 = z, \quad \frac{x-2}{-3} = \frac{y-1}{4} = \frac{z-2}{-1}$$

(e) 두 점 (2, 2, 1)과 (−1, 1, −1)을 지나고 평면 $2x - 3y + z = 3$에 수직인 평면

(f) 두 점 (1, −2, −1)과 (2, 5, 6)을 지나고 x축에 평행인 평면

15. 직선 $x = 1 - 2t,\ y = -2 + 3t,\ z = -4 + t$를 그리고 (존재하면) xy, xz, yz평면과의 교점을 그려라.

16. 두 점 (2, 2, 0), (0, 2, 2)로부터 거리가 같은 점들을 모두 포함하는 평면방정식을 구하여라.

17. 다음 주어진 평면이 평행인지 직교하는지 둘 다 아닌지 결정하여라. 둘 다 아닌 경우 교각을 구하여라.

(a) $5x - 3y + z = 4, \quad x + 4y + 7z = 1$

(b) $x - 3y + 6z = 4, \quad 5x + y - z = 4$

(c) $x - 5y - z = 1, \quad 5x - 25y - 5z = -3$

18. 다음 평면의 절편(좌표축과의 교점)을 모두 구하고 평면의 그래프를 그려라.

(a) $4x + 2y + 6z = 12$ (b) $2x - y + 3z = 4$

(c) $y + z = 5$ (d) $x = 5$

19. 컴퓨터 대수시스템으로 평면 $2x + y - z = 6$의 그래프를 그려라.

20. 다음 4개의 평면에서 서로 평행이거나 동일한 평면들을 정하여라.

P_1: $3x - 2y + 5z = 10$

P_2: $-6x + 4y - 10z = 5$

P_3: $-3x + 2y + 5z = 8$

P_4: $75x - 50y + 125z = 250$

21. 임의의 실수 c를 포함하는 다음 방정식으로 나타나는 평면족(family of planes)의 군을 설명하여라.

(a) $x + y + z = c$ (b) $cy + z = 0$

22. 두 평면 $3x + 2y - z = 7$, $x - 4y + 2z = 0$의 교선의 매개방정식을 구하여라.

23. 다음 평면과 직선의 교점을 구하여라. 직선이 평면에 포함되는지 여부를 결정하여라.

(a) $2x - 2y + z = 12, \quad x - \frac{1}{2} = \frac{y + (3/2)}{-1} = \frac{z+1}{2}$

(b) $2x + 3y = 10, \quad \frac{x-1}{3} = \frac{y+1}{-2} = z - 3$

24. 다음 주어진 점에서 평면까지의 거리를 구하여라.

(a) (0, 0, 0), $2x + 3y + z = 12$

(b) (2, 8, 4), $2x + y + z = 5$

25. 다음 두 평면이 서로 평행임을 보이고 두 평면 사이의 거리를 구하여라.

(a) $x - 3y + 4z = 10, \quad x - 3y + 4z = 6$

(b) $-3x + 6y + 7z = 1, \quad 6x - 12y - 14z = 25$

26. 다음 점과 매개방정식으로 주어진 직선 사이의 거리를 구하여라.

(a) (1, 5, −2); $x = 4t - 2, \quad y = 3, \quad z = -t + 1$

(b) (−2, 1, 3); $x = 1 - t, \quad y = 2 + t, \quad z = -2t$

27. 다음 두 직선이 서로 평행임을 보이고, 두 직선 사이의 거리를 구하여라.

L_1: $x = 2 - t, \quad y = 3 + 2t, \quad z = 4 + t$

L_2: $x = 3t, \quad y = 1 - 6t, \quad z = 4 - 3t$

28. 공간의 직선의 매개방정식과 대칭방정식의 일반형을 써라. 이러한 방정식을 구하기 위하여 어떠한 조건들이 필요한지 설명하여라.

29. 두 평면의 교선의 방정식을 구하는 방법을 설명하여라.

30. 두 평면 $a_1x + b_1y + c_1z + d_1 = 0$과 $a_2x + b_2y + c_2z + d_2 = 0$이 서로 평행인지 직교하는지 결정하는 방법을 설명하고 그 방법이 성립하는 이유를 설명하여라.

31. x절편 $(a, 0, 0)$, y절편 $(0, b, 0)$, z절편 $(0, 0, c)$를 갖는 평면의 방정식을 구하여라. 여기서 a, b, c는 모두 영이 아니다.

32. 1994년부터 2000년 사이에 성질이 다른 우유의 미국 내 일인당 소비량(단위: 갤런)이 아래 표와 같다. 탈지유, 저지방우유, 일반우유의 소비량을 변수 x, y, z로 나타내었다. (출처: 미국 농무성)

연도	1994	1995	1996	1997	1998	1999	2000
x	5.8	6.2	6.4	6.6	6.5	6.3	6.1
y	8.7	8.2	8.0	7.7	7.4	7.3	7.1
z	8.8	8.4	8.4	8.2	7.8	7.9	7.

위 자료를 이용하여 하나의 모델링 $0.04x - 0.64y + z = 3.4$를 얻었다.

(a) 모델링을 이용하여 주어진 값 x, y, z에 대해 z값을 근사적으로 구하여 네 번째 행을 완성하고 실제의 z값과 비교하여라.

(b) 모델링에 따르면 두 가지 유형의 우유가 소비량이 증가하면 나머지 한 유형의 우유 소비량에 어떠한 영향을 미치는가?

33. **(거리)** 벌레 두 마리가 공간에서 서로 다른 직선을 따라 움직이고 있다. 시간 t(min)일 때, 첫 번째 벌레가 직선 $x = 6 + t$, $y = 8 - t$, $z = 3 + t$의 점 (x, y, z)에 있다. 그리고 같은 시간 t에서 두 번째 벌레는 직선 $x = 1 + t$, $y = 2 + t$, $z = 2t$의 점 (x, y, z)에 있다. 거리의 단위는 인치이다.

(a) $t = 0$일 때, 두 벌레 사이의 거리를 구하여라.

(b) 그래프 계산기로 $t = 0$에서 $t = 10$까지의 두 벌레 사이의 거리의 그래프를 그려라.

(c) (b)의 그래프를 이용하여 두 벌레 사이의 거리에 대해 어떠한 결론을 내릴 수 있는가?

(d) 두 벌레는 얼마나 가까워질 수 있는가?

34. 점 $(5, 4, -3)$을 지나 평면 $3x - y + 4z = 7$에 수직인 직선과 평면과의 교점을 구하여라.

35. 두 점 $(1, -3, 1)$과 $(3, -4, 2)$를 지나는 직선과 평면 $x - y + z = 2$의 교점을 구하여라.

36. **(참, 거짓)** 다음 명제가 참인지 거짓인지 판별하여라. 거짓이면 그 이유를 설명하거나 예를 들어라.

(a) $\mathbf{v} = a_1\mathbf{i} + b_1\mathbf{j} + c_1\mathbf{k}$가 평면 $a_2x + b_2y + c_2z + d_2 = 0$의 임의의 벡터이면 $a_1a_2 + b_1b_2 + c_1c_2 = 0$이다.

(b) 공간의 두 평면은 만나거나 평행이다.

8.6 원주좌표계와 구면좌표계

- 원주좌표로 공간곡면 나타내기
- 구면좌표로 공간곡면 나타내기

원주좌표

어떤 이차원 그래프는 직교좌표보다 극좌표로 나타내는 것이 편리하다. 공간에서도 비슷한 경우가 있다. 이 절에서는 두 가지 새로운 공간좌표계를 다룬다. 첫째는 **원주좌표계**(cylindrical coordinate system)인데 평면에서의 극좌표를 삼차원으로 확장한 것으로 이해할 수 있다.

원주좌표계

원주좌표계에서 공간의 한 점 P의 좌표를 삼중순서쌍 (r, θ, z)로 나타낼 때

1. (r, θ)는 점 P의 xy평면으로의 정사영의 극좌표이다.

2. z는 (r, θ)에서 점 P까지의 유향거리이다.

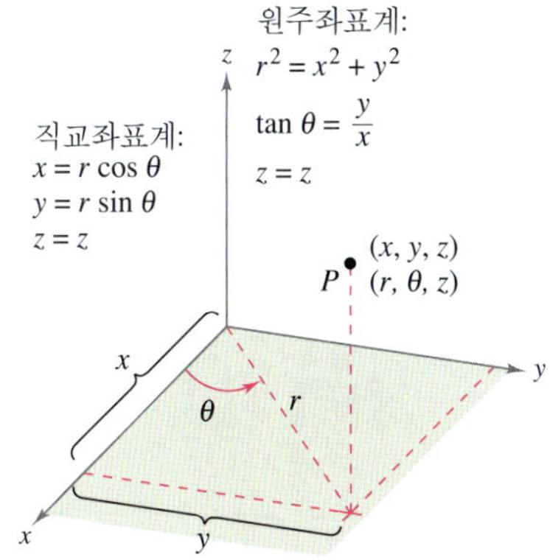

그림 8.56

직교좌표와 원주좌표를 서로 전환하려면 다음을 이용한다(그림 8.56).

원주좌표를 직교좌표로:

$$x = r\cos\theta, \quad y = r\sin\theta, \quad z = z$$

직교좌표를 원주좌표로:

$$r^2 = x^2 + y^2, \quad \tan\theta = \frac{y}{x}, \quad z = z$$

점 (0, 0, 0)은 **극**(pole)이라 하고 한 점을 나타내는 극좌표가 유일하지 않으므로 원주좌표계에서도 마찬가지로 유일하지 않다.

예제 1 **원주좌표를 직교좌표로 전환하기**

점 $(r, \theta, z) = \left(4, \frac{5\pi}{6}, 3\right)$을 직교좌표로 나타내어라.

풀이 원주좌표를 직교좌표로 전환하는 식을 이용하면

$$x = 4\cos\frac{5\pi}{6} = 4\left(-\frac{\sqrt{3}}{2}\right) = -2\sqrt{3}$$

$$y = 4\sin\frac{5\pi}{6} = 4\left(\frac{1}{2}\right) = 2$$

$$z = 3$$

이고 따라서 구하는 직교좌표는 $(x, y, z) = (-2\sqrt{3}, 2, 3)$이다(그림 8.57). ■

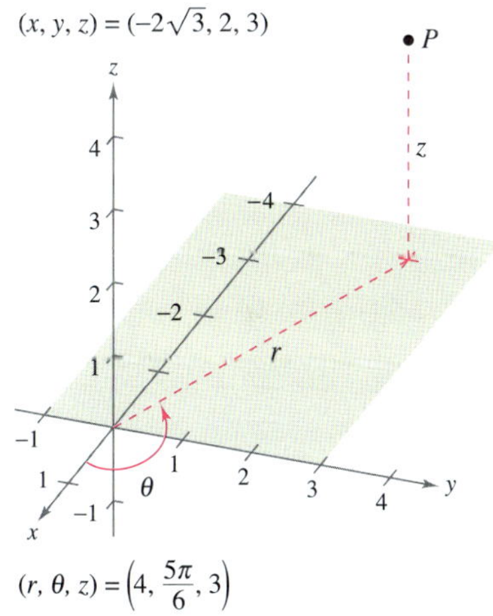

그림 8.57

예제 2 **직교좌표를 원주좌표로 전환하기**

점 $(x, y, z) = (1, \sqrt{3}, 2)$를 원주좌표로 나타내어라.

풀이 직교좌표를 원주좌표로 전환하는 식을 이용하면

$$r = \pm\sqrt{1+3} = \pm 2$$

$$\tan\theta = \sqrt{3} \quad \Rightarrow \quad \theta = \arctan(\sqrt{3}) + n\pi = \frac{\pi}{3} + n\pi$$

$$z = 2$$

이다. r은 두 가지, θ는 무한히 선택할 수 있으나 가장 간단히

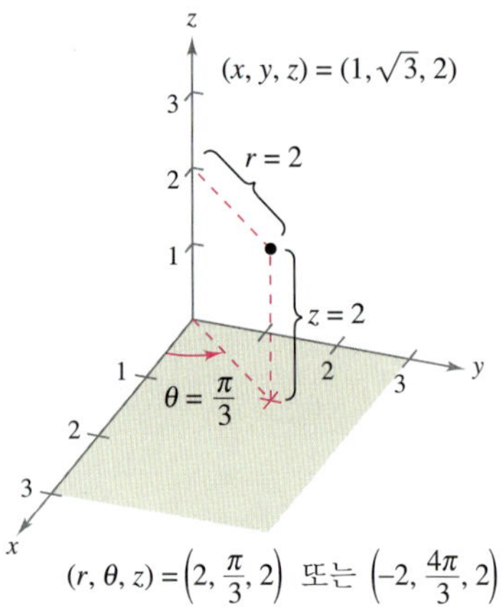

그림 8.58

$$\left(2, \frac{\pi}{3}, 2\right) \qquad r > 0,\ \theta\text{는 제1사분면에}$$

또는

$$\left(-2, \frac{4\pi}{3}, 2\right) \qquad r < 0,\ \theta\text{는 제3사분면에}$$

로 나타낼 수 있다(그림 8.58). ■

원주좌표는 특히 원주면이나 z축이 회전축인 회전곡면을 나타내는 데 적합하다(그림 8.59).

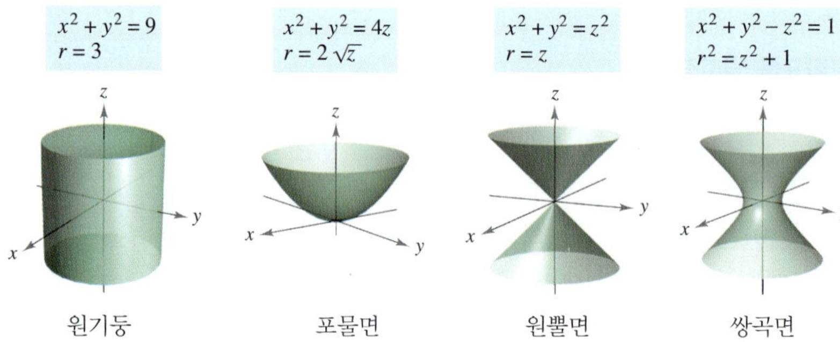

그림 8.59

z축을 포함하는 수직면과 수평면도 원주좌표방정식으로 나타내기 쉽다(그림 8.60).

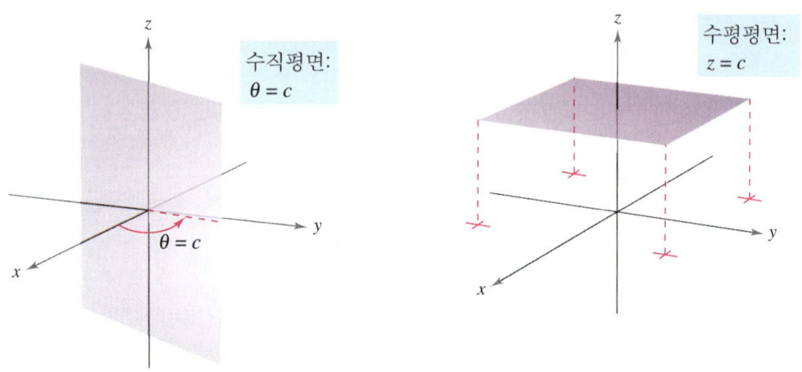

그림 8.60

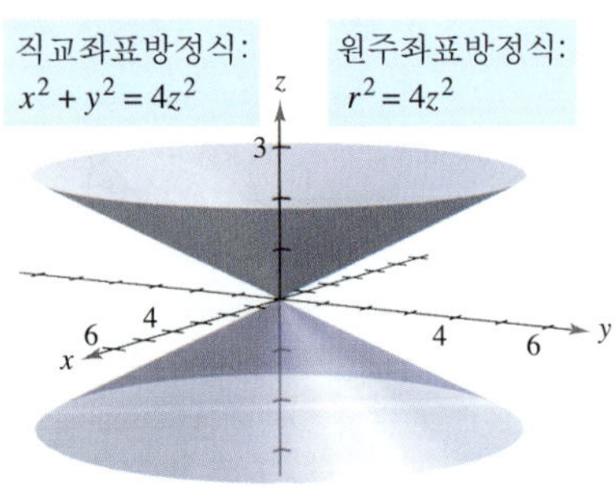

그림 8.61

예제 3 직교좌표방정식을 원주좌표방정식으로 전환하기

다음 직교좌표방정식의 곡면을 원주좌표방정식으로 나타내어라.

a. $x^2 + y^2 = 4z^2$ **b.** $y^2 = x$

풀이

a. $x^2 + y^2 = 4z^2$의 그래프는 z축이 대칭축인 한 쌍의 원추곡면이다(그림 8.61).

$$x^2 + y^2 = 4z^2 \qquad \text{직교좌표방정식}$$

$$r^2 = 4z^2 \qquad \text{원주좌표방정식}$$

b. 곡면 $y^2 = x$는 모선이 z축에 평행인 포물기둥면이다(그림 8.62).

$$\begin{aligned} y^2 &= x && \text{직교좌표방정식} \\ r^2\sin^2\theta &= r\cos\theta && x\text{에 } r\cos\theta,\ y\text{에 } r\sin\theta \text{ 대입} \\ r(r\sin^2\theta - \cos\theta) &= 0 && \text{이항하고 인수분해} \\ r\sin^2\theta - \cos\theta &= 0 && r\text{로 양변을 나눈다} \\ r &= \frac{\cos\theta}{\sin^2\theta} && r\text{에 대하여 푼다} \\ r &= \csc\theta\cot\theta && \text{원주좌표방정식} \end{aligned}$$

주어진 방정식이 $r=0$인 점을 포함하므로 인수 r로 양변을 나눌 때 소멸되는 점은 없다. ■

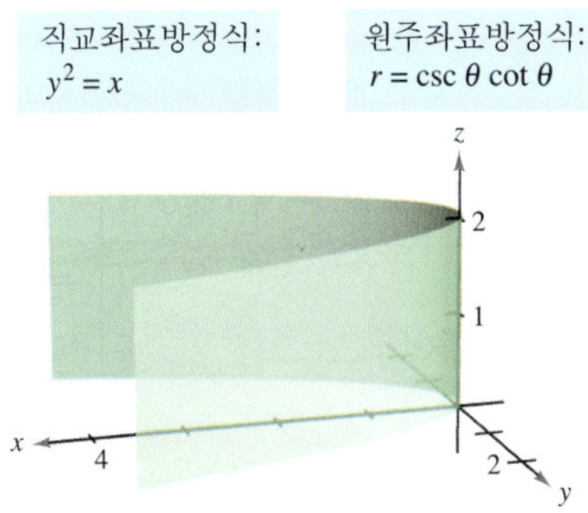

그림 8.62

직교좌표를 원주좌표로 전환하는 것이 원주좌표에서 직교좌표로 전환하는 것보다 좀 더 간단하고 직접적인 작업이다. 예제 4를 보자.

예제 4 원주좌표방정식을 직교좌표방정식으로 전환하기

원주좌표방정식으로 나타낸 곡면

$$r^2\cos 2\theta + z^2 + 1 = 0$$

의 직교좌표방정식을 구하여라.

풀이

$$\begin{aligned} r^2\cos 2\theta + z^2 + 1 &= 0 && \text{원주좌표방정식} \\ r^2(\cos^2\theta - \sin^2\theta) + z^2 + 1 &= 0 \\ r^2\cos^2\theta - r^2\sin^2\theta + z^2 &= -1 \\ x^2 - y^2 + z^2 &= -1 && r\cos\theta\text{를 } x\text{로, } r\sin\theta\text{를 } y\text{로} \\ y^2 - x^2 - z^2 &= 1 && \text{직교좌표방정식} \end{aligned}$$

이 곡면은 대칭축이 y축인 분리된 (이엽)쌍곡곡면이다(그림 8.63). ■

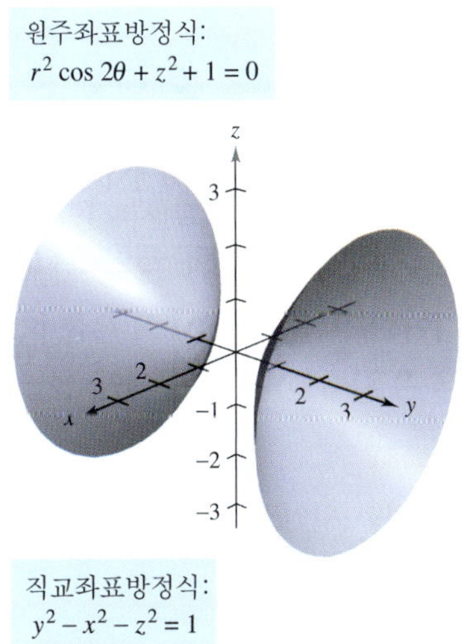

그림 8.63

구면좌표

구면좌표계(spherical coordinate system)에서는 각 점을 삼중순서쌍으로 나타낸다. 첫째 성분은 거리이고, 둘째 성분과 셋째 성분은 각이다. 이 좌표계에서 점은 지구표면의 각 점을 위도와 경도로 나타내는 방법과 비슷하다. 예를 들어 그림 8.64에서 북위 40°, 서경 80°에 위치한 지구표면의 점은 지구면이 구면이라 하고 반지름이 4000마일이라 할 때

$$(4000,\ -80°,\ 50°)$$

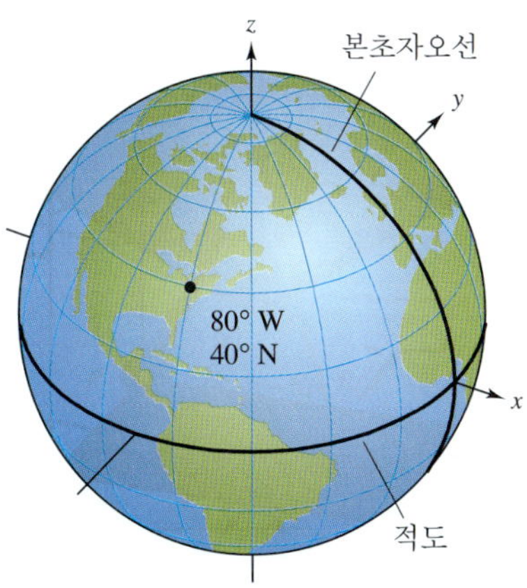

그림 8.64

로 나타난다. 여기서 280°는 기준이 되는 위도선에서 시계반대방향을 양의 방향으로 생각한 것이고, 50°는 북극점에서 아래로 이룬 각도이다.

구면좌표계

구면좌표계에서 공간의 한 점 P의 좌표는 삼중순서쌍 (ρ, θ, ϕ)로 표현할 때

1. ρ는 원점과 점 P 사이의 거리이다. $\rho \geq 0$

2. θ는 $r \geq 0$에 대하여 원주좌표계에서와 같은 각이다.

3. ϕ는 양의 z축과 선분 $\overrightarrow{OP}$ 사이의 각이다. $0 \leq \phi \leq \pi$

첫째 좌표 ρ와 셋째 좌표 ϕ는 음이 아니다. ρ는 그리스 소문자 "rho(로)"이고 ϕ는 "phi(파이)"이다.

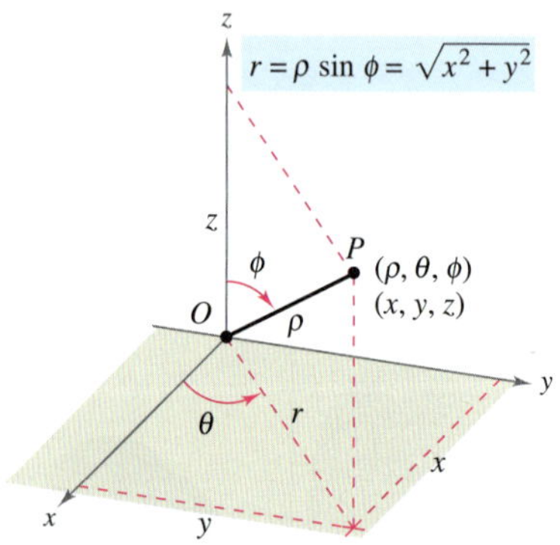

그림 8.65 구면좌표계

그림 8.65는 직교좌표와 구면좌표 사이의 관계를 나타내고 있다. 한 좌표계에서 다른 좌표계로 전환할 때는 다음을 이용한다.

구면좌표를 직교좌표로:

$$x = \rho \sin\phi \cos\theta, \quad y = \rho \sin\phi \sin\theta, \quad z = \rho \cos\phi$$

직교좌표를 구면좌표로:

$$\rho^2 = x^2 + y^2 + z^2, \quad \tan\theta = \frac{y}{x}, \quad \phi = \arccos\left(\frac{z}{\sqrt{x^2 + y^2 + z^2}}\right)$$

원주좌표와 구면좌표 사이의 좌표전환은 다음과 같다.

구면좌표를 원주좌표로 ($r \geq 0$):

$$r^2 = \rho^2 \sin^2\phi, \quad \theta = \theta, \quad z = \rho \cos\phi$$

원주좌표를 구면좌표로 ($r \geq 0$):

$$\rho = \sqrt{r^2 + z^2}, \quad \theta = \theta, \quad \phi = \arccos\left(\frac{z}{\sqrt{r^2 + z^2}}\right)$$

구면좌표는 공간에서 대칭점이나 대칭의 중심을 갖는 곡면을 나타나는 데 주로 사용한다. 예를 들어 그림 8.66은 간단히 구면좌표방정식으로 나타낸 세 곡면을 보여주고 있다.

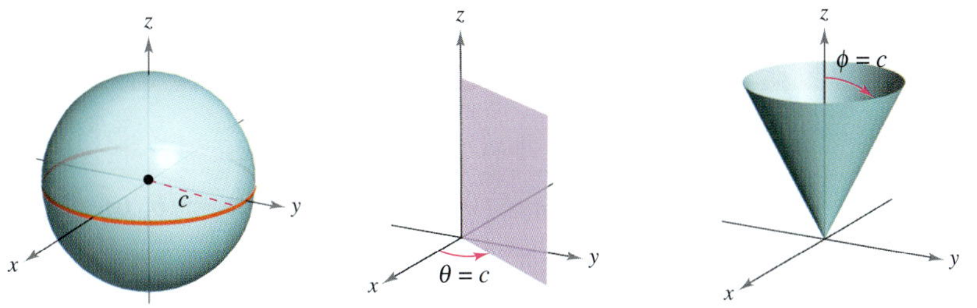

구면: $\rho = c$

수직반평면: $\theta = c$

반원뿔면: $\phi = c$ $\left(0 < c < \frac{\pi}{2}\right)$

그림 8.66

예제 5 직교좌표방정식을 구면좌표방정식으로 전환하기

직교좌표방정식으로 나타낸 다음 곡면의 구면좌표방정식을 구하여라.

a. 원뿔면: $x^2 + y^2 = z^2$ **b.** 구: $x^2 + y^2 + z^2 - 4z = 0$

풀이

a. $x = \rho \sin\phi \cos\theta,\ \ y = \rho \sin\phi \sin\theta,\ \ z = \rho \cos\phi$이므로

$$x^2 + y^2 = z^2$$

에 대입하면

$$\begin{aligned}
\rho^2\sin^2\phi\cos^2\theta + \rho^2\sin^2\phi\sin^2\theta &= \rho^2\cos^2\phi \\
\rho^2\sin^2\phi(\cos^2\theta + \sin^2\theta) &= \rho^2\cos^2\phi \\
\rho^2\sin^2\phi &= \rho^2\cos^2\phi \\
\frac{\sin^2\phi}{\cos^2\phi} &= 1 \qquad \rho \geq 0 \\
\tan^2\phi &= 1 \qquad \phi = \pi/4 \text{ 또는 } 3\pi/4
\end{aligned}$$

이다. $\phi = \pi/4$는 위쪽 반원뿔면, $\phi = 3\pi/4$는 아래쪽 반원뿔면이다.

b. $\rho^2 = x^2 + y^2 + z^2,\ \ z = \rho\cos\phi$이므로 주어진 방정식은 다음 구면좌표방정식으로 전환된다.

$$\rho^2 - 4\rho\cos\phi = 0 \quad \Rightarrow \quad \rho(\rho - 4\cos\phi) = 0$$

$\rho = 0$일 가능성을 무시하면, 위 식은

$$\rho - 4\cos\phi = 0 \quad \text{또는} \quad \rho = 4\cos\phi$$

로 쓸 수 있다. 그런데 이 식은 $\rho = 0$인 점을 포함하므로 인수 ρ를 나눔으로써 소멸되는 점은 없다. 구면좌표방정식 $\rho = 4\cos\phi$로 표현된 구면은 그림 8.67에 예시되고 있다. ■

직교좌표방정식: $x^2 + y^2 + z^2 - 4z = 0$

구면좌표방정식: $\rho = 4\cos\phi$

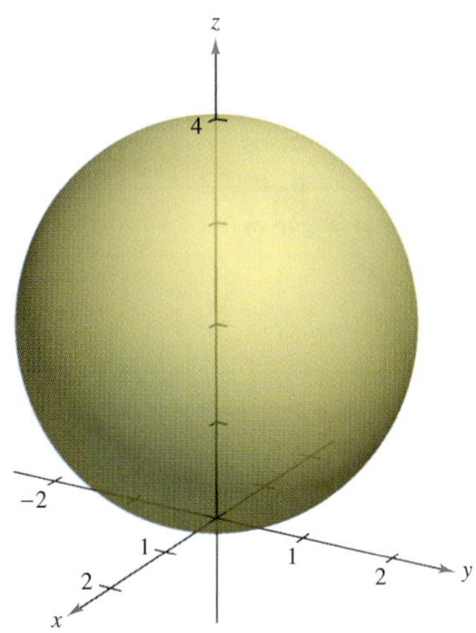

그림 8.67

연습문제 8.6

1. 다음 점의 원주좌표를 직교좌표로 전환하여라.
(a) $(2,\ \pi/3,\ 2)$ (b) $(4,\ 7\pi/6,\ 3)$

2. 다음 점의 직교좌표를 원주좌표로 전환하여라.
(a) $(0,\ 5,\ 1)$ (b) $(2,\ -2,\ -4)$

3. 다음 직교좌표방정식을 원주좌표방정식으로 전환하여라.
(a) $z=5$ (b) $x^2+y^2+z^2=10$
(c) $y^2=10-z^2$

4. 다음 원주좌표방정식을 직교좌표방정식으로 전환하고 그래프를 그려라.
(a) $\theta=\dfrac{\pi}{6}$ (b) $r=2\sin\theta$
(c) $r^2+z^2=4$

5. 다음 점의 직교좌표를 구면좌표로 전환하여라.
(a) $\left(-2,\ 2\sqrt{3},\ 4\right)$ (b) $\left(\sqrt{3},\ 1,\ 2\sqrt{3}\right)$

6. 다음 점의 구면좌표를 직교좌표로 전환하여라.
(a) $\left(12,\ -\dfrac{\pi}{4},\ 0\right)$ (b) $\left(5,\ \dfrac{\pi}{4},\ \dfrac{3\pi}{4}\right)$

7. 다음 직교좌표방정식을 구면좌표방정식으로 전환하여라.
(a) $x^2+y^2+z^2=36$ (b) $x^2+y^2=9$
(c) $x^2+y^2=2z^2$

8. 다음 구면좌표방정식을 직교좌표방정식으로 전환하고 그래프를 그려라.
(a) $\phi=\dfrac{\pi}{6}$ (b) $\rho=4\cos\phi$
(c) $\rho=\csc\phi$

9. 다음 점의 원주좌표를 구면좌표로 전환하여라.
(a) $(4,\ \pi/4,\ 0)$ (b) $(4,\ -\pi/6,\ 6)$
(c) $(12,\ \pi,\ 5)$

10. 다음 점의 구면좌표를 원주좌표로 전환하여라.
(a) $(36,\ \pi,\ \pi/2)$ (b) $(6,\ -\pi/6,\ \pi/3)$
(c) $(8,\ 7\pi/6,\ \pi/6)$

11. 원주좌표계의 상수 a, b, c에 대하여 방정식 $r=a$, $\theta=b$, $z=c$의 그래프에 대하여 설명하여라.

주어진 직교좌표방정식을 (a) 원주좌표방정식과 (b) 구면좌표방정식으로 전환하여라(12~14).

12. $4(x^2+y^2)=z^2$ **13.** $x^2+y^2=4y$

14. $x^2-y^2=9$

15. 원주좌표로 다음과 같이 주어진 입체를 그려라.
$$0\le\theta\le\pi/2,\quad 0\le r\le 2,\quad 0\le z\le 4$$

16. 구면좌표로 다음과 같이 주어진 입체를 그려라.
$$0\le\theta\le 2\pi,\quad 0\le\phi\le\pi/6,\quad 0\le\rho\le a\sec\phi$$

17. 다음 입체를 나타내는 부등식들을 구하고 사용한 좌표계를 서술하여라. 이 입체들을 가장 간단히 나타내는 좌표계를 선택하고 좌표공간에 표현하여라.
(a) 각변의 길이가 10센티미터인 정육면체
(b) $x^2+y^2+z^2=9$와 $\left(x-\dfrac{3}{2}\right)^2+y^2=\dfrac{9}{4}$의 내부로 된 입체

복습문제

1. $P=(1,\ 2)$, $Q=(4,\ 1)$, $R=(5,\ 4)$일 때 $\mathbf{u}=\overrightarrow{PQ}$, $\mathbf{v}=\overrightarrow{PR}$이라 한다. (a) $\mathbf{u}$와 $\mathbf{v}$의 성분형태 (b) $\mathbf{v}$의 크기 (c) $2\mathbf{u}+\mathbf{v}$를 각각 구하여라.

2. 크기 $\|\mathbf{v}\|=8$과 양의 x축과 이루는 각이 $\theta=120°$로 주어진 벡터 $\mathbf{v}$의 성분형태를 구하여라.

3. xz평면에서 오른쪽으로 4만큼 떨어져 있고, yz평면 뒤쪽으로 5만큼 떨어져 있는 xy평면의 점의 좌표를 구하여라.

4. $yz>0$을 만족하는 점 $(x,\ y,\ z)$가 존재하는 영역을 표시하여라.

5. 중심이 $(3,\ -2,\ 6)$, 지름이 15인 구면의 표준방정식을 구하여라.

6. $x^2+y^2+z^2-4x-6y+4=0$을 완전제곱식으로 구면의 표준방정식을 구하고 중심과 반지름을 구하여라.

17. 시점이 $(2,\ -1,\ 3)$, 종점이 $(4,\ 4,\ -7)$인 벡터를 나타내

는 유향선분을 그리고 벡터의 성분형태를 구하여라.

8. 벡터를 이용하여 점 $(3, 4, -1)$, $(-1, 6, 9)$, $(5, 3, -6)$이 같은 직선에 있는지 결정하여라.

9. $\mathbf{u} = \langle 2, 3, 5 \rangle$ 방향의 단위벡터를 구하여라.

10. $P(5, 0, 0)$, $Q(4, 4, 0)$, $R(2, 0, 6)$일 때 $\mathbf{u} = \overrightarrow{PQ}$, $\mathbf{v} = \overrightarrow{PR}$이라 한다. (a) $\mathbf{u}$와 $\mathbf{v}$의 성분형태 (b) $\mathbf{u} \cdot \mathbf{v}$ (c) $\mathbf{v} \cdot \mathbf{v}$를 구하여라.

11. $\mathbf{u} = \langle 7, -2, 3 \rangle$, $\mathbf{v} = \langle -1, 4, 5 \rangle$에 대하여 $\mathbf{u}$와 $\mathbf{v}$가 서로 수직인지, 평행인지, 두 경우가 아닌지 결정하여라.

12. 다음 두 벡터 사이의 각 θ를 구하여라.

(a) $\mathbf{u} = 5\left[\cos\left(\dfrac{3\pi}{4}\right)\mathbf{i} + \sin\left(\dfrac{3\pi}{4}\right)\mathbf{j}\right]$

$\mathbf{v} = 2\left[\cos\left(\dfrac{2\pi}{3}\right)\mathbf{i} + \sin\left(\dfrac{2\pi}{3}\right)\mathbf{j}\right]$

(b) $\mathbf{u} = \langle 10, -5, 15 \rangle$, $\mathbf{v} = \langle -2, 1, -3 \rangle$

13. 벡터 $\mathbf{u} = \langle 5, 6, -3 \rangle$에 수직인 방향과 반대인 두 벡터를 구하여라.

14. $\mathbf{u} = \langle 3, -2, 1 \rangle$, $\mathbf{v} = \langle 2, -4, -3 \rangle$, $\mathbf{w} = \langle -1, 2, 2 \rangle$일 때

(a) $\mathbf{u} \cdot \mathbf{u} = \|\mathbf{u}\|^2$임을 보여라.

(b) $\mathbf{w}$의 $\mathbf{u}$로의 정사영을 구하여라.

15. $\mathbf{u} = \langle 3, -2, 1 \rangle$, $\mathbf{v} = \langle 2, -4, -3 \rangle$, $\mathbf{w} = \langle -1, 2, 2 \rangle$일 때

(a) $\mathbf{v}$와 $\mathbf{w}$를 포함하는 평면에 수직인 단위벡터를 구하여라.

(b) $\mathbf{u}$, $\mathbf{v}$, $\mathbf{w}$를 변으로 하는 입체의 부피를 구하여라.

(c) $\mathbf{u}$와 $\mathbf{v}$를 이웃하는 두 변으로 하는 평행사변형의 넓이를 구하여라.

16. (회전력) 트랙터 설명서에 머리 부분 크기가 $\frac{7}{8}$인치인 볼트에 작용하는 회전력은 200피트–파운드를 넘을 수 없다고 되어 있다. 그림의 스패너에 작용할 수 있는 힘의 크기 $\|\mathbf{F}\|$의 최댓값을 구하여라.

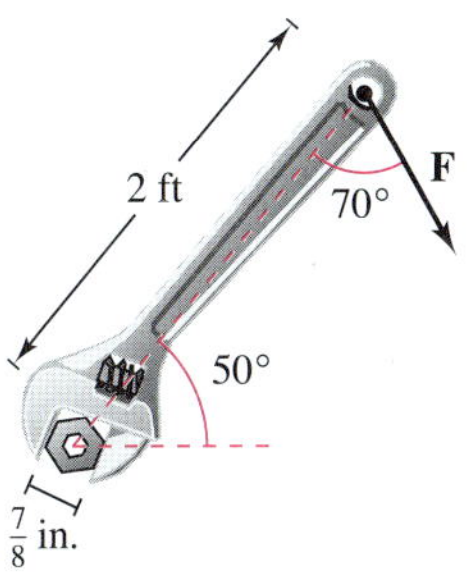

17. 두 점 $(3, 0, 2)$, $(9, 11, 6)$을 지나는 직선의 (a) 매개방정식과 (b) 대칭방정식을 구하여라(각 직선에 대하여 방향수는 정수로 나타내어라).

다음 직선의 (a) 매개방정식과 (b) 대칭방정식을 구하여라(18~19).

18. 점 $(1, 2, 3)$을 지나고 xz평면에 수직인 직선

19. 두 평면 $3x - 3y - 7z = -4$와 $x - y + 2z = 3$의 교선

20. 다음 평면방정식을 구하여라.

(a) 세 점 $(-3, -4, 2)$, $(-3, 4, 1)$, $(1, 1, -2)$를 지나는 평면

(b) 다음 두 직선을 포함하는 평면

$\dfrac{x-1}{-2} = y = z+1$, $\dfrac{x+1}{-2} = y-1 = z-2$

21. 점 $(1, 0, 2)$에서 평면 $2x - 3y + 6z = 6$까지의 거리를 구하여라.

22. 두 평면 $5x - 3y + z = 2$와 $5x - 3y + z = -3$ 사이의 거리를 구하여라.

23. 다음 곡면에 대하여 설명하고 그래프를 그려라.

(a) $x + 2y + 3z = 6$ (b) $y = \dfrac{1}{2}z$

(c) $\dfrac{x^2}{16} + \dfrac{y^2}{9} + z^2 = 1$ (d) $\dfrac{x^2}{16} - \dfrac{y^2}{9} + z^2 = -1$

(e) $x^2 + z^2 = 4$

24. 회전곡면 $y^2 + z^2 - 4x = 0$의 생성곡선의 방정식을 구하여라.

25. 점의 직교좌표 $\left(-2\sqrt{2}, 2\sqrt{2}, 2\right)$를 (a) 원주좌표 (b) 구면좌표로 전환하여라.

26. 주어진 점의 원주좌표 $\left(100, -\dfrac{\pi}{6}, 50\right)$을 구면좌표로 전환하여라.

27. 점의 구면좌표 $\left(25, -\dfrac{\pi}{4}, \dfrac{3\pi}{4}\right)$를 원주좌표로 전환하여라.

28. 직교방정식 $x^2 - y^2 = 2z$를 (a) 원주좌표방정식 (b) 구면좌표방정식으로 전환하여라.

29. 원주좌표방정식 $r = 4\sin\theta$를 직교좌표방정식으로 전환하고 그래프를 그려라.

30. 구면좌표방정식 $\theta = \dfrac{\pi}{4}$를 직교좌표방정식으로 전환하고 그래프를 그려라.

부 록

A 미적분학 전 단계 복습

B 미적분학의 기본 정리의 다른 소개

C 공 식

D 유용한 식

A 미적분학 전 단계 복습

A.1 실수 직선과 순서

- 실수를 표현하고 분류하기
- 부등식을 사용하여 실수의 집합을 나타내기
- 부등식 풀기
- 부등식을 사용하여 실생활 문제 모형화하고 풀기

실수 직선

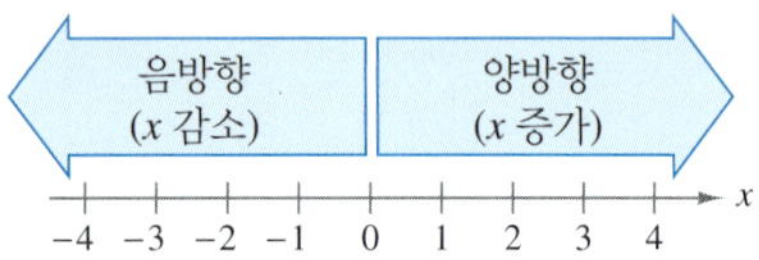

그림 A.1 실수 직선

실수는 그림 A.1에서처럼 **실수 직선**(real number line)(또는 x축)으로 부르는 좌표계로 표현할 수 있다. **양방향**(positive direction)(오른쪽으로)은 화살촉으로 표시하고 x값이 증가하는 방향을 표시한다. 실수는 실수 직선 위의 특정한 점에 대응하고 점의 **좌표**(coordinate)라고 부른다. 그림 A.1에서처럼 좌표가 정수인 점을 표시하는 것이 관습적이다.

실수 직선에서 0에 대응하는 점을 **원점**(origin)이라고 한다. 원점의 오른쪽 수를 **양수**(positive number), 원점의 왼쪽 수를 **음수**(negative number)라고 한다. **음이 아님**(nonnegative)이라는 용어는 양이거나 영인 수를 나타낸다. 실수 직선의 중요성은 개념적으로 실수의 완벽한 그림을 제공하는 것이다. 즉 실수 직선 위에 있는 각 점은 단 하나의 실수에만 대응한다. 그리고 각 실수는 실수 직선 위의 단 한 점에만 대응한다. 이런 형태의 관계를 **1대1 대응**(one-to-one correspondence)이라고 하며 그림 A.2에 보여 주고 있다.

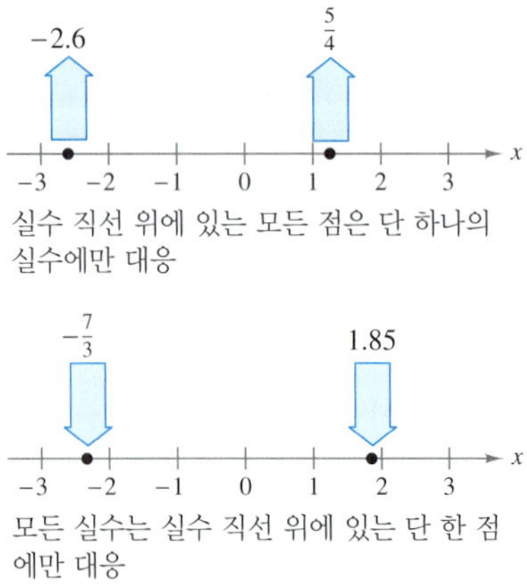

그림 A.2

그림 A.2에 있는 4개의 각 점은 두 정수의 비로 표현되는 실수에 대응한다.

$$-2.6 = -\frac{13}{5} \qquad \frac{5}{4} \qquad -\frac{7}{3} \qquad 1.85 = \frac{37}{20}$$

이런 수를 **유리수**(rational number)라고 한다. 유리수는 끝이 있거나 또는 무한히 반복되는 순환소수로 표현한다.

끝이 있는 소수	무한히 반복되는 소수
$\frac{2}{5} = 0.4$	$\frac{1}{3} = 0.333\ldots = 0.\overline{3}$*
$\frac{7}{8} = 0.875$	$\frac{12}{7} = 1.714285714285\ldots = 1.\overline{714285}$

유리수가 아닌 실수를 **무리수**(irrational number)라 하는데, 두 정수의 비(또는 유

* ‾는 숫자의 무한 반복을 의미

한소수나 순환소수로)로 표현할 수 없다. 그러므로 무리수를 표현하는 데 유한소수로 근사한다. 몇몇 무리수는 응용에서 아주 자주 나타나므로 수학자들은 이를 표현하기 위해 특별한 기호를 만들었다. 예를 들면 기호 $\sqrt{2}$, π, e는 다음과 같이 유한소수 근사로 무리수를 표현한다(그림 A.3).

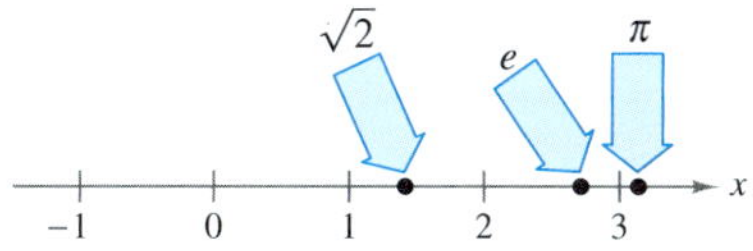

그림 A.3

$$\sqrt{2} \approx 1.4142135624$$
$$\pi \approx 3.1415926536$$
$$e \approx 2.7182818285$$

실수 직선 위의 순서와 구간

실수의 중요한 성질의 하나는 **순서**(order)이다. 0은 1보다 작고, -3은 -2.5보다 작고, π는 $\frac{22}{7}$보다 작다 등이다. 실수 직선 위에서 이 성질은 a가 b보다 작다는 것을 실수 직선 위에서 a가 b의 왼쪽에 있음을 또 그때에 한함을 관찰함으로써 눈으로 볼 수 있다. 기호로 'a가 b보다 작다'를 부등식 $a < b$로 나타낸다. 예를 들면 부등식

$$\frac{3}{4} < 1$$

은 그림 A.4에서 보여 주는 것처럼 실수 직선 위에서 $\frac{3}{4}$은 1의 왼쪽에 놓여 있다는 사실에 따른다.

$\frac{3}{4}$은 1의 왼쪽에 놓여 있다. 그러므로 $\frac{3}{4} < 1$

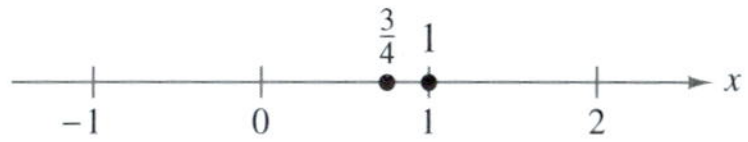

그림 A.4

세 실수 a, x, b가 $a < x$와 $x < b$와 같은 순서일 때, x는 a와 b **사이**(between)에 있다고 말하고

$$a < x < b \qquad x\text{는 } a\text{와 } b \text{ 사이에 있다}$$

와 같이 쓴다.

a와 b 사이에 있는 **모든** 실수의 집합을 a와 b 사이의 **열린구간**(open interval)이라 하고 (a, b)로 나타낸다. (a, b) 형태의 구간은 '끝점' a와 b를 포함하지 않는다. 끝점을 포함하는 구간을 **닫힌구간**(closed interval)이라 하고 $[a, b]$로 나타낸다. $[a, b)$와 $(a, b]$와 같은 형태의 구간은 열린구간도 닫힌구간도 아니다. 그림 A.5는 실수 직선 위에서 아홉 가지 형태의 구간을 보여 준다.

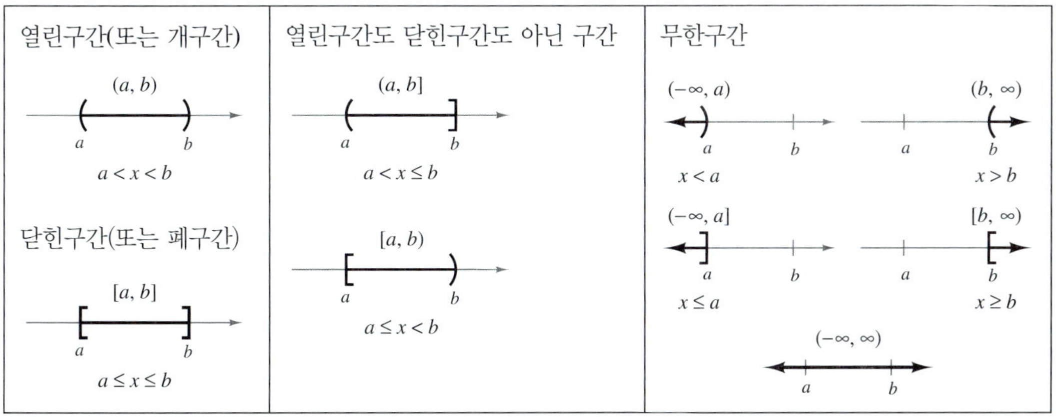

그림 A.5 실수 직선 위의 구간

각괄호는 '작거나 같은(≤)' 또는 '크거나 같은(≥)'을 나타내기 위해 사용된다. 게다가 기호

∞ 양의 무한대

와

$-\infty$ 음의 무한대

는 각각 **양의 무한대**(positive infinity)와 **음의 무한대**(negative infinity)를 나타낸다. 이 기호는 실수를 나타내지 않는다. 이들은 단지 경계 없는 조건을 보다 분명히 표현한다. 예를 들면 구간 $[b, \infty)$는 b보다 크거나 같은 **모든** 실수를 포함하므로 오른쪽으로 경계가 없다.

부등식 풀기

미적분학에서 $3x - 4 < 5$와 같이 변수를 포함하는 '부등식 풀기'를 해야 할 때가 가끔 있다. x 대신 a를 대체할 때 부등식이 참이면 수 a는 부등식의 **해**(solution)이다. 부등식을 만족하는 모든 x값의 집합을 부등식의 **해집합**(solution set)이라고 한다. 다음 성질은 부등식을 푸는 데 유용하다($<$ 대신 $\leq$, $>$ 대신 $\geq$를 넣어도 비슷한 성질이 얻어진다).

학습 팁

성질 3과 4의 차이점에 유의하자. 예를 들면 다음과 같다.

$-3 < 4 \Rightarrow (-3)(2) < (4)(2)$

그리고

$-3 < 4$

$\Rightarrow (-3)(-2) > (4)(-2)$

부등식의 성질

a, b, c, d를 실수라고 하자.

1. **추이 성질:** $a < b$이고 $b < c$이면 ⇨ $a < c$
2. **부등식 더하기:** $a < b$이고 $c < d$이면 ⇨ $a + c < b + d$
3. **상수 곱하기(양수):** $a < b$ ⇨ $ac < bc,\ c > 0$
4. **상수 곱하기(음수):** $a < b$ ⇨ $ac > bc,\ c < 0$
5. **상수 더하기:** $a < b$ ⇨ $a + c < b + c$
6. **상수 빼기:** $a < b$ ⇨ $a - c < b - c$

음수를 곱할 때 부등식을 반대로 하는 것에 유의하자. 예를 들면 $x < 3$이면 $-4x > -12$이다. 이 법칙은 음수를 나눌 때도 적용된다. 그러므로 $-2x > 4$이면 $x < -2$이다.

예제 1 부등식 풀기

다음 부등식의 해집합을 구하여라.

$$3x - 4 < 5$$

풀이

$3x - 4 < 5$ 원래 부등식을 쓴다

$$3x - 4 + 4 < 5 + 4 \qquad \text{양변에 4를 더한다}$$

$$3x < 9 \qquad \text{간단히 한다}$$

$$\frac{1}{3}(3x) < \frac{1}{3}(9) \qquad \text{양변에 } \tfrac{1}{3}\text{을 곱한다}$$

$$x < 3 \qquad \text{간단히 한다}$$

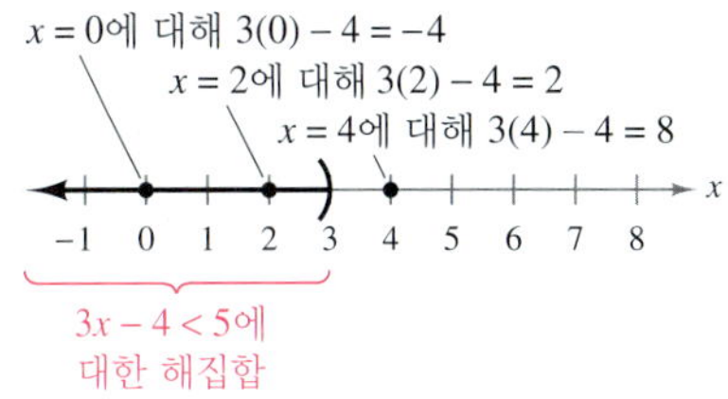

그림 A.6

그러므로 해집합은 구간 $(-\infty, 3)$이다(그림 A.6). 부등식을 한 번 풀었다면 해집합에 있는 어떤 x값이 원래 부등식을 만족하는지 아닌지 점검해 보는 것은 좋은 생각이다. 또한 해집합 밖에 있는 어떤 값이 부등식을 만족하지 않는다는 것을 점검해야 한다. 예를 들면 그림 A.6에서 $x = 0$과 $x = 2$는 부등식을 만족하지만 $x = 4$는 부등식을 만족하지 않는다.

✔ **점검문제 1** 다음 부등식의 해집합을 구하여라.

$$2x - 3 < 7$$ ■

예제 1의 풀이 과정에서 나열한 다섯 개의 부등식은 모두 같은 해집합을 갖고 이들 모두를 **동치인 부등식**(equivalent inequalities)이라고 한다.

예제 1의 부등식은 일차 다항식이다. 높은 차수의 다항식을 갖는 부등식을 풀기 위해서는 어떤 다항식이 그것의 실수 근에서만 부호를 바꿀 수 있다는 사실을 사용해야 한다(다항식을 영으로 만드는 수를 근이라고 한다). 연이은 두 개의 실수 근 사이에서 다항식은 완전히 영이거나 완전히 음이어야 한다. 다항식의 실수 근이 순서로 놓였을 때 이들은 실수 직선을 다항식의 부호 변화가 없는 **판정구간**(test interval)으로 나눈다는 것을 의미한다. 만약 다항식이 인수분해 모양

$$(x - r_1)(x - r_2), \ldots, (x - r_n), \qquad r_1 < r_2 < r_3 < \cdots < r_{n-1} < r_n$$

이라면 판정구간은

$$(-\infty, r_1), \quad (r_1, r_2), \quad \ldots, \quad (r_{n-1}, r_n) \quad \text{그리고} \quad (r_n, \infty)$$

이다. 예를 들어

$$x^2 - x - 6 = (x + 2)(x - 3)$$

은 $x = -2$와 $x = 3$에서만 부호를 바꿀 수 있다. 구간 $(-\infty, -2)$, $(-2, 3)$, $(3, \infty)$에서 다항식의 부호를 결정하기 위해 각 구간에서 하나의 값만 점검하는 것이 필요하다.

예제 2 다항식의 부등식 풀기

$$x^2 < x + 6 \qquad \text{원래 부등식}$$

$$x^2 - x - 6 < 0 \qquad \text{다항식 형태}$$

$$(x + 2)(x - 3) < 0 \qquad \text{인수분해 한다}$$

그러므로 다항식 $x^2 - x - 6$의 근은 $x = -2$와 $x = 3$이다. 각 구간 $(-\infty, -2)$, $(-2, 3)$,

$(3, \infty)$에서 다항식의 부호를 판정하여 부등식을 풀 수 있다. 각 구간에서 대표적인 x값을 선택하고 다항식의 값을 계산한다.

구간	x값	다항식 값	결론
$(-\infty, -2)$	$x = -3$	$(-3)^2 - (-3) - 6 = 6$	양수
$(-2, 3)$	$x = 0$	$(0)^2 - (0) - 6 = -6$	음수
$(3, \infty)$	$x = 4$	$(4)^2 - (4) - 6 = 6$	양수

이것으로부터 부등식은 구간 $(-2, 3)$에 있는 모든 x값에서 만족한다. 그러므로 부등식 $x^2 < x + 6$의 해집합은 구간 $(-2, 3)$이다(그림 A.7). 원래 부등식이 '보다 작은' 기호를 포함하고 있음에 유의하자. 이것은 해집합이 판정구간 $(-2, 3)$의 끝점을 포함하지 않는다는 것을 의미한다.

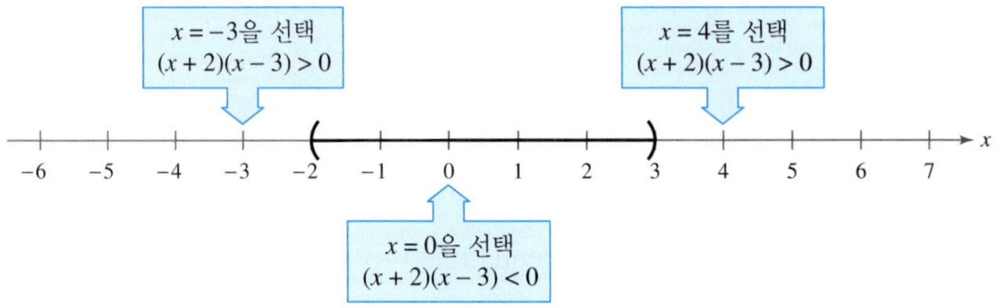

그림 A.7

✓ **점검문제 2** 다음 부등식의 해집합을 구하여라.

$$x^2 > 3x + 10$$

응용

부등식은 경영학과 과학에서 나타나는 조건을 설명하는 데 자주 사용된다. 예를 들면 부등식

$$8.8 \le W \le 26.4$$

는 성체 붉은털원숭이의 전형적인 몸무게(파운드)를 나타낸다. 예제 3은 제조공장에서의 생산 수준을 설명하는 데 부등식이 어떻게 사용되는지를 보여 준다.

예제 3 생산 수준

매일 고정 간접비 500달러에 추가하여 어떤 제품의 x단위 생산비용이 단위당 2.50달러이다. 8월 한 달간 총 생산비용은 일일 최고 1325달러에서 최저 1200달러 사이에서 변한다. 8월 한 달간 일일 최고, 최저 생산 수준을 구하여라.

풀이 한 단위를 생산하는 비용이 2.50달러이므로 x단위 생산하는 비용은 $2.5x$이다. 게다가 고정비용이 매일 500달러이므로 x단위를 생산하는 일일 총 비용 C(달러)는

$$C = 2.5x + 500$$

이다. 이제 비용이 1200달러와 1325달러 사이에서 변하므로 다음과 같이 쓸 수 있다.

$$1200 \le 2.5x + 500 \le 1325 \quad \text{원래 부등식을 쓴다}$$
$$1200 - 500 \le 2.5x + 500 - 500 \le 1325 - 500 \quad \text{양쪽에서 500을 뺀다}$$
$$700 \le 2.5x \le 825 \quad \text{간단히 한다}$$
$$\frac{700}{2.5} \le \frac{2.5x}{2.5} \le \frac{825}{2.5} \quad \text{각 부분을 2.5로 나눈다}$$
$$280 \le x \le 330 \quad \text{간단히 한다}$$

그러므로 8월 한 달간 일일 생산 수준은 최저 280단위에서 최고 330단위 사이에서 변한다(그림 A.8).

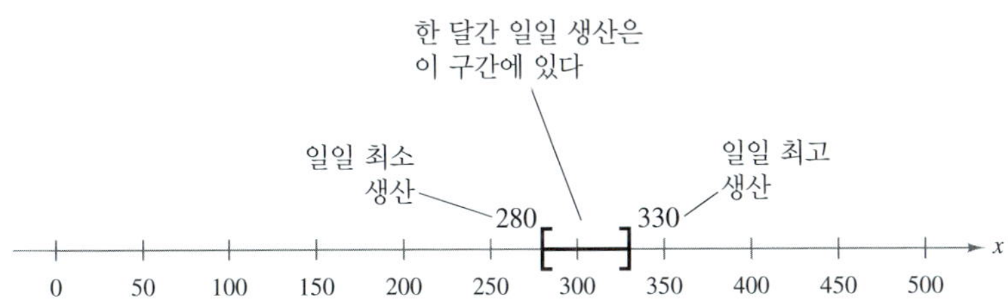

그림 A.8

✓ **점검문제 3** 예제 3의 정보를 사용하여 총 생산비용이 일일 최고 1500달러에서 최저 1000달러 사이에서 변할 때, 10월 한 달간 일일 최고, 최저 생산 수준을 구하여라. ■

연습문제 A.1

[1-4] (실수의 분류) 다음 실수가 유리수 또는 무리수인지 결정하여라.

1. 0.25 **2.** $4.3\overline{451}$

3. $\dfrac{3\pi}{2}$ **4.** $\sqrt[3]{64}$

[5-6] (해 결정) 각 주어진 x값이 부등식의 해인지 아닌지 결정하여라.

5. $5x - 12 > 0$

(a) $x = 3$ (b) $x = -3$ (c) $x = \frac{5}{2}$

6. $0 < \dfrac{x-2}{4} < 2$

(a) $x = 4$ (b) $x = 8$ (c) $x = 0$

[7-13] (부등식 풀기) 다음 부등식의 해집합을 구하여라. 그리고 수직선 위에 해집합을 그려라. (예제 1, 2 참조)

7. $x - 5 \ge 7$ **8.** $4x + 1 \le 2x$

9. $4 - 2x < 3x - 1$ **10.** $-4 < 2x - 3 < 4$

11. $\dfrac{3}{4} > x + 1 > \dfrac{1}{4}$ **12.** $x^2 \ge 3x + 4$

13. $2x^2 - x \le 6$

[14-15] (부등식 쓰기) 부등식 기호를 사용하여 실수의 부분집합을 나타내어라.

14. (주당 순이익) 어떤 회사의 다음 분기 동안 주당 순이익 E가 4.10달러보다 작지 않고 4.25달러 이상은 아니다.

15. (조사) 어떤 조사에 의하면 은행 거래 대부분을 온라인으로 하는 미국인의 퍼센트는 51 % 이상은 아니다.

16. (생리학) 건강상태가 정상인 사람의 최대 심박수(분당 박동수) r은 나이와 관계가 있고 다음 방정식이다.

$$r = 220 - A$$

여기서 A는 나이(세)이다. 어떤 생리학자는 신체 활동 동안 많이 앉아 있는 사람은 최대 심박수의 적어도 60 %까지 높이도록 노력해야 하고 매우 건강한 사람은 최대 심박수의 90 %까지 높이도록 노력해야 한다고 권고한다. 부등식 기호를 사용하여 20세 사람의 신체 활동 동안 목표 심박수의 범위를 부등식으로 나타내어라.

17. (이익) 어떤 제품을 x단위 판매한 수입은

$$R = 115.95x$$

이고 x단위 생산하는 비용은

$$C = 95x + 750$$

이다. 이익을 얻기 위해 수입은 비용보다 커야 한다. 제품 판매 이익을 주는 x값의 범위를 구하여라.

18. (참, 거짓 판별) $a < b$일 때, 다음 명제가 참인지 거짓인지 판별하여라.

(a) $-2a < -2b$　　(b) $a + 2 < b + 2$

(c) $6a < 6b$　　(d) $\dfrac{1}{a} < \dfrac{1}{b}$

A.2 실수의 절댓값

- 실수의 절댓값 구하기
- 실수 직선에 있는 두 수 사이의 거리 구하기
- 절댓값 부등식을 쓰고 풀기
- 구간을 사용하여 실생활 문제를 모형화하고 풀기. 구간의 중점 구하기

실수의 절댓값

절댓값의 정의

실수 a의 **절댓값**(absolute value)은 다음과 같다.

$$|a| = \begin{cases} a, & a \geq 0\text{일 때} \\ -a, & a < 0\text{일 때} \end{cases}$$

따라서 실수의 절댓값은 양이거나 또는 0이다. 예를 들면 $|-3|$을 생각하자. $-3 < 0$이므로 $|-3| = -(-3) = 3$이다. 더욱이 0은 절댓값이 0인 유일한 실수이다. 그러므로 $|0| = 0$이다.

예제 1 절댓값 식 계산하기

	식	x값	대입	식의 값
a.	$\lvert 3x + 2\rvert$	$x = 7$	$\lvert 3(7) + 2\rvert$	$\lvert 21 + 2\rvert = \lvert 23\rvert = 23$
b.	$\left\lvert 1 - \dfrac{5}{0.03x}\right\rvert$	$x = 100$	$\left\lvert 1 - \dfrac{5}{0.03(100)}\right\rvert$	$\left\lvert 1 - \dfrac{5}{3}\right\rvert = \left\lvert -\dfrac{2}{3}\right\rvert = \dfrac{2}{3}$

✔ **점검문제 1** (a) $x = 4$, (b) $x = -2$일 때 다음을 계산하여라.

$$\left|\frac{120}{x} + 6\right|$$

■

절댓값의 성질

1. 곱: $|ab| = |a||b|$

2. 몫: $\left|\frac{a}{b}\right| = \frac{|a|}{|b|}, \quad b \neq 0$

3. 거듭제곱: $|a^n| = |a|^n$

4. 제곱근: $\sqrt{a^2} = |a|$

위 네 번째 성질을 확실히 이해해야 한다. 대수에서 공통적인 오류는 어떤 수를 제곱하고 난 뒤 제곱근을 택하면 원래 수를 얻는다고 생각하는 것이다. 그러나 이것은 원래 수가 음이 아닐 때만 옳다. 예를 들면 만약 $a = 2$이면 $\sqrt{2^2} = \sqrt{4} = 2$이다. 그러나 만약 $a = -2$이면 $\sqrt{(-2)^2} = \sqrt{4} = 2$이다. 이 경우의 이유는(정의에 의해) 제곱근 기호 $\sqrt{\ }$는 음이 아닌 근을 나타낸다.

실수 직선 위에서의 거리

실수 직선 위에서 서로 다른 두 점 a와 b를 생각하자. 여기서 $a < b$이다(그림 A.9).

1. ***a*에서 *b*까지 유향 거리**(directed distance from a to b)는

$$b - a$$

2. ***b*에서 *a*까지 유향 거리**(directed distance from b to a)는

$$a - b$$

3. ***a*와 *b* 사이의 거리**(distance between a and b)는

$$|a - b| \quad \text{또는} \quad |b - a|$$

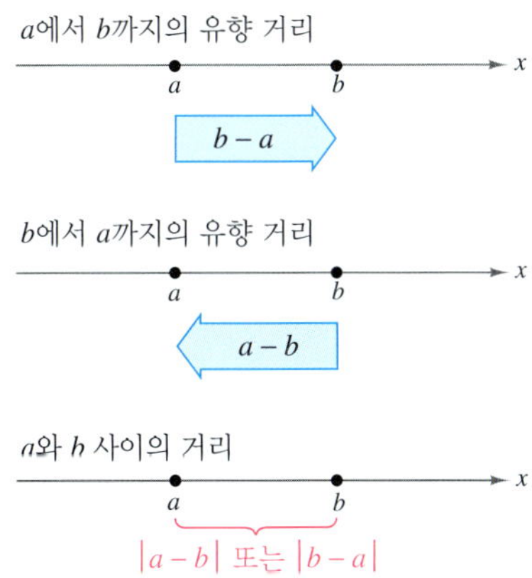

그림 A.9

그림 A.9에서 b는 a의 오른쪽에 있으므로 a에서 b까지의 유향 거리(오른쪽으로 이동)는 양임에 유의하자. 더욱이 a는 b의 왼쪽에 있으므로 b에서 a까지의 유향 거리(왼쪽으로 이동)는 음이다. 실수 직선 위의 두 점 사이의 거리는 결코 음이 될 수 없다.

실수 직선 위에서 두 점 사이의 거리

실수 직선 위에서 점 x_1과 x_2 사이의 거리 d는 다음과 같다.

$$d = |x_2 - x_1|$$

x_1과 x_2에서 빼기의 순서는 중요하지 않음에 유의하자. 왜냐하면

$$|x_2 - x_1| = |x_1 - x_2|$$

이기 때문이다.

예제 2 실수 직선 위에서 거리 구하기

실수 직선 위에서 -3과 4 사이의 거리를 결정하여라. -3에서 4까지의 유향 거리는 얼마인가? 4에서 -3까지의 유향 거리는 얼마인가?

풀이 -3과 4 사이의 거리는

$$|-3-4| = |-7| = 7 \qquad |a-b|$$

또는

$$|4-(-3)| = |7| = 7 \qquad |b-a|$$

이다(그림 A.10).

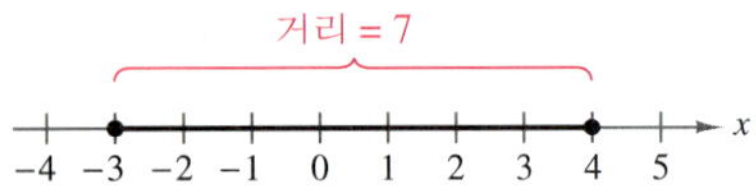

그림 A.10

-3에서 4까지의 유향 거리는

$$4-(-3) = 7 \qquad b-a$$

이고 4에서 -3까지의 유향 거리는

$$-3-4 = -7 \qquad a-b$$

이다.

✓점검문제 2 실수 직선 위에서 -2와 6 사이의 거리를 결정하여라. -2에서 6까지의 유향 거리는 얼마인가? 6에서 -2까지의 유향 거리는 얼마인가? ■

절댓값 부등식

절댓값을 포함하는 부등식의 기본형

a와 d가 실수라고 하자. 여기서 $d > 0$

$|x-a| \le d$이면 $a-d \le x \le a+d$

$|x-a| \ge d$이면 $x \le a-d$ 또는 $a+d \le x$

부등식	설명	그래프
$\lvert x-a\rvert \le d$	a로부터의 거리가 d보다 작거나 같은 모든 실수 x	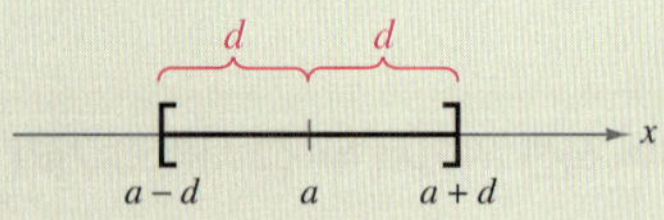
$\lvert x-a\rvert \ge d$	a로부터의 거리가 d보다 크거나 같은 모든 실수 x	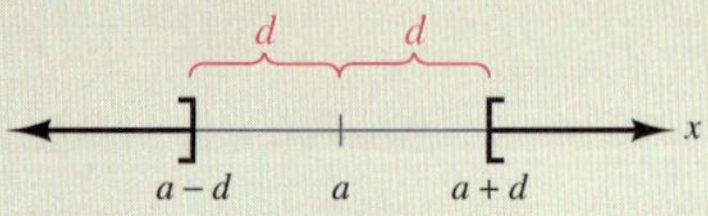

$|x-a| \ge d$와 같은 부등식은 두 구간으로 이루어진 해집합을 가짐을 확실히 볼 수 있다. 절댓값을 사용하지 않고 두 구간을 설명하기 위해서는 합집합을 나타내기 위해 '또는'으로 연결된 두 개의 부등식을 사용해야 한다. 즉 부등식 $|x-a| \ge d$는 '$x-a \ge d$ 또는 $x-a \le d$'와 같다.

예제 3 절댓값 부등식을 쓰고 풀기

수직선에서 3으로부터 2단위 미만으로 놓여 있는 모든 수를 포함하는 구간을 구하여라.

풀이 x를 이 구간에 있는 임의의 점이라고 하자. x와 3의 거리가 2보다 작거나 같은 x를 구해야 한다. 거리는 절댓값 부등식으로 표현된다.

$$|x - 3| \le 2$$

$x - 3$의 절댓값이 2보다 작거나 같아지려면 $x - 3$은 -2와 2 사이에 놓여 있어야 한다. 그러므로

$$-2 \le x - 3 \le 2$$

와 같이 쓸 수 있다. 이 부등식의 짝을 풀면

$$-2 + 3 \le x - 3 + 3 \le 2 + 3$$

$$1 \le x \le 5 \qquad \text{해집합}$$

이므로 그림 A.11에서와 같이 구간은 [1, 5]이다.

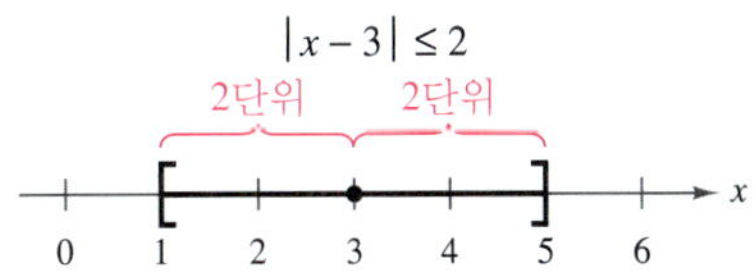

그림 A.11

✓ **점검문제 3** 수직선에서 6으로부터 4단위 미만으로 놓여 있는 모든 수를 포함하는 구간을 구하여라. ■

응용

예제 4 품질 관리

어떤 대규모 제조회사가 품질 관리 회사에 의뢰해 제품의 신뢰도를 판정했다. 통계적 방법을 사용하여 품질 관리 회사는 제조회사의 불량품이 0.35 % ± 0.17 %단위로 예상된다고 판정했다. 제조회사는 불량품에 대해 환불을 보장하고 있다. 100,000단위에 대해 환급금을 충당하려면 예산은 얼마나 확보해야 하는가? (소매가는 8.95달러라고 가정한다) 제조회사는 환급금으로 5,000달러 이상 준비해야 하는가?

풀이 r을 불량품 단위의 퍼센트(소수형)를 나타낸다고 하자. r이 0.0035에서 기껏해야 0.0017 차이가 난다는 것을 알 것이다.

$$0.0035 - 0.0017 \le r \le 0.0035 + 0.0017$$

$$0.0018 \le r \le 0.0052 \qquad \text{그림 A.12(a)}$$

이제 x를 100,000개의 제품 중 불량품의 수라고 하면 $x = 100{,}000r$이 된다.

$$0.0018(100{,}000) \le 100{,}000r \le 0.0052(100{,}000)$$

$$180 \le x \le 520 \qquad \text{그림 A.12(b)}$$

끝으로 C를 환급금이라고 하면 $C = 8.95x$이다. 그러므로 100,000단위에 대한 총 환급금은 다음 구간 내에 있다.

$$180(8.95) \le 8.95x \le 520(8.95)$$

$$1611(\text{달러}) \le C \le 4654(\text{달러}) \qquad \text{그림 A.12(c)}$$

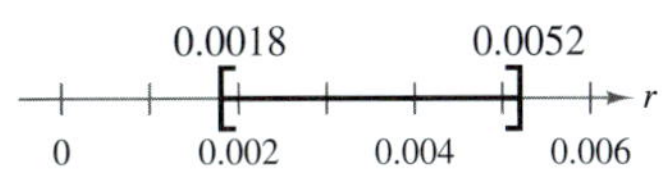

(a) 불량품 단위 수의 퍼센트

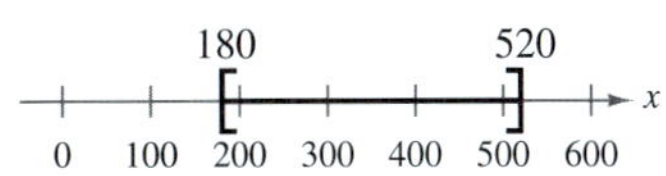

(b) 불량품 단위 수

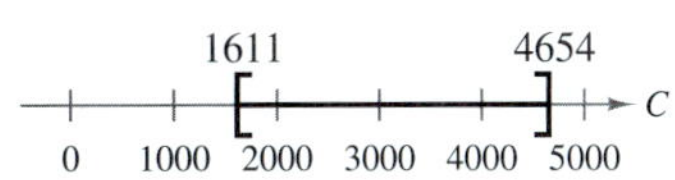

(c) 환급금

그림 A.12

제조회사는 5000달러 이상의 환불 예산을 확보할 필요는 없다.

✓ **점검문제 4** 예제 4의 정보를 사용하여 250,000단위에 대해 환급금을 충당하려면 예산은 얼마나 확보해야 하는가?

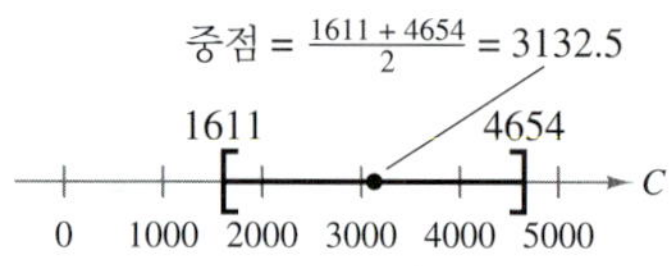

그림 A.13

예제 4에서 제조회사는 환급금으로 1611달러에서 4654달러를 지불할 것으로 예상해야 한다. 물론 안전한 환급금은 이 추정치보다 높을 수 있다. 통계적 관점에서 보면 가장 대표적인 추정값은 양극값의 평균일 것이다. 그래프로는 두 수의 평균은 두 수를 끝점으로 하는 **구간의 중점**(midpoint of an interval)이다(A.13). ■

구간의 중점

끝점이 a, b인 구간의 중점은 끝점의 평균을 취해 구한다. 즉

$$\text{중점} = \frac{a+b}{2}$$

연습문제 A.2

[1-2] (절댓값 식 계산하기) 각 x값에 대한 식을 계산하여라. (예제 1 참조)

	식	값	
1.	$\lvert 2x+5 \rvert$	(a) $x = 3$	(b) $x = -6$
2.	$\left\lvert \frac{8}{x} - 9 \right\rvert$	(a) $x = 8$	(b) $x = -3$

[3-5] (실수 직선 위에서 거리 구하기) (a) a와 b 사이의 거리 (b) a에서 b까지의 유향 거리 (c) b에서 a까지의 유향 거리를 각각 구하여라. (예제 2 참조)

3. $a = 126, b = 75$ **4.** $a = 9.34, b = -5.65$

5. $a = \frac{16}{5}, b = \frac{112}{75}$

[6-7] (절댓값 부등식 쓰기) 실수 직선 위에서 주어진 구간을 설명하는 절댓값 부등식을 써라. (예제 3 참조)

6. 5에서 3단위 미만 모든 수

7. y는 a에서 적어도 2단위이다.

[8-13] (절댓값 부등식 풀기) 다음 부등식을 풀어라. 그리고 실수 직선 위에 해집합을 그려라. (예제 3 참조)

8. $\lvert x \rvert < 4$ **9.** $\lvert x+5 \rvert \le 7$

10. $\lvert 9-2x \rvert > 1$ **11.** $\left\lvert \frac{x-3}{2} \right\rvert \ge 5$

12. $\lvert x-a \rvert \le b,\ b > 0$

13. $\left\lvert a - \frac{5x}{2} \right\rvert > b,\ b > 0$

[14-16] (중점 구하기) 주어진 구간의 중점을 구하여라.

14. $[8, 24]$ **15.** $[-6.85, 9.35]$

16. $\left[-\frac{1}{2}, \frac{3}{4}\right]$

17. (주식 가격) 어떤 주식 시장 분석가가 향후 1년 동안 주식의 가격 p는 현재의 가격 33.15달러에 2달러 이상은 변하지 않을 것으로 예측한다. 절댓값을 사용하여 이 예측을 부등식으로 써라.

18. (제조업) 567그램짜리 시리얼 상자의 허용 무게가 다음으로 주어진다.

$$\lvert x - 567 \rvert \le 21$$

여기서 x는 그램 단위로 측정했다. 시리얼 상자의 최고, 최저 무게를 결정하여라.

[19-20] (예산) (a) 절댓값 기호를 사용하여 비용이 500달러 이내와 정해진 예산 5 % 이내에 있어야 할 두 구간을 나타내고 (b) 보다 엄격한 제한하에 주어진 비용이 제한 예산 내에 있는지 아닌지 결정하여라.

	항목	예산	비용
19.	용품비	4750.00달러	5116.37달러
20.	유지비	20,000.00달러	22,718.35달러

21. (품질 관리) 제품의 신뢰도 판정에 있어서 제조회사의 불량품이 0.05 % ± 0.01 %단위로 예상된다고 판정했다. 제조회사는 불량품에 대해 환불을 보장하고 있다. 150,000단위에 대해 환급금을 충당하려면 예산은 얼마나 확보해야 하는가? (소매가는 195.99달러라고 가정한다.)

A.3 지수와 근호

- 지수와 근호를 포함하는 식 계산하기
- 지수식 간단히 하기
- 대수식의 정의역 구하기

지수와 근호를 포함하는 식

지수의 성질

1. 자연수 지수: $x^n = \underbrace{x \cdot x \cdot x \cdots x}_{n\text{인자}}$

2. 0 지수: $x^0 = 1, \quad x \neq 0$

3. 음의 지수: $x^{-n} = \dfrac{1}{x^n}, \quad x \neq 0$

4. 근호(n차 주요근): $\sqrt[n]{x} = a \;\Rightarrow\; x = a^n$

5. 유리수 지수($1/n$) : $x^{1/n} = \sqrt[n]{x}$

6. 유리수 지수(m/n) : $x^{m/n} = (x^{1/n})^m = \left(\sqrt[n]{x}\right)^m$

$x^{m/n} = (x^m)^{1/n} = \sqrt[n]{x^m}$

7. 특별한 관행(제곱근): $\sqrt[2]{x} = \sqrt{x}$

학습 팁

n이 짝수이면 n차 주요근은 양이다. 예를 들면 $\sqrt{4} = +2$이고 $\sqrt[4]{81} = +3$이다.

예제 1 식 계산

	식	x값	대입
a.	$y = -2x^2$	$x = 4$	$y = -2(4^2) = -2(16) = -32$
b.	$y = 3x^{-3}$	$x = -1$	$y = 3(-1)^{-3} = \dfrac{3}{(-1)^3} = \dfrac{3}{-1} = -3$
c.	$y = (-x)^2$	$x = \dfrac{1}{2}$	$y = \left(-\dfrac{1}{2}\right)^2 = \dfrac{1}{4}$
d.	$y = \dfrac{2}{x^{-2}}$	$x = 3$	$y = \dfrac{2}{3^{-2}} = 2(3^2) = 18$

✓ **점검문제 1** $x = 3$일 때 $y = 4x^{-2}$를 계산하여라. ■

예제 2 식 계산

	식	x값	대입
a.	$y = 2x^{1/2}$	$x = 4$	$y = 2\sqrt{4} = 2(2) = 4$
b.	$y = \sqrt[3]{x^2}$	$x = 8$	$y = 8^{2/3} = (8^{1/3})^2 = 2^2 = 4$

✓ **점검문제 2** $x = 8$일 때 $y = 4x^{1/3}$을 계산하여라. ■

지수의 연산

지수의 연산

1. 곱하기: $x^n x^m = x^{n+m}$ 지수를 더한다

2. 나누기: $\dfrac{x^n}{x^m} = x^{n-m}$ 지수를 뺀다

3. 괄호 없애기: $(xy)^n = x^n y^n$

$\left(\dfrac{x}{y}\right)^n = \dfrac{x^n}{y^n}$

$(x^n)^m = x^{nm}$

4. 특별한 관행: $-x^n = -(x^n), \quad -x^n \neq (-x)^n$

$cx^n = c(x^n), \quad cx^n \neq (cx)^n$

$x^{n^m} = x^{(n^m)}, \quad x^{n^m} \neq (x^n)^m$

예제 3 지수식의 단순화

다음 식을 간단히 하여라.

a. $2x^2(x^3)$ **b.** $(3x)^2\sqrt[3]{x}$ **c.** $\dfrac{3x^2}{(x^{1/2})^3}$

d. $\dfrac{5x^4}{(x^2)^3}$ **e.** $x^{-1}(2x^2)$ **f.** $\dfrac{-\sqrt{x}}{5x^{-1}}$

풀이

a. $2x^2(x^3) = 2x^{2+3} = 2x^5$ $\qquad x^n x^m = x^{n+m}$

b. $(3x)^2\sqrt[3]{x} = 9x^2x^{1/3} = 9x^{2+(1/3)} = 9x^{7/3}$ $\qquad x^n x^m = x^{n+m}$

c. $\dfrac{3x^2}{(x^{1/2})^3} = 3\left(\dfrac{x^2}{x^{3/2}}\right) = 3x^{2-(3/2)} = 3x^{1/2}$ $\qquad (x^n)^m = x^{nm},\ \dfrac{x^n}{x^m} = x^{n-m}$

d. $\dfrac{5x^4}{(x^2)^3} = \dfrac{5x^4}{x^6} = 5x^{4-6} = 5x^{-2} = \dfrac{5}{x^2}$ $\qquad (x^n)^m = x^{nm},\ \dfrac{x^n}{x^m} = x^{n-m}$

e. $x^{-1}(2x^2) = 2x^{-1}x^2 = 2x^{-1+2} = 2x$ $\qquad x^n x^m = x^{n+m}$

f. $\dfrac{-\sqrt{x}}{5x^{-1}} = -\dfrac{1}{5}\left(\dfrac{x^{1/2}}{x^{-1}}\right) = -\dfrac{1}{5}x^{(1/2)+1} = -\dfrac{1}{5}x^{3/2}$ $\qquad \dfrac{x^n}{x^m} = x^{n-m}$

✓ **점검문제 3** 다음 식을 간단히 하여라.

a. $3x^2(x^4)$

b. $(2x)^3\sqrt{x}$

c. $\dfrac{4x^2}{(x^{1/3})^2}$ ■

예제 3에서 단순화한 식의 한 특징은 음수 지수가 없음에 유의하자. 또 다른 단순화한 식의 특징은 합과 차를 인수분해 형으로 쓰는 것이다. 이를 위해 **배분법칙**(distributive property)을 쓸 수 있다.

$$abx^n + acx^{n+m} = ax^n(b + cx^m)$$

다음 예제를 조심스럽게 학습하여 인수분해 과정에 포함된 개념을 분명히 이해해야 한다.

예제 4 인수분해 하여 단순화하기

인수분해 하여 다음 식을 단순화하여라.

a. $2x^2 - x^3$ **b.** $2x^3 + x^2$

c. $2x^{1/2} + 4x^{5/2}$ **d.** $2x^{-1/2} + 3x^{5/2}$

풀이

a. $2x^2 - x^3 = x^2(2 - x)$

b. $2x^3 + x^2 = x^2(2x + 1)$

c. $2x^{1/2} + 4x^{5/2} = 2x^{1/2}(1 + 2x^2)$

d. $2x^{-1/2} + 3x^{5/2} = x^{-1/2}(2 + 3x^3) = \dfrac{2 + 3x^3}{\sqrt{x}}$

✓ **점검문제 4** 인수분해 하여 다음 식을 단순화하여라.

a. $x^3 - 2x$

b. $2x^{1/2} + 8x^{3/2}$ ■

미적분학에서 얻어지는 많은 대수식은 단순하지 않은 형태로 나타난다. 예를 들면 다음 예제에서 보는 두 식은 미적분학에서 **미분**을 한 결과이다. [첫 번째는 $2(x+1)^{3/2}(2x-3)^{5/2}$의 도함수이고, 두 번째는 $2(x+1)^{1/2}(2x-3)^{5/2}$의 도함수이다.]

학습 팁

단순화한 식이 원래 식과 동치임을 점검하기 위해 각 식에 x의 값을 대입해 본다.

예제 5 인수분해 하여 단순화하기

a. $3(x+1)^{1/2}(2x-3)^{5/2} + 10(x+1)^{3/2}(2x-3)^{3/2}$

$$= (x+1)^{1/2}(2x-3)^{3/2}[3(2x-3)+10(x+1)]$$
$$= (x+1)^{1/2}(2x-3)^{3/2}(6x-9+10x+10)$$
$$= (x+1)^{1/2}(2x-3)^{3/2}(16x+1)$$

b. $(x+1)^{-1/2}(2x-3)^{5/2} + 10(x+1)^{1/2}(2x-3)^{3/2}$

$$= (x+1)^{-1/2}(2x-3)^{3/2}[(2x-3)+10(x+1)]$$
$$= (x+1)^{-1/2}(2x-3)^{3/2}(2x-3+10x+10)$$
$$= (x+1)^{-1/2}(2x-3)^{3/2}(12x+7)$$
$$= \frac{(2x-3)^{3/2}(12x+7)}{(x+1)^{1/2}}$$

✓**점검문제 5** 인수분해 하여 다음 식을 단순화하여라.

$(x+2)^{1/2}(3x-1)^{3/2} + 4(x+2)^{-1/2}(3x-1)^{5/2}$ ■

예제 6은 미적분학에서 나타나는 몇 가지 추가적인 형태의 식을 보여 준다[예제 6(d)의 식은 $(x+1)^{2/3}(2x+3)$의 역도함수이고 예제 6(e)의 식은 $(x+2)^3/(x-1)^3$의 도함수이다].

예제 6 분수를 포함하는 인수

인수분해 하여 다음 식을 단순화하여라.

a. $\dfrac{3x^2+x^4}{2x}$

b. $\dfrac{\sqrt{x}+x^{3/2}}{x}$

c. $(9x+2)^{-1/3} + 18(9x+2)$

d. $\dfrac{3}{5}(x+1)^{5/3} + \dfrac{3}{4}(x+1)^{8/3}$

e. $\dfrac{3(x+2)^2(x-1)^3 - 3(x+2)^3(x-1)^2}{[(x-1)^3]^2}$

풀이

a. $\dfrac{3x^2+x^4}{2x} = \dfrac{x^2(3+x^2)}{2x} = \dfrac{x^{2-1}(3+x^2)}{2} = \dfrac{x(3+x^2)}{2}$

b. $\dfrac{\sqrt{x}+x^{3/2}}{x} = \dfrac{x^{1/2}(1+x)}{x} = \dfrac{1+x}{x^{1-(1/2)}} = \dfrac{1+x}{\sqrt{x}}$

c. $(9x+2)^{-1/3} + 18(9x+2) = (9x+2)^{-1/3}[1+18(9x+2)^{4/3}]$

$$= \frac{1+18(9x+2)^{4/3}}{\sqrt[3]{9x+2}}$$

d. $\frac{3}{5}(x+1)^{5/3}+\frac{3}{4}(x+1)^{8/3}=\frac{12}{20}(x+1)^{5/3}+\frac{15}{20}(x+1)^{8/3}$

$$=\frac{3}{20}(x+1)^{5/3}[4+5(x+1)]$$

$$=\frac{3}{20}(x+1)^{5/3}(4+5x+5)$$

$$=\frac{3}{20}(x+1)^{5/3}(5x+9)$$

e. $\frac{3(x+2)^2(x-1)^3-3(x+2)^3(x-1)^2}{[(x-1)^3]^2}$

$$=\frac{3(x+2)^2(x-1)^2[(x-1)-(x+2)]}{(x-1)^6}$$

$$=\frac{3(x+2)^2(x-1-x-2)}{(x-1)^{6-2}}$$

$$=\frac{-9(x+2)^2}{(x-1)^4}$$

✓ **점검문제 6** 인수분해 하여 다음 식을 단순화하여라.

$$\frac{5x^3+x^6}{3x}$$

■

대수식의 정의역

x를 포함하는 대수식을 다룰 때, 식이 정의되지 않는 x(실수가 아닌)값을 대입할 잠재적인 어려움에 마주한다. 예를 들면 식 $\sqrt{2x+3}$은 $x=-2$일 때 정의되지 않는다. 왜냐하면

$$\sqrt{2(-2)+3}=\sqrt{-1}$$

은 실수가 아니다.

식이 정의되는 모든 값의 집합을 **정의역**(domain)이라고 한다. 그러므로 $\sqrt{2x+3}$의 정의역은 $\sqrt{2x+3}$이 실수인 모든 x값이다. $\sqrt{2x+3}$이 실수를 나타내기 위해서는

$$2x+3\ge 0 \qquad \text{식이 음이 아니어야 한다}$$

이어야 한다. 다시 말하면 $\sqrt{2x+3}$은 그림 A.14에서 보는 것처럼 구간 $\left[-\frac{3}{2},\infty\right)$에 놓여 있는 x값에만 정의된다.

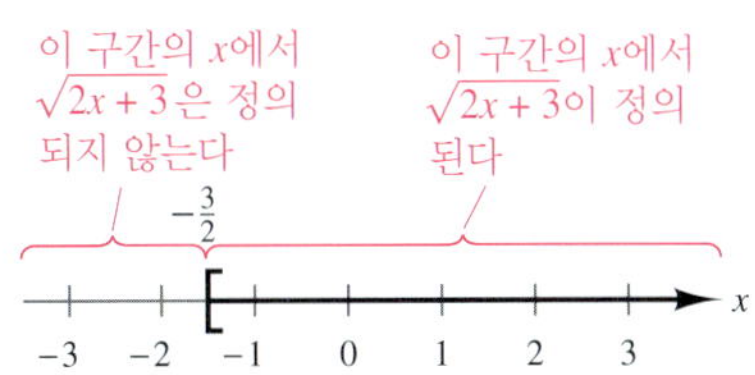

그림 A.14

예제 7 식의 정의역 구하기

다음 식의 정의역을 구하여라.

a. $\sqrt{3x-2}$　　**b.** $\frac{1}{\sqrt{3x-2}}$

c. $\sqrt[3]{9x+1}$

풀이

a. $\sqrt{3x-2}$의 정의역은

$$3x - 2 \geq 0 \qquad \text{식은 음이 아니어야 한다}$$

인 모든 x로 이루어져 있으므로 $x \geq \frac{2}{3}$이다. 그러므로 정의역은 $\left[\frac{2}{3}, \infty\right)$이다.

b. $1/\sqrt{3x-2}$는 $3x-2=0$일 때 정의되지 않는 것을 제외하면 $1/\sqrt{3x-2}$의 정의역은 $\sqrt{3x-2}$의 정의역과 같다. 그러므로 $1/\sqrt{3x-2}$의 정의역은 $\left(\frac{2}{3}, \infty\right)$이다.

c. $\sqrt[3]{9x+1}$은 모든 실수에서 정의되므로 정의역은 $(-\infty, \infty)$이다.

✓ **점검문제 7** 다음 식의 정의역을 구하여라.

a. $\sqrt{x-2}$

b. $\dfrac{1}{\sqrt{x-2}}$

c. $\sqrt[3]{x-2}$ ■

연습문제 A.3

[1-10] (식의 값 계산하기) 주어진 x에 대한 식의 값을 계산하여라. (예제 1, 2 참조)

	식	x값		식	x값
1.	$-4x^3$	$x=3$	**2.**	$5x^{-3}$	$x=2$
3.	$\dfrac{1+x^{-1}}{x^{-1}}$	$x=3$	**4.**	$3x^2-4x^3$	$x=-2$
5.	$6x^0-(6x)^0$	$x=10$	**6.**	$\sqrt[3]{x^4}$	$x=64$
7.	$x^{-1/2}$	$x=4$	**8.**	$x^{-2/5}$	$x=-32$
9.	$500x^{60}$	$x=1.01$	**10.**	$\sqrt[3]{x}$	$x=-54$

[11-15] (지수식을 단순화하기) 다음 식을 단순화하여라. (예제 3 참조)

11. $10(x^2)^2$ **12.** $6y^{-2}(2y^4)^{-3}$

13. $\dfrac{7x^2}{x^{-3}}$ **14.** $\dfrac{10(x+y)^3}{4(x+y)^{-2}}$

15. $\dfrac{3x\sqrt{x}}{x^{1/2}}$

[16-18] (근호 단순화하기) 근호에서 모든 가능한 인자를 제거하여 식을 단순화하여라.

16. $\sqrt{8}$ **17.** $\sqrt[3]{54x^5}$

18. $\sqrt[3]{144x^9y^{-4}z^5}$

[19-22] (인수분해로 단순화하기) 인수분해로 식을 단순화하여라. (예제 4, 5, 6 참조)

19. $3x^3-12x$ **20.** $7x^{7/2}+x^{-1/2}$

21. $(x-2)^{1/3}(x+1)^{3/2}-6(x-2)^{4/3}(x+1)^{1/2}$

22. $\dfrac{8x^7+x^4}{7x^2}$

[23-26] (식의 정의역 구하기) 식의 정의역을 구하여라. (예제 7 참조)

23. $\sqrt{x-4}$ **24.** $\sqrt[3]{x+7}$

25. $\dfrac{1}{\sqrt{x-8}}$ **26.** $\dfrac{\sqrt{x+2}}{1-x}$

[27-28] (복리) 양도성예금증서의 원금이 P(달러)이고 연 이자율 r(소수형)로 연간 n번 복리 계산한다. 계좌의 잔고는

$$A = P\left(1+\frac{r}{n}\right)^N$$

이고, 여기서 N은 총 복리 횟수이다. 다음 계좌의 잔고를 구하여라.

27. $P=10{,}000$(달러), $r=6.5\ \%$, $n=12$, $N=120$

28. $P=5000$(달러), $r=5.5\ \%$, $n=4$, $N=60$

29. (진자의 주기) 진자의 주기(초)는

$$T = 2\pi\sqrt{\frac{L}{9.8}}$$

이다. 여기서 L은 진자의 길이(미터)이다. 길이가 1.22미터인 진자의 주기를 구하여라.

A.4 다항식의 인수분해

- 특수 곱과 인수분해 기법을 사용하여 다항식 인수분해 하기
- 조립제법을 사용하여 차수가 2 이상인 다항식 인수분해 하기
- 유리수 근 정리를 사용하여 다항식의 근 구하기

인수분해 기법

대수의 기본 법칙(fundamental theorem of algebra)은 모든 n차 다항식

$$a_n x^n + a_{n-1}x^{n-1} + \cdot \cdot \cdot + a_1 x + a_0, \quad a_n \neq 0$$

은 분명히 n개의 **근**을 갖는다(근은 반복되거나 허수이다). x의 다항식에서의 근은 다항식을 영으로 만드는 x값이다. 다항식의 근을 구하는 문제는 다항식을 일차식으로 인수분해 하는 것과 같다.

특수 곱과 인수분해 기법

이차방정식의 근의 공식

$$ax^2 + bx + c = 0 \Rightarrow x = \frac{-b \pm \sqrt{b^2 - 4ac}}{2a}$$

보기

$$x^2 + 3x - 1 = 0 \Rightarrow x = \frac{-3 \pm \sqrt{13}}{2}$$

특수 곱

$x^2 - a^2 = (x - a)(x + a)$

$x^3 - a^3 = (x - a)(x^2 + ax + a^2)$

$x^3 + a^3 = (x + a)(x^2 - ax + a^2)$

$x^4 - a^4 = (x - a)(x + a)(x^2 + a^2)$

보기

$x^2 - 9 = (x - 3)(x + 3)$

$x^3 - 8 = (x - 2)(x^2 + 2x + 4)$

$x^3 + 64 = (x + 4)(x^2 - 4x + 16)$

$x^4 - 16 = (x - 2)(x + 2)(x^2 + 4)$

이항정리*

$(x + a)^2 = x^2 + 2ax + a^2$

$(x - a)^2 = x^2 - 2ax + a^2$

$(x + a)^3 = x^3 + 3ax^2 + 3a^2x + a^3$

$(x - a)^3 = x^3 - 3ax^2 + 3a^2x - a^3$

$(x + a)^4 = x^4 + 4ax^3 + 6a^2x^2 + 4a^3x + a^4$

$(x - a)^4 = x^4 - 4ax^3 + 6a^2x^2 - 4a^3x + a^4$

보기

$(x + 3)^2 = x^2 + 6x + 9$

$(x^2 - 5)^2 = x^4 - 10x^2 + 25$

$(x + 2)^3 = x^3 + 6x^2 + 12x + 8$

$(x - 1)^3 = x^3 - 3x^2 + 3x - 1$

$(x + 2)^4 = x^4 + 8x^3 + 24x^2 + 32x + 16$

$(x - 4)^4 = x^4 - 16x^3 + 96x^2 - 256x + 256$

$$(x + a)^n = x^n + nax^{n-1} + \frac{n(n-1)}{2!}a^2x^{n-2} + \frac{n(n-1)(n-2)}{3!}a^3x^{n-3} + \cdot \cdot \cdot + na^{n-1}x + a^n$$

$$(x - a)^n = x^n - nax^{n-1} + \frac{n(n-1)}{2!}a^2x^{n-2} - \frac{n(n-1)(n-2)}{3!}a^3x^{n-3} + \cdot \cdot \cdot \pm na^{n-1}x \mp a^n$$

* $(x + a)^n$과 $(x - a)^n$을 전개할 때 계승을 사용한다는 것에 유의하자.
즉 $0! = 1,\ 1! = 1,\ 2! = 2 \cdot 1 = 2,\ 3! = 3 \cdot 2 \cdot 1 = 6,\ 4! = 4 \cdot 3 \cdot 2 \cdot 1 = 24$ 등

묶어서 인수분해 하기	보기
$acx^3 + adx^2 + bcx + bd = ax^2(cx + d) + b(cx + d)$ $= (ax^2 + b)(cx + d)$	$3x^3 - 2x^2 - 6x + 4 = x^2(3x - 2) - 2(3x - 2)$ $= (x^2 - 2)(3x - 2)$

예제 1 이차방정식의 근의 공식 응용

이차방정식의 근의 공식을 사용하여 다음 다항식의 실수 근을 구하여라.

a. $4x^2 + 6x + 1$

b. $x^2 + 6x + 9$

c. $2x^2 - 6x + 5$

풀이

a. $a = 4,\ b = 6,\ c = 1$을 사용하여 구한다.

$$\begin{aligned} x &= \frac{-b \pm \sqrt{b^2 - 4ac}}{2a} \\ &= \frac{-6 \pm \sqrt{6^2 - 4(4)(1)}}{2(4)} \\ &= \frac{-6 \pm \sqrt{36 - 16}}{8} \\ &= \frac{-6 \pm \sqrt{20}}{8} \\ &= \frac{-6 \pm 2\sqrt{5}}{8} \\ &= \frac{2\left(-3 \pm \sqrt{5}\right)}{2(4)} \\ &= \frac{-3 \pm \sqrt{5}}{4} \end{aligned}$$

그러므로 두 실수 근은 다음과 같다.

$$x = \frac{-3 - \sqrt{5}}{4} \approx -1.309,\ x = \frac{-3 + \sqrt{5}}{4} \approx -0.191$$

b. 이 경우 $a = 1,\ b = 6,\ c = 9$이고 이차방정식의 근의 공식에서

$$x = \frac{-b \pm \sqrt{b^2 - 4ac}}{2a} = \frac{-6 \pm \sqrt{36 - 36}}{2} = -\frac{6}{2} = -3$$

이므로 하나의 (중복) 실수 근 $x = -3$을 갖는다.

c. 이 이차방정식은 $a = 2,\ b = -6,\ c = 5$이다. 그러므로

$$x = \frac{-b \pm \sqrt{b^2 - 4ac}}{2a} = \frac{6 \pm \sqrt{36 - 40}}{4} = \frac{6 \pm \sqrt{-4}}{4}$$

로 $\sqrt{-4}$는 허수이므로 실수 근은 없다.

학습 팁

예제 1(c)의 다항식의 근과 같이 허수근일 수도 있다. 이 교재에서는 실수근만 구하는 것에 국한한다.

✓ **점검문제 1** 이차방정식의 근의 공식을 사용하여 다음 다항식의 실수 근을 구하

여라.

a. $2x^2 + 4x + 1$ **b.** $x^2 - 8x + 16$ **c.** $2x^2 - x + 5$ ■

예제 1(a)의 근은 무리수이고 예제 1(c)의 근은 허수이다. 두 경우 이차식을 유리수 계수의 일차식으로 인수분해 할 수 없기 때문에 **기약**(irreducible)이라고 한다. 다음 예제는 인수분해 되는 이차식에 관련된 근을 구하는 방법을 보여 준다. 이 예제에서는 인수분해는 각 이차식의 근을 구하는 데 사용된다. 이차식의 근의 공식을 사용하여 같은 근을 구해 보아라.

x의 다항식의 근은 다항식을 영으로 만드는 x의 값임을 기억하자. 근을 구하기 위해서는 다항식을 일차식 인수로 인수분해 하고 각 인수를 영으로 둔다. 예를 들면 $(x - 2)(x - 3)$의 근은 $x - 2 = 0$과 $x - 3 = 0$으로 둘 때 나타난다.

예제 2 인수분해 하여 실수 근 구하기

다음 이차 다항식의 실수 근을 모두 구하여라.

a. $x^2 - 5x + 6$ **b.** $x^2 - 6x + 9$ **c.** $2x^2 + 5x - 3$

풀이

a. $x^2 - 5x + 6 = (x - 2)(x - 3)$

이므로 근은 $x = 2$와 $x = 3$이다.

b. $x^2 - 6x + 9 = (x - 3)^2$

이므로 유일한 근은 $x = 3$이다.

c. $2x^2 + 5x - 3 = (2x - 1)(x + 3)$

이므로 근은 $x = \frac{1}{2}$과 $x = -3$이다.

✓ **점검문제 2** 다음 이차 다항식의 실수 근을 모두 구하여라.

a. $x^2 - 2x - 15$ **b.** $x^2 + 2x + 1$ **c.** $2x^2 - 7x + 6$ ■

예제 3 근호식의 정의역 구하기

$\sqrt{x^2 - 3x + 2}$의 정의역을 구하여라.

풀이 이 식은 $x^2 - 3x + 2 \geq 0$인 x에 대해서만 정의된다.

$$x^2 - 3x + 2 = (x - 1)(x - 2)$$

이므로 이차식의 근은 $x = 1$과 $x = 2$이다. 그러므로 세 구간 $(-\infty, 1)$, $(1, 2)$, $(2, \infty)$에서 이차식의 부호를 점검할 필요가 있다. 이들 구간의 각각에서 점검한 후에 이차식이 가운데 구간에서 음이고 바깥의 두 구간에서 양임을 볼 수 있다. 게다가 $x = 1$과 $x = 2$에서 이차식이 영이므로 $\sqrt{x^2 - 3x + 2}$의 정의역은 $(-\infty, 1] \cup [2, \infty)$라고 결론 낼 수 있다(그림 A.15).

$\sqrt{x^2 - 3x + 2}$의 값

x	$\sqrt{x^2 - 3x + 2}$
0	$\sqrt{2}$
1	0
1.5	정의되지 않음
2	0
3	$\sqrt{2}$

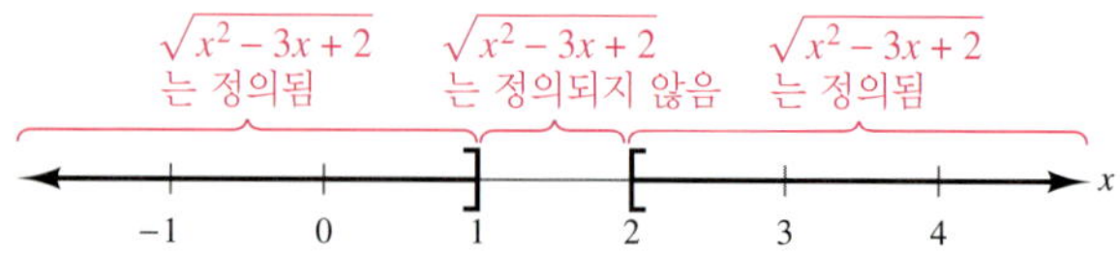

그림 A.15

✔ **점검문제 3** $\sqrt{x^2 + x - 2}$ 의 정의역을 구하여라. ■

차수가 3 이상인 다항식의 인수분해

차수가 3 이상인 다항식의 근을 구하는 것은 어렵다. 그러나 다항식의 근을 하나만 안다면 다항식의 차수를 낮추기 위해 이 근을 사용할 수 있다. 예를 들면 만약 $x = 2$가 다음 다항식

$$x^3 - 4x^2 + 5x - 2$$

의 근이면 $(x - 2)$는 인수이다. 그리고 다음과 같이 긴 나눗셈을 사용하여 인수분해 할 수 있다.

$$\begin{aligned} x^3 - 4x^2 + 5x - 2 &= (x-2)(x^2-2x+1) \\ &= (x-2)(x-1)(x-1) \end{aligned}$$

긴 나눗셈의 대안으로 많은 사람들은 다항식의 차수를 낮추기 위해 **조립제법**(synthetic division)을 사용하길 좋아한다.

삼차 다항식의 조립제법

주어진 사항: $x = x_1$이 $ax^3 + bx^2 + cx + d$의 근이다.

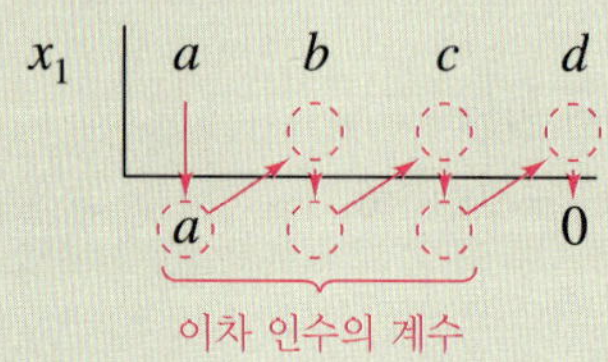

수직 패턴: 항을 더한다.

대각선 패턴: x_1을 곱한다.

다음 다항식에 조립제법을 수행하려면

$$x^3 - 4x^2 + 5x - 2$$

에 주어진 근 $x = 2$를 사용하면 다음을 얻는다.

$$\begin{array}{r|rrrr} 2 & 1 & -4 & 5 & -2 \\ & & 2 & -4 & 2 \\ \hline & 1 & -2 & 1 & 0 \end{array}$$

$(x-2)(x^2-2x+1) = x^3 - 4x^2 + 5x - 2$

조립제법을 사용할 때 (비록 몇몇이 0일 때라도) 모든 계수를 취해야 함을 기억

하자. 예를 들면 $x = -2$가 $x^3 + 3x + 14$의 근이라는 것을 알 때 다음과 같이 조립제법을 적용할 수 있다.

$$\begin{array}{r|rrrr} -2 & 1 & 0 & 3 & 14 \\ & & -2 & 4 & -14 \\ \hline & 1 & -2 & 7 & 0 \end{array}$$

$(x + 2)(x^2 - 2x + 7) = x^3 + 3x + 14$

유리수 근 정리

다항식의 유리수 근을 구하는 데 **유리수 근 정리**(rational zero theorem)(또는 유리수 영 정리)을 사용할 수 있다.

유리수 근 정리

정수 계수 다항식

$$a_nx^n + a_{n-1}x^{n-1} + \cdots + a_1x + a_0$$

의 모든 유리수 근은 다음 형태이다.

$$x = \frac{p}{q}$$

여기서 p는 a_0의 인수이고, q는 a_n의 인수이다.

예제 4 유리수 근 정리 사용하기

다음 다항식의 실수 근을 모두 구하여라.

$$2x^3 + 3x^2 - 8x + 3$$

풀이

$$2x^3 + 3x^2 - 8x + 3$$

상수항의 인수: $\pm1, \pm3$

최고차항의 인수: $\pm1, \pm2$

가능한 유리수 근은 상수항의 인수를 최고차항의 인수로 나눈 것이다. 즉

$$1, -1, 3, -3, \frac{1}{2}, -\frac{1}{2}, \frac{3}{2}, -\frac{3}{2}$$

이들을 가능한 근으로 보고 점검하면, $x = 1$이 가능한 근임을 알 수 있다.

$$2(1)^3 + 3(1)^2 - 8(1) + 3 = 2 + 3 - 8 + 3 = 0$$

이제 조립제법으로 다음과 같이 할 수 있다.

학습 팁

위에서 주어진 조립제법은 $x - x_1$ 형태의 나누기 인자에만 작용한다. 그리고 $x + x_1 = x - (-x_1)$임을 기억하자.

학습 팁

예제 4에서 주어진 다항식에 근을 대입하여 점검할 수 있다.

$x = 1$이 근임을 점검한다.

$$2(1)^3 + 3(1)^2 - 8(1) + 3 = 2 + 3 - 8 + 3 = 0$$

$x = \frac{1}{2}$이 근임을 점검한다.

$$2\left(\frac{1}{2}\right)^3 + 3\left(\frac{1}{2}\right)^2 - 8\left(\frac{1}{2}\right) + 3 = \frac{1}{4} + \frac{3}{4} - 4 + 3 = 0$$

$x = -3$이 근임을 점검한다.

$$2(-3)^3 + 3(-3)^2 - 8(-3) + 3 = -54 + 27 + 24 + 3 = 0$$

1	2	3	−8	3
		2	5	−3
	2	5	−3	0

$(x-1)(2x^2+5x-3)=2x^3+3x^2-8x+3$

끝으로 이차식을 인수분해 하면

$$2x^2+5x-3=(2x-1)(x+3)$$

이므로

$$2x^3+3x^2-8x+3=(x-1)(2x-1)(x+3)$$

을 얻고 근은 $x=1, x=\frac{1}{2}, x=-3$임을 알 수 있다.

✓ **점검문제 4** 다음 다항식의 실수 근을 모두 구하여라.

$$2x^3-3x^2-3x+2$$

■

연습문제 A.4

[1-4] (이차 방정식의 근의 공식 적용) 이차 방정식의 근의 공식을 사용하여 다음 각 다항식의 모든 실수 근을 구하여라. (예제 1 참조)

1. $6x^2-7x+1$ **2.** $4x^2-12x+9$

3. y^2+4y+1 **4.** $2x^2+3x+4$

[5-9] (다항식의 인수분해) 다음 이차 다항식을 두 일차식의 인수로 분해하여라.

5. x^2-4x+4 **6.** $x^2-3x-18$

7. $4x^2+4x+1$ **8.** $3x^2-4x+1$

9. $x^2-4xy+4y^2$

[10-17] (다항식의 인수분해) 다음 다항식을 완전히 인수분해 하여라.

10. $81-y^4$ **11.** x^3-1

12. y^3+27 **13.** x^3-y^3

14. x^3-4x^2-x+4 **15.** $2x^3-3x^2+4x-6$

16. $2x^3-4x^2-x+2$ **17.** x^4-15x^2-16

[18-27] (인수분해 하여 실수 근 구하기) 다음 다항식의 모든 실수 근을 구하여라. (예제 2 참조)

18. x^2-5x **19.** x^2-81

20. x^2-3 **21.** $(x-3)^2-9$

22. x^2+x-2 **23.** x^2-5x-6

24. $3x^2+5x+2$ **25.** x^3+343

26. x^4-1 **27.** x^3-x^2-4x+4

[28-30] (근호식의 정의역 구하기) 다음 식의 정의역을 구하여라. (예제 3 참조)

28. $\sqrt{x^2-49}$ **29.** $\sqrt{x^2-7x+12}$

30. $\sqrt{5x^2+6x+1}$

[31-32] (조립제법 사용하기) 조립제법을 사용하여 인수분해를 완성하여라.

31. $x^3-3x^2-6x-2=(x+1)(\quad)$

32. $2x^3-9x^2+10x-3=(x-3)(\quad)$

[33-37] (유리수 근 정리 사용하기) 유리수 근 정리를 사용하여 다음 다항식의 실수 근을 모두 구하여라. (예제 4 참조)

33. $x^3-28x-48$ **34.** $x^3-6x^2+11x-6$

35. x^3-3x^2-3x-4 **36.** $4x^3+11x^2+5x-2$

37. $6x^3-11x^2-19x-6$

38. (생산 수준) 어떤 제품을 x단위 생산하는 최소비용은 생산 수준이 다음 식의 양의 해가 되도록 할 때 나타난다.

$$0.0003x^2-1200=0$$

이 방정식은 얼마나 많은 해를 가지는가? 문제의 내용에서 해를 구하고 설명하여라. 어떤 생산 수준이 평균비용을 최소화하는가?

A.5 분수와 유리화

- 유리식 간단히 하기
- 유리식 더하고 빼기
- 근호를 포함하는 유리식 간단히 하기
- 유리식의 분자와 분모 유리화하기

유리식 간단히 하기

이 절에서는 다음과 같은 분수식을 포함하는 연산을 복습할 것이다.

$$\frac{2}{x},\quad \frac{x^2+2x-4}{x+6},\quad \frac{1}{\sqrt{x^2+1}}$$

앞의 두 식은 분자와 분모가 둘 다 다항식이고, **유리식**(rational expression)이다. 분자의 차수가 분모보다 작은 유리식을 **고유 유리식**(proper rational expression)이라고 한다. 예를 들면

$$\frac{x}{x^2+1}$$

는 고유 유리식이다. 분자의 차수가 분모보다 크거나 같을 때의 유리식을 **비고유 유리식**(improper rational expression)이라고 한다. 예를 들면

$$\frac{x^2}{x^2+1},\quad \frac{x^3+2x+1}{x+1}$$

은 둘 다 비고유 유리식이다.

분수는 ±1을 제외한 공통 인수를 분자, 분모에 가지고 있지 않은 가장 간단한 모양이다. 분수를 가장 간단한 모양으로 쓰기 위해서는 공통 인수를 나누어 소거한다.

$$\frac{a\cdot c}{b\cdot c}=\frac{a}{b},\quad c\neq 0$$

유리식을 간단히 하는 성공 열쇠는 인수분해 하는 능력에 달려 있다. 유리식을 단순화할 때 분자 분모에 공통 인수가 없다고 결론 내리기 전에 각 다항식을 완전히 인수분해 하는 것을 확인해야 한다.

예제 1 유리식의 단순화

$\dfrac{12+x-x^2}{2x^2-9x+4}$을 가장 간단한 모양으로 써라.

풀이

$$\frac{12+x-x^2}{2x^2-9x+4}=\frac{(4-x)(3+x)}{(2x-1)(x-4)}$$ 완전히 인수분해 한다

> **학습 팁**
>
> 유리식을 간단히 하기 위해 인수의 부호를 (−1)로 인수분해 하여 바꾸는 것이 필요하다(예제 1).

$$= \frac{-(x-4)(3+x)}{(2x-1)(x-4)} \qquad (4-x) = -(x-4)$$

$$= -\frac{3+x}{2x-1},\ x \neq 4 \qquad \text{공통 인수를 소거한다}$$

✓ **점검문제 1** $\dfrac{x^2+8x-20}{x^2+11x+10}$을 가장 간단한 모양으로 써라. ■

분수의 연산

분수의 연산

1. 분수의 합(공통분모를 찾는다):

$$\frac{a}{b} + \frac{c}{d} = \frac{a}{b}\left(\frac{d}{d}\right) + \frac{c}{d}\left(\frac{b}{b}\right) = \frac{ad}{bd} + \frac{bc}{bd} = \frac{ad+bc}{bd}, \quad b \neq 0, d \neq 0$$

2. 분수의 차(공통분모를 찾는다):

$$\frac{a}{b} - \frac{c}{d} = \frac{a}{b}\left(\frac{d}{d}\right) - \frac{c}{d}\left(\frac{b}{b}\right) = \frac{ad}{bd} - \frac{bc}{bd} = \frac{ad-bc}{bd}, \quad b \neq 0, d \neq 0$$

3. 분수의 곱:

$$\left(\frac{a}{b}\right)\left(\frac{c}{d}\right) = \frac{ac}{bd}, \quad b \neq 0, d \neq 0$$

4. 분수의 나누기(역수로 하고 곱한다):

$$\frac{a/b}{c/d} = \left(\frac{a}{b}\right)\left(\frac{d}{c}\right) = \frac{ad}{bc}, \quad b \neq 0, c \neq 0, d \neq 0$$

$$\frac{a/b}{c} = \frac{a/b}{c/1} = \left(\frac{a}{b}\right)\left(\frac{1}{c}\right) = \frac{a}{bc}, \quad b \neq 0, c \neq 0$$

5. 공통 인수를 소거한다:

$$\frac{ab}{ac} = \frac{b}{c}, \quad a \neq 0, c \neq 0$$

$$\frac{ab+ac}{ad} = \frac{a(b+c)}{ad} = \frac{b+c}{d}, \quad a \neq 0, d \neq 0$$

예제 2

제시된 연산을 수행하고 간단히 하여라.

a. $x + \dfrac{1}{x}$ **b.** $\dfrac{1}{x+1} - \dfrac{2}{2x-1}$

풀이

a. $x + \dfrac{1}{x} = \dfrac{x^2}{x} + \dfrac{1}{x}$ 공통분모를 쓴다

$$= \frac{x^2 + 1}{x} \qquad \text{분수를 더한다}$$

b. $\dfrac{1}{x+1} - \dfrac{2}{2x-1} = \dfrac{(2x-1)}{(x+1)(2x-1)} - \dfrac{2(x+1)}{(x+1)(2x-1)}$

$$= \frac{2x - 1 - 2x - 2}{2x^2 + x - 1}$$

$$= \frac{-3}{2x^2 + x - 1}$$

✔ **점검문제 2** 제시된 연산을 수행하고 간단히 하여라.

a. $x + \dfrac{2}{x}$ **b.** $\dfrac{2}{x+1} - \dfrac{1}{2x+1}$ ■

분모에 공통 인수가 없는 분수를 더하기(또는 빼기) 할 때 다음 패턴을 사용하는 것이 편리하다.

$$\frac{a}{b} + \frac{c}{d} = \frac{a}{b} \times \frac{c}{d} = \frac{ad + bc}{bd}$$

예를 들면 예제 2(b)에서 다음과 같이 이 패턴을 사용했다.

$$\frac{1}{x+1} - \frac{2}{2x-1} = \frac{(2x-1) - 2(x+1)}{(x+1)(2x-1)}$$

$$= \frac{2x - 1 - 2x - 2}{(x+1)(2x-1)}$$

$$= \frac{-3}{2x^2 + x - 1}$$

예제 2에서 유리식의 분모에 공통 인수를 갖고 있지 않다. 분모가 공통 인수를 가지고 있을 때는 더하거나 빼기를 하기 전에 최소공분모를 구하는 것이 가장 좋다. 예를 들면

$$\frac{1}{x} \quad \text{과} \quad \frac{2}{x^2}$$

를 더할 때 최소공분모는 x^2임을 알 수 있고 다음과 같이 쓸 수 있다.

$$\frac{1}{x} + \frac{2}{x^2} = \frac{x}{x^2} + \frac{2}{x^2} \qquad \text{공통분모로 쓴다}$$

$$= \frac{x + 2}{x^2} \qquad \text{분수를 더한다}$$

이런 것은 예제 3에 좀 더 제시한다.

예제 3 유리식 더하기

다음 유리식을 더하여라.

$$\frac{x}{x^2 - 1} + \frac{3}{x + 1}$$

풀이 $x^2 - 1 = (x-1)(x+1)$ 이므로 최소공분모는 $x^2 - 1$ 이다.

$$\begin{aligned}\frac{x}{x^2-1} + \frac{3}{x+1} &= \frac{x}{(x-1)(x+1)} + \frac{3}{x+1} && \text{인수분해 한다}\\ &= \frac{x}{(x-1)(x+1)} + \frac{3(x-1)}{(x-1)(x+1)} && \text{공통분모를 쓴다}\\ &= \frac{x+3(x-1)}{(x-1)(x+1)} && \text{분수를 더한다}\\ &= \frac{x+3x-3}{(x-1)(x+1)} && \text{곱한다}\\ &= \frac{4x-3}{x^2-1} && \text{간단히 한다}\end{aligned}$$

✓ **점검문제 3** 다음 유리식을 더하여라.

$$\frac{x}{x^2-4} + \frac{2}{x-2}$$

■

예제 4 **유리식 빼기**

다음 유리식을 빼라.

$$\frac{1}{2(x^2+2x)} - \frac{1}{4x}$$

풀이 이 경우 최소공분모는 $4x(x+2)$이다.

$$\begin{aligned}\frac{1}{2(x^2+2x)} - \frac{1}{4x} &= \frac{1}{2x(x+2)} - \frac{1}{2(2x)} && \text{인수분해 한다}\\ &= \frac{2}{2(2x)(x+2)} - \frac{x+2}{2(2x)(x+2)} && \text{공통분모를 쓴다}\\ &= \frac{2-(x+2)}{4x(x+2)} && \text{분수식을 뺀다}\\ &= \frac{2-x-2}{4x(x+2)} && \text{괄호를 제거한다}\\ &= \frac{-\cancel{x}}{4\cancel{x}(x+2)} && \text{공통 인수를 소거한다}\\ &= \frac{-1}{4(x+2)},\ x \neq 0 && \text{간단히 한다}\end{aligned}$$

✓ **점검문제 4** 다음 유리식을 빼라.

$$\frac{1}{3(x^2+2x)} - \frac{1}{3x}$$

■

예제 5 **세 유리식의 연산**

다음 연산을 하고 간단히 하여라.

$$\frac{3}{x-1} - \frac{2}{x} + \frac{x+3}{x^2-1}$$

풀이 인수분해 한 분모 $(x-1)$, x, $(x+1)(x-1)$을 사용하면, 최소공분모는 $x(x+1)$ $(x-1)$임을 알 수 있다.

$$\begin{aligned}\frac{3}{x-1}-\frac{2}{x}+\frac{x+3}{x^2-1} &= \frac{3(x)(x+1)}{x(x+1)(x-1)}-\frac{2(x+1)(x-1)}{x(x+1)(x-1)}+\frac{(x+3)(x)}{x(x+1)(x-1)}\\ &= \frac{3(x)(x+1)-2(x+1)(x-1)+(x+3)(x)}{x(x+1)(x-1)}\\ &= \frac{3x^2+3x-2x^2+2+x^2+3x}{x(x+1)(x-1)}\\ &= \frac{2x^2+6x+2}{x(x+1)(x-1)}\\ &= \frac{2(x^2+3x+1)}{x(x+1)(x-1)}\end{aligned}$$

✓ 점검문제 5 다음 연산을 하고 간단히 하여라.

$$\frac{4}{x}-\frac{2}{x^2}+\frac{4}{x+3}$$

근호를 포함하는 식

미적분학에서 미분의 연산을 분수식에 적용할 때 '귀찮은' 식이 나타나는 경향이 있다. 이것은 특히 근호를 포함하는 분수식일 때이다. 미분을 할 때, 의미 있는 형태를 얻기 위해서는 식을 단순화하는 것이 중요하다. 예제 6의 식은 미분의 결과이다. 이 경우 단순화한 형태가 원래 형태보다 얼마나 간단한지 주목하자.

예제 6 근호를 포함하는 식 단순화

다음 식을 간단히 하여라.

a. $\dfrac{\sqrt{x+1}-\dfrac{x}{2\sqrt{x+1}}}{x+1}$

b. $\left(\dfrac{1}{x+\sqrt{x^2+1}}\right)\left(1+\dfrac{2x}{2\sqrt{x^2+1}}\right)$

풀이

a.
$$\begin{aligned}\frac{\sqrt{x+1}-\dfrac{x}{2\sqrt{x+1}}}{x+1} &= \frac{\dfrac{2(x+1)}{2\sqrt{x+1}}-\dfrac{x}{2\sqrt{x+1}}}{x+1} && \text{공통분모를 쓴다}\\ &= \frac{\dfrac{2x+2-x}{2\sqrt{x+1}}}{\dfrac{x+1}{1}} && \text{분수를 쓴다}\\ &= \frac{x+2}{2\sqrt{x+1}}\left(\frac{1}{x+1}\right) && \text{나누고, 역을 취하고 곱한다}\end{aligned}$$

$$= \frac{x+2}{2(x+1)^{3/2}}$$

곱한다

b. $$\left(\frac{1}{x+\sqrt{x^2+1}}\right)\left(1+\frac{2x}{2\sqrt{x^2+1}}\right) = \left(\frac{1}{x+\sqrt{x^2+1}}\right)\left(1+\frac{x}{\sqrt{x^2+1}}\right)$$
$$= \left(\frac{1}{x+\sqrt{x^2+1}}\right)\left(\frac{\sqrt{x^2+1}}{\sqrt{x^2+1}}+\frac{x}{\sqrt{x^2+1}}\right)$$
$$= \left(\frac{1}{x+\sqrt{x^2+1}}\right)\left(\frac{x+\sqrt{x^2+1}}{\sqrt{x^2+1}}\right)$$
$$= \frac{1}{\sqrt{x^2+1}}$$

✓ **점검문제 6** 다음 식을 간단히 하여라.

a. $$\frac{\sqrt{x+2}-\dfrac{x}{4\sqrt{x+2}}}{x+2}$$

b. $$\left(\frac{1}{x+\sqrt{x^2+4}}\right)\left(1+\frac{x}{\sqrt{x^2+4}}\right)$$ ■

유리화 기법

근호를 포함하는 나누기를 할 때, 가끔 근호식을 분모에서 분자로, 반대로 분자에서 분모로 옮기는 것은 편리하다. 예를 들면 다음 식의 나누기에서 $\sqrt{2}/\sqrt{2}$를 분자 분모에 곱해 $\sqrt{2}$를 분모에서 분자로 옮길 수 있다.

분모에 있는 근호		유리화		분자에 있는 근호
$\dfrac{1}{\sqrt{2}}$	⇨	$\dfrac{1}{\sqrt{2}}\left(\dfrac{\sqrt{2}}{\sqrt{2}}\right)$	⇨	$\dfrac{\sqrt{2}}{2}$

이 과정을 **분모의 유리화**(rationalizing the denominator)라고 한다. 비슷한 과정이 **분자의 유리화**(rationalize the numerator)에도 사용된다.

학습 팁

두 번째와 세 번째의 유리화 기법은

$$(\sqrt{a}-\sqrt{b})(\sqrt{a}+\sqrt{b}) = a-b$$

에서 나온다.

유리화 기법

1. 분모가 $\sqrt{a}$일 때, $\dfrac{\sqrt{a}}{\sqrt{a}}$를 곱한다.

2. 분모가 $\sqrt{a}-\sqrt{b}$일 때, $\dfrac{\sqrt{a}+\sqrt{b}}{\sqrt{a}+\sqrt{b}}$를 곱한다.

3. 분모가 $\sqrt{a}+\sqrt{b}$일 때, $\dfrac{\sqrt{a}-\sqrt{b}}{\sqrt{a}-\sqrt{b}}$를 곱한다.

같은 지침을 분자의 유리화에 적용한다.

예제 7 분모와 분자의 유리화

분모와 분자를 유리화하여라.

a. $\dfrac{3}{\sqrt{12}}$ **b.** $\dfrac{\sqrt{x+1}}{2}$ **c.** $\dfrac{1}{\sqrt{5}+\sqrt{2}}$ **d.** $\dfrac{1}{\sqrt{x}-\sqrt{x+1}}$

풀이

a. $\dfrac{3}{\sqrt{12}} = \dfrac{3}{2\sqrt{3}} = \dfrac{3}{2\sqrt{3}}\left(\dfrac{\sqrt{3}}{\sqrt{3}}\right) = \dfrac{3\sqrt{3}}{2(3)} = \dfrac{\sqrt{3}}{2}$

b. $\dfrac{\sqrt{x+1}}{2} = \dfrac{\sqrt{x+1}}{2}\left(\dfrac{\sqrt{x+1}}{\sqrt{x+1}}\right) = \dfrac{x+1}{2\sqrt{x+1}}$

c. $\dfrac{1}{\sqrt{5}+\sqrt{2}} = \dfrac{1}{\sqrt{5}+\sqrt{2}}\left(\dfrac{\sqrt{5}-\sqrt{2}}{\sqrt{5}-\sqrt{2}}\right) = \dfrac{\sqrt{5}-\sqrt{2}}{5-2} = \dfrac{\sqrt{5}-\sqrt{2}}{3}$

d.
$$\begin{aligned}\frac{1}{\sqrt{x}-\sqrt{x+1}} &= \frac{1}{\sqrt{x}-\sqrt{x+1}}\left(\frac{\sqrt{x}+\sqrt{x+1}}{\sqrt{x}+\sqrt{x+1}}\right)\\ &= \frac{\sqrt{x}+\sqrt{x+1}}{x-(x+1)}\\ &= -\sqrt{x}-\sqrt{x+1}\end{aligned}$$

✓ **점검문제 7** 분모와 분자를 유리화하여라.

a. $\dfrac{5}{\sqrt{8}}$ **b.** $\dfrac{\sqrt{x+2}}{4}$ **c.** $\dfrac{1}{\sqrt{6}-\sqrt{3}}$ **d.** $\dfrac{1}{\sqrt{x}+\sqrt{x+2}}$ ■

연습문제 A.5

[1-2] (유리식 간단히 하기) 다음 유리식을 간단히 하여라. (예제 1 참조)

1. $\dfrac{x^2-7x+12}{x^2+3x-18}$ **2.** $\dfrac{x^2+3x-10}{2x^2-x-6}$

[3-8] (유리식의 더하기와 빼기) 제시된 연산을 수행하고 간단히 하여라. (예제 2, 3, 4, 5 참조)

3. $\dfrac{x}{x-2}+\dfrac{3}{x-2}$ **4.** $x^2-\dfrac{4}{x^3}$

5. $\dfrac{2}{x-3}+\dfrac{5x}{3x+4}$ **6.** $\dfrac{6}{x^2-16}-\dfrac{1}{x-4}$

7. $\dfrac{x}{x^2+x-2}-\dfrac{1}{x+2}$ **8.** $\dfrac{2}{x^2+1}-\dfrac{1}{x}+\dfrac{1}{x^3+x}$

[9-14] (근호식의 단순화) 다음 식을 단순화하여라. (예제 6 참조)

9. $\dfrac{-x}{(x+1)^{3/2}}+\dfrac{2}{(x+1)^{1/2}}$

10. $\dfrac{2-t}{2\sqrt{1+t}}-\sqrt{1+t}$

11. $\left(2x\sqrt{x^2+1}-\dfrac{x^3}{\sqrt{x^2+1}}\right)\div(x^2+1)$

12. $\dfrac{(x^2+2)^{1/2}-x^2(x^2+2)^{-1/2}}{x^2}$

13. $\dfrac{\dfrac{\sqrt{x+1}}{\sqrt{x}}-\dfrac{\sqrt{x}}{\sqrt{x+1}}}{2(x+1)}$

14. $\dfrac{-x^2}{(2x+3)^{3/2}}+\dfrac{2x}{(2x+3)^{1/2}}$

[15-20] (분모와 분자 유리화) 분모와 분자를 유리화하고 간단히 하여라. (예제 7 참조)

15. $\dfrac{2}{\sqrt{10}}$

16. $\dfrac{49(x-3)}{\sqrt{x^2-9}}$

17. $\dfrac{5}{\sqrt{14}-2}$

18. $\dfrac{1}{\sqrt{6}+\sqrt{5}}$

19. $\dfrac{2}{\sqrt{x}+\sqrt{x-2}}$

20. $\dfrac{\sqrt{x+2}-\sqrt{2}}{x}$

21. (할부 융자) 할부 융자에서 월상환액 M(달러)는 다음 모형식이다.

$$M = P\left[\frac{r/12}{1-\left(\dfrac{1}{(r/12)+1}\right)^N}\right]$$

여기서 P는 융자금(달러)이고, r은 연 이자율(소수형)이고 N은 총 납입횟수이다. 융자금 10,000달러를 연 이자율 7.5 %($r = 0.075$)로 5년간($N = 60$은 총 납입횟수) 상환할 때 월상환액을 구하여라.

B 미적분의 기본 정리의 다른 소개

부록 B에서는 정적분을 전개하는 다른 방법으로 합에 의한 과정이 소개된다. 이것은 5장 3절을 보완하기 위함이다. 부록 B는 5장 4절의 예제 2의 앞부분에 있는 자료를 대신한다. 아래의 예제 1은 직사각형을 사용하여 평면에 있는 영역의 면적을 근사할 수 있다.

예제 1 직사각형을 사용하여 평면 영역의 면적 근사

그림 B.1에 있는 것처럼 네 직사각형을 사용하여 그래프

$$f(x) = \frac{x^2}{2}$$

과 x축, $x = 0$과 $x = 4$ 사이에 놓여 있는 영역의 면적을 근사하여라.

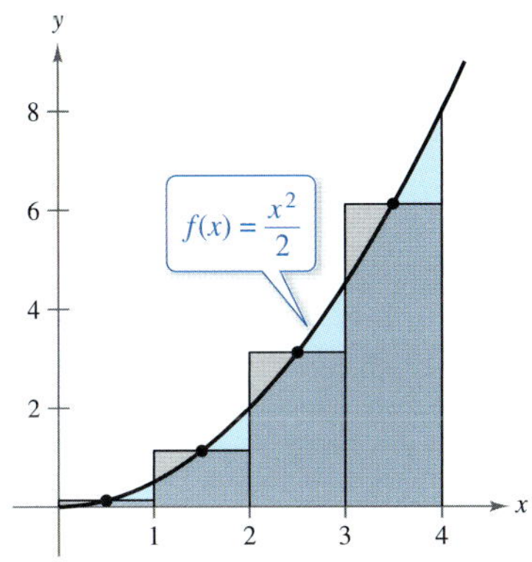

그림 B.1

풀이 부분구간

$$[0, 1], \quad [1, 2], \quad [2, 3], \quad [3, 4]$$

의 중점에서 f의 값을 계산하여 직사각형의 높이를 구할 수 있다. 각 직사각형의 폭은 모두 1이므로, 네 직사각형의 면적의 합은

$$\begin{aligned} S &= \underbrace{(1)}_{\text{폭}} \underbrace{f\left(\frac{1}{2}\right)}_{\text{높이}} + \underbrace{(1)}_{\text{폭}} \underbrace{f\left(\frac{3}{2}\right)}_{\text{높이}} + \underbrace{(1)}_{\text{폭}} \underbrace{f\left(\frac{5}{2}\right)}_{\text{높이}} + \underbrace{(1)}_{\text{폭}} \underbrace{f\left(\frac{7}{2}\right)}_{\text{높이}} \\ &= \frac{1}{8} + \frac{9}{8} + \frac{25}{8} + \frac{49}{8} \\ &= \frac{84}{8} \\ &= 10.5 \text{(제곱 단위)} \end{aligned}$$

이므로 영역의 면적은 10.5제곱 단위로 추정할 수 있다. ■

학습 팁

예제 1에서 사용한 근사 기법은 중점 법칙이라고 한다. 중점 법칙은 5.6절에서 더 많이 논의되었다.

예제 1에서 본 과정을 일반화할 수 있다. f가 닫힌구간 $[a, b]$에서 연속이라고 하자. 구간을 다음과 같이 n개의 부분구간으로 나누면 폭은

$$\Delta x = \frac{b - a}{n}$$

이다.

$$a = x_0 < x_1 < x_2 < \cdot \cdot \cdot < x_{n-1} < x_n = b$$

각 부분구간 $[x_{i-1}, x_i]$에서 임의의 c_i를 선택하고 합을 만든다.

$$S = f(c_1)\,\Delta x + f(c_2)\,\Delta x + \cdot \cdot \cdot + f(c_{n-1})\,\Delta x + f(c_n)\,\Delta x$$

이런 형태의 합을 **리만 합**(Riemann sum)이라고 하고 가끔 다음과 같이 합의 기호를 사용하여 쓴다.

$$S = \sum_{i=1}^{n} f(c_i)\,\Delta x, \quad x_{i-1} \le c_i \le x_i$$

예제 1의 경우 리만 합은 구간은 $[a, b] = [0, 4]$이고 부분구간의 수는 $n = 4$, 각 부분구간의 폭은 $\Delta x = 1$이고 각 부분구간의 점 c_i는 중점이다. 그러므로 예제 1의 근삿값을 다음과 같이 구할 수 있다.

$$\begin{aligned} S &= \sum_{i=1}^{n} f(c_i)\,\Delta x \\ &= \sum_{i=1}^{4} f(c_i)(1) \\ &= \frac{1}{8} + \frac{9}{8} + \frac{25}{8} + \frac{49}{8} \\ &= \frac{84}{8} \end{aligned}$$

예제 2 리만 합을 사용한 면적의 근사

리만 합을 사용하여

$$f(x) = -x^2 + 2x$$

의 그래프와 x축, $0 \le x \le 2$로 둘러싸인 면적을 근사하여라. 리만 합에서 $n = 6$, c_i는 각 부분구간의 끝점으로 선택하여라.

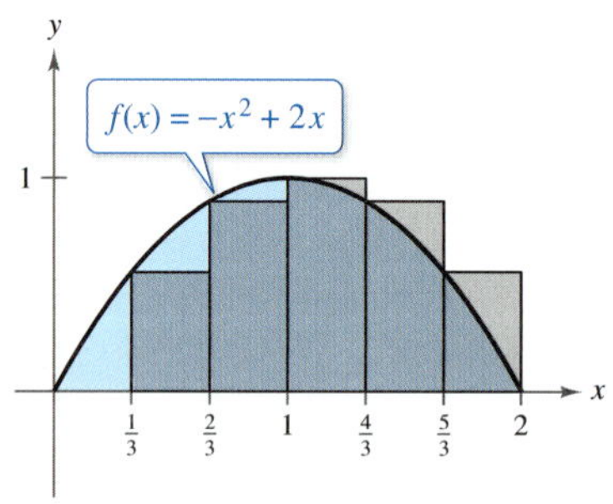

그림 B.2

풀이 구간 [0, 2]를 여섯 개의 부분구간으로 나누면 각 부분구간의 폭은 그림 B.2에서

$$\begin{aligned} \Delta x &= \frac{2-0}{6} \\ &= \frac{1}{3} \end{aligned}$$

이다. c_i는 각 부분구간의 왼쪽 끝점이므로 리만 합은 다음으로 주어진다.

$$\begin{aligned} S &= \sum_{i=1}^{n} f(c_i)\,\Delta x \\ &= \left[f(0) + f\left(\frac{1}{3}\right) + f\left(\frac{2}{3}\right) + f(1) + f\left(\frac{4}{3}\right) + f\left(\frac{5}{3}\right)\right]\left(\frac{1}{3}\right) \\ &= \left[0 + \frac{5}{9} + \frac{8}{9} + 1 + \frac{8}{9} + \frac{5}{9}\right]\left(\frac{1}{3}\right) \\ &= \frac{35}{27}\ (\text{제곱 단위}) \end{aligned}$$

■

예제 2는 중요한 점을 보여 준다. f가 구간 $[a, b]$에서 연속이고 음이 아니면 리만 합인

$$S = \sum_{i=1}^{n} f(c_i)\,\Delta x$$

는 f의 그래프와 x축, $x = a$와 $x = b$로 둘러싸인 영역의 면적을 근사하는 데 사용될 수 있다. 더욱이 주어진 구간에서 부분구간의 수가 증가하면 실제 면적의 근삿값은 더 개선될 것이다. 삼각형의 면적을 근사하기 위해 리만 합을 사용한 다음 두 예제는 이 사실을 잘 보여 준다.

예제 3 삼각형의 면적의 근사

리만 합을 사용하여

$$f(x) = 2x$$

와 x축, $0 \le x \le 3$으로 둘러싸인 삼각형 영역의 면적을 근사하여라. 여섯 개의 부분구간으로 나누고 c_i는 각 부분구간의 끝점으로 선택하여라.

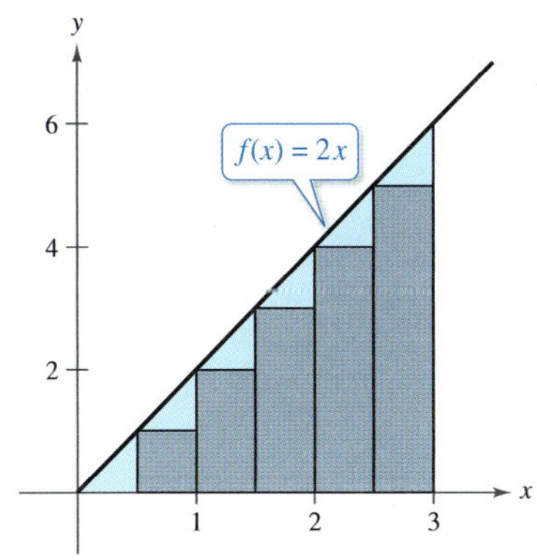

그림 B.3

풀이 구간 [0, 3]을 여섯 개의 부분구간으로 나누면 각각의 폭은 그림 B.3에서 보는 것처럼

$$\Delta x = \frac{3-0}{6} = \frac{1}{2}$$

이다. c_i는 각 부분구간의 왼쪽 끝점이므로, 리만 합은 다음과 같다.

$$\begin{aligned} S &= \sum_{i=1}^{n} f(c_i)\,\Delta x \\ &= \left[f(0) + f\left(\frac{1}{2}\right) + f(1) + f\left(\frac{3}{2}\right) + f(2) + f\left(\frac{5}{2}\right)\right]\left(\frac{1}{2}\right) \\ &= [0 + 1 + 2 + 3 + 4 + 5]\left(\frac{1}{2}\right) \\ &= \frac{15}{2}\text{(제곱 단위)} \end{aligned}$$

■

예제 2, 3에 있는 근사는 **왼쪽 리만 합**(left Riemann sum)이라고 한다. 왜냐하면 c_i는 각 부분구간의 왼쪽 끝점으로 선택했기 때문이다. 예제 3에서 오른쪽 끝점을 사용하면 **오른쪽 리만 합**(right Riemann sum)은 $\frac{21}{2}$이다. 예제 3에 있는 삼각형의 정확한 면적은

$$\begin{aligned} \text{면적} &= \frac{1}{2}\text{(밑변)(높이)} \\ &= \frac{1}{2}(3)(6) \\ &= 9\text{(제곱 단위)} \end{aligned}$$

이므로 왼쪽 리만 합은 실제 면적보다 근삿값이 더 작고, 오른쪽 근삿값은 실제 값보다 더 크다.

예제 4에서는 부분구간의 수가 증가하면 근삿값은 더 개선된 것을 볼 것이다.

예제 4 **부분구간의 수 늘리기**

$f(x) = 2x$, $0 \le x \le 3$으로 두자. 그래픽 도구를 사용하여 $n = 10$, $n = 100$, $n = 1000$개의 부분구간에 대해 왼쪽, 오른쪽 리만 합을 결정하여라.

풀이 그래픽 도구 프로그램을 활용한 예제의 입력 과정이 그림 B.4에 있다[함수 $f(x) = 2x$는 Y1으로 입력됨에 유의하자].

```
PROGRAM:RIEMANN
:Input ("ENTER VALU
E OF N",N)
:Input ("ENTER VALU
E OF A",A)
:Input ("ENTER VALU
E OF B",B)
:(B-A)/N→D
```

```
PROGRAM:RIEMANN
:0→R
:0→L
:A→X
:For(I,1,N)
:L+Y1→L
:A+ID→X
:R+Y1→R
```

```
PROGRAM:RIEMANN
:End
:LD→L
:RD→R
:Disp "LEFT SUM",L
:Disp "RIGHT SUM",
R
```

그림 B.4

$n = 10$, $n = 100$, 그리고 $n = 1000$에 대해 이 프로그램을 돌리면 표에 있는 결과를 얻는다.

n	왼쪽 리만 합	오른쪽 리만 합
10	8.100	9.900
100	8.910	9.090
1000	8.991	9.009

■

예제 4의 결과에서 리만 합은 n이 무한대로 접근하면 극한값 9에 접근함을 알 수 있다. 이를 잘 관찰하면 **정적분**(definite integral)의 정의가 유도됨을 알 수 있다. 정의로부터 구간 $[a, b]$를 폭이 $\Delta x = (b - a)/n$인 n개의 부분구간으로 나누자.

$$a = x_0 < x_1 < x_2 < \cdot \cdot \cdot < x_{n-1} < x_n = b$$

더욱이 c_i는 i번째 부분구간 $[x_{i-1}, x_i]$에 있는 임의의 점으로 간주한다. 부분구간의 수 n이 무한대에 접근한다고 하는 것은 부분구간의 폭 Δx가 0에 접근한다고 하는 것과 같다.

정적분의 정의

f가 닫힌구간 $[a, b]$에서 정의된 연속함수라고 하면 **$[a, b]$에서 f의 정적분**(definite integral of f on $[a, b]$)은 다음과 같다.

$$\int_a^b f(x)\, dx = \lim_{\Delta x \to 0} \sum_{i=1}^{n} f(c_i)\, \Delta x$$

$$= \lim_{n \to \infty} \sum_{i=1}^{n} f(c_i)\, \Delta x$$

만약 f가 구간 $[a, b]$에서 연속이고 음이 아니면 $[a, b]$에서 f의 정적분은 f의 그래프, x축, 그리고 두 수직선 $x = a$, $x = b$로 둘러싸인 영역의 면적이다.

극한의 정의로 정적분을 계산하는 것은 어려울 수 있다. 그러나 정적분이 일반적인 모양의 기하 도형의 면적을 나타내는 것으로 인식하여 풀면 어렵지 않다.

예제 5 일반적인 기하 도형의 면적

다음 정적분에 대응하는 영역을 그려라. 그리고 기하 도형을 이용하여 정적분의 값을 계산하여라.

a. $\int_1^3 4\,dx$

b. $\int_0^3 (x + 2)\,dx$

c. $\int_{-2}^2 \sqrt{4 - x^2}\,dx$

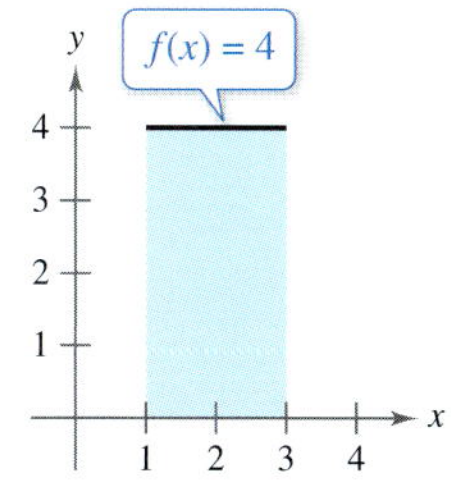

(a) $\int_1^3 4\,dx$: 직사각형

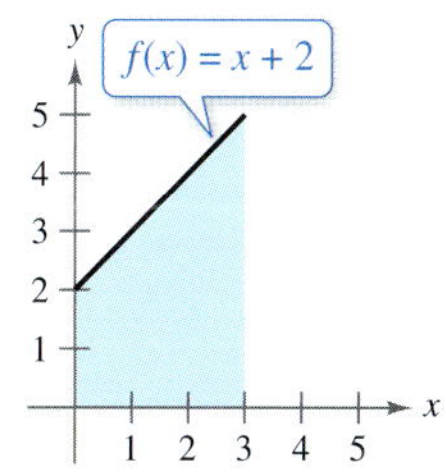

(b) $\int_0^3 (x + 2)\,dx$: 사다리꼴

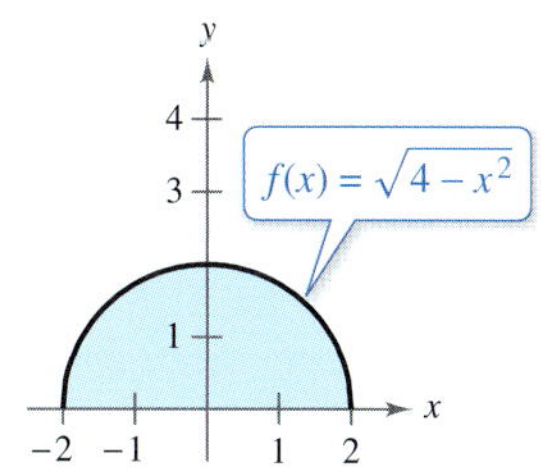

(c) $\int_{-2}^2 \sqrt{4 - x^2}\,dx$: 반원

그림 B.5

풀이 각 영역의 그림은 그림 B.5에 있다.

a. 이 정적분의 영역은 높이 4, 폭이 2인 직사각형이다. 더욱이 함수 $f(x) = 4$는 구간 $[1, 3]$에서 연속이고 음이 아니다. 그러므로 직사각형의 면적은 정적분으로 주어진다고 결론 내릴 수 있다. 그러므로 정적분의 값은 다음과 같다.

$$\int_1^3 4\,dx = 4(2) = 8\text{(제곱 단위)}$$

b. 이 정적분의 영역은 높이가 3이고 평행한 두 변은 길이가 각각 2와 5인 사다리꼴이다. 사다리꼴의 면적 공식이 $\frac{1}{2}h(b_1 + b_2)$이므로 다음과 같이 계산할 수 있다.

$$\int_0^3 (x + 2)\,dx = \frac{1}{2}(3)(2 + 5)$$
$$= \frac{21}{2}\text{(제곱 단위)}$$

c. 이 정적분의 영역은 반지름 2인 반원이다. 반원의 면적 공식은 $\frac{1}{2}\pi r^2$이므로 다음과 같다.

$$\int_{-2}^2 \sqrt{4 - x^2}\,dx = \frac{1}{2}\pi(2^2)$$
$$= 2\pi\text{(제곱 단위)}$$

■

몇몇 간단한 함수의 경우에는 리만 합으로 정적분을 계산할 수 있다. 다음 예제에서 처음 n개의 정수의 합은 아래 공식으로 주어진다.

$$1 + 2 + \cdot \cdot \cdot + n = \sum_{i=1}^{n} i = \frac{n(n + 1)}{2}$$

이 사실을 예제 3, 4의 삼각형의 면적을 계산하는 데 사용할 것이다.

예제 6 **정의로 정적분 계산하기**

$\int_0^3 2x\,dx$를 계산하여라.

풀이

$$\Delta x = \frac{b-a}{n} = \frac{3}{n}$$

으로 두고 c_i는 각 부분구간의 오른쪽 끝점으로 택하면

$$c_i = \frac{3i}{n}$$

이고

$$\begin{aligned}\int_0^3 2x\,dx &= \lim_{\Delta x\to 0}\sum_{i=1}^{n} f(c_i)\,\Delta x\\ &= \lim_{n\to\infty}\sum_{i=1}^{n} 2\left(i\frac{3}{n}\right)\left(\frac{3}{n}\right)\\ &= \lim_{n\to\infty}\frac{18}{n^2}\sum_{i=1}^{n} i\\ &= \lim_{n\to\infty}\left(\frac{18}{n^2}\right)\left[\frac{n(n+1)}{2}\right]\\ &= \lim_{n\to\infty}\left(9+\frac{9}{n}\right)\end{aligned}$$

이다. 이 극한은 3.6절에서 수평 점근선을 계산할 때와 같은 방법으로 계산된다. 특히 n이 무한대로 접근하면 $9/n$는 0에 접근하고 극한은 9이다. 그러므로

$$\int_0^3 2x\,dx = 9$$

로 결론 내릴 수 있다. ■

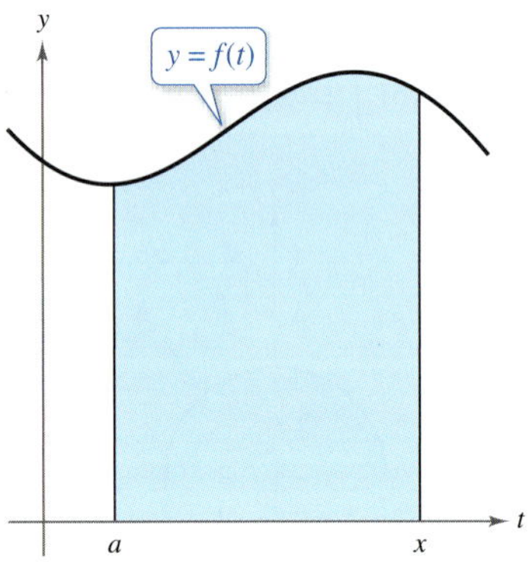

그림 B.6

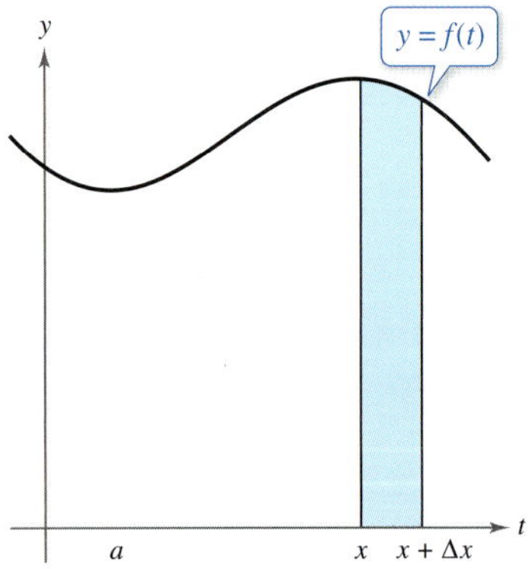

그림 B.7

예제 6의 방법은 비록 간단한 함수라고 해도 리만 합을 사용하여 정적분을 계산하는 것은 어려울 수 있다. 컴퓨터는 큰 n값에 대해 이 합을 계산하는 데 도움이 될 수 있으나 이 과정은 정적분의 근삿값만 준다. 다행히 **미적분학의 기본 정리**는 역도함수를 이용하여 정적분을 계산하는 기법을 제공한다. 이런 이유로 이 정리는 미적분학에서 가장 중요한 정리로 여겨진다. 이 부록의 나머지 부분에서 미분과 적분이 미적분학의 기본 정리를 통해 어떻게 연관되는지 보게 될 것이다.

이 논의를 간단히 하기 위해 f가 닫힌구간 $[a, b]$에서 연속이고 음이 아니라고 하자. $A(x)$는 a에서 x까지 f의 그래프 아래 영역의 면적이라고 하자(그림 B.6). 그림 B.7에 있는 색칠된 영역의 면적은

$$A(x+\Delta x) - A(x)$$

이다. 만약 Δx가 매우 작으면, 이 면적은 높이가 $f(x)$이고 폭이 Δx인 직사각형으로 근사할 수 있다. 그러므로

$$A(x + \Delta x) - A(x) \approx f(x)\,\Delta x$$

이다. Δx로 나누면

$$f(x) \approx \frac{A(x + \Delta x) - A(x)}{\Delta x}$$

이다. Δx를 0으로 접근하도록 극한을 택하면

$$f(x) = \lim_{\Delta x \to 0} \frac{A(x + \Delta x) - A(x)}{\Delta x} = A'(x)$$

이다. 그리고 면적함수 $A(x)$는 f의 역도함수라는 사실을 알 수 있다. f가 연속이고 음이 아닌 것으로 가정했지만 이 전개는 함수 f가 단순히 닫힌구간 $[a, b]$에서 연속이기만 해도 유용하다. 이 결과는 미적분학의 기본 정리의 증명에 사용된다.

미적분학의 기본 정리

f가 닫힌구간 $[a, b]$에서 연속이면

$$\int_a^b f(x)\,dx = F(b) - F(a)$$

이다. 여기서 F는 $F'(x) = f(x)$인 임의의 함수이다.

[증명] 위의 논의에서

$$\int_a^x f(x)\,dx = A(x)$$

임을 안다. 특히

$$A(a) = \int_a^a f(x)\,dx = 0$$

이고

$$A(b) = \int_a^b f(x)\,dx$$

이다. 만약 F가 f의 임의의 역도함수이면, F는 A와 상수만큼 다르다는 것을 안다. 즉 $A(x) = F(x) + C$이다. 그러므로

$$\begin{aligned}\int_a^b f(x)\,dx &= A(b) - A(a)\\ &= [F(b) + C] - [F(a) + C]\\ &= F(b) + C - F(a) - C\\ &= F(b) - F(a)\end{aligned}$$

이다. ■

미적분학의 기본 정리를 학습한 이후로 여러분은 이제 5.4절을 공부할 준비가 되어 있다.

연습문제 B

1. (직사각형을 사용하여 영역의 면적 근사하기) 직사각형을 사용하여 영역의 면적을 근사하여라. (예제 1 참조)

$y = x + 1$

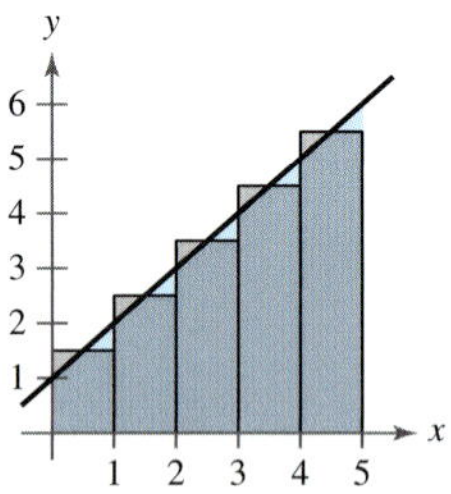

[2-4] (리만 합을 이용하여 면적 근사하기) 제시된 부분구간의 수를 사용하여 영역의 근삿값을 구하기 위해 왼쪽 리만 합과 오른쪽 리만 합을 사용하여라. (예제 2, 3 참조)

2. $y = \sqrt{x}$

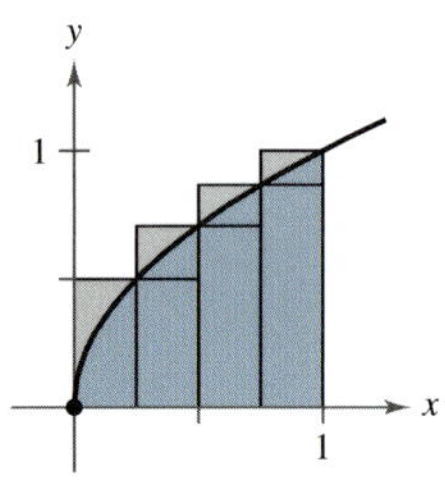

3. $y = \dfrac{1}{x}$

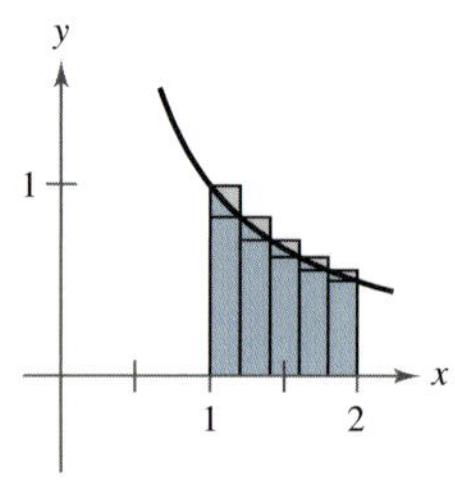

4. $y = \sqrt{1 - x^2}$

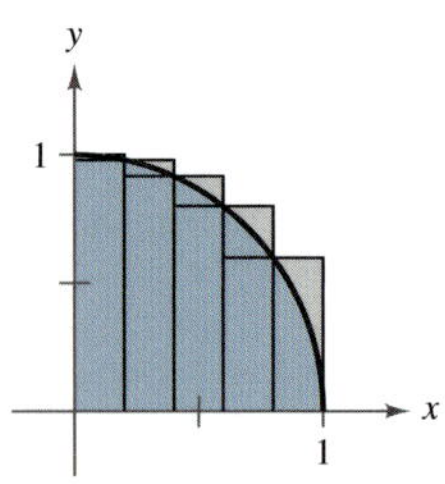

5. (리만 합 비교) $y = x$의 그래프와 $y = 0$, $x = 2$로 둘러싸인 면적이 2제곱 단위인 삼각형을 생각하자.

(a) 영역의 그래프를 그려라.

(b) 구간 [0, 2]를 n개의 부분구간으로 나누고 부분구간의 끝점이

$$0 < 1\left(\frac{2}{n}\right) < \cdot \cdot \cdot < (n-1)\left(\frac{2}{n}\right) < n\left(\frac{2}{n}\right)$$

임을 보여라.

(c) 왼쪽 리만 합은

$$S_L = \sum_{i=1}^{n} \left[(i-1)\left(\frac{2}{n}\right)\right]\left(\frac{2}{n}\right)$$

임을 보여라.

(d) 오른쪽 리만 합은

$$S_R = \sum_{i=1}^{n} \left[i\left(\frac{2}{n}\right)\right]\left(\frac{2}{n}\right)$$

임을 보여라.

(e) 그래픽 도구와 예제 4의 프로그램을 사용하여 다음 표를 완성하여라.

n	5	10	50	100
왼쪽 리만 합 S_L				
오른쪽 리만 합 S_R				

(f) $\lim\limits_{n\to\infty} S_L = \lim\limits_{n\to\infty} S_R = 2$임을 보여라.

[6-9] (정적분 쓰기) 영역의 면적을 주는 정적분을 만들어라(적분값은 계산하지 않는다).

6. $f(x) = 3$

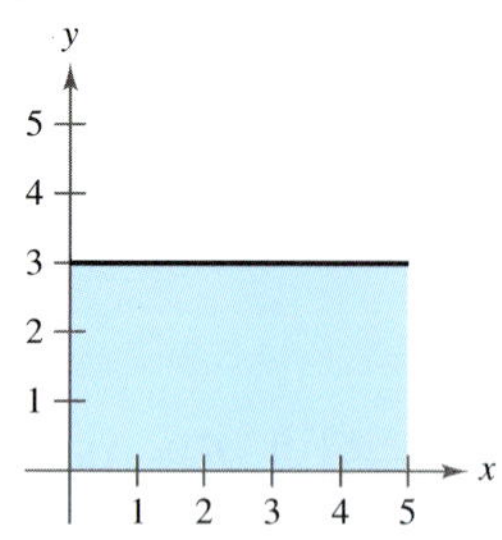

7. $f(x) = 4 - |x|$

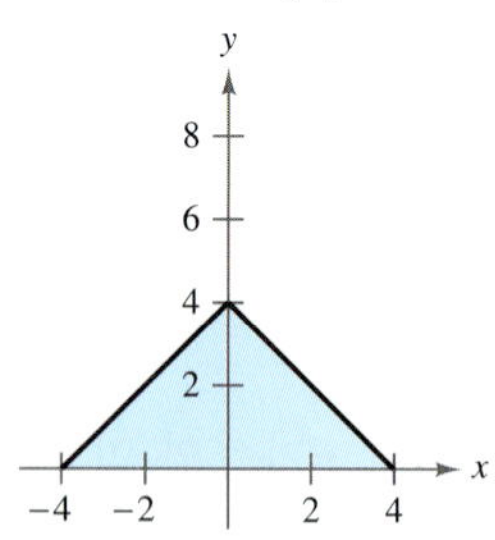

8. $f(x) = 4 - x^2$

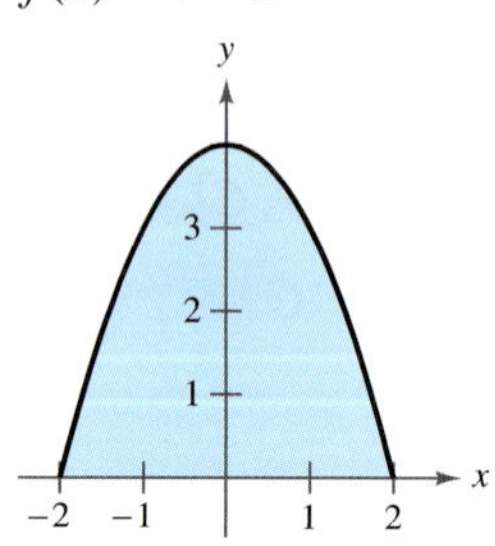

9. $f(x) = \sqrt{x + 1}$

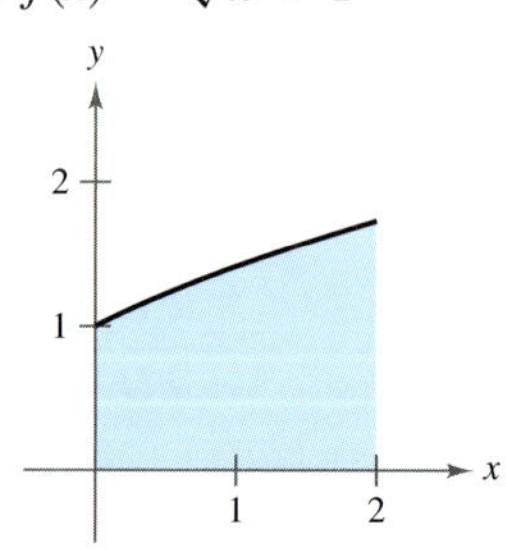

[10-14] (일반적인 기하 도형의 면적 구하기) 다음 정적분으로 주어진 면적의 영역을 그려라. 기하 공식을 사용하여 적분을 계산하여라($a > 0$, $r > 0$). (예제 5 참조)

10. $\int_0^3 5\,dx$

11. $\int_0^2 3x\,dx$

12. $\int_0^2 (2x + 5)\,dx$

13. $\int_{-1}^1 (1 - |x|)\,dx$

14. $\int_{-3}^3 \sqrt{9 - x^2}\,dx$

15. (합의 증명) 다음을 증명하여라.

$$\sum_{i=1}^{n} i = \frac{n(n+1)}{2}$$

(힌트: 다음 두 합을 구한다.)

$$S = 1 + 2 + 3 + \cdot \cdot \cdot + (n-2) + (n-1) + n$$

$$S = n + (n-1) + (n-2) + \cdot \cdot \cdot + 3 + 2 + 1$$

16. (합과 적분 비교) 그림을 참고하여 빈칸에 알맞은 기호($<$, $>$, $=$)를 넣어라. 이유를 설명하여라.

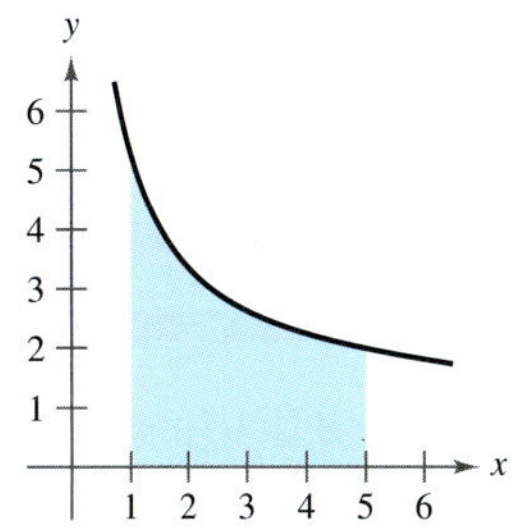

구간 [1, 5]를 폭이 Δx인 n개의 부분구간으로 나눈다. x_i는 i번째 부분구간의 왼쪽 끝점이다.

$$\sum_{i=1}^{n} f(x_i)\,\Delta x \quad \square \quad \int_1^5 f(x)\,dx$$

C 공식

C.1 미분 공식과 적분 공식

■ 미분과 적분표를 사용하여 미분과 적분의 기법 보완하기

미분 공식

1. $\dfrac{d}{dx}[cu] = cu'$
2. $\dfrac{d}{dx}[u \pm v] = u' \pm v'$
3. $\dfrac{d}{dx}[uv] = uv' + vu'$
4. $\dfrac{d}{dx}\left[\dfrac{u}{v}\right] = \dfrac{vu' - uv'}{v^2}$
5. $\dfrac{d}{dx}[c] = 0$
6. $\dfrac{d}{dx}[u^n] = nu^{n-1}u'$
7. $\dfrac{d}{dx}[x] = 1$
8. $\dfrac{d}{dx}[\ln u] = \dfrac{u'}{u}$
9. $\dfrac{d}{dx}[e^u] = e^u u'$
10. $\dfrac{d}{dx}[\sin u] = (\cos u)u'$
11. $\dfrac{d}{dx}[\cos u] = -(\sin u)u'$
12. $\dfrac{d}{dx}[\tan u] = (\sec^2 u)u'$
13. $\dfrac{d}{dx}[\cot u] = -(\csc^2 u)u'$
14. $\dfrac{d}{dx}[\sec u] = (\sec u \tan u)u'$
15. $\dfrac{d}{dx}[\csc u] = -(\csc u \cot u)u'$

적분 공식

u^n을 포함하는 형태

1. $\displaystyle\int u^n\,du = \frac{u^{n+1}}{n+1} + C, \quad n \neq -1$
2. $\displaystyle\int \frac{1}{u}\,du = \ln|u| + C$

$a + bu$를 포함하는 형태

3. $\displaystyle\int \frac{u}{a+bu}\,du = \frac{1}{b^2}(bu - a\ln|a+bu|) + C$
4. $\displaystyle\int \frac{u}{(a+bu)^2}\,du = \frac{1}{b^2}\left(\frac{a}{a+bu} + \ln|a+bu|\right) + C$
5. $\displaystyle\int \frac{u}{(a+bu)^n}\,du = \frac{1}{b^2}\left[\frac{-1}{(n-2)(a+bu)^{n-2}} + \frac{a}{(n-1)(a+bu)^{n-1}}\right] + C, \quad n \neq 1, 2$
6. $\displaystyle\int \frac{u^2}{a+bu}\,du = \frac{1}{b^3}\left[-\frac{bu}{2}(2a - bu) + a^2\ln|a+bu|\right] + C$
7. $\displaystyle\int \frac{u^2}{(a+bu)^2}\,du = \frac{1}{b^3}\left(bu - \frac{a^2}{a+bu} - 2a\ln|a+bu|\right) + C$
8. $\displaystyle\int \frac{u^2}{(a+bu)^3}\,du = \frac{1}{b^3}\left[\frac{2a}{a+bu} - \frac{a^2}{2(a+bu)^2} + \ln|a+bu|\right] + C$
9. $\displaystyle\int \frac{u^2}{(a+bu)^n}\,du = \frac{1}{b^3}\left[\frac{-1}{(n-3)(a+bu)^{n-3}} + \frac{2a}{(n-2)(a+bu)^{n-2}} - \frac{a^2}{(n-1)(a+bu)^{n-1}}\right] + C, \quad n \neq 1, 2, 3$

10. $\displaystyle\int \frac{1}{u(a+bu)}\,du = \frac{1}{a}\ln\left|\frac{u}{a+bu}\right| + C$

11. $\displaystyle\int \frac{1}{u(a+bu)^2}\,du = \frac{1}{a}\left(\frac{1}{a+bu} + \frac{1}{a}\ln\left|\frac{u}{a+bu}\right|\right) + C$

12. $\displaystyle\int \frac{1}{u^2(a+bu)}\,du = -\frac{1}{a}\left(\frac{1}{u} + \frac{b}{a}\ln\left|\frac{u}{a+bu}\right|\right) + C$

13. $\displaystyle\int \frac{1}{u^2(a+bu)^2}\,du = -\frac{1}{a^2}\left[\frac{a+2bu}{u(a+bu)} + \frac{2b}{a}\ln\left|\frac{u}{a+bu}\right|\right] + C$

$\sqrt{a+bu}$를 포함하는 형태

14. $\displaystyle\int u^n\sqrt{a+bu}\,du = \frac{2}{b(2n+3)}\left[u^n(a+bu)^{3/2} - na\int u^{n-1}\sqrt{a+bu}\,du\right]$

15. $\displaystyle\int \frac{1}{u\sqrt{a+bu}}\,du = \frac{1}{\sqrt{a}}\ln\left|\frac{\sqrt{a+bu}-\sqrt{a}}{\sqrt{a+bu}+\sqrt{a}}\right| + C, \quad a > 0$

16. $\displaystyle\int \frac{1}{u^n\sqrt{a+bu}}\,du = \frac{-1}{a(n-1)}\left[\frac{\sqrt{a+bu}}{u^{n-1}} + \frac{(2n-3)b}{2}\int\frac{1}{u^{n-1}\sqrt{a+bu}}\,du\right], \quad n \neq 1$

17. $\displaystyle\int \frac{\sqrt{a+bu}}{u}\,du = 2\sqrt{a+bu} + a\int\frac{1}{u\sqrt{a+bu}}\,du$

18. $\displaystyle\int \frac{\sqrt{a+bu}}{u^n}\,du = \frac{-1}{a(n-1)}\left[\frac{(a+bu)^{3/2}}{u^{n-1}} + \frac{(2n-5)b}{2}\int\frac{\sqrt{a+bu}}{u^{n-1}}\,du\right], \quad n \neq 1$

19. $\displaystyle\int \frac{u}{\sqrt{a+bu}}\,du = -\frac{2(2a-bu)}{3b^2}\sqrt{a+bu} + C$

20. $\displaystyle\int \frac{u^n}{\sqrt{a+bu}}\,du = \frac{2}{(2n+1)b}\left(u^n\sqrt{a+bu} - na\int\frac{u^{n-1}}{\sqrt{a+bu}}\,du\right)$

$u^2 - a^2$, $a > 0$을 포함하는 형태

21. $\displaystyle\int \frac{1}{u^2-a^2}\,du = -\int\frac{1}{a^2-u^2}\,du = \frac{1}{2a}\ln\left|\frac{u-a}{u+a}\right| + C$

22. $\displaystyle\int \frac{1}{(u^2-a^2)^n}\,du = \frac{-1}{2a^2(n-1)}\left[\frac{u}{(u^2-a^2)^{n-1}} + (2n-3)\int\frac{1}{(u^2-a^2)^{n-1}}\,du\right], \quad n \neq 1$

$\sqrt{u^2 \pm a^2}$, $a > 0$을 포함하는 형태

23. $\displaystyle\int \sqrt{u^2 \pm a^2}\,du = \frac{1}{2}\left(u\sqrt{u^2 \pm a^2} \pm a^2\ln\left|u + \sqrt{u^2 \pm a^2}\right|\right) + C$

24. $\displaystyle\int u^2\sqrt{u^2 \pm a^2}\,du = \frac{1}{8}\left[u(2u^2 \pm a^2)\sqrt{u^2 \pm a^2} - a^4\ln\left|u + \sqrt{u^2 \pm a^2}\right|\right] + C$

25. $\displaystyle\int \frac{\sqrt{u^2 + a^2}}{u}\,du = \sqrt{u^2 + a^2} - a\ln\left|\frac{a + \sqrt{u^2 + a^2}}{u}\right| + C$

26. $\displaystyle\int \frac{\sqrt{u^2 \pm a^2}}{u^2}\,du = \frac{-\sqrt{u^2 \pm a^2}}{u} + \ln\left|u + \sqrt{u^2 \pm a^2}\right| + C$

27. $\displaystyle\int \frac{1}{\sqrt{u^2 \pm a^2}}\,du = \ln\left|u + \sqrt{u^2 \pm a^2}\right| + C$

28. $\displaystyle\int \frac{1}{u\sqrt{u^2+a^2}}\,du = \frac{-1}{a}\ln\left|\frac{a+\sqrt{u^2+a^2}}{u}\right| + C$

29. $\displaystyle\int \frac{u^2}{\sqrt{u^2\pm a^2}}\,du = \frac{1}{2}\left(u\sqrt{u^2\pm a^2} \mp a^2\ln\left|u+\sqrt{u^2\pm a^2}\right|\right) + C$

30. $\displaystyle\int \frac{1}{u^2\sqrt{u^2\pm a^2}}\,du = \mp\frac{\sqrt{u^2\pm a^2}}{a^2u} + C$

31. $\displaystyle\int \frac{1}{(u^2\pm a^2)^{3/2}}\,du = \frac{\pm u}{a^2\sqrt{u^2\pm a^2}} + C$

$\sqrt{a^2-u^2}$, $a>0$을 포함하는 형태

32. $\displaystyle\int \frac{\sqrt{a^2-u^2}}{u}\,du = \sqrt{a^2-u^2} - a\ln\left|\frac{a+\sqrt{a^2-u^2}}{u}\right| + C$

33. $\displaystyle\int \frac{1}{u\sqrt{a^2-u^2}}\,du = \frac{-1}{a}\ln\left|\frac{a+\sqrt{a^2-u^2}}{u}\right| + C$

34. $\displaystyle\int \frac{1}{u^2\sqrt{a^2-u^2}}\,du = \frac{-\sqrt{a^2-u^2}}{a^2u} + C$

35. $\displaystyle\int \frac{1}{(a^2-u^2)^{3/2}}\,du = \frac{u}{a^2\sqrt{a^2-u^2}} + C$

e^u를 포함하는 형태

36. $\displaystyle\int e^u\,du = e^u + C$

37. $\displaystyle\int ue^u\,du = (u-1)e^u + C$

38. $\displaystyle\int u^ne^u\,du = u^ne^u - n\int u^{n-1}e^u\,du$

39. $\displaystyle\int \frac{1}{1+e^u}\,du = u - \ln(1+e^u) + C$

40. $\displaystyle\int \frac{1}{1+e^{nu}}\,du = u - \frac{1}{n}\ln(1+e^{nu}) + C$

$\ln u$를 포함하는 형태

41. $\displaystyle\int \ln u\,du = u(-1+\ln u) + C$

42. $\displaystyle\int u\ln u\,du = \frac{u^2}{4}(-1+2\ln u) + C$

43. $\displaystyle\int u^n\ln u\,du = \frac{u^{n+1}}{(n+1)^2}[-1+(n+1)\ln u] + C,\quad n\neq -1$

44. $\displaystyle\int (\ln u)^2\,du = u[2-2\ln u+(\ln u)^2] + C$

45. $\displaystyle\int (\ln u)^n\,du = u(\ln u)^n - n\int(\ln u)^{n-1}\,du$

$\sin u$ 또는 $\cos u$를 포함하는 형태

46. $\displaystyle\int \sin u\,du = -\cos u + C$

47. $\displaystyle\int \cos u\,du = \sin u + C$

48. $\displaystyle\int \sin^2 u\,du = \frac{1}{2}(u - \sin u\cos u) + C$

49. $\displaystyle\int \cos^2 u\,du = \frac{1}{2}(u + \sin u\cos u) + C$

50. $\displaystyle\int \sin^n u\,du = -\frac{\sin^{n-1}u\cos u}{n} + \frac{n-1}{n}\int\sin^{n-2}u\,du$

51. $\displaystyle\int \cos^n u\,du = \frac{\cos^{n-1}u\sin u}{n} + \frac{n-1}{n}\int\cos^{n-2}u\,du$

52. $\int u \sin u\, du = \sin u - u \cos u + C$

53. $\int u \cos u\, du = \cos u + u \sin u + C$

54. $\int u^n \sin u\, du = -u^n \cos u + n\int u^{n-1} \cos u\, d$

55. $\int u^n \cos u\, du = u^n \sin u - n\int u^{n-1} \sin u\, du$

56. $\int \frac{1}{1 \pm \sin u}\, du = \tan u \mp \sec u + C$

57. $\int \frac{1}{1 \pm \cos u}\, du = -\cot u \pm \csc u + C$

58. $\int \frac{1}{\sin u \cos u}\, du = \ln|\tan u| + C$

tan *u*, cot *u*, sec *u* 또는 csc *u*를 포함하는 형태

59. $\int \tan u\, du = -\ln|\cos u| + C$

60. $\int \cot u\, du = \ln|\sin u| + C$

61. $\int \sec u\, du = \ln|\sec u + \tan u| + C$

62. $\int \csc u\, du = -\ln|\csc u + \cot u| + C$

63. $\int \tan^2 u\, du = -u + \tan u + C$

64. $\int \cot^2 u\, du = -u - \cot u + C$

65. $\int \sec^2 u\, du = \tan u + C$

66. $\int \csc^2 u\, du = -\cot u + C$

67. $\int \tan^n u\, du = \frac{\tan^{n-1} u}{n-1} - \int \tan^{n-2} u\, du, \quad n \neq 1$

68. $\int \cot^n u\, du = -\frac{\cot^{n-1} u}{n-1} - \int \cot^{n-2} u\, du, \quad n \neq 1$

69. $\int \sec^n u\, du = \frac{\sec^{n-2} u \tan u}{n-1} + \frac{n-2}{n-1}\int \sec^{n-2} u\, du, \quad n \neq 1$

70. $\int \csc^n u\, du = -\frac{\csc^{n-2} u \cot u}{n-1} + \frac{n-2}{n-1}\int \csc^{n-2} u\, du, \quad n \neq 1$

71. $\int \frac{1}{1 \pm \tan u}\, du = \frac{1}{2}(u \pm \ln|\cos u \pm \sin u|) + C$

72. $\int \frac{1}{1 \pm \cot u}\, du = \frac{1}{2}(u \mp \ln|\sin u \pm \cos u|) + C$

73. $\int \frac{1}{1 \pm \sec u}\, du = u + \cot u \mp \csc u + C$

74. $\int \frac{1}{1 \pm \csc u}\, du = u - \tan u \pm \sec u + C$

C.2 경영학과 재무학에 사용되는 공식

■ 경영학과 재무학의 공식 요약

경영학에서 사용되는 공식

기본 용어

x = 생산된 (또는 판매된) 단위 수

p = 단위당 가격

R = x단위를 판매해서 얻은 총수입

C = x단위를 생산하는 데 드는 총비용

$\overline{C}$ = 단위당 평균비용

P = x단위를 판매해서 얻은 총이익

기본 공식

$$R = xp \qquad \overline{C} = \frac{C}{x} \qquad P = R - C$$

공급 곡선과 수요 곡선의 전형적인 그래프

가격이 상승함에 따라 공급 곡선은 우상향하고 수요 곡선은 우하향한다. 균형점은 공급 곡선과 수요 곡선이 교차하는 지점에서 발생한다.

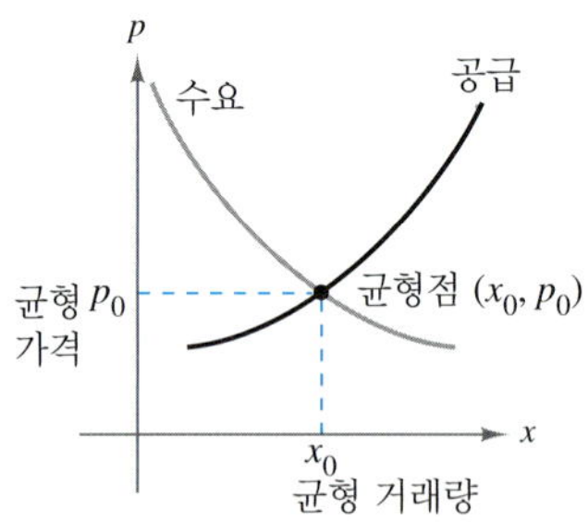

수요함수: $p = f(x)$ = x단위를 판매하는 데 요구되는 가격

$$\eta = \frac{p/x}{dp/dx} = \text{수요의 가격 탄력성}$$

($|\eta| < 1$일 때 수요함수는 비탄력적이고, $|\eta| > 1$일 때 수요함수는 탄력적이다.)

수입, 비용 그리고 이익함수의 전형적인 그래프

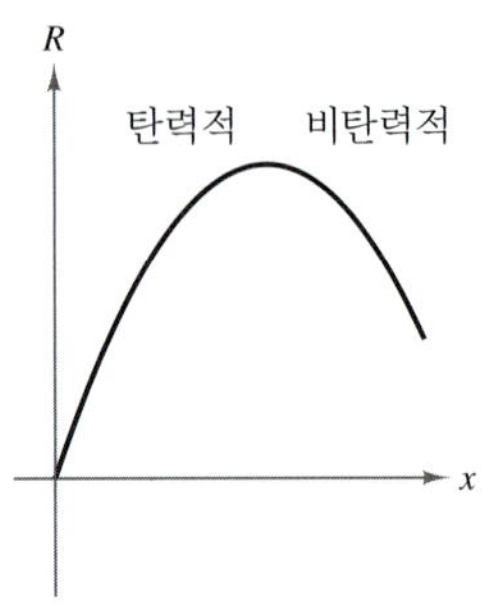

수입함수

낮은 가격은 더 많은 단위를 판매하길 요구하나 결과적으로는 수입의 감소를 초래한다.

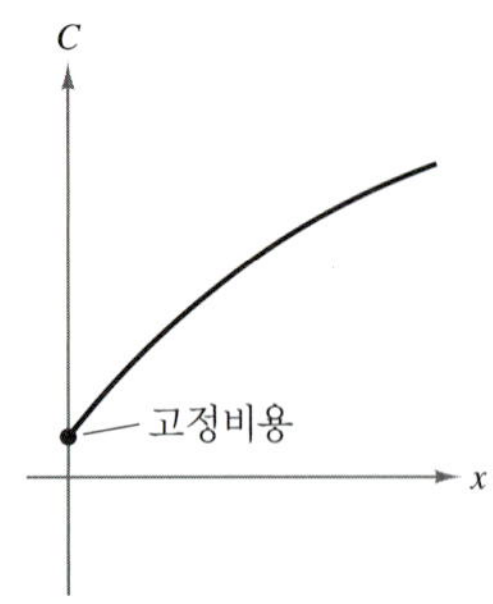

비용함수

x단위를 생산하는 비용은 고정비용을 포함한다.

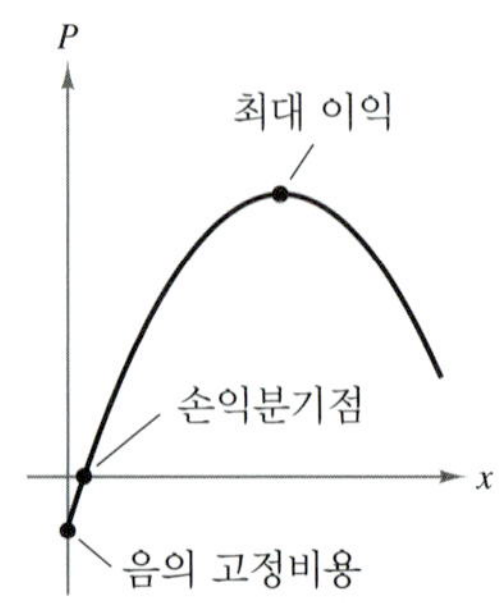

이익함수

$R = C$일 때 손익분기점(채산점)이 나타난다.

한계함수

$$\frac{dR}{dx} = \text{한계수입} \approx \text{한 단위 더 판매해서 얻은 } \textbf{추가} \text{ 수입}$$

$$\frac{dC}{dx} = \text{한계비용} \approx \text{한 단위 더 생산하는 데 드는 } \textbf{추가} \text{ 비용}$$

$$\frac{dP}{dx} = \text{한계이익} \approx \text{한 단위 더 판매해서 얻은 } \textbf{추가} \text{ 이익}$$

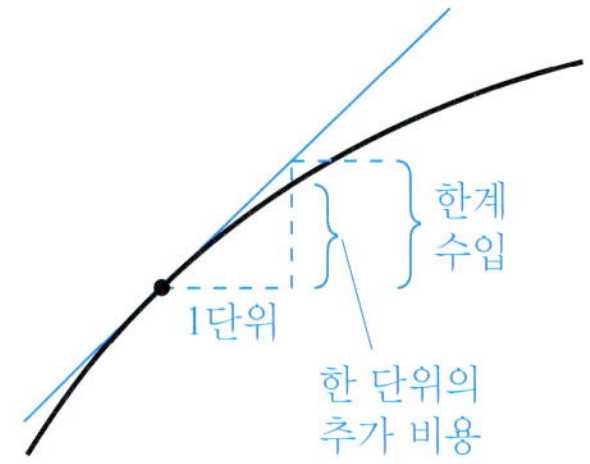

수입함수

재무학에서 사용되는 공식

기본 용어

P = 예금액(적립금) r = 이자율(금리)

n = 1년 동안 이자가 가산되는 횟수

t = 연도 수 A = t년 이후의 잔고

복리 공식

1. 매년 이자가 n번 가산될 때의 원리금(잔고): $A = P\left(1 + \frac{r}{n}\right)^{nt}$

2. 매년 이자가 연속적으로 가산될 때의 원리금(잔고): $A = Pe^{rt}$

유효이자율

$$r_{eff} = \left(1 + \frac{r}{n}\right)^{n} - 1$$

미래 투자수익의 현재가치

$$P = \frac{A}{\left(1 + \frac{r}{n}\right)^{nt}}$$

t년 동안 매년 P 금액을 n회 납입한 체증형 연금의 t년 시점 적립액

$$A = P\left[\left(1 + \frac{r}{n}\right)^{nt} - 1\right]\left(1 + \frac{n}{r}\right)$$

t년 동안 매년 W 금액을 n회 인출할 수 있는 체감형 연금의 연금 개시 시점 적립액(초기 예치금)

$$P = W\left(\frac{n}{r}\right)\left\{1 - \left[\frac{1}{1 + (r/n)}\right]^{nt}\right\}$$

이자율 r%로 차입한 P달러의 융자금에 대한 t년에 걸친 월상환액 M

$$M = P\left\{\frac{r/12}{1 - \left[\frac{1}{1 + (r/12)}\right]^{12t}}\right\}$$

연금액

$$e^{rT}\int_0^T c(t)e^{-rt}\,dt$$

$c(t)$는 연속 소득함수(달러/연)이고 T는 연금 만기(연)이다.

D 유용한 식

기본적인 미분 규칙

1. $\frac{d}{dx}[cu] = cu'$
2. $\frac{d}{dx}[u \pm v] = u' \pm v'$
3. $\frac{d}{dx}[uv] = uv' + vu'$
4. $\frac{d}{dx}\left[\frac{u}{v}\right] = \frac{vu' - uv'}{v^2}$
5. $\frac{d}{dx}[c] = 0$
6. $\frac{d}{dx}[u^n] = nu^{n-1}u'$
7. $\frac{d}{dx}[x] = 1$
8. $\frac{d}{dx}[\ln u] = \frac{u'}{u}$
9. $\frac{d}{dx}[e^u] = e^u u'$
10. $\frac{d}{dx}[\log_a u] = \frac{u'}{(\ln a)u}$
11. $\frac{d}{dx}[a^u] = (\ln a)a^u u'$
12. $\frac{d}{dx}[\sin u] = (\cos u)u'$
13. $\frac{d}{dx}[\cos u] = -(\sin u)u'$
14. $\frac{d}{dx}[\tan u] = (\sec^2 u)u'$
15. $\frac{d}{dx}[\cot u] = -(\csc^2 u)u'$
16. $\frac{d}{dx}[\sec u] = (\sec u \tan u)u'$
17. $\frac{d}{dx}[\csc u] = -(\csc u \cot u)u'$

기본적인 적분 규칙

1. $\int kf(u)\,du = k\int f(u)\,du$
2. $\int [f(u) \pm g(u)]\,du = \int f(u)\,du \pm \int g(u)\,du$
3. $\int du = u + C$
4. $\int a^u\,du = \left(\frac{1}{\ln a}\right)a^u + C$
5. $\int e^u\,du = e^u + C$
6. $\int \ln u\,du = u(-1 + \ln u) + C$
7. $\int \sin u\,du = -\cos u + C$
8. $\int \cos u\,du = \sin u + C$
9. $\int \tan u\,du = -\ln|\cos u| + C$
10. $\int \cot u\,du = \ln|\sin u| + C$
11. $\int \sec u\,du = \ln|\sec u + \tan u| + C$
12. $\int \csc u\,du = -\ln|\csc u + \cot u| + C$
13. $\int \sec^2 u\,du = \tan u + C$
14. $\int \csc^2 u\,du = -\cot u + C$

삼각항등식

피타고라스 항등식

$\sin^2\theta + \cos^2\theta = 1$

$\tan^2\theta + 1 = \sec^2\theta$

$\cot^2\theta + 1 = \csc^2\theta$

축소 공식

$\sin(-\theta) = -\sin\theta$

$\cos(-\theta) = \cos\theta$

$\tan(-\theta) = -\tan\theta$

$\sin\theta = -\sin(\theta - \pi)$

$\cos\theta = -\cos(\theta - \pi)$

$\tan\theta = \tan(\theta - \pi)$

반각 공식

$\sin^2\theta = \frac{1}{2}(1 - \cos 2\theta)$

$\cos^2\theta = \frac{1}{2}(1 + \cos 2\theta)$

이배각 공식

$\sin 2\theta = 2 \sin\theta \cos\theta$

$\cos 2\theta = 2\cos^2\theta - 1 = 1 - 2\sin^2\theta$

두 각의 합과 차

$\sin(\theta \pm \phi) = \sin\theta\cos\phi \pm \cos\theta\sin\phi$

$\cos(\theta \pm \phi) = \cos\theta\cos\phi \mp \sin\theta\sin\phi$

$\tan(\theta \pm \phi) = \dfrac{\tan\theta \pm \tan\phi}{1 \mp \tan\theta\tan\phi}$

대수

이차식의 근의 공식

만약 $p(x) = ax^2 + bx + c$, $a \neq 0$이고 $b^2 - 4ac \geq 0$이면, p의 실수 근은 $x = \left(-b \pm \sqrt{b^2 - 4ac}\right)/2a$이다.

예

만약 $p(x) = x^2 + 3x - 1$이 $p(x) = 0$이면

$x = \dfrac{-3 \pm \sqrt{13}}{2}$이다.

특수한 인수분해

$x^2 - a^2 = (x - a)(x + a)$

$x^3 - a^3 = (x - a)(x^2 + ax + a^2)$

$x^3 + a^3 = (x + a)(x^2 - ax + a^2)$

$x^4 - a^4 = (x - a)(x + a)(x^2 + a^2)$

$x^4 + a^4 = \left(x^2 + \sqrt{2}ax + a^2\right)\left(x^2 - \sqrt{2}ax + a^2\right)$

$x^n - a^n = (x - a)(x^{n-1} + ax^{n-2} + \cdots + a^{n-1})$, n: 홀수

$x^n + a^n = (x + a)(x^{n-1} - ax^{n-2} + \cdots + a^{n-1})$, n: 짝수

$x^{2n} - a^{2n} = (x^n - a^n)(x^n + a^n)$

예

$x^2 - 9 = (x - 3)(x + 3)$

$x^3 - 8 = (x - 2)(x^2 + 2x + 4)$

$x^3 + 4 = \left(x + \sqrt[3]{4}\right)\left(x^2 - \sqrt[3]{4}x + \sqrt[3]{16}\right)$

$x^4 - 4 = \left(x - \sqrt{2}\right)\left(x + \sqrt{2}\right)(x^2 + 2)$

$x^4 + 4 = (x^2 + 2x + 2)(x^2 - 2x + 2)$

$x^5 - 1 = (x - 1)(x^4 + x^3 + x^2 + x + 1)$

$x^7 + 1 = (x + 1)(x^6 - x^5 + x^4 - x^3 + x^2 - x + 1)$

$x^6 - 1 = (x^3 - 1)(x^3 + 1)$

지수와 근호

$a^0 = 1,\ a \neq 0$ $\qquad \dfrac{a^x}{a^y} = a^{x-y}$ $\qquad \left(\dfrac{a}{b}\right)^x = \dfrac{a^x}{b^x}$ $\qquad \sqrt[n]{a^m} = a^{m/n} = \left(\sqrt[n]{a}\right)^m$

$a^{-x} = \dfrac{1}{a^x}$ $\qquad (a^x)^y = a^{xy}$ $\qquad \sqrt{a} = a^{1/2}$ $\qquad \sqrt[n]{ab} = \sqrt[n]{a}\sqrt[n]{b}$

$a^x a^y = a^{x+y}$ $\qquad (ab)^x = a^x b^x$ $\qquad \sqrt[n]{a} = a^{1/n}$ $\qquad \sqrt[n]{\left(\dfrac{a}{b}\right)} = \dfrac{\sqrt[n]{a}}{\sqrt[n]{b}}$

피해야 할 대수적 오류

$\dfrac{a}{x + b} \neq \dfrac{a}{x} + \dfrac{a}{b}$ (이 오류를 증명하려면 $a = b = x = 1$로 둔다.)

$\sqrt{x^2 + a^2} \neq x + a$ (이 오류를 증명하려면 $x = 3$, $a = 4$로 둔다.)

$a - b(x - 1) \neq a - bx - b$ [음의 부호에 대한 배분법칙을 기억하자. 이 방정식은 다음과 같다. $a - b(x - 1) = a - bx + b$]

$$\frac{\left(\frac{x}{a}\right)}{b} \neq \frac{bx}{a}$$

[분수를 나누기 위해, 역수를 택하고 곱한다. 이 방정식은 다음과 같다.

$$\frac{\left(\frac{x}{a}\right)}{b} = \frac{\left(\frac{x}{a}\right)}{\left(\frac{b}{1}\right)} = \left(\frac{x}{a}\right)\left(\frac{1}{b}\right) = \frac{x}{ab}\ ]$$

$$\sqrt{-x^2 + a^2} \neq -\sqrt{x^2 - a^2}$$

(음의 부호는 근호에서 인수로 빼낼 수 없다.)

$$\frac{\cancel{a} + bx}{\cancel{a}} \neq 1 + bx$$

(이는 나누기의 틀린 예다. 방정식은 다음과 같다.

$$\frac{a + bx}{a} = \frac{a}{a} + \frac{bx}{a} = 1 + \frac{bx}{a}\ )$$

$$\frac{1}{x^{1/2} - x^{1/3}} \neq x^{-1/2} - x^{-1/3}$$

(이는 첫 번째보다 더 복잡한 오류이다.)

$$(x^2)^3 \neq x^5$$

[이 방정식은 다음과 같다. $(x^2)^3 = x^2x^2x^2 = x^6$]

연습문제 해답

Chapter 1

1.1절

1.

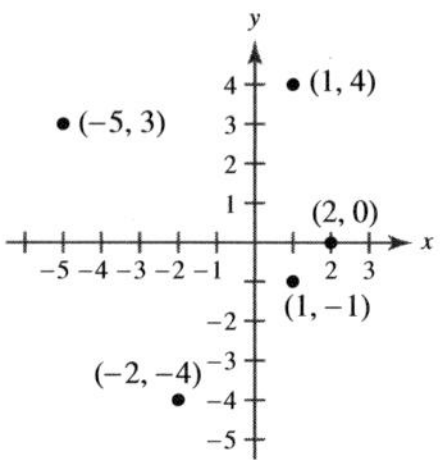

2. (a)

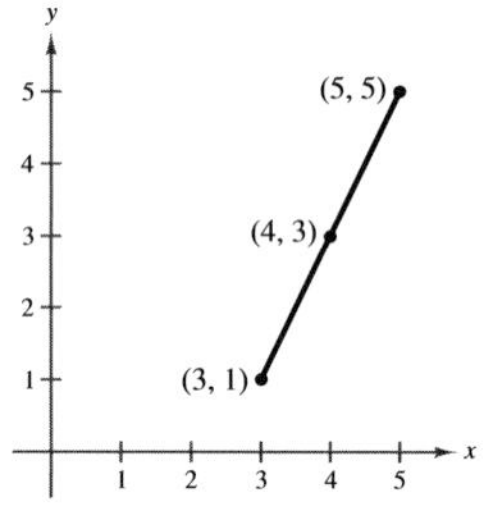

(b) $d = 2\sqrt{5}$

(c) Midpoint: $(4, 3)$

3. (a)

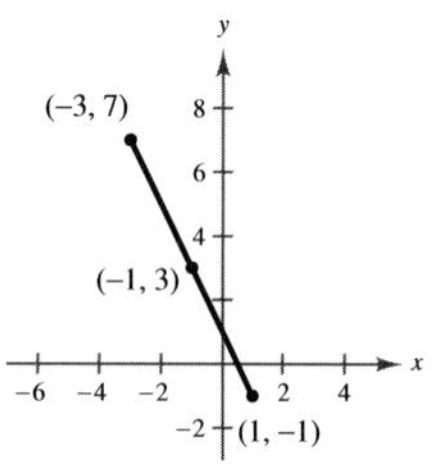

(b) $d = 4\sqrt{5}$

(c) Midpoint: $(-1, 3)$

4. (a)

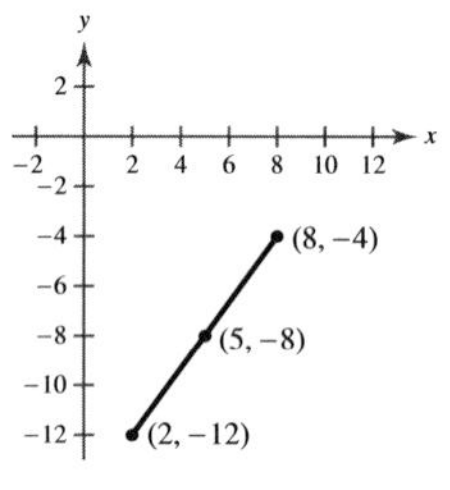

(b) $d = 10$

(c) Midpoint: $(5, -8)$

5. (a)

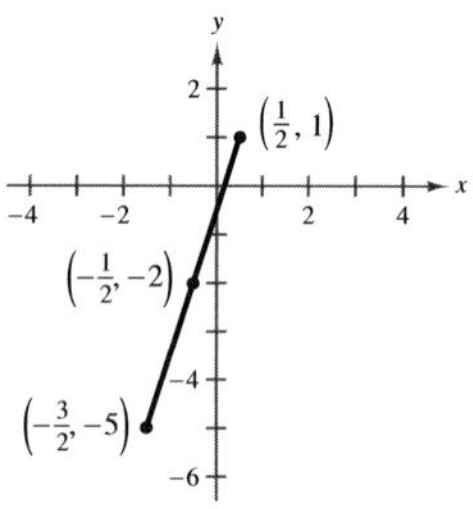

(b) $d = 2\sqrt{10}$

(c) Midpoint: $\left(-\frac{1}{2}, -2\right)$

6. (a)

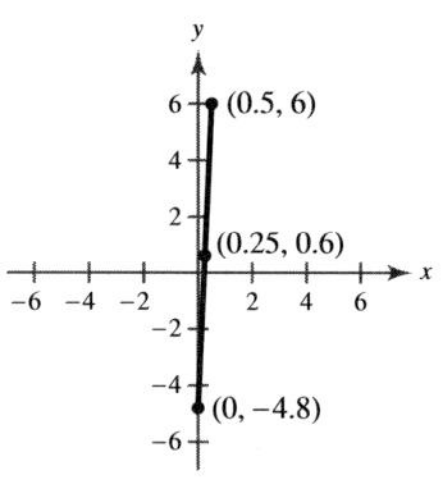

(b) $d = \sqrt{116.89}$ (c) Midpoint: $(0.25, 0.6)$

7. (a) $a = 4, b = 3, c = 5$

(b) $4^2 + 3^2 = 5^2$

8. (a) $a = 10, b = 3, c = \sqrt{109}$

(b) $10^2 + 3^2 = \left(\sqrt{109}\right)^2$

9. $d_1 = \sqrt{45}, d_2 = \sqrt{20},$

$d_3 = \sqrt{65}$

$d_1^2 + d_2^2 = d_3^2$

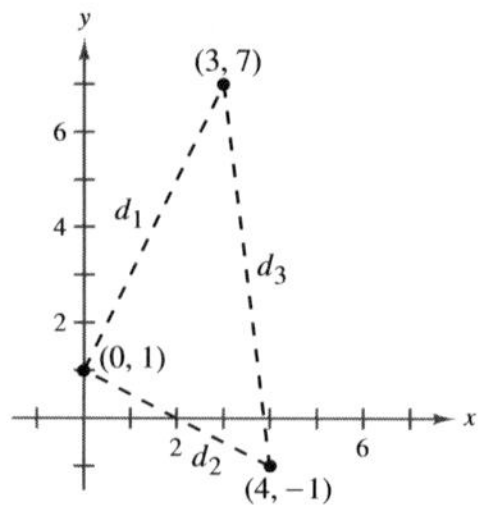

10. $d_1 = d_2 = d_3 = d_4$

$= \sqrt{5}$

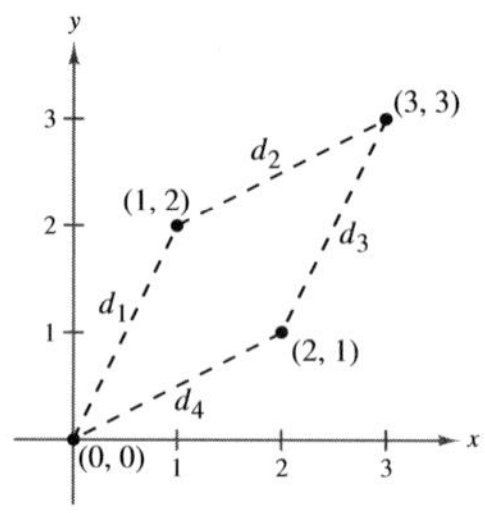

11. $x = 4, x = -2$ **12.** $y = \pm 2\sqrt{15}$ **13.** About 45 m

14.

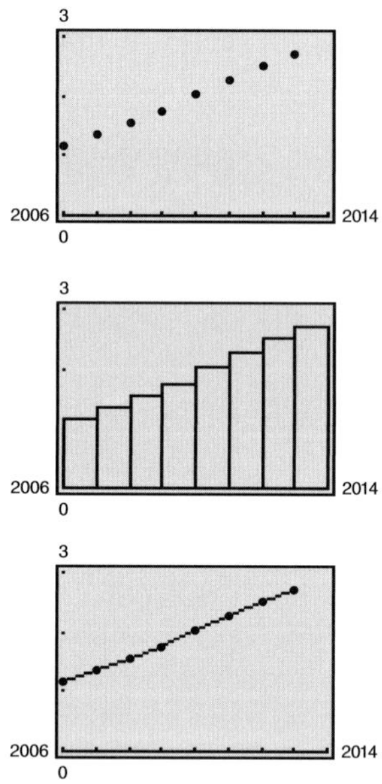

The number of Internet users increases each year.

15. (a) 14,500; 15,500; 16,500 (b) 5.3% decrease

16. (a) Revenue: $1025.6 million

Profit: $61 million

(b) Actual 2012 revenue: $1040.5 million

Actual 2012 profit: $57.3 million

(c) Yes, the revenue and profit increased in a linear pattern from 2011 to 2013.

(d) Expenses for 2011: $734.1 million

Expenses for 2012: $983.2 million

Expenses for 2013: $1195.1 million

(e) Answers will vary.

17. (a)

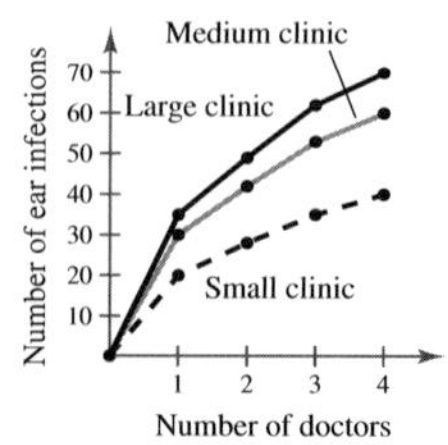

(b) The larger the clinic, the more patients a doctor can treat.

18. $(-6, -6), (-4, -7), (-3, -5)$

19. $\left(\dfrac{3x_1 + x_2}{4}, \dfrac{3y_1 + y_2}{4}\right), \left(\dfrac{x_1 + x_2}{2}, \dfrac{y_1 + y_2}{2}\right),$
$\left(\dfrac{x_1 + 3x_2}{4}, \dfrac{y_1 + 3y_2}{4}\right)$

20. $x_1 + \left(\dfrac{x_2 - x_1}{3}\right) = \dfrac{3x_1 + x_2 - x_1}{3} = \dfrac{1}{3}(2x_1 + x_2)$

$y_1 + \left(\dfrac{y_2 - y_1}{3}\right) = \dfrac{3y_1 + y_2 - y_1}{3} = \dfrac{1}{3}(2y_1 + y_2)$

So, $\left(\dfrac{1}{3}[2x_1 + x_2], \dfrac{1}{3}[2y_1 + y_2]\right)$ is a point of trisection.

$$\left(\frac{\frac{2}{3}x_1 + \frac{1}{3}x_2 + x_2}{2}, \frac{\frac{2}{3}y_1 + \frac{1}{3}y_2 + y_2}{2}\right)$$
$$= \left(\frac{\frac{2}{3}x_1 + \frac{4}{3}x_2}{2}, \frac{\frac{2}{3}y_1 + \frac{4}{3}y_2}{2}\right)$$
$$= \left(\frac{1}{3}x_1 + \frac{2}{3}x_2, \frac{1}{3}y_1 + \frac{2}{3}y_2\right)$$
$$= \left(\frac{1}{3}[x_1 + 2x_2], \frac{1}{3}[y_1 + 2y_2]\right)$$

1.2절

1. c **2.** b **3.** a

4.
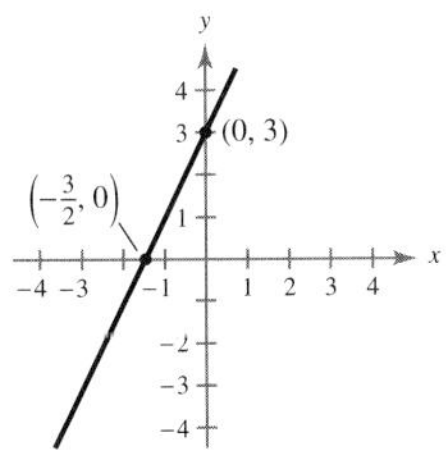

5.
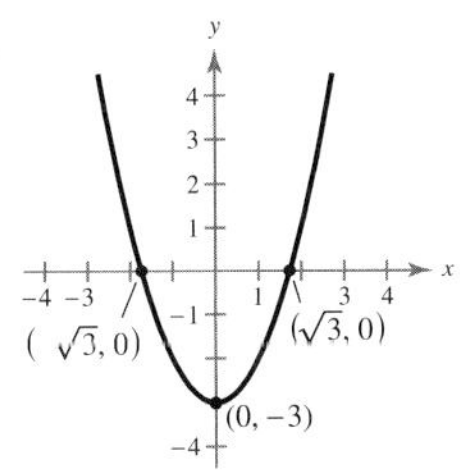

6.
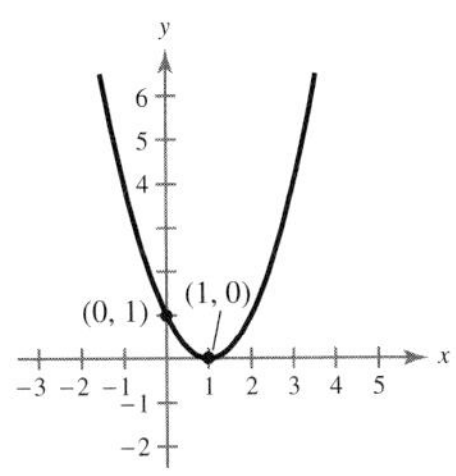

7.
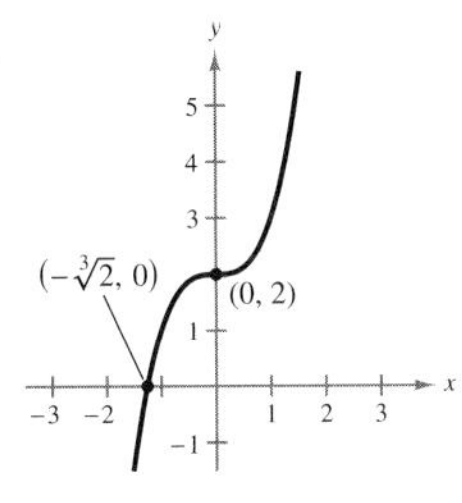

8.
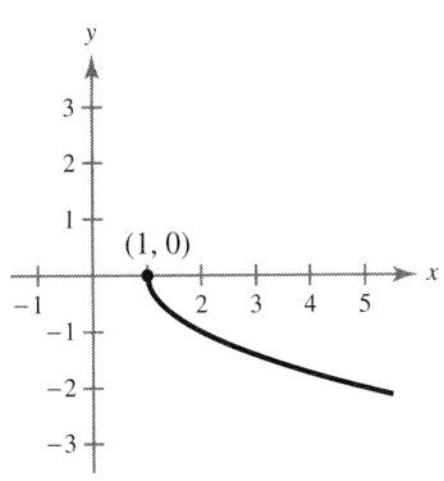

9.
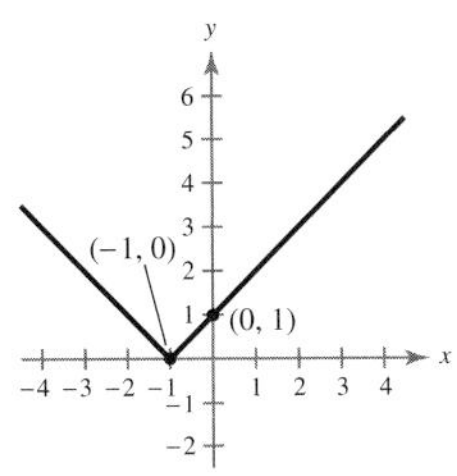

10.
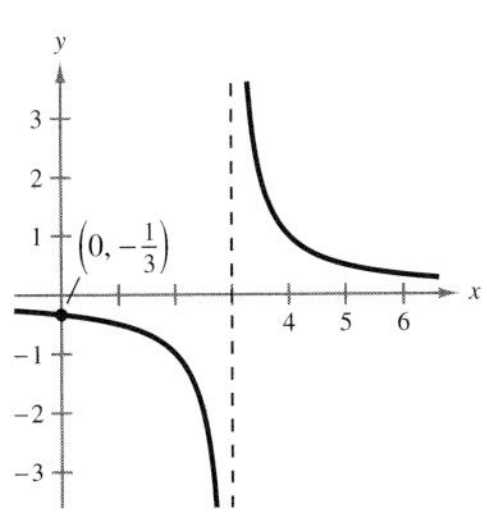

11.
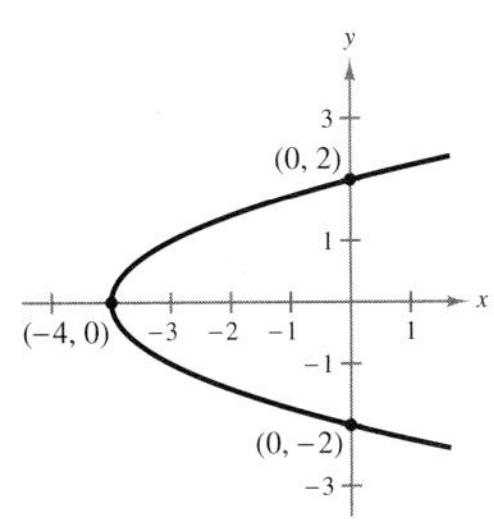

12. $(0, -3), \left(\frac{3}{2}, 0\right)$ **13.** $(0, -2), (-2, 0), (1, 0)$

14. $(-7, 0), (0, 0)$ **15.** $(-2, 0), (0, 2)$ **16.** $(0, 0)$

17. $x^2 + y^2 = 16$ **18.** $(x - 2)^2 + (y + 1)^2 = 9$

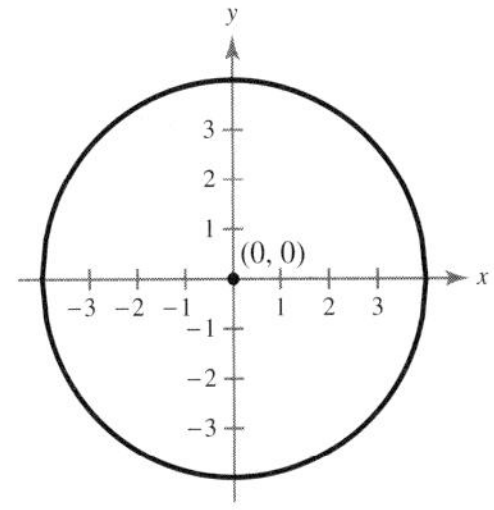

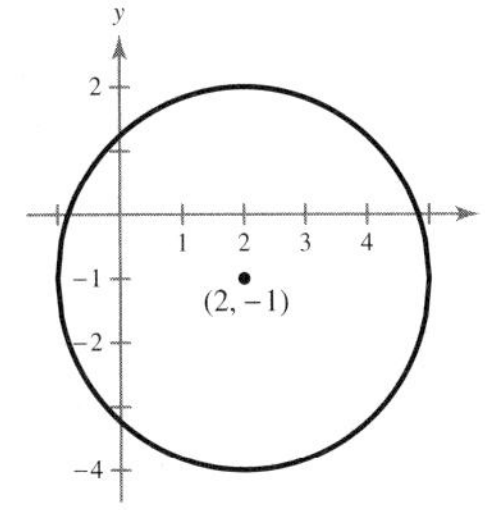

19. $(x + 1)^2 + (y - 1)^2 = 16$ **20.** $x^2 + y^2 = 100$

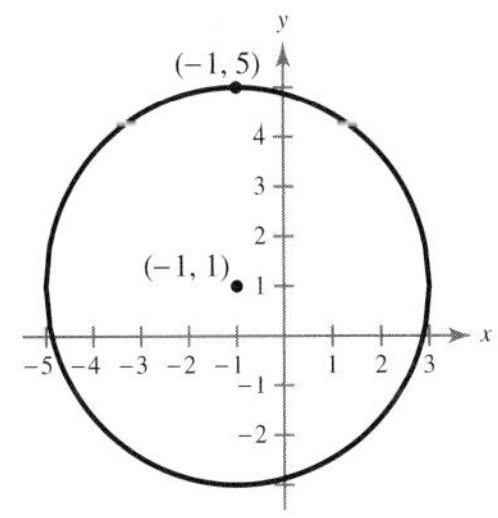

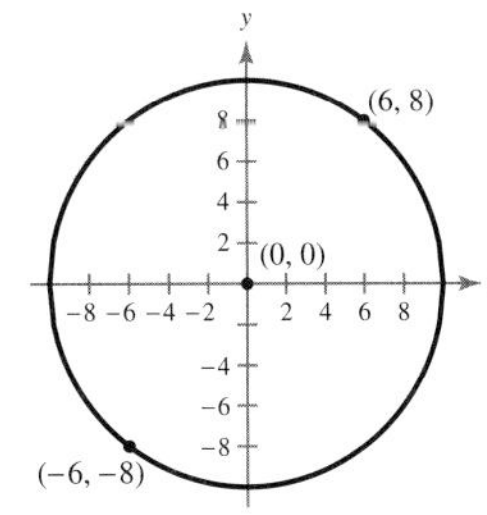

21. $(1, 1)$ **22.** $(1, 14), (-4, -1)$

23. $(0, 0), \left(\sqrt{2}, 2\sqrt{2}\right), \left(-\sqrt{2}, -2\sqrt{2}\right)$

24. $(-1, 0), (0, 1), (1, 0)$

25. 50,000 units **26.** 193 units **27.** 1250 units

28. (a) $C = 11.5x + 21{,}000;\ R = 19.9x$

(b) 2500 units

(c) 2619 units

29. $(10, 165)$

30. (a)

Year	2009	2010	2011	2012	2013
Revenue	0.82	1.52	2.31	3.35	4.52
Model	0.82	1.50	2.33	3.33	4.52

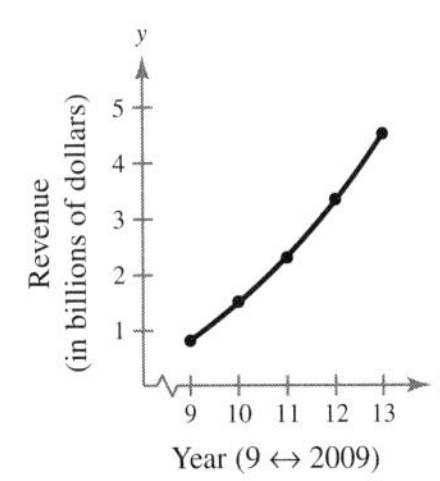

The model fits the data well.

(b) \$14 billion

31. (a)

Year	2008	2009	2010
Degrees	747	793	854

Year	2011	2012	2016
Degrees	931	1024	1550

(b) Answers will vary.

(c) 2325; Yes, the number of associate's degrees should keep increasing over time.

1.3절

1. 2 **2.** 0 **3.** $m = 1, (0, 7)$ **4.** $m = -5, (0, 20)$

5. $m = -\frac{7}{6}, (0, 5)$ **6.** $m = 3, (0, -15)$

7. m is undefined; no y-intercept. **8.** $m = 0, (0, 9)$

9.

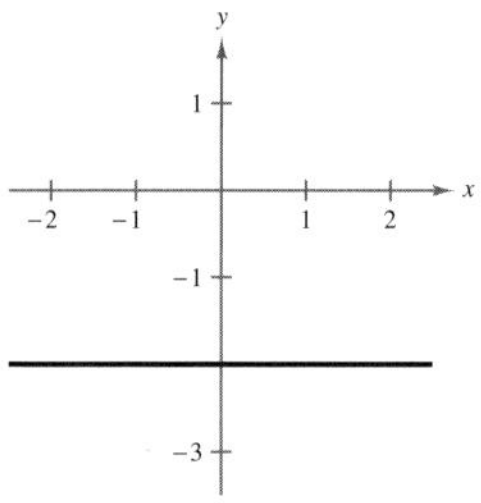

10.

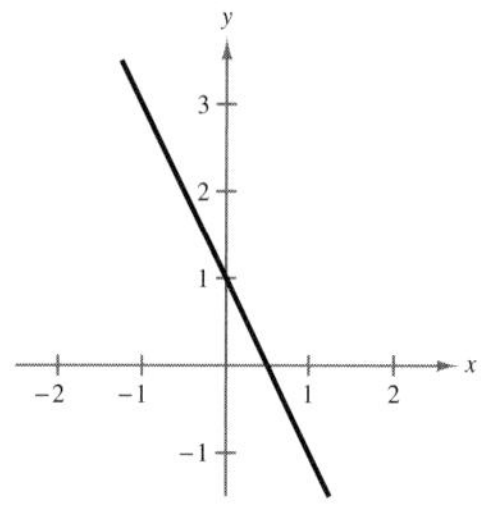

11.

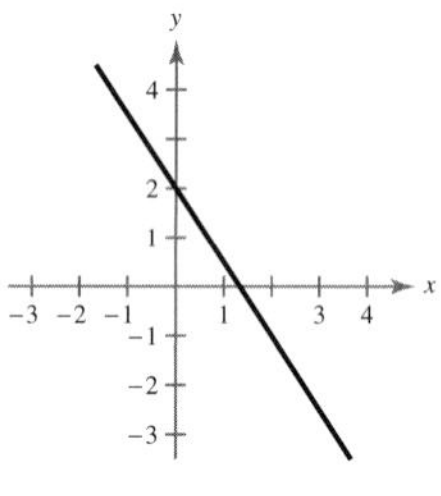

12.

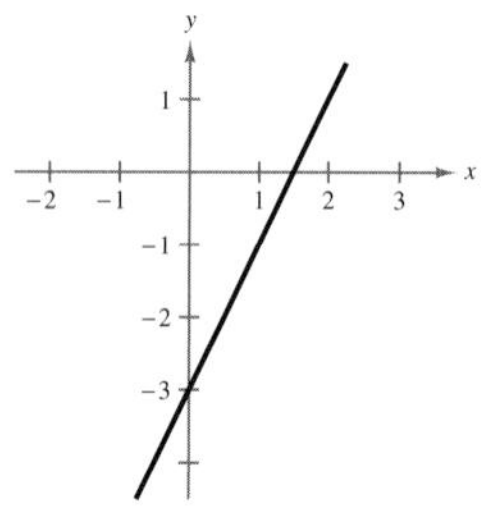

13.

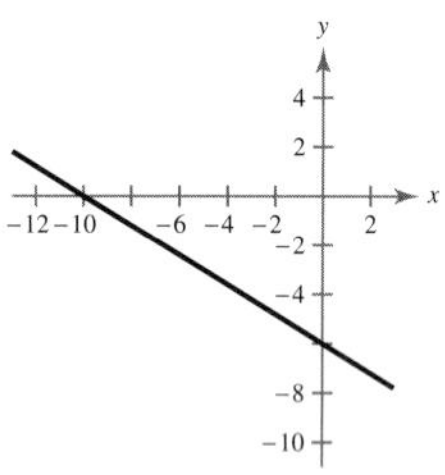

14. $m = \frac{1}{4}$ **15.** $m = 3$ **16.** $m = -4$

17. m is undefined. **18.** $m = 0$

19. $m = -\frac{24}{5}$

20. $m = 8$ **21.** $(0, 1), (1, 1), (3, 1)$

22. $(0, 10), (2, 4), (3, 1)$

23. $(3, -6), (9, -2), (12, 0)$

24. $(-8, 0), (-8, 2), (-8, 3)$

25. The points are not collinear. Explanations will vary.

26. The points are collinear. Explanations will vary.

27. $3x - 4y + 12 = 0$

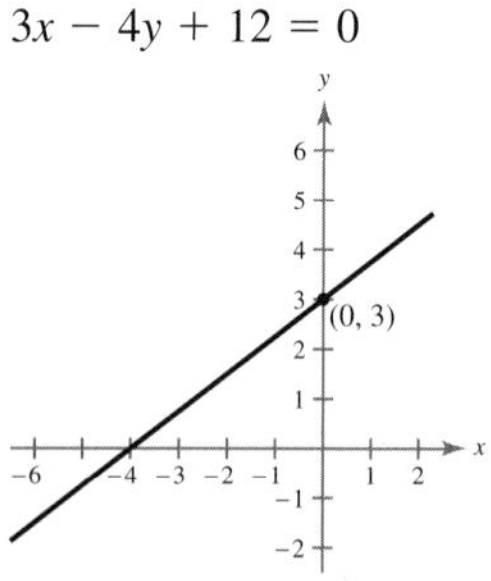

28. $y - 7 = 0$

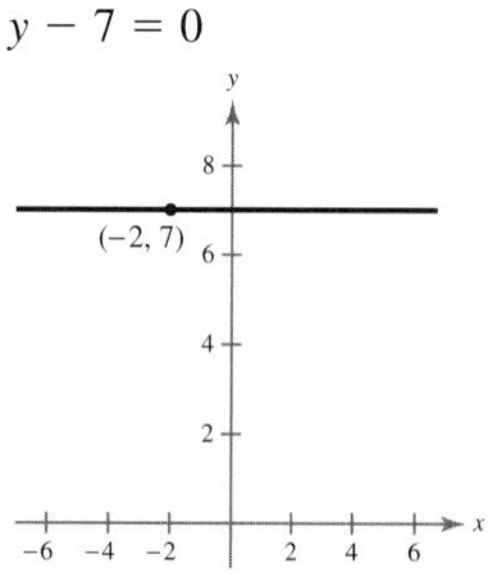

29. $4x + y + 6 = 0$

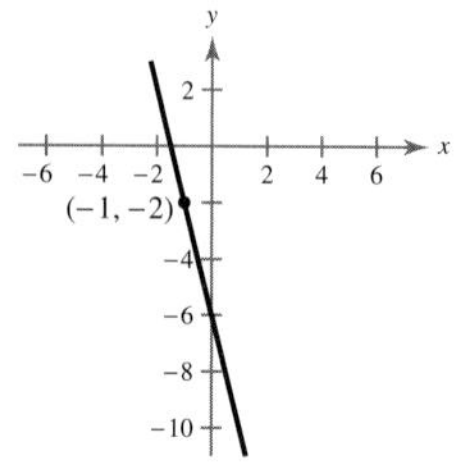

30. $3x - 12y - 8 = 0$

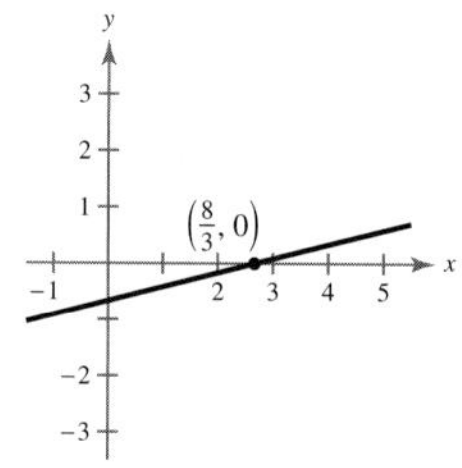

31. $y = 2x - 5$

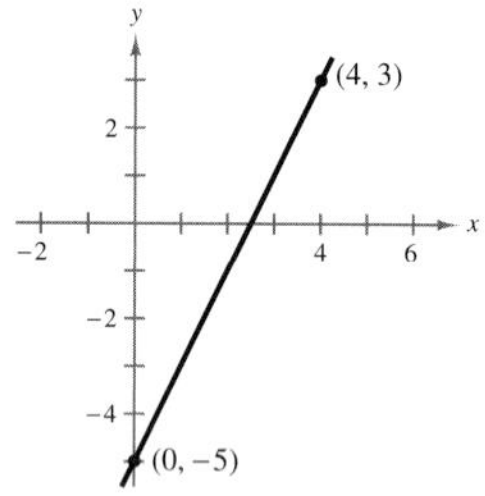

32. $x - 2 = 0$

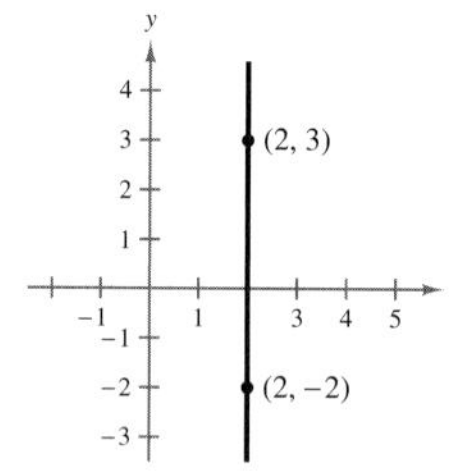

33. $y + 1 = 0$

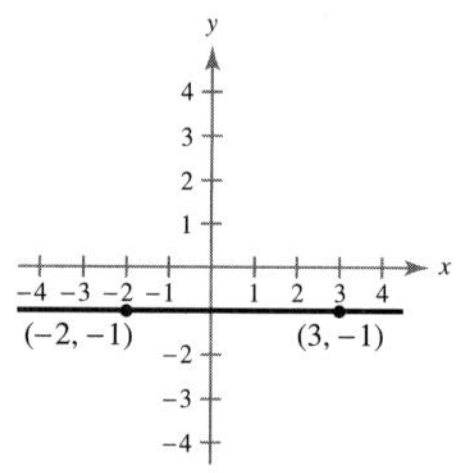

34. $4x - y + 6 = 0$

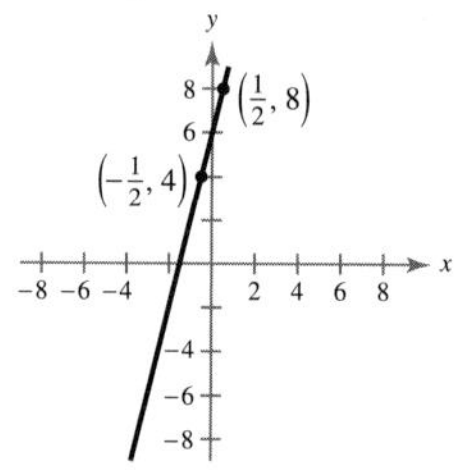

35. $3x - 6y + 7 = 0$

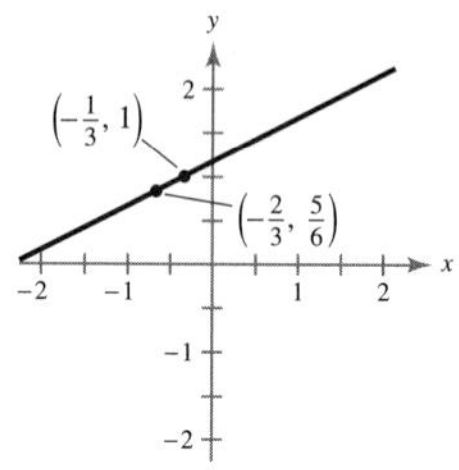

36. $x - 3 = 0$ **37.** $y + 10 = 0$

38. (a) $x + y + 1 = 0$ (b) $x - y + 5 = 0$

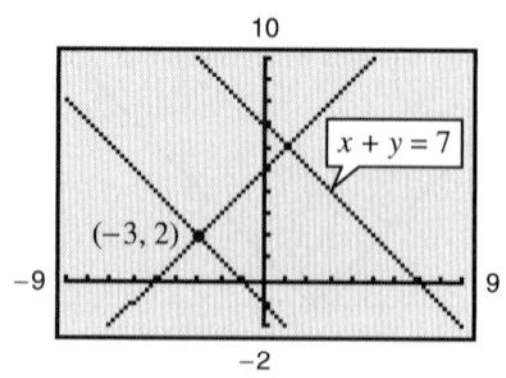

39. (a) $6x + 8y - 3 = 0$ (b) $96x - 72y + 127 = 0$

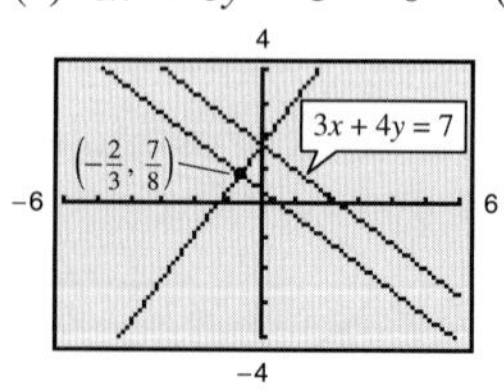

40. (a) $y = 0$ (b) $x + 1 = 0$

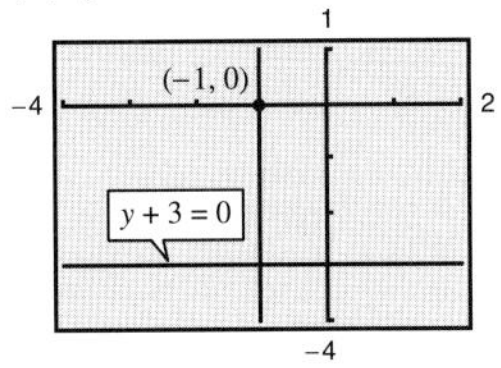

41. (a) $x - 1 = 0$ (b) $y - 1 = 0$

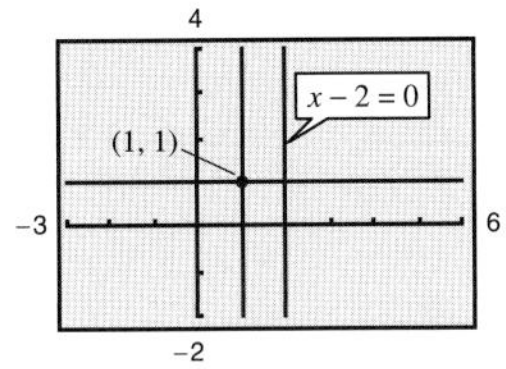

42. (a) The average salary increased the most from 2008 to 2009 and increased the least from 2010 to 2011.
(b) $m = 1536$
(c) The average salary increased \$1536 per year over the 5 years between 2008 and 2013.

43. 12 m

44. (a) $y = 22t + 5457$; The slope $m = 22$ indicates that the population increases by 22 thousand each year.
(b) 5699 thousand (5,699,000)
(c) 5709 thousand (5,709,000); The estimate was very close to the actual population.
(d) The model could possibly be used to predict the population in 2018 if the population continues to grow at the same linear rate.

45. (a) $y = -205t + 1025$
(b)

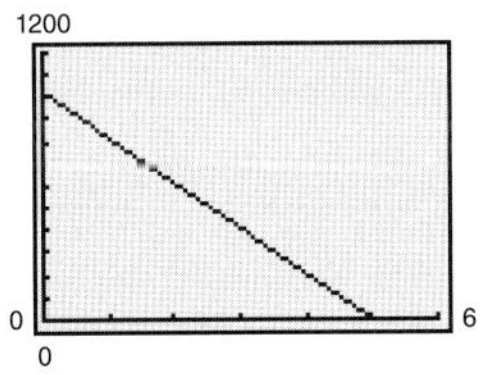

(c) \$410
(d) 2.07 years

46. (a) Current job: $W = 0.07S + 2000$
Job offer: $W = 0.05S + 2300$
(b)

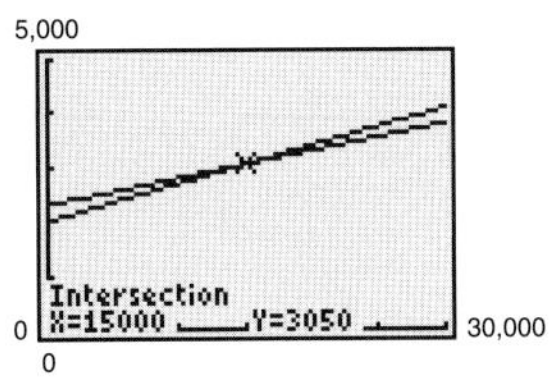

(15,000, 3050); When your monthly sales are \$15,000, your monthly wage is the same for both jobs.
(c) No; Your monthly wage would be \$3400 at your current job but only \$3300 at the new job.

1.4절

1. y is not a function of x. **2.** y is a function of x.
3. y is a function of x. **4.** y is a function of x.
5. y is not a function of x. **6.** y is a function of x.

7. Domain: $(-\infty, \infty)$
Range: $(-\infty, \infty)$

8. Domain: $[-2, 2]$
Range: $[0, 2]$

9. Domain: $(-\infty, \infty)$
Range: $(-\infty, 4]$

10. Domain: $(-\infty, 0) \cup (0, \infty)$
Range: $y = -1$ or $y = 1$

11. Domain: $(-\infty, \infty)$
Range: $(-\infty, \infty)$

12. Domain: $(-\infty, -4) \cup (-4, \infty)$
Range: $(-\infty, 1) \cup (1, \infty)$

13. (a) -2 (b) 13 (c) $3x - 5$

14. (a) 5 (b) $-\dfrac{5}{3}$ (c) $\dfrac{1}{x+4}$

15. $\Delta x + 2x - 5,\ \Delta x \neq 0$

16. $\dfrac{1}{\sqrt{5 + \Delta x} + \sqrt{5}},\quad \Delta x \neq 0$

17. $-\dfrac{1}{(x + \Delta x - 2)(x - 2)},\quad \Delta x \neq 0$

18. (a) $-x - 1$ (b) $5x - 9$ (c) $-6x^2 + 23x - 20$
(d) $\dfrac{2x - 5}{4 - 3x}$ (e) $3 - 6x$ (f) $19 - 6x$

19. (a) $x^2 + x$ (b) $x^2 - x + 2$
(c) $(x^2 + 1)(x - 1) = x^3 - x^2 + x - 1$
(d) $\dfrac{x^2 + 1}{x - 1}$ (e) $x^2 - 2x + 2$ (f) x^2

20. (a) 0 (b) 0 (c) $-\frac{1}{2}$ (d) 2
(e) $\sqrt{x^2 - 1}$ (f) $x - 1,\ x \geq 0$

21. $f^{-1}(x) = \frac{1}{4}x$
$f\left(f^{-1}(x)\right) = 4\left(\frac{1}{4}x\right) = x$
$f^{-1}(f(x)) = \frac{1}{4}(4x) = x$

22. $f^{-1}(x) = x - 12$
$f\left(f^{-1}(x)\right) = (x - 12) + 12 = x$
$f^{-1}(f(x)) = (x + 12) - 12 = x$

23. $f^{-1}(x) = \dfrac{x + 3}{2}$ **24.** $f^{-1}(x) = \dfrac{2}{3}(x - 1)$

25. $f^{-1}(x) = \sqrt[5]{x}$ **26.** $f^{-1}(x) = \dfrac{1}{x}$

27. $f^{-1}(x) = \sqrt{9 - x^2},\quad 0 \leq x \leq 3$

28. $f^{-1}(x) = x^{3/2},\quad x \geq 0$

29.

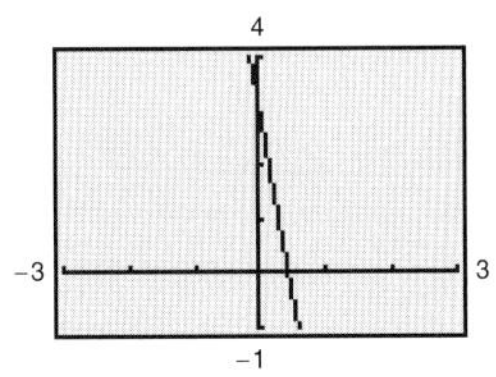

$f(x)$ is one-to-one. $f^{-1}(x) = \dfrac{3 - x}{7}$

30.

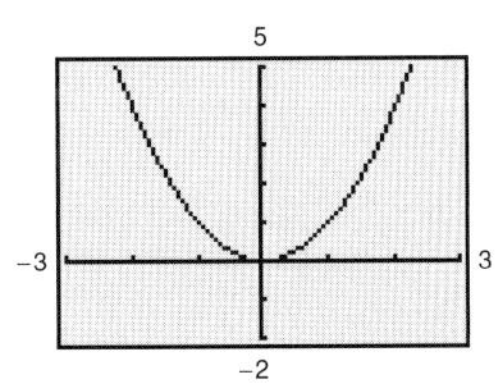

$f(x)$ is not one-to-one.

31.

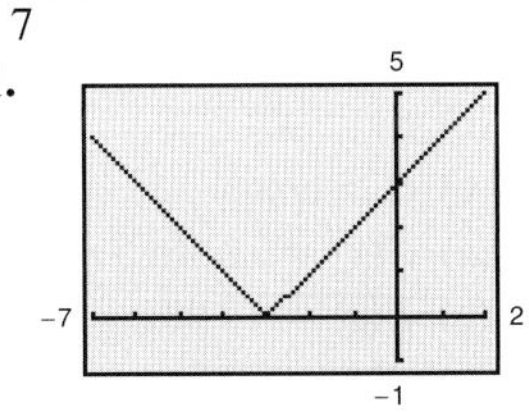

$f(x)$ is not one-to-one.

32. (a)

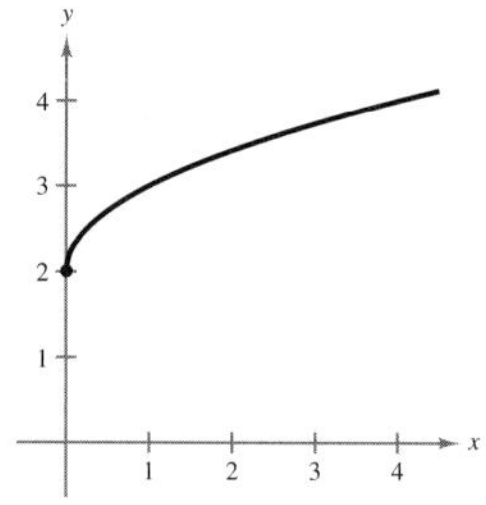

(b)

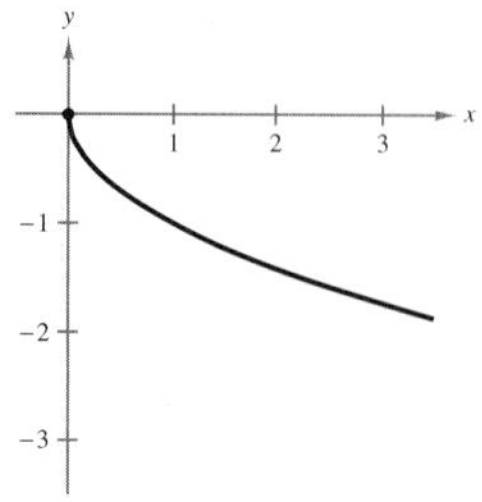

(c)

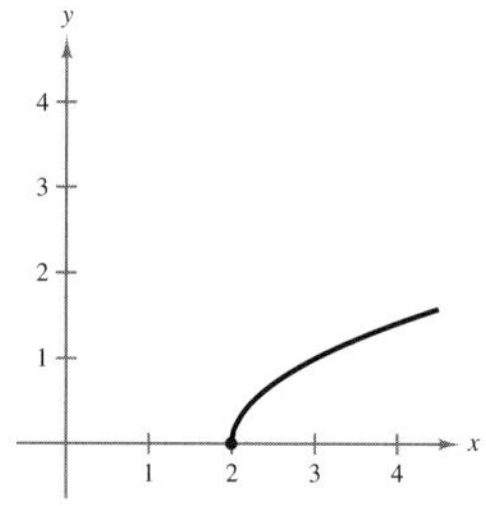

(d)

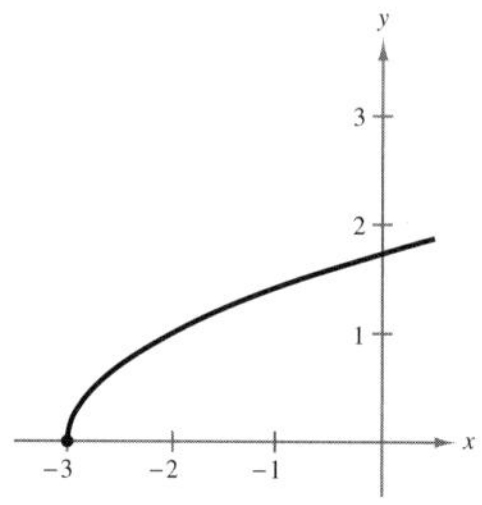

(e)

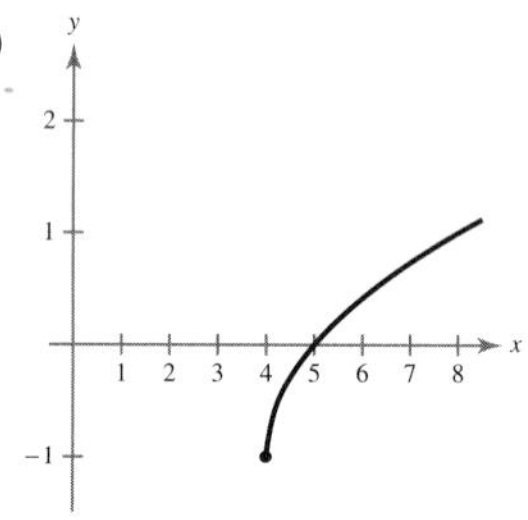

(f)

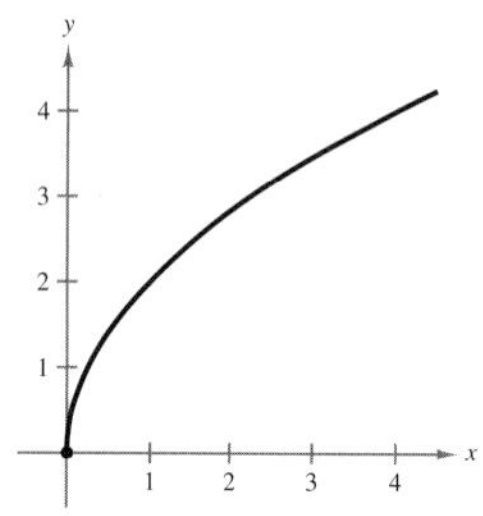

33. (a) $y = (x + 3)^2$ (b) $y = -(x + 6)^2 - 3$

34. (a) 2004: \$190 billion
2006: \$225 billion
2013: \$270 billion
(b) 2004: \$191.2 billion
2006: \$225.1 billion
2013: \$269.5 billion
The model fits the data well.

35. $R_T = R_1 + R_2 = -0.8t^2 - 7.22t + 1148, t = 9, 10, \ldots, 15$

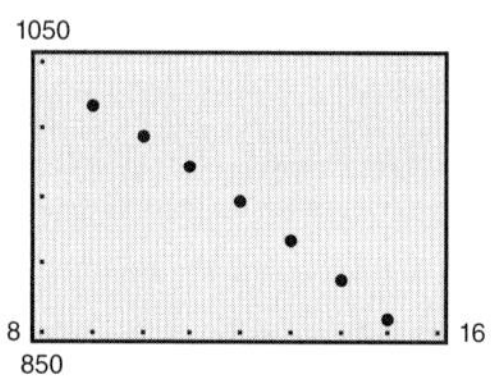

36. (a) $C(x) = 2.89x + 8000$
(b) $\overline{C} = 2.89 + \dfrac{8000}{x}$
(c) More than 2000 units

37. (a) $C(x(t)) = 2800t + 500$
This function gives the production cost for t hours.
(b) \$11,700
(c) 6.25 hours

38. (a) $C(x) = 12.30x + 98{,}000$
(b) $R(x) = 17.98x$
(c) $P(x) = 5.68x - 98{,}000$

39. Answers will vary. Sample answer:
Domain of f: $[1, \infty)$
Range of f: $[0, \infty)$
$f^{-1}(x) = \sqrt{x} + 1$
Domain of f^{-1}: $[0, \infty)$
Range of f^{-1}: $[1, \infty)$

40. Answers will vary. Sample answer:
Domain of f: $[-4, \infty)$
Range of f: $[0, \infty)$
$f^{-1}(x) = x - 4$
Domain of f^{-1}: $[0, \infty)$
Range of f^{-1}: $[-4, \infty)$

41. Answers will vary. Sample answer:
Domain of f: $[0, \infty)$
Range of f: $(-\infty, 1]$
$f^{-1}(x) = \dfrac{\sqrt{-2(x-1)}}{2}$
Domain of f^{-1}: $(-\infty, 1]$
Range of f^{-1}: $[0, \infty)$

42. Answers will vary. Sample answer:
Domain of f: $[-1, \infty)$
Range of f: $[-2, \infty)$
$f^{-1}(x) = x + 1$
Domain of f^{-1}: $[-2, \infty)$
Range of f^{-1}: $[-1, \infty)$

1.5절

1. (a) 4 (b) 1 **2.** (a) 1 (b) 3

3.

x	5.9	5.99	5.999	6
$f(x)$	2.96	2.996	2.9996	?

x	6.001	6.01	6.1
$f(x)$	3.0004	3.004	3.04

$\lim\limits_{x\to 6} \dfrac{2x+3}{5} = 3$

4.

x	3.9	3.99	3.999	4
$f(x)$	0.3448	0.3344	0.3334	?

x	4.001	4.01	4.1
$f(x)$	0.3332	0.3322	0.3226

$\lim\limits_{x\to 4} \dfrac{x-4}{x^2-5x+4} = \dfrac{1}{3}$

5.

x	−0.1	−0.01	−0.001	0
$f(x)$	0.1252	0.1250	0.1250	?

x	0.001	0.01	0.1
$f(x)$	0.1250	0.1250	0.1248

$\lim\limits_{x\to 0} \dfrac{\sqrt{x+16}-4}{x} = 0.125$

6.

x	-4.1	-4.01	-4.001	-4
$f(x)$	2.5	25	250	?

x	-3.999	-3.99	-3.9
$f(x)$	-250	-25	-2.5

The limit does not exist.

7. 6 **8.** -2 **9.** 49 **10.** 6

11. (a) 12 (b) 27 (c) $\frac{1}{3}$

12. (a) 4 (b) 48 (c) 256

13. -1 **14.** 0 **15.** 3 **16.** -2 **17.** $-\frac{3}{4}$ **18.** 2

19. -6 **20.** $\frac{7}{4}$ **21.** 12 **22.** 2 **23.** $2t - 5$

24. $\frac{1}{6}$ **25.** $\dfrac{1}{2\sqrt{5}}$ **26.** 2 **27.** Limit does not exist.

28. Limit does not exist. **29.** Limit does not exist.

30. (a) 1 (b) 1 (c) 1

31. (a) -1 (b) -1 (c) -1

32. (a) 6 (b) -6 (c) Limit does not exist.

33. $\displaystyle\lim_{x\to-3^-} \frac{|x+3|}{x+3} = -1, \ \lim_{x\to-3^+} \frac{|x+3|}{x+3} = 1$

34.

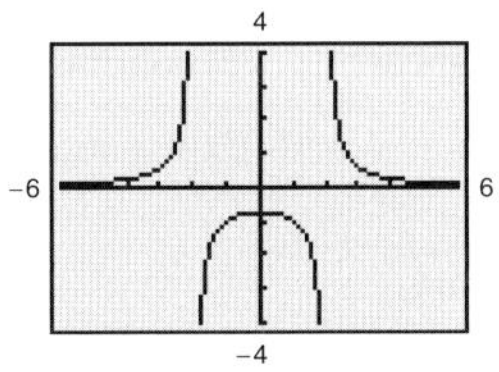

x	3	2.5	2.1	2.01
$f(x)$	0.6	1.33	7.32	74.81

x	2.001	2.0001	2
$f(x)$	749.81	7499.81	Undefined

The limit does not exist because f is unbounded as x approaches 2 from the right.

35.

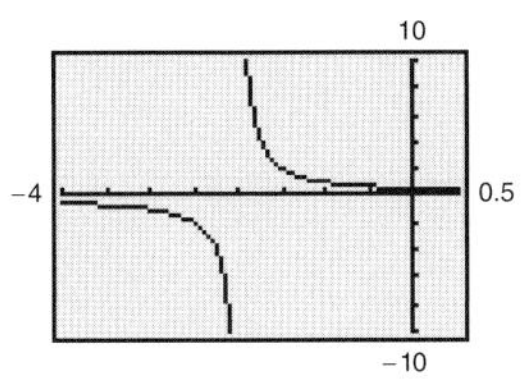

x	-3	-2.5	-2.1	-2.01
$f(x)$	-1	-2	-10	-100

x	-2.001	-2.0001	-2
$f(x)$	-1000	$-10{,}000$	Undefined

The limit does not exist because f is unbounded as x approaches -2 from the left.

36.

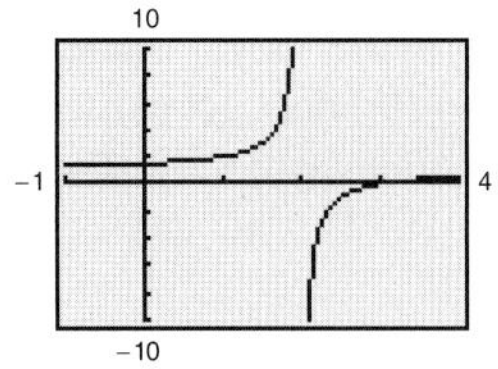

Limit does not exist.

37.

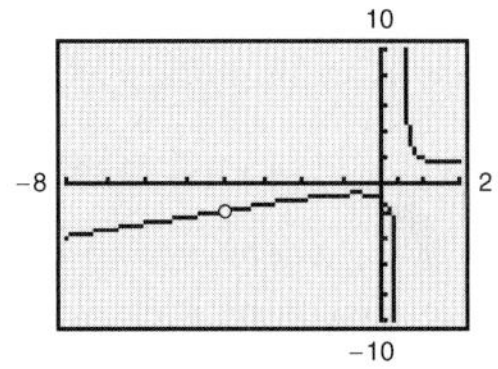

$-\frac{17}{9} \approx -1.8889$

38. (a) \$25,000 (b) 80 %

(c) ∞, The cost function increases without bound as x approaches 100 from the left. Therefore, according to the model, it is not possible to remove 100 % of the pollutants.

39. (a)

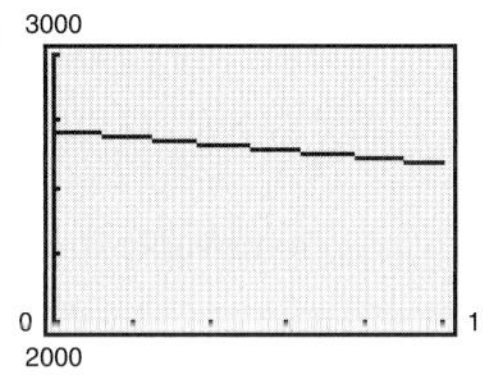

(b) For $x = 0.25$, $A \approx \$2685.06$.

For $x = \frac{1}{365}$, $A \approx \$2717.91$.

(c) $\displaystyle\lim_{x\to0^+} 1000(1 + 0.1x)^{10/x} = 1000e \approx \$2718.28$;

continuous compounding; The length x of the compounding period is approaching 0.

1.6절

1. Continuous; The function is a polynomial.

2. Not continuous $(x \neq \pm 4)$

3. Continuous; The rational function's domain is the set of real numbers.

4. Not continuous $(x \neq 3$ and $x \neq 5)$

5. Not continuous $(x \neq \pm 6)$

6. $(-\infty, 0)$ and $(0, \infty)$; Explanations will vary. There is a discontinuity at $x = 0$, because $f(0)$ is not defined.

7. $(-\infty, -1)$ and $(-1, \infty)$; Explanations will vary. There is a discontinuity at $x = -1$, because $f(-1)$ is not defined.

8. $(-\infty, \infty)$; Explanations will vary.

9. $(-\infty, -1)$, $(-1, 1)$, and $(1, \infty)$; Explanations will vary. There are discontinuities at $x = \pm 1$, because $f(\pm 1)$ are not defined.

10. $(-\infty, \infty)$; Explanations will vary.

11. $(-\infty, 4)$, $(4, 5)$, and $(5, \infty)$; Explanations will vary. There are discontinuities at $x = 4$ and $x = 5$, because $f(4)$ and $f(5)$ are not defined.

12. $(-\infty, 4]$; Explanations will vary.

13. $[0, \infty)$; Explanations will vary.

14. $[-1, 3]$; Explanations will vary.

CHAPTER 1

15. $(-\infty, 2), (2, \infty)$; Explanations will vary. There is a discontinuity at $x = 2$ because $\lim_{x\to 2} f(x)$ does not exist.

16. $(-\infty, -1)$ and $(-1, \infty)$; Explanations will vary. There is a discontinuity at $x = -1$, because $f(-1)$ is not defined.

17. $[-3, \infty)$; Explanations will vary.

18. Continuous on all intervals $\left(\frac{c}{2}, \frac{c}{2} + \frac{1}{2}\right)$, where c is an integer.

Explanations will vary. There are discontinuities at $x = \frac{c}{2}$, where c is an integer, because $\lim_{x\to c} f\left(\frac{c}{2}\right)$ does not exist.

19. Continuous on all intervals $(c, c + 1)$, where c is an integer. Explanations will vary. There are discontinuities at $x = c$, where c is an integer, because $\lim_{x\to c} f(c)$ does not exist.

20. $(1, \infty)$; Explanations will vary.

21.

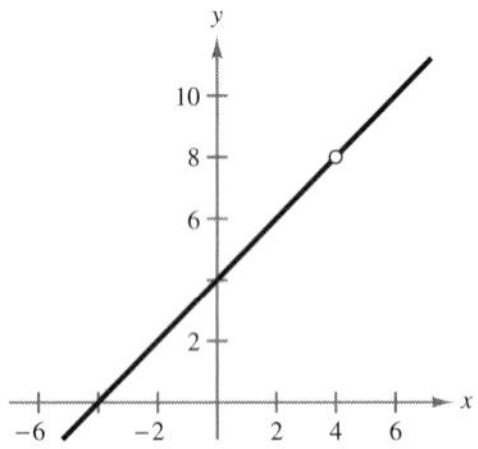

Continuous on $(-\infty, 4)$ and $(4, \infty)$; removable discontinuity at $x = 4$

22.

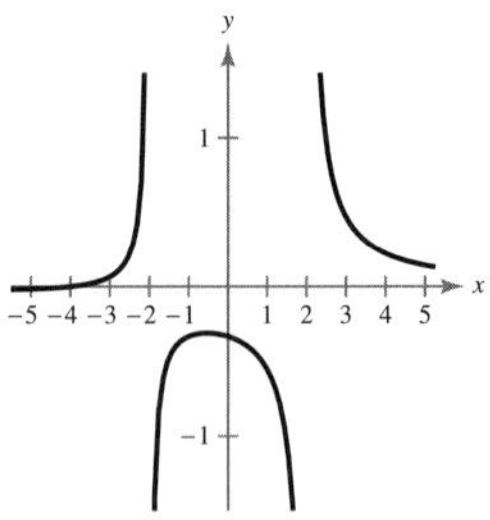

Continuous on $(-\infty, -2), (-2, 2)$, and $(2, \infty)$; nonremovable discontinuities at $x = -2$ and $x = 2$

23.

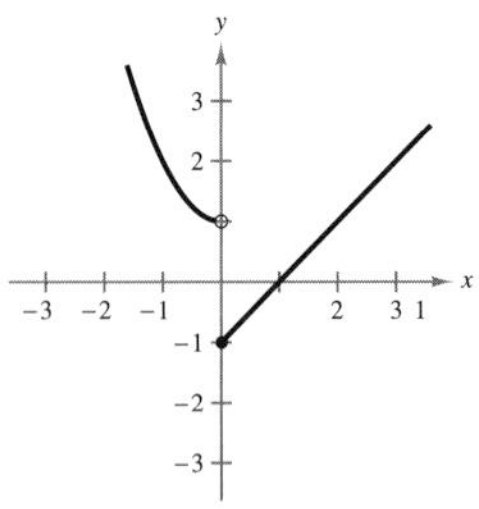

Continuous on $(-\infty, 0)$ and $(0, \infty)$; nonremovable discontinuity at $x = 0$

24. Continuous **25.** Nonremovable discontinuity at $x = 2$

26.

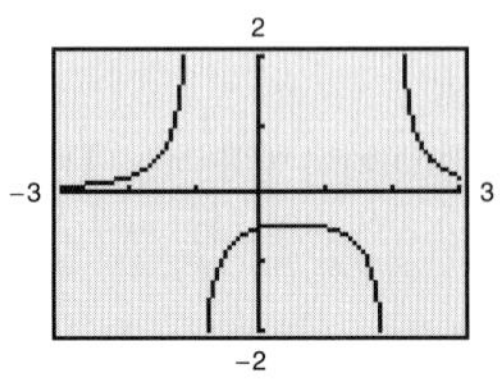

Not continuous at $x = 2$ and $x = -1$, because $f(-1)$ and $f(2)$ are not defined.

27.

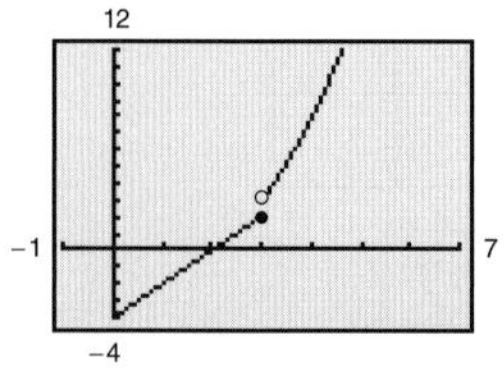

Not continuous at $x = 3$, because $\lim_{x\to 3} f(3)$ does not exist.

28.

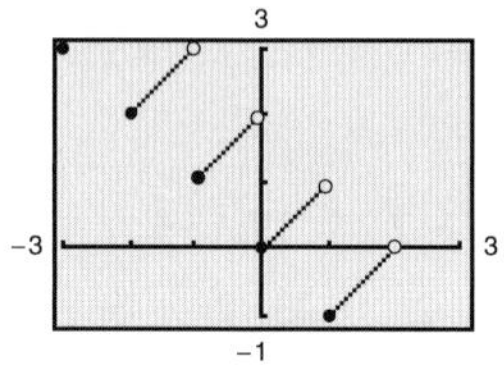

Not continuous at all integers c, because $\lim_{x\to c} f(c)$ does not exist.

29. $a = 2$

30.

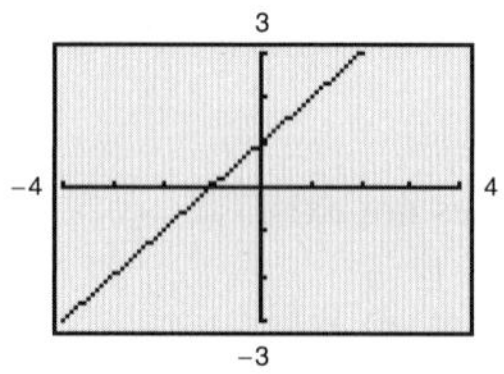

The graph of $f(x) = \frac{x^2 + x}{x}$ appears to be continuous on $[-4, 4]$, but f is not continuous at $x = 0$. Explanations will vary.

31. (a) $[0, 100)$; Explanations will vary.

(b)

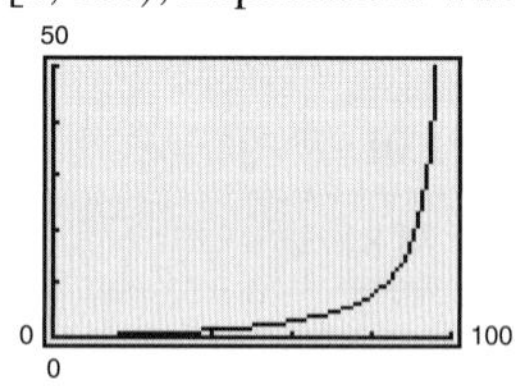

Continuous; Explanations will vary.

(c) \$6 million

32.

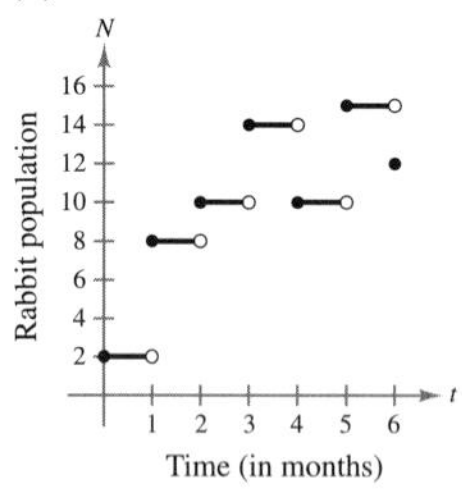

There are nonremovable discontinuities at $t = 1, 2, 3, 4, 5,$ and 6.

Explanations will vary.

33. (a)

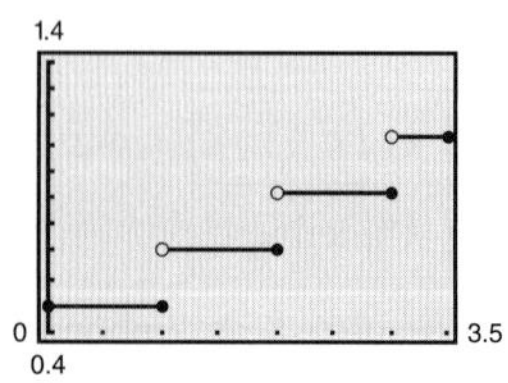

There are nonremovable discontinuities at $x = 1, 2,$ and 3. Explanations will vary.

(b) \$0.91

34. (a) No; The graph has nonremovable discontinuities at $t = \frac{1}{4}, \frac{1}{2}, \frac{3}{4}, 1, \frac{5}{4}, \ldots$.

(b) \$8448.69

(c) \$11,379.17

35. (a) $C(x) = 3.50 - 1.90[\![1 - x]\!], x > 0$

(b)

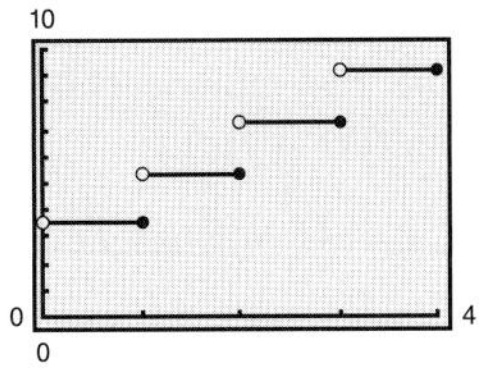

The graph has nonremovable discontinuities at $x = 1, 2, 3, \ldots$.

복습문제

1.

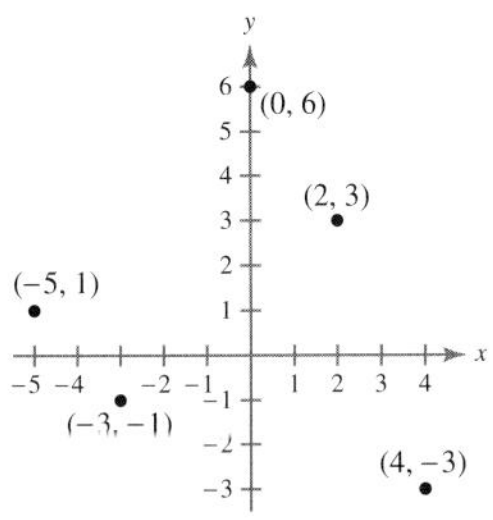

2. $\sqrt{29}$ **3.** $3\sqrt{2}$ **4.** $\dfrac{\sqrt{17}}{2}$ **5.** $(7, 4)$

6. $(-8, 6)$ **7.** $(1.15, -1.45)$

8. $P = R - C$; The difference in the heights of the bars that represent revenue and cost is equal to the height of the bar that represents profit.

9. $(3, 6), (4, 7), (6, 4)$

10.

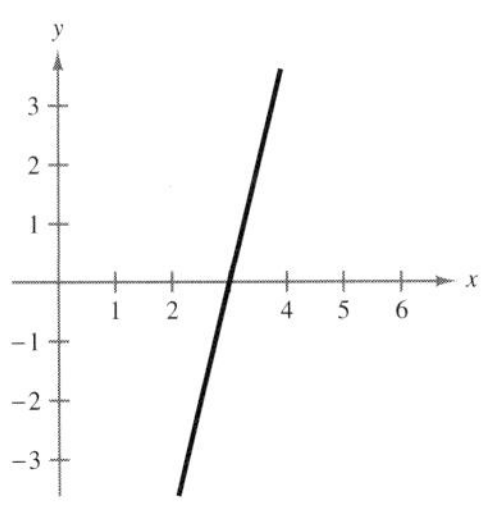

11.

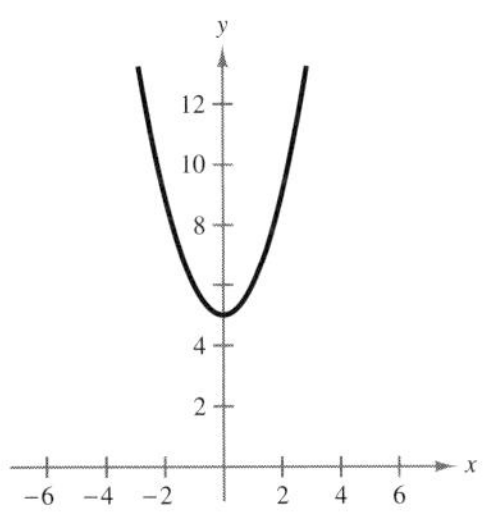

12.

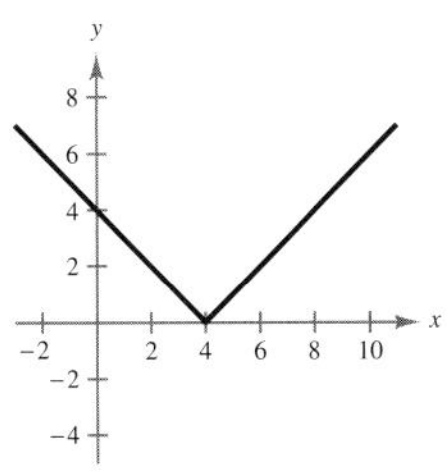

13.

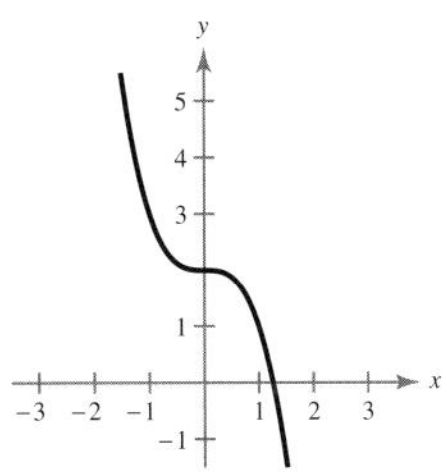

14.

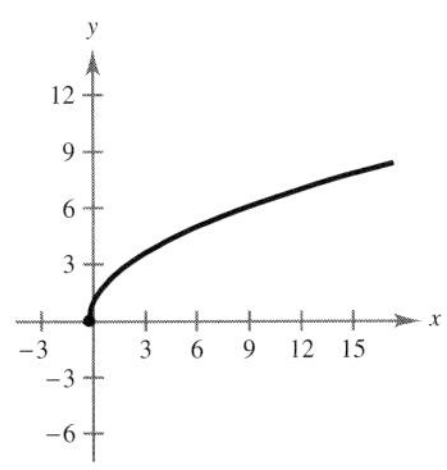

15. $\left(-\frac{3}{4}, 0\right), (0, -3)$

16. $(-4, 0), (2, 0), (0, -8)$

17. $x^2 + y^2 = 64$

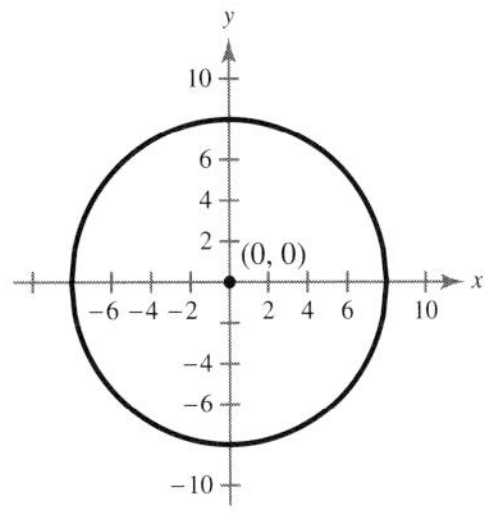

18. $(x - 2)^2 + y^2 = 9$

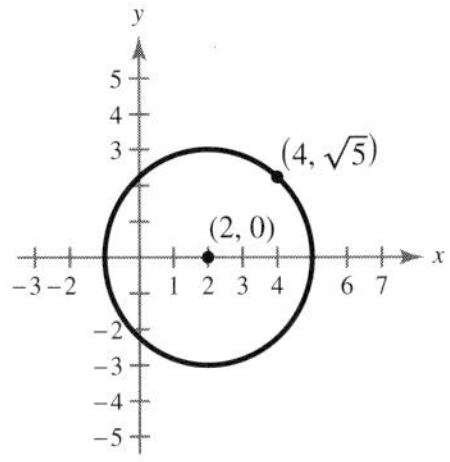

19. $(-2, 9)$ **20.** $(-1, -1), (0, 0), (1, 1)$

21. (a) $C = 10x + 200$
$R = 14x$

(b) 50 shirts

(c) 200 shirts

22. $p = \$46.40$
$x = 5000$ units

23. Slope: -1
y-intercept: $(0, 12)$

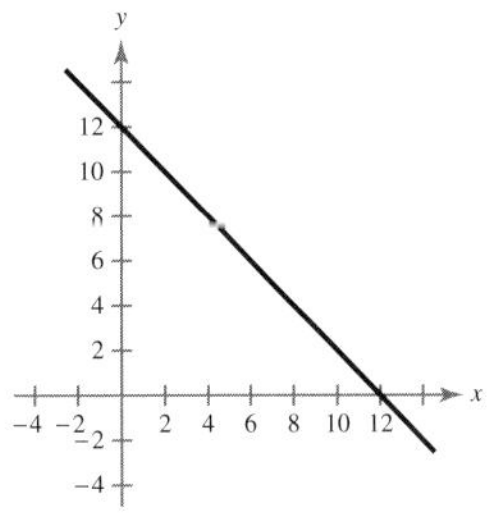

24. Slope: 4
y-intercept: $(0, -6)$

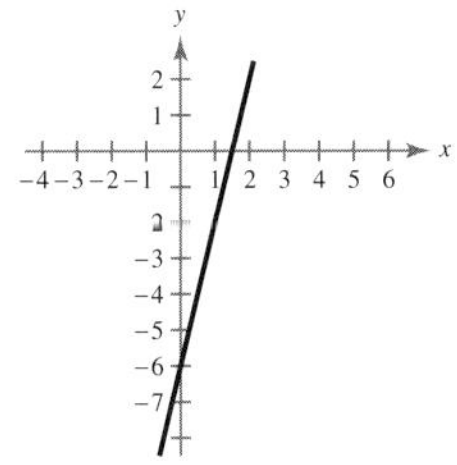

25. Slope: 0 (horizontal line)
y-intercept: $\left(0, \frac{7}{4}\right)$

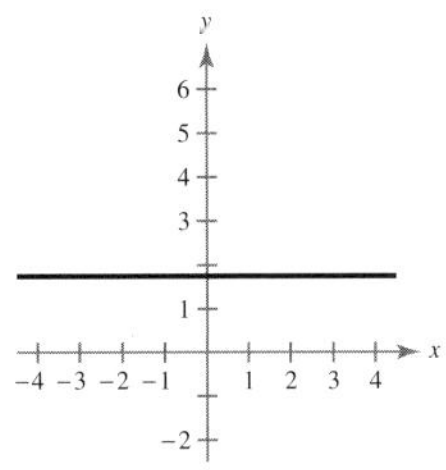

26. Slope: $-\frac{2}{5}$
y-intercept: $(0, -1)$

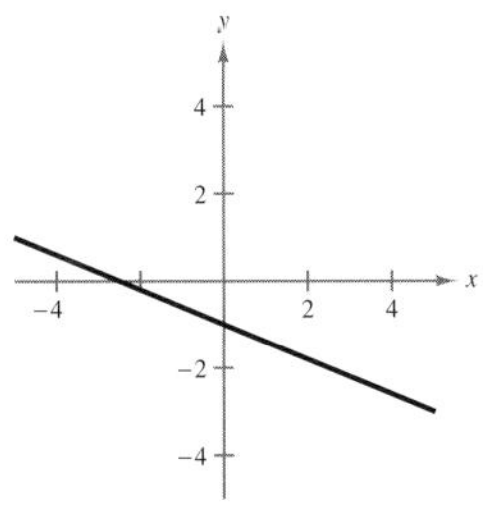

27. $\frac{6}{7}$ **28.** 0

29. $y = -2x + 5$

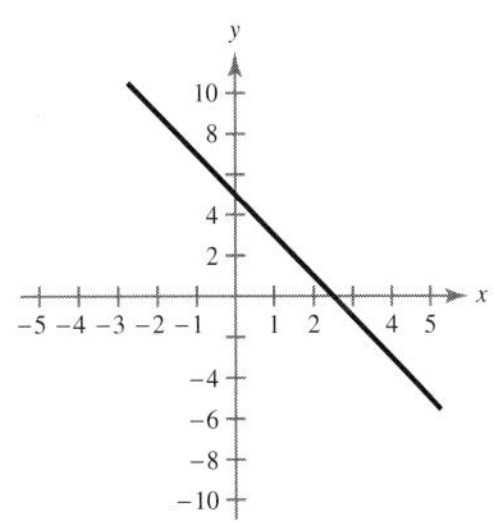

30. $y = -4$

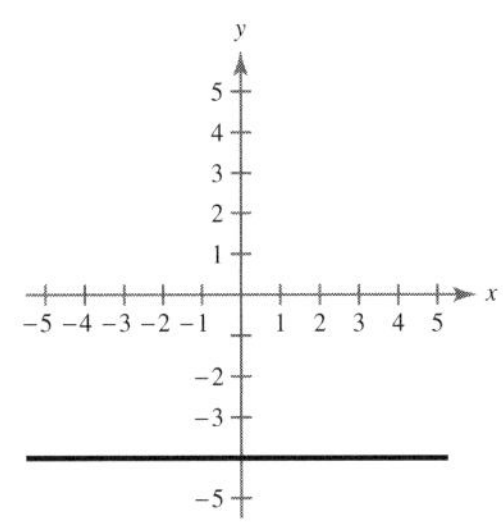

31. $y = 2x - 9$

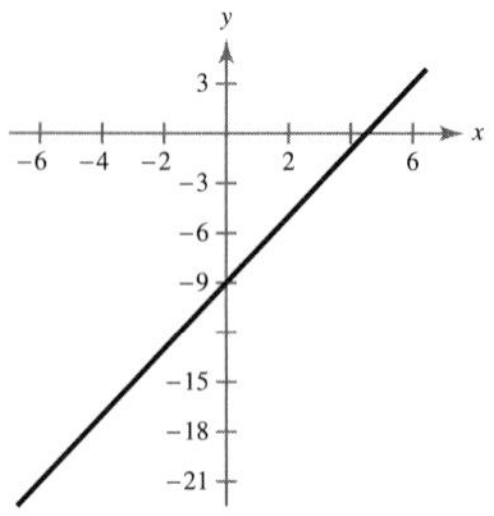

32. $x = 5$

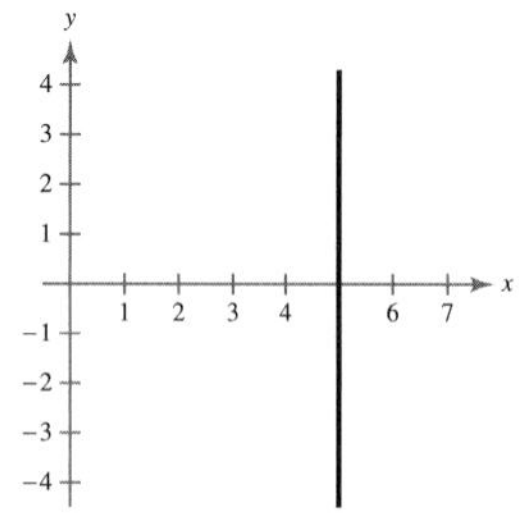

33. (a) $5x - 8y + 63 = 0$ (b) $x - 5y + 33 = 0$
(c) $2x + y = 0$ (d) $2x + 3y - 12 = 0$

34. (a) $x = -10p + 1070$ (b) 725 units (c) 650 units

35. y is a function of x. **36.** y is not a function of x.

37. Domain: $(-\infty, \infty)$
Range: $(-\infty, \infty)$

38. Domain: $[-5, \infty)$
Range: $[0, \infty)$

39. Domain: $(-\infty, -1) \cup (-1, 1) \cup (1, \infty)$
Range: $(-\infty, 0) \cup \left(0, \frac{1}{2}\right) \cup \left(\frac{1}{2}, \infty\right)$

40. (a) 7 (b) -11 (c) $3x + 7$

41. (a) $x^2 + 3x + 1$ (b) $x^2 - 3x + 11$
(c) $3x^3 - 5x^2 + 18x - 30$ (d) $\dfrac{6 + x^2}{3x - 5}$
(e) $9x^2 - 30x + 31$ (f) $3x^2 + 13$

42.

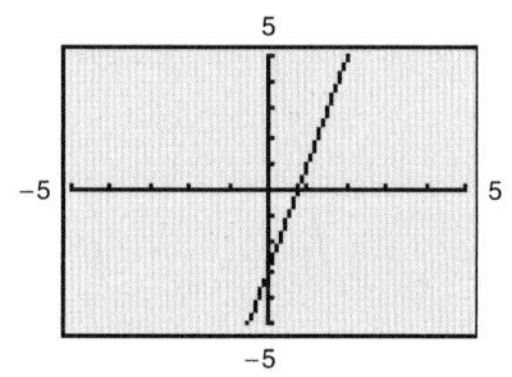

f is one-to-one.
$f^{-1}(x) = \frac{1}{4}(x + 3)$

43.

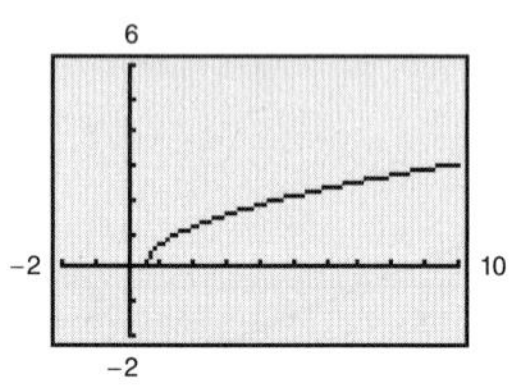

f is one-to-one.
$f^{-1}(x) = x^2 + \frac{1}{2}$

44.

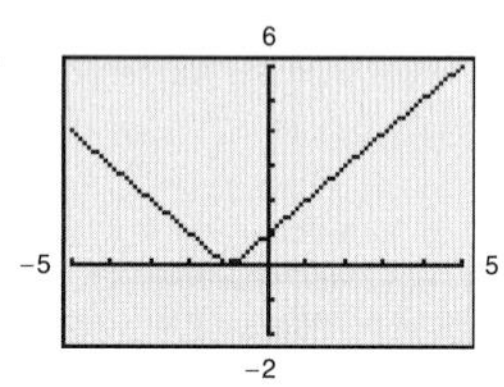

f does not have an inverse function.

45.

x	0.9	0.99	0.999	1	1.001	1.01	1.1
$f(x)$	0.6	0.96	0.996	?	1.004	1.04	1.4

$\lim_{x \to 1} (4x - 3) = 1$

46.

x	-0.1	-0.01	-0.001	0
$f(x)$	0.205	0.204	0.204	?

x	0.001	0.01	0.1
$f(x)$	0.204	0.204	0.203

$\lim_{x \to 0} \dfrac{\sqrt{x + 6} - \sqrt{6}}{x} \approx 0.204$

47. 8 **48.** 7 **49.** $-\frac{2}{5}$ **50.** Limit does not exist.

51. $-\frac{1}{4}$ **52.** $-\infty$ **53.** $-\dfrac{\sqrt{3}}{6}$

54. 5 **55.** $3x^2 - 1$

56. $(-\infty, \infty)$; For any c on the real number line, $F(c)$ is defined, $\lim_{x \to c} f(x)$ exists, and $\lim_{x \to c} f(x) = f(c)$.

57. $(-\infty, -4)$ and $(-4, \infty)$; $f(-4)$ is undefined.

58. $(-\infty, -1)$ and $(-1, \infty)$; $f(-1)$ is undefined.

59. $[8, \infty)$; For any $c > 8$ on the real number line, $F(c)$ is defined, $\lim_{x \to c} f(x)$ exists, and $\lim_{x \to c} f(x) = f(c)$.

60. Continuous on all intervals $(c, c + 1)$, where c is an integer; $\lim_{x \to 0} f(c)$ does not exist.

61. $(-\infty, 0)$ and $(0, \infty)$; $\lim_{x \to 0} f(x)$ does not exist.

62. $a = 2$

63. (a)

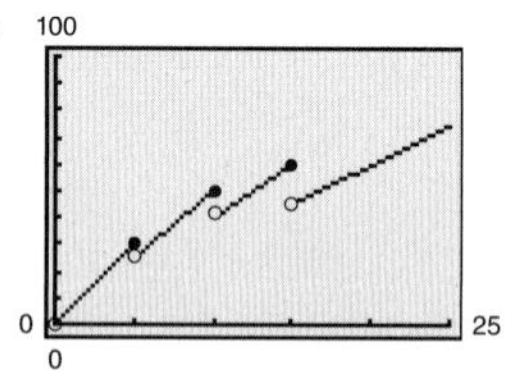

Explanations will vary. The function is defined for all values of x greater than zero. The function is discontinuous when $x = 5$, $x = 10$, and $x = 15$.

(b) \$49.90

64. (a)

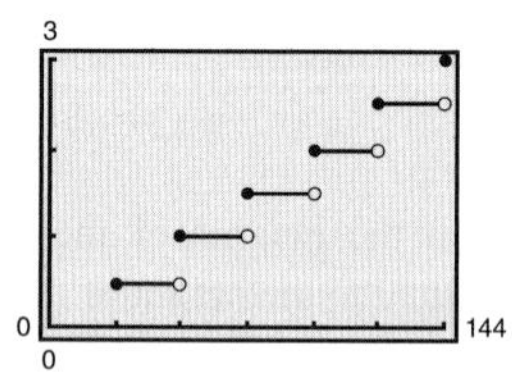

There are nonremovable discontinuities at $x = 24, 48, 72, \ldots$.

(b) \$31

Chapter 2

2.1절

1.

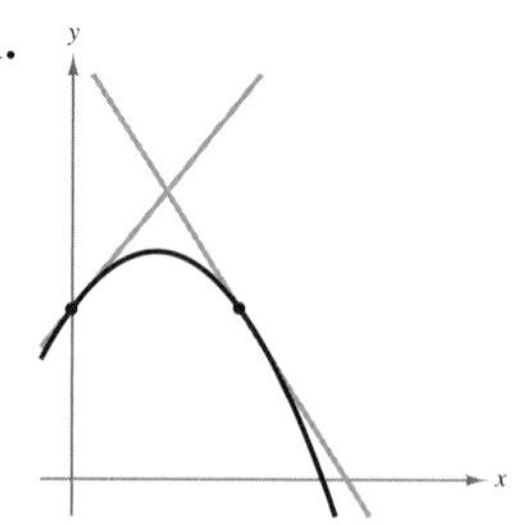

2.

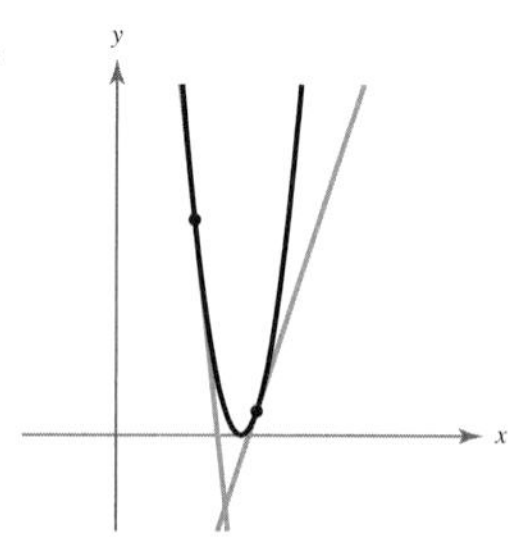

3.

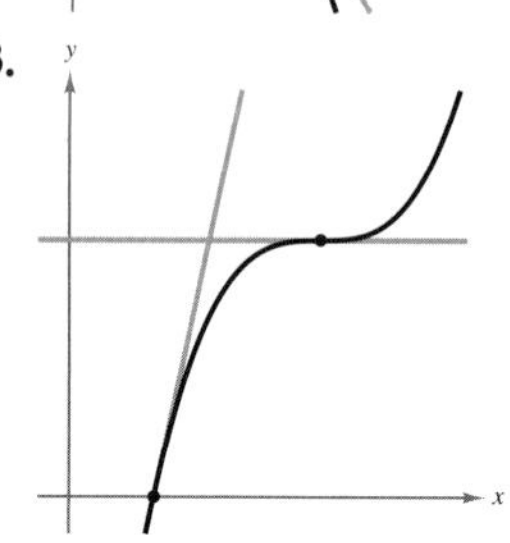

4. $m = 1$ **5.** $m = 0$ **6.** $m = -\frac{1}{3}$

7. 2009: $m \approx 188$
2011: $m \approx 375$
The slope is the rate of change of revenue at the given point in time.

8. $t = 3$: $m \approx 8$
$t = 7$: $m \approx 1$
$t = 10$: $m \approx -10$
The slope is the rate of change of the average temperature at the given point in time.

9. $f'(x) = 0$
$f'(0) = 0$

10. $f'(x) = -4$
$f'(3) = -4$

11. $f'(x) = 4x$
$f'(2) = 8$

12. $f'(x) = 3x^2 - 4$
$f'(-1) = -1$

13. $f'(x) = \dfrac{1}{\sqrt{x}}$ $f'(4) = \dfrac{1}{2}$

14. $f(x) = 3$
$f(x + \Delta x) = 3$
$f(x + \Delta x) - f(x) = 0$
$$\frac{f(x + \Delta x) - f(x)}{\Delta x} = 0$$
$$\lim_{\Delta x \to 0} \frac{f(x + \Delta x) - f(x)}{\Delta x} = 0$$

15. $f(x) = -5x$
$f(x + \Delta x) = -5x - 5\Delta x$
$f(x + \Delta x) - f(x) = -5\Delta x$
$$\frac{f(x + \Delta x) - f(x)}{\Delta x} = -5$$
$$\lim_{\Delta x \to 0} \frac{f(x + \Delta x) - f(x)}{\Delta x} = -5$$

16. $g(s) = \frac{1}{3}s + 2$
$$g(s + \Delta s) = \frac{1}{3}s + \frac{1}{3}\Delta s + 2$$
$$g(s + \Delta s) - g(s) = \frac{1}{3}\Delta s$$
$$\frac{g(s + \Delta s) - g(s)}{\Delta s} = \frac{1}{3}$$
$$\lim_{\Delta s \to 0} \frac{g(s + \Delta s) - g(s)}{\Delta s} = \frac{1}{3}$$

17. $f(x) = 4x^2 - 5x$
$f(x + \Delta x) = 4x^2 + 8x\Delta x + 4(\Delta x)^2 - 5x - 5\Delta x$
$f(x + \Delta x) - f(x) = 8x\Delta x + 4(\Delta x)^2 - 5\Delta x$
$$\frac{f(x + \Delta x) - f(x)}{\Delta x} = 8x + 4\Delta x - 5$$
$$\lim_{\Delta x \to 0} \frac{f(x + \Delta x) - f(x)}{\Delta x} = 8x - 5$$

18. $h(t) = \sqrt{t - 3}$
$h(t + \Delta t) = \sqrt{t + \Delta t - 3}$
$h(t + \Delta t) - h(t) = \sqrt{t + \Delta t - 3} - \sqrt{t - 3}$
$$\frac{h(t + \Delta t) - h(t)}{\Delta t} = \frac{1}{\sqrt{t + \Delta t - 3} + \sqrt{t - 3}}$$
$$\lim_{\Delta t \to 0} \frac{h(t + \Delta t) - h(t)}{\Delta t} = \frac{1}{2\sqrt{t - 3}}$$

19. $f(t) = t^3 - 12t$
$f(t + \Delta t) = t^3 + 3t^2\Delta t + 3t(\Delta t)^2 + (\Delta t)^3 - 12t - 12\Delta t$
$f(t + \Delta t) - f(t) = 3t^2\Delta t + 3t(\Delta t)^2 + (\Delta t)^3 - 12\Delta t$
$$\frac{f(t + \Delta t) - f(t)}{\Delta t} = 3t^2 + 3t\Delta t + (\Delta t)^2 - 12$$
$$\lim_{\Delta t \to 0} \frac{f(t + \Delta t) - f(t)}{\Delta t} = 3t^2 - 12$$

20. $f(x) = \dfrac{1}{x + 2}$
$$f(x + \Delta x) = \frac{1}{x + \Delta x + 2}$$
$$f(x + \Delta x) - f(x) = \frac{-\Delta x}{(x + \Delta x + 2)(x + 2)}$$
$$\frac{f(x + \Delta x) - f(x)}{\Delta x} = \frac{-1}{(x + \Delta x + 2)(x + 2)}$$
$$\lim_{\Delta x \to 0} \frac{f(x + \Delta x) - f(x)}{\Delta x} = -\frac{1}{(x + 2)^2}$$

21. $y = 2x - 2$

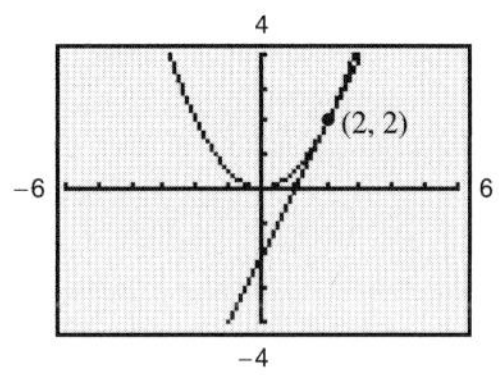

22. $y = -6x - 3$

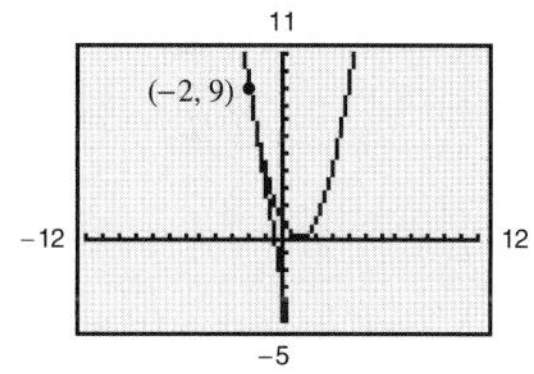

23. $y = \dfrac{x}{4} + 2$

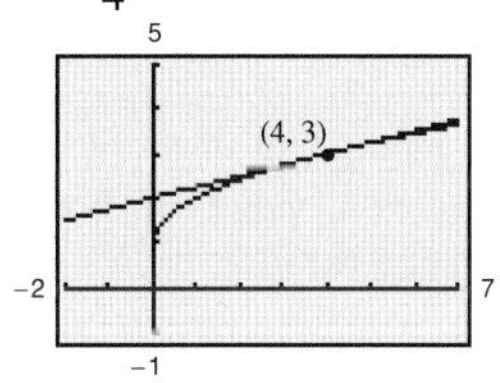

24. $y = -5x - 2$

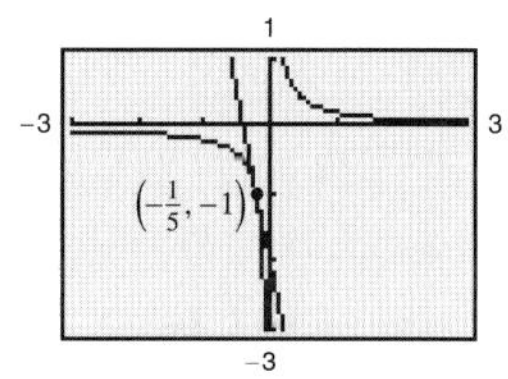

25. $y = -x + 1$ **26.** $y = -9x + 18$, $y = -9x - 18$

27. y is differentiable for all $x \neq -3$.
At $(-3, 0)$ the graph has a node.

28. y is differentiable for all $x \neq -\frac{1}{2}$.
At $\left(-\frac{1}{2}, 0\right)$ the graph has a vertical tangent.

29. y is differentiable for all $x = \pm 2$.
The function is not defined at $x = \pm 2$.

30. $f(x) = -3x + 2$

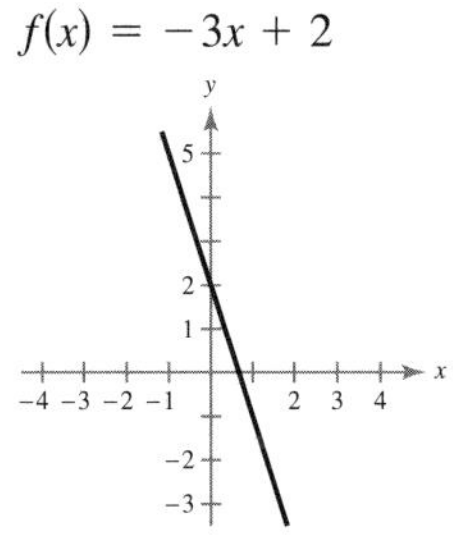

31.

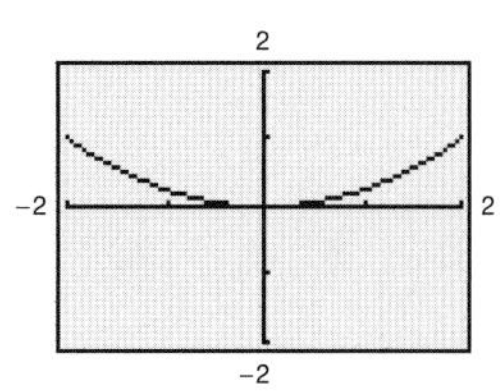

$f'(x) = \frac{1}{2}x$

x	-2	$-\frac{3}{2}$	-1	$-\frac{1}{2}$
$f(x)$	1	0.5625	0.25	0.0625
$f'(x)$	-1	-0.75	-0.5	-0.25

x	0	$\frac{1}{2}$	1	$\frac{3}{2}$	2
$f(x)$	0	0.0625	0.25	0.5625	1
$f'(x)$	0	0.25	0.5	0.75	1

32. 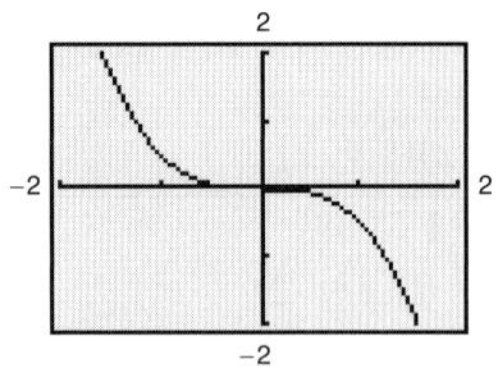

$f'(x) = -\frac{3}{2}x^2$

x	-2	$-\frac{3}{2}$	-1	$-\frac{1}{2}$
$f(x)$	4	1.6875	0.5	0.0625
$f'(x)$	-6	-3.375	-1.5	-0.375

x	0	$\frac{1}{2}$	1	$\frac{3}{2}$	2
$f(x)$	0	-0.0625	-0.5	-1.6875	-4
$f'(x)$	0	-0.375	-1.5	-3.375	-6

33. $f'(x) = 2x - 4$

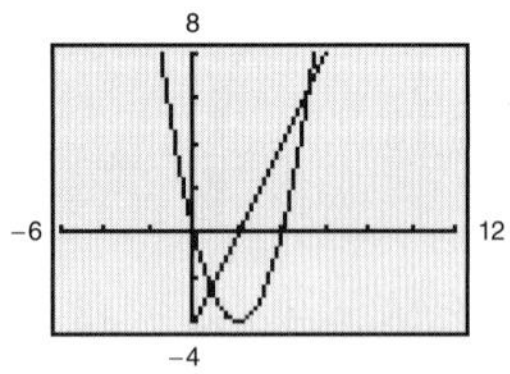

The x-intercept of the derivative indicates a point of horizontal tangency for f.

34. $f'(x) = 3x^2 - 3$

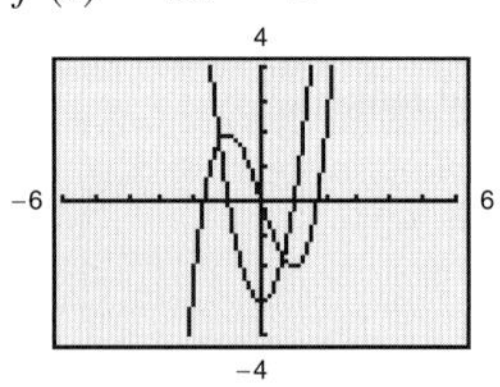

The x-intercepts of the derivative indicate points of horizontal tangency for f.

35. True **36.** True

37. 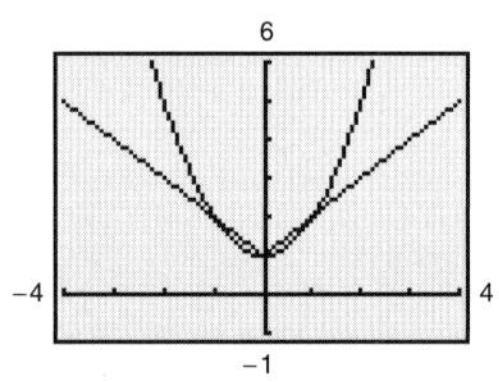

The graph of f is smooth at $(0, 1)$, but the graph of g has a sharp point at $(0, 1)$. The function f is differentiable at $x = 0$.

2.2절

1. 0 **2.** $5x^4$ **3.** $9x^2$ **4.** $\frac{10}{3}x^3$ **5.** 4 **6.** $-3x^2$

7. $8x - 3$ **8.** $-6t + 2$ **9.** $16t^3 - 4t + 1$

10. $\dfrac{2}{3\sqrt[3]{x}}$ **11.** $\dfrac{16}{3}t^{1/3}$ **12.** $-\dfrac{8}{x^3} + 4x$

13. Function: $y = \dfrac{2}{7x^4}$

Rewrite: $y = \dfrac{2}{7}x^{-4}$

Differentiate: $y' = -\dfrac{8}{7}x^{-5}$

Simplify: $y' = -\dfrac{8}{7x^5}$

14. Function: $y = \dfrac{1}{(4x)^3}$

Rewrite: $y = \dfrac{1}{64}x^{-3}$

Differentiate: $y' = -\dfrac{3}{64}x^{-4}$

Simplify: $y' = -\dfrac{3}{64x^4}$

15. Function: $y = \dfrac{4}{(2x)^{-5}}$

Rewrite: $y = 128x^5$

Differentiate: $y' = 128(5)x^4$

Simplify: $y' = 640x^4$

16. Function: $y = 6\sqrt{x}$

Rewrite: $y = 6x^{1/2}$

Differentiate: $y' = 6\left(\dfrac{1}{2}\right)x^{-1/2}$

Simplify: $y' = \dfrac{3}{\sqrt{x}}$

17. Function: $y = \dfrac{1}{7\sqrt[6]{x}}$

Rewrite: $y = \dfrac{1}{7}x^{-1/6}$

Differentiate: $y' = \dfrac{1}{7}\left(-\dfrac{1}{6}\right)x^{-7/6}$

Simplify: $y' = -\dfrac{1}{42\sqrt[6]{x^7}}$

18. Function: $y = \sqrt[5]{8x}$

Rewrite: $y = 8^{1/5}x^{1/5}$

Differentiate: $y' = 8^{1/5}\left(\dfrac{1}{5}x^{-4/5}\right)$

Simplify: $y' = \dfrac{\sqrt[5]{8x}}{5x}$

19. $\frac{3}{2}$ **20.** -128 **21.** -11 **22.** -2

23. (a) $y = 2x - 2$

(b) and (c)

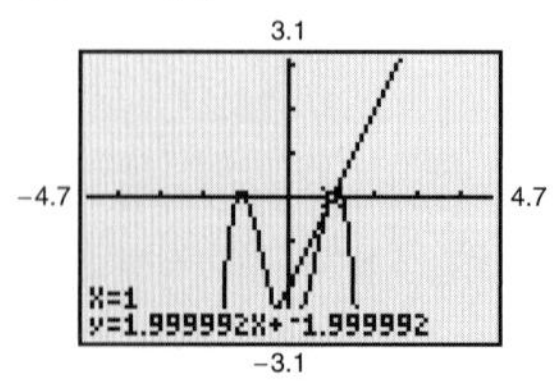

24. (a) $y = \frac{8}{15}x + \frac{22}{15}$

(b) and (c)

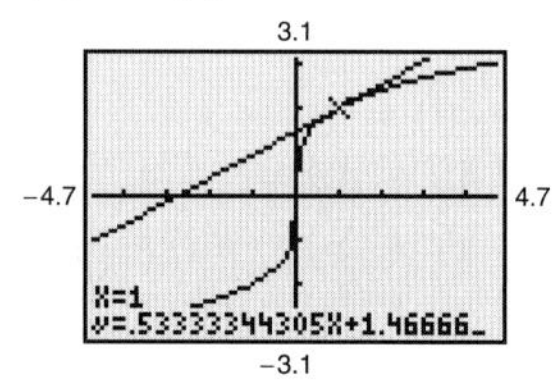

25. (a) $y = 36x - 54$

(b) and (c)

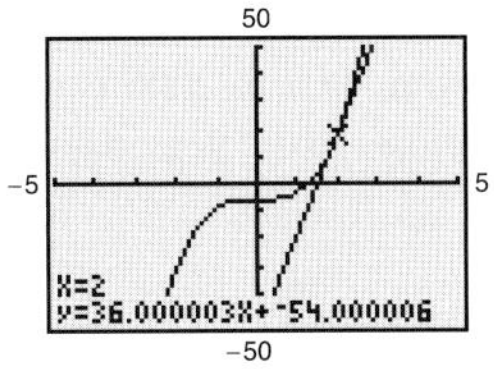

26. $2x + \dfrac{4}{x^2} + \dfrac{6}{x^3}$ **27.** $2x - 2 + \dfrac{8}{x^5}$ **28.** $\dfrac{4}{5x^{1/5}} + 1$

29. $3x^2 + 1$ **30.** $\dfrac{2x^3 - 6}{x^3}$ **31.** $\dfrac{4x^3 - 2x - 10}{x^3}$

32. $(0, 3), (1, 2), (-1, 2)$ **33.** $(-5, -12.5)$ **34.** $(2, 7)$

35. (a)

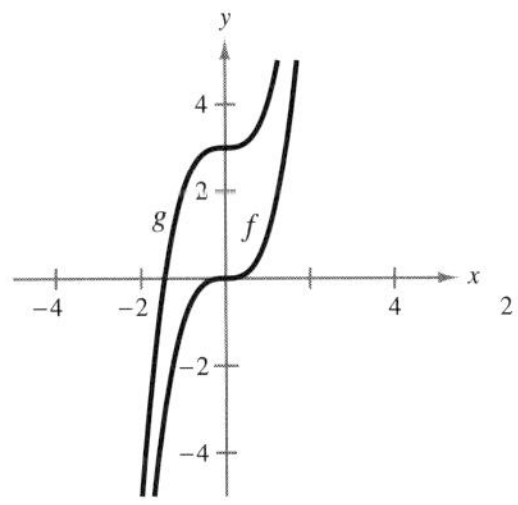

(b) $f'(1) = g'(1) = 3$

(c)

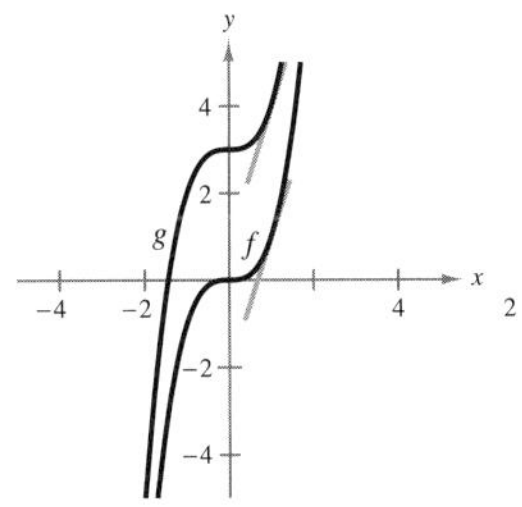

(d) $f' = g' = 3x^2$ for every value of x.

36. $f'(x) = g'(x)$ **37.** $-5f'(x) = g'(x)$

38. (a) 2009: $m \approx 186.8$; 2011: $m \approx 386.8$

(b) These results are close to the estimates in Exercise 13 in Section 2.1.

(c) The slope of the graph at time t is the rate at which sales are increasing in millions of dollars per year.

39. (a) The men and women who seem to suffer most from migraines are those between 30 and 40 years old. More females than males suffer from migraines. Fewer people whose incomes are greater than or equal to \$30,000 suffer from migraines than people whose incomes are less than \$10,000.

(b) The derivatives are positive up to approximately 37 years old and negative after about 37 years of age. The percent of adults suffering from migraines increases up to about 37 years old, then decreases. The units of the derivative are percents of adults suffering from migraines per year.

40. $C = 7.75x + 500$

$C' = 7.75$, which equals the marginal cost.

41.

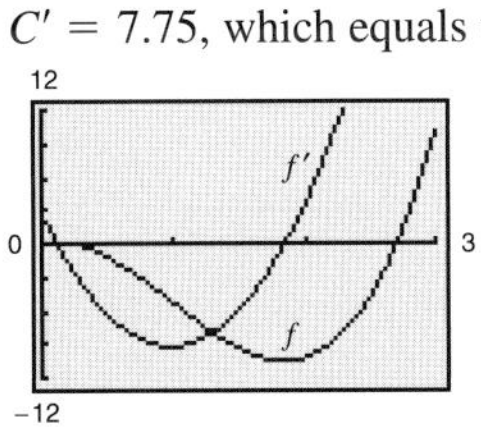

$(0.11, 0.14), (1.84, -10.49)$

42. False. Let $f(x) = x$ and $g(x) = x + 1$.

2.3절

1. (a) \$9.5 billion/yr (b) \$7.5 billion/yr
(c) \$10.2 billion/yr (d) \$13.2 billion/yr
(e) \$17.2 billion/yr (f) \$12.2 billion/yr
(g) \$13.7 billion/yr (h) \$15.3 billion/yr

2. Average rate: 3
Instantaneous rates:
$f'(1) = f'(2) = 3$

3. Average rate: -4
Instantaneous rates:
$h'(-2) = -8, h'(2) = 0$

4. Average rate: $\frac{45}{7}$
Instantaneous rates:
$f'(1) = 4, f'(8) = 8$

5. Average rate: $-\frac{1}{5}$
Instantaneous rates:
$f'(1) = -1, f'(5) = -\frac{1}{25}$

6. Average rate: -9
Instantaneous rates:
$f'(-2) = -24, f'(-1) = 0$

7. (a) -450
The number of visitors to the park is decreasing at an average rate of 450 thousand people per month from September to December.

(b) Answers will vary. Sample answer: $[4, 11]$; Both the instantaneous rate of change at $t = 8$ and the average rate of change over $[4, 11]$ are about 0.

8. (a) Average rate: 4.1 m/sec
Instantaneous rates: $s'(0) = 9$ m/sec
$s'(1) = -0.8$ m/sec

(b) Average rate: -5.7 m/sec
Instantaneous rates: $s'(1) = -0.8$ m/sec
$s'(2) = -10.6$ m/sec

(c) Average rate: -15.5 m/sec
Instantaneous rates: $s'(2) = -10.6$ m/sec
$s'(3) = -20.4$ m/sec

(d) Average rate: -25.3 m/sec
Instantaneous rates: $s'(3) = -20.4$ m/sec
$s'(4) = -30.2$ m/sec

9. (a) -24.5 m/sec

(b) $s'(2) = -19.6$ m/sec
$s'(3) = -29.4$ m/sec

(c) $\sqrt{\dfrac{170}{4.9}} \approx 5.89$ sec

(d) $-9.8\sqrt{\dfrac{170}{4.9}} \approx -57.7$ m/sec

10. 9800 dollars **11.** $470 - 0.5x$ dollars, $0 \le x \le 940$

12. $50 - x$ dollars **13.** $-18x^2 + 16x + 200$ dollars

14. $-4x + 72$ dollars **15.** $0.0039x^2 + 12$ dollars

16. (a) \$0.60 (b) \$0.58
(c) The results are nearly the same.

17. (a) \$13.00 (b) \$12.96
(c) The results are nearly the same.

18. (a) $P(0) = 16{,}994{,}000$ people
$P(3) = 17{,}581{,}370$ people
$P(6) = 18{,}199{,}880$ people
$P(9) = 18{,}849{,}530$ people
$P(12) = 19{,}530{,}320$ people
$P(15) = 20{,}242{,}250$ people
$P(18) = 20{,}985{,}320$ people

$P(21) = 21{,}759{,}530$ people

The population is increasing from 1990 to 2011.

(b) $\dfrac{dP}{dt} = 3.46t + 190.6$

dP/dt represents the population growth rate.

(c) $P'(0) = 190{,}600$ people/yr

$P'(3) = 200{,}980$ people/yr

$P'(6) = 211{,}360$ people/yr

$P'(9) = 221{,}740$ people/yr

$P'(12) = 232{,}120$ people/yr

$P'(15) = 242{,}500$ people/yr

$P'(18) = 252{,}880$ people/yr

$P'(21) = 263{,}260$ people/yr

The rate of growth is increasing.

19. (a) $TR = -10Q^2 + 160Q$

(b) $(TR)' = MR = -20Q + 160$

(c)

Q	0	2	4	6	8	10
Model	160	120	80	40	0	−40
Table	–	130	90	50	10	−30

Answers will vary.

20. (a) $P = -0.0025x^2 + 2.65x - 25$

(b)

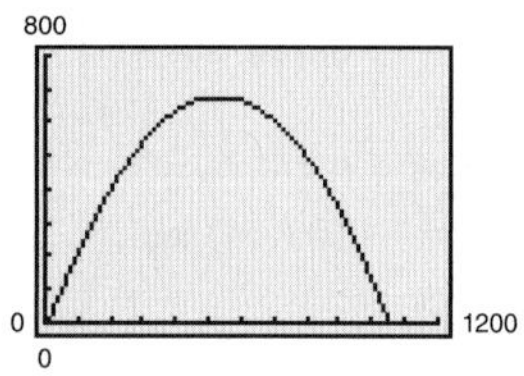

When $x = 300$, slope is positive.

When $x = 530$, slope is 0.

When $x = 700$, slope is negative.

(c) $P'(300) = 1.15$

$P'(530) = 0$

$P'(700) = -0.85$

21. (a) $C = \dfrac{17{,}500}{x}$

(b) $\dfrac{dC}{dx} = \dfrac{-17{,}500}{x^2}$

The marginal cost is the change of savings for a 1-kilometer per liter increase in fuel economy.

(c)

x	10	15	20	25
C	1750	1166.67	875	700
dC/dx	−175	−77.78	−43.75	−28

x	30	35	40
C	583.33	500	437.5
dC/dx	−19.44	−14.29	−10.94

(d) The driver who gets 15 km/L; The value of dC/dx is a greater savings for $x = 15$ than for $x = 35$.

22. (a) \$445.37 per year

(b) \$702.73 per year

(c) \$840.07 per year

(d) The average rate of change from 2004 to 2006 is a better estimate because the data are closer to the year in question.

2.4절

1. $f'(x) = (2x - 3)(-5) + (2)(1 - 5x) = -20x + 17$

2. $f'(x) = (6x - x^2)(3) + (6 - 2x)(4 + 3x)$

$= -9x^2 + 28x + 24$

3. $f'(x) = x(2x) + 1(x^2 + 3) = 3x^2 + 3$

4. $h'(x) = \left(\dfrac{2}{x} - 3\right)(2x) + \left(-\dfrac{2}{x^2}\right)(x^2 + 7) = -\dfrac{14}{x^2} - 6x + 2$

5. $g'(x) = (x^2 - 4x + 3)(1) + (2x - 4)(x - 2)$

$= 3x^2 - 12x + 11$

6. $h'(x) = \dfrac{(x - 5)(1) - (x)(1)}{(x - 5)^2} = -\dfrac{5}{(x - 5)^2}$

7. $f'(t) = \dfrac{(3t + 1)(4t) - (2t^2 - 3)3}{(3t + 1)^2} = \dfrac{6t^2 + 4t + 9}{(3t + 1)^2}$

8. $f'(t) = \dfrac{(t^2 - 8)(1) - (t + 6)(2t)}{(t^2 - 8)^2} = \dfrac{-t^2 - 12t - 8}{(t^2 - 8)^2}$

9. $f'(x) = \dfrac{(2x - 1)(2x + 6) - (x^2 + 6x + 5)(2)}{(2x - 1)^2}$

$= \dfrac{2x^2 - 2x - 16}{(2x - 1)^2}$

10. $f'(x) = \dfrac{(3x - 1)\left(-\dfrac{2}{x^2}\right) - \left(6 + \dfrac{2}{x}\right)(3)}{(3x - 1)^2}$

$= \dfrac{-18x^2 - 12x + 2}{x^2(3x - 1)^2}$

11. Function: $f(x) = \dfrac{x^3 + 6x}{3}$

Rewrite: $f(x) = \dfrac{x^3}{3} + 2x$

Differentiate: $f'(x) = x^2 + 2$

Simplify: $f'(x) = x^2 + 2$

12. Function: $y = \dfrac{7x^2}{5}$

Rewrite: $y = \dfrac{7}{5}x^2$

Differentiate: $y' = \dfrac{7}{5} \cdot 2x$

Simplify: $y' = \dfrac{14}{5}x$

13. Function: $y = \dfrac{7}{3x^3}$

Rewrite: $y = \dfrac{7}{3}x^{-3}$

Differentiate: $y' = -7x^{-4}$

Simplify: $y' = -\dfrac{7}{x^4}$

14. Function: $y = \dfrac{4x^2 - 3x}{8\sqrt{x}}$

Rewrite: $y = \frac{1}{2}x^{3/2} - \frac{3}{8}x^{1/2},\ x \neq 0$

Differentiate: $y' = \frac{3}{4}x^{1/2} - \frac{3}{16}x^{-1/2}$

Simplify: $y' = \frac{3}{4}\sqrt{x} - \frac{3}{16\sqrt{x}}$

15. Function: $y = \dfrac{x^2 - 4x + 3}{2(x - 1)}$

Rewrite: $y = \frac{1}{2}(x - 3),\ x \neq 1$

Differentiate: $y' = \frac{1}{2}(1),\ x \neq 1$

Simplify: $y' = \frac{1}{2},\ x \neq 1$

In Exercises 16–23, the differentiation rule(s) used may vary. A sample answer is provided.

16. $10x^4 + 12x^3 - 3x^2 - 18x - 15$; Product Rule

17. 2; Constant Multiple Rule

18. $\dfrac{x^4 - 6x^2 - 4x - 3}{(x^2 - 1)^2}$; Quotient Rule

19. 1; Power Rule

20. $12t^2(2t^3 - 1)$; Product Rule

21. $\dfrac{3s^2 - 2s - 5}{2s^{3/2}}$; Quotient Rule

22. $\dfrac{12x^2 + 12x - 2}{(4x + 2)^2}$; Quotient Rule

23. $6x^2 + 22x - 15$; Product Rule

24. $y = 3x + 3$

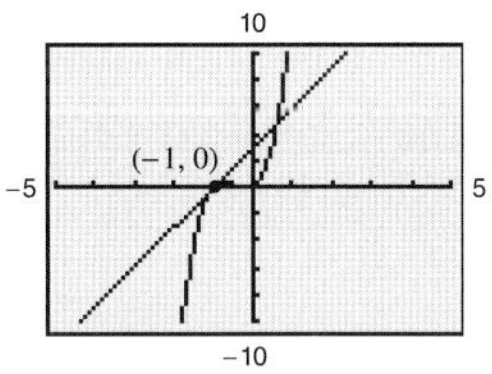

25. $y = -7x + 4$

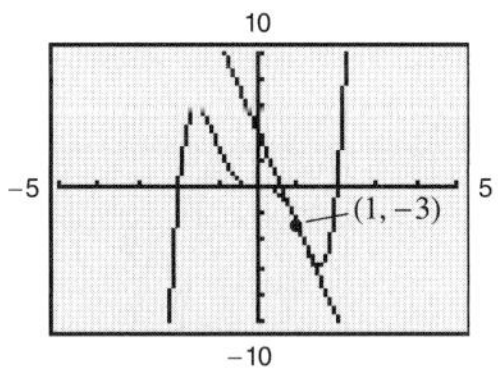

26. $y = \frac{1}{5}x + \frac{6}{5}$

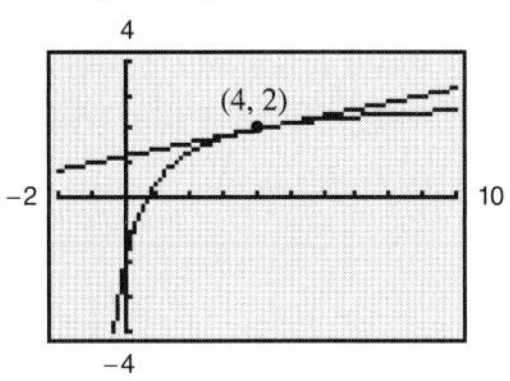

27. $y = \frac{31}{5}x + \frac{26}{5}$

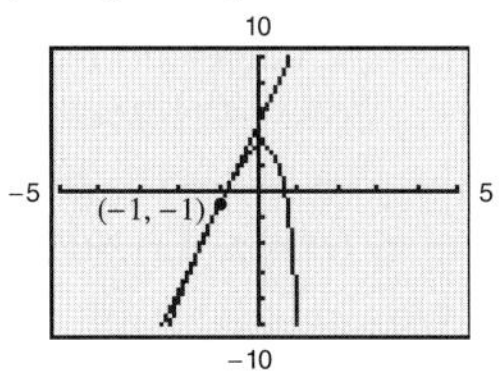

28. (0, 0), (2, 4)

29. (0, 0), $(\sqrt[3]{-4}, -2.117)$

30.

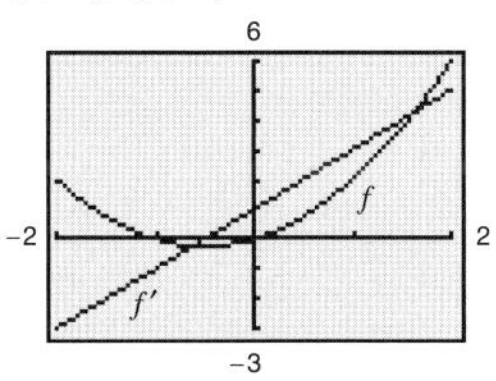

31.

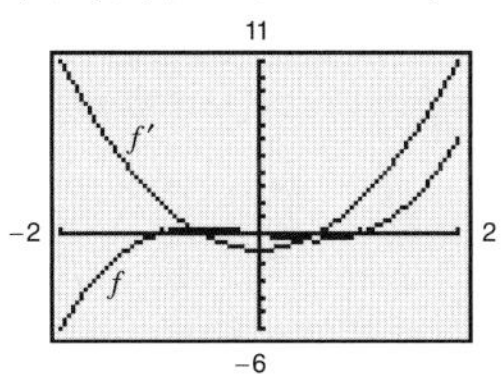

32. −1.87 units/dollar

33. 31.55 bacteria/h

34. (a) −0.480/wk (b) 0.120/wk (c) 0.015/wk

Each rate in parts (a), (b), and (c) is the rate at which the level of oxygen in the pond is changing at that particular time.

35. (a)

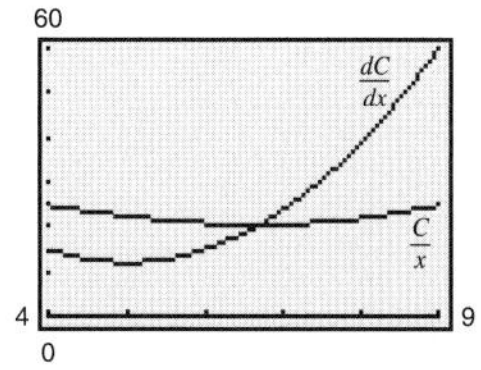

(b) At $x = 6.683$, $\frac{C}{x} = \frac{dC}{dx} \approx 20.50$.

So, the point of intersection is (6.683, 20.50). At this point the average cost is at a minimum.

36. (a) −38.125 (b) −10.37 (c) −3.80

Increasing the order size reduces the cost per item; An order size of 2000 should be chosen because the cost per item is the least when $x = 20$.

37. $f'(2) = 0$ **38.** $f'(2) = 14$

2.5절

	$y = f(g(x))$	$u = g(x)$	$y = f(u)$
1.	$y = (6x - 5)^4$	$u = 6x - 5$	$y = u^4$
2.	$y = \sqrt{5x - 2}$	$u = 5x - 2$	$y = \sqrt{u}$
3.	$y = (3x + 1)^{-1}$	$u = 3x + 1$	$y = u^{-1}$

4. $y' = 32x + 56$ **5.** $y' = -\dfrac{x}{\sqrt{3 - x^2}}$

6. $y' = \dfrac{40x^3 - 4}{3\sqrt[3]{5x^4 - 2x}}$ **7.** c **8.** b **9.** d

10. $6(2x - 7)^2$ **11.** $6x(6 - x^2)(2 - x^2)$ **12.** $\dfrac{1}{2\sqrt{t + 1}}$

13. $\dfrac{4t + 5}{2\sqrt{2t^2 + 5t + 2}}$ **14.** $\dfrac{54}{(2 - 9x)^4}$ **15.** $-\dfrac{7x}{\sqrt{(x^2 + 11)^9}}$

16. $y = 216x - 378$

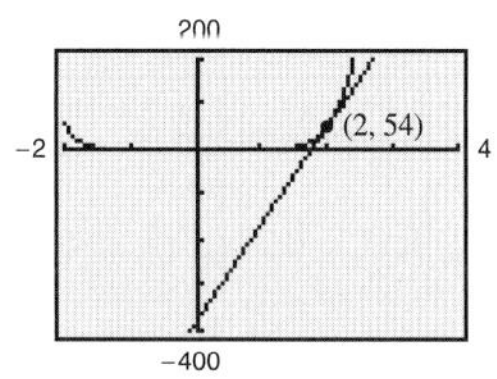

17. $y = \frac{8}{3}x - \frac{7}{3}$

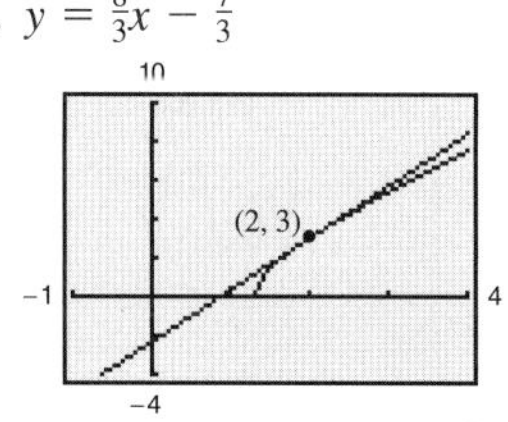

18. $y = x - 1$

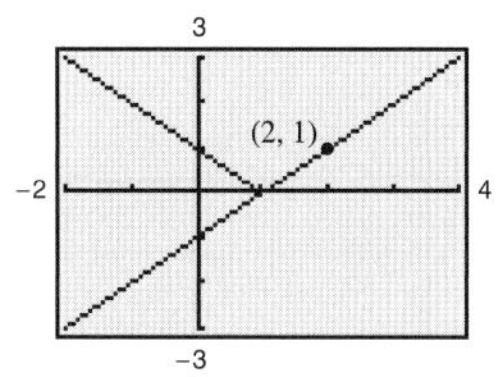

19. $f'(x) = \dfrac{1 - 3x^2 - 4x^{3/2}}{2\sqrt{x}(x^2 + 1)^2}$

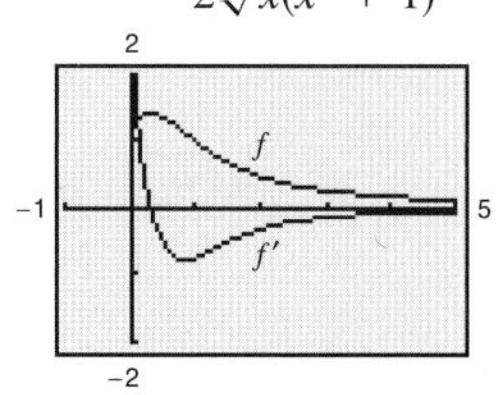

The zero of $f'(x)$ corresponds to the point on the graph of $f(x)$ where the tangent line is horizontal.

20. $f'(x) = -\dfrac{\sqrt{(x+1)/x}}{2x(x+1)}$

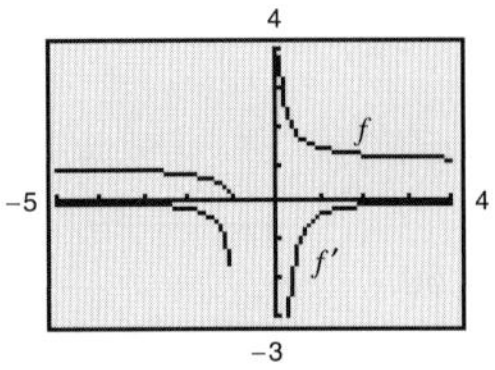

$f'(x)$ has no zeros.

In Exercises 21–28, the differentiation rule(s) used may vary. A sample answer is provided.

21. $\dfrac{2x}{(4-x^2)^2}$; Chain Rule

22. $\dfrac{5(t-8)}{(t+8)^3}$; Quotient Rule and Chain Rule

23. $-6(3x^2-x-3)$; Product Rule

24. $-\dfrac{1}{2(x+2)^{3/2}}$; Power Rule

25. $27(x-3)^2(4x-3)$; Product Rule and Chain Rule

26. $\dfrac{3(x+1)}{\sqrt{2x+3}}$; Product Rule and Chain Rule

27. $\dfrac{t(5t-8)}{2\sqrt{t-2}}$; Product Rule and Chain Rule

28. $\dfrac{2(6-5x)(5x^2-12x+5)}{(x^2-1)^3}$; Chain Rule and Quotient Rule

29. $y = 4x - 3$

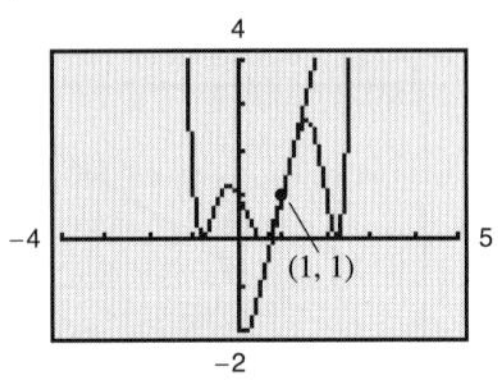

30. $y = \frac{8}{3}t + 4$

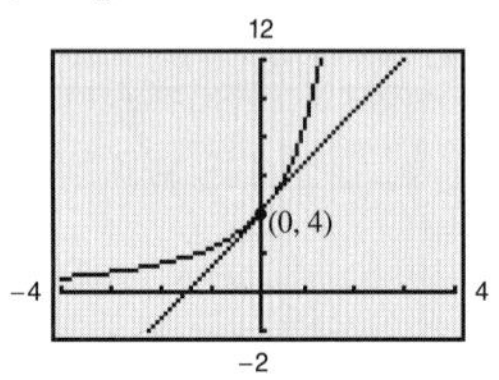

31. $y = -6t - 14$

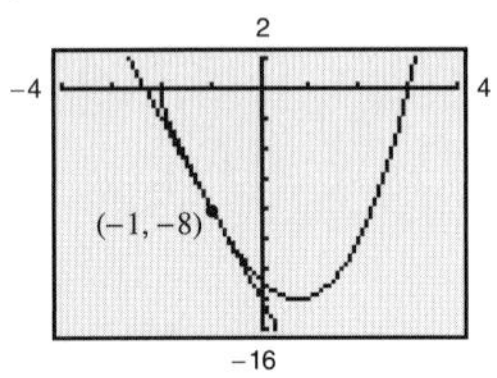

32. $y = -2x + 7$

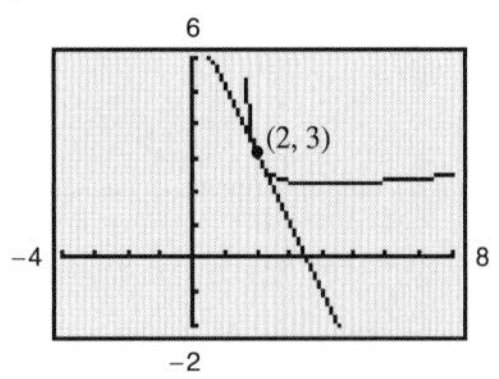

33. $\left(0, \sqrt[3]{4}\right)$ **34.** $(1, 1)$

35. (a) \$74.00 per 1%
(b) \$81.59 per 1%
(c) \$89.94 per 1%

36. $V = \dfrac{10{,}000}{\sqrt{t+1}}$; about $-\$1767.77$ per year; $-\$625.00$ per year

2.6절

1. 0 **2.** 2 **3.** $2t - 8$ **4.** $\dfrac{24}{t^5}$

5. $18(2-x^2)(5x^2-2)$ **6.** $\dfrac{4}{(x-1)^3}$

7. $60x^2 - 72x$ **8.** $120x + 360$ **9.** $-\dfrac{45}{x^7}$

10. 260 **11.** $-\dfrac{1}{648}$ **12.** 12 **13.** $4x$

14. $\dfrac{80}{x^6}$ **15.** $12x^2 + 4$

16. $f''(x) = 6(x-3) = 0$ at $x = 3$.

17. $f''(x) = \dfrac{x(2x^2-3)}{(x^2-1)^{3/2}} = 0$ at $x = \pm\dfrac{\sqrt{6}}{2}$.

18. (a) $s(t) = -4.9t^2 + 44.1t$ (b) $s(3) = 88.2$ m
$v(t) = -9.8t + 44.1$ $v(3) = 14.7$ m/sec
$a(t) = -9.8$ $a(3) = -9.8$ m/sec^2
(c) 4.5 sec; 99.225 m
(d) $v(9) = -44.1$ m/sec; This is the same speed as the initial velocity.

19.

t	0	10	20	30	40	50	60
v	0	13.75	18.33	20.63	22	22.92	23.57
$\dfrac{dv}{dt}$	2.75	0.69	0.31	0.17	0.11	0.08	0.06

As time increases, velocity increases and acceleration decreases.

20. (a)

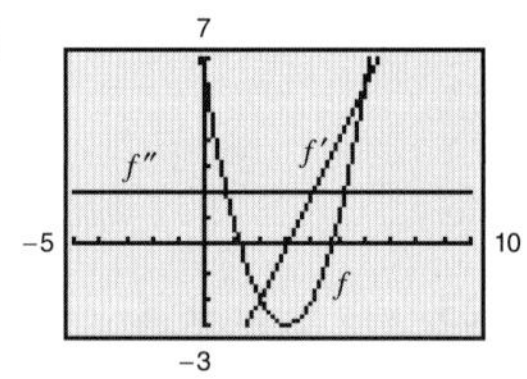

(b) The degree decreases by 1 for each successive derivative.

(c)

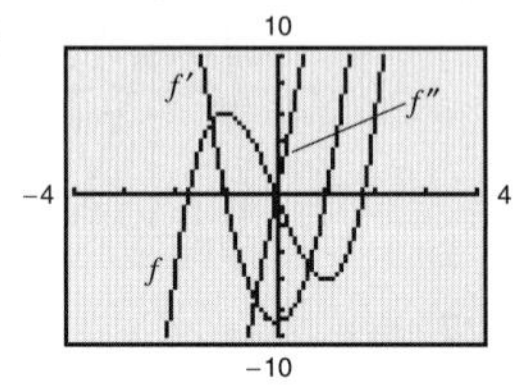

The degree decreases by 1 for each successive derivative.

(d) The degree decreases by 1 for each successive derivative.

21. (a) $y(t) = -21.944t^3 + 701.75t^2 - 6969.4t + 27{,}164$
(b) $y'(t) = -65.832t^2 + 1403.5t - 6969.4$
$y''(t) = -131.664t + 1403.5$
(c) $y'(t) > 0$ on $[8, 13]$
(d) 2010 $(t \approx 10.66)$

22. True

2.7절

1. $-\dfrac{3y}{x}$ **2.** $-\dfrac{x}{y}$ **3.** $\dfrac{6}{4y^3-2y+7}$ **4.** $-\dfrac{y^2+4y}{2xy+4x}$

5. $-\frac{1}{6}$ **6.** $\dfrac{4y^2+12}{2-8xy}$ **7.** 0 **8.** $-\frac{1}{4}$

9. Undefined **10.** -4 **11.** $-\frac{5}{4}$ **12.** $\frac{1}{4}$ **13.** $\frac{1}{3}$

14. 3 **15.** $-\sqrt{3}$ **16.** $-\frac{2}{3}$ **17.** $\dfrac{1}{2y}$; $-\dfrac{1}{2}$

18. At $(8, 6)$: $y = -\frac{4}{3}x + \frac{50}{3}$
At $(-6, 8)$: $y = \frac{3}{4}x + \frac{25}{2}$

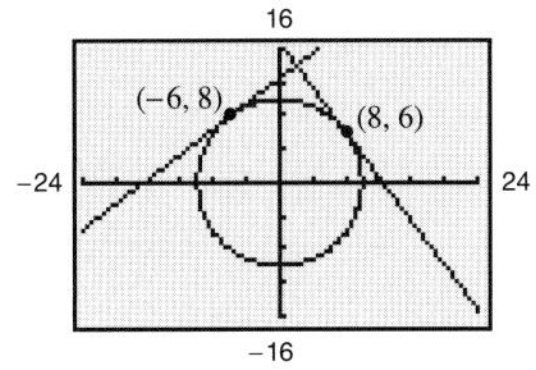

19. At $(1, \sqrt{5})$: $15x - 2\sqrt{5}y - 5 = 0$
At $(1, -\sqrt{5})$: $15x + 2\sqrt{5}y - 5 = 0$

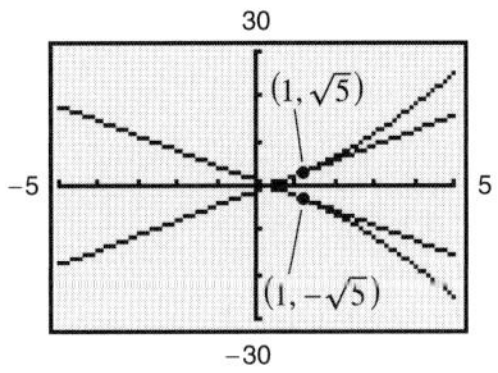

20. At $(0, 2)$: $y = 2$
At $(2, 0)$: $x = 2$

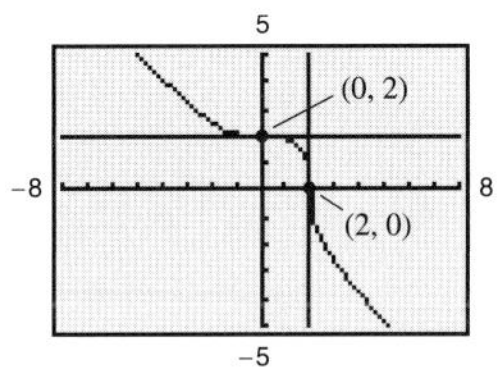

21. At $(2, 2)$: $y = 2x - 2$
At $(2, -2)$: $y = -2x + 2$

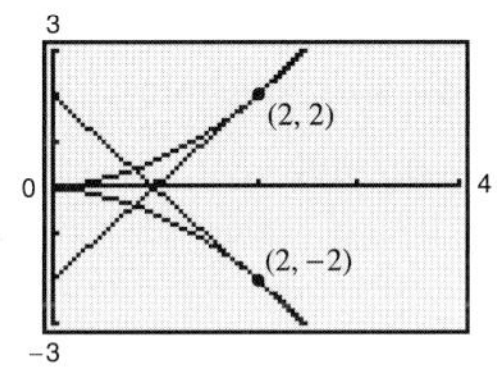

22. $-\dfrac{2}{p^2(0.00003x^2 + 0.1)}$ **23.** $-\dfrac{4xp}{2p^2 + 1}$

24. (a) -2
(b)

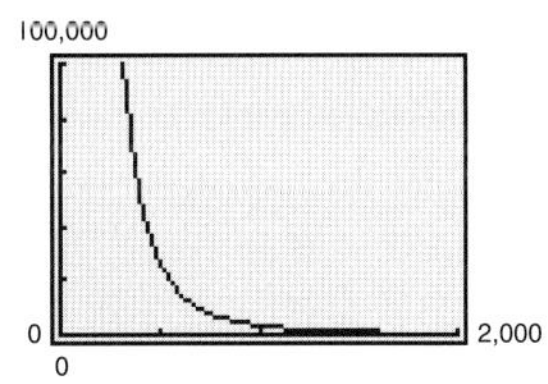

As more labor is used, less capital is available.
As more capital is used, less labor is available.

25. (a)

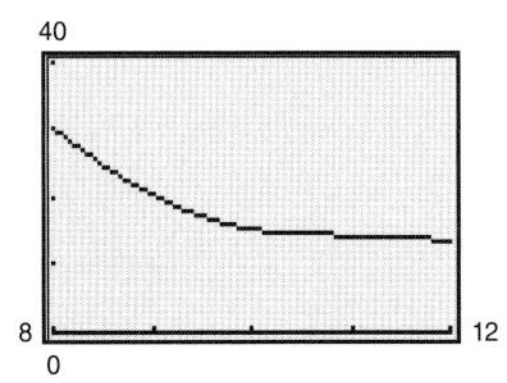

The numbers of cases of chickenpox decreases from 2008 to 2012.
(b) 2008
(c)

t	8	9	10	11	12
y	30.40	20.51	15.39	14.51	13.40
y'	-11.79	-7.71	-2.54	-0.06	-3.26

2008; The result is the same.

2.8절

1. (a) $\frac{3}{4}$ (b) 20 **2.** (a) $-\frac{5}{8}$ (b) $\frac{3}{2}$
3. (a) $36\pi\ \text{cm}^2/\text{min}$ (b) $144\pi\ \text{cm}^2/\text{min}$
4. No; If $\frac{dr}{dt}$ is constant, then $\frac{dA}{dt} = 2\pi r\frac{dr}{dt}$. So, $\frac{dA}{dt}$ is proportional to r.
5. (a) $\frac{5}{2\pi}$ m/min (b) $\frac{5}{8\pi}$ m/min
6. (a) \$112.50 per week
(b) \$7500 per week
(c) \$7387.5 per week
7. (a) \$13,800 per day
(b) \$6900 per day
8. (a) $72\ \text{cm}^3/\text{sec}$
(b) $1800\ \text{cm}^3/\text{sec}$
9. -1.25 m/sec; As $x \to 0$, $\frac{dx}{dt}$ increases. **10.** 416 km/h
11. (a) -1200 km/h (b) 20 min
12. About $1.96\ \text{m}^3/\text{min}$ **13.** 4 units/wk

복습문제

1. -2 **2.** 0
3. Answers will vary. Sample answer:
$t = 8$: slope ≈ 225; Revenue was increasing by about \$225 million per year in 2008.
$t = 10$: slope ≈ 350; Revenue was increasing by about \$350 million per year in 2010.
4. Answers will vary. Sample answer:
$t = 1$: slope ≈ 65; The number of visitors to the national park is increasing at about 65,000 visitors per month in January.
$t = 8$: slope ≈ 0; The number of visitors to the national park is neither increasing nor decreasing in August.
$t = 12$: slope ≈ -1000; The number of visitors to the national park is decreasing at about 1,000,000 visitors per month in December.
5. -3 **6.** 6 **7.** $\frac{1}{4}$ **8.** -1 **9.** 9
10. $-x + 2$ **11.** $\dfrac{1}{2\sqrt{x-5}}$ **12.** $-\dfrac{5}{x^2}$
13. All values except $x = -1$; The function has a vertical tangent at $x = -1$.
14. All values except $x = 0$; A function is not differentiable at a discontinuity.
15. 0 **16.** $7x^6$ **17.** $8x$ **18.** $\dfrac{15x^2}{4}$ **19.** $8x^3 + 6x$
20. $2x + 6$ **21.** -0.125 **22.** 5
23. (a) $y = 5x - 7$
(b) and (c)

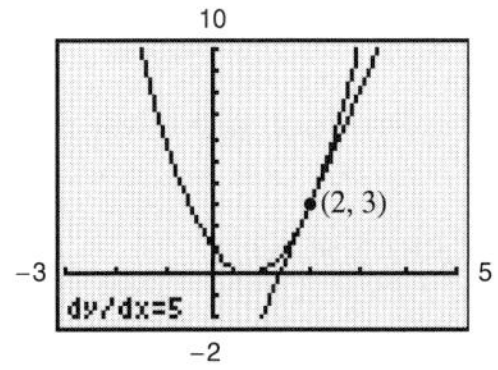

24. (a) $y = x - 1$

CHAPTER 2

(b) and (c)

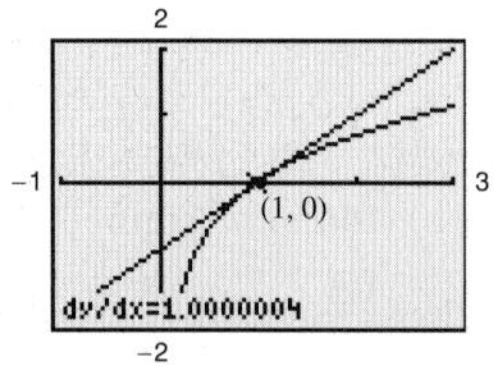

25. (a) 2008: $m \approx 218.8$
2010: $m \approx 359.0$
(b) Results should be similar.
(c) The slope shows the rate at which revenue was increasing or decreasing in a particular year.

26. Average rate of change: 4
Instantaneous rate of change at $t = -3$: 4
Instantaneous rate of change at $t = 1$: 4

27. Average rate of change: $\frac{3}{7}$
Instantaneous rate of change at $x = 1$: $\frac{2}{3}$
Instantaneous rate of change at $x = 8$: $\frac{1}{3}$

28. (a) -29.6 m/sec
(b) $t = 1$: -19.8 m/sec
$t = 3$: -39.4 m/sec
(c) 5.45 sec
(d) -63.4 m/sec

29. $\dfrac{dC}{dx} = 320$ **30.** $\dfrac{dC}{dx} = \dfrac{1.275}{\sqrt{x}}$

31. $\dfrac{dR}{dx} = -1.2x + 150$ **32.** $\dfrac{dR}{dx} = -12x^2 + 4x + 100$

33. $\dfrac{dP}{dx} = -0.0006x^2 + 12x - 1$

34. (a) \$10 (b) \$9.95
(c) Parts (a) and (b) differ by only \$0.05.

In Exercises 35–45, the differentiation rule(s) used may vary. A sample answer is provided.

35. $15x^2(1 - x^2)$; Power Rule

36. $16x^3 - 33x^2 + 12x$; Product Rule

37. $\dfrac{3}{(x+3)^2}$; Quotient Rule

38. $\dfrac{2(3 + 5x - 3x^2)}{(x^2+1)^2}$; Quotient Rule

39. $30x(5x^2 + 2)^2$; Chain Rule

40. $-\dfrac{1}{(x+1)^{3/2}}$; Quotient Rule

41. $\dfrac{2x^2 + 1}{\sqrt{x^2+1}}$; Product Rule

42. $80x^4 - 24x^2 + 1$; Product Rule

43. $18x^5(x + 1)(2x + 3)^2$; Chain Rule

44. $\dfrac{2x(x-7)^{1/5}(8x - 35)}{5}$; Product and Chain Rules

45. $\dfrac{3(9t+5)}{2\sqrt{3t+1}(1-3t)^3}$; Quotient Rule

46. (a) $t = 1$: -6.63 $t = 3$: -6.5
$t = 5$: -4.33 $t = 10$: -1.36

(b)

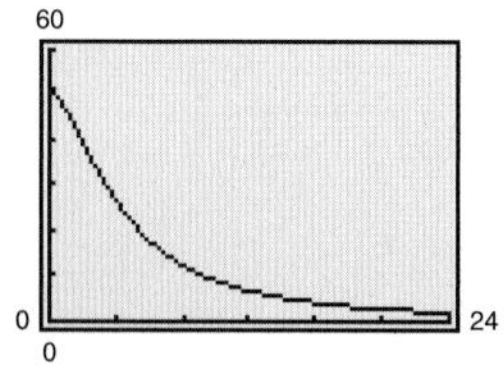

The rate of decrease is approaching zero.

47. 6 **48.** $\dfrac{360}{x^7}$ **49.** $\dfrac{15}{\sqrt{x}}$ **50.** $2 + \dfrac{6}{x^3}$

51. (a) $s(t) = -4.9t^2 + 1.5t + 10$; $\dfrac{ds}{dt} = -9.8t + 1.5$;
$\dfrac{d^2s}{dt^2} = -9.8$
(b) About 1.59 sec
(c) About -14.08 m/sec
(d) About -9.8 m/sec^2

52. $-\dfrac{2x + 3y}{3(x + y^2)}$ **53.** $\dfrac{2x - 8}{2y - 9}$ **54.** $y = \dfrac{1}{3}x + \dfrac{1}{3}$

55. $y = \frac{4}{3}x + \frac{2}{3}$

56. (a) 12π cm^2/min
(b) 40π cm^2/min

57. $\frac{1}{18}$ m/min

Chapter 3

3.1절

1. Increasing on $(-\infty, -1)$
Decreasing on $(-1, \infty)$

2. Increasing on $(-1, 0)$ and $(1, \infty)$
Decreasing on $(-\infty, -1)$ and $(0, 1)$

3. $y' > 0$ on $(-\infty, 0)$
$y' < 0$ on $(0, \infty)$

4. $y' < 0$ on $(-\infty, 2)$
$y' > 0$ on $(2, \infty)$

5. $x = \frac{3}{4}$ **6.** $x = 0,\ x = -3$ **7.** $x = \pm 5$

8. No critical numbers
Increasing on $(-\infty, \infty)$

9. Critical number: $x = 3$
Decreasing on $(-\infty, 3)$
Increasing on $(3, \infty)$

10. Critical number: $x = 1$
Increasing on $(-\infty, 1)$
Decreasing on $(1, \infty)$

11. Critical numbers: $x = -1,\ x = -\frac{5}{3}$
Increasing on $\left(-\infty, -\frac{5}{3}\right)$ and $(-1, \infty)$
Decreasing on $\left(-\frac{5}{3}, -1\right)$

12. Critical numbers: $x = 0,\ x = \frac{3}{2}$
Decreasing on $\left(-\infty, \frac{3}{2}\right)$
Increasing on $\left(\frac{3}{2}, \infty\right)$

13. Critical number: $x = -2$
Decreasing on $(-\infty, -2)$
Increasing on $(-2, \infty)$

14. Critical number: $x = \frac{1}{5}$
Increasing on $\left(-\infty, \frac{1}{5}\right)$ and $\left(\frac{1}{5}, \infty\right)$

15. Critical number: $x = 0$
Increasing on $(-\infty, 0)$ and $(0, \infty)$

16. Critical numbers: $x = 0,\ x = \pm 1$
Decreasing on $(-\infty, 0)$
Increasing on $(0, \infty)$

17. Critical number: $x = -2$
Increasing on $(-\infty, -2)$ and $(-2, \infty)$

18. Critical numbers: $x = -1,\ x = -\frac{2}{3}$
Decreasing on $\left(-1, -\frac{2}{3}\right)$
Increasing on $\left(-\frac{2}{3}, \infty\right)$

19. Critical numbers: $x = -3,\ x = 3$
Decreasing on $(-\infty, -3)$ and $(3, \infty)$
Increasing on $(-3, 3)$

20. No critical numbers
Discontinuity: $x = 5$
Decreasing on $(-\infty, 5)$ and $(5, \infty)$

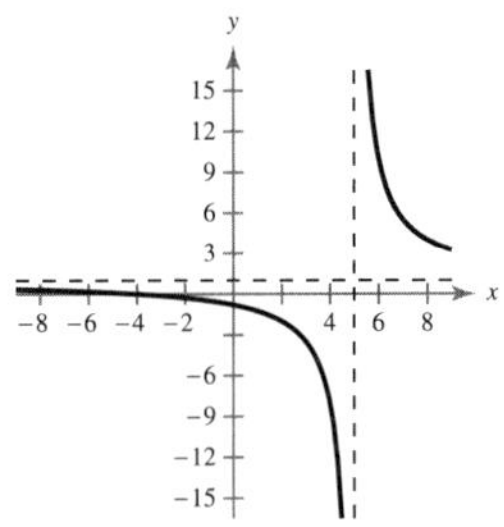

21. Critical number: $x = 1$
Discontinuity: $x = 0$
Decreasing on $(-\infty, 0)$ and $(0, 1)$
Increasing on $(1, \infty)$

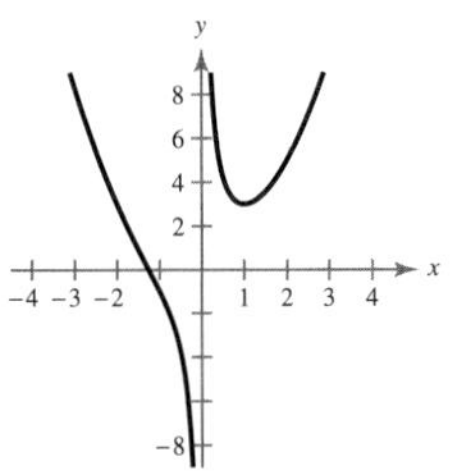

22. No critical numbers
Discontinuities: $x = \pm 4$
Increasing on $(-\infty, -4)$, $(-4, 4)$, and $(4, \infty)$

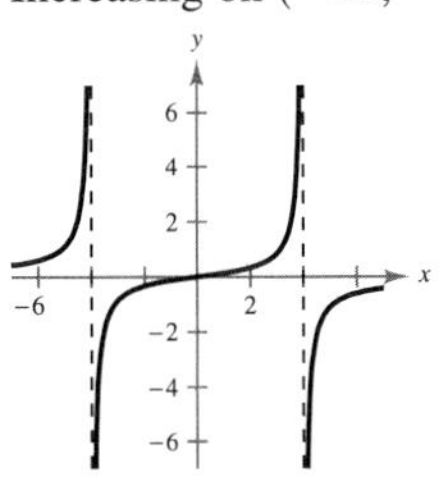

23. Critical number: $x = 0$
Discontinuity: $x = 0$
Increasing on $(-\infty, 0)$
Decreasing on $(0, \infty)$

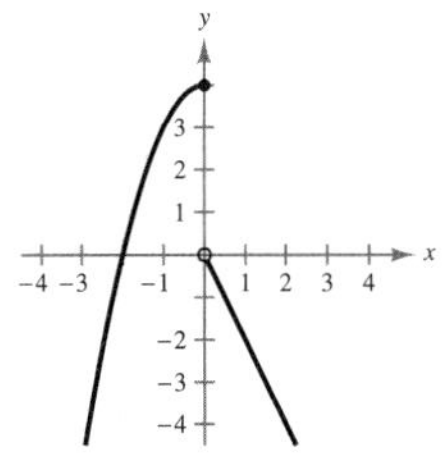

24. Critical numbers: $x = -1, x = 0$
Increasing on $(-\infty, -1)$ and $(0, \infty)$
Decreasing on $(-1, 0)$

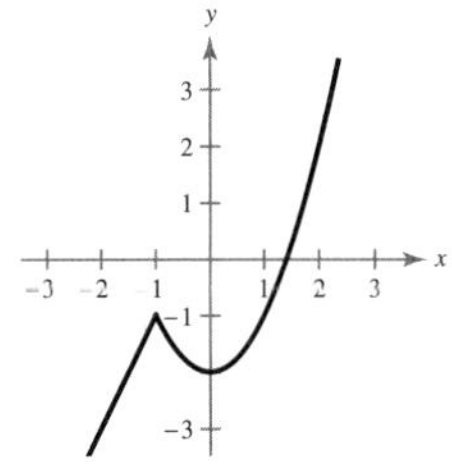

25. No critical numbers
$S'(t) = -0.386t + 5.39$
$S'(t) > 0$ on $(9, 13)$ so $S(t)$ is increasing on $(9, 13)$.

26. (a)

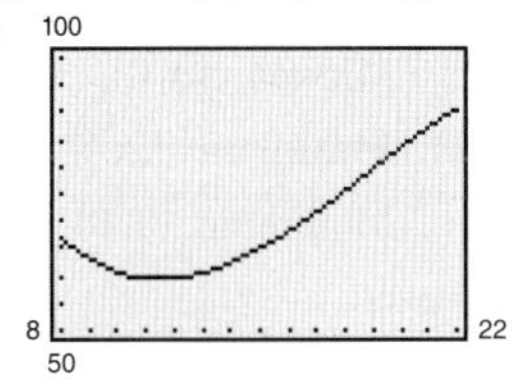

Decreasing from 1998 to 2001
Increasing from 2001 to 2012

(b) $y' = -0.0759t^2 + 2.862t - 22.63$
Critical number: $t = 11.3$
Therefore, the model is decreasing from 1998 to 2001 and increasing from 2001 to 2012.

27. (a) $P = -0.00005x^2 + 2.65x - 7500$
(b) Critical number: $x = 26{,}500$
Increasing on $(0, 26{,}500)$
Decreasing on $(26{,}500, 50{,}000)$
(c) 26,500 hamburgers; Because the function changes from increasing to decreasing at $x = 26{,}500$, the maximum profit occurs at this value.

3.2절

1. Relative maximum: $(1, 5)$ **2.** Relative minimum: $(3, -9)$
3. Relative minimum: $(9, -2187)$ **4.** No relative extrema
5. Relative maximum: $(0, 3)$
Relative minimum: $\left(\frac{4}{3}, -\frac{79}{27}\right)$
6. Relative maximum: $(-1, 2)$; Relative minimum: $(0, 0)$
7.

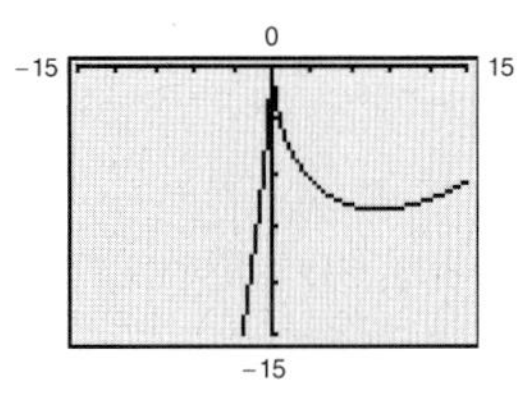

Relative maximum: $(0, 0)$
Relative minimum: $(8, -8)$

8.

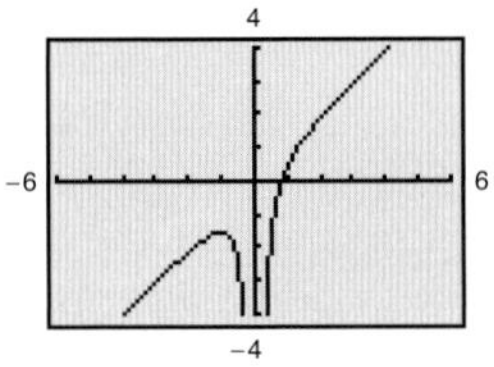

Relative maximum: $\left(-1, -\frac{3}{2}\right)$

9.

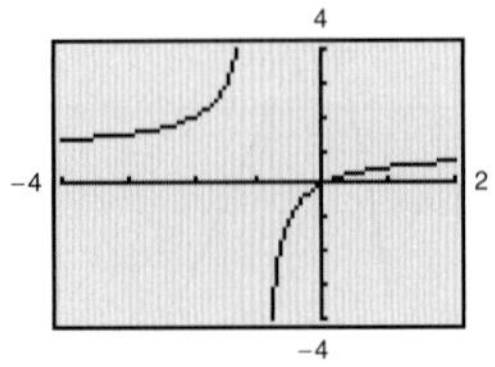

No relative extrema

10. Minimum: $(-1, 6)$
Maximum: $(-4, 15)$

11. Maximum: $(0, 5)$
Minimum: $(-3, -13)$

12. Minimum: $(4, -32)$
Maxima: $(0, 0), (6, 0)$

13. Maximum: $(2, 1)$
Minimum: $\left(0, \frac{1}{3}\right)$

14. Maxima: $(-2, -1), (1, -1)$
No minima

15. Maximum: $(-7, 4)$
Minimum: $(1, 0)$

16. 2, absolute maximum (and relative maximum)

17. 1, absolute maximum (and relative maximum);
2, absolute minimum (and relative minimum);
3, absolute maximum (and relative maximum)

18. Maximum: $(5, 7)$
Minimum: $(2.69, -5.55)$

19. Maximum: $(2, 2.\overline{6})$
Minima: $(0, 0), (3, 0)$

20. No relative minimum
Maximum: $(0, 8)$

21. Maximum: $\left(2, \frac{1}{2}\right)$
Minimum: $(0, 0)$

22. Answers will vary. Sample answer:

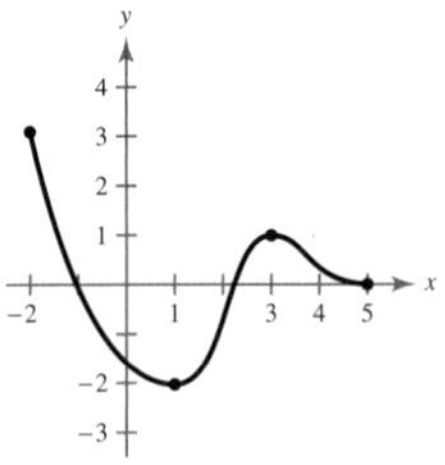

23. (a) Population tends to increase each year, so the minimum population occurred in 2000 and the maximum population occurred in 2013.
(b) Maximum population: 316.07 million
Minimum population: 281.8 million
(c) The minimum population was about 281.8 million in 2000 and the maximum population was about 316.07 million in 2013.

24. 82 units

25. 3500 bottles, \$2.25

3.3절

1. Sign of $f'(x)$ on $(0, 2)$ is positive.
Sign of $f''(x)$ on $(0, 2)$ is positive.

2. Sign of $f'(x)$ on $(0, 2)$ is negative.
Sign of $f''(x)$ on $(0, 2)$ is negative.

3. Concave downward on $(-\infty, \infty)$

4. Concave upward on $(-\infty, 1)$
Concave downward on $(1, \infty)$

5. Concave upward on $(-\infty, -1)$ and $(1, \infty)$
Concave downward on $(-1, 1)$

6. Concave upward on $(-\infty, -2)$ and $(2, \infty)$
Concave downward on $(-2, 2)$

7. Concave downward on $(-\infty, 3)$
Concave upward on $(3, \infty)$
Point of inflection: $(3, 0)$

8. Concave downward on $\left(-\infty, \frac{1}{2}\right)$
Concave upward on $\left(\frac{1}{2}, \infty\right)$
Point of inflection: $\left(\frac{1}{2}, -\frac{3}{2}\right)$

9. Concave downward on $(-\infty, \infty)$
No inflection points

10. Concave upward on $(-\infty, 2)$ and $(4, \infty)$
Concave downward on $(2, 4)$
Points of inflection: $(2, -16), (4, 0)$

11. Relative maximum: $(3, 9)$

12. Relative minimum: $(3, -25)$

13. Relative minimum: $(0, -3)$

14. Relative minimum: $(0, 1)$

15. Relative maximum: $(0, 3)$

16. Relative maximum: $(0, 4)$

17. No relative extrema

18. Relative maximum: $(2, 9)$
Relative minimum: $(0, 5)$

19. Relative maximum: $(0, 0)$
Relative minima: $(-0.5, -0.052), (1, -0.\overline{3})$

20. Relative maximum: $(-2, 16)$
Relative minimum: $(2, -16)$
Point of inflection: $(0, 0)$

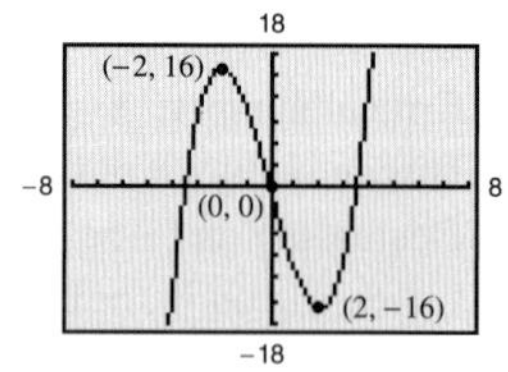

21. No relative maximum
Relative minimum: $(4, 4)$
Point of inflection:
$\left(12, \frac{8\sqrt{3}}{3}\right)$

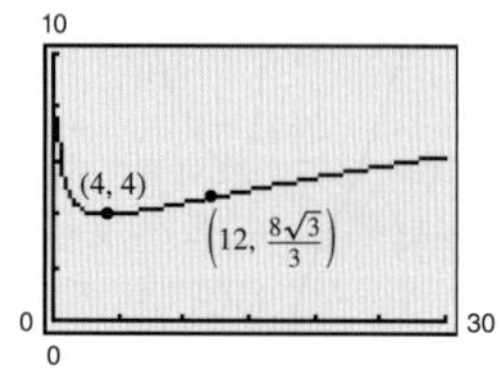

22. Relative maximum: $(0, 0)$
Relative minima: $(\pm 2, -4)$
Points of inflection:
$\left(\pm\frac{2\sqrt{3}}{3}, -\frac{20}{9}\right)$

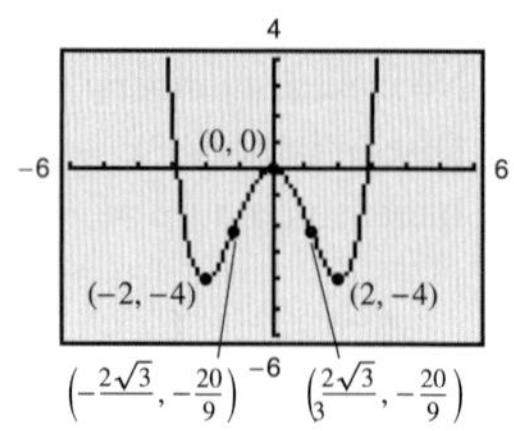

23. Relative maximum: $(-5, 0)$
Relative minimum: $(-3, -4)$
Point of inflection: $(-4, -2)$

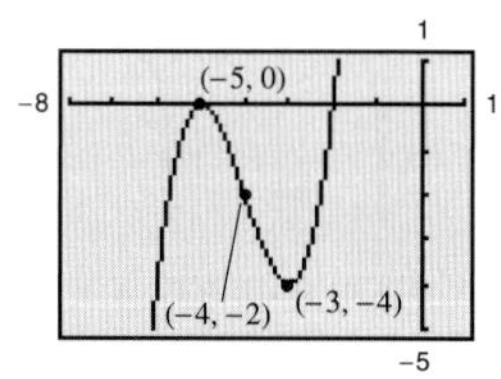

24. Relative minimum: $(-2, -2)$
No inflection points

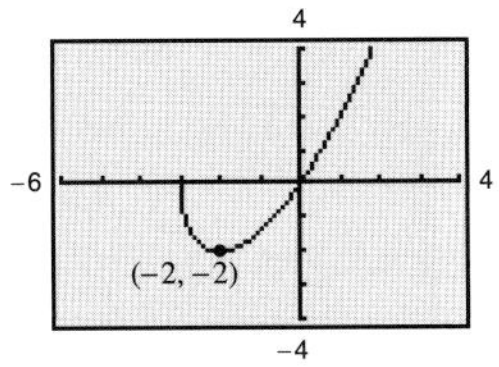

25. Relative maximum: $(0, 4)$
Points of inflection:
$\left(\pm\dfrac{\sqrt{3}}{3}, 3\right)$

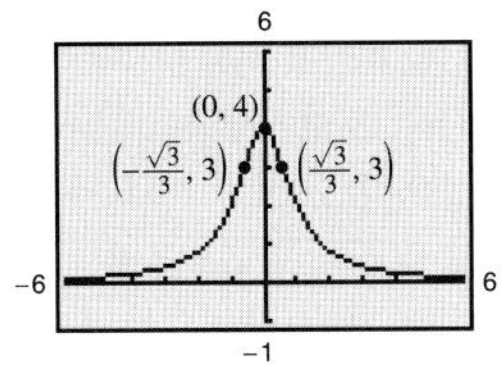

26. Answers will vary. Sample answer:

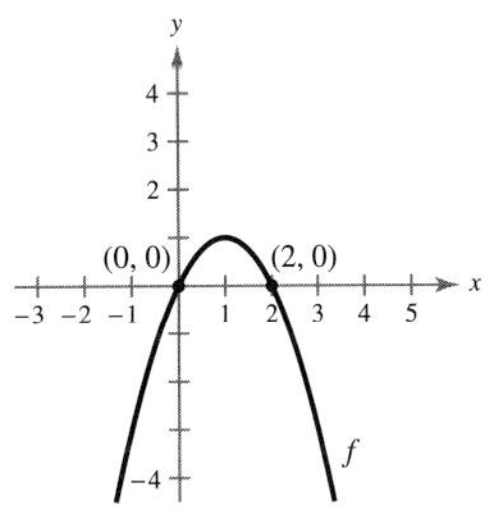

27. Answers will vary. Sample answer:

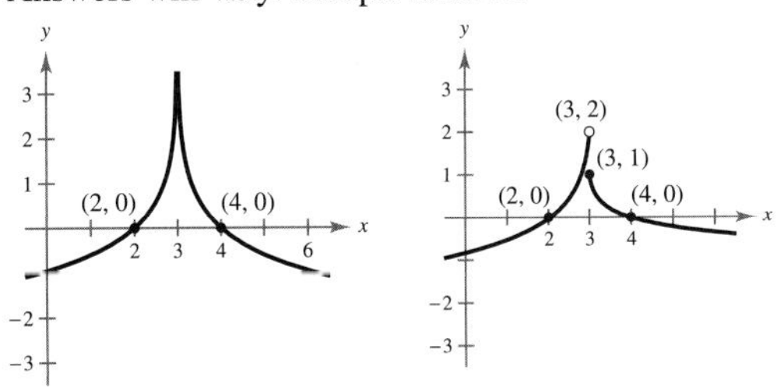

28.

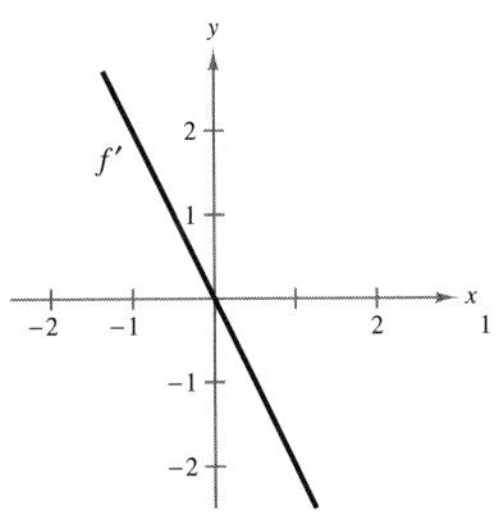

(a) f': Positive on $(-\infty, 0)$
f: Increasing on $(-\infty, 0)$
(b) f': Negative on $(0, \infty)$
f: Decreasing on $(0, \infty)$
(c) f': Not increasing
f: Not concave upward
(d) f': Decreasing on $(-\infty, \infty)$
f: Concave downward on $(-\infty, \infty)$

29. (a) f': Increasing on $(-\infty, \infty)$
(b) f: Concave upward on $(-\infty, \infty)$
(c) Relative minimum: $x = -2.5$
No inflection points

30. (a) f': Increasing on $(-\infty, 1)$
Decreasing on $(1, \infty)$
(b) f: Concave upward on $(-\infty, 1)$
Concave downward on $(1, \infty)$
(c) No relative extrema
Point of inflection: $x = 1$

31. $(200, 320)$ **32.** 8:30 P.M.

33.

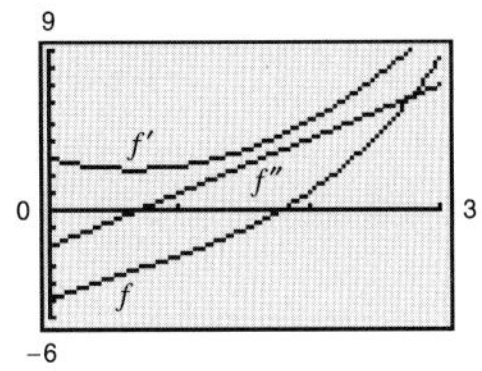

Relative minimum: $(0, -5)$
Relative maximum: $(3, 8.5)$
Point of inflection:
$\left(\frac{2}{3}, -3.2963\right)$

When f' is positive, f is increasing. When f' is negative, f is decreasing. When f'' is positive, f is concave upward. When f'' is negative, f is concave downward.

34.

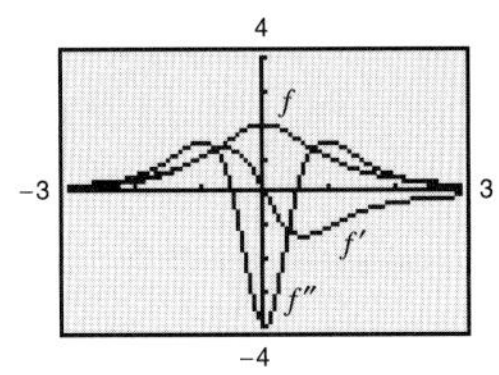

Relative maximum: $(0, 2)$
Points of inflection:
$(0.58, 1.5), (-0.58, 1.5)$

When f' is positive, f is increasing. When f' is negative, f is decreasing. When f'' is positive, f is concave upward. When f'' is negative, f is concave downward.

35. 120 units

36. (a)

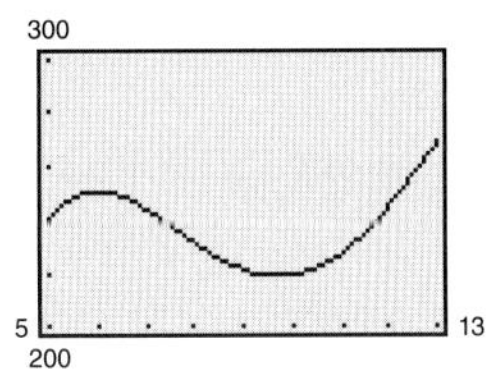

(b) 2010
(c) 2013
(d) Greatest: 2013
Least: 2008

37. (a)

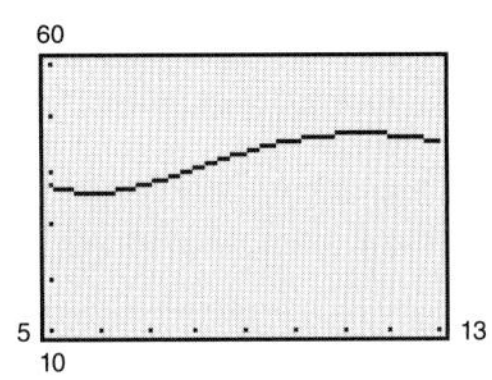

(b) Concave upward on $(5, 8.0903)$
Concave downward on $(8.0903, 13)$
(c) Point of inflection: $(8.0903, 40.7015)$
(d) The point of inflection is where the change in the population living below poverty starts to decrease.

38. Answers will vary. Sample answer:

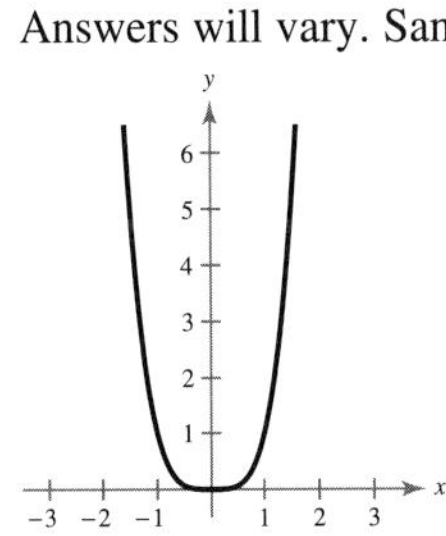

$f(x) = x^4$
$f''(x) = 12x^2$
So $f''(0) = 0$, but $(0, 0)$ is not a point of inflection.

3.4절

1. $l = w = 20$ m **2.** $l = w = 7$ m

3. $x = 6$ m, $y = 8$ m

4. (a) Proof

(b) $V_1 = 99\ \text{cm}^3$

$V_2 = 125\ \text{cm}^3$

$V_3 = 117\ \text{cm}^3$

(c) 5 cm × 5 cm × 5 cm

5. (a) $l = w = h = 20$ cm

(b) $2400\ \text{cm}^2$

6. Width of rectangle: $\dfrac{100}{\pi} \approx 31.8$ m

Length of rectangle: 50 m

7. $l = w = 2\sqrt[3]{5} \approx 3.42$

$h = 4\sqrt[3]{5} \approx 6.84$

8. $V = 16\ \text{cm}^3$ **9.** 9 cm by 9 cm

10. Length: 3 units

Width: 1.5 units

11. Length: $5\sqrt{2}$ units

Width: $\dfrac{5\sqrt{2}}{2}$ units

12. Radius: about 3.39 cm

Height: about 6.76 cm

13. (1, 1) **14.** $\left(3.5, \dfrac{\sqrt{14}}{2}\right)$ **15.** 46 cm × 46 cm × 92 cm

16. Radius: $\sqrt[3]{\dfrac{750}{\pi}} \approx 6.204$ m

Height: about 24.808 m

17. Radius of circle: $\dfrac{8}{\pi + 4}$

Side of square: $\dfrac{16}{\pi + 4}$

18. (a) $A(x) = \left(1 + \dfrac{4}{\pi}\right)x^2 - \dfrac{8}{\pi}x + \dfrac{4}{\pi}$

(b) $0 \le x \le 1$

(c)

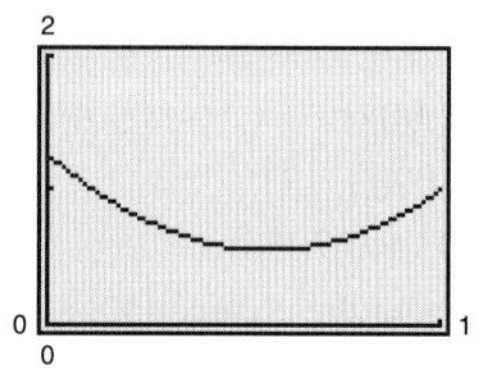

(d) The total area is minimum when 2.24 meters is used for the square and 1.76 meters is used for the circle.

The total area is maximum when all 4 meters is used for the circle.

19. about 2.7 weeks; about 4333.3 liters; about \$4212

3.5절

1. 2000 units **2.** 150 units **3.** 200 units

4. 50 units **5.** \$60 **6.** \$40

7. 3 units

$\overline{C}(3) = 17$; $\dfrac{dC}{dx} = 4x + 5$; When $x = 3$, $\dfrac{dC}{dx} = 17$.

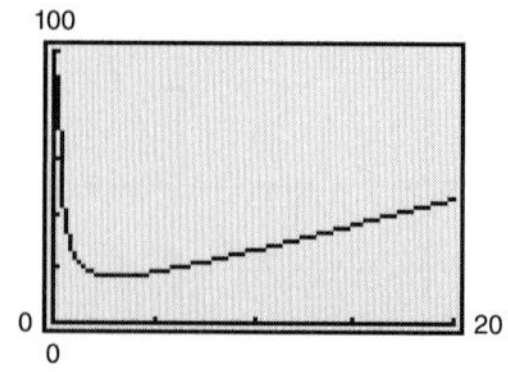

8. (a) \$55 (b) \$30.32

9. The maximum profit occurs when $s = 10$ (or \$10,000).

The point of diminishing returns occurs at $s = \frac{35}{6}$ (or \$5833.33).

10. 350 players **11.** \$50

12. C = cost under water + cost on land

$= 80(1000)\sqrt{x^2 + 0.25} + 60(1000)(6 - x)$

$= 80{,}000\sqrt{x^2 + 0.25} + 360{,}000 - 60{,}000x$

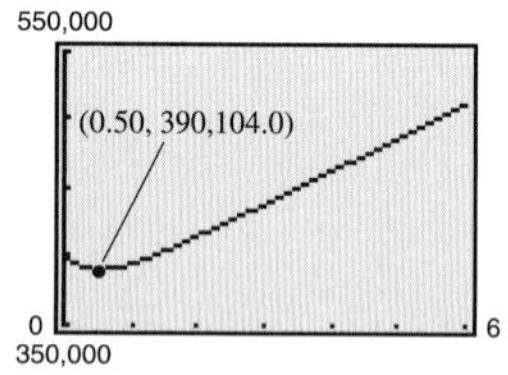

$x \approx 0.50$

The line should run from the power station to a point across the river approximately 0.50 meter downstream.

13. $v \approx 102$ km/h

14. -1, unit elastic

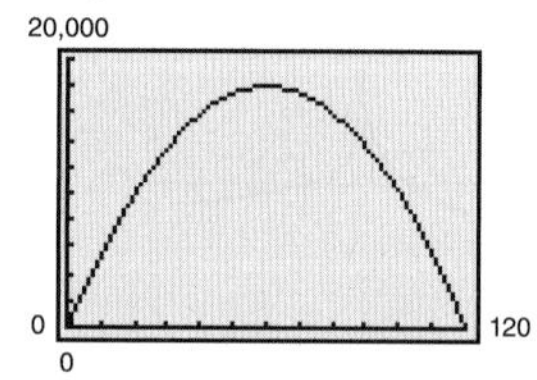

Elastic: (0, 60)

Inelastic: (60, 120)

15. $-\frac{2}{3}$, inelastic

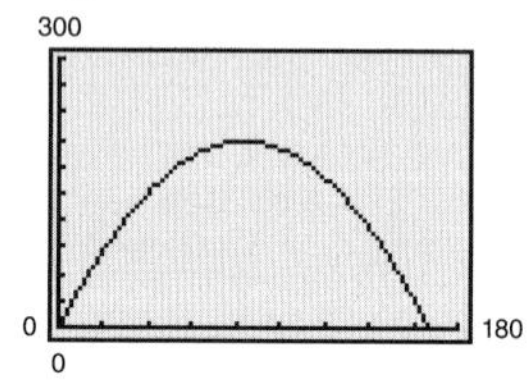

Elastic: $\left(0, 83\frac{1}{3}\right)$

Inelastic: $\left(83\frac{1}{3}, 166\frac{2}{3}\right)$

16. $-\frac{25}{23}$, elastic

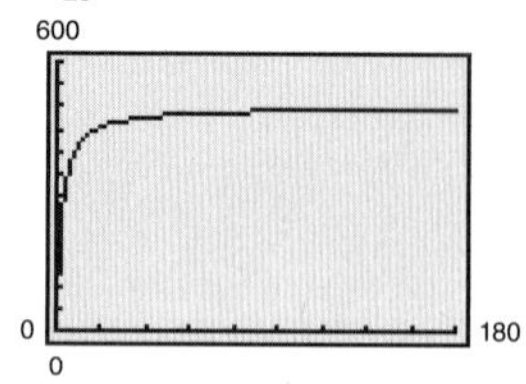

Elastic: $(0, \infty)$

17. (a) Elastic: $[0, 500)$

Unit elasticity: $x = 500$

Inelastic: $(500, 1000]$

(b) The revenue function increases on the interval $[0, 500)$, then is flat at 500, and decreases on the interval $(500, 1000]$.

18. 500 units ($x = 5$)

19. No; When $p = 8$, $x = 540$ and $\eta = -\frac{2}{3}$.

Because $|\eta| = \frac{2}{3} < 1$, demand is inelastic.

20. (a) Maximum sales: 2011
Minimum sales: 2004
(b) 2006
(c) 2013
(d)

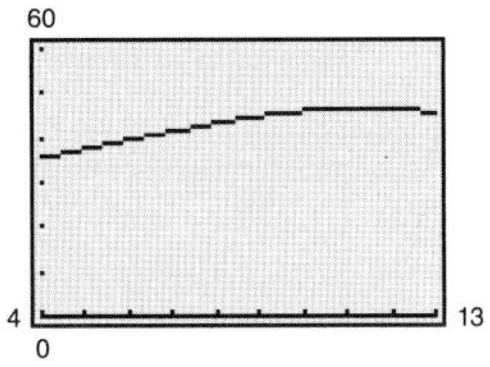

21. Proof

3.6절

1. Vertical asymptote: $x = 0$
Horizontal asymptote: $y = 1$

2. Vertical asymptotes: $x = -1, x = 2$
Horizontal asymptote: $y = 1$

3. Vertical asymptote: none
Horizontal asymptote: $y = \frac{3}{2}$

4. ∞ **5.** $-\infty$ **6.** ∞ **7.** $x = 0, x = -3$

8. $x = -3$ **9.** $x = 4$ **10.** ∞ **11.** $-\infty$

12. ∞ **13.** 1 **14.** -8 **15.** $y = 2$

16. $y = 0$ **17.** No horizontal asymptote

18. $y = 5$ **19.** d **20.** a

21. (a) ∞ (b) 5 (c) 0

22. (a) 0 (b) 1 (c) ∞

23.

x	10^0	10^1	10^2	10^3
$f(x)$	0.646	11.718	800.003	29,622.777

x	10^4	10^5	10^6
$f(x)$	980,000	31,422,776.6	998,000,000

$\lim_{x \to \infty} \sqrt{x^3 + 6} = 2x = \infty$

24.

x	10^0	10^1	10^2	10^3
$f(x)$	2.000	0.348	0.101	0.032

x	10^4	10^5	10^6
$f(x)$	0.010	0.003	0.001

$\lim_{x \to \infty} \frac{x + 1}{x\sqrt{x}} = 0$

25.

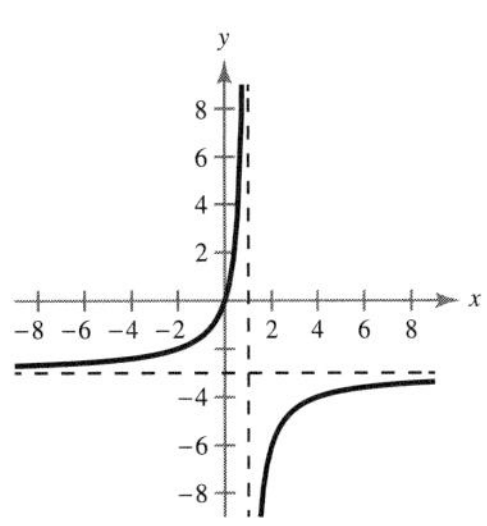

26.

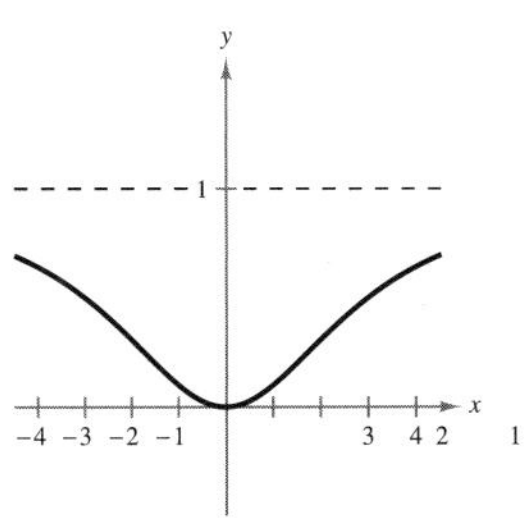

27.

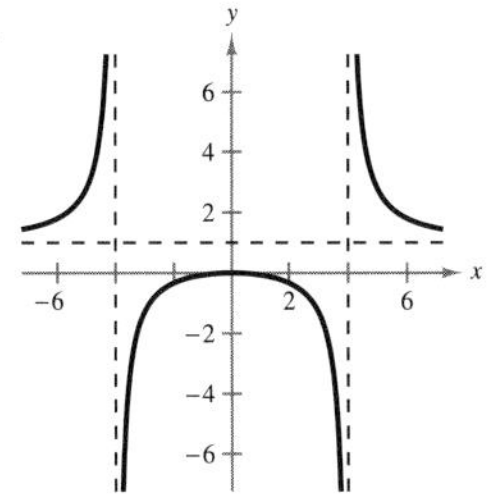

28.

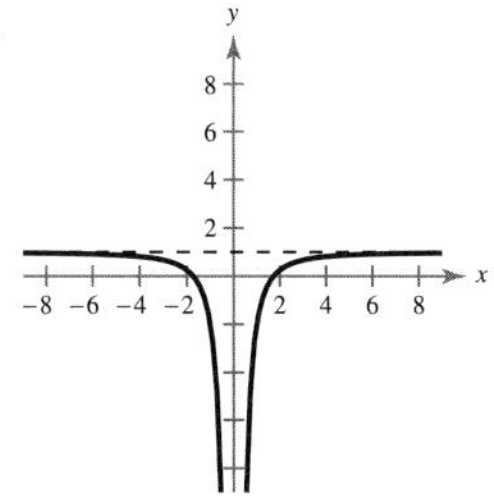

29.

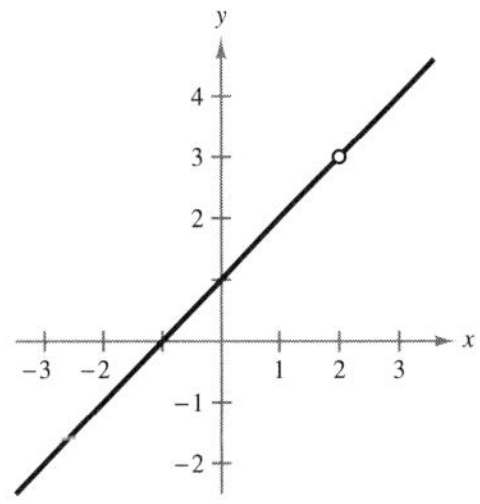

30.

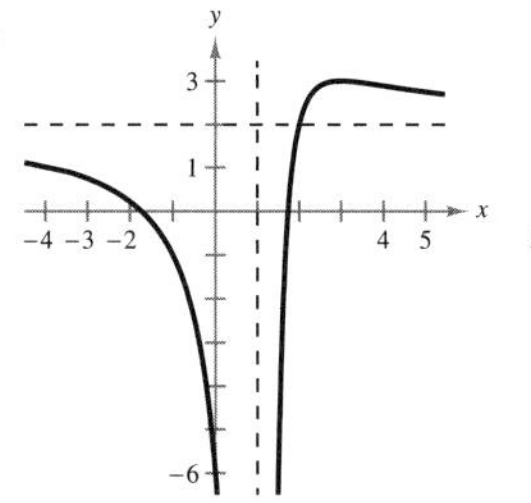

31.

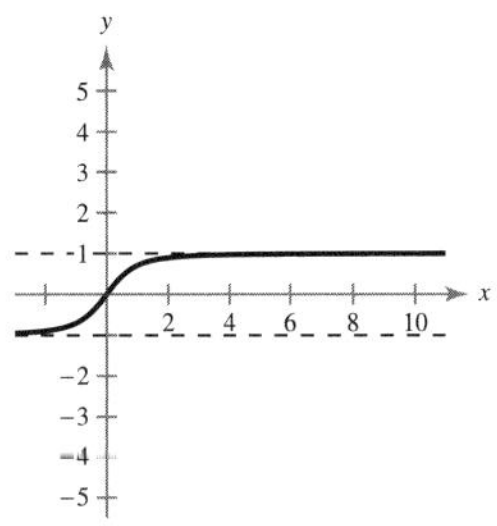

32. (a) $\overline{C} = 1.15 + \frac{6000}{x}$
(b) $\overline{C}(600) = 11.15$;
$\overline{C}(6000) = 2.15$
(c) \$1.15; The cost approaches \$1.15 as the number of units produced increases.

33. (a) $P = 35.4 - \frac{15,000}{x}$
(b) $\overline{P}(1000) = \$20.40$; $\overline{P}(10,000) = \$33.90$;
$\overline{P}(100,000) = \$35.25$
(c) \$35.40; Explanations will vary.

34. (a) 25%: \$176 million; 50%: \$528 million;
75%: \$1584 million
(b) ∞; The limit does not exist, which means the cost increases without bound as the government approaches 100% seizure of the illegal drug entering the country.

35. (a)

n	1	2	3	4	5
P	0.5	0.74	0.82	0.86	0.89

n	6	7	8	9	10
P	0.91	0.92	0.93	0.94	0.95

(b) 1
(c)

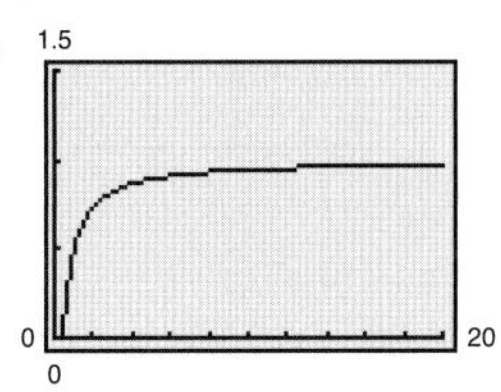

The percent of correct responses approaches 100% as the number of times the task is performed increases.

3.7절

1.

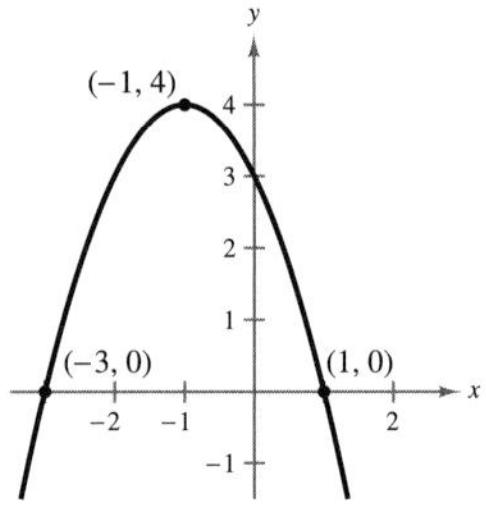

2.

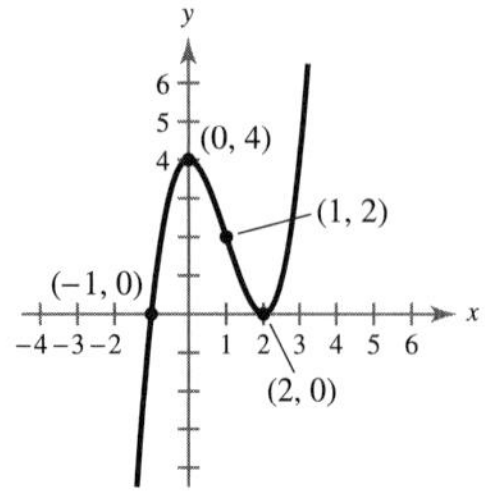

3.

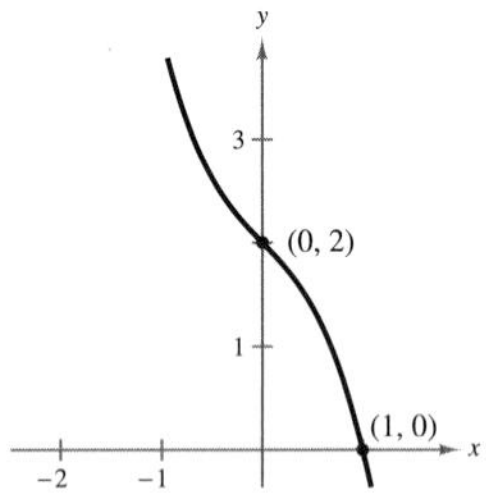

4.

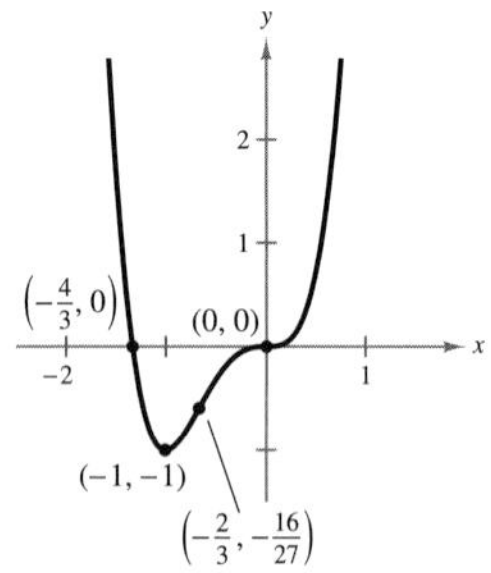

5.

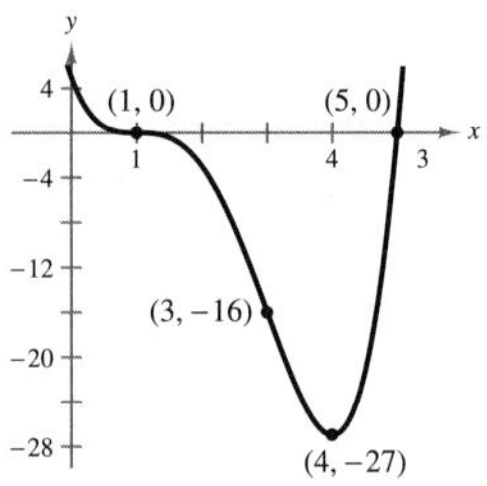

6.

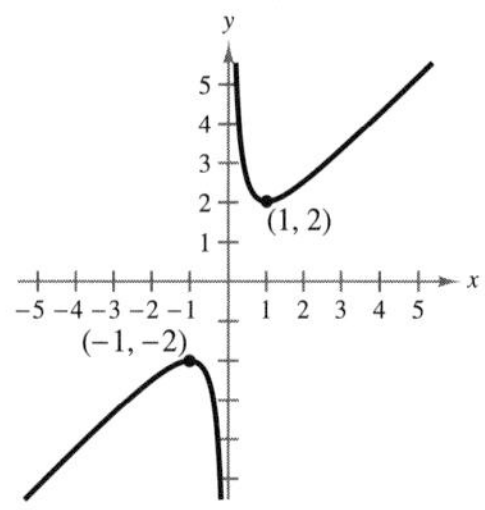

7.

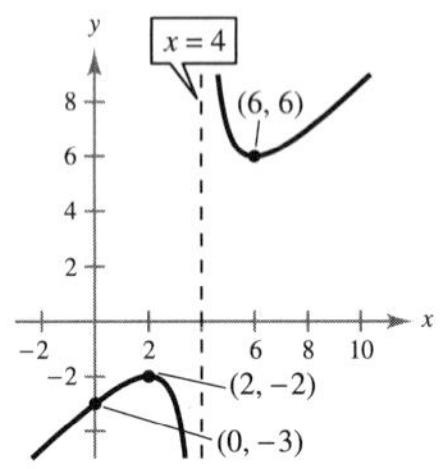

8.

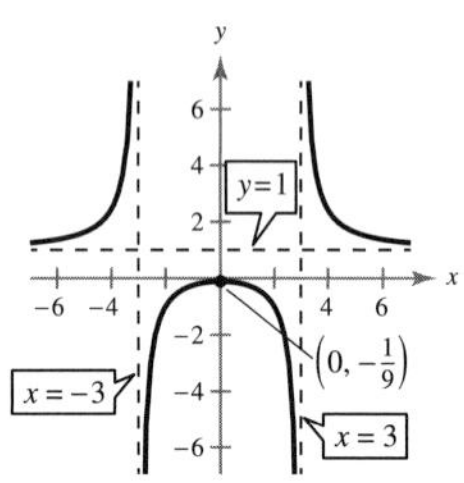

9.

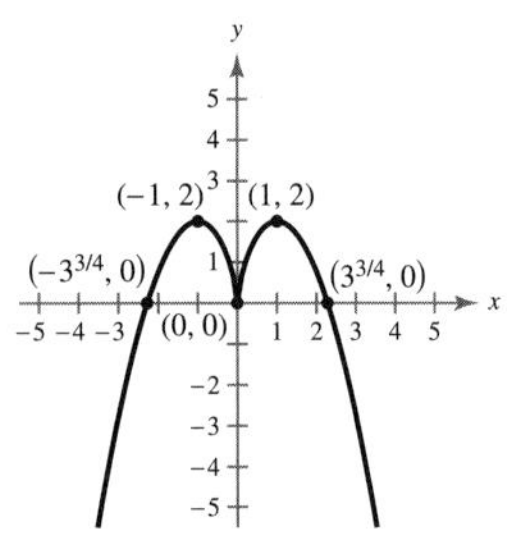

10.

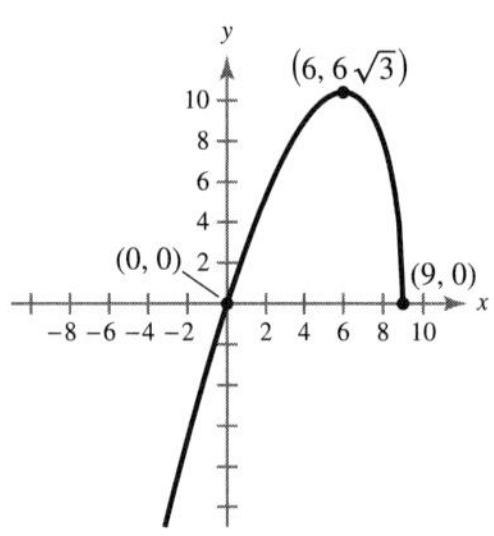

11.

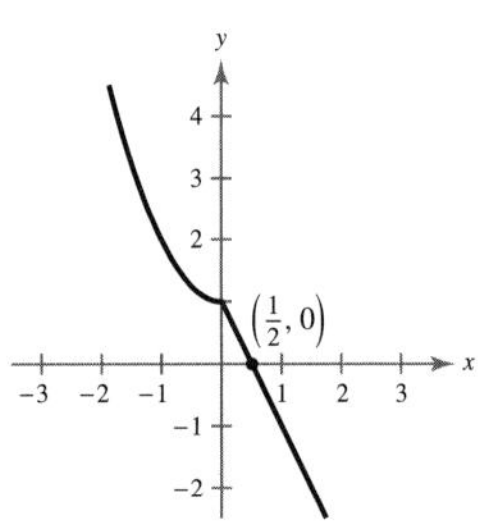

12.

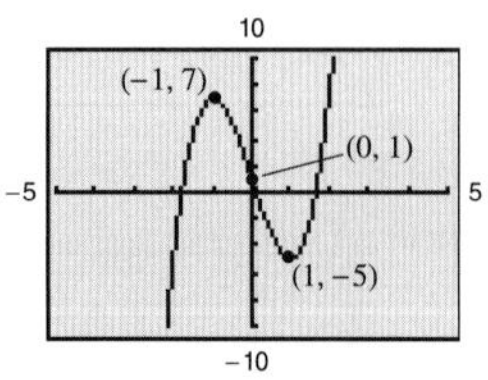

13.

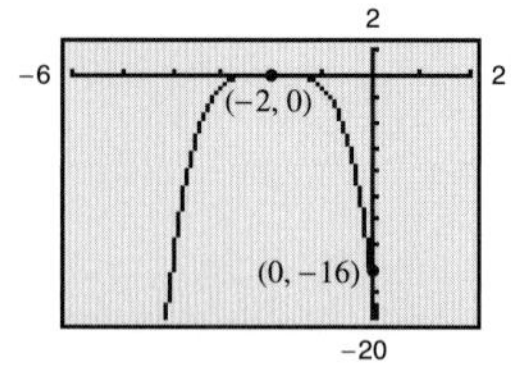

14.

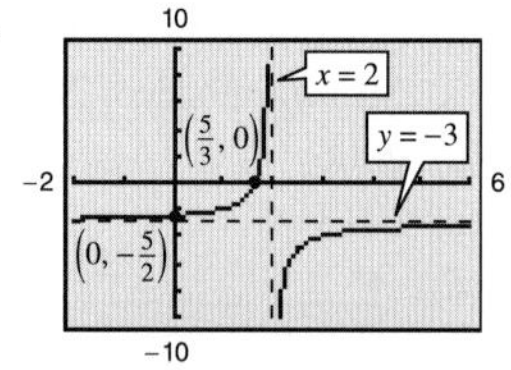

15.

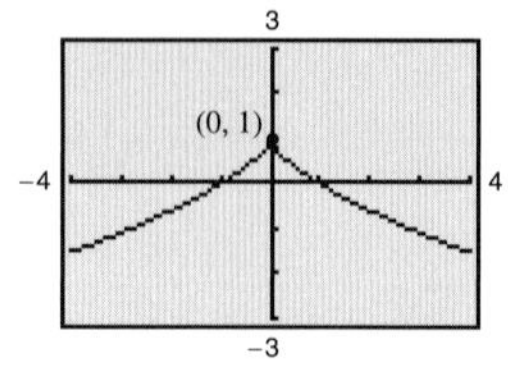

16.

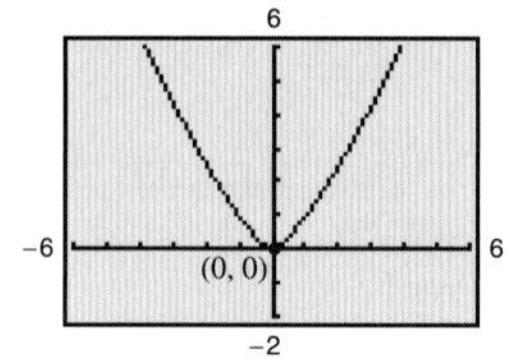

17.

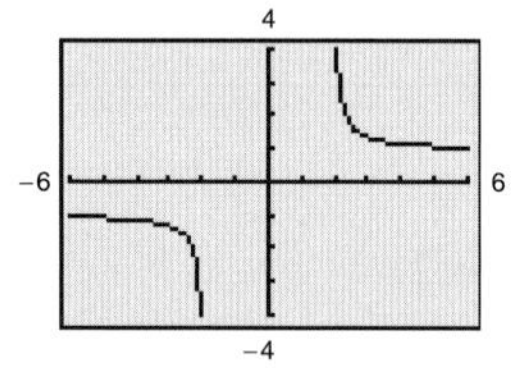

18.

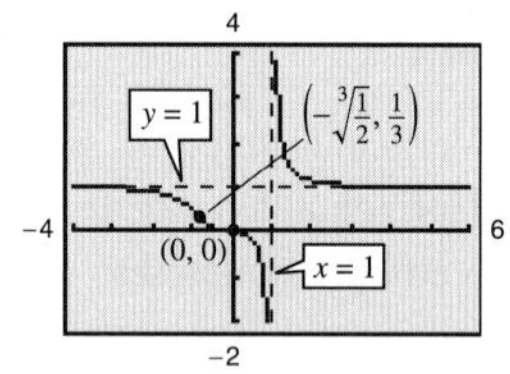

19. Answers will vary.
Sample answer:

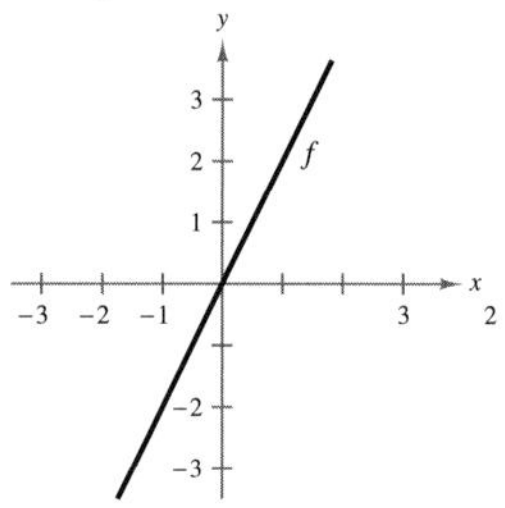

20. Answers will vary.
Sample answer:

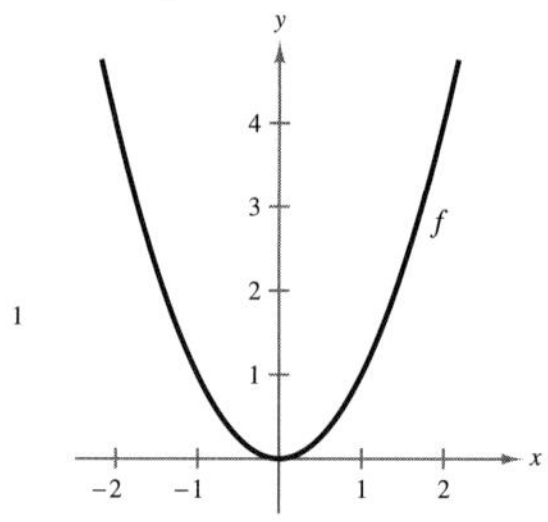

21. Answers will vary. Sample answer:

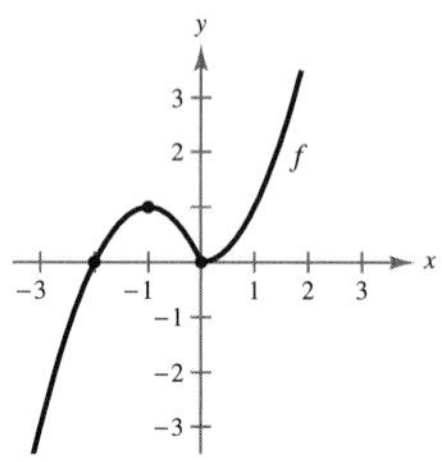

22. Answers will vary. Sample answer: $y = \dfrac{1}{x - 3}$

23. (a)

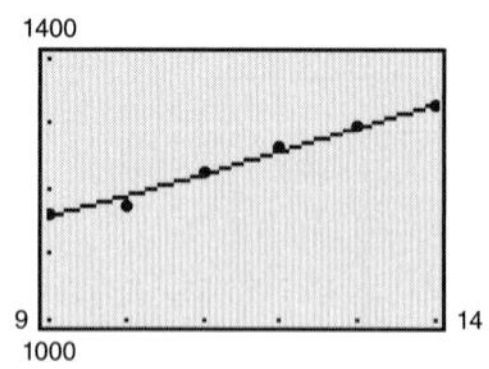

The model fits the data well.

(b) \$1470.32

(c) Yes, because the benefits continue to increase at a steady rate for the next several hundred years.

24.

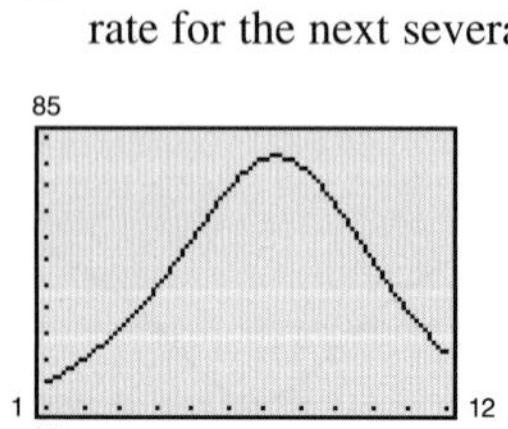

Absolute maximum: (7, 80.69)

Absolute minimum: $(1, 35.10)$
The maximum temperature of 80.69°F occurs in July.
The minimum temperature of 35.10°F occurs in January.

25.

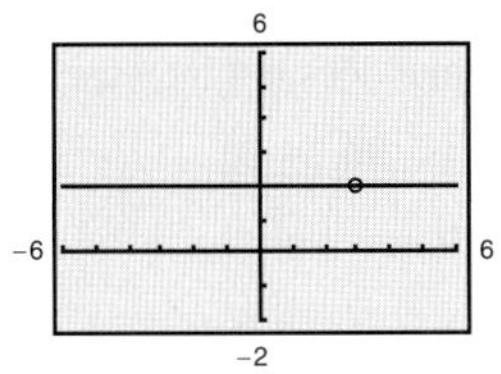

The rational function has the common factor $3 - x$ in the numerator and denominator. At $x = 3$, there is a hole in the graph, not a vertical asymptote.

26. (a) $f(x) = \dfrac{x^2 - 2x + 4}{x - 2} = \dfrac{x^2 - 2x}{x - 2} + \dfrac{4}{x - 2}$

$= \dfrac{x(x - 2)}{x - 2} + \dfrac{4}{x - 2} = x + \dfrac{4}{x - 2}$

(b)

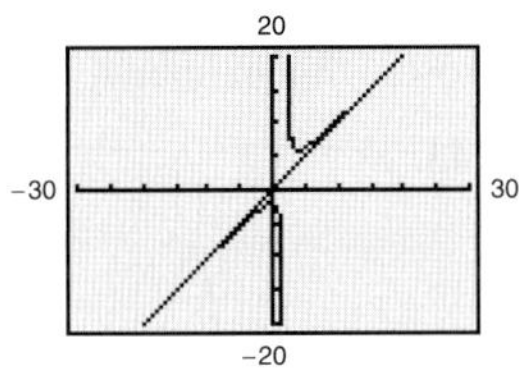

As x approaches negative infinity or positive infinity, the graph of f approaches the line $y = x$.

(c) A slant asymptote is a line that is neither horizontal nor vertical that the graph of a function approaches as x approaches negative infinity or positive infinity.

3.8절

1. $dy = 0.15$, $\Delta y = 0.1655$ **2.** $dy = 0.32$, $\Delta y \approx 0.3224$ **3.** $dy = 0.075$, $\Delta y \approx 0.0745$

4.

$dx = \Delta x$	dy	Δy	$\Delta y - dy$	$\dfrac{dy}{\Delta y}$
1.000	12.0000	19.0000	7.0000	0.6316
0.500	6.0000	7.6250	1.6250	0.7869
0.100	1.2000	1.2610	0.0610	0.9516
0.010	0.1200	0.1206	0.0006	0.9950
0.001	0.0120	0.0120	0.0000	1.0000

5.

$dx = \Delta x$	dy	Δy	$\Delta y - dy$	$\dfrac{dy}{\Delta y}$
1.000	−0.1875	−0.0880	0.0995	2.1307
0.500	−0.0938	−0.0610	0.0328	1.5377
0.100	−0.0188	−0.0170	0.0018	1.1059
0.010	−0.0019	−0.0019	0.0000	1.0000
0.001	−0.0002	−0.0002	0.0000	1.0000

6.

$dx = \Delta x$	dy	Δy	$\Delta y - dy$	$\dfrac{dy}{\Delta y}$
1.000	0.14865	0.12687	−0.02178	1.17167
0.500	0.07433	0.06823	−0.00610	1.08940
0.100	0.01487	0.01459	−0.00028	1.01919
0.010	0.00149	0.00148	−0.00001	1.00676
0.001	0.00015	0.00015	0.00000	1.00000

7. \$5.20; The actual change in cost is \$5.25, which is a difference of \$0.05.

8. \$7.50; The actual change in revenue is \$7.35, which is a difference of \$0.15.

9. −\$1250; The actual change in profit is −\$1325.50, which is a difference of \$75.50.

10. $dy = 24x^3\,dx$

11. $dy = (15x^2 - 6)\,dx$ **12.** $dy = -\dfrac{3}{(2x - 1)^2}\,dx$

13. $dy = \dfrac{-x}{\sqrt{9 - x^2}}\,dx$ **14.** $dy = (3x - 7)^2(12x - 7)\,dx$

15. $y = 28x + 37$
For $\Delta x = -0.01$, $f(x + \Delta x) = -19.281302$ and
$y(x + \Delta x) = -19.28$
For $\Delta x = 0.01$, $f(x + \Delta x) = -18.721298$ and
$y(x + \Delta x) = -18.72$

16. $y = x$
For $\Delta x = -0.01$, $f(x + \Delta x) = -0.009999$ and
$y(x + \Delta x) = -0.01$
For $\Delta x = 0.01$, $f(x + \Delta x) = 0.009999$ and
$y(x + \Delta x) = 0.01$

17. (a) $dP = \$1160$ (b) Actual: \$1122.50

18. (a) \$65.20; The actual change in revenue is \$65.00, which is a difference of \$0.20.
(b) \$40.00; The actual change in revenue is \$39.80, which is a difference of \$0.20.

19. Approximately 19 deer

20. $R = -\frac{1}{3}x^2 + 100x$; \$6 **21.** $\pm 0.6\ \text{cm}^2$, 1.67% **22.** True

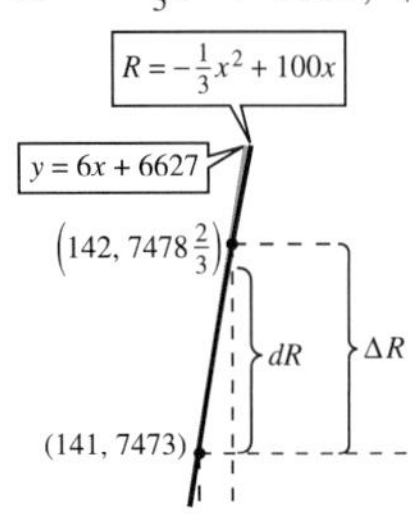

복습문제

1. $x = -\frac{5}{2}$ **2.** $x = -3, x = 3$ **3.** $x = 1, x = \frac{7}{3}$

4. Critical number: $x = -\frac{1}{2}$
Increasing on $\left(-\frac{1}{2}, \infty\right)$
Decreasing on $\left(-\infty, -\frac{1}{2}\right)$

5. Critical numbers: $x = 0, x = 4$
Increasing on $(0, 4)$
Decreasing on $(-\infty, 0)$ and $(4, \infty)$

6. Critical number: $x = 6$
Increasing on $(6, \infty)$
Decreasing on $(-\infty, 6)$

7. Critical numbers: $x = 0, x = \pm 5$
Increasing on $(-5, 0)$
Decreasing on $(0, 5)$

8. Critical numbers: $x = \pm 7$
Increasing on $(-7, 7)$
Decreasing on $(-\infty, -7)$ and $(7, \infty)$

9. The only critical number is $t \approx -12.05$. Any $t > -12.05$ produces a positive dS/dt, so the sales were increasing from 2009 to 2013.

10. Relative maximum: $(0, -2)$
Relative minimum: $(1, -4)$

11. Relative maximum: $(5, 29)$

12. Relative maxima: $(-1, 1), (1, 1)$
Relative minimum: $(0, 0)$

13. Relative maximum: $(0, 6)$

14. Relative maximum: $(-1, 2)$
Relative minimum: $(1, -2)$

15. Maximum: $(0, 6)$
Minimum: $\left(-\frac{5}{2}, -\frac{1}{4}\right)$

16. Maxima: $(-2, 17), (4, 17)$
Minima: $(-4, -15), (2, -15)$

17. Maximum: $(1, 1)$
Minimum: $(9, -3)$

18. Maximum: $(1, 1)$
Minimum: $(-1, -1)$

19. $r \approx 1.58$ cm

20. Concave upward on $(2, \infty)$
Concave downward on $(-\infty, 2)$

21. Concave upward on $\left(-\frac{2\sqrt{3}}{3}, \frac{2\sqrt{3}}{3}\right)$
Concave downward on $\left(-\infty, -\frac{2\sqrt{3}}{3}\right)$ and $\left(\frac{2\sqrt{3}}{3}, \infty\right)$

22. Concave upward on $(-\infty, 0)$ and $(4, \infty)$
Concave downward on $(0, 4)$
Points of inflection: $(0, 0), (4, -128)$

23. Concave upward on $(1, \infty)$
Concave downward on $(-\infty, 1)$
Point of inflection: $(1, 1)$

24. No relative extrema

25. Relative maximum: $\left(-\sqrt{3}, 6\sqrt{3}\right)$
Relative minimum: $\left(\sqrt{3}, -6\sqrt{3}\right)$

26. Relative maxima: $\left(-\frac{\sqrt{2}}{2}, \frac{1}{2}\right), \left(\frac{\sqrt{2}}{2}, \frac{1}{2}\right)$
Relative minimum: $(0, 0)$

27. $\left(50, 166\frac{2}{3}\right)$ **28.** $l = w = 15$ m **29.** 144 cm^3

30. $x = 900$ **31.** $x = 150$ **32.** (a) \$24 (b) \$8

33. (a) For $0 < x < 750$, $|\eta| > 1$ and the demand is elastic.
For $750 < x < 1500$, $|\eta| < 1$ and the demand is inelastic.
For $x = 750$, the demand has unit elasticity.
(b) From 0 to 750 units, revenue is increasing.
From 750 to 1500 units, revenue does not increase.

34. $x = -9, x = 0$ **35.** $x = -\frac{1}{2}$ **36.** $-\infty$

37. ∞ **38.** $y = -\frac{3}{4}$ **39.** $y = 0$

40. (a) $\overline{C} = 0.75 + \dfrac{4000}{x}$
(b) $\overline{C}(100) = 40.75$
$\overline{C}(1000) = 4.75$
(c) The limit is 0.75. As more and more units are produced, the average cost per unit will approach \$0.75.

41. (a) 20%: \$62.5 million
50%: \$250 million
90%: \$2250 million
(b) The limit is ∞, meaning that as the percent gets very close to 100, the cost grows without bound.

42.
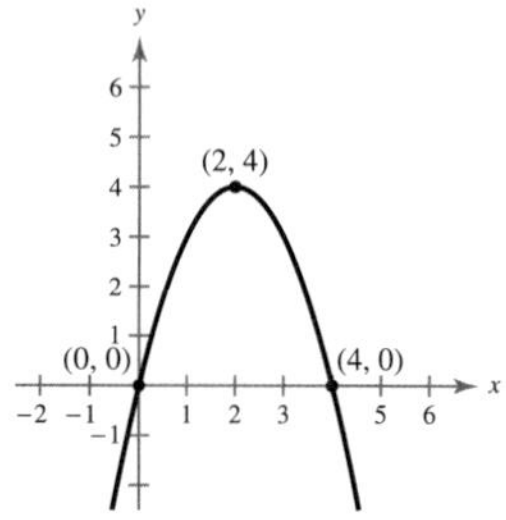

43.
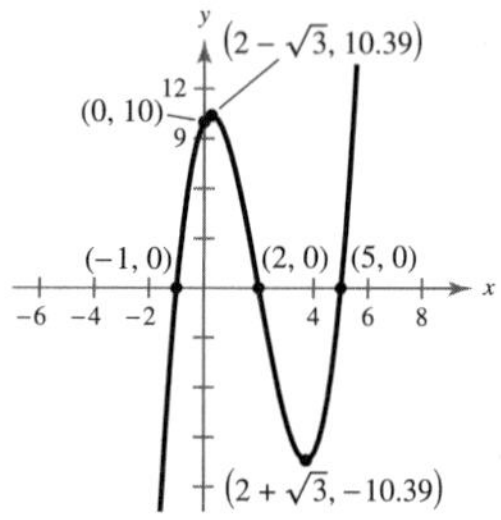

44.
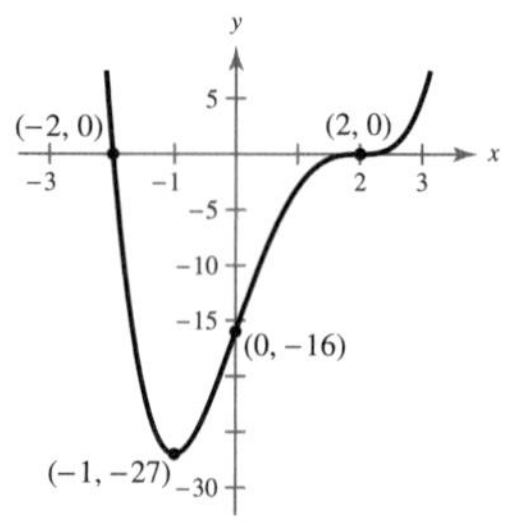

45.
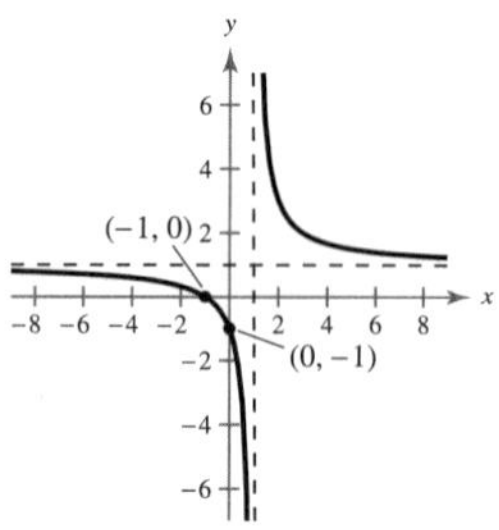

46.
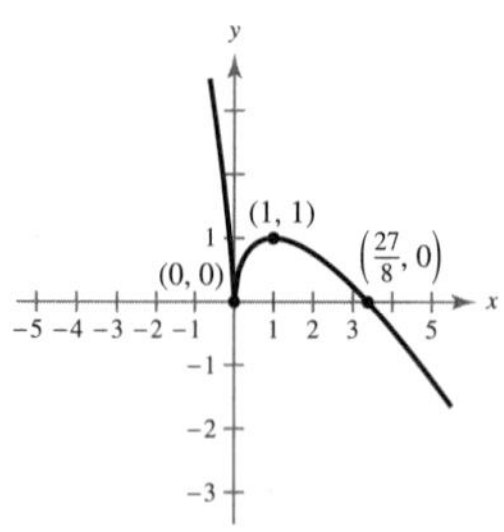

47.
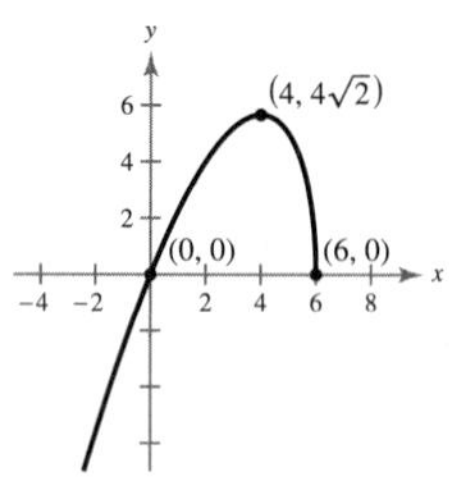

48. (a)
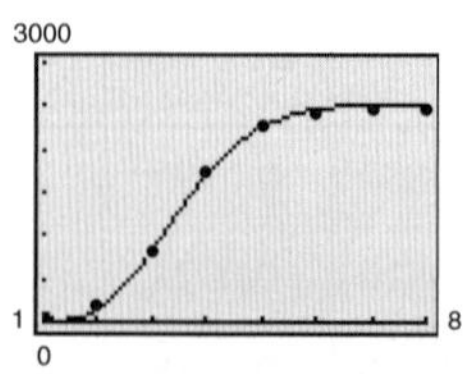

The model fits the data well.
(b) About 2434 bacteria
(c) Answers will vary.

49. $dy = 0.08, \Delta y = 0.0802$

50. $dy = -2.1, \Delta y = -2.191$

51. \$800; The actual change in cost is \$840, which is a difference of \$40.

52. \$15.25; The actual change in revenue is \$15.26, which is a difference of \$0.01.

53. \$4.52; The actual change in profit is \$4.52, which is the same.

54. $dy = 2.4x^2\,dx$

55. $dy = 18x(3x^2 - 2)^2\,dx$

56. $dy = -\dfrac{7}{(x+5)^2}\,dx$

57. (a) \$164

(b) The actual change in profit is \$163.20, which is a difference of \$0.80.

58.
$$\begin{aligned} B &= 0.1\sqrt{5w} \\ \frac{dB}{dw} &= \frac{0.05\sqrt{5}}{\sqrt{w}} \\ \Delta B \approx dB &= \frac{0.05\sqrt{5}}{\sqrt{w}}\,dw \\ &= \frac{0.05\sqrt{5}}{\sqrt{90}}(5) \\ &\approx 0.059\ \text{m}^2 \end{aligned}$$

Chapter 4

4.1절

1. (a) 46,656 (b) $\frac{1}{9}$ (c) 390,625 (d) $\frac{1}{125}$

2. (a) $\frac{1}{7}$ (b) 27 (c) 5 (d) 64 **3.** 2 g

4.

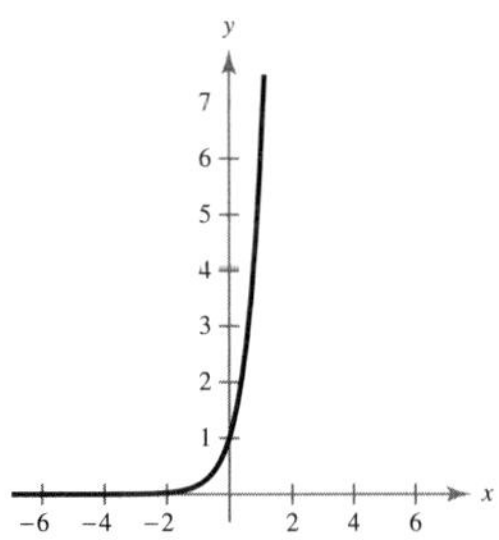

5.

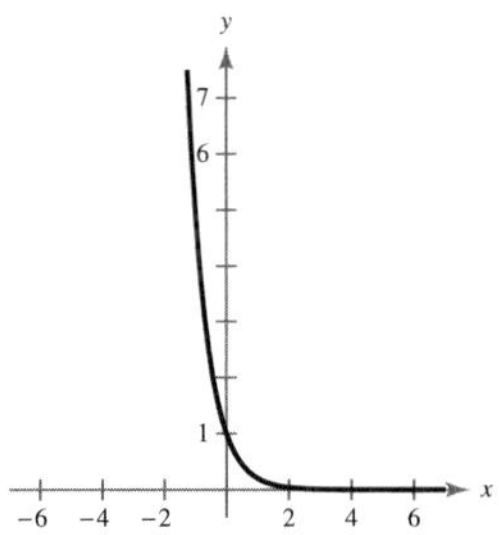

6.

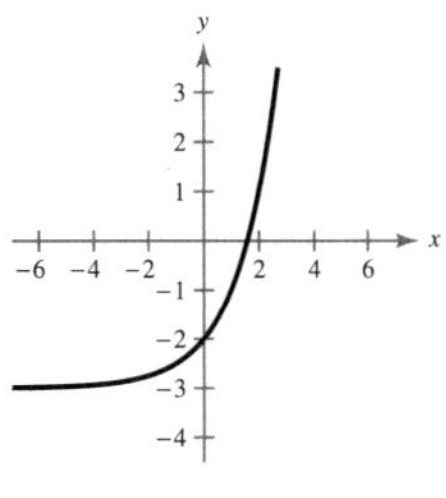

7.

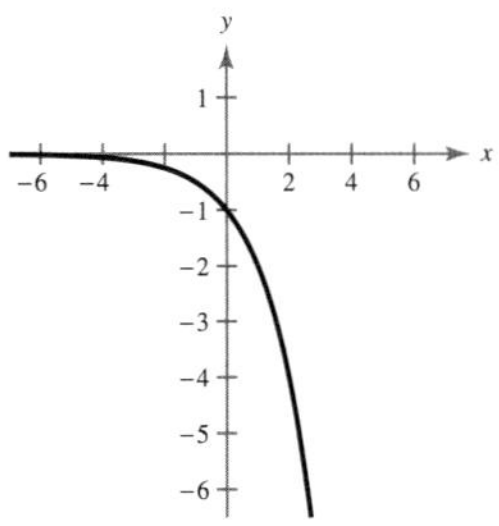

8.

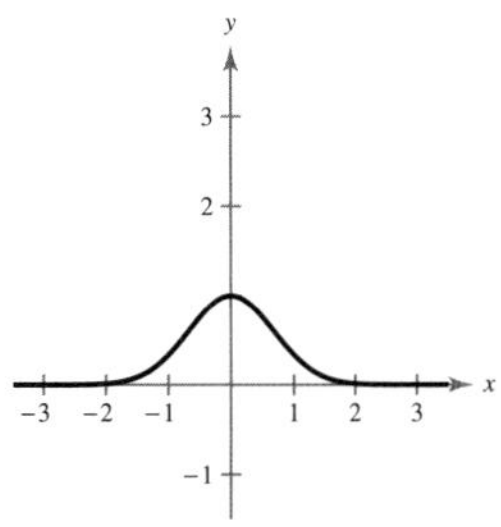

9.

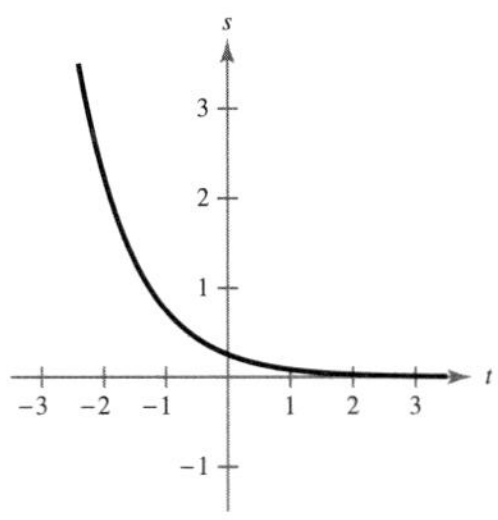

10. (a) About 28.62 million (b) About 31.38 million

11. (a) \$80,634.95 (b) \$161,269.89 **12.** \$36.93

13. $V(t) = 30{,}000\left(\frac{4}{5}\right)^t$

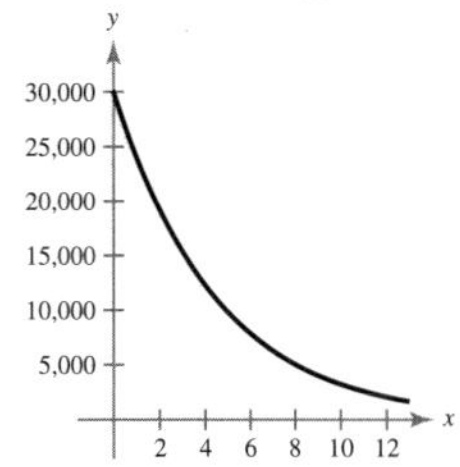

\$9830.40

14. (a)

Year	2008	2009	2010
Actual	104,260	106,630	109,380
Model	104,395	106,827	109,316

Year	2011	2012	2013
Actual	112,160	114,950	116,500
Model	111,863	114,470	117,137

The model fits the data well. Explanations will vary.

(b)

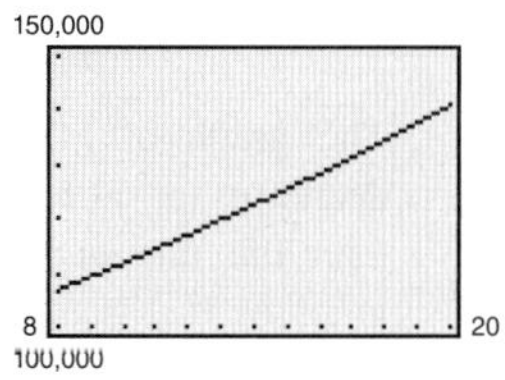

(c) 2018

4.2절

1. (a) e^7 (b) e^{12} (c) $\dfrac{1}{e^6}$ (d) 1

2. (a) e^5 (b) $e^{5/2}$ (c) e^6 (d) e^7

3. f **4.** d **5.** c

6.

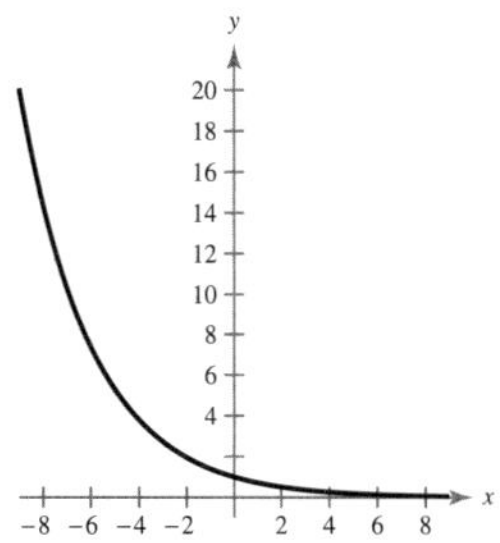

7.

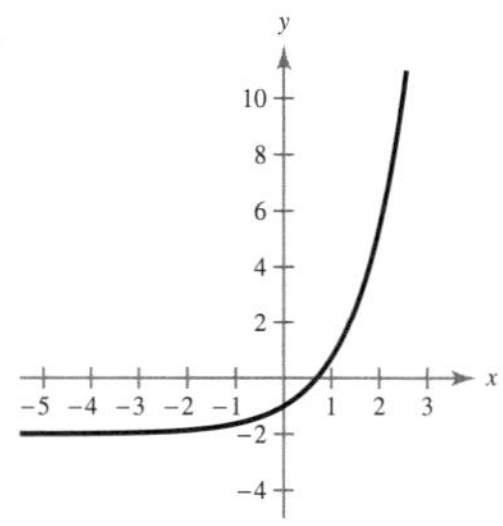

8.

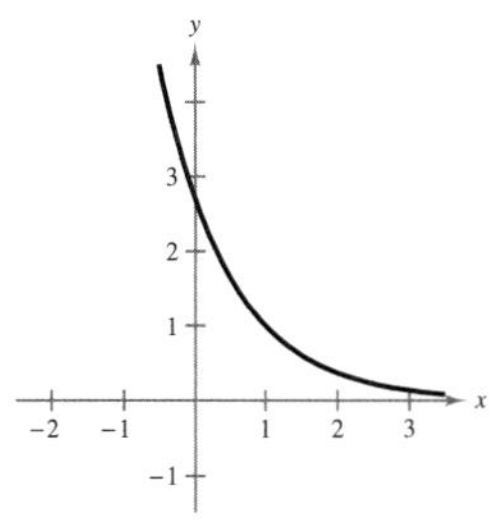

9.

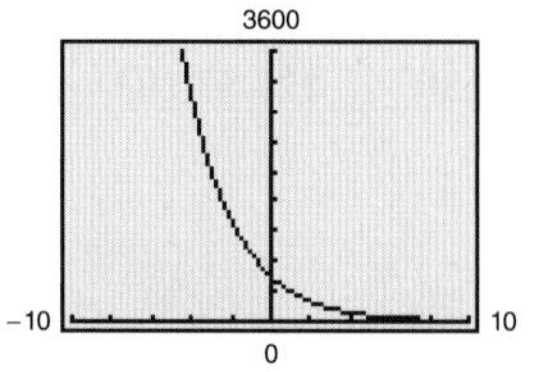

Horizontal asymptote: $N = 0$
Continuous on the entire real number line

10.

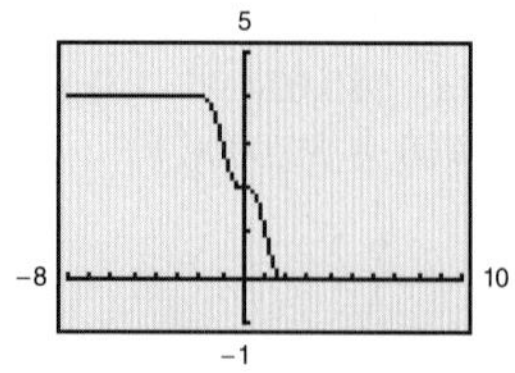

Horizontal asymptote: $g = 0$
Continuous on about $(-\infty, 6.13)$

11.

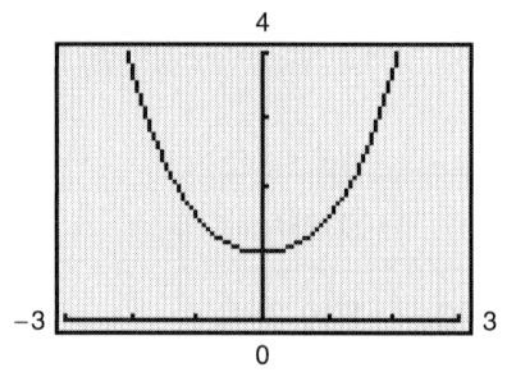

No horizontal asymptotes
Continuous on the entire real number line

12.

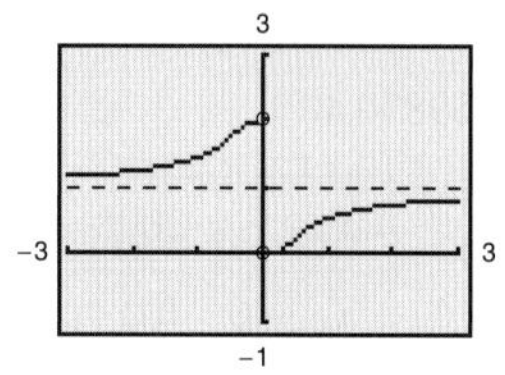

Horizontal asymptote: $y = 1$
Discontinuous at $x = 0$

13. (a)

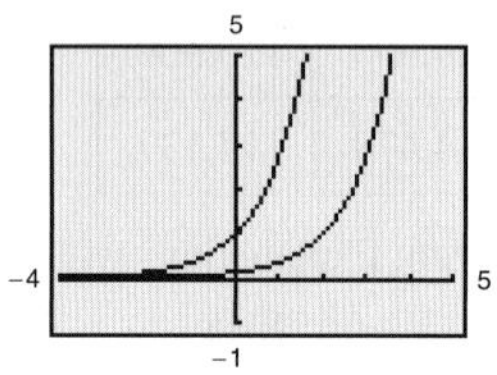

The graph of $g(x) = e^{x-2}$ is shifted horizontally two units to the right.

(b)

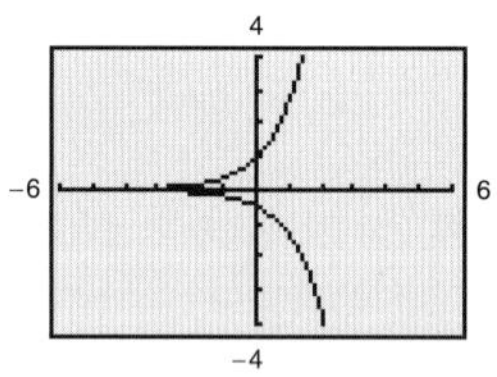

The graph of $h(x) = -\frac{1}{2}e^x$ decreases at a rate slower than the rate at which the graph of $f(x) = e^x$ increases.

(c)

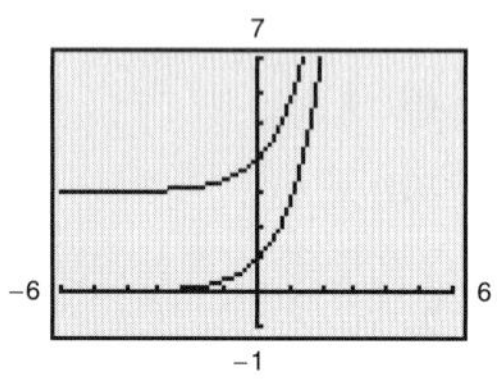

The graph of $q(x) = e^x + 3$ is shifted vertically three units upward.

14.

n	1	2	4	12
A	\$4031.75	\$4040.57	\$4045.05	\$4048.06

n	365	Continuous compounding
A	\$4049.53	\$4049.58

15.

n	1	2	4	12
A	\$11,235.95	\$11,400.40	\$11,485.38	\$11,543.09

n	365	Continuous compounding
A	\$11,571.31	\$11,572.28

16.

t	1	10	20
P	96,078.94	67,032.00	44,932.90

t	30	40	50
P	30,119.42	20,189.65	13,533.53

17.

t	1	10	20
P	95,132.82	60,716.10	36,864.45

t	30	40	50
P	22,382.66	13,589.88	8251.24

18. \$165,347.65

19. (a) 9% (b) 9.20% (c) 9.31% (d) 9.38%

20. \$6450.04

21. (a) \$849.53 (b) \$421.12 (c) $\lim_{x\to\infty} p = 0$

22. (a) 0.1535 (b) 0.4866 (c) 0.8111

23. (a) The model fits the data well.
(b) $R = 0.618t - 3.61$; The linear model fits the data well, but the exponential model fits the data better.
(c) Exponential model: 2020
Linear model: 2039

24. Amounts earned:
(a) \$5267.71 (b) \$5255.81 (c) \$5243.23
You should choose the certificate of deposit in part (a) because it earns more money than the others.

25. (a) 0.536 (b) 0.666
(c)

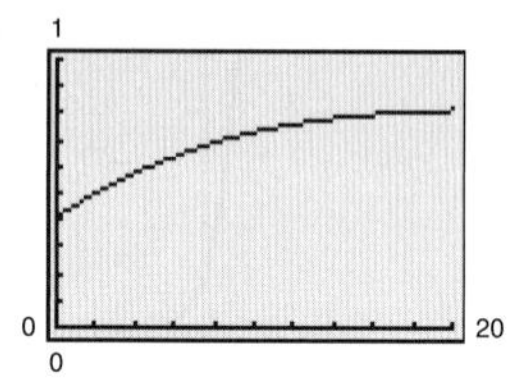

11 trials

(d) Yes, $\lim_{n\to\infty} \dfrac{0.83}{1 + e^{-0.2n}} = 0.83.$

26. (a)

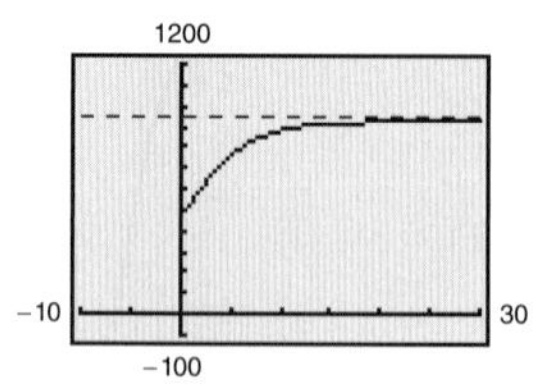

4 days

(b) Yes, $\lim_{t\to\infty} \dfrac{925}{1 + e^{-0.3t}} = 925.$

(c) $\lim_{t\to\infty} \dfrac{1000}{1 + e^{-0.3t}} = 1000$
Models similar to this logistic growth model, where $y = \dfrac{a}{1 + be^{-ct}}$, have a limit of a as $t \to \infty$.

4.3절

1. 0 **2.** $5e^{5x}$ **3.** $-e^{3-x}$ **4.** $\dfrac{14}{x^3}e^{-1/x^2}$

5. $4x^2e^{-x}(3-x)$ **6.** $-\dfrac{6(e^x - e^{-x})}{(e^x + e^{-x})^4}$

7. $-\dfrac{2e^x}{(e^x-1)^2}$ **8.** $xe^x + e^x + 4e^{-x}$ **9.** 4 **10.** $-\frac{1}{2}$

11. $y = -3x + 10$ **12.** $y = \dfrac{4}{e^2}$ **13.** $y = 24x + 8$

14. $\dfrac{dy}{dx} = \dfrac{10 - e^y}{xe^y + 3}$ **15.** $\dfrac{dy}{dx} = \dfrac{e^{-x}(x^2 - 2x) + y}{4y - x}$

16. $6(3e^{3x} + 2e^{-2x})$ **17.** $32e^{4x}(x + 1)$

18.

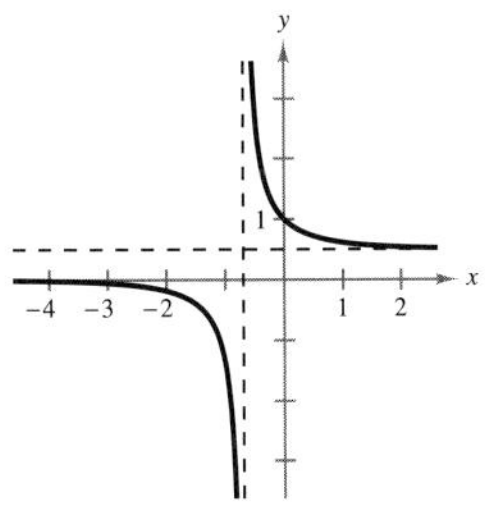

No relative extrema
No points of inflection
Horizontal asymptote to the right: $y = \frac{1}{2}$
Horizontal asymptote to the left: $y = 0$
Vertical asymptote: $x \approx -0.693$

19.

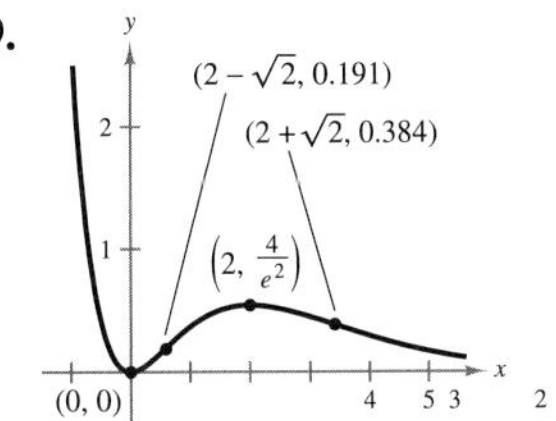

Relative minimum: $(0, 0)$
Relative maximum: $\left(2, \dfrac{4}{e^2}\right)$
Points of inflection:
$\left(2 - \sqrt{2}, 0.191\right)$,
$\left(2 + \sqrt{2}, 0.384\right)$

Horizontal asymptote to the right: $y = 0$

20. $x = -\frac{1}{3}$ **21.** $x = 9$

22. (a) The critical number $x = 0$ yields a relative minimum of the function on the interval $[-7, 7]$.

(b)

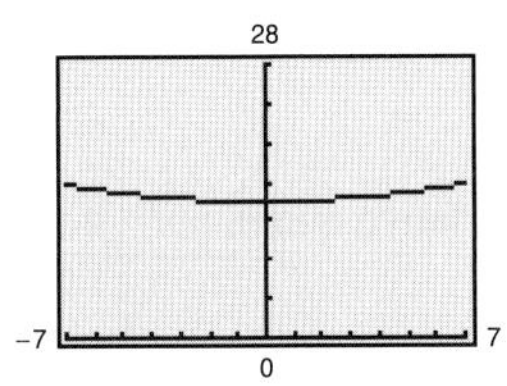

The lowest point on the wire occurs at $(0, 14)$, which is midway between the two towers.

(c) About 1.8 m

23. (a)

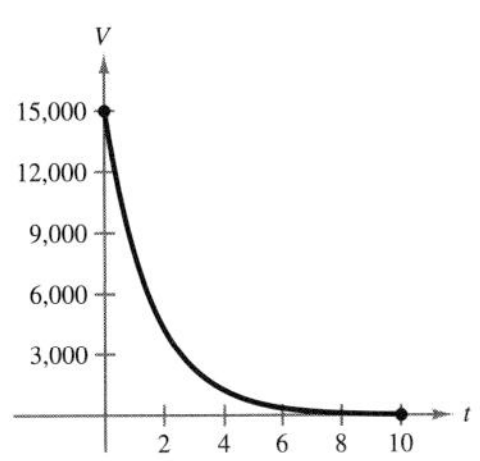

(b) $-\$5028.84$ per year
(c) $-\$217.01$ per year

24. (a) \$433.31 per year (b) \$890.22 per year
(c) \$21,839.26 per year

25. (a) $f(x) = \dfrac{1}{120\sqrt{2\pi}}e^{-(x-513)^2/28{,}800}$

(b)

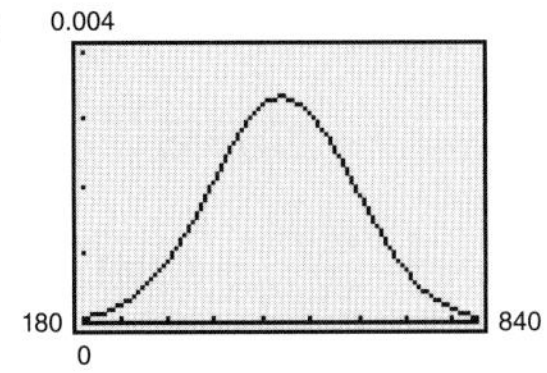

(c) $f'(x) = -\dfrac{1}{1{,}728{,}000\sqrt{2\pi}}(x - 513)e^{-(x-513)^2/28{,}800}$

(d) Answers will vary.

26.

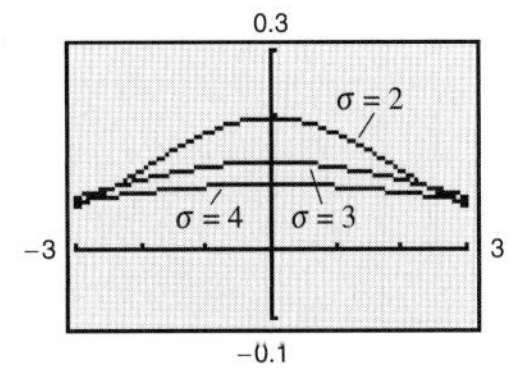

As σ increases, the graph becomes flatter.

27. Proof; maximum: $\left(0, \dfrac{1}{\sigma\sqrt{2\pi}}\right)$

4.4절

1. $e^{1.6094\ldots} = 5$ **2.** $e^{-1.6094\ldots} = 0.2$
3. $\ln(20.0855\ldots) = 3$ **4.** $\ln(0.0498\ldots) = -3$
5. c **6.** b

7.

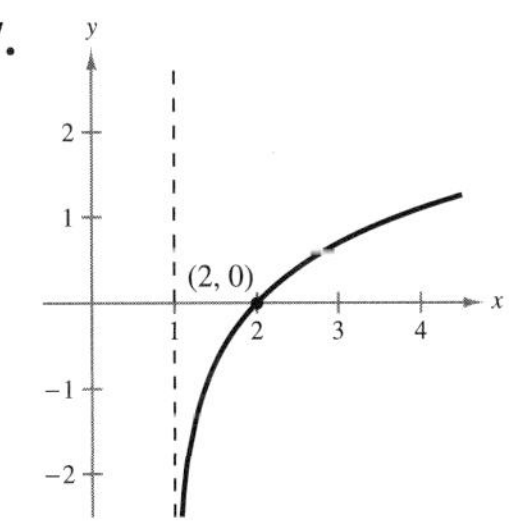

8.

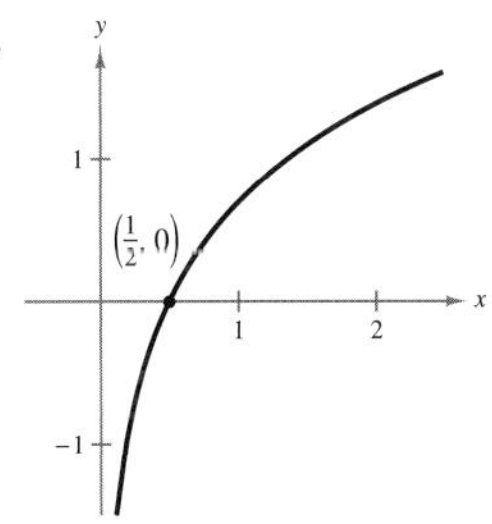

9.

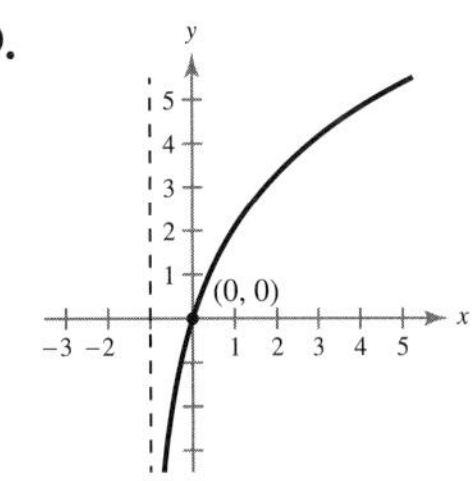

10.

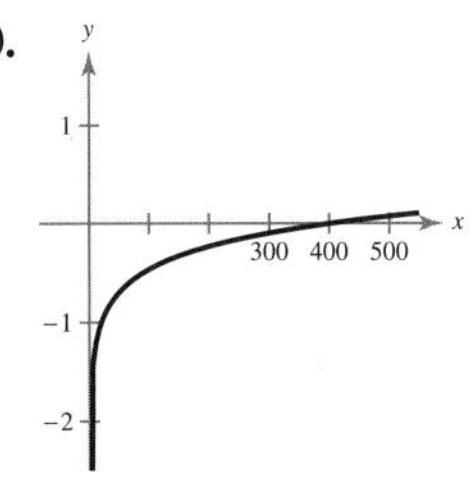

11. x^2 **12.** $5x + 2$ **13.** $2x - 1$
14. $\ln 2 - \ln 3$ **15.** $\ln x + \ln y - \ln z$
16. $\frac{1}{3}\ln(2x + 7)$ **17.** $\ln z + 2\ln(z - 1)$
18. $\ln 3 + \ln x + \ln(x + 1) - 2\ln(2x + 1)$
19. (a) 1.7917 (b) -0.4055 (c) 4.3944 (d) 0.5493

20. $\ln\dfrac{x-2}{x+2}$ **21.** $\ln\dfrac{x^3y^2}{z^4}$ **22.** $\ln\left[(x-6)^5\sqrt{4x+1}\right]$

23. $\ln\left[\dfrac{x(x+5)}{(x^2+4)^4}\right]^{2/3}$

24. $x = 4$ **25.** $x = \ln 8 - 2 \approx 0.0794$

26. $t = \dfrac{\ln 7 - \ln 3}{-0.2} \approx -4.2365$

27. $x = \frac{1}{2}\left(1 + \ln\frac{3}{2}\right) \approx 0.7027$ **28.** $x = 1$

29. $x = \frac{e^{2.4}}{2} \approx 5.5116$ **30.** $x = e^3 \approx 20.0855$

31. $x = \frac{6e^3}{e^3 - 1} \approx 6.314$ **32.** $x = \frac{\ln 15}{2 \ln 5} \approx 0.8413$

33. $t = \frac{\ln 2}{\ln 1.07} \approx 10.2448$

34. $t = \frac{\ln 3}{12 \ln[1 + (0.07/12)]} \approx 15.7402$

35. Answers will vary. **36.** Answers will vary.

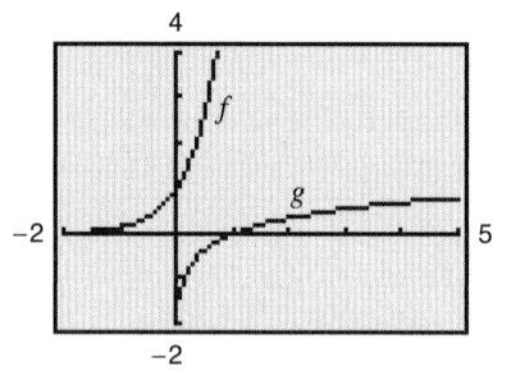

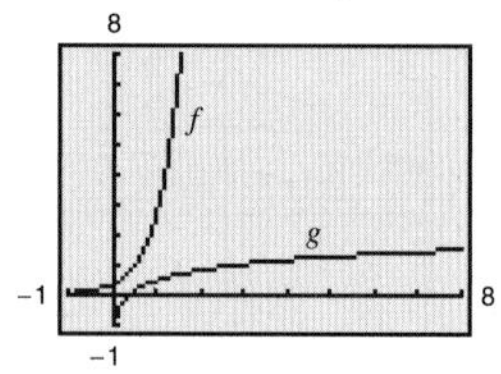

37. (a) 8.15 yr (b) 12.92 yr

38. (a) 14.21 yr (b) 13.89 yr (c) 13.86 yr (d) 13.86 yr

39. (a) About 254.9 thousand (b) 2023

40. 9395 yr **41.** 12,484 yr

42. (a) 80 (b) 57.5 (c) 10 mo

43. (a) About 991 units (b) About 319 units

44.

x	y	$\frac{\ln x}{\ln y}$	$\ln\frac{x}{y}$	$\ln x - \ln y$
1	2	0	−0.6931	−0.6931
3	4	0.7925	−0.2877	−0.2877
10	5	1.4307	0.6931	0.6931
4	0.5	−2	2.0794	2.0794

45.

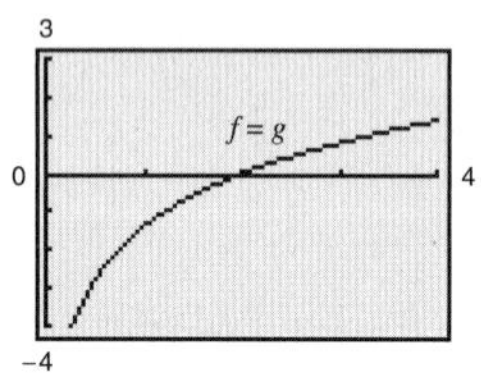

46. False. $f(x) = \ln x$ is undefined for $x \le 0$.

47. False. $f\left(\frac{x}{2}\right) = f(x) - f(2)$ **48.** False. $u = v^2$

49. Options (b) and (c) will give you the same amount, but it makes more sense to double the rate, not the time. So option (b) is better than option (c). If you are looking for a long-term investment, choose option (a).

50.

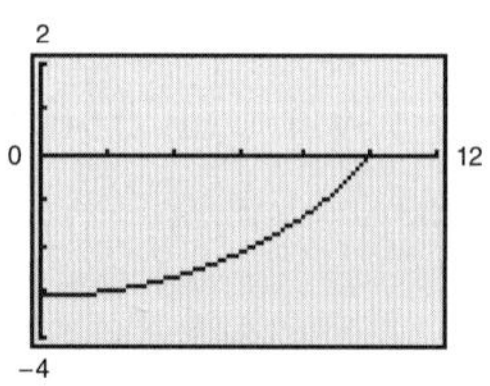

Answers will vary.

4.5절

1. $\frac{8}{x}$ **2.** $\frac{2x}{x^2 + 3}$ **3.** $\frac{3}{4(3x - 5)}$ **4.** $\frac{4}{x}(\ln x)^3$

5. $2 \ln x + 2$ **6.** $\frac{4x^6 - 2}{x(x^6 - 2)}$ **7.** $\frac{1}{x(x + 1)}$

8. $\frac{2}{3(x^2 - 1)}$ **9.** $-\frac{4}{x(4 + x^2)}$ **10.** $e^{-x}\left(\frac{1}{x} - \ln x\right)$

11. $\frac{e^x - e^{-x}}{e^x + e^{-x}}$ **12.** 2 **13.** −3 **14.** 3 **15.** 1.404

16. 5.585 **17.** −0.631 **18.** $(\ln 3)3^x$ **19.** $\frac{1}{x \ln 2}$

20. $(2 \ln 4)4^{2x-3}$ **21.** $\frac{2x + 6}{(x^2 + 6x) \ln 10}$ **22.** $2^x(1 + x \ln 2)$

23. $y = 3x - 3 = 3(x - 1)$ **24.** $y = 4e^2x - 3e^3$

25. $y = -\frac{8}{5}x - 4$ **26.** $y = \frac{1}{27 \ln 3}x - \frac{1}{\ln 3} + 3$

27. $\frac{2xy}{3 - 2y^2}$ **28.** $\frac{y(1 - 6x^2)}{1 + y}$ **29.** $x(6 \ln x + 5)$

30. $\frac{6 \ln x - 5}{3x^4}$ **31.** $(\ln 5)^2 5^x$

32. $\frac{d\beta}{dI} = \frac{10}{(\ln 10)I}$, so for $I = 10^{-4}$, the rate of change is about 43,429.4 dB/W/cm^2.

33. Relative maximum: $(1, -1)$

34. Relative maximum: $(-2, \ln 5)$

35.

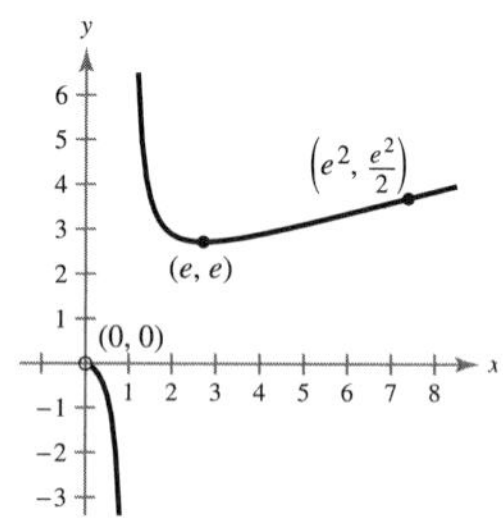

Discontinuity: $x = 1$
Relative minimum: (e, e)
Point of inflection: $\left(e^2, \frac{e^2}{2}\right)$

36.

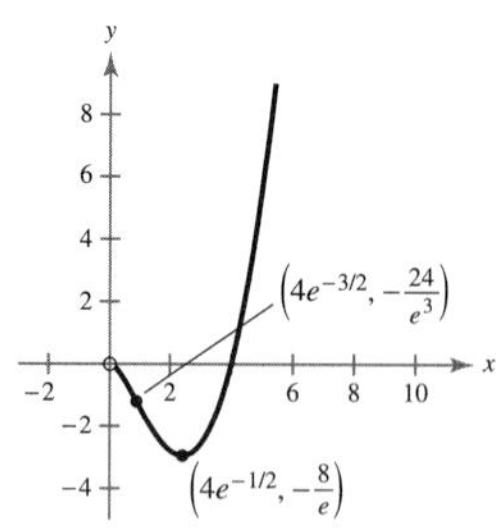

Relative minimum: $\left(4e^{-1/2}, \frac{-8}{e}\right)$
Point of inflection: $\left(4e^{-3/2}, \frac{-24}{e^3}\right)$

37. $-\frac{1}{p}, -\frac{1}{10}$

38. $p = 1000e^{-x}$

$\frac{dp}{dx} = -1000e^{-x}$

At $p = 10$, rate of change $= -10$.

$\frac{dp}{dx}$ and $\frac{dx}{dp}$ are reciprocals of each other.

39. (a) $\overline{C} = \frac{500 + 300x - 300 \ln x}{x}$

(b) Minimum of 279.15 at $e^{8/3}$

40. (a)

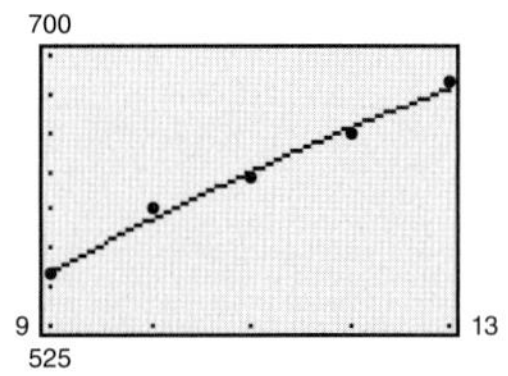

(b) About 29.39 thousand per year

41. (a)

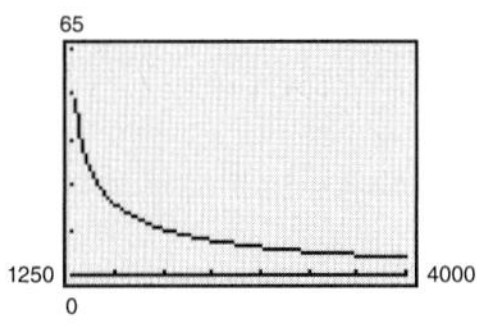

(b) $t \approx 30$; \$503,434.80 (c) $t \approx 20$; \$386,685.60

(d) About -0.081; About -0.029

(e) For a higher monthly payment, the term is shorter and the total amount paid is smaller.

42. (a) $s(t) = 84.66 - 11.00 \ln t$

(b)

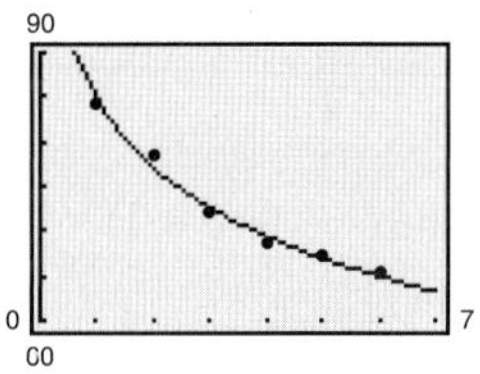

The model fits the data well.

(c) $t = 2: -5.5$ $t = 5: -2.2$

(d) After 2 months, the average score is decreasing at a rate of 5.5 points per month. After 5 months, the average score is decreasing at a rate of 2.2 points per month.

4.6절

1. $y = 2e^{0.1014t}$ **2.** $y = 4e^{-0.4159t}$

3. $y = 4\sqrt[3]{2}e^{[(\ln 0.5)/3]t}$ **4.** $y = 10e^{2t}$, exponential growth

5. $y = 30e^{-4t}$, exponential decay

6. 6.48 g; 0.13 g **7.** 2.16 g; 1.62 g **8.** 8.66 g; 7.48 g

9. About 68% **10.** 15,642 yr

11. $k_1 = \dfrac{\ln 4}{12} \approx 0.1155$, so $y_1 = 5e^{0.1155t}$.

$k_2 = \dfrac{1}{6}$, so $y_2 = 5(2)^{t/6}$.

Explanations will vary.

12. (a) 1350 (b) $\dfrac{5 \ln 2}{\ln 3} \approx 3.15$ h

(c) No. Answers will vary.

13. 5.78 yr; \$3320.12; \$20,085.54

14. 8.66%; \$1783.04; \$6535.95

15. 9.50%; 7.30 yr; \$5375.51

16. \$4869.79; 15.40 yr; \$7637.35 **17.** \$49,787.07

18. (a) Answers will vary. (b) Answers will vary.

19. Answers will vary.

20. (a) $y = 33{,}000 - 4048x$ (b) $y = 33{,}000e^{-0.153x}$

(c) Linear Model: after 1 year: \$28,952; after 4 years: \$16,808
Exponential Model: after 1 year: \$28,318.28; after 4 years: \$17,894.75

(d)

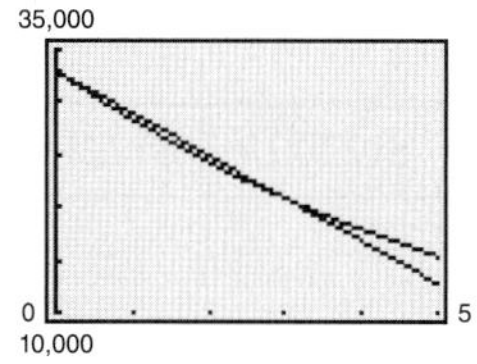

The exponential model depreciates slightly faster.

(e) After the third year, a buyer would gain an advantage by using the linear model, because it yields a lower value for the vehicle. A seller would want to use the exponential model, because it yields a higher value for the vehicle.

21. (a) $C = 30$

$k = \ln\left(\frac{1}{6}\right) \approx -1.7918$

(b) $30e^{-0.35836} = 20.9646$ thousand, or 20,965 units

(c)

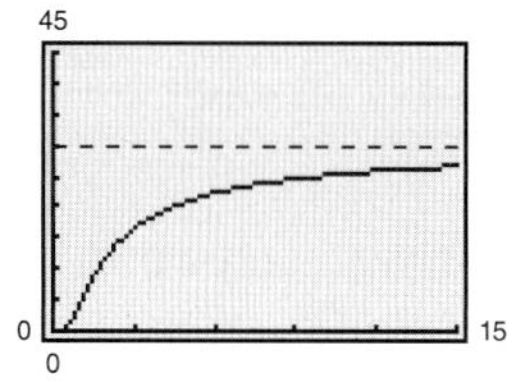

22. About 36 days

23. (a) $C \approx 81.090$, $k = \dfrac{\ln(45/40)}{-200} \approx -0.0005889$

(b) $x = 1/0.0005889 \approx 1698$ units, $p = \$29.83$

복습문제

1. (a) 16,384 (b) 40,353,607 (c) 0.0625 (d) 81

2.

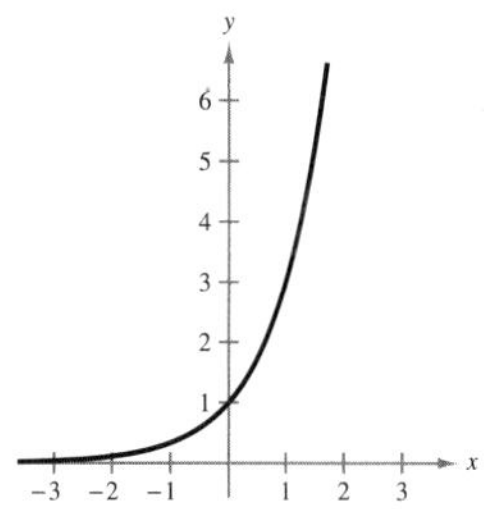

3.

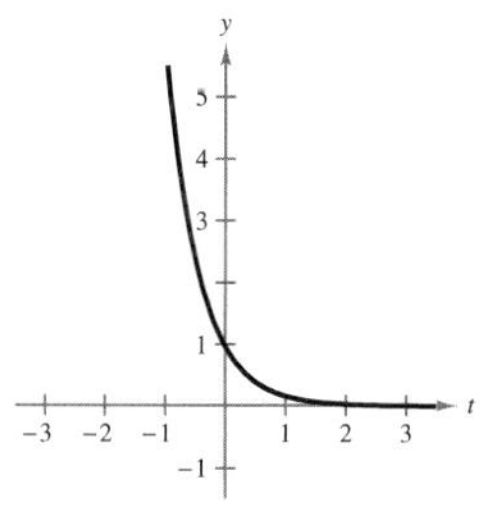

4.

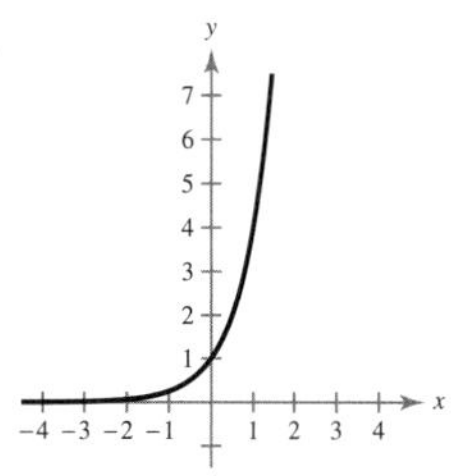

5. (a) About 8530.75 thousand

(b) About 9388.31 thousand

6. (a) \$69,295.66 (b) \$233,081.88

7. (a) e^{21} (b) $\dfrac{1}{e^2}$ (c) $e^{14/3}$ (d) $\dfrac{1}{e^8}$

8.

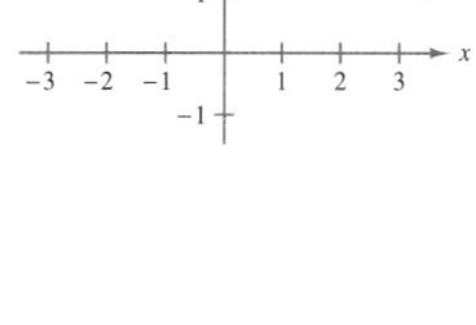

9.

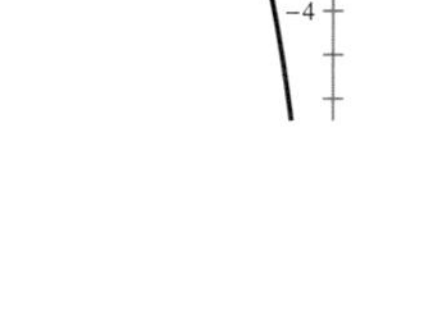

10.

n	1	2	4	12
A	\$1216.65	\$1218.99	\$1220.19	\$1221.00

n	365	Continuous compounding
A	\$1221.39	\$1221.40

11.

n	1	2	4	12
A	4231.80	4244.33	4250.73	4255.03

n	365	Continuous compounding
A	4257.13	4257.20

12. b

13. (a) 4% (b) 4.04% (c) 4.06% (d) 4.07%

14. \$9744.69

15. (a) \$8276.81 (b) \$7697.12 (c) \$7500

16. (a) The model fits the data well.
(b) $y = 162.93t - 474.7$
The linear model fits the data moderately well.
The exponential model is a better fit.
(c) Exponential: \$5033.45 million
Linear: \$2458.04 million

17. (a) $P \approx 1049$ fish
(b)

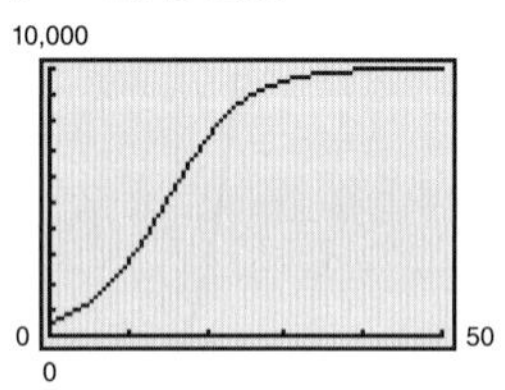

13 months

(c) Yes, P approaches 10,000 fish at t approaches ∞.

18. $18x^5e^{x^6}$ **19.** $\dfrac{1-2x}{e^{2x}}$

20. $-\dfrac{10e^{2x}}{(1+e^{2x})^2}$

21. $y = 3 - x$ **22.** $y = \dfrac{27}{e^3}$

23.

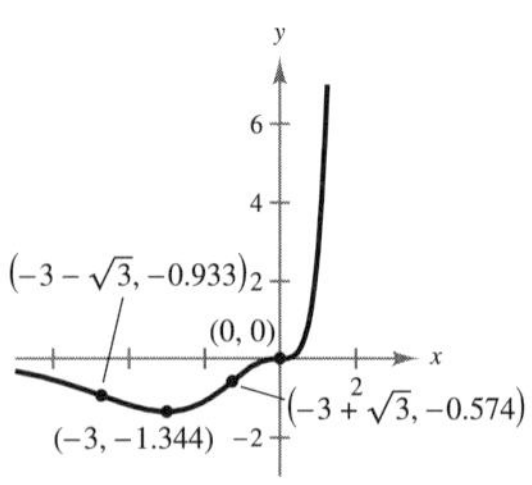

Relative minimum: $(-3, -1.344)$
Inflection points: $(0, 0)$, $(-3+\sqrt{3}, -0.574)$, and $(-3-\sqrt{3}, -0.933)$
Horizontal asymptote: $y = 0$

24.

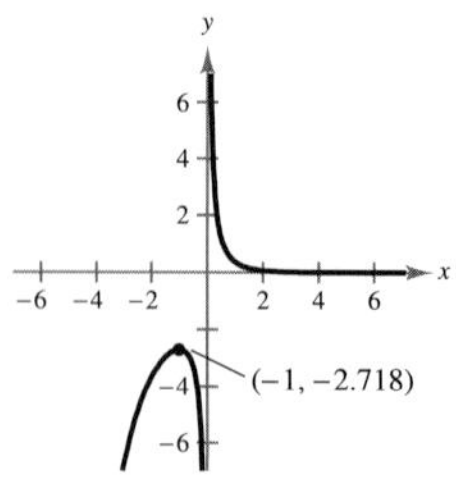

Relative maximum: $(-1, -2.718)$
Horizontal asymptote: $y = 0$
Vertical asymptote: $x = 0$

25. $e^{2.4849} \approx 12$ **26.** $\ln 4.4816 \approx 1.5$

27.

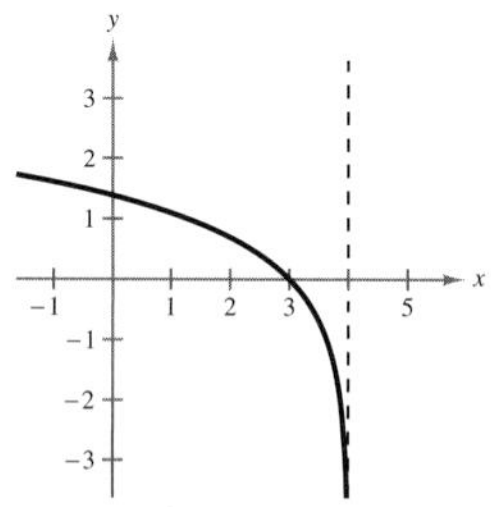

28.

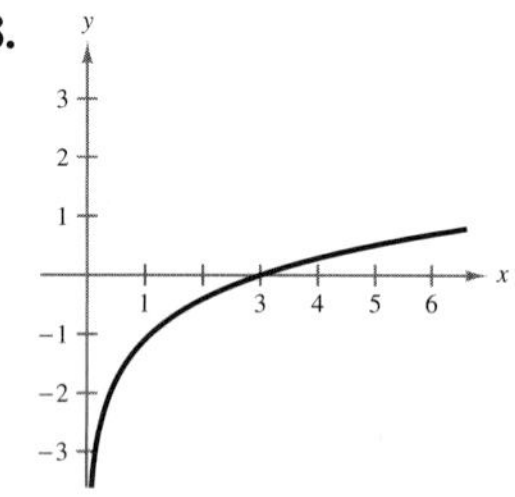

29. $\ln x + \frac{1}{2}\ln(x-1)$ **30.** $2\ln x - 3\ln(x+1)$

31. $3[\ln(1-x) - \ln 5 - \ln x - \ln z]$

32. $\ln(2x^2 - x - 15)$ **33.** $4\ln\left(\dfrac{x^5 - x^2}{x-5}\right)$

34. 12 **35.** $e^3 \approx 20.09$ **36.** $-\dfrac{\ln(0.25)}{1.386} \approx 1.0002$

37. $\frac{1}{2}(1 + \ln 8) \approx 1.5397$ **38.** $-\dfrac{e^5}{2 - 3e^5} \approx 0.3348$

39. $\dfrac{3+\sqrt{13}}{2} \approx 3.3028$ **40.** $\dfrac{\ln 1.1}{\ln 1.21} = 0.5$

41. (a) About 28.07 yr (b) About 27.75 yr
(c) About 27.73 yr (d) About 27.73 yr

42. (a) 75 (b) 65.34 (c) About 11 months

43. $\dfrac{2}{x}$ **44.** $\dfrac{4x}{3(x^2-2)}$ **45.** $\dfrac{3x^2}{x^3-5}$ **46.** $\dfrac{1-4\ln x}{x^5}$

47. $\dfrac{x+2}{x(x+1)}$ **48.** $\dfrac{2}{x} + \dfrac{1}{2(x+1)}$ **49.** $\dfrac{1}{1+e^x}$ **50.** 2

51. 0 **52.** 1.594 **53.** 1.500 **54.** $(2\ln 5)5^{2x+1}$

55. $\dfrac{2}{(2x-1)\ln 3}$ **56.** $\dfrac{-1}{\ln 10}\cdot\dfrac{1}{x} = -\dfrac{1}{x\ln 10}$

57. Relative maximum: $(3, \ln 27 - 3)$

58. Relative minimum: $(-1, \ln 6)$

59. 2010: About 11.7 million
2012: About 9.7 million

60. $y = 3e^{-0.27465t}$ **61.** 5.19 g; 0.10 g

62. 20.18 g; 17.88 g **63.** 2.47 g; 1.85 g

64. 8.66 yr; \$1335.32; \$4433.43

65. 2%; 34.66 yr; \$24,730.82

66. (a) $D = 500e^{-0.38376t}$
(b) 107.72 mg/mL

(c) 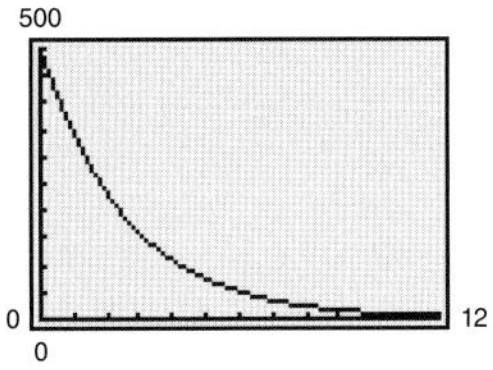

Chapter 5

5.1절

1–3. Answers will vary. **4.** $u + C$ **5.** $6x + C$

6. $\frac{7}{2}x^2 + C$ **7.** $-3t^3 + C$

8. $-\dfrac{5}{2x^2} + C$ **9.** $\dfrac{2}{5}y^{5/2} + C$

	Rewrite	*Integrate*	*Simplify*
10.	$\int x^{2/3}\,dx$	$\dfrac{x^{5/3}}{5/3} + C$	$\dfrac{3}{5}x^{5/3} + C$
11.	$\int x^{-3/2}\,dx$	$\dfrac{x^{-1/2}}{-1/2} + C$	$-\dfrac{2}{\sqrt{x}} + C$
12.	$\dfrac{1}{2}\int x^{-3}\,dx$	$\dfrac{1}{2}\left(\dfrac{x^{-2}}{-2}\right) + C$	$-\dfrac{1}{4x^2} + C$

13. $\dfrac{x^2}{2} + 3x + C$ **14.** $\dfrac{1}{6}x^6 - 8x + C$

15. $\dfrac{1}{3}x^3 + \dfrac{5}{2}x^2 + x + C$ **16.** $\dfrac{3}{4}x^4 - 2x^3 + 2x + C$

17. $2x + \dfrac{1}{2x^2} + C$ **18.** $3x^{2/3}(x + 2) + C$

19. $x^3 + \frac{1}{2}x^2 - 2x + C$

20. 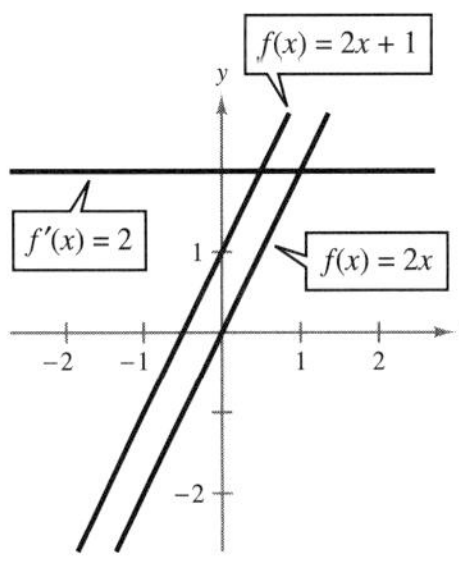

21. 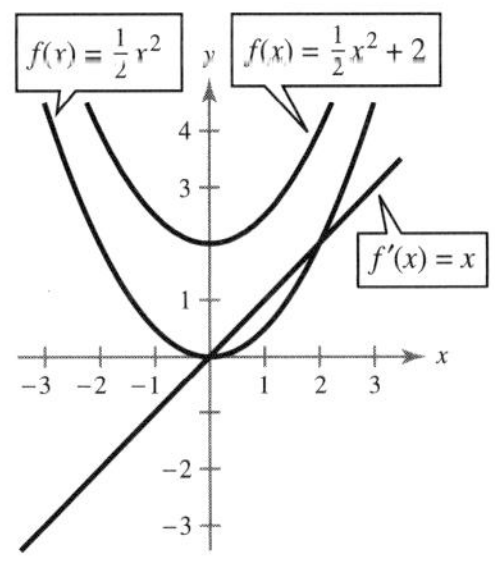

22. $f(x) = 3x^2 + 8$ **23.** $f(x) = x^3 + 4x - 1$

24. $f(x) = 5x^4 - 2x^2$ **25.** $f(x) = -\dfrac{1}{x^2} + \dfrac{1}{x} + \dfrac{1}{2}$

26. $f(x) = x^2 + x + 4$ **27.** $f(x) = \frac{9}{4}x^{4/3}$

28. $C = 85x + 5500$ **29.** $C = \frac{1}{10}\sqrt{x} + 4x + 750$

30. $R = 225x - \frac{3}{2}x^2, p = 225 - \frac{3}{2}x$

31. $P = -9x^2 + 1650x$ **32.** $P = -12x^2 + 805x + 68$

33. $s(t) = -4.9t^2 + 1837$; about 19.36 sec

34. $v_0 = \sqrt{3312.4} \approx 57.6$ m/sec

35. (a) $C = x^2 - 12x + 125$

$$\overline{C} = x - 12 + \frac{125}{x}$$

(b) \$2025

(c) \$125 is fixed. \$1900 is variable. Examples will vary.

36. (a) $P(t) = 72.76t^2 + 2002.3t + 69{,}017.86$

(b) 360,384; Yes, this seems reasonable. Explanations will vary.

37. (a) $M(t) = 0.0306t^3 - 0.994t^2 + 10.28t - 1.3624$

(b) 45.009 million; Yes, this seems reasonable. Explanations will vary.

38. (a) 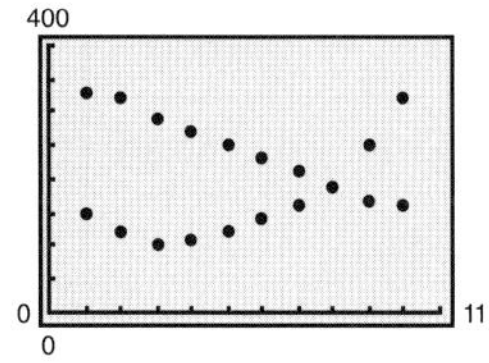

$$\frac{dB}{dx} = -19.9x + 351$$

$$\frac{dC}{dx} = 5.38x^2 - 40.6x + 182$$

(b) $B(x) = -9.95x^2 + 351x$;
$C(x) = 1.79x^3 - 20.3x^2 + 182x + 425$

(c) (2.32, 12.00) The company should produce from 3 to 11 units.

5.2절

	$\int u^n \dfrac{du}{dx}\,dx$	u	$\dfrac{du}{dx}$
1.	$\int (5x^2 + 1)^2(10x)\,dx$	$5x^2 + 1$	$10x$
2.	$\int \sqrt{1 - x^2}\,(-2x)\,dx$	$1 - x^2$	$-2x$
3.	$\int \left(4 + \dfrac{1}{x^2}\right)^5\left(\dfrac{-2}{x^3}\right)dx$	$4 + \dfrac{1}{x^2}$	$-\dfrac{2}{x^3}$
4.	$\int \left(1 + \sqrt{x}\right)^3\left(\dfrac{1}{2\sqrt{x}}\right)dx$	$1 + \sqrt{x}$	$\dfrac{1}{2\sqrt{x}}$

5. $\frac{1}{5}(x - 1)^5 + C$ **6.** $\frac{1}{3}(7 - 2x)^3 + C$

7. $\frac{1}{2}(x^2 + 3x)^2 + C$ **8.** $\frac{2}{3}(4x^2 - 5)^{3/2} + C$

9. $\dfrac{1}{3(5 - 3x^2)^3} + C$ **10.** $\dfrac{(2x^3 - 1)^5}{30} + C$

11. $\dfrac{1}{3}(t^2 + 6)^{3/2} + C$ **12.** $\dfrac{1}{20(3 - 2x^5)^2} + C$

13. $\dfrac{1}{10}(x^2 - 6x)^5 + C$ **14.** $-\dfrac{1}{3(x^3 + 9x - 4)} + C$

15. $-\dfrac{15}{8}(1 - x^2)^{4/3} + C$ **16.** $-\dfrac{3}{2(1 + x^2)} + C$

17. $-3\sqrt{2t + 3} + C$ **18.** $\frac{3}{16}(4x + 3)^{4/3} + C$

19. $\frac{1}{48}(6x^2 - 7)^4 + C$ **20.** $\frac{4}{7}\sqrt{7x - 1} + C$

21. $\frac{2}{3}\sqrt{x^3 + 3x + 4} + C$

22. (a) $\frac{1}{3}x^3 - x^2 + x + C_1 = \frac{1}{3}(x - 1)^3 + C_2$

(b) Answers differ by a constant: $C_1 = C_2 - \frac{1}{3}$

(c) Answers will vary.

23. (a) $\frac{1}{6}x^6 + x^4 + 2x^2 + C_1 = \frac{1}{6}(x^2 + 2)^3 + C_2$

(b) Answers differ by a constant: $C_1 = \frac{4}{3} + C_2$

(c) Answers will vary.

24. $f(x) = \frac{1}{5}[(2 - x^3)^5 + 3]$

25. $f(x) = \frac{1}{12}(4x^2 - 10)^3 - 8$

26. (a) $C = 8\sqrt{x + 1} + 18$ (b) \$75.13

27. $x = \frac{1}{3}(p^2 - 25)^{3/2} + 24$ **28.** $x = \frac{6000}{\sqrt{p^2 - 16}} + 3000$

29. (a) $h = \sqrt{108.12t^2 + 1} + 14$ (b) 66 cm

30. (a) $Q = (x - 24{,}999)^{0.95} + 24{,}999$

(b)

x	25,000	50,000	100,000	150,000
Q	25,000	40,067.14	67,786.18	94,512.29
$x - Q$	0	9932.86	32,213.82	55,487.71

(c)

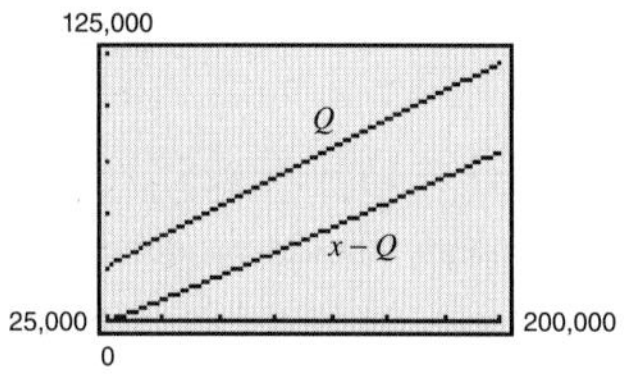

31. $-\frac{2}{3}x^{3/2} + \frac{2}{3}(x + 1)^{3/2} + C$

5.3절

1. $e^{7x} + C$ **2.** $\frac{1}{3}x^3 - 4e^x + C$ **3.** $\frac{1}{5}e^{5x-3} + C$

4. $-\frac{9}{4}e^{-2x^2} + C$ **5.** $\frac{5}{3}e^{x^3} + C$ **6.** $e^{x^2+x} + C$

7. $4\ln|x| + C$ **8.** $\ln|5x + 2| + C$

9. $-\frac{1}{2}\ln|3 - 2x| + C$ **10.** $\frac{2}{3}\ln|3x + 5| + C$

11. $\ln\sqrt{x^2 + 1} + C$ **12.** $\frac{1}{3}\ln|x^3 + 1| + C$

13. $\frac{1}{2}\ln|x^2 + 6x + 7| + C$ **14.** $\ln|\ln x| + C$

15. $\ln|1 - e^{-x}| + C$

16. $\frac{1}{4}x^2 - 4\ln|x| + C$; General Power Rule and Simple Log Rule

17. $8x + 3\ln|x| - \frac{3}{x^2} + C$; Constant Rule, General Power Rule, and Simple Log Rule

18. $e^x + 2x - e^{-x} + C$;
Simple and General Exponential Rules and Constant Rule

19. $-\frac{2}{3}(1 - e^x)^{3/2} + C$; General Power Rule

20. $\ln|e^x + x| + C$; General Log Rule

21. $\frac{1}{7}\ln(7e^{5x} + 1) + C$; General Log Rule

22. $\frac{1}{2}x^2 + 3x + 8\ln|x - 1| + C$;
General Power Rule, Constant Rule, and General Log Rule

23. $x - 6\ln|x + 3| + C$;
Constant Rule and General Log Rule

24. $f(x) = \frac{-e^{2/x}}{2} + \frac{e^{1/2}}{2} + 6$

25. $f(x) = \frac{1}{2}x^2 + 5x + 8\ln|x - 1| - 8$

26. (a) $P(t) = 1000[1 + \ln(1 + 0.25t)^{12}]$
(b) $P(3) \approx 7715$ bacteria (c) $t \approx 6$ days

27. (a) $p = -50e^{-x/500} + 45.06$
(b)

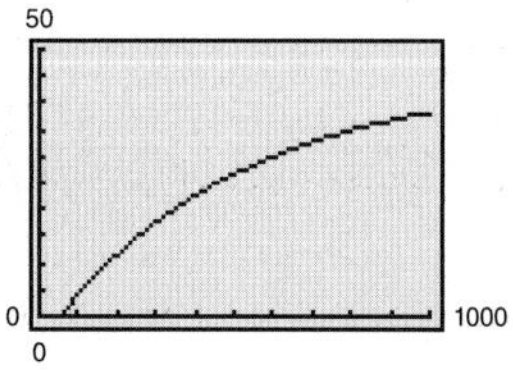

The price increases as the demand increases.
(c) 387

28. (a) $R(t) = 0.293e^{0.2387t} + 0.276$
(b) About \$5.4 billion

29. False. $\ln x^{1/2} = \frac{1}{2}\ln x$

5.4절

1.

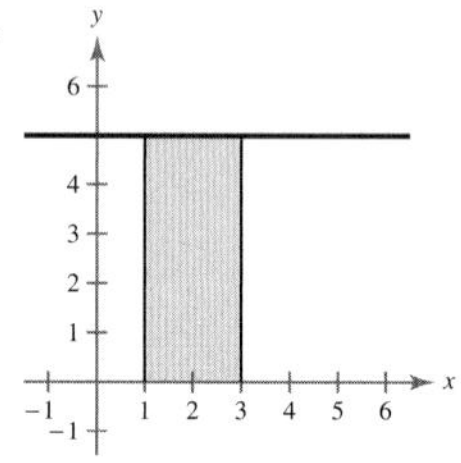

Area = 10

2.

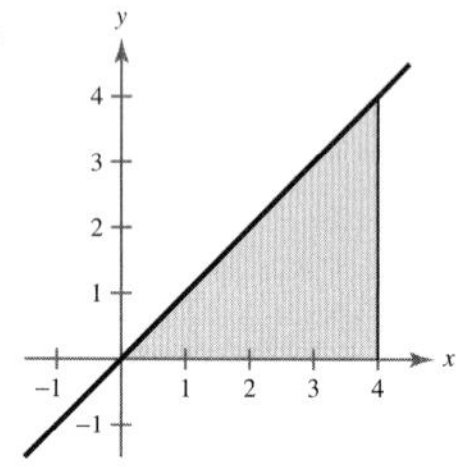

Area = 8

3.

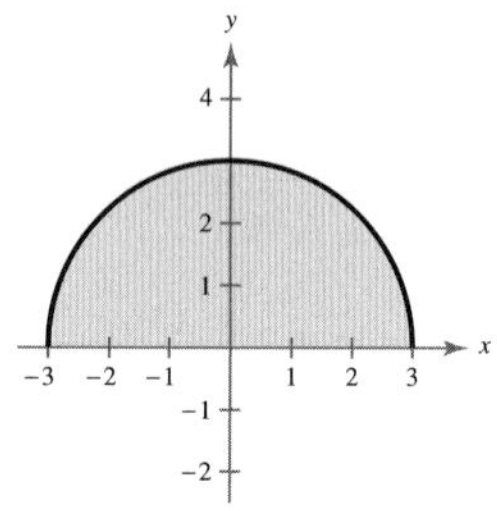

Area $= \frac{9\pi}{2}$

4. (a) 8 (b) 4 (c) −24 (d) 0

5. $\frac{1}{6}$ **6.** $\frac{1}{2}$ **7.** $6\left(1 - \frac{1}{e^2}\right)$ **8.** $8\ln 2 + \frac{15}{2}$

9. 10 **10.** $-\frac{5}{2}$ **11.** 38 **12.** $-\frac{15}{4}$ **13.** −4

14. $-\frac{27}{20}$ **15.** $6\ln 2 \approx 4.16$ **16.** 2

17. $-e^{-1} + 1 \approx 0.63$ **18.** $\frac{1}{3}\left[(e^2 + 1)^{3/2} - 2\sqrt{2}\right] \approx 7.157$

19. $\frac{1}{8}\ln 17 \approx 0.354$ **20.** 10 **21.** 39 **22.** 10

23. 4 **24.** \$6.75 **25.** \$22.50 **26.** \$3.97

27. Average = 9
$x = \frac{3}{2}$

28. Average $= \frac{8}{3}$
$x = \pm\frac{2\sqrt{3}}{3} \approx \pm 1.155$

29. Average $= e - e^{-1} \approx 2.3504$
$x = \ln\left(\frac{e - e^{-1}}{2}\right) \approx 0.1614$

30. Average $= \frac{3}{4}\ln\frac{7}{3} \approx 0.6355$ **31.** $\frac{6}{5}$ **32.** 0
$x = \frac{4}{\ln(7/3)} - 2 \approx 2.721$

33. (a) $\frac{1}{3}$ (b) $\frac{2}{3}$ (c) $-\frac{1}{3}$
Explanations will vary.

34. \$1925.23 **35.** \$16,605.21

36. \$2500 **37.** \$4565.65

38. (a) \$137,000 (b) \$214,720.93 (c) \$338,393.53

39. \$2623.94

40. (a) $M(t) = -1.079t + 1.7033t^{1.5} - 0.37714t^2 + 0.0000061e^t + 5.1$
(b) About \$8.98 trillion

5.5절

1. 36 **2.** 9 **3.** $e - 2$ **4.** $\frac{3}{2}$

5.

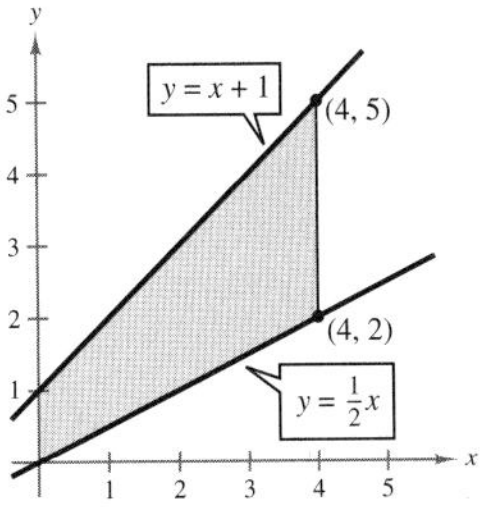

6.

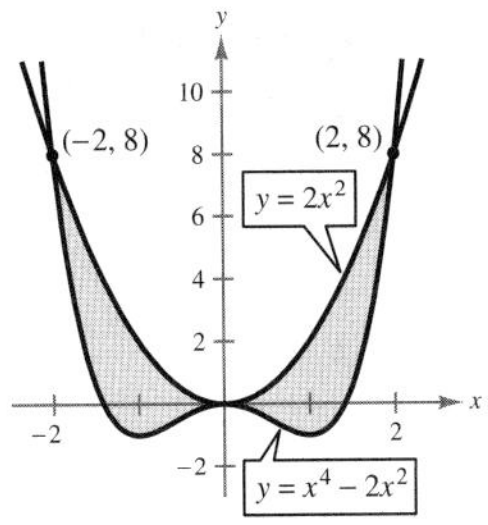

7. d

8.

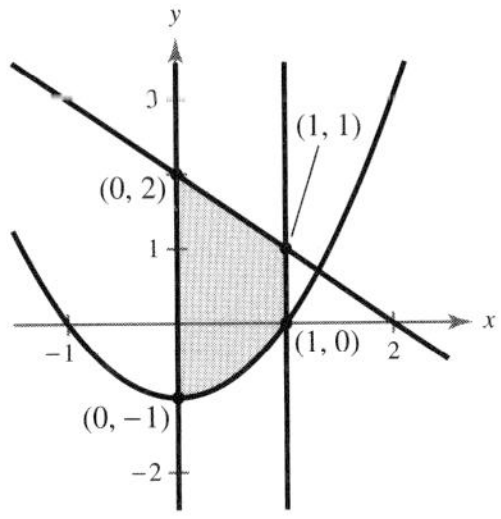

Area $= 2\frac{1}{6}$

9.

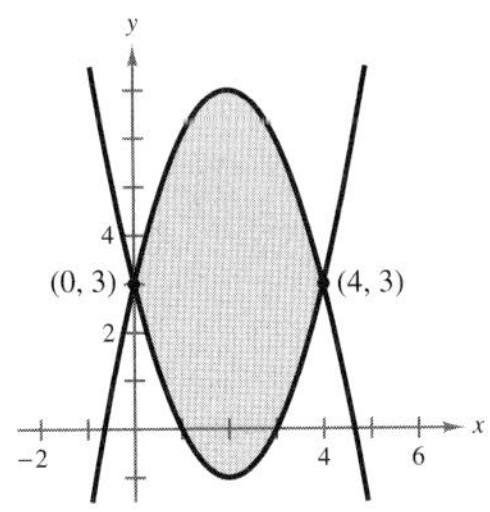

Area $= \frac{64}{3}$

10.

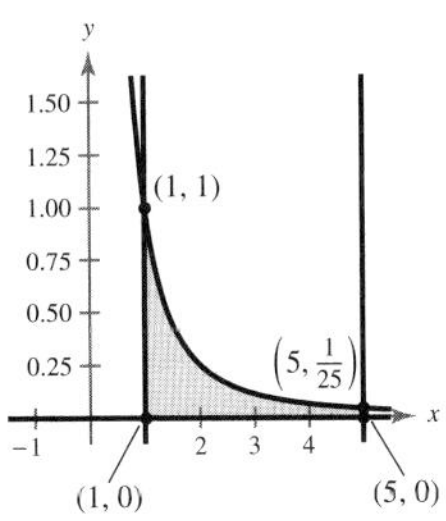

Area $= \frac{4}{5}$

11.

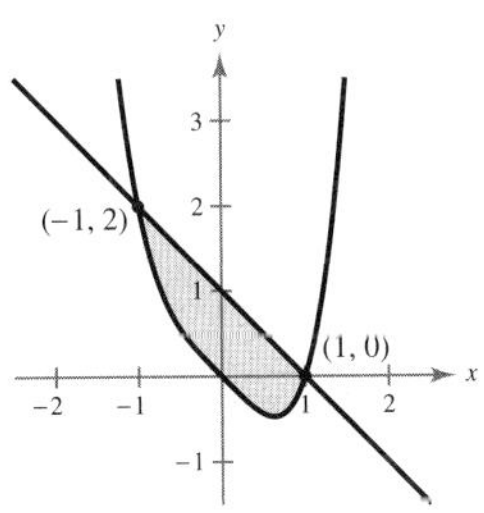

Area $= \frac{8}{5}$

12.

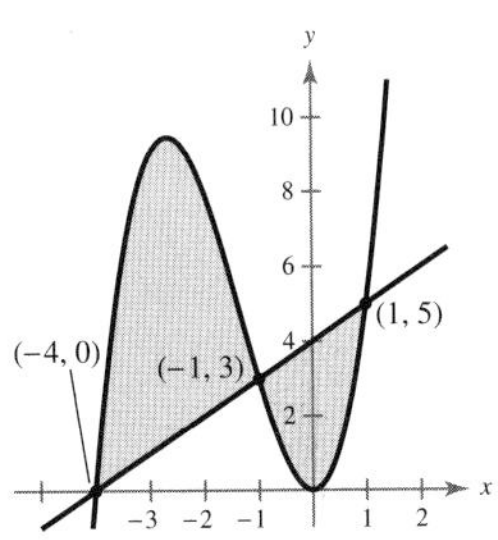

Area $= 21\frac{1}{12}$

13.

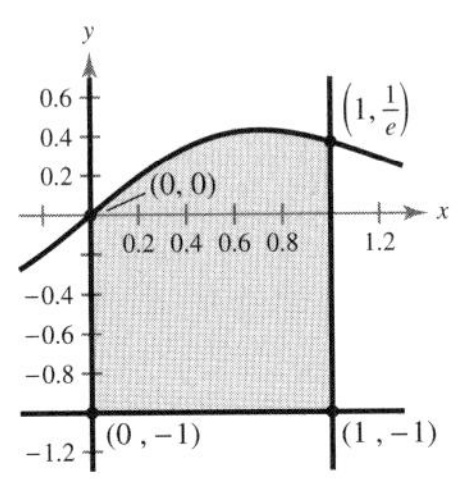

Area $= -\frac{1}{2}e^{-1} + \frac{3}{2}$

14.

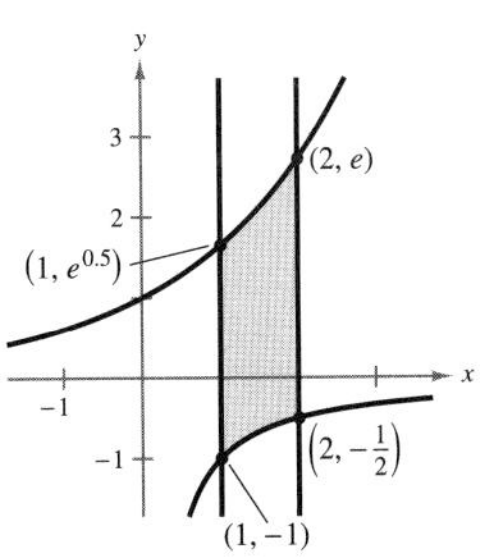

Area $= (2e + \ln 2) - 2e^{1/2}$

15.

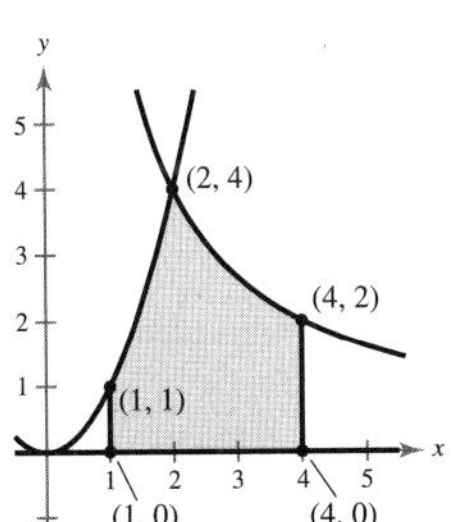

Area $= \frac{7}{3} + 8 \ln 2$

16.

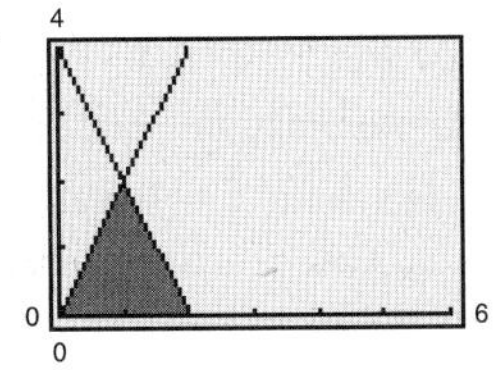

Area $= \int_0^1 2x\,dx + \int_1^2 (4 - 2x)\,dx$

17.

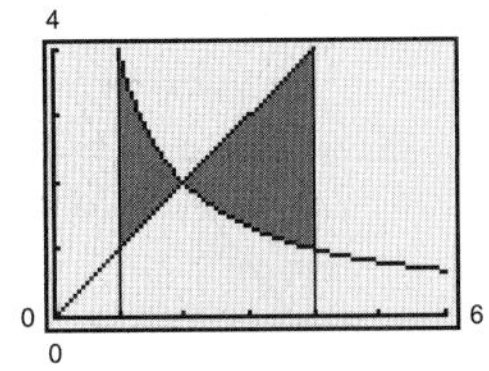

Area $\int_1^2 \left(\frac{4}{x} - x\right) dx + \int_2^4 \left(x - \frac{4}{x}\right) dx$

18.

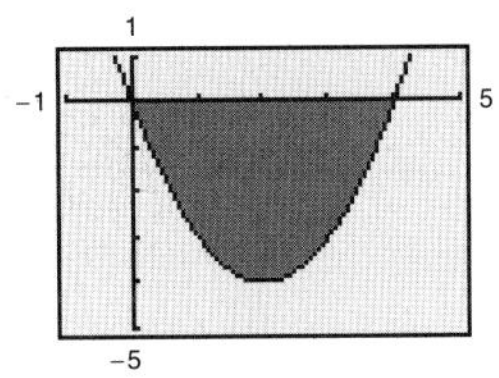

Area $= \frac{32}{3}$

19.

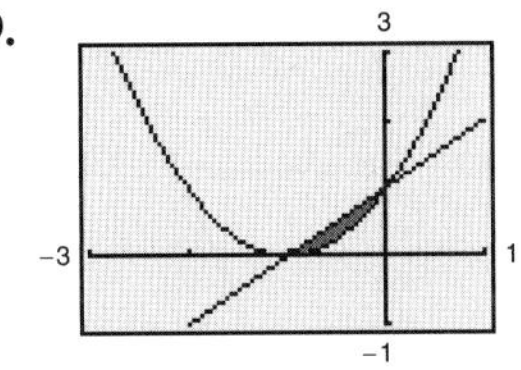

Area $= \frac{1}{6}$

20.

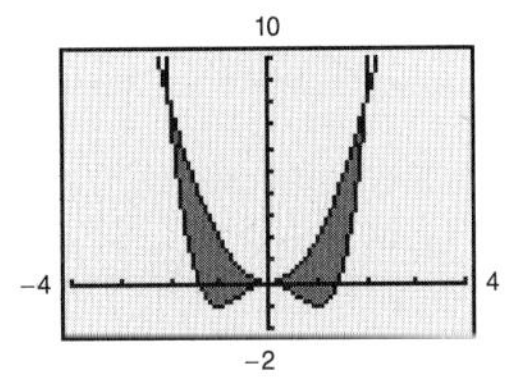

Area $= \frac{128}{15}$

21. 8

22. Consumer surplus = 1600
Producer surplus = 400

23. Consumer surplus = 500
Producer surplus = 2000

24. Consumer surplus = 640.00
Producer surplus ≈ 426.67

25. R_1; \$14.625 billion

26. \$609 million; Explanations will vary.

27. (a)

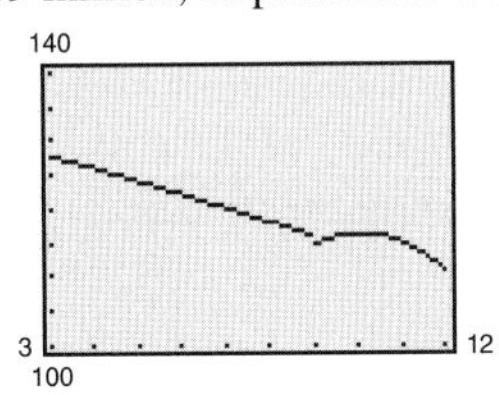

(b) about 6.287 fewer kilograms

28. \$333.33 million

29. CS = \$700,000
PS = \$1,375,000

30. (a) \$2148.95
(b)

Quintile	Lowest	2nd	3rd	4th	Highest
Percent	2.58	6.64	14.14	26.60	45.54

5.6절

1. Approximation: 2
Exact area: 2

2. Approximation: 0.6730
Exact area: $\frac{2}{3} \approx 0.6667$

3. Approximation: 1.245
Exact area: $\frac{5}{4} = 1.25$

4. 71.25

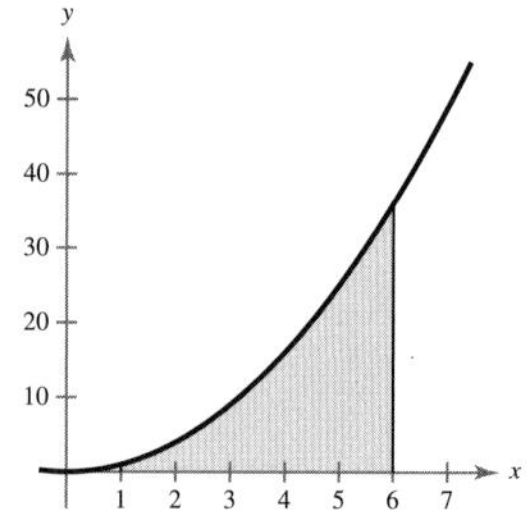

5. 1.079

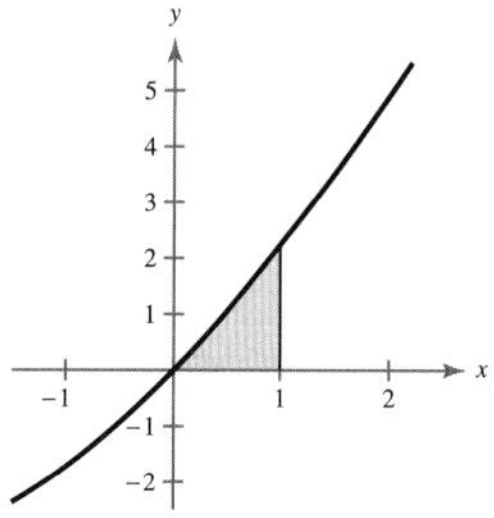

6. 20.37

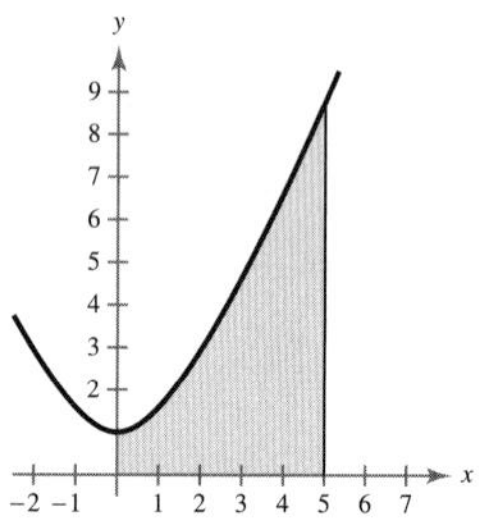

7. 24.28

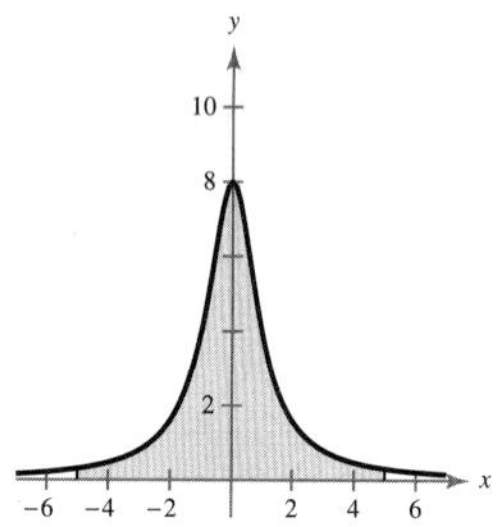

8. 9.875

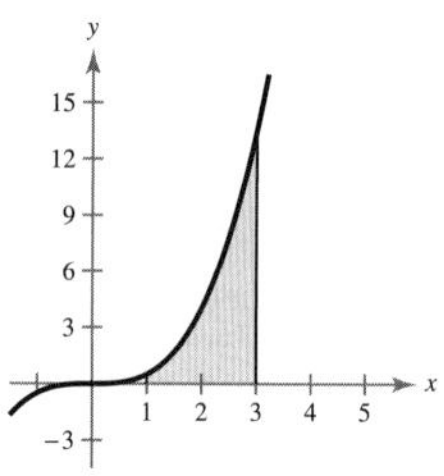

9. 24.56

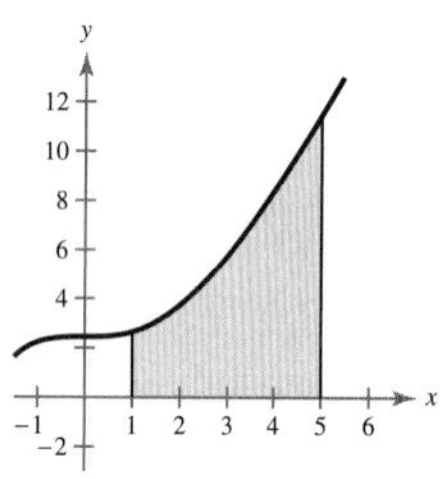

10. 1.39

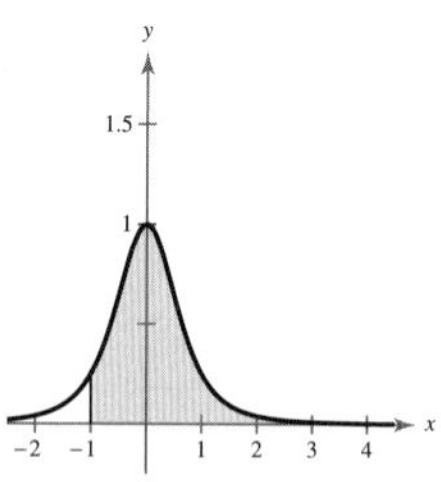

11.

n	10	20	30
Approximation	15.4543	15.4628	15.4644

n	40	50
Approximation	15.4650	15.4652

12.

n	10	20	30
Approximation	5.8520	5.8526	5.8528

n	40	50
Approximation	5.8528	5.8528

13. Area ≈ 54.6667, $n = 33$

14. Area ≈ 0.9163, $n = 3$

15. 9920 m^2 **16.** 381.6 km^2

17. Midpoint Rule: 3.1468
Graphing utility: 3.141593

복습문제

1. $16x + C$ **2.** $\frac{3}{10}x^2 + C$ **3.** $x^3 + C$

4. $x^{2/3} + C$ **5.** $\frac{2}{3}x^3 + \frac{5}{2}x^2 + C$ **6.** $\frac{3}{7}x^{7/3} + \frac{3}{2}x^2 + C$

7. $\frac{4}{9}x^{9/2} - 2\sqrt{x} + C$ **8.** $6x^2 - 3$ **9.** $\frac{2}{3}x^{3/2} - 14$

10. $s(t) = -4.9t^2 + 24.5$; 5 sec

11. $\frac{1}{4}(x+4)^4 + C$ **12.** $\frac{1}{5}(5x+1)^5 + C$

13. $\frac{1}{6}x^6 + 4x^5 + 32x^4 + \frac{256}{3}x^3 + C$ or $\frac{1}{6}(x^2 + 8x)^3 + C_1$

14. $\frac{4}{27}(3x^3 + 1)^3 + C$ **15.** $\frac{-1}{12(2x^3 - 5)^2} + C$

16. $\frac{4}{7}\sqrt{7x - 1} + C$ **17.** (a) 0.072 m^3 (b) 0.295 m^3

18. $e^{4x} + C$ **19.** $-\frac{1}{5}e^{-5x} + C$

20. $\frac{7e^{3x^2}}{6} + C$ **21.** $\ln|x - 6| + C$

22. $\frac{2}{3}\ln|6x - 1| + C$ **23.** $-\frac{1}{3}\ln|1 - x^3| + C$

24.

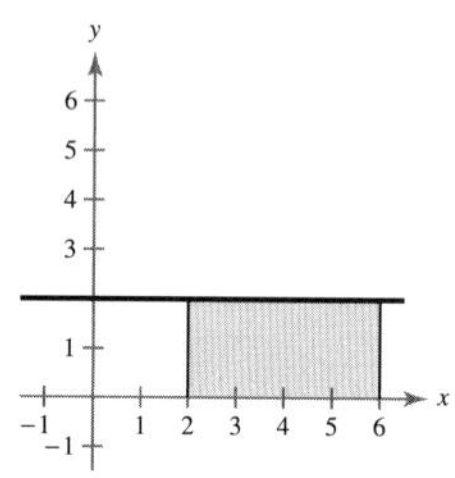

Area = 8

25.

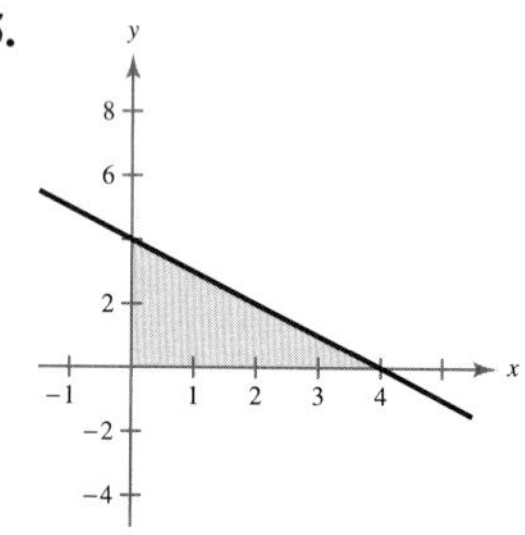

Area = 8

26. (a) 13 (b) 7 (c) 11 (d) 50

27. $\frac{32}{3}$ **28.** 8 **29.** $2 \ln 2$ **30.** 16 **31.** 0

32. 34 **33.** $5 \ln 3 \approx 5.49$

34. $6 - 2\sqrt{5} \approx 1.53$

35. 1.899 **36.** Average value = 3; $x = 1$

37. Average value $= \frac{2}{3}(1 - e^3) \approx -12.724$;
$x = \ln\left[-\frac{1}{3}(1 - e^3)\right] \approx 1.850$

38. Average value $= \frac{2}{5}$; $x = \frac{25}{4}$

39. 0 **40.** 115.2

41. \$17,492.94 **42.** Increases by \$700.25

43. \$565.10

44.

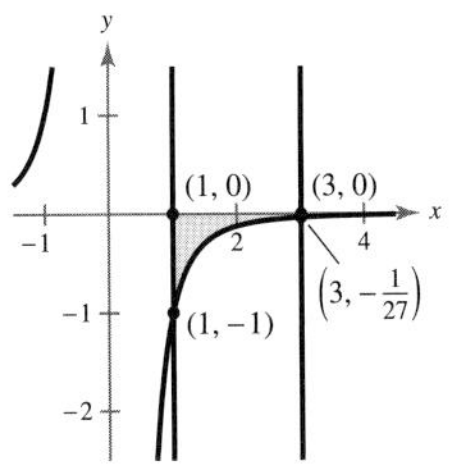

Area $= \frac{4}{9}$

45.

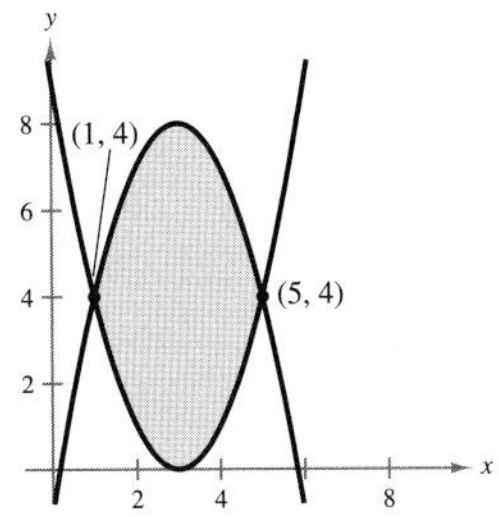

Area $= \frac{64}{3}$

46.

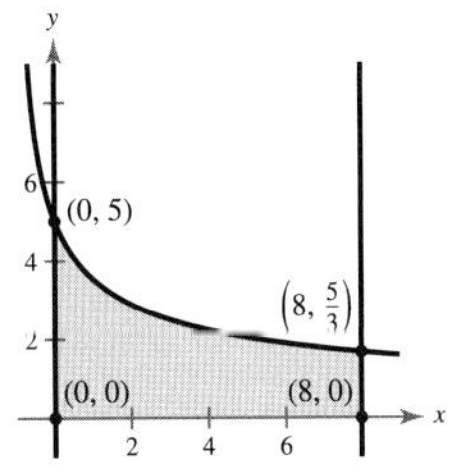

Area = 20

47.

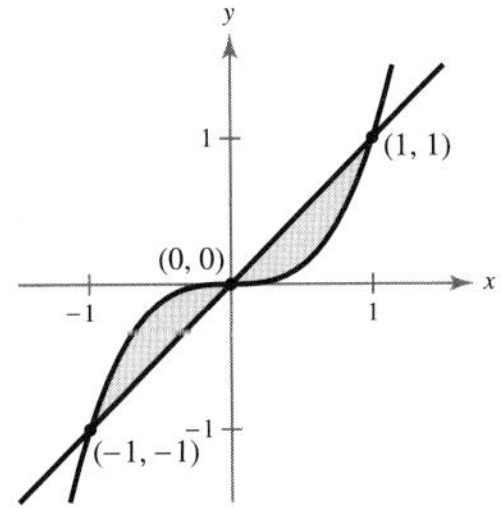

Area $= \frac{1}{2}$

48. Consumer surplus = 1417.5
Producer surplus = 202.5

49. Consumer surplus = 1250
Producer surplus = 1250

50. R_2; \$112.5 million

51. \$300 million

52. Approximation: 1.5
Actual area: 1.5

53. 3.875

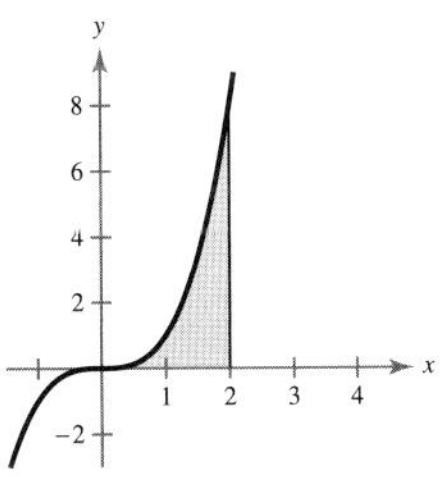

54. 1.738

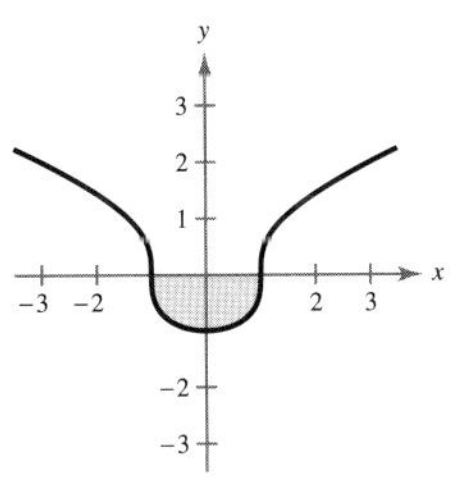

55. 0.987

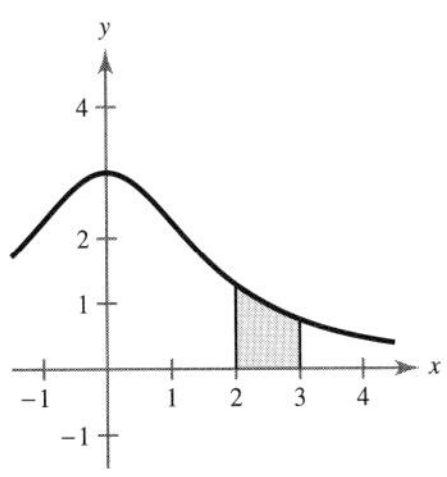

56. 36.5

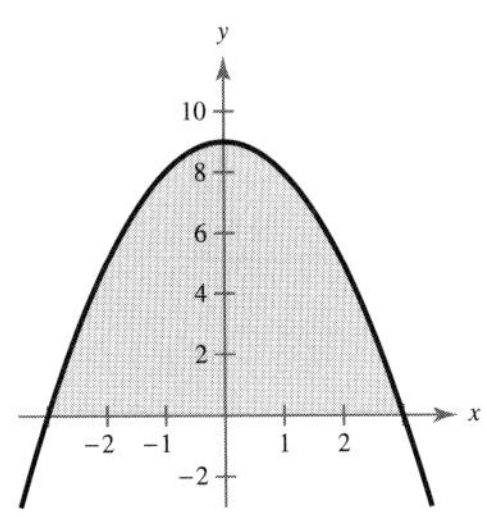

57. 7.6615

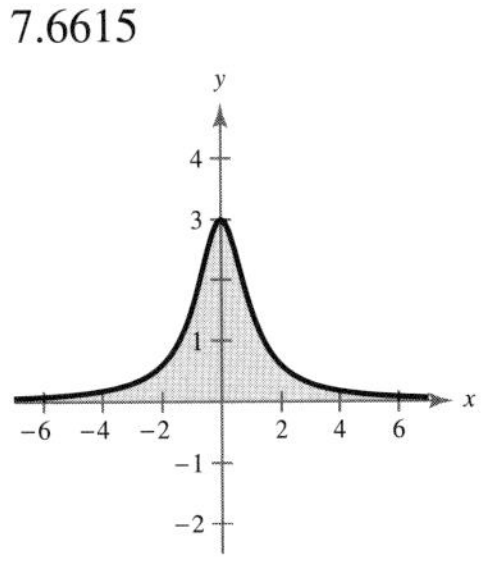

58. 9840 m^2

Chapter 6

6.1절

1. $u = x;\ dv = e^{9x}\,dx$ **2.** $u = \ln 2x;\ dv = x\,dx$

3. $\frac{1}{3}xe^{3x} - \frac{1}{9}e^{3x} + C$ **4.** $\frac{x^4}{16}(4\ln x - 1) + C$

5. $x\ln 5x - x + C$ **6.** $-x^2e^{-x} - 2xe^{-x} - 2e^{-x} + C$

7. $\frac{2}{3}x^2(x+4)^{3/2} - \frac{8}{15}x(x+4)^{5/2} + \frac{16}{105}(x+4)^{7/2} + C$

8. $\frac{1}{3}x^3(\ln x)^3 - \frac{1}{3}x^3(\ln x)^2 + \frac{2}{9}x^3\ln x - \frac{2}{27}x^3 + C$

9. $\frac{1}{4}e^{4x} + C$ **10.** $\frac{1}{4}xe^{4x} - \frac{1}{16}e^{4x} + C$

11. $-4e^{-x/4}(x^2 + 8x + 32) + C$

12. $\frac{1}{2}t^2\ln(t+1) - \frac{1}{2}\ln(t+1) - \frac{1}{4}t^2 + \frac{1}{2}t + C$

13. $-e^{1/t} + C$ **14.** $\frac{1}{2}x^2(\ln x)^2 - \frac{1}{2}x^2\ln x + \frac{1}{4}x^2 + C$

15. $\frac{1}{3}(\ln x)^3 + C$ **16.** $-\frac{1}{x}(\ln x + 1) + C$

17. $\frac{2}{3}x(x-3)^{3/2} - \frac{4}{15}(x-3)^{5/2} + C$

18. $2x\sqrt{x-1} - \frac{4}{3}(x-1)^{3/2} + C$ **19.** $\frac{e^{2x}}{4(2x+1)} + C$

20. $\frac{5}{36}e^6 + \frac{1}{36} \approx 56.060$ **21.** $\frac{3}{2}\ln 3 - 1 \approx 0.648$

22. $\frac{1192}{15} \approx 79.467$ **23.** $\frac{1}{4}e^2(5e^2 - 1) \approx 66.400$

24. Area $= 4e - e^{-2} \approx 10.738$

25. Area $= \frac{e-2}{e} \approx 0.264$

26. Area $= \frac{1}{25}(4e^5 + 1) \approx 23.786$

27. Proof **28.** $\frac{e^{5x}}{125}(25x^2 - 10x + 2) + C$

29. $-\frac{1}{9x^3}(1 + 3\ln x) + C$ **30.** $\frac{3}{128} - \frac{379}{128}e^{-8} \approx 0.022$

31. $\frac{1{,}171{,}875}{256}\pi \approx 14{,}381.070$

32.

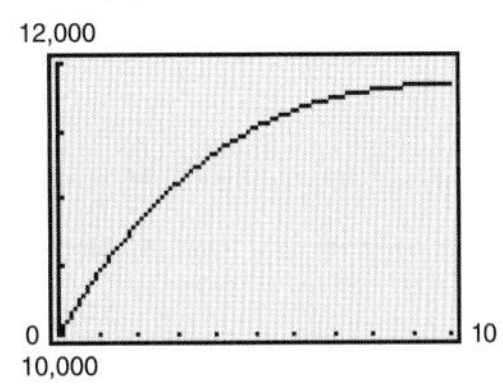

(a) Increase
(b) 113,212 units
(c) 11,321 units/yr

33. (a) $3.2\ln 2 - 0.2 \approx 2.018$
(b) $12.8\ln 4 - 7.2\ln 3 - 1.8 \approx 8.035$

34. \$18,482.03 **35.** \$931,265.10 **36.** \$4955.34

37. \$1,141,592.33 **38.** (a) \$1,200,000 (b) \$1,094,142.27

39. (a) \$18,000,000 (b) \$16,133,084 **40.** \$45,957.78

41. (a) \$17,378.62 (b) \$3681.26 **42.** About 4.254

6.2절

1. $\frac{1}{9}\left(\frac{2}{2+3x} + \ln|2+3x|\right) + C$

2. $x(2x^2+16)\sqrt{x^2+16} - 256\ln\left|x + \sqrt{x^2+16}\right| + C$

3. $\ln\left(x^2 + \sqrt{x^4 - 9}\right) + C$ **4.** $\frac{1}{2}(x^2 - 1)e^{x^2} + C$

5. $\ln\left|\frac{x}{1+x}\right| + C$ **6.** $-\frac{1}{7}\ln\left|\frac{7 + \sqrt{x^2+49}}{x}\right| + C$

7. $-\frac{1}{2}\ln\left|\frac{2+\sqrt{4-x^2}}{x}\right|+C$ **8.** $\frac{3}{4}x^2(-1+2\ln 3x)+C$

9. $3x^2-\ln(1+e^{3x^2})+C$ **10.** $\frac{1}{24}\ln\left|\frac{x^2-6}{x^2+6}\right|+C$

11. $\frac{2}{35}(x+3)^{3/2}(5x^2-12x+24)+C$

12. $\frac{1}{2}\left[x\sqrt{3+x^2}+3\ln\left|x+\sqrt{3+x^2}\right|\right]+C$

13. $-\frac{1}{2}x(2-x)+\ln|x+1|+C$ **14.** $-\frac{\sqrt{1-x^2}}{x}+C$

15. $\frac{1}{2(9-2x)^2}-\frac{6}{(9-2x)^3}+\frac{81}{4(9-2x)^4}+C$

16. $\frac{4}{9}x^3(3\ln 2x-1)+C$

17. $\frac{1}{27}\left(3x-\frac{25}{3x-5}+10\ln|3x-5|\right)+C$

18. $\frac{1}{9}(3\ln x-4\ln|4+3\ln x|)+C$

19. $\frac{-2\sqrt{2}+4}{3}\approx 0.3905$ **20.** $\frac{3}{4}+\frac{7}{16}\ln\frac{17}{5}\approx 1.2854$

21. $12\left(2+\ln\left|\frac{2}{1+e^2}\right|\right)\approx 6.7946$

22. $-\frac{1}{5}\left(\frac{\sqrt{14}}{3}-\sqrt{6}\right)\approx 0.2405$

23. Area $=\frac{1}{8\sqrt{3}}\approx 0.0722$ **24.** Area $=\frac{3\ln\frac{4}{5}+1}{36}\approx 0.0092$

25. Area $=\frac{1}{4}[21\sqrt{5}-8\ln(\sqrt{5}+3)+8\ln 2]\approx 9.8145$

26. $x\left(\ln\frac{x}{3}-1\right)+C$ **27.** $\frac{2}{147}(7x+6)\sqrt{7x-3}+C$

28. (a) 0.483 (b) 0.283

29.

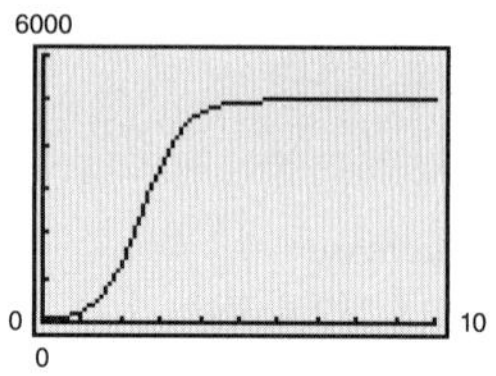

Average value: 401.40

30. \$1138.43

31. Consumer surplus: About 17.92
Producer surplus: 24

6.3절

	Trapezoidal Rule	*Simpson's Rule*	*Exact Value*
1.	2.7500	2.6667	2.6667
2.	−0.7500	−0.6667	−0.6667
3.	5.2650	5.3046	5.3333
4.	0.6970	0.6933	0.6931
5.	3.8643	3.3022	3.1809

6. (a) 0.783 (b) 0.785 **7.** (a) 5.090 (b) 5.177

8. (a) 1.470 (b) 1.463 **9.** (a) 2.540 (b) 2.541

10. (a) 1.879 (b) 1.888 **11.** 19.5215 **12.** 3.6558

13. \$678.36 **14.** 0.3413 = 34.13%

15. 0.4998 = 49.98% **16.** 89,250 m^2

17. (a) $|E|\le\frac{1}{12}\approx 0.0833$ (b) $|E|\le 0$

18. (a) $|E|\le\frac{5e}{64}\approx 0.212$ (b) $|E|\le\frac{13e}{1024}\approx 0.035$

19. (a) $n=566$ (b) $n=16$

20. (a) $n=3280$ (b) $n=60$

21. \$21,831.20; \$21,836.98

22. (a) 36.9 yr (b) 36.9 yr (c) The results are the same.

23. 58.912 mg **24.** 1878 subscribers

6.4절

1. Improper; The integrand has an infinite discontinuity when $x=\frac{2}{3}$, and $0\le\frac{2}{3}\le 1$.

2. Not improper; continuous on [0, 1]

3. Improper; The upper limit of integration is infinite.

4. Converges; $\frac{1}{3}$ **5.** Diverges **6.** Diverges

7. Diverges **8.** Diverges **9.** Converges; $\frac{1}{2(\ln 4)^2}$

10. Converges; 0

11. 1 **12.** $\frac{7}{8}$ **13.** ∞

14. (a) 0.9438 (b) 0.1785 (c) 0.0126

15. (a) $\int_{35.5}^{\infty}f(x)\,dx\approx 0.9938$ (b) $\int_{35.9}^{\infty}f(x)\,dx\approx 0.6915$

16. \$200,000 **17.** \$66,666.67

18. Yes, \$360,000 < \$400,000.

19. (a) \$4,637,228 (b) \$5,555,556

20. (a) \$748,367.34 (b) \$808,030.14 (c) \$900,000.00

21. (a) \$453,901.30 (b) \$807,922.43 (c) \$4,466,666.67

복습문제

1. xe^x+C **2.** $2\sqrt{x}\ln x-4\sqrt{x}+C$

3. $\frac{2}{15}(x-5)^{3/2}(3x+10)+C$ **4.** $x^2e^{2x}-xe^{2x}+\frac{1}{2}e^{2x}+C$

5. $3e^2-\frac{3(e^2-1)}{2}\approx 12.584$ **6.** $16-20e^{-1/4}\approx 0.4240$

7. \$90,634.62 **8.** \$865,958.50

9. (a) \$1,200,000 (b) \$1,052,649.52

10. $\frac{1}{54}(9x^2-12x+8\ln|3x+2|)+C$

11. $-\frac{1}{8}\ln\left|\frac{8+\sqrt{x^2+64}}{x}\right|+C$

12. $\frac{1}{2}\left(\frac{1}{2+3x}+\frac{1}{2}\ln\left|\frac{x}{2+3x}\right|\right)+C$

13. $\sqrt{x^2+25}-5\ln\left|\frac{5+\sqrt{x^2+25}}{x}\right|+C$

14. $\frac{1}{28}\ln\left|\frac{2x-7}{2x+7}\right|+C$

15. $2\sqrt{1+x}+\ln\left|\frac{\sqrt{1+x}-1}{\sqrt{1+x}+1}\right|+C$ **16.** 0.0841

17. (a) 0.675 (b) 0.290

18. Trapezoidal: 0.7050
Simpson's: 0.6715
Exact: $\frac{2}{3}\approx 0.6667$

19. Trapezoidal: 4.6875
Simpson's: 4.6667
Exact: $\frac{14}{3}\approx 4.6667$

20. Trapezoidal: 1.7652
Simpson's: 1.7299
Exact: $2-2e^{-2}\approx 1.7293$

21. (a) 0.741 (b) 0.737

22. (a) 0.305 (b) 0.289 **23.** (a) 2.961 (b) 2.936

24. (a) $|E| \le \dfrac{3e^3}{64} \approx 0.9415$ (b) $|E| \le \dfrac{9e^3}{5120} \approx 0.0353$

25. (a) $n = 3486$ (b) $n = 48$

26. Converges; $-\frac{1}{4}$ **27.** Diverges **28.** Diverges

29. $A \approx 4$ **30.** $A = \infty$ **31.** $266,666.67 **32.** Yes

Chapter 7

7.1절

1.

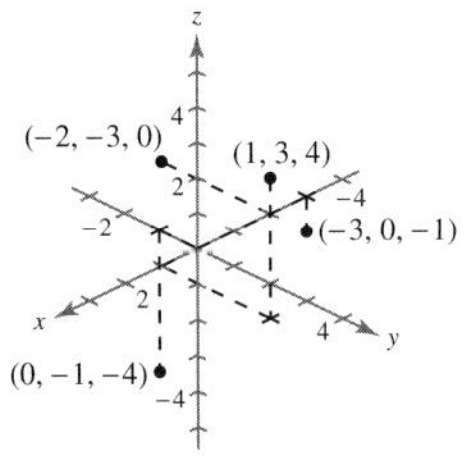

2.

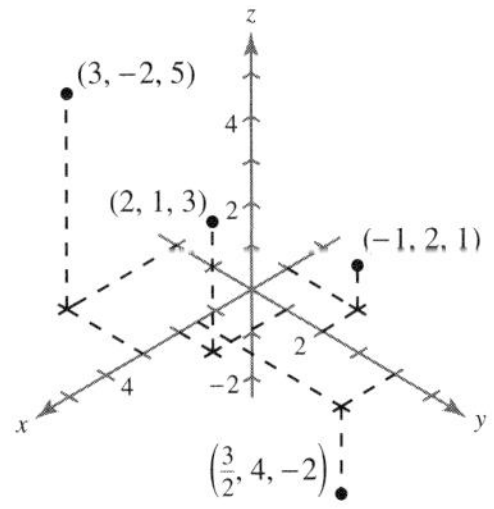

3. $(-3, 4, 5)$ **4.** $(10, 0, 0)$ **5.** 0 **6.** $3\sqrt{2}$

7. 12 **8.** $(6, 4, 7)$ **9.** $\left(2, -\frac{3}{2}, \frac{5}{2}\right)$ **10.** $(6, -3, 5)$

11. $(1, 2, 1)$ **12.** $3, 3\sqrt{5}, 6$; right triangle

13. $\sqrt{41}, \sqrt{14}, \sqrt{41}$; isosceles triangle

14. $(0, 0, -5), (2, 2, -4), (2, -4, -1)$

15. $x^2 + (y - 2)^2 + (z - 2)^2 = 4$

16. $\left(x - \frac{3}{2}\right)^2 + (y - 2)^2 + (z - 1)^2 = \frac{21}{4}$

17. $(x - 3)^2 + (y + 2)^2 + (z + 3)^2 = 16$

18. $(x + 1)^2 + \left(y - \frac{1}{2}\right)^2 + \left(z - \frac{3}{2}\right)^2 = \frac{69}{2}$

19. $(x + 4)^2 + (y - 3)^2 + (z - 6)^2 = 36$

20. Center: $(6, 0, 0)$
Radius: 6

21. Center: $(-2, 1, -4)$
Radius: 5

22. Center: $(1, 3, 2)$
Radius: $\dfrac{5\sqrt{2}}{2}$

23. $(x - 1)^2 + (y + 3)^2 = 25$

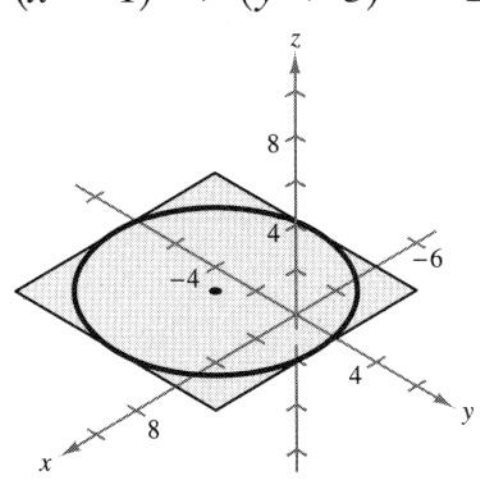

24. $(x - 3)^2 + (y - 5)^2 = 4$

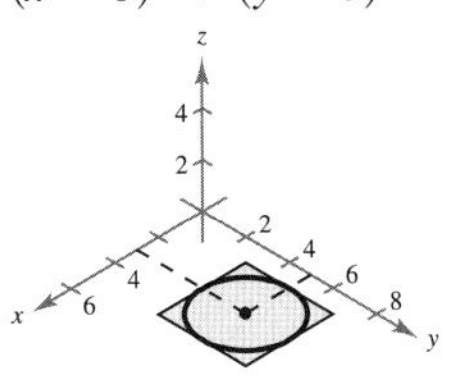

25. $(y - 4)^2 + z^2 = 16$

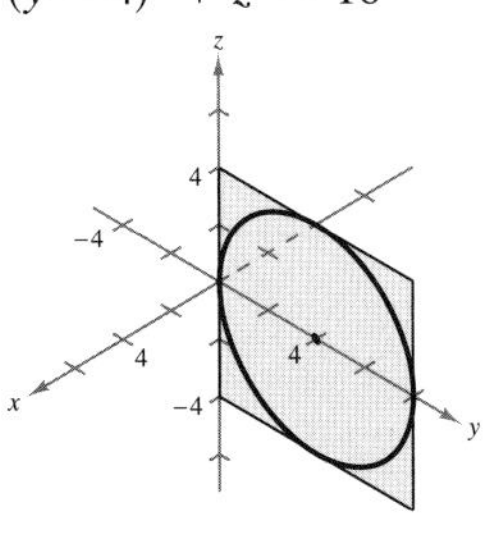

26. $(y - 2)^2 + (z - 3)^2 = 25$

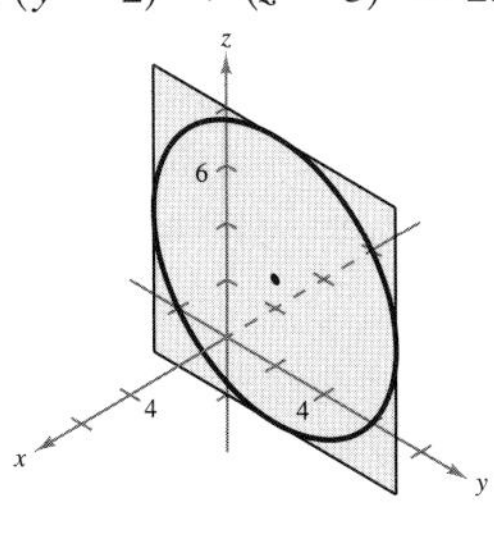

27. (a)

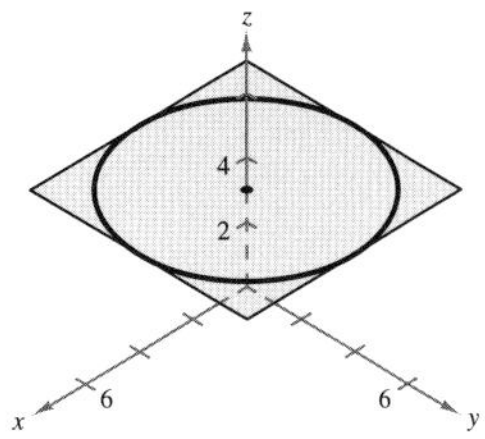

(b)

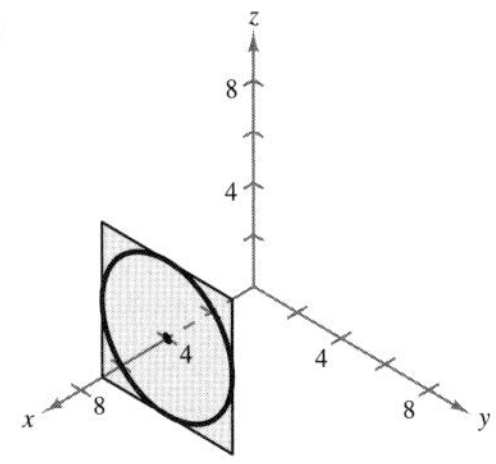

28. (a)

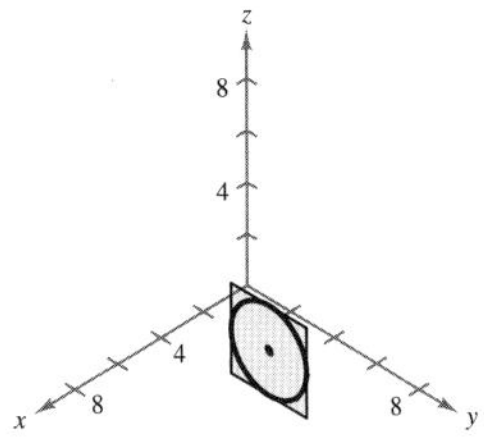

(b)

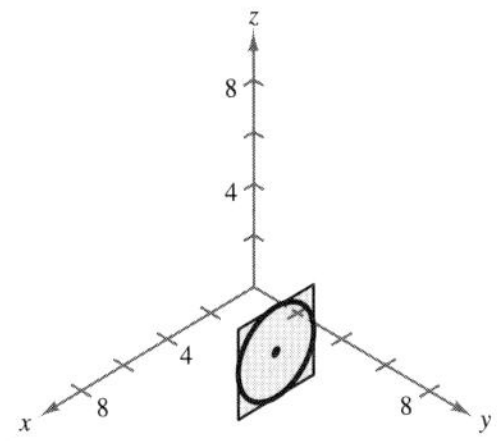

29. $x^2 + y^2 + z^2 - 756.25$

7.2절

1. $(3, 0, 0), (0, 3, 0), (0, 0, 3)$

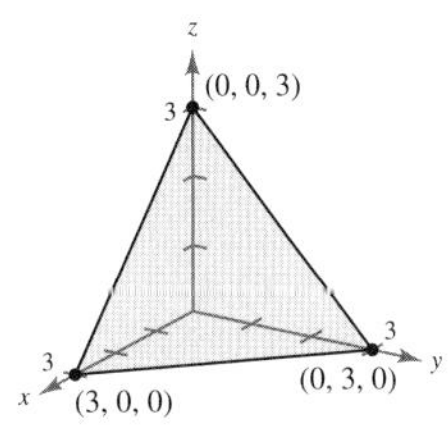

2. $(3, 0, 0), (0, 6, 0), (0, 0, 2)$

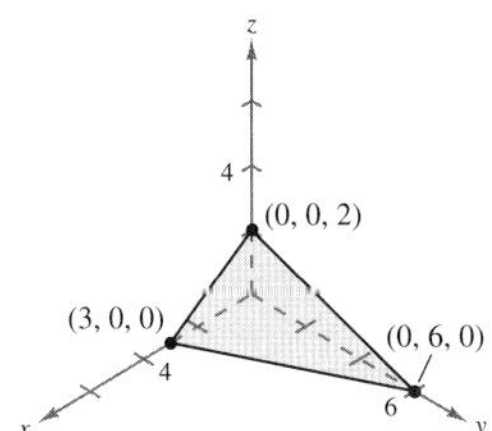

3. $(2, 0, 0), (0, -4, 0), \left(0, 0, \frac{4}{3}\right)$

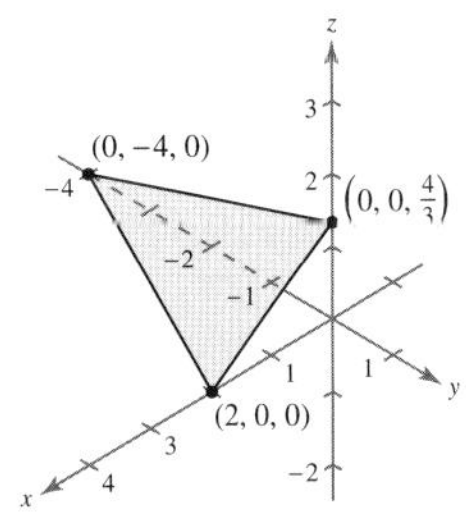

4. $(0, 0, 8)$

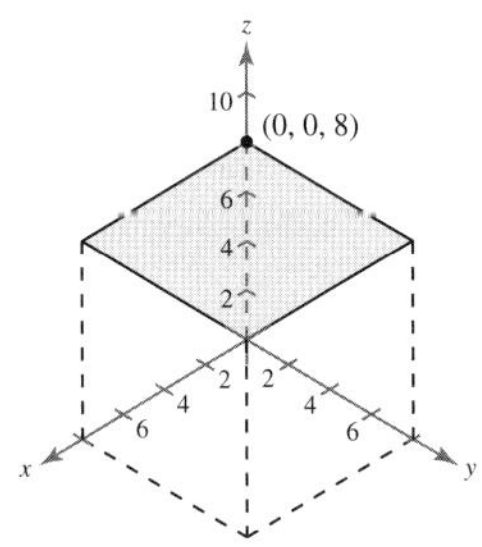

5. $(6, 0, 0), (0, 6, 0)$

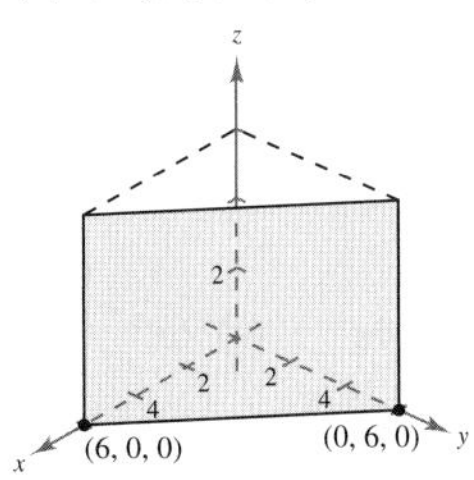

6. $(3, 0, 0), (0, 0, -1)$

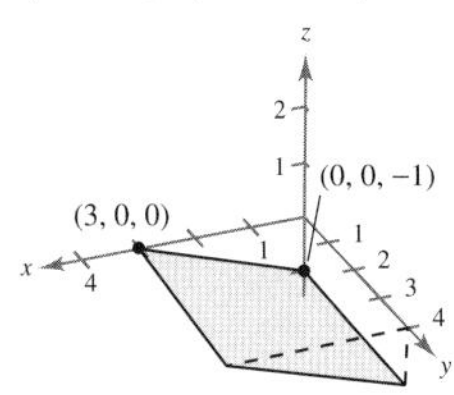

7. Perpendicular **8.** Parallel

9. Neither parallel nor perpendicular

10. Parallel **11.** Perpendicular

12. c; Ellipsoid

13. f; Hyperboloid of one sheet

14. d; Elliptic paraboloid

15. (a) $x = \pm y$; Lines
(b) $z = 9 - y^2$; Parabola
(c) $z = x^2$; Parabola

Hyperbolic paraboloid

16. (a) $\frac{x^2}{4} + y^2 = 1$; Ellipse (b) $\frac{x^2}{4} + z^2 = 1$; Ellipse
(c) $y^2 + z^2 = 1$; Circle
Ellipsoid

17. (a) $z^2 - \frac{x^2}{3} = 1$; Hyperbola
(b) $\frac{3}{7}z^2 - \frac{3}{56}y^2 = 1$; Hyperbola
(c) $\frac{x^2}{45} + \frac{y^2}{120} = 1$; Ellipse

18. Ellipsoid **19.** Elliptic paraboloid

20. Hyperboloid of two sheets **21.** Hyperbolic paraboloid

22. Hyperboloid of two sheets **23.** Elliptic cone

24. Hyperboloid of one sheet

25. $\frac{x^2}{6378^2} + \frac{y^2}{6378^2} + \frac{z^2}{6357^2} = 1$

26. (a)

Year	2008	2009	2010
x	38.3	37.2	38.8
y	24.3	25.2	26.3
z (actual)	19.4	18.8	19.2
z (approximated)	19.3	18.8	19.4

Year	2011	2012	2013
x	41.3	44.4	46.5
y	28.3	28.4	28.7
z (actual)	20.4	21.2	22.3
z (approximated)	20.2	21.4	22.2

The approximated values of z are very close to the actual values.

(b) According to the model, increases in expenditures of recreation types y and z will correspond to an increase in expenditures of recreation type x.

7.3절

1. (a) 1 (b) 1 (c) -17 (d) $9 - y$
(e) $2x - 1$ (f) $13 - t$

2. (a) 5 (b) $3e^2$ (c) $2e^{-1}$ (d) $4e^y$ (e) $6x$ (f) te^t

3. (a) $\frac{2}{3}$ (b) 0 **4.** (a) 90π (b) 50π

5. (a) \$20,655.20 (b) \$1,397,672.67 **6.** (a) 0 (b) 6

7. (a) $x^2 + 2x\,\Delta x + (\Delta x)^2 - 2y$ (b) -2, $\Delta y \neq 0$

8. Domain: all points (x, y) inside and on the circle $x^2 + y^2 = 16$
Range: $[0, 4]$

9. Domain: all points (x, y)
Range: $[0, \infty)$

10. Domain: all points (x, y) such that $y \neq 0$
Range: $(0, \infty)$

11. Domain: the half-plane below the line $y = -x + 5$
Range: $(-\infty, \infty)$

12. Domain: all points (x, y) inside and on the ellipse $3x^2 + y^2 = 9$
Range: $[0, 3]$

13. Domain: all points (x, y) such that $x \neq 0$
Range: $(-\infty, \infty)$

14. Domain: all points (x, y) such that $x \neq 0$ and $y \neq 0$
Range: $(-\infty, 0)$ and $(0, \infty)$

15. Domain: all points (x, y) such that $y \geq 0$
Range: $(-\infty, \infty)$

16. b **17.** a

18. The level curves are parallel lines.

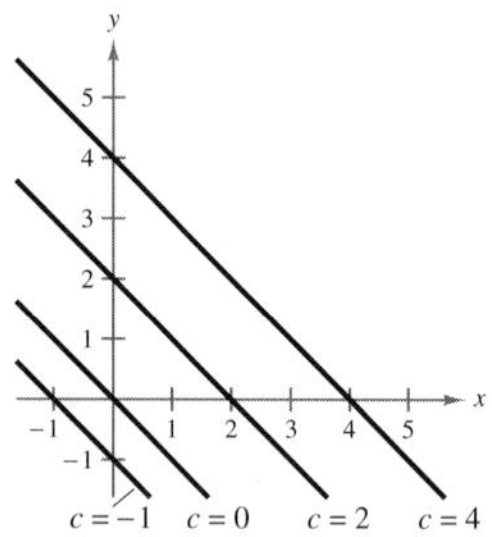

19. The level curves are circles.

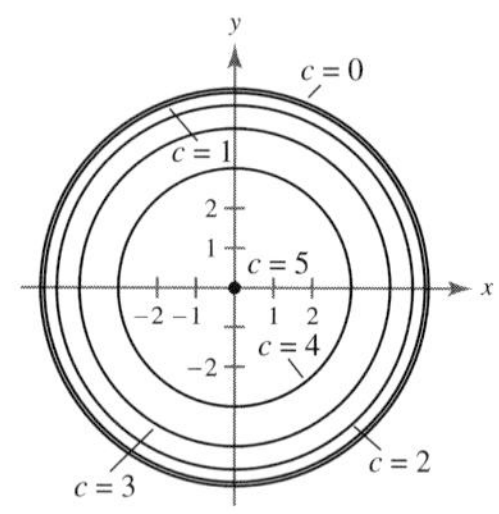

20. The level curves are hyperbolas.

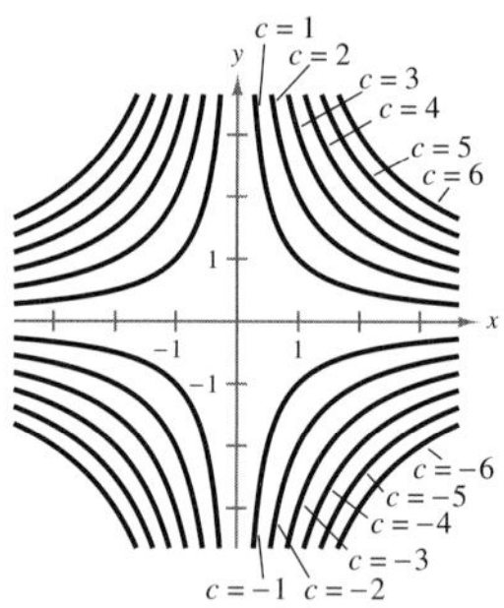

21. The level curves are circles.

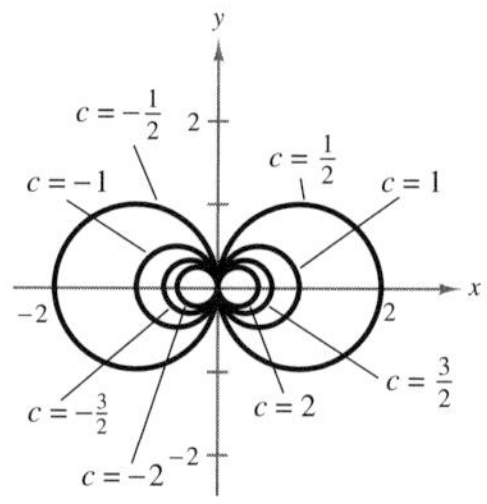

22. 114,870 units **23.** Proof

24. (a) \$15,250 (b) \$18,425 (c) \$30,025

25.

R \ I	0	0.03	0.05
0	\$5187.48	\$3859.98	\$3184.67
0.28	\$4008.46	\$2982.67	\$2460.85
0.35	\$3754.27	\$2793.53	\$2304.80

26. (a) C (b) A (c) B

27. (a) \$531.5 million
(b) y Explanations will vary. Sample answer: The y-term has a greater influence on shareholders' equity because the absolute value of its coefficient is greater than that of the coefficient of the x-term.

28. Option (a): \$1003.73, \$240,895.20;
Option (b): \$798.36, \$287,409.60;
Option (c): \$1078.59, \$194,146.20;
Answers will vary.

7.4절

1. $\frac{\partial z}{\partial x} = 3$; $\frac{\partial z}{\partial y} = 5$ **2.** $\frac{\partial z}{\partial x} = 6 - 2xy$; $\frac{\partial z}{\partial y} = -x^2 + 16y$

3. $h_x(x, y) = -2xe^{-(x^2+y^2)}$; $h_y(x, y) = -2ye^{-(x^2+y^2)}$

4. $f_x(x, y) = \dfrac{x}{\sqrt{x^2 + y^2}}$; $f_y(x, y) = \dfrac{y}{\sqrt{x^2 + y^2}}$

5. $\dfrac{\partial z}{\partial x} = 2y^3e^{2xy}$; $\dfrac{\partial z}{\partial y} = 2xy^2e^{2xy} + 2ye^{2xy}$

6. $g_x(x, y) = \dfrac{2x}{x^2 + y^2}$; $g_y(x, y) = \dfrac{2y}{x^2 + y^2}$

7. $f_x(x, y) = \dfrac{4x^3y}{3y + 2}$; $f_y(x, y) = \dfrac{2x^4}{(3y + 2)^2}$

8. $\dfrac{\partial z}{\partial x} = 3$; $\dfrac{\partial z}{\partial y} = 2$

9. $f_x(x, y) = 6x + y, 13$; $f_y(x, y) = x - 2y, 0$

10. $f_x(x, y) = e^xy^2, 12$; $f_y(x, y) = 2e^xy, 12$

11. $f_x(x, y) = \dfrac{3}{3x + 5y}, 1$; $f_y(x, y) = \dfrac{5}{3x + 5y}, \dfrac{5}{3}$

12. $f_x(x, y) = -\dfrac{y^2}{(x - y)^2}, -\dfrac{1}{4}$; $f_y(x, y) = \dfrac{x^2}{(x - y)^2}, \dfrac{1}{4}$

13. (a) 2 (b) 1 **14.** (a) -2 (b) -2

15. $w_x = y^2z^4 + 9y$
$w_y = 2xyz^4 + 9x$
$w_z = 4xy^2z^3 - 1$

16. $w_x = -\dfrac{2z}{(x + y)^2}$
$w_y = -\dfrac{2z}{(x + y)^2}$
$w_z = \dfrac{2}{x + y}$

17. $w_x = 2z^2 + 3yz, 2$
$w_y = 3xz - 12yz, 30$
$w_z = 4xz + 3xy - 6y^2, -1$

18. $w_x = \dfrac{x}{\sqrt{x^2 + y^2 + z^2}}, \dfrac{2}{3}$
$w_y = \dfrac{y}{\sqrt{x^2 + y^2 + z^2}}, -\dfrac{1}{3}$
$w_z = \dfrac{z}{\sqrt{x^2 + y^2 + z^2}}, \dfrac{2}{3}$

19. $w_x = 4xy^3z^2e^{2x^2}, -8\sqrt{e}$
$w_y = 3y^2z^2e^{2x^2}, 12\sqrt{e}$
$w_z = 2y^3ze^{2x^2}, -4\sqrt{e}$

20. $w_x = \dfrac{5}{5x + 2y^3 - 3z}, \dfrac{1}{5}$
$w_y = \dfrac{6y^2}{5x + 2y^3 - 3z}, \dfrac{6}{25}$
$w_z = -\dfrac{3}{5x + 2y^3 - 3z}, -\dfrac{3}{25}$

21. $(-6, 4)$ **22.** $(1, 1)$

23. $\dfrac{\partial^2 z}{\partial x^2} = 6x$
$\dfrac{\partial^2 z}{\partial y^2} = -8$
$\dfrac{\partial^2 z}{\partial y \partial x} = \dfrac{\partial^2 z}{\partial x \partial y} = 0$

24. $\dfrac{\partial^2 z}{\partial x^2} = 12x^2$
$\dfrac{\partial^2 z}{\partial y^2} = 18y$
$\dfrac{\partial^2 z}{\partial y \partial x} = \dfrac{\partial^2 z}{\partial x \partial y} = -2$

25. $\dfrac{\partial^2 z}{\partial x^2} = 108x^2(3x^4 - 2y^3)(11x^4 - 2y^3)$
$\dfrac{\partial^2 z}{\partial y^2} = 36y(2y^3 - 3x^4)(3x^4 - 8y^3)$
$\dfrac{\partial^2 z}{\partial x \partial y} = \dfrac{\partial^2 z}{\partial y \partial x} = 432x^3y^2(2y^3 - 3x^4)$

26. $\dfrac{\partial^2 z}{\partial x^2} = -\dfrac{y}{x^3}$
$\dfrac{\partial^2 z}{\partial x \partial y} = -\dfrac{x^2 - y^2}{2x^2y^2}$
$\dfrac{\partial^2 z}{\partial y \partial x} = -\dfrac{x^2 - y^2}{2x^2y^2}$
$\dfrac{\partial^2 z}{\partial y^2} = \dfrac{x}{y^3}$

27. $f_{xx}(x, y) = 12x^2 - 6y^2, 12$
$f_{xy}(x, y) = -12xy, 0$
$f_{yy}(x, y) = -6x^2 + 2, -4$
$f_{yx}(x, y) = -12xy, 0$

28. $f_{xx}(x, y) = e^{x^2}(4x^2y^3 + 2y^3), -6e$
$f_{xy}(x, y) = f_{yx}(x, y) = 6xy^2e^{x^2}, 6e$
$f_{yy}(x, y) = 6ye^{x^2}, -6e$

29. $f_{xx}(x, y, z) = 2$
$f_{xy}(x, y, z) = f_{yx}(x, y, z) = -3$
$f_{xz}(x, y, z) = f_{yy}(x, y, z) = f_{zx}(x, y, z) = 0$
$f_{yz}(x, y, z) = f_{zy}(x, y, z) = 4$
$f_{zz}(x, y, z) = 6z$

30. $f_{xx}(x, y, z) = -\dfrac{8yz}{(x + y)^3}$
$f_{xy}(x, y, z) = \dfrac{4z(x - y)}{(x + y)^3}$
$f_{xz}(x, y, z) = \dfrac{4y}{(x + y)^2}$
$f_{yy}(x, y, z) = \dfrac{8xz}{(x + y)^3}$
$f_{yx}(x, y, z) = \dfrac{4z(x - y)}{(x + y)^3}$
$f_{yz}(x, y, z) = -\dfrac{4x}{(x + y)^2}$
$f_{zz}(x, y, z) = 0$
$f_{zx}(x, y, z) = \dfrac{4y}{(x + y)^2}$
$f_{zy}(x, y, z) = -\dfrac{4x}{(x + y)^2}$

31. (a) At (120, 160), $\dfrac{\partial C}{\partial x} \approx 154.77$; At (120, 160), $\dfrac{\partial C}{\partial y} \approx 193.33$
(b) Racing bikes; Explanations will vary. Sample answer: The absolute value of dC/dy is greater than the absolute value of dC/dx at (120, 160).

32. (a) About 113.72 (b) About 97.47

33. Complementary

34. (a) $\dfrac{\partial z}{\partial x} = 0.391$; $\dfrac{\partial z}{\partial y} = -0.069$
(b) For every increase of 1 billion dollars in expenditures on amusement parks and campgrounds, the expenditures for spectator sports will increase by 0.391 billion dollars. For every increase of 1 billion dollars in expenditures on live entertainment (excluding sports), the expenditures for spectator sports will decrease by 0.069 billion dollars.

35. $IQ_M(M, C) = \dfrac{100}{C}$, $IQ_M(12, 10) = 10$; For a child who has a current mental age of 12 years and a chronological age of 10 years, the IQ is increasing at a rate of 10 IQ points for every increase of 1 year in the child's mental age.
$IQ_C(M, C) = \dfrac{-100M}{C^2}$, $IQ_C(12, 10) = -12$; For a child who has a current mental age of 12 years and a chronological age of 10 years, the IQ is decreasing at a rate of 12 IQ points for every increase of 1 year in the child's chronological age.

36. $V_I(0.03, 0.28) \approx -14{,}478.99$
$V_R(0.03, 0.28) \approx -1391.17$
The rate of inflation has the greater negative influence on the growth of the investment because $|-14{,}478.99| > |-1391.17|$.

37. (a) $U_x = -10x + y$ (b) $U_y = x - 6y$
(c) When $x = 2$ and $y = 3$, $U_x = -17$ and $U_y = -16$. The person should consume one more unit of product y, because the rate of decrease of satisfaction is less for y.
(d)

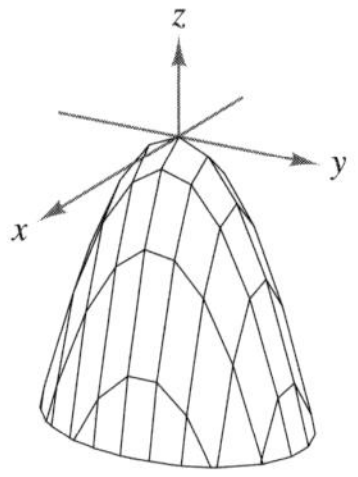

The slope of U in the x-direction is 0 when $y = 10x$ and negative when $y < 10x$. The slope of U in the y-direction is 0 when $x = 6y$ and negative when $x < 6y$.

7.5절

1. Relative minimum: $(-4, 6, -55)$
2. Relative maximum: $\left(-1, -\frac{1}{4}, \frac{49}{4}\right)$
3. Relative minimum: $(0, 0, 1)$
4. Relative minimum: $(0, 0, 2)$
5. Relative minimum: $(1, 3, 0)$
6. Relative maximum: $(8, 16, 74)$
7. Saddle point: $(0, 0, 1)$
Relative maximum: $\left(\frac{4}{3}, \frac{4}{3}, \frac{59}{27}\right)$
8. Saddle point: $(0, 0, 0)$
9. Relative maximum: $\left(\frac{1}{2}, \frac{1}{2}, e^{1/2}\right)$
Relative minimum: $\left(-\frac{1}{2}, -\frac{1}{2}, -e^{1/2}\right)$
10. Insufficient information **11.** $f(x_0, y_0)$ is a saddle point.
12. $f(x_0, y_0)$ is a relative minimum.
13. Saddle point: $(0, 0, 0)$
Second-Partials Test fails at $(0, 0)$.
14. Relative minima: $(a, 0, 0)$, $(0, b, 0)$
Second-Partials Test fails at $(a, 0)$ and $(0, b)$.
15. Relative minimum: $(0, 0, 0)$
Second-Partials Test fails at $(0, 0)$.
16. Relative minimum: $(1, -3, 0)$
17. 15, 15, 15 **18.** 20, 20, 20 **19.** $x_1 = 3$, $x_2 = 6$
20. $p_1 = 2500$, $p_2 = 3000$ **21.** $x_1 \approx 94$, $x_2 = 157$
22. $\frac{100}{27}$ cubic units **23.** 82 cm × 41 cm × 41 cm
24. Base dimensions: 3 m × 3 m
Height: 2 m; Minimum cost: \$16.20
25. $x = 1.25$, $y = 2.5$; \$4.625 million
26. 500 smallmouth bass; 200 largemouth bass
27. Proof **28.** True

7.6절

1. $f(7, 7) = 49$ **2.** $f(3, 1) = 10$ **3.** $f(2, 4) = -12$
4. $f(25, 50) = 2600$ **5.** $f(1, 1) = 2$
6. $f(2, 2) = e^4$ **7.** $f(2, 2, 2) = 8$
8. $f\left(\frac{1}{3}, \frac{1}{3}, \frac{1}{3}\right) = \frac{1}{3}$ **9.** $f\left(\frac{\sqrt{3}}{3}, \frac{\sqrt{3}}{3}, \frac{\sqrt{3}}{3}\right) = \sqrt{3}$
10. 30, 30, 30 **11.** 40, 40, 40 **12.** $3\sqrt{2}$ **13.** $\sqrt{5}$
14. $\sqrt{3}$
15. 15 units × 10 units × 6 units **16.** 4.5 m × 4.5 m × 3 m
17. $x_1 = 145$ units, $x_2 = 855$ units
18. (a) $f\left(\frac{3125}{6}, \frac{6250}{3}\right) \approx 147{,}314$ (b) 1.473
(c) 184,142 units (d) 515,599 units
19. (a) $x \approx 317$ units, $y \approx 68$ units (b) Answers will vary.
20. (a) 22.5 m × 54 m (b) \$3240
21. $x = \sqrt[3]{0.065} \approx 0.402$ L
$y = \frac{1}{2}\sqrt[3]{0.065} \approx 0.201$ L
$z = \frac{1}{3}\sqrt[3]{0.065} \approx 0.134$ L
22. About 190.7 g
23. (a) Cable television: \$3600
Newspaper: \$1800
Radio: \$2700
(b) About 3718 responses

7.7절

1. $S = 1.6$; $S = 0.8259$; quadratic model
2. $S = 1.44$; $S = 1.9368$; linear model
3. $y = x + \frac{2}{3}$

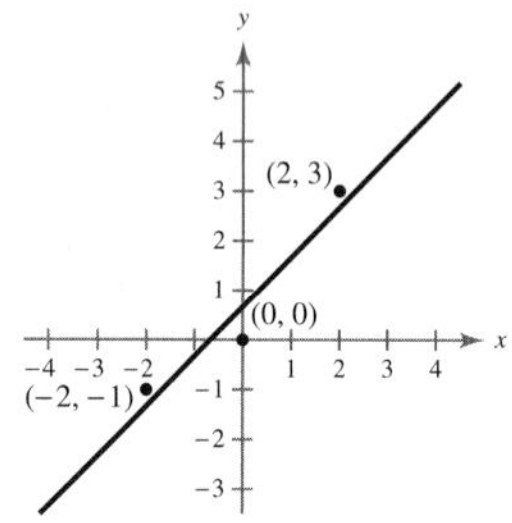

4. $y = -2.3x - 0.9$

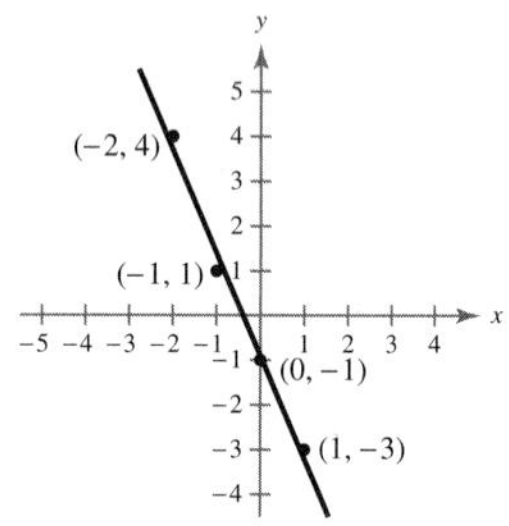

5. $y = 0.8x + 2$ **6.** $y = -1.1824x + 6.385$
7. $y = 1.0129x - 2.417$
8. (a) $y = 8.52x - 5.4$ (b) About \$139.4 billion (c) 2022
9. (a) $y = 10.8x + 1932$ (b) 3876 liters per hectare
10.

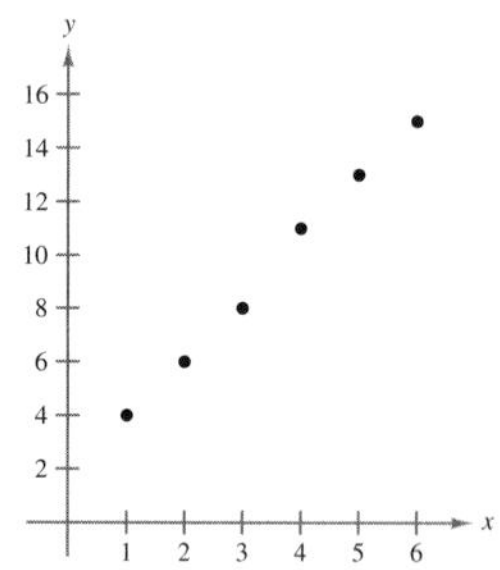

Positive correlation, $r \approx 0.9981$

11.

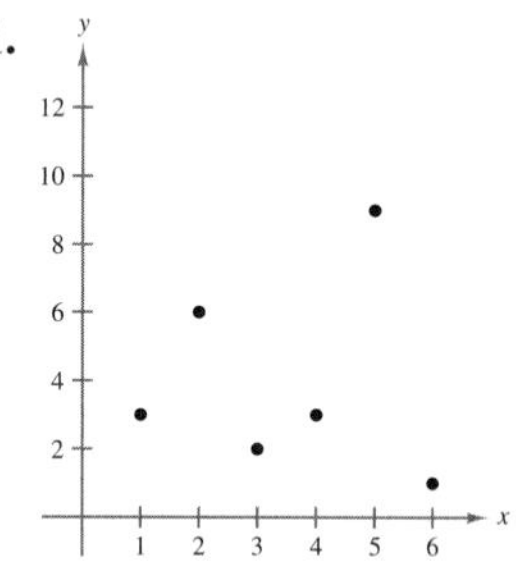

No correlation, $r = 0$

12.

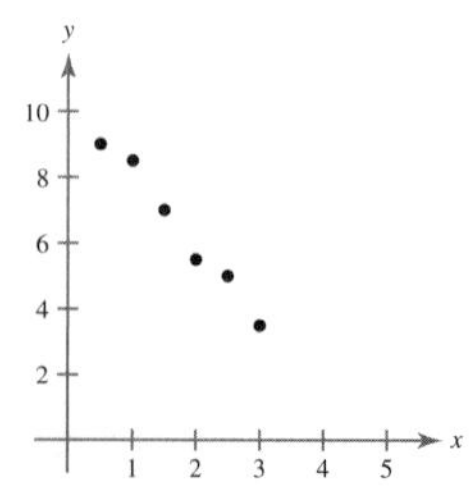

Negative correlation, $r \approx -0.9907$

13. False; The data modeled by $y = 3.29x - 4.17$ have a positive correlation.

14. True **15.** True

7.8절

1. $\frac{3x^2}{2}$ **2.** $\frac{x}{2}(x^2 - 1)$ **3.** $y^4 + \frac{1}{2}y^2 - 8y - 2$

4. $x^2\sqrt{x} + x^{3/2} - x^5 - x^9$ **5.** $\frac{y^3}{2}$ **6.** 3 **7.** -15

8. 64 **9.** 5 **10.** $\frac{21}{2}$ **11.** $\frac{1}{3}$ **12.** 4 **13.** 24

14. 8 **15.** $\frac{16}{3}$ **16.** 36 **17.** 5 **18.** 2

19.

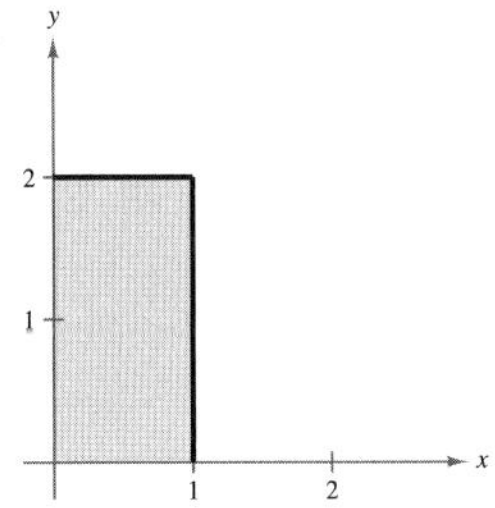

$$\int_0^1 \int_0^2 dy\,dx = \int_0^2 \int_0^1 dx\,dy = 2$$

20.

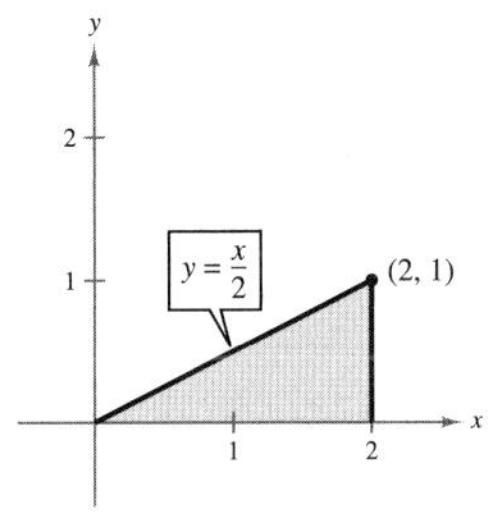

$$\int_0^1 \int_{2y}^2 dx\,dy = \int_0^2 \int_0^{x/2} dy\,dx = 1$$

21.

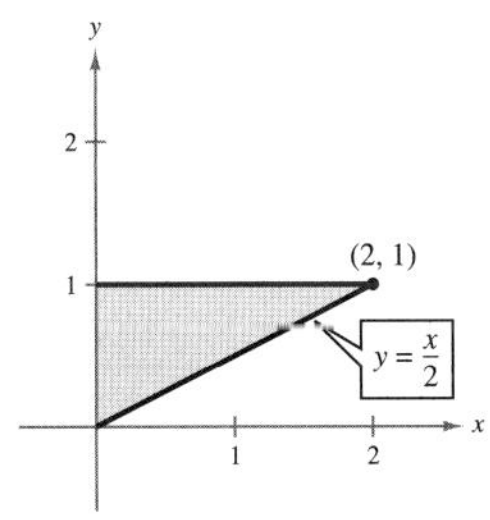

$$\int_0^2 \int_{x/2}^1 dy\,dx = \int_0^1 \int_0^{2y} dx\,dy = 1$$

22.

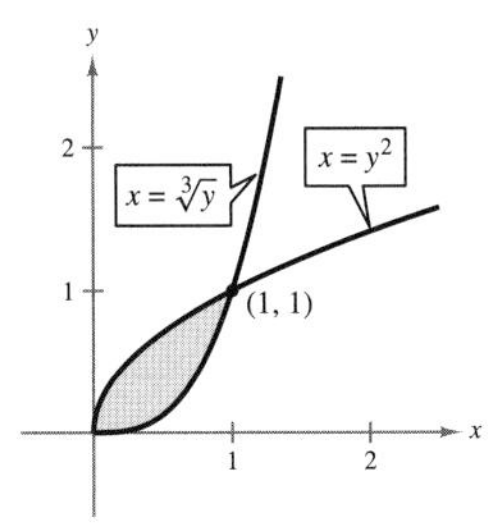

$$\int_0^1 \int_{y^2}^{\sqrt[3]{y}} dx\,dy = \int_0^1 \int_{x^3}^{\sqrt{x}} dy\,dx = \frac{5}{12}$$

23. $\frac{125}{6}$ square units **24.** $\frac{25}{6}$ square units

25. (a) Answers will vary; $\frac{1}{2}(e^9 - 1) \approx 4051.042$

(b) Answers will vary; $\frac{1}{2}(1 - e^{-4}) \approx 0.491$

26. 0.6588 **27.** 8.1747 **28.** 0.4521

29. 1.1190 **30.** True

7.9절

1. $\frac{125}{6}$ cubic units **2.** $\frac{16}{3}$ cubic units **3.** $\frac{1}{27}$ cubic unit

4. $\int_0^3 \int_0^5 xy\,dy\,dx = \int_0^5 \int_0^3 xy\,dx\,dy = \frac{225}{4}$

5. $\int_0^2 \int_x^{2x} \frac{y}{x^2 + y^2}\,dy\,dx = \int_0^2 \int_{y/2}^{y} \frac{y}{x^2 + y^2}\,dx\,dy + \int_2^4 \int_{y/2}^{2} \frac{y}{x^2 + y^2}\,dx\,dy = \ln \frac{5}{2}$

6. $\int_0^1 \int_0^{3x} \frac{1}{\sqrt{x^2 + 4}}\,dy\,dx = \int_0^3 \int_{y/3}^{1} \frac{1}{\sqrt{x^2 + 4}}\,dx\,dy = 3(\sqrt{5} - 2)$

7. 4 **8.** 12 **9.** 4 **10.** $\frac{40}{3}$ **11.** $\frac{64}{3}$

12. $\frac{134}{3}$ **13.** 2500; yes **14.** $\frac{3}{2}$ **15.** $\frac{8}{3}$

16. \$13,400 **17.** \$75,125 **18.** 25,645.24

복습문제

1.

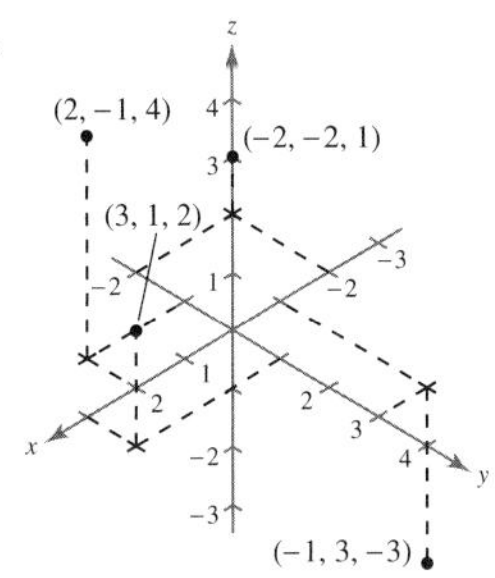

2. $\sqrt{22}$ **3.** $(-1, 4, 6)$

4. $x^2 + (y - 1)^2 + (z - 9)^2 = 49$

5. $(x - 2)^2 + (y + 2)^2 + (z + 3)^2 = 9$

6. Center: $(-4, -1, 7)$; radius: 9

7. $(x + 2)^2 + (y - 1)^2 = 16$ **8.** $(6, 0, 0), (0, 3, 0), (0, 0, 2)$

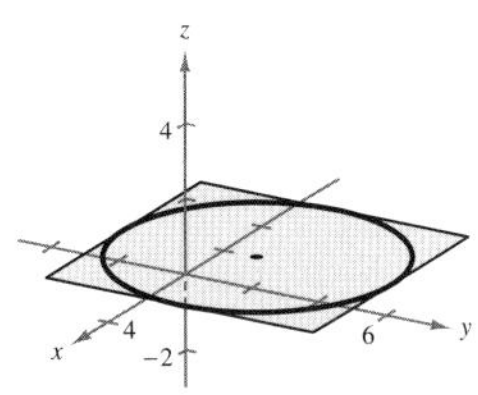

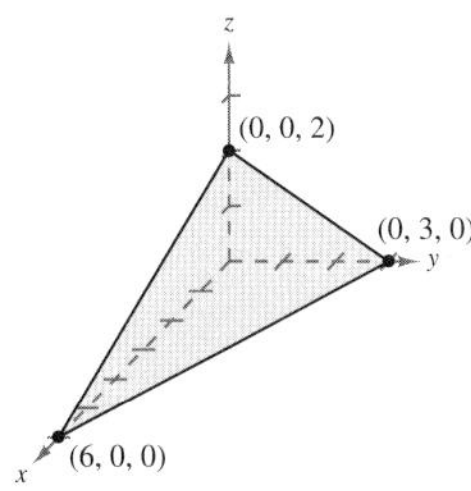

9. $(0, 2, 0), (0, 0, 4)$

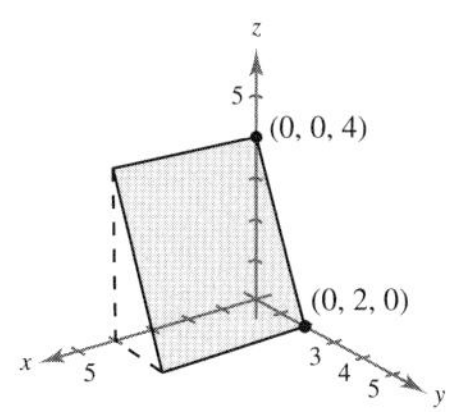

10. Ellipsoid **11.** Hyperboloid of two sheets

12. Hyperboloid of one sheet

13. Top half of a circular cone

14. (a) 18 (b) 0 (c) -245 (d) -32

15. Domain: all points (x, y) inside or on the circle $x^2 + y^2 = 1$

Range: $[0, 1]$

16. Domain: all points (x, y) above or below the y-axis

Range: $(-\infty, \infty)$

CHAPTER 7

17. The level curves are lines of slope $-\frac{2}{5}$.

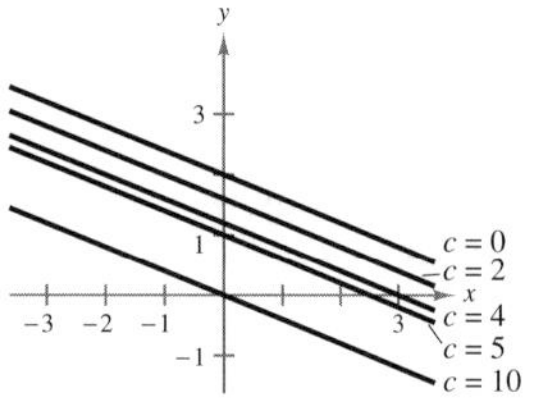

18. The level curves are hyperbolas.

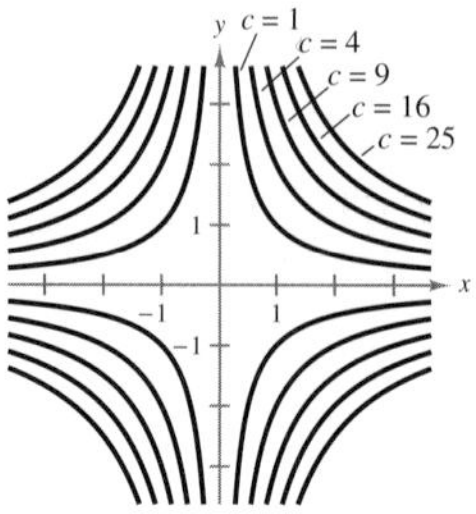

19. (a) 104,199 (b) 140,931

20. (a) \$1.66

(b) x; Explanations will vary. Sample answer: The x-term has a greater influence on the earnings per share because the absolute value of its coefficient is greater than that of the coefficient of the y-term.

21. $f_x = 2xy + 3y + 2$
$f_y = x^2 + 3x - 5$

22. $\frac{\partial z}{\partial x} = 2(xy + 2x + 4y)(y + 2)$
$\frac{\partial z}{\partial y} = 2(xy + 2x + 4y)(x + 4)$

23. $f_x = \frac{5}{5x + 4y}$
$f_y = \frac{4}{5x + 4y}$

24. $f_x = ye^x + e^y$
$f_y = xe^y + e^x$

25. $w_x = yz^2$
$w_y = xz^2$
$w_z = 2xyz$

26. (a) -9 (b) -6 **27.** (a) -2 (b) -2

28. $f_{xx} = 6$
$f_{yy} = 12y$
$f_{xy} = f_{yx} = -1$

29. $f_{xx} = f_{yy} = f_{xy} = f_{yx} = \frac{-1}{4(1 + x + y)^{3/2}}$

30. $f_{xx} = 10yz^3$ $f_{yx} = 1 + 10xz^3$ $f_{zx} = 30xyz^2$
$f_{xy} = 1 + 10xz^3$ $f_{yy} = -18yz$ $f_{zy} = 15x^2z^2 - 9y^2$
$f_{xz} = 30xyz^2$ $f_{yz} = 15x^2z^2 - 9y^2$ $f_{zz} = 30x^2yz$

31. (a) $C_x(500, 250) = 99.50$
$C_y(500, 250) = 140$

(b) Downhill skis; This is determined by comparing the marginal costs for the two models of skis at the production level (500, 250).

32. Relative minimum: (0, 0, 0)

33. Relative minimum: (0, 0, 1)

34. Relative minimum: (0, 0, 1)

35. Saddle point: (0, 0, 0)
Relative minimum: $\left(\frac{3}{2}, \frac{9}{4}, -\frac{27}{16}\right)$

36. $x_1 = 2,\ x_2 = 4$

37. At (3, 6), the relative maximum is 36.

38. At (2, 2), the relative minimum is 8.

39. At $\left(2, \frac{2}{3}, 2\right)$, the relative maximum is $\frac{40}{3}$.

40. $x_1 = 378$ benches; $x_2 = 623$ benches

41. $y = -\frac{3}{2}x + \frac{3}{4}$

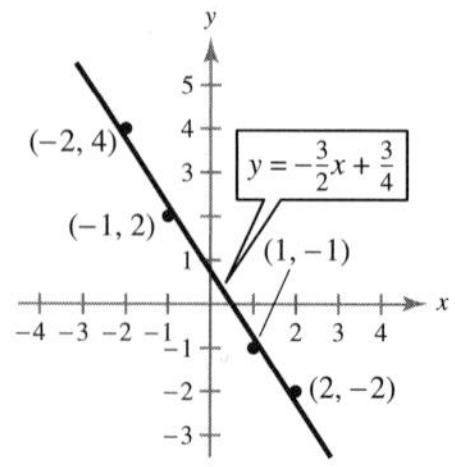

42. (a) $y = -2.6x + 630$
(b) 123 speakers
(c) \$180.77

43. 1 **44.** $\frac{7}{4}$ **45.** $\frac{32}{3}$ **46.** $\frac{9}{2}$ **47.** 20 **48.** 8

49. $\frac{4096}{9}$ **50.** 8 **51.** \$5700 **52.** 16,282.28

Chapter 8

8.1절

1. (a) $\langle 4, 2\rangle$ (b)

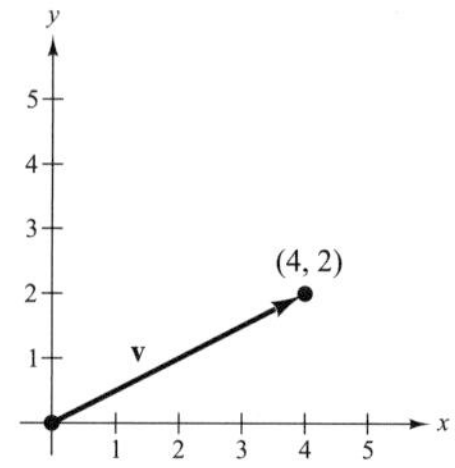

2. (a) $\mathbf{u} = \mathbf{v} = \langle 2, 4\rangle$ (b) $\mathbf{u} = \mathbf{v} = \langle 6, -5\rangle$

3. (a) and (c)

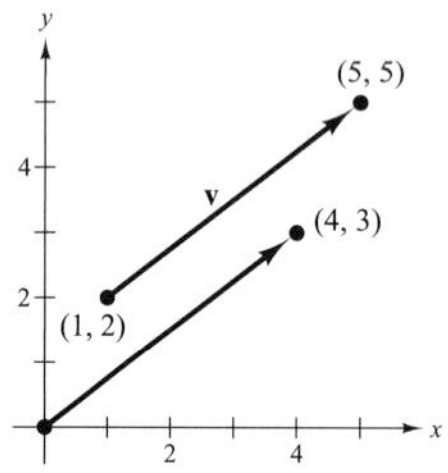

(b) $\langle 4, 3\rangle$

4. (a) and (c)

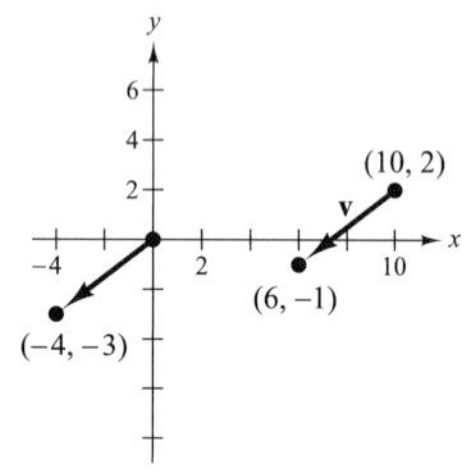

(b) $\langle -4, -3\rangle$

5. (a) and (c)

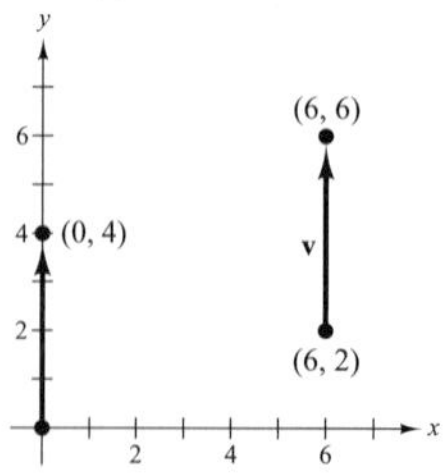

(b) $\langle 0, 4\rangle$

6. (a) and (c)

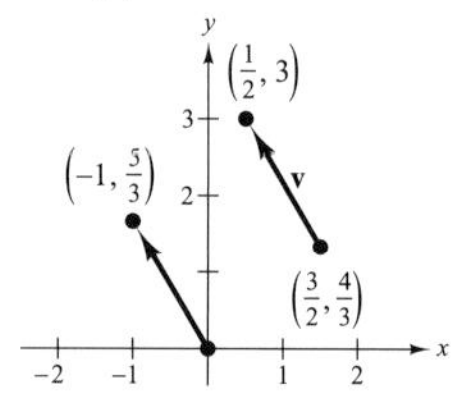

(b) $\left\langle -1, \frac{5}{3}\right\rangle$

7. (a) $\langle 4, 6\rangle$ (b) $\langle -6, -9\rangle$

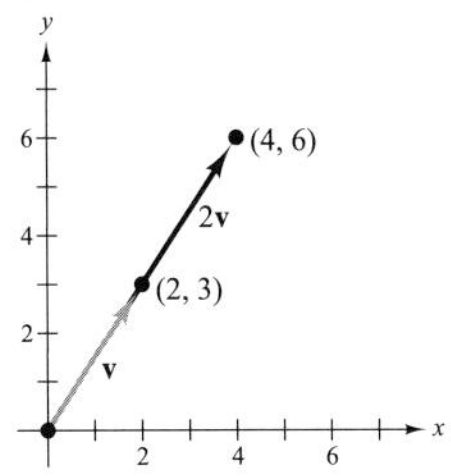

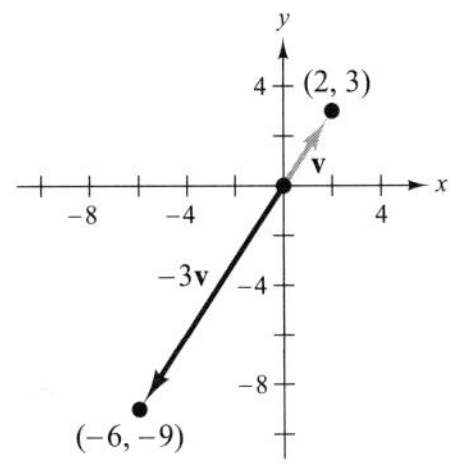

(c) $\left\langle 7, \frac{21}{2}\right\rangle$ (d) $\left\langle \frac{4}{3}, 2\right\rangle$

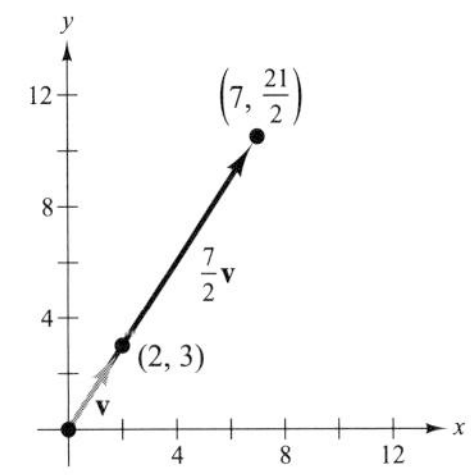

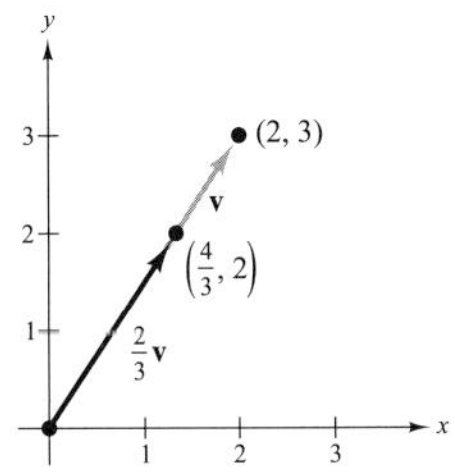

8. (a)

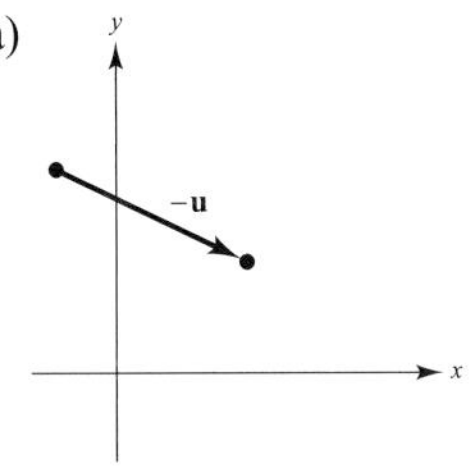

(b)

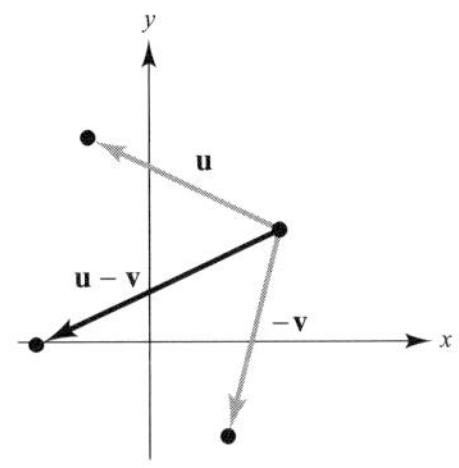

9. (a) $\left\langle \frac{8}{3}, 6\right\rangle$ (b) $\langle -2, -14\rangle$ (c) $\langle 18, -7\rangle$

10. $\langle 4, 3\rangle$

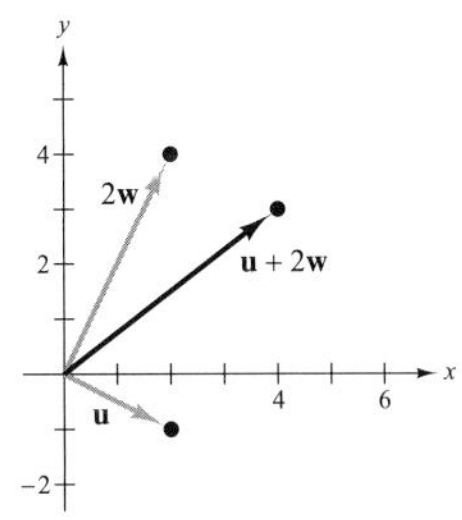

11. $(3, 5)$ **12.** (a) 5 (b) $\sqrt{61}$

13. (a) $\left\langle \sqrt{17}/17, 4\sqrt{17}/17\right\rangle$ (b) $\left\langle 3\sqrt{34}/34, 5\sqrt{34}/34\right\rangle$

14. (a) $\sqrt{5}/2$ (b) $\sqrt{13}$ (c) $\sqrt{85}/2$ (d) 1 (e) 1 (f) 1

15.

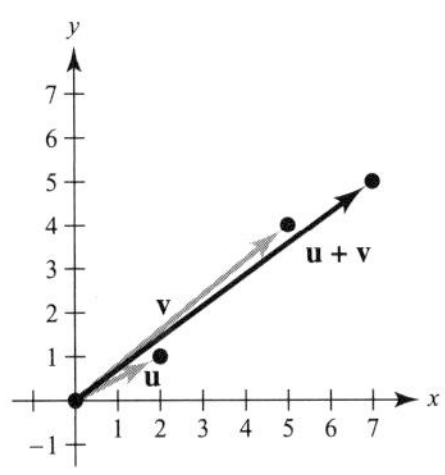

$\|\mathbf{u}\| + \|\mathbf{v}\| = \sqrt{5} + \sqrt{41}$ and $\|\mathbf{u} + \mathbf{v}\| = \sqrt{74}$

$\sqrt{74} < \sqrt{5} + \sqrt{41}$

16. $\langle 2\sqrt{2}, 2\sqrt{2}\rangle$ **17.** (a) $\langle 3, 0\rangle$ (b) $\langle -\sqrt{3}, 1\rangle$

18. (a) $\left\langle \dfrac{2 + 3\sqrt{2}}{2}, \dfrac{3\sqrt{2}}{2}\right\rangle$ (b) $\langle 2\cos 4 + \cos 2, 2\sin 4 + \sin 2\rangle$

19. (a) $a = 1, b = 1$ (b) $a = 1, b = 2$ (c) $a = \frac{2}{3}, b = \frac{1}{3}$

20. (a) $\pm(1/\sqrt{37})\langle 1, 6\rangle$
(b) $\pm(1/\sqrt{37})\langle 6, -1\rangle$

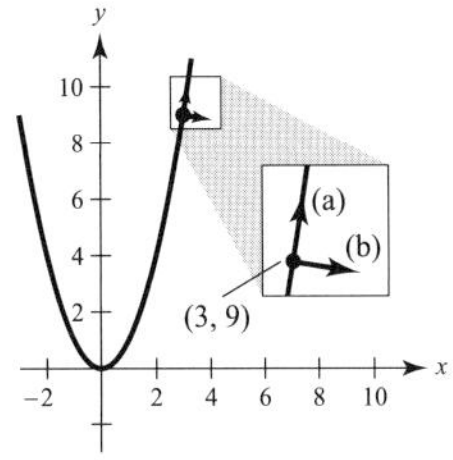

21. (a) $\pm(1/\sqrt{10})\langle 1, 3\rangle$
(b) $\pm(1/\sqrt{10})\langle 3, -1\rangle$

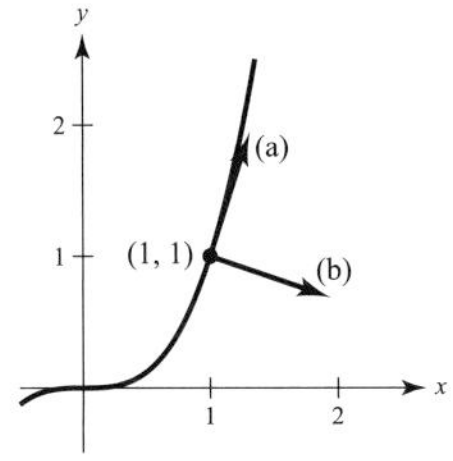

22. (a) $\pm\frac{1}{5}\langle -4, 3\rangle$
(b) $\pm\frac{1}{5}\langle 3, 4\rangle$

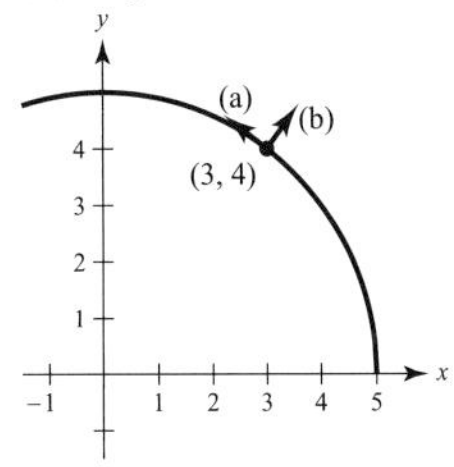

23. $\left\langle -\sqrt{2}/2, \sqrt{2}/2\right\rangle$

24. 71.3°, 228.5 lb

25. (a) $\theta = 0°$ (b) $\theta = 180°$
(c) No, the resultant can only be less than or equal to the sum.

26. Tension in cable $AC \approx 1758.8$ lb
Tension in cable $BC \approx 1305.4$ lb

27. Horizontal: 1193.43 ft/sec
Vertical: 125.43 ft/sec

28. 38.3° north of west
882.9 km/hr

29. (a) True (b) True (c) False. $\|a\mathbf{i} + b\mathbf{j}\| = \sqrt{2}|a|$

30~31. Proofs **32.** $x^2 + y^2 = 25$

8.2절

1.

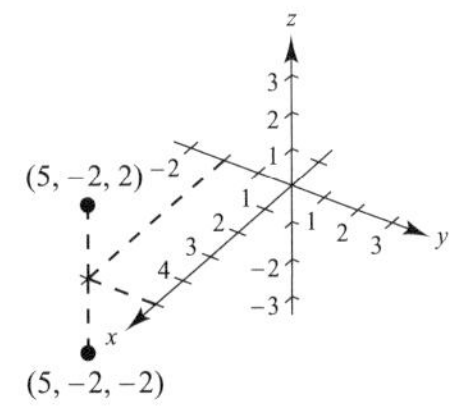

2. $(-3, 4, 5)$ **3.** 0

4. (a) Six units above the xy-plane
(b) Four units in front of the yz-plane
(c) To the left of the xz-plane and either above, below, or on the xy-plane and either in front of, behind, or on the yz-plane
(d) Within three units of the xz-plane
(e) Three units below the xy-plane, to the right of the xz-plane, and in front of the yz-plane, *or* three units below the xy-plane, to the left of the xz-plane, and behind the yz-plane
(f) 1. Above the xy-plane and (a) to the right of the xz-plane and behind the yz-plane or (b) to the left of the xz-plane and in front of the yz-plane, *or*
2. Below the xy-plane and (a) to the right of the xz-plane and in front of the yz-plane or (b) to the left of the xz-plane and behind the yz-plane

CHAPTER 8

5. (a) $\sqrt{65}$ (b) $\sqrt{61}$ **6.** 3, $3\sqrt{5}$, 6; right triangle

7. (0, 0, 5), (2, 2, 6), (2, −4, 9) **8.** $\left(\frac{3}{2}, -3, 5\right)$

9. (a) $(x-0)^2+(y-2)^2+(z-5)^2=4$
(b) $(x-1)^2+(y-3)^2+(z-0)^2=10$

10. (a) $(x-1)^2+(y+3)^2+(z+4)^2=25$
Center: $(1, -3, -4)$
Radius: 5
(b) $\left(x-\frac{1}{3}\right)^2+(y+1)^2+z^2=1$
Center: $\left(\frac{1}{3}, -1, 0\right)$
Radius: 1

11. (a) A solid sphere with center (0, 0, 0) and radius 6
(b) Interior of sphere of radius 4 centered at (2, −3, 4)

12. (a) $\mathbf{u}=\langle 1, -1, 6\rangle$ (b) $\mathbf{u}=\langle -1, 0, -1\rangle$
$\|\mathbf{u}\|=\sqrt{38}$ $\|\mathbf{u}\|=\sqrt{2}$
$\frac{\mathbf{u}}{\|\mathbf{u}\|}=\frac{1}{\sqrt{38}}\langle 1, -1, 6\rangle$ $\frac{\mathbf{u}}{\|\mathbf{u}\|}=\frac{1}{\sqrt{2}}\langle -1, 0, -1\rangle$

13. (a) and (c) **14.** (3, 1, 8)

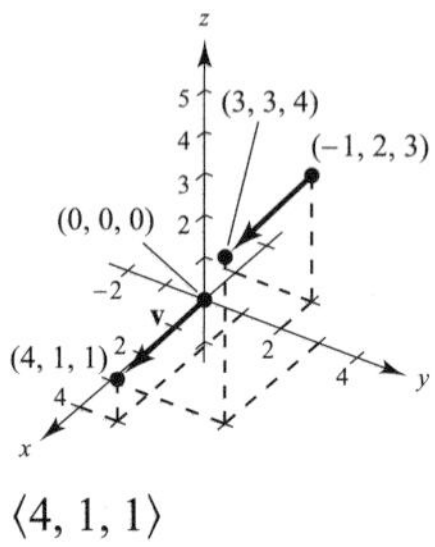

(b) $\langle 4, 1, 1\rangle$

15. (a)

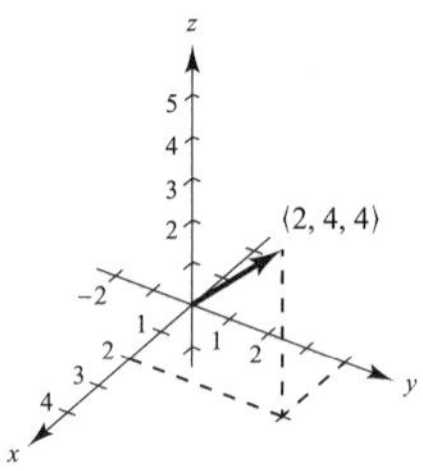

(b)

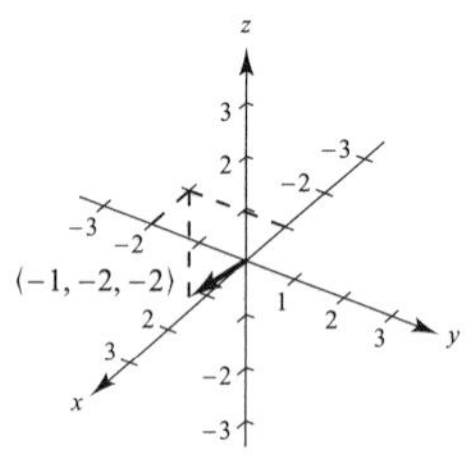

(c)

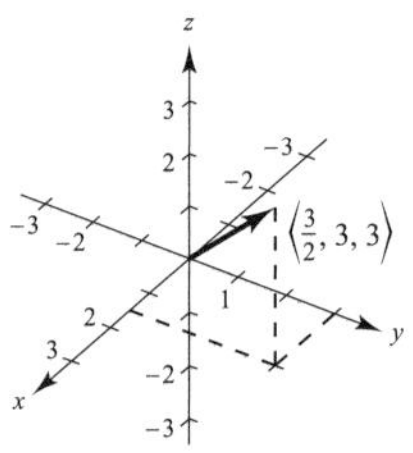

(d)

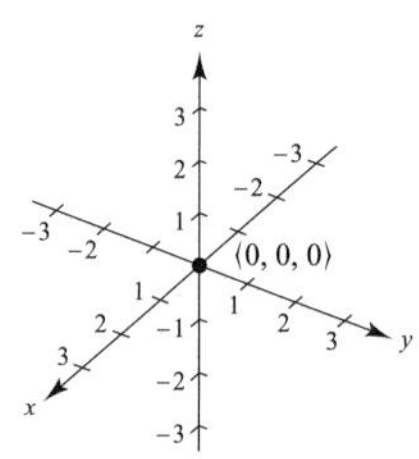

16. (a) $\langle -1, 0, 4\rangle$ (b) $\langle 6, 12, 6\rangle$ (c) $\left\langle \frac{7}{2}, 3, \frac{5}{2}\right\rangle$

17. a and b **18.** a **19.** Collinear

20. $\overrightarrow{AB}=\langle 1, 2, 3\rangle$
$\overrightarrow{CD}=\langle 1, 2, 3\rangle$
$\overrightarrow{BD}=\langle -2, 1, 1\rangle$
$\overrightarrow{AC}=\langle -2, 1, 1\rangle$
Since $\overrightarrow{AB}=\overrightarrow{CD}$ and $\overrightarrow{BD}=\overrightarrow{AC}$, the given points form the vertices of a parallelogram.

21. (a) $\sqrt{14}$ (b) $\sqrt{34}$

22. (a) $\frac{1}{3}\langle 2, -1, 2\rangle$ (b) $-\frac{1}{3}\langle 2, -1, 2\rangle$

23. $\pm\frac{5}{3}$ **24.** $\left\langle 0, 10/\sqrt{2}, 10/\sqrt{2}\right\rangle$

25.

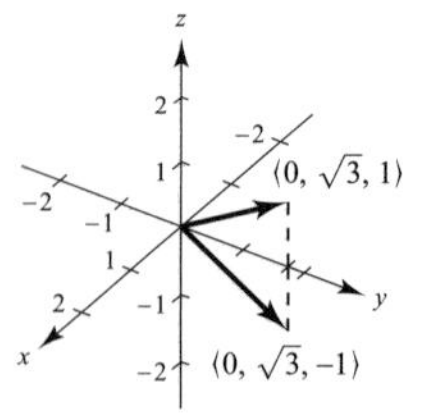

$\langle 0, \sqrt{3}, \pm 1\rangle$

26. (2, −1, 2)

27. (a)

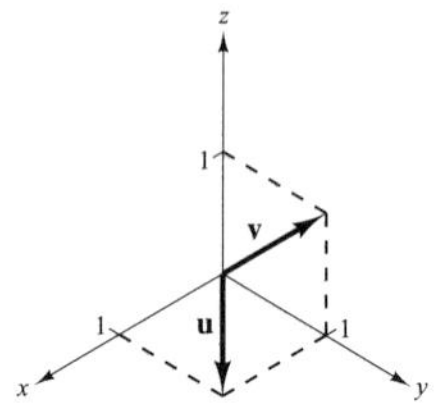

(b) $a=0, a+b=0, b=0$
(c) $a=1, a+b=2, b=1$
(d) Not possible

28. 0 **29.** $(\sqrt{3}/3)\langle 1, 1, 1\rangle$

30. $\left(x-\frac{4}{3}\right)^2+(y-3)^2+\left(z+\frac{1}{3}\right)^2=\frac{44}{9}$

8.3절

1. (a) −17 (b) 26 (c) 26 (d) $\langle 51, -34\rangle$ (e) −34

2. (a) 2 (b) 29 (c) 29 (d) $\langle 0, 12, 10\rangle$ (e) 4

3. (a) 1 (b) 6 (c) 6 (d) $\mathbf{i}-\mathbf{k}$ (e) 2 **4.** 20

5. (a) $\arccos\left(-1/5\sqrt{2}\right)\approx 98.1°$ (b) $\arccos\left(\sqrt{2}/3\right)\approx 61.9°$
(c) $\arccos\left(-8\sqrt{13}/65\right)\approx 116.3°$

6. (a) Orthogonal (b) Neither (c) Orthogonal

7. (a) Right triangle; answers will vary.
(b) Acute triangle; answers will vary.

8. (a) $\cos\alpha=\frac{1}{3}$ (b) $\cos\alpha=0$
$\cos\beta=\frac{2}{3}$ $\cos\beta=3/\sqrt{13}$
$\cos\gamma=\frac{2}{3}$ $\cos\gamma=-2/\sqrt{13}$

9. $\alpha\approx 43.3°, \beta\approx 61.0°, \gamma\approx 119.0°$ **10.** $\langle 4, -1\rangle$

11. (a) $\left\langle \frac{5}{2}, \frac{1}{2}\right\rangle$ (b) $\left\langle -\frac{1}{2}, \frac{5}{2}\right\rangle$ **12.** (a) $\left\langle 0, \frac{33}{25}, \frac{44}{25}\right\rangle$ (b) $\left\langle 2, -\frac{8}{25}, \frac{6}{25}\right\rangle$

13. (a) $\theta=\pi/2$ (b) $0<\theta<\pi/2$ (c) $\pi/2<\theta<\pi$

14. \$12,351.25; Total revenue **15.** 425 ft-lb

16. False. For example, $\langle 1, 1\rangle\cdot\langle 2, 3\rangle=5$ and $\langle 1, 1\rangle\cdot\langle 1, 4\rangle=5$, but $\langle 2, 3\rangle\neq\langle 1, 4\rangle$.

17. $\arccos\left(1/\sqrt{3}\right)\approx 54.7°$

18. (a) To $y=x^2$ at (1, 1): $\left\langle \pm\sqrt{5}/5, \pm 2\sqrt{5}/5\right\rangle$
To $y=x^{1/3}$ at (1, 1): $\left\langle \pm 3\sqrt{10}/10, \pm\sqrt{10}/10\right\rangle$
To $y=x^2$ at (0, 0): $\langle \pm 1, 0\rangle$
To $y=x^{1/3}$ at (0, 0): $\langle 0, \pm 1\rangle$
(b) At (1, 1), $\theta=45°$
At (0, 0), $\theta=90°$

19. Proof

20. (a)

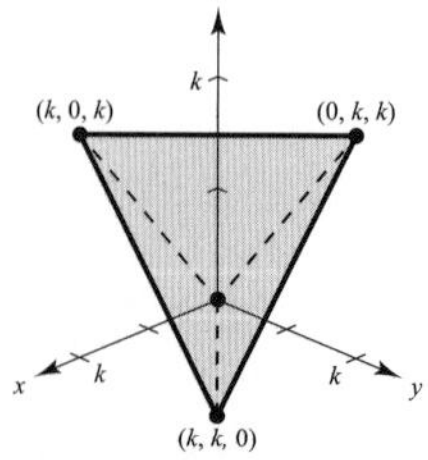

(b) $k\sqrt{2}$ (c) 60° (d) 109.5°

21~24. Proofs

8.4절

1. (a) $-\mathbf{k}$

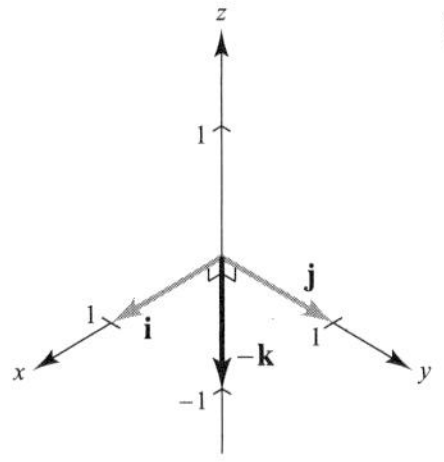

(b) $\mathbf{i}$

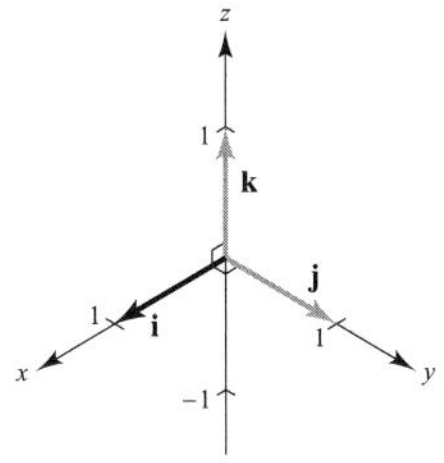

(c) $-\mathbf{j}$

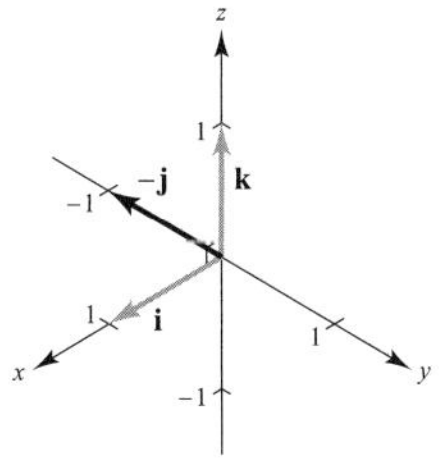

2. (a) $-22\mathbf{i} + 16\mathbf{j} - 23\mathbf{k}$ (b) $22\mathbf{i} - 16\mathbf{j} + 23\mathbf{k}$ (c) $\mathbf{0}$

3. (a) $17\mathbf{i} - 33\mathbf{j} - 10\mathbf{k}$ (b) $-17\mathbf{i} + 33\mathbf{j} + 10\mathbf{k}$ (c) $\mathbf{0}$

4. (a) $\langle -1, -1, -1\rangle$ (b) $\langle 0, 0, 54\rangle$ (c) $\langle -2, 3, -1\rangle$

5. (a) $\langle -70, -23, 57/2\rangle$
$\left\langle -140/\sqrt{24{,}965}, -46/\sqrt{24{,}965}, 57/\sqrt{24{,}965}\right\rangle$
(b) $\left\langle -\frac{71}{20}, -\frac{11}{5}, \frac{5}{4}\right\rangle$
$\left\langle -71/\sqrt{7602}, -44/\sqrt{7602}, 25/\sqrt{7602}\right\rangle$

6. (a) 1 (b) $6\sqrt{5}$ **7.** $2\sqrt{83}$

8. (a) $3\sqrt{13}/2$ (b) $\sqrt{16{,}742}/2$

9. $10 \cos 40 \approx 7.66$ ft-lb **10.** 2 **11.** 75

12. The magnitude of the cross product will increase by a factor of 4

13. False. For example, let $\mathbf{u} = \langle 1, 0, 0\rangle$, $\mathbf{w} = \langle -1, 0, 0\rangle$.

14~17. Proofs

8.5절

1. (a)

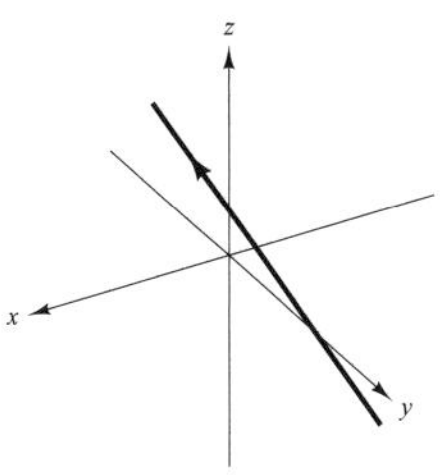

(b) $P = (1, 2, 2)$, $Q = (10, -1, 17)$, $\overrightarrow{PQ} = \langle 9, -3, 15\rangle$
(There are many correct answers.) The components of the vector and the coefficients of t are proportional because the line is parallel to $\overrightarrow{PQ}$.

(c) $\left(-\frac{1}{5}, \frac{12}{5}, 0\right)$, $(7, 0, 12)$, $\left(0, \frac{7}{3}, \frac{1}{3}\right)$

	Parametric Equations	*Symmetric Equations*	*Direction Numbers*
2.	$x = t$ $y = 2t$ $z = 3t$	$x = \frac{y}{2} = \frac{z}{3}$	1, 2, 3
3.	$x = -2 + 2t$ $y = 4t$ $z = 3 - 2t$	$\frac{x+2}{2} = \frac{y}{4} = \frac{z-3}{-2}$	2, 4, −2
4.	$x = 1 + 3t$ $y = -2t$ $z = 1 + t$	$\frac{x-1}{3} = \frac{y}{-2} = \frac{z-1}{1}$	3, −2, 1
5.	$x = 5 + 17t$ $y = -3 - 11t$ $z = -2 - 9t$	$\frac{x-5}{17} = \frac{y+3}{-11} = \frac{z+2}{-9}$	17, −11, −9
6.	$x = 2 + 8t$ $y = 3 + 5t$ $z = 12t$	$\frac{x-2}{8} = \frac{y-3}{5} = \frac{z}{12}$	8, 5, 12

7. (a) $x = 2$, $y = 3$, $z = 4 + t$ (b) $x = 2 + 3t$, $y = 3 + 2t$, $z = 4 - t$ (c) $x = 5 + 2t$, $y = -3 - t$, $z = -4 + 3t$
(d) $x = 2 - t$, $y = 1 + t$, $z = 2 + t$

8. (a) $P(3, -1, -2)$; $\mathbf{v} = \langle -1, 2, 0\rangle$
(b) $P(7, -6, -2)$; $\mathbf{v} = \langle 4, 2, 1\rangle$

9. $L_1 = L_2$ and is parallel to L_3.

10. (a) $(2, 3, 1)$; $\cos\theta = 7\sqrt{17}/51$ (b) Do not intersect

11.

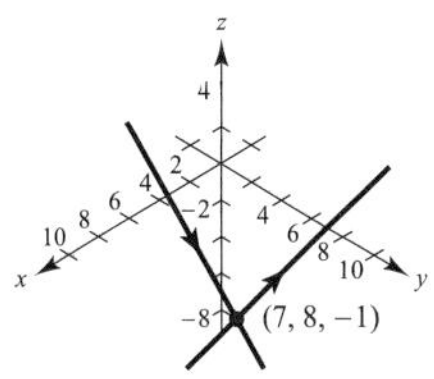

$(7, 8, -1)$

12. (a) $P = (0, 0, -1)$, $Q = (0, -2, 0)$, $R = (3, 4, -1)$
$\overrightarrow{PQ} = \langle 0, -2, 1\rangle$, $\overrightarrow{PR} = \langle 3, 4, 0\rangle$
(There are many correct answers.)
(b) $\overrightarrow{PQ} \times \overrightarrow{PR} = \langle -4, 3, 6\rangle$
The components of the cross product are proportional to the coefficients of the variables in the equation. The cross product is parallel to the normal vector.

13. (a) $x - 2 = 0$ (b) $2x + 3y - z = 10$
(c) $x - y + 2z = 12$

14. (a) $3x + 9y - 7z = 0$ (b) $4x - 3y + 4z = 10$
(c) $z = 3$ (d) $x + y + z = 5$
(e) $7x + y - 11z = 5$ (f) $y - z = -1$

15.

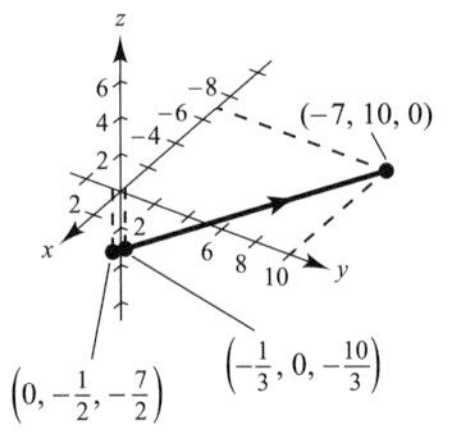

16. $x - z = 0$

17. (a) Orthogonal (b) Neither; 83.5° (c) Parallel

18. (a)

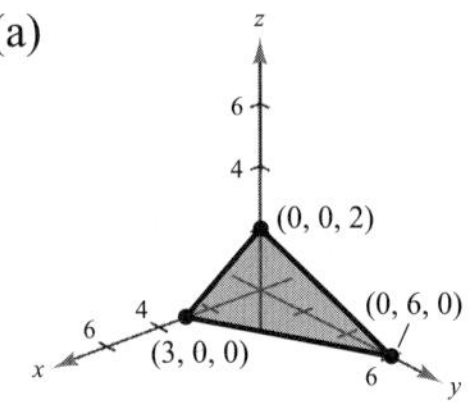

(b)

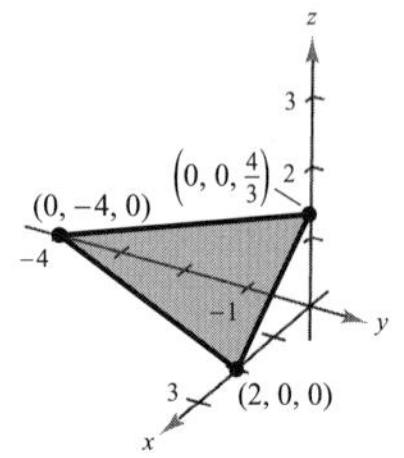

(c)

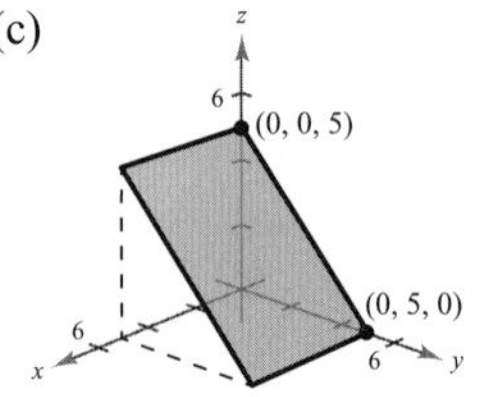

(d)

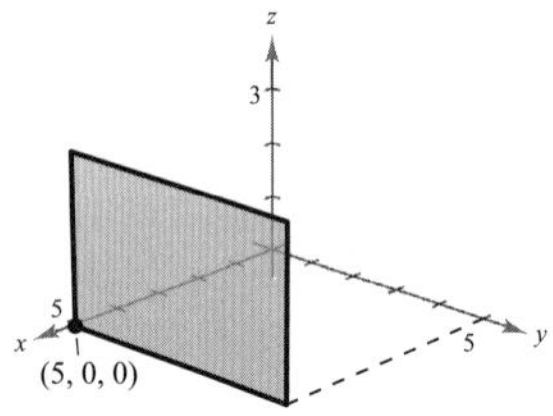

19.

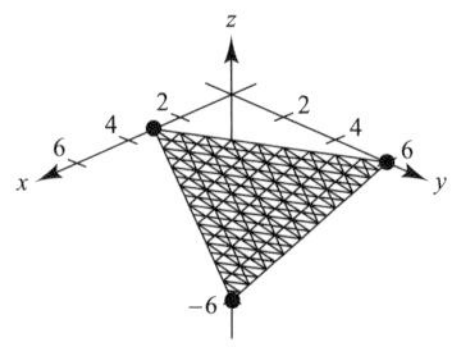

Generated by Maple

20. $P_1 = P_4$ and is parallel to P_2.

21. (a) The planes have intercepts at $(c, 0, 0)$, $(0, c, 0)$, and $(0, 0, c)$ for each value of c.
(b) If $c = 0$, $z = 0$ is the xy-plane; If $c \neq 0$, the plane is parallel to the x-axis and passes through $(0, 0, 0)$ and $(0, 1, -c)$.

22. $x = 2$
$y = 1 + t$
$z = 1 + 2t$

23. (a) $(2, -3, 2)$; The line does not lie in the plane.
(b) Do not intersect

24. (a) $6\sqrt{14}/7$ (b) $11\sqrt{6}/6$

25. (a) $2\sqrt{26}/13$ (b) $27\sqrt{94}/188$

26. (a) $\sqrt{2533}/17$ (b) $7\sqrt{3}/3$

27. $\sqrt{66}/3$

28. Parametric equations: $x = x_1 + at$, $y = y_1 + bt$, and $z = z_1 + ct$
Symmetric equations: $\dfrac{x - x_1}{a} = \dfrac{y - y_1}{b} = \dfrac{z - z_1}{c}$
You need a vector $\mathbf{v} = \langle a, b, c\rangle$ parallel to the line and a point $P(x_1, y_1, z_1)$ on the line.

29. Simultaneously solve the two linear equations representing the planes and substitute the values back into one of the original equations. Then choose a value for t and form the corresponding parametric equations for the line of intersection.

30. (a) Parallel if vector $\langle a_1, b_1, c_1\rangle$ is a scalar multiple of $\langle a_2, b_2, c_2\rangle$; $\theta = 0$.
(b) Perpendicular if $a_1a_2 + b_1b_2 + c_1c_2 = 0$; $\theta = \pi/2$.

31. $cbx + acy + abz = abc$

32. (a)

Year	1994	1995	1996	1997	1998
z (approx.)	8.74	8.40	8.26	8.06	7.88

Year	1999	2000
z (approx.)	7.82	7.70

(b) Answers will vary.

33. (a) $\sqrt{70}$ in.
(b)

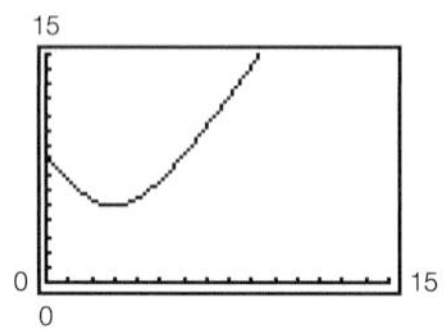

(c) The distance is never zero. (d) 5 in.

34. $\left(\frac{77}{13}, \frac{48}{13}, -\frac{23}{13}\right)$ **35.** $\left(-\frac{1}{2}, -\frac{9}{4}, \frac{1}{4}\right)$

36. (a) True (b) True

8.6절

1. (a) $(1, \sqrt{3}, 2)$ (b) $(-2\sqrt{3}, -2, 3)$

2. (a) $(5, \pi/2, 1)$ (b) $(2\sqrt{2}, -\pi/4, -4)$

3. (a) $z = 5$ (b) $r^2 + z^2 = 10$ (c) $r^2 \sin^2\theta = 10 - z^2$

4. (a) $x - \sqrt{3}y = 0$ (b) $x^2 + y^2 - 2y = 0$

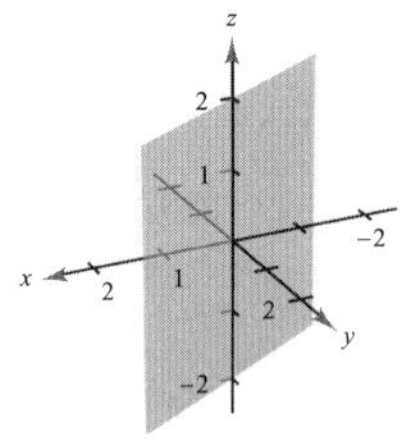

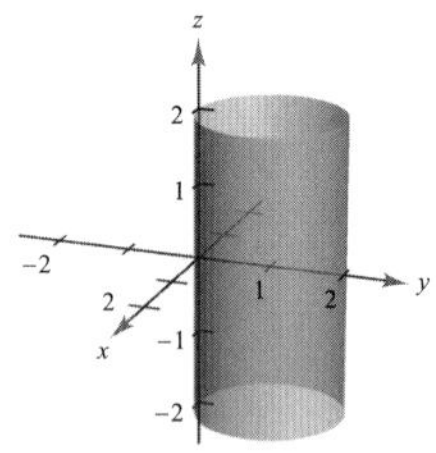

(c) $x^2 + y^2 + z^2 = 4$

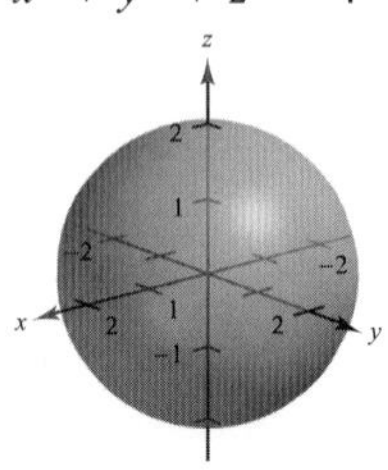

5. (a) $(4\sqrt{2}, 2\pi/3, \pi/4)$ (b) $(4, \pi/6, \pi/6)$

6. (a) $(0, 0, 12)$ (b) $\left(\frac{5}{2}, \frac{5}{2}, -5\sqrt{2}/2\right)$

7. (a) $\rho = 6$ (b) $\rho = 3 \csc\phi$ (c) $\tan^2\phi = 2$

8. (a) $3x^2 + 3y^2 - z^2 = 0$ (b) $x^2 + y^2 + (z - 2)^2 = 4$

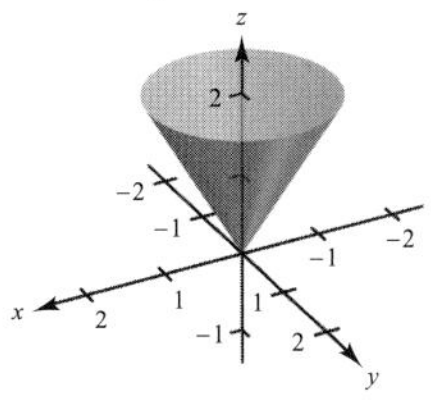

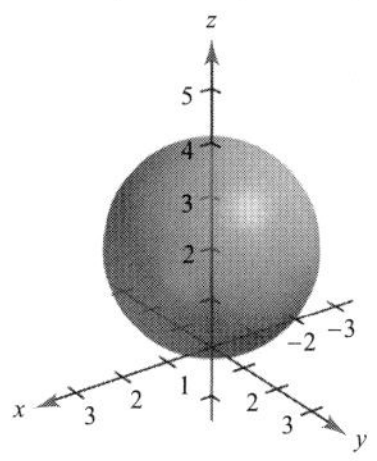

(c) $x^2 + y^2 = 1$

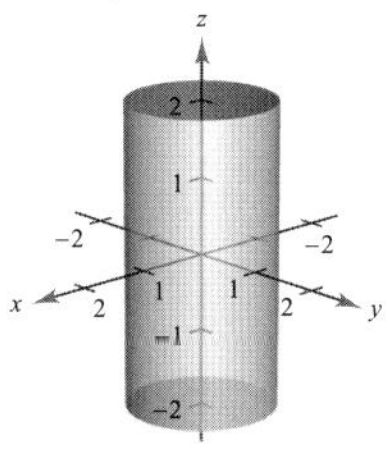

9. (a) $(4, \pi/4, \pi/2)$ (b) $\left(2\sqrt{13}, -\pi/6, \arccos[3/\sqrt{13}]\right)$
(c) $(13, \pi, \arccos[5/13])$

10. (a) $(36, \pi, 0)$ (b) $\left(3\sqrt{3}, -\pi/6, 3\right)$ (c) $\left(4, 7\pi/6, 4\sqrt{3}\right)$

11. $r = a$: cylinder with z-axis symmetry. $\theta = b$: plane perpendicular to xy-plane. $z = c$: plane parallel to xy-plane.

12. (a) $2r = z$ (b) $\phi = \arctan \frac{1}{2}$

13. (a) $r = 4 \sin \theta$ (b) $\rho = 4 \sin \theta / \sin \phi = 4 \sin \theta \csc \phi$

14. (a) $r^2 = 9/(\cos^2 \theta - \sin^2 \theta)$
(b) $\rho^2 = 9 \csc^2 \phi / (\cos^2 \theta - \sin^2 \theta)$

15.

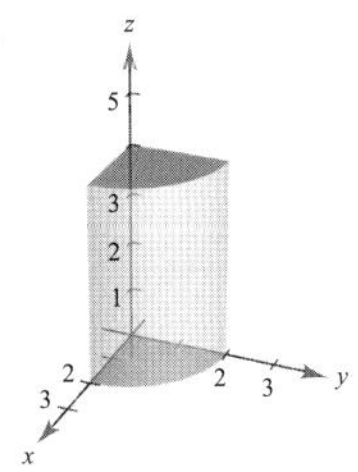

16.

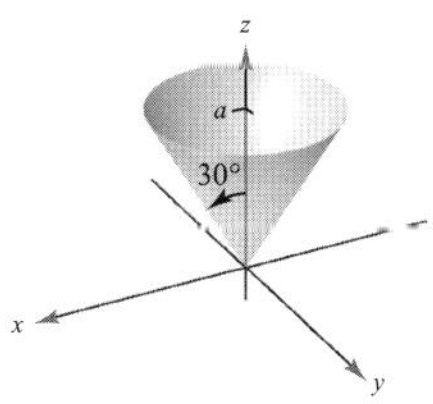

17. (a) Rectangular: $0 \le x \le 10$
$0 \le y \le 10$
$0 \le z \le 10$
(b) Cylindrical: $r^2 + z^2 \le 9$, $r \le 3 \cos \theta$, $0 \le \theta \le \pi$

복습문제

1. (a) $\mathbf{u} = 3\mathbf{i} - \mathbf{j}$ (b) $2\sqrt{5}$ (c) $10\mathbf{i}$
$\mathbf{v} = 4\mathbf{i} + 2\mathbf{j}$

2. $\mathbf{v} = \left\langle -4, 4\sqrt{3} \right\rangle$ **3.** $(-5, 4, 0)$

4. Above the xy-plane and to the right of the xz-plane *or* below the xy-plane and to the left of the xz-plane

5. $(x - 3)^2 + (y + 2)^2 + (z - 6)^2 = \frac{225}{4}$

6. $(x - 2)^2 + (y - 3)^2 + z^2 = 9$
Center: $(2, 3, 0)$
Radius: 3

7.

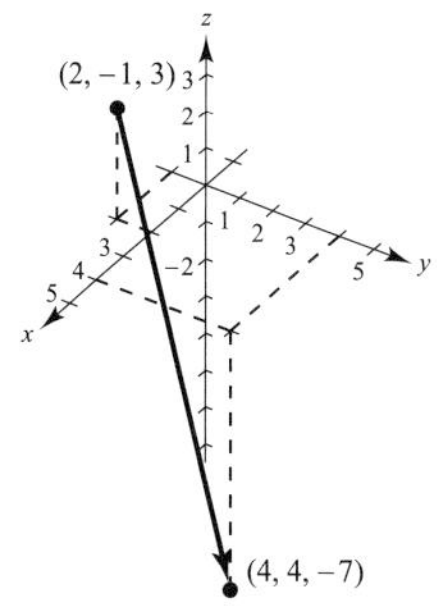

$\mathbf{u} = \langle 2, 5, -10 \rangle$

8. Collinear

9. $\left(1/\sqrt{38}\right)\langle 2, 3, 5 \rangle$

10. (a) $\mathbf{u} = \langle -1, 4, 0 \rangle$, $\mathbf{v} = \langle -3, 0, 6 \rangle$ (b) 3 (c) 45

11. Orthogonal

12. (a) $\theta = \arccos\left(\dfrac{\sqrt{2} + \sqrt{6}}{4}\right) = 15°$ (b) π

13. Answers will vary. Example: $\langle -6, 5, 0 \rangle$, $\langle 6, -5, 0 \rangle$

14. (a) $\mathbf{u} \cdot \mathbf{u} = 14 = \|\mathbf{u}\|^2$ (b) $\left\langle -\frac{15}{14}, \frac{5}{7}, -\frac{5}{14} \right\rangle$

15. (a) $\left(1/\sqrt{5}\right)(-2\mathbf{i} - \mathbf{j})$ or $\left(1/\sqrt{5}\right)(2\mathbf{i} + \mathbf{j})$
(b) 4 (c) $\sqrt{285}$

16. $100 \sec 20° \approx 106.4$ lb

17. (a) $x = 3 + 6t$, $y = 11t$, $z = 2 + 4t$
(b) $(x - 3)/6 = y/11 = (z - 2)/4$

18. (a) $x = 1$, $y = 2 + t$, $z = 3$ (b) None

19. (a) $x = t$, $y = -1 + t$, $z = 1$ (b) $x = y + 1$, $z = 1$

20. (a) $27x + 4y + 32z + 33 = 0$ (b) $x + 2y = 1$

21. $\frac{8}{7}$ **22.** $\sqrt{35}/7$

23. (a) Plane (b) Plane

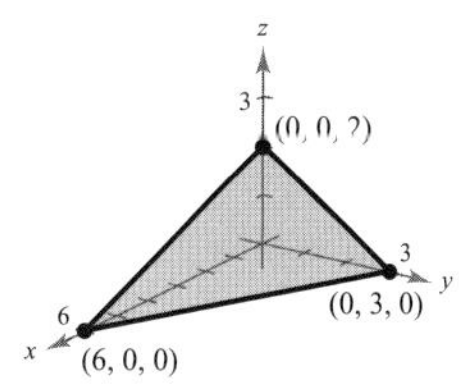

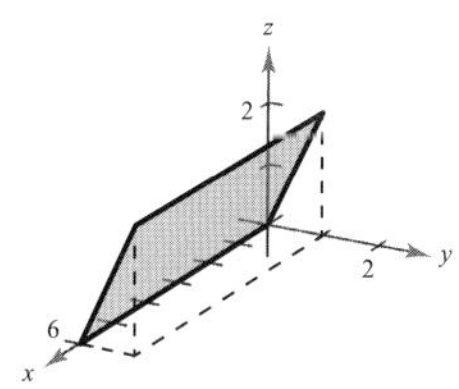

(c) Ellipsoid (d) Hyperboloid of two sheets

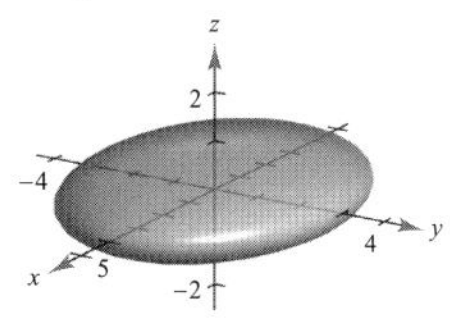

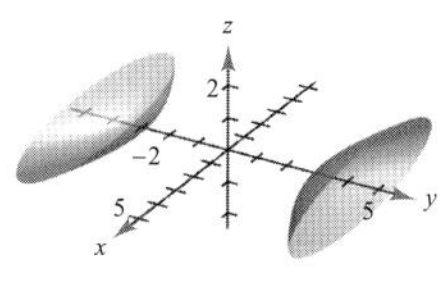

(e) Cylinder

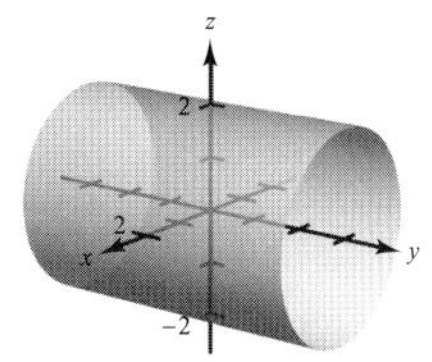

CHAPTER 8

Appendix A

A.1절

1. Rational **2.** Rational **3.** Irrational **4.** Rational
5. (a) Yes (b) No (c) Yes
6. (a) Yes (b) Yes (c) No

7. $x \geq 12$

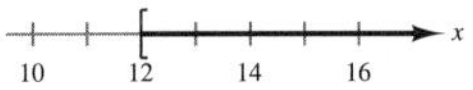

8. $x \leq -\frac{1}{2}$

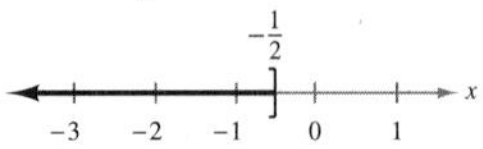

9. $x > 1$

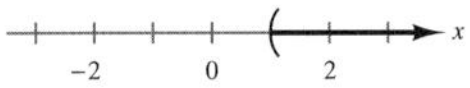

10. $-\frac{1}{2} < x < \frac{7}{2}$

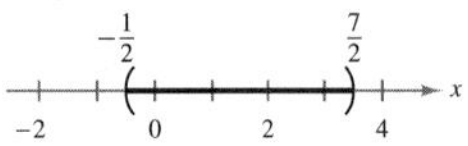

11. $-\frac{3}{4} < x < -\frac{1}{4}$

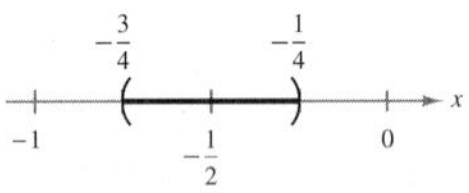

12. $x \leq -1$ or $x \geq 4$

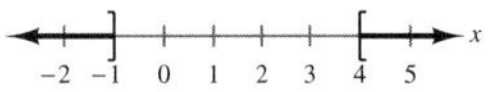

13. $-\frac{3}{2} \leq x \leq 2$

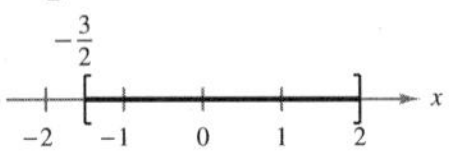

14. $4.1 \leq E \leq 4.25$
15. $p \leq 0.51$
16. $120 \leq r \leq 180$
17. $x \geq 36$
18. (a) False (b) True (c) True (d) False

A.2절

1. (a) 11 (b) 7 **2.** (a) 8 (b) $\frac{35}{3}$
3. (a) 51 (b) -51 (c) 51
4. (a) 14.99 (b) -14.99 (c) 14.99
5. (a) $\frac{128}{75}$ (b) $-\frac{128}{75}$ (c) $\frac{128}{75}$
6. $|x - 5| < 3$ **7.** $|y - a| \geq 2$
8. $-4 < x < 4$

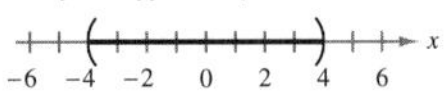

9. $-12 \leq x \leq 2$

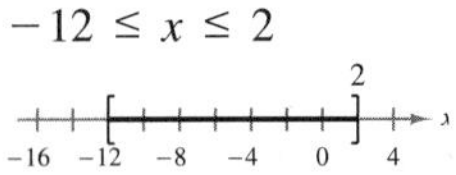

10. $x < 4$ or $x > 5$

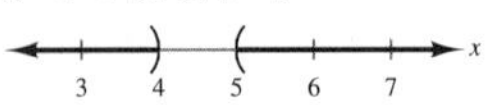

11. $x \leq -7$ or $x \geq 13$

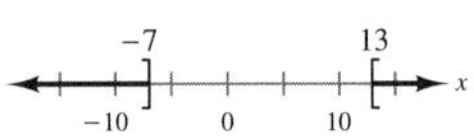

12. $a - b \leq x \leq a + b$

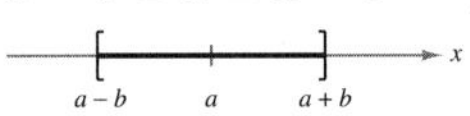

13. $x < \frac{2}{5}(a - b)$ or $x > \frac{2}{5}(a + b)$

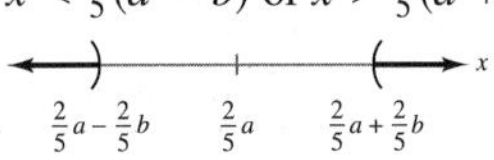

14. 16 **15.** 1.25 **16.** $\frac{1}{8}$ **17.** $|p - 33.15| \leq 2$
18. 546 g and 588 g

19. (a) $|4750 - E| \leq 500$, $|4750 - E| \leq 237.50$
(b) Within
20. (a) $|20{,}000 - E| \leq 500$, $|20{,}000 - E| \leq 1000$
(b) Within
21. $\$11{,}759.40 \leq C \leq \$17{,}639.10$

A.3절

1. -108 **2.** $\frac{5}{8}$ **3.** 4 **4.** 44 **5.** 5 **6.** 256
7. $\frac{1}{2}$ **8.** $\frac{1}{4}$ **9.** 908.3483 **10.** -3.7798
11. $10x^4$ **12.** $\frac{3}{4y^{14}}$ **13.** $7x^5$ **14.** $\frac{5}{2}(x + y)^5, x \neq -y$
15. $3x, x > 0$ **16.** $2\sqrt{2}$ **17.** $3x\sqrt[3]{2x^2}$
18. $\frac{2x^3z}{y}\sqrt[3]{\frac{18z^2}{y}}$ **19.** $3x(x + 2)(x - 2)$ **20.** $\frac{7x^4 + 1}{x^{1/2}}$
21. $(x - 2)^{1/3}(x + 1)^{1/2}(13 - 5x)$ **22.** $\frac{8x^5 + x^2}{7}$
23. $x \geq 4$ **24.** $(-\infty, \infty)$ **25.** $(8, \infty)$
26. $x \neq 1, x \geq -2$ **27.** \$19,121.84 **28.** \$11,345.46
29. About 2.22 sec

A.4절

1. $\frac{1}{6}, 1$ **2.** $\frac{3}{2}$ **3.** $-2 \pm \sqrt{3}$ **4.** No real solution
5. $(x - 2)^2$ **6.** $(x + 3)(x - 6)$ **7.** $(2x + 1)^2$
8. $(3x - 1)(x - 1)$ **9.** $(x - 2y)^2$
10. $(3 + y)(3 - y)(9 + y^2)$ **11.** $(x - 1)(x^2 + x + 1)$
12. $(y + 3)(y^2 - 3y + 9)$ **13.** $(x - y)(x^2 + xy + y^2)$
14. $(x - 4)(x - 1)(x + 1)$ **15.** $(2x - 3)(x^2 + 2)$
16. $(x - 2)(2x^2 - 1)$ **17.** $(x + 4)(x - 4)(x^2 + 1)$
18. 0, 5 **19.** ± 9 **20.** $\pm\sqrt{3}$ **21.** 0, 6 **22.** $-2, 1$
23. $-1, 6$ **24.** $-1, -\frac{2}{3}$ **25.** -7 **26.** ± 1
27. $1, \pm 2$ **28.** $(-\infty, -7] \cup [7, \infty)$
29. $(-\infty, 3] \cup [4, \infty)$ **30.** $(-\infty, -1] \cup \left[-\frac{1}{5}, \infty\right)$
31. $(x + 1)(x^2 - 4x - 2)$ **32.** $(x - 3)(2x^2 - 3x + 1)$
33. $-4, -2, 6$ **34.** 1, 2, 3 **35.** 4
36. $-2, -1, \frac{1}{4}$ **37.** $-\frac{2}{3}, -\frac{1}{2}, 3$
38. Two solutions; The solutions of the equation are ± 2000, but the minimum average cost occurs at the positive value, 2000; 2000 units

A.5절

1. $\frac{x - 4}{x + 6}, x \neq 3$ **2.** $\frac{x + 5}{2x + 3}, x \neq 2$ **3.** $\frac{x + 3}{x - 2}$
4. $\frac{x^5 - 4}{x^3}$ **5.** $\frac{5x^2 - 9x + 8}{(x - 3)(3x + 4)}$ **6.** $\frac{2 - x}{x^2 - 16}$
7. $\frac{1}{(x + 2)(x - 1)}$ **8.** $-\frac{x - 2}{x^2 + 1}$ **9.** $\frac{x + 2}{(x + 1)^{3/2}}$
10. $-\frac{3t}{2\sqrt{1 + t}}$ **11.** $\frac{x(x^2 + 2)}{(x^2 + 1)^{3/2}}$ **12.** $\frac{2}{x^2\sqrt{x^2 + 2}}$

Appendix B

1. 17.5 square units
2. Left Riemann sum: 0.518
   Right Riemann sum: 0.768
3. Left Riemann sum: 0.746
   Right Riemann sum: 0.646
4. Left Riemann sum: 0.859
   Right Riemann sum: 0.659
5. (a)

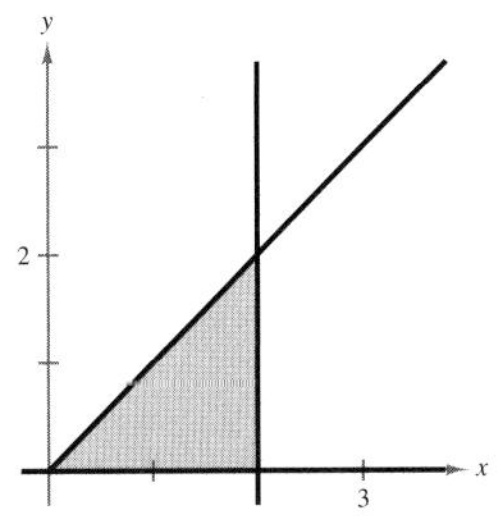

(b) Answers will vary.
(c) Answers will vary.
(d) Answers will vary.
(e)

n	5	10	50	100
Left sum, S_L	1.6	1.8	1.96	1.98
Right sum, S_R	2.4	2.2	2.04	2.02

(f) Answers will vary.

6. $\int_0^5 3\,dx$
7. $\int_{-4}^{4} (4 - |x|)\,dx = \int_{-4}^{0} (4 + x)\,dx + \int_0^4 (4 - x)\,dx$
8. $\int_{-2}^{2} (4 - x^2)\,dx$
9. $\int_0^2 \sqrt{x + 1}\,dx$
10.

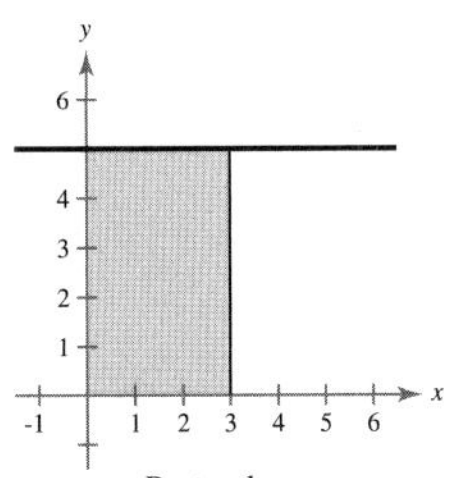

Rectangle

$A = 15$

11.

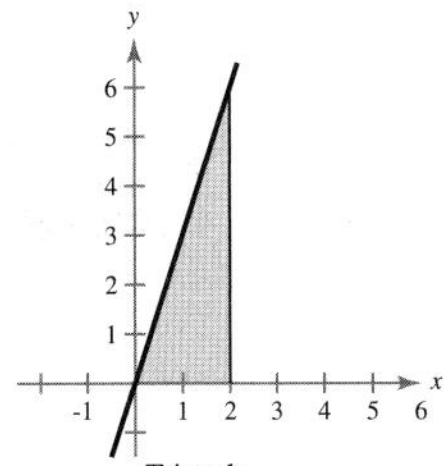

Triangle

$A = 6$

12.

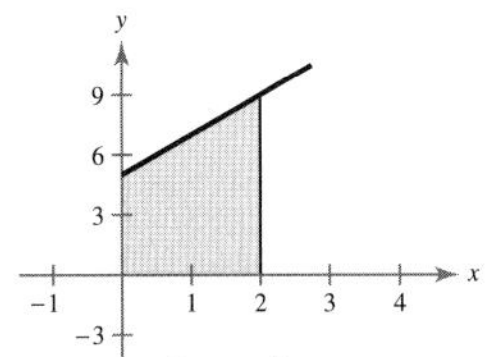

Trapezoid

$A = 14$

13.

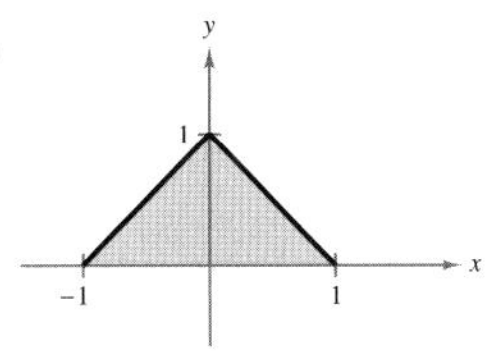

Triangle

$A = 1$

14.

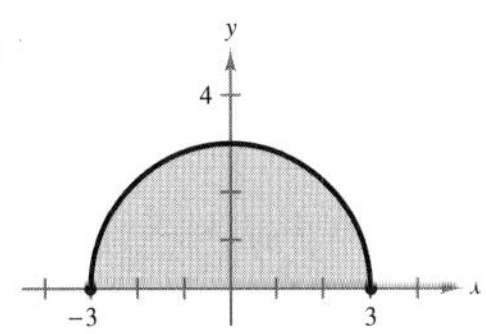

Semicircle

$A = 9\pi/2$

15. Answers will vary.
16. >; The left endpoint approximation will be greater than the actual area.

점검문제 해답

Chapter 1

1.1절

1 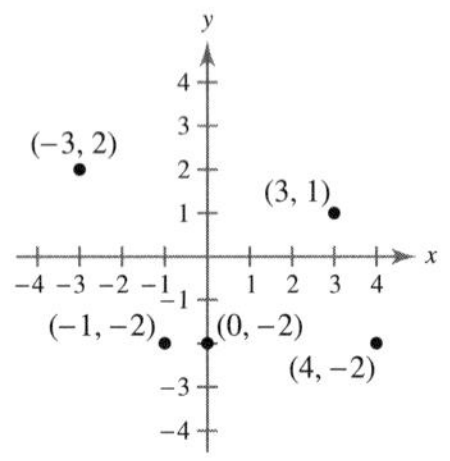

2 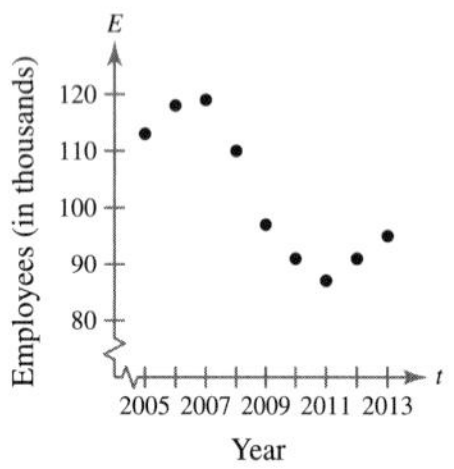

3 5

4 $d_1 = \sqrt{20}, d_2 = \sqrt{45}, d_3 = \sqrt{65}$
$d_1^2 + d_2^2 = 20 + 45 = 65 = d_3^2$

5 25 yd

6 $(-2, 5)$

7 \$14 billion

8 $(-1, -4), (1, -2), (1, 2), (-1, 0)$

1.2절

1 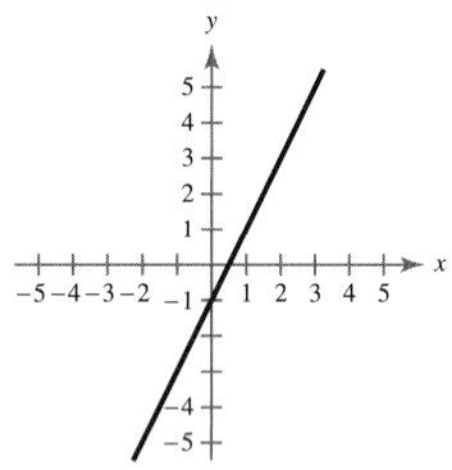

2 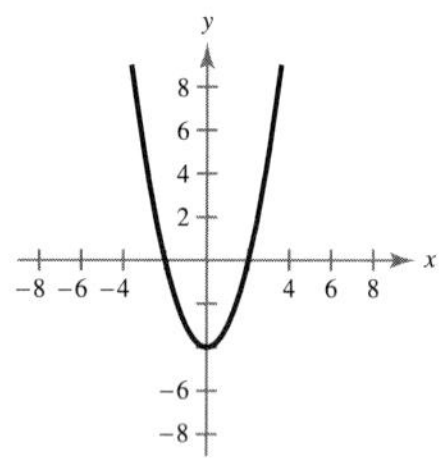

3 x-intercepts: $(3, 0), (-1, 0)$, y-intercept: $(0, -3)$

4 $(x + 2)^2 + (y - 1)^2 = 25$

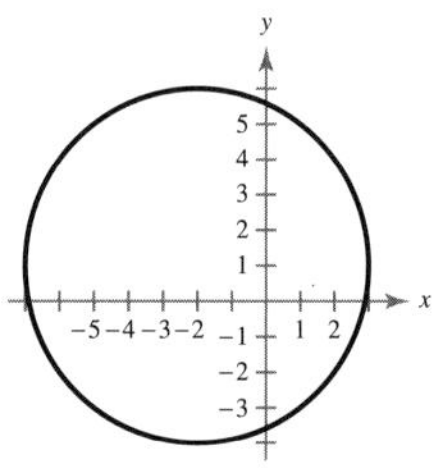

5 12,500 units **6** 4 million units at \$99/unit

7 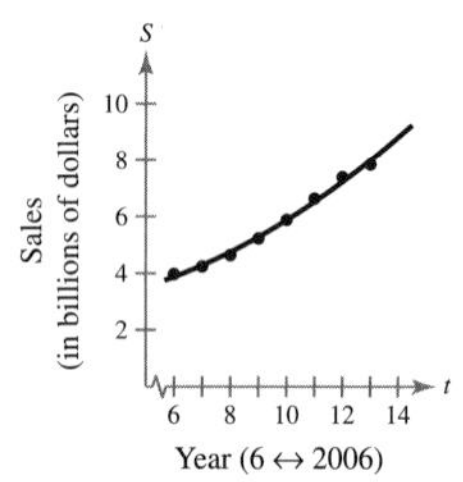

Year	2006	2007	2008	2009
Sales	3.97	4.24	4.64	5.23
Model	3.87	4.28	4.75	5.28

Year	2010	2011	2012	2013
Sales	5.88	6.63	7.39	7.84
Model	5.87	6.52	7.22	7.99

2014 sales: \$8.81 billion

1.3절

1 (a) 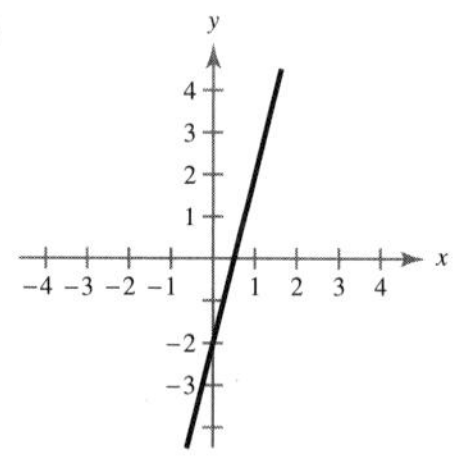

(b) 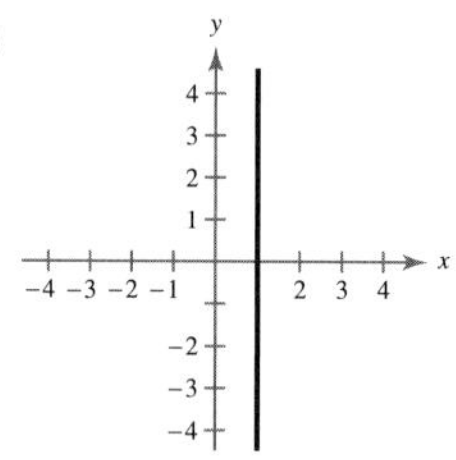

(c) 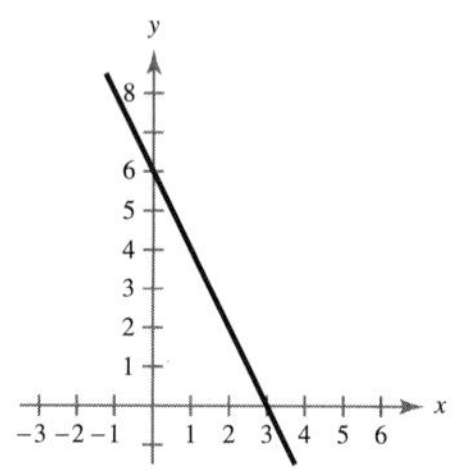

2 Yes, $\frac{69}{790} \approx 0.0873 > \frac{1}{12} = 0.08\overline{3}$.

3 The y-intercept $(0, 1500)$ tells you that the original value of the copier is \$1500. The slope of $m = -300$ tells you that the value decreases by \$300/yr.

4 (a) 2 (b) $-\frac{1}{2}$ (c) 0 **5** $y = 2x + 4$

6 $y = 28.75t - 210.6$; \$163.15

7 (a) $y = \frac{1}{2}x$ (b) $y = -2x + 5$

8 $V = -1375t + 12{,}000$

1.4절

1 (a) Yes, $y = x - 1$. (b) No, $y = \pm\sqrt{4 - x^2}$.
(c) No, $y = \pm\sqrt{2 - x}$. (d) Yes, $y = x^2$.

2 (a) Domain: $[-1, \infty)$; Range: $[0, \infty)$
(b) Domain: $(-\infty, \infty)$; Range: $[0, \infty)$

3 $f(0) = 1, f(1) = -3, f(4) = -3$
No, f is not one-to-one.

4 (a) $x^2 + 2x\,\Delta x + (\Delta x)^2 + 3$ (b) $2x + \Delta x, \Delta x \neq 0$

5 (a) $2x^2 + 5$ (b) $4x^2 + 4x + 3$

6 (a) $f^{-1}(x) = 5x$ (b) $f^{-1}(x) = x + 6$

7 $f^{-1}(x) = \sqrt{x - 2}$

8
$$f(x) = x^2 + 4$$
$$y = x^2 + 4$$
$$x = y^2 + 4$$
$$x - 4 = y^2$$
$$\pm\sqrt{x - 4} = y$$

1.5절

1 6 **2** (a) 4 (b) Does not exist (c) 4
3 (a) 5 (b) 6 (c) 25 (d) -2 **4** 5 **5** 12
6 7 **7** $\frac{1}{4}$ **8** (a) -1 (b) 1 **9** 1

10 $\lim_{x\to 3^-} f(x) = 6$ and $\lim_{x\to 3^+} f(x) = 7$

$\lim_{x\to 3^-} \neq \lim_{x\to 3^+}$

11 Does not exist

1.6절

1 (a) f is continuous on the entire real line.
(b) f is continuous on the entire real line.
(c) f is continuous on the entire real line.

2 (a) f is continuous on $(-\infty, 1)$ and $(1, \infty)$.
(b) f is continuous on $(-\infty, 2)$ and $(2, \infty)$.
(c) f is continuous on the entire real line.

3 f is continuous on $[2, \infty)$.

4 f is continuous on $[-1, 5]$.

5

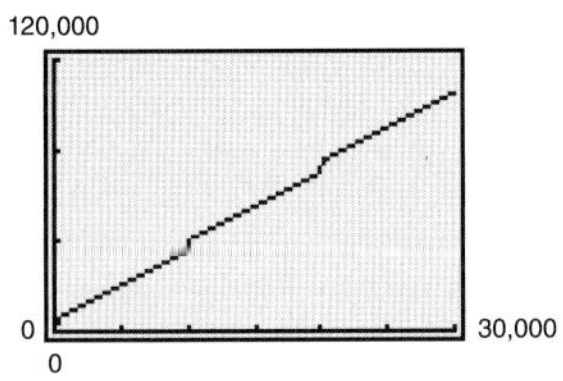

6 $A = 10{,}000(1 + 0.0075)^{[\![4t]\!]}$

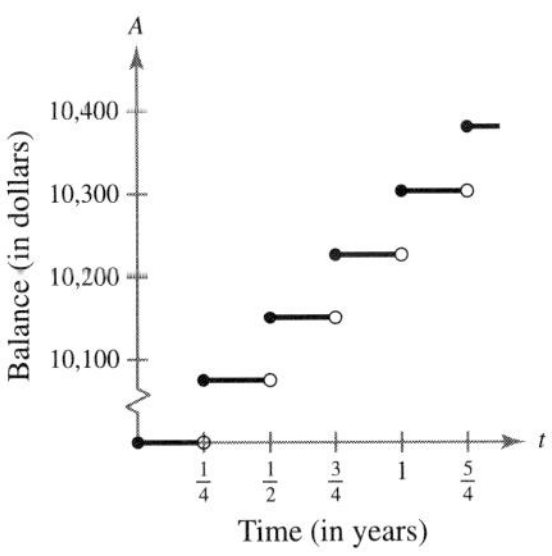

Chapter 2

2.1절

1 3

2 For the months to the left of July on the graph, the tangent lines have positive slopes. For the months to the right of July, the tangent lines have negative slopes. The average daily temperature is increasing prior to July and decreasing after July.

3 4 **4** 2

5 $m = 8x$
At $(0, 1)$, $m = 0$.
At $(1, 5)$, $m = 8$.

6 $2x - 5$ **7** $-\frac{4}{t^2}$

2.2절

1 (a) 0 (b) 0 (c) 0 (d) 0

2 (a) $4x^3$ (b) $-\frac{3}{x^4}$ (c) $2w$

3 $f'(x) = 3x^2$
$m = f'(-1) = 3;$
$m = f'(0) = 0;$
$m = f'(1) = 3$

4 (a) $8x$ (b) $\frac{8}{\sqrt{x}}$ **5** (a) $\frac{1}{4}$ (b) $-\frac{2}{5}$

6 (a) $-\frac{9}{2x^3}$ (b) $-\frac{9}{8x^3}$ **7** (a) $\frac{\sqrt{5}}{2\sqrt{x}}$ (b) $\frac{1}{4x^{3/4}}$

8 (a) $4x + 5$ (b) $4x^3 - 2$ (c) $\frac{2x^3 + 1}{x^2}$ **9** -1

10 $y = -x + 2$ **11** \$9.44/yr

2.3절

1 (a) $0.5\overline{6}$ mg/mL/min (b) 0 mg/mL/min
(c) -1.5 mg/mL/min

2 (a) -4.9 m/sec (b) -14.7 m/sec (c) -24.5 m/sec

3 (a) When $t = 1.75$, $s'(1.75) = -17.15$ m/sec.
(b) When $t = 2$, $s'(2) = -19.6$ m/sec.

4 (a) 1 sec (b) -7.35 m/sec

5 When $x = 100$, $\frac{dP}{dx} = \$16$/unit.
Actual gain = \$16.06

6 $p = -1.6x + 529$; $R = -1.6x^2 + 529x$;
The results are similar.

7 Revenue: $R = 2000x - 4x^2$
Marginal revenue: $\frac{dR}{dx} = 2000 - 8x$; \$0/unit

8 $\frac{dP}{dx} = \$1.44$/unit
Actual increase in profit ≈ \$1.44

2.4절

1 $-27x^2 + 12x + 24$ **2** $\frac{2x^2 - 1}{x^2}$

3 (a) $18x^2 + 30x$ (b) $12x + 15$ **4** $-\frac{22}{(5x - 2)^2}$

5 $y = \frac{8}{25}x - \frac{4}{5}$

6 $\frac{-3x^2 + 4x + 8}{x^2(x + 4)^2}$

7 (a) $\frac{2}{5}x + \frac{4}{5}$ (b) $3x^3$

8

t	0	1	2	3	4	5	6	7
$\frac{dP}{dt}$	0	-50	-16	-6	-2.77	-1.48	-0.88	-0.56

As t increases, the rate at which the blood pressure drops decreases.

2.5절

1 (a) $u = g(x) = x + 1, y = f(u) = \dfrac{1}{\sqrt{u}}$

(b) $u = g(x) = x^2 + 2x + 5, y = f(u) = u^3$

2 $6x^2(x^3 + 1)$ **3** $4(2x + 3)(x^2 + 3x)^3$

4 $y = \frac{1}{3}x + \frac{8}{3}$ **5** $-\dfrac{8}{(2x + 1)^2}$

6 $\dfrac{x(3x^2 + 2)}{\sqrt{x^2 + 1}}$ **7** $-\dfrac{12(x + 1)}{(x - 5)^3}$

8 About \$3.72/yr

2.6절

1 $f'(x) = 18x^2 - 4x, f''(x) = 36x - 4,$
$f'''(x) = 36, f^{(4)}(x) = 0$

2 18 **3** $\dfrac{120}{x^6}$

4 Height = 43.4 m
Velocity = −0.6 m/sec
Acceleration = -9.8 m/sec^2

5 -9.8 m/sec^2

6

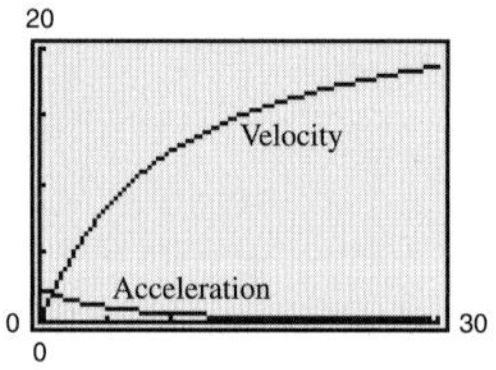

Acceleration approaches zero.

2.7절

1 $-\dfrac{2}{x^3}$

2 (a) $12x^2$ (b) $6y\dfrac{dy}{dx}$

(c) $1 + 5\dfrac{dy}{dx}$ (d) $y^3 + 3xy^2\dfrac{dy}{dx}$

3 $\dfrac{dy}{dx} = -\dfrac{x - 2}{y - 1}$ **4** $\dfrac{3}{4}$ **5** $\dfrac{5}{9}$

6 $\dfrac{dx}{dp} = -\dfrac{2}{p^2(0.002x + 1)}$

2.8절

1 9 **2** $1.8\pi \approx 5.7\text{ m}^2\text{/sec}$
3 \$1500/day **4** \$28,400/wk

Chapter 3

3.1절

1 $f'(x) = 4x^3$
$f'(x) < 0$ if $x < 0$, so f is decreasing on $(-\infty, 0)$.
$f'(x) > 0$ if $x > 0$, so f is increasing on $(0, \infty)$.

2 $\dfrac{dB}{dt} = -0.0162t + 0.220 > 0$ when $7 \le t \le 12$, which implies that the consumption of blueberries was increasing from 2007 to 2012.

3 $x = \frac{1}{2}$

4 Increasing on $(-\infty, -2)$ and $(2, \infty)$
Decreasing on $(-2, 2)$

5 Increasing on $(0, \infty)$
Decreasing on $(-\infty, 0)$

6 Increasing on $(-\infty, -1)$ and $(1, \infty)$
Decreasing on $(-1, 0)$ and $(0, 1)$

7 Because $f'(x) = -3x^2 = 0$ when $x = 0$ and because f is decreasing on $(-\infty, 0) \cup (0, \infty)$, f is decreasing on $(-\infty, \infty)$.

8 (0, 3000)

3.2절

1 Relative maximum at $(-1, 5)$
Relative minimum at $(1, -3)$

2 Relative minimum at $(3, -27)$

3 Relative maximum at $(1, 1)$
Relative minimum at $(0, 0)$

4 Absolute maximum at $(0, 10)$
Absolute minimum at $(4, -6)$

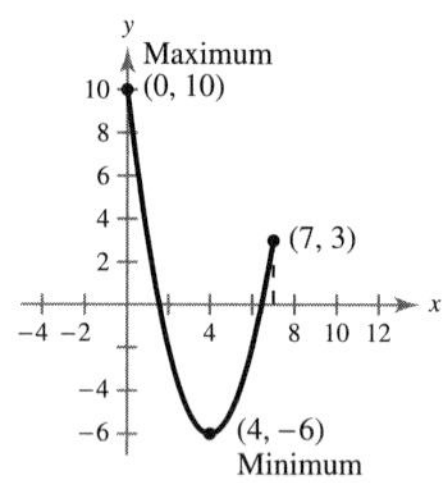

5

x	24,000	24,200	24,300	24,400
P	\$24,760	\$24,766	\$24,767.50	\$24,768

x	24,500	24,600	24,800
P	\$24,767.50	\$24,766	\$24,760

3.3절

1 (a) $f'' = -4$; Because $f''(x) < 0$ for all x, f is concave downward for all x.

(b) $f''(x) = \dfrac{1}{2x^{3/2}}$; Because $f''(x) > 0$ for all $x > 0$, f is concave upward for all $x > 0$.

2 Because $f''(x) > 0$ for $x < -\dfrac{2\sqrt{3}}{3}$ and $x > \dfrac{2\sqrt{3}}{3}$, f is concave upward on $\left(-\infty, -\dfrac{2\sqrt{3}}{3}\right)$ and $\left(\dfrac{2\sqrt{3}}{3}, \infty\right)$. Because $f''(x) < 0$ for $-\dfrac{2\sqrt{3}}{3} < x < \dfrac{2\sqrt{3}}{3}$, f is concave downward on $\left(-\dfrac{2\sqrt{3}}{3}, \dfrac{2\sqrt{3}}{3}\right)$.

3 f is concave upward on $(-\infty, 0)$.
f is concave downward on $(0, \infty)$.
Point of inflection: $(0, 0)$

4 f is concave upward on $(-\infty, 0)$ and $(1, \infty)$.
f is concave downward on $(0, 1)$.
Points of inflection: $(0, 1), (1, 0)$

5 Relative minimum: $(3, -26)$

6 Point of diminishing returns: $x = \$150$ thousand

3.4절

1

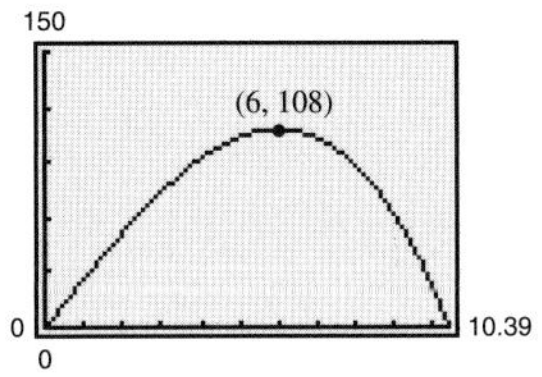

Maximum volume $= 108\ \text{cm}^3$

2 $\left(\sqrt{\tfrac{1}{2}}, \tfrac{7}{2}\right)$ and $\left(-\sqrt{\tfrac{1}{2}}, \tfrac{7}{2}\right)$ **3** 33 cm by 22 cm

3.5절

1 125 units yield a maximum revenue of \$1,562,500.

2 400 units **3** \$6.25/unit **4** \$4.00

5 Demand is elastic when $0 < x < 144$.
Demand is inelastic when $144 < x < 324$.
Demand is of unit elasticity when $x = 144$.

3.6절

1 (a) $\displaystyle\lim_{x\to 2^-} \frac{1}{x-2} = -\infty$ (b) $\displaystyle\lim_{x\to 2^+} \frac{1}{x-2} = \infty$

(c) $\displaystyle\lim_{x\to -3^-} \frac{-1}{x+3} = -\infty$ (d) $\displaystyle\lim_{x\to -3^+} \frac{-1}{x+3} = \infty$

2 $x = 0, x = 4$ **3** $x = 3$

4 $\displaystyle\lim_{x\to 2^-} \frac{x^2-4x}{x-2} = \infty;\ \lim_{x\to 2^+} \frac{x^2-4x}{x-2} = -\infty$

5 2

6 (a) $y = 0$ (b) $y = \frac{1}{2}$ (c) No horizontal asymptote

7 $C = 0.75x + 25{,}000$

$\overline{C} = 0.75 + \dfrac{25{,}000}{x}$

$\displaystyle\lim_{x\to\infty} \overline{C} = \$0.75/\text{unit}$

8 No, the cost function is not defined at $p = 100$, which implies that it is not possible to remove 100% of the pollutants.

3.7절

1

	$f(x)$	$f'(x)$	$f''(x)$	Shape of graph
x in $(-\infty, -1)$		$-$	$+$	Decreasing, concave upward
$x = -1$	-32	0	$+$	Relative minimum
x in $(-1, 1)$		$+$	$+$	Increasing, concave upward
$x = 1$	-16	$+$	0	Point of inflection
x in $(1, 3)$		$+$	$-$	Increasing, concave downward
$x = 3$	0	0	$-$	Relative maximum
x in $(3, \infty)$		$-$	$-$	Decreasing, concave downward

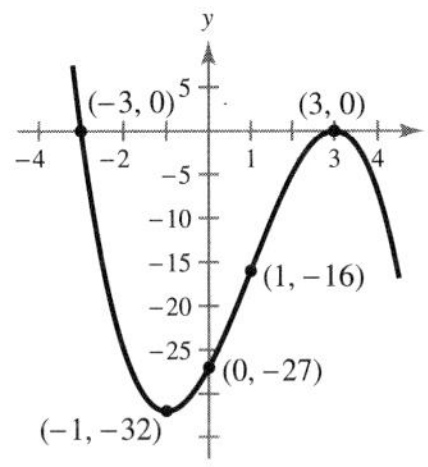

2

	$f(x)$	$f'(x)$	$f''(x)$	Shape of graph
x in $(-\infty, 0)$		$-$	$+$	Decreasing, concave upward
$x = 0$	5	0	0	Point of inflection
x in $(0, 2)$		$-$	$-$	Decreasing, concave downward
$x = 2$	-11	$-$	0	Point of inflection
x in $(2, 3)$		$-$	$+$	Decreasing, concave upward
$x = 3$	-22	0	$+$	Relative minimum
x in $(3, \infty)$		$+$	$+$	Increasing, concave upward

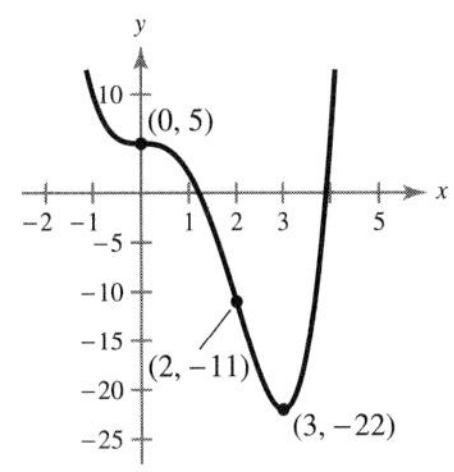

3

	$f(x)$	$f'(x)$	$f''(x)$	Shape of graph
x in $(-\infty, 0)$		$+$	$-$	Increasing, concave downward
$x = 0$	0	0	$-$	Relative maximum
x in $(0, 1)$		$-$	$-$	Decreasing, concave downward
$x = 1$	Undef.	Undef.	Undef.	Vertical asymptote
x in $(1, 2)$		$-$	$+$	Decreasing, concave upward
$x = 2$	4	0	$+$	Relative minimum
x in $(2, \infty)$		$+$	$+$	Increasing, concave upward

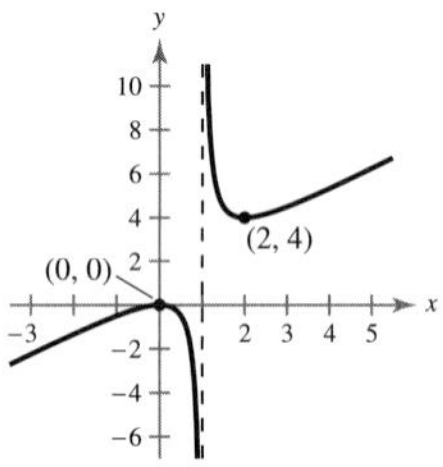

4

	$f(x)$	$f'(x)$	$f''(x)$	Shape of graph
x in $(-\infty, -1)$		$+$	$+$	Increasing, concave upward
$x = -1$	Undef.	Undef.	Undef.	Vertical asymptote
x in $(-1, 0)$		$+$	$-$	Increasing, concave downward
$x = 0$	-1	0	$-$	Relative maximum
x in $(0, 1)$		$-$	$-$	Decreasing, concave downward
$x = 1$	Undef.	Undef.	Undef.	Vertical asymptote
x in $(1, \infty)$		$-$	$+$	Decreasing, concave upward

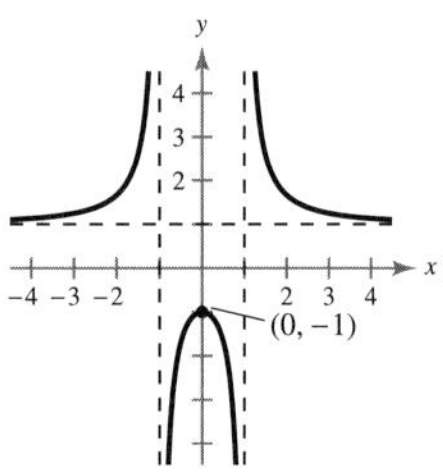

5

	$f(x)$	$f'(x)$	$f''(x)$	Shape of graph
x in $(0, 1)$		$-$	$+$	Decreasing, concave upward
$x = 1$	-4	0	$+$	Relative minimum
x in $(1, \infty)$		$+$	$+$	Increasing, concave upward

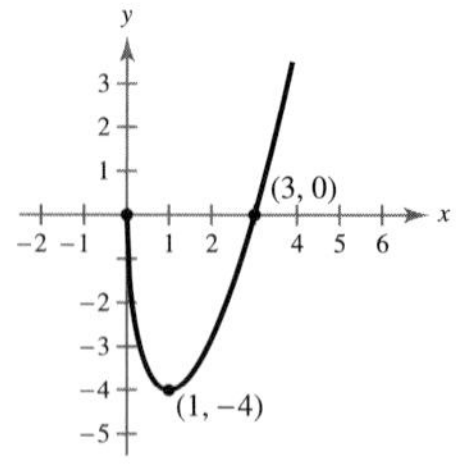

3.8절

1 $dy = 0.32$; $\Delta y = 0.32240801$ **2** $dR = \$22$; $\Delta R = \$21$
3 $dP = \$10.96$; $\Delta P = \$10.98$
4 (a) $dy = 12x^2\,dx$ (b) $dy = \frac{2}{3}\,dx$
(c) $dy = (6x - 2)\,dx$ (d) $dy = -\dfrac{2}{x^3}\,dx$

Chapter 4

4.1절

1 (a) 243 (b) 3 (c) 64
2 (a) 8 (b) $\frac{1}{2}$ (c) $\sqrt{10}$
3 (a) 5.453×10^{-13} (b) 1.621×10^{-13}
(c) 2.629×10^{-14}

4

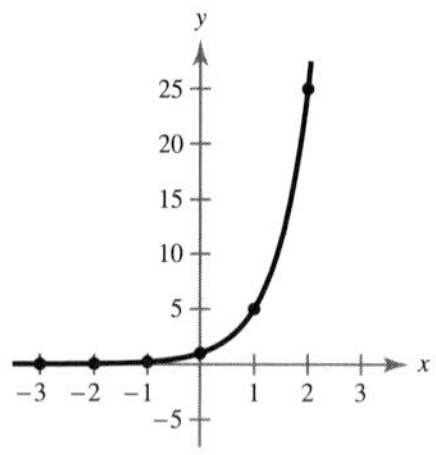

5

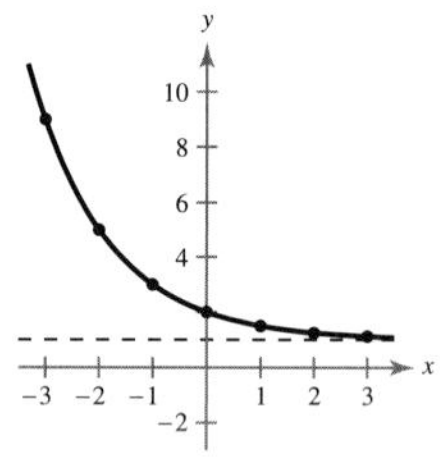

4.2절

1

x	-2	-1	0	1	2
$g(x)$	$e^2 \approx 7.389$	$e \approx 2.718$	1	$\frac{1}{e} \approx 0.368$	$\frac{1}{e^2} \approx 0.135$

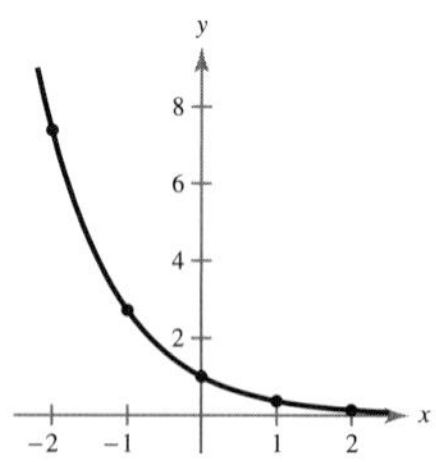

2 After 0 h, $y = 1.25$ g.
After 1 h, $y \approx 1.338$ g.
After 10 h, $y \approx 1.498$ g.

$$\lim_{t \to \infty} \frac{1.50}{1 + 0.2e^{-0.5t}} = 1.50 \text{ g}$$

3 (a) \$4870.38 (b) \$4902.71
(c) \$4918.66 (d) \$4919.21
All else being equal, the more often interest is compounded, the greater the balance.

4 (a) 7% (b) 7.12% (c) 7.19% (d) 7.23%

5 \$16,712.90

4.3절

1 At $(0, 2)$, the slope is 2. At $(1, 2e)$, the slope is $2e$.

2 (a) $3e^{3x}$ (b) $-\dfrac{6x^2}{e^{2x^3}}$ (c) $8xe^{x^2}$ (d) $-\dfrac{2}{e^{2x}}$

3 (a) 0 (b) $3e^{3x+1}$ (c) $xe^x(x+2)$ (d) $\frac{1}{2}(e^x - e^{-x})$

(e) $\dfrac{e^x(x-2)}{x^3}$ (f) $e^x(x^2 + 2x - 1)$

4

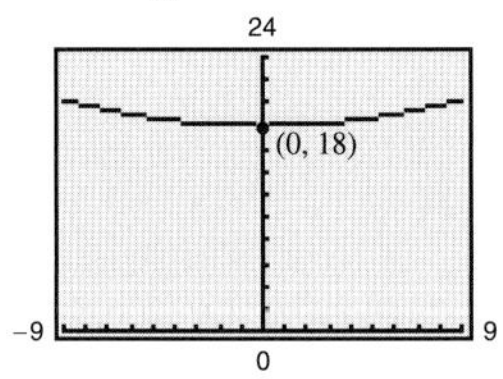

5 \$18.39/unit (80,000 units); \$1,471,517.77

6

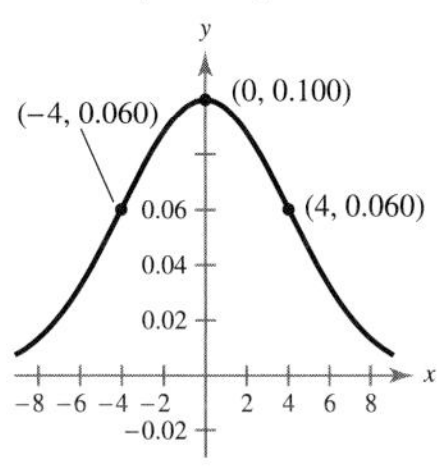

Points of inflection: $(-4, 0.060)$, $(4, 0.060)$

4.4절

1

x	-1.5	-1	-0.5	0	0.5	1
$f(x)$	-0.693	0	0.405	0.693	0.916	1.099

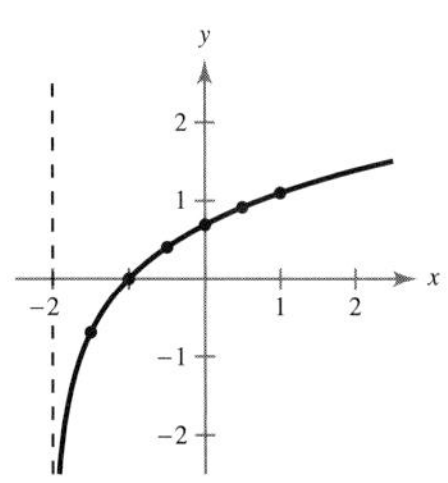

2 (a) 3 (b) $x + 1$

3 (a) $\ln 2 - \ln 5$ (b) $\frac{1}{3}\ln(x+2)$

(c) $\ln x - \ln 5 - \ln y$ (d) $\ln x + 2\ln(x+1)$

4 (a) $\ln x^4y^3$ (b) $\ln\dfrac{x+1}{(x+3)^2}$ **5** (a) $\ln 6$ (b) $5\ln 5$

6 (a) e^4 (b) e^3 **7** 7.9 yr

4.5절

1 $\dfrac{1}{x}$ **2** (a) $\dfrac{2x}{x^2-4}$ (b) $x(1 + 2\ln x)$ (c) $\dfrac{2\ln x - 1}{x^3}$

3 $\dfrac{1}{3(x+1)}$ **4** $\dfrac{2}{x} + \dfrac{x}{x^2+1}$ **5** $y = 4x - 4$

6 Relative minimum: $(2, 2 - 2\ln 2) \approx (2, 0.6137)$

7 $\dfrac{dp}{dt} = -1.3\%/\text{mo}$

The average score would decrease at a greater rate than the model in Example 7.

8 (a) 4 (b) -2 (c) -5 (d) 3

9 (a) 2.322 (b) 2.631 (c) 3.161 (d) -0.5

10

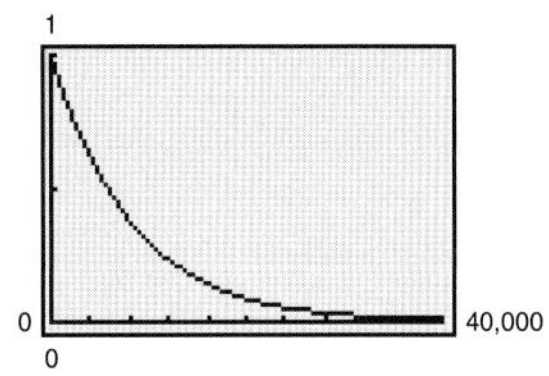

As time increases, the derivative approaches 0. The rate of change of the amount of carbon isotopes is proportional to the amount present.

4.6절

1 About 2113.7 yr **2** $y = 25e^{0.6931t}$

3 $r = \frac{1}{8}\ln 2 \approx 0.0866$ or 8.66% **4** About 12.42 mo

Chapter 5

5.1절

1 (a) $5x + C$ (b) $-r + C$ (c) $2t + C$ **2** $\frac{5}{2}x^2 + C$

3 (a) $-\dfrac{1}{x} + C$ (b) $\dfrac{3}{4}x^{4/3} + C$

4 (a) $\frac{1}{2}x^2 + 4x + C$ (b) $x^4 - \frac{5}{2}x^2 + 2x + C$

5 $\frac{2}{3}x^{3/2} + 4x^{1/2} + C$

6 General solution: $F(x) = 2x^2 + 2x + C$

Particular solution: $F(x) = 2x^2 + 2x + 4$

7 $s(t) = -4.9t^2 + 9.8t + 14.7$. The ball hits the ground 3 seconds after it is thrown, with a velocity of -19.6 meters per second.

8 $C = -0.01x^2 + 28x + 12.01$

$C(200) = \$5212.01$

5.2절

1 (a) $\dfrac{(x^3+6x)^3}{3} + C$ (b) $\dfrac{2}{3}(x^2-2)^{3/2} + C$

2 $\frac{1}{36}(3x^4+1)^3 + C$ **3** $\frac{1}{9}(x^3 - 3x)^3 + C$

4 $2x^9 + \frac{12}{5}x^5 + 2x + C$ **5** $\frac{5}{3}(x^2-1)^{3/2} + C$

6 $-\frac{1}{3}(1-2x)^{3/2} + C$ **7** $\frac{1}{3}(x^2+4)^{3/2} + C$

8 About \$33,633

5.3절

1 (a) $3e^x + C$ (b) $e^{5x} + C$ (c) $e^x - \dfrac{x^2}{2} + C$

2 $\frac{1}{2}e^{2x+3} + C$ **3** $2e^{x^2} + C$

4 (a) $2\ln|x| + C$ (b) $\ln|x^3| + C$ (c) $\ln|2x+1| + C$

5 $\frac{1}{4}\ln|4x+1| + C$ **6** $\frac{3}{2}\ln(x^2+4) + C$

7 (a) $4x - 3\ln|x| - \dfrac{2}{x} + C$ (b) $2\ln(1 + e^x) + C\,dx$

(c) $\dfrac{x^2}{2} + x + 3\ln|x+1| + C$

5.4절

1 $\frac{1}{2}(3)(12) = 18$

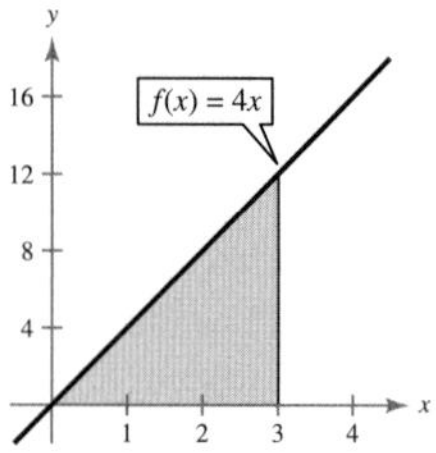

2 $\frac{22}{3}$ units^2 **3** 68

4 (a) $\frac{1}{4}(e^4 - 1) \approx 13.3995$ (b) $-\ln 5 + \ln 2 \approx -0.9163$

5 $\frac{13}{2}$ **6** (a) About \$14.18 (b) \$141.79

7 About 3.3 billion; The answer is the same.

8 (a) $\frac{2}{5}$ (b) 0 **9** About \$12,295.62

5.5절

1 $\frac{8}{3}$ units^2

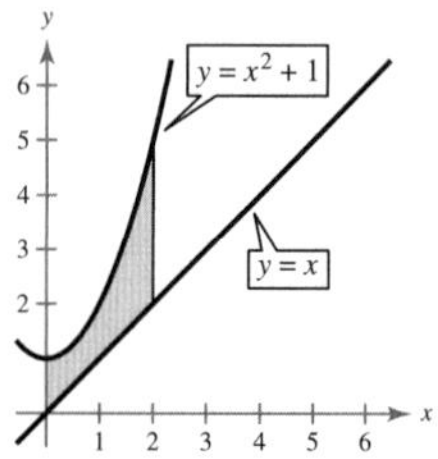

2 $\frac{32}{3}$ units^2 **3** $\frac{9}{2}$ units^2

4 $\frac{253}{12}$ units^2

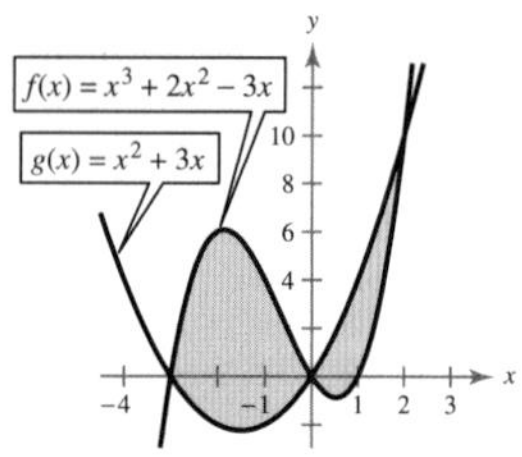

5 Consumer surplus: 40
Producer surplus: 20

6 The company can save \$63.84 million.

5.6절

1 $\frac{37}{8}$ units^2 **2** 0.436 unit^2 **3** 5.642 units^2

4 About 1.463

Chapter 6

6.1절

1 $\frac{1}{2}xe^{2x} - \frac{1}{4}e^{2x} + C$ **2** $\frac{x^2}{2}\ln x - \frac{1}{4}x^2 + C$

3 $x \ln 2x - x + C$ **4** $e^x(x^3 - 3x^2 + 6x - 6) + C$

5 $e - 2$ **6** \$538,145 **7** \$721,632.08

6.2절

1 $\frac{2}{3}(x - 4)\sqrt{2 + x} + C$ (Formula 19)

2 $\sqrt{x^2 + 16} - 4 \ln\left|\frac{4 + \sqrt{x^2 + 16}}{x}\right| + C$ (Formula 25)

3 $\frac{1}{4} \ln\left|\frac{x - 2}{x + 2}\right| + C$ (Formula 21)

4 $\frac{1}{3}[1 - \ln(1 + e) + \ln 2] \approx 0.12663$ (Formula 39)

5 $x(\ln x)^3 - 3x(\ln x)^2 + 6x \ln x - 6x + C$ (Formulas 45 and 44)

6 About 18.2%

6.3절

1 3.2608 **2** 3.1956 **3** 1.154

6.4절

1 (a) Converges to $\frac{1}{2}$ (b) Diverges

2 1 **3** $\frac{1}{2}$ **4** 0.0012 or 0.12%

5 No, you do not have enough money to start the scholarship fund because you need \$125,000. (\$125,000 > \$120,000)

Chapter 7

7.1절

1 (a)–(c)

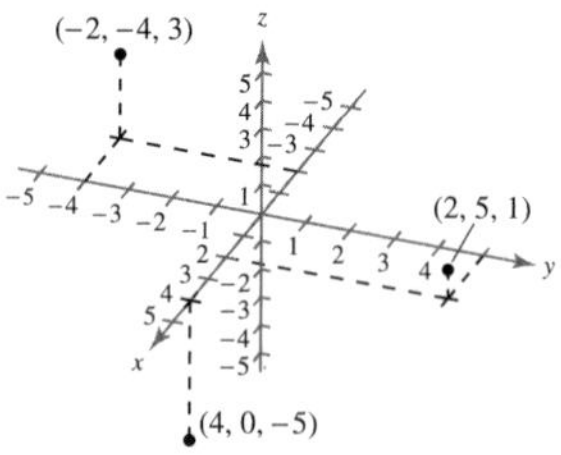

2 $2\sqrt{6}$ **3** $\left(-\frac{5}{2}, 2, -2\right)$

4 $(x - 4)^2 + (y - 3)^2 + (z - 2)^2 = 25$

5 $(x - 1)^2 + (y - 3)^2 + (z - 2)^2 = 38$

6 Center: $(-3, 4, -1)$; radius: 6

7 $(x + 1)^2 + (y - 2)^2 = 16$

7.2절

1 x-intercept: $(4, 0, 0)$
y-intercept: $(0, 2, 0)$
z-intercept: $(0, 0, 8)$

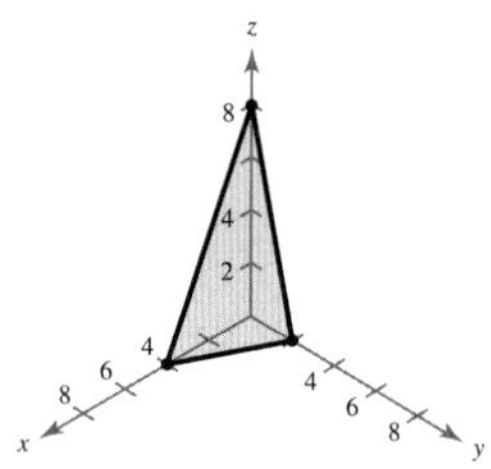

2 xy-trace: circle, $x^2 + y^2 = 1$
yz-trace: hyperbola, $y^2 - z^2 = 1$
xz-trace: hyperbola, $x^2 - z^2 = 1$
$z = 3$ trace: circle, $x^2 + y^2 = 10$
Hyperboloid of one sheet

3 (a) Elliptic paraboloid (b) Elliptic cone

7.3절

1 (a) 0 (b) $\frac{9}{4}$ **2** (a) $x^2 + y^2 \le 9$ (b) $0 \le z \le 3$

3 For each value of c, the equation $f(x, y) = c$ is a circle (or point) in the xy-plane.

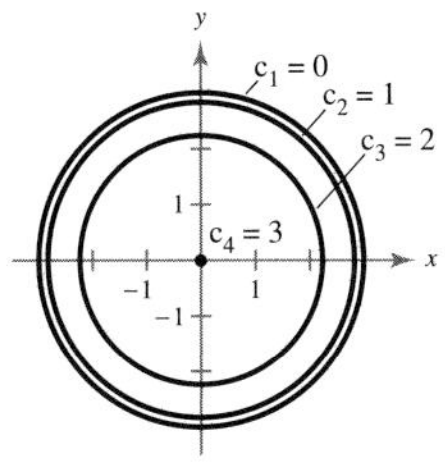

4 $f(1500, 1000) \approx 127{,}542$ units
$f(1000, 1500) \approx 117{,}608$ units
x, person-hours, has a greater effect on production.

5 $M = \$421.60/\text{mo}$
Total paid $= (30 \times 12) \times 421.60 = \$151{,}776$

7.4절

1 $\frac{\partial z}{\partial x} = 4x - 8xy^3$
$\frac{\partial z}{\partial y} = -12x^2y^2 + 4y^3$

2 $f_x(x, y) = 2xy^3; f_x(1, 2) = 16$
$f_y(x, y) = 3x^2y^2; f_y(1, 2) = 12$

3 (a) $f_x(1, -1, 49) = 8$ (b) $f_y(1, -1, 49) = -18$

4 Substitutes

5 $\frac{\partial w}{\partial x} = xy + 2xy \ln(xz)$
$\frac{\partial w}{\partial y} = x^2 \ln(xz)$
$\frac{\partial w}{\partial z} = \frac{x^2y}{z}$

6 $f_{xx} = 8y^2$
$f_{yy} = 8x^2 + 8$
$f_{xy} = 16xy$
$f_{yx} = 16xy$

7 $f_{xx} = 0$ $f_{xy} = e^y$ $f_{xz} = 2$
$f_{yx} = e^y$ $f_{yy} = xe^y + 2$ $f_{yz} = 0$
$f_{zx} = 2$ $f_{zy} = 0$ $f_{zz} = 0$

7.5절

1 $f(-8, 2) = -64$: relative minimum

2 $f(0, 0) = 1$: relative maximum

3 $f(0, 0) = 0$: saddle point

4 $P(3.11, 3.81) = \$744.81$ maximum profit

5 $V\left(\frac{4}{3}, \frac{2}{3}, \frac{8}{3}\right) = \frac{64}{27}$ units^3

7.6절

1 $V\left(\frac{4}{3}, \frac{2}{3}, \frac{8}{3}\right) = \frac{64}{27}$ units^3 **2** $f(187.5, 50) \approx 13{,}474$ units

3 About 26,740 units

4 $P(3.35, 4.26) = \$758.08$ maximum profit

7.7절

1 For $f(x)$, $S = 10$. For $g(x)$, $S = 0.76$.
The quadratic model is a better fit.

2 $f(x) = \frac{6}{5}x + \frac{23}{10}$

3 $y = 16.76t + 128.4$
About 413,320,000 subscribers

7.8절

1 (a) $\frac{1}{4}x^4 + 2x^3 - 2x - \frac{1}{4}$ (b) $\ln|y^2 + y| - \ln|2y|$

2 $\frac{25}{2}$ **3** $\int_2^4 \int_1^5 dx\,dy = 8$ **4** $\frac{4}{3}$

5 (a)

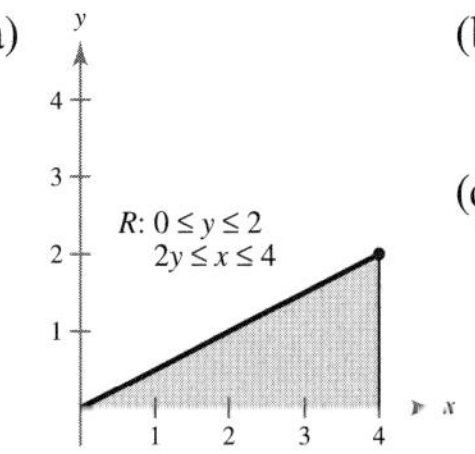

(b) $\int_0^4 \int_0^{x/2} dy\,dx$

(c) $\int_0^2 \int_{2y}^4 dx\,dy = 4 = \int_0^4 \int_0^{x/2} dy\,dx$

6 $\int_{-1}^3 \int_{x^2}^{2x+3} dy\,dx = \frac{32}{3}$

7.9절

1 $\frac{16}{3}$ **2** $e - 1$ **3** $\frac{176}{15}$ **4** Integration by parts **5** 3

Appendix A

A.1절

1 $x < 5$ or $(-\infty, 5)$

2 $x < -2$ or $x > 5$; $(-\infty, -2) \cup (5, \infty)$

3 $200 \le x \le 400$, so the daily production levels during the month varied between a low of 200 units and a high of 400 units.

A.2절

1 (a) 36 (b) 54 **2** 8; 8; −8 **3** $2 \le x \le 10$

4 $\$4027.50 \le C \le \$11{,}635$

A.3절

1 $\frac{4}{9}$ **2** 8 **3** (a) $3x^6$ (b) $8x^{7/2}$ (c) $4x^{4/3}$

4 (a) $x(x^2 - 2)$ (b) $2x^{1/2}(1 + 4x)$

5 $\frac{(3x - 1)^{3/2}(13x - 2)}{(x + 2)^{1/2}}$ **6** $\frac{x^2(5 + x^3)}{3}$

7 (a) $[2, \infty)$ (b) $(2, \infty)$ (c) $(-\infty, \infty)$

A.4절

1 (a) $\frac{-2 \pm \sqrt{2}}{2}$ (b) 4 (c) No real zeros

2 (a) $x = -3$ and $x = 5$ (b) $x = -1$
(c) $x = \frac{3}{2}$ and $x = 2$

3 $(-\infty, -2] \cup [1, \infty)$ **4** $-1, \frac{1}{2}, 2$

A.5절

1 $\dfrac{x-2}{x+1},\ x \neq -10$ **2** (a) $\dfrac{x^2+2}{x}$ (b) $\dfrac{3x+1}{(x+1)(2x+1)}$

3 $\dfrac{3x+4}{(x+2)(x-2)}$ **4** $-\dfrac{x+1}{3x(x+2)}$

5 $\dfrac{2(4x^2+5x-3)}{x^2(x+3)}$ **6** (a) $\dfrac{3x+8}{4(x+2)^{3/2}}$ (b) $\dfrac{1}{\sqrt{x^2+4}}$

7 (a) $\dfrac{5\sqrt{2}}{4}$ (b) $\dfrac{x+2}{4\sqrt{x+2}}$ (c) $\dfrac{\sqrt{6}+\sqrt{3}}{3}$

(d) $\dfrac{\sqrt{x+2}-\sqrt{x}}{2}$

찾아보기

ㅁ

ㅂ

ㅅ

ㅇ

ㅋ

ㅌ

ㅍ

ㅎ

번역 및 교정에 참여하신분 (가나다 순)

고장혁 · 김승수 · 김진천 · 민경진 · 배재국 · 소금숙
손진우 · 엄익선 · 이 우 · 전성태 · 조경희 · 조윤희
최재동 · 한 혁

창의 융합형 대학수학 증보판

2020년 3월 1일 인쇄
2020년 3월 5일 발행

저 자 ◎ Ron Larson

발 행 인 ◎ **조 승 식**

발 행 처 ◎ (주)도서출판 **북스힐**
서울시 강북구 한천로 153길 17

등 록 ◎ 제 22-457 호

TEL (02) 994-0071

FAX (02) 994-0073

E-MAIL www.bookshill.com
bookshill@bookshill.com

잘못된 책은 교환해 드립니다.

값 33,000원

ISBN 979-11-5971-273-9